U0393889

新能源并网系统宽频振荡分析与抑制

Analysis and Mitigation of Broadband Oscillation
in Renewable Energy Generation and AC/DC Transmission Systems

王伟胜　李光辉　何国庆
刘　纯　肖云涛　汪海蛟　著
雷　雨　甄　妮　段钰琦

中国电力出版社
CHINA ELECTRIC POWER PRESS

内 容 提 要

随着以风力发电和光伏发电为主的新能源装机规模与占比的不断提高，新能源并网稳定运行成为新能源持续发展的技术瓶颈。自 2009 年起，国内外新能源并网系统宽频振荡事故频繁发生，导致新能源脱网、设备损坏、弃风弃光增加等严重后果，其分析与抑制成为世界性难题。

本书围绕新能源并网系统宽频振荡分析与抑制，通过 4 篇 18 章的内容探求解决这一问题的理论基础和实践方法。第 1 篇为换流器小信号建模，分 4 章介绍了频域小信号建模方法，以及两电平、模块化多电平和晶闸管换流器 3 类电力电子设备常用基础变换器的阻抗建模等内容；第 2 篇为新能源发电与直流输电阻抗模型及特性分析，分 6 章介绍了全功率变换风电机组、双馈风电机组、光伏发电单元、静止无功发生器、常规直流、柔性直流的阻抗模型与特性分析等内容；第 3 篇为新能源并网系统宽频振荡分析，分 3 章介绍了新能源场站阻抗建模及特性分析，以及新能源发电经交流、直流送出系统的振荡分析等内容；第 4 篇为新能源并网系统宽频振荡抑制，分 5 章介绍了新能源机组、静止无功发生器、常规直流、柔性直流阻抗重塑，以及振荡案例分析等内容。

本书可供从事电力与新能源工程设计、技术研发和运行管理的相关人员学习使用，也可供高校电气工程专业师生阅读参考。

图书在版编目（CIP）数据

新能源并网系统宽频振荡分析与抑制 / 王伟胜等著. —北京：中国电力出版社，2022.11（2024.9 重印）
ISBN 978-7-5198-7260-1

Ⅰ. ①新… Ⅱ. ①王… Ⅲ. ①新能源–电力系统–系统振荡–研究 Ⅳ. ①TM732

中国版本图书馆 CIP 数据核字（2022）第 218046 号

出版发行：中国电力出版社
地　　址：北京市东城区北京站西街 19 号（邮政编码 100005）
网　　址：http://www.cepp.sgcc.com.cn
策划编辑：王春娟
责任编辑：薛　红　周秋慧　赵　杨　吴　冰　陈　丽
责任校对：黄　蓓　常燕昆　于　维
装帧设计：张俊霞
责任印制：石　雷

印　　刷：北京九天鸿程印刷有限责任公司
版　　次：2022 年 11 月第一版
印　　次：2024 年 9 月北京第六次印刷
开　　本：787 毫米×1092 毫米　16 开本
印　　张：40.5
字　　数：686 千字
印　　数：4001—5000 册
定　　价：198.00 元

序言1

我国风能、太阳能等新能源资源十分丰富，大力发展新能源是建设新型能源体系、实现“碳达峰、碳中和”目标的战略举措。2030 年我国新能源总发电量占比将达 20%，2060 年占比将超过 50%。

高比例新能源电力系统安全稳定运行的一个主要挑战是宽频振荡问题。自 2009 年起，新能源并网系统振荡在国内外频繁发生，严重威胁电力系统安全，并大幅增加弃风弃光，成为近年来学术界和工业界研究的热点。随着我国沙漠、戈壁、荒漠化地区及深远海新能源基地持续快速发展，高比例新能源并网系统中多时间尺度交织、非线性特征加剧，动态特性复杂多变，安全稳定问题尤其是振荡问题会更加突出。因此，亟需一本专著，系统全面地介绍新能源并网系统振荡的分析方法、抑制措施及实际应用，帮助读者全面认识和了解新能源并网系统振荡问题，指导新能源基地的开发和建设，保障我国大规模新能源并网稳定运行。

中国电力科学研究院新能源研究中心依托国家科研项目及国家电网有限公司科技项目，与有关高等院校、新能源装备制造商及发电企业紧密合作，历时十余年产学研用协同攻关，在新能源并网系统振荡机理研究、分析方法和抑制技术方面取得了突破，并将成果应用于多个实际工程，取得了较好的振荡抑制成效。我本人多次参与了作者及其团队关于新能源并网系统振荡问题分析及成果应用成效的专题研讨，认为他们的理论成果和实践经验值得深入凝练并尽快与大家分享。可以说，本书的诞生是恰逢其时的。

宝剑锋从磨砺出，梅花香自苦寒来。该书是新能源研究中心在新能源并网系统振荡分析与抑制理论研究和实践过程中对理论、技术、方法及工程应用的全面总结，内容涵盖了新能源并网系统振荡建模、分析、控制及工程应用，既有丰富的理论依据和创新性，又有大量的实际工程数据和实践案例，凝聚了科研一线人员的心血和汗水，展示了新能源并网系统振荡方面的最新研究成果。

在此，我向大家推荐《新能源并网系统宽频振荡分析与抑制》，并相信该书的出版将为从事电力与新能源工程设计、技术研发和运行管理的相关人员，以及高校电气工程专业师生提供有价值的参考。

中国工程院院士，中国电力科学研究院名誉院长

郭剑波

2022 年 10 月

序言2

我国风能、太阳能资源主要集中于“三北”地区，而负荷主要集中在中东部地区。资源与负荷的逆向分布决定了大规模开发、远距离交/直流送出是我国新能源开发利用的重要方式。同时，深远海风电经柔性直流送出也是我国海上风电发展的重点。新能源集群经交/直流送出系统，即高比例新能源、高比例电力电子的局部双高电力系统，其运行特性由电力电子装备的控制特性主导，与传统电力系统相比发生了深刻变化。近年来，国内外多个新能源集群经交/直流送出系统发生了振荡脱网事故，严重影响了电力系统的安全稳定运行。

面向新能源多送出场景下的振荡问题，此前国内外缺乏系统性研究和总结，也缺乏涵盖振荡基础理论、分析方法、研究手段及其多场景工程应用的著作。本书编写团队由新能源并网领域知名专家和学者，以及有丰富实践经验的工程师组成，是新能源研究中心理论联系实际，解决工程问题的经验总结，其中不乏工程教训和亲身体会才得到的真知灼见。

《新能源并网系统宽频振荡分析与抑制》分为4篇18章，是作者及其团队多年研究成果的高度凝练和总结。第1篇介绍了各类换流器小信号建模方法，为建立复杂电力电子装置小信号模型奠定了基础；第2篇介绍了风力发电、光伏发电、SVG、常规直流、柔性直流小信号建模方法，分析了各装置不同频段负阻尼的产生机理；第3篇介绍了新能源场站阻抗网络建模方法，分析了新能源经交流、常规直流、柔性直流并网宽频振荡分析方法；第 4 篇介绍了新能源机组、SVG、常规直流和柔性直流阻抗重塑方法，介绍了新能源不同场景送出系统的宽频振荡抑制工程案例。

本书创新性强，内容全面丰富，条理清晰，是全面翔实介绍新能源并网系统振荡问题的一本高水平学术著作，具有重要的学术价值和现实指导意义。我相信，该书定会为当前及未来新能源并网系统振荡问题的解决提供很好的理论指导和有益的实践借鉴。

中国工程院院士，湖南大学教授

2022 年 10 月

序言3

实现“碳达峰、碳中和”，能源是主战场，电力是主力军。能源电力清洁低碳转型过程中，新能源并网比例不断提高，高比例新能源、高比例电力电子“双高”特征越加突出，系统运行稳定特性与传统电力系统相比发生了深刻变化。我国多地发生了宽频振荡引发的大规模新能源脱网事故，给“三北”地区大型新能源基地运行带来了新的技术挑战，并将影响未来沙漠、戈壁、荒漠化地区新能源及深远海风电基地的开发和建设。

中国电力科学研究院新能源研究中心通过十余年的持续技术攻关与自主创新，在新能源并网系统宽频振荡分析与抑制方面取得了全面突破。首先，建立了风力发电、光伏发电、静止无功发生器、常规直流、柔性直流等电力电子装备频率耦合阻抗模型，揭示了新能源基地经交流、常规直流和柔性直流等不同场景送出的宽频振荡机理；其次，搭建了千万千瓦级新能源基地经多场景送出的全电磁暂态仿真平台，解决了新能源基地振荡故障复现、机理分析及控制策略验证难题；最后，将理论和仿真应用于新疆哈密、河北张北、内蒙古锡盟等新能源基地。该书系统全面地介绍了新能源并网系统宽频振荡建模、分析、抑制技术和工程应用等内容，是新能源研究中心十余年来科研攻关与实践的又一结晶，是我国在新能源并网领域具有自主知识产权的又一重大创新成果，对保障我国大规模新能源发电稳定运行，推动“双碳”目标顺利实现具有深远意义。

该书具有鲜明的学术创新性和应用指导性，内容翔实，实用性强，除了对新能源振荡基本理论与分析方法进行介绍外，还对近年来我国新能源并网系统振荡方面的工程案例进行了详细分析，可供电力与新能源工程技术研发、运行管理等相关人员使用，也可供高等院校电力专业师生参考。

未来，全球范围内能源领域仍将继续朝着清洁低碳的方向发展，《新能源并网系统宽频振荡分析与抑制》的出版将为新型电力系统的建设和运行提供重要技术参考。

中国工程院院士，国网智能电网研究院名誉院长

2022 年 10 月

Preface 前言

大力发展新能源发电是世界各国推进能源低碳转型、保障能源安全的重要举措。随着以风力发电和光伏发电为主的新能源装机规模与占比的不断提高，新能源并网稳定运行成为新能源持续发展的技术瓶颈。自 2009 年起，国内外新能源并网系统宽频振荡事故频繁发生，导致新能源脱网、设备损坏、弃风弃光增加等严重后果，其分析与抑制成为世界性难题。

2008 年 2 月，IEEE Fellow、伦斯勒理工学院教授孙建（Dr. Jian Sun）在第 23 届 IEEE 应用电子会议（APEC 2008）上，首次提出基于谐波线性化的序阻抗分析方法，将 1976 年 R. D. Middlebrook 提出的阻抗方法由直流系统稳定性分析推广至交流系统。之后，国内外学者对该方法进行了大量研究与拓展工作。

近年来，中国电力科学研究院新能源研究中心基于序阻抗分析方法，在新能源并网系统宽频振荡分析与抑制方面取得了多项重大突破，攻克了新能源发电集群经交流、常规直流、柔性直流不同送出场景发生振荡的相关技术难题，形成了“机理明晰、分析准确、抑制有效”的整体解决方案。在理论模型方面，建立了风力发电、光伏发电、静止无功发生器、常规直流、柔性直流等电力电子设备的频率耦合阻抗模型，揭示了新能源集群经多场景送出的宽频振荡机理；在平台构建方面，搭建了千万千瓦级新能源基地经多场景送出的全电磁暂态仿真平台，可开展系统振荡故障复现、机理分析及抑制策略验证；在工程应用方面，成功解决了新疆哈密（交流送出）、河北张北（柔性直流送出）、内蒙古锡盟（常规直流送出）等新能源基地的振荡问题，经济社会效益显著。本书是对上述研究成果和实践经验的凝练和总结。

本书内容突出理论性和实用性，写作力图深入浅出，既有理论方法，又有工程案例。全书以新能源并网系统宽频振荡问题为逻辑主线，共分为4篇：第1篇为换流器小信号建模，设4章，介绍了频域小信号建模方法，以及两电平、模块化多电平和晶闸管换流器3类电力电子设备常用基础变换器的阻抗建模等内容；第2篇为新能源发电与直流输电阻抗模型及特性分析，设6章，介绍了全功率变换风电机组、双馈风电机组、光伏发电单元、静止无功发生器、常规直流、柔性直流的阻抗模型与特性分析等内容；第3篇为新能源并网系统宽频振荡分析，设3章，介绍了新能源场站阻抗建模及特性分析，以及新能源发电经交流、直流送出系统的振荡分析等内容；第4篇为新能源并网系统宽频振荡抑制，设5章，介绍了新能源机组、静止无功发生器、常规直流、柔性直流阻抗重塑，以及振荡案例分析等内容。

本书由王伟胜负责总体设计与审定，并撰写绪论。各篇的具体分工为：

第1篇由李光辉统稿，其中，第1章由李光辉撰写，第2章由段钰琦撰写，第3章和第4章由肖云涛撰写；

第2篇由李光辉统稿，其中，第5章和第10章由李光辉撰写，第6章和第7章由雷雨撰写，第8章由肖云涛撰写，第9章由肖云涛、甄妮撰写；

第3篇由何国庆统稿，其中，第11章由汪海蛟撰写，第12章由肖云涛、汪海蛟撰写，第13章由何国庆、甄妮撰写；

第4篇由王伟胜统稿，其中，第14章由雷雨撰写，第15章和第16章由何国庆撰写，第17章由李光辉撰写，第18章由刘纯、段钰琦撰写。

附录由何国庆、李光辉撰写。

中国电力科学研究院新能源研究中心高丽萍、刘可可、马俊华、高彩云、郭梓暄、李彧野、余芳芳、张兴、孙艳霞、张悦为本书有关理论研究、技术研发及工程实践做出了积极贡献。

衷心感谢中国工程院院士、中国电力科学研究院郭剑波教授级高工，中国工程院院士、湖南大学罗安教授，中国工程院院士、国网智能电网研究院名誉院长汤广福教授级高工在技术研发、工程应用和书稿撰写中给予的诸多指导，并欣然为本书作序。

清华大学杨耕教授、山东大学刘玉田教授、河海大学袁越教授、华北电力大学赵成勇教授、重庆大学杜雄教授、中国电力科学研究院黄越辉教授级高工审阅了本书初稿，提出了许多宝贵的意见和建议，作者受益匪浅，在此一并致谢。

限于作者水平，书中难免存在不足或疏漏之处，敬请读者批评并不吝赐教，联系邮箱：reg_cepri@126.com。

作者

2022 年 11 月

首字母缩略语

AC	alternating current	交流
CHIL	control hardware-in-the-loop	控制硬件在环
DC	direct current	直流
DFIG	doubly-fed induction generator	双馈感应发电机
FACTS	flexible alternating current transmission system	柔性交流输电系统
FBSM	full-bridge submodule	全桥子模块
FFT	fast Fourier transform	快速傅里叶变换
GCSC	gate-controlled series capacitor	门级控制串联电容器
GSC	grid-side converter	网侧变换器
HBSM	half-bridge submodule	半桥子模块
HVDC	high voltage direct current	高压直流
IGBT	insulated-gate bipolar transistor	绝缘门极双极型晶体管
LCC-HVDC	line commutated converter-based high voltage direct current	基于电网换相换流器的高压直流
MMC	modular multilevel converter	模块化多电平换流器
MMC-HVDC	modular multilevel converter-based high voltage direct current	基于模块化多电平换流器的高压直流
MPPT	maximum power point tracking	最大功率点跟踪
MSC	machine-side converter	机侧变换器
PCC	point of common coupling	公共连接点
PI	proportional integral	比例积分
PLL	phase lock loop	锁相环
PMSG	permanent magnet synchronous generator	永磁同步发电机

PV	photovoltaic	光伏
PWM	pulse width modulation	脉宽调制
RSC	rotor-side converter	转子侧变换器
SCR	short circuit ratio	短路比
SM	submodule	子模块
SMES	superconducting magnetic energy storage	超导储能
SPWM	sinusoidal pulse width modulation	正弦脉宽调制
SSCI	sub-synchronous control interaction	次同步控制相互作用
SSD	sub-synchronous damper	次同步振荡阻尼器
SSR	sub-synchronous resonance	次同步振荡
SSSC	static series synchronous compensator	静止同步串联补偿器
STATCOM	static synchronous compensator	静止同步补偿器
SVC	static var compensator	静止无功补偿器
SVG	static var generator	静止无功发生器
TCSC	thyristor controlled series compensation	可控串联补偿电容器
UPFC	unified power flow controller	统一潮流控制器
VSC	voltage source converter	电压源型换流器

| 本书主要量的符号 |

说明：

1. 本书主要量的符号分为电气与信号变量、稳态信号频域向量、小信号频域向量、控制器传递函数及系数四类。

2. 每类量按照字母音序排序，大写字母排在小写字母之后，希腊字母排在英文字母之后。

3. 同一字母的量按照下角先数字后字母音序排序。

4. 个别出现频次少的物理量在正文中随文解释。

电气与信号变量

a	常复矢量算子
a_0, c_0	傅里叶级数直流分量
a_k	傅里叶级数余弦分量幅值
A, φ	组合角小信号幅值和相位
A_α, φ_α	频率为 $f_p - f_1$ 的触发角小信号分量幅值和相位
A_θ, φ_θ	频率为 $f_p - f_1$ 的参考角小信号分量幅值和相位
b_k	傅里叶级数正弦分量幅值
$B_{au}^{(1)}, B_{au}^{(2)}, \cdots, B_{au}^{(N)}$	a 相上桥臂各子模块的投切函数
$B_{av}^{(1)}, B_{av}^{(2)}, \cdots, B_{av}^{(N)}$	a 相下桥臂各子模块的投切函数
$B_{bu}^{(1)}, B_{bu}^{(2)}, \cdots, B_{bu}^{(N)}$	b 相上桥臂各子模块的投切函数
$B_{bv}^{(1)}, B_{bv}^{(2)}, \cdots, B_{bv}^{(N)}$	b 相下桥臂各子模块的投切函数
$B_{cu}^{(1)}, B_{cu}^{(2)}, \cdots, B_{cu}^{(N)}$	c 相上桥臂各子模块的投切函数
$B_{cv}^{(1)}, B_{cv}^{(2)}, \cdots, B_{cv}^{(N)}$	c 相下桥臂各子模块的投切函数

B_{T}	双绕组变压器等值电路的电纳
c_k，φ_k	傅里叶级数kf_1频率交流分量幅值和相位
C_0	单位长度架空输电线路的电容
C_{dc}	直流母线电容
C_{dcL}	每节Π型电路等效电容
C_{eeq}	受端 MMC 桥臂等效电容
C_{eq}	桥臂等效电容
C_{esm}	受端 MMC 子模块电容
C_{f}	交流滤波电容
C_{feq}	送端 MMC 桥臂等效电容
C_{fsm}	送端 MMC 子模块电容
C_{sm}	子模块电容
$\boldsymbol{C}_{\mathrm{x}}(t)$	输出矩阵
D_{dr}	占空比
$\boldsymbol{D}_{\mathrm{u}}(t)$	直接传递矩阵
$f(t)$	周期信号
$\hat{f}(t)$	周期信号的小信号
f_1	基波频率
f_+，f_-，f_{z}	交流信号的正、负、零序分量
f_{a}，f_{b}，f_{c}	三相交流信号
f_{abc}	交流电流小信号分量频率
f_{car}	载波频率
f_{cdq}	桥臂环流小信号 dq 轴分量频率
f_{com}	桥臂环流小信号分量频率
f_{dq}	交流电流小信号 dq 轴分量频率

f_{etc}	受端换流站 PLL 控制带宽
f_{fiac}	送端 MMC 交流电流控制带宽
f_{ftc}	送端换流站 PLL 控制带宽
f_{gic}	GSC 交流电流控制带宽
f_{iac}	交流电流控制带宽
f_{idc}	直流电流控制带宽
f_{mabc}	差模调制信号的小信号分量频率
f_{mcom}	桥臂共模调制信号的小信号分量频率
f_{mdif}	桥臂差模调制信号的小信号分量频率
f_{osc}	振荡频率
f_{p}	扰动频率
f_{pc}	有功功率控制带宽
f_{qc}	无功功率控制带宽
f_{r}	转子电气旋转频率
f_{ric}	RSC 交流电流控制带宽
f_{rma}	调制波频率
f_{sic}	MSC 交流电流控制带宽
f_{tc}	PLL 控制带宽
f_{vac}	交流电压控制带宽
f_{vdc}	直流电压控制带宽
f_{vs}	全局电压控制带宽
F_{k+}, F_{k-}, F_{k0}	三相交流信号在频率 kf_1 下的正、负、零序分量幅值
g_0	单位长度架空输电线路的电导
G_{T}	双绕组变压器等值电路的电导
i_{a}, i_{b}, i_{c}	三相交流电流

i_{adc}，i_{bdc}，i_{cdc}　　三相均压控制电流补偿量

i_{au}，i_{bu}，i_{cu}　　三相上桥臂电流

i_{av}，i_{bv}，i_{cv}　　三相下桥臂电流

i_{cd}，i_{cq}　　桥臂环流 d、q 轴分量

i_{cdref}，i_{cqref}　　桥臂环流 d、q 轴参考指令

i_{cira}，i_{cirb}，i_{circ}　　三相桥臂环流

i_{coma}，i_{comb}，i_{comc}　　三相桥臂共模电流

i_{Cfa}，i_{Cfb}，i_{Cfc}　　滤波电容三相交流电流

i_{Cfd}，i_{Cfq}　　滤波电容交流电流 d、q 轴分量

i_{d}，i_{q}　　交流电流 d、q 轴分量

i_{dc}　　直流电流

i_{difa}，i_{difb}，i_{difc}　　三相桥臂差模电流

i_{dref}，i_{qref}　　交流电流 d、q 轴参考指令

i_{ea}，i_{eb}，i_{ec}　　受端三相交流电流

i_{ea1}，i_{eb1}，i_{ec1}　　受端换流器 1 三相交流输出电流

i_{ea2}，i_{eb2}，i_{ec2}　　受端换流器 2 三相交流输出电流

i_{eau}，i_{ebu}，i_{ecu}　　受端 MMC 三相上桥臂电流

i_{eav}，i_{ebv}，i_{ecv}　　受端 MMC 三相下桥臂电流

i_{ecd}，i_{ecq}　　受端 MMC 桥臂环流 d、q 轴分量

i_{ecoma}，i_{ecomb}，i_{ecomc}　　受端 MMC 三相桥臂共模电流

i_{ed}，i_{eq}　　受端交流电流 d、q 轴分量

i_{edc}　　受端换流站直流电流

i_{edifa}，i_{edifb}，i_{edifc}　　受端 MMC 三相桥臂差模电流

i_{edref}，i_{eqref}　　受端交流电流 d、q 轴参考指令

i_{fa}，i_{fb}，i_{fc}　　送端三相交流电流

i_{fa1}，i_{fb1}，i_{fc1}　　送端换流器 1 三相交流输入电流

i_{fa2}，i_{fb2}，i_{fc2}	送端换流器 2 三相交流输入电流
i_{fau}，i_{fbu}，i_{fcu}	送端 MMC 三相上桥臂电流
i_{fav}，i_{fbv}，i_{fcv}	送端 MMC 三相下桥臂电流
i_{fcd}，i_{fcq}	送端 MMC 桥臂环流 d、q 轴分量
i_{fcoma}，i_{fcomb}，i_{fcomc}	送端 MMC 三相桥臂共模电流
i_{fd}，i_{fq}	送端交流电流 d、q 轴分量
i_{fdc}	送端换流站直流电流
i_{fdifa}，i_{fdifb}，i_{fdifc}	送端 MMC 三相桥臂差模电流
i_{fdref}，i_{fqref}	送端交流电流 d、q 轴参考指令
i_{ga}，i_{gb}，i_{gc}	GSC 三相交流电流
i_{gd}，i_{gq}	GSC 交流电流 d、q 轴分量
i_{gdref}，i_{gqref}	GSC 交流电流 d、q 轴参考指令
i_{pv}	光伏阵列输出电流
i_{ra}，i_{rb}，i_{rc}	DFIG 转子绕组三相交流电流
i_{rd}，i_{rq}	发电机转子绕组交流电流 d、q 轴分量
i_{rp}，i_{rn}	发电机转子绕组交流电流正、负序分量
i_{sa}，i_{sb}，i_{sc}	发电机定子绕组三相交流电流
i_{sd}，i_{sq}	发电机定子绕组交流电流 d、q 轴分量
i_{sdref}，i_{sqref}	发电机定子绕组交流电流 d、q 轴参考指令
i_{sm}	子模块输入电流
i_{sp}，i_{sn}	发电机定子绕组交流电流正、负序分量
$I_0\%$	双绕组变压器的空载电流
I_1，φ_{i1}	交流电流基频分量幅值和相位
I_{dc}	直流电流稳态值
I_{dcref}	直流电流参考指令
I_k，φ_{ik}	kf_1 频率处桥臂电流谐波分量的幅值和相位

I_m	标准工况下光伏组件最大功率点电流
I'_m	非标准工况下光伏组件最大功率点电流
I_{sc}	标准工况下光伏组件短路电流
I'_{sc}	非标准工况下光伏组件短路电流
J	发电机机械惯量
k_{eT}	受端变压器变比
k_{fT}	送端变压器变比
K_e	定转子匝数比
K_m	PWM 增益
l_{line}	直流输电线路长度
L_0	单位长度架空输电线路的电感
L_{arm}	桥臂电感
L_{dc}	直流平波电抗器
L_{dcL}	每节Π型电路等效电感
L_{earm}	受端 MMC 桥臂电感
L_{eg}	受端电网电感
L_{eT}	受端变压器等效网侧漏感
L_f	交流滤波电感
L_{farm}	送端 MMC 桥臂电感
L_{fT}	送端变压器等效网侧漏感
L_{1s}，L_{1r}	DFIG 定、转子绕组漏感
L_m	励磁电感
L_{ms}，L_{mr}	DFIG 定、转子绕组互感
L_s，L_r	DFIG 定、转子绕组电感
L_{s0}	PMSG 定子自感平均值
L_{s2}	PMSG 定子自感二次谐波幅值

L_{sd}，L_{sq}　PMSG 定子绕组 d、q 轴电感

L_T　晶闸管换流器等效换相电感

m_a，m_b，m_c　三相交流调制信号

m_{am}，m_{bm}，m_{cm}　三相桥臂调制信号

m_{au}，m_{bu}，m_{cu}　三相上桥臂调制信号

m_{av}，m_{bv}，m_{cv}　三相下桥臂调制信号

m_{cd}，m_{cq}　桥臂环流调制信号 d、q 轴分量

m_{coma}，m_{comb}，m_{comc}　三相桥臂共模调制信号

m_d，m_q　交流调制信号 d、q 轴分量

m_{difa}，m_{difb}，m_{difc}　三相桥臂差模调制信号

m_{eau}，m_{ebu}，m_{ecu}　受端 MMC 三相上桥臂调制信号

m_{eav}，m_{ebv}，m_{ecv}　受端 MMC 三相下桥臂调制信号

m_{ecoma}，m_{ecomb}，m_{ecomc}　受端 MMC 三相桥臂共模调制信号

m_{ed}，m_{eq}　受端 MMC 交流调制信号 d、q 轴分量

m_{edifa}，m_{edifb}，m_{edifc}　受端 MMC 三相桥臂差模调制信号

m_{fau}，m_{fbu}，m_{fcu}　送端 MMC 三相上桥臂调制信号

m_{fav}，m_{fbv}，m_{fcv}　送端 MMC 三相下桥臂调制信号

m_{fcd}，m_{fcq}　送端 MMC 桥臂环流调制信号 d、q 轴分量

m_{fcoma}，m_{fcomb}，m_{fcomc}　送端 MMC 三相桥臂共模调制信号

m_{fd}，m_{fq}　送端 MMC 交流调制信号 d、q 轴分量

m_{fdifa}，m_{fdifb}，m_{fdifc}　送端 MMC 三相桥臂差模调制信号

m_{ga}，m_{gb}，m_{gc}　GSC 三相交流调制信号

m_{gd}，m_{gq}　GSC 交流调制信号 d、q 轴分量

m_{ra}，m_{rb}，m_{rc}　RSC 三相交流调制信号

m_{sa}，m_{sb}，m_{sc}　MSC 三相交流调制信号

m_{vca}，m_{vcb}，m_{vcc}　三相相间均压调制信号

M_1	基波调制比
M_{s0}	PMSG 定子互感平均值
M_{s2}	PMSG 定子互感二次谐波幅值
n_{au}，n_{bu}，n_{cu}	三相上桥臂子模块投入数量
n_{av}，n_{bv}，n_{cv}	三相下桥臂子模块投入数量
n_r	转子机械转速
n_s	定子磁场转速
n_{slip}	转子磁场相对于转子的转速
N	桥臂子模块数量
N_{DFIG}	DFIG 风电机组数目
N_e	受端 MMC 桥臂子模块数量
N_f	送端 MMC 桥臂子模块数量
N_{par}	光伏组件并联数
N_{PMSG}	PMSG 风电机组数目
N_{PV}	PV 发电单元数目
N_{ser}	光伏组件串联数
p	电机极对数
P_{er}，Q_{er}	DFIG 转子侧有功功率、无功功率
P_{es}，Q_{es}	DFIG 定子侧有功功率、无功功率
P_g，Q_g	GSC 有功功率、无功功率
P_{load}，Q_{load}	送端 MMC 交流有功功率、无功功率
P_m	标准工况下光伏组件最大功率
P'_m	非标准工况下光伏组件最大功率
P_N	额定功率
P_{ref}，Q_{ref}	有功功率、无功功率参考指令
Q	无功功率

r_0	单位长度架空输电线路的电阻
R_{arm}	桥臂电阻
R_{dcL}	每节Π型电路等效电阻
R_{earm}	受端 MMC 桥臂电阻
R_{farm}	送端 MMC 桥臂电阻
R_{min}	禁止区域半径
R_s,R_r	发电机定、转子绕组电阻
R_T	双绕组变压器等值电路的电阻
s_a，s_b，s_c	三相开关函数
s_{a0}，s_{b0}，s_{c0}	三相理想开关函数
s_{ea1}，s_{eb1}，s_{ec1}	受端换流器 1 三相开关函数
s_{ea2}，s_{eb2}，s_{ec2}	受端换流器 2 三相开关函数
s_{fa1}，s_{fb1}，s_{fc1}	送端换流器 1 三相开关函数
s_{fa2}，s_{fb2}，s_{fc2}	送端换流器 2 三相开关函数
s_{ia}，s_{ib}，s_{ic}	三相电流开关函数
s_n	转差率
s_{va}，s_{vb}，s_{vc}	三相电压开关函数
S	辐照度
S_{ref}	标准工况下辐照度
S_{SVG}	SVG 额定容量
t	时间
T	温度
T_1	基波周期
T_c	控制周期
T_{car}	载波周期

T_e 发电机电磁转矩

T_{eiac} 受端 MMC 交流电流滤波时间常数

T_{eic} 受端 MMC 桥臂环流滤波时间常数

T_{epol} 受端 MMC 极控控制周期

T_{evac} 受端 MMC 交流电压滤波时间常数

T_{eval} 受端 MMC 阀控控制周期

T_{evdc} 受端 MMC 直流电压滤波时间常数

T_{fiac} 送端 MMC 交流电流滤波时间常数

T_{fic} 送端 MMC 桥臂环流滤波时间常数

T_{fpol} 送端 MMC 极控控制周期

T_{fvac} 送端 MMC 交流电压滤波时间常数

T_{fval} 送端 MMC 阀控控制周期

T_{iac} 交流电流滤波时间常数

T_{idcf} 直流电流滤波时间常数

T_m 发电机机械转矩

T_{ref} 标准工况下的温度

T_{rma} 调制波周期

T_s 延时

T_{vac} 交流电压滤波时间常数

T_{vc} 电容电压滤波时间常数

T_{vdcf} 直流电压滤波时间常数

$\boldsymbol{u}$ 输入变量向量

$\hat{\boldsymbol{u}}$ 输入向量小信号

$\boldsymbol{u}_0$ 平衡点下输入向量

$u_1, u_2, \cdots, u_r$ 各输入变量

v_a, v_b, v_c 三相交流电压

v_{ab}，v_{ba}，v_{bc}，v_{cb}，v_{ac}，v_{ca}	ab、ba、bc、cb、ac、ca 线电压
v_{am}，v_{bm}，v_{cm}	三相桥臂电压
v_{ao}	a 相交流输出电压
v_{au}，v_{bu}，v_{cu}	三相上桥臂电压
v_{av}，v_{bv}，v_{cv}	三相下桥臂电压
v_{C}	子模块电容电压
v_{Cam}，v_{Cbm}，v_{Ccm}	三相桥臂电容电压
v_{car}	三角载波
v_{Cau}，v_{Cbu}，v_{Ccu}	三相上桥臂电容电压
$v_{Cau}^{(1)}$，$v_{Cau}^{(2)}$，…，$v_{Cau}^{(N)}$	a 相上桥臂各子模块电容电压
v_{Cav}，v_{Cbv}，v_{Ccv}	三相下桥臂电容电压
$v_{Cav}^{(1)}$，$v_{Cav}^{(2)}$，…，$v_{Cav}^{(N)}$	a 相下桥臂各子模块电容电压
$v_{Cbu}^{(1)}$，$v_{Cbu}^{(2)}$，…，$v_{Cbu}^{(N)}$	b 相上桥臂各子模块电容电压
$v_{Cbv}^{(1)}$，$v_{Cbv}^{(2)}$，…，$v_{Cbv}^{(N)}$	b 相下桥臂各子模块电容电压
$v_{Ccu}^{(1)}$，$v_{Ccu}^{(2)}$，…，$v_{Ccu}^{(N)}$	c 相上桥臂各子模块电容电压
$v_{Ccv}^{(1)}$，$v_{Ccv}^{(2)}$，…，$v_{Ccv}^{(N)}$	c 相下桥臂各子模块电容电压
v_{coma}，v_{comb}，v_{comc}	三相桥臂共模电压
v_{d}，v_{q}	交流电压 d、q 轴分量
v_{dc}	直流电压
v_{dcL}	直流平波电抗器出口电压
v_{difa}，v_{difb}，v_{difc}	三相桥臂差模电压
v_{ea}，v_{eb}，v_{ec}	受端三相交流电压
v_{ea1}，v_{eb1}，v_{ec1}	受端换流器 1 三相交流输出电压
v_{ea2}，v_{eb2}，v_{ec2}	受端换流器 2 三相交流输出电压
v_{eCau}，v_{eCbu}，v_{eCcu}	受端 MMC 三相上桥臂电容电压
v_{eCav}，v_{eCbv}，v_{eCcv}	受端 MMC 三相下桥臂电容电压

v_{ed}，v_{eq} 受端交流电压 d、q 轴分量

v_{edc} 受端换流站直流电压

v_{edifa}，v_{edifb}，v_{edifc} 受端 MMC 三相桥臂差模电压

v_{eO} 受端交流中性点电压

v_{eTa}，v_{eTb}，v_{eTc} 受端变压器网侧三相交流电压

v_{fa}，v_{fb}，v_{fc} 送端三相交流电压

v_{fa1}，v_{fb1}，v_{fc1} 送端换流器 1 三相交流输入电压

v_{fa2}，v_{fb2}，v_{fc2} 送端换流器 2 三相交流输入电压

v_{fcoma}，v_{fcomb}，v_{fcomc} 送端 MMC 三相桥臂共模电压

v_{fd}，v_{fq} 送端交流电压 d、q 轴分量

v_{fdc} 送端换流站直流电压

v_{fdifa}，v_{fdifb}，v_{fdifc} 送端 MMC 三相桥臂差模电压

v_{fCau}，v_{fCbu}，v_{fCcu} 送端 MMC 三相上桥臂电容电压

v_{fCav}，v_{fCbv}，v_{fCcv} 送端 MMC 三相下桥臂电容电压

v_{fO} 送端交流中性点电压

v_{fTa}，v_{fTb}，v_{fTc} 送端变压器网侧三相交流电压

v_{ga}，v_{gb}，v_{gc} GSC 三相交流调制电压

v_{ia}，v_{ib}，v_{ic} 三相交流调制电压

v_{NO} 直流负极相对于交流中性点电压

v_{O} 交流中性点电压

v_{PO} 直流正极相对于交流中性点电压

v_{ra}，v_{rb}，v_{rc} DFIG 转子绕组三相交流电压

v_{rd}，v_{rq} 发电机转子绕组交流电压 d、q 轴分量

v_{rma} a 相调制波

v_{rp}，v_{rn} 发电机转子绕组交流电压正、负序分量

v_{sa}，v_{sb}，v_{sc} 发电机定子绕组三相交流电压

v_{sd}，v_{sq}	发电机定子绕组交流电压 d、q 轴分量
v_{sm}	子模块输出电压
$v_{sm\_au}^{(1)}$，$v_{sm\_au}^{(2)}$，…，$v_{sm\_au}^{(N)}$	a 相上桥臂各子模块输出电压
$v_{sm\_av}^{(1)}$，$v_{sm\_av}^{(2)}$，…，$v_{sm\_av}^{(N)}$	a 相下桥臂各子模块输出电压
$v_{sm\_bu}^{(1)}$，$v_{sm\_bu}^{(2)}$，…，$v_{sm\_bu}^{(N)}$	b 相上桥臂各子模块输出电压
$v_{sm\_bv}^{(1)}$，$v_{sm\_bv}^{(2)}$，…，$v_{sm\_bv}^{(N)}$	b 相下桥臂各子模块输出电压
$v_{sm\_cu}^{(1)}$，$v_{sm\_cu}^{(2)}$，…，$v_{sm\_cu}^{(N)}$	c 相上桥臂各子模块输出电压
$v_{sm\_cv}^{(1)}$，$v_{sm\_cv}^{(2)}$，…，$v_{sm\_cv}^{(N)}$	c 相下桥臂各子模块输出电压
v_{sp}，v_{sn}	发电机定子绕组交流电压正、负序分量
v_{Ta}，v_{Tb}，v_{Tc}	三相交流输入电压
V_1，φ_{v1}	交流电压基频分量幅值和相位
V_{acref}	交流电压参考指令
V_{car}	载波幅值
V_C	子模块电容电压额定值
V_{dc}	直流电压稳态值
V_{dcref}	直流电压参考指令
V_{e1}，φ_{ev1}	受端交流电压基频分量幅值和相位
V_{f1}，φ_{fv1}	送端交流电压基频分量幅值和相位
V_{fdc}	送端换流站直流电压稳态值
V_m	标准工况下光伏组件最大功率点电压
V_m'	非标准工况下光伏组件最大功率点电压
V_{oc}	标准工况下光伏组件开路电压
V_{oc}'	非标准工况下光伏组件开路电压
V_{rma}	调制波幅值
$V_S\%$	双绕组变压器的短路电压
W_m	发电机磁场储能和磁共能

$\boldsymbol{x}$	状态变量向量
$\hat{\boldsymbol{x}}$	状态向量小信号
$\boldsymbol{x}_0$	平衡点下状态向量
x_1, x_2, …, x_n	各状态变量
$\dot{x}_1$, $\dot{x}_2$, …, $\dot{x}_n$	各状态变量对时间 t 的导数
X_{T}	双绕组变压器等值电路的电抗
$\boldsymbol{y}$	输出变量向量
$Z_{\mathrm{load}}(s)$	送端 MMC 交流负载阻抗
ΔP_0	双绕组变压器的空载损耗
ΔP_{S}	双绕组变压器的短路损耗
Δs_{ia}, Δs_{ib}, Δs_{ic}	三相电流开关函数变化量
Δs_{va}, Δs_{vb}, Δs_{vc}	三相电压开关函数变化量
ΔS	非标准工况与标准工况的相对辐照度
ΔT	非标准工况与标准工况的温度差
α	触发角
α_0	稳态触发角
α_{e}	受端换流站触发角
α_{e0}	受端换流站稳态触发角
α_{f}	送端换流站触发角
α_{f0}	送端换流站稳态触发角
α_{fmin}	送端换流站最小触发角
β_{a}, β_{b}, β_{c}	三相移相角
γ	架空输电线路的传播系数
γ_1, γ_2, γ_3, γ_4, γ_5, γ_6	自然换相点移相角
γ_{e1}, γ_{e2}, …, γ_{e12}	受端换流站自然换相点移相角

$\gamma_{f1}, \gamma_{f2}, \cdots, \gamma_{f12}$	送端换流站自然换相点移相角
μ	换相重叠角
μ_e	受端换流站换相重叠角
μ_{ei}	受端换流站电流等效换相重叠角
μ_f	送端换流站换相重叠角
μ_{fi}	送端换流站电流等效换相重叠角
μ_i	电流等效换相重叠角
$\theta_1, \theta_2, \theta_3, \theta_4, \theta_5, \theta_6$	各晶闸管参考角
$\theta_{e1}, \theta_{e2}, \cdots, \theta_{e12}$	受端换流站各晶闸管参考角
θ_{ePLL}	受端换流站 PLL 锁相角
θ_{etc}	受端换流站 PLL 控制相位裕度
θ_f	送端 MMC 参考角
$\theta_{f1}, \theta_{f2}, \cdots, \theta_{f12}$	送端换流站各晶闸管参考角
θ_{fiac}	送端 MMC 交流电流控制相位裕度
θ_{fPLL}	送端换流站 PLL 锁相角
θ_{ftc}	送端换流站 PLL 控制相位裕度
θ_{gic}	GSC 交流电流控制相位裕度
θ_{iac}	交流电流控制相位裕度
θ_{idc}	直流电流控制相位裕度
θ_{pc}	有功功率控制相位裕度
θ_{PLL}	锁相角
θ_{qc}	无功功率控制相位裕度
θ_r	转子旋转坐标系电角度
θ_{ric}	RSC 交流电流控制相位裕度
θ_s	dq 同步速旋转坐标系电角度
θ_{sic}	MSC 交流电流控制相位裕度

θ_{slip}	转子旋转坐标系和同步速旋转坐标系的相对电角度
θ_{tc}	PLL 控制相位裕度
θ_{vac}	交流电压控制相位裕度
θ_{vdc}	直流电压控制相位裕度
θ_{vs}	全局电压控制相位裕度
ω_1	基波角频率
ω_{p}	小信号角频率
ω_{r}	转子电气角频率
ω_{s}	同步旋转角频率
ψ_{fa}, ψ_{fb}, ψ_{fc}	PMSG 转子三相交流磁链
ψ_{fd}, ψ_{fq}	PMSG 转子交流磁链 d、q 轴分量
ψ_{fp}, ψ_{fn}	PMSG 转子交流磁链正、负序分量
ψ_{ra}, ψ_{rb}, ψ_{rc}	DFIG 转子绕组三相交流磁链
ψ_{rd}, ψ_{rq}	DFIG 转子绕组交流磁链 d、q 轴分量
ψ_{rp}, ψ_{rn}	DFIG 转子绕组交流磁链正、负序分量
ψ_{sa}, ψ_{sb}, ψ_{sc}	发电机定子绕组三相交流磁链
ψ_{sd}, ψ_{sq}	发电机定子绕组交流磁链 d、q 轴分量
ψ_{sp}, ψ_{sn}	发电机定子绕组交流磁链正、负序分量
ψ_{f}	PMSG 转子磁链幅值
σ	发电机漏磁系数
φ_{k+}, φ_{k-}, φ_{k0}	三相交流信号在频率 kf_1 下的正、负、零序分量相位

稳态信号频域向量与矩阵

$\boldsymbol{A}$	桥臂稳态向量转换矩阵
$\boldsymbol{A}_{\mathrm{c}}$	桥臂稳态向量共模矩阵
$\boldsymbol{A}_{\mathrm{c0}}$	桥臂稳态向量共模零序转换矩阵

$\boldsymbol{A}_{\mathrm{d}}$	桥臂稳态向量差模矩阵
$\boldsymbol{A}_{\mathrm{p}}$	桥臂小信号向量转换矩阵
$\boldsymbol{A}_{\mathrm{pc}}$	桥臂小信号向量共模矩阵
$\boldsymbol{A}_{\mathrm{pc0}}$	桥臂电流小信号向量共模零序矩阵
$\boldsymbol{A}_{\mathrm{pd}}$	桥臂小信号向量差模矩阵
$\boldsymbol{A}_{\mathrm{pd0}}$	桥臂电感修正对角矩阵
$\boldsymbol{A}_{\mathrm{x}}(s)$	状态矩阵传递函数
$\boldsymbol{B}$	对称分量变换矩阵
$\boldsymbol{B}_{\mathrm{u}}(s)$	输入矩阵传递函数
$\boldsymbol{C}$	开关函数特征频次系数矩阵
$\boldsymbol{C}_{\mathrm{x}}(s)$	输出矩阵传递函数
$\boldsymbol{D}$	稳态向量相序系数矩阵
$\boldsymbol{D}_{\mathrm{ad}}$	交、直流电压变换矩阵
$\boldsymbol{D}_{\mathrm{p}}$	小信号向量相序系数矩阵
$\boldsymbol{D}_{\mathrm{u}}(s)$	直接传递矩阵传递函数
$\boldsymbol{F}(s)$	平衡点下时域周期信号的频域向量
$\boldsymbol{F}_{\mathrm{c\theta a}}(s)$，$\boldsymbol{F}_{\mathrm{c\theta b}}(s)$，$\boldsymbol{F}_{\mathrm{c\theta c}}(s)$	余弦函数$\cos\theta_{\mathrm{PLL}}$、$\cos(\theta_{\mathrm{PLL}}-2\pi/3)$、$\cos(\theta_{\mathrm{PLL}}+2\pi/3)$的频域稳态向量
$\boldsymbol{F}_{k}$	周期信号kf_1频率交流分量的复傅里叶系数
$\boldsymbol{F}_{\mathrm{s\theta a}}(s)$，$\boldsymbol{F}_{\mathrm{s\theta b}}(s)$，$\boldsymbol{F}_{\mathrm{s\theta c}}(s)$	正弦函数$\sin\theta_{\mathrm{PLL}}$、$\sin(\theta_{\mathrm{PLL}}-2\pi/3)$、$\sin(\theta_{\mathrm{PLL}}+2\pi/3)$的频域稳态向量
$\boldsymbol{G}$	非线性方程组$\boldsymbol{g}$的频域传递函数
$\boldsymbol{H}$	输出方程组$\boldsymbol{h}$的频域传递函数
$\boldsymbol{I}_1$	交流电流稳态基频分量
$\boldsymbol{I}_{\mathrm{a}}$，$\boldsymbol{I}_{\mathrm{b}}$，$\boldsymbol{I}_{\mathrm{c}}$	三相交流电流稳态向量

$\boldsymbol{I}_{\mathrm{a}}(s)$, $\boldsymbol{I}_{\mathrm{b}}(s)$, $\boldsymbol{I}_{\mathrm{c}}(s)$	三相交流电流频域稳态向量
$\boldsymbol{I}_{\mathrm{au}}$, $\boldsymbol{I}_{\mathrm{bu}}$, $\boldsymbol{I}_{\mathrm{cu}}$	三相上桥臂电流稳态向量
$\boldsymbol{I}_{\mathrm{av}}$, $\boldsymbol{I}_{\mathrm{bv}}$, $\boldsymbol{I}_{\mathrm{cv}}$	三相下桥臂电流稳态向量
$\boldsymbol{I}_{\mathrm{coma}}$, $\boldsymbol{I}_{\mathrm{comb}}$, $\boldsymbol{I}_{\mathrm{comc}}$	三相桥臂环流稳态向量
$\boldsymbol{I}_{\mathrm{Cf1}}$	滤波电容交流电流稳态基频分量
$\boldsymbol{I}_{\mathrm{dc}}$	直流电流稳态向量
$\boldsymbol{I}_{\mathrm{ea}}$, $\boldsymbol{I}_{\mathrm{eb}}$, $\boldsymbol{I}_{\mathrm{ec}}$	受端三相交流电流稳态向量
$\boldsymbol{I}_{\mathrm{eau}}$, $\boldsymbol{I}_{\mathrm{ebu}}$, $\boldsymbol{I}_{\mathrm{ecu}}$	受端 MMC 三相上桥臂电流稳态向量
$\boldsymbol{I}_{\mathrm{eav}}$, $\boldsymbol{I}_{\mathrm{ebv}}$, $\boldsymbol{I}_{\mathrm{ecv}}$	受端 MMC 三相下桥臂电流稳态向量
$\boldsymbol{I}_{\mathrm{edc}}$	受端换流站直流电流稳态向量
$\boldsymbol{I}_{\mathrm{fa}}$, $\boldsymbol{I}_{\mathrm{fb}}$, $\boldsymbol{I}_{\mathrm{fc}}$	送端三相交流电流稳态向量
$\boldsymbol{I}_{\mathrm{fa},6n_1\pm1+12n_2}$, $\boldsymbol{I}_{\mathrm{fb},6n_1\pm1+12n_2}$, $\boldsymbol{I}_{\mathrm{fc},6n_1\pm1+12n_2}$	送端三相交流电流 $(6n_1\pm1+12n_2)f_1$ 次稳态谐波分量
$\boldsymbol{I}_{\mathrm{fa1},6n_1\pm1+12n_2}$, $\boldsymbol{I}_{\mathrm{fb1},6n_1\pm1+12n_2}$, $\boldsymbol{I}_{\mathrm{fc1},6n_1\pm1+12n_2}$	送端换流器 1 三相电流 $(6n_1\pm1+12n_2)f_1$ 次稳态谐波分量
$\boldsymbol{I}_{\mathrm{fa2},6n_1\pm1+12n_2}$, $\boldsymbol{I}_{\mathrm{fb2},6n_1\pm1+12n_2}$, $\boldsymbol{I}_{\mathrm{fc2},6n_1\pm1+12n_2}$	送端换流器 2 三相电流 $(6n_1\pm1+12n_2)f_1$ 次稳态谐波分量
$\boldsymbol{I}_{\mathrm{fau}}$, $\boldsymbol{I}_{\mathrm{fbu}}$, $\boldsymbol{I}_{\mathrm{fcu}}$	送端 MMC 三相上桥臂电流稳态向量
$\boldsymbol{I}_{\mathrm{fav}}$, $\boldsymbol{I}_{\mathrm{fbv}}$, $\boldsymbol{I}_{\mathrm{fcv}}$	送端 MMC 三相下桥臂电流稳态向量
$\boldsymbol{I}_{\mathrm{fcoma}}$, $\boldsymbol{I}_{\mathrm{fcomb}}$, $\boldsymbol{I}_{\mathrm{fcomc}}$	送端 MMC 三相桥臂环流稳态向量
$\boldsymbol{I}_{\mathrm{fdc}}$	送端换流站直流电流稳态向量
$\boldsymbol{I}_{\mathrm{fdc},12n_2}$	送端换流站直流电流稳态向量在 $12n_2f_1$ 频率的分量
$\boldsymbol{I}_{\mathrm{g}}$	交流电网输出电流
$\boldsymbol{I}_{\mathrm{g1}}$	GSC 交流电流稳态基频分量
$\boldsymbol{I}_{\mathrm{ga}}$, $\boldsymbol{I}_{\mathrm{gb}}$, $\boldsymbol{I}_{\mathrm{gc}}$	GSC 三相交流电流稳态向量

$\boldsymbol{I}_{\mathrm{ideal}}$　新能源场站接入理想交流电网输出电流

$\boldsymbol{I}_{\mathrm{LCC}}$　LCC－HVDC 等效电流源

$\boldsymbol{I}_{\mathrm{out}}$　新能源场站输出电流

$\boldsymbol{I}_{\mathrm{pv}}$　光伏阵列输出电流稳态向量

$\boldsymbol{I}_{\mathrm{r1}}$　发电机转子绕组交流电流稳态基频分量

$\boldsymbol{I}_{\mathrm{ra}}$，$\boldsymbol{I}_{\mathrm{sb}}$，$\boldsymbol{I}_{\mathrm{sc}}$　发电机转子绕组三相交流电流稳态向量

$\boldsymbol{I}_{\mathrm{RE}}$　新能源场站等效电流源

$\boldsymbol{I}_{\mathrm{s1}}$　发电机定子绕组交流电流稳态基频分量

$\boldsymbol{I}_{\mathrm{sa}}$，$\boldsymbol{I}_{\mathrm{sb}}$，$\boldsymbol{I}_{\mathrm{sc}}$　发电机定子绕组三相交流电流稳态向量

$\boldsymbol{I}_{\mathrm{trans}}$　HVDC 输送电流

$\boldsymbol{M}_{1}$　交流调制信号稳态基频分量

$\boldsymbol{M}_{\mathrm{a}}$，$\boldsymbol{M}_{\mathrm{b}}$，$\boldsymbol{M}_{\mathrm{c}}$　三相交流调制信号稳态向量

$\boldsymbol{M}_{\mathrm{a}}(s)$，$\boldsymbol{M}_{\mathrm{b}}(s)$，$\boldsymbol{M}_{\mathrm{c}}(s)$　三相交流调制信号频域稳态向量

$\boldsymbol{M}_{\mathrm{am}}$，$\boldsymbol{M}_{\mathrm{bm}}$，$\boldsymbol{M}_{\mathrm{cm}}$　三相桥臂调制信号稳态向量

$\boldsymbol{M}_{\mathrm{au}}$，$\boldsymbol{M}_{\mathrm{bu}}$，$\boldsymbol{M}_{\mathrm{cu}}$　三相上桥臂调制信号稳态向量

$\boldsymbol{M}_{\mathrm{av}}$，$\boldsymbol{M}_{\mathrm{bv}}$，$\boldsymbol{M}_{\mathrm{cv}}$　三相下桥臂调制信号稳态向量

$\boldsymbol{M}_{\mathrm{eau}}$，$\boldsymbol{M}_{\mathrm{ebu}}$，$\boldsymbol{M}_{\mathrm{ecu}}$　受端 MMC 三相上桥臂调制信号稳态向量

$\boldsymbol{M}_{\mathrm{eav}}$，$\boldsymbol{M}_{\mathrm{ebv}}$，$\boldsymbol{M}_{\mathrm{ecv}}$　受端 MMC 三相下桥臂调制信号稳态向量

$\boldsymbol{M}_{\mathrm{fau}}$，$\boldsymbol{M}_{\mathrm{fbu}}$，$\boldsymbol{M}_{\mathrm{fcu}}$　送端 MMC 三相上桥臂调制信号稳态向量

$\boldsymbol{M}_{\mathrm{fav}}$，$\boldsymbol{M}_{\mathrm{fbv}}$，$\boldsymbol{M}_{\mathrm{fcv}}$　送端 MMC 三相下桥臂调制信号稳态向量

$\boldsymbol{M}_{\mathrm{g1}}$　GSC 交流调制信号稳态基频分量

$\boldsymbol{M}_{\mathrm{ga}}$，$\boldsymbol{M}_{\mathrm{gb}}$，$\boldsymbol{M}_{\mathrm{gc}}$　GSC 三相交流调制信号稳态向量

$\boldsymbol{M}_{\mathrm{r1}}$　RSC 交流调制信号稳态基频分量

$\boldsymbol{M}_{\mathrm{ra}}$，$\boldsymbol{M}_{\mathrm{rb}}$，$\boldsymbol{M}_{\mathrm{rc}}$　RSC 三相交流调制信号稳态向量

$\boldsymbol{M}_{\mathrm{s1}}$　MSC 交流调制信号稳态基频分量

$\boldsymbol{M}_{\mathrm{sa}}$，$\boldsymbol{M}_{\mathrm{sb}}$，$\boldsymbol{M}_{\mathrm{sc}}$	MSC 三相交流调制信号稳态向量
$\boldsymbol{S}_{\mathrm{a}}[k,m]$，$\boldsymbol{S}_{\mathrm{b}}[k,m]$，$\boldsymbol{S}_{\mathrm{c}}[k,m]$	开关函数在频率 $kf_1+m(f_{\mathrm{p}}-f_1)$ 的复傅里叶系数
$\boldsymbol{S}_{\mathrm{eia}}$，$\boldsymbol{S}_{\mathrm{eib}}$，$\boldsymbol{S}_{\mathrm{eic}}$	受端换流站三相电流开关函数稳态向量
$\boldsymbol{S}_{\mathrm{eva}}$，$\boldsymbol{S}_{\mathrm{evb}}$，$\boldsymbol{S}_{\mathrm{evc}}$	受端换流站三相电压开关函数稳态向量
$\boldsymbol{S}_{\mathrm{fa1},6n\pm1}$，$\boldsymbol{S}_{\mathrm{fb1},6n\pm1}$，$\boldsymbol{S}_{\mathrm{fc1},6n\pm1}$	送端换流器 1 开关函数频率为 $(6n\pm1)f_1$ 的稳态分量
$\boldsymbol{S}_{\mathrm{fa2},6n\pm1}$，$\boldsymbol{S}_{\mathrm{fb2},6n\pm1}$，$\boldsymbol{S}_{\mathrm{fc2},6n\pm1}$	送端换流器 2 开关函数频率为 $(6n\pm1)f_1$ 的稳态分量
$\boldsymbol{S}_{\mathrm{fia}}$，$\boldsymbol{S}_{\mathrm{fib}}$，$\boldsymbol{S}_{\mathrm{fic}}$	送端换流站三相电流开关函数稳态向量
$\boldsymbol{S}_{\mathrm{fi}k}$	电流开关函数稳态向量中频率为 kf_1 的分量
$\boldsymbol{S}_{\mathrm{fva}}$，$\boldsymbol{S}_{\mathrm{fvb}}$，$\boldsymbol{S}_{\mathrm{fvc}}$	送端换流站三相电压开关函数稳态向量
$\boldsymbol{S}_{\mathrm{fv}k}$	电压开关函数稳态向量中频率为 $kf_1\,(k=12n\pm1)$ 的分量
$\boldsymbol{S}_{\mathrm{ia}}$，$\boldsymbol{S}_{\mathrm{ib}}$，$\boldsymbol{S}_{\mathrm{ic}}$	三相电流开关函数稳态向量
$\boldsymbol{S}_{\mathrm{ia}}[k,m]$，$\boldsymbol{S}_{\mathrm{ib}}[k,m]$，$\boldsymbol{S}_{\mathrm{ic}}[k,m]$	电流开关函数在频率 $kf_1+m(f_{\mathrm{p}}-f_1)$ 的复傅里叶系数
$\boldsymbol{S}_{\mathrm{va}}$，$\boldsymbol{S}_{\mathrm{vb}}$，$\boldsymbol{S}_{\mathrm{vc}}$	三相电压开关函数稳态向量
$\boldsymbol{S}_{\mathrm{va}}[k,m]$，$\boldsymbol{S}_{\mathrm{vb}}[k,m]$，$\boldsymbol{S}_{\mathrm{vc}}[k,m]$	电压开关函数在频率 $kf_1+m(f_{\mathrm{p}}-f_1)$ 的复傅里叶系数
$\boldsymbol{T}_{\mathrm{O}}$	桥臂稳态向量零序差模矩阵
$\boldsymbol{T}_{\mathrm{p}}$	桥臂小信号向量零序差模矩阵
$\boldsymbol{U}$	单位矩阵
$\boldsymbol{U}(s)$	平衡点下输入变量频域稳态向量
$\boldsymbol{U}_{\mathrm{p}}$	f_{p} 频率下输入信号幅值和相位的复傅里叶系数
$\boldsymbol{V}_1$	交流电压频率为 f_1 的稳态分量
$\boldsymbol{V}_{-1}$	交流电压频率为 $-f_1$ 的稳态分量
$\boldsymbol{V}_{\mathrm{a}}$，$\boldsymbol{V}_{\mathrm{b}}$，$\boldsymbol{V}_{\mathrm{c}}$	三相交流电压稳态向量
$\boldsymbol{V}_{\mathrm{a}}(s)$，$\boldsymbol{V}_{\mathrm{b}}(s)$，$\boldsymbol{V}_{\mathrm{c}}(s)$	三相交流电压频域稳态向量
$\boldsymbol{V}_{\mathrm{Cam}}$，$\boldsymbol{V}_{\mathrm{Cbm}}$，$\boldsymbol{V}_{\mathrm{Ccm}}$	三相桥臂电容电压稳态向量
$\boldsymbol{V}_{\mathrm{Cau}}$，$\boldsymbol{V}_{\mathrm{Cbu}}$，$\boldsymbol{V}_{\mathrm{Ccu}}$	三相上桥臂电容电压稳态向量

$\boldsymbol{V}_{\mathrm{Cav}}$，$\boldsymbol{V}_{\mathrm{Cbv}}$，$\boldsymbol{V}_{\mathrm{Ccv}}$	三相下桥臂电容电压稳态向量
$\boldsymbol{V}_{\mathrm{dc}}$	直流电压稳态向量
$\boldsymbol{V}_{\mathrm{dc}}(s)$	直流电压频域稳态向量
$\boldsymbol{V}_{\mathrm{ea}}$，$\boldsymbol{V}_{\mathrm{eb}}$，$\boldsymbol{V}_{\mathrm{ec}}$	受端三相交流电压稳态向量
$\boldsymbol{V}_{\mathrm{ea1}}$，$\boldsymbol{V}_{\mathrm{eb1}}$，$\boldsymbol{V}_{\mathrm{ec1}}$	受端换流器 1 三相交流输出电压稳态向量
$\boldsymbol{V}_{\mathrm{ea2}}$，$\boldsymbol{V}_{\mathrm{eb2}}$，$\boldsymbol{V}_{\mathrm{ec2}}$	受端换流器 2 三相交流输出电压稳态向量
$\boldsymbol{V}_{\mathrm{eCau}}$，$\boldsymbol{V}_{\mathrm{eCbu}}$，$\boldsymbol{V}_{\mathrm{eCcu}}$	受端 MMC 三相上桥臂电容电压稳态向量
$\boldsymbol{V}_{\mathrm{eCav}}$，$\boldsymbol{V}_{\mathrm{eCbv}}$，$\boldsymbol{V}_{\mathrm{eCcv}}$	受端 MMC 三相下桥臂电容电压稳态向量
$\boldsymbol{V}_{\mathrm{edc}}$	受端换流站直流电压稳态向量
$\boldsymbol{V}_{\mathrm{eO}}$	受端交流中性点电压稳态向量
$\boldsymbol{V}_{\mathrm{eTa}}$，$\boldsymbol{V}_{\mathrm{eTb}}$，$\boldsymbol{V}_{\mathrm{eTc}}$	受端变压器网侧三相交流电压稳态向量
$\boldsymbol{V}_{\mathrm{fa}}$，$\boldsymbol{V}_{\mathrm{fb}}$，$\boldsymbol{V}_{\mathrm{fc}}$	送端三相交流电压稳态向量
$\boldsymbol{V}_{\mathrm{fa1}}$，$\boldsymbol{V}_{\mathrm{fb1}}$，$\boldsymbol{V}_{\mathrm{fc1}}$	送端换流器 1 三相交流输入电压稳态向量
$\boldsymbol{V}_{\mathrm{fa1},6n\pm1}$，$\boldsymbol{V}_{\mathrm{fb1},6n\pm1}$，$\boldsymbol{V}_{\mathrm{fc1},6n\pm1}$	送端换流器 1 三相电压 $(6n\pm1)f_1$ 次稳态谐波分量
$\boldsymbol{V}_{\mathrm{fa2}}$，$\boldsymbol{V}_{\mathrm{fb2}}$，$\boldsymbol{V}_{\mathrm{fc2}}$	送端换流器 2 三相交流输入电压稳态向量
$\boldsymbol{V}_{\mathrm{fa2},n\pm1}$，$\boldsymbol{V}_{\mathrm{fb2},6n\pm1}$，$\boldsymbol{V}_{\mathrm{fc2},6n\pm1}$	送端换流器 2 三相电压 $(6n\pm1)f_1$ 次稳态谐波分量
$\boldsymbol{V}_{\mathrm{fCau}}$，$\boldsymbol{V}_{\mathrm{fCbu}}$，$\boldsymbol{V}_{\mathrm{fCcu}}$	送端 MMC 三相上桥臂电容电压稳态向量
$\boldsymbol{V}_{\mathrm{fCav}}$，$\boldsymbol{V}_{\mathrm{fCbv}}$，$\boldsymbol{V}_{\mathrm{fCcv}}$	送端 MMC 三相下桥臂电容电压稳态向量
$\boldsymbol{V}_{\mathrm{fdc}}$	送端换流站直流电压稳态向量
$\boldsymbol{V}_{\mathrm{fdc},6(n_1+n_2)}$	送端换流站直流电压 $6(n_1+n_2)f_1$ 次稳态谐波分量
$\boldsymbol{V}_{\mathrm{fdc1},6(n_1+n_2)}$	送端换流器 1 直流电压 $6(n_1+n_2)f_1$ 次稳态谐波分量
$\boldsymbol{V}_{\mathrm{fdc2},6(n_1+n_2)}$	送端换流器 2 直流电压 $6(n_1+n_2)f_1$ 次稳态谐波分量
$\boldsymbol{V}_{\mathrm{fO}}$	送端交流中性点电压稳态向量
$\boldsymbol{V}_{\mathrm{fTa}}$，$\boldsymbol{V}_{\mathrm{fTb}}$，$\boldsymbol{V}_{\mathrm{fTc}}$	送端变压器网侧三相交流电压稳态向量
$\boldsymbol{V}_{\mathrm{g}}$	交流电网电压
$\boldsymbol{V}_{\mathrm{g1}}$	GSC 调制电压稳态基频分量

$\boldsymbol{V}_{\mathrm{ga}}$, $\boldsymbol{V}_{\mathrm{gb}}$, $\boldsymbol{V}_{\mathrm{gc}}$	GSC 三相交流调制电压稳态向量
$\boldsymbol{V}_{\mathrm{i1}}$	调制电压稳态基频分量
$\boldsymbol{V}_{\mathrm{ia}}$, $\boldsymbol{V}_{\mathrm{ib}}$, $\boldsymbol{V}_{\mathrm{ic}}$	三相调制电压稳态向量
$\boldsymbol{V}_{\mathrm{L1}}$, $\boldsymbol{I}_{\mathrm{L1}}$	架空线路首端或双绕组变压器高压侧的稳态电压、电流向量
$\boldsymbol{V}_{\mathrm{L2}}$, $\boldsymbol{I}_{\mathrm{L2}}$	架空线路末端或双绕组变压器低压侧的稳态电压、电流向量
$\boldsymbol{V}_{\mathrm{MMC}}$	MMC－HVDC 等效电压源
$\boldsymbol{V}_{\mathrm{O}}$	交流中性点电压稳态向量
$\boldsymbol{V}_{\mathrm{r1}}$	发电机转子绕组电压稳态基频分量
$\boldsymbol{V}_{\mathrm{ra}}$, $\boldsymbol{V}_{\mathrm{rb}}$, $\boldsymbol{V}_{\mathrm{rc}}$	发电机转子绕组三相交流电压稳态向量
$\boldsymbol{V}_{\mathrm{s1}}$	发电机定子绕组电压稳态基频分量
$\boldsymbol{V}_{\mathrm{sa}}$, $\boldsymbol{V}_{\mathrm{sb}}$, $\boldsymbol{V}_{\mathrm{sc}}$	发电机定子绕组三相交流电压稳态向量
$\boldsymbol{V}_{\mathrm{sys}}$	新能源场站并网点开路电压
$\boldsymbol{V}_{\mathrm{Ta}}$, $\boldsymbol{V}_{\mathrm{Tb}}$, $\boldsymbol{V}_{\mathrm{Tc}}$	三相交流输入电压稳态向量
$\boldsymbol{X}(s)$	平衡点下状态变量频域稳态向量
$\boldsymbol{Y}$	交流端口导纳
$\boldsymbol{Y}_{0}$	单位长度架空线路的导纳
$\boldsymbol{Y}_{\mathrm{B}}$	架空输电线路 Π 型等值电路的导纳
$\boldsymbol{Y}_{\mathrm{Bpn}}$	架空输电线路的导纳矩阵
$\boldsymbol{Y}_{\mathrm{Cdc}}$	小信号频率序列下直流母线电容导纳
$\boldsymbol{Y}_{\mathrm{Ceeq0}}$	稳态频率序列下受端 MMC 桥臂电容导纳
$\boldsymbol{Y}_{\mathrm{Ceq0}}$	稳态频率序列下桥臂电容导纳
$\boldsymbol{Y}_{\mathrm{Cfeq0}}$	稳态频率序列下送端 MMC 桥臂电容导纳
$\boldsymbol{Y}_{\mathrm{DFIG}}$	DFIG 机组交流端口导纳

$\boldsymbol{Y}_{\mathrm{DFIG}}^{\mathrm{nn}}$	DFIG 机组负序导纳
$\boldsymbol{Y}_{\mathrm{DFIG}}^{\mathrm{np}}$	DFIG 机组负序耦合导纳
$\boldsymbol{Y}_{\mathrm{DFIG}}^{\mathrm{pn}}$	DFIG 机组正序耦合导纳
$\boldsymbol{Y}_{\mathrm{DFIG}}^{\mathrm{pp}}$	DFIG 机组正序导纳
$\boldsymbol{Y}_{\mathrm{edc}}$	受端换流站直流端口导纳
$\boldsymbol{Y}_{\mathrm{Larm}}$	小信号频率序列下桥臂电感导纳
$\boldsymbol{Y}_{\mathrm{LCC}}$	LCC－HVDC 送端交流端口导纳
$\boldsymbol{Y}_{\mathrm{LCC}}'$	阻抗重塑后 LCC－HVDC 送端交流端口导纳
$\boldsymbol{Y}_{\mathrm{LCC}}^{\mathrm{nn}}$	LCC－HVDC 送端交流端口负序导纳
$\boldsymbol{Y}_{\mathrm{LCC}}^{\mathrm{np}}$	LCC－HVDC 送端交流端口负序耦合导纳
$\boldsymbol{Y}_{\mathrm{LCC}}^{\mathrm{pn}}$	LCC－HVDC 送端交流端口正序耦合导纳
$\boldsymbol{Y}_{\mathrm{LCC}}^{\mathrm{pp}}$	LCC－HVDC 送端交流端口正序导纳
$\boldsymbol{Y}_{\mathrm{Learm}}$	小信号频率序列下受端 MMC 桥臂电感导纳
$\boldsymbol{Y}_{\mathrm{Lfarm}}$	小信号频率序列下送端 MMC 桥臂电感导纳
$\boldsymbol{Y}_{\mathrm{L}ij}$	风电场中第 i 条馈线第 j 台机组的汇集线路导纳矩阵
$\boldsymbol{Y}_{\mathrm{MMC}}$	MMC－HVDC 送端交流端口导纳
$\boldsymbol{Y}_{\mathrm{MT}}$	风电场主变压器的导纳矩阵
$\boldsymbol{Y}_{\mathrm{nn}}$	负序导纳
$\boldsymbol{Y}_{\mathrm{np}}$	负序耦合导纳
$\boldsymbol{Y}_{\mathrm{N}}^{\mathrm{nn}}$	风电场负序阻抗网络节点导纳矩阵
$\boldsymbol{Y}_{\mathrm{N}}^{\mathrm{np}}$	风电场内所有风电机组负序耦合导纳组成的对角矩阵
$\boldsymbol{Y}_{\mathrm{N}}^{\mathrm{pn}}$	风电场内所有风电机组正序耦合导纳组成的对角矩阵
$\boldsymbol{Y}_{\mathrm{N}}^{\mathrm{pp}}$	风电场正序阻抗网络节点导纳矩阵
$\boldsymbol{Y}_{\mathrm{pn}}$	正序耦合导纳
$\boldsymbol{Y}_{\mathrm{pp}}$	正序导纳

$\boldsymbol{Y}_{\mathrm{pv}}$　光伏发电单元交流端口导纳

$\boldsymbol{Y}_{\mathrm{PMSG}}$　PMSG 机组交流端口导纳

$\boldsymbol{Y}_{\mathrm{PMSG}}^{\mathrm{nn}}$　PMSG 机组负序导纳

$\boldsymbol{Y}_{\mathrm{PMSG}}^{\mathrm{np}}$　PMSG 机组负序耦合导纳

$\boldsymbol{Y}_{\mathrm{PMSG}}^{\mathrm{pn}}$　PMSG 机组正序耦合导纳

$\boldsymbol{Y}_{\mathrm{PMSG}}^{\mathrm{pp}}$　PMSG 机组正序导纳

$\boldsymbol{Y}_{\mathrm{PV}}^{\mathrm{nn}}$　光伏发电单元负序导纳

$\boldsymbol{Y}_{\mathrm{PV}}^{\mathrm{np}}$　光伏发电单元负序耦合导纳

$\boldsymbol{Y}_{\mathrm{PV}}^{\mathrm{pn}}$　光伏发电单元正序耦合导纳

$\boldsymbol{Y}_{\mathrm{PV}}^{\mathrm{pp}}$　光伏发电单元正序导纳

$\boldsymbol{Y}_{\mathrm{self}}$　LCC－HVDC 送端换流器导纳

$\boldsymbol{Y}_{\mathrm{SVG}}$　SVG 交流端口导纳

$\boldsymbol{Y}_{\mathrm{SVG}}^{\mathrm{nn}}$　SVG 负序导纳

$\boldsymbol{Y}_{\mathrm{SVG}}^{\mathrm{np}}$　SVG 负序耦合导纳

$\boldsymbol{Y}_{\mathrm{SVG}}^{\mathrm{pn}}$　SVG 正序耦合导纳

$\boldsymbol{Y}_{\mathrm{SVG}}^{\mathrm{pp}}$　SVG 正序导纳

$\boldsymbol{Y}_{\mathrm{T}}$　双绕组变压器 Γ 型等值电路的导纳

$\boldsymbol{Y}_{\mathrm{T}ij}$　风电场中第 i 条馈线第 j 台机组箱式变压器的导纳矩阵

$\boldsymbol{Y}_{\mathrm{Tpn}}$　双绕组变压器的导纳矩阵

$\boldsymbol{Y}_{\mathrm{WF}}$　风电场导纳矩阵

$\boldsymbol{Y}_{\mathrm{WF}}^{\mathrm{nn}}$　风电场负序导纳

$\boldsymbol{Y}_{\mathrm{WF}}^{\mathrm{np}}$　风电场负序耦合导纳

$\boldsymbol{Y}_{\mathrm{WF}}^{\mathrm{pn}}$　风电场正序耦合导纳

$\boldsymbol{Y}_{\mathrm{WF}}^{\mathrm{pp}}$　风电场正序导纳

$\boldsymbol{Y}_{\mathrm{W}ij}$　风电场中第 i 条馈线第 j 台机组的导纳矩阵

$\boldsymbol{Z}$	交流端口阻抗
$\boldsymbol{Z}_0$	单位长度架空线路的阻抗
$\boldsymbol{Z}_{\mathrm{array}}$	光伏阵列阻抗
$\boldsymbol{Z}_{\mathrm{C}}$	架空输电线路的特性阻抗
$\boldsymbol{Z}_{\mathrm{CdcL}}$	小信号频率序列下单节Π型电路等效电容阻抗
$\boldsymbol{Z}_{\mathrm{Ceeq}}$	小信号频率序列下受端 MMC 桥臂电容阻抗
$\boldsymbol{Z}_{\mathrm{Ceq}}$	小信号频率序列下桥臂电容阻抗
$\boldsymbol{Z}_{\mathrm{Cfeq}}$	小信号频率序列下送端 MMC 桥臂电容阻抗
$\boldsymbol{Z}_{\mathrm{CN}}$	汇集网络阻抗
$\boldsymbol{Z}_{\mathrm{DFIG}}$	DFIG 机组交流端口阻抗
$\boldsymbol{Z}_{\mathrm{DFIG}}^{\mathrm{nn}}$	DFIG 机组负序阻抗
$\boldsymbol{Z}_{\mathrm{DFIG}}^{\mathrm{np}}$	DFIG 机组负序耦合阻抗
$\boldsymbol{Z}_{\mathrm{DFIG}}^{\mathrm{pn}}$	DFIG 机组正序耦合阻抗
$\boldsymbol{Z}_{\mathrm{DFIG}}^{\mathrm{pp}}$	DFIG 机组正序阻抗
$\boldsymbol{Z}_{\mathrm{eac}}$	受端交流侧阻抗
$\boldsymbol{Z}_{\mathrm{edc}}$	受端换流站直流端口阻抗
$\boldsymbol{Z}'_{\mathrm{edc}}$	阻抗重塑后受端换流站直流端口阻抗
$\boldsymbol{Z}_{\mathrm{eflt}}$	小信号频率序列下受端滤波器阻抗
$\boldsymbol{Z}_{\mathrm{eg}}$	小信号频率序列下受端电网阻抗
$\boldsymbol{Z}_{\mathrm{eT}}$	小信号频率序列下受端变压器漏感阻抗
$\boldsymbol{Z}_{\mathrm{eT0}}$	稳态频率序列下受端变压器漏感阻抗
$\boldsymbol{Z}_{\mathrm{fdc}}$	送端换流站直流侧阻抗
$\boldsymbol{Z}'_{\mathrm{fdc}}$	阻抗重塑后送端换流站直流侧阻抗
$\boldsymbol{Z}_{\mathrm{fflt}}$	送端换流站交流滤波器阻抗
$\boldsymbol{Z}_{\mathrm{fT}}$	小信号频率序列下送端变压器漏感阻抗

$\boldsymbol{Z}_{\mathrm{fT0}}$	稳态频率序列下送端变压器漏感阻抗
$\boldsymbol{Z}_{\mathrm{g}}$	交流电网阻抗
$\boldsymbol{Z}_{\mathrm{GSC}}$	DFIG 机组 GSC 端口阻抗
$\boldsymbol{Z}_{\mathrm{GSC}}^{\mathrm{pp}}$	DFIG 机组 GSC 阻抗
$\boldsymbol{Z}_{\mathrm{L}}$	架空输电线路Π型等值电路的阻抗
$\boldsymbol{Z}_{\mathrm{Larm0}}$	稳态频率序列下桥臂电感阻抗
$\boldsymbol{Z}_{\mathrm{LCC}}$	LCC－HVDC 交流端口阻抗
$\boldsymbol{Z}_{\mathrm{LCC}}^{\mathrm{nn}}$	LCC－HVDC 送端交流端口负序阻抗
$\boldsymbol{Z}_{\mathrm{LCC}}^{\mathrm{np}}$	LCC－HVDC 送端交流端口负序耦合阻抗
$\boldsymbol{Z}_{\mathrm{LCC}}^{\mathrm{pn}}$	LCC－HVDC 送端交流端口正序耦合阻抗
$\boldsymbol{Z}_{\mathrm{LCC}}^{\mathrm{pp}}$	LCC－HVDC 送端交流端口正序阻抗
$\boldsymbol{Z}_{\mathrm{Ldc}}$	小信号频率序列下直流平波电抗器阻抗
$\boldsymbol{Z}_{\mathrm{LdcL}}$	小信号频率序列下单节Π型电路等效电感阻抗
$\boldsymbol{Z}_{\mathrm{Learm0}}$	稳态频率序列下受端 MMC 桥臂电感阻抗
$\boldsymbol{Z}_{\mathrm{Lf}}$	小信号频率序列下交流滤波电感阻抗
$\boldsymbol{Z}_{\mathrm{Lf0}}$	稳态频率序列下交流滤波电感阻抗
$\boldsymbol{Z}_{\mathrm{Lfarm0}}$	稳态频率序列下送端 MMC 桥臂电感阻抗
$\boldsymbol{Z}_{\mathrm{Lpn}}$	架空输电线路的阻抗矩阵
$\boldsymbol{Z}_{\mathrm{MMC}}$	MMC－HVDC 交流端口阻抗
$\boldsymbol{Z}_{\mathrm{MMC}}^{\mathrm{nn}}$	MMC－HVDC 负序阻抗
$\boldsymbol{Z}_{\mathrm{MMC}}^{\mathrm{np}}$	MMC－HVDC 负序耦合阻抗
$\boldsymbol{Z}_{\mathrm{MMC}}^{\mathrm{pn}}$	MMC－HVDC 正序耦合阻抗
$\boldsymbol{Z}_{\mathrm{MMC}}^{\mathrm{pp}}$	MMC－HVDC 正序阻抗
$\boldsymbol{Z}_{n}$	考虑受端换流站的Π型输电线路等值阻抗
$\boldsymbol{Z}_{\mathrm{nn}}$	负序阻抗

$\boldsymbol{Z}_{\mathrm{np}}$　负序耦合阻抗

$\boldsymbol{Z}_{\mathrm{pn}}$　正序耦合阻抗

$\boldsymbol{Z}_{\mathrm{pp}}$　正序阻抗

$\boldsymbol{Z}_{\mathrm{PMSG}}$　PMSG 机组交流端口阻抗

$\boldsymbol{Z}_{\mathrm{PMSG}}^{\mathrm{nn}}$　PMSG 机组负序阻抗

$\boldsymbol{Z}_{\mathrm{PMSG}}^{\mathrm{np}}$　PMSG 机组负序耦合阻抗

$\boldsymbol{Z}_{\mathrm{PMSG}}^{\mathrm{pn}}$　PMSG 机组正序耦合阻抗

$\boldsymbol{Z}_{\mathrm{PMSG}}^{\mathrm{pp}}$　PMSG 机组正序阻抗

$\boldsymbol{Z}_{\mathrm{PV}}$　光伏发电单元交流端口阻抗

$\boldsymbol{Z}_{\mathrm{PV}}^{\mathrm{nn}}$　光伏发电单元负序阻抗

$\boldsymbol{Z}_{\mathrm{PV}}^{\mathrm{np}}$　光伏发电单元负序耦合阻抗

$\boldsymbol{Z}_{\mathrm{PV}}^{\mathrm{pn}}$　光伏发电单元正序耦合阻抗

$\boldsymbol{Z}_{\mathrm{PV}}^{\mathrm{pp}}$　光伏发电单元正序阻抗

$\boldsymbol{Z}_{\mathrm{RdcL}}$　小信号频率序列下单节 Π 型电路等效电阻阻抗

$\boldsymbol{Z}_{\mathrm{RE}}$　新能源场站端口阻抗

$\boldsymbol{Z}_{\mathrm{RSC}}^{\mathrm{pp}}$　转子绕组外部阻抗

$\boldsymbol{Z}_{\mathrm{self}}$　LCC－HVDC 送端换流器阻抗

$\boldsymbol{Z}_{\mathrm{stator}}$　DFIG 机组定子端口阻抗

$\boldsymbol{Z}_{\mathrm{stator}}^{\mathrm{pp}}$　DFIG 机组定子阻抗

$\boldsymbol{Z}_{\mathrm{sys}}$　新能源场站并网点系统阻抗

$\boldsymbol{Z}_{\mathrm{SVG}}^{\mathrm{nn}}$　SVG 负序阻抗

$\boldsymbol{Z}_{\mathrm{SVG}}^{\mathrm{np}}$　SVG 负序耦合阻抗

$\boldsymbol{Z}_{\mathrm{SVG}}^{\mathrm{pn}}$　SVG 正序耦合阻抗

$\boldsymbol{Z}_{\mathrm{SVG}}^{\mathrm{pp}}$　SVG 正序阻抗

$\boldsymbol{Z}_{\mathrm{SVG}}^{\mathrm{Q}}$　无功功率模式下 SVG 交流端口阻抗

$\boldsymbol{Z}_{\mathrm{SVG}}^{\mathrm{V}}$	交流电压模式下 SVG 交流端口阻抗
$\boldsymbol{Z}_{\mathrm{T}}$	小信号频率序列下等效换相电感阻抗
$\boldsymbol{Z}_{\mathrm{T0}}$	稳态频率序列下等效换相电感阻抗
$\boldsymbol{Z}_{\mathrm{Tpn}}$	双绕组变压器的阻抗矩阵
$\boldsymbol{Z}_{\mathrm{W-T}}$，$\boldsymbol{Y}_{\mathrm{W-T}}$	单台风电机组与变压器串联的阻抗和导纳矩阵
$\boldsymbol{Z}_{\mathrm{W//W}}$，$\boldsymbol{Y}_{\mathrm{W//W}}$	两台风电机组经变压器并联的阻抗和导纳矩阵
$\Delta\boldsymbol{S}_{\mathrm{va}}[k,m]$, $\Delta\boldsymbol{S}_{\mathrm{vb}}[k,m]$, $\Delta\boldsymbol{S}_{\mathrm{vc}}[k,m]$	三相电压开关函数变化量在频率 $kf_1+m(f_{\mathrm{p}}-f_1)$ 的复傅里叶系数
$\Delta\boldsymbol{S}_{\mathrm{ia}}[k,m]$, $\Delta\boldsymbol{S}_{\mathrm{ib}}[k,m]$, $\Delta\boldsymbol{S}_{\mathrm{ic}}[k,m]$	三相电流开关函数变化量在频率 $kf_1+m(f_{\mathrm{p}}-f_1)$ 的复傅里叶系数
$\boldsymbol{\gamma}$	架空输电线路的传播特性

小信号频域向量

$\hat{\boldsymbol{f}}(s)$	周期信号频域小信号向量
$\hat{\boldsymbol{i}}^{\mathrm{pn}}$，$\hat{\boldsymbol{i}}^{\mathrm{np}}$	风电场正、负序阻抗网络的小信号受控电流源向量
$\hat{\boldsymbol{i}}_0^{\mathrm{p}}$，$\hat{\boldsymbol{i}}_0^{\mathrm{n}}$	风电场并网点的正、负序电流小信号向量
$\hat{\boldsymbol{i}}_{\mathrm{a}}$，$\hat{\boldsymbol{i}}_{\mathrm{b}}$，$\hat{\boldsymbol{i}}_{\mathrm{c}}$	三相交流电流小信号向量
$\hat{\boldsymbol{i}}_{\mathrm{a}}(s)$, $\hat{\boldsymbol{i}}_{\mathrm{b}}(s)$, $\hat{\boldsymbol{i}}_{\mathrm{c}}(s)$	三相交流电流频域小信号向量
$\hat{\boldsymbol{i}}_{\mathrm{adc}}$，$\hat{\boldsymbol{i}}_{\mathrm{bdc}}$，$\hat{\boldsymbol{i}}_{\mathrm{cdc}}$	三相均压控制电流补偿量小信号向量
$\hat{\boldsymbol{i}}_{\mathrm{au}}$，$\hat{\boldsymbol{i}}_{\mathrm{bu}}$，$\hat{\boldsymbol{i}}_{\mathrm{cu}}$	三相上桥臂电流小信号向量
$\hat{\boldsymbol{i}}_{\mathrm{av}}$，$\hat{\boldsymbol{i}}_{\mathrm{bv}}$，$\hat{\boldsymbol{i}}_{\mathrm{cv}}$	三相下桥臂电流小信号向量
$\hat{\boldsymbol{i}}_{\mathrm{cd}}$, $\hat{\boldsymbol{i}}_{\mathrm{cq}}$	桥臂环流小信号 d、q 轴分量
$\hat{\boldsymbol{i}}_{\mathrm{coma}}$，$\hat{\boldsymbol{i}}_{\mathrm{comb}}$，$\hat{\boldsymbol{i}}_{\mathrm{comc}}$	三相桥臂环流小信号向量
$\hat{\boldsymbol{i}}_{\mathrm{d}}$, $\hat{\boldsymbol{i}}_{\mathrm{q}}$	交流电流小信号 d、q 轴分量
$\hat{\boldsymbol{i}}_{\mathrm{dc}}(s)$	直流电流频域小信号向量
$\hat{\boldsymbol{i}}_{\mathrm{dc}}$	直流电流小信号向量

$\hat{i}_{dref}$，$\hat{i}_{qref}$	交流电流小信号 d、q 轴参考指令
$\hat{i}_{DFIG}$	DFIG 风电场交流电流正序振荡分量
$\hat{i}_{DFIG2}$	DFIG 风电场交流电流负序耦合振荡分量
$\hat{i}_{ea}$，$\hat{i}_{eb}$，$\hat{i}_{ec}$	受端三相交流电流小信号向量
$\hat{i}_{ea1}$，$\hat{i}_{eb1}$，$\hat{i}_{ec1}$	受端换流器 1 三相交流输出电流小信号向量
$\hat{i}_{ea2}$，$\hat{i}_{eb2}$，$\hat{i}_{ec2}$	受端换流器 2 三相交流输出电流小信号向量
$\hat{i}_{eau}$，$\hat{i}_{ebu}$，$\hat{i}_{ecu}$	受端 MMC 三相上桥臂电流小信号向量
$\hat{i}_{eav}$，$\hat{i}_{ebv}$，$\hat{i}_{ecv}$	受端 MMC 三相下桥臂电流小信号向量
$\hat{i}_{ecoma}$，$\hat{i}_{ecomb}$，$\hat{i}_{ecomc}$	受端 MMC 三相桥臂环流小信号向量
$\hat{i}_{ed}$，$\hat{i}_{eq}$	受端 MMC 交流电流小信号 d、q 轴分量
$\hat{i}_{edc}$	受端换流站直流电流小信号向量
$\hat{i}_{edref}$，$\hat{i}_{eqref}$	受端 MMC 交流电流小信号 d、q 轴参考指令
$\hat{i}_{fa}$，$\hat{i}_{fb}$，$\hat{i}_{fc}$	送端三相交流电流小信号向量
$\hat{i}_{fa1}$，$\hat{i}_{fb1}$，$\hat{i}_{fc1}$	送端换流器 1 三相交流输入电流小信号向量
$\hat{i}_{fa2}$，$\hat{i}_{fb2}$，$\hat{i}_{fc2}$	送端换流器 2 三相交流输入电流小信号向量
$\hat{i}_{fau}$，$\hat{i}_{fbu}$，$\hat{i}_{fcu}$	送端 MMC 三相上桥臂电流小信号向量
$\hat{i}_{fav}$，$\hat{i}_{fbv}$，$\hat{i}_{fcv}$	送端 MMC 三相下桥臂电流小信号向量
$\hat{i}_{fcoma}$，$\hat{i}_{fcomb}$，$\hat{i}_{fcomc}$	送端 MMC 三相桥臂环流小信号向量
$\hat{i}_{fd}$，$\hat{i}_{fq}$	送端 MMC 交流电流小信号 d、q 轴分量
$\hat{i}_{fdc}$	送端换流站直流电流小信号向量
$\hat{i}_{fdref}$，$\hat{i}_{fqref}$	送端 MMC 交流电流小信号 d、q 轴参考指令
$\hat{i}_{ga}$，$\hat{i}_{gb}$，$\hat{i}_{gc}$	GSC 三相交流电流小信号向量
$\hat{i}_{gp}$	GSC 电流小信号扰动频率分量
$\hat{i}_{gp-2}$	GSC 电流小信号耦合频率分量
$\hat{i}_{p}$	频率为 f_p 的交流电流小信号分量
$\hat{i}_{p-2}$	频率为 f_p-2f_1 的交流电流小信号分量

$\hat{\boldsymbol{i}}_{\mathrm{PMSG}}$	PMSG 风电场交流电流正序振荡分量
$\hat{\boldsymbol{i}}_{\mathrm{PMSG2}}$	PMSG 风电场交流电流负序耦合振荡分量
$\hat{\boldsymbol{i}}_{\mathrm{PV}}$	PV 电站交流电流正序振荡分量
$\hat{\boldsymbol{i}}_{\mathrm{PV2}}$	PV 电站交流电流负序耦合振荡分量
$\hat{\boldsymbol{i}}_{\mathrm{ra}}$, $\hat{\boldsymbol{i}}_{\mathrm{rb}}$, $\hat{\boldsymbol{i}}_{\mathrm{rc}}$	发电机转子侧三相交流电流小信号向量
$\hat{\boldsymbol{i}}_{\mathrm{rp}}$	发电机转子侧交流电流小信号扰动频率分量
$\hat{\boldsymbol{i}}_{\mathrm{rp-2}}$	发电机转子侧交流电流小信号耦合频率分量
$\hat{\boldsymbol{i}}_{\mathrm{sa}}$, $\hat{\boldsymbol{i}}_{\mathrm{sb}}$, $\hat{\boldsymbol{i}}_{\mathrm{sc}}$	发电机定子侧三相交流电流小信号向量
$\hat{\boldsymbol{i}}_{\mathrm{sp}}$	发电机定子侧交流电流小信号扰动频率分量
$\hat{\boldsymbol{i}}_{\mathrm{sp-2}}$	发电机定子侧交流电流小信号耦合频率分量
$\hat{\boldsymbol{m}}_{\mathrm{a}}$, $\hat{\boldsymbol{m}}_{\mathrm{b}}$, $\hat{\boldsymbol{m}}_{\mathrm{c}}$	三相交流调制信号的小信号向量
$\hat{\boldsymbol{m}}_{\mathrm{a}}(s)$, $\hat{\boldsymbol{m}}_{\mathrm{b}}(s)$, $\hat{\boldsymbol{m}}_{\mathrm{c}}(s)$	三相交流调制信号频域小信号向量
$\hat{\boldsymbol{m}}_{\mathrm{abc}}$	交流调制信号在静止坐标系下的旋转矢量
$\hat{\boldsymbol{m}}_{\mathrm{am}}$, $\hat{\boldsymbol{m}}_{\mathrm{bm}}$, $\hat{\boldsymbol{m}}_{\mathrm{cm}}$	三相桥臂调制信号的小信号向量
$\hat{\boldsymbol{m}}_{\mathrm{au}}$, $\hat{\boldsymbol{m}}_{\mathrm{bu}}$, $\hat{\boldsymbol{m}}_{\mathrm{cu}}$	三相上桥臂调制信号的小信号向量
$\hat{\boldsymbol{m}}_{\mathrm{av}}$, $\hat{\boldsymbol{m}}_{\mathrm{bv}}$, $\hat{\boldsymbol{m}}_{\mathrm{cv}}$	三相下桥臂调制信号的小信号向量
$\hat{\boldsymbol{m}}_{\mathrm{cd}}$, $\hat{\boldsymbol{m}}_{\mathrm{cq}}$	桥臂环流调制信号的小信号 d、q 轴分量
$\hat{\boldsymbol{m}}_{\mathrm{coma}}$, $\hat{\boldsymbol{m}}_{\mathrm{comb}}$, $\hat{\boldsymbol{m}}_{\mathrm{comc}}$	三相桥臂共模调制信号的小信号向量
$\hat{\boldsymbol{m}}_{\mathrm{d}}$, $\hat{\boldsymbol{m}}_{\mathrm{q}}$	交流调制信号的小信号 d、q 轴分量
$\hat{\boldsymbol{m}}_{\mathrm{difa}}$, $\hat{\boldsymbol{m}}_{\mathrm{difb}}$, $\hat{\boldsymbol{m}}_{\mathrm{difc}}$	三相桥臂差模调制信号的小信号向量
$\hat{\boldsymbol{m}}_{\mathrm{dq}}$	调制信号的小信号在 dq 坐标系下的旋转矢量
$\hat{\boldsymbol{m}}_{\mathrm{eau}}$, $\hat{\boldsymbol{m}}_{\mathrm{ebu}}$, $\hat{\boldsymbol{m}}_{\mathrm{ecu}}$	受端 MMC 三相上桥臂调制信号的小信号向量
$\hat{\boldsymbol{m}}_{\mathrm{eav}}$, $\hat{\boldsymbol{m}}_{\mathrm{ebv}}$, $\hat{\boldsymbol{m}}_{\mathrm{ecv}}$	受端 MMC 三相下桥臂调制信号的小信号向量
$\hat{\boldsymbol{m}}_{\mathrm{ecd}}$, $\hat{\boldsymbol{m}}_{\mathrm{ecq}}$	受端 MMC 桥臂环流调制信号的小信号 d、q 轴分量
$\hat{\boldsymbol{m}}_{\mathrm{ecoma}}$, $\hat{\boldsymbol{m}}_{\mathrm{ecomb}}$, $\hat{\boldsymbol{m}}_{\mathrm{ecomc}}$	受端 MMC 三相桥臂共模调制信号的小信号向量
$\hat{\boldsymbol{m}}_{\mathrm{ed}}$, $\hat{\boldsymbol{m}}_{\mathrm{eq}}$	受端 MMC 交流调制信号的小信号 d、q 轴分量

$\hat{\boldsymbol{m}}_{\text{edifa}}$，$\hat{\boldsymbol{m}}_{\text{edifb}}$，$\hat{\boldsymbol{m}}_{\text{edifc}}$　受端 MMC 三相桥臂差模调制信号的小信号向量

$\hat{\boldsymbol{m}}_{\text{fau}}$，$\hat{\boldsymbol{m}}_{\text{fbu}}$，$\hat{\boldsymbol{m}}_{\text{fcu}}$　送端 MMC 三相上桥臂调制信号的小信号向量

$\hat{\boldsymbol{m}}_{\text{fav}}$，$\hat{\boldsymbol{m}}_{\text{fbv}}$，$\hat{\boldsymbol{m}}_{\text{fcv}}$　送端 MMC 三相下桥臂调制信号的小信号向量

$\hat{\boldsymbol{m}}_{\text{fcd}}$，$\hat{\boldsymbol{m}}_{\text{fcq}}$　送端 MMC 桥臂环流调制信号的小信号 d、q 轴分量

$\hat{\boldsymbol{m}}_{\text{fcoma}}$，$\hat{\boldsymbol{m}}_{\text{fcomb}}$，$\hat{\boldsymbol{m}}_{\text{fcomc}}$　送端 MMC 三相桥臂共模调制信号的小信号向量

$\hat{\boldsymbol{m}}_{\text{fd}}$，$\hat{\boldsymbol{m}}_{\text{fq}}$　送端 MMC 交流调制信号的小信号 d、q 轴分量

$\hat{\boldsymbol{m}}_{\text{fdifa}}$，$\hat{\boldsymbol{m}}_{\text{fdifb}}$，$\hat{\boldsymbol{m}}_{\text{fdifc}}$　送端 MMC 三相桥臂差模调制信号的小信号向量

$\hat{\boldsymbol{m}}_{\text{ga}}$，$\hat{\boldsymbol{m}}_{\text{gb}}$，$\hat{\boldsymbol{m}}_{\text{gc}}$　GSC 三相交流调制信号的小信号向量

$\hat{\boldsymbol{m}}_{\text{gp}}$　GSC 交流调制信号扰动频率分量

$\hat{\boldsymbol{m}}_{\text{gp}-2}$　GSC 交流调制信号耦合频率分量

$\hat{\boldsymbol{m}}_{\text{p}}$　频率为 f_{p} 的交流调制信号的小信号分量

$\hat{\boldsymbol{m}}_{\text{p}-2}$　频率为 $f_{\text{p}}-2f_{1}$ 的交流调制信号的小信号分量

$\hat{\boldsymbol{m}}_{\text{ra}}$，$\hat{\boldsymbol{m}}_{\text{rb}}$，$\hat{\boldsymbol{m}}_{\text{rc}}$　RSC 三相交流调制信号的小信号向量

$\hat{\boldsymbol{m}}_{\text{rp}}$　RSC 交流调制信号扰动频率分量

$\hat{\boldsymbol{m}}_{\text{rp}-2}$　RSC 交流调制信号耦合频率分量

$\hat{\boldsymbol{m}}_{\text{sa}}$，$\hat{\boldsymbol{m}}_{\text{sb}}$，$\hat{\boldsymbol{m}}_{\text{sc}}$　MSC 三相交流调制信号的小信号向量

$\hat{\boldsymbol{m}}_{\text{sp}}$　MSC 交流调制信号扰动频率分量

$\hat{\boldsymbol{m}}_{\text{sp}-2}$　MSC 交流调制信号耦合频率分量

$\hat{\boldsymbol{m}}_{\text{vca}}$，$\hat{\boldsymbol{m}}_{\text{vcb}}$，$\hat{\boldsymbol{m}}_{\text{vcc}}$　三相相间均压调制信号的小信号向量

$\hat{\boldsymbol{p}}_{\text{e}}$，$\hat{\boldsymbol{q}}_{\text{e}}$　有功功率、无功功率小信号向量

$\hat{\boldsymbol{p}}_{\text{es}}$，$\hat{\boldsymbol{q}}_{\text{es}}$　发电机定子侧有功功率和无功功率小信号向量

$\hat{\boldsymbol{s}}_{\text{eia}}$，$\hat{\boldsymbol{s}}_{\text{eib}}$，$\hat{\boldsymbol{s}}_{\text{eic}}$　受端换流站三相电流开关函数小信号向量

$\hat{\boldsymbol{s}}_{\text{eva}}$，$\hat{\boldsymbol{s}}_{\text{evb}}$，$\hat{\boldsymbol{s}}_{\text{evc}}$　受端换流站三相电压开关函数小信号向量

$\hat{\boldsymbol{s}}_{\text{fia}}$，$\hat{\boldsymbol{s}}_{\text{fib}}$，$\hat{\boldsymbol{s}}_{\text{fic}}$　送端换流站三相电流开关函数小信号向量

$\hat{\boldsymbol{s}}_{\text{fva}}$，$\hat{\boldsymbol{s}}_{\text{fvb}}$，$\hat{\boldsymbol{s}}_{\text{fvc}}$　送端换流站三相电压开关函数小信号向量

$\hat{\boldsymbol{s}}_{\text{ia}}$，$\hat{\boldsymbol{s}}_{\text{ib}}$，$\hat{\boldsymbol{s}}_{\text{ic}}$　三相电流开关函数小信号向量

$\hat{\boldsymbol{s}}_{va}$，$\hat{\boldsymbol{s}}_{vb}$，$\hat{\boldsymbol{s}}_{vc}$	三相电压开关函数小信号向量
$\hat{\boldsymbol{u}}(s)$	输入变量频域小信号向量
$\hat{\boldsymbol{u}}_a$，$\hat{\boldsymbol{u}}_b$，$\hat{\boldsymbol{u}}_c$	三相交流输入信号的小信号向量
$\hat{\boldsymbol{u}}_{abc}$	交流输入信号的小信号在静止坐标系下的旋转矢量
$\hat{\boldsymbol{u}}_d$，$\hat{\boldsymbol{u}}_q$	输入信号的小信号 d、q 轴向量
$\hat{\boldsymbol{u}}_{dq}$	输入信号的小信号在 dq 坐标系下的旋转矢量
$\hat{\boldsymbol{v}}^p$，$\hat{\boldsymbol{v}}^n$	风电场正、负序阻抗网络的小信号节点电压向量
$\hat{\boldsymbol{v}}_0^p$，$\hat{\boldsymbol{v}}_0^n$	风电场并网点的正、负序电压小信号向量
$\hat{\boldsymbol{v}}_a$，$\hat{\boldsymbol{v}}_b$，$\hat{\boldsymbol{v}}_c$	三相交流电压小信号向量
$\hat{\boldsymbol{v}}_a(s)$，$\hat{\boldsymbol{v}}_b(s)$，$\hat{\boldsymbol{v}}_c(s)$	三相交流电压频域小信号向量
$\hat{\boldsymbol{v}}_{am}$，$\hat{\boldsymbol{v}}_{bm}$，$\hat{\boldsymbol{v}}_{cm}$	三相桥臂电压小信号向量
$\hat{\boldsymbol{v}}_{Cam}$，$\hat{\boldsymbol{v}}_{Cbm}$，$\hat{\boldsymbol{v}}_{Ccm}$	三相桥臂电容电压小信号向量
$\hat{\boldsymbol{v}}_{Cau}$，$\hat{\boldsymbol{v}}_{Cbu}$，$\hat{\boldsymbol{v}}_{Ccu}$	三相上桥臂电容电压小信号向量
$\hat{\boldsymbol{v}}_{Cav}$，$\hat{\boldsymbol{v}}_{Cbv}$，$\hat{\boldsymbol{v}}_{Ccv}$	三相下桥臂电容电压小信号向量
$\hat{\boldsymbol{v}}_d$，$\hat{\boldsymbol{v}}_q$	交流电压小信号 d、q 轴分量
$\hat{\boldsymbol{v}}_{dc}$	直流电压小信号向量
$\hat{\boldsymbol{v}}_{dc}(s)$	直流电压频域小信号向量
$\hat{\boldsymbol{v}}_{DFIG}$	DFIG 风电场交流电压正序振荡分量
$\hat{\boldsymbol{v}}_{DFIG2}$	DFIG 风电场交流电压负序耦合振荡分量
$\hat{\boldsymbol{v}}_{ea}$，$\hat{\boldsymbol{v}}_{eb}$，$\hat{\boldsymbol{v}}_{ec}$	受端三相交流电压小信号向量
$\hat{\boldsymbol{v}}_{ea1}$，$\hat{\boldsymbol{v}}_{eb1}$，$\hat{\boldsymbol{v}}_{ec1}$	受端换流器 1 三相交流输出电压小信号向量
$\hat{\boldsymbol{v}}_{ea2}$，$\hat{\boldsymbol{v}}_{eb2}$，$\hat{\boldsymbol{v}}_{ec2}$	受端换流器 2 三相交流输出电压小信号向量
$\hat{\boldsymbol{v}}_{ecoma}$，$\hat{\boldsymbol{v}}_{ecomb}$，$\hat{\boldsymbol{v}}_{ecomc}$	受端 MMC 三相桥臂共模电压小信号向量
$\hat{\boldsymbol{v}}_{eCau}$，$\hat{\boldsymbol{v}}_{eCbu}$，$\hat{\boldsymbol{v}}_{eCcu}$	受端 MMC 三相上桥臂电容电压小信号向量
$\hat{\boldsymbol{v}}_{eCav}$，$\hat{\boldsymbol{v}}_{eCbv}$，$\hat{\boldsymbol{v}}_{eCcv}$	受端 MMC 三相下桥臂电容电压小信号向量
$\hat{\boldsymbol{v}}_{edc}$	受端换流站直流电压小信号向量

$\hat{\boldsymbol{v}}_{\text{edifa}}$，$\hat{\boldsymbol{v}}_{\text{edifb}}$，$\hat{\boldsymbol{v}}_{\text{edifc}}$	受端 MMC 三相桥臂差模电压小信号向量
$\hat{\boldsymbol{v}}_{\text{eO}}$	受端交流中性点电压小信号向量
$\hat{\boldsymbol{v}}_{\text{eTa}}$，$\hat{\boldsymbol{v}}_{\text{eTb}}$，$\hat{\boldsymbol{v}}_{\text{eTc}}$	受端变压器网侧三相交流电压小信号向量
$\hat{\boldsymbol{v}}_{\text{fa}}$，$\hat{\boldsymbol{v}}_{\text{fb}}$，$\hat{\boldsymbol{v}}_{\text{fc}}$	送端三相交流电压小信号向量
$\hat{\boldsymbol{v}}_{\text{fa1}}$，$\hat{\boldsymbol{v}}_{\text{fb1}}$，$\hat{\boldsymbol{v}}_{\text{fc1}}$	送端换流器 1 三相交流输入电压小信号向量
$\hat{\boldsymbol{v}}_{\text{fa2}}$，$\hat{\boldsymbol{v}}_{\text{fb2}}$，$\hat{\boldsymbol{v}}_{\text{fc2}}$	送端换流器 2 三相交流输入电压小信号向量
$\hat{\boldsymbol{v}}_{\text{fcoma}}$，$\hat{\boldsymbol{v}}_{\text{fcomb}}$，$\hat{\boldsymbol{v}}_{\text{fcomc}}$	送端 MMC 三相桥臂共模电压小信号向量
$\hat{\boldsymbol{v}}_{\text{fCau}}$，$\hat{\boldsymbol{v}}_{\text{fCbu}}$，$\hat{\boldsymbol{v}}_{\text{fCcu}}$	送端 MMC 三相上桥臂电容电压小信号向量
$\hat{\boldsymbol{v}}_{\text{fCav}}$，$\hat{\boldsymbol{v}}_{\text{fCbv}}$，$\hat{\boldsymbol{v}}_{\text{fCcv}}$	送端 MMC 三相下桥臂电容电压小信号向量
$\hat{\boldsymbol{v}}_{\text{fd}}$，$\hat{\boldsymbol{v}}_{\text{fq}}$	送端交流电压小信号 d、q 轴分量
$\hat{\boldsymbol{v}}_{\text{fdc}}$	送端换流站直流电压小信号向量
$\hat{\boldsymbol{v}}_{\text{fdifa}}$，$\hat{\boldsymbol{v}}_{\text{fdifb}}$，$\hat{\boldsymbol{v}}_{\text{fdifc}}$	送端 MMC 三相桥臂差模电压小信号向量
$\hat{\boldsymbol{v}}_{\text{fO}}$	送端交流中性点电压小信号向量
$\hat{\boldsymbol{v}}_{\text{fTa}}$，$\hat{\boldsymbol{v}}_{\text{fTb}}$，$\hat{\boldsymbol{v}}_{\text{fTc}}$	送端变压器网侧三相交流电压小信号向量
$\hat{\boldsymbol{v}}_{\text{g}}$	并网点电压正序振荡分量
$\hat{\boldsymbol{v}}_{\text{g2}}$	并网点电压负序耦合振荡分量
$\hat{\boldsymbol{v}}_{\text{ga}}$，$\hat{\boldsymbol{v}}_{\text{gb}}$，$\hat{\boldsymbol{v}}_{\text{gc}}$	GSC 三相交流调制电压小信号向量
$\hat{\boldsymbol{v}}_{\text{gp}}$	GSC 交流电压小信号扰动频率分量
$\hat{\boldsymbol{v}}_{\text{gp-2}}$	GSC 交流电压小信号耦合频率分量
$\hat{\boldsymbol{v}}_{\text{ia}}$，$\hat{\boldsymbol{v}}_{\text{ib}}$，$\hat{\boldsymbol{v}}_{\text{ic}}$	三相调制电压小信号向量
$\hat{\boldsymbol{v}}_{\text{ip}}$	调制电压小信号扰动频率分量
$\hat{\boldsymbol{v}}_{\text{ip-2}}$	调制电压小信号耦合频率分量
$\hat{\boldsymbol{v}}_{\text{L1}}$，$\hat{\boldsymbol{i}}_{\text{L1}}$	架空线路首端或双绕组变压器高压侧的小信号电压、电流向量
$\hat{\boldsymbol{v}}_{\text{L2}}$，$\hat{\boldsymbol{i}}_{\text{L2}}$	架空线路末端或双绕组变压器低压侧的小信号电压、电流向量

$\hat{\boldsymbol{v}}_{\mathrm{O}}$	交流中性点电压小信号向量
$\hat{\boldsymbol{v}}_{\mathrm{p}}$	频率为 f_{p} 的交流电压小信号分量
$\hat{\boldsymbol{v}}_{\mathrm{p-2}}$	频率为 $f_{\mathrm{p}}-2f_{1}$ 的交流电压小信号分量
$\hat{\boldsymbol{v}}_{\mathrm{PMSG}}$	PMSG 风电场交流电压正序振荡分量
$\hat{\boldsymbol{v}}_{\mathrm{PMSG2}}$	PMSG 风电场交流电压负序耦合振荡分量
$\hat{\boldsymbol{v}}_{\mathrm{PV}}$	PV 电站交流电压正序振荡分量
$\hat{\boldsymbol{v}}_{\mathrm{PV2}}$	PV 电站交流电压负序耦合振荡分量
$\hat{\boldsymbol{v}}_{\mathrm{ra}}$，$\hat{\boldsymbol{v}}_{\mathrm{rb}}$，$\hat{\boldsymbol{v}}_{\mathrm{rc}}$	发电机转子绕组三相交流电压小信号向量
$\hat{\boldsymbol{v}}_{\mathrm{rp}}$	发电机转子绕组交流电压小信号扰动频率分量
$\hat{\boldsymbol{v}}_{\mathrm{rp-2}}$	发电机转子绕组交流电压小信号耦合频率分量
$\hat{\boldsymbol{v}}_{\mathrm{sa}}$，$\hat{\boldsymbol{v}}_{\mathrm{sb}}$，$\hat{\boldsymbol{v}}_{\mathrm{sc}}$	发电机定子绕组三相交流电压小信号向量
$\hat{\boldsymbol{v}}_{\mathrm{sp}}$	发电机定子绕组交流电压小信号扰动频率分量
$\hat{\boldsymbol{v}}_{\mathrm{sp-2}}$	发电机定子绕组交流电压小信号耦合频率分量
$\hat{\boldsymbol{v}}_{\mathrm{Ta}}$，$\hat{\boldsymbol{v}}_{\mathrm{Tb}}$，$\hat{\boldsymbol{v}}_{\mathrm{Tc}}$	三相交流输入电压小信号向量
$\hat{\boldsymbol{x}}(s)$	状态变量频域小信号向量
$\hat{\boldsymbol{\alpha}}_{\mathrm{f}}$	送端换流站触发角小信号向量
$\hat{\boldsymbol{\delta}}$	组合角小信号向量
$\hat{\boldsymbol{\delta}}_{\mathrm{e}}$	受端换流站组合角小信号向量
$\hat{\boldsymbol{\delta}}_{\mathrm{f}}$	送端换流站组合角小信号向量
$\hat{\boldsymbol{\theta}}_{\mathrm{ePLL}}$	受端换流站锁相角小信号向量
$\hat{\boldsymbol{\theta}}_{\mathrm{fPLL}}$	送端换流站锁相角小信号向量
$\hat{\boldsymbol{\theta}}_{\mathrm{PLL}}$	锁相角小信号向量
$\hat{\boldsymbol{\theta}}_{\mathrm{PLL}}(s)$	锁相角频域小信号向量

控制器传递函数及系数

B_{d}	虚拟阻抗带通滤波器频带宽度

$G_{dd}(s)$	$\hat{\boldsymbol{u}}_d$ 到 $\hat{\boldsymbol{m}}_d$ 的传递函数
$G_{dq}(s)$	$\hat{\boldsymbol{u}}_q$ 到 $\hat{\boldsymbol{m}}_d$ 的传递函数
$G_{qd}(s)$	$\hat{\boldsymbol{u}}_d$ 到 $\hat{\boldsymbol{m}}_q$ 的传递函数
$G_{qq}(s)$	$\hat{\boldsymbol{u}}_q$ 到 $\hat{\boldsymbol{m}}_q$ 的传递函数
$H_c(s)$	有源阻尼控制器传递函数
$H_d(s)$	虚拟阻抗控制器传递函数
$H_{eiac}(s)$	受端 MMC 交流电流控制器传递函数
$H_{eic}(s)$	受端 MMC 环流控制器传递函数
$H_{ePLL}(s)$	受端换流站 PLL 控制器开环传递函数
$H_f(s)$	电压前馈控制器传递函数
$H_{fiac}(s)$	送端 MMC 交流电流控制器传递函数
$H_{fic}(s)$	送端 MMC 环流控制器传递函数
$H_{fPLL}(s)$	送端换流站 PLL 控制器开环传递函数
$H_{gi}(s)$	GSC 交流电流控制器传递函数
$H_{iac}(s)$	交流电流控制器传递函数
$H_{ic}(s)$	环流控制器传递函数
$H_{idc}(s)$	直流电流控制器传递函数
$H_p(s)$	有功功率控制器传递函数
$H_{PLL}(s)$	PLL 控制器开环传递函数
$H_q(s)$	无功功率控制器传递函数
$H_{ri}(s)$	RSC 交流电流控制器传递函数
$H_s(s)$	静止坐标系下电压前馈控制器传递函数
$H_{si}(s)$	MSC 交流电流控制器传递函数
$H_{vac}(s)$	交流电压控制器传递函数
$H_{vc}(s)$	相间均压控制器传递函数

$H_{vdc}(s)$	直流电压控制器传递函数
$H_{vs}(s)$	全局电压控制器传递函数
$H_{y}(s)$	虚拟导纳控制器传递函数
k_{c}	有源阻尼系数
k_{d}	虚拟阻抗系数
k_{ev}	受端 MMC 交流电压前馈系数
k_{f}	前馈系数
k_{fv}	送端 MMC 交流电压前馈系数
k_{s}	静止坐标系下电压前馈系数
k_{y}	虚拟导纳系数
K_{c}	环流控制解耦系数
K_{d}	交流电流控制解耦系数
K_{ed}	受端 MMC 交流电流控制解耦系数
K_{eiacp}，K_{eiaci}	受端 MMC 交流电流控制器比例系数、积分系数
K_{eic}	受端 MMC 环流控制解耦系数
K_{eicp}，K_{eici}	受端 MMC 环流控制器比例系数、积分系数
K_{epp}，K_{epi}	受端换流站 PLL 控制器比例系数、积分系数
K_{fd}	送端 MMC 交流电流控制解耦系数
K_{fiacp}，K_{fiaci}	送端 MMC 交流电流控制器比例系数、积分系数
K_{fic}	送端 MMC 环流控制解耦系数
K_{ficp}，K_{fici}	送端 MMC 环流控制器比例系数、积分系数
K_{fpp}，K_{fpi}	送端换流站 PLL 控制器比例系数、积分系数
K_{gd}	GSC 交流电流控制解耦系数
K_{gip}，K_{gii}	GSC 交流电流控制器比例系数、积分系数
K_{iacp}，K_{iaci}	交流电流控制器比例系数、积分系数

K_{ic}	相间均压电流比例系数
K_{icp}，K_{ici}	环流控制器比例系数、积分系数
K_{idcp}，K_{idci}	直流电流控制器比例系数、积分系数
K_{pep}，K_{pei}	有功功率控制器比例系数、积分系数
K_{pp}，K_{pi}	PLL 控制器比例系数、积分系数
K_{qep}，K_{qei}	无功功率控制器比例系数、积分系数
K_{r}	虚拟阻抗增益
K_{rd}	RSC 交流电流控制解耦系数
K_{rip}，K_{rii}	RSC 交流电流控制器比例系数、积分系数
K_{sd}	MSC 交流电流控制解耦系数
K_{sip}，K_{sii}	MSC 交流电流控制器比例系数、积分系数
K_{vacp}，K_{vaci}	交流电压控制器比例系数、积分系数
K_{vcp}，K_{vci}	相间均压控制器比例系数、积分系数
K_{vdcp}，K_{vdci}	直流电压控制器比例系数、积分系数
K_{vsp}，K_{vsi}	全局电压控制器比例系数、积分系数
Q_{c}	有源阻尼带通滤波器品质因数
Q_{d}	虚拟阻抗带通滤波器品质因数
Q_{f}	电压前馈带通滤波器品质因数
Q_{s}	电压前馈低通滤波器品质因数
R_{d}	虚拟电阻
$T_{ePLL}(s)$	受端换流站 PLL 控制器闭环传递函数
$T_{fPLL}(s)$	送端换流站 PLL 控制器闭环传递函数
$T_{idc}(s)$	直流电流滤波器传递函数
$T_{PLL}(s)$	PLL 控制器闭环传递函数
$T_{vdc}(s)$	直流电压滤波器传递函数

ω_{c0}　　有源阻尼带通滤波器中心角频率

ω_{c1}　　有源阻尼控制器角频率下限

ω_{c2}　　有源阻尼控制器角频率上限

ω_{d0}　　虚拟阻抗带通滤波器中心角频率

ω_{dh}　　虚拟阻抗带通滤波器角频率上限

ω_{dl}　　虚拟阻抗带通滤波器角频率下限

ω_{f0}　　电压前馈带通滤波器中心角频率

ω_{s0}　　电压前馈低通滤波器中心角频率

ω_{s1}　　电压前馈低通滤波器截止角频率

ω_{y1}　　虚拟导纳带通滤波器角频率下限

ω_{y2}　　虚拟导纳带通滤波器角频率上限

Contents 目录

第3篇 新能源并网系统宽频振荡分析

第 4 篇 新能源并网系统宽频振荡抑制

绪 论

1. 背景

能源是人类社会生存与发展的物质基础，能源的开发利用极大地推进了世界经济和社会的发展。实现碳达峰碳中和目标关键在于以创新驱动能源转型。随着电力行业绿色转型持续推进，风电、光伏等新能源发电在全球快速发展。根据国际可再生能源署统计数据，截至2021年底，全球太阳能和风能装机容量为849GW和825GW，占比分别为28%和27%。我国新能源在过去20年里快速发展，截至2021年底，风电、光伏发电装机容量分别为328GW和307GW，合计约占我国电源总装机容量的26.7%[1]，已成为我国第二大电源。为实现碳达峰、碳中和，保障能源供应安全，未来我国将在沙漠、戈壁、荒漠地区加快规划建设大型风电和光伏基地项目，同时大力发展分布式新能源，推进海上风电基地建设。

随着新能源装机容量的不断提升，新能源并网系统稳定运行问题凸显，制约了新能源输送与消纳。我国风能、太阳能资源主要集中于华北、西北、东北地区，而负荷主要集中在中东部地区。资源与负荷逆向分布的特点，决定了新能源基地经直流送出是新能源大规模开发利用的主导形式之一。

我国第一条以输送新能源为主的直流输电工程为哈密南—郑州特高压直流工程，是我国实施疆电外送战略，西北地区大型火、风、光电力打捆送出的首个特高压直流工程。该工程采用电网换相换流器型高压直流输电（line commutated converter-based high voltage direct current，LCC－HVDC），起于新疆哈密，止于河南郑州，直流输电线路全长2210 km，额定电压±800kV，输电容量800万kW。截至2021年底，我国已投运和在建的特高压直流工程共23项，其中主要输送新能源的LCC－HVDC工程共 8 项[2]，如表 1 所示。

表 1　我国主要输送新能源的 LCC－HVDC 工程

工程名称	电压等级（kV）	传输容量（MW）	线路长度（km）	投运年份
哈密南—郑州	±800	8000	2210	2014
酒泉—湖南	±800	8000	2383	2017
锡盟—泰州	±800	10000	1628	2017
扎鲁特—青州	±800	10000	1234	2017
上海庙—山东	±800	10000	1238	2019
准东—皖南	±1100	12000	3324	2019
青海—河南	±800	8000	1587	2020
陕北—湖北	±800	8000	1137	2021

近年来，海上风电发展提速，沿海各省（市，区）海上风电规划总装机容量超过 124GW，并呈现出规模化、集群化、深远海化的特点[3]。同时，我国沙漠、戈壁、荒漠等地区新能源开发战略有序推进。基于模块化多电平换流器的高压直流输电（modular multilevel converter-based high voltage direct current，MMC－HVDC）、多端直流电网逐渐成为上述无同步电源支撑地区大规模新能源送出的重要方式，国内外已有多个 MMC－HVDC 工程投入运行，如表 2 所示。

表 2　国内外主要输送新能源的 MMC－HVDC 工程

工程名称	电压等级（kV）	传输容量（MW）	投运年份
德国 BorWin1	±150	400	2010
上海南汇工程	±30	20	2011
广东南澳工程	±160	200	2013
德国 BorWin2	±300	800	2015
德国 HelWin1	±250	576	2015
德国 SylWin1	±320	864	2015
德国 HelWin2	±320	690	2015
德国 DolWin1	±320	800	2015

续表

工程名称	电压等级（kV）	传输容量（MW）	投运年份
德国 DolWin2	±320	916	2016
德国 DolWin3	±320	900	2018
德国 BorWin3	±320	900	2019
张北柔直工程	±500	4500	2020
江苏如东工程	±400	1100	2021

风电、光伏等新能源发电经交流弱电网、串补线路、LCC－HVDC、MMC－HVDC送出系统均含有电力电子设备。大规模新能源并网系统形成了高比例新能源、高比例电力电子的局部双高电力系统[4]。局部双高电力系统特性由上述电力电子装置的控制特性主导，系统运行特性与传统电力系统相比将发生深刻变化。近年来，国内外多个地区陆续发生大规模新能源并网宽频振荡脱网事故，严重影响系统的安全稳定运行。

2009 年，美国德州南部安装双馈感应发电机（doubly-fed induction generator，DFIG）的某风电场经串补线路送出发生振荡事故，持续振荡过程中电压、电流均出现约 20Hz 的振荡分量，振荡最终激发了风电机组撬棒保护，造成大量风电机组脱网，且过电流也造成机组损坏[5]。2010 年，美国明尼苏达州西南部 Xcel 能源公司某双馈风电场经串补线路送出，在串补装置常规投切过程中引发系统持续振荡，系统振荡频率为 9～13Hz，事故造成部分机组损坏[6]。2014 年，德国北海 Borwin1 工程发生 250～350Hz 振荡事故[7]，造成高压直流海上平台滤波电容烧毁，系统停运半年之久，给当地电力公司造成了巨大经济损失，同时在业界形成了广泛影响。

2010 年，上海南汇风电场经柔性直流送出工程（简称上海南汇工程）调试期间，在风电场出力逐渐增大过程中多次观测到振荡现象，振荡频率为 20～30Hz[8]。2012 年，我国河北沽源地区发生了多次由双馈风电场与串补线路引发的次同步振荡（sub-synchronous resonance，SSR）事故[9]，系统振荡频率分布在 4～9Hz。2013 年，我国南澳多端柔性直流输电示范工程（简称广东南澳工程）在风电场出力逐渐增大的过程中发生 30Hz 左右的振荡现象，引发风电机组脱网[10]。2015 年，我国新疆哈密地区频繁发生多起永磁同步发电机（permanent magnet synchronous generators，PMSG）并网系统振荡事故，振荡频率为23/77Hz。2015年7月1日，振荡事故激发了汽轮机组轴系扭振，最终造成超过300km外的火电厂机组跳机及特高压直流功率骤降[11]。2020年6月，张北柔性直流电网示范工程（简称张北柔直工程）投运，随着新能源并网容量的逐步增加，系统发生了44/56、58、650～900、3410～4250Hz宽频振荡问题，严重影响系统的安全稳定运行[12]。国内外宽频振荡案例如图1所示。

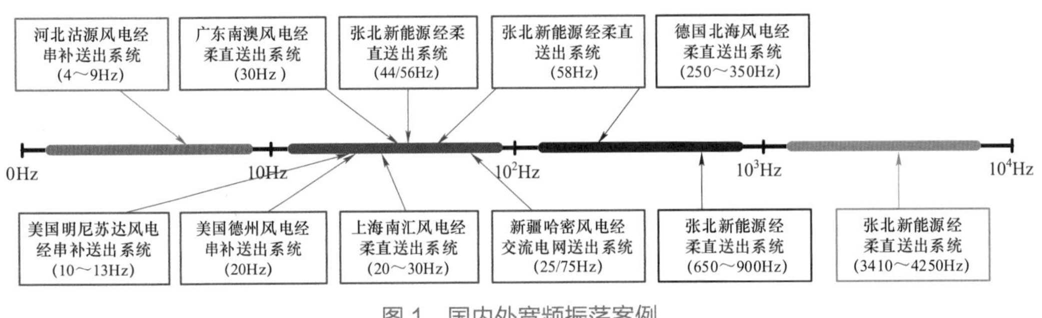

图1 国内外宽频振荡案例

2. 振荡分析方法

新能源并网系统的宽频振荡问题是典型的小信号稳定性问题，现有研究提出了多种宽频振荡分析方法，主要包括特征根分析法、复转矩系数分析法、时域仿真分析法、阻抗分析法等。

（1）特征根分析法。特征根分析法首先建立系统线性化模型，然后通过求解系统状态矩阵的特征根、特征向量和参与因子，进而判断系统稳定性及影响因素。特征值分析法广泛用于分析电力系统的小信号稳定性，根据系统所处的某个工况进行线性化，从而建立该工况下的系统小信号状态空间方程，并根据状态方程求解系统状态空间矩阵的特征值，即系统的各个模态，然后根据各个模态判断系统的稳定性。

特征值分析法除了可以用于判断新能源并网系统的稳定性以外，还可以借助成熟的模态分析手段，定位振荡问题的风险因素。例如，计算振荡模态的参与因子，从而分析各个状态变量对系统各个模态的影响，或者通过计算特征值灵敏度矩阵，分析某个关键

参数对该特征值的灵敏度。

特征根分析法科学理论严密，物理概念清晰，分析方法精确，可以用于优化设计控制器以抑制宽频振荡。新能源并网系统包含的风电、光伏、静止无功发生器（static var generator，SVG）、LCC－HVDC、MMC－HVDC 等电力电子装置，其控制系统为“灰箱化/黑箱化”，难以获取满足特征根分析法的参数。另外，新能源基地通常包含数百甚至上千台新能源机组，建立与求解系统高阶状态空间方程的过程中面临“维数灾”问题。

（2）复转矩系数分析法。复转矩系数分析法是一种主要用于分析机电扭振相互作用引起的次同步振荡问题的方法。其基本思路是，在被研究的发电机转子角度上施加不同频率的小扰动，通过求解系统线性化模型，或者分析时域仿真和物理系统测试曲线得到小扰动引起的发电机电气复转矩响应和机械复转矩响应，电气和机械复转矩响应与转子角度小扰动的比值分别为等效电气复转矩系数和等效机械复转矩系数，复转矩系数的实部为弹性系数，虚部为阻尼系数，通过分析和比较不同频率下的电气和机械弹性系数、阻尼系数关系，实现系统次同步振荡风险的判定。

该方法也是建立在系统线性化模型基础上的方法，可以认为是频率扫描法与特征值分析法的结合，相比特征值分析法有一定优越性；另外，通过频率扫描，可以获得阻尼系数随扰动频率变化曲线，有利于较直观地分析参数变化对次同步振荡风险的影响。该方法从原理上仅适用于分析与发电机动态特性相关的振荡问题，面对新能源并网系统包含的风电、光伏、SVG、LCC－HVDC、MMC－HVDC 等电力电子装置，其适用性存在一定的挑战。

（3）时域仿真分析法。时域仿真分析法通过建立包含新能源并网系统的等值模型，并求解微分与代数方程组，得到系统中变量随时间变化的响应曲线，从而分析系统动态特性。时域仿真可以模拟元件从几百纳秒至几秒之间的电磁暂态及机电暂态过程，仿真过程不仅可以考虑新能源发电及直流输电等电力电子装置的控制特性，电网元件（如避雷器、变压器、电抗器等）的非线性特性，输电线路分布参数特性和参数的频率特性，还可以进行线路开关操作和各种故障类型模拟。

通过控制硬件在环仿真（control hardware-in-the-loop，CHIL），可实现新能源并网系统电力电子装置“灰箱化/黑箱化”控制系统的时域仿真分析。CHIL 仿真模型替代了除被测控制器以外的其他实际设备或环境，通过相应的接口设备将仿真模型与真实的控制器连接，构成闭环测试系统，并要求系统的软件环境和硬件设备按照实际工程的时间尺度运行，从而完成整个系统在不同工况下运行状态的模拟，以及实际控制器的功能和控制策略的实验验证。

时域仿真分析法可描述新能源发电及直流输电等电力电子装置的非线性因素，实现稳态运行与故障穿越逻辑切换，不仅能够准确复现宽频振荡频率，而且能够复现振荡幅度。

（4）阻抗分析法。阻抗分析法最早被用于直流系统输入滤波器的设计，其后逐渐被应用于直流系统、单相交流系统、三相交流系统与交直流混合系统的小信号稳定性分析。

针对新能源并网系统的宽频振荡问题，阻抗分析法将新能源并网系统划分为两个子系统，将新能源子系统等效为一个理想电流源与等效阻抗的并联，将电网子系统等效为一个理想电压源与等效阻抗的串联，新能源并网系统的等效简化模型如图 2 所示。

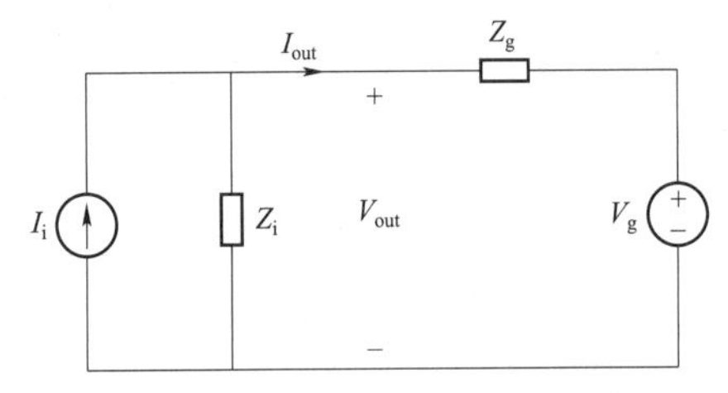

图 2　新能源并网系统的等效简化模型

公共连接点（point of common coupling，PCC）稳态电压与电流小信号的稳定性为新能源并网系统的稳定性，输出电流小信号为

$$I_{out}=\left(I_i-\frac{V_g}{Z_i}\right)\frac{1}{1+Z_g/Z_i} \tag{1}$$

在系统设计时，认为新能源和系统是稳定系统，即式（1）中括号部分是稳定的，由此新能源并网系统的稳定性取决于

$$G(s)=\frac{1}{1+Z_g/Z_i} \tag{2}$$

将新能源与系统阻抗比的回路增益是否满足 Nyquist 稳定判据作为系统稳定性的评判依据。

近年来，国内外学者在新能源发电及直流输电的阻抗建模、阻抗测量、稳定性分析、振荡抑制方面开展了广泛深入研究，并取得了系列研究成果。按照阻抗模型坐标

系定义不同，可将阻抗分为同步旋转坐标系（dq 阻抗）和静止坐标系（相序阻抗）两类。

1）dq 阻抗。对于三相交流系统，可以将静止坐标系下的交流周期性信号转换为旋转坐标系下的直流分量，从而以旋转坐标系下的直流分量为稳态工作点进行线性化。通过这种线性化方法得到的阻抗模型即为 dq 阻抗模型。

然而需要指出的是，通过变换至 dq 旋转坐标系以获得直流稳态工作点的方式仅对三相对称系统适用。当三相系统接入不平衡电网，或者三相系统的稳态工作轨迹中含有不平衡、谐波分量时，dq 阻抗建模方法具有一定的局限性。同时，dq 坐标系下的阻抗模型以本地并网点为参考点，每个新能源发电单元的阻抗模型都建立在各自的坐标参考系下，在对多发电单元新能源场站进行阻抗建模时需要将各个新能源发电单元的阻抗模型旋转至统一参考系，因此 dq 阻抗建模方法在大规模新能源场站并网稳定问题的研究上也具有一定的局限性。

2）相序阻抗。谐波线性化方法对非线性交流电路和系统进行线性化，得到与基于阻抗的方法相匹配的宽频阻抗模型。该方法的基本思路是在系统稳态正弦工作轨迹上叠加一个不同频率的小信号正弦扰动电压或电流，然后利用快速傅里叶变换（fast Fourier transform，FFT）或双傅里叶变换的方法，对系统中每一个非线性环节逐一进行展开，得到一个小信号的线性描述，并在此基础上计算整个系统对所注入的小信号扰动的同频率下的电流或电压响应，而所得到的响应与原始扰动之间的比值可用于定义系统在扰动频率下的阻抗。

对于三相电路和系统而言，可以用对称分量分解的方法将任意一组三相小信号扰动分解成一组对称的正序、负序及零序扰动，并利用谐波线性化原理计算电路或系统对每一个序扰动的响应，从而得到相应的序阻抗。一般情况下，正序扰动电压可能会产生正序及负序扰动电流。类似地，负序扰动电压也可能产生负序及正序扰动电流。而零序电流在没有中性线的三相系统中则不可能存在。在一般情况下，一个三相电路需要由一个 2×2 的正、负序阻抗矩阵来描述，而该矩阵除了对角元素之外，其非对角元素也可能为非零值。

值得指出的是，与传统对称分量在不对称电路和故障运行分析中的应用不同，上述正、负序阻抗是一个宽频概念，在基波、间谐波及谐波频率下均有效，而不仅仅局限于基波。这一宽频序阻抗概念是对传统对称分量分析方法的一个有益补充。

阻抗分析法不仅能够判断新能源并网系统特定运行工况的稳定性，还能够定量分析系统稳定裕度。同时，该方法能够揭示新能源并网系统振荡的产生机理，以优化电力电子设备的控制特性，为提升系统稳定性提供指导。

阻抗分析法是在特定工作点上的线性化分析，难以分析电力电子装置从稳态运行到故障穿越的切换过程。时域仿真法能够分析电力电子装置从稳态运行到故障穿越的切换过程，但不能揭示新能源并网系统振荡的产生机理。本书充分发挥阻抗分析法与时域仿真法二者的优点，将二者相结合，开展阻抗建模、模型校核、机理分析、抑制策略验证，并解决实际工程宽频振荡问题。

3. 振荡抑制措施

国际上众多学者对新能源并网系统的宽频振荡进行了大量的研究，提出了多种方法以抑制宽频振荡的产生或降低其发生的风险。这些方法主要包括优化装置本体性能和增加辅助装置两大类。

（1）优化装置本体性能主要包括优化控制参数和改进控制结构两种方式。

1）优化控制参数。新能源发电及直流输电均包含诸多控制器的电力电子装置，装置控制的特性是系统振荡的重要因素。近年来，国内外学者的研究工作主要围绕电力电子装置控制参数优化，实现系统振荡抑制。

基于控制参数优化的阻抗重塑技术优点是实现相对简单，通过对电力电子装置特定控制器的控制参数调整，进而对装置特定频段阻抗特性优化，实现振荡抑制。文献［13］为全功率变换风电场并网次/超同步振荡案例，通过基于 PLL 参数优化设计的阻抗重塑方法实现了振荡抑制。

2）改进控制结构。受控制参数调整范围的限制，对于某些频段的振荡问题，仅依赖于控制器参数优化难以实现振荡抑制。通过引入虚拟导纳、有源阻尼等附加控制器，实现对特性频段的阻抗重塑及振荡抑制。

文献［14］针对 PMSG 风电场经 MMC－HVDC 送出系统次/超同步振荡问题，提出了一种基于 PMSG 机组网侧变换器（grid-side converter，GSC）附加阻尼控制的振荡抑

制方法，介绍了附加阻尼控制的结构及阻尼参数优化方法，研究结果表明：附加阻尼控制能够在多个振荡频率处为系统提供正阻尼，改善风电场在次/超同步频段内的阻抗特性，有效抑制系统次/超同步振荡。文献［15］针对 PMSG 机组 GSC 高频振荡问题，提出了适用于 LCL 滤波拓扑的有源阻尼控制策略，有效解决 PMSG 并网的高频振荡问题。

针对 DFIG 并网的高频振荡问题，文献［16］提出了基于切比雪夫滤波器的阻抗重塑方法抑制振荡。文献［17］提出了基于定子电流前馈的有源阻尼控制方法抑制高频振荡。文献［18］和文献［19］采用虚拟阻抗方法抵消延时影响，实现了振荡抑制。文献［20］分析发现，引入基于相位超前补偿和虚拟正电阻的有源阻尼控制策略，有效抑制了多频率高频振荡问题。

（2）增加辅助装置主要包括增加串联型和并联型柔性交流输电系统（flexible alternating current transmission system，FACTS）装置。

1）串联型 FACTS 装置。常用来抑制新能源并网系统振荡的串联型 FACTS 装置主要包括可控串联补偿装置（thyristor controlled series compensator，TCSC）、门级控制串联电容器（gate-controlled series capacitor，GCSC）、静止同步串联补偿器（static series synchronous compensator，SSSC）等。文献［21］分析了 TCSC 和静止无功补偿器（static var compensator，SVC）对风电场次同步振荡的抑制策略，并通过仿真验证了大干扰下对次同步控制相互作用（sub-synchronous control interaction，SSCI）的阻尼效果。虽然串联型 FACTS 装置通过合理的设计能够取得很好的抑制效果，但它串接于系统之中，结构上不够灵活，缺乏可靠性，且全控型的 FACTS 装置价格昂贵。

2）并联型 FACTS 装置。抑制新能源并网系统次同步振荡的并联型 FACTS 装置包括 SVC、静止同步补偿器（static synchronous compensator，STATCOM）、统一潮流控制器（unified power flow controller，UPFC）和超导储能（superconducting magnetic energy storage，SMES）等。文献［22］利用参与因子分析其相互作用模式，提出了基于附加阻尼的 SVC 抑制措施。文献［23］提出一种基于 UPFC 的串联侧与并联侧换流器附加阻尼抑制次同步振荡的方法。文献［24］提出一种同时注入次同步与超同步电流的次同步振荡阻尼器（sub-synchronous damper，SSD）。文献［25］提出只发次同步或超同步电流的单频调制阻尼控制策略。文献［26］提出一种由多模式补偿电流计算器与补偿电流发生器组成的新型机端次同步阻尼器。文献［27］提出一种基于 SVC 的有源阻尼方式来抑制系统振荡的发生。

相比串联型 FACTS 装置，并联型 FACTS 装置在结构上灵活可靠，在工程使用上更为方便，但是并联型 FACTS 装置的抑制能力有限，一般不能从根本上解决宽频振荡问题。

第1篇　换流器小信号建模

新能源并网系统包括新能源场站侧的风电、光伏（photovoltaic，PV）、静止无功发生器（static var generator，SVG），以及系统侧的基于电网换相换流器的高压直流（line commutated converter-based high voltage direct current，LCC－HVDC）、基于模块化多电平换流器的高压直流（modular multilevel converter-based high voltage direct current，MMC－HVDC）电力电子设备，不同设备中的直流（direct current，DC）/交流（alternating current，AC）换流器可归纳为两电平换流器、模块化多电平换流器（modular multilevel converter，MMC）和晶闸管换流器3类。本篇重点介绍这3类基础换流器拓扑结构阻抗建模。

第1章为频域小信号建模方法。针对电力电子设备所构成的非线性系统，建立非线性系统频域稳态模型。对系统中非线性环节进行线性化描述，得到系统电压、电流小信号响应关系，建立非线性系统小信号阻抗模型。

第2章为两电平换流器阻抗建模。基于开关器件的平均值模型，建立交、直流电压间的频域表达式，分析小信号频率转换关系。针对典型控制结构，考虑锁相环（phase lock loop，PLL）、交流电流环、直流电压环控制环节，建立两电平换流器交流端口小信号阻抗模型。

第3章为模块化多电平换流器阻抗建模。基于MMC平均值模型，分析桥臂电流、电容电压及调制信号的稳态谐波特性，建立MMC频域稳态模型。分析MMC主电路及各控制环节小信号频域分布特性，建立计及PLL、交流电流环、环流控制的MMC交流端口小信号阻抗模型。

第4章为晶闸管换流器阻抗建模。建立考虑换相重叠过程影响的开关函数时域模型，分析晶闸管换流器交、直流侧电压、电流谐波特性，建立稳态工作点下主电路频域模型。基于开关函数稳态与小信号模型，建立计及PLL、电流环和相控环节的晶闸管换流器交流端口小信号阻抗模型。

本篇建立的两电平换流器、模块化多电平换流器、晶闸管换流器阻抗模型分别作为本书风电/光伏新能源机组、SVG/MMC－HVDC、LCC－HVDC 阻抗建模的基础模型。

第 1 章　频域小信号建模方法

新能源发电与直流输电采用的电力电子装置，在其开关过程及控制作用下，导致系统呈现非线性特征，给新能源并网系统稳定性分析带来挑战。线性化模型是采用经典控制理论分析非线性特征问题的基础。为分析新能源并网系统稳定性问题，需要对电力电子装置进行线性化建模。

电力电子装置广泛应用于单相交流系统、三相平衡系统及三相不平衡系统等交流系统。此外，二极管电路、晶闸管电路以及 MMC 并网系统，均呈现多谐波特征。交流系统平衡点的工作轨迹呈现周期性变化，难以直接在时域开展系统的线性化分析。

对于由电力电子装置构成的非线性系统，若以最小周期为单位，从周期平均值角度分析，其平衡工作点将不随时间变化。将该非线性系统转换至频域，在频域平衡点附近进行线性化，得到频域线性化模型，便于开展系统稳定性分析。

为建立非线性系统频域线性化模型，首先在系统稳态工作轨迹上叠加一个小扰动信号。其次，利用泰勒级数展开、傅里叶变换或双傅里叶变换等方法对系统各非线性环节进行线性化，建立系统输入输出线性化模型。然后，计算小扰动信号所导致的电流或电压响应，响应与扰动之比即为系统在扰动频率下的阻抗。最后，改变小扰动信号频率，可得宽频阻抗模型。非线性系统线性化建模思路如图 1－1 所示。

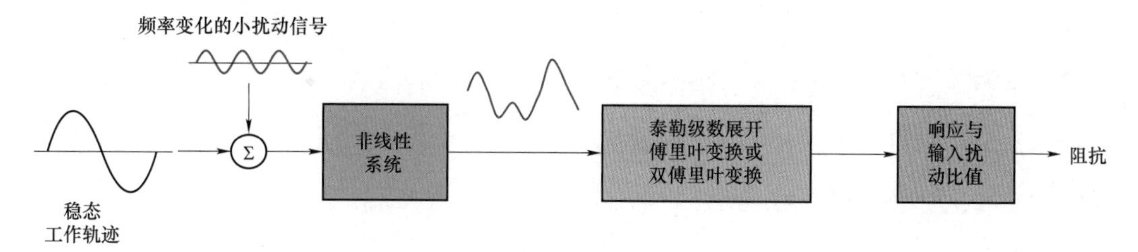

图 1－1　非线性系统线性化建模思路

1.1　电力电子非线性系统线性化

1.1.1　非线性模型

由电力电子装置构成的非线性系统，其动态特性可以用一阶常微分方程组描述，即

$$\dot{x}_i = g_i(x_1, x_2, \cdots, x_n; u_1, u_2, \cdots, u_r; t) \qquad i = 1, 2, \cdots, n \tag{1-1}$$

式中：$x_1, x_2, \cdots, x_n$ 为各状态变量；$\dot{x}_i$ 为状态变量 x_i 对时间 t 的导数；$u_1, u_2, \cdots, u_r$ 为各输入变量；g_i 为 $\dot{x}_i$ 关于状态变量和输入变量的非线性方程。

式（1－1）可以用向量矩阵表示，称为状态方程，方程式为

$$\dot{\boldsymbol{x}} = \boldsymbol{g}(\boldsymbol{x}, \boldsymbol{u}, t) \tag{1-2}$$

其中

$$\boldsymbol{x} = \begin{bmatrix} x_1 \\ x_2 \\ \vdots \\ x_n \end{bmatrix}, \quad \boldsymbol{u} = \begin{bmatrix} u_1 \\ u_2 \\ \vdots \\ u_r \end{bmatrix}, \quad \boldsymbol{g} = \begin{bmatrix} g_1 \\ g_2 \\ \vdots \\ g_n \end{bmatrix} \tag{1-3}$$

系统输出方程可以用状态变量和输入变量表示，方程式为

$$\boldsymbol{y} = \boldsymbol{h}(\boldsymbol{x}, \boldsymbol{u}, t) \tag{1-4}$$

其中

$$\boldsymbol{y} = \begin{bmatrix} y_1 \\ y_2 \\ \vdots \\ y_m \end{bmatrix}, \quad \boldsymbol{h} = \begin{bmatrix} h_1 \\ h_2 \\ \vdots \\ h_m \end{bmatrix} \tag{1-5}$$

式中：$\boldsymbol{y}$ 为输出变量向量；$\boldsymbol{h}$ 为输出变量关于状态变量和输入变量的非线性方程组。

式（1－2）和式（1－4）构成状态空间方程，可以用来描述系统中状态变量和输出变量随着输入变量变化的动态特性。

1.1.2　线性化模型

非线性系统的稳定性与输入变量及系统运行初始状态有关。在分析电力电子装置所构成的非线性系统的稳定性时，通常关注其小干扰稳定性。可在系统平衡点将非线性方程线性化，然后采用经典线性系统理论进行分析。

线性化分析基于系统状态方程的平衡点。平衡点指系统中所有状态变量微分项 $\dot{x}_1$，$\dot{x}_2, \cdots, \dot{x}_n$ 均为 0 时的工作点。平衡点方程为

$$\dot{\boldsymbol{x}} = \boldsymbol{g}(\boldsymbol{x}_0, \boldsymbol{u}_0, t) = 0 \tag{1-6}$$

式中：$\boldsymbol{x}_0$、$\boldsymbol{u}_0$ 分别为平衡点下的状态向量、输入向量。

在平衡点向系统施加小扰动信号，有

$$\begin{cases} \boldsymbol{x} = \boldsymbol{x}_0 + \hat{\boldsymbol{x}} \\ \boldsymbol{u} = \boldsymbol{u}_0 + \hat{\boldsymbol{u}} \end{cases} \tag{1-7}$$

式中，上标“^”表示小信号。

对应的状态方程满足

$$\dot{\boldsymbol{x}} = \boldsymbol{g}\left[(\boldsymbol{x}_0 + \hat{\boldsymbol{x}}), (\boldsymbol{u}_0 + \hat{\boldsymbol{u}}), t\right] \tag{1-8}$$

当扰动足够小时，可以对系统进行线性化处理。将非线性方程组 $\boldsymbol{g}(\boldsymbol{x}, \boldsymbol{u}, t)$ 在平衡点 $(\boldsymbol{x}_0, \boldsymbol{u}_0)$ 采用泰勒级数展开，可得

$$\begin{aligned} \dot{x}_i = g_i(\boldsymbol{x}_0, \boldsymbol{u}_0, t) + \left.\frac{\partial g_i(\boldsymbol{x}, \boldsymbol{u}, t)}{\partial x_1}\right|_{\boldsymbol{x}=\boldsymbol{x}_0, \boldsymbol{u}=\boldsymbol{u}_0} \cdot \hat{x}_1 + \cdots + \left.\frac{\partial g_i(\boldsymbol{x}, \boldsymbol{u}, t)}{\partial x_n}\right|_{\boldsymbol{x}=\boldsymbol{x}_0, \boldsymbol{u}=\boldsymbol{u}_0} \cdot \hat{x}_n + \\ \left.\frac{\partial g_i(\boldsymbol{x}, \boldsymbol{u}, t)}{\partial u_1}\right|_{\boldsymbol{x}=\boldsymbol{x}_0, \boldsymbol{u}=\boldsymbol{u}_0} \cdot \hat{u}_1 + \cdots + \left.\frac{\partial g_i(\boldsymbol{x}, \boldsymbol{u}, t)}{\partial u_r}\right|_{\boldsymbol{x}=\boldsymbol{x}_0, \boldsymbol{u}=\boldsymbol{u}_0} \cdot \hat{u}_r + \\ R_{2i}(\boldsymbol{x}, \boldsymbol{u}, t) \end{aligned} \tag{1-9}$$

式中：$R_{2i}(\boldsymbol{x}, \boldsymbol{u}, t)$ 为泰勒级数展开式二阶及以上余项，在线性化分析中可以忽略。

在平衡点 $(\boldsymbol{x}_0, \boldsymbol{u}_0)$ 处有 $\dot{\boldsymbol{x}}_{i0} = g_i(\boldsymbol{x}_0, \boldsymbol{u}_0, t)$，由此可得

$$\begin{aligned} \dot{\hat{x}}_i = \left.\frac{\partial g_i(\boldsymbol{x}, \boldsymbol{u}, t)}{\partial x_1}\right|_{\boldsymbol{x}=\boldsymbol{x}_0, \boldsymbol{u}=\boldsymbol{u}_0} \cdot \hat{x}_1 + \cdots + \left.\frac{\partial g_i(\boldsymbol{x}, \boldsymbol{u}, t)}{\partial x_n}\right|_{\boldsymbol{x}=\boldsymbol{x}_0, \boldsymbol{u}=\boldsymbol{u}_0} \cdot \hat{x}_n + \\ \left.\frac{\partial g_i(\boldsymbol{x}, \boldsymbol{u}, t)}{\partial u_1}\right|_{\boldsymbol{x}=\boldsymbol{x}_0, \boldsymbol{u}=\boldsymbol{u}_0} \cdot \hat{u}_1 + \cdots + \left.\frac{\partial g_i(\boldsymbol{x}, \boldsymbol{u}, t)}{\partial u_r}\right|_{\boldsymbol{x}=\boldsymbol{x}_0, \boldsymbol{u}=\boldsymbol{u}_0} \cdot \hat{u}_r \end{aligned} \tag{1-10}$$

同理，由式（1-4）可得

$$\begin{aligned} \hat{y}_j = \left.\frac{\partial h_j(\boldsymbol{x}, \boldsymbol{u}, t)}{\partial x_1}\right|_{\boldsymbol{x}=\boldsymbol{x}_0, \boldsymbol{u}=\boldsymbol{u}_0} \cdot \hat{x}_1 + \cdots + \left.\frac{\partial h_j(\boldsymbol{x}, \boldsymbol{u}, t)}{\partial x_n}\right|_{\boldsymbol{x}=\boldsymbol{x}_0, \boldsymbol{u}=\boldsymbol{u}_0} \cdot \hat{x}_n + \\ \left.\frac{\partial h_j(\boldsymbol{x}, \boldsymbol{u}, t)}{\partial u_1}\right|_{\boldsymbol{x}=\boldsymbol{x}_0, \boldsymbol{u}=\boldsymbol{u}_0} \cdot \hat{u}_1 + \cdots + \left.\frac{\partial h_j(\boldsymbol{x}, \boldsymbol{u}, t)}{\partial u_r}\right|_{\boldsymbol{x}=\boldsymbol{x}_0, \boldsymbol{u}=\boldsymbol{u}_0} \cdot \hat{u}_r \end{aligned} \tag{1-11}$$

式中：$j = 1, 2, \cdots, m$。

整理式（1－10）和式（1－11），可得非线性系统在平衡点附近的线性化方程，用向量形式表示为

$$\begin{cases}\dot{\hat{\boldsymbol{x}}}=\boldsymbol{A}_{\mathrm{x}}(t)\hat{\boldsymbol{x}}+\boldsymbol{B}_{\mathrm{u}}(t)\hat{\boldsymbol{u}}\\ \hat{\boldsymbol{y}}=\boldsymbol{C}_{\mathrm{x}}(t)\hat{\boldsymbol{x}}+\boldsymbol{D}_{\mathrm{u}}(t)\hat{\boldsymbol{u}}\end{cases}\tag{1-12}$$

式中：$\boldsymbol{A}_{\mathrm{x}}(t)$ 为状态矩阵；$\boldsymbol{B}_{\mathrm{u}}(t)$ 为输入矩阵；$\boldsymbol{C}_{\mathrm{x}}(t)$ 为输出矩阵；$\boldsymbol{D}_{\mathrm{u}}(t)$ 为直接传递矩阵。

$\boldsymbol{A}_{\mathrm{x}}(t)$、$\boldsymbol{B}_{\mathrm{u}}(t)$、$\boldsymbol{C}_{\mathrm{x}}(t)$、$\boldsymbol{D}_{\mathrm{u}}(t)$ 表达式分别为

$$\begin{aligned}\boldsymbol{A}_{\mathrm{x}}(t)&=\begin{bmatrix}\dfrac{\partial g_1}{\partial x_1}&\cdots&\dfrac{\partial g_1}{\partial x_n}\\ \vdots&\vdots&\vdots\\ \dfrac{\partial g_n}{\partial x_1}&\cdots&\dfrac{\partial g_n}{\partial x_n}\end{bmatrix},\quad \boldsymbol{B}_{\mathrm{u}}(t)=\begin{bmatrix}\dfrac{\partial g_1}{\partial u_1}&\cdots&\dfrac{\partial g_1}{\partial u_r}\\ \vdots&\vdots&\vdots\\ \dfrac{\partial g_n}{\partial u_1}&\cdots&\dfrac{\partial g_n}{\partial u_r}\end{bmatrix}\\ \boldsymbol{C}_{\mathrm{x}}(t)&=\begin{bmatrix}\dfrac{\partial h_1}{\partial x_1}&\cdots&\dfrac{\partial h_1}{\partial x_n}\\ \vdots&\vdots&\vdots\\ \dfrac{\partial h_m}{\partial x_1}&\cdots&\dfrac{\partial h_m}{\partial x_n}\end{bmatrix},\quad \boldsymbol{D}_{\mathrm{u}}(t)=\begin{bmatrix}\dfrac{\partial h_1}{\partial u_1}&\cdots&\dfrac{\partial h_1}{\partial u_r}\\ \vdots&\vdots&\vdots\\ \dfrac{\partial h_m}{\partial u_1}&\cdots&\dfrac{\partial h_m}{\partial u_r}\end{bmatrix}\end{aligned}\tag{1-13}$$

1.2　线性化分析频域描述

电力电子装置广泛应用于交流系统中，交流系统工作轨迹随时间呈周期性变化，难以直接在时域实现线性化分析。本节将上述时域线性化分析转换至频域，得到系统频域平衡点，并获取平衡点附近线性化模型。

1.2.1　频域稳态工作点

对于由电力电子装置构成的非线性系统，平衡点的输入、输出及状态变量可以统一描述为

$$\begin{cases}f_{\mathrm{a}}=\sum\limits_{k=0}^{\infty}F_{k+}\cos(2k\pi f_1t+\varphi_{k+})+\sum\limits_{k=0}^{\infty}F_{k-}\cos(2k\pi f_1t+\varphi_{k-})+\sum\limits_{k=0}^{\infty}F_{k0}\cos(2k\pi f_1t+\varphi_{k0})\\ f_{\mathrm{b}}=\sum\limits_{k=0}^{\infty}F_{k+}\cos(2k\pi f_1t-2\pi/3+\varphi_{k+})+\sum\limits_{k=0}^{\infty}F_{k-}\cos(2k\pi f_1t+2\pi/3+\varphi_{k-})+\sum\limits_{k=0}^{\infty}F_{k0}\cos(2k\pi f_1t+\varphi_{k0})\\ f_{\mathrm{c}}=\sum\limits_{k=0}^{\infty}F_{k+}\cos(2k\pi f_1t+2\pi/3+\varphi_{k+})+\sum\limits_{k=0}^{\infty}F_{k-}\cos(2k\pi f_1t-2\pi/3+\varphi_{k-})+\sum\limits_{k=0}^{\infty}F_{k0}\cos(2k\pi f_1t+\varphi_{k0})\end{cases}$$

（1－14）

式中：$f_{\rm a}$、$f_{\rm b}$、$f_{\rm c}$分别为 a、b、c 相交流信号；f_1为基波频率；F_{k+}、F_{k-}、F_{k0}分别为三相交流信号在频率kf_1下的正、负、零序分量幅值；φ_{k+}、φ_{k-}、φ_{k0}分别为三相交流信号在频率kf_1下的正、负、零序分量的相位。

电力电子装置在单相交流系统、三相平衡系统或三相不平衡系统等不同交流系统中运行，其主要区别在于交流信号所含序分量不同，正、负、零序分量可通过对称分量法得到，即

$$\begin{bmatrix} f_+ \\ f_- \\ f_{\rm z} \end{bmatrix} = \frac{1}{3}\begin{bmatrix} 1 & a & a^2 \\ 1 & a^2 & a \\ 1 & 1 & 1 \end{bmatrix}\begin{bmatrix} f_{\rm a} \\ f_{\rm b} \\ f_{\rm c} \end{bmatrix} \tag{1-15}$$

式中：f_+、f_-、$f_{\rm z}$分别为交流信号的正、负、零序分量；a为常复矢量算子，且$a={\rm e}^{{\rm j}2\pi/3}$。

当三相交流信号周期性变化时，正、负、零序分量呈现周期性时变特征。此外，在二极管整流器、晶闸管换流器、MMC 中，三相交流信号含有大量的特征谐波分量，其正、负、零序分量含有多个频率的周期性时变正弦信号。

设$f(t)$是周期函数，如果它满足 Dirichlet 条件：

（1）在一个周期内连续或只有有限个第一类间断点。

（2）在一个周期内至多只有有限个极值点，则$f(t)$的傅里叶级数收敛，并且：

1）当t是$f(t)$的连续点时，级数收敛于$f(t)$；

2）当t是$f(t)$的间断点时，级数收敛于$1/2\left[f(t-0)+f(t+0)\right]$。

可以对$f(t)$进行傅里叶级数展开，将其表示为正弦信号和余弦信号的线性组合。不失一般性，周期信号用$f(t)$表示，可为式（1-15）中的正、负、零序分量。当$f(t)$基波周期为T_1，基波角频率$\omega_1=2\pi/T_1$，基波频率$f_1=1/T_1$时，$f(t)$傅里叶级数展开表达式为

$$f(t)=a_0+\sum_{k=1}^{\infty}\left[a_k\cos(2k\pi f_1 t)+b_k\sin(2k\pi f_1 t)\right] \tag{1-16}$$

式中：k为正整数；a_0为傅里叶级数直流分量；a_k为傅里叶级数余弦分量；b_k为傅里叶级数正弦分量。

a_0、a_k、b_k 可分别表示为

$$a_0 = \frac{1}{T_1}\int_{t_0}^{t_0+T_1} f(t)\,\mathrm{d}t \tag{1-17}$$

$$a_k = \frac{2}{T_1}\int_{t_0}^{t_0+T_1} f(t)\cos(2k\pi f_1 t)\,\mathrm{d}t \tag{1-18}$$

$$b_k = \frac{2}{T_1}\int_{t_0}^{t_0+T_1} f(t)\sin(2k\pi f_1 t)\,\mathrm{d}t \tag{1-19}$$

将同频率的正弦分量和余弦分量合并，式（1－16）可简化为

$$f(t) = c_0 + \sum_{k=1}^{\infty} c_k \cos(2k\pi f_1 t + \varphi_k) \tag{1-20}$$

其中

$$\begin{cases} c_0 = a_0 \\ c_k = \sqrt{a_k^2 + b_k^2} \\ \tan\varphi_k = -\dfrac{b_k}{a_k} \end{cases} \tag{1-21}$$

式中：c_0 为傅里叶级数直流分量；c_k、φ_k 分别为傅里叶级数 kf_1 频率交流分量幅值、相位。

由式（1－20）可知，满足 Dirichlet 条件的周期信号可以分解成直流分量以及不同频率的交流分量。

根据欧拉公式，式（1－20）所示的傅里叶级数展开可以用复指数形式表示，即

$$f(t) = c_0 + \sum_{k=1}^{\infty}\left(\frac{c_k}{2}\mathrm{e}^{\mathrm{j}2k\pi f_1 t}\mathrm{e}^{\mathrm{j}\varphi_k} + \frac{c_k}{2}\mathrm{e}^{-\mathrm{j}2k\pi f_1 t}\mathrm{e}^{-\mathrm{j}\varphi_k}\right) \tag{1-22}$$

由式（1－22）可见，周期信号除了含有频率为 kf_1 的交流分量外，还含有频率为 $-kf_1$ 的交流分量。两者幅值相同，均为傅里叶级数在 kf_1 频率交流分量幅值的一半。

将频率为 kf_1（$k = \pm 1, \pm 2, \cdots$）的周期信号以复指数形式表示，即

$$\boldsymbol{F}_k = \frac{c_k}{2}\mathrm{e}^{\mathrm{j}\varphi_k} \tag{1-23}$$

式中：$\boldsymbol{F}_k$ 为周期信号 kf_1 频率交流分量的复傅里叶系数。

根据式（1－22），$-kf_1$ 频率交流分量与 kf_1 频率交流分量满足

$$\boldsymbol{F}_{-k} = \boldsymbol{F}_k^* \tag{1-24}$$

式中，上标“*”表示共轭运算。

令 $\boldsymbol{F}_0 = c_0$，可得周期信号 $f(t)$ 复指数形式的傅里叶级数表达式，即

$$f(t) = \sum_{k=-\infty}^{\infty} \boldsymbol{F}_k \mathrm{e}^{\mathrm{j}2k\pi f_1 t} \tag{1-25}$$

式中，$\boldsymbol{F}_k$ 反映了周期信号 kf_1 频率交流分量幅值与相位，即时域信号的频域结果。

由式（1－25）可知，周期信号 $f(t)$ 在时域呈现周期时变特性，其工作点轨迹以 T_1 呈现周期变化，且对应的频域结果唯一，即 kf_1 频率交流分量的幅值与相位保持不变。

为了描述频域中周期信号 $f(t)$ 的交流分量构成，将各频率交流分量按照频率序列 $[-kf_1, \cdots, -f_1, 0, f_1, \cdots, kf_1]^{\mathrm{T}}$ 排成列向量，即

$$\boldsymbol{F}(s) = [\boldsymbol{F}_{-k},\ \cdots,\ \boldsymbol{F}_{-1},\ \boldsymbol{F}_0,\ \boldsymbol{F}_1,\ \cdots,\ \boldsymbol{F}_k]^{\mathrm{T}} \tag{1-26}$$

式中，上标“T”表示矩阵转置运算；频率序列中 0 表示直流。

$\boldsymbol{F}(s)$ 即为平衡点下时域周期信号的频域向量，即频域稳态工作点。

1.2.2　频域线性化分析

将时域中的平衡点转换至频域，可得频域稳态工作点。相应的，将时域中非线性方程在平衡点处的线性化结果转换至频域，可得频域中稳态工作点附近的线性化模型。

根据式（1－26）可知，将时域中平衡点处周期变化的输入、输出及状态变量转换至频域，可得频域稳态工作点。在平衡点施加小扰动，且小扰动也为周期信号，则频域中状态变量和输入变量可表示为

$$\begin{cases} \boldsymbol{x}(s) = \boldsymbol{X}(s) + \hat{\boldsymbol{x}}(s) \\ \boldsymbol{u}(s) = \boldsymbol{U}(s) + \hat{\boldsymbol{u}}(s) \end{cases} \tag{1-27}$$

式中：$\boldsymbol{X}(s)$、$\boldsymbol{U}(s)$ 分别为平衡点下状态变量频域稳态向量、平衡点下输入变量频域稳态向量；$\hat{\boldsymbol{x}}(s)$、$\hat{\boldsymbol{u}}(s)$ 分别为状态变量频域小信号向量、输入变量频域小信号

向量。

由式（1－3）可知，状态变量和输入变量均由多个周期变量构成。由式（1－26）可知，每个周期变量转换至频域后又由多个交流分量共同构成。$\boldsymbol{X}(s)$ 和 $\boldsymbol{U}(s)$ 均为复合矩阵，可分别表示为

$$\boldsymbol{X}(s)=\begin{bmatrix}\boldsymbol{X}_1(s)\\ \boldsymbol{X}_2(s)\\ \cdots\\ \boldsymbol{X}_n(s)\end{bmatrix},\boldsymbol{U}(s)=\begin{bmatrix}\boldsymbol{U}_1(s)\\ \boldsymbol{U}_2(s)\\ \cdots\\ \boldsymbol{U}_r(s)\end{bmatrix} \tag{1－28}$$

式中，$\boldsymbol{X}_1(s)\sim\boldsymbol{X}_n(s)$、$\boldsymbol{U}_1(s)\sim\boldsymbol{U}_r(s)$ 的表达形式与式（1－26）一致。

相应的，状态变量频域小信号向量 $\hat{\boldsymbol{x}}(s)$ 和输入变量频域小信号向量 $\hat{\boldsymbol{u}}(s)$ 也为复合矩阵，分别表示为

$$\hat{\boldsymbol{x}}(s)=\begin{bmatrix}\hat{\boldsymbol{x}}_1(s)\\ \hat{\boldsymbol{x}}_2(s)\\ \cdots\\ \hat{\boldsymbol{x}}_n(s)\end{bmatrix},\hat{\boldsymbol{u}}(s)=\begin{bmatrix}\hat{\boldsymbol{u}}_1(s)\\ \hat{\boldsymbol{u}}_2(s)\\ \cdots\\ \hat{\boldsymbol{u}}_r(s)\end{bmatrix} \tag{1－29}$$

考虑到小扰动信号周期可以与平衡点周期不同，状态变量、输入变量频域小信号分量的频率与稳态工作点所含分量频率不同，频域小信号表达式与式（1－26）不同。不失一般性，将周期信号的小信号 $\hat{f}(t)$ 的频域表达式按照频率序列 $[f_{\mathrm{p}}-kf_1,\cdots,f_{\mathrm{p}}-f_1,f_{\mathrm{p}},f_{\mathrm{p}}+f_1,\cdots,f_{\mathrm{p}}+kf_1]^{\mathrm{T}}$（$f_{\mathrm{p}}$ 为扰动频率）排成列向量，即

$$\hat{\boldsymbol{f}}(s)=[\hat{\boldsymbol{f}}_{\mathrm{p}-k},\ \cdots,\ \hat{\boldsymbol{f}}_{\mathrm{p}-1},\ \hat{\boldsymbol{f}}_{\mathrm{p}},\ \hat{\boldsymbol{f}}_{\mathrm{p}+1},\ \cdots,\ \hat{\boldsymbol{f}}_{\mathrm{p}+k}]^{\mathrm{T}} \tag{1－30}$$

式（1－29）中各状态变量、输入变量的频域小信号分量 $\hat{\boldsymbol{x}}_1(s)\sim\hat{\boldsymbol{x}}_n(s)$、$\hat{\boldsymbol{u}}_1(s)\sim\hat{\boldsymbol{u}}_r(s)$ 均可用式（1－30）表示为小信号列向量。

叠加小扰动信号后，频域状态方程可表示为

$$\dot{\boldsymbol{x}}(s)=\boldsymbol{G}[(\boldsymbol{X}(s)+\hat{\boldsymbol{x}}(s)),(\boldsymbol{U}(s)+\hat{\boldsymbol{u}}(s))] \tag{1－31}$$

式中：$\boldsymbol{G}$ 为非线性方程组 $\boldsymbol{g}$ 的频域传递函数。

当扰动足够小时，可将传递函数 $\boldsymbol{G}[\boldsymbol{x}(s),\boldsymbol{u}(s)]$ 在稳态工作点 $(\boldsymbol{X}(s),\boldsymbol{U}(s))$ 进行泰勒级数展开。在线性化过程中，可忽略 $(\hat{\boldsymbol{x}}(s),\hat{\boldsymbol{u}}(s))$ 的二阶及以上余项，可得频域稳态工作点 $(\boldsymbol{X}(s),\boldsymbol{U}(s))$ 附近的线性化方程，即

$$\dot{\hat{x}}_i(s)=\left.\frac{\partial G_i(x(s),u(s))}{\partial x_1}\right|_{X(s),U(s)}\otimes\hat{x}_1(s)+\cdots+\left.\frac{\partial G_i(x(s),u(s))}{\partial x_n}\right|_{X(s),U(s)}\otimes\hat{x}_n(s)+$$
$$\left.\frac{\partial G_i(x(s),u(s))}{\partial u_1}\right|_{X(s),U(s)}\otimes\hat{u}_1(s)+\cdots+\left.\frac{\partial G_i(x(s),u(s))}{\partial u_r}\right|_{X(s),U(s)}\otimes\hat{u}_r(s) \tag{1-32}$$

式中，符号“$\otimes$”表示频域卷积，偏导下标表示对应的稳态工作点。

同理，输出方程频域线性化可得

$$\hat{y}_j(s)=\left.\frac{\partial H_j(x(s),u(s))}{\partial x_1}\right|_{X(s),U(s)}\otimes\hat{x}_1(s)+\cdots+\left.\frac{\partial H_j(x(s),u(s))}{\partial x_n}\right|_{X(s),U(s)}\otimes\hat{x}_n(s)+$$
$$\left.\frac{\partial H_j(x(s),u(s))}{\partial u_1}\right|_{X(s),U(s)}\otimes\hat{u}_1(s)+\cdots+\left.\frac{\partial H_j(x(s),u(s))}{\partial u_r}\right|_{X(s),U(s)}\otimes\hat{u}_r(s) \tag{1-33}$$

式中：H 为输出方程组 h 的频域传递函数。

整理式（1－32）和式（1－33），可得非线性系统在稳态工作点$(X(s), U(s))$附近的频域线性化方程，即

$$\begin{cases}\dot{\hat{x}}(s)=A_{\mathrm{x}}(s)\otimes\hat{x}(s)+B_{\mathrm{u}}(s)\otimes\hat{u}(s)\\ \hat{y}(s)=C_{\mathrm{x}}(s)\otimes\hat{x}(s)+D_{\mathrm{u}}(s)\otimes\hat{u}(s)\end{cases} \tag{1-34}$$

式中：$A_{\mathrm{x}}(s)$ 为状态矩阵传递函数；$B_{\mathrm{u}}(s)$ 为输入矩阵传递函数；$C_{\mathrm{x}}(s)$ 为输出矩阵传递函数；$D_{\mathrm{u}}(s)$ 为直接传递矩阵传递函数。

$A_{\mathrm{x}}(s)$、$B_{\mathrm{u}}(s)$、$C_{\mathrm{x}}(s)$、$D_{\mathrm{u}}(s)$ 表达式分别为

$$A_{\mathrm{x}}(s)=\begin{bmatrix}\frac{\partial G_1}{\partial x_1} & \cdots & \frac{\partial G_1}{\partial x_n}\\ \vdots & \vdots & \vdots\\ \frac{\partial G_n}{\partial x_1} & \cdots & \frac{\partial G_n}{\partial x_n}\end{bmatrix},\quad B_{\mathrm{u}}(s)=\begin{bmatrix}\frac{\partial G_1}{\partial u_1} & \cdots & \frac{\partial G_1}{\partial u_r}\\ \vdots & \vdots & \vdots\\ \frac{\partial G_n}{\partial u_1} & \cdots & \frac{\partial G_n}{\partial u_r}\end{bmatrix}$$
$$C_{\mathrm{x}}(s)=\begin{bmatrix}\frac{\partial H_1}{\partial x_1} & \cdots & \frac{\partial H_1}{\partial x_n}\\ \vdots & \vdots & \vdots\\ \frac{\partial H_m}{\partial x_1} & \cdots & \frac{\partial H_m}{\partial x_n}\end{bmatrix},\quad D_{\mathrm{u}}(s)=\begin{bmatrix}\frac{\partial H_1}{\partial u_1} & \cdots & \frac{\partial H_1}{\partial u_r}\\ \vdots & \vdots & \vdots\\ \frac{\partial H_m}{\partial u_1} & \cdots & \frac{\partial H_m}{\partial u_r}\end{bmatrix} \tag{1-35}$$

频域线性化分析以最小周期为单位，频域稳态工作点以及频域小信号均由多个频率的交流分量构成，称上述线性化过程为频域线性化。

1.3　非线性环节频域线性化

电力电子装置为典型非线性系统。除了功率开关管导通与关断引入非线性外，调制过程、Park 变换、反 Park 变换、PLL 均为非线性环节。本节对上述非线性环节进行线性化。

1.3.1　开关过程线性化

电力电子装置通过功率开关管的导通、关断实现电能变换，包括直流（DC）/交流（AC）变换、AC/DC 变换、DC/DC 变换、AC/AC 变换。功率开关管导通、关断不连续工作过程，向电子电子装置引入了非线性。

以 DC/AC 变换为例，为满足交流端口电能质量需求，换流器需要采用正弦脉宽调制（sinusoidal pulse width modulation, SPWM）技术，通过开关管的快速导通、关断，提升交流输出波形质量，减小谐波含量。单相逆变电路拓扑结构及输出波形如图 1－2 所示。图中，T1～T4 为开关管；V_{dc} 为直流电压稳态值；v_{ao} 为 a 相交流输出电压；v_{car} 为三角载波；v_{rma} 为 a 相调制波；T_{car} 为载波周期；T_{rma} 为调制波周期。

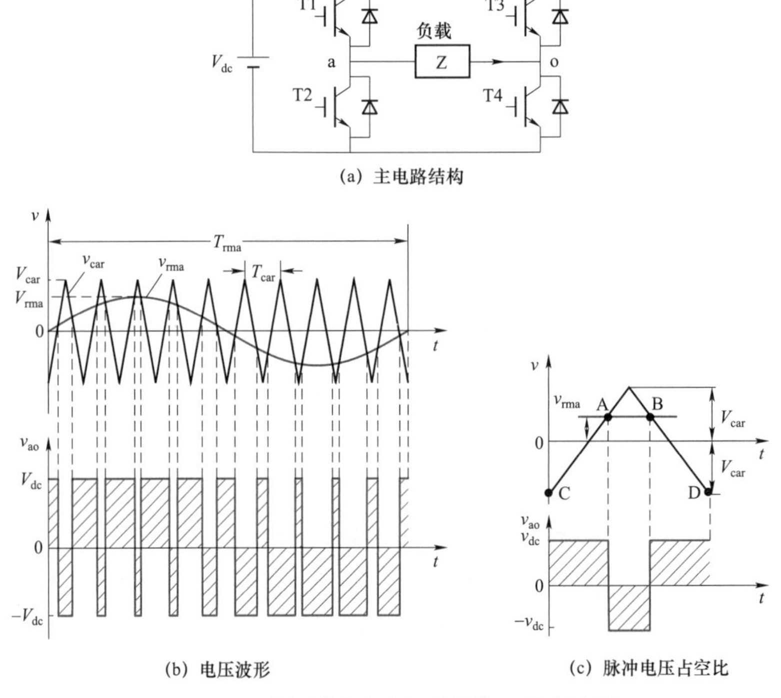

图 1－2　单相逆变电路拓扑结构及输出波形

图 1－2 中 a 相调制波 v_{rma} 和三角载波 v_{car} 相交时刻即为开关管动作和 a 相交流输出电压 v_{ao} 电平反转时刻：① 当 $v_{rma} \geqslant v_{car}$ 时，T1、T4 导通，T2、T3 关断，a 相交流输出电压 $v_{ao} = V_{dc}$；② 当 $v_{rma} < v_{car}$ 时，T2、T3 导通，T1、T4 关断，a 相交流输出电压 $v_{ao} = -V_{dc}$。此时，a 相交流输出电压 v_{ao} 为高频变化的矩形波，如图 1－2（b）所示，v_{ao} 满足

$$v_{ao} = s_a V_{dc} \tag{1-36}$$

其中

$$s_a = \begin{cases} 1, & v_{rma} \geqslant v_{car} \\ -1, & v_{rma} < v_{car} \end{cases} \tag{1-37}$$

式中：s_a 为 a 相开关函数，并且为分段非线性函数。

a 相调制波 v_{rma} 为正弦波，调制波幅值为 V_{rma}，调制波频率为 f_{rma}。初始时刻相位为 0，a 相调制波可表示为 $v_{rma} = V_{rma}\sin(2\pi f_{rma} t)$。此外，三角载波 v_{car} 的载波幅值为 V_{car}，载波频率为 f_{car}，载波周期 T_{car} 为 $1/f_{car}$。

当载波频率 f_{car} 远大于调制波频率 f_{rma} 时，可以近似认为在一个载波周期 T_{car} 内，a 相调制波 v_{rma} 保持不变，如图 1－2（c）所示。当 $v_{rma} > v_{car}$ 时，T1、T4 导通，根据图中几何关系，可得 T1、T4 导通的占空比，即

$$D_{dr} = \frac{CD - AB}{CD} = \frac{1}{2}\left(1 + \frac{v_{rma}}{V_{car}}\right) \tag{1-38}$$

一个载波周期平均后，a 相交流输出电压可表示为

$$v_{ao} = (2D_{dr} - 1)V_{dc} \tag{1-39}$$

将式（1－38）代入式（1－39），可得

$$v_{ao} = \frac{V_{dc}}{V_{car}} v_{rma} \tag{1-40}$$

并且，a 相交流输出电压与直流电压稳态值之间的关系满足

$$v_{ao} = m_a V_{dc} \tag{1-41}$$

其中

$$m_a = \frac{V_{rma}}{V_{car}} \sin(2\pi f_{rma} t) \tag{1-42}$$

式中：m_a 为 a 相交流调制信号。

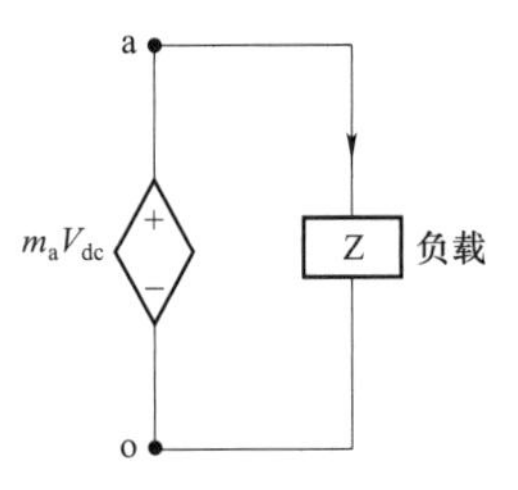

图 1－3　单相逆变电路平均值模型

当载波频率远高于调制波频率时，式（1－37）所示分段非线性的 a 相开关函数 s_a 可以用连续变化的 a 相交流调制信号 m_a 代替，实现开关函数低频等效以及开关过程线性化，所得线性化模型称为平均值模型。图 1－2（a）所示单相逆变电路可等效为图 1－3 所示单相逆变电路平均值模型。其中，a 相交流输出电压 v_{ao} 由受控电压源 m_aV_{dc} 代替。同理可得三相逆变电路及其余电力电子装置的平均值模型。

1.3.2　调制过程线性化

基于 1.3.1 的分析，逆变电路直流端口由理想直流电压源供电，在此基础上建立了开关过程的平均值模型。当直流端口电压不恒定，即直流输入为非理想电源时，交流电压由调制信号和直流电压两个变量乘积决定，该变量乘积向系统引入了非线性。针对调制过程引入的非线性环节，将建立其线性化模型。

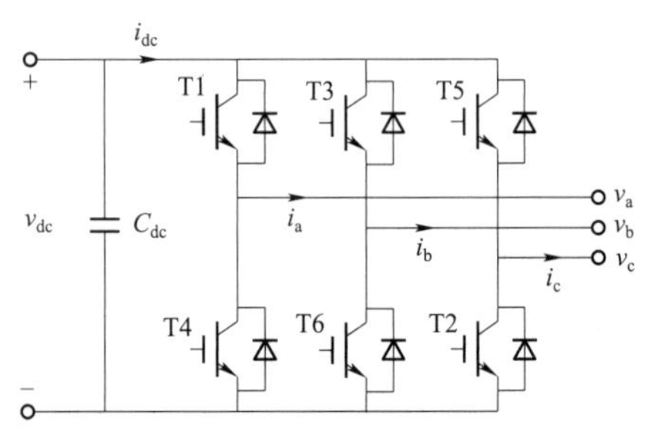

图 1－4　三相逆变电路拓扑结构

三相逆变电路拓扑结构如图 1－4 所示。图中，T1～T6 为开关管；v_a、v_b、v_c 分别为 a、b、c 相交流电压；i_a、i_b、i_c 分别为 a、b、c 相交流电流；v_{dc}、i_{dc} 分别为直流电压、直流电流；C_{dc} 为直流母线电容，表征直流端口的非理想电压源特性。下文以 $l = \text{a,b,c}$ 分别表示 a、b、c 相。

根据平均值模型，可得交、直流电压、电流变换关系，即

$$\begin{cases} v_l = K_{\rm m} m_l v_{\rm dc} \\ i_{\rm dc} = \sum\limits_{l=\rm a,b,c} m_l i_l \end{cases} \tag{1-43}$$

式中：K_m 为脉宽调制（pulse width modulation，PWM）增益；m_l 为三相交流调制信号。

由式（1－43）可知，交、直流电压、电流变换过程中，调制信号与电压或电流的乘积引入了非线性。为了对交、直流电压、电流变换过程线性化，首先将平衡点下直流电压 v_{dc}、三相交流电流 i_l、三相交流调制信号 m_l 转换至频域，得到其频域稳态工作点，分别用直流电压频域稳态向量 $\boldsymbol{V}_{dc}(s)$、三相交流电流频域稳态向量

$\boldsymbol{I}_l(s)$、三相交流调制信号频域稳态向量 $\boldsymbol{M}_l(s)$ 表示。然后，在频域稳态工作点上叠加小扰动，有

$$\begin{cases}\boldsymbol{v}_{\text{dc}}(s)=\boldsymbol{V}_{\text{dc}}(s)+\hat{\boldsymbol{v}}_{\text{dc}}(s)\\ \boldsymbol{i}_l(s)=\boldsymbol{I}_l(s)+\hat{\boldsymbol{i}}_l(s)\\ \boldsymbol{m}_l(s)=\boldsymbol{M}_l(s)+\hat{\boldsymbol{m}}_l(s)\end{cases} \tag{1-44}$$

式中：$\hat{\boldsymbol{v}}_{\text{dc}}(s)$ 为直流电压频域小信号向量；$\hat{\boldsymbol{i}}_l(s)$ 为三相交流电流频域小信号向量；$\hat{\boldsymbol{m}}_l(s)$ 为三相交流调制信号频域小信号向量。

最后，将式（1－43）转换至频域，忽略二阶及以上小信号分量，可得交、直流电压、电流变换过程，即调制过程频域线性化模型，即

$$\begin{cases}\hat{\boldsymbol{v}}_l(s)=K_{\text{m}}\left[\boldsymbol{M}_l(s)\otimes\hat{\boldsymbol{v}}_{\text{dc}}(s)+\boldsymbol{V}_{\text{dc}}(s)\otimes\hat{\boldsymbol{m}}_l(s)\right]\\ \hat{\boldsymbol{i}}_{\text{dc}}(s)=\sum\limits_{l=\text{a,b,c}}\left[\boldsymbol{M}_l(s)\otimes\hat{\boldsymbol{i}}_l(s)+\boldsymbol{I}_l(s)\otimes\hat{\boldsymbol{m}}_l(s)\right]\end{cases} \tag{1-45}$$

式中：$\hat{\boldsymbol{v}}_l(s)$ 为三相交流电压频域小信号向量；$\hat{\boldsymbol{i}}_{\text{dc}}(s)$ 为直流电流频域小信号向量。

1.3.3　Park 变换及 PLL 线性化

除主电路外，控制电路也会向电力电子装置中引入非线性环节，包括 PLL、Park 变换及反 Park 变换等。实质上，PLL 的非线性也由 Park 变换引入。PLL 控制结构如图 1－5 所示。

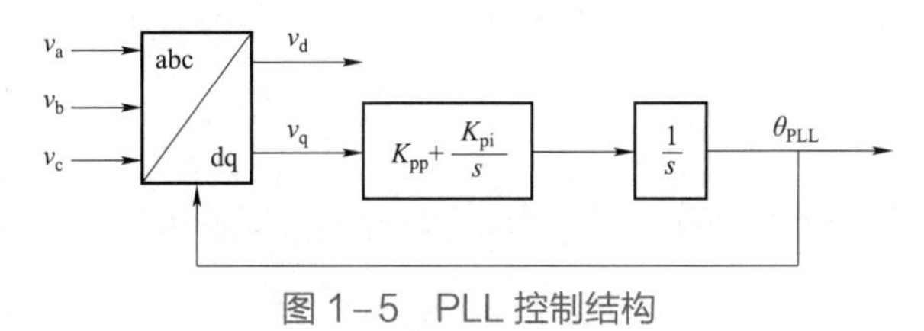

图 1－5　PLL 控制结构

三相交流电压经由 Park 变换，可得交流电压 d、q 轴分量，即

$$\begin{cases}v_{\text{d}}=\dfrac{2}{3}[\cos\theta_{\text{PLL}}\cdot v_{\text{a}}+\cos(\theta_{\text{PLL}}-2\pi/3)\cdot v_{\text{b}}+\cos(\theta_{\text{PLL}}+2\pi/3)\cdot v_{\text{c}}]\\ v_{\text{q}}=-\dfrac{2}{3}[\sin\theta_{\text{PLL}}\cdot v_{\text{a}}+\sin(\theta_{\text{PLL}}-2\pi/3)\cdot v_{\text{b}}+\sin(\theta_{\text{PLL}}+2\pi/3)\cdot v_{\text{c}}]\end{cases} \tag{1-46}$$

首先，将三相交流电压由时域转换至频域，建立其频域稳态工作点。a、b、c 相交流电压 v_{a}、v_{b}、v_{c} 为正序分量，基波周期为 T_1，基波频率 $f_1=1/T_1$，锁相角 $\theta_{\text{PLL}}=2\pi f_1 t$。三相交流电压频域稳态工作点按照频率序列 $[-f_1,\ 0,\ f_1]^{\text{T}}$ 排成列向量，即

$$\begin{cases} \boldsymbol{V}_{\mathrm{a}}(s)=[\boldsymbol{V}_{-1}, \quad 0, \quad \boldsymbol{V}_1]^{\mathrm{T}} \\ \boldsymbol{V}_{\mathrm{b}}(s)=\left[\boldsymbol{V}_{-1}\mathrm{e}^{\mathrm{j}2\pi/3}, \quad 0, \quad \boldsymbol{V}_1\mathrm{e}^{-\mathrm{j}2\pi/3}\right]^{\mathrm{T}} \\ \boldsymbol{V}_{\mathrm{c}}(s)=\left[\boldsymbol{V}_{-1}\mathrm{e}^{-\mathrm{j}2\pi/3}, \quad 0, \quad \boldsymbol{V}_1\mathrm{e}^{\mathrm{j}2\pi/3}\right]^{\mathrm{T}} \end{cases} \tag{1-47}$$

式中：$\boldsymbol{V}_{\mathrm{a}}(s)$、$\boldsymbol{V}_{\mathrm{b}}(s)$、$\boldsymbol{V}_{\mathrm{c}}(s)$分别为 a、b、c 相交流电压频域稳态向量；$\boldsymbol{V}_1$ 为交流电压频率 f_1 的稳态分量；$\boldsymbol{V}_{-1}$ 为交流电压频率为 $-f_1$ 的稳态分量，且 $\boldsymbol{V}_{-1}=\boldsymbol{V}_1^*$。

由锁相角 θ_{PLL} 进行余弦、正弦运算，可分别得到 $\cos\theta_{\mathrm{PLL}}$ 和 $\sin\theta_{\mathrm{PLL}}$。根据欧拉公式，两者的频域稳态工作点可表示为

$$\begin{cases} \cos\theta_{\mathrm{PLL}}=(\mathrm{e}^{\mathrm{j}2\pi f_1 t}+\mathrm{e}^{-\mathrm{j}2\pi f_1 t})/2 \\ \sin\theta_{\mathrm{PLL}}=-\mathrm{j}(\mathrm{e}^{\mathrm{j}2\pi f_1 t}-\mathrm{e}^{-\mathrm{j}2\pi f_1 t})/2 \end{cases} \tag{1-48}$$

根据式（1-46），与锁相角 θ_{PLL} 相关的正、余弦函数的频域稳态工作点分别为

$$\begin{cases} \boldsymbol{F}_{\mathrm{c\theta a}}(s)=\dfrac{1}{2}[1, \quad 0, \quad 1]^{\mathrm{T}} \\ \boldsymbol{F}_{\mathrm{c\theta b}}(s)=\dfrac{1}{2}\left[\mathrm{e}^{\mathrm{j}2\pi/3}, \quad 0, \quad \mathrm{e}^{-\mathrm{j}2\pi/3}\right]^{\mathrm{T}} \\ \boldsymbol{F}_{\mathrm{c\theta c}}(s)=\dfrac{1}{2}\left[\mathrm{e}^{-\mathrm{j}2\pi/3}, \quad 0, \quad \mathrm{e}^{\mathrm{j}2\pi/3}\right]^{\mathrm{T}} \end{cases} \tag{1-49}$$

$$\begin{cases} \boldsymbol{F}_{\mathrm{s\theta a}}(s)=\dfrac{\mathrm{j}}{2}[1, \quad 0, \quad -1]^{\mathrm{T}} \\ \boldsymbol{F}_{\mathrm{s\theta b}}(s)=\dfrac{\mathrm{j}}{2}\left[\mathrm{e}^{\mathrm{j}2\pi/3}, \quad 0, \quad -\mathrm{e}^{-\mathrm{j}2\pi/3}\right]^{\mathrm{T}} \\ \boldsymbol{F}_{\mathrm{s\theta c}}(s)=\dfrac{\mathrm{j}}{2}\left[\mathrm{e}^{-\mathrm{j}2\pi/3}, \quad 0, \quad -\mathrm{e}^{\mathrm{j}2\pi/3}\right]^{\mathrm{T}} \end{cases} \tag{1-50}$$

式中：$\boldsymbol{F}_{\mathrm{c\theta a}}(s)$、$\boldsymbol{F}_{\mathrm{c\theta b}}(s)$、$\boldsymbol{F}_{\mathrm{c\theta c}}(s)$ 分别为余弦函数 $\cos\theta_{\mathrm{PLL}}$、$\cos(\theta_{\mathrm{PLL}}-2\pi/3)$、$\cos(\theta_{\mathrm{PLL}}+2\pi/3)$ 的频域向量；$\boldsymbol{F}_{\mathrm{s\theta a}}(s)$、$\boldsymbol{F}_{\mathrm{s\theta b}}(s)$、$\boldsymbol{F}_{\mathrm{s\theta c}}(s)$ 分别为正弦函数 $\sin\theta_{\mathrm{PLL}}$、$\sin(\theta_{\mathrm{PLL}}-2\pi/3)$、$\sin(\theta_{\mathrm{PLL}}+2\pi/3)$ 的频域向量。

在三相交流电压上叠加扰动频率 f_{p} 的正序电压小信号，其频域小信号分量按照频率序列 $\left[f_{\mathrm{p}}-f_1, f_{\mathrm{p}}, f_{\mathrm{p}}+f_1\right]^{\mathrm{T}}$ 排成列向量，其表达式为

$$\begin{cases} \hat{\boldsymbol{v}}_{\mathrm{a}}(s)=\left[0, \quad \hat{\boldsymbol{v}}_{\mathrm{p}}, \quad 0\right]^{\mathrm{T}} \\ \hat{\boldsymbol{v}}_{\mathrm{b}}(s)=\left[0, \quad \hat{\boldsymbol{v}}_{\mathrm{p}}\mathrm{e}^{-\mathrm{j}2\pi/3}, \quad 0\right]^{\mathrm{T}} \\ \hat{\boldsymbol{v}}_{\mathrm{c}}(s)=\left[0, \quad \hat{\boldsymbol{v}}_{\mathrm{p}}\mathrm{e}^{\mathrm{j}2\pi/3}, \quad 0\right]^{\mathrm{T}} \end{cases} \tag{1-51}$$

式中：$\hat{\boldsymbol{v}}_{\mathrm{p}}$ 为频率为 f_{p} 的交流电压小信号分量。

叠加电压小信号后，a、b、c 相交流电压小信号向量 $\hat{\boldsymbol{v}}_{a}(s)$、$\hat{\boldsymbol{v}}_{b}(s)$、$\hat{\boldsymbol{v}}_{c}(s)$，导致锁相角频域小信号向量 $\hat{\boldsymbol{\theta}}_{PLL}(s)$ 产生。基于 $\hat{\boldsymbol{v}}_{a}(s)$、$\hat{\boldsymbol{v}}_{b}(s)$、$\hat{\boldsymbol{v}}_{c}(s)$ 以及 $\hat{\boldsymbol{\theta}}_{PLL}(s)$，将式（1－46）转换至频域。忽略二阶及以上小信号分量，可得 Park 变换后交流电压频域小信号 d、q 轴向量 $\hat{\boldsymbol{v}}_{d}(s)$、$\hat{\boldsymbol{v}}_{q}(s)$ 分别为

$$\begin{cases}\hat{\boldsymbol{v}}_{d}(s)=\dfrac{2}{3}\left[\boldsymbol{F}_{c\theta a}(s)\otimes\hat{\boldsymbol{v}}_{a}(s)+\boldsymbol{F}_{c\theta b}(s)\otimes\hat{\boldsymbol{v}}_{b}(s)+\boldsymbol{F}_{c\theta c}(s)\otimes\hat{\boldsymbol{v}}_{c}(s)\right]- \\ \qquad\dfrac{2}{3}\left[\boldsymbol{F}_{s\theta a}(s)\otimes\boldsymbol{V}_{a}(s)+\boldsymbol{F}_{s\theta b}(s)\otimes\boldsymbol{V}_{b}(s)+\boldsymbol{F}_{s\theta c}(s)\otimes\boldsymbol{V}_{c}(s)\right]\cdot\hat{\boldsymbol{\theta}}_{PLL}(s) \\ \hat{\boldsymbol{v}}_{q}(s)=-\dfrac{2}{3}\left[\boldsymbol{F}_{s\theta a}(s)\otimes\hat{\boldsymbol{v}}_{a}(s)+\boldsymbol{F}_{s\theta b}(s)\otimes\hat{\boldsymbol{v}}_{b}(s)+\boldsymbol{F}_{s\theta c}(s)\otimes\hat{\boldsymbol{v}}_{c}(s)\right]- \\ \qquad\dfrac{2}{3}\left[\boldsymbol{F}_{c\theta a}(s)\otimes\boldsymbol{V}_{a}(s)+\boldsymbol{F}_{c\theta b}(s)\otimes\boldsymbol{V}_{b}(s)+\boldsymbol{F}_{c\theta c}(s)\otimes\boldsymbol{V}_{c}(s)\right]\cdot\hat{\boldsymbol{\theta}}_{PLL}(s)\end{cases} \tag{1-52}$$

根据频域卷积定理，时域内的乘积对应频域内的卷积。卷积运算求解过程分为反褶、平移、相乘、求和 4 个步骤。以 $\boldsymbol{F}_{c\theta a}(s)\otimes\hat{\boldsymbol{v}}_{a}(s)$ 为例，首先将 $\boldsymbol{F}_{c\theta a}(s)$ 通过反褶、平移扩展矩阵，得到

$$\boldsymbol{F}_{c\theta a}(s)=\frac{1}{2}\begin{bmatrix}0 & 1 & 0\\ 1 & 0 & 1\\ 0 & 1 & 0\end{bmatrix} \tag{1-53}$$

扩展方法具体如下：

（1）$\boldsymbol{F}_{c\theta a}(s)$ 首先通过转置变成行向量，然后反褶，即向量逆序排列，最终得到的行向量作为矩阵的最中间一行。

（2）最中间一行以上的第 k 行通过将中间行向左移动 k 个元素得到，并且末尾 k 个元素用 0 补齐。

（3）最中间一行以下的第 k 行通过将中间行向右移动 k 个元素得到，并且前 k 个元素用 0 补齐。

采用上述扩展方法后，$\boldsymbol{F}_{c\theta a}(s)\otimes\hat{\boldsymbol{v}}_{a}(s)$ 中的频域卷积运算可用数量积替代，通过矩阵与列向量的数量积、求和运算，最终得到频域卷积运算结果。

将卷积运算方法应用于式（1－52），可得交流电压频域小信号 d、q 轴向量，即

$$\begin{cases}\hat{\boldsymbol{v}}_{d}(s)=\left[\hat{\boldsymbol{v}}_{p},\quad 0,\quad 0\right]^{T} \\ \hat{\boldsymbol{v}}_{q}(s)=\left[-j\hat{\boldsymbol{v}}_{p},\quad 0,\quad 0\right]^{T}-V_{1}\hat{\boldsymbol{\theta}}_{PLL}(s)\end{cases} \tag{1-54}$$

式中：V_1 为交流电压基频分量幅值，且 $V_1=2\left|\boldsymbol{V}_1\right|$。

根据图 1－5 所示 PLL 控制结构，锁相角频域小信号向量 $\hat{\boldsymbol{\theta}}_{\mathrm{PLL}}(s)$ 与交流电压频域小信号 q 轴向量 $\hat{\boldsymbol{v}}_{\mathrm{q}}(s)$ 间的频域传递关系为

$$\hat{\boldsymbol{\theta}}_{\mathrm{PLL}}(s) = H_{\mathrm{PLL}}(s)\hat{\boldsymbol{v}}_{\mathrm{q}}(s) \tag{1-55}$$

其中

$$H_{\mathrm{PLL}}(s) = \frac{1}{s}\left(K_{\mathrm{pp}} + \frac{K_{\mathrm{pi}}}{s}\right) \tag{1-56}$$

式中：$H_{\mathrm{PLL}}(s)$ 为 PLL 控制器开环传递函数；K_{pp}、K_{pi} 分别为 PLL 控制器比例系数、积分系数。

联立式（1－54）和式（1－55），可得锁相角频域小信号向量 $\hat{\boldsymbol{\theta}}_{\mathrm{PLL}}(s)$ 与频率为 f_{p} 的交流电压小信号分量 $\hat{\boldsymbol{v}}_{\mathrm{p}}$ 间的频域线性化关系，即

$$\hat{\boldsymbol{\theta}}_{\mathrm{PLL}}(s) = \left[-\mathrm{j}T_{\mathrm{PLL}}[\mathrm{j}2\pi(f_{\mathrm{p}} - f_1)] \cdot \hat{\boldsymbol{v}}_{\mathrm{p}},\ 0,\ 0\right]^{\mathrm{T}} \tag{1-57}$$

式中：$T_{\mathrm{PLL}}[\mathrm{j}2\pi(f_{\mathrm{p}} - f_1)]$ 为 PLL 控制器闭环传递函数 $T_{\mathrm{PLL}}(s)$ 在 $s = \mathrm{j}2\pi(f_{\mathrm{p}} - f_1)$ 时的结果。

$T_{\mathrm{PLL}}(s)$ 表达式为

$$T_{\mathrm{PLL}}(s) = \frac{H_{\mathrm{PLL}}(s)}{1 + V_1 H_{\mathrm{PLL}}(s)} \tag{1-58}$$

将式（1－57）代入式（1－54）中，可得交流电压频域小信号 q 轴向量 $\hat{\boldsymbol{v}}_{\mathrm{q}}(s)$ 与频率为 f_{p} 的交流电压小信号分量 $\hat{\boldsymbol{v}}_{\mathrm{p}}$ 间的线性化关系，即

$$\hat{\boldsymbol{v}}_{\mathrm{q}}(s) = \left[\mathrm{j}(V_1 T_{\mathrm{PLL}}[\mathrm{j}2\pi(f_{\mathrm{p}} - f_1)] - 1)\hat{\boldsymbol{v}}_{\mathrm{p}}, 0, 0\right]^{\mathrm{T}} \tag{1-59}$$

由式（1－51）、式（1－54）、式（1－57）和式（1－59）可知，在 abc 静止坐标系三相交流电压上叠加扰动频率 f_{p} 的正序电压小信号，经过 Park 变换至 dq 旋转坐标系后，交流电压频域小信号 d、q 轴向量 $\hat{\boldsymbol{v}}_{\mathrm{d}}(s)$、$\hat{\boldsymbol{v}}_{\mathrm{q}}(s)$ 和锁相角频域小信号向量 $\hat{\boldsymbol{\theta}}_{\mathrm{PLL}}(s)$ 均产生频率为 $f_{\mathrm{p}} - f_1$ 的分量，小信号分量频率与 Park 变换的旋转方向相对应。类似的，当在 abc 静止坐标系上叠加扰动频率 f_{p} 的负序电压小信号，经过 Park 变换后，交流电压频域小信号 d、q 轴向量 $\hat{\boldsymbol{v}}_{\mathrm{d}}(s)$、$\hat{\boldsymbol{v}}_{\mathrm{q}}(s)$ 和锁相角频域小信号向量 $\hat{\boldsymbol{\theta}}_{\mathrm{PLL}}(s)$ 均产生频率为 $f_{\mathrm{p}} + f_1$ 的分量。

与 Park 变换类似，反 Park 变换通过锁相角的正弦函数、余弦函数与其他变量乘积得到，根据 Park 变换的频域线性化过程，同理可得反 Park 变换的频域线性化模型。

第 2 章　两电平换流器阻抗建模

两电平换流器数学模型包括绝缘门极双极型晶体管（insulated-gate bipolar transistor, IGBT）开关、PWM、Park 变换以及 PLL 等非线性环节。此外，直流母线呈现非理想电压源特性，其动态过程对宽频振荡多频率耦合以及 Nyquist 稳定判据精度均产生重要影响。

本章首先研究直流母线动态对两电平换流器频率耦合的影响；然后，基于开关器件的平均值模型，建立交直流电压间的频域表达式，分析小信号频率转换关系；最后，考虑 PLL、电流内环、直流电压环，建立具有典型拓扑和控制的两电平换流器交流端口小信号阻抗模型。上述模型作为风电、光伏发电装置阻抗建模和并网宽频振荡分析的模型基础。

2.1　工　作　原　理

2.1.1　拓扑结构

两电平换流器拓扑结构如图 2－1 所示。该拓扑结构为三相半桥电路，直流端口采用电容储能，又称电压源型换流器（voltage source converter，VSC）。图中，v_a、v_b、v_c 分别为 a、b、c 相交流电压；i_a、i_b、i_c 分别为 a、b、c 相交流电流；v_{ia}、v_{ib}、v_{ic} 分别为

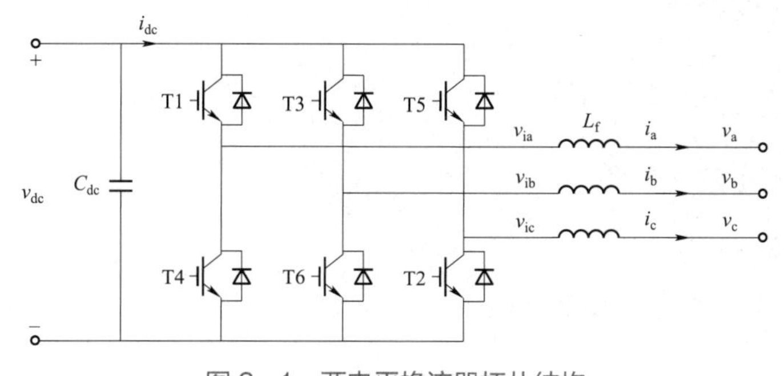

图 2－1　两电平换流器拓扑结构

a、b、c 相交流调制电压；C_{dc} 为直流母线电容；v_{dc}、i_{dc} 分别为直流电压、直流电流；T1～T6 为 IGBT。下文以 $l = a,b,c$ 分别表示 a、b、c 相。

2.1.2　平均值模型

当 PWM 载波频率远高于调制波频率时，可忽略载波频次谐波影响，得到两电平换流器平均值模型，如图 2-2 所示。

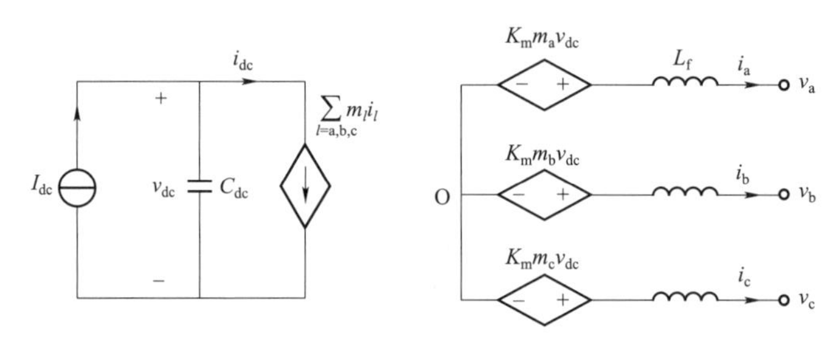

图 2-2　两电平换流器平均值模型

根据图 2-2 所示，两电平换流器交、直流电压、电流满足

$$\begin{cases} v_{il} = K_m m_l v_{dc} \\ i_{dc} = \sum_{l=a,b,c} m_l i_l \end{cases} \tag{2-1}$$

式中：K_m 为 PWM 增益；m_l 为三相交流调制信号。

由图 2-2 可知，三相交流调制电压 v_{il} 和三相交流电压 v_l 的压差作用到交流滤波电感 L_f 上，产生三相交流电流 i_l，可得两电平换流器交流回路时域模型，即

$$v_{il} = v_l + L_f \frac{di_l}{dt} \tag{2-2}$$

假定两电平换流器直流端口输入为理想电流源，根据交、直流端口功率平衡关系，可得直流母线时域模型，即

$$v_{dc}\left(I_{dc} - C_{dc}\frac{dv_{dc}}{dt}\right) = \sum_{l=a,b,c} v_{il} i_l \tag{2-3}$$

式中：I_{dc} 为直流电流稳态值。

2.1.3　控制策略

两电平换流器控制结构如图 2-3 所示，涉及锁相环、直流电压控制、交流电流控制等多个控制环节。

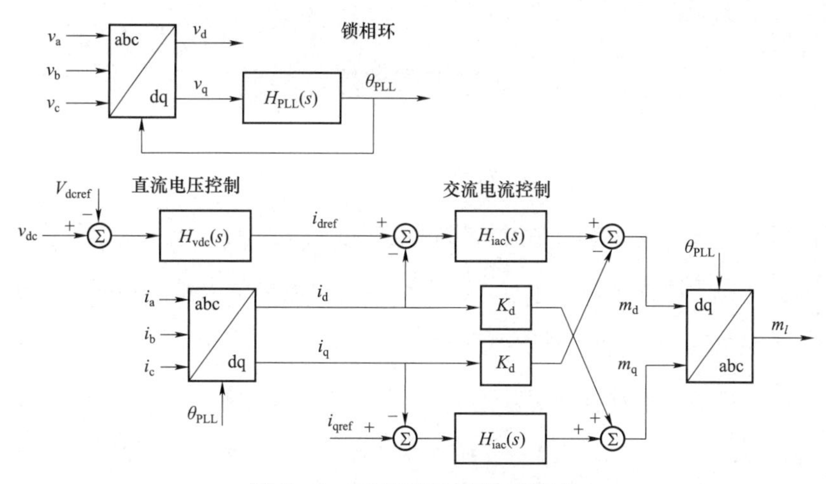

图 2-3　两电平换流器控制结构

为实现两电平换流器并网同步控制，需采用 PLL 跟踪电网电压相位。PLL 控制器通常采用比例积分（proportional integral，PI）控制，其传递函数为

$$H_{PLL}(s)=\left(K_{pp}+\frac{K_{pi}}{s}\right)\frac{1}{s} \tag{2-4}$$

式中：K_{pp}、K_{pi} 分别为 PLL 控制器比例系数、积分系数。

根据 PLL 输出的锁相角 θ_{PLL}，利用 Park 变换，可将 abc 三相静止坐标系变换到 dq 同步旋转坐标系中。两电平换流器通常在 dq 同步旋转坐标系中进行控制，采用直流电压控制外环（直流电压环）、交流电流控制内环（交流电流环）的双环控制结构。

直流电压环的作用主要是控制直流电压。直流电压参考指令 V_{dcref} 与直流电压 v_{dc} 的差值，经直流电压控制器 $H_{vdc}(s)$ 产生交流电流 d 轴参考指令 i_{dref}。直流电压控制器通常采用 PI 控制，其传递函数为

$$H_{vdc}(s)=K_{vdcp}+\frac{K_{vdci}}{s} \tag{2-5}$$

式中：K_{vdcp}、K_{vdci} 分别为直流电压控制器比例系数、积分系数。

交流电流环的作用主要是按交流电流 d、q 轴参考指令 i_{dref}、i_{qref}，控制交流电流 d、q 轴分量 i_d、i_q。交流电流 d、q 轴分量分别对应有功功率、无功功率控制。交流电流控制器通常采用 PI 控制，其传递函数为

$$H_{iac}(s)=K_{iacp}+\frac{K_{iaci}}{s} \tag{2-6}$$

式中：K_{iacp}、K_{iaci} 分别为交流电流控制器比例系数、积分系数。

2.2　稳态工作点频域建模

两电平换流器具有非线性特性，为建立其小信号阻抗模型，需要建立其稳态工作点。本节首先将相关电压、电流信号由时域转换至频域，在频域中建立两电平换流器的稳态工作点；然后，基于频域稳态工作点，给出两电平换流器主电路的频域稳态模型。

2.2.1　稳态工作点频域特性分析

两电平换流器主电路及控制参数如表 2-1 所示，两电平换流器稳态波形及 FFT 结果如图 2-4 所示。由图 2-4 可知，转换至频域后，交流电压、交流电流以及调制信号仅含 $\pm f_1$ 频率稳态分量，直流电压仅含直流分量。

表 2-1　两电平换流器主电路及控制参数

参数	定义	数值
P_N	额定功率	1.5MW
V_1	交流电压基频分量幅值	563V
V_{dc}	直流电压稳态值	1150V
C_{dc}	直流母线电容	129.6mF
C_f	交流滤波电容	600μF
L_f	交流滤波电感	75μH
K_{pp}、K_{pi}	PLL 控制器比例、积分系数	0.0385、60
K_{iacp}、K_{iaci}	交流电流控制器比例、积分系数	2×10^{-4}、0.5000
K_d	交流电流控制解耦系数	4.0977×10^{-5}
K_{vdcp}、K_{vdci}	直流电压控制器比例、积分系数	96、603

三相交流电压表达式为

$$\begin{cases} v_a = V_1\cos(2\pi f_1 t + \varphi_{v1}) \\ v_b = V_1\cos\left(2\pi f_1 t + \varphi_{v1} - \dfrac{2\pi}{3}\right) \\ v_c = V_1\cos\left(2\pi f_1 t + \varphi_{v1} + \dfrac{2\pi}{3}\right) \end{cases} \tag{2-7}$$

式中：V_1、φ_{v1} 分别为交流电压基频分量幅值、相位。

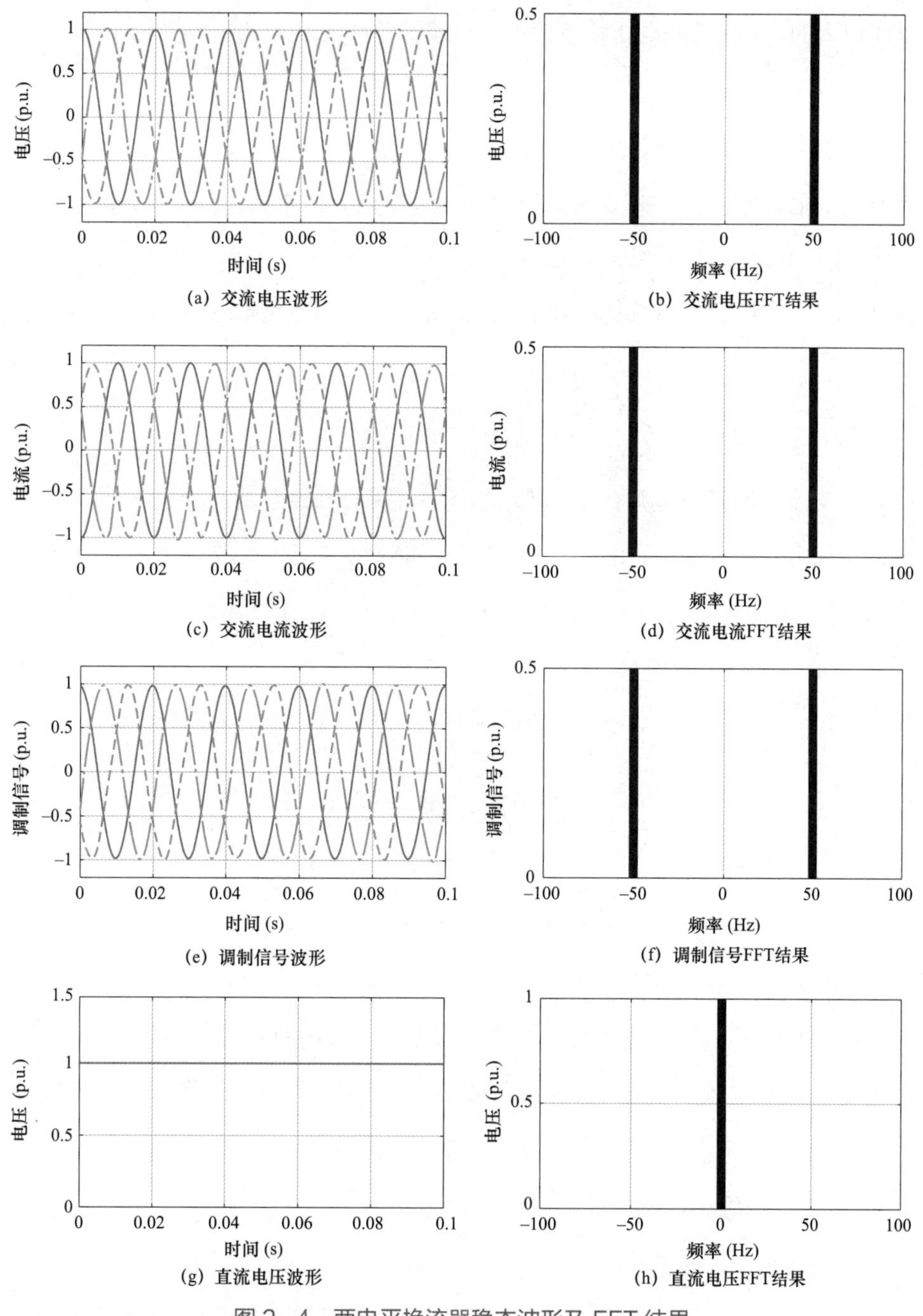

图 2-4　两电平换流器稳态波形及 FFT 结果

对交流电压、交流电流时域信号进行 FFT，可得各稳态分量频域结果。将各稳态分量按下述稳态频率序列排成稳态向量，即

$$[-f_1,\ \ 0,\ \ f_1]^{\mathrm{T}} \tag{2-8}$$

以 a 相为例，a 相交流电压稳态向量 $\boldsymbol{V}_{\mathrm{a}}$ 可表示为

$$\boldsymbol{V}_{\mathrm{a}}=[\boldsymbol{V}_{-1},\ \ 0,\ \ \boldsymbol{V}_1]^{\mathrm{T}} \tag{2-9}$$

式中，各个稳态分量采用复矢量形式表示，$\boldsymbol{V}_1=V_1\mathrm{e}^{\mathrm{j}\varphi_{\mathrm{v1}}}/2$，$\boldsymbol{V}_{-1}=V_1\mathrm{e}^{-\mathrm{j}\varphi_{\mathrm{v1}}}/2$。$\boldsymbol{V}_1$ 表示交流电压频率为 f_1 的稳态分量，$\boldsymbol{V}_{-1}$ 表示交流电压频率为 $-f_1$ 的稳态分量，并且满足 $\boldsymbol{V}_{-1}=\boldsymbol{V}_1^*$。上标“*”表示共轭运算。

同理，可得 a 相交流电流稳态向量 $\boldsymbol{I}_{\mathrm{a}}$、a 相交流调制信号稳态向量 $\boldsymbol{M}_{\mathrm{a}}$ 表达式为

$$\begin{cases}\boldsymbol{I}_{\mathrm{a}}=\left[\boldsymbol{I}_1^*,\ \ 0,\ \ \boldsymbol{I}_1\right]^{\mathrm{T}}\\ \boldsymbol{M}_{\mathrm{a}}=\left[\boldsymbol{M}_1^*,\ \ 0,\ \ \boldsymbol{M}_1\right]^{\mathrm{T}}\end{cases} \tag{2-10}$$

式中：$\boldsymbol{I}_1$ 为交流电流稳态基频分量；$\boldsymbol{M}_1$ 为交流调制信号稳态基频分量。

根据三相之间相序关系，由 a 相交流电压稳态向量 $\boldsymbol{V}_{\mathrm{a}}$、a 相交流电流稳态向量 $\boldsymbol{I}_{\mathrm{a}}$、a 相交流调制信号稳态向量 $\boldsymbol{M}_{\mathrm{a}}$，可得 b、c 相交流电压、交流电流和交流调制信号的稳态向量，即

$$\begin{cases}\boldsymbol{V}_{\mathrm{b}}=\boldsymbol{D}\boldsymbol{V}_{\mathrm{a}}, & \boldsymbol{V}_{\mathrm{c}}=\boldsymbol{D}^*\boldsymbol{V}_{\mathrm{a}}\\ \boldsymbol{I}_{\mathrm{b}}=\boldsymbol{D}\boldsymbol{I}_{\mathrm{a}}, & \boldsymbol{I}_{\mathrm{c}}=\boldsymbol{D}^*\boldsymbol{I}_{\mathrm{a}}\\ \boldsymbol{M}_{\mathrm{b}}=\boldsymbol{D}\boldsymbol{M}_{\mathrm{a}}, & \boldsymbol{M}_{\mathrm{c}}=\boldsymbol{D}^*\boldsymbol{M}_{\mathrm{a}}\end{cases} \tag{2-11}$$

其中

$$\boldsymbol{D}=\mathrm{diag}\left[\{\mathrm{e}^{-\mathrm{j}2k\pi/3}\}\big|_{k=-1,0,1}\right] \tag{2-12}$$

式中：$\boldsymbol{D}$ 为稳态向量相序系数矩阵。

对于各稳态向量，频率为 f_1 的稳态分量为正序，频率为 $-f_1$ 的稳态分量为负序。

两电平换流器稳态运行时，直流电压仅含直流分量。直流电压稳态向量 $\boldsymbol{V}_{\mathrm{dc}}$ 可表示为

$$\boldsymbol{V}_{\mathrm{dc}}=[0,\ \ V_{\mathrm{dc}},\ \ 0]^{\mathrm{T}} \tag{2-13}$$

式中：V_{dc} 为直流电压稳态值。

2.2.2 主电路频域模型

将式（2-2）由时域转换至频域，可得两电平换流器交流回路频域稳态模型，即

$$\boldsymbol{V}_{\mathrm{i}l}=\boldsymbol{V}_l+\boldsymbol{Z}_{\mathrm{Lf0}}\boldsymbol{I}_l \tag{2-14}$$

式中：$\boldsymbol{V}_{\mathrm{i}l}$ 为三相调制电压稳态向量；$\boldsymbol{Z}_{\mathrm{Lf0}}$ 为稳态频率序列下交流滤波电感阻抗。

$\boldsymbol{Z}_{\mathrm{Lf0}}$ 表达式为

$$Z_{\mathrm{Lf0}} = \mathrm{j}2\pi L_{\mathrm{f}} \cdot \mathrm{diag}\left[-f_1, \quad 0, \quad f_1\right] \tag{2-15}$$

式（2－14）表明，三相调制电压稳态向量所含分量的频次与三相交流电压、交流电流稳态向量所含分量的频次一致。三相调制电压稳态向量$\boldsymbol{V}_{\mathrm{i}l}$中频率为$f_1$的分量与三相交流电压稳态向量$\boldsymbol{V}_l$中频率为$f_1$的分量的压差作用于滤波电感，将导致三相交流电流稳态向量$\boldsymbol{I}_l$中产生频率为f_1的分量。三相调制电压稳态向量$\boldsymbol{V}_{\mathrm{i}l}$中频率为$-f_1$的分量与三相交流电压稳态向量$\boldsymbol{V}_l$中频率为$-f_1$分量的压差作用于滤波电感，将导致三相交流电流稳态向量$\boldsymbol{I}_l$中产生频率为$-f_1$的分量。

根据频域卷积定理，时域乘积等于频域卷积，由式（2－1）时域关系可得三相调制电压稳态向量$\boldsymbol{V}_{\mathrm{i}l}$、直流电压稳态向量$\boldsymbol{V}_{\mathrm{dc}}$、三相交流调制信号稳态向量$\boldsymbol{M}_l$之间的关系，即

$$\boldsymbol{V}_{\mathrm{i}l} = K_{\mathrm{m}}\boldsymbol{M}_l \otimes \boldsymbol{V}_{\mathrm{dc}} \tag{2-16}$$

使用数量积代替卷积可简化运算。为此，需要将 3 行 1 列三相交流调制信号稳态向量$\boldsymbol{M}_l$扩展至 3 行 3 列矩阵。以 a 相交流调制信号稳态向量$\boldsymbol{M}_{\mathrm{a}}$为例，扩展后稳态矩阵表达式为

$$\boldsymbol{M}_{\mathrm{a}} = \begin{bmatrix} 0 & \boldsymbol{M}_1^* & 0 \\ \boldsymbol{M}_1 & 0 & \boldsymbol{M}_1^* \\ 0 & \boldsymbol{M}_1 & 0 \end{bmatrix} \tag{2-17}$$

具体而言：

（1）首先将$\boldsymbol{M}_{\mathrm{a}}$转置为行向量，然后将各元素逆序排列，所得行向量作为扩展后矩阵的中间行向量（第 2 行）。

（2）扩展后矩阵的第 1 行向量通过将中间行向量向左移动 1 个元素得到，并且末尾用 0 补齐。

（3）扩展后矩阵的第 3 行向量通过将中间行向量向右移动 1 个元素得到，并且起首用 0 补齐。

直流电压稳态向量$\boldsymbol{V}_{\mathrm{dc}}$的直流分量与三相交流调制信号稳态向量$\boldsymbol{M}_l$中频率为$f_1$的分量相乘，将导致三相调制电压稳态向量$\boldsymbol{V}_{\mathrm{i}l}$产生频率为$f_1$的分量。直流电压稳态向量$\boldsymbol{V}_{\mathrm{dc}}$的直流分量与三相交流调制信号稳态向量$\boldsymbol{M}_l$中频率为$-f_1$的分量相乘，将导致三相调制电压稳态向量$\boldsymbol{V}_{\mathrm{i}l}$产生频率为$-f_1$的分量。直流电压、调制信号、调制电压

稳态向量之间的频率关系如表 2－2 所示。

表 2－2　　直流电压、调制信号、调制电压稳态向量之间的频率关系

稳态向量	$\boldsymbol{V}_{dc}$	$\boldsymbol{M}_{l}$	$\boldsymbol{V}_{il}$
频率	DC	f_1	f_1
		$-f_1$	$-f_1$

2.3　小信号频域阻抗建模

本节对两电平换流器进行小信号频域阻抗建模。首先，将交流电压、交流电流及调制信号转换至频域，在频域中建立稳态工作点；然后，在交流电压上叠加一个特定频率的小信号扰动；最后，通过推导交流电流对交流电压扰动的小信号响应，可建立两电平换流器交流端口小信号频域阻抗模型。

2.3.1　小信号频域特性分析

根据两电平换流器瞬时功率平衡，在交流电压上叠加一个正弦小信号扰动后，直流电压会产生小信号响应。直流电压小信号分量与调制信号稳态分量相乘，将导致调制电压产生小信号响应。调制电压小信号分量与交流电压小信号分量的压差作用于滤波电感后，导致交流电流产生小信号响应。两电平换流器小信号传递通路与频率分布如图 2－5 所示。

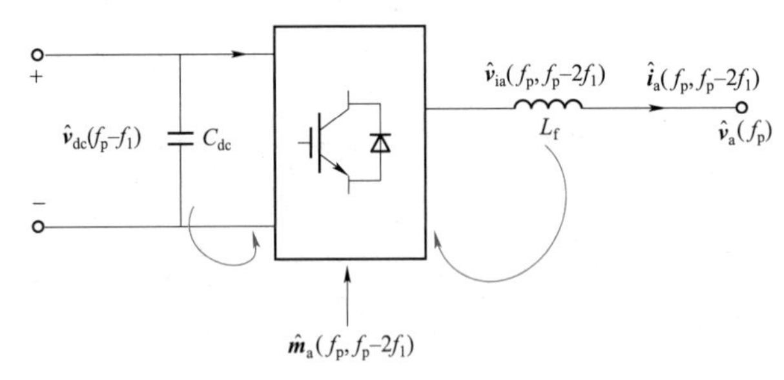

图 2－5　两电平换流器小信号传递通路与频率分布

两电平换流器稳态运行时，在交流电压上叠加一个频率为 f_p 的正序电压小信号扰动。以 a 相为例，a 相交流电压小信号向量 $\hat{\boldsymbol{v}}_a$ 中频率为 f_p 的分量与 a 相交流电流稳态向量 $\boldsymbol{I}_a$ 相乘，将导致交流功率产生频率为 f_p-f_1 的小信号分量。根据瞬时功率平衡关系，

直流功率将产生频率为 $f_p - f_1$ 的小信号分量。进一步地，将导致直流电压小信号向量 $\hat{\boldsymbol{v}}_{dc}$ 产生频率为 $f_p - f_1$ 的小信号分量。

根据调制电压与直流电压间的频域关系，直流电压小信号向量 $\hat{\boldsymbol{v}}_{dc}$ 中频率为 $f_p - f_1$ 的分量与 a 相交流调制信号稳态向量 $\boldsymbol{M}_a$ 中频率为 f_1 的分量相乘，导致 a 相调制电压小信号向量 $\hat{\boldsymbol{v}}_{ia}$ 产生频率为 f_p 的分量。直流电压小信号向量 $\hat{\boldsymbol{v}}_{dc}$ 中频率为 $f_p - f_1$ 的分量与 a 相交流调制信号稳态向量 $\boldsymbol{M}_a$ 中频率为 $-f_1$ 的分量相乘，导致 a 相调制电压小信号向量 $\hat{\boldsymbol{v}}_{ia}$ 产生频率为 $f_p - 2f_1$ 的分量。

a 相调制电压小信号向量 $\hat{\boldsymbol{v}}_{ia}$ 中频率为 f_p 的分量与 a 相交流电压小信号向量 $\hat{\boldsymbol{v}}_a$ 中频率为 f_p 的分量的压差作用于滤波电感上，导致 a 相交流电流小信号向量 $\hat{\boldsymbol{i}}_a$ 产生频率为 f_p 的分量。a 相调制电压小信号向量 $\hat{\boldsymbol{v}}_{ia}$ 中频率为 $f_p - 2f_1$ 的分量，则会导致 a 相交流电流小信号向量 $\hat{\boldsymbol{i}}_a$ 产生频率为 $f_p - 2f_1$ 的分量。

可见，交流电流除了产生频率为 f_p 的小信号响应外，还产生频率为 $f_p - 2f_1$ 的耦合分量，这种现象称为频率耦合，其中 f_p 为扰动频率，$f_p - 2f_1$ 为耦合频率，两者关于基波频率 f_1 对称。

此外，控制电路将导致调制信号产生小信号分量。由图 2-3 可知，两电平换流器控制涉及坐标变换。定义交流输入信号的小信号在静止坐标系下的旋转矢量为 $\hat{\boldsymbol{u}}_{abc}$，交流调制信号在静止坐标系下的旋转矢量为 $\hat{\boldsymbol{m}}_{abc}$，两者可表示为空间旋转矢量形式，即

$$\begin{cases}\hat{\boldsymbol{u}}_{abc} = 2/3(\hat{\boldsymbol{u}}_a + e^{j2\pi/3}\hat{\boldsymbol{u}}_b + e^{-j2\pi/3}\hat{\boldsymbol{u}}_c) \\ \hat{\boldsymbol{m}}_{abc} = 2/3(\hat{\boldsymbol{m}}_a + e^{j2\pi/3}\hat{\boldsymbol{m}}_b + e^{-j2\pi/3}\hat{\boldsymbol{m}}_c)\end{cases} \tag{2-18}$$

输入信号和调制信号的小信号向量在 dq 坐标系下的表达式为

$$\begin{cases}\hat{\boldsymbol{u}}_{dq} = \hat{\boldsymbol{u}}_d + j\hat{\boldsymbol{u}}_q \\ \hat{\boldsymbol{m}}_{dq} = \hat{\boldsymbol{m}}_d + j\hat{\boldsymbol{m}}_q\end{cases} \tag{2-19}$$

式中：$\hat{\boldsymbol{u}}_d$、$\hat{\boldsymbol{u}}_q$ 分别为输入信号的小信号 d、q 轴向量；$\hat{\boldsymbol{m}}_d$、$\hat{\boldsymbol{m}}_q$ 分别为交流调制信号的小信号 d、q 轴分量。

静止坐标系和旋转坐标系下的旋转矢量关系满足

$$\begin{cases}\hat{\boldsymbol{u}}_{dq} = e^{-j\theta_1}\hat{\boldsymbol{u}}_{abc} \\ \hat{\boldsymbol{m}}_{abc} = e^{j\theta_1}\hat{\boldsymbol{m}}_{dq}\end{cases} \tag{2-20}$$

式中：θ_1 为 dq 旋转参考角，$\theta_1 = \omega_1 t$；ω_1 为基波角频率，$\omega_1 = 2\pi f_1$。

在旋转坐标系下，调制信号与输入信号小信号向量之间的关系可用传递函数矩阵表示为

$$\begin{bmatrix}\hat{\boldsymbol{m}}_{\mathrm{d}}\\ \hat{\boldsymbol{m}}_{\mathrm{q}}\end{bmatrix}=\begin{bmatrix}G_{\mathrm{dd}}(s) & G_{\mathrm{dq}}(s)\\ G_{\mathrm{qd}}(s) & G_{\mathrm{qq}}(s)\end{bmatrix}\begin{bmatrix}\hat{\boldsymbol{u}}_{\mathrm{d}}\\ \hat{\boldsymbol{u}}_{\mathrm{q}}\end{bmatrix} \tag{2-21}$$

式中：$G_{\mathrm{dd}}(s)$ 为由 $\hat{\boldsymbol{u}}_{\mathrm{d}}$ 到 $\hat{\boldsymbol{m}}_{\mathrm{d}}$ 的传递函数；$G_{\mathrm{dq}}(s)$ 为由 $\hat{\boldsymbol{u}}_{\mathrm{q}}$ 到 $\hat{\boldsymbol{m}}_{\mathrm{d}}$ 的传递函数；$G_{\mathrm{qd}}(s)$ 为由 $\hat{\boldsymbol{u}}_{\mathrm{d}}$ 到 $\hat{\boldsymbol{m}}_{\mathrm{q}}$ 的传递函数；$G_{\mathrm{qq}}(s)$ 为由 $\hat{\boldsymbol{u}}_{\mathrm{q}}$ 到 $\hat{\boldsymbol{m}}_{\mathrm{q}}$ 的传递函数。

将式（2－19）代入式（2－21）中，可得

$$\begin{aligned}\hat{\boldsymbol{m}}_{\mathrm{dq}}=&\left(\frac{G_{\mathrm{dd}}(s)+G_{\mathrm{qq}}(s)}{2}+\mathrm{j}\frac{G_{\mathrm{qd}}(s)-G_{\mathrm{dq}}(s)}{2}\right)\hat{\boldsymbol{u}}_{\mathrm{dq}}+\\&\left(\frac{G_{\mathrm{dd}}(s)-G_{\mathrm{qq}}(s)}{2}+\mathrm{j}\frac{G_{\mathrm{qd}}(s)+G_{\mathrm{dq}}(s)}{2}\right)\hat{\boldsymbol{u}}_{\mathrm{dq}}^{*}\end{aligned} \tag{2-22}$$

频率为 f_{p} 的正序输入信号在静止坐标系下可表示为以小信号角频率 ω_{p}（$\omega_{\mathrm{p}}=2\pi f_{\mathrm{p}}$）正向旋转（逆时针方向）的旋转矢量，即

$$\hat{\boldsymbol{u}}_{\mathrm{abc}}=\boldsymbol{U}_{\mathrm{p}}\mathrm{e}^{\mathrm{j}\omega_{\mathrm{p}}t} \tag{2-23}$$

式中：$\boldsymbol{U}_{\mathrm{p}}$ 为频率 f_{p} 下输入信号幅值和相位的复傅里叶系数。

将式（2－23）代入式（2－20）中，可得旋转坐标系下输入信号的小信号向量，即

$$\hat{\boldsymbol{u}}_{\mathrm{dq}}=\boldsymbol{U}_{\mathrm{p}}\mathrm{e}^{\mathrm{j}(\omega_{\mathrm{p}}-\omega_{1})t} \tag{2-24}$$

式（2－24）表明，在 dq 旋转坐标系中，输入信号的小信号 d、q 轴向量 $\hat{\boldsymbol{u}}_{\mathrm{dq}}$ 为以角频率 $\omega_{\mathrm{p}}-\omega_{1}$ 正向旋转的旋转矢量。

结合式（2－22）和式（2－24）可知，调制信号的小信号在 dq 坐标系下的旋转矢量 $\hat{\boldsymbol{m}}_{\mathrm{dq}}$ 同时含有以 $\omega_{\mathrm{p}}-\omega_{1}$ 正向旋转的小信号分量（涉及 $\hat{\boldsymbol{u}}_{\mathrm{dq}}$），以及以 $\omega_{\mathrm{p}}-\omega_{1}$ 反向旋转的小信号分量（涉及 $\hat{\boldsymbol{u}}_{\mathrm{dq}}^{*}$）。

将式（2－22）代入式（2－20），可得交流调制信号在静止坐标系下的旋转矢量 $\hat{\boldsymbol{m}}_{\mathrm{abc}}$，即

$$\hat{\boldsymbol{m}}_{\mathrm{abc}}=\hat{\boldsymbol{m}}_{\mathrm{abc1}}+\hat{\boldsymbol{m}}_{\mathrm{abc2}} \tag{2-25}$$

其中

$$\begin{cases}\hat{\boldsymbol{m}}_{\mathrm{abc1}}=\left(\dfrac{G_{\mathrm{dd}}(s)+G_{\mathrm{qq}}(s)}{2}+\mathrm{j}\dfrac{G_{\mathrm{qd}}(s)-G_{\mathrm{dq}}(s)}{2}\right)\boldsymbol{U}_{\mathrm{p}}\ \mathrm{e}^{\mathrm{j}\omega_{\mathrm{p}}t}\\ \hat{\boldsymbol{m}}_{\mathrm{abc2}}=\left(\dfrac{G_{\mathrm{dd}}(s)-G_{\mathrm{qq}}(s)}{2}+\mathrm{j}\dfrac{G_{\mathrm{qd}}(s)+G_{\mathrm{dq}}(s)}{2}\right)\boldsymbol{U}_{\mathrm{p}}^{*}\ \mathrm{e}^{-\mathrm{j}(\omega_{\mathrm{p}}-2\omega_{1})t}\end{cases} \tag{2-26}$$

由式（2－25）和式（2－26）可知，当传递函数 $G_{dd}(s) \neq G_{qq}(s)$ 或 $G_{qd}(s) \neq -G_{dq}(s)$ 时，即两电平换流器 d、q 轴控制不对称，则 $\hat{\boldsymbol{m}}_{abc2} \neq 0$。上述结果表明，d、q 轴不对称控制导致 $\hat{\boldsymbol{m}}_{abc}$ 不仅产生以角速度 ω_p 正向旋转的旋转矢量响应（$\hat{\boldsymbol{m}}_{abc1}$），还将产生以角速度 $\omega_p - 2\omega_1$ 反向旋转的旋转矢量（$\hat{\boldsymbol{m}}_{abc2}$）。静止坐标系和旋转坐标系下输入输出旋转矢量变换过程如图 2－6 所示。

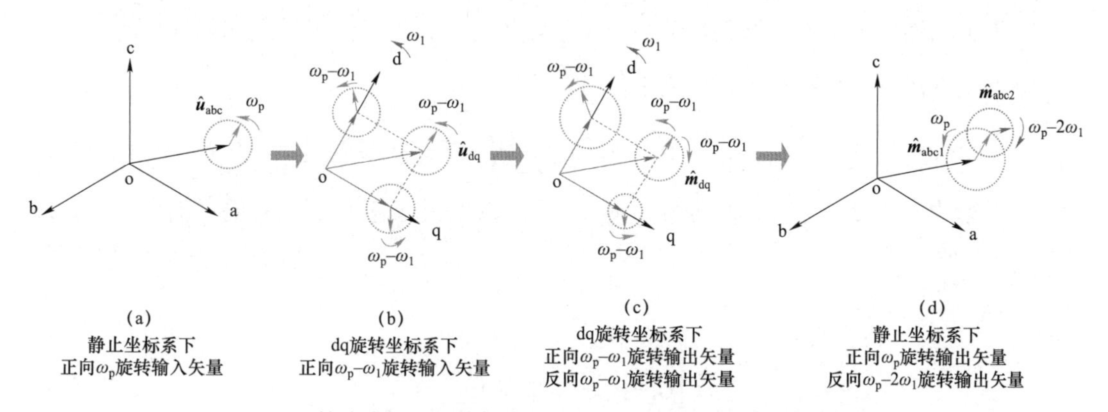

图 2－6　静止坐标系和旋转坐标系下输入输出旋转矢量变换过程

因此，除直流母线动态特性外，d、q 轴不对称控制也将导致频率耦合。在叠加频率为 f_p 的正序交流电压小信号扰动后，两电平换流器不仅产生频率为 f_p 的正序响应分量，还将产生频率为 $f_p - 2f_1$ 的负序耦合分量。

a 相交流调制信号的小信号向量 $\hat{\boldsymbol{m}}_a$ 中频率为 f_p 的分量与直流电压稳态向量 $\boldsymbol{V}_{dc}$ 相乘，将导致 a 相调制电压小信号向量 $\hat{\boldsymbol{v}}_{ia}$ 产生频率为 f_p 的分量。a 相交流调制信号的小信号向量 $\hat{\boldsymbol{m}}_a$ 中频率为 $f_p - 2f_1$ 的分量与直流电压稳态向量 $\boldsymbol{V}_{dc}$ 相乘，将导致 a 相调制电压小信号向量 $\hat{\boldsymbol{v}}_{ia}$ 产生频率为 $f_p - 2f_1$ 的分量。a 相调制电压小信号向量 $\hat{\boldsymbol{v}}_{ia}$ 中频率为 f_p 和 $f_p - 2f_1$ 的分量与交流电压的压差作用于滤波电感上，将分别导致 a 相交流电流小信号向量 $\hat{\boldsymbol{i}}_a$ 产生频率为 f_p 和 $f_p - 2f_1$ 的分量。

综上所述，直流电压小信号分量与调制信号稳态分量相乘后，将导致交流电流产生小信号响应分量；同时，调制信号小信号分量与直流电压稳态分量相乘后，同样导致交流电流产生小信号响应分量。在控制作用下，又将导致调制信号产生小信号响应分量。上述过程反复迭代，最终达到动态平衡。直流电压、调制信号和调制电压的小信号频域分布特性如表 2－3 所示。

表 2–3 直流电压、调制信号和调制电压的小信号频域分布特性

小信号向量	$\hat{\boldsymbol{v}}_{dc}$	$\hat{\boldsymbol{m}}_{l}$		$\hat{\boldsymbol{v}}_{il}$	
频率	$f_p - f_1$	f_p	$f_p - 2f_1$	f_p	$f_p - 2f_1$

2.3.2 主电路小信号频域模型

为了描述两电平换流器各环节小信号频域特性，将电压、电流及调制信号的小信号分量按照下述小信号频率序列排成小信号向量，即

$$\left[f_p - 2f_1,\ \ f_p - f_1,\ \ f_p,\ \ f_p + f_1,\ \ f_p + 2f_1\right]^T \tag{2-27}$$

根据式（2–27），以 a 相为例，交流电压、交流电流及调制信号的小信号向量分别表示为

$$\begin{cases} \hat{\boldsymbol{v}}_a = [\hat{\boldsymbol{v}}_{p-2}, 0, \hat{\boldsymbol{v}}_p, 0, 0]^T \\ \hat{\boldsymbol{i}}_a = [\hat{\boldsymbol{i}}_{p-2}, 0, \hat{\boldsymbol{i}}_p, 0, 0]^T \\ \hat{\boldsymbol{m}}_a = [\hat{\boldsymbol{m}}_{p-2}, 0, \hat{\boldsymbol{m}}_p, 0, 0]^T \end{cases} \tag{2-28}$$

式中：$\hat{\boldsymbol{v}}_p$ 为频率为 f_p 的交流电压小信号分量；$\hat{\boldsymbol{v}}_{p-2}$ 为频率为 $f_p - 2f_1$ 的交流电压小信号分量；$\hat{\boldsymbol{i}}_p$ 为频率为 f_p 的交流电流小信号分量；$\hat{\boldsymbol{i}}_{p-2}$ 为频率为 $f_p - 2f_1$ 的交流电流小信号分量；$\hat{\boldsymbol{m}}_p$ 为频率为 f_p 的交流调制信号的小信号分量；$\hat{\boldsymbol{m}}_{p-2}$ 为频率为 $f_p - 2f_1$ 的交流调制信号的小信号分量。

根据三相之间相序转换关系，由 a 相交流电压、交流电流和调制信号的小信号向量，可得 b、c 相交流电压、交流电流和调制信号的小信号向量，即

$$\begin{cases} \hat{\boldsymbol{v}}_b = \boldsymbol{D}_p \hat{\boldsymbol{v}}_a, & \hat{\boldsymbol{v}}_c = \boldsymbol{D}_p^* \hat{\boldsymbol{v}}_a \\ \hat{\boldsymbol{i}}_b = \boldsymbol{D}_p \hat{\boldsymbol{i}}_a, & \hat{\boldsymbol{i}}_c = \boldsymbol{D}_p^* \hat{\boldsymbol{i}}_a \\ \hat{\boldsymbol{m}}_b = \boldsymbol{D}_p \hat{\boldsymbol{m}}_a, & \hat{\boldsymbol{m}}_c = \boldsymbol{D}_p^* \hat{\boldsymbol{m}}_a \end{cases} \tag{2-29}$$

其中

$$\boldsymbol{D}_p = \boldsymbol{D}\,e^{-j2\pi/3} = \mathrm{diag}\left[\{e^{-j2(k+1)\pi/3}\}\big|_{k=-2,-1,0,1,2}\right] \tag{2-30}$$

式中：$\boldsymbol{D}_p$ 为小信号向量相序系数矩阵。

直流电压含有频率为 $f_p - f_1$ 的小信号分量，直流电压小信号向量 $\hat{\boldsymbol{v}}_{dc}$ 可表示为

$$\hat{\boldsymbol{v}}_{dc} = [0,\ \hat{\boldsymbol{v}}_{dc-1},\ 0,\ 0,\ 0]^T \tag{2-31}$$

式中：$\hat{\boldsymbol{v}}_{dc-1}$ 为频率为 $f_p - f_1$ 的直流电压小信号分量。

将式（2－3）转换至频域，可得直流母线频域小信号模型，即

$$I_{\mathrm{dc}}\hat{\boldsymbol{v}}_{\mathrm{dc}} - V_{\mathrm{dc}}\boldsymbol{Y}_{\mathrm{Cdc}}\hat{\boldsymbol{v}}_{\mathrm{dc}} = \sum_{l=\mathrm{a,b,c}} (\boldsymbol{I}_l \otimes \hat{\boldsymbol{v}}_{\mathrm{i}l} + \boldsymbol{V}_{\mathrm{i}l} \otimes \hat{\boldsymbol{i}}_l) \tag{2-32}$$

其中

$$\boldsymbol{Y}_{\mathrm{Cdc}} = \mathrm{j}2\pi C_{\mathrm{dc}} \cdot \mathrm{diag}[f_{\mathrm{p}} - 2f_1, f_{\mathrm{p}} - f_1, f_{\mathrm{p}}, f_{\mathrm{p}} + f_1, f_{\mathrm{p}} + 2f_1] \tag{2-33}$$

式中：$\boldsymbol{Y}_{\mathrm{Cdc}}$ 为小信号频率序列下直流母线电容导纳。

为便于稳态向量和小信号向量间的卷积运算，需要将式（2－8）所示稳态频率序列进行扩展，即

$$[-2f_1,\ \ -f_1,\ \ 0,\ \ f_1,\ \ 2f_1]^{\mathrm{T}} \tag{2-34}$$

为应用数量积运算，将三相交流电流稳态向量 $\boldsymbol{I}_l$ 和三相调制电压稳态向量 $\boldsymbol{V}_{\mathrm{i}l}$ 扩展至五阶矩阵。将 2.2 节中的稳态向量代入式（2－32），可得直流电压小信号向量 $\hat{\boldsymbol{v}}_{\mathrm{dc}}$、a 相调制电压小信号向量 $\hat{\boldsymbol{v}}_{\mathrm{ia}}$、a 相交流电流小信号向量 $\hat{\boldsymbol{i}}_{\mathrm{a}}$ 间的关系为

$$\hat{\boldsymbol{v}}_{\mathrm{dc}} = \boldsymbol{B}_1\hat{\boldsymbol{v}}_{\mathrm{ia}} + \boldsymbol{B}_2\hat{\boldsymbol{i}}_{\mathrm{a}} \tag{2-35}$$

式中：$\boldsymbol{B}_1$、$\boldsymbol{B}_2$ 为五阶矩阵，除下述元素外，其余元素均为 0。

$$\begin{cases} \boldsymbol{B}_1(2,1) = 3\boldsymbol{I}_1 \big/ \left[I_{\mathrm{dc}} - \mathrm{j}2\pi(f_{\mathrm{p}} - f_1)C_{\mathrm{dc}}V_{\mathrm{dc}}\right] \\ \boldsymbol{B}_1(2,3) = 3\boldsymbol{I}_1^* \big/ \left[I_{\mathrm{dc}} - \mathrm{j}2\pi(f_{\mathrm{p}} - f_1)C_{\mathrm{dc}}V_{\mathrm{dc}}\right] \end{cases} \tag{2-36}$$

$$\begin{cases} \boldsymbol{B}_2(2,1) = 3\boldsymbol{V}_{\mathrm{i}1} \big/ \left[I_{\mathrm{dc}} - \mathrm{j}2\pi(f_{\mathrm{p}} - f_1)C_{\mathrm{dc}}V_{\mathrm{dc}}\right] \\ \boldsymbol{B}_2(2,3) = 3\boldsymbol{V}_{\mathrm{i}1}^* \big/ \left[I_{\mathrm{dc}} - \mathrm{j}2\pi(f_{\mathrm{p}} - f_1)C_{\mathrm{dc}}V_{\mathrm{dc}}\right] \end{cases} \tag{2-37}$$

根据式（2－16），可得两电平换流器调制电压频域小信号模型，即

$$\hat{\boldsymbol{v}}_{\mathrm{i}l} = K_{\mathrm{m}}(\boldsymbol{M}_l \otimes \hat{\boldsymbol{v}}_{\mathrm{dc}} + \boldsymbol{V}_{\mathrm{dc}} \otimes \hat{\boldsymbol{m}}_l) \tag{2-38}$$

在式（2－14）基础上，可得交流回路频域小信号模型，即

$$\hat{\boldsymbol{v}}_{\mathrm{i}l} = \hat{\boldsymbol{v}}_l + \boldsymbol{Z}_{\mathrm{Lf}}\hat{\boldsymbol{i}}_l \tag{2-39}$$

式中：$\boldsymbol{Z}_{\mathrm{Lf}}$ 为小信号频率序列下交流滤波电感阻抗。

$\boldsymbol{Z}_{\mathrm{Lf}}$ 表达式为

$$\boldsymbol{Z}_{\mathrm{Lf}} = \mathrm{j}2\pi L_{\mathrm{f}} \cdot \mathrm{diag}\,[f_{\mathrm{p}} - 2f_1, f_{\mathrm{p}} - f_1, f_{\mathrm{p}}, f_{\mathrm{p}} + f_1, f_{\mathrm{p}} + 2f_1] \tag{2-40}$$

2.3.3　控制回路小信号频域模型

两电平换流器通过 PLL 控制，跟踪电网电压相位产生锁相角 θ_{PLL}；直流电压控制用于维持直流电压恒定，并产生交流电流参考指令；交流电流控制用于实现有功功率、无功功率调节，并产生调制信号。通过建立调制信号与交流电压、交流电流之间的频域小信号关系，实现两电平换流器控制回路的小信号频域建模。

2.3.3.1　PLL 控制器小信号模型

两电平换流器通过 PLL 控制生成锁相角 θ_{PLL}，作为同步旋转参考角，PLL 控制结构如图 2－7 所示。

三相交流电压通过 Park 变换分别得到 d、q 轴电压分量，其中 q 轴电压分量经由 PI 调节与积分环节产生锁相角 θ_{PLL}。

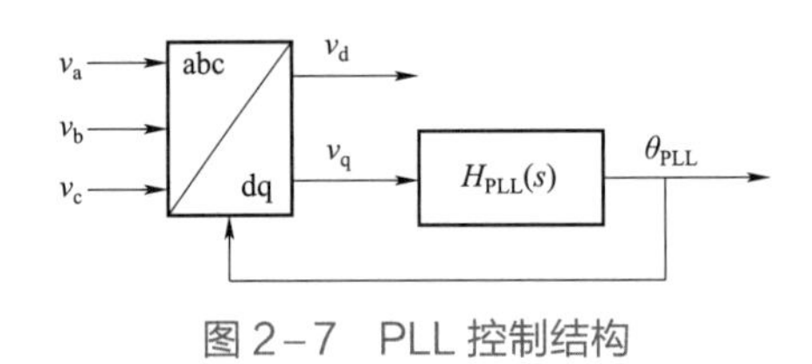

图 2－7　PLL 控制结构

在 PLL 控制作用下，交流电压小信号扰动将向锁相角引入小信号分量。锁相角小信号向量 $\hat{\boldsymbol{\theta}}_{PLL}$ 与 a 相交流电压小信号向量 $\hat{\boldsymbol{v}}_a$ 之间的传递关系为

$$\hat{\boldsymbol{\theta}}_{PLL} = \boldsymbol{G}_{\theta}\hat{\boldsymbol{v}}_a \tag{2-41}$$

式中：$\boldsymbol{G}_{\theta}$ 为五阶矩阵，除下述元素外，其余元素均为 0。

$$\boldsymbol{G}_{\theta}(2,1) = -\boldsymbol{G}_{\theta}(2,3) = \mathrm{j}T_{PLL}[\mathrm{j}2\pi(f_p - f_1)] \tag{2-42}$$

其中

$$T_{PLL}(s) = \frac{H_{PLL}(s)}{1 + V_1 H_{PLL}(s)} \tag{2-43}$$

式中：$T_{PLL}(s)$ 为 PLL 控制器闭环传递函数。

交流电压存在频率为 f_p 和 $f_p - 2f_1$ 的小信号分量。在 PLL 控制作用下，锁相角小信号向量 $\hat{\boldsymbol{\theta}}_{PLL}$ 仅存在频率为 $f_p - f_1$ 的小信号分量。图 2－8 给出了交流电压和交流电压 q 轴分量的小信号波形和 FFT 结果。

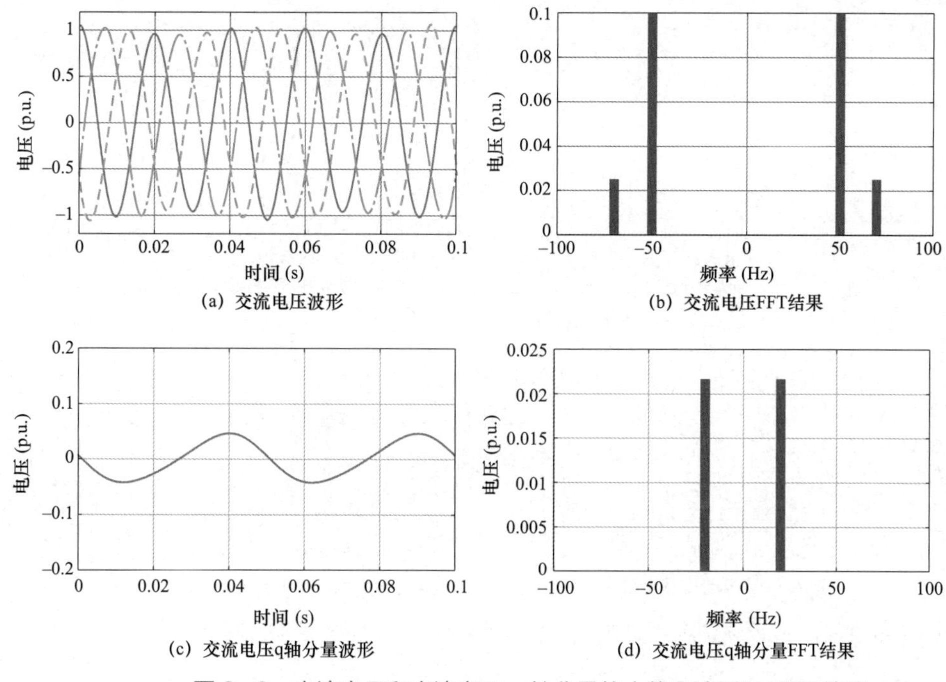

图 2-8　交流电压和交流电压 q 轴分量的小信号波形和 FFT 结果

由图 2-8 可知，在交流电压上叠加频率为 70Hz 小信号扰动后，经 Park 变换，交流电压 d、q 轴分量产生 20Hz 小信号响应。

2.3.3.2　直流电压控制器小信号模型

直流电压控制结构如图 2-9 所示。由图 2-9 可得交流电流小信号 d 轴参考指令 $\hat{\boldsymbol{i}}_{\text{dref}}$ 与直流电压小信号向量 $\hat{\boldsymbol{v}}_{\text{dc}}$ 间的传递关系为

$$\hat{\boldsymbol{i}}_{\text{dref}} = \boldsymbol{H}_{\text{vdc}} \hat{\boldsymbol{v}}_{\text{dc}} \tag{2-44}$$

其中

$$\boldsymbol{H}_{\text{vdc}} = \text{diag}\left[\left\{ H_{\text{vdc}}[\text{j}2\pi(f_{\text{p}} + kf_1)] \right\}\Big|_{k=-2,-1,0,1,2} \right] \tag{2-45}$$

式中：$\boldsymbol{H}_{\text{vdc}}$ 为五阶矩阵。

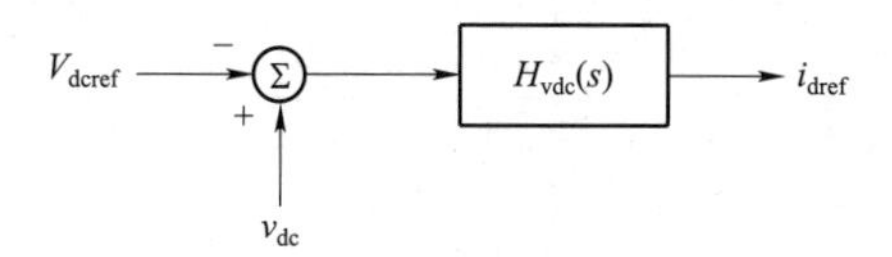

图 2-9　直流电压控制结构

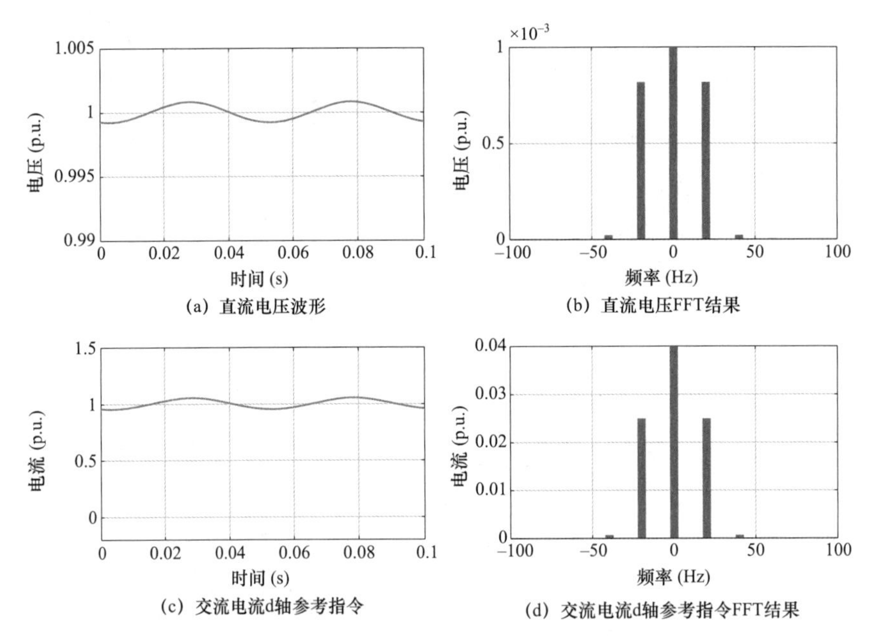

图 2-10 直流电压和交流电流 d 轴参考指令的小信号波形与 FFT 结果

由式（2-44）可知，交流电流小信号 d 轴参考指令 $\hat{\boldsymbol{i}}_{\mathrm{dref}}$ 也将引入频率为 $f_{\mathrm{p}}-f_{1}$ 的小信号分量。直流电压和交流电流 d 轴参考指令的小信号波形与 FFT 结果如图 2-10 所示，由图可见，在交流电压上叠加 70Hz 小信号电压扰动后，直流电压产生 20Hz 小信号分量，经由直流电压控制后，交流电流小信号 d 轴参考指令也产生相同频率的小信号分量。

2.3.3.3 交流电流控制器小信号模型

交流电流控制结构如图 2-11 所示。根据图 2-11，可得交流电流 d、q 轴小信号向量 $\hat{\boldsymbol{i}}_{\mathrm{d}}$、$\hat{\boldsymbol{i}}_{\mathrm{q}}$ 与 a 相交流电压小信号向量 $\hat{\boldsymbol{v}}_{\mathrm{a}}$ 和 a 相交流电流小信号 $\hat{\boldsymbol{i}}_{\mathrm{a}}$ 间的传递关系，关系式为

$$\begin{cases}\hat{\boldsymbol{i}}_{\mathrm{d}}=\boldsymbol{C}_{1}\hat{\boldsymbol{v}}_{\mathrm{a}}+\boldsymbol{C}_{2}\hat{\boldsymbol{i}}_{\mathrm{a}}\\ \hat{\boldsymbol{i}}_{\mathrm{q}}=\boldsymbol{C}_{3}\hat{\boldsymbol{v}}_{\mathrm{a}}+\boldsymbol{C}_{4}\hat{\boldsymbol{i}}_{\mathrm{a}}\end{cases} \tag{2-46}$$

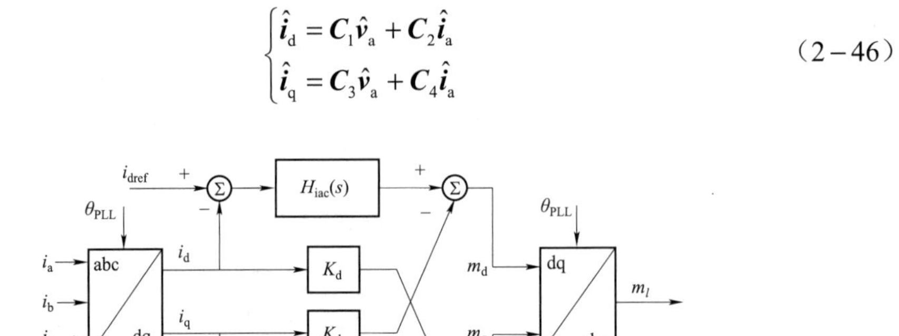

图 2-11 交流电流控制结构

式中：$\boldsymbol{C}_1$、$\boldsymbol{C}_2$、$\boldsymbol{C}_3$、$\boldsymbol{C}_4$为五阶矩阵，除下述元素外，其余元素均为0。

$$\begin{cases}\boldsymbol{C}_1(2,1)=T_{\mathrm{PLL}}[\mathrm{j}2\pi(f_{\mathrm{p}}-f_1)](\boldsymbol{I}_1-\boldsymbol{I}_1^*)\\ \boldsymbol{C}_1(2,3)=-T_{\mathrm{PLL}}[\mathrm{j}2\pi(f_{\mathrm{p}}-f_1)](\boldsymbol{I}_1-\boldsymbol{I}_1^*)\end{cases} \tag{2-47}$$

$$\begin{cases}\boldsymbol{C}_2(2,1)=1\\ \boldsymbol{C}_2(2,3)=1\end{cases} \tag{2-48}$$

$$\begin{cases}\boldsymbol{C}_3(2,1)=-\mathrm{j}T_{\mathrm{PLL}}[\mathrm{j}2\pi(f_{\mathrm{p}}-f_1)](\boldsymbol{I}_1+\boldsymbol{I}_1^*)\\ \boldsymbol{C}_3(2,3)=\mathrm{j}T_{\mathrm{PLL}}[\mathrm{j}2\pi(f_{\mathrm{p}}-f_1)](\boldsymbol{I}_1+\boldsymbol{I}_1^*)\end{cases} \tag{2-49}$$

$$\begin{cases}\boldsymbol{C}_4(2,1)=\mathrm{j}\\ \boldsymbol{C}_4(2,3)=-\mathrm{j}\end{cases} \tag{2-50}$$

交流电流中不仅存在频率为f_{p}的小信号分量，还存在频率为$f_{\mathrm{p}}-2f_1$的耦合分量。经过 Park 变换后，交流电流 d、q 轴小信号向量将仅存在频率为$f_{\mathrm{p}}-f_1$分量。图 2-12 给出了 Park 变换前后交流电流小信号波形与 FFT 结果。

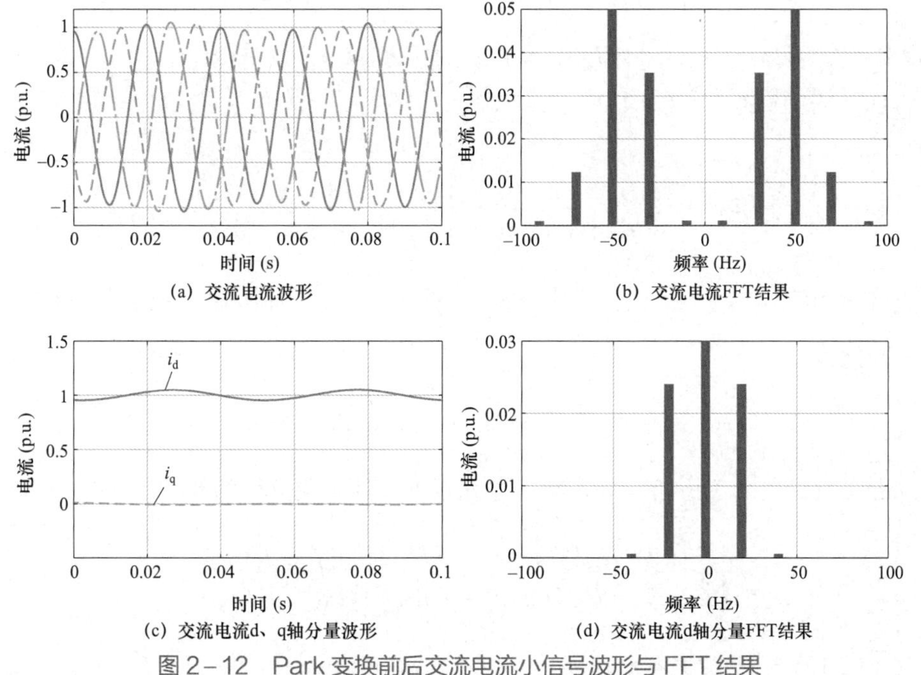

图 2-12　Park 变换前后交流电流小信号波形与 FFT 结果

根据图 2-11，可得交流调制信号的小信号 d、q 轴分量，即

$$\begin{cases}\hat{\boldsymbol{m}}_{\mathrm{d}}=H_{\mathrm{iac}}[\mathrm{j}2\pi(f_{\mathrm{p}}-f_1)](\hat{\boldsymbol{i}}_{\mathrm{dref}}-\hat{\boldsymbol{i}}_{\mathrm{d}})-K_{\mathrm{d}}\hat{\boldsymbol{i}}_{\mathrm{q}}\\ \hat{\boldsymbol{m}}_{\mathrm{q}}=H_{\mathrm{iac}}[\mathrm{j}2\pi(f_{\mathrm{p}}-f_1)](\hat{\boldsymbol{i}}_{\mathrm{qref}}-\hat{\boldsymbol{i}}_{\mathrm{q}})+K_{\mathrm{d}}\hat{\boldsymbol{i}}_{\mathrm{d}}\end{cases} \tag{2-51}$$

其中

$$\hat{\boldsymbol{i}}_{\mathrm{qref}}=0$$

将式（2－44）和式（2－46）代入式（2－51），可得交流调制信号的小信号 d、q 轴向量 $\hat{\boldsymbol{m}}_{\mathrm{d}}$、$\hat{\boldsymbol{m}}_{\mathrm{q}}$ 表达式，即

$$\begin{cases}\hat{\boldsymbol{m}}_{\mathrm{d}}=\boldsymbol{D}_1\hat{\boldsymbol{v}}_{\mathrm{ia}}+\boldsymbol{D}_2\hat{\boldsymbol{i}}_{\mathrm{a}}+\boldsymbol{D}_3\hat{\boldsymbol{v}}_{\mathrm{dc}}\\ \hat{\boldsymbol{m}}_{\mathrm{q}}=\boldsymbol{D}_4\hat{\boldsymbol{v}}_{\mathrm{ia}}+\boldsymbol{D}_5\hat{\boldsymbol{i}}_{\mathrm{a}}\end{cases} \tag{2-52}$$

式中：$\boldsymbol{D}_1$、$\boldsymbol{D}_2$、$\boldsymbol{D}_3$、$\boldsymbol{D}_4$、$\boldsymbol{D}_5$ 为五阶矩阵，除下述元素外，其余元素均为 0。

$$\begin{cases}\boldsymbol{D}_1(2,1)=T_{\mathrm{PLL}}[\mathrm{j}2\pi(f_{\mathrm{p}}-f_1)]\cdot[\{-H_{\mathrm{iac}}[\mathrm{j}2\pi(f_{\mathrm{p}}-f_1)]+\mathrm{j}K_{\mathrm{d}}\}\boldsymbol{I}_1+\{H_{\mathrm{iac}}[\mathrm{j}2\pi(f_{\mathrm{p}}-f_1)]+\mathrm{j}K_{\mathrm{d}}\}\boldsymbol{I}_1^*]\\ \boldsymbol{D}_1(2,3)=-T_{\mathrm{PLL}}[\mathrm{j}2\pi(f_{\mathrm{p}}-f_1)]\cdot[\{-H_{\mathrm{iac}}[\mathrm{j}2\pi(f_{\mathrm{p}}-f_1)]+\mathrm{j}K_{\mathrm{d}}\}\boldsymbol{I}_1+\{H_{\mathrm{iac}}[\mathrm{j}2\pi(f_{\mathrm{p}}-f_1)]+\mathrm{j}K_{\mathrm{d}}\}\boldsymbol{I}_1^*]\end{cases} \tag{2-53}$$

$$\begin{cases}\boldsymbol{D}_2(2,1)=-H_{\mathrm{iac}}[\mathrm{j}2\pi(f_{\mathrm{p}}-f_1)]-\mathrm{j}K_{\mathrm{d}}\\ \boldsymbol{D}_2(2,3)=-H_{\mathrm{iac}}[\mathrm{j}2\pi(f_{\mathrm{p}}-f_1)]+\mathrm{j}K_{\mathrm{d}}\end{cases} \tag{2-54}$$

$$\boldsymbol{D}_3(2,2)=H_{\mathrm{iac}}[\mathrm{j}2\pi(f_{\mathrm{p}}-f_1)]H_{\mathrm{vdc}}[\mathrm{j}2\pi(f_{\mathrm{p}}-f_1)] \tag{2-55}$$

$$\begin{cases}\boldsymbol{D}_4(2,1)=T_{\mathrm{PLL}}[\mathrm{j}2\pi(f_{\mathrm{p}}-f_1)]\cdot[\{\mathrm{j}H_{\mathrm{iac}}[\mathrm{j}2\pi(f_{\mathrm{p}}-f_1)]+K_{\mathrm{d}}\}\boldsymbol{I}_1+\{\mathrm{j}H_{\mathrm{iac}}[\mathrm{j}2\pi(f_{\mathrm{p}}-f_1)]-K_{\mathrm{d}}\}\boldsymbol{I}_1^*]\\ \boldsymbol{D}_4(2,3)=-T_{\mathrm{PLL}}[\mathrm{j}2\pi(f_{\mathrm{p}}-f_1)]\cdot[\{\mathrm{j}H_{\mathrm{iac}}[\mathrm{j}2\pi(f_{\mathrm{p}}-f_1)]+K_{\mathrm{d}}\}\boldsymbol{I}_1+\{\mathrm{j}H_{\mathrm{iac}}[\mathrm{j}2\pi(f_{\mathrm{p}}-f_1)]-K_{\mathrm{d}}\}\boldsymbol{I}_1^*]\end{cases} \tag{2-56}$$

$$\begin{cases}\boldsymbol{D}_5(2,1)=-\mathrm{j}H_{\mathrm{iac}}[\mathrm{j}2\pi(f_{\mathrm{p}}-f_1)]+K_{\mathrm{d}}\\ \boldsymbol{D}_5(2,3)=\mathrm{j}H_{\mathrm{iac}}[\mathrm{j}2\pi(f_{\mathrm{p}}-f_1)]+K_{\mathrm{d}}\end{cases} \tag{2-57}$$

交流调制信号 d、q 轴分量经过反 Park 变换得到三相调制信号，a 相交流调制信号的小信号向量为

$$\hat{\boldsymbol{m}}_{\mathrm{a}}=\boldsymbol{E}_1\hat{\boldsymbol{v}}_{\mathrm{dc}}+\boldsymbol{E}_2\hat{\boldsymbol{v}}_{\mathrm{a}}+\boldsymbol{E}_3\hat{\boldsymbol{i}}_{\mathrm{a}} \tag{2-58}$$

式中：$\boldsymbol{E}_1$、$\boldsymbol{E}_2$、$\boldsymbol{E}_3$ 为五阶矩阵，除下述元素外，其余元素均为 0。

$$\begin{cases}\boldsymbol{E}_1(1,2)=H_{\mathrm{iac}}[\mathrm{j}2\pi(f_{\mathrm{p}}-f_1)]H_{\mathrm{vdc}}[\mathrm{j}2\pi(f_{\mathrm{p}}-f_1)]/2\\ \boldsymbol{E}_1(3,2)=H_{\mathrm{iac}}[\mathrm{j}2\pi(f_{\mathrm{p}}-f_1)]H_{\mathrm{vdc}}[\mathrm{j}2\pi(f_{\mathrm{p}}-f_1)]/2\end{cases} \tag{2-59}$$

$$\begin{cases}\boldsymbol{E}_2(1,1)=-\boldsymbol{E}_2(1,3)=T_{\mathrm{PLL}}[\mathrm{j}2\pi(f_{\mathrm{p}}-f_1)]\cdot[\{H_{\mathrm{iac}}[\mathrm{j}2\pi(f_{\mathrm{p}}-f_1)]+\mathrm{j}K_{\mathrm{d}}\}\boldsymbol{I}_1^*+\boldsymbol{M}_1^*]\\ \boldsymbol{E}_2(3,1)=-\boldsymbol{E}_2(3,3)=T_{\mathrm{PLL}}[\mathrm{j}2\pi(f_{\mathrm{p}}-f_1)]\cdot[\{-H_{\mathrm{iac}}[\mathrm{j}2\pi(f_{\mathrm{p}}-f_1)]+\mathrm{j}K_{\mathrm{d}}\}\boldsymbol{I}_1-\boldsymbol{M}_1]\end{cases} \tag{2-60}$$

$$\begin{cases}\boldsymbol{E}_3(1,1)=-H_{\mathrm{iac}}[\mathrm{j}2\pi(f_{\mathrm{p}}-f_1)]-\mathrm{j}K_{\mathrm{d}}\\ \boldsymbol{E}_3(3,3)=-H_{\mathrm{iac}}[\mathrm{j}2\pi(f_{\mathrm{p}}-f_1)]+\mathrm{j}K_{\mathrm{d}}\end{cases} \tag{2-61}$$

同步旋转坐标系中 $\hat{\boldsymbol{m}}_{\mathrm{d}}$ 和 $\hat{\boldsymbol{m}}_{\mathrm{q}}$ 中含有频率为 $f_{\mathrm{p}}-f_1$ 小信号分量。经过反 Park 变换后，

静止坐标系中 $\hat{\boldsymbol{m}}_{\mathrm{a}}$、$\hat{\boldsymbol{m}}_{\mathrm{b}}$、$\hat{\boldsymbol{m}}_{\mathrm{c}}$ 将产生频率为 f_{p} 和 $f_{\mathrm{p}}-2f_{1}$ 的小信号分量。反 Park 变换前后调制信号的小信号波形与 FFT 结果如图 2－13 所示，仿真结果与理论分析一致。

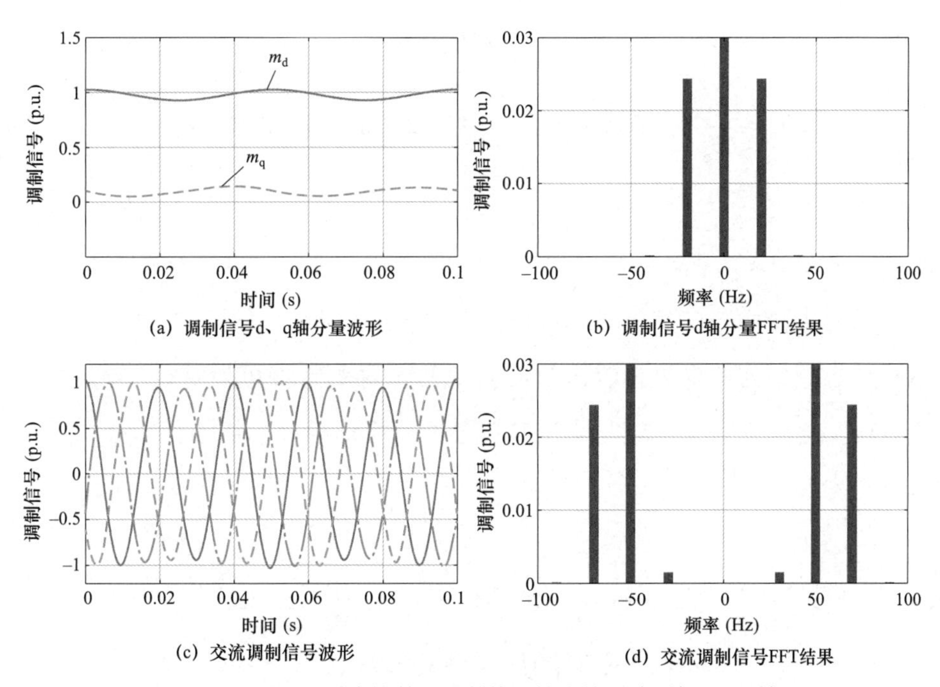

图 2－13　反 Park 变换前后调制信号的小信号波形与 FFT 结果

2.3.4　交流端口阻抗模型

以流向电网为交流电流参考正向，两电平换流器交流端口导纳表示为

$$\boldsymbol{Y}=-\frac{\hat{\boldsymbol{i}}_{l}}{\hat{\boldsymbol{v}}_{l}} \tag{2-62}$$

以 a 相为例，根据式（2－35）、式（2－38）和式（2－58），可得 a 相调制电压小信号向量表达式，即

$$\hat{\boldsymbol{v}}_{\mathrm{ia}}=\boldsymbol{F}_{1}\hat{\boldsymbol{v}}_{\mathrm{dc}}+\boldsymbol{F}_{2}\hat{\boldsymbol{v}}_{\mathrm{a}}+\boldsymbol{F}_{3}\hat{\boldsymbol{i}}_{\mathrm{a}} \tag{2-63}$$

式中：$\boldsymbol{F}_{1}$、$\boldsymbol{F}_{2}$、$\boldsymbol{F}_{3}$ 为五阶矩阵，除下述元素外，其余元素均为 0。

$$\begin{cases}\boldsymbol{F}_{1}(1,2)=K_{\mathrm{m}}V_{\mathrm{dc}}/2\cdot H_{\mathrm{iac}}[\mathrm{j}2\pi(f_{\mathrm{p}}-f_{1})]H_{\mathrm{vdc}}[\mathrm{j}2\pi(f_{\mathrm{p}}-f_{1})]+K_{\mathrm{m}}\boldsymbol{M}_{1}^{*}\\ \boldsymbol{F}_{1}(3,2)=K_{\mathrm{m}}V_{\mathrm{dc}}/2\cdot H_{\mathrm{iac}}[\mathrm{j}2\pi(f_{\mathrm{p}}-f_{1})]H_{\mathrm{vdc}}[\mathrm{j}2\pi(f_{\mathrm{p}}-f_{1})]+K_{\mathrm{m}}\boldsymbol{M}_{1}\end{cases} \tag{2-64}$$

$$\begin{cases}\boldsymbol{F}_{2}(1,1)=-\boldsymbol{F}_{2}(1,3)=K_{\mathrm{m}}V_{\mathrm{dc}}\cdot T_{\mathrm{PLL}}[\mathrm{j}2\pi(f_{\mathrm{p}}-f_{1})]\cdot[\{H_{\mathrm{iac}}[\mathrm{j}2\pi(f_{\mathrm{p}}-f_{1})]+\mathrm{j}K_{\mathrm{d}}\}\boldsymbol{I}_{1}^{*}+\boldsymbol{M}_{1}^{*}]\\ \boldsymbol{F}_{2}(3,1)=-\boldsymbol{F}_{2}(3,3)=K_{\mathrm{m}}V_{\mathrm{dc}}\cdot T_{\mathrm{PLL}}[\mathrm{j}2\pi(f_{\mathrm{p}}-f_{1})]\cdot[\{-H_{\mathrm{iac}}[\mathrm{j}2\pi(f_{\mathrm{p}}-f_{1})]+\mathrm{j}K_{\mathrm{d}}\}\boldsymbol{I}_{1}-\boldsymbol{M}_{1}]\end{cases} \tag{2-65}$$

$$\begin{cases} \boldsymbol{F}_3(1,1) = K_\mathrm{m}V_\mathrm{dc}\,[-H_\mathrm{iac}[\mathrm{j}2\pi(f_\mathrm{p}-f_1)] - \mathrm{j}K_\mathrm{d}] \\ \boldsymbol{F}_3(3,3) = K_\mathrm{m}V_\mathrm{dc}\,[-H_\mathrm{iac}[\mathrm{j}2\pi(f_\mathrm{p}-f_1)] + \mathrm{j}K_\mathrm{d}] \end{cases} \tag{2-66}$$

将式（2－63）代入式（2－39），可得两电平换流器交流端口导纳，即

$$\boldsymbol{Y} = -\frac{\hat{\boldsymbol{i}}_\mathrm{a}}{\hat{\boldsymbol{v}}_\mathrm{a}} = -[\boldsymbol{F}_1\boldsymbol{B}_2 + \boldsymbol{F}_3 - \boldsymbol{Z}_\mathrm{Lf}(\boldsymbol{U} - \boldsymbol{F}_1\boldsymbol{B}_1)]^{-1}(\boldsymbol{U} - \boldsymbol{F}_1\boldsymbol{B}_1 - \boldsymbol{F}_2) \tag{2-67}$$

式中：$\boldsymbol{U}$ 为单位矩阵。

两电平换流器交流电压、电流小信号向量中扰动频率 f_p 和耦合频率 $f_\mathrm{p}-2f_1$ 处的小信号分量占主要成分，其余频率小信号分量的幅值随频率增大而迅速衰减，在扰动频率和耦合频率处两电平换流器交流端口阻抗/导纳特性更为明显。将两电平换流器交流电压、电流小信号向量与交流端口导纳在扰动频率和耦合频率处的关系重新表述为

$$\begin{bmatrix} -\hat{\boldsymbol{i}}_\mathrm{p} \\ -\hat{\boldsymbol{i}}_\mathrm{p\text{-}2} \end{bmatrix} = \begin{bmatrix} \boldsymbol{Y}_\mathrm{pp} & \boldsymbol{Y}_\mathrm{np} \\ \boldsymbol{Y}_\mathrm{pn} & \boldsymbol{Y}_\mathrm{nn} \end{bmatrix} \begin{bmatrix} \hat{\boldsymbol{v}}_\mathrm{p} \\ \hat{\boldsymbol{v}}_\mathrm{p\text{-}2} \end{bmatrix} \tag{2-68}$$

式（2－68）中，二阶交流端口导纳矩阵表达式为

$$\begin{bmatrix} \boldsymbol{Y}_\mathrm{pp} & \boldsymbol{Y}_\mathrm{np} \\ \boldsymbol{Y}_\mathrm{pn} & \boldsymbol{Y}_\mathrm{nn} \end{bmatrix} = \begin{bmatrix} \boldsymbol{Y}(3,3) & \boldsymbol{Y}(3,1) \\ \boldsymbol{Y}(1,3) & \boldsymbol{Y}(1,1) \end{bmatrix}$$

式中：$\boldsymbol{Y}_\mathrm{pp}$ 为正序导纳，表示在频率为 f_p 的单位正序电压小信号扰动下，频率为 f_p 的正序电流小信号响应；$\boldsymbol{Y}_\mathrm{pn}$ 为正序耦合导纳，表示在频率为 f_p 的单位正序电压小信号扰动下，频率为 $f_\mathrm{p}-2f_1$ 的负序电流小信号响应；$\boldsymbol{Y}_\mathrm{nn}$ 为负序导纳，表示在频率为 $f_\mathrm{p}-2f_1$ 的单位负序电压小信号扰动下，频率为 $f_\mathrm{p}-2f_1$ 的负序电流小信号响应；$\boldsymbol{Y}_\mathrm{np}$ 为负序耦合导纳，表示在频率为 $f_\mathrm{p}-2f_1$ 的单位负序电压小信号扰动下，频率为 f_p 的正序电流小信号响应；$\boldsymbol{Y}(3,3)$ 为矩阵 $\boldsymbol{Y}$ 的第 3 行第 3 列元素；$\boldsymbol{Y}(3,1)$ 为矩阵 $\boldsymbol{Y}$ 的第 3 行第 1 列元素；$\boldsymbol{Y}(1,3)$ 为矩阵 $\boldsymbol{Y}$ 的第 1 行第 3 列元素；$\boldsymbol{Y}(1,1)$ 为矩阵 $\boldsymbol{Y}$ 的第 1 行第 1 列元素。

两电平换流器的交流端口阻抗可由交流端口导纳求逆矩阵得，即

$$\begin{bmatrix} \boldsymbol{Z}_\mathrm{pp} & \boldsymbol{Z}_\mathrm{pn} \\ \boldsymbol{Z}_\mathrm{np} & \boldsymbol{Z}_\mathrm{nn} \end{bmatrix} = \begin{bmatrix} \boldsymbol{Y}_\mathrm{pp} & \boldsymbol{Y}_\mathrm{np} \\ \boldsymbol{Y}_\mathrm{pn} & \boldsymbol{Y}_\mathrm{nn} \end{bmatrix}^{-1} \tag{2-69}$$

式中：$\boldsymbol{Z}_\mathrm{pp}$ 表示正序阻抗；$\boldsymbol{Z}_\mathrm{pn}$ 表示正序耦合阻抗；$\boldsymbol{Z}_\mathrm{nn}$ 表示负序阻抗；$\boldsymbol{Z}_\mathrm{np}$ 表示负序耦

合阻抗。

此外，负序阻抗与正序阻抗间的频域关系满足$\boldsymbol{Z}_{\mathrm{nn}}=\boldsymbol{Z}_{\mathrm{pp}}^{*}(\mathrm{j}2\omega_1-s)$，负序耦合阻抗与正序耦合阻抗间的频域关系满足$\boldsymbol{Z}_{\mathrm{np}}=\boldsymbol{Z}_{\mathrm{pn}}^{*}(\mathrm{j}2\omega_1-s)$。

当在交流电压稳态工作点上叠加频率为f_{p}的小信号扰动后，两电平换流器小信号传递关系和频率分布规律为：

（1）两电平换流器采用 PLL 进行并网同步控制，Park 变换将三相交流电压转换到同步旋转坐标系中的 d、q 轴分量，引入了频率为$f_{\mathrm{p}}-f_1$小信号分量，交流电压扰动使得锁相角小信号向量$\hat{\boldsymbol{\theta}}_{\mathrm{PLL}}$产生频率为$f_{\mathrm{p}}-f_1$的分量。

（2）两电平换流器交直流端口满足瞬时功率平衡关系，交流电压小信号分量与交流电流稳态向量相乘，或交流电压稳态向量与交流电流小信号分量相乘，导致交流功率产生频率为$f_{\mathrm{p}}-f_1$的小信号分量。交流功率小信号分量传递到直流端口，导致直流电压小信号向量$\hat{\boldsymbol{v}}_{\mathrm{dc}}$产生频率为$f_{\mathrm{p}}-f_1$的分量。

（3）PLL 锁相角和直流电压控制输出的电流参考指令均作用于电流内环。Park 变换使得三相交流电流转换为同步旋转坐标系中的 d、q 轴分量，经 PI 控制后得到调制信号 d、q 轴分量，再经反 Park 变换转换为三相交流调制信号，最终导致三相交流调制信号的小信号向量产生频率为f_{p}和$f_{\mathrm{p}}-2f_1$的分量。

（4）在两电平换流器调制作用下，直流电压小信号与调制信号稳态向量卷积，或者直流电压稳态向量与调制信号小信号卷积，使得三相调制电压小信号向量$\hat{\boldsymbol{v}}_{il}$产生频率为$f_{\mathrm{p}}$和$f_{\mathrm{p}}-2f_1$的分量。

（5）调制电压与电网电压之差作用于滤波电感，使得三相交流电流小信号向量$\hat{\boldsymbol{i}}_l$产生频率为f_{p}和$f_{\mathrm{p}}-2f_1$的分量。

综上所述，在注入频率为f_{p}的交流电压小信号分量$\hat{\boldsymbol{v}}_{\mathrm{p}}$（正序）时，经正序导纳$\boldsymbol{Y}_{\mathrm{pp}}$作用，将产生频率为$f_{\mathrm{p}}$的交流电流小信号分量$-\hat{\boldsymbol{i}}_{\mathrm{p}}$（正序）；经正序耦合导纳$\boldsymbol{Y}_{\mathrm{pn}}$作用，将产生频率为$f_{\mathrm{p}}-2f_1$的交流电流小信号分量$-\hat{\boldsymbol{i}}_{\mathrm{p}-2}$（负序）。当注入负序电压小信号$\hat{\boldsymbol{v}}_{\mathrm{p}-2}$（负序）时，经负序导纳$\boldsymbol{Y}_{\mathrm{nn}}$作用，将产生频率为$f_{\mathrm{p}}-2f_1$的交流电流小信号分量$-\hat{\boldsymbol{i}}_{\mathrm{p}-2}$（负序）；经负序耦合导纳$\boldsymbol{Y}_{\mathrm{np}}$作用，将产生频率为$f_{\mathrm{p}}$的交流电流小信号分量$-\hat{\boldsymbol{i}}_{\mathrm{p}}$（正序）。两电平换流器正负序电压与电流小信号间的转换关系如图 2－14 所示。

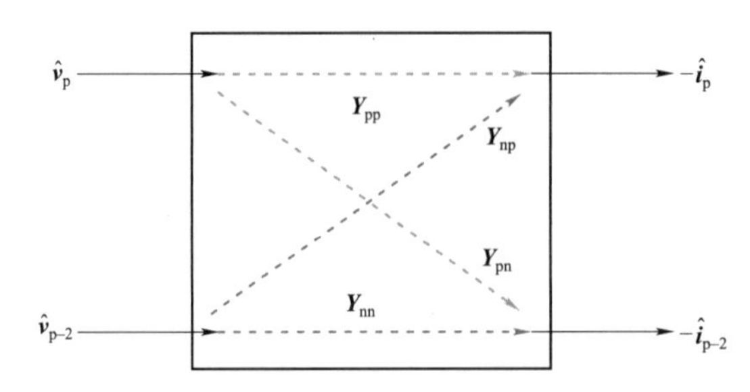

图 2－14　两电平换流器正负序电压与电流小信号间的转换关系

两电平换流器阻抗解析与扫描结果如图 2－15 所示，图中实线为阻抗解析模型，离散点通过仿真扫描得到。两电平换流器主电路及控制参数如表 2－1 所示。由图 2－15 可知，解析与扫描结果吻合良好，验证了两电平换流器阻抗模型的准确性。

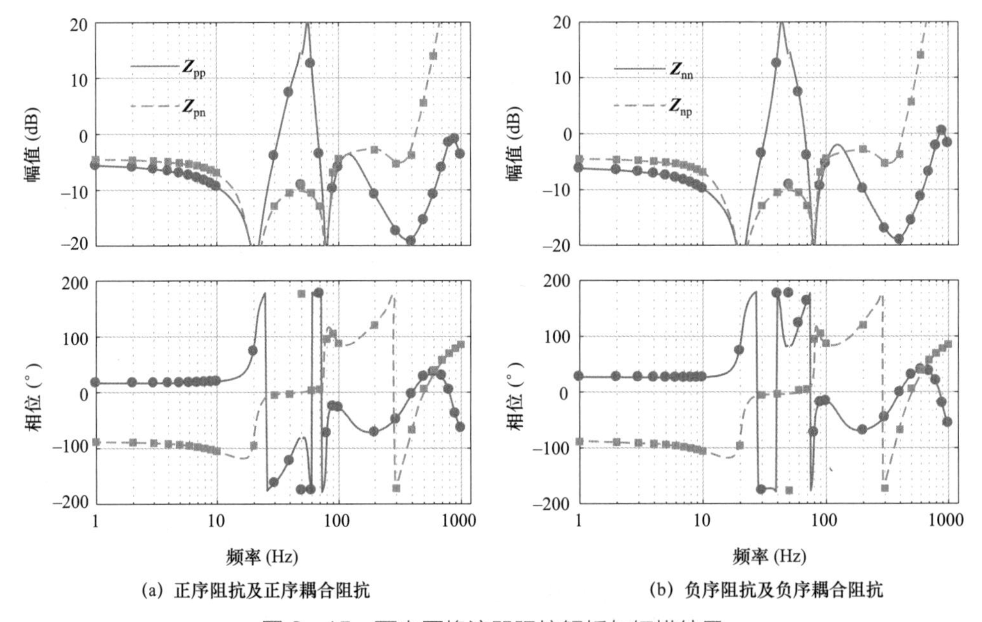

图 2－15　两电平换流器阻抗解析与扫描结果

第 3 章　模块化多电平换流器阻抗建模

与两电平换流器不同，MMC 每个桥臂都由数十个，甚至数百个相同子模块（submodule，SM）构成，通过各子模块投切配合形成多电平输出电压。MMC 电路结构导致其桥臂电流、电容电压以及调制信号由直流、基频、二倍频等多个谐波分量共同构成。MMC 谐波分量导致功率损耗和子模块电容电压纹波增大，为此 MMC 控制策略除了基波电流控制，还引入了环流控制。

考虑 MMC 多频率稳态谐波特性，本章首先介绍 MMC 子模块工作原理，基于桥臂整体输入输出一致性，建立 MMC 桥臂平均值模型；其次，分析 MMC 桥臂电流、电容电压以及调制信号的稳态谐波特性，建立 MMC 频域稳态模型；然后，分析 MMC 主电路及各控制环节小信号频域分布特性，建立计及 PLL、电流内环、环流环控制的 MMC 小信号阻抗模型；最后，通过采用小信号注入的阻抗扫频方法，验证其阻抗解析模型的准确性。MMC 小信号阻抗模型为以 MMC 为基本单元的 SVG 与 MMC－HVDC 小信号阻抗建模提供基础。

3.1　桥臂平均值模型

MMC 每个桥臂含有数十个甚至数百个子模块，计及开关过程的 MMC 建模较为复杂。本节忽略开关过程的影响，基于简化前后 MMC 桥臂输入输出一致原则，建立桥臂平均值模型，该模型有效降低了 MMC 小信号建模的复杂程度。

3.1.1　MMC 拓扑结构

MMC 三相各桥臂均由多个相同子模块串联构成，根据应用场合不同，桥臂之间的连接方式有所区别。MMC 典型拓扑结构如图 3－1 所示。图 3－1（a）为星形联结，图 3－1（b）为角形联结，这两种拓扑结构主要应用于 SVG。图 3－1（c）为双星形联结，主要应用于 MMC－HVDC，图中两个公共连接点 P 和 N 分别接入直流输电线路正极和负极，完成交、直流功率变换，实现长远距离功率传输。

本章以双星形联结拓扑结构为例分析 MMC 工作原理，其三相结构一致，每相包括上、下两桥臂，每个桥臂由 N 个 SM 以及一个桥臂电感 L_{arm} 串联构成。桥臂电阻 R_{arm} 反映桥臂开关器件功率损耗。图 3－1（c）中，i_{dc} 为直流电流；v_{dc} 为直流电压；v_a、v_b、v_c 分别为 a、b、c 相交流电压；i_a、i_b、i_c 分别为 a、b、c 相交流电流；i_{au}、i_{bu}、i_{cu} 分别为 a、b、c 相上桥臂电流；i_{av}、i_{bv}、i_{cv} 分别为 a、b、c 相下桥臂电流；v_{au}、v_{bu}、v_{cu} 分别为 a、b、c 相上桥臂电压；v_{av}、v_{bv}、v_{cv} 分别为 a、b、c 相下桥臂电压。变量下标“u”代表上桥臂，“v”代表下桥臂。下文以 $l = a,b,c$ 分别表示 a、b、c 相。

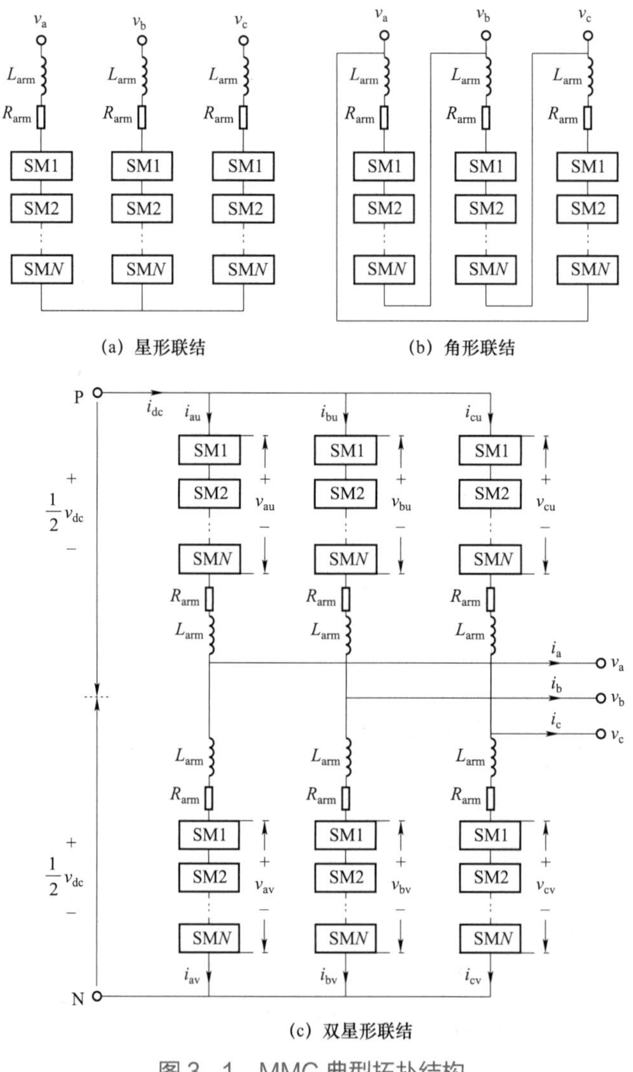

图 3－1 MMC 典型拓扑结构

目前，MMC 子模块已衍生出多种拓扑结构，其中应用较为广泛的主要包括半桥子模块（half-bridge submodule，HBSM）和全桥子模块（full-bridge submodule，FBSM），

如图 3－2 所示。HBSM 由两个 IGBT（T1、T2）和一个子模块电容 C_{sm} 构成，D1、D2 分别为 T1、T2 的反并联续流二极管。FBSM 由四个 IGBT（T1、T2、T3、T4）和一个子模块电容 C_{sm} 构成，D1、D2、D3、D4 分别为 T1、T2、T3、T4 的反并联续流二极管。v_C 为子模块电容电压，i_{sm} 为子模块输入电流，v_{sm} 为子模块输出电压。对比两种子模块拓扑结构，HBSM 的优势是器件数量少、成本低、损耗小，FBSM 器件需求数量多，优势是能够输出负电平。

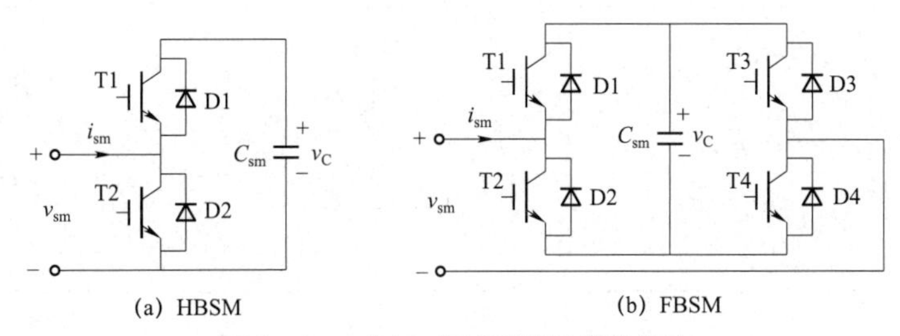

(a) HBSM　　(b) FBSM

图 3－2　MMC 典型子模块拓扑结构

3.1.2　子模块工作原理

本节根据子模块开关管导通和关断状态，分别分析 HBSM 和 FBSM 的电流流通回路、电容充放电模式以及子模块输出电压变化。

HBSM 有投入、切除及闭锁三种工作模式。表 3－1 给出了 HBSM 三种工作模式下的电流流通回路。当 T1 导通、T2 关断时，子模块处于“投入”工作模式，子模块输出电压 $v_{sm}=v_C$，若子模块输入电流 i_{sm} 为正，子模块电容将处于充电状态，反之则处于放电状态。当 T1 关断、T2 导通时，子模块处于“切除”工作模式，子模块输出电压 $v_{sm}=0$，子模块电容电压保持不变。当 T1、T2 均关断时，子模块处于“闭锁”工作模式，若此时子模块输入电流 i_{sm} 为正，子模块电容处于充电状态；反之则子模块输出电压 $v_{sm}=0$，子模块电容电压保持不变。

表 3－1　　HBSM 的三种工作模式下的电流流通回路

模式	开关状态	$i_{sm}>0$	$i_{sm}<0$
投入	T1 导通、T2 关断	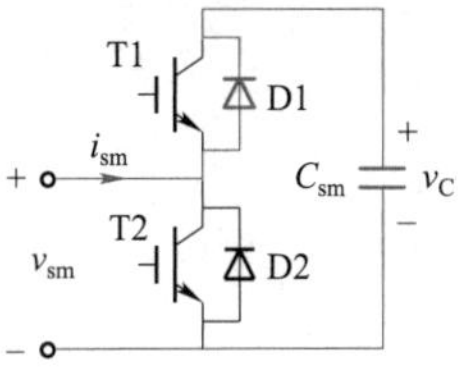	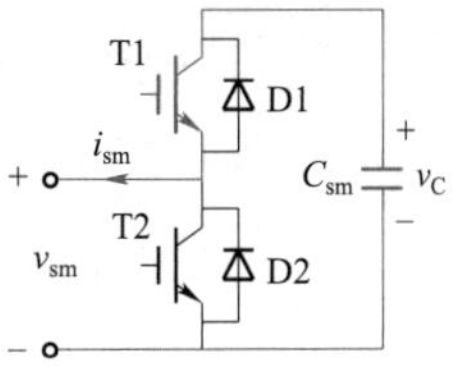

续表

模式	开关状态	$i_{sm}>0$	$i_{sm}<0$
切除	T2 导通、T1 关断	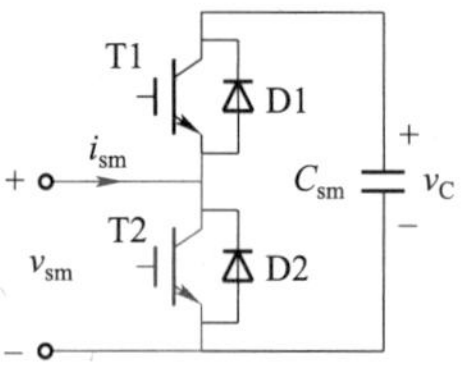	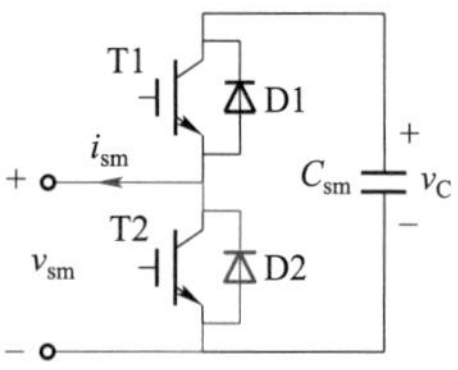
闭锁	T1 关断、T2 关断	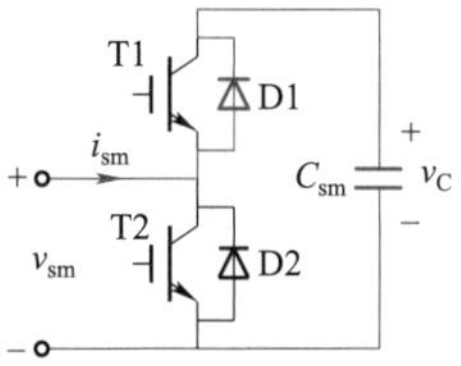	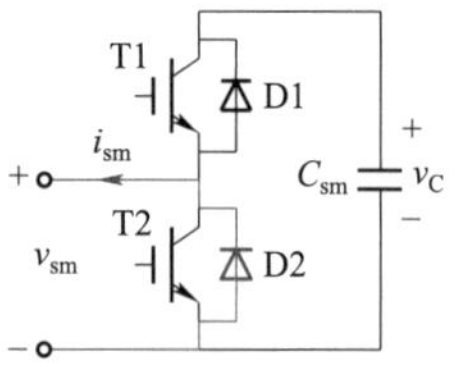

将上述 HBSM 的工作状态汇总如表 3－2 所示。

表 3－2 HBSM 的工作状态

工作模式	T1	T2	v_{sm}	i_{sm}	C_{sm}
投入	1	0	v_C	>0	充电
				<0	放电
切除	0	1	0	>0	旁路
				<0	旁路
闭锁	0	0	v_C	>0	充电
			0	<0	旁路

注 “1”代表开关管驱动信号为高电平，开关管导通；“0”代表驱动信号为低电平，开关管关断。

FBSM 有投入、切除、反向投入及闭锁四种工作模式。表 3－3 给出了 FBSM 四种工作模式下的电流流通回路。当 T1、T4 导通且 T2、T3 关断时，子模块处于“投入”工作模式，子模块输出电压 $v_{sm}=v_C$，若流入子模块输入电流 i_{sm} 为正，子模块电容处于充电状态，反之则处于放电状态。当 T1、T3 导通且 T2、T4 关断，或者 T2、T4 导通且 T1、T3 关断时，子模块处于“切除”工作模式，子模块输出电压 $v_{sm}=0$，无论 i_{sm} 流向如何，子模块电容电压均保持不变。当 T2、T3 导通且 T1、T4 关断时，子模块处于“反向投入”工作模式，子模块输出电压 $v_{sm}=-v_C$。若子模块输入电流 i_{sm} 为

正，子模块电容处于放电状态，反之则处于充电状态。当 T1、T2、T3、T4 均关断时，子模块处于“闭锁”工作模式，无论 i_{sm} 为正、负，子模块电容均处于充电状态。

FBSM 的“反向投入”工作模式和“闭锁”工作模式均为非正常运行模式，主要用于 MMC 直流短路故障下清除故障电流，或者用于 MMC 启动时对子模块电容充电。在正常运行下，FBSM 处于投入和切除两种工作模式。FBSM 的工作状态汇总如表 3－4 所示。

表 3－3　FBSM 四种工作模式下的电流流通回路

模式	开关状态	$i_{sm}>0$	$i_{sm}<0$
投入	T1 导通 T2 关断 T3 关断 T4 导通	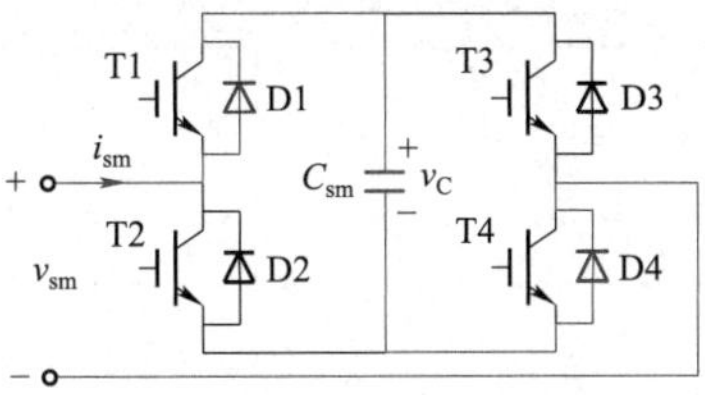	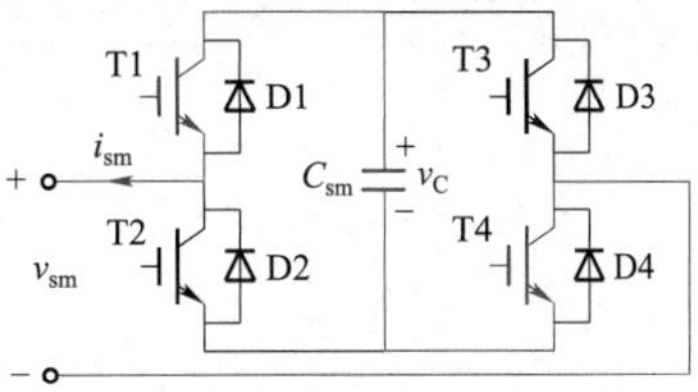
切除	T1 导通 T2 关断 T3 导通 T4 关断	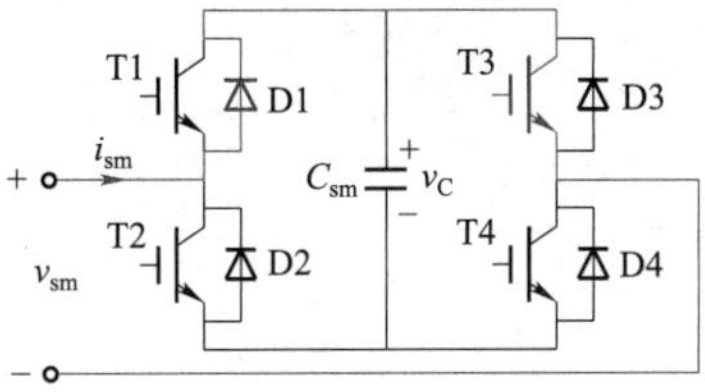	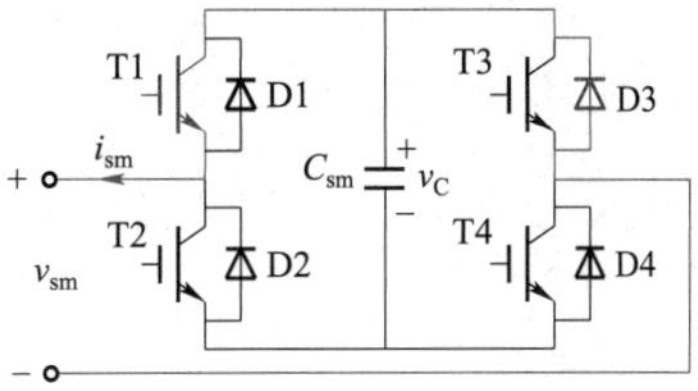
	T1 关断 T2 导通 T3 关断 T4 导通	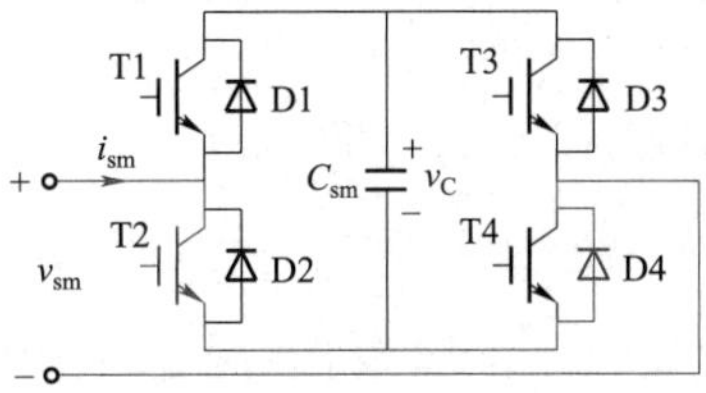	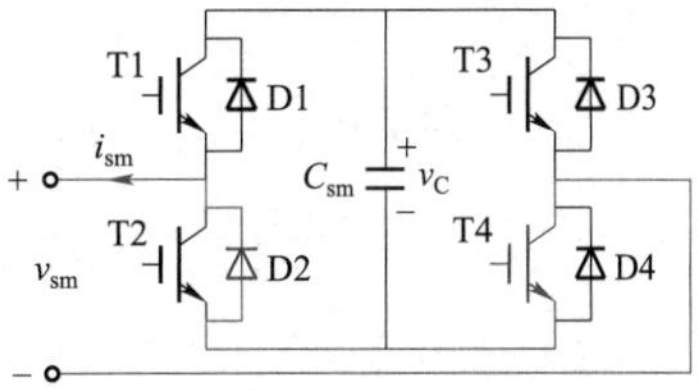
反向投入	T1 关断 T2 导通 T3 导通 T4 关断	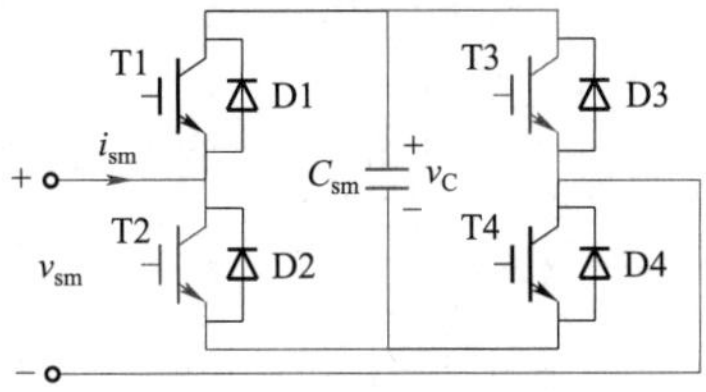	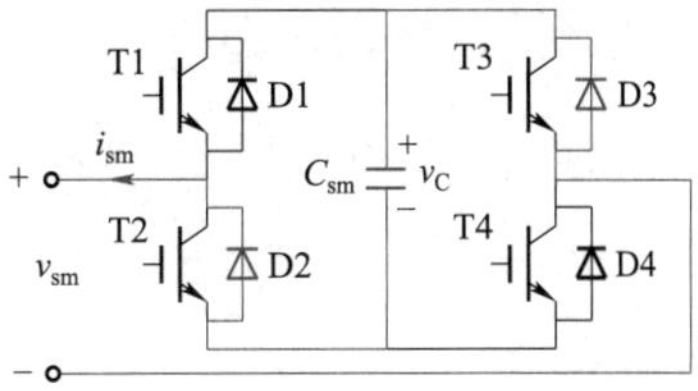

续表

模式	开关状态	$i_{sm}>0$	$i_{sm}<0$
闭锁	T1 关断 T2 关断 T3 关断 T4 关断	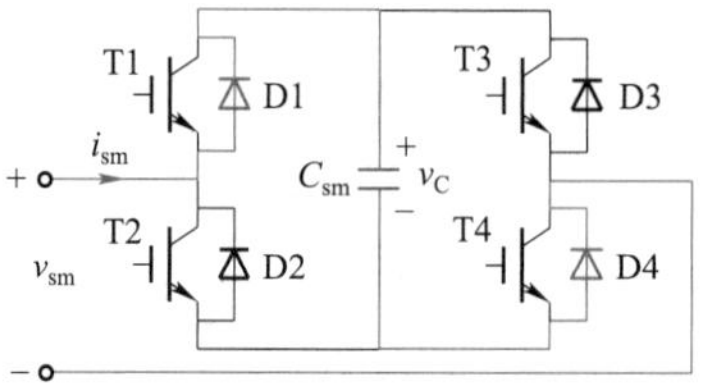 T1 D1 T3 D3 i_{sm} + C_{sm} v_C − T2 D2 T4 D4 v_{sm} + −	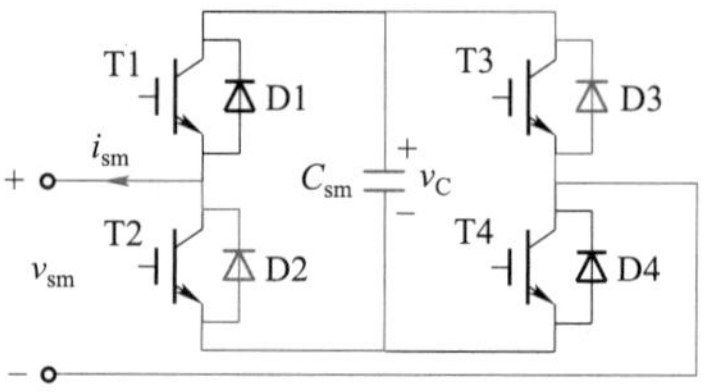 T1 D1 T3 D3 i_{sm} + C_{sm} v_C − T2 D2 T4 D4 v_{sm} + −

表 3-4 FBSM 的工作状态

工作模式	T1	T2	T3	T4	v_{sm}	i_{sm}	C_{sm}
投入	1	0	0	1	v_C	>0	充电
						<0	放电
切除	1	0	1	0	0	—	旁路
	0	1	0	1		—	旁路
反向投入	0	1	1	0	$-v_C$	>0	放电
						<0	充电
闭锁	0	0	0	0	v_C	>0	充电
					$-v_C$	<0	充电

注 “1”代表开关管驱动信号为高电平，开关管导通；“0”代表驱动信号为低电平，开关管关断。

对比分析 HBSM 和 FBSM 工作状态可知，在 MMC 正常运行工况下，HBSM 和 FBSM 仅会处于“投入”或“切除”两种工作模式。两者输出电压特性一致，投入时子模块输出电压为 v_C，切除时子模块输出电压为 0。区别在于 FBSM 在“切除”模式下多一种开关组合方式。

3.1.3 桥臂等值建模

根据上述分析可知，对每个子模块中 IGBT 的开关状态（导通或关断）进行控制，可以相应地投入或者切除该子模块。当子模块投入时，桥臂电流流过子模块电容，子模块输出电压等于电容电压，子模块电容根据桥臂电流方向进行充/放电。当子模块切除时，

子模块电容被旁路，子模块输出电压为零，子模块电容不存在充/放电，电容电压保持不变。将每个桥臂子模块从 1 到 N 编号，第 i（$i=1,2,\cdots,N$）个子模块的电容电压变化及输出电压分别为

$$\begin{cases} C_{\mathrm{sm}} \dfrac{\mathrm{d}v_{\mathrm{C}l\mathrm{u}}^{(i)}}{\mathrm{d}t} = B_{l\mathrm{u}}^{(i)} i_{l\mathrm{u}} \\ C_{\mathrm{sm}} \dfrac{\mathrm{d}v_{\mathrm{C}l\mathrm{v}}^{(i)}}{\mathrm{d}t} = B_{l\mathrm{v}}^{(i)} i_{l\mathrm{v}} \end{cases} \tag{3-1}$$

$$\begin{cases} v_{\mathrm{sm}\_l\mathrm{u}}^{(i)} = B_{l\mathrm{u}}^{(i)} v_{\mathrm{C}l\mathrm{u}}^{(i)} \\ v_{\mathrm{sm}\_l\mathrm{v}}^{(i)} = B_{l\mathrm{v}}^{(i)} v_{\mathrm{C}l\mathrm{v}}^{(i)} \end{cases} \tag{3-2}$$

式中：$B_{l\mathrm{u}}^{(i)}$ 为三相上桥臂各子模块的投切函数，子模块投入时 $B_{l\mathrm{u}}^{(i)}$ 为 1，子模块切除时 $B_{l\mathrm{u}}^{(i)}$ 为 0；$B_{l\mathrm{v}}^{(i)}$ 分别为三相下桥臂各子模块的投切函数，子模块投入时 $B_{l\mathrm{v}}^{(i)}$ 为 1，子模块切除时 $B_{l\mathrm{v}}^{(i)}$ 为 0；$v_{\mathrm{C}l\mathrm{u}}^{(i)}$ 为三相上桥臂各子模块电容电压；$v_{\mathrm{C}l\mathrm{v}}^{(i)}$ 为三相下桥臂各子模块电容电压；$v_{\mathrm{sm}\_l\mathrm{u}}^{(i)}$ 为三相上桥臂各子模块输出电压；$v_{\mathrm{sm}\_l\mathrm{v}}^{(i)}$ 为三相下桥臂各子模块输出电压。

MMC 运行需要子模块之间电容电压均衡，为此，通常采用子模块电容电压平衡算法。平衡算法的基本原则为：对子模块电容电压较低者优先充电，对子模块电容电压较高者优先放电，实现子模块电容电压满足

$$\begin{cases} v_{\mathrm{C}l\mathrm{u}}^{(1)} = v_{\mathrm{C}l\mathrm{u}}^{(2)} = \cdots = v_{\mathrm{C}l\mathrm{u}}^{(N)} = \dfrac{v_{\mathrm{C}l\mathrm{u}}}{N} \\ v_{\mathrm{C}l\mathrm{v}}^{(1)} = v_{\mathrm{C}l\mathrm{v}}^{(2)} = \cdots = v_{\mathrm{C}l\mathrm{v}}^{(N)} = \dfrac{v_{\mathrm{C}l\mathrm{v}}}{N} \end{cases} \tag{3-3}$$

式中：$v_{\mathrm{C}l\mathrm{u}}$、$v_{\mathrm{C}l\mathrm{v}}$ 分别为三相上桥臂电容电压、三相下桥臂电容电压，等于对应桥臂 N 个子模块电容电压之和。

根据式（3－3），对式（3－1）及式（3－2）中 N 个子模块的电容电压和输出电压分别求和，可得

$$\begin{cases} \dfrac{C_{\mathrm{sm}}}{N} \dfrac{\mathrm{d}v_{\mathrm{C}l\mathrm{u}}}{\mathrm{d}t} = m_{l\mathrm{u}} i_{l\mathrm{u}} \\ \dfrac{C_{\mathrm{sm}}}{N} \dfrac{\mathrm{d}v_{\mathrm{C}l\mathrm{v}}}{\mathrm{d}t} = m_{l\mathrm{v}} i_{l\mathrm{v}} \end{cases} \tag{3-4}$$

$$\begin{cases} v_{l\mathrm{u}} = m_{l\mathrm{u}} v_{\mathrm{C}l\mathrm{u}} \\ v_{l\mathrm{v}} = m_{l\mathrm{v}} v_{\mathrm{C}l\mathrm{v}} \end{cases} \tag{3-5}$$

式中：m_{lu}、m_{lv} 分别为三相上桥臂调制信号、三相下桥臂调制信号，反映对应桥臂子模块投入数量占比。

任意时刻桥臂中投入的子模块数量为整数，即 $m_{lu}N$、$m_{lv}N$ 取值为最接近的整数。MMC 各桥臂子模块数量高达数十个到数百个，在建模分析过程中，可认为 m_{lu}、m_{lv} 是连续变量。

根据式（3－4）和式（3－5），基于桥臂输入输出一致性，可用受控源电路等效各桥臂 N 个子模块，得到如图 3－3 所示的三相 MMC 平均值模型。图中，受控电压源 $m_{lu}v_{Clu}$ 和 $m_{lv}v_{Clv}$ 分别等效上、下桥臂输出电压。受控电流源 $m_{lu}i_{lu}$ 和 $m_{lv}i_{lv}$ 分别等效上、下桥臂电容电流。C_{eq} 为桥臂等效电容，满足 $C_{eq}=C_{sm}/N$。

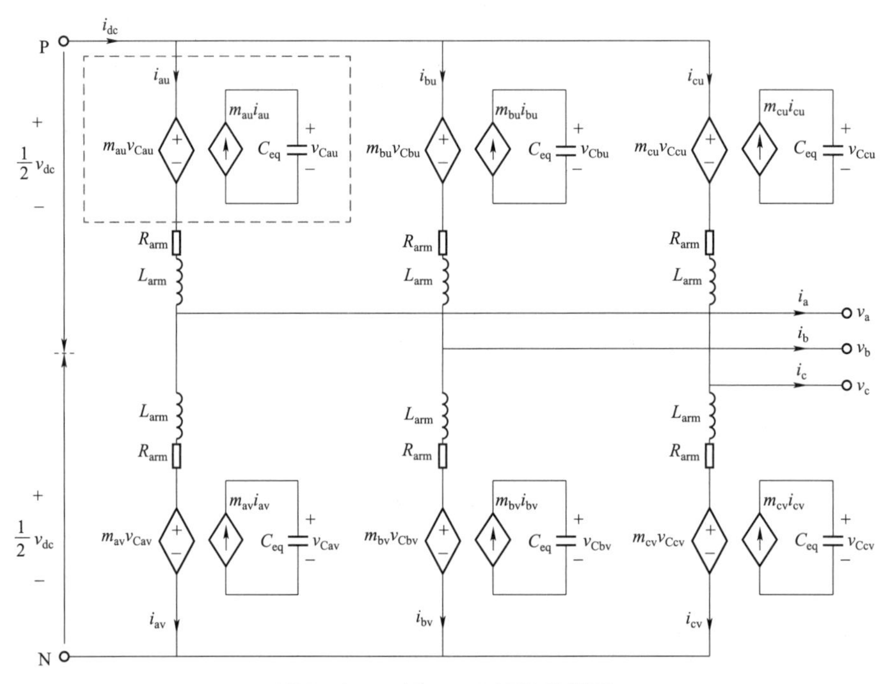

图 3－3 三相 MMC 平均值模型

3.2 桥臂回路时域建模

本节以双星形联结 MMC 拓扑为研究对象，首先根据 MMC 平均值模型，分析桥臂电压、电流运行特性。然后，建立交流电流、桥臂环流与桥臂电流之间的关系。最后，建立 MMC 桥臂回路时域解析模型。

3.2.1　桥臂电压和电流特性分析

正常运行时，MMC 直流电压、直流电流运行在稳态工作点。交流端口三相交流电压、交流电流表达式为

$$\begin{cases} v_l = V_1\cos(\omega_1 t + \varphi_{v1} + \beta_l) \\ i_l = I_1\cos(\omega_1 t + \varphi_{i1} + \beta_l) \end{cases} \tag{3-6}$$

式中：V_1、φ_{v1} 分别为交流电压基频分量幅值和相位；I_1、φ_{i1} 分别为交流电流基频分量幅值和相位；ω_1 为基波角频率；β_l 为三相移相角，β_a、β_b、β_c 分别为 0、$-2\pi/3$、$2\pi/3$。

MMC 单相桥臂工作原理示意图如图 3-4 所示。每相上、下桥臂电压之和构成直流电压，每相上、下桥臂电压之差的一半构成交流电压，即

$$\begin{cases} v_{dc} = m_{lu}v_{Clu} + m_{lv}v_{Clv} \\ v_l = \dfrac{1}{2}(m_{lv}v_{Clv} - m_{lu}v_{Clu}) \end{cases} \tag{3-7}$$

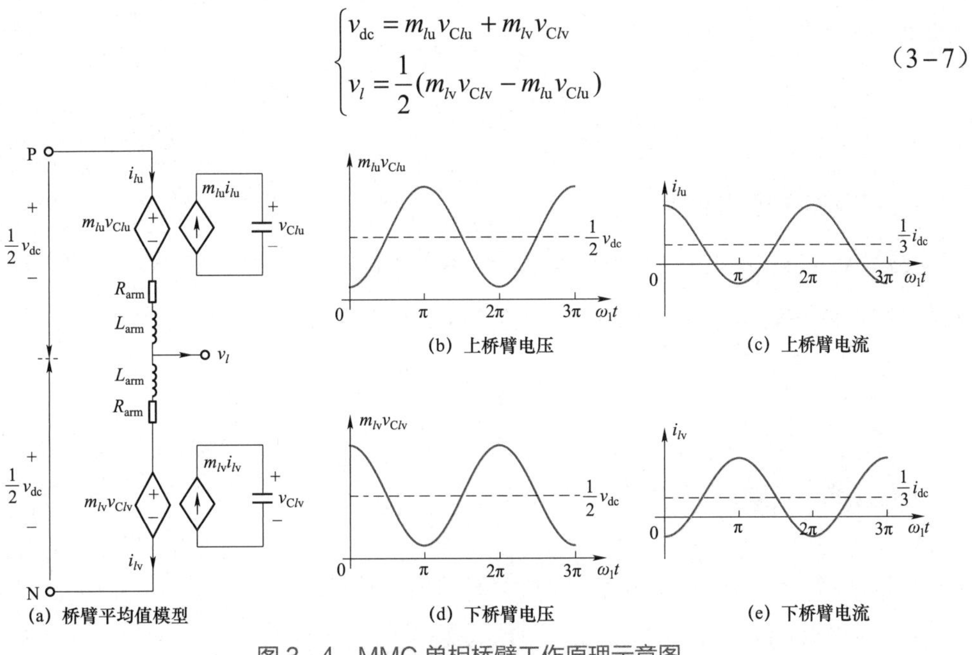

图 3-4　MMC 单相桥臂工作原理示意图

为简述 MMC 工作原理，式（3-7）中忽略桥臂电感及桥臂电阻的压降。

为实现 MMC 稳定功率传输，需要确保直流电压恒定以及桥臂电压的差跟随交流电压，如式（3-7）所示。三相上、下桥臂电压分别为

$$\begin{cases} m_{lu}v_{Clu} = \dfrac{1}{2}v_{dc} - V_1\cos(\omega_1 t + \varphi_{v1} + \beta_l) \\ m_{lv}v_{Clv} = \dfrac{1}{2}v_{dc} + V_1\cos(\omega_1 t + \varphi_{v1} + \beta_l) \end{cases} \tag{3-8}$$

由式（3-8）可见，每相上、下桥臂电压包含直流分量和基频分量，其直流分量均分直流电压，基频分量幅值相同、相位相反，且三相之间为正序关系。

MMC 稳态运行时，三相上桥臂电容电压 v_{Clu} 和三相下桥臂电容电压 v_{Clv} 均稳定运行在 v_{dc} 附近。由此化简式（3-8），可得三相上桥臂调制信号 m_{lu} 和三相下桥臂调制信号 m_{lv} 分别为

$$\begin{cases} m_{lu} = \dfrac{1}{2}[1 - M_1\cos(\omega_1 t + \varphi_{v1} + \beta_l)] \\ m_{lv} = \dfrac{1}{2}[1 + M_1\cos(\omega_1 t + \varphi_{v1} + \beta_l)] \end{cases} \tag{3-9}$$

其中

$$M_1 = \frac{2V_1}{v_{dc}} \tag{3-10}$$

式中：M_1 为基波调制比。

根据 MMC 三相交流电流关系可知，三相上桥臂电流之和或者三相下桥臂电流之和构成直流电流，每相上、下桥臂电流之差构成交流电流，即

$$\begin{cases} i_{dc} = \sum\limits_{l=a,b,c} i_{lu} = \sum\limits_{l=a,b,c} i_{lv} \\ i_l = i_{lu} - i_{lv} \end{cases} \tag{3-11}$$

可得三相上桥臂电流 i_{lu} 和三相下桥臂电流 i_{lv} 表达式为

$$\begin{cases} i_{lu} = \dfrac{1}{3}i_{dc} + \dfrac{1}{2}I_1\cos(\omega_1 t + \varphi_{i1} + \beta_l) \\ i_{lv} = \dfrac{1}{3}i_{dc} - \dfrac{1}{2}I_1\cos(\omega_1 t + \varphi_{i1} + \beta_l) \end{cases} \tag{3-12}$$

由式（3-12）可知，直流电流 i_{dc} 在三相之间平均分配，$i_{dc}/3$ 将同时流过各相上、下桥臂。

根据式（3-9）所示的三相桥臂调制信号，三相上桥臂子模块投入数量 n_{lu} 和三相下桥臂子模块投入数量 n_{lv} 满足

$$\begin{cases} n_{lu} = m_{lu}N = \dfrac{N}{2}\left[1 - M_1\cos(\omega_1 t + \varphi_{v1} + \beta_l)\right] \\ n_{lv} = m_{lv}N = \dfrac{N}{2}\left[1 + M_1\cos(\omega_1 t + \varphi_{v1} + \beta_l)\right] \end{cases} \tag{3-13}$$

将式（3–9）代入式（3–4），然后求积分，在桥臂电流对电容充放电作用下，三相上桥臂电容电压 v_{Clu} 和三相下桥臂电容电压 v_{Clv} 表达式分别为

$$\begin{cases} v_{Clu} = v_{dc} + \dfrac{1}{6C_{eq}}\left[i_{dc} - \dfrac{3}{4}M_1 I_1\cos(\varphi_{v1} - \varphi_{i1})\right]t + \\ \quad \dfrac{I_1}{4\omega_1 C_{eq}}\sin(\omega_1 t + \varphi_{i1} + \beta_l) - \dfrac{M_1 i_{dc}}{6\omega_1 C_{eq}}\sin(\omega_1 t + \varphi_{v1} + \beta_l) - \\ \quad \dfrac{M_1 I_1}{16\omega_1 C_{eq}}\sin(2\omega_1 t + \varphi_{v1} + \varphi_{i1} + 2\beta_l) \\ v_{Clv} = v_{dc} + \dfrac{1}{6C_{eq}}\left[i_{dc} - \dfrac{3}{4}M_1 I_1\cos(\varphi_{v1} - \varphi_{i1})\right]t - \\ \quad \dfrac{I_1}{4\omega_1 C_{eq}}\sin(\omega_1 t + \varphi_{i1} + \beta_l) + \dfrac{M_1 i_{dc}}{6\omega_1 C_{eq}}\sin(\omega_1 t + \varphi_{v1} + \beta_l) - \\ \quad \dfrac{M_1 I_1}{16\omega_1 C_{eq}}\sin(2\omega_1 t + \varphi_{v1} + \varphi_{i1} + 2\beta_l) \end{cases} \tag{3-14}$$

为了保证 MMC 稳定运行，需要交、直流端口有功功率平衡，满足

$$v_{dc}i_{dc} = \frac{3}{2}V_1 I_1\cos(\varphi_{v1} - \varphi_{i1}) \tag{3-15}$$

式（3–15）表明，式（3–14）中上、下两式与时间 t 相关项为零，即 MMC 稳定运行时，一个基波周期内各桥臂吸收的净能量为零，各桥臂电容电压维持在额定值附近。

由式（3–14）可知，桥臂电容电压除了含有直流分量外，还含有基频和二倍频交流分量。其中，基频分量幅值相同、相位相反，为差模分量；二倍频分量幅值、相位均相同，为共模分量。

综上所述，MMC 三相调制信号包含直流分量和基频分量，桥臂电容电压包含直流分量、基频分量和二倍频分量。根据式（3–5），桥臂电压等于调制信号与桥臂电容电压乘积，将导致桥臂电压存在稳态谐波分量，即

$$
\begin{cases}
m_{lu}v_{Clu} = \dfrac{1}{2}v_{dc} + \dfrac{M_1 I_1}{16\omega_1 C_{eq}}\sin(\varphi_{v1}-\varphi_{i1}) - \\
\quad \dfrac{1}{2}M_1 v_{dc}\cos(\omega_1 t+\varphi_{v1}+\beta_l) - \dfrac{M_1 i_{dc}}{12\omega_1 C_{eq}}\sin(\omega_1 t+\varphi_{v1}+\beta_l) + \dfrac{(8+M_1^2)I_1}{64\omega_1 C_{eq}}\sin(\omega_1 t+\varphi_{i1}+\beta_l) - \\
\quad \dfrac{3M_1 I_1}{32\omega_1 C_{eq}}\sin(2\omega_1 t+\varphi_{v1}+\varphi_{i1}+2\beta_l) + \dfrac{M_1^2 i_{dc}}{24\omega_1 C_{eq}}\sin(2\omega_1 t+2\varphi_{v1}+2\beta_l) + \\
\quad \dfrac{M_1^2 I_1}{64\omega_1 C_{eq}}\sin(3\omega_1 t+2\varphi_{v1}+\varphi_{i1}+3\beta_l) \\
m_{lv}v_{Clv} = \dfrac{1}{2}v_{dc} + \dfrac{M_1 I_1}{16\omega_1 C_{eq}}\sin(\varphi_{v1}-\varphi_{i1}) + \\
\quad \dfrac{1}{2}M_1 v_{dc}\cos(\omega_1 t+\varphi_{v1}+\beta_l) + \dfrac{M_1 i_{dc}}{12\omega_1 C_{eq}}\sin(\omega_1 t+\varphi_{v1}+\beta_l) - \dfrac{(8+M_1^2)I_1}{64\omega_1 C_{eq}}\sin(\omega_1 t+\varphi_{i1}+\beta_l) - \\
\quad \dfrac{3M_1 I_1}{32\omega_1 C_{eq}}\sin(2\omega_1 t+\varphi_{v1}+\varphi_{i1}+2\beta_l) + \dfrac{M_1^2 i_{dc}}{24\omega_1 C_{eq}}\sin(2\omega_1 t+2\varphi_{v1}+2\beta_l) - \\
\quad \dfrac{M_1^2 I_1}{64\omega_1 C_{eq}}\sin(3\omega_1 t+2\varphi_{v1}+\varphi_{i1}+3\beta_l)
\end{cases}
\tag{3-16}
$$

对比分析式（3－16）可知，上、下桥臂电压含有直流、基频、二倍频、三倍频分量。其中，直流分量相同，二倍频分量幅值、相位相同，为共模分量；基频和三倍频分量幅值相同、相位相反，为差模分量。对式（3－16）上、下两式分别求和、作差取半可得

$$
\begin{cases}
m_{lu}v_{Clu} + m_{lv}v_{Clv} = v_{dc} + \dfrac{M_1 I_1}{8\omega_1 C_{eq}}\sin(\varphi_{v1}-\varphi_{i1}) - \dfrac{3M_1 I_1}{16\omega_1 C_{eq}}\sin(2\omega_1 t+\varphi_{v1}+\varphi_{i1}+2\beta_l) + \\
\quad \dfrac{M_1^2 i_{dc}}{12\omega_1 C_{eq}}\sin(2\omega_1 t+2\varphi_{v1}+2\beta_l) \\
\dfrac{1}{2}(m_{lv}v_{Clv} - m_{lu}v_{Clu}) = V_1\cos(\omega_1 t+\varphi_{v1}+\beta_l) + \dfrac{M_1 i_{dc}}{12\omega_1 C_{eq}}\sin(\omega_1 t+\varphi_{v1}+\beta_l) - \\
\quad \dfrac{(8+M_1^2)I_1}{64\omega_1 C_{eq}}\sin(\omega_1 t+\varphi_{i1}+\beta_l) - \dfrac{M_1^2 I_1}{64\omega_1 C_{eq}}\sin(3\omega_1 t+2\varphi_{v1}+\varphi_{i1}+3\beta_l)
\end{cases}
\tag{3-17}
$$

根据式（3－17），三相上、下桥臂电压之和构成直流电压，该直流电压除了含有直流分量外，还含有二倍频分量，且三相之间相序关系为负序。上、下桥臂电压之差的

一半构成交流电压，该交流电压除了含有基频分量外，还含有三倍频分量，且三相之间相序关系为零序。MMC 交流端口常采用三线制接法，交流电流不存在三倍频零序分量。

直流电压与上、下桥臂电压作用于桥臂电感，可得

$$L_{\mathrm{arm}}\frac{\mathrm{d}i_{\mathrm{cir}l}}{\mathrm{d}t}+R_{\mathrm{arm}}i_{\mathrm{cir}l}=-\frac{M_1I_1}{16\omega_1C_{\mathrm{eq}}}\sin(\varphi_{\mathrm{v1}}-\varphi_{\mathrm{i1}})+\frac{3M_1I_1}{32\omega_1C_{\mathrm{eq}}}\sin(2\omega_1t+\varphi_{\mathrm{v1}}+\varphi_{\mathrm{i1}}+2\beta_l)-\frac{M_1^2i_{\mathrm{dc}}}{24\omega_1C_{\mathrm{eq}}}\sin(2\omega_1t+2\varphi_{\mathrm{v1}}+2\beta_l)\tag{3-18}$$

式中：$i_{\mathrm{cir}l}$ 为三相桥臂环流。

二倍频桥臂环流和桥臂调制信号（含直流和基频分量）相乘后，将导致桥臂电容电压产生额外的基频和二倍频分量，同时产生新的三倍频分量。桥臂电容电压（含直流、基频、二倍频、三倍频分量）再与桥臂调制信号相乘后，将导致桥臂电压产生基频、二倍频、三倍频以及四倍频分量。桥臂电压基频、三倍频分量为差模分量，二倍频、四倍频分量为共模分量。进一步地，与二倍频分量导致二倍频桥臂环流相似，上、下桥臂电压四倍频分量将导致四倍频桥臂环流。

桥臂电流、桥臂电容电压与桥臂调制信号反复相乘，将导致桥臂电流、桥臂电容电压理论上含有直流、基频、二倍频直至无限次稳态谐波分量。其中，奇数次[$(2n+1)f_1$，$n=0,\pm1,\pm2,\cdots$]分量为差模分量，上、下桥臂间幅值相同、相位相反；偶数次（$2nf_1$）分量为共模分量，上、下桥臂间幅值和相位均相同。桥臂电流的差模分量构成交流电流的一半，并且由于交流端口采用三线制接线，无零序电流通路，即桥臂电流不含三的倍数频次分量；桥臂电流共模分量构成桥臂环流，包含二倍频、四倍频等偶数倍频次分量。

桥臂环流流过子模块时，会增大开关管的功率损耗，同时导致子模块电容电压波动。为此，MMC 一般通过 PI 控制器进行桥臂环流抑制，进而降低桥臂环流分量。

考虑上、下桥臂电流的差模与共模分量关系，三相上桥臂电流 i_{lu} 和三相下桥臂电流 i_{lv} 还可表示为

$$\begin{cases} i_{l\mathrm{u}} = I_k \cos(k\omega_1 t + \varphi_{\mathrm{i}k} + k\beta_l) \\ i_{l\mathrm{v}} = (-1)^k I_k \cos(k\omega_1 t + \varphi_{\mathrm{i}k} + k\beta_l) \end{cases} \tag{3-19}$$

式中：I_k、$\varphi_{\mathrm{i}k}$ 分别为 kf_1 频率处桥臂电流谐波分量的幅值、相位。

三相桥臂差模电流 $i_{\mathrm{dif}l}$ 与三相桥臂共模电流 $i_{\mathrm{com}l}$ 分别为

$$\begin{cases} i_{\mathrm{dif}l} = \dfrac{i_{l\mathrm{u}} - i_{l\mathrm{v}}}{2} \\ i_{\mathrm{com}l} = \dfrac{i_{l\mathrm{u}} + i_{l\mathrm{v}}}{2} \end{cases} \tag{3-20}$$

式中，三相桥臂差模电流 $i_{\mathrm{dif}l}$ 构成交流电流的一半，频次为 $k=2n+1$，并且 $k \neq 3n$；三相桥臂共模电流 $i_{\mathrm{com}l}$ 为桥臂环流，频次为 $k=2n$，其中直流分量等于 $i_{\mathrm{dc}}/3$。

3.2.2　桥臂回路时域模型

根据 3.2.1 桥臂电压、电流分析，考虑桥臂电感及电阻上压降，可得三相上、下桥臂回路时域模型，表达式分别为

$$v_{l\mathrm{u}} + L_{\mathrm{arm}} \frac{\mathrm{d}i_{l\mathrm{u}}}{\mathrm{d}t} + R_{\mathrm{arm}} i_{l\mathrm{u}} = \frac{v_{\mathrm{dc}}}{2} - v_l - v_{\mathrm{O}} \tag{3-21}$$

$$v_{l\mathrm{v}} + L_{\mathrm{arm}} \frac{\mathrm{d}i_{l\mathrm{v}}}{\mathrm{d}t} + R_{\mathrm{arm}} i_{l\mathrm{v}} = \frac{v_{\mathrm{dc}}}{2} + v_l + v_{\mathrm{O}} \tag{3-22}$$

式中：v_{O} 为交流中性点电压。

将式（3-21）与式（3-22）分别作差、作和，可得

$$L_{\mathrm{arm}} \frac{\mathrm{d}i_{\mathrm{dif}l}}{\mathrm{d}t} + R_{\mathrm{arm}} i_{\mathrm{dif}l} = -v_{\mathrm{dif}l} - v_l - v_{\mathrm{O}} \tag{3-23}$$

$$L_{\mathrm{arm}} \frac{\mathrm{d}i_{\mathrm{com}l}}{\mathrm{d}t} + R_{\mathrm{arm}} i_{\mathrm{com}l} = \frac{v_{\mathrm{dc}}}{2} - v_{\mathrm{com}l} \tag{3-24}$$

其中

$$\begin{cases} v_{\mathrm{dif}l} = \dfrac{v_{l\mathrm{u}} - v_{l\mathrm{v}}}{2} \\ v_{\mathrm{com}l} = \dfrac{v_{l\mathrm{u}} + v_{l\mathrm{v}}}{2} \end{cases} \tag{3-25}$$

式中：$v_{\mathrm{dif}l}$、$v_{\mathrm{com}l}$ 分别为三相桥臂差模电压、三相桥臂共模电压。

根据式（3-23）和式（3-24），可得 MMC 三相交流电流和环流等效电路，如图 3-5 所示。图中，三相桥臂差模电流构成交流电流的一半，对应 MMC 交流电流等效电路，

如图 3–5（a）所示；三相桥臂共模电流构成环流，对应 MMC 环流等效电路，如图 3–5（b）所示。通过分别调节三相桥臂差模电压 v_{difl} 和三相桥臂共模电压 v_{coml} ，可以实现 MMC 交流电流和环流的解耦控制。

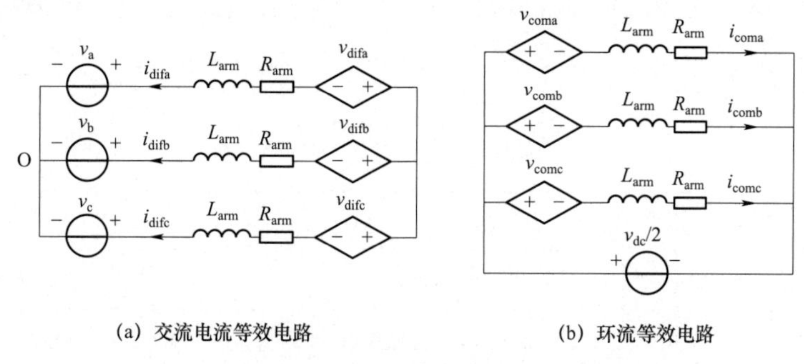

图 3–5 MMC 三相交流电流和环流等效电路

考虑三相交流系统平衡，三相交流电压、交流电流之和均为零。根据交流电流等效电路，可得交流中性点电压 v_O ，其表达式为

$$v_O = -\frac{1}{3}\sum_{l=a,b,c} v_{difl} \tag{3-26}$$

由式（3–26）可知，交流中性点电压 v_O 为三相桥臂差模电压的零序分量。

3.3 稳态工作点频域建模

根据主电路时域模型，本节首先分析 MMC 桥臂电流、桥臂电容电压以及调制信号所含稳态谐波分量的频域特性；然后，研究上、下桥臂电气量的共模、差模关系以及三相之间相序转换关系；最后，建立主电路频域稳态模型，为小信号阻抗建模提供频域稳态工作点。

3.3.1 稳态工作点频域特性分析

根据 3.2 节分析，MMC 桥臂电流、桥臂电容电压以及调制信号均含多个频率的稳态谐波分量，如直流、基频、二倍频等。由于桥臂环流闭环控制，将导致调制信号出现多个频率稳态分量。

下面分别分析无环流控制、有环流控制的 MMC 稳态工作点频域特性，MMC 主电路及控制参数如表 3–5 所示。无环流控制下 a 相上桥臂稳态波形及 FFT 结果如图 3–6

所示，图中，a 相上桥臂电流 i_{au} 和 a 相上桥臂电容电压 v_{Cau} 分别以各自的直流分量作为基准值。由图可知，a 相上桥臂调制信号 m_{au} 只含有直流和基频分量。受桥臂电流、桥臂电容电压以及调制信号交互作用影响，桥臂电流和桥臂电容电压除了含有直流和基频分量外，还含有二倍频、三倍频、四倍频及以上频次的稳态谐波分量。谐波频次越高，幅值越小，二倍频为主导分量。

表 3－5　　　　MMC 主电路及控制参数

参数	定义	数值
P_N	额定功率	1000MW
V_1	交流电压基频分量幅值	253.1kV
V_{dc}	直流电压稳态值	640kV
N	桥臂子模块数量	256
V_C	子模块电容电压额定值	2.5kV
C_{sm}	子模块电容	8mF
L_{arm}	桥臂电感	50mH
K_{pp} 、 K_{pi}	PLL 控制器比例、积分系数	3.5106×10^{-4}、0.0441
K_{iacp} 、 K_{iaci}	交流电流控制器比例、积分系数	1.2149×10^{-5}、0.0053
K_d	交流电流控制解耦系数	1.2272×10^{-5}
K_{icp} 、 K_{ici}	环流控制器比例、积分系数	3.4710×10^{-5}、0.0218
K_c	环流控制解耦系数	4.9088×10^{-5}

二倍频环流控制下 a 相上桥臂稳态波形及 FFT 结果如图 3－7 所示。由图可知，桥臂电流中主导的二倍频环流谐波分量得以有效抑制，同时桥臂电容电压纹波也得到削减，纹波的峰峰值从无环流控制的 34.4%减小到 16.4%。

由图 3－7 可知，三倍频及以上次稳态谐波含量较小，但理论上 MMC 各电气量可包含任意次谐波。不失一般性，考虑桥臂电流、桥臂电容电压及调制信号中含有频率为 $kf_1\ (k=0,\pm1,\cdots,\pm g)$ 的稳态谐波分量，其中 g 为所考虑最高的谐波频次。本节采用频域向量法描述 MMC 的多频次稳态谐波分量，将桥臂电流、桥臂电容电压以及调制信号的稳态谐波分量按照下述稳态频率序列排成 $2g+1$ 行频域稳态向量，即

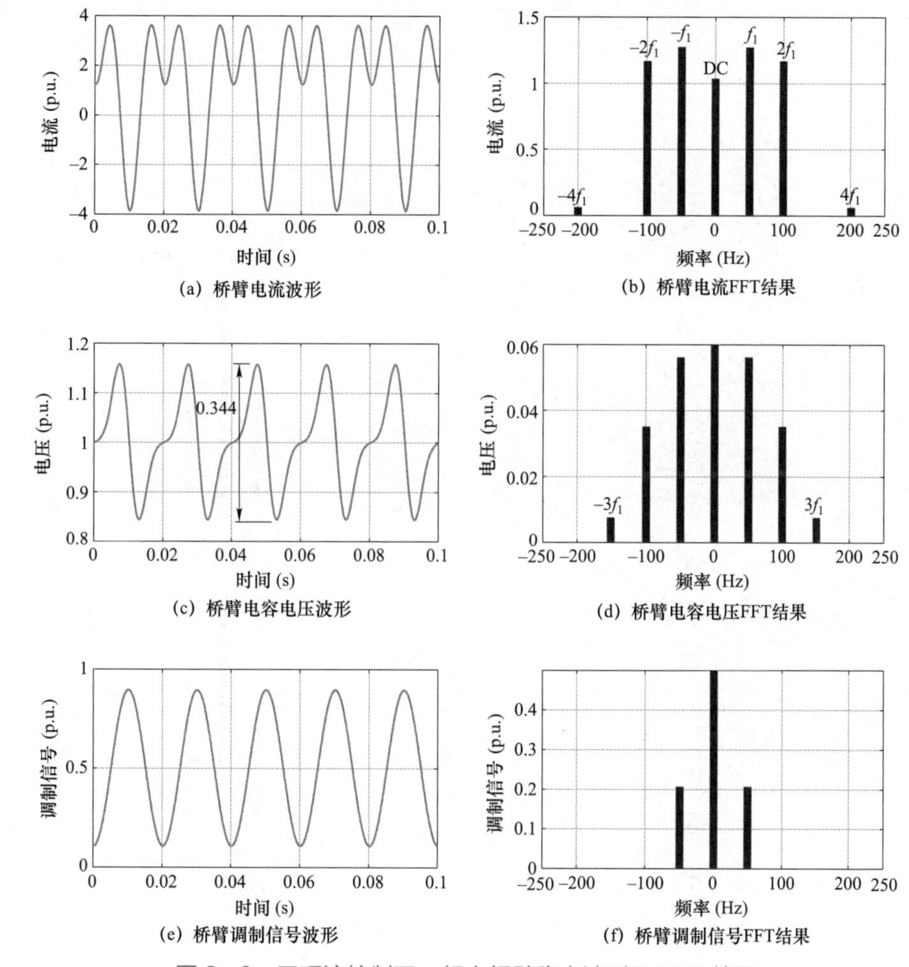

图 3-6　无环流控制下 a 相上桥臂稳态波形及 FFT 结果

$$[-gf_1,\ \cdots\ ,-f_1,\ 0,\ f_1,\ \cdots\ ,gf_1]^{\mathrm{T}} \tag{3-27}$$

以 a 相上桥臂为例，a 相上桥臂电流稳态向量 $\boldsymbol{I}_{\mathrm{au}}$、a 相上桥臂电容电压稳态向量 $\boldsymbol{V}_{\mathrm{Cau}}$ 以及 a 相上桥臂调制信号稳态向量 $\boldsymbol{M}_{\mathrm{au}}$ 可分别表示为

$$\begin{cases}\boldsymbol{I}_{\mathrm{au}} = [\cdots,\ \boldsymbol{I}_{\mathrm{au3}}^{*},\ \boldsymbol{I}_{\mathrm{au2}}^{*},\ \boldsymbol{I}_{\mathrm{au1}}^{*},\ \boldsymbol{I}_{\mathrm{au0}},\ \boldsymbol{I}_{\mathrm{au1}},\ \boldsymbol{I}_{\mathrm{au2}},\ \boldsymbol{I}_{\mathrm{au3}},\ \cdots]^{\mathrm{T}} \\ \boldsymbol{V}_{\mathrm{Cau}} = [\cdots,\ \boldsymbol{V}_{\mathrm{Cau3}}^{*},\ \boldsymbol{V}_{\mathrm{Cau2}}^{*},\ \boldsymbol{V}_{\mathrm{Cau1}}^{*},\ \boldsymbol{V}_{\mathrm{Cau0}},\ \boldsymbol{V}_{\mathrm{Cau1}},\ \boldsymbol{V}_{\mathrm{Cau2}},\ \boldsymbol{V}_{\mathrm{Cau3}},\ \cdots]^{\mathrm{T}} \\ \boldsymbol{M}_{\mathrm{au}} = [\cdots,\ \boldsymbol{M}_{\mathrm{au3}}^{*},\ \boldsymbol{M}_{\mathrm{au2}}^{*},\ \boldsymbol{M}_{\mathrm{au1}}^{*},\ \boldsymbol{M}_{\mathrm{au0}},\ \boldsymbol{M}_{\mathrm{au1}},\ \boldsymbol{M}_{\mathrm{au2}},\ \boldsymbol{M}_{\mathrm{au3}},\ \cdots]^{\mathrm{T}}\end{cases} \tag{3-28}$$

式（3-28）仅展示到 $\pm3f_1$ 频率处的稳态谐波分量；稳态向量中每个元素都用复矢量形式表示频率为 kf_1 的稳态谐波分量幅值与相位，即 $\boldsymbol{I}_{\mathrm{au}k}=I_k\mathrm{e}^{\mathrm{j}\varphi_{\mathrm{i}_k}}$，$\boldsymbol{V}_{\mathrm{Cau}k}=V_k\mathrm{e}^{\mathrm{j}\varphi_{\mathrm{v}_k}}$，$\boldsymbol{M}_{\mathrm{au}k}=M_k\mathrm{e}^{\mathrm{j}\varphi_{\mathrm{m}_k}}$；负频率分量等于正频率分量的共轭。

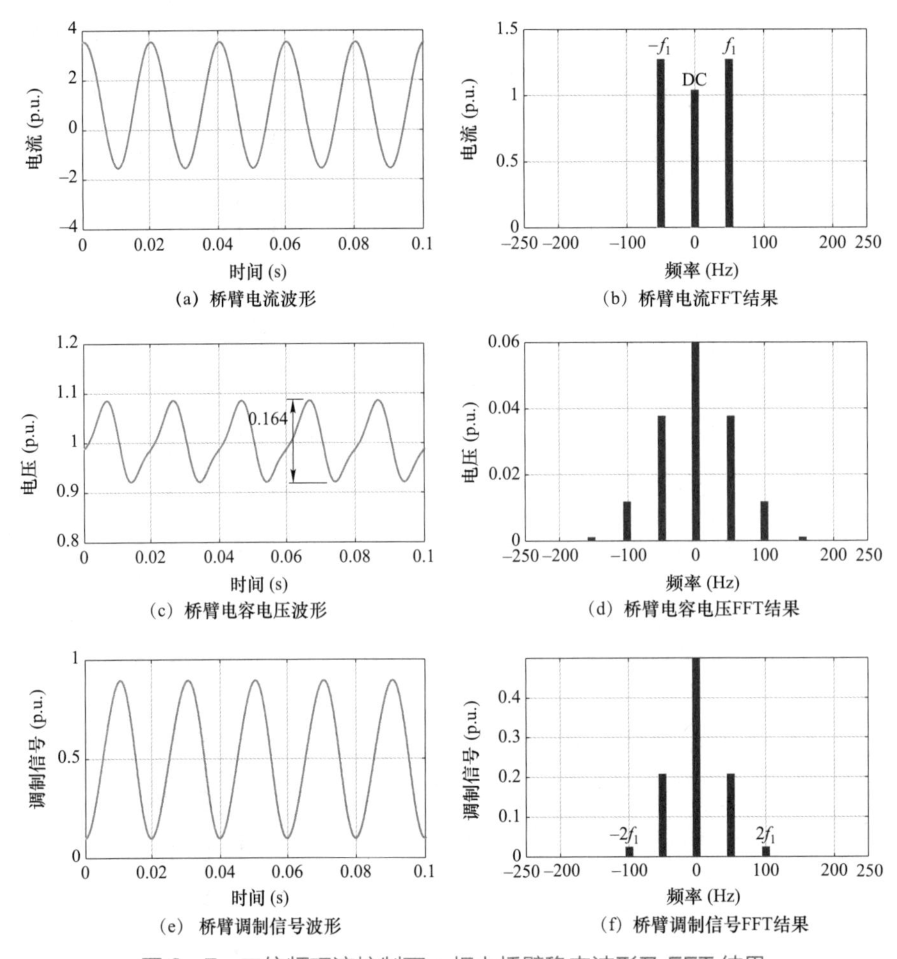

图 3-7 二倍频环流控制下 a 相上桥臂稳态波形及 FFT 结果

各相上、下桥臂电气量的奇数次稳态分量为差模分量，偶数次稳态分量为共模分量。根据式（3-28），可得 a 相下桥臂电流稳态向量 $\boldsymbol{I}_{\mathrm{av}}$ 、a 相下桥臂电容电压稳态向量 $\boldsymbol{V}_{\mathrm{Cav}}$ 以及 a 相下桥臂调制信号稳态向量 $\boldsymbol{M}_{\mathrm{av}}$ 表达式，分别为

$$\boldsymbol{I}_{\mathrm{av}} = \boldsymbol{A}\boldsymbol{I}_{\mathrm{au}},\ \boldsymbol{V}_{\mathrm{Cav}} = \boldsymbol{A}\boldsymbol{V}_{\mathrm{Cau}},\ \boldsymbol{M}_{\mathrm{av}} = \boldsymbol{A}\boldsymbol{M}_{\mathrm{au}} \tag{3-29}$$

其中

$$\boldsymbol{A} = \mathrm{diag}[\{(-1)^k\}|_{k=-g,\cdots,0,\cdots,g}] \tag{3-30}$$

式中：$\boldsymbol{A}$ 为桥臂稳态向量转换矩阵。

上、下桥臂电流的差模分量为交流电流的一半，共模分量构成桥臂环流，可得 a 相交流电流稳态向量 $\boldsymbol{I}_{\mathrm{a}}$ 和 a 相桥臂环流稳态向量 $\boldsymbol{I}_{\mathrm{coma}}$ ，表达式为

$$\begin{cases} \boldsymbol{I}_{\mathrm{a}} = 2\boldsymbol{A}_{\mathrm{d}}\boldsymbol{I}_{\mathrm{au}} \\ \boldsymbol{I}_{\mathrm{coma}} = \boldsymbol{A}_{\mathrm{c}}\boldsymbol{I}_{\mathrm{au}} \end{cases} \tag{3-31}$$

其中

$$\begin{cases} \boldsymbol{A}_{\mathrm{d}} = \dfrac{1}{2}\mathrm{diag}\left[\{1-(-1)^k\}\big|_{k=-g,\cdots,0,\cdots,g} \right] \\ \boldsymbol{A}_{\mathrm{c}} = \dfrac{1}{2}\mathrm{diag}\left[\{1+(-1)^k\}\big|_{k=-g,\cdots,0,\cdots,g} \right] \end{cases} \tag{3-32}$$

式中：$\boldsymbol{A}_{\mathrm{d}}$ 为桥臂稳态向量差模矩阵，当 k 为奇数时，对角元素为 1，其余皆为 0；$\boldsymbol{A}_{\mathrm{c}}$ 为桥臂稳态向量共模矩阵，当 k 为偶数时，对角元素为 1，其余皆为 0。

根据三相对称关系，对于 kf_1 频率处的稳态分量，相邻两相之间的移相角为

$$-\frac{2k\pi}{3} = \begin{cases} -2\pi/3, k=3n+1 \\ 2\pi/3, k=3n+2 \\ 0, k=3n \end{cases} \quad (n=0,\pm1,\pm2,\cdots) \tag{3-33}$$

式中，移相角为 $-2\pi/3$，表示三相之间相序关系为正序；移相角为 $2\pi/3$，表示三相之间相序关系为负序；移相角为 0，表示三相之间相序关系为零序。

为描述三相之间的相序关系，可采用以 3 为除数的取模函数表示，即

$$\mathrm{mod}(k,3) = \begin{cases} +1, k=3n+1 \\ -1, k=3n+2 \\ 0, k=3n \end{cases} \quad (n=0,\pm1,\pm2,\cdots) \tag{3-34}$$

对于频率 kf_1 的稳态分量，+1 表示正序，即频率为 $(3n+1)f_1$ 的稳态分量为正序分量；−1 表示负序，即频率为 $(3n+2)f_1$ 的稳态分量为负序分量；0 表示零序，即频率为 $3nf_1$ 的稳态分量为零序分量。

根据式（3−33）和式（3−34）所示稳态分量相序关系，可得 b、c 两相各桥臂电流、桥臂电容电压以及桥臂调制信号的稳态向量，表达式分别为

$$\begin{cases} \boldsymbol{I}_{\mathrm{bu}} = \boldsymbol{D}\boldsymbol{I}_{\mathrm{au}}, & \boldsymbol{V}_{\mathrm{Cbu}} = \boldsymbol{D}\boldsymbol{V}_{\mathrm{Cau}}, & \boldsymbol{M}_{\mathrm{bu}} = \boldsymbol{D}\boldsymbol{M}_{\mathrm{au}} \\ \boldsymbol{I}_{\mathrm{bv}} = \boldsymbol{D}\boldsymbol{A}\boldsymbol{I}_{\mathrm{au}}, & \boldsymbol{V}_{\mathrm{Cbv}} = \boldsymbol{D}\boldsymbol{A}\boldsymbol{V}_{\mathrm{Cau}}, & \boldsymbol{M}_{\mathrm{bv}} = \boldsymbol{D}\boldsymbol{A}\boldsymbol{M}_{\mathrm{au}} \end{cases} \tag{3-35}$$

$$\begin{cases} \boldsymbol{I}_{\mathrm{cu}} = \boldsymbol{D}^*\boldsymbol{I}_{\mathrm{au}}, & \boldsymbol{V}_{\mathrm{Ccu}} = \boldsymbol{D}^*\boldsymbol{V}_{\mathrm{Cau}}, & \boldsymbol{M}_{\mathrm{cu}} = \boldsymbol{D}^*\boldsymbol{M}_{\mathrm{au}} \\ \boldsymbol{I}_{\mathrm{cv}} = \boldsymbol{D}^*\boldsymbol{A}\boldsymbol{I}_{\mathrm{au}}, & \boldsymbol{V}_{\mathrm{Ccv}} = \boldsymbol{D}^*\boldsymbol{A}\boldsymbol{V}_{\mathrm{Cau}}, & \boldsymbol{M}_{\mathrm{cv}} = \boldsymbol{D}^*\boldsymbol{A}\boldsymbol{M}_{\mathrm{au}} \end{cases} \tag{3-36}$$

其中

$$\boldsymbol{D} = \mathrm{diag}\left[\{\mathrm{e}^{-\mathrm{j}2k\pi/3}\}\big|_{k=-g,\cdots,0,\cdots,g} \right] \tag{3-37}$$

式中：$\boldsymbol{D}$ 为稳态向量相序系数矩阵。

3.3.2 桥臂回路频域模型

根据上述桥臂电流、桥臂电容电压以及调制信号的稳态向量，将式（3－4）和式（3－21）转换至频域，可得桥臂回路频域稳态模型，即

$$\boldsymbol{Y}_{\mathrm{Ceq0}}\boldsymbol{V}_{\mathrm{Cau}}=\boldsymbol{M}_{\mathrm{au}}\otimes\boldsymbol{I}_{\mathrm{au}} \tag{3-38}$$

$$\boldsymbol{Z}_{\mathrm{Larm0}}\boldsymbol{I}_{\mathrm{au}}=\frac{1}{2}\boldsymbol{V}_{\mathrm{dc}}-\boldsymbol{V}_{\mathrm{a}}-\boldsymbol{M}_{\mathrm{au}}\otimes\boldsymbol{V}_{\mathrm{Cau}}-\boldsymbol{V}_{\mathrm{O}} \tag{3-39}$$

式中：$\boldsymbol{V}_{\mathrm{dc}}$ 为直流电压稳态向量；$\boldsymbol{V}_{\mathrm{a}}$ 为 a 相交流电压稳态向量；$\boldsymbol{Z}_{\mathrm{Larm0}}$ 为稳态频率序列下桥臂电感阻抗；$\boldsymbol{Y}_{\mathrm{Ceq0}}$ 为稳态频率序列下桥臂电容导纳；$\boldsymbol{V}_{\mathrm{O}}$ 为交流中性点电压稳态向量。

$\boldsymbol{V}_{\mathrm{dc}}$ 的表达式为

$$\boldsymbol{V}_{\mathrm{dc}}=[\cdots,\ 0,\ \cdots,\ 0,\ V_{\mathrm{dc}},\ 0,\ \cdots,\ 0,\ \cdots]^{\mathrm{T}} \tag{3-40}$$

式中：V_{dc} 为直流电压稳态值。

$\boldsymbol{V}_{\mathrm{a}}$ 的表达式为

$$\boldsymbol{V}_{\mathrm{a}}=[\cdots,\ 0,\ \cdots,\ V_1/2,\ 0,\ V_1/2,\ \cdots,\ 0,\ \cdots]^{\mathrm{T}} \tag{3-41}$$

$\boldsymbol{Z}_{\mathrm{Larm0}}$、$\boldsymbol{Y}_{\mathrm{Ceq0}}$ 的表达式分别为

$$\boldsymbol{Z}_{\mathrm{Larm0}}=R_{\mathrm{arm}}\boldsymbol{U}+\mathrm{j}2\pi L_{\mathrm{arm}}\cdot\mathrm{diag}[-gf_1,\ \cdots,\ -f_1,\ 0,\ f_1,\ \cdots\ ,gf_1] \tag{3-42}$$

$$\boldsymbol{Y}_{\mathrm{Ceq0}}=\mathrm{j}2\pi C_{\mathrm{eq}}\cdot\mathrm{diag}[-gf_1,\ \cdots,\ -f_1,\ 0,\ f_1,\ \cdots,\ gf_1] \tag{3-43}$$

为了使用数量积代替卷积，需将桥臂调制信号的稳态向量扩展至矩阵形式。以 $\boldsymbol{M}_{\mathrm{au}}$ 为例，a 相上桥臂调制信号稳态矩阵为

$$\boldsymbol{M}_{\mathrm{au}}=\begin{bmatrix}
\boldsymbol{M}_{\mathrm{au0}} & \boldsymbol{M}_{\mathrm{au1}}^* & \boldsymbol{M}_{\mathrm{au2}}^* & \boldsymbol{M}_{\mathrm{au3}}^* & \cdots & & & & \\
\boldsymbol{M}_{\mathrm{au1}} & \boldsymbol{M}_{\mathrm{au0}} & \boldsymbol{M}_{\mathrm{au1}}^* & \boldsymbol{M}_{\mathrm{au2}}^* & \boldsymbol{M}_{\mathrm{au3}}^* & \cdots & & & \\
\boldsymbol{M}_{\mathrm{au2}} & \boldsymbol{M}_{\mathrm{au1}} & \boldsymbol{M}_{\mathrm{au0}} & \boldsymbol{M}_{\mathrm{au1}}^* & \boldsymbol{M}_{\mathrm{au2}}^* & \boldsymbol{M}_{\mathrm{au3}}^* & \cdots & & \\
\boldsymbol{M}_{\mathrm{au3}} & \boldsymbol{M}_{\mathrm{au2}} & \boldsymbol{M}_{\mathrm{au1}} & \boldsymbol{M}_{\mathrm{au0}} & \boldsymbol{M}_{\mathrm{au1}}^* & \boldsymbol{M}_{\mathrm{au2}}^* & \boldsymbol{M}_{\mathrm{au3}}^* & \cdots & \\
\cdots & \boldsymbol{M}_{\mathrm{au3}} & \boldsymbol{M}_{\mathrm{au2}} & \boldsymbol{M}_{\mathrm{au1}} & \boldsymbol{M}_{\mathrm{au0}} & \boldsymbol{M}_{\mathrm{au1}}^* & \boldsymbol{M}_{\mathrm{au2}}^* & \boldsymbol{M}_{\mathrm{au3}}^* & \cdots \\
 & \cdots & \boldsymbol{M}_{\mathrm{au3}} & \boldsymbol{M}_{\mathrm{au2}} & \boldsymbol{M}_{\mathrm{au1}} & \boldsymbol{M}_{\mathrm{au0}} & \boldsymbol{M}_{\mathrm{au1}}^* & \boldsymbol{M}_{\mathrm{au2}}^* & \boldsymbol{M}_{\mathrm{au3}}^* \\
 & & \cdots & \boldsymbol{M}_{\mathrm{au3}} & \boldsymbol{M}_{\mathrm{au2}} & \boldsymbol{M}_{\mathrm{au1}} & \boldsymbol{M}_{\mathrm{au0}} & \boldsymbol{M}_{\mathrm{au1}}^* & \boldsymbol{M}_{\mathrm{au2}}^* \\
 & & & \cdots & \boldsymbol{M}_{\mathrm{au3}} & \boldsymbol{M}_{\mathrm{au2}} & \boldsymbol{M}_{\mathrm{au1}} & \boldsymbol{M}_{\mathrm{au0}} & \boldsymbol{M}_{\mathrm{au1}}^* \\
 & & & & \cdots & \boldsymbol{M}_{\mathrm{au3}} & \boldsymbol{M}_{\mathrm{au2}} & \boldsymbol{M}_{\mathrm{au1}} & \boldsymbol{M}_{\mathrm{au0}}
\end{bmatrix} \tag{3-44}$$

对式（3－44）说明如下：

（1）稳态向量逆序排列成行向量作为稳态矩阵的最中间一行（第 $g+1$ 行）。

（2）中间行以上的第 k 行通过将中间行向左移动 k 个元素，且末尾 k 个元素用 0 补齐得到。

（3）中间行以下的第 k 行通过将中间行向右移动 k 个元素，且前 k 个元素用 0 补齐得到。

在式（3－39）中，交流中性点电压稳态向量 $\boldsymbol{V}_{\mathrm{O}}$ 可由式（3－26）转换至频域得到，即

$$\boldsymbol{V}_{\mathrm{O}}=-\frac{1}{6}\sum_{l=\mathrm{a,b,c}}(\boldsymbol{M}_{l\mathrm{u}}\boldsymbol{V}_{\mathrm{C}l\mathrm{u}}-\boldsymbol{M}_{l\mathrm{v}}\boldsymbol{V}_{\mathrm{C}l\mathrm{v}}) \tag{3-45}$$

根据三相各桥臂稳态向量之间的共模、差模关系和相序关系，式（3－38）和式（3－39）可以推广到其余桥臂，可根据一个桥臂的稳态频域模型得到其余桥臂的稳态频域模型。

分析式（3－45）可知，交流中性点电压为三相上、下桥臂电压的零序差模分量，所以式（3－45）可以简化为

$$\boldsymbol{V}_{\mathrm{O}}=\boldsymbol{T}_{\mathrm{O}}\boldsymbol{M}_{\mathrm{au}}\boldsymbol{V}_{\mathrm{Cau}} \tag{3-46}$$

其中

$$\boldsymbol{T}_{\mathrm{O}}=\mathrm{diag}[\{T_k\}|_{k=-g,\cdots,0,\cdots,g}] \tag{3-47}$$

式中：$\boldsymbol{T}_{\mathrm{O}}$ 为桥臂稳态向量零序差模矩阵。

对于式（3－47），当且仅当 k 为 3 的整数倍且不能被 2 整除，即 $\mathrm{mod}(k,3)=0$ 且 $\mathrm{mod}(k,2)=1$ 时，$T_k=-1$，对应频次 $k=6n+3$；其余情况皆为 0。$\mathrm{mod}(k,3)=0$ 表示频率为 kf_1 的稳态分量为零序分量，$\mathrm{mod}(k,2)=1$ 表示频率为 kf_1 的稳态分量为差模分量。交流中性点电压稳态向量 $\boldsymbol{V}_{\mathrm{O}}$ 用于抵消桥臂电压稳态向量的零序差模分量，使桥臂稳态电流零序差模分量为 0，即交流端口不存在零序电流通路。

MMC 稳态向量频域分布特性如表 3－6 所示。根据桥臂电流、电容电压和调制信号稳态谐波特性可知，三相上桥臂电容电压稳态向量 $\boldsymbol{V}_{\mathrm{C}l\mathrm{u}}$ 和三相下桥臂电容电压稳态向量 $\boldsymbol{V}_{\mathrm{C}l\mathrm{v}}$ 含频率为 kf_1 的分量；三相上桥臂电流稳态向量 $\boldsymbol{I}_{l\mathrm{u}}$、三相下桥臂电流稳态向量 $\boldsymbol{I}_{l\mathrm{v}}$、三相上桥臂调制信号稳态向量 $\boldsymbol{M}_{l\mathrm{u}}$、三相下桥臂调制信号稳态向量 $\boldsymbol{M}_{l\mathrm{v}}$，含除零序差模外的其余频率分量，即 $kf_1(k\neq 6n+3)$；三相交流电流稳态向量 $\boldsymbol{I}_l$ 含除零序外

的差模分量，对应频率为 $(6n+1)f_1$、$(6n+5)f_1$；三相桥臂环流稳态向量 $\boldsymbol{I}_{\mathrm{com}l}$ 含频率为 $6nf_1$、$(6n+2)f_1$、$(6n+4)f_1$ 的共模分量。

表 3－6　　　　　　　　　　MMC 稳态向量频域分布特性

稳态向量	$\boldsymbol{V}_{\mathrm{C}lu}$, $\boldsymbol{V}_{\mathrm{C}lv}$	$\boldsymbol{I}_{lu}$, $\boldsymbol{I}_{lv}$	$\boldsymbol{M}_{lu}$, $\boldsymbol{M}_{lv}$	$\boldsymbol{I}_l$		$\boldsymbol{I}_{\mathrm{com}l}$		
频率	kf_1	kf_1 $(k \neq 6n+3)$	kf_1 $(k \neq 6n+3)$	$(6n+1)f_1$	$(6n+5)f_1$	$6nf_1$	$(6n+2)f_1$	$(6n+4)f_1$

3.4　小信号频域阻抗建模

本节对 MMC 进行小信号阻抗建模。首先，在交流电压稳态工作点叠加一个小信号扰动。然后，分析小信号在电压、电流以及调制信号之间的频域分布特性，建立主电路和控制回路小信号频域模型。最后，根据主电路和控制回路间频域转换关系，建立交流电流响应小信号与交流电压扰动小信号数学关系，获取 MMC 交流端口小信号阻抗模型。

3.4.1　小信号频域特性分析

MMC 的桥臂电流、桥臂电容电压除含有基频分量外，同时含有直流、二倍频及以上频次稳态谐波分量。上述稳态谐波分量共同构成 MMC 的稳态工作点。在交流电压稳态工作点上叠加电压小信号扰动后，桥臂电流与调制信号相乘、桥臂电容电压与调制信号相乘、均将导致各次稳态谐波分量边带处产生小信号响应。对于频率为 kf_1 的稳态谐波分量，其边带频率为 $f_\mathrm{p}+kf_1$。

在 MMC 控制作用下，调制信号也将出现小信号分量。下面将从不考虑和考虑调制信号小信号分量两方面，分析小信号在 MMC 主电路和控制电路中的传递通路。

首先，不考虑调制信号小信号影响，MMC 小信号传递通路与频率分布如图 3－8 所示。由图可知，在交流稳态工作点上叠加一个频率为 f_p 的正序电压小信号扰动，三相交流电压小信号向量 $\hat{\boldsymbol{v}}_l$ 中频率为 f_p 的分量和桥臂差模电压的压差作用于桥臂电感后，导致三相交流电流小信号向量 $\hat{\boldsymbol{i}}_l$ 中产生频率为 f_p 的分量。$\hat{\boldsymbol{i}}_l$ 中频率为 f_p 的分量流入 MMC 三相各桥臂，导致三相上桥臂电流小信号向量 $\hat{\boldsymbol{i}}_{lu}$ 和三相下桥臂电流小信号向量 $\hat{\boldsymbol{i}}_{lv}$ 中产生频率为 f_p 的分量。

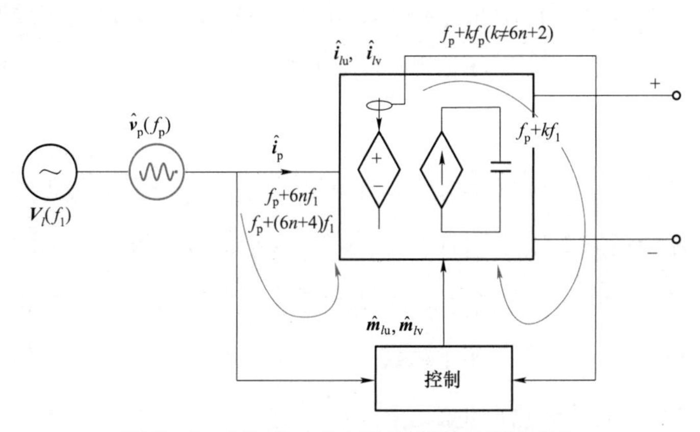

图 3-8　MMC 小信号传递通路与频率分布

$\hat{\boldsymbol{i}}_{lu}$ 中频率为 f_p 的分量与三相上桥臂调制信号稳态向量 $\boldsymbol{M}_{lu}$ 中频率为 k_1f_1（$k_1=0,\pm1,\cdots,\pm g$）的分量相乘后，导致三相上桥臂电容电压小信号向量 $\hat{\boldsymbol{v}}_{Clu}$ 中产生频率为 $f_p+k_1f_1$ 的分量。$\hat{\boldsymbol{i}}_{lv}$ 中频率为 f_p 的分量与三相下桥臂调制信号稳态向量 $\boldsymbol{M}_{lv}$ 中频率为 k_1f_1 的分量相乘后，导致三相下桥臂电容电压小信号向量 $\hat{\boldsymbol{v}}_{Clv}$ 中产生频率为 $f_p+k_1f_1$ 的分量。

$\hat{\boldsymbol{v}}_{Clu}$ 中频率为 $f_p+k_1f_1$ 的分量与 $\boldsymbol{M}_{lu}$ 中频率为 k_2f_1（$k_2=0,\pm1,\cdots,\pm g$）的分量相乘后，导致三相上桥臂电压产生频率为 $f_p+(k_1+k_2)f_1$ 的分量。$\hat{\boldsymbol{v}}_{Clv}$ 中频率为 $f_p+k_1f_1$ 的分量与 $\boldsymbol{M}_{lv}$ 中频率为 k_2f_1 的分量相乘后，导致三相下桥臂电压产生频率为 $f_p+(k_1+k_2)f_1$ 的分量。由于 k_1、k_2 可取任意整数，为了简化描述，不再区分 k_1、k_2，统一用 k 表示，即三相上、下桥臂电压产生频率为 f_p+kf_1 的小信号分量。

三相上、下桥臂电压频率为 f_p+kf_1 的小信号分量与交流电压、直流电压的压差作用于桥臂电感，导致 $\hat{\boldsymbol{i}}_{lu}$ 和 $\hat{\boldsymbol{i}}_{lv}$ 中频率为 f_p+kf_1 的分量产生。

下面分析考虑桥臂调制信号小信号影响，分析小信号传递通路与频率分布。在交流电流控制和环流控制作用下，$\hat{\boldsymbol{i}}_{lu}$ 和 $\hat{\boldsymbol{i}}_{lv}$ 中频率为 f_p+kf_1 的分量导致三相上桥臂调制信号的小信号向量 $\hat{\boldsymbol{m}}_{lu}$ 和三相下桥臂调制信号的小信号向量 $\hat{\boldsymbol{m}}_{lv}$ 产生频率为 f_p+kf_1 的分量。此外，MMC 通过 PLL 获取交流电压相位，实现与电网同步控制。在 PLL 控制作用下，$\hat{\boldsymbol{v}}_l$ 中频率为 f_p 的分量，导致锁相角小信号向量 $\hat{\boldsymbol{\theta}}_{PLL}$ 中产生频率为 f_p-f_1 的分量，也将导致 $\hat{\boldsymbol{m}}_{lu}$ 和 $\hat{\boldsymbol{m}}_{lv}$ 中产生频率为 f_p+kf_1 的分量。

$\hat{\boldsymbol{m}}_{lu}$ 中频率为 f_p+kf_1 的分量与三相上桥臂电流稳态向量 $\boldsymbol{I}_{lu}$ 中频率为 kf_1 的分量

相乘后，导致 $\hat{\boldsymbol{v}}_{\mathrm{C}lu}$ 中产生频率为 $f_{\mathrm{p}}+kf_1$ 的分量。$\hat{\boldsymbol{m}}_{lv}$ 中频率为 $f_{\mathrm{p}}+kf_1$ 的分量与三相下桥臂电流稳态向量 $\boldsymbol{I}_{lv}$ 中频率为 kf_1 的分量相乘后，导致 $\hat{\boldsymbol{v}}_{\mathrm{C}lv}$ 中产生频率为 $f_{\mathrm{p}}+kf_1$ 的分量。

$\hat{\boldsymbol{m}}_{lu}$ 中频率为 $f_{\mathrm{p}}+kf_1$ 的分量与三相上桥臂电容电压稳态向量 $\boldsymbol{V}_{\mathrm{C}lu}$ 中频率为 kf_1 的分量相乘后，导致三相上桥臂电压产生频率为 $f_{\mathrm{p}}+kf_1$ 的小信号分量，进一步导致 $\hat{\boldsymbol{i}}_{lu}$ 中频率为 $f_{\mathrm{p}}+kf_1$ 的分量产生。$\hat{\boldsymbol{m}}_{lv}$ 中频率为 $f_{\mathrm{p}}+kf_1$ 的分量与三相下桥臂电容电压稳态向量 $\boldsymbol{V}_{\mathrm{C}lv}$ 中频率为 kf_1 的分量相乘后，导致三相下桥臂电压产生频率为 $f_{\mathrm{p}}+kf_1$ 的小信号分量，进一步导致 $\hat{\boldsymbol{i}}_{lv}$ 中频率为 $f_{\mathrm{p}}+kf_1$ 的分量产生。

桥臂电气量小信号分量与桥臂调制信号稳态分量相乘后，将导致桥臂电气量产生小信号分量；同时，桥臂调制信号小信号分量与桥臂电气量稳态分量相乘后，将导致桥臂电气量产生小信号分量。上述过程反复迭代，最终达到平衡。

此外，小信号分量与小信号分量相乘，将导致频率为 $2f_{\mathrm{p}}+kf_1$、$3f_{\mathrm{p}}+kf_1$ 等高阶小信号分量产生。上述高阶小信号分量幅值较小，在线性化建模过程中可忽略不计。

在 MMC 交流端口稳态电压上叠加扰动频率 f_{p} 为 30Hz、幅值为 5%的正序电压小信号扰动。主电路和控制参数如表 3－5 所示。达到稳定运行时，a 相上桥臂波形及 FFT 结果如图 3－9 所示，由图可知，桥臂电流、桥臂电容电压及桥臂调制信号均产生频率为 $f_{\mathrm{p}}+kf_1$ 的小信号分量。

为了描述 MMC 各环节小信号频域特性，将桥臂电流、桥臂电容电压以及桥臂调制信号的小信号分量按照下述小信号频率序列排成 $2g+1$ 行小信号向量，即

$$\left[f_{\mathrm{p}}-gf_1,\ \cdots,\ f_{\mathrm{p}}-f_1,\ f_{\mathrm{p}},\ f_{\mathrm{p}}+f_1,\ \cdots,\ f_{\mathrm{p}}+gf_1\right]^{\mathrm{T}} \tag{3-48}$$

式中：f_{p} 为小信号频率序列最中间一行对应的频率。

以 a 相上桥臂为例，a 相上桥臂电流小信号向量 $\hat{\boldsymbol{i}}_{\mathrm{au}}$、a 相上桥臂电容电压小信号向量 $\hat{\boldsymbol{v}}_{\mathrm{Cau}}$ 以及 a 相上桥臂调制信号小信号向量 $\hat{\boldsymbol{m}}_{\mathrm{au}}$ 可分别表示为

$$\begin{cases}\hat{\boldsymbol{i}}_{\mathrm{au}}=[\cdots,\ \hat{\boldsymbol{i}}_{\mathrm{au-3}},\ \hat{\boldsymbol{i}}_{\mathrm{au-2}},\ \hat{\boldsymbol{i}}_{\mathrm{au-1}},\ \hat{\boldsymbol{i}}_{\mathrm{au0}},\ \hat{\boldsymbol{i}}_{\mathrm{au+1}},\ \hat{\boldsymbol{i}}_{\mathrm{au+2}},\ \hat{\boldsymbol{i}}_{\mathrm{au+3}},\ \cdots]^{\mathrm{T}}\\ \hat{\boldsymbol{v}}_{\mathrm{Cau}}=[\cdots,\ \hat{\boldsymbol{v}}_{\mathrm{Cau-3}},\ \hat{\boldsymbol{v}}_{\mathrm{Cau-2}},\ \hat{\boldsymbol{v}}_{\mathrm{Cau-1}},\ \hat{\boldsymbol{v}}_{\mathrm{Cau0}},\ \hat{\boldsymbol{v}}_{\mathrm{Cau+1}},\ \hat{\boldsymbol{v}}_{\mathrm{Cau+2}},\ \hat{\boldsymbol{v}}_{\mathrm{Cau+3}},\ \cdots]^{\mathrm{T}}\\ \hat{\boldsymbol{m}}_{\mathrm{au}}=[\cdots,\ \hat{\boldsymbol{m}}_{\mathrm{au-3}},\ \hat{\boldsymbol{m}}_{\mathrm{au-2}},\ \hat{\boldsymbol{m}}_{\mathrm{au-1}},\ \hat{\boldsymbol{m}}_{\mathrm{au0}},\ \hat{\boldsymbol{m}}_{\mathrm{au+1}},\ \hat{\boldsymbol{m}}_{\mathrm{au+2}},\ \hat{\boldsymbol{m}}_{\mathrm{au+3}},\ \cdots]^{\mathrm{T}}\end{cases} \tag{3-49}$$

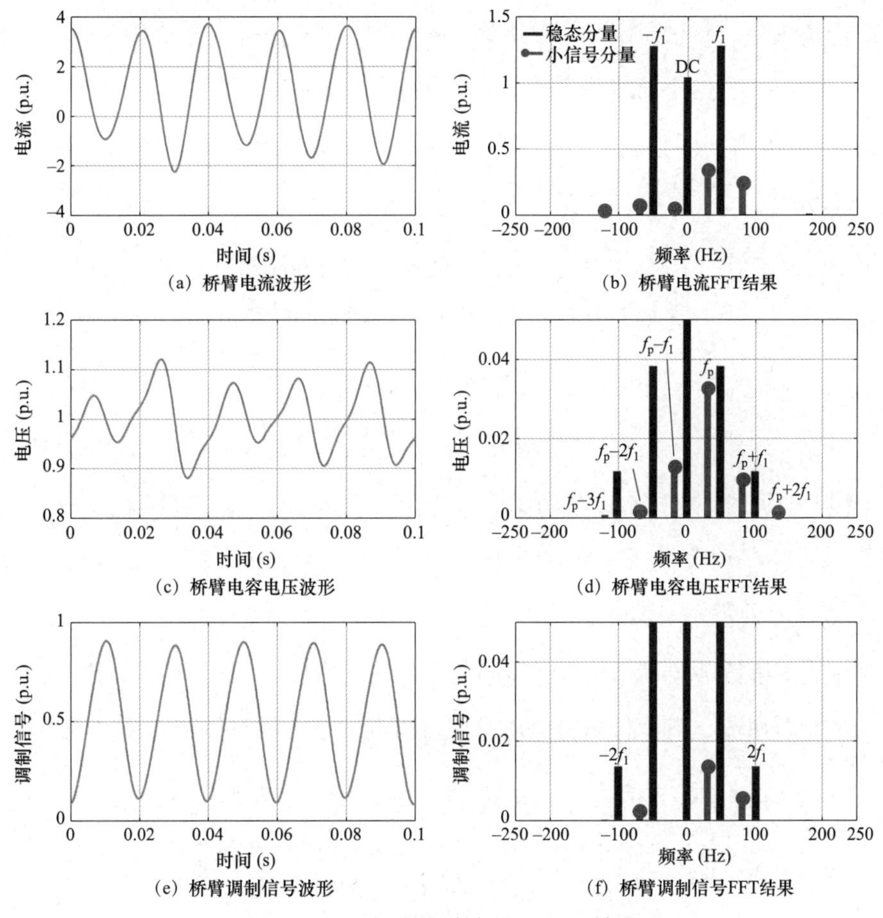

图 3-9　a 相上桥臂波形及 FFT 结果

式中，各分量下标数字表示频次，若下标数字为 k，则对应小信号分量的频率为 $f_p + kf_1$。

由于频率为 f_p 的小信号分量为正序，其与频率为 kf_1 的稳态分量相乘，将导致频率为 $f_p + kf_1$ 的小信号分量相序发生变化。对于频率为 $f_p + kf_1$ 的小信号分量，三相之间的移相角为

$$-\frac{2(k+1)\pi}{3} = \begin{cases} -2\pi/3, k = 3n \\ 2\pi/3, k = 3n+1 \\ 0, k = 3n+2 \end{cases} \tag{3-50}$$

对于三相各桥臂小信号，描述其相序关系的取模函数为

$$\text{mod}(k+1,3) = \begin{cases} +1, k = 3n \\ -1, k = 3n+1 \\ 0, k = 3n+2 \end{cases} \tag{3-51}$$

频率为 $f_\mathrm{p}+3nf_1$ 的小信号为正序分量，频率为 $f_\mathrm{p}+(3n+1)f_1$ 的小信号为负序分量，频率为 $f_\mathrm{p}+(3n+2)f_1$ 的小信号为零序分量。根据式（3-50）和式（3-51）所示相序关系，可得 b、c 两相上桥臂电流、上桥臂电容电压以及上桥臂调制信号的小信号向量，表达式分别为

$$\begin{cases}\hat{\boldsymbol{i}}_\mathrm{bu}=\boldsymbol{D}_\mathrm{p}\hat{\boldsymbol{i}}_\mathrm{au}, & \hat{\boldsymbol{v}}_\mathrm{Cbu}=\boldsymbol{D}_\mathrm{p}\hat{\boldsymbol{v}}_\mathrm{Cau}, & \hat{\boldsymbol{m}}_\mathrm{bu}=\boldsymbol{D}_\mathrm{p}\hat{\boldsymbol{m}}_\mathrm{au}\\ \hat{\boldsymbol{i}}_\mathrm{cu}=\boldsymbol{D}_\mathrm{p}^*\hat{\boldsymbol{i}}_\mathrm{au}, & \hat{\boldsymbol{v}}_\mathrm{Ccu}=\boldsymbol{D}_\mathrm{p}^*\hat{\boldsymbol{v}}_\mathrm{Cau}, & \hat{\boldsymbol{m}}_\mathrm{cu}=\boldsymbol{D}_\mathrm{p}^*\hat{\boldsymbol{m}}_\mathrm{au}\end{cases} \tag{3-52}$$

其中

$$\boldsymbol{D}_\mathrm{p}=\mathrm{diag}\left[\{\mathrm{e}^{-\mathrm{j}2(k+1)\pi/3}\}\big|_{k=-g,\cdots,0,\cdots,g}\right] \tag{3-53}$$

式中：$\boldsymbol{D}_\mathrm{p}$ 为小信号向量相序系数矩阵。

当 $k=2n$ 时，频率为 $f_\mathrm{p}+kf_1$ 的小信号分量为差模分量；当 $k=2n+1$ 时，频率为 $f_\mathrm{p}+kf_1$ 的小信号分量为共模分量。

根据上、下桥臂各频率小信号向量的共模、差模关系，由式（3-49）和式（3-52），可得三相下桥臂电流、下桥臂电容电压及下桥臂调制信号的小信号向量，表达式分别为

$$\begin{cases}\hat{\boldsymbol{i}}_\mathrm{av}=\boldsymbol{A}_\mathrm{p}\hat{\boldsymbol{i}}_\mathrm{au}, & \hat{\boldsymbol{v}}_\mathrm{Cav}=\boldsymbol{A}_\mathrm{p}\hat{\boldsymbol{v}}_\mathrm{Cau}, & \hat{\boldsymbol{m}}_\mathrm{av}=\boldsymbol{A}_\mathrm{p}\hat{\boldsymbol{m}}_\mathrm{au}\\ \hat{\boldsymbol{i}}_\mathrm{bv}=\boldsymbol{D}_\mathrm{p}\boldsymbol{A}_\mathrm{p}\hat{\boldsymbol{i}}_\mathrm{au}, & \hat{\boldsymbol{v}}_\mathrm{Cbv}=\boldsymbol{D}_\mathrm{p}\boldsymbol{A}_\mathrm{p}\hat{\boldsymbol{v}}_\mathrm{Cau}, & \hat{\boldsymbol{m}}_\mathrm{bv}=\boldsymbol{D}_\mathrm{p}\boldsymbol{A}_\mathrm{p}\hat{\boldsymbol{m}}_\mathrm{au}\\ \hat{\boldsymbol{i}}_\mathrm{cv}=\boldsymbol{D}_\mathrm{p}^*\boldsymbol{A}_\mathrm{p}\hat{\boldsymbol{i}}_\mathrm{au}, & \hat{\boldsymbol{v}}_\mathrm{Ccv}=\boldsymbol{D}_\mathrm{p}^*\boldsymbol{A}_\mathrm{p}\hat{\boldsymbol{v}}_\mathrm{Cau}, & \hat{\boldsymbol{m}}_\mathrm{cv}=\boldsymbol{D}_\mathrm{p}^*\boldsymbol{A}_\mathrm{p}\hat{\boldsymbol{m}}_\mathrm{au}\end{cases} \tag{3-54}$$

其中

$$\boldsymbol{A}_\mathrm{p}=\mathrm{diag}\left[\{(-1)^{k+1}\}\big|_{k=-g,\cdots,0,\cdots,g}\right] \tag{3-55}$$

式中：$\boldsymbol{A}_\mathrm{p}$ 为桥臂小信号向量转换矩阵。

根据上、下桥臂电流差模分量构成交流电流的一半，共模分量构成桥臂环流，则三相交流电流小信号向量 $\hat{\boldsymbol{i}}_l$ 和三相桥臂环流小信号向量 $\hat{\boldsymbol{i}}_{\mathrm{com}l}$ 可分别表示为

$$\begin{cases}\hat{\boldsymbol{i}}_l=2\boldsymbol{A}_\mathrm{pd}\hat{\boldsymbol{i}}_{l\mathrm{u}}\\ \hat{\boldsymbol{i}}_{\mathrm{com}l}=\boldsymbol{A}_\mathrm{pc}\hat{\boldsymbol{i}}_{l\mathrm{u}}\end{cases} \tag{3-56}$$

其中

$$\begin{cases}\boldsymbol{A}_\mathrm{pd}=\dfrac{1}{2}\mathrm{diag}\left[\{1+(-1)^k\}\big|_{k=-g,\cdots,0,\cdots,g}\right]\\ \boldsymbol{A}_\mathrm{pc}=\dfrac{1}{2}\mathrm{diag}\left[\{1-(-1)^k\}\big|_{k=-g,\cdots,0,\cdots,g}\right]\end{cases} \tag{3-57}$$

式中：$\boldsymbol{A}_\mathrm{pd}$ 为桥臂小信号向量差模矩阵，当 k 为偶数时，对角元素为 1，其余皆为 0；$\boldsymbol{A}_\mathrm{pc}$

为桥臂小信号向量共模矩阵，当 k 为奇数时，对角元素为 1，其余皆为 0。

根据三相各桥臂小信号向量之间的共模、差模关系以及相序关系，由一个桥臂的小信号向量即可得到其余桥臂的小信号向量。

综上所述，MMC 小信号向量频域分布特性如表 3－7 所示。三相上桥臂电容电压小信号向量 $\hat{\boldsymbol{v}}_{Clu}$ 和三相下桥臂电容电压小信号向量 $\hat{\boldsymbol{v}}_{Clv}$ 含频率为 f_p+kf_1 的分量；三相上桥臂电流小信号向量 $\hat{\boldsymbol{i}}_{lu}$、三相下桥臂电流小信号向量 $\hat{\boldsymbol{i}}_{lv}$、三相上桥臂调制信号的小信号向量 $\hat{\boldsymbol{m}}_{lu}$、三相下桥臂调制信号的小信号向量 $\hat{\boldsymbol{m}}_{lv}$，含除零序差模外的其余频率分量，即 $f_p+kf_1(k\neq 6n+2)$；三相交流电流小信号向量 $\hat{\boldsymbol{i}}_l$ 含除零序外的差模分量，对应频率为 f_p+6nf_1、$f_p+(6n+4)f_1$；三相桥臂环流小信号向量 $\hat{\boldsymbol{i}}_{coml}$ 含频率为 $f_p+(6n+1)f_1$、$f_p+(6n+3)f_1$ 和 $f_p+(6n+5)f_1$ 的共模分量。

表 3－7　　MMC 小信号向量频域分布特性

小信号向量	$\hat{\boldsymbol{v}}_{Clu}$, $\hat{\boldsymbol{v}}_{Clv}$	$\hat{\boldsymbol{i}}_{lu}$, $\hat{\boldsymbol{i}}_{lv}$	$\hat{\boldsymbol{m}}_{lu}$, $\hat{\boldsymbol{m}}_{lv}$	$\hat{\boldsymbol{i}}_l$		$\hat{\boldsymbol{i}}_{coml}$		
频率	f_p+kf_1	f_p+kf_1 $(k\neq 6n+2)$	f_p+kf_1 $(k\neq 6n+2)$	f_p+6nf_1	f_p+ $(6n+4)f_1$	f_p+ $(6n+1)f_1$	f_p+ $(6n+3)f_1$	f_p+ $(6n+5)f_1$

3.4.2　主电路小信号频域模型

根据 3.4.1 分析得到的桥臂电流、桥臂电容电压和调制信号的小信号向量，在主电路频域稳态模型的基础上，建立主电路小信号频域模型。

将式（3－4）和式（3－21）转换至频域，可得桥臂回路频域小信号模型，即

$$\begin{cases}\hat{\boldsymbol{v}}_{Cau}=\boldsymbol{Z}_{Ceq}(\boldsymbol{I}_{au}\otimes\hat{\boldsymbol{m}}_{au}+\boldsymbol{M}_{au}\otimes\hat{\boldsymbol{i}}_{au})\\ \hat{\boldsymbol{i}}_{au}=-\boldsymbol{Y}_{Larm}(\hat{\boldsymbol{v}}_a+\boldsymbol{V}_{Cau}\otimes\hat{\boldsymbol{m}}_{au}+\boldsymbol{M}_{au}\otimes\hat{\boldsymbol{v}}_{Cau}+\hat{\boldsymbol{v}}_O)\end{cases} \tag{3-58}$$

式中：$\hat{\boldsymbol{v}}_a$ 为 a 相交流电压小信号向量；$\boldsymbol{Y}_{Larm}$ 为小信号频率序列下桥臂电感导纳；$\boldsymbol{Z}_{Ceq}$ 为小信号频率序列下桥臂电容阻抗；$\hat{\boldsymbol{v}}_O$ 为交流中性点电压小信号向量。

$\hat{\boldsymbol{v}}_a$ 的表达式为

$$\hat{\boldsymbol{v}}_a=[\cdots,\ 0,\ \hat{\boldsymbol{v}}_{p-2},\ 0,\ \hat{\boldsymbol{v}}_p,\ 0,\ 0,\ 0,\ \cdots]^T \tag{3-59}$$

式中：$\hat{\boldsymbol{v}}_p$ 为频率 f_p 的交流电压小信号分量；$\hat{\boldsymbol{v}}_{p-2}$ 为频率 f_p-2f_1 的交流电压小信号分量。

$\boldsymbol{Y}_{Larm}$、$\boldsymbol{Z}_{Ceq}$ 的表达式分别为

$$\boldsymbol{Y}_{\mathrm{Larm}}=\mathrm{diag}\left[\cdots,\ \frac{1}{R_{\mathrm{arm}}+\mathrm{j}2\pi(f_{\mathrm{p}}-kf_1)L_{\mathrm{arm}}},\ \cdots,\ \frac{1}{R_{\mathrm{arm}}+\mathrm{j}2\pi(f_{\mathrm{p}}-f_1)L_{\mathrm{arm}}},\ \frac{1}{R_{\mathrm{arm}}+\mathrm{j}2\pi f_{\mathrm{p}}L_{\mathrm{arm}}},\ \frac{1}{R_{\mathrm{arm}}+\mathrm{j}2\pi(f_{\mathrm{p}}+f_1)L_{\mathrm{arm}}},\ \cdots,\ \frac{1}{R_{\mathrm{arm}}+\mathrm{j}2\pi(f_{\mathrm{p}}+kf_1)L_{\mathrm{arm}}},\ \cdots\right] \tag{3-60}$$

$$\boldsymbol{Z}_{\mathrm{Ceq}}=\frac{1}{\mathrm{j}2\pi C_{\mathrm{eq}}}\cdot\mathrm{diag}\left[\cdots,\ \frac{1}{f_{\mathrm{p}}-kf_1},\ \cdots,\ \frac{1}{f_{\mathrm{p}}-f_1},\ \frac{1}{f_{\mathrm{p}}},\ \frac{1}{f_{\mathrm{p}}+f_1},\ \cdots,\ \frac{1}{f_{\mathrm{p}}+kf_1},\ \cdots\right] \tag{3-61}$$

根据三相各桥臂小信号向量之间的共模、差模以及相序关系，交流中性点电压小信号向量 $\hat{\boldsymbol{v}}_{\mathrm{O}}$ 可由式（3－26）转换至频域得到，即

$$\hat{\boldsymbol{v}}_{\mathrm{O}}=\boldsymbol{T}_{\mathrm{p}}(\boldsymbol{M}_{\mathrm{au}}\otimes\hat{\boldsymbol{v}}_{\mathrm{Cau}}+\boldsymbol{V}_{\mathrm{Cau}}\otimes\hat{\boldsymbol{m}}_{\mathrm{au}}) \tag{3-62}$$

其中

$$\boldsymbol{T}_{\mathrm{p}}=\mathrm{diag}\left[\{T_{\mathrm{p}k}\}\big|_{k=-g,\ldots,0,\ldots,g}\right] \tag{3-63}$$

式中：$\boldsymbol{T}_{\mathrm{p}}$ 为桥臂小信号向量零序差模矩阵；$T_{\mathrm{p}k}$ 为 $\boldsymbol{T}_{\mathrm{p}}$ 中第 k 行对角元素。

由于频率为 f_{p} 的小信号分量为正序，对于频率为 $f_{\mathrm{p}}+kf_1$ 的小信号分量，当且仅当 $k+1$ 为 3 的整数倍，且 $k+1$ 不能被 2 整除时，频率为 $f_{\mathrm{p}}+kf_1$ 的小信号分量为差模零序分量，即 $\mathrm{mod}(k+1,3)=0$ 且 $\mathrm{mod}(k+1,2)=1$，对应频次 $k=6n+2$ 时，$T_{\mathrm{p}k}=-1$；其他情况下 $T_{\mathrm{p}k}$ 皆为 0。$\mathrm{mod}(k+1,3)=0$ 表示频率为 $f_{\mathrm{p}}+kf_1$ 的小信号分量为零序分量，$\mathrm{mod}(k+1,2)=1$ 则表示频率为 $f_{\mathrm{p}}+kf_1$ 的小信号分量为差模分量。

交流中性点电压小信号向量 $\hat{\boldsymbol{v}}_{\mathrm{O}}$ 用于抵消桥臂电压小信号向量的零序差模分量，使得桥臂电流小信号向量的零序差模分量为 0，即交流端口不存在零序电流通路。$\hat{\boldsymbol{v}}_{\mathrm{O}}$ 的这一功能可通过修正小信号频率序列下桥臂电感导纳 $\boldsymbol{Y}_{\mathrm{Larm}}$ 实现，即在零序差模小信号分量对应的频率处，令桥臂电感导纳为 0，从而简化小信号模型。修正后的小信号频率序列下桥臂电感导纳为

$$\boldsymbol{Y}_{\mathrm{Larm}}=\boldsymbol{A}_{\mathrm{pd0}}\cdot\mathrm{diag}\left[\cdots,\ \frac{1}{R_{\mathrm{arm}}+\mathrm{j}2\pi(f_{\mathrm{p}}-kf_1)L_{\mathrm{arm}}},\ \cdots,\ \frac{1}{R_{\mathrm{arm}}+\mathrm{j}2\pi(f_{\mathrm{p}}-f_1)L_{\mathrm{arm}}},\ \frac{1}{R_{\mathrm{arm}}+\mathrm{j}2\pi f_{\mathrm{p}}L_{\mathrm{arm}}},\frac{1}{R_{\mathrm{arm}}+\mathrm{j}2\pi(f_{\mathrm{p}}+f_1)L_{\mathrm{arm}}},\ \cdots,\ \frac{1}{R_{\mathrm{arm}}+\mathrm{j}2\pi(f_{\mathrm{p}}+kf_1)L_{\mathrm{arm}}},\ \cdots\right] \tag{3-64}$$

式中：$\boldsymbol{A}_{\mathrm{pd0}}$ 为桥臂电感修正对角矩阵，其作用为使 $\mathrm{mod}(k+1,3)=0$ 且 $\mathrm{mod}(k+1,2)=1$，即 $k=6n+2$ 时，桥臂电感导纳元素为 0；其余情况桥臂电感导纳元素不变。

据此化简式（3-58），可得桥臂回路频域小信号模型为

$$\begin{cases}\hat{\boldsymbol{v}}_{\mathrm{Cau}}=\boldsymbol{Z}_{\mathrm{Ceq}}(\boldsymbol{I}_{\mathrm{au}}\otimes\hat{\boldsymbol{m}}_{\mathrm{au}}+\boldsymbol{M}_{\mathrm{au}}\otimes\hat{\boldsymbol{i}}_{\mathrm{au}})\\ \hat{\boldsymbol{i}}_{\mathrm{au}}=-\boldsymbol{Y}_{\mathrm{Larm}}(\hat{\boldsymbol{v}}_{\mathrm{a}}+\boldsymbol{V}_{\mathrm{Cau}}\otimes\hat{\boldsymbol{m}}_{\mathrm{au}}+\boldsymbol{M}_{\mathrm{au}}\otimes\hat{\boldsymbol{v}}_{\mathrm{Cau}})\end{cases}\tag{3-65}$$

为了使用数量积代替卷积，可将式（3-28）所示稳态向量扩展至矩阵。扩展方法如式（3-44）所示，据此可得 a 相上桥臂电流稳态矩阵和 a 相上桥臂电容电压稳态矩阵分别为

$$\boldsymbol{I}_{\mathrm{au}}=\begin{bmatrix}\boldsymbol{I}_{\mathrm{au0}} & \boldsymbol{I}_{\mathrm{au1}}^{*} & \boldsymbol{I}_{\mathrm{au2}}^{*} & \boldsymbol{I}_{\mathrm{au3}}^{*} & \cdots & & & & \\ \boldsymbol{I}_{\mathrm{au1}} & \boldsymbol{I}_{\mathrm{au0}} & \boldsymbol{I}_{\mathrm{au1}}^{*} & \boldsymbol{I}_{\mathrm{au2}}^{*} & \boldsymbol{I}_{\mathrm{au3}}^{*} & \cdots & & & \\ \boldsymbol{I}_{\mathrm{au2}} & \boldsymbol{I}_{\mathrm{au1}} & \boldsymbol{I}_{\mathrm{au0}} & \boldsymbol{I}_{\mathrm{au1}}^{*} & \boldsymbol{I}_{\mathrm{au2}}^{*} & \boldsymbol{I}_{\mathrm{au3}}^{*} & \cdots & & \\ \boldsymbol{I}_{\mathrm{au3}} & \boldsymbol{I}_{\mathrm{au2}} & \boldsymbol{I}_{\mathrm{au1}} & \boldsymbol{I}_{\mathrm{au0}} & \boldsymbol{I}_{\mathrm{au1}}^{*} & \boldsymbol{I}_{\mathrm{au2}}^{*} & \boldsymbol{I}_{\mathrm{au3}}^{*} & \cdots & \\ \cdots & \boldsymbol{I}_{\mathrm{au3}} & \boldsymbol{I}_{\mathrm{au2}} & \boldsymbol{I}_{\mathrm{au1}} & \boldsymbol{I}_{\mathrm{au0}} & \boldsymbol{I}_{\mathrm{au1}}^{*} & \boldsymbol{I}_{\mathrm{au2}}^{*} & \boldsymbol{I}_{\mathrm{au3}}^{*} & \cdots \\ & \cdots & \boldsymbol{I}_{\mathrm{au3}} & \boldsymbol{I}_{\mathrm{au2}} & \boldsymbol{I}_{\mathrm{au1}} & \boldsymbol{I}_{\mathrm{au0}} & \boldsymbol{I}_{\mathrm{au1}}^{*} & \boldsymbol{I}_{\mathrm{au2}}^{*} & \boldsymbol{I}_{\mathrm{au3}}^{*} \\ & & \cdots & \boldsymbol{I}_{\mathrm{au3}} & \boldsymbol{I}_{\mathrm{au2}} & \boldsymbol{I}_{\mathrm{au1}} & \boldsymbol{I}_{\mathrm{au0}} & \boldsymbol{I}_{\mathrm{au1}}^{*} & \boldsymbol{I}_{\mathrm{au2}}^{*} \\ & & & \cdots & \boldsymbol{I}_{\mathrm{au3}} & \boldsymbol{I}_{\mathrm{au2}} & \boldsymbol{I}_{\mathrm{au1}} & \boldsymbol{I}_{\mathrm{au0}} & \boldsymbol{I}_{\mathrm{au1}}^{*} \\ & & & & \cdots & \boldsymbol{I}_{\mathrm{au3}} & \boldsymbol{I}_{\mathrm{au2}} & \boldsymbol{I}_{\mathrm{au1}} & \boldsymbol{I}_{\mathrm{au0}}\end{bmatrix}\tag{3-66}$$

$$\boldsymbol{V}_{\mathrm{Cau}}=\begin{bmatrix}\boldsymbol{V}_{\mathrm{Cau0}} & \boldsymbol{V}_{\mathrm{Cau1}}^{*} & \boldsymbol{V}_{\mathrm{Cau2}}^{*} & \boldsymbol{V}_{\mathrm{Cau3}}^{*} & \cdots & & & & \\ \boldsymbol{V}_{\mathrm{Cau1}} & \boldsymbol{V}_{\mathrm{Cau0}} & \boldsymbol{V}_{\mathrm{Cau1}}^{*} & \boldsymbol{V}_{\mathrm{Cau2}}^{*} & \boldsymbol{V}_{\mathrm{Cau3}}^{*} & \cdots & & & \\ \boldsymbol{V}_{\mathrm{Cau2}} & \boldsymbol{V}_{\mathrm{Cau1}} & \boldsymbol{V}_{\mathrm{Cau0}} & \boldsymbol{V}_{\mathrm{Cau1}}^{*} & \boldsymbol{V}_{\mathrm{Cau2}}^{*} & \boldsymbol{V}_{\mathrm{Cau3}}^{*} & \cdots & & \\ \boldsymbol{V}_{\mathrm{Cau3}} & \boldsymbol{V}_{\mathrm{Cau2}} & \boldsymbol{V}_{\mathrm{Cau1}} & \boldsymbol{V}_{\mathrm{Cau0}} & \boldsymbol{V}_{\mathrm{Cau1}}^{*} & \boldsymbol{V}_{\mathrm{Cau2}}^{*} & \boldsymbol{V}_{\mathrm{Cau3}}^{*} & \cdots & \\ \cdots & \boldsymbol{V}_{\mathrm{Cau3}} & \boldsymbol{V}_{\mathrm{Cau2}} & \boldsymbol{V}_{\mathrm{Cau1}} & \boldsymbol{V}_{\mathrm{Cau0}} & \boldsymbol{V}_{\mathrm{Cau1}}^{*} & \boldsymbol{V}_{\mathrm{Cau2}}^{*} & \boldsymbol{V}_{\mathrm{Cau3}}^{*} & \cdots \\ & \cdots & \boldsymbol{V}_{\mathrm{Cau3}} & \boldsymbol{V}_{\mathrm{Cau2}} & \boldsymbol{V}_{\mathrm{Cau1}} & \boldsymbol{V}_{\mathrm{Cau0}} & \boldsymbol{V}_{\mathrm{Cau1}}^{*} & \boldsymbol{V}_{\mathrm{Cau2}}^{*} & \boldsymbol{V}_{\mathrm{Cau3}}^{*} \\ & & \cdots & \boldsymbol{V}_{\mathrm{Cau3}} & \boldsymbol{V}_{\mathrm{Cau2}} & \boldsymbol{V}_{\mathrm{Cau1}} & \boldsymbol{V}_{\mathrm{Cau0}} & \boldsymbol{V}_{\mathrm{Cau1}}^{*} & \boldsymbol{V}_{\mathrm{Cau2}}^{*} \\ & & & \cdots & \boldsymbol{V}_{\mathrm{Cau3}} & \boldsymbol{V}_{\mathrm{Cau2}} & \boldsymbol{V}_{\mathrm{Cau1}} & \boldsymbol{V}_{\mathrm{Cau0}} & \boldsymbol{V}_{\mathrm{Cau1}}^{*} \\ & & & & \cdots & \boldsymbol{V}_{\mathrm{Cau3}} & \boldsymbol{V}_{\mathrm{Cau2}} & \boldsymbol{V}_{\mathrm{Cau1}} & \boldsymbol{V}_{\mathrm{Cau0}}\end{bmatrix}\tag{3-67}$$

下文中 $\boldsymbol{I}_{\mathrm{au}}$、$\boldsymbol{V}_{\mathrm{Cau}}$ 和 $\boldsymbol{M}_{\mathrm{au}}$ 均表示稳态矩阵，并且卷积运算均用数量积代替。

3.4.3　控制回路小信号频域模型

根据主电路小信号频域模型可知，桥臂电流、桥臂电容电压均与调制信号有关。基于 MMC 典型拓扑及控制结构，建立包括 PLL、交流电流控制以及环流控制的小信号频域模型，进而得到调制信号的小信号表达式。

3.4.3.1　MMC 典型控制策略

与两电平换流器控制相比，MMC 控制除了含有交流电流控制、直流电压控制（或有功功率控制）、无功功率控制、PLL 以外，还包括环流控制。

根据图 3－5，通过调节三相桥臂差模电压和三相桥臂共模电压，可实现 MMC 交流电流和环流解耦控制。此外，MMC 还需要 PLL 跟踪电网电压相位，为 Park 变换和反变换提供电网同步相角。MMC 典型控制结构如图 3－10 所示。

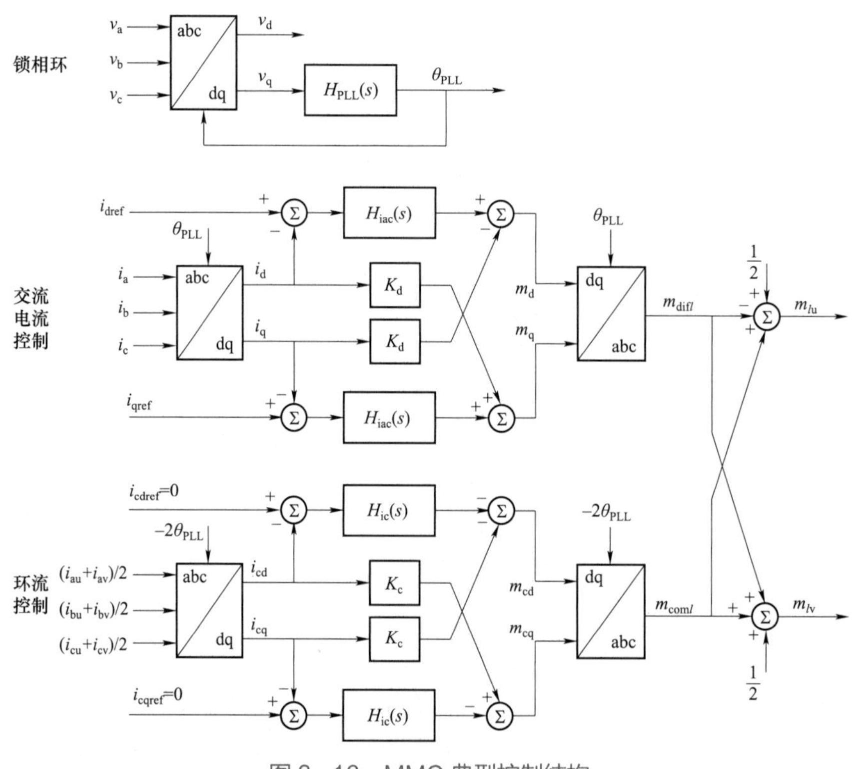

图 3－10　MMC 典型控制结构

图 3－10 中，$H_{iac}(s)$ 为交流电流控制器传递函数，可表示为 $H_{iac}(s)=K_{iacp}+K_{iaci}/s$，$K_{iacp}$、$K_{iaci}$ 分别为交流电流控制器比例系数和积分系数；i_{dref}、i_{qref} 分别为交流电流 d、q 轴参考指令；i_d、i_q 分别为交流电流 d、q 轴分量；K_d 为交流电流控制解耦系数；m_d、m_q 分别为交流调制信号 d、q 轴分量；m_{difl} 为三相桥臂差模调制信号。

图 3－10 中，$H_{ic}(s)$ 为环流控制器传递函数，可表示为 $H_{ic}(s)=K_{icp}+K_{ici}/s$，$K_{icp}$、$K_{ici}$ 分别为环流控制器比例系数和积分系数；i_{cdref}、i_{cqref} 分别为桥臂环流 d、q 轴参考指令，两者均设置为零；i_{cd}、i_{cq} 分别为桥臂环流 d、q 轴分量；K_c 为环流控制解耦系数；

m_{cd}、m_{cq} 分别为桥臂环流调制信号 d、q 轴分量；m_{coml} 为三相桥臂共模调制信号。

由交流电流控制和环流控制得到三相上桥臂调制信号 m_{lu} 和三相下桥臂调制信号 m_{lv} 分别为

$$\begin{cases} m_{lu} = \dfrac{1}{2} - m_{difl} + m_{coml} \\ m_{lv} = \dfrac{1}{2} + m_{difl} + m_{coml} \end{cases} \tag{3-68}$$

3.4.3.2　控制环节小信号模型

下面建立交流电流控制小信号模型。根据 1.3.3 介绍的 PLL 小信号模型，可得锁相角小信号向量 $\hat{\boldsymbol{\theta}}_{PLL}$，即

$$\hat{\boldsymbol{\theta}}_{PLL} = \boldsymbol{G}_{\theta}\hat{\boldsymbol{v}}_{a} \tag{3-69}$$

式中：$\boldsymbol{G}_{\theta}$ 为 $(2g+1)\times(2g+1)$ 矩阵，除下述元素外，其余元素均为 0。

$$\begin{cases} \boldsymbol{G}_{\theta}(g, g-1) = \mathrm{j}T_{PLL}[\mathrm{j}2\pi(f_p - f_1)] \\ \boldsymbol{G}_{\theta}(g, g+1) = -\mathrm{j}T_{PLL}[\mathrm{j}2\pi(f_p - f_1)] \end{cases} \tag{3-70}$$

式中：$\boldsymbol{G}_{\theta}(g, g-1)$ 表示矩阵 $\boldsymbol{G}_{\theta}$ 中第 g 行第 $g-1$ 列的元素；$\boldsymbol{G}_{\theta}(g, g+1)$ 表示矩阵 $\boldsymbol{G}_{\theta}$ 中第 g 行第 $g+1$ 列的元素。

各相上、下桥臂电流的差模分量构成交流电流的一半。由式（3－52）和式（3－56），可得 a、b、c 相交流电流小信号向量 $\hat{\boldsymbol{i}}_{a}$、$\hat{\boldsymbol{i}}_{b}$、$\hat{\boldsymbol{i}}_{c}$，即

$$\begin{cases} \hat{\boldsymbol{i}}_{a} = 2\boldsymbol{A}_{pd}\hat{\boldsymbol{i}}_{au} \\ \hat{\boldsymbol{i}}_{b} = 2\boldsymbol{A}_{pd}\boldsymbol{D}_{p}\hat{\boldsymbol{i}}_{au} \\ \hat{\boldsymbol{i}}_{c} = 2\boldsymbol{A}_{pd}\boldsymbol{D}_{p}^{*}\hat{\boldsymbol{i}}_{au} \end{cases} \tag{3-71}$$

交流电流小信号向量所含分量为差模分量，且不含零序分量，交流电流小信号分量频率 f_{abc} 表示为

$$f_{abc} = \frac{1+(-1)^k}{2} \cdot \left|\mathrm{mod}(k+1, 3)\right| \cdot (f_p + kf_1) \tag{3-72}$$

式中，$f_{abc} \neq 0$。

由图 3－10 可知，交流电流控制在同步旋转坐标系下实现，涉及交流电流的 Park 变换、PI 控制以及反 Park 变换。

根据 Park 变换频域模型，交流电流本身含有的小信号分量、PLL 引入的锁相角小信

号分量，均会导致交流电流 d、q 轴分量产生小信号分量。根据式（3－31）所示三相交流电流稳态向量 $\boldsymbol{I}_l$，式（3－69）所示锁相角小信号向量 $\hat{\boldsymbol{\theta}}_{\mathrm{PLL}}$，以及式（3－71）所示三相交流电流小信号向量 $\hat{\boldsymbol{i}}_l$，可得交流电流 d、q 轴小信号向量 $\hat{\boldsymbol{i}}_{\mathrm{d}}$、$\hat{\boldsymbol{i}}_{\mathrm{q}}$ 分别为

$$\begin{cases}\hat{\boldsymbol{i}}_{\mathrm{d}}=\boldsymbol{E}_{\mathrm{id}}\hat{\boldsymbol{i}}_{\mathrm{au}}+\boldsymbol{E}_{\mathrm{vd}}\hat{\boldsymbol{v}}_{\mathrm{a}}\\ \hat{\boldsymbol{i}}_{\mathrm{q}}=\boldsymbol{E}_{\mathrm{iq}}\hat{\boldsymbol{i}}_{\mathrm{au}}+\boldsymbol{E}_{\mathrm{vq}}\hat{\boldsymbol{v}}_{\mathrm{a}}\end{cases}\tag{3-73}$$

式中：$\boldsymbol{E}_{\mathrm{id}}$、$\boldsymbol{E}_{\mathrm{vd}}$、$\boldsymbol{E}_{\mathrm{iq}}$、$\boldsymbol{E}_{\mathrm{vq}}$ 均为 $(2g+1)\times(2g+1)$ 矩阵，除下述元素外，其余元素均为 0。

$$\begin{cases}\boldsymbol{E}_{\mathrm{id}}(g+k+1,g+k)=(1-|\mathrm{mod}(k+1,3)|)\cdot[1-(-1)^k]\\ \boldsymbol{E}_{\mathrm{id}}(g+k+1,g+k+2)=(1-|\mathrm{mod}(k+1,3)|)\cdot[1-(-1)^k]\end{cases}\tag{3-74}$$

$$\begin{cases}\boldsymbol{E}_{\mathrm{vd}}(g,g-1)=T_{\mathrm{PLL}}[\mathrm{j}2\pi(f_{\mathrm{p}}-f_1)]\cdot 2(\boldsymbol{I}_{\mathrm{au1}}-\boldsymbol{I}_{\mathrm{au1}}^*)\\ \boldsymbol{E}_{\mathrm{vd}}(g,g+1)=-T_{\mathrm{PLL}}[\mathrm{j}2\pi(f_{\mathrm{p}}-f_1)]\cdot 2(\boldsymbol{I}_{\mathrm{au1}}-\boldsymbol{I}_{\mathrm{au1}}^*)\end{cases}\tag{3-75}$$

$$\begin{cases}\boldsymbol{E}_{\mathrm{iq}}(g+k+1,g+k)=\mathrm{j}(1-|\mathrm{mod}(k+1,3)|)\cdot[1-(-1)^k]\\ \boldsymbol{E}_{\mathrm{iq}}(g+k+1,g+k+2)=-\mathrm{j}(1-|\mathrm{mod}(k+1,3)|)\cdot[1-(-1)^k]\end{cases}\tag{3-76}$$

$$\begin{cases}\boldsymbol{E}_{\mathrm{vq}}(g,g-1)=-\mathrm{j}T_{\mathrm{PLL}}[\mathrm{j}2\pi(f_{\mathrm{p}}-f_1)]\cdot 2(\boldsymbol{I}_{\mathrm{au1}}+\boldsymbol{I}_{\mathrm{au1}}^*)\\ \boldsymbol{E}_{\mathrm{vq}}(g,g+1)=\mathrm{j}T_{\mathrm{PLL}}[\mathrm{j}2\pi(f_{\mathrm{p}}-f_1)]\cdot 2(\boldsymbol{I}_{\mathrm{au1}}+\boldsymbol{I}_{\mathrm{au1}}^*)\end{cases}\tag{3-77}$$

经 Park 变换后，交流电流小信号 d、q 轴分量频率 f_{dq} 为

$$f_{\mathrm{dq}}=\frac{1-(-1)^k}{2}\left(1-|\mathrm{mod}(k+1,3)|\right)(f_{\mathrm{p}}+kf_1)\tag{3-78}$$

式中，$f_{\mathrm{dq}}\neq 0$。

$t=0.05$ s 时，在 MMC 交流端口稳态电压上叠加频率为 f_{p} 的正序电压小信号扰动。交流电流 d、q 轴小信号分量波形及 FFT 结果如图 3－11 所示。图 3－11（a）和图 3－11（c）为小信号波形，基准值取为 d 轴交流电流的稳态直流分量。图 3－11（b）和图 3－11（d）为对应的 FFT 结果。由图可见，交流电流 d、q 轴小信号向量 $\hat{\boldsymbol{i}}_{\mathrm{d}}$、$\hat{\boldsymbol{i}}_{\mathrm{q}}$ 中主导分量频率为 $f_{\mathrm{p}}-f_1$，频率为 $f_{\mathrm{p}}-7f_1$、$f_{\mathrm{p}}+5f_1$ 等的其他小信号分量幅值相对较小。

根据图 3－10，交流电流控制包括 PI 控制器以及解耦控制，可得控制器输出与输入之间的传递关系为

$$\begin{cases}\hat{\boldsymbol{m}}_{\mathrm{d}}=-\boldsymbol{H}_{\mathrm{iac}}\hat{\boldsymbol{i}}_{\mathrm{d}}-K_{\mathrm{d}}\hat{\boldsymbol{i}}_{\mathrm{q}}\\ \hat{\boldsymbol{m}}_{\mathrm{q}}=-\boldsymbol{H}_{\mathrm{iac}}\hat{\boldsymbol{i}}_{\mathrm{q}}+K_{\mathrm{d}}\hat{\boldsymbol{i}}_{\mathrm{d}}\end{cases}\tag{3-79}$$

式中：$\hat{\boldsymbol{m}}_{\mathrm{d}}$、$\hat{\boldsymbol{m}}_{\mathrm{q}}$ 分别为交流调制信号的小信号 d、q 轴分量；$\boldsymbol{H}_{\mathrm{iac}}$ 为 $(2g+1)\times(2g+1)$ 矩阵。$\boldsymbol{H}_{\mathrm{iac}}$ 表达式为

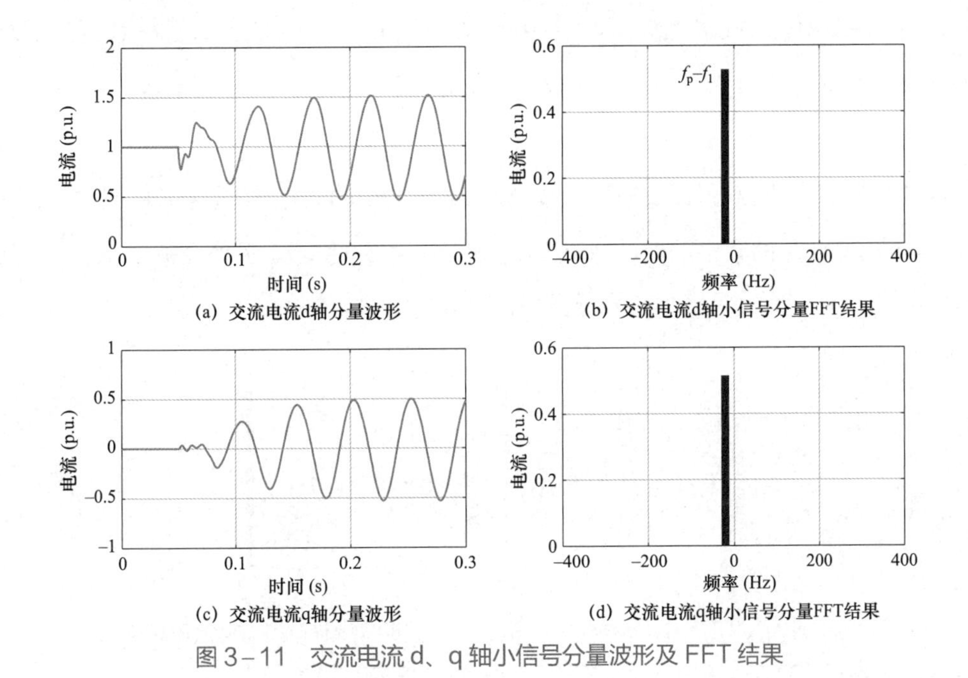

图 3–11 交流电流 d、q 轴小信号分量波形及 FFT 结果

$$\boldsymbol{H}_{\text{iac}} = \text{diag}\left[\left\{H_{\text{iac}}[\text{j}2\pi(f_{\text{p}} + kf_1)]\right\}\Big|_{k=-g,\cdots,0,\cdots,g}\right] \tag{3-80}$$

将式（3–73）所示交流电流 d、q 轴小信号向量 $\hat{\boldsymbol{i}}_{\text{d}}$、$\hat{\boldsymbol{i}}_{\text{q}}$ 代入式（3–79）中，可得交流调制信号的小信号 d、q 轴分量 $\hat{\boldsymbol{m}}_{\text{d}}$、$\hat{\boldsymbol{m}}_{\text{q}}$，其表达式分别为

$$\begin{cases}\hat{\boldsymbol{m}}_{\text{d}} = \boldsymbol{F}_{\text{id}}\hat{\boldsymbol{i}}_{\text{au}} + \boldsymbol{F}_{\text{vd}}\hat{\boldsymbol{v}}_{\text{a}} \\ \hat{\boldsymbol{m}}_{\text{q}} = \boldsymbol{F}_{\text{iq}}\hat{\boldsymbol{i}}_{\text{au}} + \boldsymbol{F}_{\text{vq}}\hat{\boldsymbol{v}}_{\text{a}}\end{cases} \tag{3-81}$$

式中：$\boldsymbol{F}_{\text{id}}$、$\boldsymbol{F}_{\text{vd}}$、$\boldsymbol{F}_{\text{iq}}$、$\boldsymbol{F}_{\text{vq}}$ 均为 $(2g+1)\times(2g+1)$ 矩阵，除下述元素外，其余元素均为 0。

$$\begin{cases}\boldsymbol{F}_{\text{id}}(g+k+1, g+k) = -\left(1-\left|\text{mod}(k+1,3)\right|\right)\cdot[1-(-1)^k]\cdot\{H_{\text{iac}}[\text{j}2\pi(f_{\text{p}}+kf_1)] - \text{mod}(k,3)\text{j}K_{\text{d}}\} \\ \boldsymbol{F}_{\text{id}}(g+k+1, g+k+2) = -(1-\left|\text{mod}(k+1,3)\right|)\cdot[1-(-1)^k]\cdot\{H_{\text{iac}}[\text{j}2\pi(f_{\text{p}}+kf_1)] + \text{mod}(k,3)\text{j}K_{\text{d}}\}\end{cases} \tag{3-82}$$

$$\begin{cases}\boldsymbol{F}_{\text{vd}}(g, g-1) = -2T_{\text{PLL}}[\text{j}2\pi(f_{\text{p}}-f_1)]\cdot\left[\left\{H_{\text{iac}}[\text{j}2\pi(f_{\text{p}}-f_1)] - \text{j}K_{\text{d}}\right\}\boldsymbol{I}_{\text{au1}} - \left\{H_{\text{iac}}[\text{j}2\pi(f_{\text{p}}-f_1)] + \text{j}K_{\text{d}}\right\}\boldsymbol{I}_{\text{au1}}^*\right] \\ \boldsymbol{F}_{\text{vd}}(g, g+1) = 2T_{\text{PLL}}[\text{j}2\pi(f_{\text{p}}-f_1)]\cdot\left[\left\{H_{\text{iac}}[\text{j}2\pi(f_{\text{p}}-f_1)] - \text{j}K_{\text{d}}\right\}\boldsymbol{I}_{\text{au1}} - \left\{H_{\text{iac}}[\text{j}2\pi(f_{\text{p}}-f_1)] + \text{j}K_{\text{d}}\right\}\boldsymbol{I}_{\text{au1}}^*\right]\end{cases} \tag{3-83}$$

$$\begin{cases}\boldsymbol{F}_{\text{iq}}(g+k+1, g+k) = \left(1-\left|\text{mod}(k+1,3)\right|\right)\cdot[1-(-1)^k]\cdot\{\text{mod}(k,3)\text{j}H_{\text{iac}}[\text{j}2\pi(f_{\text{p}}+kf_1)] + K_{\text{d}}\} \\ \boldsymbol{F}_{\text{iq}}(g+k+1, g+k+2) = \left(1-\left|\text{mod}(k+1,3)\right|\right)\cdot[1-(-1)^k]\cdot\{-\text{mod}(k,3)\text{j}H_{\text{iac}}[\text{j}2\pi(f_{\text{p}}+kf_1)] + K_{\text{d}}\}\end{cases} \tag{3-84}$$

$$\begin{cases} \boldsymbol{F}_{\mathrm{vq}}(g,g-1)=-2T_{\mathrm{PLL}}[\mathrm{j}2\pi(f_{\mathrm{p}}-f_1)]\cdot\left[\left\{K_{\mathrm{d}}-\mathrm{j}H_{\mathrm{iac}}[\mathrm{j}2\pi(f_{\mathrm{p}}-f_1)]\right\}\boldsymbol{I}_{\mathrm{au1}}^{*}-\left\{K_{\mathrm{d}}+\mathrm{j}H_{\mathrm{iac}}[\mathrm{j}2\pi(f_{\mathrm{p}}-f_1)]\right\}\boldsymbol{I}_{\mathrm{au1}}\right] \\ \boldsymbol{F}_{\mathrm{vq}}(g,g+1)=2T_{\mathrm{PLL}}[\mathrm{j}2\pi(f_{\mathrm{p}}-f_1)]\cdot\left[\left\{K_{\mathrm{d}}-\mathrm{j}H_{\mathrm{iac}}[\mathrm{j}2\pi(f_{\mathrm{p}}-f_1)]\right\}\boldsymbol{I}_{\mathrm{au1}}^{*}-\left\{K_{\mathrm{d}}+\mathrm{j}H_{\mathrm{iac}}[\mathrm{j}2\pi(f_{\mathrm{p}}-f_1)]\right\}\boldsymbol{I}_{\mathrm{au1}}\right] \end{cases}$$

（3－85）

交流调制信号小信号 d、q 轴分量波形及 FFT 结果如图 3－12 所示，由图可知，$\hat{\boldsymbol{m}}_{\mathrm{d}}$、$\hat{\boldsymbol{m}}_{\mathrm{q}}$ 所含小信号分量的频率与 $\hat{\boldsymbol{i}}_{\mathrm{d}}$、$\hat{\boldsymbol{i}}_{\mathrm{q}}$ 一致，如式（3－78）所示。另外，$\hat{\boldsymbol{m}}_{\mathrm{d}}$、$\hat{\boldsymbol{m}}_{\mathrm{q}}$ 主导分量的频率为 $f_{\mathrm{p}}-f_1$，其他频率小信号分量幅值相对较小。

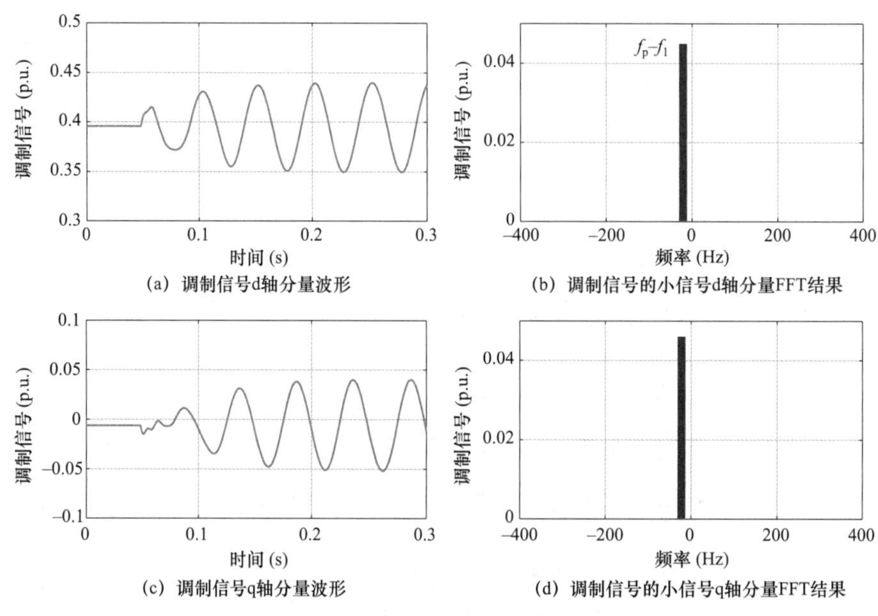

图 3－12 交流调制信号的小信号 d、q 轴分量波形及 FFT 结果

$\hat{\boldsymbol{m}}_{\mathrm{d}}$、$\hat{\boldsymbol{m}}_{\mathrm{q}}$ 经过反 Park 变换，可得 a 相桥臂差模调制信号的小信号向量 $\hat{\boldsymbol{m}}_{\mathrm{difa}}$，即

$$\hat{\boldsymbol{m}}_{\mathrm{difa}}=\boldsymbol{G}_1\hat{\boldsymbol{i}}_{\mathrm{au}}+\boldsymbol{G}_2\hat{\boldsymbol{v}}_{\mathrm{a}} \tag{3－86}$$

式中：$\boldsymbol{G}_1$、$\boldsymbol{G}_2$ 均为 $(2g+1)\times(2g+1)$ 矩阵，除下述元素外，其余元素均为 0。

$$\boldsymbol{G}_1(g+k+1,g+k+1)=\left|\mathrm{mod}(k+1,3)\right|\cdot[1+(-1)^k]\cdot \\ \{-H_{\mathrm{iac}}[\mathrm{j}2\pi(f_{\mathrm{p}}+kf_1-\mathrm{mod}(k+1,3)f_1)]+\mathrm{mod}(k+1,3)\mathrm{j}K_{\mathrm{d}}\}$$

（3－87）

$$\begin{cases} \boldsymbol{G}_2(g-1,g-1)=-\boldsymbol{G}_2(g-1,g+1)=T_{\mathrm{PLL}}[\mathrm{j}2\pi(f_{\mathrm{p}}-f_1)]\cdot\left[2\left\{H_{\mathrm{iac}}[\mathrm{j}2\pi(f_{\mathrm{p}}-f_1)]+\mathrm{j}K_{\mathrm{d}}\right\}\boldsymbol{I}_{\mathrm{au1}}^{*}-\boldsymbol{M}_{\mathrm{au1}}^{*}\right] \\ \boldsymbol{G}_2(g+1,g-1)=-\boldsymbol{G}_2(g+1,g+1)=-T_{\mathrm{PLL}}[\mathrm{j}2\pi(f_{\mathrm{p}}-f_1)]\cdot\left[2\left\{H_{\mathrm{iac}}[\mathrm{j}2\pi(f_{\mathrm{p}}-f_1)]-\mathrm{j}K_{\mathrm{d}}\right\}\boldsymbol{I}_{\mathrm{au1}}-\boldsymbol{M}_{\mathrm{au1}}\right] \end{cases}$$

（3－88）

在 d、q 轴交流电流控制不对称情况下，经反 Park 变换，$\hat{\boldsymbol{m}}_{\text{difa}}$ 中除了含有式（3-72）所示频率分量外，还将产生频率为 $f_{\text{abc}}-2f_1$ 的耦合分量。桥臂差模调制信号的小信号分量频率 f_{mdif} 为

$$f_{\text{mdif}}=\left|\text{mod}(k+1,3)\right|\ (f_{\text{p}}+kf_1) \tag{3-89}$$

式中，$f_{\text{mdif}}\neq 0$。

差模调制信号的小信号分量波形及 FFT 结果如图 3-13 所示。由图可知，$\hat{\boldsymbol{m}}_{\text{difa}}$ 中除了产生了频率为 f_{p} 的小信号分量外，还产生了频率为 $f_{\text{p}}-2f_1$ 的耦合分量。

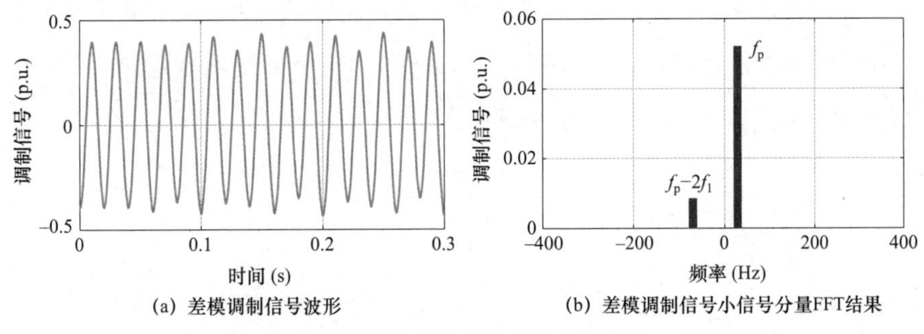

(a) 差模调制信号波形　(b) 差模调制信号小信号分量FFT结果

图 3-13　差模调制信号的小信号分量波形及 FFT 结果

建立环流控制小信号模型。MMC 各相上、下桥臂电流的共模分量构成桥臂环流。根据式（3-52）和式（3-56）所示桥臂电流关系，可得 a、b、c 相桥臂环流小信号向量 $\hat{\boldsymbol{i}}_{\text{coma}}$、$\hat{\boldsymbol{i}}_{\text{comb}}$、$\hat{\boldsymbol{i}}_{\text{comc}}$ 分别为

$$\begin{cases}\hat{\boldsymbol{i}}_{\text{coma}}=\boldsymbol{A}_{\text{pc}}\hat{\boldsymbol{i}}_{\text{au}}\\ \hat{\boldsymbol{i}}_{\text{comb}}=\boldsymbol{A}_{\text{pc}}\boldsymbol{D}_{\text{p}}\hat{\boldsymbol{i}}_{\text{au}}\\ \hat{\boldsymbol{i}}_{\text{comc}}=\boldsymbol{A}_{\text{pc}}\boldsymbol{D}_{\text{p}}^{*}\hat{\boldsymbol{i}}_{\text{au}}\end{cases} \tag{3-90}$$

桥臂环流小信号分量频率 f_{com} 可表示为

$$f_{\text{com}}=\frac{1-(-1)^k}{2}\cdot(f_{\text{p}}+kf_1) \tag{3-91}$$

式中，$f_{\text{com}}\neq 0$。

a 相桥臂环流小信号分量波形及 FFT 结果如图 3-14 所示，图中基准值取为直流电流稳态值的 1/3。由图 3-14 可知，桥臂环流产生了频率为 $f_{\text{p}}\pm f_1$、$f_{\text{p}}\pm 3f_1$、$f_{\text{p}}-5f_1$ 的主导分量，其中频率为 $f_{\text{p}}-f_1$ 的小信号分量为零序分量，该零序分量将流入直流侧，导致直流电流产生频率为 $f_{\text{p}}-f_1$ 的小信号分量。

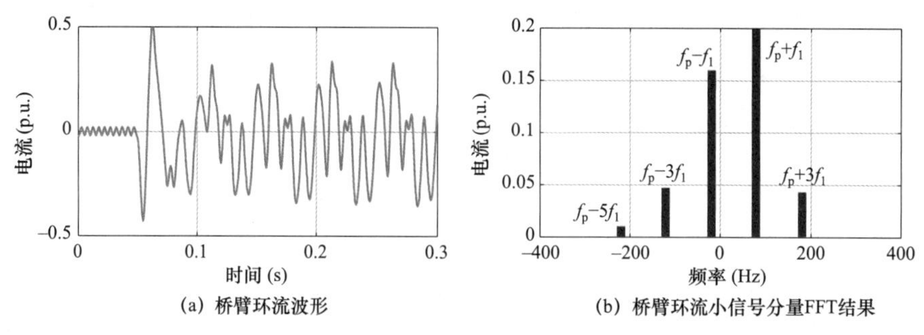

图 3－14　a 相桥臂环流小信号分量波形及 FFT 结果

三相桥臂环流经过负序二倍频 Park 变换，得到的桥臂环流 d、q 轴分量用于环流控制。三相桥臂环流小信号向量 $\hat{\boldsymbol{i}}_{\mathrm{com}l}$ 和 PLL 引入的锁相角小信号向量 $\hat{\boldsymbol{\theta}}_{\mathrm{PLL}}$，导致桥臂环流小信号 d、q 轴向量 $\hat{\boldsymbol{i}}_{\mathrm{cd}}$、$\hat{\boldsymbol{i}}_{\mathrm{cq}}$ 产生，分别表示为

$$\begin{cases}\hat{\boldsymbol{i}}_{\mathrm{cd}}=\boldsymbol{E}_{\mathrm{icd}}\hat{\boldsymbol{i}}_{\mathrm{au}}+\boldsymbol{E}_{\mathrm{vcd}}\hat{\boldsymbol{v}}_{\mathrm{a}}\\ \hat{\boldsymbol{i}}_{\mathrm{cq}}=\boldsymbol{E}_{\mathrm{icq}}\hat{\boldsymbol{i}}_{\mathrm{au}}+\boldsymbol{E}_{\mathrm{vcq}}\hat{\boldsymbol{v}}_{\mathrm{a}}\end{cases}\tag{3-92}$$

式中：$\boldsymbol{E}_{\mathrm{icd}}$、$\boldsymbol{E}_{\mathrm{vcd}}$、$\boldsymbol{E}_{\mathrm{icq}}$、$\boldsymbol{E}_{\mathrm{vcq}}$ 均为 $(2g+1)\times(2g+1)$ 矩阵，除下述元素外，其余元素均为 0。

$$\begin{cases}\boldsymbol{E}_{\mathrm{icd}}(g+k+1,g+k-1)=\left(1-\left|\mathrm{mod}(k+1,3)\right|\right)[1-(-1)^{k}]\\ \boldsymbol{E}_{\mathrm{icd}}(g+k+1,g+k+3)=\left(1-\left|\mathrm{mod}(k+1,3)\right|\right)[1-(-1)^{k}]\end{cases}\tag{3-93}$$

$$\begin{cases}\boldsymbol{E}_{\mathrm{vcd}}(g,g-1)=T_{\mathrm{PLL}}[\mathrm{j}2\pi(f_{\mathrm{p}}-f_{1})]\cdot 2(\boldsymbol{I}_{\mathrm{au2}}-\boldsymbol{I}_{\mathrm{au2}}^{*})\\ \boldsymbol{E}_{\mathrm{vcd}}(g,g+1)=-T_{\mathrm{PLL}}[\mathrm{j}2\pi(f_{\mathrm{p}}-f_{1})]\cdot 2(\boldsymbol{I}_{\mathrm{au2}}-\boldsymbol{I}_{\mathrm{au2}}^{*})\end{cases}\tag{3-94}$$

$$\begin{cases}\boldsymbol{E}_{\mathrm{icq}}(g+k+1,g+k)=\mathrm{j}\left(1-\left|\mathrm{mod}(k+1,3)\right|\right)[1-(-1)^{k}]\\ \boldsymbol{E}_{\mathrm{icq}}(g+k+1,g+k+2)=-\mathrm{j}\left(1-\left|\mathrm{mod}(k+1,3)\right|\right)[1-(-1)^{k}]\end{cases}\tag{3-95}$$

$$\begin{cases}\boldsymbol{E}_{\mathrm{vcq}}(g,g-1)=-\mathrm{j}T_{\mathrm{PLL}}[\mathrm{j}2\pi(f_{\mathrm{p}}-f_{1})]\cdot 2(\boldsymbol{I}_{\mathrm{au2}}+\boldsymbol{I}_{\mathrm{au2}}^{*})\\ \boldsymbol{E}_{\mathrm{vcq}}(g,g+1)=\mathrm{j}T_{\mathrm{PLL}}[\mathrm{j}2\pi(f_{\mathrm{p}}-f_{1})]\cdot 2(\boldsymbol{I}_{\mathrm{au2}}+\boldsymbol{I}_{\mathrm{au2}}^{*})\end{cases}\tag{3-96}$$

经由负序二倍频 Park 变换，桥臂环流小信号 d、q 轴分量为零序，即桥臂环流小信号 d、q 轴分量频率 f_{cdq} 为

$$f_{\mathrm{cdq}}=\frac{1-(-1)^{k}}{2}\cdot\left(1-\left|\mathrm{mod}(k+1,3)\right|\right)\cdot(f_{\mathrm{p}}+kf_{1})\tag{3-97}$$

式中，$f_{\mathrm{cdq}}\neq 0$。

桥臂环流小信号 d、q 轴分量波形及 FFT 结果如图 3-15 所示，由图可知，$\hat{\boldsymbol{i}}_{cd}$、$\hat{\boldsymbol{i}}_{cq}$ 中产生了频率为 $f_p - f_1$、$f_p + 5f_1$ 和 $f_p - 7f_1$ 的小信号分量，其中频率为 $f_p - f_1$ 的小信号分量为主导成分，其他频率的小信号分量幅值相对较小。

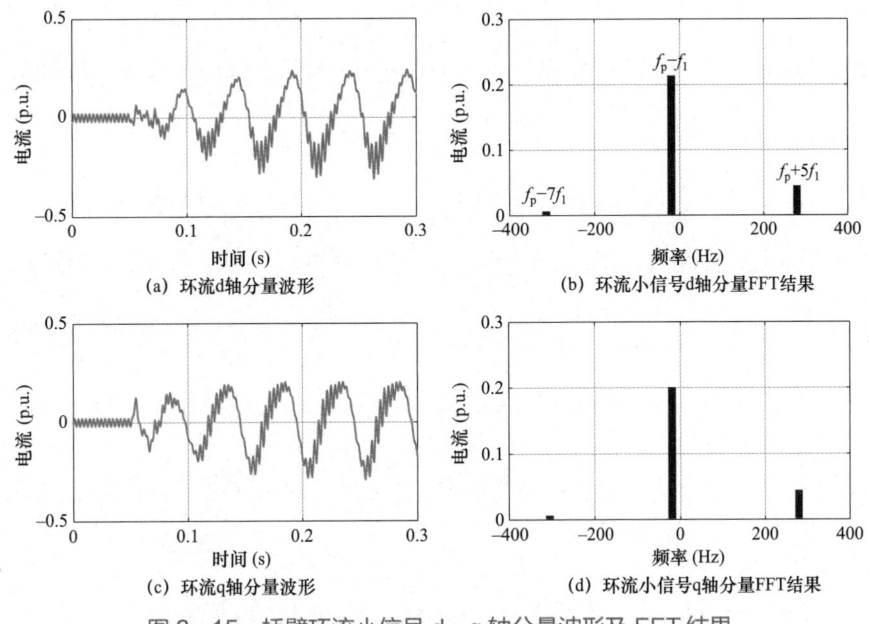

(a) 环流d轴分量波形　(b) 环流小信号d轴分量FFT结果

(c) 环流q轴分量波形　(d) 环流小信号q轴分量FFT结果

图 3-15　桥臂环流小信号 d、q 轴分量波形及 FFT 结果

桥臂环流 d、q 轴参考指令设定为零，$\hat{\boldsymbol{i}}_{cd}$、$\hat{\boldsymbol{i}}_{cq}$ 经环流控制器及环流解耦控制，产生桥臂环流调制信号的小信号 d、q 轴向量 $\hat{\boldsymbol{m}}_{cd}$、$\hat{\boldsymbol{m}}_{cq}$，上述频域转换关系可以描述为

$$\begin{cases}\hat{\boldsymbol{m}}_{cd} = \boldsymbol{H}_{ic}\hat{\boldsymbol{i}}_{cd} - K_c\hat{\boldsymbol{i}}_{cq} \\ \hat{\boldsymbol{m}}_{cq} = \boldsymbol{H}_{ic}\hat{\boldsymbol{i}}_{cq} + K_c\hat{\boldsymbol{i}}_{cd}\end{cases} \tag{3-98}$$

其中

$$\boldsymbol{H}_{ic} = \mathrm{diag}\left[\left\{H_{ic}[\mathrm{j}2\pi(f_p + kf_1)]\right\}\Big|_{k=-g,\cdots,0,\cdots,g}\right] \tag{3-99}$$

式中：$\boldsymbol{H}_{ic}$ 为 $(2g+1)\times(2g+1)$ 矩阵。

将式（3-92）所示桥臂环流小信号 d、q 轴向量 $\hat{\boldsymbol{i}}_{cd}$、$\hat{\boldsymbol{i}}_{cq}$ 代入式（3-98），可得 $\hat{\boldsymbol{m}}_{cd}$、$\hat{\boldsymbol{m}}_{cq}$，表达式分别为

$$\begin{cases}\hat{\boldsymbol{m}}_{cd} = \boldsymbol{F}_{icd}\hat{\boldsymbol{i}}_{au} + \boldsymbol{F}_{vcd}\hat{\boldsymbol{v}}_{a} \\ \hat{\boldsymbol{m}}_{cq} = \boldsymbol{F}_{icq}\hat{\boldsymbol{i}}_{au} + \boldsymbol{F}_{vcq}\hat{\boldsymbol{v}}_{a}\end{cases} \tag{3-100}$$

式中：$\boldsymbol{F}_{\text{icd}}$、$\boldsymbol{F}_{\text{vcd}}$、$\boldsymbol{F}_{\text{icq}}$、$\boldsymbol{F}_{\text{vcq}}$ 均为 $(2g+1)\times(2g+1)$ 矩阵，除下述元素外，其余元素均为 0。

$$\begin{cases}\boldsymbol{F}_{\text{icd}}(g+k+1,g+k-1)=\left(1-\left|\text{mod}(k+1,3)\right|\right)\cdot\dfrac{1-(-1)^k}{2}\cdot\{H_{\text{ic}}[\text{j}2\pi(f_{\text{p}}+kf_1)]+\text{mod}(k,3)\text{j}K_{\text{c}}\}\\ \boldsymbol{F}_{\text{icd}}(g+k+1,g+k+3)=\left(1-\left|\text{mod}(k+1,3)\right|\right)\cdot\dfrac{1-(-1)^k}{2}\cdot\{H_{\text{ic}}[\text{j}2\pi(f_{\text{p}}+kf_1)]-\text{mod}(k,3)\text{j}K_{\text{c}}\}\end{cases}\tag{3-101}$$

$$\begin{cases}\boldsymbol{F}_{\text{vcd}}(g,g-1)=-2T_{\text{PLL}}[\text{j}2\pi(f_{\text{p}}-f_1)]\cdot\left[\left\{H_{\text{ic}}[\text{j}2\pi(f_{\text{p}}-f_1)]-\text{j}K_{\text{c}}\right\}\boldsymbol{I}_{\text{au2}}^*-\left\{H_{\text{ic}}[\text{j}2\pi(f_{\text{p}}-f_1)]+\text{j}K_{\text{c}}\right\}\boldsymbol{I}_{\text{au2}}\right]\\ \boldsymbol{F}_{\text{vcd}}(g,g+1)=2T_{\text{PLL}}[\text{j}2\pi(f_{\text{p}}-f_1)]\cdot\left[\left\{H_{\text{ic}}[\text{j}2\pi(f_{\text{p}}-f_1)]-\text{j}K_{\text{c}}\right\}\boldsymbol{I}_{\text{au2}}^*-\left\{H_{\text{ic}}[\text{j}2\pi(f_{\text{p}}-f_1)]+\text{j}K_{\text{c}}\right\}\boldsymbol{I}_{\text{au2}}\right]\end{cases}\tag{3-102}$$

$$\begin{cases}\boldsymbol{F}_{\text{icq}}(g+1+k,g+1+k-1)=\left(1-\left|\text{mod}(k+1,3)\right|\right)\cdot\dfrac{1-(-1)^k}{2}\cdot\{-\text{mod}(k,3)\text{j}H_{\text{ic}}[\text{j}2\pi(f_{\text{p}}+kf_1)]+K_{\text{c}}\}\\ \boldsymbol{F}_{\text{icq}}(g+1+k,g+1+k+1)=\left(1-\left|\text{mod}(k+1,3)\right|\right)\cdot\dfrac{1-(-1)^k}{2}\cdot\{\text{mod}(k,3)\text{j}H_{\text{ic}}[\text{j}2\pi(f_{\text{p}}+kf_1)]+K_{\text{c}}\}\end{cases}\tag{3-103}$$

$$\begin{cases}\boldsymbol{F}_{\text{vcq}}(g,g-1)=-2T_{\text{PLL}}[\text{j}2\pi(f_{\text{p}}-f_1)]\cdot\left[\left\{\text{j}H_{\text{ic}}[\text{j}2\pi(f_{\text{p}}-f_1)]+K_{\text{c}}\right\}\boldsymbol{I}_{\text{au2}}^*+\left\{\text{j}H_{\text{ic}}[\text{j}2\pi(f_{\text{p}}-f_1)]-K_{\text{c}}\right\}\boldsymbol{I}_{\text{au2}}\right]\\ \boldsymbol{F}_{\text{vcq}}(g,g+1)=2T_{\text{PLL}}[\text{j}2\pi(f_{\text{p}}-f_1)]\cdot\left[\left\{\text{j}H_{\text{ic}}[\text{j}2\pi(f_{\text{p}}-f_1)]+K_{\text{c}}\right\}\boldsymbol{I}_{\text{au2}}^*+\left\{\text{j}H_{\text{ic}}[\text{j}2\pi(f_{\text{p}}-f_1)]-K_{\text{c}}\right\}\boldsymbol{I}_{\text{au2}}\right]\end{cases}\tag{3-104}$$

环流调制信号的小信号 d、q 轴分量波形及 FFT 结果如图 3－16 所示，由图可知，$\hat{\boldsymbol{m}}_{\text{cd}}$、$\hat{\boldsymbol{m}}_{\text{cq}}$ 所含小信号分量的频率与 $\hat{\boldsymbol{i}}_{\text{cd}}$、$\hat{\boldsymbol{i}}_{\text{cq}}$ 一致。频率为 $f_{\text{p}}-f_1$ 的小信号分量为主导分量，其他频率小信号分量幅值相对较小。

$\hat{\boldsymbol{m}}_{\text{cd}}$、$\hat{\boldsymbol{m}}_{\text{cq}}$ 通过负序二倍频反 Park 变换，可得 a 相桥臂共模调制信号的小信号向量 $\hat{\boldsymbol{m}}_{\text{coma}}$，其表达式为

$$\hat{\boldsymbol{m}}_{\text{coma}}=\boldsymbol{G}_3\hat{\boldsymbol{i}}_{\text{au}}+\boldsymbol{G}_4\hat{\boldsymbol{v}}_{\text{a}}\tag{3-105}$$

式中：$\boldsymbol{G}_3$、$\boldsymbol{G}_4$ 均为 $(2g+1)\times(2g+1)$ 矩阵，除下述元素外，其余元素均为 0。

$$\begin{aligned}\boldsymbol{G}_3(g+k+1,g+k+1)=&\frac{1-(-1)^k}{2}\cdot\left|\text{mod}(k+1,3)\right|\cdot\\&\{H_{\text{ic}}[\text{j}2\pi(f_{\text{p}}+kf_1+\text{mod}(k+1,3)\cdot 2f_1)]-\text{mod}(k+1,3)\text{j}K_{\text{c}}\}\end{aligned}\tag{3-106}$$

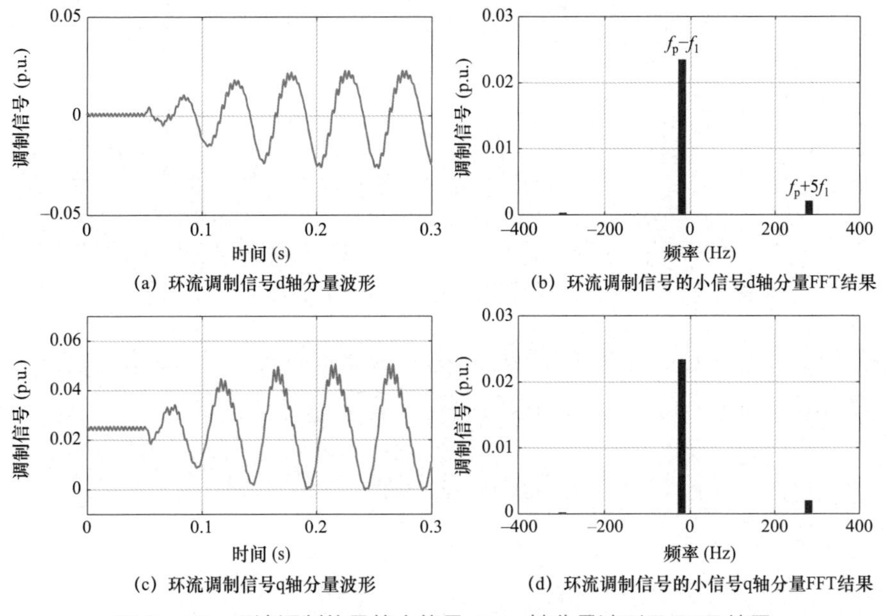

(a) 环流调制信号d轴分量波形　(b) 环流调制信号的小信号d轴分量FFT结果

(c) 环流调制信号q轴分量波形　(d) 环流调制信号的小信号q轴分量FFT结果

图 3－16　环流调制信号的小信号 d、q 轴分量波形及 FFT 结果

$$\begin{cases}\boldsymbol{G}_4(g-2,g-1)=-\boldsymbol{G}_4(g-2,g+1)=2T_{\mathrm{PLL}}[\mathrm{j}2\pi(f_{\mathrm{p}}-f_1)]\cdot\left[\left\{-H_{\mathrm{ic}}[\mathrm{j}2\pi(f_{\mathrm{p}}-f_1)]+\mathrm{j}K_{\mathrm{c}}\right\}\boldsymbol{I}_{\mathrm{au2}}^{*}+\boldsymbol{M}_{\mathrm{au2}}^{*}\right]\\ \boldsymbol{G}_4(g+2,g-1)=-\boldsymbol{G}_4(g+2,g+1)=2T_{\mathrm{PLL}}[\mathrm{j}2\pi(f_{\mathrm{p}}-f_1)]\cdot\left[\left\{H_{\mathrm{ic}}[\mathrm{j}2\pi(f_{\mathrm{p}}-f_1)]+\mathrm{j}K_{\mathrm{c}}\right\}\boldsymbol{I}_{\mathrm{au2}}-\boldsymbol{M}_{\mathrm{au2}}\right]\end{cases}$$

（3－107）

在 d、q 轴环流控制不对称情况下，经由负序二倍频反 Park 变换，$\hat{\boldsymbol{m}}_{\mathrm{cd}}$、$\hat{\boldsymbol{m}}_{\mathrm{cq}}$ 中频率为 $f_{\mathrm{p}}-f_1$ 的小信号分量转换至静止坐标系后，导致 a 相桥臂共模调制信号的小信号向量 $\hat{\boldsymbol{m}}_{\mathrm{coma}}$ 同时产生频率为 $f_{\mathrm{p}}+f_1$ 和 $f_{\mathrm{p}}-3f_1$ 的分量。同理，dq 坐标系下频率为 $f_{\mathrm{p}}+5f_1$ 的小信号分量转换至静止坐标系，同时产生频率为 $f_{\mathrm{p}}+3f_1$ 和 $f_{\mathrm{p}}+7f_1$ 的小信号分量，其他依次类推。桥臂共模调制信号的小信号分量频率 f_{mcom} 为

$$f_{\mathrm{mcom}}=\frac{1-(-1)^k}{2}\cdot\left|\mathrm{mod}(k+1,3)\right|\cdot(f_{\mathrm{p}}+kf_1)\qquad(3-108)$$

式中，$f_{\mathrm{mcom}}\neq 0$。

桥臂共模调制信号的小信号分量波形及 FFT 结果如图 3－17 所示，由图可知，$\hat{\boldsymbol{m}}_{\mathrm{coma}}$ 中产生了频率为 $f_{\mathrm{p}}+f_1$ 和 $f_{\mathrm{p}}\pm 3f_1$ 的小信号分量。其中，频率为 $f_{\mathrm{p}}+f_1$ 的小信号分量为主导分量。

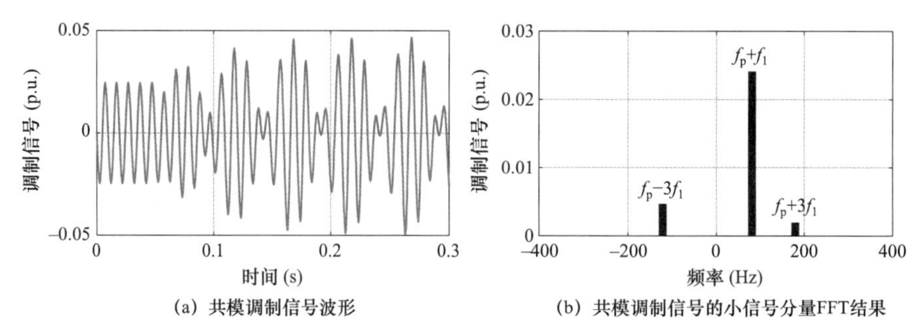

图 3−17　桥臂共模调制信号的小信号分量波形及 FFT 结果

根据式(3−68)所示桥臂调制信号与共模、差模调制信号之间的关系，结合式(3−86)和式（3−105），可得 a 相上桥臂调制信号的小信号向量 $\hat{\boldsymbol{m}}_{\mathrm{au}}$ ，即

$$\hat{\boldsymbol{m}}_{\mathrm{au}}=\boldsymbol{G}_{\mathrm{i}}\hat{\boldsymbol{i}}_{\mathrm{au}}+\boldsymbol{G}_{\mathrm{v}}\hat{\boldsymbol{v}}_{\mathrm{a}} \tag{3-109}$$

其中

$$\begin{cases}\boldsymbol{G}_{\mathrm{i}}=-\boldsymbol{G}_1+\boldsymbol{G}_3\\ \boldsymbol{G}_{\mathrm{v}}=-\boldsymbol{G}_2+\boldsymbol{G}_4\end{cases} \tag{3-110}$$

根据式（3−52）和式（3−54）所示三相各桥臂调制信号小信号向量之间的共模、差模关系和相序关系，由 $\hat{\boldsymbol{m}}_{\mathrm{au}}$ 可得其余各相上、下桥臂调制信号的小信号向量。

3.4.4　交流端口阻抗模型

联立主电路和控制电路小信号频域模型，并结合桥臂电流共模、差模关系，得到 MMC 交流端口阻抗模型。

首先，根据式（3−65）所示桥臂回路频域小信号模型，可消去 a 相上桥臂电容电压小信号向量 $\hat{\boldsymbol{v}}_{\mathrm{Cau}}$ ，可得与控制相关的桥臂回路频域小信号模型，即

$$(\boldsymbol{U}+\boldsymbol{Y}_{\mathrm{Larm}}\boldsymbol{M}_{\mathrm{au}}\boldsymbol{Z}_{\mathrm{Ceq}}\boldsymbol{M}_{\mathrm{au}})\hat{\boldsymbol{i}}_{\mathrm{au}}+\boldsymbol{Y}_{\mathrm{Larm}}\hat{\boldsymbol{v}}_{\mathrm{a}}+\boldsymbol{Y}_{\mathrm{Larm}}(\boldsymbol{V}_{\mathrm{Cau}}+\boldsymbol{M}_{\mathrm{au}}\boldsymbol{Z}_{\mathrm{Ceq}}\boldsymbol{I}_{\mathrm{au}})\hat{\boldsymbol{m}}_{\mathrm{au}}=0 \tag{3-111}$$

然后，将式（3−109）所示 a 相上桥臂调制信号的小信号向量 $\hat{\boldsymbol{m}}_{\mathrm{au}}$ 代入式（3−111）中，可得桥臂闭环电路频域小信号模型，即

$$\begin{aligned}&\left[\boldsymbol{U}+\boldsymbol{Y}_{\mathrm{Larm}}\boldsymbol{M}_{\mathrm{au}}\boldsymbol{Z}_{\mathrm{Ceq}}\boldsymbol{M}_{\mathrm{au}}+\boldsymbol{Y}_{\mathrm{Larm}}(\boldsymbol{V}_{\mathrm{Cau}}+\boldsymbol{M}_{\mathrm{au}}\boldsymbol{Z}_{\mathrm{Ceq}}\boldsymbol{I}_{\mathrm{au}})\boldsymbol{G}_{\mathrm{i}}\right]\hat{\boldsymbol{i}}_{\mathrm{au}}+\\&\boldsymbol{Y}_{\mathrm{Larm}}\left[\boldsymbol{U}+(\boldsymbol{V}_{\mathrm{Cau}}+\boldsymbol{M}_{\mathrm{au}}\boldsymbol{Z}_{\mathrm{Ceq}}\boldsymbol{I}_{\mathrm{au}})\boldsymbol{G}_{\mathrm{v}}\right]\hat{\boldsymbol{v}}_{\mathrm{a}}=0\end{aligned} \tag{3-112}$$

最后，根据式（3−71）和式（3−112），可得 MMC 交流端口导纳为

$$\boldsymbol{Y}=-\frac{\hat{\boldsymbol{i}}_{\mathrm{a}}}{\hat{\boldsymbol{v}}_{\mathrm{a}}}=\frac{2\boldsymbol{Y}_{\mathrm{Larm}}\left[\boldsymbol{U}+(\boldsymbol{V}_{\mathrm{Cau}}+\boldsymbol{M}_{\mathrm{au}}\boldsymbol{Z}_{\mathrm{Ceq}}\boldsymbol{I}_{\mathrm{au}})\boldsymbol{G}_{\mathrm{v}}\right]\boldsymbol{A}_{\mathrm{pd}}}{\boldsymbol{U}+\boldsymbol{Y}_{\mathrm{Larm}}\boldsymbol{M}_{\mathrm{au}}\boldsymbol{Z}_{\mathrm{Ceq}}\boldsymbol{M}_{\mathrm{au}}+\boldsymbol{Y}_{\mathrm{Larm}}(\boldsymbol{V}_{\mathrm{Cau}}+\boldsymbol{M}_{\mathrm{au}}\boldsymbol{Z}_{\mathrm{Ceq}}\boldsymbol{I}_{\mathrm{au}})\boldsymbol{G}_{\mathrm{i}}} \tag{3-113}$$

MMC 交流电压、交流电流小信号向量中扰动频率 f_{p} 和耦合频率 $f_{\mathrm{p}}-2f_1$ 处的小信号分量占主要成分，其余频率小信号分量的幅值相对较低。在扰动频率和耦合频率处 MMC 交流端口阻抗/导纳特性更为显著，仅提取这两个频率下的相关元素，将 MMC 交流电压、电流小信号向量与交流端口导纳的关系重新表述为

$$\begin{bmatrix}-\hat{\boldsymbol{i}}_{\mathrm{p}}\\-\hat{\boldsymbol{i}}_{\mathrm{p\text{-}2}}\end{bmatrix}=\begin{bmatrix}\boldsymbol{Y}_{\mathrm{pp}} & \boldsymbol{Y}_{\mathrm{np}}\\ \boldsymbol{Y}_{\mathrm{pn}} & \boldsymbol{Y}_{\mathrm{nn}}\end{bmatrix}\begin{bmatrix}\hat{\boldsymbol{v}}_{\mathrm{p}}\\ \hat{\boldsymbol{v}}_{\mathrm{p\text{-}2}}\end{bmatrix} \tag{3-114}$$

式中，二阶交流端口导纳矩阵表达式为

$$\begin{bmatrix}\boldsymbol{Y}_{\mathrm{pp}} & \boldsymbol{Y}_{\mathrm{np}}\\ \boldsymbol{Y}_{\mathrm{pn}} & \boldsymbol{Y}_{\mathrm{nn}}\end{bmatrix}=\begin{bmatrix}\boldsymbol{Y}(g+1,g+1) & \boldsymbol{Y}(g+1,g-1)\\ \boldsymbol{Y}(g-1,g+1) & \boldsymbol{Y}(g-1,g-1)\end{bmatrix}$$

式中：$\boldsymbol{Y}_{\mathrm{pp}}$ 为正序导纳，表示在频率为 f_{p} 的单位正序电压小信号扰动下，频率为 f_{p} 的正序电流小信号响应；$\boldsymbol{Y}_{\mathrm{pn}}$ 为正序耦合导纳，表示在频率为 f_{p} 的单位正序电压小信号扰动下，频率为 $f_{\mathrm{p}}-2f_1$ 的负序电流小信号响应；$\boldsymbol{Y}_{\mathrm{nn}}$ 为负序导纳，表示在频率为 $f_{\mathrm{p}}-2f_1$ 的单位负序电压小信号扰动下，频率为 $f_{\mathrm{p}}-2f_1$ 的负序电流小信号响应；$\boldsymbol{Y}_{\mathrm{np}}$ 为负序耦合导纳，表示在频率为 $f_{\mathrm{p}}-2f_1$ 的单位负序电压小信号扰动下，频率为 f_{p} 的正序电流小信号响应 $\hat{\boldsymbol{i}}_{\mathrm{p}}$。$\boldsymbol{Y}(g+1,g+1)$ 为矩阵 $\boldsymbol{Y}$ 的第 $g+1$ 行第 $g+1$ 列元素；$\boldsymbol{Y}(g+1,g-1)$ 为矩阵 $\boldsymbol{Y}$ 的第 $g+1$ 行第 $g-1$ 列元素；$\boldsymbol{Y}(g-1,g+1)$ 为矩阵 $\boldsymbol{Y}$ 的第 $g-1$ 行第 $g+1$ 列元素；$\boldsymbol{Y}(g-1,g-1)$ 为矩阵 $\boldsymbol{Y}$ 的第 $g-1$ 行第 $g-1$ 列元素。

MMC 的交流端口阻抗可由交流端口导纳求逆矩阵得到

$$\begin{bmatrix}\boldsymbol{Z}_{\mathrm{pp}} & \boldsymbol{Z}_{\mathrm{pn}}\\ \boldsymbol{Z}_{\mathrm{np}} & \boldsymbol{Z}_{\mathrm{nn}}\end{bmatrix}=\begin{bmatrix}\boldsymbol{Y}_{\mathrm{pp}} & \boldsymbol{Y}_{\mathrm{np}}\\ \boldsymbol{Y}_{\mathrm{pn}} & \boldsymbol{Y}_{\mathrm{nn}}\end{bmatrix}^{-1} \tag{3-115}$$

式中：$\boldsymbol{Z}_{\mathrm{pp}}$ 为正序阻抗；$\boldsymbol{Z}_{\mathrm{pn}}$ 为正序耦合阻抗；$\boldsymbol{Z}_{\mathrm{nn}}$ 为负序阻抗；$\boldsymbol{Z}_{\mathrm{np}}$ 为负序耦合阻抗。

此外，负序阻抗与正序阻抗间的频域关系满足 $\boldsymbol{Z}_{\mathrm{nn}}=\boldsymbol{Z}_{\mathrm{pp}}^{*}(\mathrm{j}2\omega_1-s)$，负序耦合阻抗与正序耦合阻抗间的频域关系满足 $\boldsymbol{Z}_{\mathrm{np}}=\boldsymbol{Z}_{\mathrm{pn}}^{*}(\mathrm{j}2\omega_1-s)$。

图 3－18 给出了 MMC 阻抗解析与扫描结果，图中实线为解析结果，离散点通过仿真扫描得到。主电路及控制参数如表 3－5 所示。结果表明，阻抗解析值与仿真扫描值吻

合良好，验证了 MMC 阻抗模型的准确性。

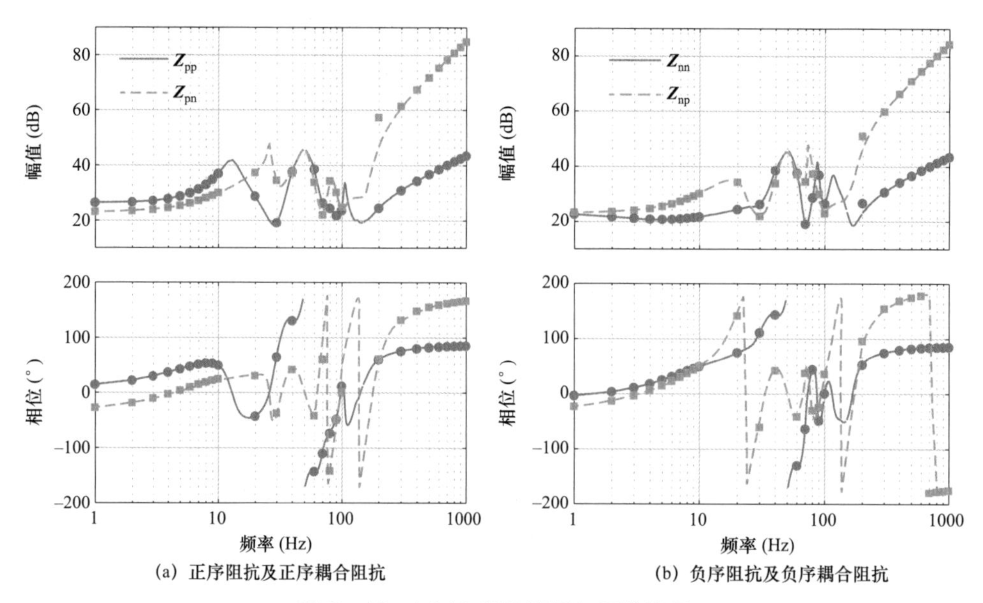

图 3-18　MMC 阻抗解析与扫描结果

第 4 章　晶闸管换流器阻抗建模

晶闸管换流器采用半控型晶闸管器件实现可控导通，需要交流电网提供换相电压实现关断，即晶闸管换流器跟随基频电网电压导通与关断，与基于全控型 IGBT 的两电平/MMC 不同，无法采用高频 PWM 调制技术。晶闸管换流器非线性开关过程需要采用基波周期内分段开关函数表示，无法采用 PWM 调制技术的连续调制信号等效。同时，与两电平换流器/MMC 相比，晶闸管换流器开关频率相对较低，交、直流侧电压、电流含有大量的特征谐波分量。

为了实现考虑分段开关函数以及特征谐波分量的晶闸管换流器小信号阻抗建模，本章首先根据晶闸管换流器导通原理，建立考虑换相重叠过程影响的开关函数时域模型；其次，分析稳态运行下晶闸管换流器交、直流侧电压、电流特征谐波分量，建立主电路频域稳态模型；然后，采用双重傅里叶级数展开方法，建立开关函数频域稳态和小信号模型，分析晶闸管换流器主电路及控制电路各环节小信号频域分布特性，建立计及 PLL、电流环以及相控环节的晶闸管换流器小信号阻抗模型；最后，通过采用小信号注入的阻抗扫频方法，验证其阻抗解析模型的准确性。晶闸管换流器小信号阻抗模型为 LCC－HVDC 小信号阻抗建模及特性分析提供基础。

4.1　工　作　原　理

4.1.1　拓扑结构

6 脉动晶闸管换流器拓扑结构如图 4－1 所示，图中 T1～T6 分别为第 1 至第 6 个晶闸管，上桥臂晶闸管 T1、T3、T5 共阴极接入直流正极，下桥臂晶闸管 T4、T6、T2 共阳极接入直流负极；v_a、v_b、v_c 分别为 a、b、c 相交流电压；i_a、i_b、i_c 分别为 a、b、c 相交流电流；v_{Ta}、v_{Tb}、v_{Tc} 分别为 a、b、c 相交流输入电压；L_T 为晶闸管换流器等效换相电感；v_{dc} 为直流电压；i_{dc} 为直流电流；L_{dc} 为直流平波电抗器；v_{dcL} 为直流平波电抗器出口电压。下文以 $l = a,b,c$ 分别表示 a、b、c 相。

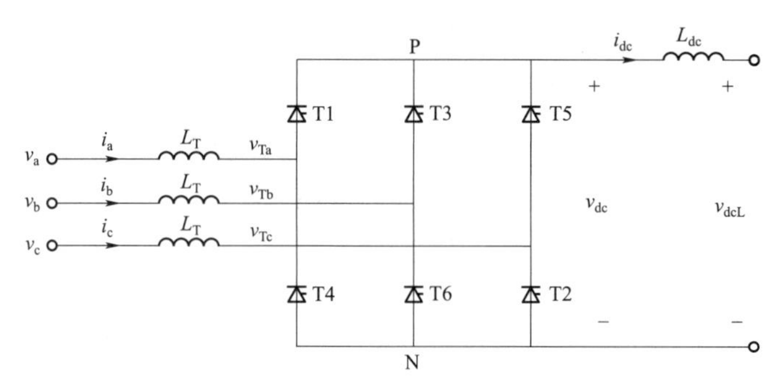

图4－1　6脉动晶闸管换流器拓扑结构

晶闸管为半控型器件，其导通（从断态到通态）需要同时满足的条件为：① 阳极－阴极间施加正向电压；② 门极施加触发脉冲。

4.1.2　导通原理

对于三相6脉动晶闸管换流器，当上、下桥臂各有1个晶闸管导通时，交流线电压将通过2个导通的晶闸管连接至直流端口，并构成直流电压。晶闸管换流器在自然换相点（即三相交流电压交点）之后进行换相，以确保上桥臂导通相电压最高，下桥臂导通相电压最低。从而利用交流电网提供换相电压，实现导通相晶闸管导通及非导通相晶闸管可靠关断。

三相6脉动晶闸管换流器对应的6个晶闸管导通顺序为T1－T2－T3－T4－T5－T6。忽略晶闸管换流器等效换相电感L_T影响，以bc线电压v_{bc}正向过零点为参考点，自然换相点移相角分别为$\gamma_1=-\pi/3$、$\gamma_2=0$、$\gamma_3=\pi/3$、$\gamma_4=2\pi/3$、$\gamma_5=\pi$、$\gamma_6=4\pi/3$。在6个自然换相点分别对T1～T6施加触发脉冲，自然换相点处触发导通时电压波形如图4－2所示。

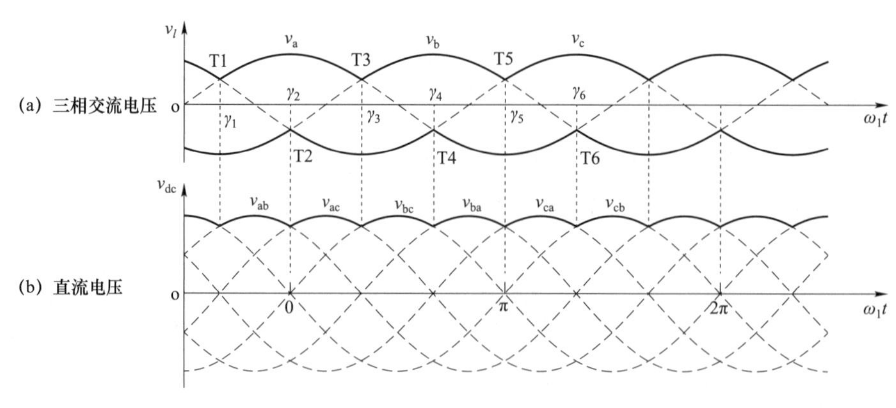

图4－2　自然换相点处触发导通时电压波形

通过在自然换相点设定延迟触发角，可控制晶闸管换流器输出直流电压。当触发角为α，触发脉冲时刻分别为$\gamma_h+\alpha$（$h=1,2,\cdots,6$）时，6 脉动晶闸管换流器延迟触发角α控制时的电压、电流波形如图 4-3 所示。图中，忽略了等效换相电感影响。

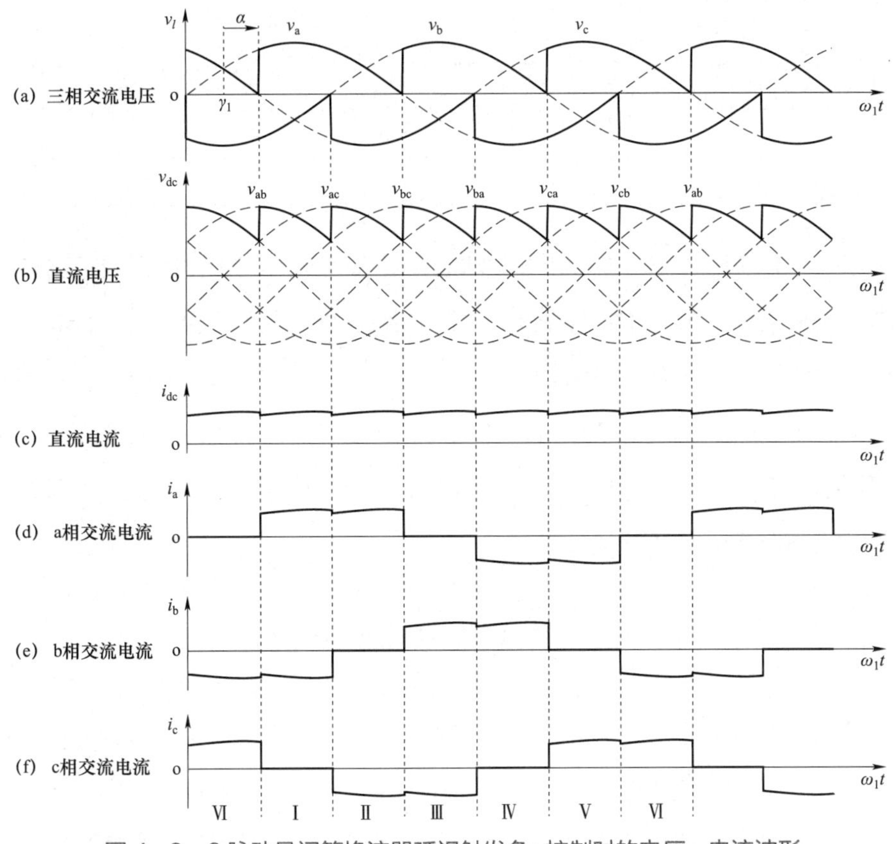

图 4-3　6 脉动晶闸管换流器延迟触发角α控制时的电压、电流波形

为了分析换流器工作状态，将单个周期（$\gamma_1+\alpha \sim \gamma_1+\alpha+2\pi$）分为Ⅰ、Ⅱ、Ⅲ、Ⅳ、Ⅴ、Ⅵ 6 个时段，每时段为π/3。以时段Ⅰ($\gamma_1+\alpha \sim \gamma_2+\alpha$)为例，在上一时段的$\gamma_1 \sim \gamma_1+\alpha$时刻，a 相交流电压最高，在延迟触发角$\alpha$控制作用下，T1 未被触发而处于关断状态，a 相交流电流为 0。原本处于导通状态的 T5、T6 保持导通，直流电压等于 cb 线电压v_{cb}，b 相交流电流等于$-i_{dc}$，c 相交流电流等于i_{dc}。在$\gamma_1+\alpha$时刻触发 T1，a 相交流电压最高，T5 关断，T1 导通，直流电压等于 ab 线电压v_{ab}，a 相交流电流等于i_{dc}，b 相交流电流为$-i_{dc}$，c 相交流电流为 0。同理，可分析其他时段换流器的工作状态。6 脉动晶闸管换流器各晶闸管工作情况如表 4-1 所示。

表 4-1　　　6 脉动晶闸管换流器各晶闸管工作情况

时段	Ⅰ	Ⅱ	Ⅲ	Ⅳ	Ⅴ	Ⅵ
上桥臂导通晶闸管	T1	T1	T3	T3	T5	T5
下桥臂导通晶闸管	T6	T2	T2	T4	T4	T6
i_a	i_{dc}	i_{dc}	0	$-i_{dc}$	$-i_{dc}$	0
i_b	$-i_{dc}$	0	i_{dc}	i_{dc}	0	$-i_{dc}$
i_c	0	$-i_{dc}$	$-i_{dc}$	0	i_{dc}	i_{dc}
v_{dc}	$v_a - v_b$	$v_a - v_c$	$v_b - v_c$	$v_b - v_a$	$v_c - v_a$	$v_c - v_b$

根据图 4-3 和表 4-1 可知，在 6 脉动晶闸管换流器中，T1～T6 各晶闸管依次轮流导通 1/3 个基波周期，任一时刻上桥臂和下桥臂各有 1 个晶闸管导通，且分布在不同相。上桥臂晶闸管导通时，该相流过直流电流，该相交流电压构成直流正极电压；下桥臂晶闸管导通时，该相反向流过直流电流，该相电压构成直流负极电压。直流正、负极电压之差即为直流电压。上述 6 个时段直流电压波形一致，在单个周期内脉动 6 次，因此，该换流器称为 6 脉动晶闸管换流器。

4.2　主电路时域建模

本节首先忽略换相电感影响，基于开关函数，研究交直流端口电压、电流间转换关系；然后，考虑等效换相电感影响，分析换相过程对交直流端口电压、电流响应特性影响，推导考虑换相过程的电压、电流开关函数；最后，建立晶闸管换流器时域模型。

4.2.1　忽略换相影响的时域模型

根据 4.1 节分析，晶闸管换流器直流电压等于直流正、负极电压之差。上桥臂导通晶闸管所在相电压为直流正极电压，所在相电流为直流电流；下桥臂导通晶闸管所在相电压为直流负极电压，所在相电流为负直流电流。为描述各相电压、电流，定义三相开关函数 s_l 为

$$s_l = \begin{cases} 1, & \text{上管导通、下管关断} \\ 0, & \text{上下管均关断} \\ -1, & \text{下管导通、上管关断} \end{cases} \tag{4-1}$$

根据开关函数与图 4-3 所示晶闸管换流器工作状态，6 脉动晶闸管换流器三相开关函数各时段取值如表 4-2 所示，6 脉动晶闸管换流器各相开关函数波形如图 4-4 所示。

表 4－2　　6 脉动晶闸管换流器三相开关函数各时段取值

时段	Ⅰ	Ⅱ	Ⅲ	Ⅳ	Ⅴ	Ⅵ
s_a	1	1	0	－1	－1	0
s_b	－1	0	1	1	0	－1
s_c	0	－1	－1	0	1	1

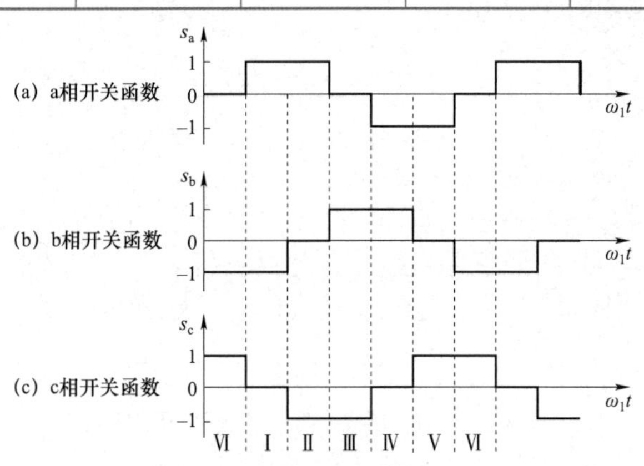

图 4－4　6 脉动晶闸管换流器各相开关函数波形

交、直流电压、电流转换关系可用开关函数表示为

$$v_{dc}=\sum_{l=a,b,c} s_l v_{Tl} \tag{4-2}$$

$$i_l = s_l i_{dc} \tag{4-3}$$

由图 4－4 可知，开关函数呈现周期为 2π 的矩形波，三相间互差 $2\pi/3$。任一时段三相开关函数取值各不相同，其表达式为

$$s_l=\begin{cases}1, & \gamma_1+\alpha+\beta_l+2p\pi\leqslant\omega_1 t<\gamma_3+\alpha+\beta_l+2p\pi\\0, & \gamma_3+\alpha+\beta_l+2p\pi\leqslant\omega_1 t<\gamma_4+\alpha+\beta_l+2p\pi\\-1, & \gamma_4+\alpha+\beta_l+2p\pi\leqslant\omega_1 t<\gamma_6+\alpha+\beta_l+2p\pi\\0, & \gamma_6+\alpha+\beta_l+2p\pi\leqslant\omega_1 t<\gamma_1+\alpha+2\pi+\beta_l+2p\pi\end{cases} \tag{4-4}$$

式中：$2p\pi$（p 为整数）表示任意周期；ω_1 为基波角频率；β_l 为三相移相角，β_a、β_b、β_c 分别为 0、$2\pi/3$、$-2\pi/3$。

4.2.2　考虑换相影响的时域模型

由于变压器漏感、交流系统阻抗等的存在，晶闸管换流器交流端口存在晶闸管换流器等效换相电感 L_T。考虑换相电感影响，晶闸管换流器交流回路时域模型为

$$v_{Tl}=v_l-L_T\frac{\mathrm{d}i_l}{\mathrm{d}t} \tag{4-5}$$

由于换相电感的存在，当晶闸管换相导通时，其交流电流不能突变，原来导通的晶闸管不能瞬时关断。以时段Ⅵ～时段Ⅰ换相过程为例，当 T1 触发导通，原本处于导通状态的 c 相上桥臂 T5 不能瞬时关断，流过其中的 c 相交流电流 i_c 不能由 i_{dc} 突降至 0，上桥臂 T1、T5 将同时处于导通状态。a、c 两相上桥臂将通过 T1、T5 构成回路，6 脉动晶闸管换流器换相过程如图 4－5 所示。

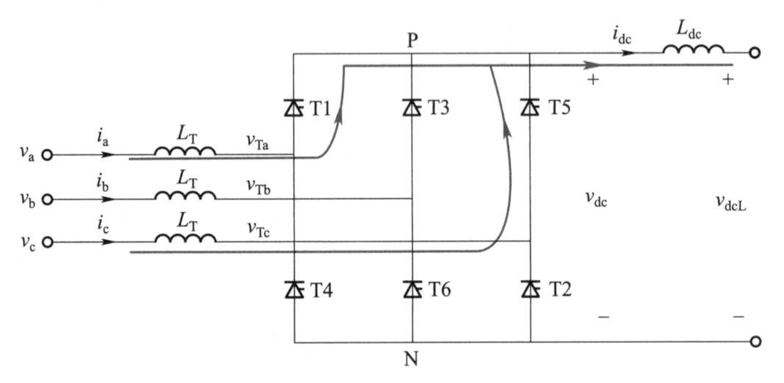

图 4－5　6 脉动晶闸管换流器换相过程

考虑换相过程的晶闸管换流器电压、电流波形如图 4－6 所示。图中，μ 为换相重叠角。

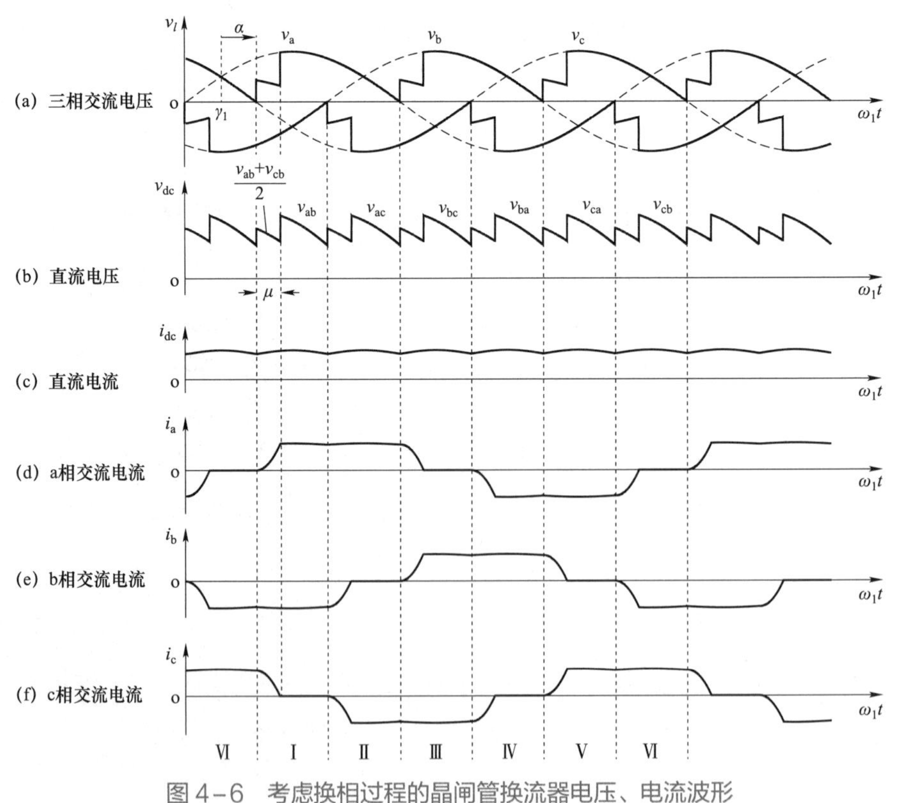

图 4－6　考虑换相过程的晶闸管换流器电压、电流波形

由图 4－6 可知，换相期间（$\gamma_1+\alpha\sim\gamma_1+\alpha+\mu$）a、c 两相通过 T1、T5 构成回路。流过 T5 的 c 相交流电流 i_c 由 i_{dc} 逐渐减小至 0，流过 T1 的 a 相交流电流 i_a 由 0 逐渐增大至 i_{dc}，且两者之和构成直流电流，即

$$i_a+i_c=i_{dc} \tag{4-6}$$

此外，换相回路满足的关系为

$$L_T\frac{di_a}{dt}-L_T\frac{di_c}{dt}=v_{ac} \tag{4-7}$$

换相过程的起始时刻，即 $\omega_1 t=\gamma_1+\alpha$ 时刻，流过 T1 的 a 相交流电流 i_a 和 ac 线电压 v_{ac} 初始值为

$$\begin{cases}v_{ac}|_{\omega_1 t=\gamma_1+\alpha}=\sqrt{3}V_1\sin(\gamma_1+\alpha+\pi/3)\\ i_a|_{\omega_1 t=\gamma_1+\alpha}=0\end{cases} \tag{4-8}$$

式中：V_1 为交流电压基频分量幅值。

将式（4－8）所示初始条件代入式（4－6）和式（4－7），可得换相过程中流过 T1 的 a 相交流电流 i_a，其表达式为

$$i_a=\frac{\sqrt{3}V_1}{2\omega_1 L_T}[\cos\alpha-\cos(\omega_1 t+\pi/3)] \tag{4-9}$$

换相过程的结束时刻，即 $\omega_1 t=\gamma_1+\alpha+\mu$ 时刻，i_a 增大至直流电流稳态值 I_{dc}，可得 a 相交流电流 i_a 为

$$i_a|_{\omega_1 t=\gamma_1+\alpha+\mu}=I_{dc} \tag{4-10}$$

将式（4－10）代入式（4－9），可得换相重叠角 μ 表达式，即

$$\mu=\arccos\left(\cos\alpha-\frac{2\omega_1 L_T I_{dc}}{\sqrt{3}V_1}\right)-\alpha \tag{4-11}$$

下面分析换相过程中晶闸管换流器直流电压变化。换相期间（$\gamma_1+\alpha\sim\gamma_1+\alpha+\mu$），直流正极相对于交流中性点电压 v_{PO} 为

$$v_{PO}=\frac{v_a+v_c}{2} \tag{4-12}$$

同时，直流负极相对于交流中性点电压 v_{NO} 为

$$v_{NO}=v_b \tag{4-13}$$

根据式（4－12）和式（4－13），可得换相过程中直流电压 v_{dc}，其表达式为

$$v_{dc}=\frac{v_{ab}+v_{cb}}{2} \tag{4-14}$$

根据时段Ⅵ～时段Ⅰ换相过程分析，同理可得其余时段换相过程电压、电流。对比图 4－3 和图 4－6 可知，考虑换相过程，电压、电流开关函数不再呈现理想矩形波，且电压开关函数和电流开关函数不一致。考虑换相影响下的电压、电流开关函数波形如图 4－7 所示。其中，s_{va}、s_{vb}、s_{vc} 分别为 a、b、c 相电压开关函数，s_{ia}、s_{ib}、s_{ic} 分别为 a、b、c 相电流开关函数。

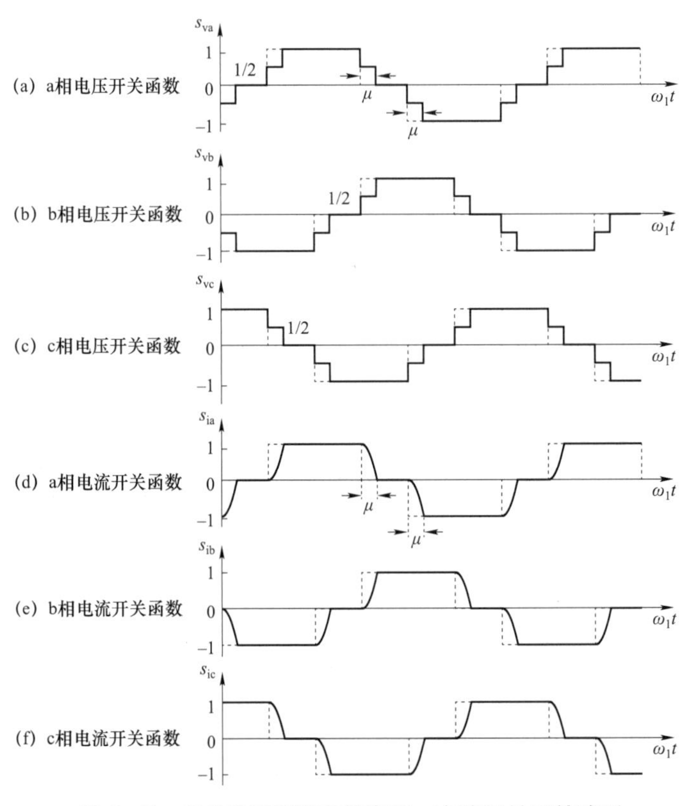

图 4－7　考虑换相影响下的电压、电流开关函数波形

除换相过程外，其余时段电压、电流开关函数与式（4－1）保持一致。换相过程中，换相回路形成相间短路，电压开关函数在两相间均分。应当瞬时导通的晶闸管电压开关函数少导通 1/2 脉冲高度（脉宽等于 μ），应当瞬时关断的晶闸管电压开关函数多导通 1/2 脉冲高度。

此外，换相过程中，交流电流呈现非线性变化。由式（4－9）所示 i_a 表达式，可得 T1 导通期间 a 相电流开关函数 s_{ia}，其表达式为

$$s_{\mathrm{ia}}=\frac{i_{\mathrm{a}}}{i_{\mathrm{dc}}}=\frac{\cos\alpha-\cos(\omega_1 t-\pi/3)}{\cos\alpha-\cos(\alpha+\mu)} \tag{4-15}$$

根据式（4－6）、式（4－9）及式（4－15），可得 T5 关断期间 c 相电流开关函数 s_{ic}，其表达式为

$$s_{\mathrm{ic}}=1-s_{\mathrm{ia}}=\frac{\cos(\omega_1 t-\pi/3)-\cos(\alpha+\mu)}{\cos\alpha-\cos(\alpha+\mu)} \tag{4-16}$$

同理，可得其余时段换相过程中电流开关函数表达式。

考虑换相过程影响，三相电压开关函数 $s_{\mathrm{v}l}$ 和三相电流开关函数 $s_{\mathrm{i}l}$ 表达式分别为

$$\begin{cases} s_{\mathrm{v}l}=s_l+\Delta s_{\mathrm{v}l} \\ s_{\mathrm{i}l}=s_l+\Delta s_{\mathrm{i}l} \end{cases} \tag{4-17}$$

式中：$\Delta s_{\mathrm{v}l}$、$\Delta s_{\mathrm{i}l}$ 分别为由换相过程引入的三相电压开关函数变化量、三相电流开关函数变化量。

$\Delta s_{\mathrm{v}l}$、$\Delta s_{\mathrm{i}l}$ 可分别表示为

$$\Delta s_{\mathrm{v}l}=\begin{cases} -\dfrac{1}{2}, & \gamma_1+\alpha+\beta_l+2p\pi\leqslant\omega_1 t<\gamma_1+\alpha+\mu+\beta_l+2p\pi \\ \dfrac{1}{2}, & \gamma_3+\alpha+\beta_l+2p\pi\leqslant\omega_1 t<\gamma_3+\alpha+\mu+\beta_l+2p\pi \\ \dfrac{1}{2}, & \gamma_4+\alpha+\beta_l+2p\pi\leqslant\omega_1 t<\gamma_4+\alpha+\mu+\beta_l+2p\pi \\ -\dfrac{1}{2}, & \gamma_6+\alpha+\beta_l+2p\pi\leqslant\omega_1 t<\gamma_6+\alpha+\mu+\beta_l+2p\pi \end{cases} \tag{4-18}$$

$$\Delta s_{\mathrm{i}l}=\begin{cases} -\dfrac{\cos(\omega_1 t+\pi/3)-\cos(\alpha+\mu)}{\cos\alpha-\cos(\alpha+\mu)}, & \begin{aligned}&\gamma_1+\alpha+\beta_l+2p\pi\leqslant\omega_1 t\\&<\gamma_1+\alpha+\mu+\beta_l+2p\pi\end{aligned} \\ \dfrac{\cos(\omega_1 t-\pi/3)-\cos(\alpha+\mu)}{\cos\alpha-\cos(\alpha+\mu)}, & \begin{aligned}&\gamma_3+\alpha+\beta_l+2p\pi\leqslant\omega_1 t\\&<\gamma_3+\alpha+\mu+\beta_l+2p\pi\end{aligned} \\ \dfrac{\cos(\omega_1 t-2\pi/3)-\cos(\alpha+\mu)}{\cos\alpha-\cos(\alpha+\mu)}, & \begin{aligned}&\gamma_4+\alpha+\beta_l+2p\pi\leqslant\omega_1 t\\&<\gamma_4+\alpha+\mu+\beta_l+2p\pi\end{aligned} \\ -\dfrac{\cos(\omega_1 t-4\pi/3)-\cos(\alpha+\mu)}{\cos\alpha-\cos(\alpha+\mu)}, & \begin{aligned}&\gamma_6+\alpha+\beta_l+2p\pi\leqslant\omega_1 t\\&<\gamma_6+\alpha+\mu+\beta_l+2p\pi\end{aligned} \end{cases} \tag{4-19}$$

4.3　稳态工作点频域建模

根据主电路时域模型，本节将分析晶闸管换流器交流电压、电流，直流电压、电流以及开关函数所含稳态谐波分量的频域特性。建立主电路频域稳态模型，为小信号阻抗模型建立提供稳态工作点。

4.3.1 稳态工作点频域特性分析

6 脉动晶闸管换流器直流电压、电流含有频率为 $6nf_1(n=0,\pm1,\pm2,\pm3,\cdots)$ 的稳态谐波分量，交流电流含有频率为 $(6n+1)f_1$ 和 $(6n-1)f_1$ 的稳态谐波分量。晶闸管换流器稳态波形和 FFT 结果如图 4-8 所示。其中，直流电压以其稳态值作为基准，交流电流和开关函数以基频分量为基准。

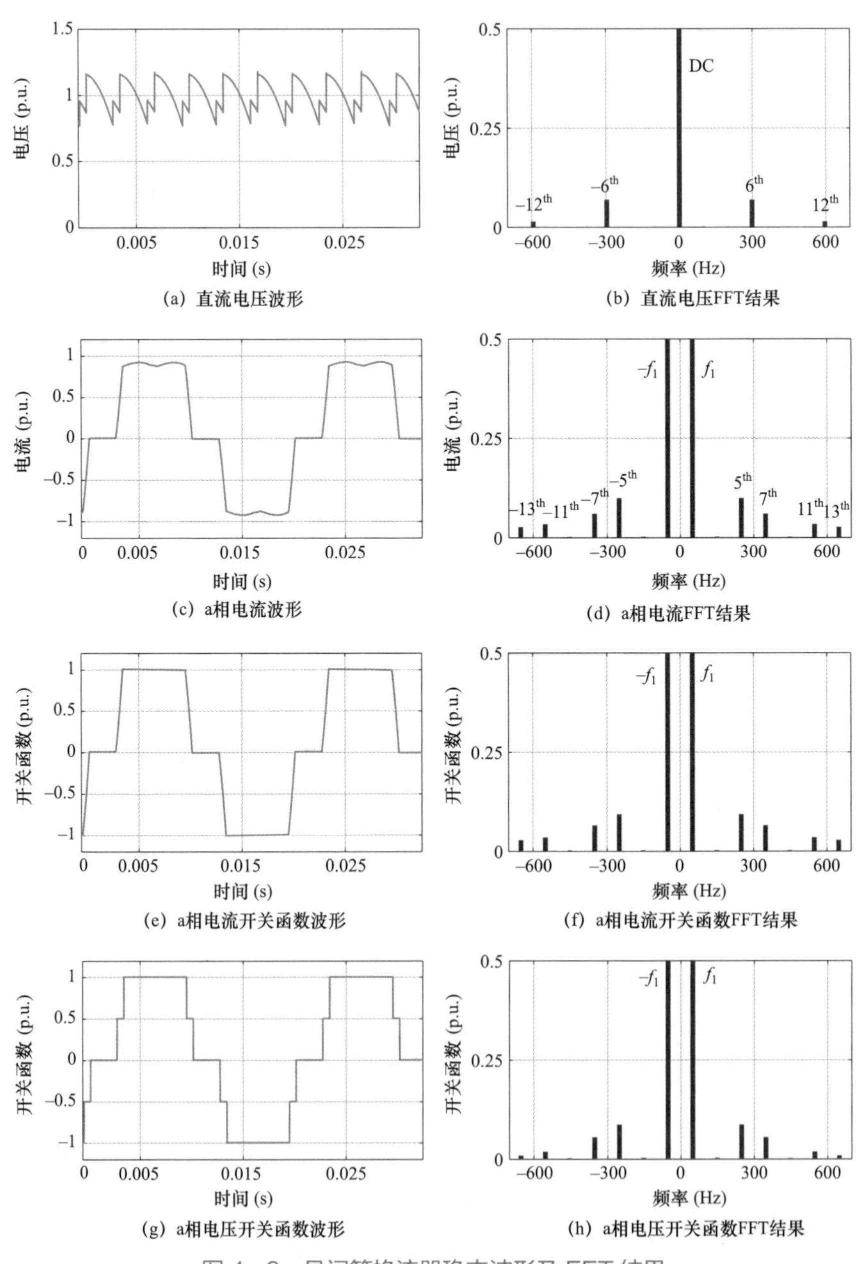

图 4-8 晶闸管换流器稳态波形及 FFT 结果

由图 4－8 可知，直流电压不仅含有直流分量，还含有 300Hz 整数倍谐波分量，即频率为$6nf_1$的特征谐波。交流电流和电流开关函数除了含有基频分量外，还含有±5、±7、±11、±13 次，即频率为$(6n+1)f_1$和$(6n-1)f_1$的稳态谐波分量。根据式（4－15），交流电流为电流开关函数与直流电流乘积。由于直流电流相对恒定，因此，交流电流与电流开关函数波形基本一致。上述电气量正、负频率稳态谐波分量的幅值相同，且频次越高，稳态分量幅值越小。

为了描述晶闸管换流器电压、电流频域特性，本节采用频域向量方法描述多频次稳态谐波特性，将电压、电流稳态谐波分量按照式（4－20）所示频率序列排成 $12g+3$ 行稳态向量，即

$$[(-6g-1)f_1,\ \cdots,\ -2f_1,\ -f_1,\ 0,\ f_1,\ 2f_1,\ \cdots,\ (6g+1)f_1]^{\mathrm{T}} \tag{4-20}$$

交流电压、交流电流以及开关函数稳态向量均仅含频率为$(6n+1)f_1$和$(6n-1)f_1$的稳态谐波分量。以 a 相为例，a 相交流电压稳态向量$\boldsymbol{V}_{\mathrm{a}}$和 a 相交流电流稳态向量$\boldsymbol{I}_{\mathrm{a}}$分别表示为

$$\begin{cases}\boldsymbol{V}_{\mathrm{a}}= & [\cdots,\ \boldsymbol{V}_7^*,\ 0,\ \boldsymbol{V}_5^*,\ 0,\ 0,\ 0,\ \boldsymbol{V}_1^*,\ 0,\ \boldsymbol{V}_1,\ 0,\ 0,\ 0,\ \boldsymbol{V}_5,\ 0,\ \boldsymbol{V}_7,\ \cdots]^{\mathrm{T}}\\ \boldsymbol{I}_{\mathrm{a}}= & [\cdots,\ \boldsymbol{I}_7^*,\ 0,\ \boldsymbol{I}_5^*,\ 0,\ 0,\ 0,\ \boldsymbol{I}_1^*,\ 0,\ \boldsymbol{I}_1,\ 0,\ 0,\ 0,\ \boldsymbol{I}_5,\ 0,\ \boldsymbol{I}_7,\ \cdots]^{\mathrm{T}}\end{cases} \tag{4-21}$$

式中，稳态向量中每个元素都用复矢量形式表示相应频率为kf_1的稳态谐波分量幅值与相位，即$\boldsymbol{V}_k=V_k\mathrm{e}^{\mathrm{j}\varphi_{vk}}$、$\boldsymbol{I}_k=I_k\mathrm{e}^{\mathrm{j}\varphi_{ik}}$，其中$k=0,\pm1,\pm2,\cdots,\pm(6g+1)$；负频率分量等于正频率分量的共轭，$\boldsymbol{V}_{-k}=\boldsymbol{V}_k^*$、$\boldsymbol{I}_{-k}=\boldsymbol{I}_k^*$，且频率为$kf_1$和$-kf_1$的稳态分量的幅值等于时域波形在频率为$kf_1$分量 FFT 幅值的一半。

根据三相相序关系，对于频率为kf_1的稳态分量，相邻两相之间的移相角为

$$-\frac{2k\pi}{3}=\begin{cases}-2\pi/3\ , & k=3n+1\\ 0\ , & k=3n\\ 2\pi/3\ , & k=3n-1\end{cases}\quad (n=0,\pm1,\pm2,\cdots) \tag{4-22}$$

式中：$-2\pi/3$ 表示三相之间相序关系为正序；$2\pi/3$ 表示三相之间相序关系为负序；0 表示三相之间相序关系为零序。

交流电压、交流电流含频率为$(6n\pm1)f_1$的稳态分量，其中，频率为$(6n+1)f_1$的稳态分量为正序分量，而频率为$(6n-1)f_1$的稳态分量为负序分量。

根据各频率稳态分量相序关系，由式（4－21）可得 b、c 两相交流电压、交流电流稳态向量，即

$$\boldsymbol{V}_{\mathrm{b}}=\boldsymbol{D}\boldsymbol{V}_{\mathrm{a}}，\boldsymbol{I}_{\mathrm{b}}=\boldsymbol{D}\boldsymbol{I}_{\mathrm{a}} \tag{4-23}$$

$$\boldsymbol{V}_{\mathrm{c}}=\boldsymbol{D}^{*}\boldsymbol{V}_{\mathrm{a}}，\boldsymbol{I}_{\mathrm{c}}=\boldsymbol{D}^{*}\boldsymbol{I}_{\mathrm{a}} \tag{4-24}$$

其中

$$\boldsymbol{D}=\mathrm{diag}\left[\{\mathrm{e}^{-\mathrm{j}2k\pi/3}\}\Big|_{k=-6g-1,\cdots,0,\cdots,6g+1}\right] \tag{4-25}$$

式中：$\boldsymbol{D}$ 为稳态向量相序系数矩阵。

考虑换相过程影响，a 相电压开关函数稳态向量 $\boldsymbol{S}_{\mathrm{va}}$ 和 a 相电流开关函数稳态向量 $\boldsymbol{S}_{\mathrm{ia}}$ 分别表示为

$$\begin{cases}\boldsymbol{S}_{\mathrm{va}}=[\cdots,\ \boldsymbol{S}_{\mathrm{v7}}^{*},\ 0,\ \boldsymbol{S}_{\mathrm{v5}}^{*},\ 0,\ 0,\ 0,\ \boldsymbol{S}_{\mathrm{v1}}^{*},\ 0,\ \boldsymbol{S}_{\mathrm{v1}},\ 0,\ 0,\ 0,\ \boldsymbol{S}_{\mathrm{v5}},\ 0,\ \boldsymbol{S}_{\mathrm{v7}},\ \cdots]^{\mathrm{T}}\\ \boldsymbol{S}_{\mathrm{ia}}=[\cdots,\ \boldsymbol{S}_{\mathrm{i7}}^{*},\ 0,\ \boldsymbol{S}_{\mathrm{i5}}^{*},\ 0,\ 0,\ 0,\ \boldsymbol{S}_{\mathrm{i1}}^{*},\ 0,\ \boldsymbol{S}_{\mathrm{i1}},\ 0,\ 0,\ 0,\ \boldsymbol{S}_{\mathrm{i5}},\ 0,\ \boldsymbol{S}_{\mathrm{i7}},\ \cdots]^{\mathrm{T}}\end{cases} \tag{4-26}$$

根据各频率稳态分量相序关系，可得 b、c 相电压开关函数稳态向量 $\boldsymbol{S}_{\mathrm{vb}}$、$\boldsymbol{S}_{\mathrm{vc}}$，以及 b、c 相电流开关函数稳态向量 $\boldsymbol{S}_{\mathrm{ib}}$、$\boldsymbol{S}_{\mathrm{ic}}$ 分别为

$$\begin{cases}\boldsymbol{S}_{\mathrm{vb}}=\boldsymbol{D}\boldsymbol{S}_{\mathrm{va}}，\quad \boldsymbol{S}_{\mathrm{ib}}=\boldsymbol{D}\boldsymbol{S}_{\mathrm{ia}}\\ \boldsymbol{S}_{\mathrm{vc}}=\boldsymbol{D}^{*}\boldsymbol{S}_{\mathrm{va}}，\quad \boldsymbol{S}_{\mathrm{ic}}=\boldsymbol{D}^{*}\boldsymbol{S}_{\mathrm{ia}}\end{cases} \tag{4-27}$$

直流电压、直流电流稳态向量含有频率为 $6nf_1$ 的稳态分量，且其他频率稳态分量均为 0。直流电压稳态向量 $\boldsymbol{V}_{\mathrm{dc}}$ 和直流电流稳态向量 $\boldsymbol{I}_{\mathrm{dc}}$ 分别表示为

$$\begin{cases}\boldsymbol{V}_{\mathrm{dc}}=[\cdots,\ 0,\ \boldsymbol{V}_{\mathrm{dc6}}^{*},\ 0,\ 0,\ 0,\ 0,\ 0,\ \boldsymbol{V}_{\mathrm{dc0}},\ 0,\ 0,\ 0,\ 0,\ 0,\ \boldsymbol{V}_{\mathrm{dc6}},\ 0,\ \cdots]^{\mathrm{T}}\\ \boldsymbol{I}_{\mathrm{dc}}=[\cdots,\ 0,\ \boldsymbol{I}_{\mathrm{dc6}}^{*},\ 0,\ 0,\ 0,\ 0,\ 0,\ \boldsymbol{I}_{\mathrm{dc0}},\ 0,\ 0,\ 0,\ 0,\ 0,\ \boldsymbol{I}_{\mathrm{dc6}},\ 0,\ \cdots]^{\mathrm{T}}\end{cases} \tag{4-28}$$

4.3.2　主电路频域模型

根据交流电压、电流，直流电压、电流，以及开关函数的稳态向量，建立晶闸管换流器主电路频域稳态模型。

将式（4-5）所示的交流回路时域模型转换至频域，可得晶闸管换流器交流回路频域稳态模型，即

$$\boldsymbol{V}_{\mathrm{T}l}=\boldsymbol{V}_l-\boldsymbol{Z}_{\mathrm{T0}}\boldsymbol{I}_l \tag{4-29}$$

式中：$\boldsymbol{V}_{\mathrm{T}l}$ 为三相交流输入电压稳态向量；$\boldsymbol{V}_l$ 为三相交流电压稳态向量；$\boldsymbol{I}_l$ 为三相交流电流稳态向量；$\boldsymbol{Z}_{\mathrm{T0}}$ 为稳态频率序列下等效换相电感阻抗。

$\boldsymbol{Z}_{\mathrm{T0}}$ 可表示为

$$\boldsymbol{Z}_{\mathrm{T0}}=\mathrm{j}2\pi L_{\mathrm{T}}\cdot\mathrm{diag}\left[(-6g-1)f_1,\ \cdots,\ -2f_1,\ -f_1,\ 0,\ f_1,\ 2f_1,\ \cdots,\ (6g+1)f_1\right] \tag{4-30}$$

根据式（4-2）和式（4-3）所示的交、直流电压、电流时域变换关系，将其转换

至频域，可表示为

$$\begin{cases} \boldsymbol{V}_{\mathrm{dc}} = \sum\limits_{l=\mathrm{a,b,c}} \boldsymbol{S}_{\mathrm{v}l} \otimes \boldsymbol{V}_{\mathrm{T}l} \\ \boldsymbol{I}_l = \boldsymbol{S}_{\mathrm{i}l} \otimes \boldsymbol{I}_{\mathrm{dc}} \end{cases} \tag{4-31}$$

为使用数量积代替卷积，需要将开关函数稳态向量扩展至矩阵形式，以 a 相为例，其电压开关函数稳态矩阵表达式为

$$\boldsymbol{S}_{\mathrm{va}} = \left[\begin{array}{ccccccccccccccc}
\ddots & & & & & & & & & & & & & & \iddots \\
0 & \boldsymbol{S}_{\mathrm{v1}}^* & 0 & 0 & 0 & \boldsymbol{S}_{\mathrm{v5}}^* & 0 & \boldsymbol{S}_{\mathrm{v7}}^* & 0 & 0 & 0 & \boldsymbol{S}_{\mathrm{v11}}^* & 0 & \boldsymbol{S}_{\mathrm{v13}}^* & 0 \\
\boldsymbol{S}_{\mathrm{v1}} & 0 & \boldsymbol{S}_{\mathrm{v1}}^* & 0 & 0 & 0 & \boldsymbol{S}_{\mathrm{v5}}^* & 0 & \boldsymbol{S}_{\mathrm{v7}}^* & 0 & 0 & 0 & \boldsymbol{S}_{\mathrm{v11}}^* & 0 & \boldsymbol{S}_{\mathrm{v13}}^* \\
0 & \boldsymbol{S}_{\mathrm{v1}} & 0 & \boldsymbol{S}_{\mathrm{v1}}^* & 0 & 0 & 0 & \boldsymbol{S}_{\mathrm{v5}}^* & 0 & \boldsymbol{S}_{\mathrm{v7}}^* & 0 & 0 & 0 & \boldsymbol{S}_{\mathrm{v11}}^* & 0 \\
0 & 0 & \boldsymbol{S}_{\mathrm{v1}} & 0 & \boldsymbol{S}_{\mathrm{v1}}^* & 0 & 0 & 0 & \boldsymbol{S}_{\mathrm{v5}}^* & 0 & \boldsymbol{S}_{\mathrm{v7}}^* & 0 & 0 & 0 & \boldsymbol{S}_{\mathrm{v11}}^* \\
0 & 0 & 0 & \boldsymbol{S}_{\mathrm{v1}} & 0 & \boldsymbol{S}_{\mathrm{v1}}^* & 0 & 0 & 0 & \boldsymbol{S}_{\mathrm{v5}}^* & 0 & \boldsymbol{S}_{\mathrm{v7}}^* & 0 & 0 & 0 \\
\boldsymbol{S}_{\mathrm{v5}} & 0 & 0 & 0 & \boldsymbol{S}_{\mathrm{v1}} & 0 & \boldsymbol{S}_{\mathrm{v1}}^* & 0 & 0 & 0 & \boldsymbol{S}_{\mathrm{v5}}^* & 0 & \boldsymbol{S}_{\mathrm{v7}}^* & 0 & 0 \\
0 & \boldsymbol{S}_{\mathrm{v5}} & 0 & 0 & 0 & \boldsymbol{S}_{\mathrm{v1}} & 0 & \boldsymbol{S}_{\mathrm{v1}}^* & 0 & 0 & 0 & \boldsymbol{S}_{\mathrm{v5}}^* & 0 & \boldsymbol{S}_{\mathrm{v7}}^* & 0 \\
\boldsymbol{S}_{\mathrm{v7}} & 0 & \boldsymbol{S}_{\mathrm{v5}} & 0 & 0 & 0 & \boldsymbol{S}_{\mathrm{v1}} & 0 & \boldsymbol{S}_{\mathrm{v1}}^* & 0 & 0 & 0 & \boldsymbol{S}_{\mathrm{v5}}^* & 0 & \boldsymbol{S}_{\mathrm{v7}}^* \\
0 & \boldsymbol{S}_{\mathrm{v7}} & 0 & \boldsymbol{S}_{\mathrm{v5}} & 0 & 0 & 0 & \boldsymbol{S}_{\mathrm{v1}} & 0 & \boldsymbol{S}_{\mathrm{v1}}^* & 0 & 0 & 0 & \boldsymbol{S}_{\mathrm{v5}}^* & 0 \\
0 & 0 & \boldsymbol{S}_{\mathrm{v7}} & 0 & \boldsymbol{S}_{\mathrm{v5}} & 0 & 0 & 0 & \boldsymbol{S}_{\mathrm{v1}} & 0 & \boldsymbol{S}_{\mathrm{v1}}^* & 0 & 0 & 0 & \boldsymbol{S}_{\mathrm{v5}}^* \\
0 & 0 & 0 & \boldsymbol{S}_{\mathrm{v7}} & 0 & \boldsymbol{S}_{\mathrm{v5}} & 0 & 0 & 0 & \boldsymbol{S}_{\mathrm{v1}} & 0 & \boldsymbol{S}_{\mathrm{v1}}^* & 0 & 0 & 0 \\
\boldsymbol{S}_{\mathrm{v11}} & 0 & 0 & 0 & \boldsymbol{S}_{\mathrm{v7}} & 0 & \boldsymbol{S}_{\mathrm{v5}} & 0 & 0 & 0 & \boldsymbol{S}_{\mathrm{v1}} & 0 & \boldsymbol{S}_{\mathrm{v1}}^* & 0 & 0 \\
0 & \boldsymbol{S}_{\mathrm{v11}} & 0 & 0 & 0 & \boldsymbol{S}_{\mathrm{v7}} & 0 & \boldsymbol{S}_{\mathrm{v5}} & 0 & 0 & 0 & \boldsymbol{S}_{\mathrm{v1}} & 0 & \boldsymbol{S}_{\mathrm{v1}}^* & 0 \\
\boldsymbol{S}_{\mathrm{v13}} & 0 & \boldsymbol{S}_{\mathrm{v11}} & 0 & 0 & 0 & \boldsymbol{S}_{\mathrm{v7}} & 0 & \boldsymbol{S}_{\mathrm{v5}} & 0 & 0 & 0 & \boldsymbol{S}_{\mathrm{v1}} & 0 & \boldsymbol{S}_{\mathrm{v1}}^* \\
0 & \boldsymbol{S}_{\mathrm{v13}} & 0 & \boldsymbol{S}_{\mathrm{v11}} & 0 & 0 & 0 & \boldsymbol{S}_{\mathrm{v7}} & 0 & \boldsymbol{S}_{\mathrm{v5}} & 0 & 0 & 0 & \boldsymbol{S}_{\mathrm{v1}} & 0 \\
\iddots & & & & & & & & & & & & & & \ddots
\end{array}\right] \tag{4-32}$$

对式（4-32）具体说明如下：

（1）稳态向量逆序排列成行向量作为稳态矩阵最中间一行（第$6g+2$行）。

（2）中间行以上的第k行通过将中间行向左移动k个元素得到，并且末尾k个元素用 0 补齐。

（3）中间行以下的第k行通过将中间行向右移动k个元素得到，并且前k个元素用 0 补齐。

根据相同方法，可分别得到 a 相交流电压稳态矩阵$\boldsymbol{V}_{\mathrm{a}}$、a 相交流输入电压稳态矩阵$\boldsymbol{V}_{\mathrm{Ta}}$，以及 a 相电流开关函数稳态矩阵$\boldsymbol{S}_{\mathrm{ia}}$。

由于交、直流端口特征谐波频次不同，直流端口电气量稳态矩阵需单独建立。直流电流稳态矩阵$\boldsymbol{I}_{\mathrm{dc}}$可表示为

$$
\boldsymbol{I}_{\mathrm{dc}}=\begin{bmatrix}
\ddots & & & & & & & & & & & & & & & & \iddots \\
& \boldsymbol{I}_{\mathrm{dc0}} & 0 & 0 & 0 & 0 & 0 & \boldsymbol{I}_{\mathrm{dc6}}^{*} & 0 & 0 & 0 & 0 & 0 & \boldsymbol{I}_{\mathrm{dc12}}^{*} & 0 & 0 & \\
& 0 & \boldsymbol{I}_{\mathrm{dc0}} & 0 & 0 & 0 & 0 & 0 & \boldsymbol{I}_{\mathrm{dc6}}^{*} & 0 & 0 & 0 & 0 & 0 & \boldsymbol{I}_{\mathrm{dc12}}^{*} & 0 & \\
& 0 & 0 & \boldsymbol{I}_{\mathrm{dc0}} & 0 & 0 & 0 & 0 & 0 & \boldsymbol{I}_{\mathrm{dc6}}^{*} & 0 & 0 & 0 & 0 & 0 & \boldsymbol{I}_{\mathrm{dc12}}^{*} & \\
& 0 & 0 & 0 & \boldsymbol{I}_{\mathrm{dc0}} & 0 & 0 & 0 & 0 & 0 & \boldsymbol{I}_{\mathrm{dc6}}^{*} & 0 & 0 & 0 & 0 & 0 & \\
& 0 & 0 & 0 & 0 & \boldsymbol{I}_{\mathrm{dc0}} & 0 & 0 & 0 & 0 & 0 & \boldsymbol{I}_{\mathrm{dc6}}^{*} & 0 & 0 & 0 & 0 & \\
& 0 & 0 & 0 & 0 & 0 & \boldsymbol{I}_{\mathrm{dc0}} & 0 & 0 & 0 & 0 & 0 & \boldsymbol{I}_{\mathrm{dc6}}^{*} & 0 & 0 & 0 & \\
& \boldsymbol{I}_{\mathrm{dc6}} & 0 & 0 & 0 & 0 & 0 & \boldsymbol{I}_{\mathrm{dc0}} & 0 & 0 & 0 & 0 & 0 & \boldsymbol{I}_{\mathrm{dc6}}^{*} & 0 & 0 & \\
& 0 & \boldsymbol{I}_{\mathrm{dc6}} & 0 & 0 & 0 & 0 & 0 & \boldsymbol{I}_{\mathrm{dc0}} & 0 & 0 & 0 & 0 & 0 & \boldsymbol{I}_{\mathrm{dc6}}^{*} & 0 & \\
& 0 & 0 & \boldsymbol{I}_{\mathrm{dc6}} & 0 & 0 & 0 & 0 & 0 & \boldsymbol{I}_{\mathrm{dc0}} & 0 & 0 & 0 & 0 & 0 & \boldsymbol{I}_{\mathrm{dc6}}^{*} & \\
& 0 & 0 & 0 & \boldsymbol{I}_{\mathrm{dc6}} & 0 & 0 & 0 & 0 & 0 & \boldsymbol{I}_{\mathrm{dc0}} & 0 & 0 & 0 & 0 & 0 & \\
& 0 & 0 & 0 & 0 & \boldsymbol{I}_{\mathrm{dc6}} & 0 & 0 & 0 & 0 & 0 & \boldsymbol{I}_{\mathrm{dc0}} & 0 & 0 & 0 & 0 & \\
& 0 & 0 & 0 & 0 & 0 & \boldsymbol{I}_{\mathrm{dc6}} & 0 & 0 & 0 & 0 & 0 & \boldsymbol{I}_{\mathrm{dc0}} & 0 & 0 & 0 & \\
& \boldsymbol{I}_{\mathrm{dc12}} & 0 & 0 & 0 & 0 & 0 & \boldsymbol{I}_{\mathrm{dc6}} & 0 & 0 & 0 & 0 & 0 & \boldsymbol{I}_{\mathrm{dc0}} & 0 & 0 & \\
& 0 & \boldsymbol{I}_{\mathrm{dc12}} & 0 & 0 & 0 & 0 & 0 & \boldsymbol{I}_{\mathrm{dc6}} & 0 & 0 & 0 & 0 & 0 & \boldsymbol{I}_{\mathrm{dc0}} & 0 & \\
& 0 & 0 & \boldsymbol{I}_{\mathrm{dc12}} & 0 & 0 & 0 & 0 & 0 & \boldsymbol{I}_{\mathrm{dc6}} & 0 & 0 & 0 & 0 & 0 & \boldsymbol{I}_{\mathrm{dc0}} & \\
\iddots & & & & & & & & & & & & & & & & \ddots
\end{bmatrix} \tag{4-33}
$$

对于交、直流端口电压变换，直流电压稳态向量$\boldsymbol{V}_{\mathrm{dc}}$等于三相电压开关函数稳态矩阵$\boldsymbol{S}_{\mathrm{v}l}$与三相交流输入电压稳态向量$\boldsymbol{V}_{\mathrm{T}l}$乘积之和。其中，电压开关函数和交流输入电压均含频率为$(6n\pm1)f_1$的稳态分量。

三相电压开关函数稳态向量$\boldsymbol{S}_{\mathrm{v}l}$中频率为$(6n_1+1)f_1(n_1=0,\pm1,\pm2,\pm3,\cdots)$的分量与三相交流输入电压稳态向量$\boldsymbol{V}_{\mathrm{T}l}$中频率为$(6n_2-1)f_1(n_2=0,\pm1,\pm2,\pm3,\cdots)$的分量相乘，或者三相电压开关函数稳态向量$\boldsymbol{S}_{\mathrm{v}l}$中频率为$(6n_1-1)f_1$的向量与三相交流输入电压稳态向量$\boldsymbol{V}_{\mathrm{T}l}$中频率为$(6n_2+1)f_1$的分量相乘，均产生频率为$6(n_1+n_2)f_1$的稳态分量，即零序分量，其三相之和构成直流电压稳态向量$\boldsymbol{V}_{\mathrm{dc}}$。

由此可得表4－3所示的交、直流电压频率分布特性与开关函数之间的关系。

表4－3　　交、直流电压频率分布特性与开关函数之间关系

$V_{\mathrm{T}l}$	$S_{\mathrm{v}l}$	V_{dc}
$(6n_2+1)f_1$	$(6n_1-1)f_1$	$6(n_1+n_2)f_1$
$(6n_2-1)f_1$	$(6n_1+1)f_1$	

类似地，可得表4－4所示的交、直流电流频率分布特性与开关函数之间的关系。

表 4-4　　交、直流电流频率分布特性与开关函数之间的关系

I_{dc}	S_{il}	I_l
$6n_2f_1$	$(6n_1+1)f_1$	$[6(n_1+n_2)+1]f_1$
	$(6n_1-1)f_1$	$[6(n_1+n_2)-1]f_1$

上述交、直流稳态分量频率分布特性与图 4-8 所示一致。为了简化描述，不同稳态分量的频率统一用 n 表示，通过不同取值替代 n_1 、 n_2 之和。交流电压、电流以及开关函数稳态向量含频率为 $(6n\pm1)f_1$ 的分量，直流电压、电流稳态向量含频率为 $6nf_1$ 的分量。

4.4　小信号频域阻抗建模

本节将对晶闸管换流器进行小信号阻抗建模。首先，在交流电压稳态工作点叠加一个特定频率的小信号扰动；然后，分析小信号在电压、电流及开关函数之间的频域分布特性，建立主电路小信号频域模型；最后，通过推导交流电流对交流电压扰动的小信号响应，建立晶闸管换流器交流端口阻抗模型。

4.4.1　小信号频域特性分析

在晶闸管换流器交流电压工作点上，叠加一个特定频率的正序电压小信号扰动，且该小信号不影响晶闸管正常导通与关断。通过晶闸管导通关断过程，直流电压将会产生小信号分量。直流电压小信号分量作用于直流平波电抗器，导致直流电流产生小信号分量。该小信号分量再通过晶闸管的导通关断过程，导致交流电流产生小信号响应分量。晶闸管换流器小信号传递通路如图 4-9 所示。

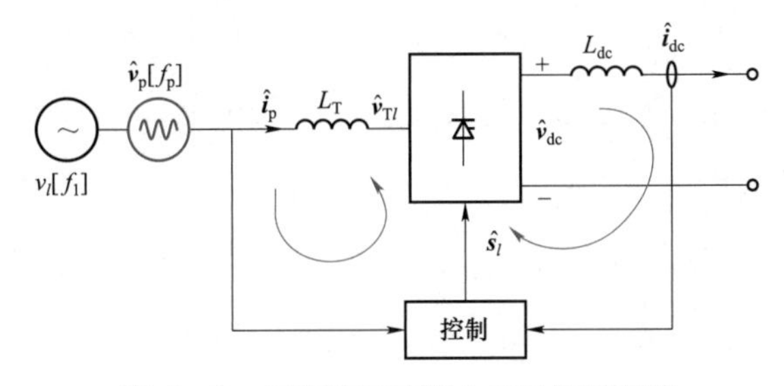

图 4-9　晶闸管换流器小信号传递通路

在交流电压稳态工作点上叠加一个频率为 f_p 的正序电压小信号扰动，三相交流电压小信号向量为 $\hat{\boldsymbol{v}}_l$，其与三相交流输入电压小信号向量 $\hat{\boldsymbol{v}}_{Tl}$ 的压差作用于晶闸管换流器等效

换相电感 L_{T} 上，导致三相交流电流小信号向量 $\hat{\boldsymbol{i}}_l$ 产生频率为 f_{p} 的分量，从而导致三相交流输入电压小信号向量 $\hat{\boldsymbol{v}}_{\mathrm{T}l}$ 产生频率为 f_{p} 的分量。

三相交流输入电压小信号向量 $\hat{\boldsymbol{v}}_{\mathrm{T}l}$ 中频率为 f_{p} 的分量与三相电压开关函数稳态向量 $\boldsymbol{S}_{\mathrm{v}l}$ 中频率为 $(6n-1)f_1$ 的分量相乘后，将产生频率为 $(6n-1)f_1+f_{\mathrm{p}}$ 的零序小信号分量，三相之和不为零，导致直流电压小信号向量 $\hat{\boldsymbol{v}}_{\mathrm{dc}}$ 产生频率为 $6nf_1+f_{\mathrm{p}}-f_1$ 的分量。

直流电压小信号向量 $\hat{\boldsymbol{v}}_{\mathrm{dc}}$ 中频率为 $6nf_1+f_{\mathrm{p}}-f_1$ 的分量与直流平波电抗器出口电压的压差作用于直流平波电抗器，导致直流电流小信号向量 $\hat{\boldsymbol{i}}_{\mathrm{dc}}$ 产生频率为 $6nf_1+f_{\mathrm{p}}-f_1$ 的分量。直流电流小信号向量 $\hat{\boldsymbol{i}}_{\mathrm{dc}}$ 中频率为 $6nf_1+f_{\mathrm{p}}-f_1$ 的分量与三相电流开关函数稳态向量 $\boldsymbol{S}_{\mathrm{i}l}$ 中频率为 $(6n\pm1)f_1$ 的分量相乘后，导致三相交流电流小信号向量 $\hat{\boldsymbol{i}}_l$ 产生频率为 $(6n\pm1)f_1+f_{\mathrm{p}}-f_1$ 的分量。三相交流电流小信号向量 $\hat{\boldsymbol{i}}_l$ 中频率为 $(6n\pm1)f_1+f_{\mathrm{p}}-f_1$ 的分量流过等效换相电感，导致三相交流输入电压小信号向量 $\hat{\boldsymbol{v}}_{\mathrm{T}l}$ 产生频率为 $(6n\pm1)f_1+f_{\mathrm{p}}-f_1$ 的分量。

三相交流输入电压小信号向量 $\hat{\boldsymbol{v}}_{\mathrm{T}l}$ 中频率为 $(6n+1)f_1+f_{\mathrm{p}}-f_1$ 和 $(6n-1)f_1+f_{\mathrm{p}}-f_1$ 的分量分别与三相电压开关函数稳态向量 $\boldsymbol{S}_{\mathrm{v}l}$ 中频率为 $(6n-1)f_1$ 和 $(6n+1)f_1$ 的分量相乘后，导致直流电压小信号向量 $\hat{\boldsymbol{v}}_{\mathrm{dc}}$ 中产生频率为 $6nf_1+f_{\mathrm{p}}-f_1$ 的分量。直流电压小信号向量 $\hat{\boldsymbol{v}}_{\mathrm{dc}}$ 中频率为 $6nf_1+f_{\mathrm{p}}-f_1$ 的分量与直流平波电抗器出口电压的压差作用于直流平波电抗器，导致直流电流小信号向量 $\hat{\boldsymbol{i}}_{\mathrm{dc}}$ 产生频率为 $6nf_1+f_{\mathrm{p}}-f_1$ 的分量。直流电流小信号向量 $\hat{\boldsymbol{i}}_{\mathrm{dc}}$ 中频率为 $6nf_1+f_{\mathrm{p}}-f_1$ 的分量与三相电流开关函数稳态向量 $\boldsymbol{S}_{\mathrm{i}l}$ 中频率为 $(6n\pm1)f_1$ 的分量相乘后，导致三相交流电流小信号向量 $\hat{\boldsymbol{i}}_l$ 产生频率为 $(6n\pm1)f_1+f_{\mathrm{p}}-f_1$ 的分量。

此外，控制电路导致电压、电流开关函数产生小信号分量。在 PLL 和直流电流控制下，三相电压开关函数小信号向量 $\hat{\boldsymbol{s}}_{\mathrm{v}l}$ 和三相电流开关函数小信号向量 $\hat{\boldsymbol{s}}_{\mathrm{i}l}$ 中将产生频率为 $(6n\pm1)f_1+f_{\mathrm{p}}-f_1$ 的分量。三相电压开关函数小信号向量 $\hat{\boldsymbol{s}}_{\mathrm{v}l}$ 中频率为 $(6n\pm1)f_1+f_{\mathrm{p}}-f_1$ 的分量与三相交流输入电压稳态向量 $\boldsymbol{V}_{\mathrm{i}l}$ 中频率为 $(6n\pm1)f_1$ 的分量相乘后，将导致直流电压小信号向量 $\hat{\boldsymbol{v}}_{\mathrm{dc}}$ 产生频率为 $6nf_1+f_{\mathrm{p}}-f_1$ 的分量。三相电流开关函数小信号向量 $\hat{\boldsymbol{s}}_{\mathrm{i}l}$ 中频率为 $(6n\pm1)f_1+f_{\mathrm{p}}-f_1$ 的分量与直流电流稳态向量 $\boldsymbol{I}_{\mathrm{dc}}$ 中频率为 $6nf_1$ 的分量相乘后，将导致三相交流电流小信号向量 $\hat{\boldsymbol{i}}_l$ 产生频率为 $(6n\pm1)f_1+f_{\mathrm{p}}-f_1$ 的分量。上述过程反复迭代，最终达到平衡。

晶闸管换流器小信号频率分布特征如图 4－10 所示。

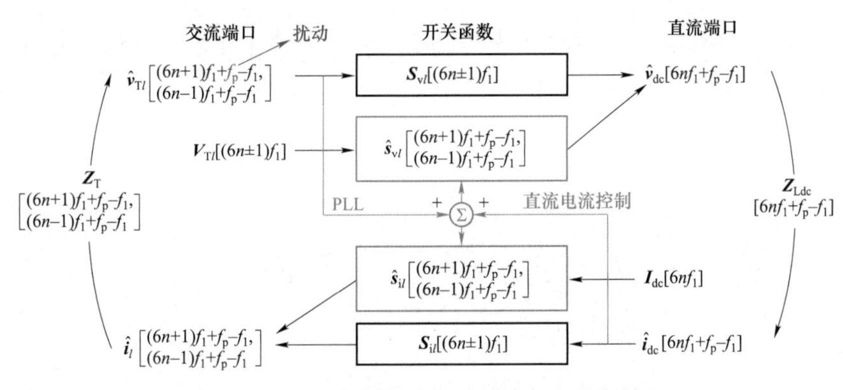

图 4－10　晶闸管换流器小信号频率分布特征

除了稳态分量与小信号分量相乘外，小信号分量与小信号分量相乘也将产生高阶（二阶及以上）小信号分量，该小信号分量幅值较小，在线性化建模过程中可忽略不计。

在晶闸管换流器交流端口叠加扰动频率 f_p 为 30Hz、幅值为 5%的正序电压小信号扰动。晶闸管换流器主电路及控制参数如表 4－5 所示。达到稳态运行时，晶闸管换流器交、直流电压及电压开关函数小信号波形及 FFT 结果如图 4－11 所示。

表 4－5　　晶闸管换流器主电路及控制参数

参数	定义	数值
P_N	额定功率	400MW
V_1	交流电压基频分量幅值	255kV
f_1	基波频率	50Hz
L_T	晶闸管换流器等效换相电感	38.8mH
L_{dc}	直流平波电抗器	300mH
V_{dc}	直流电压稳态值	400kV
K_{pp}、K_{pi}	PLL 控制器比例、积分系数	0.0105、0.3333
K_{idcp}、K_{idci}	直流电流控制器比例、积分系数	0.0096、0.4286
T_{idcf}	直流电流滤波时间常数	0.0012

交、直流电压以及电压开关函数均包含多频次稳态、小信号分量，图 4－11 给出 －700～＋700Hz 频率范围内的 FFT 结果。由图可见，在叠加电压小信号扰动后，交流输入电压和电压开关函数除了含有频率为 $(6n\pm1)f_1$ 的稳态谐波分量外，还含有频率为 $(6n+1)f_1+f_p-f_1$（－570、－270、30、330、630Hz），以及频率为 $(6n-1)f_1+f_p-f_1$

（-670、-370、-70、230、530Hz）的小信号分量。直流电压除含有频率为$6nf_1$的稳态谐波分量外，还含有频率为$6nf_1+f_p-f_1$（-620、-320、-20、280、580Hz）的小信号分量。

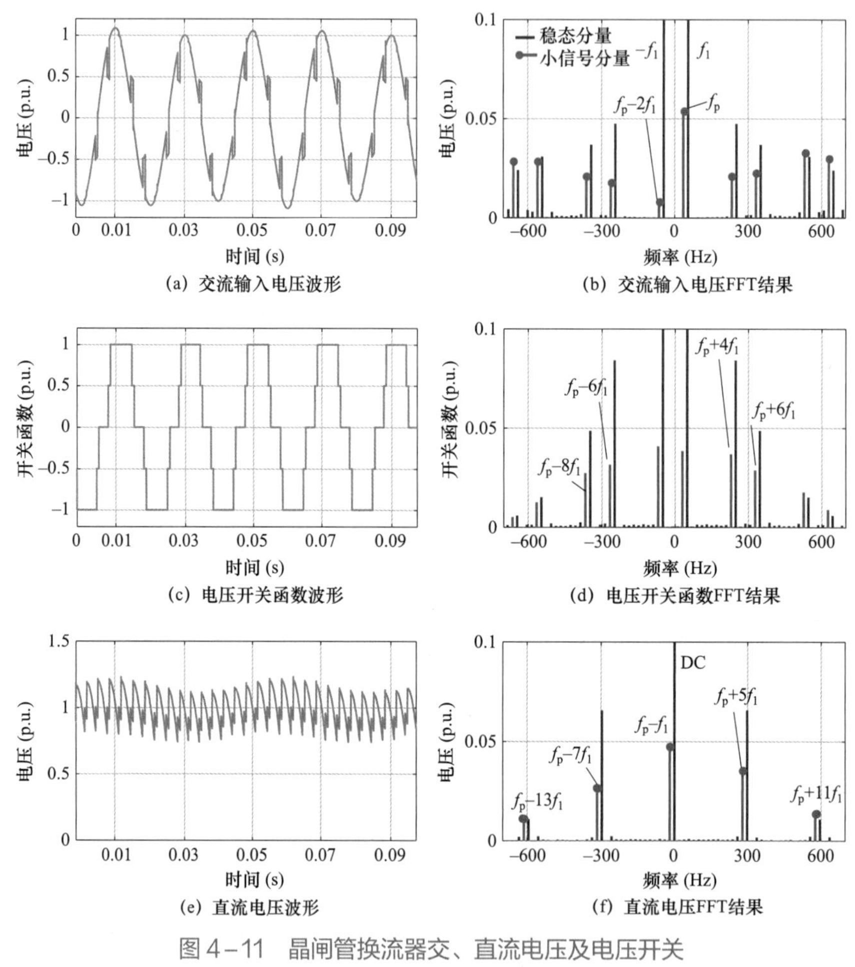

图4-11 晶闸管换流器交、直流电压及电压开关函数小信号波形及FFT结果

相应的，晶闸管换流器交、直流电流及电流开关函数小信号波形及FFT结果如图4-12所示。对比图4-11和图4-12可知，交流电压、交流电流，以及电压、电流开关函数小信号分量频率相同，均为$(6n\pm1)f_1+f_p-f_1$；直流电压、直流电流的小信号分量频率相同，均为$6nf_1+f_p-f_1$。

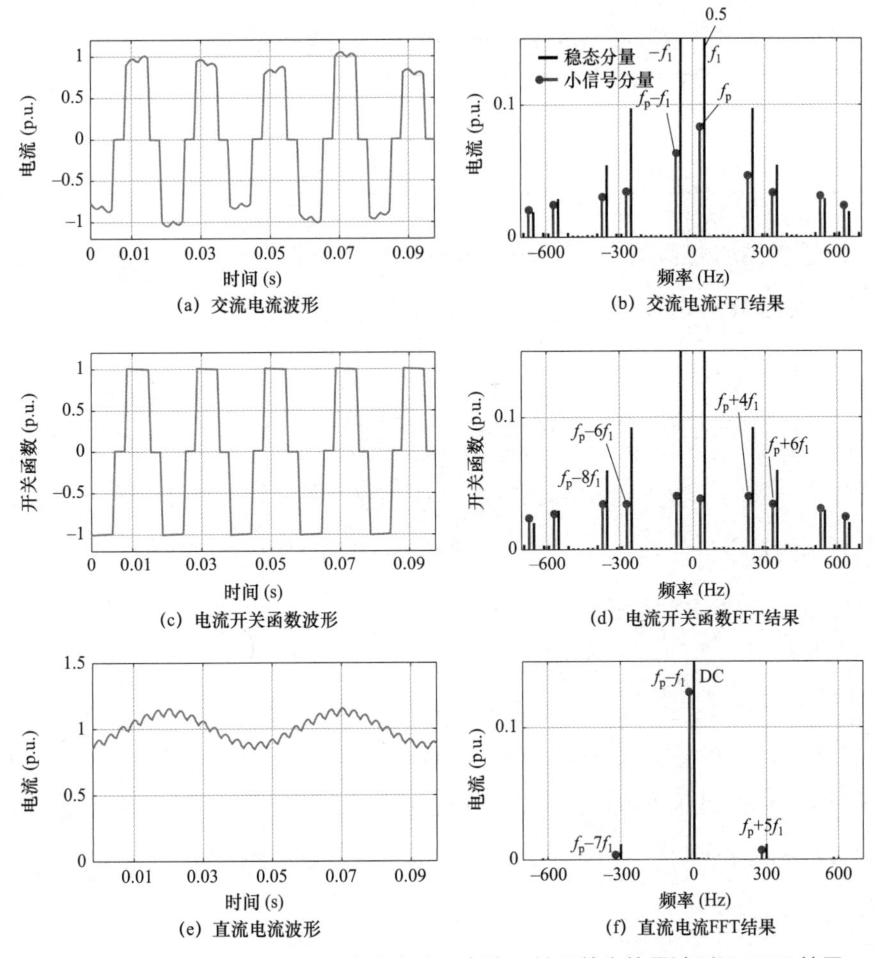

(a) 交流电流波形　(b) 交流电流FFT结果

(c) 电流开关函数波形　(d) 电流开关函数FFT结果

(e) 直流电流波形　(f) 直流电流FFT结果

图 4-12　晶闸管换流器交、直流电流及电流开关函数小信号波形及 FFT 结果

综上所述，交流输入电压小信号分量与电压开关函数稳态分量相乘，以及电压开关函数小信号分量与交流输入电压稳态分量相乘，均产生直流电压小信号分量；直流电流小信号分量与电流开关函数稳态分量相乘，以及电流开关函数小信号分量与直流电流稳态分量相乘，均产生交流电流小信号分量。交、直流电压及电压开关函数小信号向量频域分布特性如表 4-6 所示，交、直流电流及电流开关函数小信号向量频域分布特性如表 4-7 所示。

表 4-6　　交、直流电压及电压开关函数小信号向量频域分布特性

小信号向量	$\hat{\boldsymbol{v}}_{Tl}$		$\hat{\boldsymbol{s}}_{vl}$		$\hat{\boldsymbol{v}}_{dc}$
频率	$(6n+1)f_1+f_p-f_1$	$(6n-1)f_1+f_p-f_1$	$(6n+1)f_1+f_p-f_1$	$(6n-1)f_1+f_p-f_1$	$6nf_1+f_p-f_1$

表 4-7 交、直流电流及电流开关函数小信号向量频域分布特性

小信号向量	$\hat{i}_{dc}$	$\hat{s}_{il}$		$\hat{i}_l$	
频率	$6nf_1+f_p-f_1$	$(6n+1)f_1+f_p-f_1$	$(6n-1)f_1+f_p-f_1$	$(6n+1)f_1+f_p-f_1$	$(6n-1)f_1+f_p-f_1$

为了描述晶闸管换流器各环节小信号频域特性，将交流电压、电流，直流电压、电流，及开关函数的小信号分量按照下述小信号频率序列排成$12g+3$行小信号向量，即

$$\begin{matrix}[& f_p-(6g+2)f_1, & f_p-(6g+1)f_1, & f_p-6gf_1, & \cdots, \\ \cdots, & f_p-2f_1, & f_p-f_1, & f_p, & \cdots, \\ \cdots, & f_p+(6g-2)f_1, & f_p+(6g-1)f_1, & f_p+6gf_1 &]^T\end{matrix} \tag{4-34}$$

对于频率为$kf_1+f_p-f_1[k=0,\pm1,\pm2,\cdots,\pm(6g+1)]$的交流电压、电流以及开关函数小信号分量，a、b、c 三相之间的移相关系为

$$-\frac{2k\pi}{3}=\begin{cases}-2\pi/3 & , \ k=3n+1 \\ 0 & , \ k=3n \\ 2\pi/3 & , \ k=3n-1\end{cases} \quad (n=0,\pm1,\pm2,\cdots) \tag{4-35}$$

交流电压、电流，开关函数仅含频率为$(6n\pm1)f_1+f_p-f_1$的小信号分量。根据式（4-35）可知，频率为$(6n+1)f_1+f_p-f_1$的小信号分量为正序分量；频率为$(6n-1)f_1+f_p-f_1$的小信号分量为负序分量。

以 a 相为例，a 相交流电压小信号向量$\hat{\boldsymbol{v}}_a$和 a 相交流电流小信号向量$\hat{\boldsymbol{i}}_a$分别表示为

$$\begin{cases}\hat{\boldsymbol{v}}_a= & [\cdots, \ \hat{\boldsymbol{v}}_{p-8}, \ 0, \ \hat{\boldsymbol{v}}_{p-6}, \ 0, \ 0, \ 0, \ \hat{\boldsymbol{v}}_{p-2}, \ 0, \ \hat{\boldsymbol{v}}_p, \ 0, \ 0, \ 0, \ \hat{\boldsymbol{v}}_{p+4}, \ 0, \ \hat{\boldsymbol{v}}_{p+6}, \ \cdots]^T \\ \hat{\boldsymbol{i}}_a= & [\cdots, \ \hat{\boldsymbol{i}}_{p-8}, \ 0, \ \hat{\boldsymbol{i}}_{p-6}, \ 0, \ 0, \ 0, \ \hat{\boldsymbol{i}}_{p-2}, \ 0, \ \hat{\boldsymbol{i}}_p, \ 0, \ 0, \ 0, \ \hat{\boldsymbol{i}}_{p+4}, \ 0, \ \hat{\boldsymbol{i}}_{p+6}, \ \cdots]^T\end{cases} \tag{4-36}$$

式中，元素$\hat{\boldsymbol{v}}_{p+k-1}$、$\hat{\boldsymbol{i}}_{p+k-1}$的下标表示该元素的频率为$f_p+(k-1)f_1$，下文小信号向量的定义与式（4-36）一致。交流电压、交流电流小信号向量含有频率为$6nf_1+f_p$和$(6n-2)f_1+f_p$的小信号分量，其他频次分量均为 0。需要说明的是，当交流端口接入理想电网时，注入交流电压小信号扰动后，受电网电压钳位作用，交流电压将仅含频率为f_p的小信号分量，其他频率小信号分量均为 0。

开关函数小信号向量所含分量的频次与交流电压、交流电流一致，则 a 相电压开关

函数小信号向量 $\hat{\boldsymbol{s}}_{\mathrm{va}}$ 和 a 相电流开关函数小信号向量 $\hat{\boldsymbol{s}}_{\mathrm{ia}}$ 可表示为

$$\begin{cases}\hat{\boldsymbol{s}}_{\mathrm{va}}= & [\cdots, & \hat{s}_{\mathrm{vp}-8}, & 0, & \hat{s}_{\mathrm{vp}-6}, & 0, & 0, & 0, & \hat{s}_{\mathrm{vp}-2}, & 0, & \hat{s}_{\mathrm{vp}}, & 0, & 0, & 0, & \hat{s}_{\mathrm{vp}+4}, & 0, & \hat{s}_{\mathrm{vp}+6}, & \cdots]^{\mathrm{T}} \\ \hat{\boldsymbol{s}}_{\mathrm{ia}}= & [\cdots, & \hat{s}_{\mathrm{ip}-8}, & 0, & \hat{s}_{\mathrm{ip}-6}, & 0, & 0, & 0, & \hat{s}_{\mathrm{ip}-2}, & 0, & \hat{s}_{\mathrm{ip}}, & 0, & 0, & 0, & \hat{s}_{\mathrm{ip}+4}, & 0, & \hat{s}_{\mathrm{ip}+6}, & \cdots]^{\mathrm{T}}\end{cases} \tag{4-37}$$

根据式（4－35）所示小信号分量三相相序关系，可得 b、c 两相交流电压、交流电流以及开关函数小信号向量表达式，即

$$\begin{cases}\hat{\boldsymbol{v}}_{\mathrm{b}}=\boldsymbol{D}_{\mathrm{p}}\hat{\boldsymbol{v}}_{\mathrm{a}}, & \hat{\boldsymbol{i}}_{\mathrm{b}}=\boldsymbol{D}_{\mathrm{p}}\hat{\boldsymbol{i}}_{\mathrm{a}}, & \hat{\boldsymbol{s}}_{\mathrm{vb}}=\boldsymbol{D}_{\mathrm{p}}\hat{\boldsymbol{s}}_{\mathrm{va}}, & \hat{\boldsymbol{s}}_{\mathrm{ib}}=\boldsymbol{D}_{\mathrm{p}}\hat{\boldsymbol{s}}_{\mathrm{ia}} \\ \hat{\boldsymbol{v}}_{\mathrm{c}}=\boldsymbol{D}_{\mathrm{p}}^{*}\hat{\boldsymbol{v}}_{\mathrm{a}}, & \hat{\boldsymbol{i}}_{\mathrm{c}}=\boldsymbol{D}_{\mathrm{p}}^{*}\hat{\boldsymbol{i}}_{\mathrm{a}}, & \hat{\boldsymbol{s}}_{\mathrm{vc}}=\boldsymbol{D}_{\mathrm{p}}^{*}\hat{\boldsymbol{s}}_{\mathrm{va}}, & \hat{\boldsymbol{s}}_{\mathrm{ic}}=\boldsymbol{D}_{\mathrm{p}}^{*}\hat{\boldsymbol{s}}_{\mathrm{ia}}\end{cases} \tag{4-38}$$

其中

$$\boldsymbol{D}_{\mathrm{p}}=\mathrm{diag}\left[\{\mathrm{e}^{-\mathrm{j}2k\pi/3}\}\Big|_{k=-6g-1,\cdots,0,\cdots,6g+1}\right] \tag{4-39}$$

式中：$\boldsymbol{D}_{\mathrm{p}}$ 为小信号向量相序系数矩阵。

直流电压、直流电流含有频率为 $6nf_1+f_{\mathrm{p}}-f_1$ 的小信号分量。直流电压小信号向量和直流电流小信号向量 $\hat{\boldsymbol{i}}_{\mathrm{dc}}$ 可表示为

$$\begin{cases}\hat{\boldsymbol{v}}_{\mathrm{dc}}= & [\cdots, & 0, & \hat{v}_{\mathrm{dcp}-7}, & 0 & 0, & 0, & 0, & 0 & \hat{v}_{\mathrm{dcp}-1}, & 0 & 0, & 0, & 0, & 0, & \hat{v}_{\mathrm{dcp}+5}, & 0, & \cdots]^{\mathrm{T}} \\ \hat{\boldsymbol{i}}_{\mathrm{dc}}= & [\cdots, & 0, & \hat{i}_{\mathrm{dcp}-7}, & 0 & 0, & 0, & 0, & 0 & \hat{i}_{\mathrm{dcp}-1}, & 0 & 0, & 0, & 0, & 0, & \hat{i}_{\mathrm{dcp}+5}, & 0, & \cdots]^{\mathrm{T}}\end{cases} \tag{4-40}$$

4.4.2　主电路小信号频域模型

根据晶闸管换流器交流电压、电流，直流电压、电流，以及开关函数的小信号向量，在主电路频域稳态模型基础上，建立主电路小信号频域模型。

三相交流输入电压小信号向量 $\hat{\boldsymbol{v}}_{\mathrm{T}l}$ 与三相交流电压小信号向量 $\hat{\boldsymbol{v}}_l$、三相交流电流小信号向量 $\hat{\boldsymbol{i}}_l$ 之间的关系满足

$$\hat{\boldsymbol{v}}_{\mathrm{T}l}=\hat{\boldsymbol{v}}_l-\boldsymbol{Z}_{\mathrm{T}}\hat{\boldsymbol{i}}_l \tag{4-41}$$

其中

$$\boldsymbol{Z}_{\mathrm{T}}=\mathrm{j}2\pi L_{\mathrm{T}}\cdot\mathrm{diag}[f_{\mathrm{p}}-(6g+2)f_1,\ \cdots,\ f_{\mathrm{p}}-f_1,\ \cdots,\ f_{\mathrm{p}}+6gf_1] \tag{4-42}$$

式中：$\boldsymbol{Z}_{\mathrm{T}}$ 为小信号频率序列下等效换相电感阻抗。

将式（4－2）、式（4－3）转换至频域，可得交直流电压、电流小信号向量之间的关系，即

$$\begin{cases}\hat{\boldsymbol{v}}_{\mathrm{dc}}=\sum\limits_{l=\mathrm{a,b,c}}\boldsymbol{S}_{\mathrm{v}l}\hat{\boldsymbol{v}}_{\mathrm{T}l}+\sum\limits_{l=\mathrm{a,b,c}}\boldsymbol{V}_{\mathrm{T}l}\hat{\boldsymbol{s}}_{\mathrm{v}l} \\ \hat{\boldsymbol{i}}_l=\boldsymbol{I}_{\mathrm{dc}}\hat{\boldsymbol{s}}_{\mathrm{i}l}+\boldsymbol{S}_{\mathrm{i}l}\hat{\boldsymbol{i}}_{\mathrm{dc}}\end{cases} \tag{4-43}$$

式中：$\hat{\boldsymbol{s}}_{vl}$ 为三相电压开关函数小信号向量；$\hat{\boldsymbol{s}}_{il}$ 为三相电流开关函数小信号向量；$\boldsymbol{V}_{Tl}$、$\boldsymbol{I}_{dc}$、$\boldsymbol{S}_{vl}$、$\boldsymbol{S}_{il}$ 分别为扩展后的三相交流输入电压稳态矩阵、直流电流稳态矩阵、三相电压开关函数稳态矩阵、三相电流开关函数稳态矩阵。

根据式（4-23）、式（4-24）所示稳态向量三相相序关系，以及式（4-38）所示小信号向量三相相序关系，式（4-43）所示交、直流电压小信号向量关系可简化为

$$\hat{\boldsymbol{v}}_{dc} = \boldsymbol{D}_{ad}(\boldsymbol{V}_{Ta}\hat{\boldsymbol{s}}_{va} + \boldsymbol{S}_{va}\hat{\boldsymbol{v}}_{Ta}) \tag{4-44}$$

其中

$$\boldsymbol{D}_{ad} = 3\cdot \mathrm{diag}\left[\{1-|\mathrm{mod}(k,3)|\}\big|_{k=-6g-1,\cdots,0,\cdots,6g+1}\right] \tag{4-45}$$

式中：$\boldsymbol{D}_{ad}$ 为交、直流电压变换矩阵。

直流电流小信号向量 $\hat{\boldsymbol{i}}_{dc}$ 与直流电压小信号向量 $\hat{\boldsymbol{v}}_{dc}$ 之间的关系为

$$\hat{\boldsymbol{i}}_{dc}=\boldsymbol{Z}_{Ldc}^{-1}\hat{\boldsymbol{v}}_{dc} \tag{4-46}$$

其中

$$\boldsymbol{Z}_{Ldc} = \mathrm{j}2\pi L_{dc}\cdot \mathrm{diag}[f_p-(6g+2)f_1,\ \cdots,\ f_p-f_1,\ \cdots,\ f_p+6gf_1] \tag{4-47}$$

式中：$\boldsymbol{Z}_{Ldc}$ 为小信号频率序列下直流平波电抗器阻抗。

4.4.3 开关函数小信号频域模型

根据晶闸管换流器主电路小信号频域模型可知，交、直流电压、电流小信号传递关系与开关函数有关，并且经由开关函数相互耦合。本节基于晶闸管换流器典型控制结构，将建立包括PLL、直流电流控制的开关函数频域模型。

4.4.3.1 控制策略

晶闸管换流器通过直流电流控制调节触发角 α 实现有功功率控制。通过PLL获取交流电压相位，生成锁相角 θ_{PLL}。各晶闸管触发时刻由锁相角 θ_{PLL} 和触发角 α 共同决定。两者作为输入信号，经相控环节产生触发脉冲，控制各晶闸管导通，并满足T1－T2－T3－T4－T5－T6导通顺序。晶闸管换流器典型控制结构如图4－13所示。

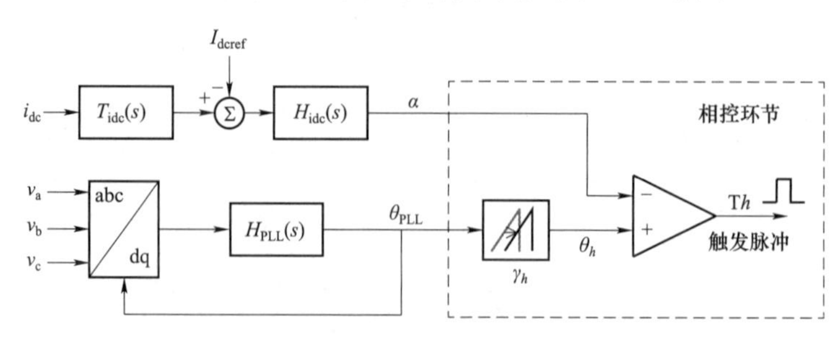

图4－13 晶闸管换流器典型控制结构

图 4－13 中，$H_{PLL}(s)$ 为 PLL 控制器；$H_{idc}(s)$ 为直流电流控制器；$T_{idc}(s)$ 为直流电流滤波器；I_{dcref} 为直流电流参考指令。$H_{PLL}(s)$、$H_{idc}(s)$、$T_{idc}(s)$ 表达式分别为

$$\begin{cases} H_{PLL}(s)=\left(K_{pp}+\dfrac{K_{pi}}{s}\right)\dfrac{1}{s} \\ H_{idc}(s)=K_{idcp}+\dfrac{K_{idci}}{s} \\ T_{idc}(s)=\dfrac{1}{1+T_{idcf}s} \end{cases} \tag{4-48}$$

式中：K_{pp}、K_{pi} 分别为 PLL 控制器的比例系数、积分系数；K_{idcp}、K_{idci} 分别为直流电流控制器的比例系数和积分系数；T_{idcf} 为直流电流滤波时间常数。

锁相角 θ_{PLL} 通过等间距相移得到各晶闸管参考角 θ_h，即

$$\begin{cases} \gamma_h=(h-2)\pi/3 \\ \theta_h=\theta_{PLL}-\gamma_h \end{cases} ,h=1,2,\cdots,6 \tag{4-49}$$

式中：h 对应各晶闸管编号；γ_h 为自然换相点移相角，相邻移相角的间距为 $\pi/3$；锁相角 $\theta_{PLL}=\omega_1 t$；各晶闸管参考角 θ_h 随时间呈周期性锯齿波变化，$\theta_h\in[0,2\pi)$。

初始时刻，Th 处于关断状态，随着 Th 的参考角 θ_h 增大，当 $\theta_h>\alpha$ 时，触发脉冲产生，Th 导通。开关函数与参考角和触发角之间关系如图 4－14 所示。各晶闸管在其参考角 θ_h 与触发角 α 相交时刻导通，即在下述时刻开关函数取值发生变化。

$$\theta_h(t)=\alpha \tag{4-50}$$

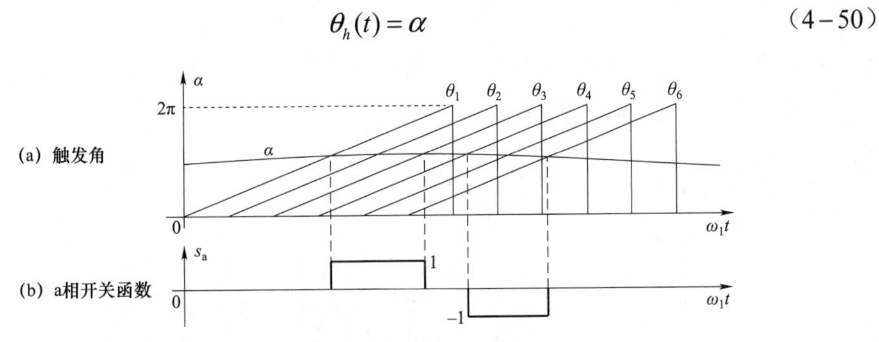

图 4－14　开关函数与参考角和触发角之间关系

基于式（4－49）和式（4－50），将各晶闸管参考角 θ_h 用锁相角 θ_{PLL} 表示，可得开关函数取值变化时刻表达式，即

$$\theta_{PLL}(t)=\alpha+\gamma_h+2p\pi \tag{4-51}$$

在 $h=1,3,4,6$ 对应交点时刻，a 相开关函数 s_a 状态发生变化，如图 4－14 所示。同理，在 $h=3,5,6,2$ 对应交点时刻，b 相开关函数 s_b 状态发生变化；在 $h=5,1,2,4$ 对应交点时刻，c 相开关函数 s_c 状态发生变化。三相开关函数依次滞后 $2\pi/3$，各开关函数取值分段区间与式（4－4）相对应。

4.4.3.2 参考角和触发角小信号

交流电压含有频率为 $(6n+1)f_1+f_p-f_1$ 和 $(6n-1)f_1+f_p-f_1$ 的小信号分量，经过 Park 变换，交流电压 dq 轴小信号分量的频率为 $(6n-1)f_1+f_p$。在 PLL 控制下，锁相角 θ_{PLL} 产生频率为 $(6n-1)f_1+f_p$ 的小信号分量。直流电流含有频率为 $(6n-1)f_1+f_p$ 的小信号分量，在直流电流控制下，触发角 α 产生频率为 $(6n-1)f_1+f_p$ 的小信号分量。

随着频率的升高，锁相角 θ_{PLL} 和触发角 α 小信号分量幅值降低。仅考虑频率为 f_p-f_1 的小信号分量，锁相角和触发角分别表示为

$$\begin{cases}\theta_{PLL}(t)=\omega_1 t+\varphi_{v1}+A_\theta\cos[2\pi(f_p-f_1)+\varphi_\theta]\\ \alpha(t)=\alpha_0+A_\alpha\cos[2\pi(f_p-f_1)+\varphi_\alpha]\end{cases} \tag{4-52}$$

式中：φ_{v1} 为交流电压基频分量相位；α_0 为稳态触发角；A_θ、φ_θ 分别为频率为 f_p-f_1 的参考角小信号分量幅值、相位；A_α、φ_α 分别为频率为 f_p-f_1 的触发角小信号分量幅值、相位。

触发角小信号影响下的开关函数波形如图 4－15 所示。由图 4－15 可知，在稳态运行时，开关函数取值在稳态触发角 α_0 与各晶闸管参考角（θ_1、θ_3、θ_4、θ_6）相交时刻发生变化（0，±1），对应的 a 相理想开关函数波形为 s_{a0}。而在小信号影响下，触发角 α 与各晶闸管参考角 θ_h 相交时刻发生改变，即开关函数取值变化时刻改变，对应 a 相开关函数 s_a。同理，锁相角 θ_{PLL} 的小信号分量也将影响开关函数。

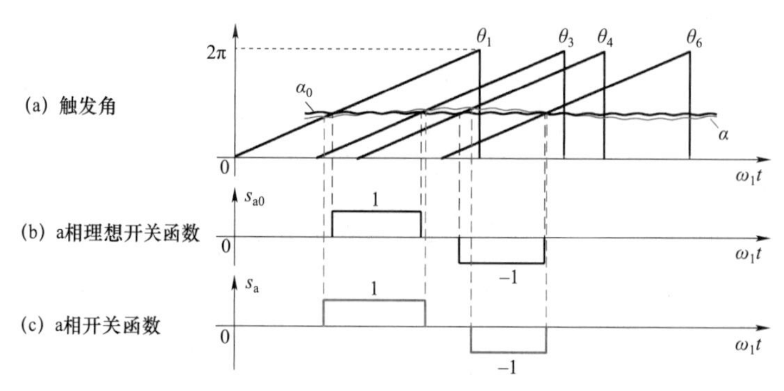

图 4－15 触发角小信号影响下的开关函数波形

根据式（4－51）和式（4－52），在晶闸管换流器控制作用下，触发角α与锁相角θ_{PLL}的交点，即开关函数分段取值的边界为

$$\omega_1 t=\alpha_0-\varphi_{\mathrm{v1}}+\gamma_h+A\cos[2\pi(f_{\mathrm{p}}-f_1)t+\varphi]+2p\pi \tag{4-53}$$

其中

$$A\cos[2\pi(f_{\mathrm{p}}-f_1)t+\varphi]=A_{\alpha}\cos[2\pi(f_{\mathrm{p}}-f_1)t+\varphi_{\alpha}]-A_{\theta}\cos[2\pi(f_{\mathrm{p}}-f_1)t+\varphi_{\theta}] \tag{4-54}$$

式中，s_{a}取值变化时刻对应的h取$1,3,4,6$；s_{b}取值变化时刻对应的h取$3,5,6,2$；s_{c}取值变化时刻对应的h取$5,1,2,4$；A、φ为参考角和触发角小信号分量构成的组合角小信号幅值和相位。

由式（4－54）可得组合角小信号分量的频域表达式为

$$A\mathrm{e}^{\mathrm{j}\varphi}=A_{\alpha}\mathrm{e}^{\mathrm{j}\varphi_{\alpha}}-A_{\theta}\mathrm{e}^{\mathrm{j}\varphi_{\theta}} \tag{4-55}$$

下面分别求解触发角小信号分量$A_{\alpha}\mathrm{e}^{\mathrm{j}\varphi_{\alpha}}$和参考角小信号分量$A_{\theta}\mathrm{e}^{\mathrm{j}\varphi_{\theta}}$。根据图 4－13 所示直流电流控制结构，直流电流小信号向量$\hat{\boldsymbol{i}}_{\mathrm{dc}}$中频率为$f_{\mathrm{p}}-f_1$的分量经直流电流滤波器$T_{\mathrm{idc}}(s)$和直流电流控制器$H_{\mathrm{idc}}(s)$产生触发角小信号分量$A_{\alpha}\mathrm{e}^{\mathrm{j}\varphi_{\alpha}}$。触发角小信号$A_{\alpha}\mathrm{e}^{\mathrm{j}\varphi_{\alpha}}$的表达式为

$$A_{\alpha}\mathrm{e}^{j\varphi_{\alpha}}=T_{\mathrm{idc}}[\mathrm{j}2\pi(f_{\mathrm{p}}-f_1)]H_{\mathrm{idc}}[\mathrm{j}2\pi(f_{\mathrm{p}}-f_1)]\hat{\boldsymbol{i}}_{\mathrm{dcp\text{-}1}} \tag{4-56}$$

根据图 4－13 所示 PLL 控制结构，频率为f_{p}的交流电压小信号分量$\hat{\boldsymbol{v}}_{\mathrm{p}}$与频率为$f_{\mathrm{p}}-2f_1$的交流电压小信号分量$\hat{\boldsymbol{v}}_{\mathrm{p\text{-}2}}$经 Park 变换，产生频率为$f_{\mathrm{p}}-f_1$的交流电压小信号 dq 轴向量。在 PLL 控制下，产生频率为$f_{\mathrm{p}}-f_1$的参考角小信号分量$A_{\theta}\mathrm{e}^{\mathrm{j}\varphi_{\theta}}$，其表达式为

$$A_{\theta}\mathrm{e}^{\mathrm{j}\varphi_{\theta}}=-\mathrm{j}T_{\mathrm{PLL}}[\mathrm{j}2\pi(f_{\mathrm{p}}-f_1)](\hat{\boldsymbol{v}}_{\mathrm{p}}-\hat{\boldsymbol{v}}_{\mathrm{p-2}}) \tag{4-57}$$

4.4.3.3　理想开关函数频域模型

式（4－53）所示开关函数分段取值边界由f_1和$f_{\mathrm{p}}-f_1$两个周期频率共同决定，令

$$\begin{cases}x_{\omega\mathrm{t}}=2\pi f_1 t\\ y_{\omega\mathrm{t}}=2\pi(f_{\mathrm{p}}-f_1)t\end{cases} \tag{4-58}$$

三相开关函数可表示为关于$x_{\omega\mathrm{t}}$、$y_{\omega\mathrm{t}}$的函数，即$s_l=f[x_{\omega\mathrm{t}},y_{\omega\mathrm{t}}]$。以 a 相为例，$\gamma_h$取为$\gamma_1$、$\gamma_3$、$\gamma_4$、$\gamma_6$，根据式（4－53）和式（4－58），开关函数取值变化时刻为

$$\begin{cases}x_{\omega\mathrm{t}1}=A\cos(y_{\omega\mathrm{t}}+\varphi)+\alpha_0-\varphi_{\mathrm{v1}}+\gamma_1\\ x_{\omega\mathrm{t}3}=A\cos(y_{\omega\mathrm{t}}+\varphi)+\alpha_0-\varphi_{\mathrm{v1}}+\gamma_3\\ x_{\omega\mathrm{t}4}=A\cos(y_{\omega\mathrm{t}}+\varphi)+\alpha_0-\varphi_{\mathrm{v1}}+\gamma_4\\ x_{\omega\mathrm{t}6}=A\cos(y_{\omega\mathrm{t}}+\varphi)+\alpha_0-\varphi_{\mathrm{v1}}+\gamma_6\end{cases} \tag{4-59}$$

忽略换相过程的影响，电压、电流开关函数一致。a 相开关函数 $s_a = f[x_{\omega t}, y_{\omega t}]$ 如图 4－16 所示。图中，橙色阴影区域内（$x_{\omega t1} \leqslant x_{\omega t} \leqslant x_{\omega t3}$）$s_a$ 为 1，蓝色阴影区域内（$x_{\omega t4} \leqslant x_{\omega t} \leqslant x_{\omega t6}$）$s_a$ 为–1，阴影区域外 s_a 为 0。边界 $x_{\omega t1}$、$x_{\omega t3}$、$x_{\omega t4}$、$x_{\omega t6}$ 的包络线随着 $y_{\omega t}$ 呈周期变化，而开关函数取值变化边界最终由式（4－58）和式（4－59）共同决定，即图 4－16 中直线 $y_{\omega t} = \dfrac{f_p - f_1}{f_1} x_{\omega t}$ 与 $x_{\omega t1}$、$x_{\omega t3}$、$x_{\omega t4}$、$x_{\omega t6}$ 交点处。

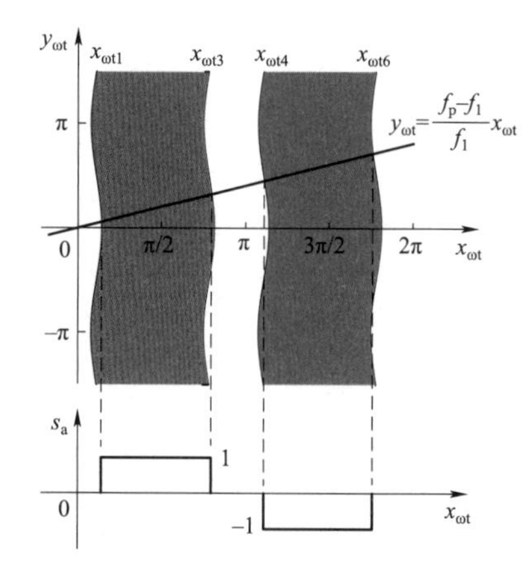

图 4－16　考虑小信号的 a 相开关函数

开关函数 $s_a = f[x_{\omega t}, y_{\omega t}]$ 呈现非线性分段函数特性，s_a 关于 $x_{\omega t}$ 和 $y_{\omega t}$ 周期变化，可用双重傅里叶级数展开为

$$\boldsymbol{s}_a = \sum_{k=-\infty}^{\infty} \sum_{m=-\infty}^{\infty} \boldsymbol{S}_a[k,m] e^{jkx_{\omega t}} e^{jmy_{\omega t}} \tag{4-60}$$

式中：$\boldsymbol{S}_a[k,m]$ 为 a 相开关函数在频率 $kf_1 + m(f_p - f_1)$ 的复傅里叶系数，可通过 $s_a = f[x_{\omega t}, y_{\omega t}]$ 在单位区域内的积分得到。

$\boldsymbol{S}_a[k,m]$ 表达式为

$$\boldsymbol{S}_a[k,m] = \frac{1}{4\pi^2} \int_{\tau-\pi}^{\tau+\pi} \int_{\sigma}^{\sigma+2\pi} f[x_{\omega t}, y_{\omega t}] e^{-jkx_{\omega t}} e^{-jmy_{\omega t}} dx_{\omega t} dy_{\omega t} \tag{4-61}$$

式中：σ、τ 是任意实数，使得 $A\cos(y_{\omega t} + \varphi) + \alpha_0 - \varphi_{v1} + \gamma_h \in [\sigma, \sigma + 2\pi]$，$y_{\omega t} \in [\tau - \pi, \tau + \pi]$。

将式（4－59）代入式（4－61），可得

$$\boldsymbol{S}_a[k,m] = \frac{e^{-jk\alpha_0} e^{jk\varphi_{v1}} e^{jm\varphi} e^{-jm\pi/2} J_m(kA)}{-jk2\pi} (e^{-jk\pi/3} - e^{jk\pi/3} - e^{-j4k\pi/3} + e^{-j2k\pi/3}) \tag{4-62}$$

式中：$J_m(kA)$ 为第一类 Bessel 函数。

当叠加交流电压小信号扰动较小时，即 $kA \to 0$ 时，有

$$\begin{cases} J_0(kA) \approx 1 \\ J_1(kA) = -J_{-1}(kA) \approx \dfrac{kA}{2} \\ \cdots \end{cases} \tag{4-63}$$

化简式（4-62），可得 $\boldsymbol{S}_\mathrm{a}[k,m]$ 表达式为

$$\boldsymbol{S}_\mathrm{a}[k,m] = \frac{\sin(k\pi/3)(1-\mathrm{e}^{-\mathrm{j}k\pi})}{k\pi} J_m(kA)\mathrm{e}^{\mathrm{j}m\varphi}\mathrm{e}^{-\mathrm{j}m\pi/2}\mathrm{e}^{-\mathrm{j}k\alpha_0}\mathrm{e}^{\mathrm{j}k\varphi_{\mathrm{v}1}}, \quad k = 6n \pm 1 \tag{4-64}$$

同理，根据稳态分量三相相序关系，可得 b、c 相开关函数在频率 $kf_1 + m(f_\mathrm{p} - f_1)$ 的复傅里叶系数，即

$$\begin{cases} \boldsymbol{S}_\mathrm{b}[k,m] = \mathrm{e}^{-\mathrm{j}2k\pi/3}\boldsymbol{S}_\mathrm{a}[k,m] \\ \boldsymbol{S}_\mathrm{c}[k,m] = \mathrm{e}^{\mathrm{j}2k\pi/3}\boldsymbol{S}_\mathrm{a}[k,m] \end{cases} \tag{4-65}$$

根据式（4-64），当 $m=0$ 时，$\boldsymbol{S}_\mathrm{a}[k,0]$ 为 a 相开关函数在频率 $(6n \pm 1)f_1$ 的复傅里叶系数，对应 a 相电压开关函数稳态向量 $\boldsymbol{S}_\mathrm{va}$、a 相电流开关函数稳态向量 $\boldsymbol{S}_\mathrm{ia}$ 中的元素，即

$$\boldsymbol{S}_{\mathrm{v}k} = \boldsymbol{S}_{\mathrm{i}k} = \boldsymbol{S}_\mathrm{a}[k,0] = \frac{\sin(k\pi/3)(1-\mathrm{e}^{-\mathrm{j}k\pi})}{k\pi}\mathrm{e}^{-\mathrm{j}k\alpha_0}\mathrm{e}^{\mathrm{j}k\varphi_{\mathrm{v}1}}, \quad k = 6n \pm 1 \tag{4-66}$$

根据式（4-66），开关函数稳态分量频域结果如表 4-8 所示。由表可见，开关函数各特征频次稳态分量与频次 $k = 6n \pm 1$、稳态触发角 α_0 和交流电压基频分量相位 $\varphi_{\mathrm{v}1}$ 有关。

表 4-8　　开关函数稳态分量频域结果

各相开关函数稳态分量	频率 $kf_1(k=6n \pm 1)$ 下的频域结果
$\boldsymbol{S}_\mathrm{a}[k,0]$	$\dfrac{\sin(k\pi/3)(1-\mathrm{e}^{-\mathrm{j}k\pi})}{k\pi}\mathrm{e}^{-\mathrm{j}k\alpha_0}\mathrm{e}^{\mathrm{j}k\varphi_{\mathrm{v}1}}$
$\boldsymbol{S}_\mathrm{b}[k,0]$	$\dfrac{\sin(k\pi/3)(1-\mathrm{e}^{-\mathrm{j}k\pi})}{k\pi}\mathrm{e}^{-\mathrm{j}k\alpha_0}\mathrm{e}^{\mathrm{j}k\varphi_{\mathrm{v}1}}\mathrm{e}^{-\mathrm{j}2k\pi/3}$
$\boldsymbol{S}_\mathrm{c}[k,0]$	$\dfrac{\sin(k\pi/3)(1-\mathrm{e}^{-\mathrm{j}k\pi})}{k\pi}\mathrm{e}^{-\mathrm{j}k\alpha_0}\mathrm{e}^{\mathrm{j}k\varphi_{\mathrm{v}1}}\mathrm{e}^{\mathrm{j}2k\pi/3}$

当 n 分别取 0、1、2 时，开关函数稳态谐波理论与时域仿真结果如表 4-9 所示。其电路参数如表 4-5 所示。可见，理论计算结果与时域仿真结果高度吻合。

表 4-9　　开关函数稳态谐波理论与时域仿真结果

稳态谐波频率	理论计算值		时域仿真值	
$(6n\pm1)f_1$	幅值	相位	幅值	相位
$\pm f_1$	0.5513	$\mp 26.98°$	0.5499	$\mp 27.08°$
$\pm 5f_1$	0.1103	$\pm 45.11°$	0.1115	$\pm 44.64°$
$\pm 7f_1$	0.0788	$\pm 171.15°$	0.0771	$\pm 170.33°$
$\pm 11f_1$	0.0501	$\mp 116.76°$	0.0511	$\mp 117.67°$
$\pm 13f_1$	0.0424	$\pm 9.28°$	0.0406	$\pm 7.59°$

根据式（4-64），当 $m=\pm1$ 时，$\boldsymbol{S}_{\rm a}[k,\pm1]$ 表达式为

$$\begin{cases}\boldsymbol{S}_{\rm a}[k,1]=-{\rm j}\dfrac{\sin(k\pi/3)(1-{\rm e}^{-{\rm j}k\pi})}{2\pi}A{\rm e}^{{\rm j}\varphi}{\rm e}^{-{\rm j}k\alpha_0}{\rm e}^{{\rm j}k\varphi_{\rm v1}}\\ \boldsymbol{S}_{\rm a}[k,-1]=-{\rm j}\dfrac{\sin(k\pi/3)(1-{\rm e}^{-{\rm j}k\pi})}{2\pi}A{\rm e}^{-{\rm j}\varphi}{\rm e}^{-{\rm j}k\alpha_0}{\rm e}^{{\rm j}k\varphi_{\rm v1}}\end{cases} \tag{4-67}$$

式中：$\boldsymbol{S}_{\rm a}[k,1]$ 为 a 相开关函数在频率 $kf_1+f_{\rm p}-f_1$ 的复傅里叶系数；$\boldsymbol{S}_{\rm a}[k,-1]$ 为 a 相开关函数在频率 $kf_1-(f_{\rm p}-f_1)$ 的复傅里叶系数；$\boldsymbol{S}_{\rm a}^*[-k,-1]$ 为 a 相开关函数在频率 $-kf_1-(f_{\rm p}-f_1)$ 的复傅里叶系数的共轭，并且满足

$$\boldsymbol{S}_{\rm a}^*[-k,-1]=\boldsymbol{S}_{\rm a}[k,1] \tag{4-68}$$

a 相电压开关函数小信号向量 $\hat{\boldsymbol{s}}_{\rm va}$、a 相电流开关函数小信号向量 $\hat{\boldsymbol{s}}_{\rm ia}$ 在频率 $(6n\pm1)f_1+f_{\rm p}-f_1$ 的分量为

$$\hat{\boldsymbol{s}}_{{\rm vp}+k\text{-}1}=\hat{\boldsymbol{s}}_{{\rm ip}+k\text{-}1}=2\boldsymbol{S}_{\rm a}[k,1]=-{\rm j}\frac{\sin(k\pi/3)(1-{\rm e}^{-{\rm j}k\pi})}{\pi}A{\rm e}^{{\rm j}\varphi}{\rm e}^{-{\rm j}k\alpha_0}{\rm e}^{{\rm j}k\varphi_{\rm v1}},\quad k=6n\pm1 \tag{4-69}$$

根据式（4-69），表 4-10 给出了开关函数小信号频域结果。由表可见，开关函数各特征频次小信号分量不仅与稳态谐波频次 $k=6n\pm1$、稳态触发角 α_0 和交流电压基频分量相位 $\varphi_{\rm v1}$ 有关，而且与组合角小信号分量 $A{\rm e}^{{\rm j}\phi}$ 相关。

表 4-10　　开关函数小信号频域结果

各相开关函数小信号分量	频率 $kf_1+f_{\rm p}-f_1(k=6n\pm1)$ 的频域结果
$2\boldsymbol{S}_{\rm a}[k,1]$	$-{\rm j}\dfrac{\sin(k\pi/3)(1-{\rm e}^{-{\rm j}k\pi})}{\pi}A{\rm e}^{{\rm j}\varphi}{\rm e}^{-{\rm j}k\alpha_0}{\rm e}^{{\rm j}k\varphi_{\rm v1}}$
$2\boldsymbol{S}_{\rm b}[k,1]$	$-{\rm j}\dfrac{\sin(k\pi/3)(1-{\rm e}^{-{\rm j}k\pi})}{\pi}A{\rm e}^{{\rm j}\varphi}{\rm e}^{-{\rm j}k\alpha_0}{\rm e}^{{\rm j}k\varphi_{\rm v1}}{\rm e}^{-{\rm j}2k\pi/3}$
$2\boldsymbol{S}_{\rm c}[k,1]$	$-{\rm j}\dfrac{\sin(k\pi/3)(1-{\rm e}^{-{\rm j}k\pi})}{\pi}A{\rm e}^{{\rm j}\varphi}{\rm e}^{-{\rm j}k\alpha_0}{\rm e}^{{\rm j}k\varphi_{\rm v1}}{\rm e}^{{\rm j}2k\pi/3}$

对比式（4－66）和式（4－69），开关函数小信号分量与稳态分量之间的关系满足

$$\hat{\boldsymbol{s}}_{\mathrm{v,ip}+k-1}=-\mathrm{j}kA\mathrm{e}^{\mathrm{j}\varphi}\boldsymbol{S}_{\mathrm{v},ik},\quad k=6n\pm1 \tag{4-70}$$

频率为$(6n\pm1)f_1+f_\mathrm{p}-f_1$的开关函数小信号分量属于频率为$(6n\pm1)f_1$的稳态谐波分量的边带。在线性化分析中，忽略开关函数二阶及以上（$|m|\geqslant 2$）小信号分量。

4.4.3.4 考虑换相影响的开关函数频域模型

考虑换相过程影响，电压、电流开关函数不再为理想矩形波（见图4－17），并且两者波形不再相同。

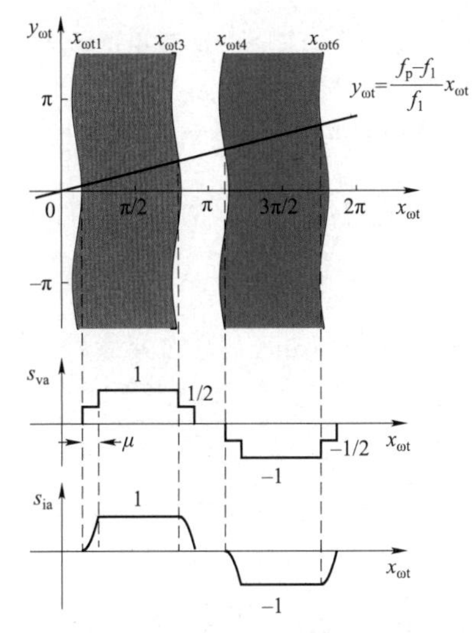

图4－17 考虑换相过程影响的电压、电流开关函数波形

根据式（4－18）和式（4－19），并代入式（4－59）所示取值变化边界，得到由换相过程导致的a相电压开关函数变化量Δs_{va}、a相电流开关函数变化量Δs_{ia}，分别为

$$\Delta s_{\mathrm{va}}=\begin{cases}-\dfrac{1}{2}, & x_{\omega\mathrm{t}1}\leqslant\omega_1 t<x_{\omega\mathrm{t}1}+\mu\\ \dfrac{1}{2}, & x_{\omega\mathrm{t}3}\leqslant\omega_1 t<x_{\omega\mathrm{t}3}+\mu\\ \dfrac{1}{2}, & x_{\omega\mathrm{t}4}\leqslant\omega_1 t<x_{\omega\mathrm{t}4}+\mu\\ -\dfrac{1}{2}, & x_{\omega\mathrm{t}6}\leqslant\omega_1 t<x_{\omega\mathrm{t}6}+\mu\end{cases} \tag{4-71}$$

$$\Delta s_{\text{ia}}=\begin{cases}-\dfrac{\cos(\omega_1 t+\pi/3)-\cos(\alpha+\mu)}{\cos\alpha-\cos(\alpha+\mu)}, & x_{\omega\text{t1}}\leqslant\omega_1 t<x_{\omega\text{t1}}+\mu\\ \dfrac{\cos(\omega_1 t-\pi/3)-\cos(\alpha+\mu)}{\cos\alpha-\cos(\alpha+\mu)}, & x_{\omega\text{t3}}\leqslant\omega_1 t<x_{\omega\text{t3}}+\mu\\ \dfrac{\cos(\omega_1 t-2\pi/3)-\cos(\alpha+\mu)}{\cos\alpha-\cos(\alpha+\mu)}, & x_{\omega\text{t4}}\leqslant\omega_1 t<x_{\omega\text{t4}}+\mu\\ -\dfrac{\cos(\omega_1 t-4\pi/3)-\cos(\alpha+\mu)}{\cos\alpha-\cos(\alpha+\mu)}, & x_{\omega\text{t6}}\leqslant\omega_1 t<x_{\omega\text{t6}}+\mu\end{cases}\tag{4-72}$$

采用双重傅里叶级数展开方法，分析电压开关函数频域模型，根据式（4－61）可得 a 相电压开关函数变化量在频率 $kf_1+m(f_\text{p}-f_1)$ 的复傅里叶系数，即

$$\Delta\boldsymbol{S}_{\text{va}}[k,m]=\frac{\text{e}^{-\text{j}k\mu}-1}{2}\boldsymbol{S}_{\text{a}}[k,m]\tag{4-73}$$

a 相电压开关函数在频率 $kf_1+m(f_\text{p}-f_1)$ 的复傅里叶系数 $\boldsymbol{S}_{\text{va}}[k,m]$ 为

$$\boldsymbol{S}_{\text{va}}[k,m]=\frac{1+\text{e}^{-\text{j}k\mu}}{2}\boldsymbol{S}_{\text{a}}[k,m]\tag{4-74}$$

根据式（4－74）可知，与 $\boldsymbol{S}_{\text{a}}[k,m]$ 相比，$\boldsymbol{S}_{\text{va}}[k,m]$ 的幅值与相位变化，而特征谐波频率分布特性不变。

a 相电压开关函数稳态向量在频率 $(6n\pm1)f_1$ 的分量为

$$\boldsymbol{S}_{\text{v}k}=\boldsymbol{S}_{\text{va}}[k,0]=\frac{\sin(k\pi/3)(1-\text{e}^{-\text{j}k\pi})(1+\text{e}^{-\text{j}k\mu})}{2k\pi}\text{e}^{-\text{j}k\alpha_0}\text{e}^{\text{j}k\varphi_{\text{v1}}},\quad k=6n\pm1\tag{4-75}$$

根据式（4－69）和式（4－74），电压开关函数小信号向量 $\hat{\boldsymbol{s}}_{\text{va}}$ 在频率 $(6n\pm1)f_1+f_\text{p}-f_1$ 的分量为

$$\hat{\boldsymbol{s}}_{\text{vp}+k-1}=2\boldsymbol{S}_{\text{va}}[k,1]=-\text{j}kA\text{e}^{\text{j}\varphi}\boldsymbol{S}_{\text{v}k},\quad k=6n\pm1\tag{4-76}$$

考虑换相影响的电压开关函数频域结果如表 4－11 所示。由表可知，电压开关函数稳态分量和小信号分量均与稳态触发角 α_0、交流电压基频分量相位 φ_{v1} 以及换相重叠角 μ 有关，开关函数小信号分量还与控制导致的组合角小信号分量 $A\text{e}^{\text{j}\varphi}$ 相关。

表 4－11　　考虑换相影响的电压开关函数频域结果

稳态与小信号分量	开关函数	频域结果
频率为 kf_1 $(k=6n\pm1)$ 稳态分量	$\boldsymbol{S}_{\text{va}}[k,0]$	$\dfrac{\sin(k\pi/3)(1-\text{e}^{-\text{j}k\pi})(1+\text{e}^{-\text{j}k\mu})}{2k\pi}\text{e}^{-\text{j}k\alpha_0}\text{e}^{\text{j}k\varphi_{\text{v1}}}$
	$\boldsymbol{S}_{\text{vb}}[k,0]$	$\dfrac{\sin(k\pi/3)(1-\text{e}^{-\text{j}k\pi})(1+\text{e}^{-\text{j}k\mu})}{2k\pi}\text{e}^{-\text{j}k\alpha_0}\text{e}^{\text{j}k\varphi_{\text{v1}}}\text{e}^{-\text{j}2k\pi/3}$
	$\boldsymbol{S}_{\text{vc}}[k,0]$	$\dfrac{\sin(k\pi/3)(1-\text{e}^{-\text{j}k\pi})(1+\text{e}^{-\text{j}k\mu})}{2k\pi}\text{e}^{-\text{j}k\alpha_0}\text{e}^{\text{j}k\varphi_{\text{v1}}}\text{e}^{\text{j}2k\pi/3}$

续表

稳态与小信号分量	开关函数	频域结果
频率为 $kf_1+f_p-f_1$ $(k=6n\pm1)$ 小信号分量	$2\boldsymbol{S}_{va}[k,1]$	$-\mathrm{j}\dfrac{\sin(k\pi/3)(1-\mathrm{e}^{-\mathrm{j}k\pi})(1+\mathrm{e}^{-\mathrm{j}k\mu})}{2\pi}A\mathrm{e}^{\mathrm{j}\varphi}\mathrm{e}^{-\mathrm{j}k\alpha_0}\mathrm{e}^{\mathrm{j}k\varphi_{v1}}$
	$2\boldsymbol{S}_{vb}[k,1]$	$-\mathrm{j}\dfrac{\sin(k\pi/3)(1-\mathrm{e}^{-\mathrm{j}k\pi})(1+\mathrm{e}^{-\mathrm{j}k\mu})}{2\pi}A\mathrm{e}^{\mathrm{j}\varphi}\mathrm{e}^{-\mathrm{j}k\alpha_0}\mathrm{e}^{\mathrm{j}k\varphi_{v1}}\mathrm{e}^{-\mathrm{j}2k\pi/3}$
	$2\boldsymbol{S}_{vc}[k,1]$	$-\mathrm{j}\dfrac{\sin(k\pi/3)(1-\mathrm{e}^{-\mathrm{j}k\pi})(1+\mathrm{e}^{-\mathrm{j}k\mu})}{2\pi}A\mathrm{e}^{\mathrm{j}\varphi}\mathrm{e}^{-\mathrm{j}k\alpha_0}\mathrm{e}^{\mathrm{j}k\varphi_{v1}}\mathrm{e}^{\mathrm{j}2k\pi/3}$

换相过程中，电流开关函数时域波形呈现非线性变化，难以采用双重傅里叶级数得到频域结果。需要对换相过程中电流开关函数积分，用三角波进行冲量等效，对电流开关函数进行线性化处理。根据等效原理和式（4-19），可得电流等效换相重叠角 μ_i 为

$$\mu_i = 2\frac{\sin(\alpha_0+\mu)-\sin\alpha_0-\mu\cos(\alpha_0+\mu)}{\cos\alpha-\cos(\alpha_0+\mu)} \tag{4-77}$$

换相过程线性化后，a 相电流开关函数变化量时域表达式为

$$\Delta s_{ia}=\begin{cases}\dfrac{1}{\mu_i}(x_{\omega t}-x_{\omega t1})-1, & x_{\omega t1}\leqslant\omega_1 t\leqslant x_{\omega t1}+\mu_i\\ -\dfrac{1}{\mu_i}(x_{\omega t}-x_{\omega t3})+1, & x_{\omega t3}\leqslant\omega_1 t\leqslant x_{\omega t3}+\mu_i\\ -\dfrac{1}{\mu_i}(x_{\omega t}-x_{\omega t4})+1, & x_{\omega t4}\leqslant\omega_1 t\leqslant x_{\omega t4}+\mu_i\\ \dfrac{1}{\mu_i}(x_{\omega t}-x_{\omega t6})-1, & x_{\omega t6}\leqslant\omega_1 t\leqslant x_{\omega t6}+\mu_i\end{cases} \tag{4-78}$$

根据式（4-61）和式（4-78），可得 a 相电流开关函数变化量在频率 $kf_1+m(f_p-f_1)$ 的复傅里叶系数 $\Delta\boldsymbol{S}_{ia}[k,m]$，即

$$\Delta\boldsymbol{S}_{ia}[k,m]=\left(-1+\mathrm{j}\frac{\mathrm{e}^{-\mathrm{j}k\mu_i}-1}{k\mu_i}\right)\cdot\boldsymbol{S}_a[k,m] \tag{4-79}$$

a 相电流开关函数稳态向量在频率 $kf_1+m(f_p-f_1)$ 的复傅里叶系数 $\boldsymbol{S}_{ia}[k,m]$ 为

$$\boldsymbol{S}_{ia}[k,m]=\left(\mathrm{j}\frac{\mathrm{e}^{-\mathrm{j}k\mu_i}-1}{k\mu_i}\right)\cdot\boldsymbol{S}_a[k,m] \tag{4-80}$$

由式（4-80）可知，与 $\boldsymbol{S}_a[k,m]$ 相比，$\boldsymbol{S}_{ia}[k,m]$ 的幅值与相位变化，而特征谐波频率分布特性不变。

电流开关函数稳态向量 $\boldsymbol{S}_{ia}$ 中的各元素为

$$\boldsymbol{S}_{ik}=\boldsymbol{S}_{ia}[k,0]=\mathrm{j}\frac{\sin(k\pi/3)(1-\mathrm{e}^{-\mathrm{j}k\pi})(\mathrm{e}^{-\mathrm{j}k\mu_{\mathrm{i}}}-1)}{k^2\pi\mu_{\mathrm{i}}}\mathrm{e}^{-\mathrm{j}k\alpha_0}\mathrm{e}^{\mathrm{j}k\varphi_{\mathrm{v1}}},\quad k=6n\pm1 \tag{4-81}$$

a 相电流开关函数小信号向量 $\hat{\boldsymbol{s}}_{\mathrm{ia}}$ 中的各元素为

$$\hat{\boldsymbol{s}}_{\mathrm{ip}+k-1}=2\boldsymbol{S}_{\mathrm{ia}}[k,1]=-\mathrm{j}kA\mathrm{e}^{\mathrm{j}\varphi}\boldsymbol{S}_{\mathrm{i}k},\quad k=6n\pm1 \tag{4-82}$$

根据三相相序关系，考虑换相影响的电流开关函数频域结果如表 4-12 所示。由表可知，电流开关函数稳态分量和小信号分量不仅与稳态工作点有关，而且与电流等效换相重叠角 μ_i 有关。此外，电流开关函数小信号分量还与控制导致的组合角小信号分量 $A\mathrm{e}^{\mathrm{j}\varphi}$ 相关。

表 4-12　　　　考虑换相影响的电流开关函数频域结果

稳态与小信号分量	开关函数	频域结果
频率 kf_1 $(k=6n\pm1)$ 稳态谐波分量	$\boldsymbol{S}_{\mathrm{ia}}[k,0]$	$\mathrm{j}\frac{\sin(k\pi/3)(1-\mathrm{e}^{-\mathrm{j}k\pi})(\mathrm{e}^{-\mathrm{j}k\mu_{\mathrm{i}}}-1)}{k^2\pi\mu_{\mathrm{i}}}\mathrm{e}^{-\mathrm{j}k\alpha_0}\mathrm{e}^{\mathrm{j}k\varphi_{\mathrm{v1}}}$
	$\boldsymbol{S}_{\mathrm{ib}}[k,0]$	$\mathrm{j}\frac{\sin(k\pi/3)(1-\mathrm{e}^{-\mathrm{j}k\pi})(\mathrm{e}^{-\mathrm{j}k\mu_{\mathrm{i}}}-1)}{k^2\pi\mu_{\mathrm{i}}}\mathrm{e}^{-\mathrm{j}k\alpha_0}\mathrm{e}^{\mathrm{j}k\varphi_{\mathrm{v1}}}\mathrm{e}^{-\mathrm{j}2k\pi/3}$
	$\boldsymbol{S}_{\mathrm{ic}}[k,0]$	$\mathrm{j}\frac{\sin(k\pi/3)(1-\mathrm{e}^{-\mathrm{j}k\pi})(\mathrm{e}^{-\mathrm{j}k\mu_{\mathrm{i}}}-1)}{k^2\pi\mu_{\mathrm{i}}}\mathrm{e}^{-\mathrm{j}k\alpha_0}\mathrm{e}^{\mathrm{j}k\varphi_{\mathrm{v1}}}\mathrm{e}^{\mathrm{j}2k\pi/3}$
$kf_1+f_{\mathrm{p}}-f_1$ $(k=6n\pm1)$ 小信号分量	$2\boldsymbol{S}_{\mathrm{ia}}[k,1]$	$\frac{\sin(k\pi/3)(1-\mathrm{e}^{-\mathrm{j}k\pi})(\mathrm{e}^{-\mathrm{j}k\mu_{\mathrm{i}}}-1)}{k\pi\mu_{\mathrm{i}}}A\mathrm{e}^{\mathrm{j}\varphi}\mathrm{e}^{-\mathrm{j}k\alpha_0}\mathrm{e}^{\mathrm{j}k\varphi_{\mathrm{v1}}}$
	$2\boldsymbol{S}_{\mathrm{ib}}[k,1]$	$\frac{\sin(k\pi/3)(1-\mathrm{e}^{-\mathrm{j}k\pi})(\mathrm{e}^{-\mathrm{j}k\mu_{\mathrm{i}}}-1)}{k\pi\mu_{\mathrm{i}}}A\mathrm{e}^{\mathrm{j}\varphi}\mathrm{e}^{-\mathrm{j}k\alpha_0}\mathrm{e}^{\mathrm{j}k\varphi_{\mathrm{v1}}}\mathrm{e}^{-\mathrm{j}2k\pi/3}$
	$2\boldsymbol{S}_{\mathrm{ic}}[k,1]$	$\frac{\sin(k\pi/3)(1-\mathrm{e}^{-\mathrm{j}k\pi})(\mathrm{e}^{-\mathrm{j}k\mu_{\mathrm{i}}}-1)}{k\pi\mu_{\mathrm{i}}}A\mathrm{e}^{\mathrm{j}\varphi}\mathrm{e}^{-\mathrm{j}k\alpha_0}\mathrm{e}^{\mathrm{j}k\varphi_{\mathrm{v1}}}\mathrm{e}^{\mathrm{j}2k\pi/3}$

根据上述分析，在 PLL 和直流电流控制下，三相交流电压小信号向量 $\hat{\boldsymbol{v}}_l$ 和直流电流小信号向量 $\hat{\boldsymbol{i}}_{\mathrm{dc}}$ 导致组合角产生小信号分量 $A\mathrm{e}^{\mathrm{j}\varphi}$，进而导致三相电压开关函数小信号向量 $\hat{\boldsymbol{s}}_{\mathrm{v}l}$、三相电流开关函数小信号向量 $\hat{\boldsymbol{s}}_{\mathrm{i}l}$ 产生了相应频率的小信号分量。此外，交直流电压、电流小信号分量还受 $\hat{\boldsymbol{s}}_{\mathrm{v}l}$、$\hat{\boldsymbol{s}}_{\mathrm{i}l}$ 的影响。

根据式（4-55）～式（4-57），可得组合角小信号向量 $\hat{\boldsymbol{\delta}}$ 与直流电流小信号向量 $\hat{\boldsymbol{i}}_{\mathrm{dc}}$、a 相交流电压小信号向量 $\hat{\boldsymbol{v}}_{\mathrm{a}}$ 的频域关系，即

$$\hat{\boldsymbol{\delta}}=\boldsymbol{Q}\hat{\boldsymbol{i}}_{\mathrm{dc}}+\boldsymbol{E}\hat{\boldsymbol{v}}_{\mathrm{a}} \tag{4-83}$$

式中：$\hat{\boldsymbol{\delta}}$ 为组合角小信号向量；$\boldsymbol{Q}$、$\boldsymbol{E}$ 均为 $(12g+3)\times(12g+3)$ 矩阵。除以下元素外，其他元素均为 0。

$$\begin{cases}\hat{\boldsymbol{\delta}}(6g+2)=A\mathrm{e}^{\mathrm{j}\varphi}\\ \boldsymbol{Q}(6g+2,6g+2)=T_{\mathrm{idc}}\left[\mathrm{j}2\pi(f_{\mathrm{p}}-f_1)\right]H_{\mathrm{idc}}\left[\mathrm{j}2\pi(f_{\mathrm{p}}-f_1)\right]\\ \boldsymbol{E}(6g+2,6g+1)=-\mathrm{j}T_{\mathrm{PLL}}\left[\mathrm{j}2\pi(f_{\mathrm{p}}-f_1)\right]\\ \boldsymbol{E}(6g+2,6g+3)=\mathrm{j}T_{\mathrm{PLL}}\left[\mathrm{j}2\pi(f_{\mathrm{p}}-f_1)\right]\end{cases} \tag{4-84}$$

根据式（4－76）和式（4－82），可得 a 相电压开关函数小信号向量 $\hat{\boldsymbol{s}}_{\mathrm{va}}$、a 相电流开关函数小信号向量 $\hat{\boldsymbol{s}}_{\mathrm{ia}}$ 与组合角小信号向量 $\hat{\boldsymbol{\delta}}$ 之间的关系，即

$$\begin{cases}\hat{\boldsymbol{s}}_{\mathrm{va}}=\boldsymbol{C}\boldsymbol{S}_{\mathrm{va}}\hat{\boldsymbol{\delta}}\\ \hat{\boldsymbol{s}}_{\mathrm{ia}}=\boldsymbol{C}\boldsymbol{S}_{\mathrm{ia}}\hat{\boldsymbol{\delta}}\end{cases} \tag{4-85}$$

其中

$$\boldsymbol{C}=-\mathrm{j}\cdot\mathrm{diag}\left[-6g-1,\ \cdots,\ 0\ \cdots,\ 6g+1\right] \tag{4-86}$$

式中：$\boldsymbol{C}$ 为开关函数特征频次系数矩阵。

根据式（4－75）和式（4－81），可得扩展后的 a 相电压开关函数稳态矩阵 $\boldsymbol{S}_{\mathrm{va}}$ 和 a 相电流开关函数稳态矩阵 $\boldsymbol{S}_{\mathrm{ia}}$，根据式（4－76）和式（4－82），可得 a 相电压开关函数小信号向量 $\hat{\boldsymbol{s}}_{\mathrm{va}}$ 和 a 相电流开关函数小信号向量 $\hat{\boldsymbol{s}}_{\mathrm{ia}}$。

4.4.4 交流端口阻抗模型

根据主电路和开关函数频域小信号模型，得到晶闸管换流器交流端口阻抗。

将式（4－83）代入式（4－85），可得 $\hat{\boldsymbol{s}}_{\mathrm{va}}$、$\hat{\boldsymbol{s}}_{\mathrm{ia}}$ 与直流电流小信号向量 $\hat{\boldsymbol{i}}_{\mathrm{dc}}$ 和 a 相交流电压小信号向量 $\hat{\boldsymbol{v}}_{\mathrm{a}}$ 之间的频域关系。再根据式（4－43），可得 a 相交流电流小信号向量 $\hat{\boldsymbol{i}}_{\mathrm{a}}$ 与 $\hat{\boldsymbol{v}}_{\mathrm{a}}$、$\hat{\boldsymbol{i}}_{\mathrm{dc}}$ 之间的关系式，即

$$\hat{\boldsymbol{i}}_{\mathrm{a}}=\boldsymbol{I}_{\mathrm{dc}}\boldsymbol{C}\boldsymbol{S}_{\mathrm{ia}}\boldsymbol{E}\hat{\boldsymbol{v}}_{\mathrm{a}}+(\boldsymbol{I}_{\mathrm{dc}}\boldsymbol{C}\boldsymbol{S}_{\mathrm{ia}}\boldsymbol{Q}+\boldsymbol{S}_{\mathrm{ia}})\hat{\boldsymbol{i}}_{\mathrm{dc}} \tag{4-87}$$

联立式（4－41）、式（4－44）、式（4－85）以及式（4－87），可得直流电压小信号向量 $\hat{\boldsymbol{v}}_{\mathrm{dc}}$，其表达式为

$$\begin{aligned}\hat{\boldsymbol{v}}_{\mathrm{dc}}=&\boldsymbol{D}_{\mathrm{ad}}\left[(\boldsymbol{V}_{\mathrm{Ta}}\boldsymbol{C}\boldsymbol{S}_{\mathrm{va}}-\boldsymbol{S}_{\mathrm{va}}\boldsymbol{Z}_{\mathrm{T}}\boldsymbol{I}_{\mathrm{dc}}\boldsymbol{C}\boldsymbol{S}_{\mathrm{ia}})\boldsymbol{E}+\boldsymbol{S}_{\mathrm{va}}\right]\hat{\boldsymbol{v}}_{\mathrm{a}}+\\ &\boldsymbol{D}_{\mathrm{ad}}\left[(\boldsymbol{V}_{\mathrm{Ta}}\boldsymbol{C}\boldsymbol{S}_{\mathrm{va}}-\boldsymbol{S}_{\mathrm{va}}\boldsymbol{Z}_{\mathrm{T}}\boldsymbol{I}_{\mathrm{dc}}\boldsymbol{C}\boldsymbol{S}_{\mathrm{ia}})\boldsymbol{Q}-\boldsymbol{S}_{\mathrm{va}}\boldsymbol{Z}_{\mathrm{T}}\boldsymbol{S}_{\mathrm{ia}}\right]\hat{\boldsymbol{i}}_{\mathrm{dc}}\end{aligned} \tag{4-88}$$

然后将式（4－46）与式（4－88）联立，并代入式（4－87），可得晶闸管换流器交流端口导纳，其表达式为

$$\boldsymbol{Y}=\frac{\hat{\boldsymbol{i}}_{\mathrm{a}}}{\hat{\boldsymbol{v}}_{\mathrm{a}}}=\frac{(\boldsymbol{I}_{\mathrm{dc}}\boldsymbol{C}\boldsymbol{S}_{\mathrm{ia}}\boldsymbol{Q}+\boldsymbol{S}_{\mathrm{ia}})\boldsymbol{D}_{\mathrm{ad}}\left[(\boldsymbol{V}_{\mathrm{Ta}}\boldsymbol{C}\boldsymbol{S}_{\mathrm{va}}-\boldsymbol{S}_{\mathrm{va}}\boldsymbol{Z}_{\mathrm{T}}\boldsymbol{I}_{\mathrm{dc}}\boldsymbol{C}\boldsymbol{S}_{\mathrm{ia}})\boldsymbol{E}+\boldsymbol{S}_{\mathrm{va}}\right]}{\boldsymbol{Z}_{\mathrm{Ldc}}-\boldsymbol{D}_{\mathrm{ad}}\left[(\boldsymbol{V}_{\mathrm{Ta}}\boldsymbol{C}\boldsymbol{S}_{\mathrm{va}}-\boldsymbol{S}_{\mathrm{va}}\boldsymbol{Z}_{\mathrm{T}}\boldsymbol{I}_{\mathrm{dc}}\boldsymbol{C}\boldsymbol{S}_{\mathrm{ia}})\boldsymbol{Q}-\boldsymbol{S}_{\mathrm{va}}\boldsymbol{Z}_{\mathrm{T}}\boldsymbol{S}_{\mathrm{ia}}\right]}+\boldsymbol{I}_{\mathrm{dc}}\boldsymbol{C}\boldsymbol{S}_{\mathrm{ia}}\boldsymbol{E} \tag{4-89}$$

晶闸管换流器交流电压、交流电流小信号向量中扰动频率和耦合频率的小信号分量

占主要成分，其余频率小信号分量的幅值随频率增大而迅速衰减，扰动频率和耦合频率处晶闸管换流器交流端口阻抗/导纳特性更为明显。仅提取这两个频率下相关元素，则交流端口导纳矩阵可表述为如下二阶矩阵，即

$$\begin{bmatrix} \boldsymbol{Y}_{pp} & \boldsymbol{Y}_{np} \\ \boldsymbol{Y}_{pn} & \boldsymbol{Y}_{nn} \end{bmatrix} = \begin{bmatrix} \boldsymbol{Y}(6g+3,6g+3) & \boldsymbol{Y}(6g+3,6g+1) \\ \boldsymbol{Y}(6g+1,6g+3) & \boldsymbol{Y}(6g+1,6g+1) \end{bmatrix} \tag{4-90}$$

式中：$\boldsymbol{Y}_{pp}$ 为正序导纳；$\boldsymbol{Y}_{pn}$ 为正序耦合导纳；$\boldsymbol{Y}_{nn}$ 为负序导纳；$\boldsymbol{Y}_{np}$ 为负序耦合导纳；$\boldsymbol{Y}(6g+3,6g+3)$ 为矩阵 $\boldsymbol{Y}$ 的第 $6g+3$ 行第 $6g+3$ 列元素；$\boldsymbol{Y}(6g+3,6g+1)$ 为矩阵 $\boldsymbol{Y}$ 的第 $6g+3$ 行第 $6g+1$ 列元素；$\boldsymbol{Y}(6g+1,6g+3)$ 为矩阵 $\boldsymbol{Y}$ 的第 $6g+1$ 行第 $6g+3$ 列元素；$\boldsymbol{Y}(6g+1,6g+1)$ 为矩阵 $\boldsymbol{Y}$ 的第 $6g+1$ 行第 $6g+1$ 列元素。

扰动频率、耦合频率交流电压、交流电流小信号分量与交流端口导纳满足的关系为

$$\begin{bmatrix} \hat{\boldsymbol{i}}_{p} \\ \hat{\boldsymbol{i}}_{p-2} \end{bmatrix} = \begin{bmatrix} \boldsymbol{Y}_{pp} & \boldsymbol{Y}_{np} \\ \boldsymbol{Y}_{pn} & \boldsymbol{Y}_{nn} \end{bmatrix} \begin{bmatrix} \hat{\boldsymbol{v}}_{p} \\ \hat{\boldsymbol{v}}_{p-2} \end{bmatrix} \tag{4-91}$$

式中：$\boldsymbol{Y}_{pp}$ 表示在频率为 f_p 的单位正序电压小信号扰动下，频率为 f_p 的正序电流小信号响应 $\hat{\boldsymbol{i}}_p$；$\boldsymbol{Y}_{pn}$ 表示在频率为 f_p 的单位正序电压小信号扰动下，频率为 f_p-2f_1 的负序电流小信号响应 $\hat{\boldsymbol{i}}_{p-2}$；$\boldsymbol{Y}_{nn}$ 表示在频率为 f_p-2f_1 的单位负序电压小信号扰动下，频率为 f_p-2f_1 的负序电流小信号响应 $\hat{\boldsymbol{i}}_{p-2}$；$\boldsymbol{Y}_{np}$ 表示在频率为 f_p-2f_1 的单位负序电压小信号扰动下，频率为 f_p 的正序电流小信号响应 $\hat{\boldsymbol{i}}_p$。

由交流端口导纳，求其逆矩阵，可得晶闸管换流器的交流端口阻抗，即

$$\begin{bmatrix} \boldsymbol{Z}_{pp} & \boldsymbol{Z}_{pn} \\ \boldsymbol{Z}_{np} & \boldsymbol{Z}_{nn} \end{bmatrix} = \begin{bmatrix} \boldsymbol{Y}_{pp} & \boldsymbol{Y}_{np} \\ \boldsymbol{Y}_{pn} & \boldsymbol{Y}_{nn} \end{bmatrix}^{-1} \tag{4-92}$$

式中：$\boldsymbol{Z}_{pp}$ 为正序阻抗；$\boldsymbol{Z}_{pn}$ 为正序耦合阻抗；$\boldsymbol{Z}_{nn}$ 为负序阻抗；$\boldsymbol{Z}_{np}$ 为负序耦合阻抗。

此外，负序阻抗与正序阻抗间的频域关系满足 $\boldsymbol{Z}_{nn}=\boldsymbol{Z}_{pp}^{*}(\mathrm{j}2\omega_1-s)$，负序耦合阻抗与正序耦合阻抗间的频域关系满足 $\boldsymbol{Z}_{np}=\boldsymbol{Z}_{pn}^{*}(\mathrm{j}2\omega_1-s)$。

图 4－18 给出了晶闸管换流器阻抗解析与扫描结果。图中实线为解析结果，离散点通过仿真扫描得到，主电路及控制参数见表 4－5。结果表明阻抗解析值与仿真扫描值吻合良好，验证了晶闸管换流器阻抗模型的准确性。

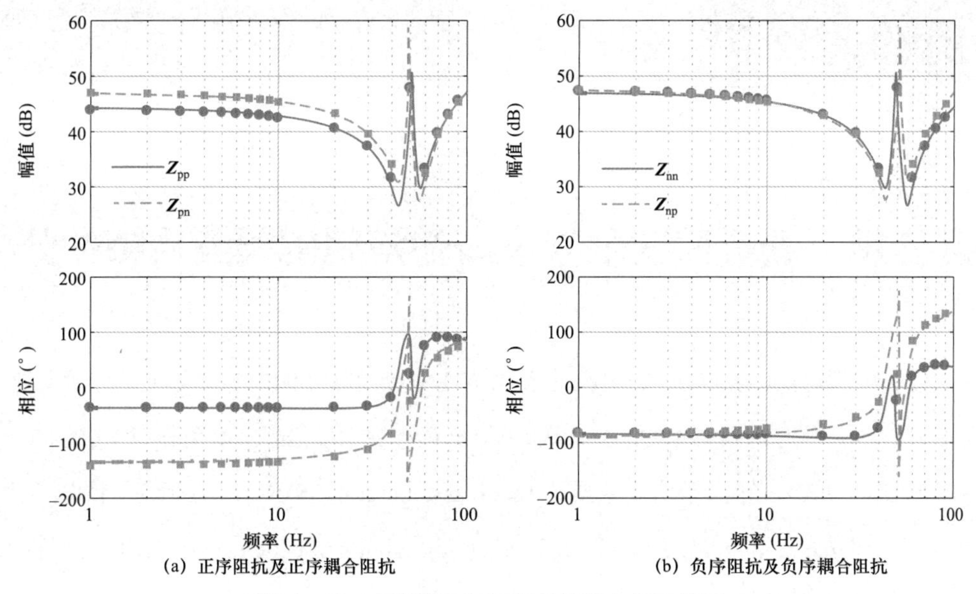

图 4-18　晶闸管换流器阻抗解析与扫描结果

第2篇　新能源发电与直流输电阻抗模型及特性分析

大型新能源基地经直流输电送出的系统特性主要由新能源及直流等电力电子装备的控制特性主导，为进一步研究直流送端系统宽频振荡问题，本篇围绕风电、光伏（photovoltaic，PV）、静止无功发生器（static var generator，SVG）、基于电网换相换流器的高压直流（line commutated converter-based high voltage direct current，LCC－HVDC）、基于模块化多电平换流器的高压直流（modular multilevel converter-based high voltage direct current，MMC－HVDC）中的电力电子装备，开展阻抗建模与特性分析，作为第3篇宽频振荡分析及第4篇宽频振荡抑制的基础。

第5章为全功率变换风电机组阻抗模型及特性分析。建立主电路包含同步发电机、机侧变换器（machine-side converter，MSC）、直流母线、网侧变换器（grid-side converter，GSC），控制回路含锁相环（phase lock loop，PLL）、交流电流环、直流电压环及功率外环的全功率变换风电机组阻抗解析模型。

第6章为双馈风电机组阻抗模型及特性分析。建立主电路包含异步电机、转子侧变换器（rotor-side converter，RSC）、直流母线、GSC，控制回路含PLL、交流电流环、直流电压环及功率外环的双馈感应发电机（doubly-fed induction generator，DFIG）机组阻抗解析模型。

第7章为光伏发电单元阻抗模型及特性分析。建立主电路包含光伏阵列、直流母线、并网逆变器，控制回路包括PLL、交流电流环、直流电压环的PV发电单元阻抗解析模型。

第8章为静止无功发生器阻抗模型及特性分析。建立主电路为级联H桥拓扑，控制回路包括定无功功率和定交流电压两种模式的SVG阻抗解析模型。

第9章为常规直流输电系统阻抗模型及特性分析。建立主电路包括送、受端换流站和直流输电线路动态过程，控制回路包括送端换流站定直流电流控制、受端换流站定直

流电压控制的 LCC－HVDC 阻抗解析模型。

第 10 章为柔性直流输电系统阻抗模型及特性分析。建立主电路包括送、受端换流站和直流输电线路动态过程，控制回路包括送端换流站定功率联网/定交流电压孤岛模式、受端换流站定直流电压模式的 MMC－HVDC 阻抗解析模型。

第 5～10 章将分析风电、光伏、SVG、LCC－HVDC、MMC－HVDC 在不同频段内阻抗特性的主导因素，分别提出各装置宽频阻抗特性的频段划分方法，并揭示各频段负阻尼阻抗特性产生机理，结合设备不同型号的控制硬件在环（control hardware-in-the-loop，CHIL）阻抗扫描统计结果，给出各装置频段划分的典型值。

第 5 章　全功率变换风电机组阻抗模型及特性分析

全功率变换风电机组的定子通过 MSC、GSC 两个两电平换流器实现并网发电。MSC 与 GSC 控制目标不同，换流器控制策略有所区别。同时，连接 MSC 与 GSC 的直流母线为非理想电压源，其为 MSC 与 GSC 的小信号提供频率耦合通路。

本章首先建立包含主电路和控制回路的全功率变换风电机组阻抗解析模型。其中主电路包含同步发电机、MSC、直流母线、GSC，控制回路包含 PLL、电流内环、直流电压环及功率外环，并验证其阻抗模型的准确性。然后，分别建立 PLL、直流电压环、交流电流环及延时、主电路 LC 滤波器与机组阻抗的频域数学模型，分析不同频段内阻抗特性的主导因素，提出宽频阻抗特性频段划分方法，并揭示各频段负阻尼阻抗特性产生机理。最后，基于 CHIL 仿真平台扫描多个型号全功率变换风电机组的宽频阻抗特性曲线，给出频段划分的典型值。

5.1　工作原理及控制策略

风电机组按照所用电力电子变换器相对发电机的功率大小，可分为全功率变换风电机组和部分功率变换（即双馈异步发电机）风电机组两类。全功率变换风电机组分类如图 5－1 所示。依据发电机组类型的不同可分为同步发电机和异步发电机。在同步发电机中，按照机械传动系统的不同可分为无齿轮箱的直驱风电机组、单级齿轮箱的半直驱风电机组及多级齿轮箱风电机组三类。对于常见的直驱风电机组，按照转子励磁方式的不同可分为电励磁同步发电机和永磁同步发电机（permanent magnet synchronous generator，PMSG）两类[1]。本章以 PMSG 机组为例进行全功率变换风电机组阻抗建模及特性分析。

5.1.1　工作原理

PMSG 机组的定子通过 MSC、GSC 与电网相连，其拓扑结构如图 5－2 所示。运行

[1] 德国风电机组制造商 ENERCON 是采用电励磁同步发电机的国际知名制造企业。两种励磁方式不影响全功率变换风电机组交流端口阻抗特性。

过程中风速驱动发电机转子转速变化，定子绕组输出频率取决于转子转速。为保证 PMSG 机组输出额定频率的交流电，需先由 MSC 将交流电变换为直流电，再由 GSC 将直流电变换为额定频率的交流电，以此来实现 PMSG 机组的变速恒频运行。

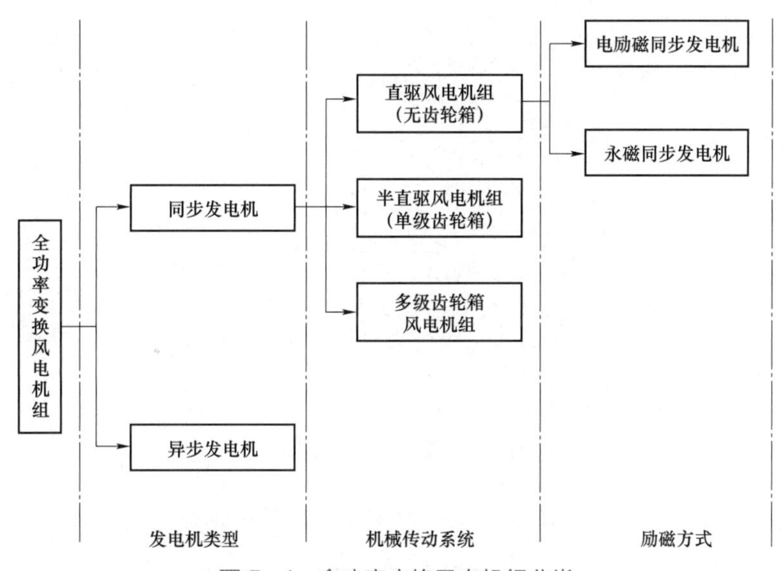

图 5-1　全功率变换风电机组分类

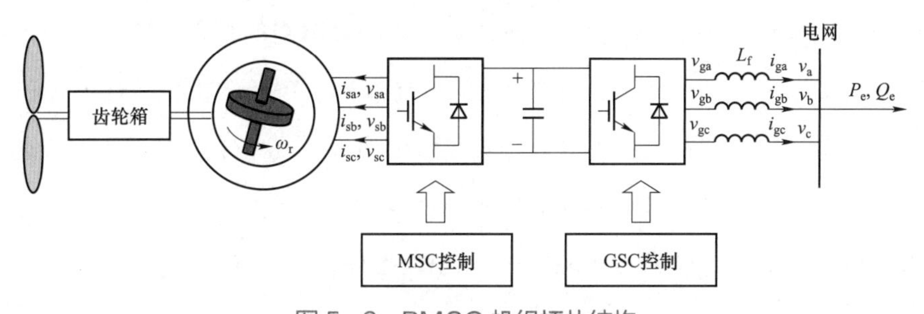

图 5-2　PMSG 机组拓扑结构

风力机是 PMSG 机组中能量转换的首要环节，用于将风能转化为机械能。为了尽可能地实现风能的最大化利用，以及考虑 PMSG 机组功率的限制，可控制 PMSG 机组运行在最大功率点跟踪（maximum power point tracking，MPPT）区、恒转速区及恒功率区。风力机输出功率与风速和转速的关系分别如图 5-3（a）和图 5-3（b）所示，在 MPPT 区，风速较低，PMSG 机组转速和输出功率均未达到额定值，实行最大风能追踪控制。此时，桨距角保持为最小值 0，风能利用系数保持最大且恒定。在恒转速区，PMSG 机组的转速达到最高转速，但其输出功率尚未达到额定值，所以在该区域，PMSG 机组将不再以最大风能追踪的方式运行，而是维持转速在最大值恒速运行，同时，随风速增大，

PMSG 机组输出功率将继续增大。在恒功率区，PMSG 机组的转子转速保持在最大值，但随着风速增大，PMSG 机组输出功率将会超过额定值，此时将通过桨距角调节，维持其在额定功率运行。

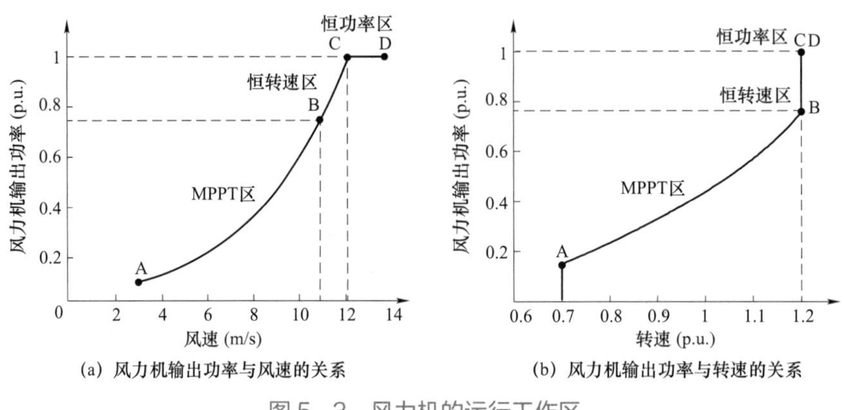

(a) 风力机输出功率与风速的关系　(b) 风力机输出功率与转速的关系

图 5-3　风力机的运行工作区

PMSG 机组风速、转子转速和功率指令值存在一定的对应关系，通过获取风速或转子转速即可得到功率指令值。以国内某厂家 2.0MW PMSG 机组为例，图 5-4 所示为风力机输出功率与风速、转速之间的关系曲线。该 PMSG 机组的切入风速为 3m/s，切出风速为 20m/s。风速为 3～9m/s、转子转速为 5～14r/min 时 PMSG 机组运行于 MPPT 区，对应的输出功率范围为 70k～1.5MW。随着风速的增大，PMSG 机组进入恒转速区，转子转速维持在 14r/min，输出功率继续增加，直到输出功率达到 2.0MW 时，PMSG 机组进入恒功率区，转子转速维持在 14r/min，输出功率保持 2.0MW 不变。

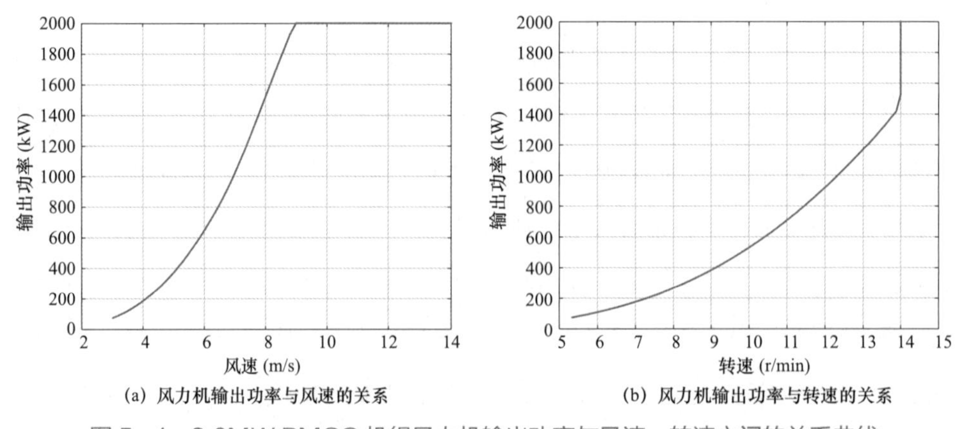

(a) 风力机输出功率与风速的关系　(b) 风力机输出功率与转速的关系

图 5-4　2.0MW PMSG 机组风力机输出功率与风速、转速之间的关系曲线

5.1.2 PMSG 时域模型

5.1.2.1 静止坐标系下时域模型

PMSG 在静止坐标系下时域模型是一个高阶、非线性、强耦合的多变量系统方程，为了便于分析，常做如下假设：

（1）忽略空间谐波，定子三相绕组对称，相绕组感应电动势波形为正弦波。

（2）忽略磁路饱和、不计涡流和磁滞损耗及趋肤效应的影响。

（3）永磁材料的电导率为零。

（4）永磁体磁动势恒定，即等效励磁电流恒定不变。

（5）不考虑频率变化和温度变化对电机参数的影响。

（6）转子上无阻尼绕组。

基于以上假设，PMSG 等效模型如图 5-5 所示，定子三相绕组轴线 A、B、C 在空间是静止的且呈 2π/3 电角度对称分布，A 轴为参考坐标轴。转子以 ω_r 的电角速度旋转，与定子 A 轴间相差的电角度用 θ_r 表示。v_{sa}、v_{sb}、v_{sc} 分别为发电机定子绕组 a、b、c 相交流电压，i_{sa}、i_{sb}、i_{sc} 分别为发电机定子绕组 a、b、c 相交流电流。PMSG 在静止坐标系下时域模型可由电压方程、磁链方程、转矩方程和运动方程来表示。下文以 $l = a,b,c$ 分别表示 a、b、c 相。

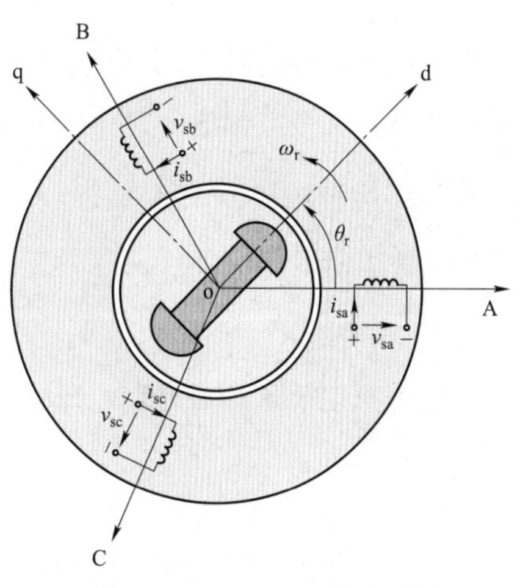

图 5-5　PMSG 等效模型

1. 电压方程

三相定子绕组电压方程为

$$v_{sl} = R_s i_{sl} + \frac{d\psi_{sl}}{dt} \tag{5-1}$$

式中：v_{sl}、i_{sl} 为发电机定子绕组三相交流电压、交流电流；ψ_{sl} 为发电机定子绕组三相交流磁链；R_s 为发电机定子绕组电阻。

将电压方程写成向量形式为

$$\boldsymbol{v}_s = \boldsymbol{R}_s \boldsymbol{i}_s + \frac{d\boldsymbol{\Psi}_s}{dt} \tag{5-2}$$

其中

$$\boldsymbol{v}_{\mathrm{s}}=[v_{\mathrm{sa}},\ v_{\mathrm{sb}},\ v_{\mathrm{sc}}]^{\mathrm{T}},\ \boldsymbol{i}_{\mathrm{s}}=[i_{\mathrm{sa}},\ i_{\mathrm{sb}},\ i_{\mathrm{sc}}]^{\mathrm{T}}$$

$$\boldsymbol{\Psi}_{\mathrm{s}}=[\psi_{\mathrm{sa}},\ \psi_{\mathrm{sb}},\ \psi_{\mathrm{sc}}]^{\mathrm{T}},\ \boldsymbol{R}_{\mathrm{s}}=\mathrm{diag}\ [R_{\mathrm{s}},\ R_{\mathrm{s}},\ R_{\mathrm{s}}]$$

2. 磁链方程

PMSG 定子绕组的磁链是其本身的自感磁链和其他绕组及永磁体对它的互感磁链之和，磁链表达式为

$$\boldsymbol{\Psi}_{\mathrm{s}}=\boldsymbol{L}_{\mathrm{s}}\boldsymbol{i}_{\mathrm{s}}+\boldsymbol{\Psi}_{\mathrm{f}} \tag{5-3}$$

其中

$$\boldsymbol{L}_{\mathrm{s}}=\begin{bmatrix} L_{\mathrm{s0}}+L_{\mathrm{s2}}\cos 2\theta_{\mathrm{r}} & -M_{\mathrm{s0}}+M_{\mathrm{s2}}\cos 2(\theta_{\mathrm{r}}+2\pi/3) & -M_{\mathrm{s0}}+M_{\mathrm{s2}}\cos 2(\theta_{\mathrm{r}}-2\pi/3) \\ -M_{\mathrm{s0}}+M_{\mathrm{s2}}\cos 2(\theta_{\mathrm{r}}+2\pi/3) & L_{\mathrm{s0}}+L_{\mathrm{s2}}\cos 2(\theta_{\mathrm{r}}-2\pi/3) & -M_{\mathrm{s0}}+M_{\mathrm{s2}}\cos 2\theta_{\mathrm{r}} \\ -M_{\mathrm{s0}}+M_{\mathrm{s2}}\cos 2(\theta_{\mathrm{r}}-2\pi/3) & -M_{\mathrm{s0}}+M_{\mathrm{s2}}\cos 2\theta_{\mathrm{r}} & L_{\mathrm{s0}}+L_{\mathrm{s2}}\cos 2(\theta_{\mathrm{r}}+2\pi/3) \end{bmatrix}$$

$$\boldsymbol{\Psi}_{\mathrm{f}}=[\psi_{\mathrm{fa}},\ \psi_{\mathrm{fb}},\ \psi_{\mathrm{fc}}]^{\mathrm{T}}$$

式中：L_{s0}、M_{s0} 分别为 PMSG 定子自感和互感平均值；L_{s2}、M_{s2} 分别为 PMSG 定子自感和互感二次谐波幅值；$\boldsymbol{\Psi}_{\mathrm{f}}$ 为 PMSG 转子磁链矩阵；ψ_{fa}、ψ_{fb}、ψ_{fc} 分别为 PMSG 转子三相交流磁链，$\psi_{\mathrm{fa}}=\psi_{\mathrm{f}}\cos\theta_{\mathrm{r}}$，$\psi_{\mathrm{fb}}=\psi_{\mathrm{f}}\cos(\theta_{\mathrm{r}}-2\pi/3)$，$\psi_{\mathrm{fc}}=\psi_{\mathrm{f}}\cos(\theta_{\mathrm{r}}+2\pi/3)$，$\psi_{\mathrm{f}}$ 为 PMSG 转子磁链幅值。

3. 转矩方程

根据机电能量转换原理，在线性电感条件下，磁场的储能和磁共能为

$$W_{\mathrm{m}}=\frac{1}{2}\boldsymbol{i}_{\mathrm{s}}^{\mathrm{T}}\boldsymbol{\Psi}_{\mathrm{s}} \tag{5-4}$$

发电机电磁转矩等于机械角位移变化时磁共能的变化率，可得发电机电磁转矩 T_{e} 表达式为

$$T_{\mathrm{e}}=p\left.\frac{\partial W_{\mathrm{m}}}{\partial\theta_{\mathrm{r}}}\right|_{i=\text{常值}} \tag{5-5}$$

式中：p 为极对数。

4. 运动方程

若忽略 PMSG 的粘性摩擦和扭转弹性，则运动方程可写为

$$\begin{cases} T_{\mathrm{m}}-T_{\mathrm{e}}=\dfrac{J}{p}\dfrac{\mathrm{d}\omega_{\mathrm{r}}}{\mathrm{d}t} \\ \omega_{\mathrm{r}}=\dfrac{\mathrm{d}\theta_{\mathrm{r}}}{\mathrm{d}t} \end{cases} \tag{5-6}$$

式中：T_{m} 为发电机机械转矩；J 为发电机机械惯量。

5.1.2.2　dq 旋转坐标系下时域模型

取磁极轴线方向为 d 轴，顺着旋转方向超前 π/2 电角度为 q 轴，对静止坐标系下的 PMSG 时域模型进行 Park 变换转至 dq 旋转坐标系，可得

$$\boldsymbol{v}_{\mathrm{sdq}}=\boldsymbol{R}_{\mathrm{sdq}}\boldsymbol{i}_{\mathrm{sdq}}+\frac{\mathrm{d}\boldsymbol{\psi}_{\mathrm{sdq}}}{\mathrm{d}t}+\begin{bmatrix}0 & -\omega_{\mathrm{r}}\\ \omega_{\mathrm{r}} & 0\end{bmatrix}\boldsymbol{\psi}_{\mathrm{sdq}} \tag{5-7}$$

$$\boldsymbol{\Psi}_{\mathrm{sdq}}=\boldsymbol{L}_{\mathrm{sdq}}\boldsymbol{i}_{\mathrm{sdq}}+\boldsymbol{\Psi}_{\mathrm{fdq}} \tag{5-8}$$

式（5－7）、式（5－8）中：$\boldsymbol{v}_{\mathrm{sdq}}=[v_{\mathrm{sd}},\ v_{\mathrm{sq}}]^{\mathrm{T}}$，$v_{\mathrm{sd}}$、$v_{\mathrm{sq}}$ 分别为发电机定子绕组交流电压 d、q 轴分量；$\boldsymbol{i}_{\mathrm{sdq}}=[i_{\mathrm{sd}},\ i_{\mathrm{sq}}]^{\mathrm{T}}$，$i_{\mathrm{sd}}$、$i_{\mathrm{sq}}$ 分别为发电机定子绕组交流电流 d、q 轴分量；$\boldsymbol{\Psi}_{\mathrm{sdq}}=[\psi_{\mathrm{sd}},\ \psi_{\mathrm{sq}}]^{\mathrm{T}}$，$\psi_{\mathrm{sd}}$、$\psi_{\mathrm{sq}}$ 分别为发电机定子绕组交流磁链 d、q 轴分量；$\boldsymbol{\Psi}_{\mathrm{fdq}}=[\psi_{\mathrm{fd}},\ \psi_{\mathrm{fq}}]^{\mathrm{T}}$，$\psi_{\mathrm{fd}}$、$\psi_{\mathrm{fq}}$ 分别为 PMSG 转子交流磁链 d、q 轴分量；$\boldsymbol{L}_{\mathrm{sdq}}=\mathrm{diag}[L_{\mathrm{sd}},\ L_{\mathrm{sq}}]$，$L_{\mathrm{sd}}$、$L_{\mathrm{sq}}$ 分别为 PMSG 定子绕组 d、q 轴电感，$L_{\mathrm{sd}}=L_{\mathrm{s0}}+M_{\mathrm{s0}}+3L_{\mathrm{s2}}/2$；$L_{\mathrm{sq}}=L_{\mathrm{s0}}+M_{\mathrm{s0}}-3L_{\mathrm{s2}}/2$；$\boldsymbol{R}_{\mathrm{sdq}}=\mathrm{diag}[R_{\mathrm{s}},\ R_{\mathrm{s}}]$。

在静止坐标系中，气隙的不均匀性使得等效电感参数不是一个恒定值，而是随 θ_{r} 变化的参数。经 Park 变换后，定子绕组等效 d、q 轴绕组与转子绕组相对静止，从而使得 d、q 轴等效电感参数为定值，定子电压、电流、磁链矢量均与转子绕组保持相对静止，其 d、q 轴分量为恒定的直流量。

将磁链方程式（5－8）代入电压方程式（5－7）可得

$$\boldsymbol{v}_{\mathrm{sdq}}=\boldsymbol{R}_{\mathrm{sdq}}\boldsymbol{i}_{\mathrm{sdq}}+\boldsymbol{L}_{\mathrm{sdq}}\frac{\mathrm{d}\boldsymbol{i}_{\mathrm{sdq}}}{\mathrm{d}t}+\begin{bmatrix}0 & -\omega_{\mathrm{r}}\\ \omega_{\mathrm{r}} & 0\end{bmatrix}(\boldsymbol{L}_{\mathrm{sdq}}\boldsymbol{i}_{\mathrm{sdq}}+\boldsymbol{\Psi}_{\mathrm{fdq}}) \tag{5-9}$$

d、q 轴坐标系下 PMSG 输出功率表达式为

$$\begin{cases}P_{\mathrm{es}}=-\dfrac{3}{2}(v_{\mathrm{sd}}i_{\mathrm{sd}}+v_{\mathrm{sq}}i_{\mathrm{sq}})\\ Q_{\mathrm{es}}=-\dfrac{3}{2}(v_{\mathrm{sq}}i_{\mathrm{sd}}-v_{\mathrm{sd}}i_{\mathrm{sq}})\end{cases} \tag{5-10}$$

式中：P_{es}、Q_{es} 分别为定子绕组输出有功功率、无功功率。

5.1.2.3　不对称条件下时域模型

根据静止坐标系下时域模型，采用对称分量法，对定、转子电压和磁链正负序分解，方程两边同乘对称分量变换矩阵 $\boldsymbol{B}$，变换后电压方程为

$$\boldsymbol{v}_{\mathrm{spn}}=\boldsymbol{R}_{\mathrm{s}}\boldsymbol{i}_{\mathrm{spn}}+\frac{\mathrm{d}\boldsymbol{\Psi}_{\mathrm{spn}}}{\mathrm{d}t} \tag{5-11}$$

变换后磁链方程为

$$\boldsymbol{\Psi}_{\mathrm{spn}} = \boldsymbol{B}\boldsymbol{L}_{\mathrm{s}}\boldsymbol{B}^{-1}\boldsymbol{i}_{\mathrm{spn}} + \boldsymbol{\Psi}_{\mathrm{fpn}} \tag{5-12}$$

式（5－11）、式（5－12）中：$\boldsymbol{v}_{\mathrm{spn}}=[v_{\mathrm{sp}},\ v_{\mathrm{sn}}]^{\mathrm{T}}$，$v_{\mathrm{sp}}$、$v_{\mathrm{sn}}$ 分别为发电机定子绕组交流电压正、负序分量；$\boldsymbol{i}_{\mathrm{spn}}=[i_{\mathrm{sp}},\ i_{\mathrm{sn}}]^{\mathrm{T}}$，$i_{\mathrm{sp}}$、$i_{\mathrm{sn}}$ 分别为发电机定子绕组交流电流正、负序分量；$\boldsymbol{\Psi}_{\mathrm{spn}}=[\psi_{\mathrm{sp}},\ \psi_{\mathrm{sn}}]^{\mathrm{T}}$，$\psi_{\mathrm{sp}}$、$\psi_{\mathrm{sn}}$ 分别为发电机定子绕组交流磁链正、负序分量；$\boldsymbol{\Psi}_{\mathrm{fpn}}=[\psi_{\mathrm{fp}},\ \psi_{\mathrm{fn}}]^{\mathrm{T}}$，$\psi_{\mathrm{fp}}$、$\psi_{\mathrm{fn}}$ 分别为 PMSG 转子交流磁链正、负序分量。

对称分量变换矩阵 $\boldsymbol{B}$ 的表达式为

$$\boldsymbol{B}=\frac{1}{3}\begin{bmatrix} 1 & a & a^2 \\ 1 & a^2 & a \end{bmatrix}$$

其中

$$a=\mathrm{e}^{\mathrm{j}2\pi/3}$$

可得

$$\boldsymbol{B}\boldsymbol{L}_{\mathrm{s}}\boldsymbol{B}^{-1} = \frac{1}{2}\begin{bmatrix} L_{\mathrm{sd}}+L_{\mathrm{sq}} & (L_{\mathrm{sd}}-L_{\mathrm{sq}})\mathrm{e}^{\mathrm{j}2\theta_{\mathrm{r}}} \\ (L_{\mathrm{sd}}-L_{\mathrm{sq}})\mathrm{e}^{-\mathrm{j}2\theta_{\mathrm{r}}} & L_{\mathrm{sd}}+L_{\mathrm{sq}} \end{bmatrix} \tag{5-13}$$

代入式（5－12）和式（5－11）有

$$\boldsymbol{v}_{\mathrm{spn}} = \boldsymbol{R}_{\mathrm{s}}\boldsymbol{i}_{\mathrm{spn}} + \frac{1}{2}\frac{\mathrm{d}}{\mathrm{d}t}\begin{bmatrix} L_{\mathrm{sd}}+L_{\mathrm{sq}} & (L_{\mathrm{sd}}-L_{\mathrm{sq}})\mathrm{e}^{\mathrm{j}2\theta_{\mathrm{r}}} \\ (L_{\mathrm{sd}}-L_{\mathrm{sq}})\mathrm{e}^{-\mathrm{j}2\theta_{\mathrm{r}}} & L_{\mathrm{sd}}+L_{\mathrm{sq}} \end{bmatrix}\boldsymbol{i}_{\mathrm{spn}} + \frac{\mathrm{d}}{\mathrm{d}t}\boldsymbol{\Psi}_{\mathrm{fpn}} \tag{5-14}$$

5.1.3 控制策略

PMSG 机组定子绕组通过 MSC、GSC 与电网相连，以此实现变速恒频运行和功率控制。其中，GSC 控制目标是维持直流母线电压恒定并调节机组输出的无功功率，MSC 控制目标是实现 MPPT 有功功率控制。

5.1.3.1 GSC 控制策略

GSC 典型控制结构如图 5－6 所示。直流母线电压取决于 MSC、GSC 瞬时有功功率平衡，通过控制 GSC 交流侧有功功率实现直流电压恒定，即采用直流电压外环和交流电流内环对 GSC 有功电流分量（d 轴分量）控制；采用无功功率外环和交流电流内环对 GSC 无功电流分量（q 轴分量）控制。通过反 Park 变换得到 GSC 的三相调制信号。

GSC 三相调制电压与交流端口电压之差作用于滤波电感 L_{f} 上，产生三相交流电流，其交流回路时域模型可表示为

$$K_{\mathrm{m}}v_{\mathrm{dc}}m_{gl} = v_l + sL_{\mathrm{f}}i_{gl} \tag{5-15}$$

式中：K_{m} 为脉宽调制（pulse width modulation，PWM）增益；v_{dc} 为直流电压；m_{gl} 为 GSC 三相交流调制信号；v_{l} 为端口三相交流电压；i_{gl} 为 GSC 三相交流电流。

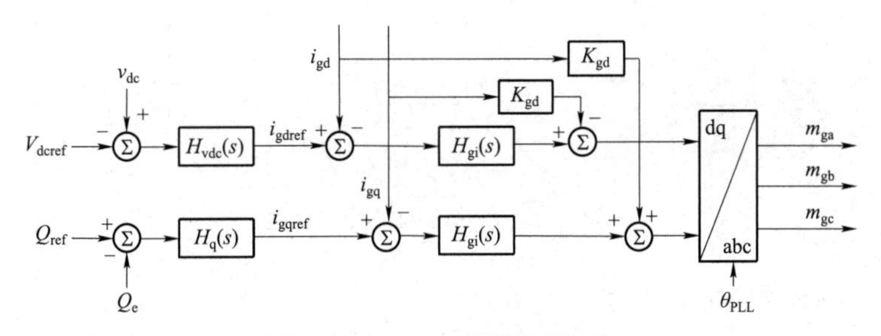

图 5-6　GSC 典型控制结构

5.1.3.2　MSC 控制策略

根据 PMSG 机组时域解析模型，忽略定子绕组电阻影响，在其稳态运行时有

$$\begin{cases} v_{\mathrm{sd}} = -\omega_{\mathrm{r}} L_{\mathrm{sq}} i_{\mathrm{sq}} \\ v_{\mathrm{sq}} \approx \omega_{\mathrm{r}} \psi_{\mathrm{f}} \end{cases} \tag{5-16}$$

代入式（5-10）得定子输出有功功率、无功功率表达式为

$$\begin{cases} P_{\mathrm{es}} = -\dfrac{3}{2}\omega_{\mathrm{r}}\psi_{\mathrm{f}} i_{\mathrm{sq}} \\ Q_{\mathrm{es}} = -\dfrac{3}{2}\omega_{\mathrm{r}} L_{\mathrm{sq}} i_{\mathrm{sq}}^{2} \end{cases} \tag{5-17}$$

可得 MSC 的 d、q 轴电流参考指令为

$$\begin{cases} i_{\mathrm{sdref}} = 0 \\ i_{\mathrm{sqref}} = -\dfrac{2P_{\mathrm{ref}}}{3\omega_{\mathrm{r}}\psi_{\mathrm{f}}} \end{cases} \tag{5-18}$$

式中：P_{ref} 为有功功率参考指令，由主控系统根据当前风速查表给出。

在采用 $i_{\mathrm{sd}}=0$ 控制策略且忽略定子绕组电阻情况下，通过控制定子绕组 q 轴电流分量，即 MSC 交流电流 q 轴分量 i_{sq}，可控制 PMSG 有功功率。

MSC 典型控制结构如图 5-7 所示，i_{sdref}、i_{sqref} 分别为 MSC 交流电流 d、q 轴参考指令。

MSC 交流侧与定子绕组相连，其调制电压直接作用于定子绕组，MSC 交流回路时域模型为

$$v_{sl} = K_{\mathrm{m}} v_{\mathrm{dc}} m_{sl} \tag{5-19}$$

式中：m_{sl} 为 MSC 三相交流调制信号；v_{sl} 为发电机定子绕组三相交流电压，即 MSC 三相交流电压。

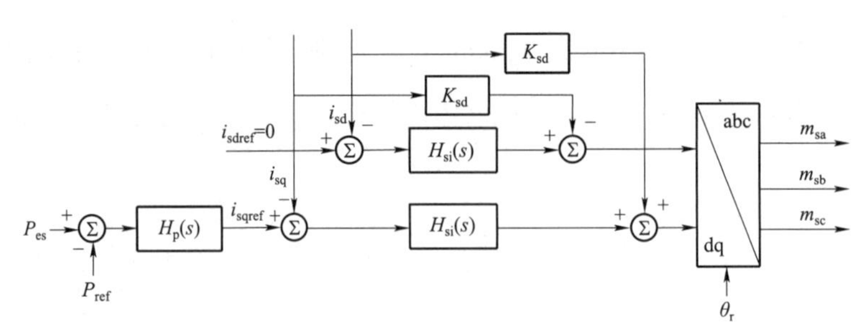

图 5-7　MSC 典型控制结构

5.1.3.3　直流母线时域模型

直流电压取决于 MSC、GSC 瞬时有功功率的平衡，可得直流母线时域模型，即

$$C_{dc}\frac{dv_{dc}}{dt}v_{dc}=-\sum_{l=a,b,c}v_{sl}i_{sl}-\sum_{l=a,b,c}v_{gl}i_{gl} \tag{5-20}$$

式中：C_{dc} 为直流母线电容；i_{sl} 为发电机定子绕组三相交流电流，即 MSC 三相交流电流；v_{gl}、i_{gl} 分别为 GSC 三相交流调制电压、三相交流电流。

5.2　稳态工作点频域建模

5.2.1　稳态工作点频域特性分析

稳态运行时，PMSG 机组 MSC 交流电压、交流电流的频率均为转子电气旋转频率 f_r，GSC 交流电压、交流电流的频率均为基波频率 f_1。

对 PMSG 机组各电气量时域信号进行快速傅里叶变换（fast Fourier transform，FFT）分析，其稳态波形及 FFT 结果如图 5-8 所示。由图可知，在转子电气旋转频率 f_r 为 10Hz 时，MSC 交流电压、交流电流及调制信号仅含频率为 ±10Hz 稳态分量；GSC 交流电压、交流电流及其调制信号仅含频率为 $\pm f_1$ 的稳态分量；直流电压则仅含直流分量。

将 PMSG 机组各稳态分量按照稳态频率序列分别排成向量。

GSC 稳态频率序列为

$$[-f_1,\ \ 0,\ \ f_1]^{\mathrm{T}} \tag{5-21}$$

MSC 稳态频率序列为

$$[-f_r,\ \ 0,\ \ f_r]^{\mathrm{T}} \tag{5-22}$$

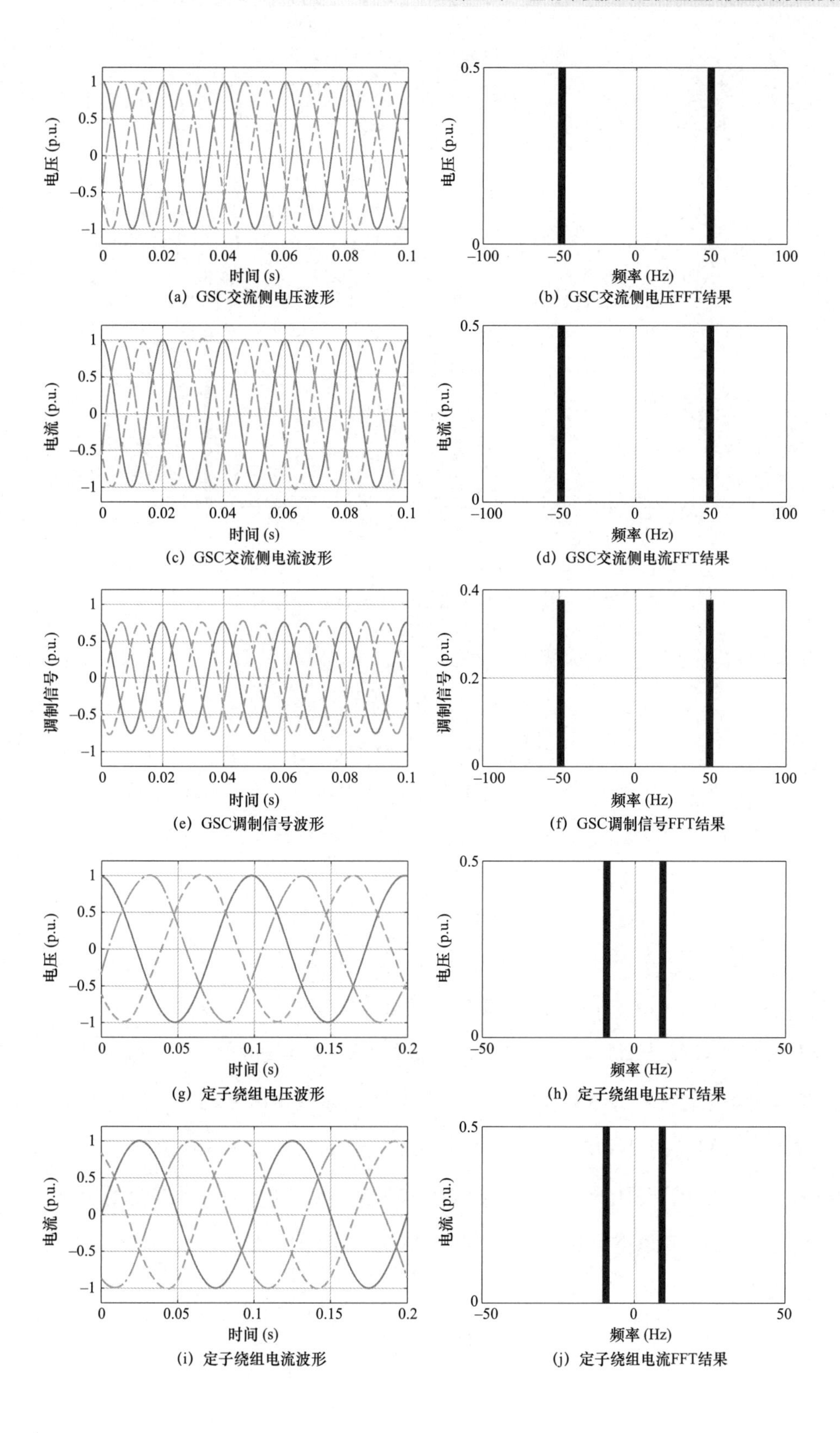

(a) GSC交流侧电压波形

(b) GSC交流侧电压FFT结果

(c) GSC交流侧电流波形

(d) GSC交流侧电流FFT结果

(e) GSC调制信号波形

(f) GSC调制信号FFT结果

(g) 定子绕组电压波形

(h) 定子绕组电压FFT结果

(i) 定子绕组电流波形

(j) 定子绕组电流FFT结果

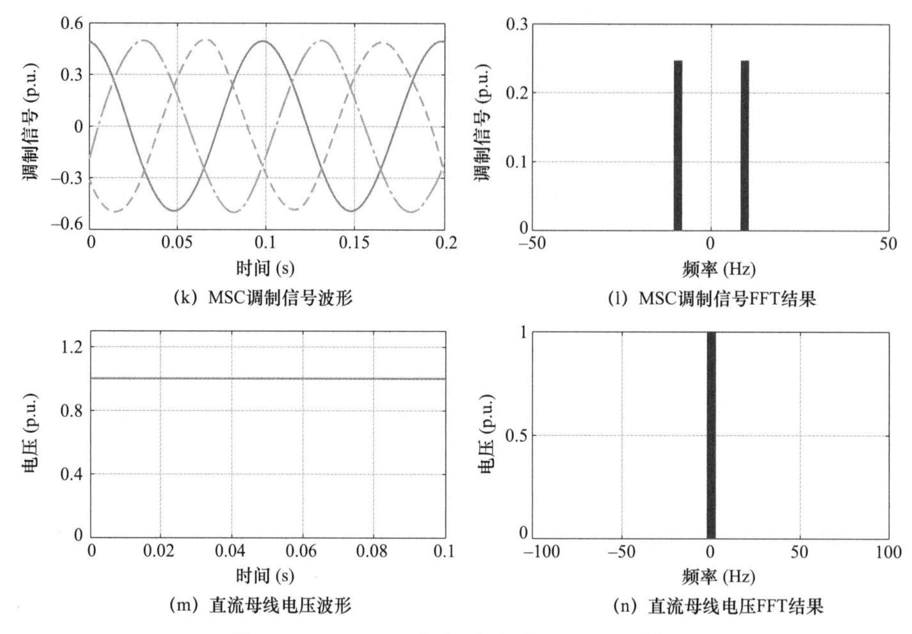

图 5-8　PMSG 机组稳态波形及 FFT 结果

以 a 相为例，GSC 三相交流电压、交流电流及调制信号的稳态向量可以表示为

$$\begin{cases} \boldsymbol{V}_{\mathrm{a}} = [\boldsymbol{V}_1^*,\quad 0,\quad \boldsymbol{V}_1]^{\mathrm{T}} \\ \boldsymbol{I}_{\mathrm{ga}} = [\boldsymbol{I}_{\mathrm{g1}}^*,\quad 0,\quad \boldsymbol{I}_{\mathrm{g1}}]^{\mathrm{T}} \\ \boldsymbol{M}_{\mathrm{ga}} = [\boldsymbol{M}_{\mathrm{g1}}^*,\quad 0,\quad \boldsymbol{M}_{\mathrm{g1}}]^{\mathrm{T}} \end{cases} \tag{5-23}$$

MSC 三相交流电压、交流电流及调制信号的稳态向量可以表示为

$$\begin{cases} \boldsymbol{V}_{\mathrm{sa}} = [\boldsymbol{V}_{\mathrm{s1}}^*,\quad 0,\quad \boldsymbol{V}_{\mathrm{s1}}]^{\mathrm{T}} \\ \boldsymbol{I}_{\mathrm{sa}} = [\boldsymbol{I}_{\mathrm{s1}}^*,\quad 0,\quad \boldsymbol{I}_{\mathrm{s1}}]^{\mathrm{T}} \\ \boldsymbol{M}_{\mathrm{sa}} = [\boldsymbol{M}_{\mathrm{s1}}^*,\quad 0,\quad \boldsymbol{M}_{\mathrm{s1}}]^{\mathrm{T}} \end{cases} \tag{5-24}$$

式（5-23）、式（5-24）中，稳态向量中每个元素都用复矢量形式表示，$\boldsymbol{V}_1 = V_1 \mathrm{e}^{\mathrm{j}\varphi_{\mathrm{v1}}}/2$，$\boldsymbol{I}_{\mathrm{g1}} = I_{\mathrm{g1}} \mathrm{e}^{\mathrm{j}\varphi_{\mathrm{ig1}}}/2$，$\boldsymbol{M}_{\mathrm{g1}} = M_{\mathrm{g1}} \mathrm{e}^{\mathrm{j}\varphi_{\mathrm{mg1}}}/2$，$\boldsymbol{V}_{\mathrm{s1}} = V_{\mathrm{s1}} \mathrm{e}^{\mathrm{j}\varphi_{\mathrm{sv1}}}/2$，$\boldsymbol{I}_{\mathrm{s1}} = I_{\mathrm{s1}} \mathrm{e}^{\mathrm{j}\varphi_{\mathrm{si1}}}/2$，$\boldsymbol{M}_{\mathrm{s1}} = M_{\mathrm{s1}} \mathrm{e}^{\mathrm{j}\varphi_{\mathrm{ms1}}}/2$。负频率分量等于正频率分量的共轭，上标“*”均表示共轭运算。

频率为 f_1 和 f_{r} 的交流电压、交流电流为正序分量，a、b、c 相之间依次滞后 $2\pi/3$；频率为 $-f_1$ 和 $-f_{\mathrm{r}}$ 的交流电压、交流电流为负序分量，a、b、c 相之间依次超前 $2\pi/3$。根据三相对称关系，可以得到 b、c 相 GSC 和 MSC 交流电压、交流电流及调制信号的稳态向量分别为

$$\begin{cases} \boldsymbol{V}_{\mathrm{b}} = \boldsymbol{D}\boldsymbol{V}_{\mathrm{a}},\quad \boldsymbol{I}_{\mathrm{gb}} = \boldsymbol{D}\boldsymbol{I}_{\mathrm{ga}},\quad \boldsymbol{M}_{\mathrm{gb}} = \boldsymbol{D}\boldsymbol{M}_{\mathrm{ga}} \\ \boldsymbol{V}_{\mathrm{sb}} = \boldsymbol{D}\boldsymbol{V}_{\mathrm{sa}},\quad \boldsymbol{I}_{\mathrm{sb}} = \boldsymbol{D}\boldsymbol{I}_{\mathrm{sa}},\quad \boldsymbol{M}_{\mathrm{sb}} = \boldsymbol{D}\boldsymbol{M}_{\mathrm{sa}} \end{cases} \tag{5-25}$$

$$\begin{cases} \boldsymbol{V}_{\mathrm{c}} = \boldsymbol{D}^{*}\boldsymbol{V}_{\mathrm{a}}, & \boldsymbol{I}_{\mathrm{gc}} = \boldsymbol{D}^{*}\boldsymbol{I}_{\mathrm{ga}}, & \boldsymbol{M}_{\mathrm{gc}} = \boldsymbol{D}^{*}\boldsymbol{M}_{\mathrm{ga}} \\ \boldsymbol{V}_{\mathrm{sc}} = \boldsymbol{D}^{*}\boldsymbol{V}_{\mathrm{sa}}, & \boldsymbol{I}_{\mathrm{sc}} = \boldsymbol{D}^{*}\boldsymbol{I}_{\mathrm{sa}}, & \boldsymbol{M}_{\mathrm{sc}} = \boldsymbol{D}^{*}\boldsymbol{M}_{\mathrm{sa}} \end{cases} \tag{5-26}$$

式中：$\boldsymbol{D}$ 为稳态向量相序系数矩阵。

$\boldsymbol{D}$ 的表达式为

$$\boldsymbol{D} = \mathrm{diag}\left[\{\mathrm{e}^{-\mathrm{j}2k\pi/3}\}\big|_{k=-1,0,1} \right] \tag{5-27}$$

5.2.2 主电路频域模型

5.2.2.1 PMSG 稳态模型

将式（5－14）所示的三相定子绕组电压方程转至频域，可得 PMSG 交流回路频域稳态模型，即

$$\boldsymbol{V}_{sl} = \left(R_{\mathrm{s}} + s_0 \frac{L_{\mathrm{sd}} + L_{\mathrm{sq}}}{2} \right) \boldsymbol{I}_{sl} + s_0 \boldsymbol{\Psi}_{\mathrm{f}l} \tag{5-28}$$

其中

$$s_0 = 2\pi f_1$$

5.2.2.2 直流母线稳态模型

将式（5－20）所示的直流母线时域模型转至频域，可得其频域稳态模型，即

$$0 = -\sum_{l=\mathrm{a,b,c}} \boldsymbol{V}_{sl} \otimes \boldsymbol{I}_{sl} - \sum_{l=\mathrm{a,b,c}} \boldsymbol{V}_{gl} \otimes \boldsymbol{I}_{gl} \tag{5-29}$$

式中：$\boldsymbol{V}_{sl}$、$\boldsymbol{I}_{sl}$ 分别为发电机定子绕组三相交流电压、电流稳态向量，即 MSC 三相调制电压和交流电流稳态向量；$\boldsymbol{V}_{gl}$、$\boldsymbol{I}_{gl}$ 分别为 GSC 三相调制电压、交流电流稳态向量。

5.2.2.3 GSC 稳态模型

根据 GSC 交流电压、交流电流及调制信号的稳态向量，将式（5－15）所示的 GSC 交流回路时域模型转换至频域，可得 GSC 交流回路频域稳态模型，即

$$K_{\mathrm{m}} V_{\mathrm{dc}} \boldsymbol{M}_{gl} = \boldsymbol{V}_{l} + \boldsymbol{Z}_{\mathrm{Lf0}} \boldsymbol{I}_{gl} \tag{5-30}$$

式中：$\boldsymbol{Z}_{\mathrm{Lf0}}$ 为五阶对角矩阵，表示稳态频率序列下交流滤波电感阻抗，表达式为 $\boldsymbol{Z}_{\mathrm{Lf0}} = \mathrm{j}2\pi L_{\mathrm{f}} \cdot \mathrm{diag}[-2f_1 \quad -f_1 \quad 0 \quad f_1 \quad 2f_1]$。

5.2.2.4 MSC 稳态模型

根据 MSC 交流电压、交流电流及调制信号的稳态向量，将式（5－19）所示的 MSC 交流回路时域模型转换至频域，可得 MSC 交流回路频域稳态模型，即

$$K_{\mathrm{m}} V_{\mathrm{dc}} \boldsymbol{M}_{\mathrm{sa}} = \boldsymbol{V}_{\mathrm{sa}} \tag{5-31}$$

5.3　小信号频域阻抗建模

本节将对 PMSG 机组小信号阻抗建模。首先，将交流电压、交流电流及调制信号转换至频域，得到频域稳态工作点。然后，在交流端口电压上叠加特定频率的交流电压小信号扰动。最后，根据交流端口交流电流小信号响应，建立 PMSG 机组交流端口小信号阻抗模型。

5.3.1　小信号频域特性分析

在 PMSG 机组交流端口叠加一个频率为 f_p 的正弦电压小信号扰动后，小信号传递通路与频率分布如图 5－9 所示。

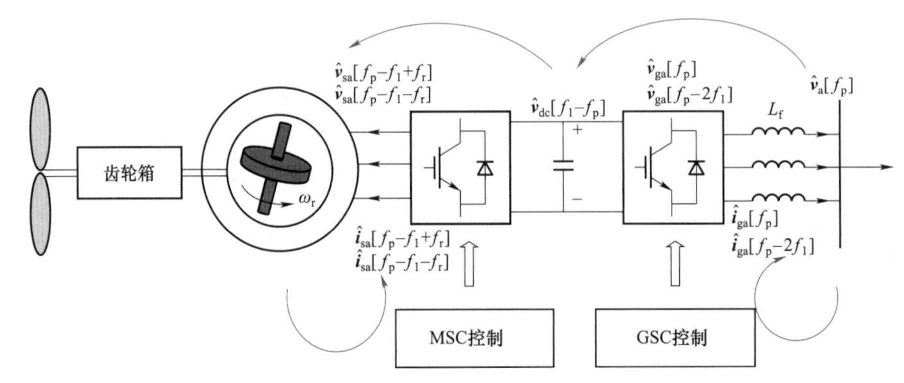

图 5－9　PMSG 机组小信号传递通路与频率分布

在交流端口电压上叠加一个频率为 f_p 的正序电压小信号后，根据 2.3.1 两电平换流器小信号频率关系分析可知，GSC 三相交流调制电压小信号向量 $\hat{\boldsymbol{v}}_{gl}$ 中将产生频率为 f_p 和 f_p-2f_1 的分量。$\hat{\boldsymbol{v}}_{gl}$ 与三相交流电压小信号向量 $\hat{\boldsymbol{v}}_l$ 的压差作用于滤波电感，GSC 三相交流电流小信号向量 $\hat{\boldsymbol{i}}_{gl}$ 中将产生频率为 f_p 和 f_p-2f_1 的分量。

对于 GSC，$\hat{\boldsymbol{v}}_{gl}$ 中频率为 f_p 的分量与 GSC 三相交流电流稳态向量 $\boldsymbol{I}_{gl}$ 中频率为 $-f_1$ 的分量相乘，$\hat{\boldsymbol{i}}_{gl}$ 中频率为 f_p 的分量与 GSC 三相交流电流稳态向量 $\boldsymbol{V}_{gl}$ 中频率为 $-f_1$ 的分量相乘，$\hat{\boldsymbol{v}}_{gl}$ 中频率为 f_p-2f_1 的分量与 $\boldsymbol{I}_{gl}$ 中频率为 f_1 的分量相乘，$\hat{\boldsymbol{i}}_{gl}$ 中频率为 f_p-2f_1 的分量与 $\boldsymbol{V}_{gl}$ 中频率为 f_1 的分量相乘，上述 4 个乘积分量均会导致交、直流功率产生频率为 f_p-f_1 的小信号分量。频率为 f_p-f_1 的直流功率小信号分量，将导致直流电压小信号向量 $\hat{\boldsymbol{v}}_{dc}$ 中引入频率为 f_p-f_1 的分量。

下面分析 MSC 小信号传递通路与频率分布。$\hat{\boldsymbol{v}}_{dc}$ 中频率为 f_p-f_1 的分量与 MSC 三相交流调制信号稳态向量 $\boldsymbol{M}_{sl}$ 中频率为 f_r 的分量相乘，将在发电机定子绕组三相交

流电压小信号向量 $\hat{\boldsymbol{v}}_{sl}$ 中引入频率为 $f_p-f_1+f_r$ 的分量；$\hat{\boldsymbol{v}}_{dc}$ 中频率为 f_p-f_1 的分量与 $\boldsymbol{M}_{sl}$ 中频率为 $-f_r$ 的分量相乘，将在 $\hat{\boldsymbol{v}}_{sl}$ 中引入频率为 $f_p-f_1-f_r$ 的分量。

$\hat{\boldsymbol{v}}_{sl}$ 中频率为 $f_p-f_1+f_r$ 和 $f_p-f_1-f_r$ 的分量作用于定子绕组，将分别在发电机定子侧三相交流电流小信号向量 $\hat{\boldsymbol{i}}_{sl}$ 中引入频率为 $f_p-f_1+f_r$ 和 $f_p-f_1-f_r$ 的分量。

与 GSC 同理，$\hat{\boldsymbol{v}}_{sl}$ 和 $\hat{\boldsymbol{i}}_{sl}$ 中频率为 $f_p-f_1+f_r$、$f_p-f_1-f_r$ 的分量与发电机定子绕组三相交流电流、电压稳态向量 $\boldsymbol{I}_{sl}$、$\boldsymbol{V}_{sl}$ 中频率为 $-f_r$、f_r 的分量相乘，将在 $\hat{\boldsymbol{v}}_{dc}$ 中引入频率为 f_p-f_1 的分量，最后经 GSC 调制后传递至 PMSG 机组交流端口。

PMSG 机组转子电气旋转频率为 10Hz，对其施加频率为 80Hz 的正序电压小信号时，GSC 小信号波形及 FFT 结果如图 5-10 所示。由图可知，GSC 交流电压仅含频率为 80Hz 的小信号分量，交流电流和调制信号同时含有频率为 80Hz 和 −20Hz 的小信号分量。MSC

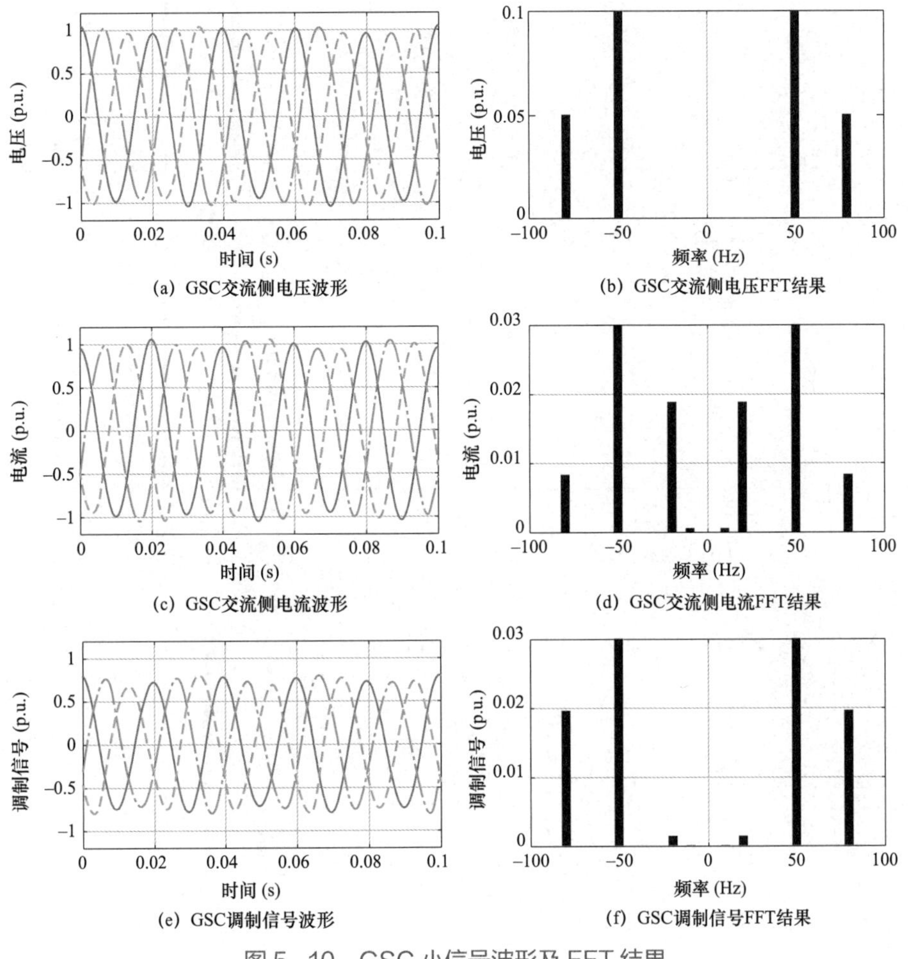

图 5-10　GSC 小信号波形及 FFT 结果

小信号波形及 FFT 结果如图 5-11 所示。由图可知，MSC 交流电压、交流电流及调制信号所含小信号分量的频率一致，均为 40Hz 和 20Hz。直流母线小信号波形及 FFT 结果如图 5-12 所示，所含小信号分量的频率为 30Hz。

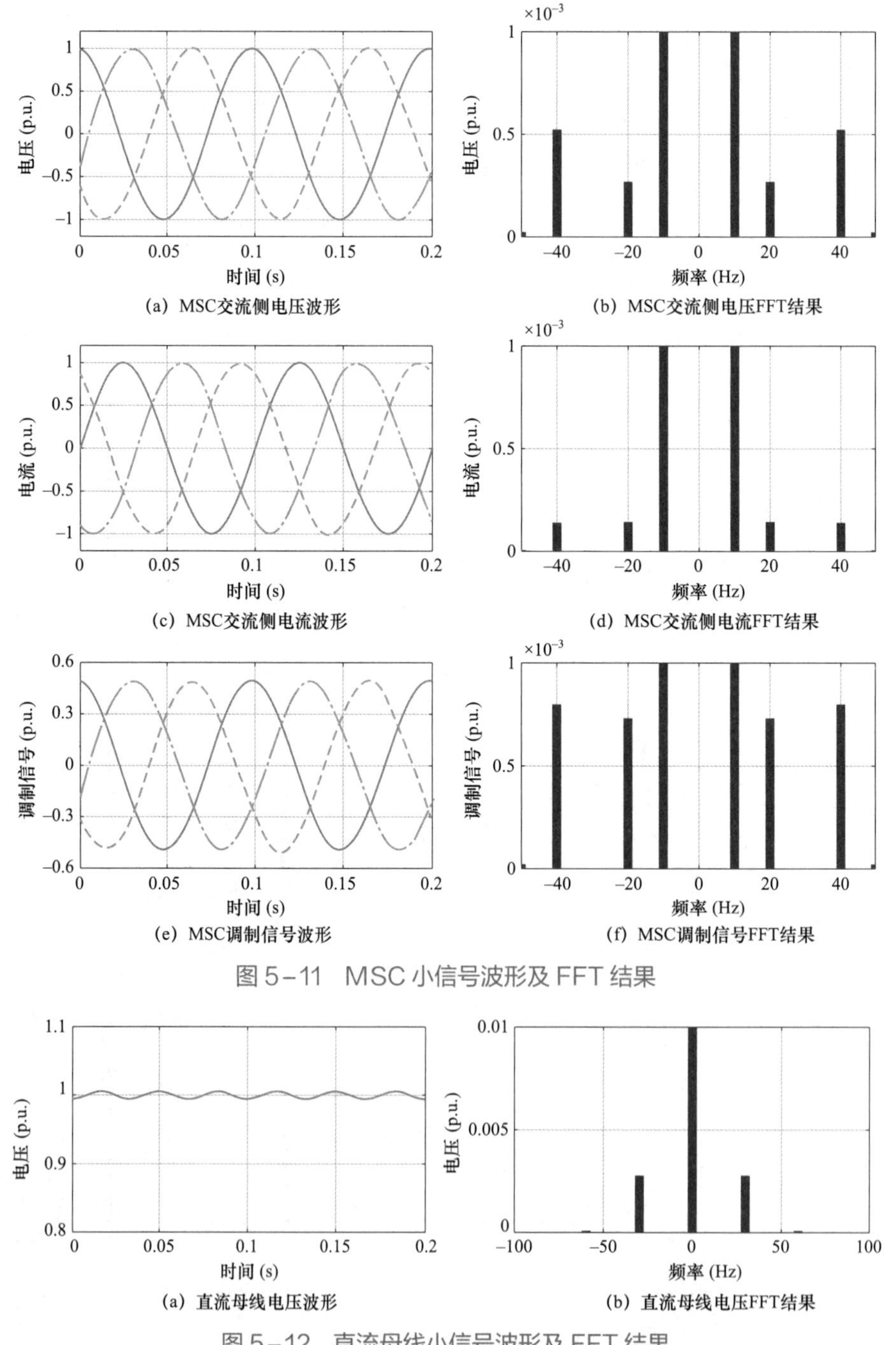

(a) MSC交流侧电压波形　(b) MSC交流侧电压FFT结果

(c) MSC交流侧电流波形　(d) MSC交流侧电流FFT结果

(e) MSC调制信号波形　(f) MSC调制信号FFT结果

图 5-11　MSC 小信号波形及 FFT 结果

(a) 直流母线电压波形　(b) 直流母线电压FFT结果

图 5-12　直流母线小信号波形及 FFT 结果

综上所述，PMSG 机组小信号向量频域分布特性如表 5－1 所示。

表 5－1　　　　　　PMSG 机组小信号向量频域分布特性

PMSG 机组	小信号向量	频率
GSC	$\hat{\boldsymbol{v}}_l$	f_p
	$\hat{\boldsymbol{i}}_{gl}$	f_p
		f_p-2f_1
	$\hat{\boldsymbol{m}}_{gl}$	f_p
		f_p-2f_1
MSC	$\hat{\boldsymbol{v}}_{sl}$	$f_p-f_1+f_r$
		$f_p-f_1-f_r$
	$\hat{\boldsymbol{i}}_{sl}$	$f_p-f_1+f_r$
		$f_p-f_1-f_r$
	$\hat{\boldsymbol{m}}_{sl}$	$f_p-f_1+f_r$
		$f_p-f_1-f_r$
直流母线电压	$\hat{\boldsymbol{v}}_{dc}$	f_p-f_1

为了描述 PMSG 机组各环节小信号频率特性，将 GSC、MSC 的交流电压、交流电流、调制信号的小信号分量分别排列成小信号向量。

GSC 交流电压、交流电流及调制信号的小信号分量按以下频率序列排列，即

$$[f_p-2f_1,\quad f_p-f_1,\quad f_p,\quad f_p+f_1,\quad f_p+2f_1]^T \tag{5-32}$$

MSC 交流电压、交流电流及调制信号的小信号分量按以下频率序列排列，即

$$[f_p-f_1-f_r,\quad f_p-f_1,\quad f_p-f_1+f_r,\quad f_p-f_1+2f_r,\quad f_p-f_1+3f_r]^T \tag{5-33}$$

此外，还需对 GSC、MSC 交流电压、交流电流及调制信号的稳态向量进行扩展，分别按式（5－34）所示稳态频率序列。其中，$\pm2f_1$ 和 $\pm2f_r$ 频率稳态分量均为 0。

$$\begin{cases}[-2f_1,\quad -f_1,\quad 0,\quad f_1,\quad 2f_1]^T\\ [-2f_r,\quad -f_r,\quad 0,\quad f_r,\quad 2f_r]^T\end{cases} \tag{5-34}$$

以 a 相为例，GSC 交流电压、交流电流及调制信号的小信号向量可表示为

$$\begin{cases}\hat{\boldsymbol{v}}_a=[\hat{\boldsymbol{v}}_{p-2},\quad 0,\quad \hat{\boldsymbol{v}}_p,\quad 0,\quad 0]^T\\ \hat{\boldsymbol{i}}_{ga}=[\hat{\boldsymbol{i}}_{gp-2},\quad 0,\quad \hat{\boldsymbol{i}}_{gp},\quad 0,\quad 0]^T\\ \hat{\boldsymbol{m}}_{ga}=[\hat{\boldsymbol{m}}_{gp-2},\quad 0,\quad \hat{\boldsymbol{m}}_{gp},\quad 0,\quad 0]^T\end{cases} \tag{5-35}$$

MSC 交流电压、交流电流及调制信号的小信号向量可表示为

$$\begin{cases}\hat{\boldsymbol{v}}_{sa}=[\hat{\boldsymbol{v}}_{sp-2},\quad 0,\quad \hat{\boldsymbol{v}}_{sp},\quad 0,\quad 0]^{T}\\ \hat{\boldsymbol{i}}_{sa}=[\hat{\boldsymbol{i}}_{sp-2},\quad 0,\quad \hat{\boldsymbol{i}}_{sp},\quad 0,\quad 0]^{T}\\ \hat{\boldsymbol{m}}_{sa}=[\hat{\boldsymbol{m}}_{sp-2},\quad 0,\quad \hat{\boldsymbol{m}}_{sp},\quad 0,\quad 0]^{T}\end{cases}\tag{5-36}$$

其中

$$\hat{\boldsymbol{v}}_{p}=V_{p}e^{j\varphi_{vp}}/2,\quad \hat{\boldsymbol{v}}_{p-2}=V_{p-2}e^{j\varphi_{vp-2}}/2,\quad \hat{\boldsymbol{i}}_{gp}=I_{gp}e^{j\varphi_{igp}}/2,\quad \hat{\boldsymbol{i}}_{gp-2}=I_{gp-2}e^{j\varphi_{igp-2}}/2$$

$$\hat{\boldsymbol{m}}_{gp}=M_{gp}e^{j\varphi_{mgp}}/2,\quad \hat{\boldsymbol{m}}_{gp-2}=M_{gp-2}e^{j\varphi_{mgp-2}}/2,\quad \hat{\boldsymbol{v}}_{sp}=V_{sp}e^{j\varphi_{vsp}}/2,\quad \hat{\boldsymbol{v}}_{sp-2}=V_{sp-2}e^{j\varphi_{vsp-2}}/2$$

$$\hat{\boldsymbol{i}}_{sp}=I_{sp}e^{j\varphi_{isp}}/2,\quad \hat{\boldsymbol{i}}_{sp-2}=I_{sp-2}e^{j\varphi_{isp-2}}/2,\quad \hat{\boldsymbol{m}}_{sp}=M_{sp}e^{j\varphi_{msp}}/2,\quad \hat{\boldsymbol{m}}_{sp-2}=M_{sp-2}e^{j\varphi_{msp-2}}/2$$

频率为 f_p 和 $f_p-f_1+f_r$ 的交流电压、交流电流为正序分量，a、b、c 相之间依次滞后 2π/3；频率为 f_p-2f_1 和 $f_p-f_1-f_r$ 的交流电压、交流电流为负序分量，a、b、c 相之间依次超前 2π/3。根据三相对称关系，可得 b、c 相 GSC 和 MSC 交流电压、交流电流及调制信号小信号向量分别为

$$\begin{cases}\hat{\boldsymbol{v}}_{b}=\boldsymbol{D}_{p}\hat{\boldsymbol{v}}_{a},\quad \hat{\boldsymbol{i}}_{gb}=\boldsymbol{D}_{p}\hat{\boldsymbol{i}}_{ga},\quad \hat{\boldsymbol{m}}_{gb}=\boldsymbol{D}_{p}\hat{\boldsymbol{m}}_{ga}\\ \hat{\boldsymbol{v}}_{sb}=\boldsymbol{D}_{p}\hat{\boldsymbol{v}}_{sa},\quad \hat{\boldsymbol{i}}_{sb}=\boldsymbol{D}_{p}\hat{\boldsymbol{i}}_{sa},\quad \hat{\boldsymbol{m}}_{sb}=\boldsymbol{D}_{p}\hat{\boldsymbol{m}}_{sa}\end{cases}\tag{5-37}$$

$$\begin{cases}\hat{\boldsymbol{v}}_{c}=\boldsymbol{D}_{p}^{*}\hat{\boldsymbol{v}}_{a},\quad \hat{\boldsymbol{i}}_{gc}=\boldsymbol{D}_{p}^{*}\hat{\boldsymbol{i}}_{ga},\quad \hat{\boldsymbol{m}}_{gc}=\boldsymbol{D}_{p}^{*}\hat{\boldsymbol{m}}_{ga}\\ \hat{\boldsymbol{v}}_{sc}=\boldsymbol{D}_{p}^{*}\hat{\boldsymbol{v}}_{sa},\quad \hat{\boldsymbol{i}}_{sc}=\boldsymbol{D}_{p}^{*}\hat{\boldsymbol{i}}_{sa},\quad \hat{\boldsymbol{m}}_{sc}=\boldsymbol{D}_{p}^{*}\hat{\boldsymbol{m}}_{sa}\end{cases}\tag{5-38}$$

式中：$\boldsymbol{D}_p$ 为小信号向量相序系数矩阵。

$\boldsymbol{D}_p$ 的表达式为

$$\boldsymbol{D}_{p}=\text{diag}[\{e^{-j2(k+1)\pi/3}\}|_{k=-2,-1,0,1,2}]\tag{5-39}$$

5.3.2　小信号频域模型

5.3.2.1　PMSG 小信号模型

考虑频率为 $f_p-f_1+f_r$ 的正序小信号分量和频率为 $f_p-f_1-f_r$ 的负序小信号分量，根据式（5-14），可建立 PMSG 频域小信号模型为

$$\begin{cases}\hat{\boldsymbol{v}}_{sp}=\left(R_{s}+\dfrac{L_{sd}+L_{sq}}{2}s_{sp}\right)\hat{\boldsymbol{i}}_{sp}+\dfrac{L_{sd}-L_{sq}}{2}s_{sp}\hat{\boldsymbol{i}}_{sp-2}\\ \hat{\boldsymbol{v}}_{sp-2}=\dfrac{L_{sd}-L_{sq}}{2}s_{sp2}\hat{\boldsymbol{i}}_{sp}+\left(R_{s}+\dfrac{L_{sd}+L_{sq}}{2}s_{sp2}\right)\hat{\boldsymbol{i}}_{sp-2}\end{cases}\tag{5-40}$$

其中

$$s_{\mathrm{sp}} = \mathrm{j}2\pi(f_{\mathrm{p}} - f_1 + f_{\mathrm{r}}),\ s_{\mathrm{sp2}} = \mathrm{j}2\pi(f_{\mathrm{p}} - f_1 - f_{\mathrm{r}})$$

PMSG 回路小信号模型的向量形式表达式为

$$\hat{\boldsymbol{v}}_{\mathrm{sa}} = \boldsymbol{G}_{\mathrm{s}}\hat{\boldsymbol{i}}_{\mathrm{sa}} \tag{5-41}$$

式中：$\boldsymbol{G}_{\mathrm{s}}$ 为五阶矩阵，除下述元素外，其余元素均为 0。

$$\begin{cases} \boldsymbol{G}_{\mathrm{s}}(1,1) = R_{\mathrm{s}} + \dfrac{L_{\mathrm{sd}} + L_{\mathrm{sq}}}{2} s_{\mathrm{sp2}} \\ \boldsymbol{G}_{\mathrm{s}}(1,3) = \dfrac{L_{\mathrm{sd}} - L_{\mathrm{sq}}}{2} s_{\mathrm{sp2}} \\ \boldsymbol{G}_{\mathrm{s}}(3,1) = \dfrac{L_{\mathrm{sd}} - L_{\mathrm{sq}}}{2} s_{\mathrm{sp}} \\ \boldsymbol{G}_{\mathrm{s}}(3,3) = R_{\mathrm{s}} + \dfrac{L_{\mathrm{sd}} + L_{\mathrm{sq}}}{2} s_{\mathrm{sp}} \end{cases} \tag{5-42}$$

5.3.2.2　直流母线小信号模型

将式（5－20）转换至频域，可得直流母线频域小信号模型为

$$s_1 C_{\mathrm{dc}} V_{\mathrm{dc}} \hat{\boldsymbol{v}}_{\mathrm{dc}} = -\sum_{l=\mathrm{a,b,c}} (\boldsymbol{I}_{\mathrm{s}l} \otimes \hat{\boldsymbol{v}}_{\mathrm{s}l} + \boldsymbol{V}_{\mathrm{s}l} \otimes \hat{\boldsymbol{i}}_{\mathrm{s}l}) - \sum_{l=\mathrm{a,b,c}} (\boldsymbol{I}_{\mathrm{g}l} \otimes \hat{\boldsymbol{v}}_{\mathrm{g}l} + \boldsymbol{V}_{\mathrm{g}l} \otimes \hat{\boldsymbol{i}}_{\mathrm{g}l}) \tag{5-43}$$

根据式（5－53），化简后可得直流电压与 GSC 交流电压、交流电流，以及 MSC 交流电压、交流电流之间的小信号向量表达式为

$$\hat{\boldsymbol{v}}_{\mathrm{dc}} = \boldsymbol{J}_{\mathrm{gi}}\hat{\boldsymbol{i}}_{\mathrm{ga}} + \boldsymbol{J}_{\mathrm{si}}\hat{\boldsymbol{i}}_{\mathrm{sa}} + \boldsymbol{J}_{\mathrm{gv}}\hat{\boldsymbol{v}}_{\mathrm{a}} + \boldsymbol{J}_{\mathrm{sv}}\hat{\boldsymbol{v}}_{\mathrm{sa}} \tag{5-44}$$

式中：$\boldsymbol{J}_{\mathrm{gi}}$、$\boldsymbol{J}_{\mathrm{si}}$、$\boldsymbol{J}_{\mathrm{gv}}$、$\boldsymbol{J}_{\mathrm{sv}}$ 均为五阶矩阵，除下述元素外，其余元素均为 0。

$$\begin{cases} \boldsymbol{J}_{\mathrm{gi}}(2,1) = -\dfrac{3}{C_{\mathrm{dc}} V_{\mathrm{dc}} s_1} (\boldsymbol{V}_{\mathrm{g1}} + s_2 L_{\mathrm{f}} \boldsymbol{I}_{\mathrm{g1}}) \\ \boldsymbol{J}_{\mathrm{gi}}(2,3) = -\dfrac{3}{C_{\mathrm{dc}} V_{\mathrm{dc}} s_1} (\boldsymbol{V}_{\mathrm{g1}}^* + s L_{\mathrm{f}} \boldsymbol{I}_{\mathrm{g1}}^*) \end{cases} \tag{5-45}$$

$$\begin{cases} \boldsymbol{J}_{\mathrm{si}}(2,1) = -\dfrac{3}{C_{\mathrm{dc}} V_{\mathrm{dc}} s_1} \boldsymbol{V}_{\mathrm{s1}} \\ \boldsymbol{J}_{\mathrm{si}}(2,3) = -\dfrac{3}{C_{\mathrm{dc}} V_{\mathrm{dc}} s_1} \boldsymbol{V}_{\mathrm{s1}}^* \end{cases} \tag{5-46}$$

$$\begin{cases} \boldsymbol{J}_{\mathrm{gv}}(2,1) = -\dfrac{3}{C_{\mathrm{dc}} V_{\mathrm{dc}} s_1} \boldsymbol{I}_{\mathrm{g1}} \\ \boldsymbol{J}_{\mathrm{gv}}(2,3) = -\dfrac{3}{C_{\mathrm{dc}} V_{\mathrm{dc}} s_1} \boldsymbol{I}_{\mathrm{g1}}^* \end{cases} \tag{5-47}$$

$$\begin{cases} \boldsymbol{J}_{\text{sv}}(2,1) = -\dfrac{3}{C_{\text{dc}}V_{\text{dc}}s_1}\boldsymbol{I}_{\text{s1}} \\ \boldsymbol{J}_{\text{sv}}(2,3) = -\dfrac{3}{C_{\text{dc}}V_{\text{dc}}s_1}\boldsymbol{I}_{\text{s1}}^* \end{cases} \tag{5-48}$$

其中

$$s = \text{j}2\pi f_{\text{p}},\ s_1 = \text{j}2\pi(f_{\text{p}} - f_1),\ s_2 = \text{j}2\pi(f_{\text{p}} - 2f_1)$$

5.3.2.3　GSC 小信号模型

GSC 阻抗建模方法可参考两电平变换器阻抗建模。如图 5-6 所示，GSC 通过直流电压外环控制 d 轴电流维持直流母线电压稳定，通过无功功率外环控制 q 轴电流实现无功功率控制，GSC 交流电流 d、q 轴电流参考指令的小信号向量为

$$\begin{cases} \hat{\boldsymbol{i}}_{\text{gdref}} = H_{\text{vdc}}(s_1)\hat{\boldsymbol{v}}_{\text{dc}} \\ \hat{\boldsymbol{i}}_{\text{gqref}} = H_{\text{q}}(s_1)\hat{\boldsymbol{q}}_{\text{e}} \end{cases} \tag{5-49}$$

式中：$H_{\text{vdc}}(s_1)$ 为 GSC 直流电压控制器传递函数，$H_{\text{vdc}}(s_1) = K_{\text{vdcp}} + K_{\text{vdci}}/s_1$，$K_{\text{vdcp}}$、$K_{\text{vdci}}$ 分别为 GSC 直流电压控制器比例系数、积分系数；$H_{\text{q}}(s_1)$ 为 GSC 无功功率控制器传递函数，$H_{\text{q}}(s_1) = K_{\text{qep}} + K_{\text{qei}}/s_1$，$K_{\text{qep}}$、$K_{\text{qei}}$ 分别为 GSC 无功功率控制器比例系数、积分系数。无功功率小信号向量 $\hat{\boldsymbol{q}}_{\text{e}}$ 表达式为

$$\hat{\boldsymbol{q}}_{\text{e}} = \boldsymbol{Q}_{\text{i}}\hat{\boldsymbol{i}}_{\text{ga}} + \boldsymbol{Q}_{\text{v}}\hat{\boldsymbol{v}}_{\text{a}} \tag{5-50}$$

式中：$\boldsymbol{Q}_{\text{i}}$、$\boldsymbol{Q}_{\text{v}}$ 均为五阶矩阵，除下述元素外，其余元素均为 0。

$$\begin{cases} \boldsymbol{Q}_{\text{i}}(2,1) = -\text{j}3\boldsymbol{V}_1 \\ \boldsymbol{Q}_{\text{i}}(2,3) = \text{j}3\boldsymbol{V}_1^* \end{cases} \tag{5-51}$$

$$\begin{cases} \boldsymbol{Q}_{\text{v}}(2,1) = \text{j}3\boldsymbol{I}_{\text{g1}} \\ \boldsymbol{Q}_{\text{v}}(2,3) = -\text{j}3\boldsymbol{I}_{\text{g1}}^* \end{cases} \tag{5-52}$$

根据 GSC 的典型控制结构，可得其调制信号小信号向量表达式为

$$\hat{\boldsymbol{m}}_{\text{ga}} = \boldsymbol{E}_{\text{dc}}\hat{\boldsymbol{v}}_{\text{dc}} + \boldsymbol{E}_{\text{gi}}\hat{\boldsymbol{i}}_{\text{ga}} + \boldsymbol{E}_{\text{gv}}\hat{\boldsymbol{v}}_{\text{a}} \tag{5-53}$$

式中：$\boldsymbol{E}_{\text{dc}}$、$\boldsymbol{E}_{\text{gi}}$、$\boldsymbol{E}_{\text{gv}}$ 均为五阶矩阵，除下述元素外，其余元素均为 0。

$$\begin{cases} \boldsymbol{E}_{\text{dc}}(1,2) = \dfrac{1}{2}H_{\text{gi}}(s_1)H_{\text{vdc}}(s_1) \\ \boldsymbol{E}_{\text{dc}}(3,2) = \dfrac{1}{2}H_{\text{gi}}(s_1)H_{\text{vdc}}(s_1) \end{cases} \tag{5-54}$$

$$\begin{cases}\boldsymbol{E}_{\text{gi}}(1,1)=-\dfrac{3}{2}H_{\text{gi}}(s_1)H_{\text{q}}(s_1)\boldsymbol{V}_1-H_{\text{gi}}(s_1)-\text{j}K_{\text{gd}}\\\boldsymbol{E}_{\text{gi}}(1,3)=\dfrac{3}{2}H_{\text{gi}}(s_1)H_{\text{q}}(s_1)\boldsymbol{V}_1^*\\\boldsymbol{E}_{\text{gi}}(3,1)=\dfrac{3}{2}H_{\text{gi}}(s_1)H_{\text{q}}(s_1)\boldsymbol{V}_1\\\boldsymbol{E}_{\text{gi}}(3,3)=-\dfrac{3}{2}H_{\text{gi}}(s_1)H_{\text{q}}(s_1)\boldsymbol{V}_1^*-H_{\text{gi}}(s_1)+\text{j}K_{\text{gd}}\end{cases}\tag{5-55}$$

$$\begin{cases}\boldsymbol{E}_{\text{gv}}(1,1)=\dfrac{3}{2}H_{\text{gi}}(s_1)H_{\text{q}}(s_1)\boldsymbol{I}_{\text{g1}}+T_{\text{PLL}}(s_1)[(H_{\text{gi}}(s_1)+\text{j}K_{\text{gd}})\boldsymbol{I}_{\text{g1}}^*+\boldsymbol{M}_1^*]\\\boldsymbol{E}_{\text{gv}}(1,3)=-\dfrac{3}{2}H_{\text{gi}}(s_1)H_{\text{q}}(s_1)\boldsymbol{I}_{\text{g1}}^*-T_{\text{PLL}}(s_1)[(H_{\text{gi}}(s_1)+\text{j}K_{\text{gd}})\boldsymbol{I}_{\text{g1}}^*+\boldsymbol{M}_1^*]\\\boldsymbol{E}_{\text{gv}}(3,1)=-\dfrac{3}{2}H_{\text{gi}}(s_1)H_{\text{q}}(s_1)\boldsymbol{I}_{\text{g1}}-T_{\text{PLL}}(s_1)[(H_{\text{gi}}(s_1)-\text{j}K_{\text{gd}})\boldsymbol{I}_{\text{g1}}+\boldsymbol{M}_1]\\\boldsymbol{E}_{\text{gv}}(3,3)=\dfrac{3}{2}H_{\text{gi}}(s_1)H_{\text{q}}(s_1)\boldsymbol{I}_{\text{g1}}^*+T_{\text{PLL}}(s_1)[(H_{\text{gi}}(s_1)-\text{j}K_{\text{gd}})\boldsymbol{I}_{\text{g1}}+\boldsymbol{M}_1]\end{cases}\tag{5-56}$$

将式（5－15）转换至频域，可得 GSC 交流回路频域小信号模型为

$$K_{\text{m}}(V_{\text{dc}}\hat{\boldsymbol{m}}_{\text{ga}}+\boldsymbol{M}_{\text{ga}}\hat{\boldsymbol{v}}_{\text{dc}})=\hat{\boldsymbol{v}}_{\text{a}}+\boldsymbol{Z}_{\text{Lf}}\hat{\boldsymbol{i}}_{\text{ga}}\tag{5-57}$$

式中：$\boldsymbol{Z}_{\text{Lf}}$ 为交流滤波电感在小信号频率序列下的阻抗，表达式为 $\boldsymbol{Z}_{\text{Lf}}=\text{j}2\pi L_{\text{f}}\cdot\text{diag}[f_{\text{p}}-2f_1,\ f_{\text{p}}-f_1,\ f_{\text{p}},\ f_{\text{p}}+f_1,\ f_{\text{p}}+2f_1]$。

联立式（5－53）与式（5－57），GSC 交流回路频域小信号模型可简化为

$$\hat{\boldsymbol{v}}_{\text{a}}=\boldsymbol{F}_{\text{dc}}\hat{\boldsymbol{v}}_{\text{dc}}+\boldsymbol{F}_{\text{gi}}\hat{\boldsymbol{i}}_{\text{ga}}\tag{5-58}$$

式中：$\boldsymbol{F}_{\text{dc}}$、$\boldsymbol{F}_{\text{gi}}$ 均为五阶矩阵。

$\boldsymbol{F}_{\text{dc}}$、$\boldsymbol{F}_{\text{gi}}$ 的表达式为

$$\begin{cases}\boldsymbol{F}_{\text{dc}}=(\boldsymbol{U}-K_{\text{m}}V_{\text{dc}}\boldsymbol{E}_{\text{gv}})^{-1}(K_{\text{m}}\boldsymbol{M}_{\text{ga}}+K_{\text{m}}V_{\text{dc}}\boldsymbol{E}_{\text{dc}})\\\boldsymbol{F}_{\text{gi}}=(\boldsymbol{U}-K_{\text{m}}V_{\text{dc}}\boldsymbol{E}_{\text{gv}})^{-1}(K_{\text{m}}V_{\text{dc}}\boldsymbol{E}_{\text{gi}}-\boldsymbol{Z}_{\text{Lf}})\end{cases}\tag{5-59}$$

式中：$\boldsymbol{U}$ 为五阶单位矩阵。

5.3.2.4　MSC 小信号模型

根据图 5－7 所示的 MSC 控制策略，电流参考指令值小信号表达式为

$$\begin{cases}\hat{\boldsymbol{i}}_{\text{sdref}}=0\\\hat{\boldsymbol{i}}_{\text{sqref}}=H_{\text{p}}(s_1)\hat{\boldsymbol{p}}_{\text{es}}\end{cases}\tag{5-60}$$

式中：$H_{\text{p}}(s_1)$ 为有功功率控制器传递函数，$H_{\text{p}}(s_1)=K_{\text{pep}}+K_{\text{pei}}/s_1$，$K_{\text{pep}}$、$K_{\text{pei}}$ 分别为有功功率控制器比例系数、积分系数。

定子绕组有功功率小信号向量 $\hat{\boldsymbol{p}}_{\mathrm{es}}$，可通过式（5－10）转化至频域，表达式为

$$\hat{\boldsymbol{p}}_{\mathrm{es}} = \boldsymbol{P}_{\mathrm{i}}\hat{\boldsymbol{i}}_{\mathrm{sa}} + \boldsymbol{P}_{\mathrm{v}}\hat{\boldsymbol{v}}_{\mathrm{sa}} \tag{5-61}$$

式中：$\boldsymbol{P}_{\mathrm{i}}$、$\boldsymbol{P}_{\mathrm{v}}$ 均为五阶矩阵，除下述元素外，其余元素均为0。

$$\begin{cases} \boldsymbol{P}_{\mathrm{i}}(2,1) = -3\boldsymbol{V}_{\mathrm{s1}} \\ \boldsymbol{P}_{\mathrm{i}}(2,3) = -3\boldsymbol{V}_{\mathrm{s1}}^{*} \end{cases} \tag{5-62}$$

$$\begin{cases} \boldsymbol{P}_{\mathrm{v}}(2,1) = -3\boldsymbol{I}_{\mathrm{s1}} \\ \boldsymbol{P}_{\mathrm{v}}(2,3) = -3\boldsymbol{I}_{\mathrm{s1}}^{*} \end{cases} \tag{5-63}$$

根据MSC控制结构，可得其调制信号小信号向量表达式为

$$\hat{\boldsymbol{m}}_{\mathrm{sa}} = \boldsymbol{E}_{\mathrm{si}}\hat{\boldsymbol{i}}_{\mathrm{sa}} + \boldsymbol{E}_{\mathrm{sv}}\hat{\boldsymbol{v}}_{\mathrm{sa}} \tag{5-64}$$

式中：$\boldsymbol{E}_{\mathrm{si}}$、$\boldsymbol{E}_{\mathrm{sv}}$ 均为五阶矩阵，除下述元素外，其余元素均为0。

$$\begin{cases} \boldsymbol{E}_{\mathrm{si}}(1,1) = -H_{\mathrm{si}}(s_1) - \mathrm{j}K_{\mathrm{sd}} - \mathrm{j}\dfrac{3}{2}H_{\mathrm{p}}(s_1)H_{\mathrm{si}}(s_1)\boldsymbol{V}_{\mathrm{s1}} \\ \boldsymbol{E}_{\mathrm{si}}(1,3) = -\mathrm{j}\dfrac{3}{2}H_{\mathrm{p}}(s_1)H_{\mathrm{si}}(s_1)\boldsymbol{V}_{\mathrm{s1}}^{*} \\ \boldsymbol{E}_{\mathrm{si}}(3,1) = \mathrm{j}\dfrac{3}{2}H_{\mathrm{p}}(s_1)H_{\mathrm{si}}(s_1)\boldsymbol{V}_{\mathrm{s1}} \\ \boldsymbol{E}_{\mathrm{si}}(3,3) = -H_{\mathrm{si}}(s_1) + \mathrm{j}K_{\mathrm{sd}} + \mathrm{j}\dfrac{3}{2}H_{\mathrm{p}}(s_1)H_{\mathrm{si}}(s_1)\boldsymbol{V}_{\mathrm{s1}}^{*} \end{cases} \tag{5-65}$$

$$\begin{cases} \boldsymbol{E}_{\mathrm{sv}}(1,1) = -\mathrm{j}\dfrac{3}{2}H_{\mathrm{p}}(s_1)H_{\mathrm{si}}(s_1)\boldsymbol{I}_{\mathrm{s1}} \\ \boldsymbol{E}_{\mathrm{sv}}(1,3) = -\mathrm{j}\dfrac{3}{2}H_{\mathrm{p}}(s_1)H_{\mathrm{si}}(s_1)\boldsymbol{I}_{\mathrm{s1}}^{*} \\ \boldsymbol{E}_{\mathrm{sv}}(3,1) = \mathrm{j}\dfrac{3}{2}H_{\mathrm{p}}(s_1)H_{\mathrm{si}}(s_1)\boldsymbol{I}_{\mathrm{s1}} \\ \boldsymbol{E}_{\mathrm{sv}}(3,3) = \mathrm{j}\dfrac{3}{2}H_{\mathrm{p}}(s_1)H_{\mathrm{si}}(s_1)\boldsymbol{I}_{\mathrm{s1}}^{*} \end{cases} \tag{5-66}$$

由式（5－19）可得MSC交流回路频域小信号模型为

$$\hat{\boldsymbol{v}}_{\mathrm{sa}} = K_{\mathrm{m}}(V_{\mathrm{dc}}\hat{\boldsymbol{m}}_{\mathrm{sa}} + \boldsymbol{M}_{\mathrm{sa}}\hat{\boldsymbol{v}}_{\mathrm{dc}}) \tag{5-67}$$

联立式（5－64）与式（5－67），可得MSC交流回路频域小信号模型简化表达式为

$$\hat{\boldsymbol{v}}_{\mathrm{sa}} = \boldsymbol{B}_{\mathrm{dc}}\hat{\boldsymbol{v}}_{\mathrm{dc}} + \boldsymbol{B}_{\mathrm{si}}\hat{\boldsymbol{i}}_{\mathrm{sa}} \tag{5-68}$$

式中：$\boldsymbol{B}_{\mathrm{dc}}$、$\boldsymbol{B}_{\mathrm{si}}$ 均为五阶矩阵。

$\boldsymbol{B}_{\mathrm{dc}}$、$\boldsymbol{B}_{\mathrm{si}}$ 的表达式为

$$\begin{cases} \boldsymbol{B}_{\rm dc} = (\boldsymbol{U} - K_{\rm m} V_{\rm dc} \boldsymbol{E}_{\rm sv})^{-1} K_{\rm m} \boldsymbol{M}_{\rm sa} \\ \boldsymbol{B}_{\rm si} = (\boldsymbol{U} - K_{\rm m} V_{\rm dc} \boldsymbol{E}_{\rm sv})^{-1} K_{\rm m} V_{\rm dc} \boldsymbol{E}_{\rm si} \end{cases} \tag{5-69}$$

5.3.3　交流端口阻抗模型

PMSG 机组交流端口导纳由机组交流端口电流与电压小信号比值得到，即

$$\boldsymbol{Y}_{\rm PMSG} = -\frac{\hat{\boldsymbol{i}}_{\rm ga}}{\hat{\boldsymbol{v}}_{\rm a}} \tag{5-70}$$

联立式（5－41）、式（5－44）、式（5－58）、式（5－68）可得

$$\begin{cases} \boldsymbol{G}_{\rm gg} \hat{\boldsymbol{i}}_{\rm ga} + \boldsymbol{G}_{\rm gs} \hat{\boldsymbol{i}}_{\rm sa} + \boldsymbol{G}_{\rm gv} \hat{\boldsymbol{v}}_{\rm a} = 0 \\ \boldsymbol{G}_{\rm sg} \hat{\boldsymbol{i}}_{\rm ga} + \boldsymbol{G}_{\rm ss} \hat{\boldsymbol{i}}_{\rm sa} + \boldsymbol{G}_{\rm sv} \hat{\boldsymbol{v}}_{\rm a} = 0 \end{cases} \tag{5-71}$$

系数矩阵表达式为

$$\begin{cases} \boldsymbol{G}_{\rm gg} = \boldsymbol{F}_{\rm dc} \boldsymbol{J}_{\rm gi} + \boldsymbol{F}_{\rm gi} \\ \boldsymbol{G}_{\rm gs} = \boldsymbol{F}_{\rm dc} \boldsymbol{J}_{\rm si} + \boldsymbol{F}_{\rm dc} \boldsymbol{J}_{\rm sv} \boldsymbol{G}_{\rm s} \\ \boldsymbol{G}_{\rm gv} = \boldsymbol{F}_{\rm dc} \boldsymbol{J}_{\rm gv} - \boldsymbol{U} \\ \boldsymbol{G}_{\rm sg} = \boldsymbol{B}_{\rm dc} \boldsymbol{J}_{\rm gi} \\ \boldsymbol{G}_{\rm ss} = \boldsymbol{B}_{\rm dc} \boldsymbol{J}_{\rm si} + (\boldsymbol{B}_{\rm dc} \boldsymbol{J}_{\rm sv} - \boldsymbol{U}) \boldsymbol{G}_{\rm s} + \boldsymbol{B}_{\rm si} \\ \boldsymbol{G}_{\rm sv} = \boldsymbol{B}_{\rm dc} \boldsymbol{J}_{\rm gv} \end{cases} \tag{5-72}$$

对式（5－71）求解，可得

$$\hat{\boldsymbol{i}}_{\rm ga} = (\boldsymbol{G}_{\rm gg} - \boldsymbol{G}_{\rm gs} \boldsymbol{G}_{\rm ss}^{-1} \boldsymbol{G}_{\rm sg})^{-1} (\boldsymbol{G}_{\rm gs} \boldsymbol{G}_{\rm ss}^{-1} \boldsymbol{G}_{\rm sv} - \boldsymbol{G}_{\rm gv}) \hat{\boldsymbol{v}}_{\rm a} \tag{5-73}$$

PMSG 机组交流端口导纳为

$$\boldsymbol{Y}_{\rm PMSG} = -(\boldsymbol{G}_{\rm gg} - \boldsymbol{G}_{\rm gs} \boldsymbol{G}_{\rm ss}^{-1} \boldsymbol{G}_{\rm sg})^{-1} (\boldsymbol{G}_{\rm gs} \boldsymbol{G}_{\rm ss}^{-1} \boldsymbol{G}_{\rm sv} - \boldsymbol{G}_{\rm gv}) \tag{5-74}$$

由于 PMSG 机组交流电压、交流电流小信号向量仅存在扰动频率 $f_{\rm p}$ 和耦合频率 $f_{\rm p} - 2f_1$ 处分量，提取这两个频率下的相关元素，将式（5－74）所示交流端口导纳排列成二阶矩阵，即

$$\begin{bmatrix} \boldsymbol{Y}_{\rm PMSG}^{\rm pp} & \boldsymbol{Y}_{\rm PMSG}^{\rm np} \\ \boldsymbol{Y}_{\rm PMSG}^{\rm pn} & \boldsymbol{Y}_{\rm PMSG}^{\rm nn} \end{bmatrix} = \begin{bmatrix} \boldsymbol{Y}_{\rm PMSG}(3,3) & \boldsymbol{Y}_{\rm PMSG}(3,1) \\ \boldsymbol{Y}_{\rm PMSG}(1,3) & \boldsymbol{Y}_{\rm PMSG}(1,1) \end{bmatrix} \tag{5-75}$$

式中：$\boldsymbol{Y}_{\rm PMSG}(3,3)$ 为 $\boldsymbol{Y}_{\rm PMSG}$ 的第 3 行第 3 列元素；$\boldsymbol{Y}_{\rm PMSG}(3,1)$ 为 $\boldsymbol{Y}_{\rm PMSG}$ 的第 3 行第 1 列元素；$\boldsymbol{Y}_{\rm PMSG}(1,3)$ 为 $\boldsymbol{Y}_{\rm PMSG}$ 的第 1 行第 3 列元素；$\boldsymbol{Y}_{\rm PMSG}(1,1)$ 为 $\boldsymbol{Y}_{\rm PMSG}$ 的第 1 行第 1 列元素。

扰动频率、耦合频率交流电压、交流电流小信号分量与交流端口导纳满足关系

$$\begin{bmatrix} -\hat{\boldsymbol{i}}_{\mathrm{p}} \\ -\hat{\boldsymbol{i}}_{\mathrm{p}-2} \end{bmatrix} = \begin{bmatrix} \boldsymbol{Y}_{\mathrm{PMSG}}^{\mathrm{pp}} & \boldsymbol{Y}_{\mathrm{PMSG}}^{\mathrm{np}} \\ \boldsymbol{Y}_{\mathrm{PMSG}}^{\mathrm{pn}} & \boldsymbol{Y}_{\mathrm{PMSG}}^{\mathrm{nn}} \end{bmatrix} \begin{bmatrix} \hat{\boldsymbol{v}}_{\mathrm{p}} \\ \hat{\boldsymbol{v}}_{\mathrm{p}-2} \end{bmatrix} \tag{5-76}$$

式中：$\boldsymbol{Y}_{\mathrm{PMSG}}^{\mathrm{pp}}$ 为 PMSG 机组正序导纳，表示在频率为 f_{p} 的单位正序电压小信号扰动下，频率为 f_{p} 的正序电流小信号响应；$\boldsymbol{Y}_{\mathrm{PMSG}}^{\mathrm{pn}}$ 为 PMSG 机组正序耦合导纳，表示在频率为 f_{p} 的单位正序电压小信号扰动下，频率为 $f_{\mathrm{p}}-2f_1$ 的负序电流小信号响应；$\boldsymbol{Y}_{\mathrm{PMSG}}^{\mathrm{nn}}$ 为 PMSG 机组负序导纳，表示在频率为 $f_{\mathrm{p}}-2f_1$ 的单位负序电压小信号扰动下，频率为 $f_{\mathrm{p}}-2f_1$ 的负序电流小信号响应；$\boldsymbol{Y}_{\mathrm{PMSG}}^{\mathrm{np}}$ 为 PMSG 机组负序耦合导纳，表示在频率为 $f_{\mathrm{p}}-2f_1$ 的单位负序电压小信号扰动下，频率为 f_{p} 的正序电流小信号响应。

由交流端口导纳求取其逆矩阵，可得 PMSG 机组交流端口阻抗为

$$\begin{bmatrix} \boldsymbol{Z}_{\mathrm{PMSG}}^{\mathrm{pp}} & \boldsymbol{Z}_{\mathrm{PMSG}}^{\mathrm{pn}} \\ \boldsymbol{Z}_{\mathrm{PMSG}}^{\mathrm{np}} & \boldsymbol{Z}_{\mathrm{PMSG}}^{\mathrm{nn}} \end{bmatrix} = \begin{bmatrix} \boldsymbol{Y}_{\mathrm{PMSG}}^{\mathrm{pp}} & \boldsymbol{Y}_{\mathrm{PMSG}}^{\mathrm{np}} \\ \boldsymbol{Y}_{\mathrm{PMSG}}^{\mathrm{pn}} & \boldsymbol{Y}_{\mathrm{PMSG}}^{\mathrm{nn}} \end{bmatrix}^{-1} \tag{5-77}$$

式中：$\boldsymbol{Z}_{\mathrm{PMSG}}^{\mathrm{pp}}$ 为 PMSG 机组正序阻抗；$\boldsymbol{Z}_{\mathrm{PMSG}}^{\mathrm{pn}}$ 为 PMSG 机组正序耦合阻抗；$\boldsymbol{Z}_{\mathrm{PMSG}}^{\mathrm{nn}}$ 为 PMSG 机组负序阻抗；$\boldsymbol{Z}_{\mathrm{PMSG}}^{\mathrm{np}}$ 为 PMSG 机组负序耦合阻抗。

此外，负序阻抗与正序阻抗间的频域关系满足 $\boldsymbol{Z}_{\mathrm{PMSG}}^{\mathrm{nn}} = \boldsymbol{Z}_{\mathrm{PMSG}}^{\mathrm{pp}*}(\mathrm{j}2\omega_1 - s)$，负序耦合阻抗与正序耦合阻抗间的频域关系满足 $\boldsymbol{Z}_{\mathrm{PMSG}}^{\mathrm{np}} = \boldsymbol{Z}_{\mathrm{PMSG}}^{\mathrm{pn}*}(\mathrm{j}2\omega_1 - s)$。

PMSG 机组主电路和控制参数如表 5－2 所示。图 5－13 给出了该 PMSG 机组阻抗解析与扫描结果。图中实线为阻抗解析结果，离散点通过仿真建模后扫描得到。结果表明解析与仿真扫描结果吻合良好，验证了 PMSG 机组阻抗模型的准确性。

表 5－2　　PMSG 机组主电路和控制参数

参数	定义	数值
P_{N}	额定功率	1.5MW
V_{N}	交流额定电压	563V
f_1	额定频率	50Hz
R_{s}	发电机定子绕组电阻	0.001Ω
L_{sd}、L_{sq}	PMSG 定子绕组 d、q 轴电感	2.7×10^{-4}H、2.8×10^{-4}H
L_{f}	GSC 交流滤波电感	0.0001H
V_{dc}	直流电压稳态值	1200V

续表

参数	定义	数值
K_{pp}、K_{pi}	PLL 比例、积分系数	0.0191、1.6473
K_{gip}、K_{gii}	GSC 交流电流控制器比例、积分系数	1.8000×10^{-4}、0.3386
K_{sip}、K_{sii}	MSC 交流电流控制器比例、积分系数	1.1000×10^{-5}、6.3000×10^{-5}
K_{pep}、K_{pei}	MSC 有功功率控制器比例、积分系数	6×10^{-5}、1.1000×10^{-4}
K_{qep}、K_{qei}	GSC 无功功率控制器比例、积分系数	5.9000×10^{-4}、0.0322
K_{vdcp}、K_{vdci}	直流电压控制器比例、积分系数	9.5139、1523
K_{sd}	MSC 交流电流控制解耦系数	4.2000×10^{-5}
K_{gd}	GSC 交流电流控制解耦系数	2.3000×10^{-5}

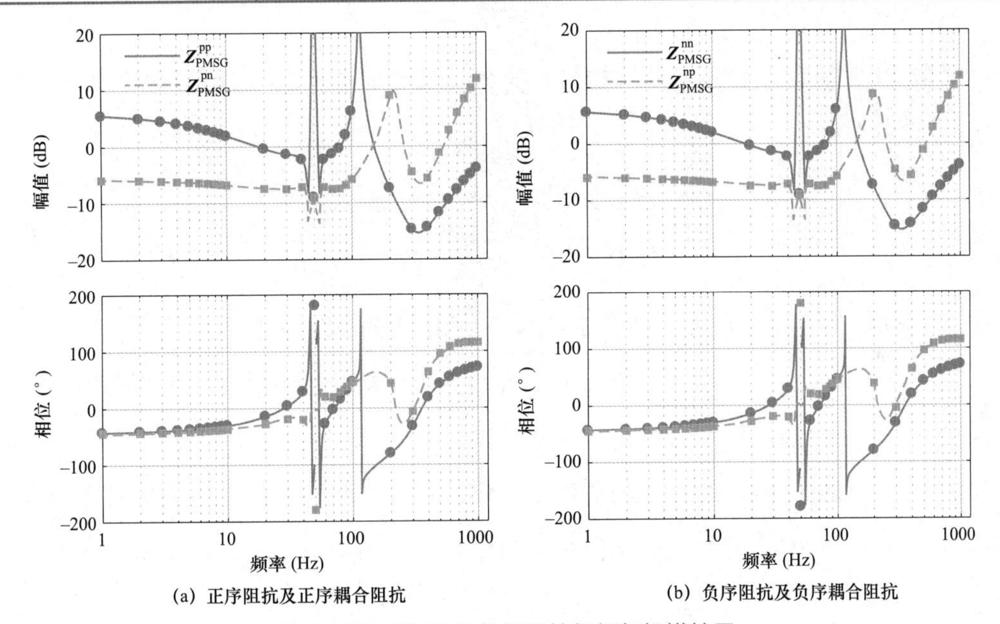

(a) 正序阻抗及正序耦合阻抗　　(b) 负序阻抗及负序耦合阻抗

图 5-13　PMSG 机组阻抗解析与扫描结果

5.4　宽频阻抗特性分析

基于 PMSG 机组阻抗解析模型，本节首先分析不同频段内阻抗特性的主导因素，提出 PMSG 机组阻抗频段划分方法；然后，阐明多控制器/环节间的频带重叠效应和各频段负阻尼特性的产生机理；最后，基于不同型号 PMSG 机组的 CHIL 阻抗扫描结果，给出频段划分的典型值。

5.4.1　宽频阻抗频段划分

PMSG 机组阻抗特性受到 PLL、MSC 交流电流环和有功功率环、直流电压环、GSC 交流电流环、无功功率环、延时、主电路 LC 滤波器等环节影响。本节将建立各控制器控制带宽、相位裕度性能指标与阻抗模型的频域关系，阐明各控制器/环节的频带分布规律。

5.4.1.1　PLL 对阻抗特性影响分析

在旋转坐标系下，PLL 控制回路如图 5－14 所示，其开环传递函数如式（5－78）所示。

图 5－14　PLL 控制回路

$$G_{PLL}(s) = H_{PLL}(s)V_1 \tag{5-78}$$

根据 PLL 控制带宽 f_{tc} 和控制相位裕度 θ_{tc}，通过求解开环增益，可得 PLL 控制器 $H_{PLL}(s)$ 控制参数为

$$\begin{cases} \left|V_1 H_{PLL}(s)\right|_{s=j2\pi f_{tc}} = 1 \\ \angle\left(V_1 H_{PLL}(s)\right)_{s=j2\pi f_{tc}} = \theta_{tc} - 180° \end{cases} \tag{5-79}$$

式中，在 PLL 控制带宽 f_{tc} 处开环增益为 1，对应的相位裕度为 θ_{tc}。

下面分析 PLL 控制带宽 f_{tc} 和控制相位裕度 θ_{tc} 对 PMSG 机组阻抗特性的影响。首先，固定 PLL 相位裕度 θ_{tc} 为 45°，将其控制带宽 f_{tc} 分别设置为 5、20、30Hz，分析控制带宽对阻抗特性的影响。然后，固定 PLL 控制带宽 f_{tc} 为 5Hz，将其相位裕度 θ_{tc} 分别设置为 20°、45°、70°，分析控制相位裕度对阻抗特性的影响。PLL 对阻抗特性影响如图 5－15 所示。

由图 5－15 可知，PLL 控制带宽 f_{tc} 主要影响机组阻抗幅值谐振峰 $f_1 - f_{tc}$ 和 $f_1 + f_{tc}$ 的位置。随着控制带宽 f_{tc} 的增加，幅值谐振峰频率离基波的距离增大，谐振峰处阻抗呈现容性负阻尼（阻抗相位小于−90°）。PLL 控制相位裕度 θ_{tc} 主要影响谐振峰 $f_1 - f_{tc}$ 和 $f_1 + f_{tc}$ 处的阻抗幅值和相位，控制相位裕度越小负阻尼程度加剧。

综上所述，PLL 主要对频段 $f_1 - f_{tc} < f < f_1 + f_{tc}$ 的机组阻抗产生影响，对其他频段影响可忽略不计。

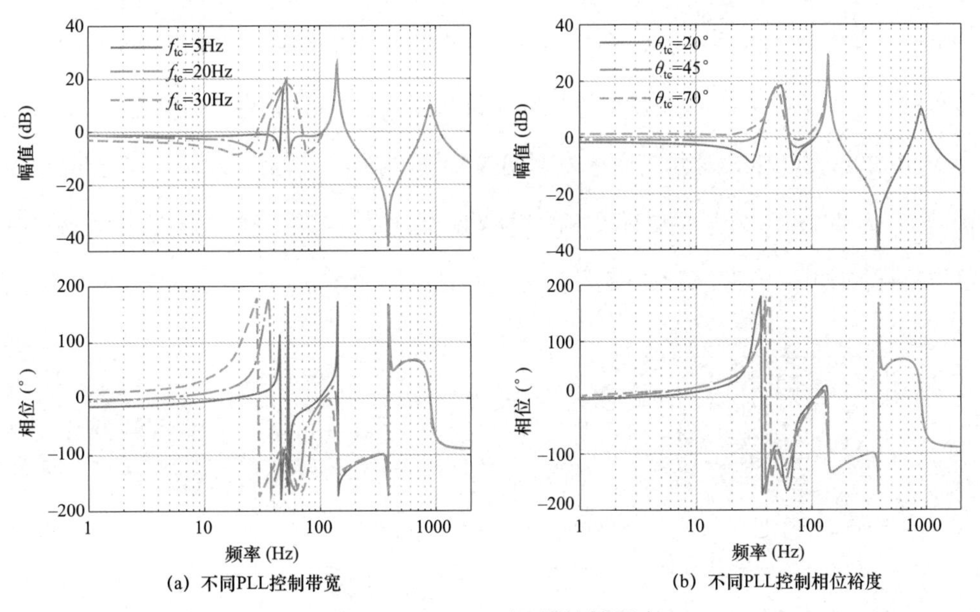

(a) 不同PLL控制带宽　　(b) 不同PLL控制相位裕度

图 5－15　PLL 对阻抗特性影响

5.4.1.2　GSC 交流电流环对阻抗特性影响分析

在旋转坐标系下，GSC 交流电流环控制回路如图 5－16 所示，其开环传递函数如式（5－80）所示。

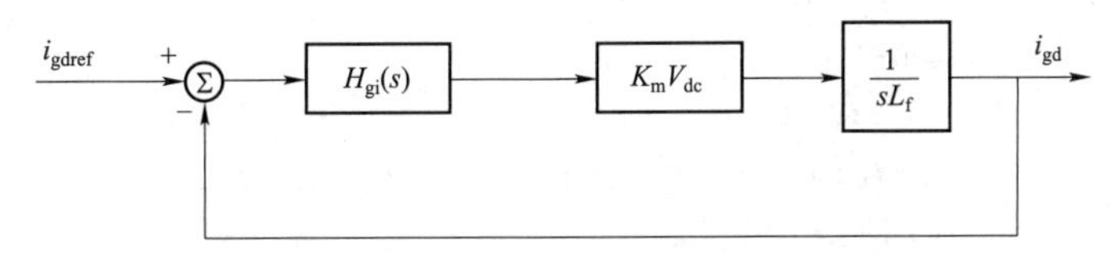

图 5－16　GSC 交流电流环控制回路

$$G_{\mathrm{gi}}(s)=H_{\mathrm{gi}}(s)\frac{K_{\mathrm{m}}V_{\mathrm{dc}}}{sL_{\mathrm{f}}} \tag{5-80}$$

通过求解开环增益，由式（5－81）可得 GSC 交流电流环控制器 $H_{\mathrm{gi}}(s)$ 控制参数为

$$\begin{cases}\left|H_{\mathrm{gi}}(s)\dfrac{K_{\mathrm{m}}V_{\mathrm{dc}}}{sL_{\mathrm{f}}}\right|_{s=\mathrm{j}2\pi f_{\mathrm{gic}}}=1\\ \angle\left(H_{\mathrm{gi}}(s)\dfrac{K_{\mathrm{m}}V_{\mathrm{dc}}}{sL_{\mathrm{f}}}\right)_{s=\mathrm{j}2\pi f_{\mathrm{gic}}}=\theta_{\mathrm{gic}}-180^{\circ}\end{cases} \tag{5-81}$$

式中，在 GSC 交流电流控制带宽 f_{gic} 处开环增益为 1，对应的相位裕度为 θ_{gic}。

下面分别分析 GSC 交流电流控制带宽 f_{gic} 和控制相位裕度 θ_{gic} 对 PMSG 机组阻抗特性的影响。首先，固定 GSC 交流电流控制相位裕度 θ_{gic} 为 45°，将其控制带宽 f_{gic} 分别设置为 100、200、300Hz，分析控制带宽对阻抗特性的影响；然后，固定 GSC 交流电流控制带宽 f_{gic} 为 200Hz，将其相位裕度 θ_{gic} 分别设置为 10°、45°、80°，分析控制相位裕度对阻抗特性的影响。GSC 交流电流环对阻抗特性影响如图 5－17 所示。

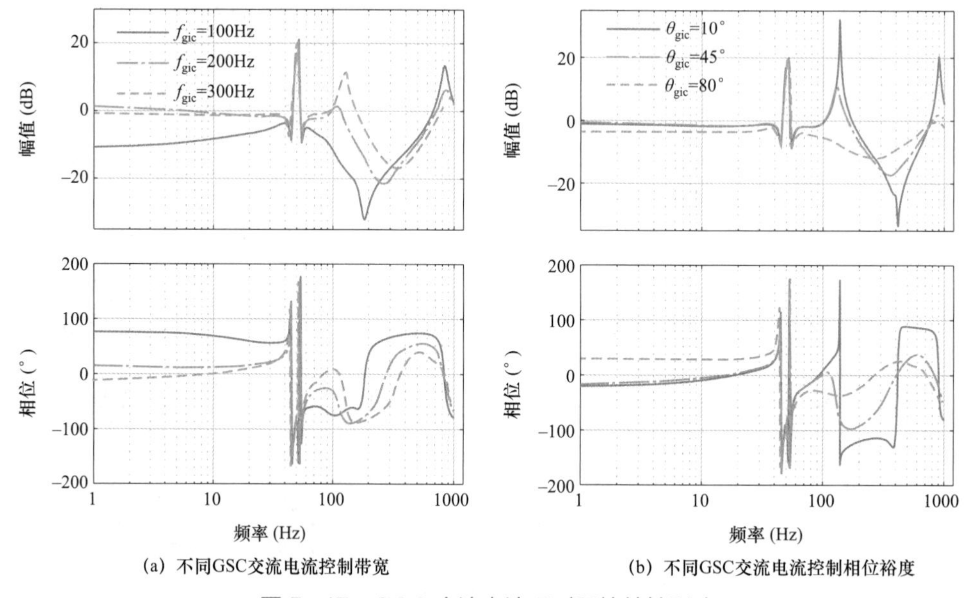

图 5－17 GSC 交流电流环对阻抗特性影响

由图 5－17 可知，GSC 交流电流控制带宽对频段 $f<f_1-f_{tc}$ 和 $f_1+f_{tc}<f<f_1+f_{gic}$ 的阻抗特性均产生影响。在 GSC 交流电流控制带宽 f_1+f_{gic}（静止坐标系）处，阻抗幅值存在谐振峰，阻抗相位由容性变为感性。随着控制带宽的增大，谐振峰出现的频率逐渐增大。GSC 交流电流控制相位裕度对频段 $f<f_1-f_{tc}$ 和 $f_1+f_{tc}<f<f_1+f_{gic}$ 的阻抗幅值和相位均有影响，控制相位裕度越小，在 GSC 交流电流控制带宽 f_1+f_{gic} 处谐振峰越陡峭，相位变化越剧烈，阻尼特性越弱。

综上所述，GSC 交流电流环主要对频段 $f<f_1-f_{tc}$ 和 $f_1+f_{tc}<f<f_1+f_{gic}$ 的机组阻抗产生影响，对其他频段影响可忽略不计。

5.4.1.3　主电路 LC 滤波器对阻抗特性影响分析

由 GSC 交流电流环对 PMSG 机组阻抗特性影响可知，当频率达到 GSC 交流电流控制带宽后，阻抗特性逐渐由 GSC 交流电流环的容性变成滤波电感的感性。随着频率的进一步升高，阻抗特性逐渐由感性变成容性，滤波电感与滤波电容产生的谐振频率与滤波器参数取值有关。滤波电容分别设置为 0.3、0.4、0.5mF，分析主电路 LC 滤波器对阻抗特性的影响，滤波器参数对阻抗特性影响如图 5－18 所示。

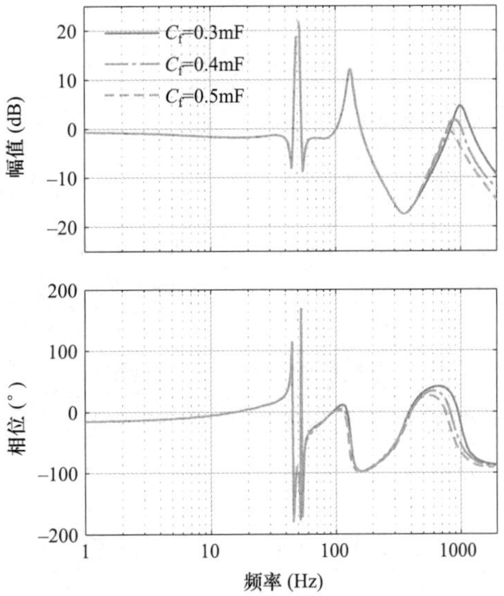

图 5－18　滤波器参数对阻抗特性影响

由图 5－18 可知，在频段 $f>f_1+f_{gic}$，机组阻抗幅值和相位受交流滤波电容影响较明显。阻抗相位先呈现感性，在 LC 谐振峰处，相位由感性变为容性。主电路 LC 滤波器参数主要影响频段 $f>f_1+f_{gic}$ 的阻抗特性。

5.4.1.4　稳态工作点对阻抗特性影响分析

PMSG 机组频域阻抗模型基于稳态工作点进行小信号线性化得到。在运行过程中，风速变化导致有功功率稳态工作点变化，机组的阻抗特性随之改变。下面根据 PMSG 机组阻抗解析模型，分析有功功率稳态工作点对阻抗特性的影响。稳态工作点对阻抗特性影响如图 5－19 所示，稳态工作点主要对频段 $f<f_1+f_{gic}$ 产生影响。

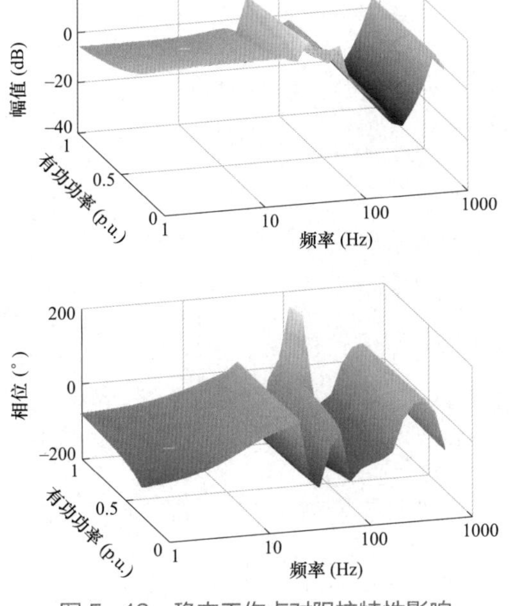

图 5－19　稳态工作点对阻抗特性影响

5.4.1.5　宽频阻抗频段划分小结

根据 PMSG 机组各频段内的主导影响因素分析，可以将宽频阻抗进行频段划分，具体如下：

（1）在频段 Ⅰ$_{PMSG}$（$f<f_1-f_{tc}$），PMSG

机组阻抗特性无主导影响因素，PLL、GSC 交流电流环、稳态工作点均对该频段阻抗特性产生影响。

（2）在频段Ⅱ$_{PMSG}$（$f_1-f_{tc}<f<f_1+f_{tc}$），PMSG 机组阻抗特性由 PLL 主导。随着 PLL 控制带宽 f_{tc} 的增加，频段Ⅱ$_{PMSG}$ 范围扩大；随着 PLL 控制相位裕度 θ_{tc} 的减小，容性负阻尼特性加剧。

（3）在频段Ⅲ$_{PMSG}$（$f_1+f_{tc}<f<f_1+f_{gic}$），PMSG 机组阻抗特性由 GSC 交流电流环主导。随着交流电流控制带宽 f_{gic} 的增加，阻抗呈现容性的频率范围增大；随着交流电流控制相位裕度 θ_{gic} 的减小，容性阻尼特性减弱。

（4）在频段Ⅳ$_{PMSG}$（$f>f_1+f_{gic}$），PMSG 机组阻抗特性由主电路 LC 滤波器主导。随着频率的增加，阻抗由感性变成容性，阻抗谐振频率与主电路 LC 滤波器参数取值有关。

基于 CHIL 平台，对不同型号 PMSG 机组开展阻抗扫描，2.0MW PMSG 机组（型号 A）阻抗如图 5-20 所示，2.5MW PMSG 机组（型号 B）阻抗如图 5-21 所示，4.5MW PMSG 机组（型号 C）阻抗如图 5-22 所示。由图可见，频段Ⅰ$_{PMSG}$ 范围大致为 $f<37$Hz，频段Ⅱ$_{PMSG}$ 范围大致为 37Hz $<f<$ 63Hz，频段Ⅲ$_{PMSG}$ 范围大致为 63Hz $<f<$ 420Hz，频段Ⅳ$_{PMSG}$ 范围大致为 $f>$ 420Hz。

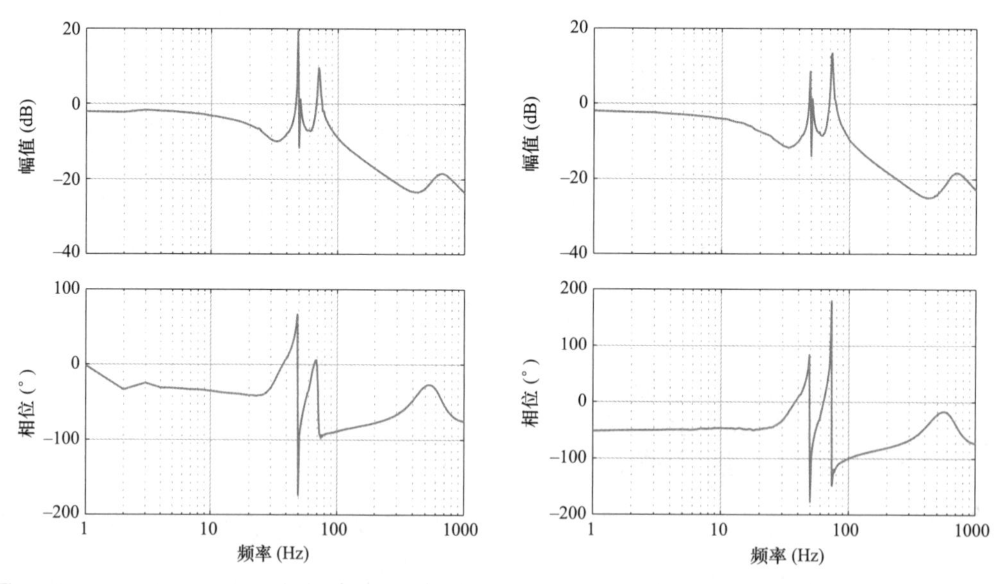

图 5-20　2.0MW PMSG 机组（型号 A）阻抗　图 5-21　2.5MW PMSG 机组（型号 B）阻抗

5.4.2　各频段负阻尼特性分析

基于 5.4.1 分析可知，PLL、GSC 交流电流环、主电路 LC 滤波器对 PMSG 机组不同频段的阻抗特性起主导作用，可得宽频阻抗频段划分原则。考虑到 PMSG 机组控制系统涉及多控制器/环节协调配合，同一频段内阻抗特性除了受到主导因素影响外，还受到其余控制器/环节重叠影响。本节将对 MSC 交流电流环、功率环、直流电压环、延时等环节与其他控制器的频带重叠效应进行分析，揭示各频段负阻尼特性的产生机理。

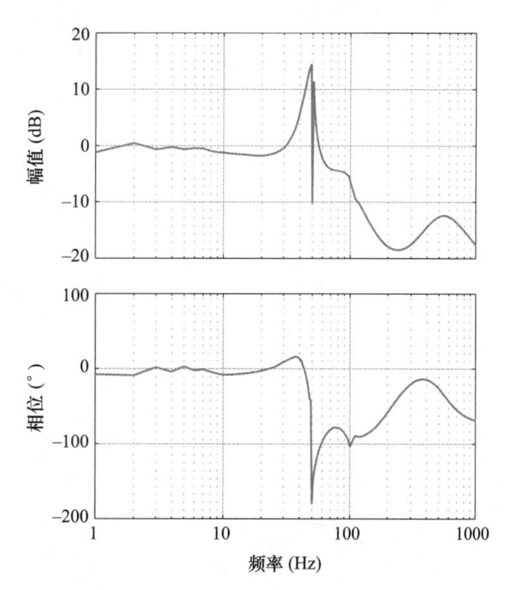

图 5－22　4.5 MW PMSG 机组（型号 C）阻抗

5.4.2.1　频段 Ⅱ $_{PMSG}$ 内负阻尼特性分析

在频段 Ⅱ $_{PMSG}$ 内，PMSG 机组阻抗特性由 PLL 主导。此外，该频段机组阻抗特性还受直流电压环和 GSC 无功功率环的影响。本节分析该频段内直流电压环、无功功率环对机组负阻尼特性的影响，阐明了频带重叠效应。

1. 直流电压环对负阻尼特性影响分析

在旋转坐标下，GSC 直流电压环控制回路如图 5－23 所示，其开环传递函数如式（5－82）所示。

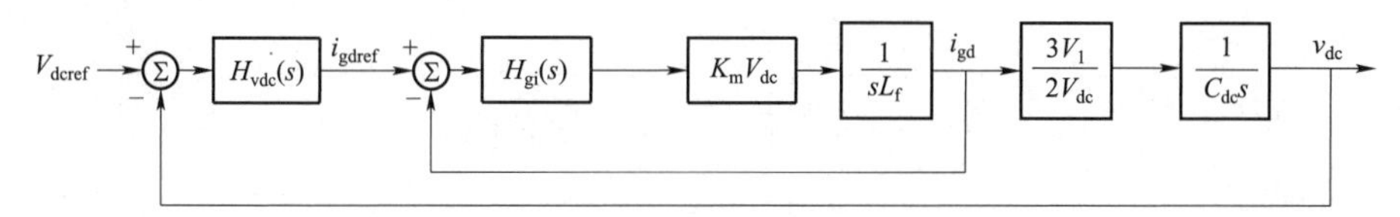

图 5－23　GSC 直流电压控制回路

$$G_{vdc}(s)=\frac{3V_1}{2V_{dc}C_{dc}s}H_{vdc}(s) \tag{5-82}$$

通过求解其开环增益，可得直流电压环控制器 $H_{vdc}(s)$ 控制参数为

$$\begin{cases}\left|\dfrac{3V_1}{2V_{dc}C_{dc}s}H_{vdc}(s)\right|_{s=\mathrm{j}2\pi f_{vdc}}=1\\ \angle\left(\dfrac{3V_1}{2V_{dc}C_{dc}s}H_{vdc}(s)\right)_{s=\mathrm{j}2\pi f_{vdc}}=\theta_{vdc}-180^{\circ}\end{cases} \tag{5-83}$$

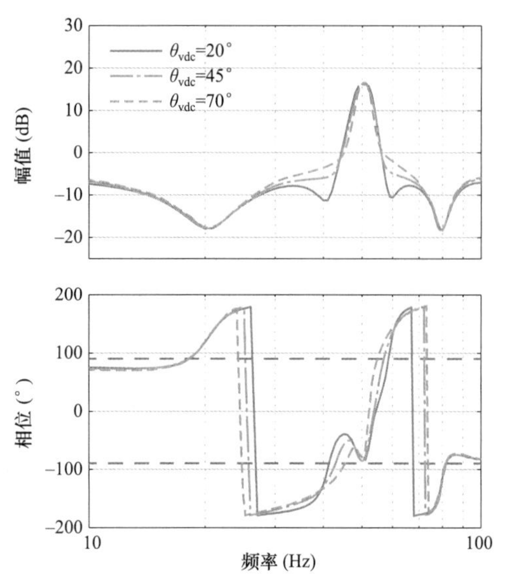

图 5-24 GSC 直流电压环对频段 II_{PMSG} 阻尼特性影响

式中，在直流电压控制带宽 f_{vdc} 处开环增益为 1，对应的相位裕度为 θ_{vdc}。

下面分析直流电压控制相位裕度 θ_{vdc} 对频段 II_{PMSG} 内阻抗特性的影响。固定 PLL 控制带宽 f_{tc} 为 30Hz，控制相位裕度 θ_{tc} 为 10°。在此条件下，直流电压环控制带宽 f_{vdc} 为 10Hz，将其相位裕度 θ_{vdc} 分别设置为 20°、45°、70°，GSC 直流电压环对频段 II_{PMSG} 阻尼特性影响如图 5-24 所示。

由图 5-24 可知，直流电压环和 PLL 在频段 II_{PMSG} 存在频带重叠效应，导致该频段产生负阻尼特性。直流电压控制相位裕度会影响频段 II_{PMSG} 内负阻尼程度。

2. 无功功率环对负阻尼特性影响分析

在旋转坐标系下，GSC 无功功率环控制回路如图 5-25 所示，其开环传递函数如式（5-84）所示。

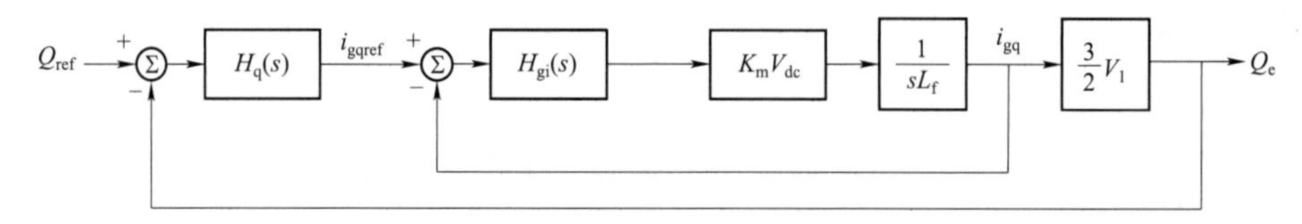

图 5-25 GSC 无功功率控制回路

$$G_q(s)=\frac{3}{2}V_1H_q(s) \tag{5-84}$$

通过求解其开环增益，可得无功功率控制器 $H_q(s)$ 控制参数为

$$\begin{cases}\left|\frac{3}{2}V_1H_q(s)\right|_{s=\mathrm{j}2\pi f_{qc}}=1\\ \angle\left(\frac{3}{2}V_1H_q(s)\right)_{s=\mathrm{j}2\pi f_{qc}}=\theta_{qc}-180^\circ\end{cases} \tag{5-85}$$

式中，在无功功率控制带宽 f_{qc} 处开环增益为 1，对应的相位裕度为 θ_{qc}。

下面分析 GSC 无功功率控制相位裕度 θ_{qc} 对频段Ⅱ$_{PMSG}$内负阻尼特性的影响。固定 PLL 控制带宽 f_{tc} 为 30Hz，控制相位裕度 θ_{tc} 为 60°，直流电压控制带宽 f_{vdc} 为 70Hz，控制相位裕度 θ_{vdc} 为 60°。无功功率控制带宽 f_{qc} 为 10Hz，将其相位裕度 θ_{qc} 分别设置为 110°、145°、170°，GSC 无功功率环对频段Ⅱ$_{PMSG}$阻尼特性影响如图 5－26 所示。

由图 5－26 可知，GSC 无功功率环和 PLL 在频段Ⅱ$_{PMSG}$存在频带重叠效应，会影响频段Ⅱ$_{PMSG}$的负阻尼程度。增大 GSC 无功功率控制相位裕度，频段Ⅱ$_{PMSG}$负阻尼特性将会改善。

3. 稳态工作点对负阻尼特性影响分析

有功功率分别设置为 0.3、0.6、1.0p.u.时，稳态工作点（有功功率）对频段Ⅱ$_{PMSG}$阻尼特性影响如图 5－27 所示。由图可知，当有功功率稳态工作点从 0.3 到 1.0p.u.变化时，频段Ⅱ$_{PMSG}$内机组阻抗幅值减小。

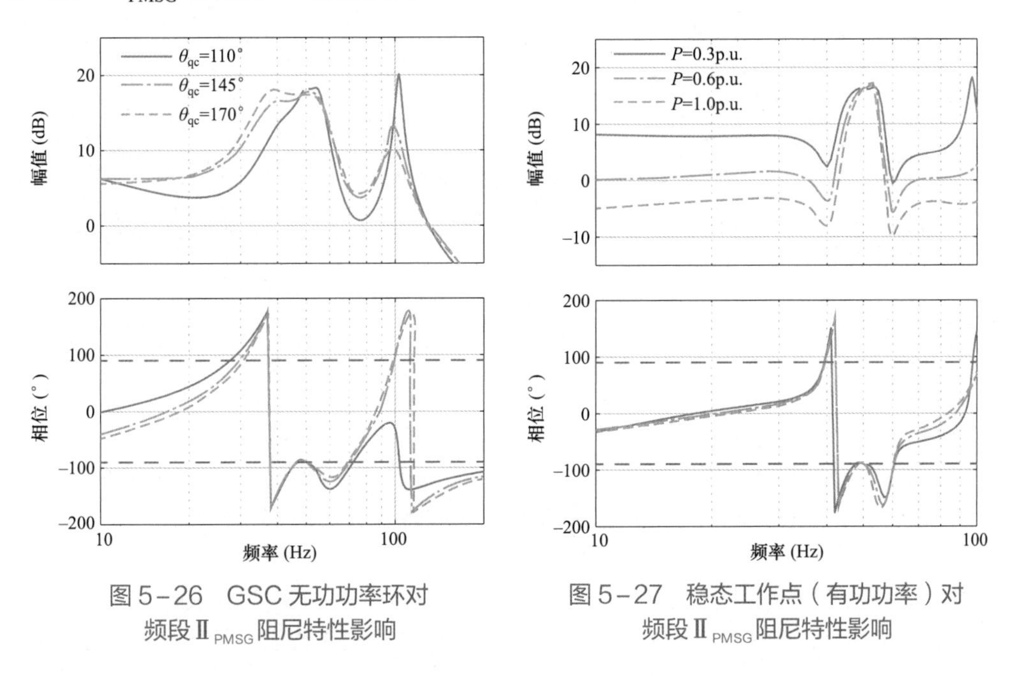

图 5－26　GSC 无功功率环对频段Ⅱ$_{PMSG}$阻尼特性影响

图 5－27　稳态工作点（有功功率）对频段Ⅱ$_{PMSG}$阻尼特性影响

5.4.2.2　频段Ⅲ$_{PMSG}$内负阻尼特性分析

在频段Ⅲ$_{PMSG}$内，PMSG 机组阻抗特性由 GSC 交流电流环主导，其前半频段阻抗特性同时受直流电压环、GSC 交流电流环、MSC 交流电流环、有功功率环影响，后半频段阻抗特性受延时影响。

1. 直流电压环对负阻尼特性影响分析

下面分析直流电压控制带宽 f_{vdc} 和控制相位裕度 θ_{vdc} 对频段Ⅲ$_{PMSG}$负阻尼特性影响。

固定PLL控制带宽 f_{tc} 为5Hz；GSC交流电流控制带宽 f_{gic} 为300Hz，控制相位裕度 θ_{gic} 为45°。在此前提下，首先，固定直流电压控制相位裕度 θ_{vdc} 为60°，将其控制带宽 f_{vdc} 分别设置为50、70、100Hz，分析控制带宽对阻尼特性的影响；然后，固定直流电压控制带宽 f_{vdc} 为70Hz，将其相位裕度 θ_{vdc} 分别设置为10°、45°、80°，分析控制相位裕度对阻尼特性的影响，GSC直流电压环对频段Ⅲ$_{PMSG}$阻尼特性影响如图5-28所示。

由图5-28可知，直流电压环和GSC交流电流环在频段Ⅲ$_{PMSG}$存在频带重叠效应，导致该频段产生负阻尼特性。随着直流电压控制带宽和控制相位裕度的减小，负阻尼程度会进一步加剧。

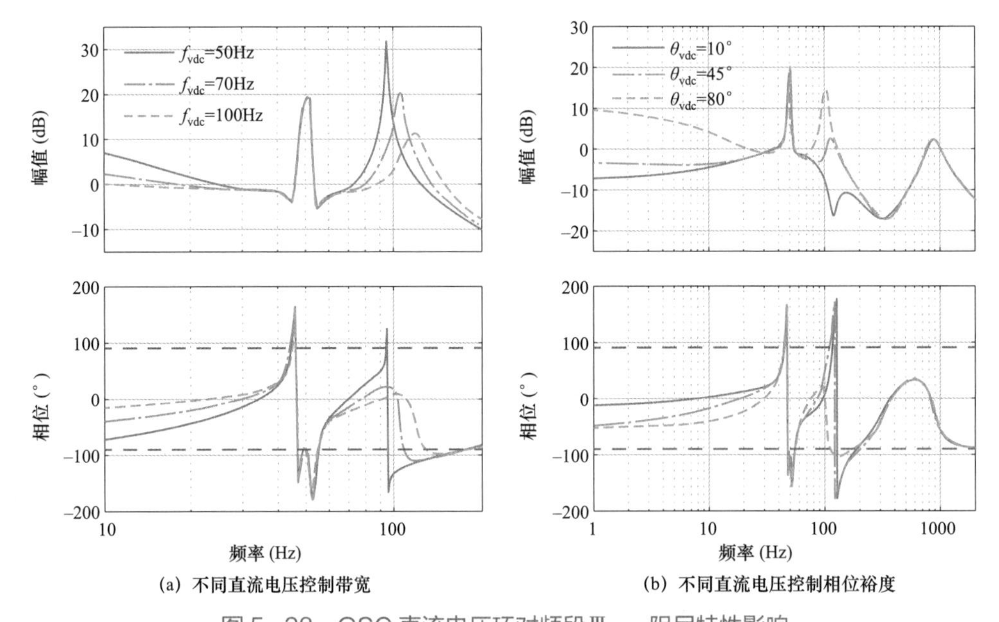

图5-28　GSC直流电压环对频段Ⅲ$_{PMSG}$阻尼特性影响

2. MSC交流电流环对负阻尼特性影响分析

在旋转坐标系下，MSC交流电流环控制回路如图5-29所示，其开环传递函数如式（5-86）所示。

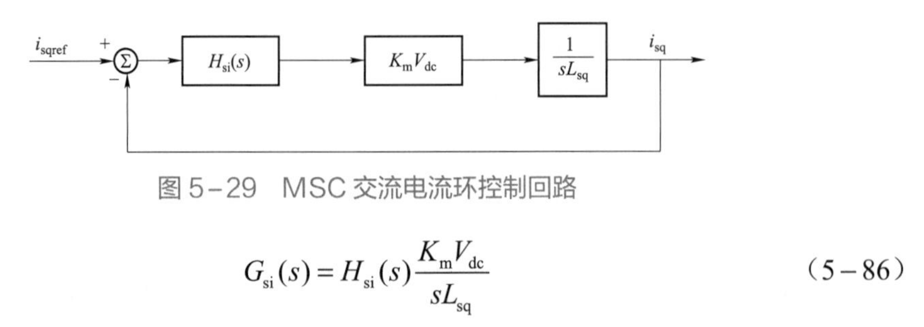

图5-29　MSC交流电流环控制回路

$$G_{si}(s)=H_{si}(s)\frac{K_m V_{dc}}{sL_{sq}} \tag{5-86}$$

通过求解开环增益，可得 MSC 交流电流控制器 $H_{si}(s)$ 控制参数为

$$\begin{cases}\left|H_{si}(s)\dfrac{K_m V_{dc}}{sL_{sq}}\right|_{s=j2\pi f_{sic}}=1 \\ \angle\left(H_{si}(s)\dfrac{K_m V_{dc}}{sL_{sq}}\right)_{s=j2\pi f_{sic}}=\theta_{sic}-180^\circ\end{cases} \tag{5-87}$$

式中，在 MSC 交流电流控制带宽 f_{sic} 处开环增益为 1，对应的相位裕度为 θ_{sic}。

下面分析 MSC 交流电流环控制带宽 f_{sic} 和控制相位裕度 θ_{sic} 对频段Ⅲ$_{PMSG}$负阻尼特性影响。固定 PLL 控制带宽 f_{tc} 为 5Hz，GSC 交流电流控制带宽 f_{gic} 为 300Hz，其相位裕度 θ_{gic} 为45°，直流电压控制带宽 f_{vdc} 为 40Hz，控制相位裕度 θ_{vdc} 为60°。在此前提下，首先，固定 MSC 交流电流控制相位裕度 θ_{sic} 为 45°，将其控制带宽 f_{sic} 分别设置为 20、40、60Hz，分析控制带宽对阻尼特性的影响；然后，固定 MSC 交流电流环控制带宽 f_{sic} 为 60Hz，将其相位裕度 θ_{sic} 分别设置为 10°、45°、70°，分析控制相位裕度对阻尼特性的影响。MSC 交流电流环对频段Ⅲ$_{PMSG}$阻尼特性影响如图 5－30 所示。

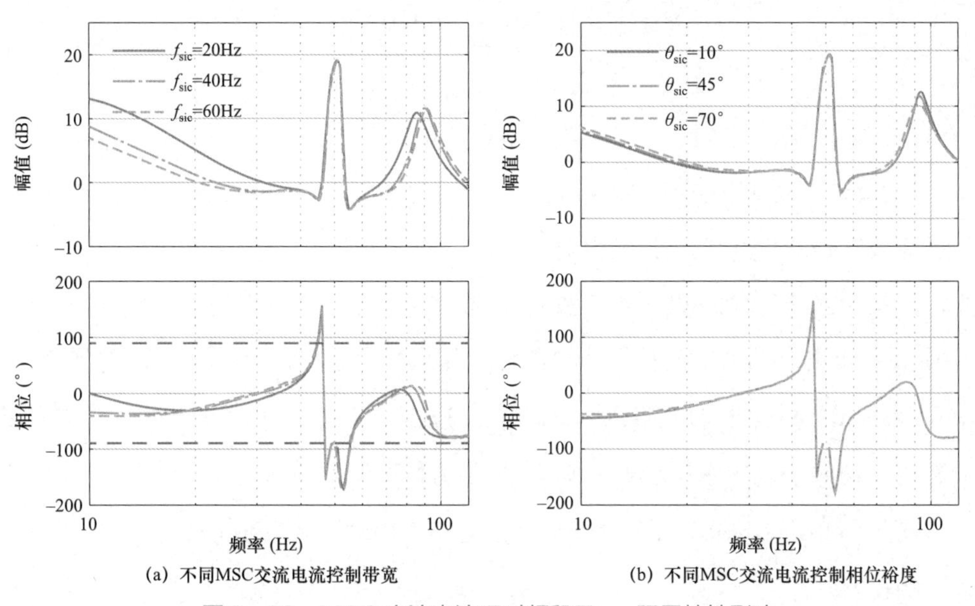

(a) 不同MSC交流电流控制带宽　　(b) 不同MSC交流电流控制相位裕度

图 5－30　MSC 交流电流环对频段Ⅲ$_{PMSG}$阻尼特性影响

由图 5－30 可知，MSC 交流电流环和 GSC 交流电流环在频段Ⅲ$_{PMSG}$存在频带重叠效应。增大 MSC 交流电流控制带宽可以改善负阻尼程度，MSC 交流电流控制相位裕度对负阻尼程度的影响较小。由于直流母线为 MSC 和 GSC 提供小信号耦合通路，MSC 交

流电流环对阻尼特性的影响程度与直流母线电容及 MSC 交流电流控制带宽密切相关。直流母线电容越大，MSC 交流电流环对阻尼特性的影响越小；MSC 交流电流控制带宽越大，MSC 交流电流环对阻尼特性的影响将显著减小。

3. MSC 有功功率环对负阻尼特性影响分析

在旋转坐标系下，MSC 有功功率环控制回路如图 5－31 所示，其开环传递函数如式（5－88）所示。

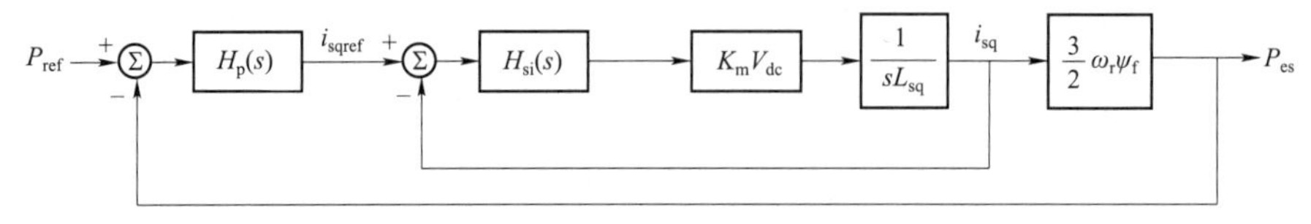

图 5－31　MSC 有功功率环控制回路

$$G_p(s) = H_p(s)\frac{3}{2}\omega_r\psi_f \tag{5-88}$$

通过求解开环增益，可得 MSC 有功功率控制器 $H_p(s)$ 控制参数为

$$\begin{cases} \left| H_p(s)\dfrac{3}{2}\omega_r\psi_f \right|_{s=\mathrm{j}2\pi f_{pc}} = 1 \\ \angle\left(H_p(s)\dfrac{3}{2}\omega_r\psi_f \right)_{s=\mathrm{j}2\pi f_{pc}} = \theta_{pc} - 180^\circ \end{cases} \tag{5-89}$$

式中，在 MSC 有功功率控制带宽 f_{pc} 处开环增益为 1，对应的相位裕度为 θ_{pc}。

下面分析 MSC 有功功率控制带宽 f_{pc} 和控制相位裕度 θ_{pc} 变化对负阻尼特性的影响。首先，固定 MSC 有功功率控制相位裕度 θ_{pc} 为 120°，将其控制带宽 f_{pc} 分别设置为 0.5、5、10Hz，分析控制带宽对阻尼特性的影响；然后，固定 MSC 有功功率控制带宽 f_{pc} 为 0.5Hz，将其相位裕度 θ_{pc} 分别设置为 120°、145°、170°，分析控制相位裕度对阻尼特性的影响，MSC 有功功率环对频段 III_{PMSG} 阻尼特性影响如图 5－32 所示。

由图 5－32 可知，MSC 有功功率控制带宽和控制相位裕度对频段 III_{PMSG} 前半段阻尼特性影响较小。

4. 延时对负阻尼特性影响分析

固定 GSC 交流电流控制带宽 f_{gic} 为 300Hz，控制相位裕度 θ_{gic} 为 20°，将延时分别设置为 0、50、100μs，延时对频段 III_{PMSG} 阻尼特性影响如图 5－33 所示。由图可知，延时与 GSC 交流电流环存在频带重叠效应，导致机组在 GSC 交流电流控制带宽处呈现负阻

尼特性，并且随着延时的增大，负阻尼特性程度会进一步加剧。

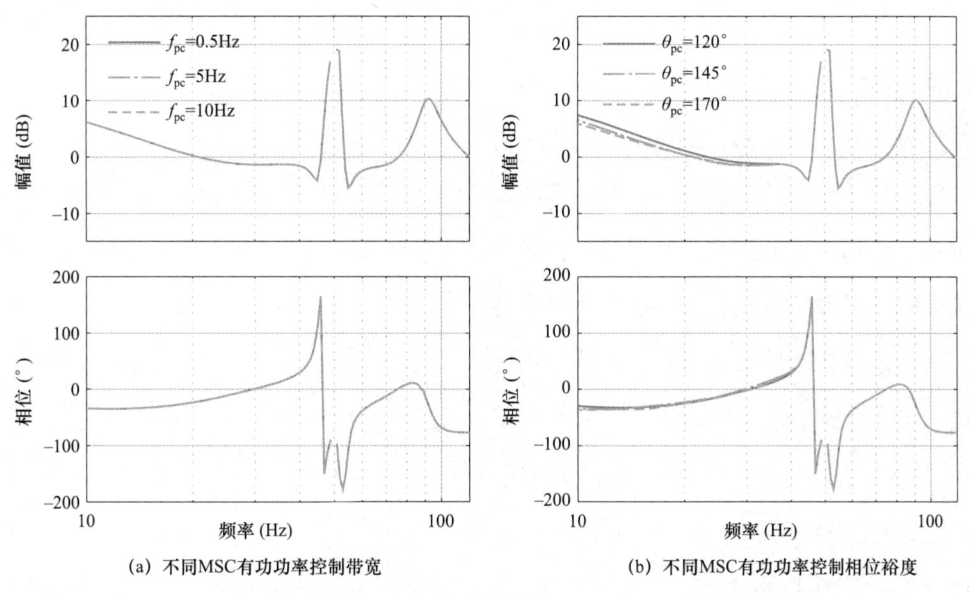

图 5-32　MSC 有功功率环对频段 $Ⅲ_{PMSG}$ 阻尼特性影响

5. 稳态工作点对负阻尼特性影响分析

有功功率分别设置为 0.3、0.6、1.0p.u.时，稳态工作点（有功功率）对频段 $Ⅲ_{PMSG}$ 阻尼特性影响如图 5-34 所示。由图可知，当有功功率稳态工作点从 0.3 到 1.0p.u.变化时，频段 $Ⅲ_{PMSG}$ 前半段负阻尼程度加深。

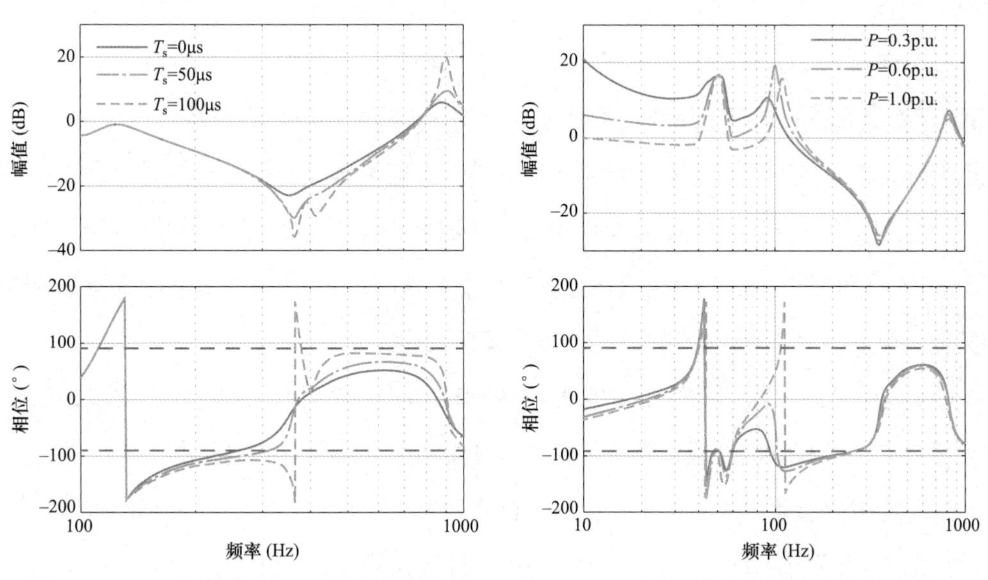

图 5-33　延时对频段 $Ⅲ_{PMSG}$ 阻尼特性影响

图 5-34　稳态工作点（有功功率）对频段 $Ⅲ_{PMSG}$ 阻尼特性影响

5.4.2.3　频段Ⅳ_{PMSG}内负阻尼特性分析

下面分析延时对频段Ⅳ_{PMSG}负阻尼特性的影响。固定主电路 LC 滤波器参数，将延时分别设置为 0、100、200μs，延时对频段Ⅳ_{PMSG}阻尼特性影响如图 5－35 所示。由图可知，延时与主电路 LC 滤波器存在频带重叠效应，导致频段Ⅳ_{PMSG}内呈现负阻尼特性，并且随着延时的增大，负阻尼特性程度会进一步加剧。

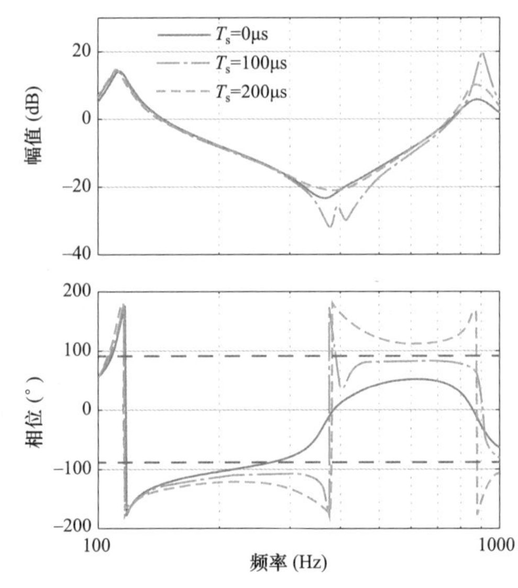

图 5－35　延时对频段Ⅳ_{PMSG}阻尼特性影响

5.4.2.4　各频段负阻尼特性分析小结

通过对 PMSG 机组各频段负阻尼特性进行分析，得到如下结论：

（1）频段Ⅱ_{PMSG}阻抗特性由 PLL 主导，同时受直流电压环、GSC 无功功率环及稳态工作点影响。当直流电压环控制带宽低于 PLL 时，直流电压环与 PLL 存在频带重叠效应，导致该频段内机组阻抗呈现负阻尼特性。增大 GSC 无功功率控制相位裕度可改善负阻尼特性，有功功率增大会加剧负阻尼程度。

（2）频段Ⅲ_{PMSG}阻抗特性由 GSC 交流电流环主导，其阻抗呈现容性。此外，还受 MSC 交流电流环、直流电压环、延时影响。在Ⅲ_{PMSG}前半频段，直流电压环、MSC 交流电流环、GSC 交流电流环存在频带重叠效应。直流电压控制相位裕度减小或有功功率增大，均会加剧负阻尼程度。MSC 交流电流控制带宽增大可改善负阻尼程度。在频段Ⅲ_{PMSG}后半频段，延时与 GSC 交流电流环存在频带重叠效应，导致 GSC 交流电流控制带宽附近呈现负阻尼特性，且延时增大将会加剧负阻尼程度。

（3）频段Ⅳ_{PMSG}阻抗特性由主电路 LC 滤波器主导，延时与主电路 LC 滤波器存在频带重叠效应，导致阻抗呈现负阻尼特性，且延时增大会加剧负阻尼程度。

基于 CHIL 平台，对不同型号 PMSG 机组开展阻抗扫描，4.5MW PMSG 机组（型号 D）阻尼特性如图 5－36 所示，2.5MW PMSG 机组（型号 E）阻尼特性如图 5－37 所示。图 5－36 中直流电压环与 PLL 在频段Ⅱ_{PMSG}内的频带重叠效应，导致频段Ⅱ_{PMSG}内呈现

负阻尼特性；图5-37中直流电压环与GSC交流电流环在频段Ⅲ$_{PMSG}$内的频带重叠效应，导致频段Ⅲ$_{PMSG}$内呈现负阻尼特性。

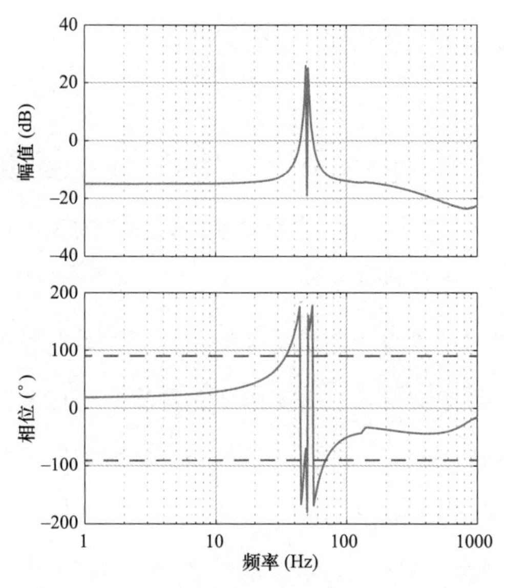

图5-36　4.5MW PMSG机组（型号D）阻尼特性

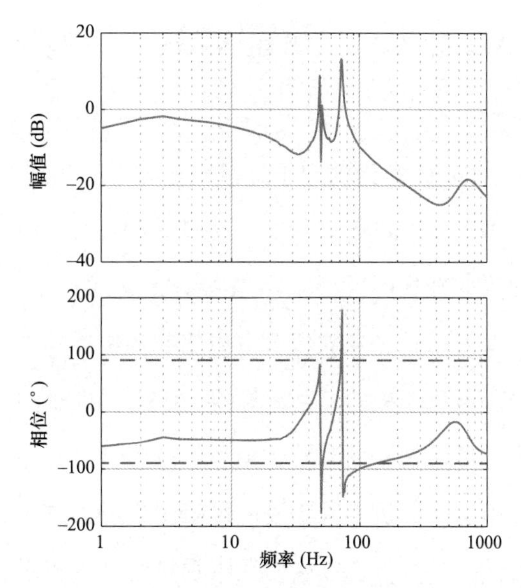

图5-37　2.5MW PMSG机组（型号E）阻尼特性

第 6 章　双馈风电机组阻抗模型及特性分析

DFIG 机组的定子绕组直接与电网相连，转子绕组经 RSC、GSC 两电平换流器实现并网发电。RSC 与 GSC 控制目标不同，控制策略有所区别。连接 RSC 与 GSC 的直流母线为非理想电压源，为 RSC 与 GSC 的小信号提供频率耦合通路。

本章首先建立包含主电路和控制回路的 DFIG 机组详细阻抗模型。其中主电路包含异步电机、RSC、直流母线、GSC，控制回路包括锁相环、电流内环、直流电压环及功率外环，并验证其阻抗模型的准确性。然后，建立 DFIG 机组定子侧—GSC 解耦等效分析模型，分析不同频段内影响阻抗特性的主导因素，提出 DFIG 机组宽频阻抗频段划分方法，并分析各频段内负阻尼特性产生机理。最后，基于 CHIL 仿真平台扫描了多个型号 DFIG 机组的宽频阻抗特性曲线，给出频段划分的典型值。

6.1　工作原理及控制策略

6.1.1　工作原理

DFIG 机组主要由风力机、变速箱、发电机和变流器构成，其拓扑结构如图 6－1 所示。风力机将风能转化为机械能，经过变速箱传送至发电机，发电机再将机械能转化为电能。其中，发电机定子绕组直接与电网相连，转子绕组经三相背靠背 PWM 变换器与

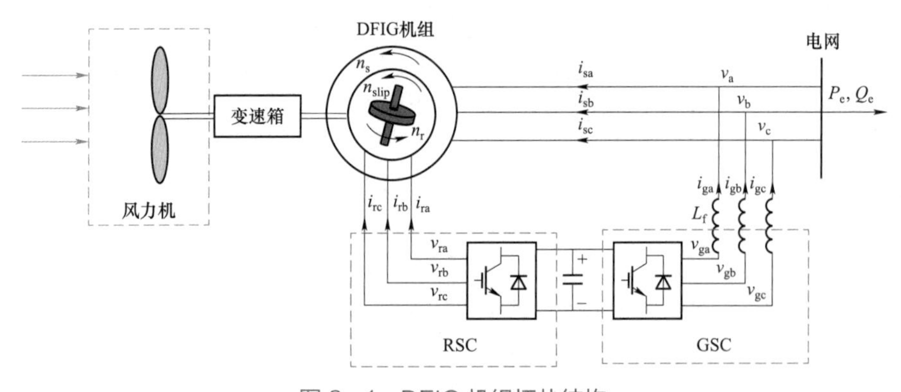

图 6－1　DFIG 机组拓扑结构

电网相连，将靠近转子绕组的变换器称为 RSC，靠近电网的变换器称为 GSC。运行过程中风速是变化的，发电机转子转速也将做相应变化，为保证发电机输出额定频率的交流电，转子绕组必须产生同步速旋转的磁动势，需要通以频率为 $f_1 - f_r$ 的交流电进行励磁。三相背靠背 PWM 变换器通过“交—直—交”变换可获得所需频率的交流电，从而实现对转子绕组的交流励磁。

6.1.1.1　风力机工作原理

根据 DFIG 机组的输出功率、风速和转速之间的关系，可将其风力机的工作区间分为 MPPT 区、恒转速区和恒功率区。以国内某厂商 3.0MW DFIG 机组为例，图 6-2 所示为风力机与风速、转速之间的关系曲线。该 DFIG 机组的切入风速为 3m/s，切出风速为 20m/s。转子转速为 720～1200r/min 时 DFIG 机组运行于 MPPT 区，对应的输出功率为 260.9～1370kW。随着风速增大，DFIG 机组进入恒转速区，转子转速维持在 1200r/min，直到输出功率达到 3000kW 时，DFIG 机组进入恒功率区，转子转速维持在 1200r/min，输出功率保持 3000kW 不变。

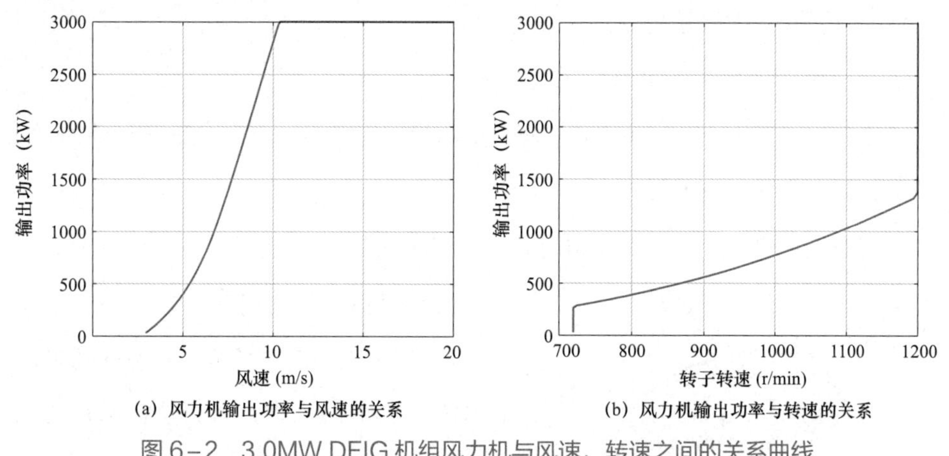

(a) 风力机输出功率与风速的关系　　(b) 风力机输出功率与转速的关系

图 6-2　3.0MW DFIG 机组风力机与风速、转速之间的关系曲线

6.1.1.2　发电机工作原理

DFIG 机组定子绕组直接与电网相连，转子绕组经背靠背变换器进行励磁。DFIG 机组气隙磁场由定、转子电流产生的磁场共同建立。定、转子磁场相对静止及气隙合成磁场恒定是所有旋转电机稳定实现机电能量转换的两个前提条件，即要求由转子电流产生的旋转磁场相对于静止坐标系的转速（转子转速与转子磁场相对于转子的转速之和）等于定子电流产生的旋转磁场转速。

DFIG 机组稳定运行时，各转速之间的关系为

$$n_s = n_{slip} + n_r \tag{6-1}$$

根据频率与转速的关系，$f_s = pn_s / 60$，$f_{slip} = pn_{slip} / 60$，$f_r = pn_r / 60$，则有

$$f_s = f_{slip} + f_r \tag{6-2}$$

式中：n_s 为定子磁场转速，r/min；n_{slip} 为转子磁场相对于转子的转速，r/min；n_r 为转子机械转速，r/min；f_s、f_{slip} 分别为 DFIG 定、转子绕组电流频率，Hz；f_r 为转子电气旋转频率，Hz；p 为电机极对数。

当外部条件变化导致转子机械转速 n_r 变化时，可通过调节 DFIG 转子绕组电流频率 f_{slip} 保证 DFIG 定子绕组电流频率 f_s 恒定，从而实现变速恒频运行。转子转速高于同步速时，DFIG 机组处于超同步运行状态，$f_{slip} < 0$，转子磁场旋转方向与转子转速相反，转子绕组向电网输出功率；转子转速低于同步速时，DFIG 机组处于亚同步运行状态，$f_{slip} > 0$，转子磁场旋转方向与转子转速一致，转子绕组从电网吸收功率；转子转速等于同步速时，$f_{slip} = 0$，转子绕组与电网无功率交换。

6.1.2 DFIG 时域模型

6.1.2.1 静止坐标系下时域模型

在静止坐标系下，DFIG 时域模型是一个高阶、非线性、强耦合的多变量系统方程，为了便于分析，常做如下假设：

（1）忽略空间谐波，设三相绕组对称，在空间互差 $2\pi/3$ 电角度，所产生的磁动势沿气隙周围按正弦规律分布。

（2）忽略磁路饱和，认为各绕组的自感和互感与磁路工作点有关，但都是与磁路工作点相关的恒定的值。

（3）忽略铁芯损耗。

（4）不考虑频率变化和温度变化对绕组电阻的影响。

（5）转子参数均折算至定子侧，折算后的定、转子绕组匝数都相等。

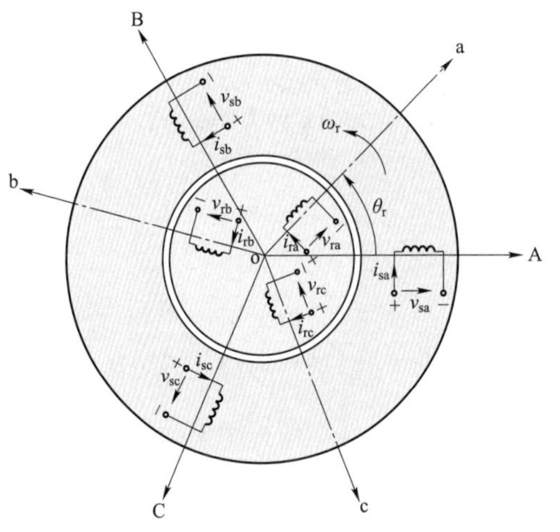

图 6-3　DFIG 等效模型

基于以上假设，DFIG 等效模型如图 6-3

所示，定子三相绕组轴线 A、B、C 在空间是静止的且呈 $2\pi/3$ 电角度对称分布，A 轴为参考坐标轴。转子绕组轴线 a、b、c 随转子以 ω_{r} 的电角速度旋转，转子 a 轴和定子 A 轴间相差的电角度用 θ_{r} 来表示。v_{sa}、v_{sb}、v_{sc} 分别为发电机定子绕组 a、b、c 相交流电压，i_{sa}、i_{sb}、i_{sc} 分别为发电机定子绕组 a、b、c 相交流电流。v_{ra}、v_{rb}、v_{rc} 分别为 DFIG 转子绕组 a、b、c 相交流电压，i_{ra}、i_{rb}、i_{rc} 分别为 DFIG 转子绕组 a、b、c 相交流电流。DFIG 在静止坐标系下时域模型可由电压方程、磁链方程、转矩方程和运动方程来表示。下文以 $l=\mathrm{a,b,c}$ 分别表示 a、b、c 相。

1. 电压方程

三相定子绕组电压方程为

$$v_{\mathrm{s}l}=R_{\mathrm{s}}i_{\mathrm{s}l}+\frac{\mathrm{d}\psi_{\mathrm{s}l}}{\mathrm{d}t} \tag{6-3}$$

式中：$v_{\mathrm{s}l}$、$i_{\mathrm{s}l}$ 分别为发电机定子绕组三相电压、电流；$\psi_{\mathrm{s}l}$ 为发电机定子绕组三相交流磁链；R_{s} 为发电机定子绕组电阻。

三相转子绕组电压方程为

$$v_{\mathrm{r}l}=R_{\mathrm{r}}i_{\mathrm{r}l}+\frac{\mathrm{d}\psi_{\mathrm{r}l}}{\mathrm{d}t} \tag{6-4}$$

式中：$v_{\mathrm{r}l}$、$i_{\mathrm{r}l}$ 分别为 DFIG 转子绕组三相交流电压、交流电流；$\psi_{\mathrm{r}l}$ 为 DFIG 转子绕组三相交流磁链；R_{r} 为发电机转子绕组电阻。

以上参数均折算至定子侧，为简单起见，表示折算的上标“′”均省略。定子电压、电流、磁链的频率均为基波频率 f_1，转子电压、电流、磁链的频率为 f_1-f_{r}。

将电压方程写成向量形式有

$$\boldsymbol{v}_{\mathrm{s}}=\boldsymbol{R}_{\mathrm{s}}\boldsymbol{i}_{\mathrm{s}}+\frac{\mathrm{d}\boldsymbol{\Psi}_{\mathrm{s}}}{\mathrm{d}t} \tag{6-5}$$

$$\boldsymbol{v}_{\mathrm{r}}=\boldsymbol{R}_{\mathrm{r}}\boldsymbol{i}_{\mathrm{r}}+\frac{\mathrm{d}\boldsymbol{\Psi}_{\mathrm{r}}}{\mathrm{d}t} \tag{6-6}$$

其中

$$\boldsymbol{v}_{\mathrm{s}}=[v_{\mathrm{sa}},\ v_{\mathrm{sb}},\ v_{\mathrm{sc}}]^{\mathrm{T}},\quad \boldsymbol{i}_{\mathrm{s}}=[i_{\mathrm{sa}},\ i_{\mathrm{sb}},\ i_{\mathrm{sc}}]^{\mathrm{T}},\quad \boldsymbol{\Psi}_{\mathrm{s}}=[\psi_{\mathrm{sa}},\ \psi_{\mathrm{sb}},\ \psi_{\mathrm{sc}}]^{\mathrm{T}},\quad \boldsymbol{R}_{\mathrm{s}}=\mathrm{diag}[R_{\mathrm{s}},\ R_{\mathrm{s}},\ R_{\mathrm{s}}]^{\mathrm{T}}$$

$$\boldsymbol{v}_{\mathrm{r}}=[v_{\mathrm{ra}},\ v_{\mathrm{rb}},\ v_{\mathrm{rc}}]^{\mathrm{T}},\quad \boldsymbol{i}_{\mathrm{r}}=[i_{\mathrm{ra}},\ i_{\mathrm{rb}},\ i_{\mathrm{rc}}]^{\mathrm{T}},\quad \boldsymbol{\Psi}_{\mathrm{r}}=[\psi_{\mathrm{ra}},\ \psi_{\mathrm{rb}},\ \psi_{\mathrm{rc}}]^{\mathrm{T}},\quad \boldsymbol{R}_{\mathrm{r}}=\mathrm{diag}\left[R_{\mathrm{r}},\ R_{\mathrm{r}},\ R_{\mathrm{r}}\right]^{\mathrm{T}}$$

2. 磁链方程

DFIG 每个绕组的磁链是它本身的自感磁链和其他绕组对它的互感磁链之和。6 个绕

组的磁链可表达为

$$\begin{bmatrix}\boldsymbol{\Psi}_{\mathrm{s}}\\\boldsymbol{\Psi}_{\mathrm{r}}\end{bmatrix}=\begin{bmatrix}\boldsymbol{L}_{\mathrm{ss}} & \boldsymbol{L}_{\mathrm{sr}}\\\boldsymbol{L}_{\mathrm{rs}} & \boldsymbol{L}_{\mathrm{rr}}\end{bmatrix}\begin{bmatrix}\boldsymbol{i}_{\mathrm{s}}\\\boldsymbol{i}_{\mathrm{r}}\end{bmatrix} \tag{6-7}$$

其中

$$\boldsymbol{L}_{\mathrm{ss}}=\begin{bmatrix}L_{\mathrm{ms}}+L_{\mathrm{1s}} & -\frac{1}{2}L_{\mathrm{ms}} & -\frac{1}{2}L_{\mathrm{ms}}\\-\frac{1}{2}L_{\mathrm{ms}} & L_{\mathrm{ms}}+L_{\mathrm{1s}} & -\frac{1}{2}L_{\mathrm{ms}}\\-\frac{1}{2}L_{\mathrm{ms}} & -\frac{1}{2}L_{\mathrm{ms}} & L_{\mathrm{ms}}+L_{\mathrm{1s}}\end{bmatrix}$$

$$\boldsymbol{L}_{\mathrm{rr}}=\begin{bmatrix}L_{\mathrm{mr}}+L_{\mathrm{1r}} & -\frac{1}{2}L_{\mathrm{mr}} & -\frac{1}{2}L_{\mathrm{mr}}\\-\frac{1}{2}L_{\mathrm{mr}} & L_{\mathrm{mr}}+L_{\mathrm{1r}} & -\frac{1}{2}L_{\mathrm{mr}}\\-\frac{1}{2}L_{\mathrm{mr}} & -\frac{1}{2}L_{\mathrm{mr}} & L_{\mathrm{mr}}+L_{\mathrm{1r}}\end{bmatrix}$$

$$\boldsymbol{L}_{\mathrm{rs}}=\boldsymbol{L}_{\mathrm{sr}}^{\mathrm{T}}=L_{\mathrm{ms}}\begin{bmatrix}\cos\theta_{\mathrm{r}} & \cos(\theta_{\mathrm{r}}-2\pi/3) & \cos(\theta_{\mathrm{r}}+2\pi/3)\\\cos(\theta_{\mathrm{r}}+2\pi/3) & \cos\theta_{\mathrm{r}} & \cos(\theta_{\mathrm{r}}-2\pi/3)\\\cos(\theta_{\mathrm{r}}-2\pi/3) & \cos(\theta_{\mathrm{r}}+2\pi/3) & \cos\theta_{\mathrm{r}}\end{bmatrix}$$

式中：L_{ms} 为 DFIG 定子绕组互感；L_{mr} 为 DFIG 转子绕组互感；L_{1s} 为 DFIG 定子绕组漏感；L_{1r} 为 DFIG 转子绕组漏感。

折算后定、转子绕组匝数相等，且各个绕组间互感磁通都通过主气隙，磁阻相同，$L_{\mathrm{ms}}=L_{\mathrm{mr}}$。

根据式（6−7），$\boldsymbol{L}_{\mathrm{rs}}$ 和 $\boldsymbol{L}_{\mathrm{sr}}$ 是两个互为转置的分块矩阵，均与转子位置角 θ_{r} 有关，元素均为变参数。为把变参数矩阵转换为常参数矩阵，需对其进行坐标变换。

3. 转矩方程

根据机电能量转换原理，在线性电感的条件下，磁场的储能和磁共能表达式为

$$W_{\mathrm{m}}=\frac{1}{2}\boldsymbol{i}^{\mathrm{T}}\boldsymbol{\Psi} \tag{6-8}$$

其中

$$\boldsymbol{i}=[\boldsymbol{i}_{\mathrm{s}},\ \boldsymbol{i}_{\mathrm{r}}]^{\mathrm{T}},\quad \boldsymbol{\Psi}=[\boldsymbol{\Psi}_{\mathrm{s}},\ \boldsymbol{\Psi}_{\mathrm{r}}]$$

发电机电磁转矩等于机械角位移变化时磁共能的变化率，可得发电机电磁转矩 T_{e} 表达式为

$$T_e = p\frac{\partial W_m}{\partial \theta_r}\bigg|_{i=\text{常值}} \tag{6-9}$$

4. 运动方程

若忽略 DFIG 系统中的粘性摩擦和扭转弹性，运动方程可写为

$$\begin{cases} T_m - T_e = \dfrac{J}{p}\dfrac{\mathrm{d}\omega_r}{\mathrm{d}t} \\ \omega_r = \dfrac{\mathrm{d}\theta_r}{\mathrm{d}t} \end{cases} \tag{6-10}$$

式中：T_m 为发电机机械转矩；J 为发电机机械惯量。

电压方程、磁链方程、转矩方程及运动方程构成了 DFIG 在静止坐标系下的时域模型。这是一个非线性、强耦合的多变量系统方程，为了适应线性控制策略，必须通过坐标变换来实现变量解耦与简化。

6.1.2.2　dq 旋转坐标系下时域模型

以电网电压旋转矢量为 d 轴，顺着旋转方向超前 π/2 电角度为 q 轴，对静止坐标系下时域模型进行 Park 变换转至 dq 同步旋转坐标系，电压方程为

$$\boldsymbol{v}_{sdq} = \boldsymbol{R}_{sdq}\boldsymbol{i}_{sdq} + \frac{\mathrm{d}\boldsymbol{\psi}_{sdq}}{\mathrm{d}t} + \begin{bmatrix} 0 & -\omega_s \\ \omega_s & 0 \end{bmatrix}\boldsymbol{\psi}_{sdq} \tag{6-11}$$

$$\boldsymbol{v}_{rdq} = \boldsymbol{R}_{rdq}\boldsymbol{i}_{rdq} + \frac{\mathrm{d}\boldsymbol{\psi}_{rdq}}{\mathrm{d}t} + \begin{bmatrix} 0 & -(\omega_s - \omega_r) \\ \omega_s - \omega_r & 0 \end{bmatrix}\boldsymbol{\psi}_{rdq} \tag{6-12}$$

磁链方程为

$$\begin{bmatrix} \boldsymbol{\Psi}_{sdq} \\ \boldsymbol{\Psi}_{rdq} \end{bmatrix} = \begin{bmatrix} \boldsymbol{L}_s & \boldsymbol{L}_m \\ \boldsymbol{L}_m & \boldsymbol{L}_r \end{bmatrix}\begin{bmatrix} \boldsymbol{i}_{sdq} \\ \boldsymbol{i}_{rdq} \end{bmatrix} \tag{6-13}$$

式（6-11）～式（6-13）中：ω_s 和 ω_r 分别为同步旋转角频率和转子电气角频率；$\boldsymbol{v}_{sdq} = [v_{sd}, v_{sq}]^T$，$v_{sd}$、$v_{sq}$ 分别为发电机定子绕组交流电压 d、q 轴分量；$\boldsymbol{v}_{rdq} = [v_{rd}, v_{rq}]^T$，$v_{rd}$、$v_{rq}$ 分别为发电机转子绕组交流电压 d、q 轴分量；$\boldsymbol{i}_{sdq}=[i_{sd}, i_{sq}]^T$，$i_{sd}$、$i_{sq}$ 分别为发电机定子绕组交流电流 d、q 轴分量；$\boldsymbol{i}_{rdq}=[i_{rd}, i_{rq}]^T$，$i_{rd}$、$i_{rq}$ 分别为发电机转子绕组交流电流 d、q 轴分量；$\boldsymbol{\Psi}_{sdq}=[\psi_{sd}, \psi_{sq}]^T$，$\psi_{sd}$、$\psi_{sq}$ 分别为发电机定子绕组交流磁链 d、q 轴分量；$\boldsymbol{\Psi}_{rdq} = [\psi_{rd}, \psi_{rq}]^T$，$\psi_{rd}$、$\psi_{fq}$ 分别为 DFIG 转子绕组交流磁链 d、q 轴分量；$\boldsymbol{R}_{sdq} = \mathrm{diag}[R_s, R_s]$；$\boldsymbol{R}_{rdq} = \mathrm{diag}[R_r, R_r]$；$\boldsymbol{L}_m = \mathrm{diag}[L_m, L_m]$，$L_m$ 为励磁电感，$L_m = 3L_{ms}/2$；$\boldsymbol{L}_s = \mathrm{diag}[L_s, L_s]$，$L_s$ 为 DFIG 定子绕组电感，$L_s = L_{1s} + L_m$；$\boldsymbol{L}_r = \mathrm{diag}[L_r, L_r]$，$L_r$ 为 DFIG

转子绕组电感，$L_r = L_{1r} + L_m$。

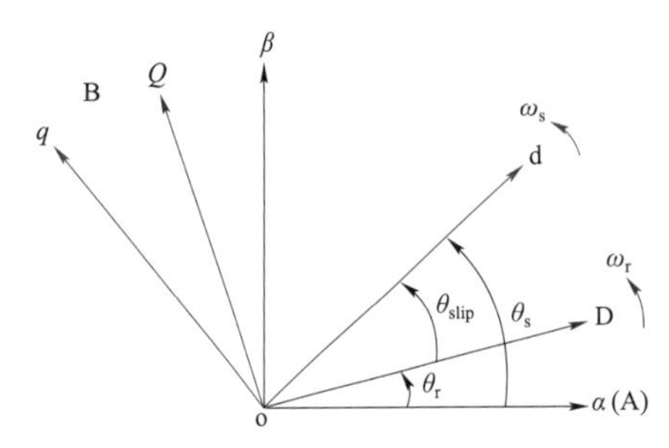

图 6-4 dq 旋转坐标系与转子旋转坐标系、静止坐标系之间的关系

dq 同步旋转坐标系与转子旋转坐标系、静止坐标系之间的关系如图 6-4 所示，图中 θ_s 为 dq 同步旋转坐标系电角度，θ_r 为转子旋转坐标系电角度，θ_{slip} 为转子旋转坐标系和 dq 同步旋转坐标系的相对电角度，$\theta_{slip} = \theta_s - \theta_r$，$\omega_s$ 为同步旋转角频率，ω_r 为转子电气角频率。

根据 DFIG 在 dq 旋转坐标系下的时域模型，可得其等效电路如图 6-5 所示。

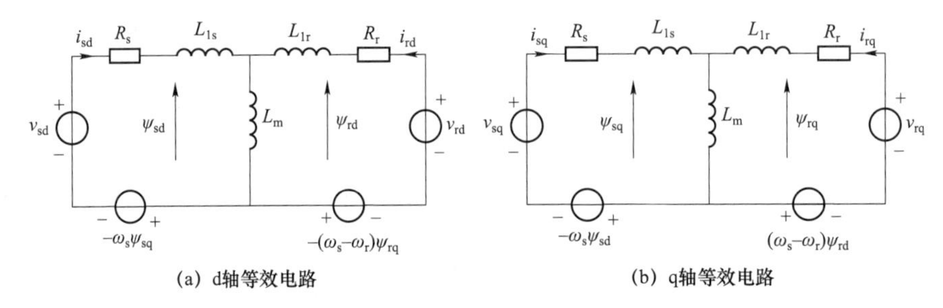

图 6-5 DFIG 在 dq 旋转坐标系下的等效电路

基于 DFIG 模型，可得定、转子输出功率表达式为

$$\begin{cases} P_{es} = -\dfrac{3}{2}(v_{sd}i_{sd} + v_{sq}i_{sq}) \\ P_{er} = -\dfrac{3}{2}(v_{rd}i_{rd} + v_{rq}i_{rq}) \end{cases} \tag{6-14}$$

$$\begin{cases} Q_{es} = -\dfrac{3}{2}(v_{sq}i_{sd} - v_{sd}i_{sq}) \\ Q_{er} = -\dfrac{3}{2}(v_{rq}i_{rd} - v_{rd}i_{rq}) \end{cases} \tag{6-15}$$

式（6-14）、式（6-15）中：P_{es}、Q_{es} 分别为 DFIG 定子输出的有功功率、无功功率；P_{er}、Q_{er} 分别为 DFIG 转子输出的有功功率、无功功率。

忽略定、转子电阻，DFIG 定、转子有功功率可近似为

$$\begin{cases} P_{es} \approx -\dfrac{3}{2}\omega_s L_m(i_{rd}i_{sq} - i_{rq}i_{sd}) \\ P_{er} \approx \dfrac{3}{2}(\omega_s - \omega_r)L_m(i_{rd}i_{sq} - i_{rq}i_{sd}) \end{cases} \tag{6-16}$$

定义转差 $s_{\rm n}=(\omega_{\rm s}-\omega_{\rm r})/\omega_{\rm s}$，则有定、转子有功功率之间的关系为

$$P_{\rm er}\approx -s_{\rm n}P_{\rm es} \tag{6-17}$$

DFIG 并网有功功率为

$$P_{\rm e}=(1-s_{\rm n})P_{\rm es} \tag{6-18}$$

6.1.2.3　不对称条件下时域模型

根据 DFIG 在静止坐标系下时域模型，采用对称分量法，对定、转子电压和磁链进行正负序分解，方程两边同乘对称分量变换矩阵 $\boldsymbol{B}$，可得变换后的电压方程为

$$\begin{bmatrix}\boldsymbol{v}_{\rm spn}\\ \boldsymbol{v}_{\rm rpn}\end{bmatrix}=\begin{bmatrix}\boldsymbol{R}_{\rm s} & 0\\ 0 & \boldsymbol{R}_{\rm r}\end{bmatrix}\begin{bmatrix}\boldsymbol{i}_{\rm spn}\\ \boldsymbol{i}_{\rm rpn}\end{bmatrix}+\frac{\rm d}{{\rm d}t}\begin{bmatrix}\boldsymbol{\varPsi}_{\rm spn}\\ \boldsymbol{\varPsi}_{\rm rpn}\end{bmatrix} \tag{6-19}$$

对应的磁链方程为

$$\begin{bmatrix}\boldsymbol{\varPsi}_{\rm spn}\\ \boldsymbol{\varPsi}_{\rm rpn}\end{bmatrix}=\boldsymbol{B}\begin{bmatrix}\boldsymbol{L}_{\rm ss} & \boldsymbol{L}_{\rm sr}\\ \boldsymbol{L}_{\rm rs} & \boldsymbol{L}_{\rm rr}\end{bmatrix}\boldsymbol{B}^{-1}\begin{bmatrix}\boldsymbol{i}_{\rm spn}\\ \boldsymbol{i}_{\rm rpn}\end{bmatrix} \tag{6-20}$$

式（6－19）、式（6－20）中：$\boldsymbol{v}_{\rm spn}=[v_{\rm sp},\ v_{\rm sn}]^{\rm T}$，$v_{\rm sp}$、$v_{\rm sn}$ 分别为发电机定子绕组交流电压正、负序分量；$\boldsymbol{v}_{\rm rpn}=[v_{\rm rp},\ v_{\rm rn}]^{\rm T}$，$v_{\rm rp}$、$v_{\rm rn}$ 分别为发电机转子绕组交流电压正、负序分量；$\boldsymbol{i}_{\rm spn}=[i_{\rm sp},\ i_{\rm sn}]^{\rm T}$，$i_{\rm sp}$、$i_{\rm sn}$ 分别为发电机定子绕组交流电流正、负序分量；$\boldsymbol{i}_{\rm rpn}=[i_{\rm rp},\ i_{\rm rn}]^{\rm T}$，$i_{\rm rp}$、$i_{\rm rn}$ 分别为发电机转子绕组交流电流正、负序分量；$\boldsymbol{\varPsi}_{\rm spn}=[\psi_{\rm sp},\ \psi_{\rm sn}]^{\rm T}$，$\psi_{\rm sp}$、$\psi_{\rm sn}$ 分别为发电机定子绕组磁链正、负序分量；$\boldsymbol{\varPsi}_{\rm rpn}=[\psi_{\rm rp},\ \psi_{\rm rn}]^{\rm T}$，$\psi_{\rm rp}$、$\psi_{\rm rn}$ 分别为 DFIG 转子绕组交流磁链正、负序分量。

电压方程和磁链方程中所有量均已折算至定子侧。

对称分量变换矩阵 $\boldsymbol{B}$ 的表达式为

$$\boldsymbol{B}=\frac{1}{3}\begin{bmatrix}1 & a & a^2\\ 1 & a^2 & a\end{bmatrix}$$

对式（6－20）进行计算化简可得

$$\begin{cases}\vec{\boldsymbol{\varPsi}}^{\rm s}_{\rm spn}=\boldsymbol{L}_{\rm s}\vec{\boldsymbol{i}}^{\rm s}_{\rm spn}+\boldsymbol{L}_{\rm m}\begin{bmatrix}{\rm e}^{{\rm j}\theta_{\rm r}} & 0\\ 0 & {\rm e}^{-{\rm j}\theta_{\rm r}}\end{bmatrix}\vec{\boldsymbol{i}}^{\rm r}_{\rm rpn}\\ \vec{\boldsymbol{\varPsi}}^{\rm r}_{\rm rpn}=\boldsymbol{L}_{\rm r}\vec{\boldsymbol{i}}^{\rm r}_{\rm rpn}+\boldsymbol{L}_{\rm m}\begin{bmatrix}{\rm e}^{-{\rm j}\theta_{\rm r}} & 0\\ 0 & {\rm e}^{{\rm j}\theta_{\rm r}}\end{bmatrix}\vec{\boldsymbol{i}}^{\rm s}_{\rm spn}\end{cases} \tag{6-21}$$

式中，上标“s”和上标“r”分别指以静止（定子）坐标系为参考坐标系和以转子坐标系为参考坐标系。

将式（6-21）代入式（6-19）有

$$\begin{cases}\vec{\boldsymbol{v}}_{\text{spn}}^{\text{s}}=\boldsymbol{R}_{\text{s}}\vec{\boldsymbol{i}}_{\text{spn}}^{\text{s}}+\boldsymbol{L}_{\text{s}}\dfrac{\text{d}\vec{\boldsymbol{i}}_{\text{spn}}^{\text{s}}}{\text{d}t}+\boldsymbol{L}_{\text{m}}\dfrac{\text{d}}{\text{d}t}\begin{bmatrix}\text{e}^{\text{j}\theta_{\text{r}}} & 0\\ 0 & \text{e}^{-\text{j}\theta_{\text{r}}}\end{bmatrix}\vec{\boldsymbol{i}}_{\text{rpn}}^{\text{r}}\\ \vec{\boldsymbol{v}}_{\text{rpn}}^{\text{r}}=\boldsymbol{R}_{\text{r}}\vec{\boldsymbol{i}}_{\text{rpn}}^{\text{r}}+\boldsymbol{L}_{\text{r}}\dfrac{\text{d}\vec{\boldsymbol{i}}_{\text{rpn}}^{\text{r}}}{\text{d}t}+\boldsymbol{L}_{\text{m}}\dfrac{\text{d}}{\text{d}t}\begin{bmatrix}\text{e}^{-\text{j}\theta_{\text{r}}} & 0\\ 0 & \text{e}^{\text{j}\theta_{\text{r}}}\end{bmatrix}\vec{\boldsymbol{i}}_{\text{spn}}^{\text{s}}\end{cases} \tag{6-22}$$

根据定、转子旋转坐标系之间的关系，有

$$\vec{\boldsymbol{i}}_{\text{rpn}}^{\text{s}}=\begin{bmatrix}\text{e}^{\text{j}\theta_{\text{r}}} & 0\\ 0 & \text{e}^{-\text{j}\theta_{\text{r}}}\end{bmatrix}\vec{\boldsymbol{i}}_{\text{rpn}}^{\text{r}} \tag{6-23}$$

将式（6-21）和式（6-22）中所有电气量变换到以静止坐标系为参考坐标系，并省略上标“s”，可得正、负序分解后的电压方程为

$$\begin{cases}\boldsymbol{v}_{\text{spn}}=\boldsymbol{R}_{\text{s}}\boldsymbol{i}_{\text{spn}}+\boldsymbol{L}_{\text{s}}\dfrac{\text{d}\boldsymbol{i}_{\text{spn}}}{\text{d}t}+\boldsymbol{L}_{\text{m}}\dfrac{\text{d}\boldsymbol{i}_{\text{rpn}}}{\text{d}t}\\ \boldsymbol{v}_{\text{rpn}}=\boldsymbol{R}_{\text{r}}\boldsymbol{i}_{\text{rpn}}+\boldsymbol{L}_{\text{r}}\dfrac{\text{d}\boldsymbol{i}_{\text{rpn}}}{\text{d}t}+\begin{bmatrix}-\text{j}\omega_{\text{r}} & 0\\ 0 & \text{j}\omega_{\text{r}}\end{bmatrix}\boldsymbol{L}_{\text{r}}\boldsymbol{i}_{\text{rpn}}+\boldsymbol{L}_{\text{m}}\dfrac{\text{d}\boldsymbol{i}_{\text{spn}}}{\text{d}t}+\begin{bmatrix}-\text{j}\omega_{\text{r}} & 0\\ 0 & \text{j}\omega_{\text{r}}\end{bmatrix}\boldsymbol{L}_{\text{m}}\boldsymbol{i}_{\text{spn}}\end{cases} \tag{6-24}$$

正、负序分解后的磁链方程为

$$\begin{cases}\boldsymbol{\Psi}_{\text{spn}}=\boldsymbol{L}_{\text{s}}\boldsymbol{i}_{\text{spn}}+\boldsymbol{L}_{\text{m}}\boldsymbol{i}_{\text{rpn}}\\ \boldsymbol{\Psi}_{\text{rpn}}=\boldsymbol{L}_{\text{r}}\boldsymbol{i}_{\text{rpn}}+\boldsymbol{L}_{\text{m}}\boldsymbol{i}_{\text{spn}}\end{cases} \tag{6-25}$$

需要注意的是，式（6-24）和式（6-25）中所有量均折算至定子侧且以静止坐标系为参考坐标系。

6.1.3 控制策略

DFIG 机组采用两个三相背靠背电压源型换流器（voltage source converter，VSC），即 GSC 和 RSC，实现 DFIG 机组变速恒频运行和功率控制。电压源型换流器指常用的两电平拓扑结构，其中，GSC 用于控制直流电压恒定，RSC 用于实现最大风能追踪及无功功率控制。

6.1.3.1 GSC 控制策略

GSC 典型控制结构如图 6-6 所示，包括直流电压外环控制和交流电流内环控制两部分。直流电压取决于 RSC、GSC 之间瞬时有功功率的平衡，可通过控制 GSC 交流电流的有功分量（d 轴分量）实现。功率因数控制可通过调节 GSC 交流电流无功分量（q 轴分量）实现。

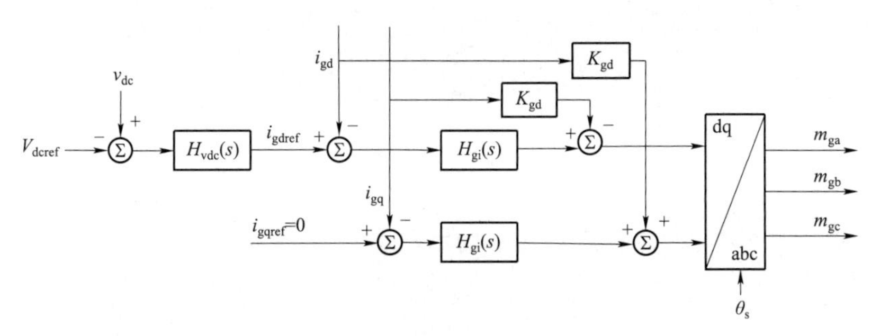

图 6-6　GSC 典型控制结构

GSC 三相调制电压与三相交流端口电压的压差作用于滤波电感 L_f 上，产生三相交流电流。GSC 交流回路时域模型可表示为

$$v_{gl}=K_m v_{dc} m_{gl} = v_l + sL_f i_{gl} \tag{6-26}$$

式中：v_{gl} 为 GSC 三相交流调制电压；K_m 为 PWM 增益；v_{dc} 为直流电压；m_{gl} 为 GSC 三相交流调制信号；v_l 为 GSC 三相交流电压；i_{gl} 为 GSC 三相交流电流。

6.1.3.2　RSC 控制策略

根据 DFIG 时域数学模型，不计定子绕组电阻的影响，在其稳态运行时有

$$\boldsymbol{v}_{sdq} \approx \begin{bmatrix} 0 & -\omega_s \\ \omega_s & 0 \end{bmatrix} \boldsymbol{\psi}_{sdq} \tag{6-27}$$

若采用电网电压定向的方式，即同步旋转坐标系的 d 轴定向于电网电压矢量，则有

$$\begin{cases} v_{sd}=V_s \approx -\omega_s \psi_{sq} \\ v_{sq} = 0 \approx \omega_s \psi_{sd} \end{cases} \tag{6-28}$$

式中：V_s 为交流电压幅值。

进一步可得

$$\begin{cases} \psi_{sd} \approx 0 \\ \psi_{sq} \approx -\dfrac{V_s}{\omega_s} \end{cases} \tag{6-29}$$

根据式（6-13），可得定子磁链的 d、q 轴分量表达式为

$$\begin{cases} \psi_{sd} = L_s i_{sd} + L_m i_{rd} \\ \psi_{sq} = L_s i_{sq} + L_m i_{rq} \end{cases} \tag{6-30}$$

代入式（6-29）可得

$$\begin{cases} i_{sd} = -\dfrac{L_m}{L_s} i_{rd} \\ i_{sq} = -\dfrac{V_s}{L_s \omega_s} - \dfrac{L_m}{L_s} i_{rq} \end{cases} \tag{6-31}$$

DFIG 定子绕组输出有功功率、无功功率表达式为

$$\begin{cases} P_{es} \approx \dfrac{3L_m V_s}{2L_s} i_{rd} \\ Q_{es} \approx -\dfrac{3V_s}{2L_s}\left(\dfrac{V_s}{\omega_s} + L_m i_{rq}\right) \end{cases} \tag{6-32}$$

根据式（6-32），通过控制转子绕组电流的 d 轴分量，可控制 DFIG 定子绕组输出的有功功率。通过控制转子绕组电流的 q 轴分量，可控制 DFIG 定子绕组输出的无功功率。由于 DFIG 机组输出总功率为定子绕组输出功率与 GSC 输出功率之和，若需要控制输出总功率，根据式（6-18），需要在转子电流控制中增加与转差率相关的$1/(1-s_n)$环节。

图 6-7 为 RSC 典型控制结构，转子电流控制中增加了$1/(1-s_n)$环节。其中，功率外环控制 DFIG 机组输出总有功功率和无功功率；交流电流内环则通过调节转子绕组交流电流 d 轴分量控制有功功率，通过调节 q 轴分量控制无功功率。图中，P_g 和 Q_g 分别为 GSC 有功功率和无功功率。

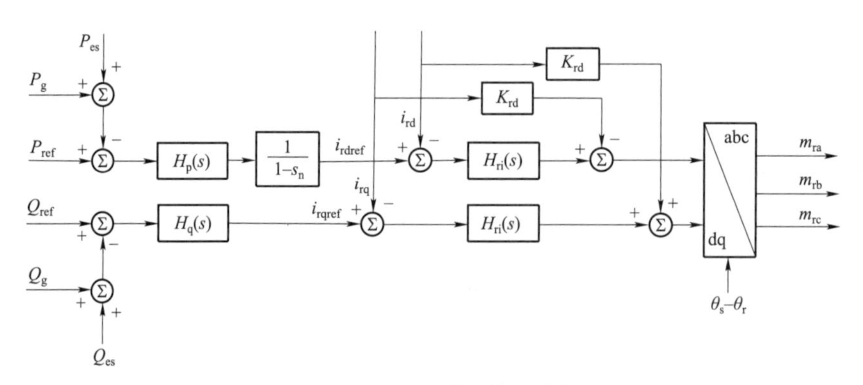

图 6-7　RSC 典型控制结构

RSC 交流端口与转子绕组相连，其调制电压直接作用于转子绕组，RSC 交流回路时域模型为

$$v_{rl} = K_e K_m v_{dc} m_{rl} \tag{6-33}$$

式中：K_{e} 为定转子匝数比；$m_{\mathrm{r}l}$ 为 RSC 三相交流调制信号，未折算至定子侧；$v_{\mathrm{r}l}$ 为 DFIG 转子绕组三相交流电压，且已折算至定子侧。

6.1.3.3　直流母线时域模型

直流电压取决于 RSC、GSC 瞬时有功功率的平衡，据此可得直流母线时域模型为

$$C_{\mathrm{dc}}\frac{\mathrm{d}v_{\mathrm{dc}}}{\mathrm{d}t}v_{\mathrm{dc}}=-\sum_{l=\mathrm{a,b,c}}v_{\mathrm{r}l}i_{\mathrm{r}l}-\sum_{l=\mathrm{a,b,c}}v_{\mathrm{g}l}i_{\mathrm{g}l} \tag{6-34}$$

式中：C_{dc} 为直流母线电容；$i_{\mathrm{r}l}$ 为 DFIG 转子绕组三相交流电流，即 RSC 三相交流电流。

6.2　稳态工作点频域建模

6.2.1　稳态工作点频域特性分析

DFIG 定子绕组及 GSC 交流端口直接与电网相连，定子绕组交流电压、交流电流频率均为基波频率 f_1，GSC 交流电压、交流电流及调制信号频率也为 f_1；RSC 与转子绕组相连用于励磁控制，转子绕组交流电压、交流电流的频率与转子转速有关。当转子电气旋转频率为 f_{r} 时，RSC 交流电压、交流电流及调制信号频率为 f_1-f_{r}。此外，直流电压稳态运行时仅含直流分量。

DFIG 定子绕组和 GSC 稳态波形及 FFT 结果如图 6−8 所示。由图可知，定子绕组交流电压、交流电流及 GSC 交流侧电压、交流电流仅含频率为 $\pm f_1$ 的基频分量。DFIG 转子绕组和 RSC 稳态波形及 FFT 结果如图 6−9 所示。由图可知，在转速为 1.2p.u.时，RSC 交流电压、交流电流仅含 $\pm(f_1-f_{\mathrm{r}})$ 的稳态分量。直流电压稳态波形及 FFT 结果如图 6−10 所示。由图可知，稳态运行下直流电压仅含直流分量。

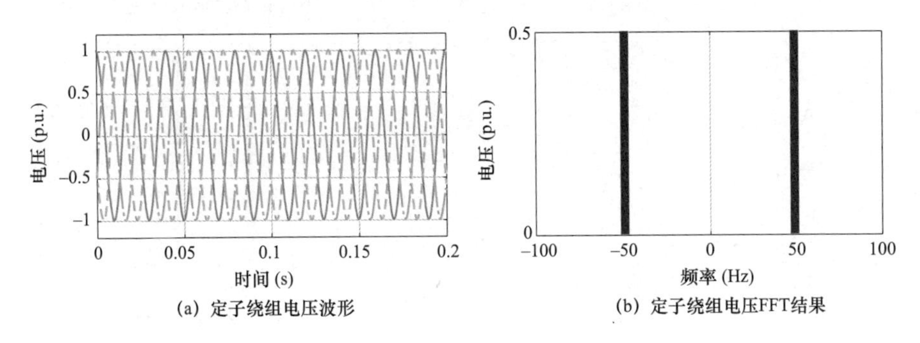

(a) 定子绕组电压波形　　(b) 定子绕组电压FFT结果

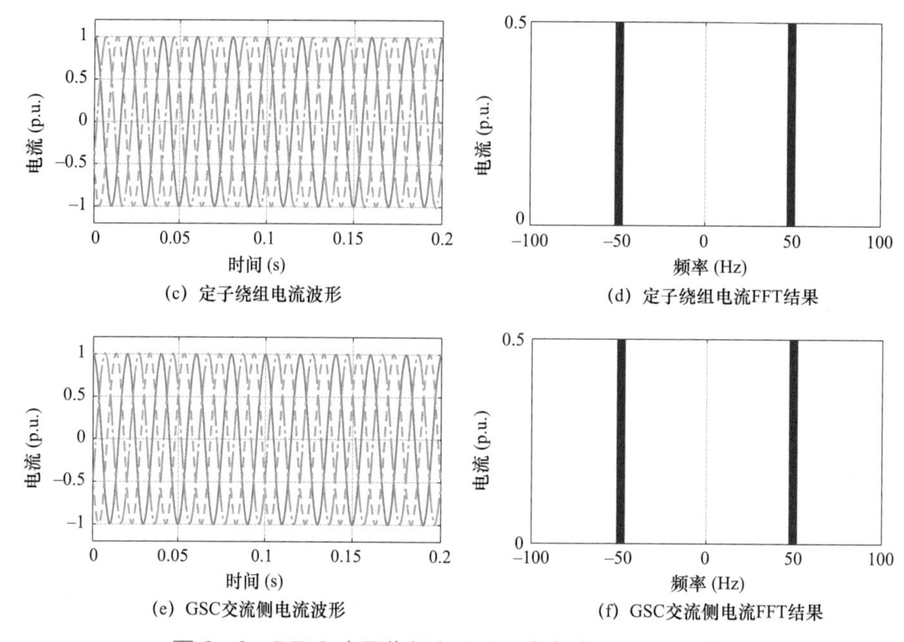

图 6-8　DFIG 定子绕组和 GSC 稳态波形及 FFT 结果

根据上述分析，可将 DFIG 机组各稳态分量按照稳态频率序列分别排成稳态向量。定子绕组和 GSC 的稳态频率序列为

$$[-f_1,\ 0,\ f_1]^{\mathrm{T}} \tag{6-35}$$

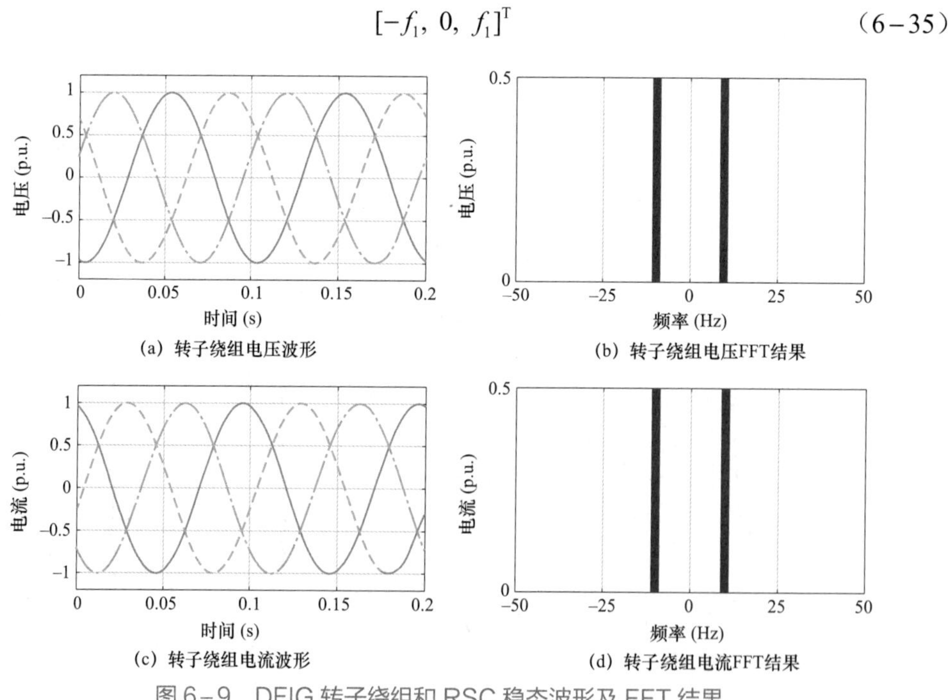

图 6-9　DFIG 转子绕组和 RSC 稳态波形及 FFT 结果

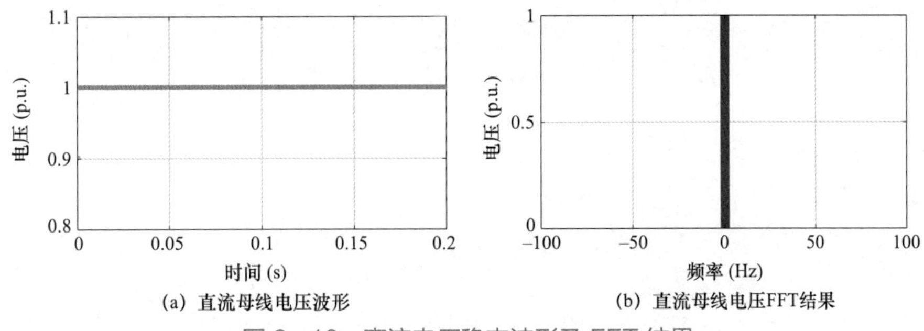

图 6-10　直流电压稳态波形及 FFT 结果

RSC 的稳态频率序列为

$$[-(f_1-f_r),\ 0,\ (f_1-f_r)]^{\mathrm{T}} \tag{6-36}$$

若将 RSC 相关电气量转至静止坐标系，则其稳态频率序列与 GSC 一致，即

$$[-f_1,\ 0,\ f_1]^{\mathrm{T}} \tag{6-37}$$

以 a 相为例，定子绕组和 GSC 三相交流电压、定子绕组交流电流、GSC 交流电流及调制信号的稳态向量可以分别表示为

$$\begin{cases} \boldsymbol{V}_{\mathrm{a}}=[\boldsymbol{V}_1^*,\ 0,\ \boldsymbol{V}_1]^{\mathrm{T}} \\ \boldsymbol{I}_{\mathrm{sa}}=[\boldsymbol{I}_{\mathrm{s1}}^*,\ 0,\ \boldsymbol{I}_{\mathrm{s1}}]^{\mathrm{T}} \\ \boldsymbol{I}_{\mathrm{ga}}=[\boldsymbol{I}_{\mathrm{g1}}^*,\ 0,\ \boldsymbol{I}_{\mathrm{g1}}]^{\mathrm{T}} \\ \boldsymbol{M}_{\mathrm{ga}}=[\boldsymbol{M}_{\mathrm{g1}}^*,\ 0,\ \boldsymbol{M}_{\mathrm{g1}}]^{\mathrm{T}} \end{cases} \tag{6-38}$$

RSC 三相交流电压、交流电流及调制信号的稳态向量可以分别表示为

$$\begin{cases} \boldsymbol{V}_{\mathrm{ra}}=[\boldsymbol{V}_{\mathrm{r1}}^*,\ 0,\ \boldsymbol{V}_{\mathrm{r1}}]^{\mathrm{T}} \\ \boldsymbol{I}_{\mathrm{ra}}=[\boldsymbol{I}_{\mathrm{r1}}^*,\ 0,\ \boldsymbol{I}_{\mathrm{r1}}]^{\mathrm{T}} \\ \boldsymbol{M}_{\mathrm{ra}}=[\boldsymbol{M}_{\mathrm{r1}}^*,\ 0,\ \boldsymbol{M}_{\mathrm{r1}}]^{\mathrm{T}} \end{cases} \tag{6-39}$$

式（6-38）、式（6-39）中，稳态向量中每个元素都用复矢量形式表示，$\boldsymbol{V}_1=V_1\mathrm{e}^{\mathrm{j}\varphi_{\mathrm{v1}}}/2$，$\boldsymbol{I}_{\mathrm{s1}}=I_{\mathrm{s1}}\mathrm{e}^{\mathrm{j}\varphi_{\mathrm{is1}}}/2$，$\boldsymbol{I}_{\mathrm{g1}}=I_{\mathrm{g1}}\mathrm{e}^{\mathrm{j}\varphi_{\mathrm{ig1}}}/2$，$\boldsymbol{M}_{\mathrm{g1}}=M_{\mathrm{g1}}\mathrm{e}^{\mathrm{j}\varphi_{\mathrm{mg1}}}/2$，$\boldsymbol{V}_{\mathrm{r1}}=V_{\mathrm{r1}}\mathrm{e}^{\mathrm{j}\varphi_{\mathrm{vr1}}}/2$，$\boldsymbol{I}_{\mathrm{r1}}=I_{\mathrm{r1}}\mathrm{e}^{\mathrm{j}\varphi_{\mathrm{ir1}}}/2$，$\boldsymbol{M}_{\mathrm{r1}}=M_{\mathrm{r1}}\mathrm{e}^{\mathrm{j}\varphi_{\mathrm{mr1}}}/2$。负频率分量等于正频率分量的共轭，上标“*”均表示共轭运算。

频率为 f_1 和 f_1-f_r 的交流电压、交流电流为正序分量，a、b、c 相之间依次滞后 $2\pi/3$；频率为 $-f_1$ 和 $-(f_1-f_r)$ 的交流电压、交流电流为负序分量，a、b、c 相之间依次超前 $2\pi/3$。根据三相对称关系，可以得到 b、c 相 GSC 和 RSC 交流电压、交流电流及调制信号的稳态向量分别为

$$\begin{cases} \boldsymbol{V}_{\mathrm{b}}=\boldsymbol{D}\boldsymbol{V}_{\mathrm{a}},\quad \boldsymbol{I}_{\mathrm{sb}}=\boldsymbol{D}\boldsymbol{I}_{\mathrm{sa}},\quad \boldsymbol{I}_{\mathrm{gb}}=\boldsymbol{D}\boldsymbol{I}_{\mathrm{ga}},\quad \boldsymbol{M}_{\mathrm{gb}}=\boldsymbol{D}\boldsymbol{M}_{\mathrm{ga}} \\ \boldsymbol{V}_{\mathrm{rb}}=\boldsymbol{D}\boldsymbol{V}_{\mathrm{ra}},\quad \boldsymbol{I}_{\mathrm{rb}}=\boldsymbol{D}\boldsymbol{I}_{\mathrm{ra}},\quad \boldsymbol{M}_{\mathrm{rb}}=\boldsymbol{D}\boldsymbol{M}_{\mathrm{ra}} \end{cases} \tag{6-40}$$

$$\begin{cases} \boldsymbol{V}_{\mathrm{c}} = \boldsymbol{D}^{*}\boldsymbol{V}_{\mathrm{a}}, \quad \boldsymbol{I}_{\mathrm{sc}} = \boldsymbol{D}^{*}\boldsymbol{I}_{\mathrm{sa}}, \quad \boldsymbol{I}_{\mathrm{gc}} = \boldsymbol{D}^{*}\boldsymbol{I}_{\mathrm{ga}}, \quad \boldsymbol{M}_{\mathrm{gc}} = \boldsymbol{D}^{*}\boldsymbol{M}_{\mathrm{ga}} \\ \boldsymbol{V}_{\mathrm{rc}} = \boldsymbol{D}^{*}\boldsymbol{V}_{\mathrm{ra}}, \quad \boldsymbol{I}_{\mathrm{rc}} = \boldsymbol{D}^{*}\boldsymbol{I}_{\mathrm{ra}}, \quad \boldsymbol{M}_{\mathrm{rc}} = \boldsymbol{D}^{*}\boldsymbol{M}_{\mathrm{ra}} \end{cases} \tag{6-41}$$

式中：$\boldsymbol{D}$ 为稳态向量相序系数矩阵。

$\boldsymbol{D}$ 的表达式为

$$\boldsymbol{D} = \mathrm{diag}[\{\mathrm{e}^{-\mathrm{j}2k\pi/3}\}|_{k=-1,0,1}] \tag{6-42}$$

式（6-39）～式（6-41）中，RSC 交流电压、交流电流及调制信号稳态分量的频率序列均基于静止坐标系。此外，RSC 交流电压、交流电流的稳态分量幅值均已折算至定子侧。

6.2.2　主电路频域模型

6.2.2.1　DFIG 稳态模型

将式（6-24）和式（6-25）所示的 DFIG 时域模型转至频域，可得 DFIG 频域稳态回路模型，即

$$\begin{cases} \boldsymbol{V}_{\mathrm{s}l} = (R_{\mathrm{s}} + s_0 L_{\mathrm{s}})\boldsymbol{I}_{\mathrm{s}l} + s_0 L_{\mathrm{m}}\boldsymbol{I}_{\mathrm{r}l} \\ \boldsymbol{V}_{\mathrm{r}l} = [R_{\mathrm{r}} + (s_0 - \mathrm{j}\omega_{\mathrm{r}})L_{\mathrm{r}}]\boldsymbol{I}_{\mathrm{r}l} + (s_0 - \mathrm{j}\omega_{\mathrm{r}})L_{\mathrm{m}}\boldsymbol{I}_{\mathrm{s}l} \end{cases} \tag{6-43}$$

其中

$$s_0 = 2\pi f_1$$

6.2.2.2　直流母线稳态模型

将式（6-34）所示的直流母线时域模型转至频域，可得其频域稳态模型，即

$$0 = -\sum_{l=\mathrm{a,b,c}} \boldsymbol{V}_{\mathrm{r}l} \otimes \boldsymbol{I}_{\mathrm{r}l} - \sum_{l=\mathrm{a,b,c}} \boldsymbol{V}_{\mathrm{g}l} \otimes \boldsymbol{I}_{\mathrm{g}l} \tag{6-44}$$

式中：$\boldsymbol{V}_{\mathrm{r}l}$ 、$\boldsymbol{I}_{\mathrm{r}l}$ 分别为发电机转子绕组三相交流电压、电流稳态向量，即 RSC 三相交流调制电压和交流电流稳态向量；$\boldsymbol{V}_{\mathrm{g}l}$ 、$\boldsymbol{I}_{\mathrm{g}l}$ 分别为 GSC 三相交流调制电压、交流电流稳态向量。

6.2.2.3　GSC 稳态模型

根据 GSC 交流电压、交流电流及调制信号的稳态向量，将式（6-26）的 GSC 交流回路时域模型转换至频域，可得 GSC 交流回路频域稳态模型，即

$$K_{\mathrm{m}} V_{\mathrm{dc}} \boldsymbol{M}_{\mathrm{g}l} = \boldsymbol{V}_{l} + \boldsymbol{Z}_{\mathrm{Lf0}} \boldsymbol{I}_{\mathrm{g}l} \tag{6-45}$$

式中：$\boldsymbol{Z}_{\mathrm{Lf0}}$ 为五阶矩阵，表示稳态频率序列下的滤波电感阻抗，表达式为 $\boldsymbol{Z}_{\mathrm{Lf0}} = \mathrm{j}2\pi L_{\mathrm{f}} \cdot \mathrm{diag}$ $[-2f_1 \quad -f_1 \quad 0 \quad f_1 \quad 2f_1]$。

6.2.2.4 RSC 稳态模型

根据 RSC 交流电压、交流电流及调制信号的稳态向量，将式（6–33）所示的 RSC 交流回路时域模型转换至频域，可得 RSC 交流回路频域稳态模型，即

$$\boldsymbol{V}_{rl} = K_e K_m V_{dc} \boldsymbol{M}_{rl} \tag{6–46}$$

6.3 小信号频域阻抗建模

本节将对 DFIG 机组小信号阻抗建模。首先，将交流电压、交流电流及调制信号转换至频域，得到频域稳态工作点。然后，在交流端口电压上叠加特定频率的交流电压小信号扰动。最后，根据交流端口交流电流小信号响应，建立 DFIG 机组交流端口小信号阻抗模型。

6.3.1 小信号频域特性分析

在 DFIG 机组交流端口叠加一个频率为f_p的正弦电压小信号扰动后，小信号在 DFIG 机组内有两个传递通路。DFIG 机组小信号传递通路与频率分布如图 6–11 所示。由图可知，在通路 1 中，小信号首先从定子绕组经磁链传递至转子绕组，再由转子绕组经 RSC、直流母线至 GSC 返回交流端口。在通路 2 中，小信号首先由 GSC、直流母线、RSC 传递至转子绕组，经磁链传递至定子绕组返回交流端口。

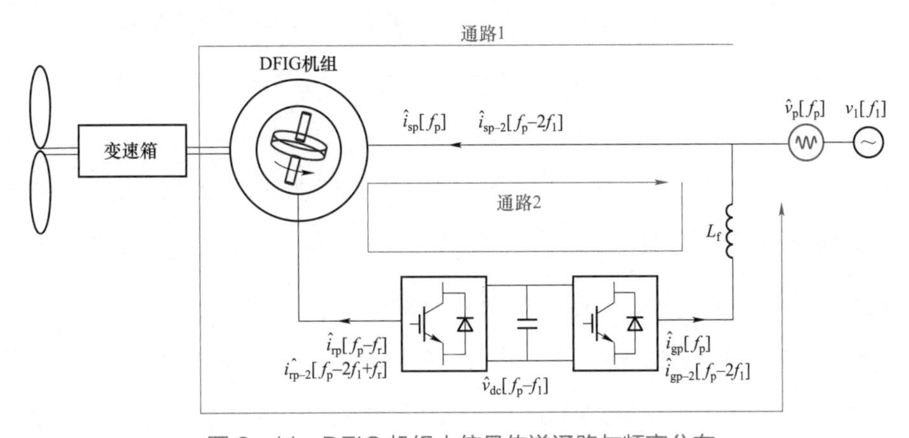

图 6–11 DFIG 机组小信号传递通路与频率分布

首先分析通路 1 详细传递过程。在交流电压上叠加一个频率为f_p的正序电压小信号扰动，发电机定子侧三相交流电流小信号向量$\hat{\boldsymbol{i}}_{sl}$中将产生频率为$f_p$的分量。此外，根据 2.3.1 两电平换流器小信号频率关系分析可知，$\hat{\boldsymbol{i}}_{sl}$中还将产生频率为$f_p-2f_1$的分量。

$\hat{\boldsymbol{i}}_{sl}$ 中频率为 f_p 的分量将进一步导致发电机定子磁链产生频率为 f_p 的小信号分量。由于定、转子磁链保持相对静止，发电机转子磁链将产生频率为 f_p-f_r 的小信号分量。此时，发电机转子绕组三相交流电压、电流小信号向量 $\hat{\boldsymbol{v}}_{rl}$、$\hat{\boldsymbol{i}}_{rl}$ 中也将产生频率为 f_p-f_r 的分量。$\hat{\boldsymbol{v}}_{rl}$ 中频率为 f_p-f_r 的分量与发电机转子绕组三相交流电流稳态向量 $\boldsymbol{I}_{rl}$ 中频率为 $-(f_1-f_r)$ 的分量相乘，或 $\hat{\boldsymbol{i}}_{rl}$ 中频率为 f_p-f_r 的分量与发电机转子绕组三相交流电压稳态向量 $\boldsymbol{V}_{rl}$ 中频率为 $-(f_1-f_r)$ 的分量相乘，都将导致交直流功率产生频率为 f_p-f_1 的小信号分量，进而导致直流电压小信号向量 $\hat{\boldsymbol{v}}_{dc}$ 中产生频率为 f_p-f_1 的分量。$\hat{\boldsymbol{v}}_{dc}$ 中频率为 f_p-f_1 的分量与 GSC 三相交流调制信号稳态向量 $\boldsymbol{M}_{gl}$ 中频率为 f_1 和 $-f_1$ 的分量相乘，将导致 GSC 三相交流电流小信号向量 $\hat{\boldsymbol{i}}_{gl}$ 中分别产生频率为 f_p 和 f_p-2f_1 的分量。

$\hat{\boldsymbol{i}}_{sl}$ 中频率为 f_p-2f_1 的分量进一步导致发电机定子磁链产生频率为 f_p-2f_1 的分量。由于定、转子磁链保持相对静止，发电机转子磁链将产生频率为 $f_p-2f_1+f_r$ 的小信号分量。此时，$\hat{\boldsymbol{v}}_{rl}$、$\hat{\boldsymbol{i}}_{rl}$ 中也将产生频率为 $f_p-2f_1+f_r$ 的分量。$\hat{\boldsymbol{v}}_{rl}$ 中频率为 $f_p-2f_1+f_r$ 的分量与 $\boldsymbol{I}_{rl}$ 中频率为 f_1-f_r 的分量相乘，或 $\hat{\boldsymbol{i}}_{rl}$ 中频率为 $f_p-2f_1+f_r$ 的分量与 $\boldsymbol{V}_{rl}$ 中频率为 f_1-f_r 的分量相乘，均将导致交、直流功率产生频率为 f_p-f_1 小信号分量，进一步导致 $\hat{\boldsymbol{v}}_{dc}$ 中产生频率为 f_p-f_1 的小信号分量。$\hat{\boldsymbol{v}}_{dc}$ 中频率为 f_p-f_1 的分量与 $\boldsymbol{M}_{gl}$ 中频率为 f_1 和 $-f_1$ 的分量相乘，导致 $\hat{\boldsymbol{i}}_{gl}$ 中分别产生频率为 f_p 和 f_p-2f_1 的分量。

下面分析通路 2 详细传递过程。在交流电压叠加一个频率为 f_p 的正序电压小信号扰动，小信号通过两条通路由 GSC 传递至 RSC：① 通过直流电压和 PWM 调制传递；② 通过 RSC 功率外环控制传递。这两条通路将在 $\hat{\boldsymbol{v}}_{rl}$、$\hat{\boldsymbol{i}}_{rl}$ 中引入频率为 f_p-f_r 和 $f_p-2f_1+f_r$ 的分量，进一步导致发电机转子磁链产生频率为 f_p-f_r 和 $f_p-2f_1+f_r$ 的小信号分量。由于定、转子磁链保持相对静止，发电机定子磁链将产生频率为 f_p 和 f_p-2f_1 的小信号分量。此时，$\hat{\boldsymbol{i}}_{sl}$ 将产生频率为 f_p 和 f_p-2f_1 的小信号分量。

当 DFIG 机组转速为 1.2p.u.、正序电压小信号扰动分量为 80Hz 时，DFIG 定子绕组和 GSC 小信号波形及 FFT 结果如图 6-12 所示。由图可知，定子绕组及 GSC 交流电压所含小信号分量的频率为 80Hz，定子绕组及 GSC 交流电流则同时含有频率为 80Hz 和 -20Hz 的小信号分量。DFIG 转子绕组和 RSC 小信号波形及 FFT 结果如图 6-13 所示。由图可知，RSC 交流电压、交流电流均同时含频率为 20Hz 和 40Hz 的小信号分量。直流电压小信号波形及 FFT 结果如图 6-14 所示。由图可知，直流电压仅含频率为 30Hz 的小信号分量。

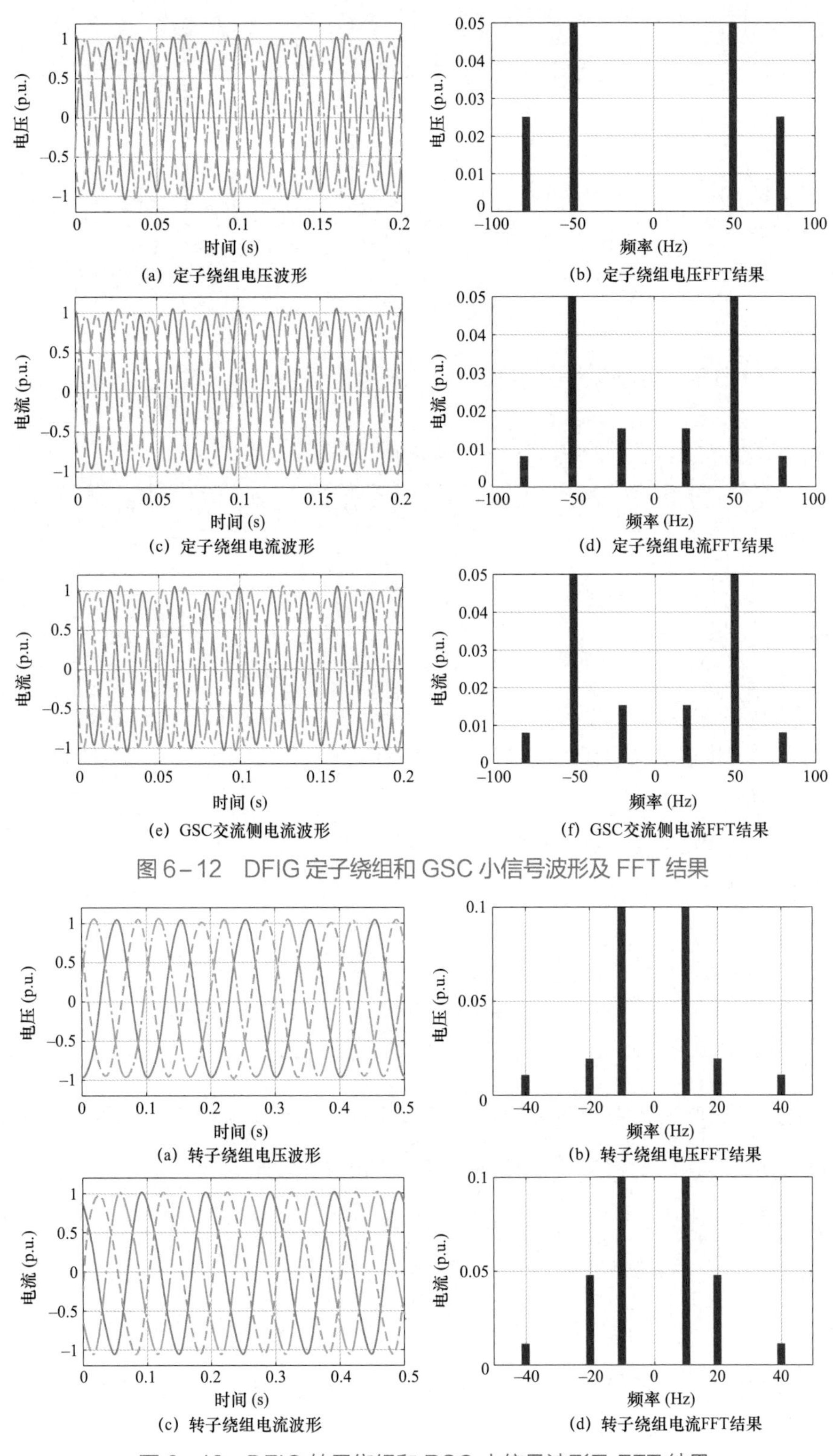

(a) 定子绕组电压波形　(b) 定子绕组电压FFT结果

(c) 定子绕组电流波形　(d) 定子绕组电流FFT结果

(e) GSC交流侧电流波形　(f) GSC交流侧电流FFT结果

图 6－12　DFIG 定子绕组和 GSC 小信号波形及 FFT 结果

(a) 转子绕组电压波形　(b) 转子绕组电压FFT结果

(c) 转子绕组电流波形　(d) 转子绕组电流FFT结果

图 6－13　DFIG 转子绕组和 RSC 小信号波形及 FFT 结果

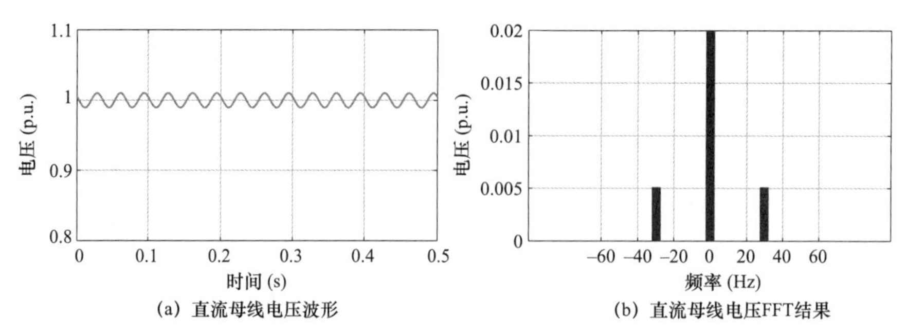

(a) 直流母线电压波形　　(b) 直流母线电压FFT结果

图 6-14　直流电压小信号波形及 FFT 结果

DFIG 机组小信号向量频域分布特性如表 6-1 所示。

表 6-1　DFIG 机组小信号向量频域分布特性

DFIG 机组	小信号向量	频率
GSC 及定子绕组	$\hat{\boldsymbol{v}}_l$	f_p
	$\hat{\boldsymbol{i}}_{sl}$、$\hat{\boldsymbol{i}}_{gl}$	f_p
		f_p-2f_1
	$\hat{\boldsymbol{m}}_{gl}$	f_p
		f_p-2f_1
RSC 及转子绕组	$\hat{\boldsymbol{v}}_{rl}$	$f_p-2f_1+f_r$
		f_p-f_r
	$\hat{\boldsymbol{i}}_{rl}$	$f_p-2f_1+f_r$
		f_p-f_r
	$\hat{\boldsymbol{m}}_{rl}$	$f_p-2f_1+f_r$
		f_p-f_r
直流母线电压	$\hat{\boldsymbol{v}}_{dc}$	f_p-f_1

为了描述 DFIG 机组各电气量小信号频域特性，将定子绕组交流电压、交流电流，GSC、RSC 交流电压、交流电流，调制信号的小信号分量分别排列成小信号向量。

定子绕组交流电压、交流电流，GSC 交流电压、交流电流，调制信号的小信号分量按以下小信号频率序列排列，即

$$[f_p-2f_1,\ f_p-f_1,\ f_p,\ f_p+f_1,\ f_p+2f_1]^{\mathrm{T}} \tag{6-47}$$

以转子坐标系为参考坐标系，RSC 交流电压、交流电流，调制信号的小信号分量按以下小信号频率序列排列，即

$$[f_p-2f_1+f_r,\ f_p-f_1,\ f_p-f_r,\ f_p+f_1-2f_r,\ f_p+2f_1-3f_r]^T \tag{6-48}$$

为了便于定量分析，将定子绕组交流电压、交流电流，GSC 交流电压、交流电流，调制信号的稳态分量，以及 RSC 交流电压、交流电流，调制信号的稳态分量依次扩展为

$$\begin{cases}[-2f_1,\ -f_1,\ 0,\ f_1,\ 2f_1]^T \\ \left[-2(f_1-f_r),\ -(f_1-f_r),\ 0,\ (f_1-f_r),\ 2(f_1-f_r)\right]^T\end{cases} \tag{6-49}$$

以 a 相为例，定子绕组交流电压、交流电流，GSC 交流电流及调制信号的小信号向量可分别表示为

$$\begin{cases}\hat{\boldsymbol{v}}_a=[\hat{\boldsymbol{v}}_{p-2},\ 0,\ \hat{\boldsymbol{v}}_p,\ 0,\ 0]^T \\ \hat{\boldsymbol{i}}_{sa}=[\hat{\boldsymbol{i}}_{sp-2},\ 0,\ \hat{\boldsymbol{i}}_{sp},\ 0,\ 0]^T \\ \hat{\boldsymbol{i}}_{ga}=[\hat{\boldsymbol{i}}_{gp-2},\ 0,\ \hat{\boldsymbol{i}}_{gp},\ 0,\ 0]^T \\ \hat{\boldsymbol{m}}_{ga}=[\hat{\boldsymbol{m}}_{gp-2},\ 0,\ \hat{\boldsymbol{m}}_{gp},\ 0,\ 0]^T\end{cases} \tag{6-50}$$

在静止坐标系中，RSC 交流电压、交流电流及调制信号的小信号向量可分别表示为

$$\begin{cases}\hat{\boldsymbol{v}}_{ra}=[\hat{\boldsymbol{v}}_{rp-2},\ 0,\ \hat{\boldsymbol{v}}_{rp},\ 0,\ 0]^T \\ \hat{\boldsymbol{i}}_{ra}=[\hat{\boldsymbol{i}}_{rp-2},\ 0,\ \hat{\boldsymbol{i}}_{rp},\ 0,\ 0]^T \\ \hat{\boldsymbol{m}}_{ra}=[\hat{\boldsymbol{m}}_{rp-2},\ 0,\ \hat{\boldsymbol{m}}_{rp},\ 0,\ 0]^T\end{cases} \tag{6-51}$$

式（6-50）、式（6-51）中，小信号向量中每个元素都用复矢量形式表示，$\hat{\boldsymbol{v}}_p=V_p e^{j\varphi_{vp}}/2$，$\hat{\boldsymbol{v}}_{p-2}=V_{p-2}e^{j\varphi_{vp-2}}/2$，$\hat{\boldsymbol{i}}_{sp}=I_{sp}e^{j\varphi_{isp}}/2$，$\hat{\boldsymbol{i}}_{sp-2}=I_{sp-2}e^{j\varphi_{isp-2}}/2$，$\hat{\boldsymbol{i}}_{gp}=I_{gp}e^{j\varphi_{igp}}/2$，$\hat{\boldsymbol{i}}_{gp-2}=I_{gp-2}e^{j\varphi_{igp-2}}/2$，$\hat{\boldsymbol{m}}_{gp}=M_{gp}e^{j\varphi_{mgp}}/2$，$\hat{\boldsymbol{m}}_{gp-2}=M_{gp-2}e^{j\varphi_{mgp-2}}/2$，$\hat{\boldsymbol{v}}_{rp}=V_{rp}e^{j\varphi_{vrp}}/2$，$\hat{\boldsymbol{v}}_{rp-2}=V_{rp-2}e^{j\varphi_{vrp-2}}/2$，$\hat{\boldsymbol{i}}_{rp}=I_{rp}e^{j\varphi_{irp}}/2$，$\hat{\boldsymbol{i}}_{rp-2}=I_{rp-2}e^{j\varphi_{irp-2}}/2$，$\hat{\boldsymbol{m}}_{rp}=M_{rp}e^{j\varphi_{mrp}}/2$，$\hat{\boldsymbol{m}}_{rp-2}=M_{rp-2}e^{j\varphi_{mrp-2}}/2$。

频率为 f_p 的交流电压、交流电流及调制信号为正序分量，a、b、c 相之间依次滞后 $2\pi/3$；频率为 f_p-2f_1 的交流电压、交流电流及调制信号为负序分量，a、b、c 相之间依次超前 $2\pi/3$。根据三相对称关系，可以得到 b、c 相 GSC 和 RSC 交流电压、交流电流及调制信号小信号向量（RSC 交流电压、交流电流及调制信号均基于静止坐标系）分别为

$$\begin{cases}\hat{\boldsymbol{v}}_b=\boldsymbol{D}_p\hat{\boldsymbol{v}}_a,\quad \hat{\boldsymbol{i}}_{sb}=\boldsymbol{D}_p\hat{\boldsymbol{i}}_{sa},\quad \hat{\boldsymbol{i}}_{gb}=\boldsymbol{D}_p\hat{\boldsymbol{i}}_{ga},\quad \hat{\boldsymbol{m}}_{gb}=\boldsymbol{D}_p\hat{\boldsymbol{m}}_{ga} \\ \hat{\boldsymbol{v}}_{rb}=\boldsymbol{D}_p\hat{\boldsymbol{v}}_{ra},\quad \hat{\boldsymbol{i}}_{rb}=\boldsymbol{D}_p\hat{\boldsymbol{i}}_{ra},\quad \hat{\boldsymbol{m}}_{rb}=\boldsymbol{D}_p\hat{\boldsymbol{m}}_{ra}\end{cases} \tag{6-52}$$

$$\begin{cases}\hat{\boldsymbol{v}}_{\mathrm{c}}=\boldsymbol{D}_{\mathrm{p}}^{*}\hat{\boldsymbol{v}}_{\mathrm{a}}, & \hat{\boldsymbol{i}}_{\mathrm{sc}}=\boldsymbol{D}_{\mathrm{p}}^{*}\hat{\boldsymbol{i}}_{\mathrm{sa}}, & \hat{\boldsymbol{i}}_{\mathrm{gc}}=\boldsymbol{D}_{\mathrm{p}}^{*}\hat{\boldsymbol{i}}_{\mathrm{ga}}, & \hat{\boldsymbol{m}}_{\mathrm{gc}}=\boldsymbol{D}_{\mathrm{p}}^{*}\hat{\boldsymbol{m}}_{\mathrm{ga}}\\ \hat{\boldsymbol{v}}_{\mathrm{rc}}=\boldsymbol{D}_{\mathrm{p}}^{*}\hat{\boldsymbol{v}}_{\mathrm{ra}}, & \hat{\boldsymbol{i}}_{\mathrm{rc}}=\boldsymbol{D}_{\mathrm{p}}^{*}\hat{\boldsymbol{i}}_{\mathrm{ra}}, & \hat{\boldsymbol{m}}_{\mathrm{rc}}=\boldsymbol{D}_{\mathrm{p}}^{*}\hat{\boldsymbol{m}}_{\mathrm{ra}} & \end{cases} \tag{6-53}$$

式中：$\boldsymbol{D}_{\mathrm{p}}$ 为小信号向量相序系数矩阵。

$\boldsymbol{D}_{\mathrm{p}}$ 的表达式为

$$\boldsymbol{D}_{\mathrm{p}}=\mathrm{diag}[\{\mathrm{e}^{-\mathrm{j}2(k+1)\pi/3}\}|_{k=-2,-1,0,1,2}] \tag{6-54}$$

6.3.2　小信号频域模型

6.3.2.1　DFIG 小信号模型

根据式（6-24）、式（6-25），可建立频率为 f_{p} 的 DFIG 频域小信号模型为

$$\begin{cases}\hat{\boldsymbol{v}}_{\mathrm{p}}=(R_{\mathrm{s}}+sL_{\mathrm{s}})\hat{\boldsymbol{i}}_{\mathrm{sp}}+sL_{\mathrm{m}}\hat{\boldsymbol{i}}_{\mathrm{rp}}\\ \hat{\boldsymbol{v}}_{\mathrm{rp}}=(s-\mathrm{j}\omega_{\mathrm{r}})L_{\mathrm{m}}\hat{\boldsymbol{i}}_{\mathrm{sp}}+[R_{\mathrm{r}}+(s-\mathrm{j}\omega_{\mathrm{r}})L_{\mathrm{r}}]\hat{\boldsymbol{i}}_{\mathrm{rp}}\end{cases} \tag{6-55}$$

其中

$$s=\mathrm{j}2\pi f_{\mathrm{p}}$$

同理，可建立频率为 $f_{\mathrm{p}}-2f_{1}$ 的 DFIG 频域小信号模型为

$$\begin{cases}\hat{\boldsymbol{v}}_{\mathrm{sp-2}}=(R_{\mathrm{s}}+s_{2}L_{\mathrm{s}})\hat{\boldsymbol{i}}_{\mathrm{sp-2}}+s_{2}L_{\mathrm{m}}\hat{\boldsymbol{i}}_{\mathrm{rp-2}}\\ \hat{\boldsymbol{v}}_{\mathrm{rp-2}}=(s_{2}+\mathrm{j}\omega_{\mathrm{r}})L_{\mathrm{m}}\hat{\boldsymbol{i}}_{\mathrm{sp-2}}+[R_{\mathrm{r}}+(s_{2}+\mathrm{j}\omega_{\mathrm{r}})L_{\mathrm{r}}]\hat{\boldsymbol{i}}_{\mathrm{rp-2}}\end{cases} \tag{6-56}$$

其中

$$s_{2}=\mathrm{j}2\pi(f_{\mathrm{p}}-2f_{1})$$

联立式（6-55）和式（6-56），可得在静止坐标系下的 DFIG 频域小信号模型为

$$\begin{cases}\hat{\boldsymbol{i}}_{\mathrm{rp}}=\dfrac{1}{sL_{\mathrm{m}}}\hat{\boldsymbol{v}}_{\mathrm{p}}-\dfrac{1}{sL_{\mathrm{m}}}(R_{\mathrm{s}}+sL_{\mathrm{s}})\hat{\boldsymbol{i}}_{\mathrm{sp}}\\ \hat{\boldsymbol{i}}_{\mathrm{rp-2}}=\dfrac{1}{s_{2}L_{\mathrm{m}}}\hat{\boldsymbol{v}}_{\mathrm{p-2}}-\dfrac{1}{s_{2}L_{\mathrm{m}}}(R_{\mathrm{s}}+s_{2}L_{\mathrm{s}})\hat{\boldsymbol{i}}_{\mathrm{sp-2}}\end{cases} \tag{6-57}$$

$$\begin{cases}\hat{\boldsymbol{v}}_{\mathrm{rp}}=\dfrac{1}{sL_{\mathrm{m}}}[R_{\mathrm{r}}+(s-\mathrm{j}\omega_{\mathrm{r}})L_{\mathrm{r}}]\hat{\boldsymbol{v}}_{\mathrm{p}}+\left[(s-\mathrm{j}\omega_{\mathrm{r}})L_{\mathrm{m}}-\dfrac{1}{sL_{\mathrm{m}}}(R_{\mathrm{s}}+sL_{\mathrm{s}})[R_{\mathrm{r}}+(s-\mathrm{j}\omega_{\mathrm{r}})L_{\mathrm{r}}]\right]\hat{\boldsymbol{i}}_{\mathrm{sp}}\\ \hat{\boldsymbol{v}}_{\mathrm{rp-2}}=\dfrac{1}{s_{2}L_{\mathrm{m}}}[R_{\mathrm{r}}+(s_{2}+\mathrm{j}\omega_{\mathrm{r}})L_{\mathrm{r}}]\hat{\boldsymbol{v}}_{\mathrm{p-2}}+\left[(s_{2}+\mathrm{j}\omega_{\mathrm{r}})L_{\mathrm{m}}-\dfrac{1}{s_{2}L_{\mathrm{m}}}(R_{\mathrm{s}}+s_{2}L_{\mathrm{s}})[R_{\mathrm{r}}+(s_{2}+\mathrm{j}\omega_{\mathrm{r}})L_{\mathrm{r}}]\right]\hat{\boldsymbol{i}}_{\mathrm{sp-2}}\end{cases} \tag{6-58}$$

可得 DFIG 频域小信号简化模型为

$$\begin{cases} \hat{\boldsymbol{i}}_{\text{ra}} = \boldsymbol{G}_{11}\hat{\boldsymbol{v}}_{\text{a}} + \boldsymbol{G}_{12}\hat{\boldsymbol{i}}_{\text{sa}} \\ \hat{\boldsymbol{v}}_{\text{ra}} = \boldsymbol{G}_{21}\hat{\boldsymbol{v}}_{\text{a}} + \boldsymbol{G}_{22}\hat{\boldsymbol{i}}_{\text{sa}} \end{cases} \tag{6-59}$$

式中：$\boldsymbol{G}_{11}$、$\boldsymbol{G}_{12}$、$\boldsymbol{G}_{21}$、$\boldsymbol{G}_{22}$ 均为五阶矩阵，除下述元素外，其余元素均为 0。

$$\begin{cases} \boldsymbol{G}_{11}(1,1)=\dfrac{1}{s_2 L_{\text{m}}} \\ \boldsymbol{G}_{11}(3,3)=\dfrac{1}{sL_{\text{m}}} \end{cases} \tag{6-60}$$

$$\begin{cases} \boldsymbol{G}_{12}(1,1)=-\dfrac{1}{s_2 L_{\text{m}}}(R_{\text{s}}+s_2 L_{\text{s}}) \\ \boldsymbol{G}_{12}(3,3)=-\dfrac{1}{sL_{\text{m}}}(R_{\text{s}}+sL_{\text{s}}) \end{cases} \tag{6-61}$$

$$\begin{cases} \boldsymbol{G}_{21}(1,1)=\dfrac{1}{s_2 L_{\text{m}}}[R_{\text{r}}+(s_2+\text{j}\omega_{\text{r}})L_{\text{r}}] \\ \boldsymbol{G}_{21}(3,3)=\dfrac{1}{sL_{\text{m}}}[R_{\text{r}}+(s-\text{j}\omega_{\text{r}})L_{\text{r}}] \end{cases} \tag{6-62}$$

$$\begin{cases} \boldsymbol{G}_{22}(1,1)=(s_2+\text{j}\omega_{\text{r}})L_{\text{m}}-\dfrac{1}{s_2 L_{\text{m}}}(R_{\text{s}}+s_2 L_{\text{s}})[R_{\text{r}}+(s_2+\text{j}\omega_{\text{r}})L_{\text{r}}] \\ \boldsymbol{G}_{22}(3,3)=(s-\text{j}\omega_{\text{r}})L_{\text{m}}-\dfrac{1}{sL_{\text{m}}}(R_{\text{s}}+sL_{\text{s}})[R_{\text{r}}+(s-\text{j}\omega_{\text{r}})L_{\text{r}}] \end{cases} \tag{6-63}$$

6.3.2.2　直流母线小信号模型

将式（6-34）转换至频域，可得 DFIG 机组直流母线频域小信号模型为

$$s_1 C_{\text{dc}} V_{\text{dc}} \hat{\boldsymbol{v}}_{\text{dc}} = -\sum_{l=\text{a,b,c}} (\boldsymbol{I}_{\text{r}l} \otimes \hat{\boldsymbol{v}}_{\text{r}l} + \boldsymbol{V}_{\text{r}l} \otimes \hat{\boldsymbol{i}}_{\text{r}l}) - \sum_{l=\text{a,b,c}} (\boldsymbol{I}_{\text{g}l} \otimes \hat{\boldsymbol{v}}_{\text{g}l} + \boldsymbol{V}_{\text{g}l} \otimes \hat{\boldsymbol{i}}_{\text{g}l}) \tag{6-64}$$

其中

$$s_1 = \text{j}2\pi(f_{\text{p}} - f_1)$$

化简后可得直流电压小信号向量表达式为

$$\hat{\boldsymbol{v}}_{\text{dc}} = \boldsymbol{J}_{\text{gi}}\hat{\boldsymbol{i}}_{\text{ga}} + \boldsymbol{J}_{\text{ri}}\hat{\boldsymbol{i}}_{\text{ra}} + \boldsymbol{J}_{\text{gv}}\hat{\boldsymbol{v}}_{\text{a}} + \boldsymbol{J}_{\text{rv}}\hat{\boldsymbol{v}}_{\text{ra}} \tag{6-65}$$

式中：$\boldsymbol{J}_{\text{gi}}$、$\boldsymbol{J}_{\text{ri}}$、$\boldsymbol{J}_{\text{gv}}$、$\boldsymbol{J}_{\text{rv}}$ 均为五阶矩阵，除下述元素外，其余元素均为 0。

$$\begin{cases} \boldsymbol{J}_{\text{gi}}(2,1) = -\dfrac{3}{C_{\text{dc}}V_{\text{dc}}s_1}(\boldsymbol{V}_{\text{g1}} + s_2 L_{\text{f}} \boldsymbol{I}_{\text{g1}}) \\ \boldsymbol{J}_{\text{gi}}(2,3) = -\dfrac{3}{C_{\text{dc}}V_{\text{dc}}s_1}(\boldsymbol{V}_{\text{g1}}^* + sL_{\text{f}} \boldsymbol{I}_{\text{g1}}^*) \end{cases} \tag{6-66}$$

$$\begin{cases} \boldsymbol{J}_{\text{ri}}(2,1) = -\dfrac{3}{C_{\text{dc}}V_{\text{dc}}s_1}\boldsymbol{V}_{\text{r1}} \\ \boldsymbol{J}_{\text{ri}}(2,3) = -\dfrac{3}{C_{\text{dc}}V_{\text{dc}}s_1}\boldsymbol{V}_{\text{r1}}^* \end{cases} \tag{6-67}$$

$$\begin{cases} \boldsymbol{J}_{\text{gv}}(2,1) = -\dfrac{3}{C_{\text{dc}}V_{\text{dc}}s_1}\boldsymbol{I}_{\text{g1}} \\ \boldsymbol{J}_{\text{gv}}(2,3) = -\dfrac{3}{C_{\text{dc}}V_{\text{dc}}s_1}\boldsymbol{I}_{\text{g1}}^* \end{cases} \tag{6-68}$$

$$\begin{cases} \boldsymbol{J}_{\text{rv}}(2,1) = -\dfrac{3}{C_{\text{dc}}V_{\text{dc}}s_1}\boldsymbol{I}_{\text{r1}} \\ \boldsymbol{J}_{\text{rv}}(2,3) = -\dfrac{3}{C_{\text{dc}}V_{\text{dc}}s_1}\boldsymbol{I}_{\text{r1}}^* \end{cases} \tag{6-69}$$

6.3.2.3　GSC 小信号模型

GSC 阻抗建模可参考第 2 章两电平变换器阻抗建模。如图 6-6 所示，GSC 通过直流电压外环控制 d 轴电流维持直流母线电压稳定，GSC 交流电流 d、q 轴电流参考指令小信号向量表达式为

$$\begin{cases} \hat{\boldsymbol{i}}_{\text{gdref}} = H_{\text{vdc}}(s_1)\hat{\boldsymbol{v}}_{\text{dc}} \\ \hat{\boldsymbol{i}}_{\text{gqref}} = 0 \end{cases} \tag{6-70}$$

式中：$H_{\text{vdc}}(s_1)$ 为直流电压控制器传递函数，$H_{\text{vdc}}(s_1) = K_{\text{vdcp}} + K_{\text{vdci}} / s_1$，$K_{\text{vdcp}}$、$K_{\text{vdci}}$ 分别为直流电压控制器比例系数、积分系数。

根据 GSC 典型控制结构，可得其调制信号小信号向量表达式为

$$\hat{\boldsymbol{m}}_{\text{ga}} = \boldsymbol{E}_{\text{dc}}\hat{\boldsymbol{v}}_{\text{dc}} + \boldsymbol{E}_{\text{gi}}\hat{\boldsymbol{i}}_{\text{ga}} + \boldsymbol{E}_{\text{gv}}\hat{\boldsymbol{v}}_{\text{a}} \tag{6-71}$$

式中：$\boldsymbol{E}_{\text{dc}}$、$\boldsymbol{E}_{\text{gi}}$、$\boldsymbol{E}_{\text{gv}}$ 均为五阶矩阵，除下述元素外，其余元素均为 0。

$$\begin{cases} \boldsymbol{E}_{\text{dc}}(1,2) = \dfrac{1}{2}H_{\text{gi}}(s_1)H_{\text{vdc}}(s_1) \\ \boldsymbol{E}_{\text{dc}}(3,2) = \dfrac{1}{2}H_{\text{gi}}(s_1)H_{\text{vdc}}(s_1) \end{cases} \tag{6-72}$$

$$\begin{cases} \boldsymbol{E}_{\text{gi}}(1,1) = -H_{\text{gi}}(s_1) - \text{j}K_{\text{gd}} \\ \boldsymbol{E}_{\text{gi}}(3,3) = -H_{\text{gi}}(s_1) + \text{j}K_{\text{gd}} \end{cases} \tag{6-73}$$

$$\begin{cases} \boldsymbol{E}_{\text{gv}}(1,1) = T_{\text{PLL}}(s_1)[(H_{\text{gi}}(s_1) + \text{j}K_{\text{gd}})\boldsymbol{I}_{\text{g1}}^* + \boldsymbol{M}_1^*] \\ \boldsymbol{E}_{\text{gv}}(1,3) = -T_{\text{PLL}}(s_1)[(H_{\text{gi}}(s_1) + \text{j}K_{\text{gd}})\boldsymbol{I}_{\text{g1}}^* + \boldsymbol{M}_1^*] \\ \boldsymbol{E}_{\text{gv}}(3,1) = -T_{\text{PLL}}(s_1)[(H_{\text{gi}}(s_1) - \text{j}K_{\text{gd}})\boldsymbol{I}_{\text{g1}} + \boldsymbol{M}_1] \\ \boldsymbol{E}_{\text{gv}}(3,3) = T_{\text{PLL}}(s_1)[(H_{\text{gi}}(s_1) - \text{j}K_{\text{gd}})\boldsymbol{I}_{\text{g1}} + \boldsymbol{M}_1] \end{cases} \tag{6-74}$$

将式（6-26）转换至频域，可得 GSC 交流回路频域小信号模型为

$$K_{\mathrm{m}}(V_{\mathrm{dc}}\hat{\boldsymbol{m}}_{\mathrm{ga}}+\boldsymbol{M}_{\mathrm{ga}}\hat{\boldsymbol{v}}_{\mathrm{dc}})=\hat{\boldsymbol{v}}_{\mathrm{a}}+\boldsymbol{Z}_{\mathrm{Lf}}\hat{\boldsymbol{i}}_{\mathrm{ga}} \tag{6-75}$$

式中：$\boldsymbol{M}_{\mathrm{ga}}$ 为 GSC 调制信号稳态向量矩阵。

$\boldsymbol{M}_{\mathrm{ga}}$ 的表达式为

$$\boldsymbol{M}_{\mathrm{ga}}=\begin{bmatrix} 0 & \boldsymbol{M}_{\mathrm{g1}}^{*} & 0 & 0 & 0 \\ \boldsymbol{M}_{\mathrm{g1}} & 0 & \boldsymbol{M}_{\mathrm{g1}}^{*} & 0 & 0 \\ 0 & \boldsymbol{M}_{\mathrm{g1}} & 0 & \boldsymbol{M}_{\mathrm{g1}}^{*} & 0 \\ 0 & 0 & \boldsymbol{M}_{\mathrm{g1}} & 0 & \boldsymbol{M}_{\mathrm{g1}}^{*} \\ 0 & 0 & 0 & \boldsymbol{M}_{\mathrm{g1}} & 0 \end{bmatrix}$$

化简可得 GSC 交流回路频域小信号模型为

$$\hat{\boldsymbol{v}}_{\mathrm{a}}=\boldsymbol{F}_{\mathrm{dc}}\hat{\boldsymbol{v}}_{\mathrm{dc}}+\boldsymbol{F}_{\mathrm{gi}}\hat{\boldsymbol{i}}_{\mathrm{ga}} \tag{6-76}$$

式中：$\boldsymbol{F}_{\mathrm{dc}}$、$\boldsymbol{F}_{\mathrm{gi}}$ 均为五阶矩阵。

$\boldsymbol{F}_{\mathrm{dc}}$、$\boldsymbol{F}_{\mathrm{gi}}$ 的表达式为

$$\begin{cases}\boldsymbol{F}_{\mathrm{dc}}=(\boldsymbol{U}-K_{\mathrm{m}}V_{\mathrm{dc}}\boldsymbol{E}_{\mathrm{gv}})^{-1}(K_{\mathrm{m}}\boldsymbol{M}_{\mathrm{ga}}+K_{\mathrm{m}}V_{\mathrm{dc}}\boldsymbol{E}_{\mathrm{dc}}) \\ \boldsymbol{F}_{\mathrm{gi}}=(\boldsymbol{U}-K_{\mathrm{m}}V_{\mathrm{dc}}\boldsymbol{E}_{\mathrm{gv}})^{-1}(K_{\mathrm{m}}V_{\mathrm{dc}}\boldsymbol{E}_{\mathrm{gi}}-\boldsymbol{Z}_{\mathrm{Lf}})\end{cases} \tag{6-77}$$

式中：$\boldsymbol{U}$ 为五阶单位矩阵。

6.3.2.4　RSC 小信号模型

由图 6-7 所示的 RSC 典型控制策略可知，RSC 的 d 轴电流参考指令由有功功率控制外环得到，q 轴电流参考指令由无功功率控制外环得到。d、q 轴电流参考指令小信号表达式为

$$\begin{cases}\hat{\boldsymbol{i}}_{\mathrm{rdref}}=-\dfrac{1}{1-s_{\mathrm{n}}}H_{\mathrm{p}}(s_1)\hat{\boldsymbol{p}}_{\mathrm{e}} \\ \hat{\boldsymbol{i}}_{\mathrm{rqref}}=-H_{\mathrm{q}}(s_1)\hat{\boldsymbol{q}}_{\mathrm{e}}\end{cases} \tag{6-78}$$

式中：$H_{\mathrm{p}}(s_1)$ 为有功功率控制器传递函数，$H_{\mathrm{p}}(s_1)=K_{\mathrm{pep}}+K_{\mathrm{pei}}/s_1$，$K_{\mathrm{pep}}$、$K_{\mathrm{pei}}$ 分别为有功功率控制器的比例系数、积分系数；$H_{\mathrm{q}}(s_1)$ 为无功功率控制器传递函数，$H_{\mathrm{q}}(s_1)=K_{\mathrm{qep}}+K_{\mathrm{qei}}/s_1$，$K_{\mathrm{qep}}$、$K_{\mathrm{qei}}$ 分别为无功功率控制器的比例系数、积分系数。

DFIG 机组有功、无功功率小信号 $\hat{\boldsymbol{p}}_{\mathrm{e}}$、$\hat{\boldsymbol{q}}_{\mathrm{e}}$ 为

$$\begin{cases}\hat{\boldsymbol{p}}_{\mathrm{e}}=\boldsymbol{P}_{\mathrm{si}}\hat{\boldsymbol{i}}_{\mathrm{sa}}+\boldsymbol{P}_{\mathrm{gi}}\hat{\boldsymbol{i}}_{\mathrm{ga}}+\boldsymbol{P}_{\mathrm{v}}\hat{\boldsymbol{v}}_{\mathrm{a}} \\ \hat{\boldsymbol{q}}_{\mathrm{e}}=\boldsymbol{Q}_{\mathrm{si}}\hat{\boldsymbol{i}}_{\mathrm{sa}}+\boldsymbol{Q}_{\mathrm{gi}}\hat{\boldsymbol{i}}_{\mathrm{ga}}+\boldsymbol{Q}_{\mathrm{v}}\hat{\boldsymbol{v}}_{\mathrm{a}}\end{cases} \tag{6-79}$$

式中：$\boldsymbol{P}_{si}$、$\boldsymbol{P}_{gi}$、$\boldsymbol{P}_{v}$、$\boldsymbol{Q}_{si}$、$\boldsymbol{Q}_{gi}$、$\boldsymbol{Q}_{v}$ 均为五阶矩阵，除下述元素外，其余元素均为 0。

$$\begin{cases}\boldsymbol{P}_{si}(2,1)=-3\boldsymbol{V}_1\\ \boldsymbol{P}_{si}(2,3)=-3\boldsymbol{V}_1^*\end{cases} \tag{6-80}$$

$$\begin{cases}\boldsymbol{P}_{gi}(2,1)=3\boldsymbol{V}_1\\ \boldsymbol{P}_{gi}(2,3)=3\boldsymbol{V}_1^*\end{cases} \tag{6-81}$$

$$\begin{cases}\boldsymbol{P}_{v}(2,1)=3(\boldsymbol{I}_{g1}-\boldsymbol{I}_{s1})\\ \boldsymbol{P}_{v}(2,3)=3(\boldsymbol{I}_{g1}^*-\boldsymbol{I}_{s1}^*)\end{cases} \tag{6-82}$$

$$\begin{cases}\boldsymbol{Q}_{si}(2,1)=\mathrm{j}3\boldsymbol{V}_1\\ \boldsymbol{Q}_{si}(2,3)=-\mathrm{j}3\boldsymbol{V}_1^*\end{cases} \tag{6-83}$$

$$\begin{cases}\boldsymbol{Q}_{gi}(2,1)=-\mathrm{j}3\boldsymbol{V}_1\\ \boldsymbol{Q}_{gi}(2,3)=\mathrm{j}3\boldsymbol{V}_1^*\end{cases} \tag{6-84}$$

$$\begin{cases}\boldsymbol{Q}_{v}(2,1)=\mathrm{j}3(\boldsymbol{I}_{g1}-\boldsymbol{I}_{s1})\\ \boldsymbol{Q}_{v}(2,3)=-\mathrm{j}3(\boldsymbol{I}_{g1}^*-\boldsymbol{I}_{s1}^*)\end{cases} \tag{6-85}$$

根据 RSC 典型控制结构，可得调制信号小信号表达式为

$$\hat{\boldsymbol{m}}_{ra}=\boldsymbol{E}_{rgi}\hat{\boldsymbol{i}}_{ga}+\boldsymbol{E}_{rsi}\hat{\boldsymbol{i}}_{sa}+\boldsymbol{E}_{rri}\hat{\boldsymbol{i}}_{ra}+\boldsymbol{E}_{rv}\hat{\boldsymbol{v}}_{a} \tag{6-86}$$

式中：$\boldsymbol{E}_{rgi}$、$\boldsymbol{E}_{rsi}$、$\boldsymbol{E}_{rri}$、$\boldsymbol{E}_{rv}$ 均为五阶矩阵，除下述元素外，其余元素均为 0。

$$\begin{cases}\boldsymbol{E}_{rgi}(1,1)=\dfrac{3}{2}H_{ri}(s_1)\left(-\dfrac{1}{1-s_n}H_p(s_1)+H_q(s_1)\right)\boldsymbol{V}_1\\ \boldsymbol{E}_{rgi}(1,3)=\dfrac{3}{2}H_{ri}(s_1)\left(-\dfrac{1}{1-s_n}H_p(s_1)-H_q(s_1)\right)\boldsymbol{V}_1^*\\ \boldsymbol{E}_{rgi}(3,1)=\dfrac{3}{2}H_{ri}(s_1)\left(-\dfrac{1}{1-s_n}H_p(s_1)-H_q(s_1)\right)\boldsymbol{V}_1\\ \boldsymbol{E}_{rgi}(3,3)=\dfrac{3}{2}H_{ri}(s_1)\left(-\dfrac{1}{1-s_n}H_p(s_1)+H_q(s_1)\right)\boldsymbol{V}_1^*\end{cases} \tag{6-87}$$

$$\begin{cases}\boldsymbol{E}_{rsi}(1,1)=-\boldsymbol{E}_{rgi}(1,1)\\ \boldsymbol{E}_{rsi}(1,3)=-\boldsymbol{E}_{rgi}(1,3)\\ \boldsymbol{E}_{rsi}(3,1)=-\boldsymbol{E}_{rgi}(3,1)\\ \boldsymbol{E}_{rsi}(3,3)=-\boldsymbol{E}_{rgi}(3,3)\end{cases} \tag{6-88}$$

$$\begin{cases}\boldsymbol{E}_{rri}(1,1)=-K_e(H_{ri}(s_1)+\mathrm{j}K_{rd})\\ \boldsymbol{E}_{rri}(3,3)=-K_e(H_{ri}(s_1)-\mathrm{j}K_{rd})\end{cases} \tag{6-89}$$

$$\begin{cases} \boldsymbol{E}_{\mathrm{rv}}(1,1)=\dfrac{3}{2}H_{\mathrm{ri}}(s_1)\left(-\dfrac{1}{1-s_{\mathrm{n}}}H_{\mathrm{p}}(s_1)-H_{\mathrm{q}}(s_1)\right)(\boldsymbol{I}_{\mathrm{g1}}-\boldsymbol{I}_{\mathrm{s1}})+T_{\mathrm{PLL}}(s_1)[K_{\mathrm{e}}(H_{\mathrm{ri}}(s_1)+\mathrm{j}K_{\mathrm{rd}})\boldsymbol{I}_{\mathrm{r1}}^*+\boldsymbol{M}_{\mathrm{r1}}^*] \\ \boldsymbol{E}_{\mathrm{rv}}(1,3)=\dfrac{3}{2}H_{\mathrm{ri}}(s_1)\left(-\dfrac{1}{1-s_{\mathrm{n}}}H_{\mathrm{p}}(s_1)+H_{\mathrm{q}}(s_1)\right)(\boldsymbol{I}_{\mathrm{g1}}^*-\boldsymbol{I}_{\mathrm{s1}}^*)+T_{\mathrm{PLL}}(s_1)[-K_{\mathrm{e}}(H_{\mathrm{ri}}(s_1)+\mathrm{j}K_{\mathrm{rd}})\boldsymbol{I}_{\mathrm{r1}}^*-\boldsymbol{M}_{\mathrm{r1}}^*] \\ \boldsymbol{E}_{\mathrm{rv}}(3,1)=\dfrac{3}{2}H_{\mathrm{ri}}(s_1)\left(-\dfrac{1}{1-s_{\mathrm{n}}}H_{\mathrm{p}}(s_1)+H_{\mathrm{q}}(s_1)\right)(\boldsymbol{I}_{\mathrm{g1}}-\boldsymbol{I}_{\mathrm{s1}})+T_{\mathrm{PLL}}(s_1)[-K_{\mathrm{e}}(H_{\mathrm{ri}}(s_1)-\mathrm{j}K_{\mathrm{rd}})\boldsymbol{I}_{\mathrm{r1}}-\boldsymbol{M}_{\mathrm{r1}}] \\ \boldsymbol{E}_{\mathrm{rv}}(3,3)=\dfrac{3}{2}H_{\mathrm{ri}}(s_1)\left(-\dfrac{1}{1-s_{\mathrm{n}}}H_{\mathrm{p}}(s_1)-H_{\mathrm{q}}(s_1)\right)(\boldsymbol{I}_{\mathrm{g1}}^*-\boldsymbol{I}_{\mathrm{s1}}^*)+T_{\mathrm{PLL}}(s_1)[K_{\mathrm{e}}(H_{\mathrm{ri}}(s_1)-\mathrm{j}K_{\mathrm{rd}})\boldsymbol{I}_{\mathrm{r1}}+\boldsymbol{M}_{\mathrm{r1}}] \end{cases}$$

（6－90）

由式（6－33）可得 RSC 交流回路频域小信号向量表达式为

$$\hat{\boldsymbol{v}}_{\mathrm{ra}}=K_{\mathrm{e}}K_{\mathrm{m}}(V_{\mathrm{dc}}\hat{\boldsymbol{m}}_{\mathrm{ra}}+\boldsymbol{M}_{\mathrm{ra}}\hat{\boldsymbol{v}}_{\mathrm{dc}}) \tag{6－91}$$

化简可得 RSC 输出电压小信号向量表达式为

$$\hat{\boldsymbol{v}}_{\mathrm{ra}}=\boldsymbol{B}_{\mathrm{dc}}\hat{\boldsymbol{v}}_{\mathrm{dc}}+\boldsymbol{B}_{\mathrm{rgi}}\hat{\boldsymbol{i}}_{\mathrm{ga}}+\boldsymbol{B}_{\mathrm{rsi}}\hat{\boldsymbol{i}}_{\mathrm{sa}}+\boldsymbol{B}_{\mathrm{rri}}\hat{\boldsymbol{i}}_{\mathrm{ra}}+\boldsymbol{B}_{\mathrm{rv}}\hat{\boldsymbol{v}}_{\mathrm{a}} \tag{6－92}$$

式中：$\boldsymbol{B}_{\mathrm{dc}}$、$\boldsymbol{B}_{\mathrm{rgi}}$、$\boldsymbol{B}_{\mathrm{rsi}}$、$\boldsymbol{B}_{\mathrm{rri}}$、$\boldsymbol{B}_{\mathrm{rv}}$ 均为五阶矩阵，其表达式为

$$\begin{cases} \boldsymbol{B}_{\mathrm{dc}}=K_{\mathrm{e}}K_{\mathrm{m}}\boldsymbol{M}_{\mathrm{ra}} \\ \boldsymbol{B}_{\mathrm{rgi}}=K_{\mathrm{e}}K_{\mathrm{m}}V_{\mathrm{dc}}\boldsymbol{E}_{\mathrm{rgi}} \\ \boldsymbol{B}_{\mathrm{rsi}}=K_{\mathrm{e}}K_{\mathrm{m}}V_{\mathrm{dc}}\boldsymbol{E}_{\mathrm{rsi}} \\ \boldsymbol{B}_{\mathrm{rri}}=K_{\mathrm{e}}K_{\mathrm{m}}V_{\mathrm{dc}}\boldsymbol{E}_{\mathrm{rri}} \\ \boldsymbol{B}_{\mathrm{rv}}=K_{\mathrm{e}}K_{\mathrm{m}}V_{\mathrm{dc}}\boldsymbol{E}_{\mathrm{rv}} \end{cases} \tag{6－93}$$

其中

$$\boldsymbol{M}_{\mathrm{ra}}=\begin{bmatrix} 0 & \boldsymbol{M}_{\mathrm{r1}}^* & 0 & 0 & 0 \\ \boldsymbol{M}_{\mathrm{r1}} & 0 & \boldsymbol{M}_{\mathrm{r1}}^* & 0 & 0 \\ 0 & \boldsymbol{M}_{\mathrm{r1}} & 0 & \boldsymbol{M}_{\mathrm{r1}}^* & 0 \\ 0 & 0 & \boldsymbol{M}_{\mathrm{r1}} & 0 & \boldsymbol{M}_{\mathrm{r1}}^* \\ 0 & 0 & 0 & \boldsymbol{M}_{\mathrm{r1}} & 0 \end{bmatrix}$$

6.3.3　交流端口阻抗模型

DFIG 机组交流端口导纳可由机端总电流与电压小信号比值得到，即

$$\boldsymbol{Y}_{\mathrm{DFIG}}=-\frac{\hat{\boldsymbol{i}}_{\mathrm{a}}}{\hat{\boldsymbol{v}}_{\mathrm{a}}} \tag{6－94}$$

式中：$\hat{\boldsymbol{i}}_{\mathrm{a}}$ 为 DFIG 交流端口总电流。

$\hat{\boldsymbol{i}}_{\mathrm{a}}$ 可表示为

$$\hat{\boldsymbol{i}}_{\mathrm{a}}=\hat{\boldsymbol{i}}_{\mathrm{ga}}-\hat{\boldsymbol{i}}_{\mathrm{sa}} \tag{6－95}$$

联立式（6-59）、式（6-65）、式（6-76）、式（6-92），可得各小信号向量的关系表达式为

$$\begin{cases}\boldsymbol{G}_{gg}\hat{\boldsymbol{i}}_{ga}+\boldsymbol{G}_{gs}\hat{\boldsymbol{i}}_{sa}+\boldsymbol{G}_{gv}\hat{\boldsymbol{v}}_{a}=0\\ \boldsymbol{G}_{rg}\hat{\boldsymbol{i}}_{ga}+\boldsymbol{G}_{rs}\hat{\boldsymbol{i}}_{sa}+\boldsymbol{G}_{rv}\hat{\boldsymbol{v}}_{a}=0\end{cases} \tag{6-96}$$

其中

$$\begin{cases}\boldsymbol{G}_{gg}=\boldsymbol{F}_{dc}\boldsymbol{J}_{gi}+\boldsymbol{F}_{gi}\\ \boldsymbol{G}_{gs}=\boldsymbol{F}_{dc}\boldsymbol{J}_{ri}\boldsymbol{G}_{12}+\boldsymbol{F}_{dc}\boldsymbol{J}_{rv}\boldsymbol{G}_{22}\\ \boldsymbol{G}_{gv}=\boldsymbol{F}_{dc}\boldsymbol{J}_{ri}\boldsymbol{G}_{11}+\boldsymbol{F}_{dc}\boldsymbol{J}_{gv}+\boldsymbol{F}_{dc}\boldsymbol{J}_{rv}\boldsymbol{G}_{21}-\boldsymbol{U}\\ \boldsymbol{G}_{rg}=\boldsymbol{B}_{dc}\boldsymbol{J}_{gi}+\boldsymbol{B}_{rgi}\\ \boldsymbol{G}_{rs}=(\boldsymbol{B}_{dc}\boldsymbol{J}_{ri}+\boldsymbol{B}_{rri})\boldsymbol{G}_{12}+(\boldsymbol{B}_{dc}\boldsymbol{J}_{rv}-\boldsymbol{U})\boldsymbol{G}_{22}+\boldsymbol{B}_{rsi}\\ \boldsymbol{G}_{rv}=(\boldsymbol{B}_{dc}\boldsymbol{J}_{ri}+\boldsymbol{B}_{rri})\boldsymbol{G}_{11}+(\boldsymbol{B}_{dc}\boldsymbol{J}_{gv}+\boldsymbol{B}_{rv})+(\boldsymbol{B}_{dc}\boldsymbol{J}_{rv}-\boldsymbol{U})\boldsymbol{G}_{21}\end{cases} \tag{6-97}$$

联立式（6-95）和式（6-96）所示的方程进行求解，有

$$\hat{\boldsymbol{i}}_{a}=-[(\boldsymbol{G}_{gg}^{-1}\boldsymbol{G}_{gs}+\boldsymbol{U})(\boldsymbol{G}_{rg}\boldsymbol{G}_{gg}^{-1}\boldsymbol{G}_{gs}-\boldsymbol{G}_{rs})^{-1}(-\boldsymbol{G}_{rg}\boldsymbol{G}_{gg}^{-1}\boldsymbol{G}_{gv}+\boldsymbol{G}_{rv})+\boldsymbol{G}_{gg}^{-1}\boldsymbol{G}_{gv}]\hat{\boldsymbol{v}}_{a} \tag{6-98}$$

根据式（6-94）、式（6-98），可得 DFIG 机组交流端口导纳为

$$\boldsymbol{Y}_{DFIG}=\boldsymbol{G}_{gg}^{-1}\boldsymbol{G}_{gv}+(\boldsymbol{U}+\boldsymbol{G}_{gg}^{-1}\boldsymbol{G}_{gs})(\boldsymbol{G}_{rg}\boldsymbol{G}_{gg}^{-1}\boldsymbol{G}_{gs}-\boldsymbol{G}_{rs})^{-1}(\boldsymbol{G}_{rv}-\boldsymbol{G}_{rg}\boldsymbol{G}_{gg}^{-1}\boldsymbol{G}_{gv}) \tag{6-99}$$

由于 DFIG 机组交流电压、交流电流小信号向量仅存在扰动频率 f_p 和耦合频率 f_p-2f_1 分量，提取这两个频率下的相关元素，将式（6-99）所示交流端口导纳排列成二阶矩阵，即

$$\begin{bmatrix}\boldsymbol{Y}_{DFIG}^{pp} & \boldsymbol{Y}_{DFIG}^{np}\\ \boldsymbol{Y}_{DFIG}^{pn} & \boldsymbol{Y}_{DFIG}^{nn}\end{bmatrix}=\begin{bmatrix}\boldsymbol{Y}_{DFIG}(3,3) & \boldsymbol{Y}_{DFIG}(3,1)\\ \boldsymbol{Y}_{DFIG}(1,3) & \boldsymbol{Y}_{DFIG}(1,1)\end{bmatrix} \tag{6-100}$$

式中：$\boldsymbol{Y}_{DFIG}(3,3)$ 为 $\boldsymbol{Y}_{DFIG}$ 的第 3 行第 3 列元素；$\boldsymbol{Y}_{DFIG}(3,1)$ 为 $\boldsymbol{Y}_{DFIG}$ 的第 3 行第 1 列元素；$\boldsymbol{Y}_{DFIG}(1,3)$ 为 $\boldsymbol{Y}_{DFIG}$ 的第 1 行第 3 列元素；$\boldsymbol{Y}_{DFIG}(1,1)$ 为 $\boldsymbol{Y}_{DFIG}$ 的第 1 行第 1 列元素。

扰动频率、耦合频率交流电压、交流电流小信号分量与交流端口导纳满足关系

$$\begin{bmatrix}-\hat{\boldsymbol{i}}_{p}\\ -\hat{\boldsymbol{i}}_{p-2}\end{bmatrix}=\begin{bmatrix}\boldsymbol{Y}_{DFIG}^{pp} & \boldsymbol{Y}_{DFIG}^{np}\\ \boldsymbol{Y}_{DFIG}^{pn} & \boldsymbol{Y}_{DFIG}^{nn}\end{bmatrix}\begin{bmatrix}\hat{\boldsymbol{v}}_{p}\\ \hat{\boldsymbol{v}}_{p-2}\end{bmatrix} \tag{6-101}$$

式中：$\boldsymbol{Y}_{DFIG}^{pp}$ 为 DFIG 机组正序导纳，表示在频率为 f_p 的单位正序电压小信号扰动下，频率为 f_p 的正序电流小信号响应；$\boldsymbol{Y}_{DFIG}^{pn}$ 为 DFIG 机组正序耦合导纳，表示在频率为 f_p 的单位正序电压小信号扰动下，频率为 f_p-2f_1 的负序电流小信号响应；$\boldsymbol{Y}_{DFIG}^{nn}$ 为 DFIG 机组负序导纳，表示在频率为 f_p-2f_1 的单位负序电压小信号扰动下，频率为 f_p-2f_1 的负序电

流小信号响应；$\boldsymbol{Y}_{\mathrm{DFIG}}^{\mathrm{np}}$ 为DFIG机组负序耦合导纳，表示在频率为 $f_{\mathrm{p}}-2f_1$ 的单位负序电压小信号扰动下，频率为 f_{p} 的正序电流小信号响应。

由交流端口导纳，求取其逆矩阵，可得DFIG机组交流端口阻抗为

$$\begin{bmatrix} \boldsymbol{Z}_{\mathrm{DFIG}}^{\mathrm{pp}} & \boldsymbol{Z}_{\mathrm{DFIG}}^{\mathrm{pn}} \\ \boldsymbol{Z}_{\mathrm{DFIG}}^{\mathrm{np}} & \boldsymbol{Z}_{\mathrm{DFIG}}^{\mathrm{nn}} \end{bmatrix} = \begin{bmatrix} \boldsymbol{Y}_{\mathrm{DFIG}}^{\mathrm{pp}} & \boldsymbol{Y}_{\mathrm{DFIG}}^{\mathrm{np}} \\ \boldsymbol{Y}_{\mathrm{DFIG}}^{\mathrm{pn}} & \boldsymbol{Y}_{\mathrm{DFIG}}^{\mathrm{nn}} \end{bmatrix}^{-1} \tag{6-102}$$

式中：$\boldsymbol{Z}_{\mathrm{DFIG}}^{\mathrm{pp}}$ 为DFIG机组正序阻抗；$\boldsymbol{Z}_{\mathrm{DFIG}}^{\mathrm{pn}}$ 为DFIG机组正序耦合阻抗；$\boldsymbol{Z}_{\mathrm{DFIG}}^{\mathrm{nn}}$ 为DFIG机组负序阻抗；$\boldsymbol{Z}_{\mathrm{DFIG}}^{\mathrm{np}}$ 为DFIG机组负序耦合阻抗。

此外，负序阻抗与正序阻抗间的频域关系满足 $\boldsymbol{Z}_{\mathrm{DFIG}}^{\mathrm{nn}}=\boldsymbol{Z}_{\mathrm{DFIG}}^{\mathrm{pp*}}(\mathrm{j}2\omega_1-s)$，负序耦合阻抗与正序耦合阻抗间的频域关系满足 $\boldsymbol{Z}_{\mathrm{DFIG}}^{\mathrm{np}}=\boldsymbol{Z}_{\mathrm{DFIG}}^{\mathrm{pn*}}(\mathrm{j}2\omega_1-s)$。

DFIG机组主电路和控制参数如表6-2所示。图6-15给出了该DFIG机组阻抗解析与扫描结果。图中实线为阻抗解析结果，离散点通过仿真建模后扫描得到。结果表明解析与仿真扫描结果吻合良好，验证了DFIG机组阻抗模型的准确性。

表6-2　　DFIG机组主电路和控制参数

参数	定义	数值
P_{N}	额定功率	1.5MW
V_{N}	交流额定电压	563V
f_1	额定频率	50Hz
R_{s}、R_{r}	发电机定、转子绕组电阻	0.0022、0.0027Ω
L_{ls}、L_{lr}	DFIG定、转子绕组漏感	1.4×10^{-4}H、1.1×10^{-4}H
L_{m}	定、转子互感	0.0041H
L_{f}	交流滤波电感	0.0007H
V_{dc}	直流电压稳态值	1200V
K_{e}	定转子匝数比	3
K_{pp}、K_{pi}	PLL比例、积分系数	0.0788、4.9540
K_{gip}、K_{gii}	GSC交流电流控制器比例、积分系数	0.0016、3.7600
K_{rip}、K_{rii}	RSC交流电流控制器比例、积分系数	1.4000×10^{-4}、3.6000×10^{-4}
K_{pep}、K_{pei}	有功功率控制器比例、积分系数	0.0006、0.0020
K_{qep}、K_{qei}	无功功率控制器比例、积分系数	0.0006、0.0020
K_{vdcp}、K_{vdci}	直流电压控制器比例、积分系数	1.1000
K_{gd}	GSC交流电流控制解耦系数	3.3000×10^{-4}
K_{rd}	RSC交流电流控制解耦系数	3.2667×10^{-6}

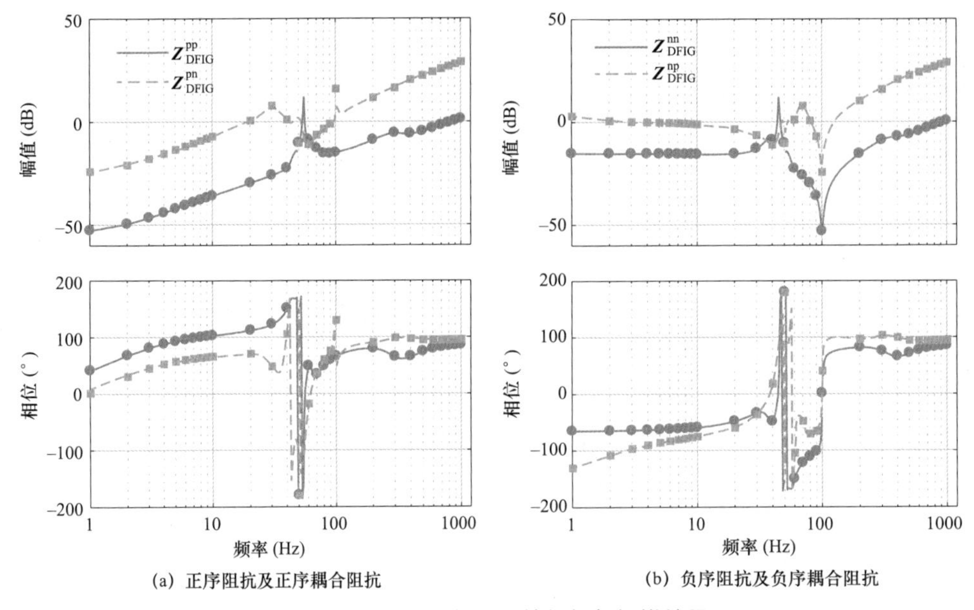

图 6-15　DFIG 机组阻抗解析与扫描结果

6.4 宽频阻抗特性分析

基于 DFIG 机组阻抗解析模型，本节首先将建立 DFIG 定子侧—GSC 小信号解耦等效模型；分析不同频段内阻抗特性的主导因素，提出 DFIG 机组阻抗频段划分方法；然后，阐明多控制器/环节间的频带重叠效应和各频段负阻尼特性的产生机理；最后，基于不同型号 DFIG 的 CHIL 阻抗扫描结果，给出频段划分的典型值。

6.4.1 DFIG 定子侧—GSC 小信号解耦等效模型

功率外环和直流母线为 RSC—GSC 提供了耦合通路，该通路导致 DFIG 定子侧与 GSC 阻抗之间存在动态耦合。本节建立 DFIG 定子侧—GSC 小信号解耦等效模型，实现定子侧与 GSC 阻抗特性的独立分析。

根据式（6-96），定子绕组交流电压、交流电流和 GSC 交流电流的小信号向量满足关系

$$\begin{cases} \hat{\boldsymbol{v}}_{a} + \boldsymbol{\Psi}_{1}\hat{\boldsymbol{i}}_{ga} = \boldsymbol{Z}_{1}\hat{\boldsymbol{i}}_{sa} \\ \hat{\boldsymbol{v}}_{a} + \boldsymbol{\Psi}_{2}\hat{\boldsymbol{i}}_{sa} = -\boldsymbol{Z}_{2}\hat{\boldsymbol{i}}_{ga} \end{cases} \tag{6-103}$$

其中

$$\begin{cases} \boldsymbol{\Psi}_{1} = \boldsymbol{G}_{rv}^{-1}\boldsymbol{G}_{rg} \\ \boldsymbol{\Psi}_{2} = \boldsymbol{G}_{gv}^{-1}\boldsymbol{G}_{gs} \end{cases} \tag{6-104}$$

$$\begin{cases} \boldsymbol{Z}_1 = -\boldsymbol{G}_{\mathrm{rv}}^{-1}\boldsymbol{G}_{\mathrm{rs}} \\ \boldsymbol{Z}_2 = \boldsymbol{G}_{\mathrm{gv}}^{-1}\boldsymbol{G}_{\mathrm{gg}} \end{cases} \tag{6-105}$$

由式（6–103）可得 DFIG 定子侧—GSC 小信号耦合等效模型，如图 6–16 所示。由图可知，GSC 交流电流小信号向量 $\hat{\boldsymbol{i}}_{\mathrm{ga}}$ 耦合至定子绕组，等效为受控电压源 $\boldsymbol{\Psi}_1\hat{\boldsymbol{i}}_{\mathrm{ga}}$；定子绕组交流电流小信号向量 $\hat{\boldsymbol{i}}_{\mathrm{sa}}$ 耦合至 GSC，等效为受控电压源 $\boldsymbol{\Psi}_2\hat{\boldsymbol{i}}_{\mathrm{sa}}$。

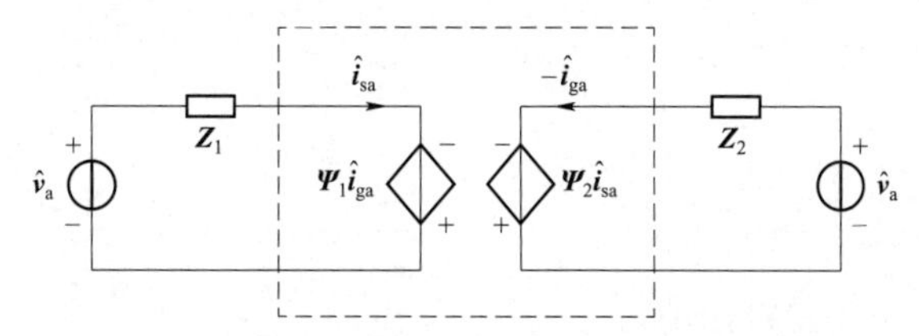

图 6–16　DFIG 定子侧—GSC 小信号耦合等效模型

为了降低耦合给 DFIG 阻抗特性分析带来的复杂度，将 DFIG 机组阻抗模型等效为定子侧阻抗与 GSC 阻抗并联，进而实现定子阻抗模型与 GSC 阻抗模型解耦等效。

定义 DFIG 机组的定子阻抗为 $\boldsymbol{Z}_{\mathrm{stator}}$，GSC 阻抗为 $\boldsymbol{Z}_{\mathrm{GSC}}$，将式（6–103）重新表述为

$$\begin{cases} \hat{\boldsymbol{v}}_{\mathrm{a}} = \boldsymbol{Z}_{\mathrm{stator}}\hat{\boldsymbol{i}}_{\mathrm{sa}} \\ \hat{\boldsymbol{v}}_{\mathrm{a}} = -\boldsymbol{Z}_{\mathrm{GSC}}\hat{\boldsymbol{i}}_{\mathrm{ga}} \end{cases} \tag{6-106}$$

根据式（6–106）和式（6–103），可得定子阻抗 $\boldsymbol{Z}_{\mathrm{stator}}$ 和 GSC 阻抗 $\boldsymbol{Z}_{\mathrm{GSC}}$ 表达式分别为

$$\boldsymbol{Z}_{\mathrm{stator}} = \frac{\hat{\boldsymbol{v}}_{\mathrm{a}}}{\hat{\boldsymbol{i}}_{\mathrm{sa}}} = (-\boldsymbol{G}_{\mathrm{rg}}\boldsymbol{G}_{\mathrm{gg}}^{-1}\boldsymbol{G}_{\mathrm{gv}} + \boldsymbol{G}_{\mathrm{rv}})^{-1}(\boldsymbol{G}_{\mathrm{rg}}\boldsymbol{G}_{\mathrm{gg}}^{-1}\boldsymbol{G}_{\mathrm{gs}} - \boldsymbol{G}_{\mathrm{rs}}) \tag{6-107}$$

$$\boldsymbol{Z}_{\mathrm{GSC}} = -\frac{\hat{\boldsymbol{v}}_{\mathrm{a}}}{\hat{\boldsymbol{i}}_{\mathrm{ga}}} = (\boldsymbol{G}_{\mathrm{gs}}\boldsymbol{G}_{\mathrm{rs}}^{-1}\boldsymbol{G}_{\mathrm{rv}} - \boldsymbol{G}_{\mathrm{gv}})^{-1}(\boldsymbol{G}_{\mathrm{gs}}\boldsymbol{G}_{\mathrm{rs}}^{-1}\boldsymbol{G}_{\mathrm{rg}} - \boldsymbol{G}_{\mathrm{gg}}) \tag{6-108}$$

由式（6–107）和式（6–108）可实现定子侧与 GSC 侧阻抗模型的解耦，将图 6–16 的模型解耦为图 6–17 所示的 DFIG 定子侧—GSC 小信号解耦等效模型。

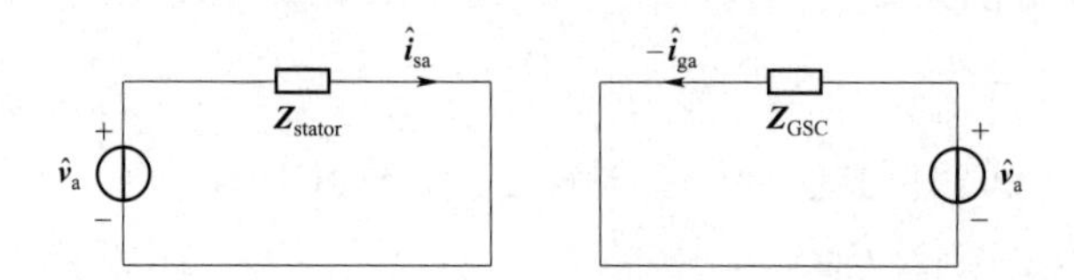

图 6–17　DFIG 定子侧—GSC 小信号解耦等效模型

根据 DFIG 定子侧—GSC 小信号解耦等效模型，可分别得到定子等效正序阻抗为 $\boldsymbol{Z}_{\mathrm{stator}}^{\mathrm{pp}}$，GSC 等效正序阻抗为 $\boldsymbol{Z}_{\mathrm{GSC}}^{\mathrm{pp}}$，二者并联得到 DFIG 机组正序阻抗为 $\boldsymbol{Z}_{\mathrm{stator}}^{\mathrm{pp}} \| \boldsymbol{Z}_{\mathrm{GSC}}^{\mathrm{pp}}$，根据 6.3.3 DFIG 机组阻抗模型得到的正序阻抗为 $\boldsymbol{Z}_{\mathrm{DFIG}}^{\mathrm{pp}}$。DFIG 机组阻抗模型与小信号

解耦等效模型对比如图 6－18 所示。由图可见，$\boldsymbol{Z}_{\text{stator}}^{\text{pp}}\|\boldsymbol{Z}_{\text{GSC}}^{\text{pp}}$ 与 $\boldsymbol{Z}_{\text{DFIG}}^{\text{pp}}$ 基本吻合，验证了 DFIG 定子侧—GSC 小信号解耦等效模型的准确性。

根据 DFIG 定子侧—GSC 小信号解耦等效模型，DFIG 机组阻抗相当于定子阻抗与 GSC 阻抗并联。以正序为例，DFIG 机组阻抗、定子侧阻抗、GSC 阻抗特性对比如图 6－19 所示。

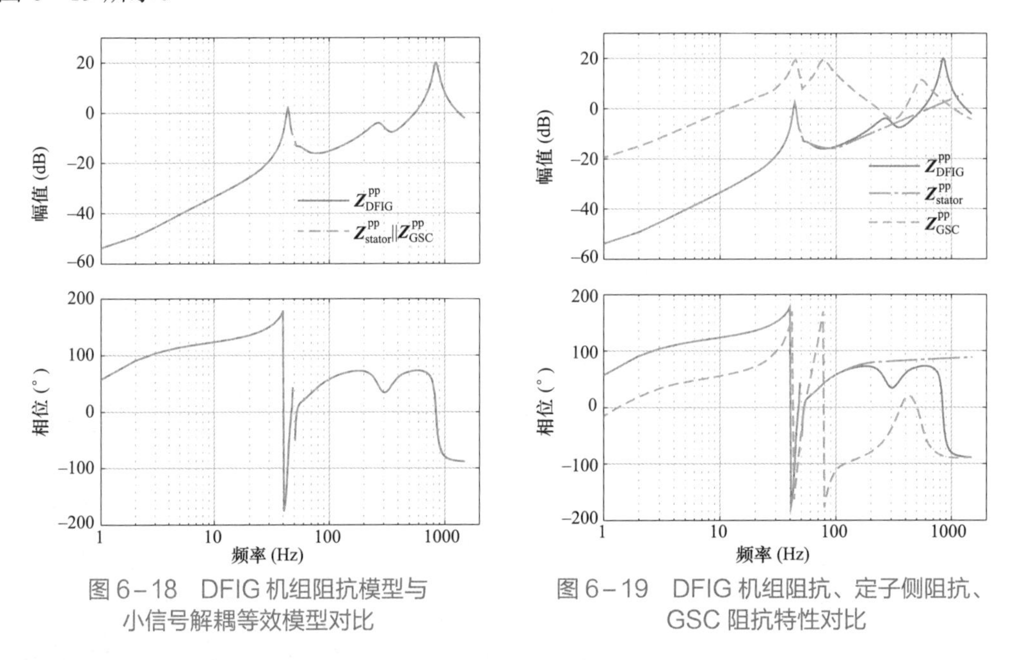

图 6－18　DFIG 机组阻抗模型与小信号解耦等效模型对比

图 6－19　DFIG 机组阻抗、定子侧阻抗、GSC 阻抗特性对比

由图 6-19 可知：

（1）在次同步频段，定子阻抗 $\boldsymbol{Z}_{\text{stator}}^{\text{pp}}$ 幅值小于 GSC 阻抗 $\boldsymbol{Z}_{\text{GSC}}^{\text{pp}}$ 幅值，机组阻抗 $\boldsymbol{Z}_{\text{DFIG}}^{\text{pp}}$ 的特性由 $\boldsymbol{Z}_{\text{stator}}^{\text{pp}}$ 主导，可采用 $\boldsymbol{Z}_{\text{stator}}^{\text{pp}}$ 分析机组在次同步频段内的阻抗特性。

（2）在超同步和中频段，机组阻抗由 $\boldsymbol{Z}_{\text{stator}}^{\text{pp}}$ 主导。在 GSC 交流电流环控制器带宽处，GSC 阻抗 $\boldsymbol{Z}_{\text{GSC}}^{\text{pp}}$ 与定子阻抗 $\boldsymbol{Z}_{\text{stator}}^{\text{pp}}$ 幅值接近，机组阻抗 $\boldsymbol{Z}_{\text{DFIG}}^{\text{pp}}$ 幅值出现谐振峰，此时机组阻抗 $\boldsymbol{Z}_{\text{DFIG}}^{\text{pp}}$ 同时受 $\boldsymbol{Z}_{\text{stator}}^{\text{pp}}$ 与 $\boldsymbol{Z}_{\text{GSC}}^{\text{pp}}$ 共同影响。

（3）在高频段，机组阻抗主要受主电路 LC 滤波器影响。

6.4.2　宽频阻抗频段划分

本节将基于解耦等效模型，分析各频段内 DFIG 机组阻抗特性的主导因素，提出阻抗频段划分方法。

6.4.2.1　转子电气旋转频率对阻抗特性影响分析

DFIG 机组在次同步频段（$f < f_{\text{r}}$）的阻抗特性由定子阻抗 $\boldsymbol{Z}_{\text{stator}}^{\text{pp}}$ 主导，由式（6－107）

可知，定子阻抗 $\boldsymbol{Z}_{\text{stator}}^{\text{pp}}$ 受转子电气旋转频率 f_{r} 影响。f_{r} 分别为40、50、60Hz时，转子电气旋转频率对阻抗特性影响如图6-20所示。由图可知，在低于转子频率 f_{r} 的频段，机组阻抗主要呈现感性负阻尼特性（阻抗相位大于90°），且随着 f_{r} 的增大，负阻尼程度也随之增大。

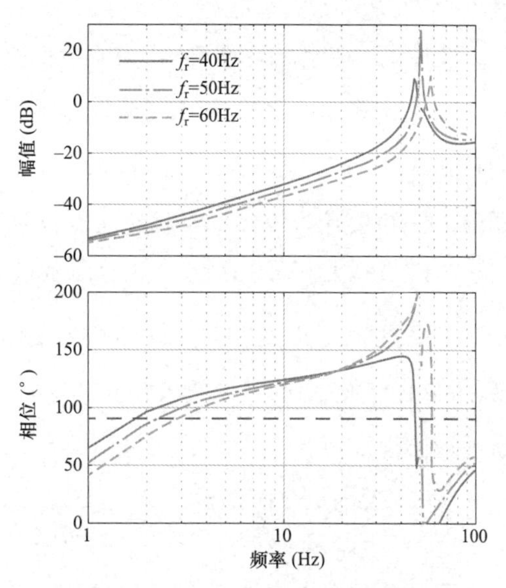

图6-20 转子电气旋转频率对阻抗特性影响

6.4.2.2 GSC交流电流环对阻抗特性影响分析

在超同步和中频段（$f_{\text{r}} < f < f_{\text{gic}}$），机组阻抗由定子阻抗 $\boldsymbol{Z}_{\text{stator}}^{\text{pp}}$ 主导，且主要呈现感性，但也受GSC阻抗 $\boldsymbol{Z}_{\text{GSC}}^{\text{pp}}$ 的影响。下面将分别分析GSC交流电流控制带宽 f_{gic} 和控制相位裕度 θ_{gic} 变化对DFIG机组阻抗特性的影响。GSC交流电流环控制回路及参数计算方法可见5.4.1.2。首先，固定控制相位裕度 θ_{gic} 为10°，将控制带宽 f_{gic} 分别设置为100、200、300Hz，分析控制带宽对阻抗特性的影响；然后，固定控制带宽 f_{gic} 为300Hz，将控制相位裕度 θ_{gic} 分别设置为10°、45°、80°，分析控制相位裕度对阻抗特性的影响。GSC交流电流环对阻抗特性影响如图6-21所示。

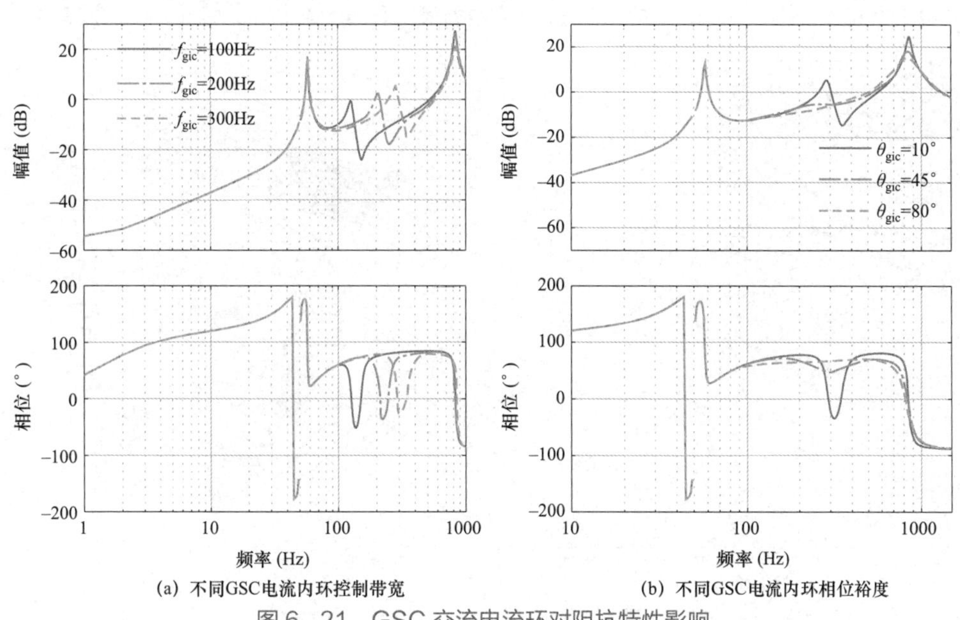

图6-21 GSC交流电流环对阻抗特性影响

由图 6–21 可知，在 GSC 交流电流控制带宽 f_1+f_{gic}（静止坐标系）附近，GSC 阻抗 $\boldsymbol{Z}_{GSC}^{pp}$ 和定子阻抗 $\boldsymbol{Z}_{stator}^{pp}$ 幅值接近，导致该频率机组阻抗 $\boldsymbol{Z}_{DFIG}^{pp}$ 出现谐振峰，且在谐振峰附近 $\boldsymbol{Z}_{DFIG}^{pp}$ 由感性变为容性（阻抗相位小于 0°）。随着控制相位裕度 θ_{gic} 变小，谐振峰越明显。GSC 交流电流环主要对超同步和中频段的阻抗特性产生影响。

6.4.2.3　主电路 LC 滤波器对阻抗特性影响分析

在高频段（$f > f_1+f_{gic}$），DFIG 机组阻抗特性由主电路 LC 滤波器主导。由于定、转子绕组高频段内的阻尼效果较弱，忽略定、转子绕组电阻，可得 DFIG 机组高频段阻抗的谐振频率为

$$f_h=\frac{1}{2\pi\sqrt{[(L_{1s}+L_{1r})//L_f\ ]C_f}} \tag{6-109}$$

下面分析主电路 LC 滤波器参数对机组阻抗特性的影响。固定交流滤波电感 L_f 为 0.7mH，将滤波电容 C_f 分别设置为 0.1、0.2、0.3mF，其对阻抗特性影响如图 6–22 所示。由图可知，交流滤波电容取值主要影响机组高频段内阻抗特性。机组阻抗幅值在频率 f_h 处出现谐振峰，阻抗相位由感性变为容性。

6.4.2.4　稳态工作点对阻抗特性影响分析

DFIG 机组阻抗模型是基于稳态工作点进行线性化所得。在机组运行过程中，风速变化会导致转子电气旋转频率和有功功率发生变化，从而导致机组阻抗特性随之改变。图 6–23 为稳态工作点（有功功率）对阻抗特性影响。由图可知，稳态工作点变化主要

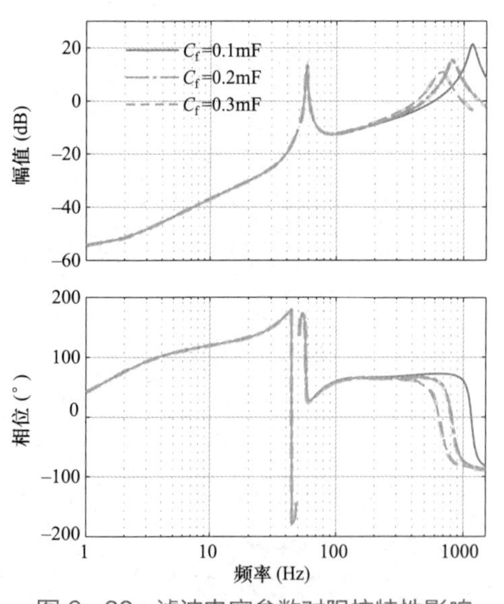

图 6–22　滤波电容参数对阻抗特性影响

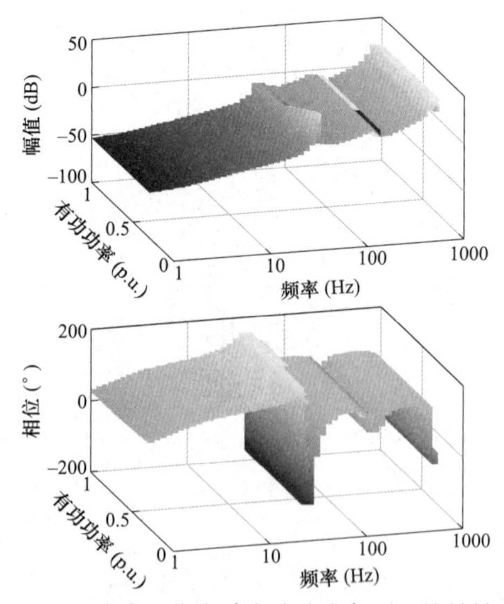

图 6–23　稳态工作点（有功功率）对阻抗特性影响

对转子电气旋转频率 f_r 附近阻抗特性产生影响。

6.4.2.5　宽频阻抗频段划分小结

根据 DFIG 机组各频段内的阻抗特性主导影响因素分析，可以将宽频阻抗进行频段划分，具体如下：

（1）在频段 $\mathrm{I}_{\mathrm{DFIG}}$（$f<f_r$），DFIG 机组阻抗特性由定子阻抗 $\boldsymbol{Z}_{\mathrm{stator}}^{\mathrm{pp}}$ 主导。主要呈现感性负阻尼特性，机组阻抗也受到稳态工作点的影响。

（2）在频段 $\mathrm{II}_{\mathrm{DFIG}}$（$f_r<f<f_1+f_{\mathrm{gic}}$），DFIG 机组阻抗特性由定子阻抗 $\boldsymbol{Z}_{\mathrm{stator}}^{\mathrm{pp}}$ 主导。主要呈现感性，同时受 GSC 阻抗 $\boldsymbol{Z}_{\mathrm{GSC}}^{\mathrm{pp}}$ 的影响。在 GSC 交流电流控制带宽 f_1+f_{gic} 处出现谐振峰，导致阻抗呈现容性。

（3）在频段 $\mathrm{III}_{\mathrm{DFIG}}$（$f>f_1+f_{\mathrm{gic}}$），DFIG 机组阻抗特性由交流滤波电感、滤波电容主导。在交流滤波电感、电容谐振频率之后，阻抗由感性变为容性。

基于 CHIL 平台，对不同型号 DFIG 机组开展阻抗扫描，3.0MW DFIG 机组（型号 A）阻抗如图 6-24 所示，3.0MW DFIG 机组（型号 B）阻抗如图 6-25 所示，3.3MW DFIG 机组（型号 C）阻抗如图 6-26 所示。由图可知，频段 $\mathrm{I}_{\mathrm{DFIG}}$ 范围大致在 $f<60\mathrm{Hz}$，频段 $\mathrm{II}_{\mathrm{DFIG}}$ 范围大致在 $60\mathrm{Hz}<f<250\mathrm{Hz}$，频段 $\mathrm{III}_{\mathrm{DFIG}}$ 范围大致在 $f>250\mathrm{Hz}$。

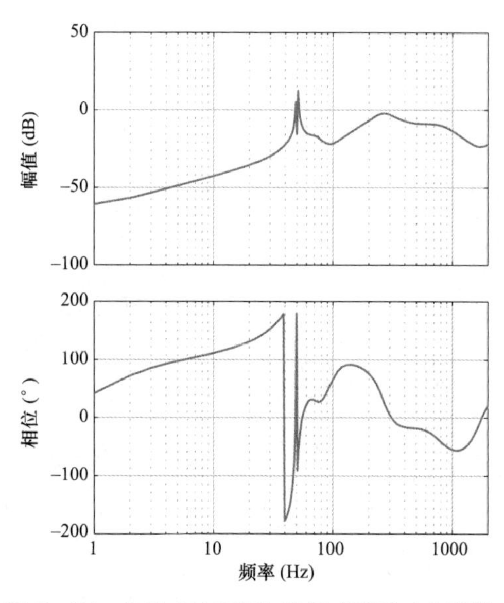

图 6-24　3.0MW DFIG 机组（型号 A）阻抗

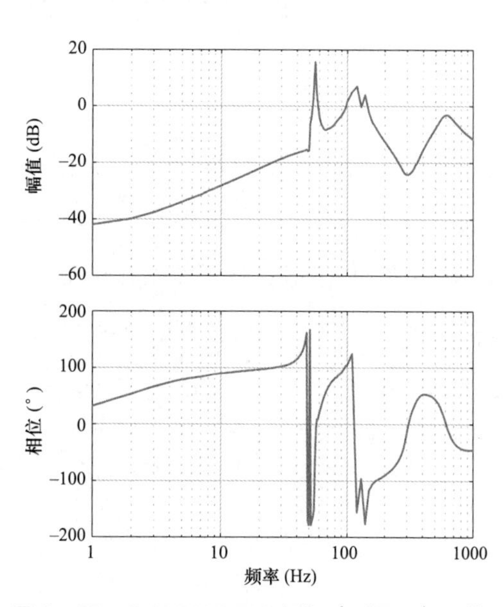

图 6-25　3.0MW DFIG 机组（型号 B）阻抗

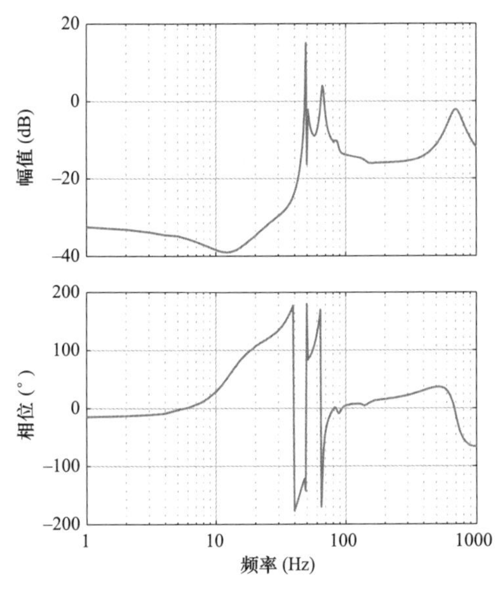

图 6-26　3.3MW DFIG 机组（型号 C）阻抗

6.4.3　各频段负阻尼特性分析

基于 6.4.2 分析可知，转子电气旋转频率、GSC 交流电流环、主电路 LC 滤波器对 DFIG 机组不同频段的阻抗特性起主导作用，可得宽频阻抗频段划分原则。考虑到 DFIG 机组控制系统涉及多控制器/环节协调配合，同一频段内阻抗特性除了受到主导因素影响外，还受到其余控制器/环节重叠影响。本节将对 RSC 交流电流环、功率环、转子电气旋转频率、直流电压环、延时等环节与其他控制器的频带重叠效应进行分析，揭示各频段负阻尼特性的产生机理。

6.4.3.1　频段 $\mathrm{I}_{\mathrm{DFIG}}$ 内负阻尼特性分析

在频段 $\mathrm{I}_{\mathrm{DFIG}}$ 内，DFIG 机组阻抗特性由定子阻抗 $\boldsymbol{Z}_{\mathrm{stator}}^{\mathrm{pp}}$ 主导，机组阻抗 $\boldsymbol{Z}_{\mathrm{DFIG}}^{\mathrm{pp}}$ 受转子电气旋转频率 f_{r} 影响，同时受 RSC 有功功率控制器 $H_{\mathrm{p}}(s)$、无功功率控制器 $H_{\mathrm{q}}(s)$ 及 RSC 交流电流控制器 $H_{\mathrm{ri}}(s)$ 的影响。考虑上述各因素，下面将逐项分析其对频段 $\mathrm{I}_{\mathrm{DFIG}}$ 内负阻尼特性的影响。

1. 转子频率对负阻尼特性影响分析

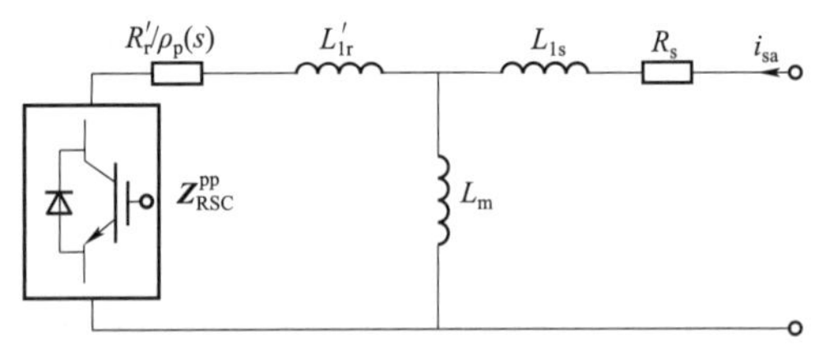

图 6-27　DFIG 机组定子端口等效电路

DFIG 机组定子端口等效电路如图 6-27 所示，为分析转子电气旋转频率对阻尼特性影响，在此假设 DFIG 转子绕组直接施加理想励磁电流，即转子绕组外部阻抗 $\boldsymbol{Z}_{\mathrm{RSC}}^{\mathrm{pp}}$ 为零，根据式（6-59）所示 DFIG 频域小信号模型，可得理想定子阻抗为

$$\boldsymbol{Z}_{\mathrm{stator}}^{\mathrm{pp*}} = R_{\mathrm{s}} + sL_{\mathrm{s}} - \frac{s^2 L_{\mathrm{m}}^2 \rho_{\mathrm{p}}(s)}{R_{\mathrm{r}}' + s\rho_{\mathrm{p}}(s)L_{\mathrm{r}}} \tag{6-110}$$

式中：$\rho_{\mathrm{p}}(s)$ 为滑差折算因子。

$\rho_{\mathrm{p}}(s)$ 的表达式为

$$\rho_{\mathrm{p}}(s) = \frac{s - \mathrm{j}\omega_{\mathrm{r}}}{s} \tag{6-111}$$

理想定子阻抗不仅与定子绕组、转子绕组的电阻、电感参数有关，还与滑差折算因子 $\rho_p(s)$ 有关，即与转子电气旋转频率 f_r 有关。

下面分析转子电气旋转频率 f_r 对理想定子阻抗 $\boldsymbol{Z}_{\text{stator}}^{\text{pp*}}$ 的影响，将 f_r 分别设置为 40、50、60Hz，转子电气旋转频率对理想定子阻抗影响如图 6−28 所示。

由图 6−28 可知，理想定子阻抗 $\boldsymbol{Z}_{\text{stator}}^{\text{pp*}}$ 呈现感性，特别是在低于 f_r 的附近频率内，受 f_r 的影响，理想定子阻抗呈现感性负阻尼特性。将阻抗相位穿过 90° 的频率设定为 f^*，在频段 $f^* < f < f_r$ 内，当 f_r 变化时，$\boldsymbol{Z}_{\text{stator}}^{\text{pp*}}$ 负阻尼特性程度不同。

根据上述分析，转子电气旋转频率 f_r 对频段 I_{DFIG} 阻抗特性影响主要表现为三个方面：

（1）负阻尼频率范围上限。DFIG 机组阻抗在频段 $f < f_r$ 呈现负阻尼特性，当 $f > f_r$ 时，负阻尼特性消失，即 f_r 决定该范围上限。

（2）负阻尼频率范围下限。DFIG 机组阻抗在频率 f^* 处阻抗相位穿过 90°，将由正阻尼变为负阻尼特性，即 f^* 为负阻尼频率范围下限，f_r 影响 f^* 的取值。

（3）负阻尼程度。f_r 影响 DFIG 机组阻抗实部和虚部取值，即转子电气旋转频率影响机组阻抗负阻尼程度。

由于 DFIG 励磁电流由 RSC 提供，RSC 对定子阻抗特性产生影响。在考虑功率外环控制和 RSC 交流电流控制作用下，将转子电气旋转频率 f_r 分别设置为 40、50、60Hz 时，转子电气旋转频率对频段 I_{DFIG} 阻尼特性影响如图 6−29 所示。

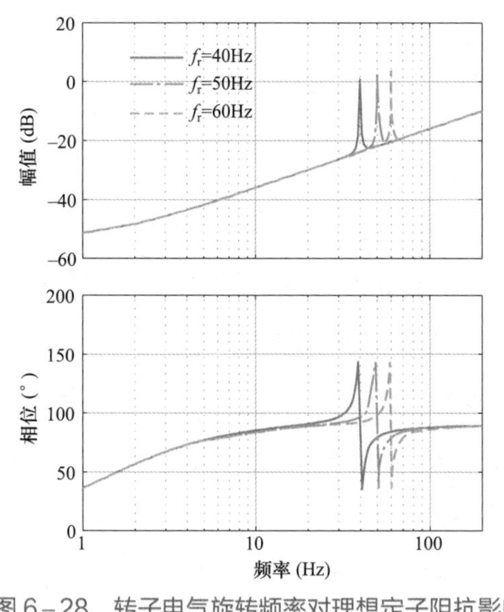

图 6−28　转子电气旋转频率对理想定子阻抗影响

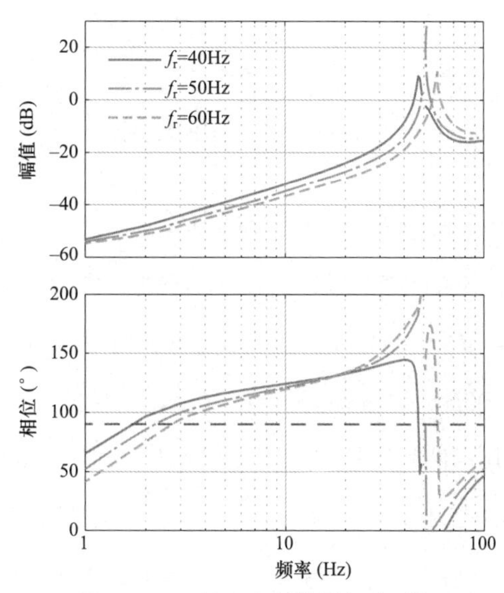

图 6−29　转子电气旋转频率对频段 I_{DFIG} 阻尼特性影响

由图 6-29 可知，f_r 不同时，阻抗相位穿越 90° 的位置 f^* 和 f_r 均发生改变，导致负阻尼的频率区间范围 (f^*, f_r) 发生变化。此外，随着 f_r 的增大，DFIG 机组阻抗感性负阻尼程度降低。

2. RSC 交流电流环对负阻尼特性影响分析

在旋转坐标系下，RSC 交流电流环控制回路如图 6-30 所示，开环传递函数如式（6-112）所示。

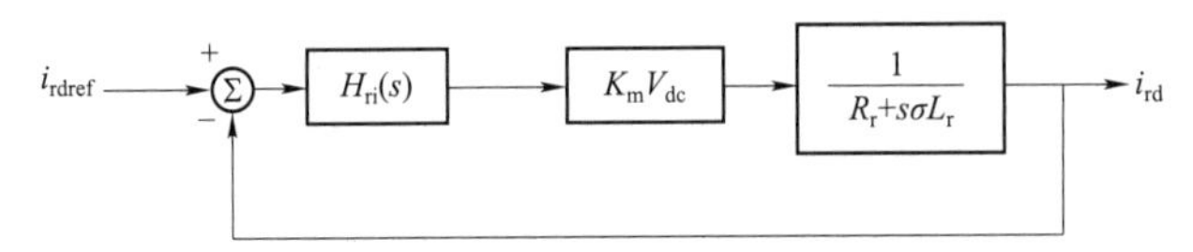

图 6-30　RSC 交流电流环控制回路

$$G_{ri}(s) = H_{ri}(s)\frac{K_m V_{dc}}{R_r + s\sigma L_r} \tag{6-112}$$

式中：σ 为发电机漏磁系数。

σ 的表达式为

$$\sigma = 1 - L_m^2 / L_r L_s$$

根据 RSC 交流电流控制带宽 f_{ric} 和控制相位裕度 θ_{ric}，通过求解开环增益，可得 RSC 交流电流控制器 $H_{ri}(s)$ 控制参数为

$$\begin{cases} \left| H_{ri}(s)\dfrac{K_m V_{dc}}{R_r + s\sigma L_r} \right|_{s=j2\pi f_{ric}} = 1 \\ \angle\left(H_{ri}(s)\dfrac{K_m V_{dc}}{R_r + s\sigma L_r} \right)_{s=j2\pi f_{ric}} = \theta_{ric} - 180° \end{cases} \tag{6-113}$$

式中，在 RSC 交流电流控制带宽 f_{ric} 处开环增益为 1，对应的相位裕度为 θ_{ric}。

下面分析 RSC 交流电流控制带宽 f_{ric} 和控制相位裕度 θ_{ric} 对频段 I_{DFIG} 负阻尼特性影响。首先，固定 RSC 交流电流控制相位裕度 θ_{ric} 为 45°，将其控制带宽 f_{ric} 分别设置为 5、15、30Hz，分析控制带宽对机组阻尼特性影响；然后，固定交流电流控制带宽 f_{ric} 为 15Hz，将其相位裕度 θ_{ric} 分别设置为 10°、45°、80°，分析控制相位裕度对机组阻尼特性影响。RSC 交流电流环对频段 I_{DFIG} 阻尼特性影响如图 6-31 所示。

由图 6-31 可知，随着 RSC 交流电流控制带宽或控制相位裕度的变化，负阻尼频率范围下限 f^* 发生改变。随着控制带宽或控制相位裕度的增大，感性负阻尼程度加深。

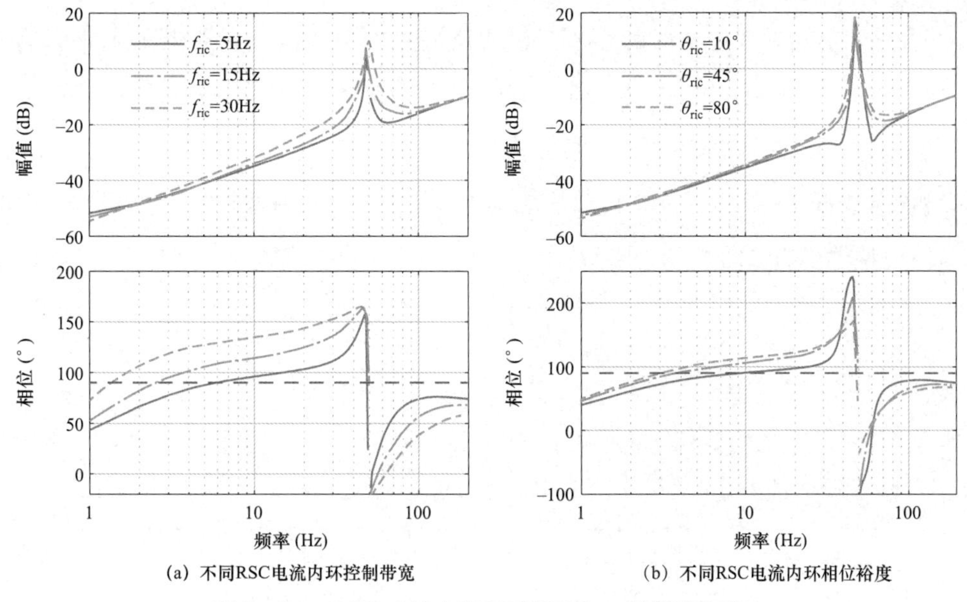

图6–31 RSC交流电流环对频段 I_{DFIG}阻尼特性影响

3. 功率外环对负阻尼特性影响分析

在旋转坐标系下，有功功率外环控制回路如图6–32所示，其开环传递函数如式（6–114）所示。

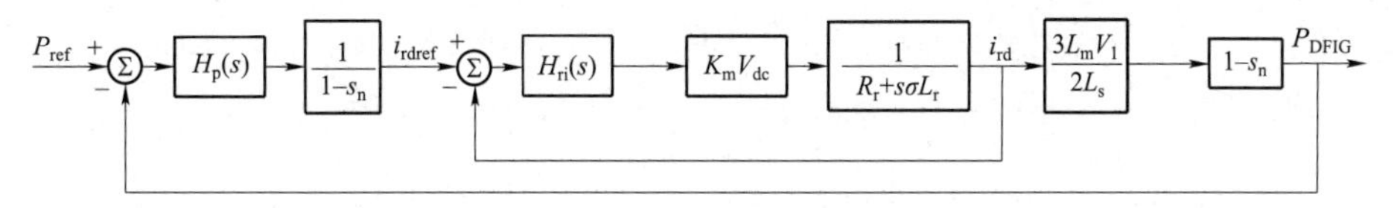

图6–32 有功功率外环控制回路

$$G_p(s)=\frac{3L_m V_1}{2L_s}H_p(s) \tag{6–114}$$

根据有功功率控制带宽 f_{pc} 和控制相位裕度 θ_{pc}，通过求解开环增益，可得有功功率控制器 $H_p(s)$ 控制参数为

$$\begin{cases}\left|\dfrac{3L_m V_1}{2L_s}H_p(s)\right|_{s=j2\pi f_{pc}}=1\\ \angle\left(\dfrac{3L_m V_1}{2L_s}H_p(s)\right)_{s=j2\pi f_{pc}}=\theta_{pc}-180^\circ\end{cases} \tag{6–115}$$

式中，在有功功率控制带宽 f_{pc} 处开环增益为1，对应的相位裕度为 θ_{pc}。同理可得无功功率控制器控制参数，且通常 $H_p(s)$ 与 $H_q(s)$ 的控制参数取值一致。

下面分析有功功率控制带宽 f_{pc} 和控制相位裕度 θ_{pc} 对频段 I_{DFIG} 负阻尼特性影响。首先，固定功率外环相位裕度 θ_{pc} 为 135°，将其控制带宽 f_{pc} 分别设置为 0.1、1、10Hz，分析控制带宽对阻尼特性影响；然后，固定有功功率控制带宽 f_{pc} 为 1Hz，将其相位裕度 θ_{pc} 分别设置为 100°、135°、170°，分析控制相位裕度对阻尼特性影响。功率外环对频段 I_{DFIG} 阻尼特性影响如图 6－33 所示。

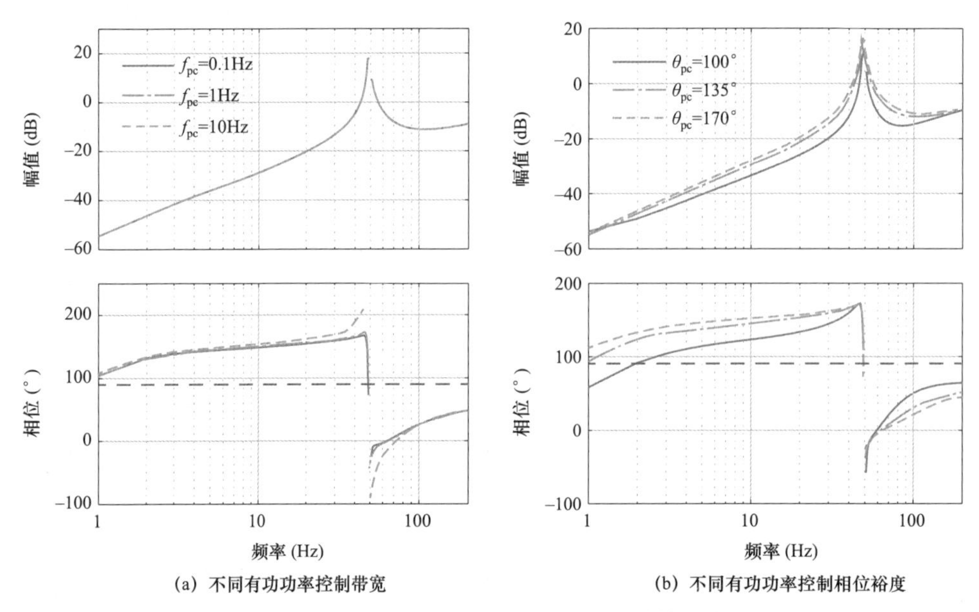

图 6－33　功率外环对频段 I_{DFIG} 阻尼特性影响

由图 6－33 可知，有功功率控制带宽增大，负阻尼程度略有增大，有功功率控制相位裕度增大，感性负阻尼频率范围下限变小，负阻尼程度加剧。

4. PLL 对负阻尼特性影响分析

下面分析 PLL 控制带宽 f_{tc} 和控制相位裕度 θ_{tc} 对频段 I_{DFIG} 负阻尼特性影响。首先，固定 PLL 相位裕度 θ_{tc} 为 45°，将其控制带宽 f_{tc} 分别设置为 5、10、30Hz，分析控制带宽对阻尼特性影响；然后，固定 PLL 控制带宽 f_{tc} 为 10Hz，将其相位裕度 θ_{tc} 分别设置为 10°、45°、80°，分析控制相位裕度对阻尼特性影响。PLL 对频段 I_{DFIG} 阻尼特性影响如图 6－34 所示。

由图 6－34 可知，PLL 控制带宽和控制相位裕度均会对频段 I_{DFIG} 的负阻尼程度产生影响，PLL 控制带宽主要影响其带宽处谐振峰出现位置，且控制带宽越大，谐振峰越不明显，感性负阻尼程度越大；PLL 控制相位裕度主要影响其带宽处谐振峰程度，控制相

位裕度越大，谐振峰越不明显，感性负阻尼程度越大。

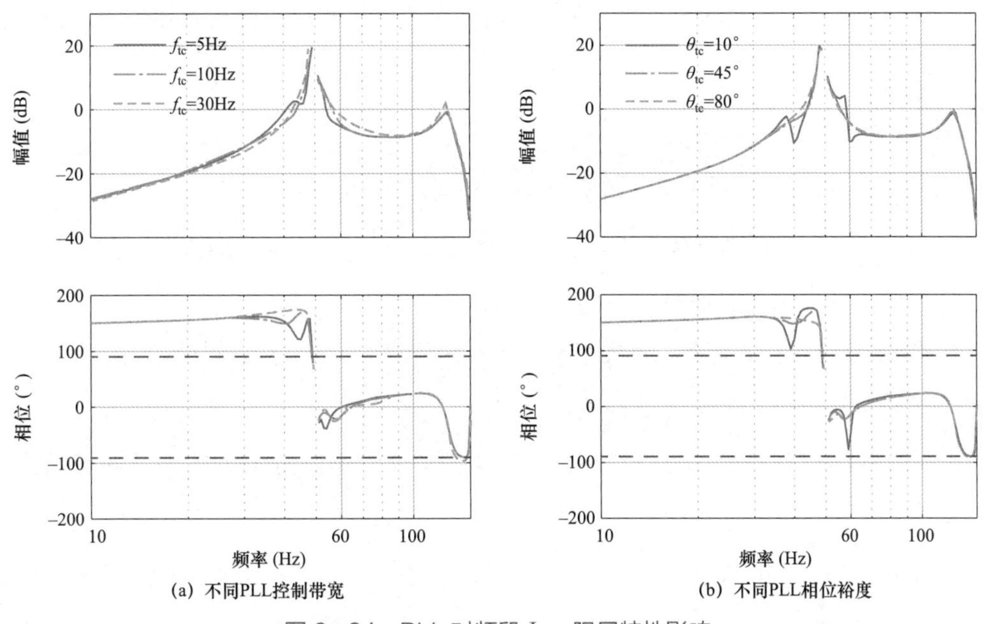

图 6-34　PLL 对频段 I_{DFIG} 阻尼特性影响

5. 稳态工作点对负阻尼特性影响分析

随着 DFIG 机组有功功率的增大，首先，DFIG 机组运行在 MPPT 区，转子电气旋转频率 f_r 和有功功率均发生变化。此时，机组阻抗特性主要受 f_r 变化的影响。然后，DFIG 机组进入恒转速区后，f_r 保持不变，机组有功功率变化，机组阻抗特性仅受有功功率变化的影响。最后，DFIG 机组进入恒功率区，f_r 和有功功率均保持不变，稳态工作点不变，对 DFIG 阻抗特性没有影响。根据以上分析，随着 DFIG 机组稳态有功功率的增大，稳态工作点对 DFIG 机组阻抗特性的影响会逐渐减小。有功功率分别为 0.3、0.7、1.0p.u. 时，稳态工作点（有功功率）对频段 I_{DFIG} 阻尼特性影响如图 6-35 所示。

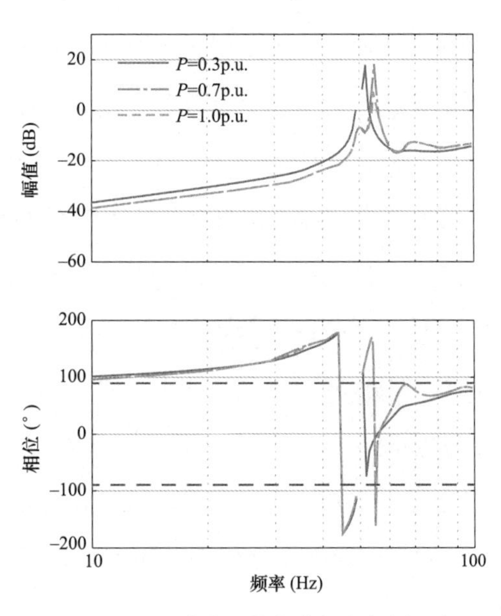

图 6-35　稳态工作点（有功功率）对频段 I_{DFIG} 阻尼特性影响

由图 6–35 可知，当有功功率从 0.3p.u.增加到 0.7p.u.（从 MPPT 区到恒转速区），f_r 变化，DFIG 谐振峰所在频率变化，负阻尼范围变化；当有功功率从 0.7p.u.变化到 1p.u.（从恒转速区到恒功率区），f_r 不变，DFIG 谐振峰所在频率不发生变化，负阻尼程度略有加深。

根据以上分析，DFIG 机组在频段 I_{DFIG} 内阻尼特性如下：

（1）DFIG 机组阻抗特性由定子阻抗主导，呈现感性特征，并受转子电气旋转频率变化和稳态工作点变化的影响。

（2）DFIG 机组阻抗感性负阻尼特性分布频率范围与转子电气旋转频率、功率外环、RSC 交流电流环、PLL 控制参数有关。

（3）DFIG 机组阻抗负阻尼程度受功率外环、RSC 交流电流环、PLL 共同影响。

6.4.3.2　频段 II_{DFIG} 内负阻尼特性分析

频段 II_{DFIG} 内 DFIG 机组阻抗特性由定子阻抗 $\boldsymbol{Z}_{\text{stator}}^{\text{pp}}$ 主导，同时受到 GSC 交流电流环和直流电压环影响，在 GSC 交流电流控制带宽 f_1+f_{gic}（静止坐标系）处，$\boldsymbol{Z}_{\text{GSC}}^{\text{pp}}$ 和 $\boldsymbol{Z}_{\text{stator}}^{\text{pp}}$ 幅值接近，使得机组阻抗幅值出现谐振峰，相位呈现容性凹陷。RSC 的功率外环作为耦合通路，将 GSC 交流电流引入 RSC 调制电压，导致功率外环、RSC 交流电流环、GSC 交流电流环和直流电压环交互作用。频段 II_{DFIG} 内机组阻抗特性受到功率外环、RSC 交流电流环、GSC 交流电流环和直流电压环的共同影响。

1. RSC 交流电流环对负阻尼特性影响分析

下面分析 RSC 交流电流环控制带宽 f_{ric} 和控制相位裕度 θ_{ric} 对机组负阻尼特性的影响。首先，固定 RSC 交流电流环相位裕度 θ_{ric} 为 45°，将其控制带宽 f_{ric} 分别设置为 30、60、90Hz，分析控制带宽对阻尼特性影响；然后，固定控制带宽 f_{gic} 为 15Hz，将其相位裕度 θ_{ric} 分别设置为 10°、45°、80°，分析控制相位裕度对阻尼特性影响。RSC 交流电流环对频段 II_{DFIG} 阻尼特性影响如图 6–36 所示。

由图 6–36 可知，随着 RSC 交流电流控制带宽的增大，容性负阻尼（阻抗相位小于–90°）程度将会加剧；随着交流电流控制相位裕度的增大，容性负阻尼程度会减小。

2. 功率环对负阻尼特性影响分析

下面分析有功功率控制带宽 f_{pc} 和控制相位裕度 θ_{pc} 对频段 II_{DFIG} 负阻尼特性影响。

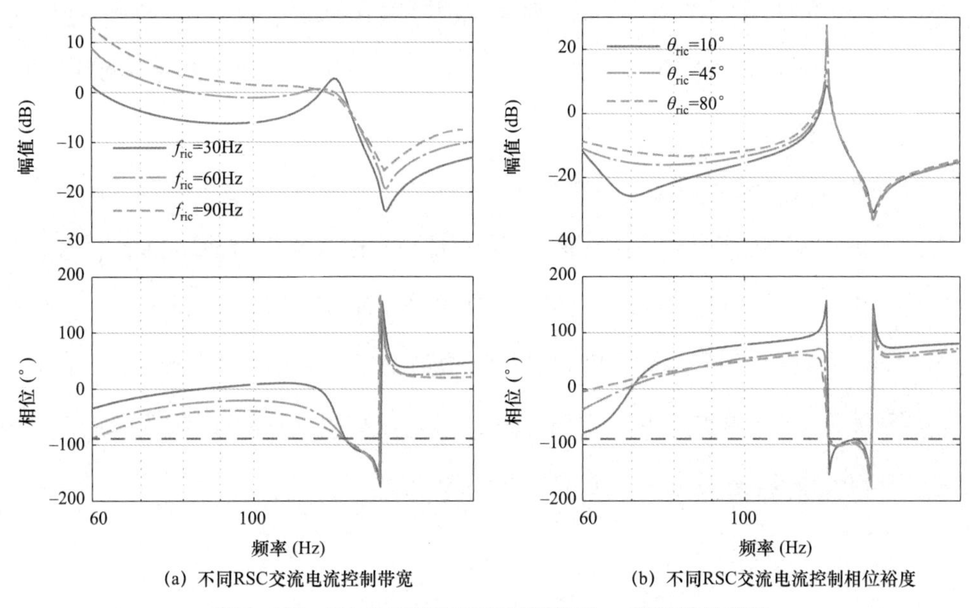

(a) 不同RSC交流电流控制带宽　(b) 不同RSC交流电流控制相位裕度

图 6–36　RSC 交流电流环对频段 II_{DFIG} 阻尼特性影响

首先，固定有功功率控制相位裕度 θ_{pc} 为 135°，将其控制带宽 f_{pc} 分别设置为 0.1、1、10Hz，分析控制带宽对阻尼特性影响；然后，固定有功功率控制带宽 f_{pc} 为 1Hz，将其相位裕度 θ_{pc} 分别设置为 100°、135°、170°，分析控制相位裕度对阻尼特性影响。功率外环对频段 II_{DFIG} 阻尼特性影响如图 6–37 所示。

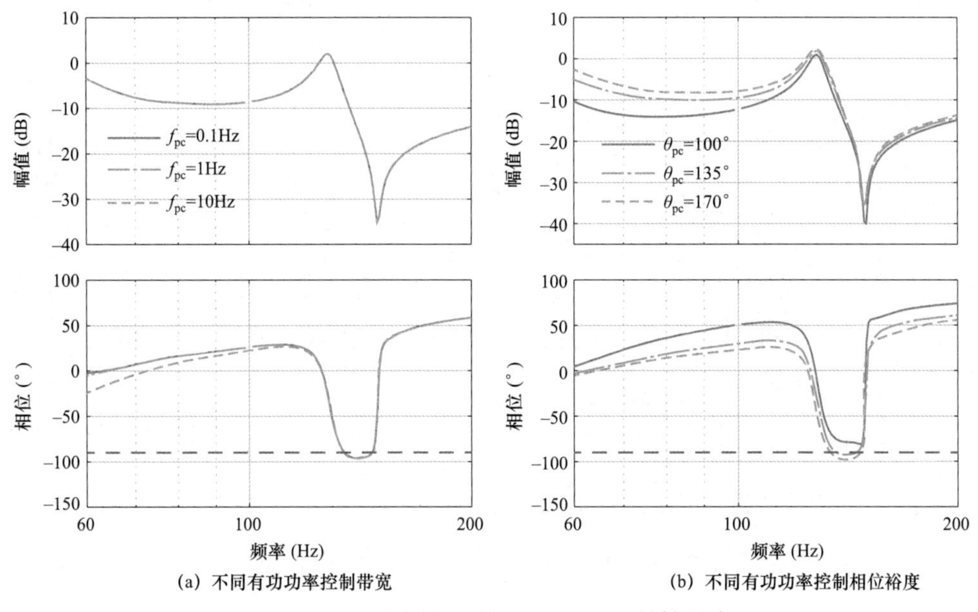

(a) 不同有功功率控制带宽　(b) 不同有功功率控制相位裕度

图 6–37　功率外环对频段 II_{DFIG} 阻尼特性影响

由图 6-37 可知，功率外环与 GSC 交流电流环存在频带重叠效应，导致频段 II_{DFIG} 内 DFIG 机组阻抗呈现容性负阻尼，且有功功率控制相位裕度增大会加剧频段 II_{DFIG} 内容性负阻尼程度。

3. 直流电压环对负阻尼特性影响分析

下面分析 GSC 直流电压环控制带宽 f_{vdc} 和控制相位裕度 θ_{vdc} 对频段 II_{DFIG} 内负阻尼特性影响。首先，固定 GSC 直流电压环相位裕度 θ_{vdc} 为 45°，将其控制带宽 f_{vdc} 分别设置为 10、20、30Hz，分析控制带宽对阻尼特性影响；然后，固定控制带宽 f_{vdc} 为 10Hz，将其相位裕度 θ_{vdc} 分别设置为 10°、45°、80°，分析控制相位裕度对阻尼特性影响。GSC 直流电压环对频段 II_{DFIG} 阻尼特性影响如图 6-38 所示。

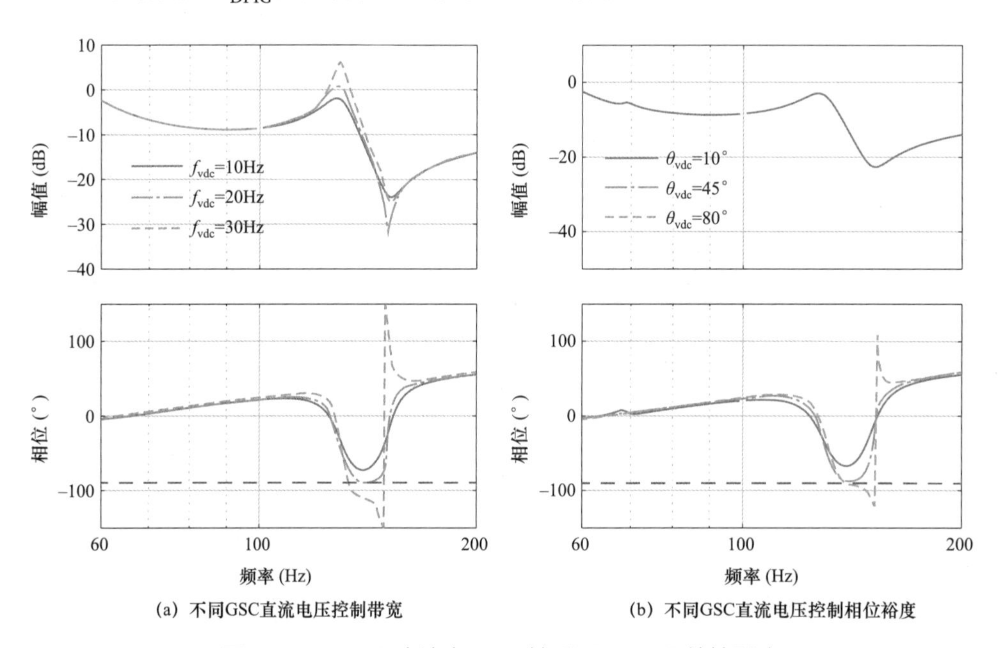

(a) 不同GSC直流电压控制带宽　　(b) 不同GSC直流电压控制相位裕度

图 6-38　GSC 直流电压环对频段 II_{DFIG} 阻尼特性影响

由图 6-38 可知，随着直流电压控制带宽和控制相位裕度的增大，频段 II_{DFIG} 谐振频率附近容性负阻尼程度会加剧。

4. 延时对负阻尼阻性影响分析

下面分析延时对频段 II_{DFIG} 内负阻尼特性的影响。固定 GSC 交流电流环参数不变，将等效延时分别设置为 10、60、120μs，延时对频段 II_{DFIG} 阻尼特性影响如图 6-39 所示。

由图 6−39 可知，延时与 GSC 交流电流环的频带重叠效应，导致频段Ⅱ$_{DFIG}$内出现负阻尼特性。此外，随着延时的增大，负阻尼程度会加剧。

根据以上分析，DFIG 机组在频段Ⅱ$_{DFIG}$内负阻尼特性如下：

（1）DFIG 机组阻抗由定子阻抗主导，同时受到 GSC 交流电流环影响。直流电压环与 GSC 交流电流环存在频带重叠效应，导致阻抗出现负阻尼特性，且直流电压环对阻尼程度产生影响。

（2）RSC 功率外环将 GSC 交流电流引入 RSC 调制过程，导致功率外环、RSC 交流电流环、GSC 交流电流环和直流电压环交互作用，功率外环和 RSC 交流电流环对负阻尼程度产生影响。

（3）延时与 GSC 交流电流环存在频带重叠效应，导致阻抗出现负阻尼特性。

6.4.3.3　频段Ⅲ$_{DFIG}$内负阻尼特性分析

下面分析延时对频段Ⅲ$_{DFIG}$内负阻尼特性的影响。固定主电路 LC 滤波器参数不变，将延时分别设置为 10、100、200μs，延时对频段Ⅲ$_{DFIG}$阻尼特性影响如图 6−40 所示。由图可见，主电路 LC 滤波器与延时存在频带重叠效应，导致频段Ⅲ$_{DFIG}$内出现负阻尼特性，并且随着延时的增大，负阻尼程度将会加剧。

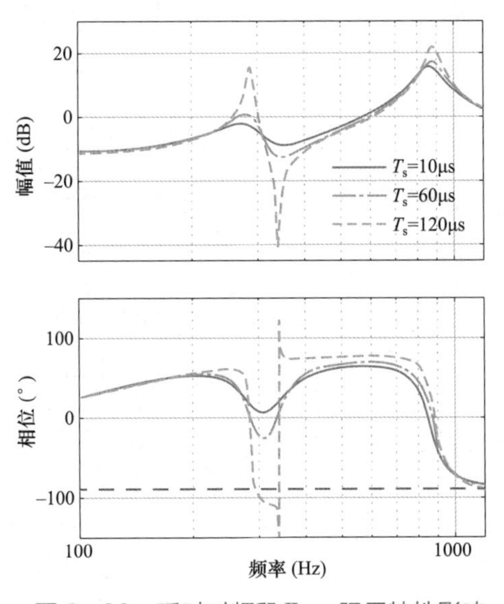

图 6−39　延时对频段Ⅱ$_{DFIG}$阻尼特性影响

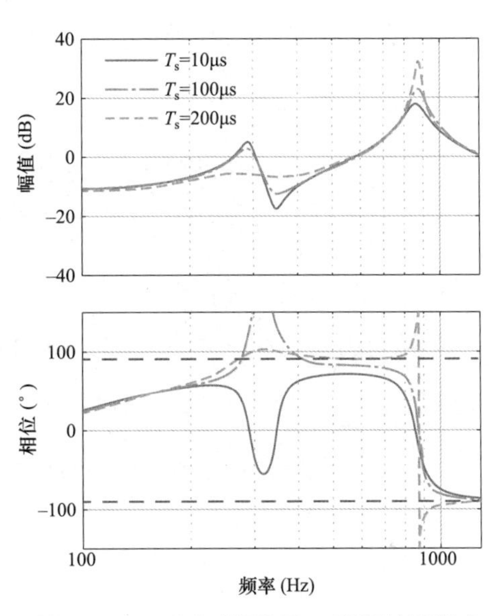

图 6−40　延时对频段Ⅲ$_{DFIG}$阻尼特性影响

根据以上分析，DFIG 机组在频段$Ⅲ_{DFIG}$内阻尼特性如下：

（1）DFIG 机组阻抗特性由主电路 LC 滤波器主导。

（2）延时与主电路 LC 滤波器存在频带重叠效应，导致阻抗呈现负阻尼特性，且随着延时的增大，负阻尼程度加剧。

6.4.3.4　各频段负阻尼特性分析小结

通过对 DFIG 机组各频段负阻尼特性分析，得到如下结论：

（1）频段$Ⅰ_{DFIG}$阻抗特性由定子阻抗主导，呈感性特征，并受转子电气旋转频率和稳态工作点影响。负阻尼频率分布范围与转子电气旋转频率、功率外环、RSC 交流电流环、PLL 有关；转子电气旋转频率决定负阻尼范围上限，转子电气旋转频率、功率外环、RSC 交流电流环共同决定负阻尼频率范围下限。负阻尼程度受功率外环、RSC 交流电流环、PLL 共同影响，负阻尼可能从感性变为容性。

（2）频段$Ⅱ_{DFIG}$阻抗特性由定子阻抗主导，同时受 GSC 交流电流环影响。直流电压环与 GSC 交流电流环存在频带重叠效应，导致阻抗呈现负阻尼特性，且直流电压环影响谐振峰处阻抗的负阻尼程度。RSC 功率外环将 GSC 交流电流引入 RSC 调制过程，导致功率外环、RSC 交流电流环、GSC 交流电流环交互作用，功率外环和 RSC 交流电流环均影响负阻尼程度。延时与 GSC 交流电流环的频带重叠效应影响阻抗容性凹陷程度，甚至呈现负阻尼特性。

（3）频段$Ⅲ_{DFIG}$阻抗特性由主电路 LC 滤波器主导。延时与主电路 LC 滤波器存在频带重叠效应，导致阻抗呈现负阻尼特性，且随着延时的越大，负阻尼程度将会加剧。

基于 CHIL 平台，对不同型号 DFIG 机组开展阻抗扫描，1.6MW DFIG 机组（型号 D）阻尼特性如图 6－41 所示，2.0MW DFIG 机组（型号 E）阻尼特性如图 6－42 所示。由图可见，在不同频段内，机组阻抗分别呈现感性或容性负阻尼特性。

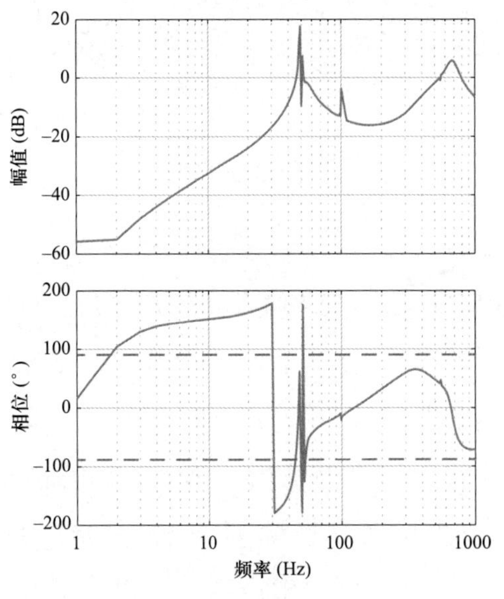

图 6-41　1.6MW DFIG 机组（型号 D）阻尼特性

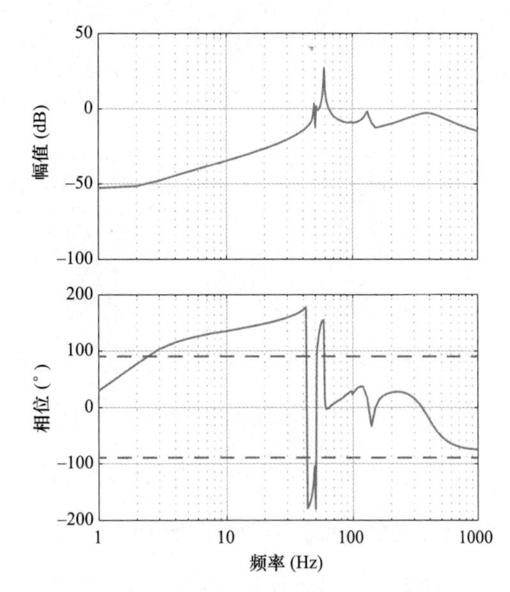

图 6-42　2.0MW DFIG 机组（型号 E）阻尼特性

第 7 章　光伏发电单元阻抗模型及特性分析

PV 发电单元直流输入电源为光伏阵列，辐照度、温度变化对光伏阵列输出电压、电流产生重要影响，光伏阵列与并网逆变器[1]之间的直流母线为非理想电压源，导致环境条件对 PV 发电单元交流端口宽频阻抗特性产生影响。

本章首先建立包含主电路和控制回路的 PV 发电单元阻抗模型。其中，主电路包含 PV 阵列、直流母线、并网逆变器，控制回路包含锁相环、电流内环、直流电压环，并验证其阻抗模型的准确性。然后，分别建立 PLL、直流电压环、电流内环及延时、LC 滤波器与阻抗的频域数学模型，分析不同频段内阻抗特性的主导因素，提出宽频阻抗特性频段划分方法，并揭示各频段负阻尼阻抗特性产生机理。分析辐照度、温度变化对 PV 发电单元宽频阻抗特性的影响。最后，基于 CHIL 平台扫描多个型号 PV 发电单元的宽频阻抗特性曲线，给出频段划分的典型值。

7.1　工作原理及时域模型

7.1.1　工作原理

单级式 PV 发电单元主要由光伏阵列和并网逆变器构成，其拓扑结构如图 7－1 所示。光伏阵列由光伏组件串并联构成，通过光生伏特效应将太阳能转为电能。其核心是光电

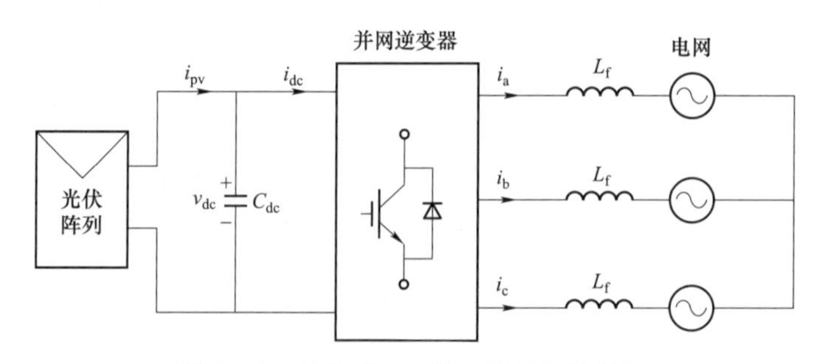

图 7－1　单级式 PV 发电单元拓扑结构

[1] 光伏发电单元按照并网逆变器类型主要分为集中式、组串式、集散式三类，本章以集中式为例开展阻抗建模及特性分析，另外两类逆变器的阻抗建模及特性分析可参考本章。

转换器件，主要是硅光伏电池，包括单晶硅、多晶硅和非晶硅等。光伏阵列所产生的直流电经并网逆变器转换为交流电，实现并网发电。

并网逆变器典型控制结构如图 7-2 所示，包括 MPPT 控制、直流电压控制和交流电流控制。首先，由 MPPT 算法得到直流电压参考指令 V_{dcref}。直流母线电压的稳定取决于有功功率平衡，通过控制有功功率即可实现对直流电压的控制。然后，采用直流电压外环和交流电流内环控制并网逆变器有功电流分量（d 轴分量），采用交流电流内环控制并网逆变器无功电流分量（q 轴分量），生成 dq 轴调制信号。最后，通过反 Park 变换得到三相调制信号。

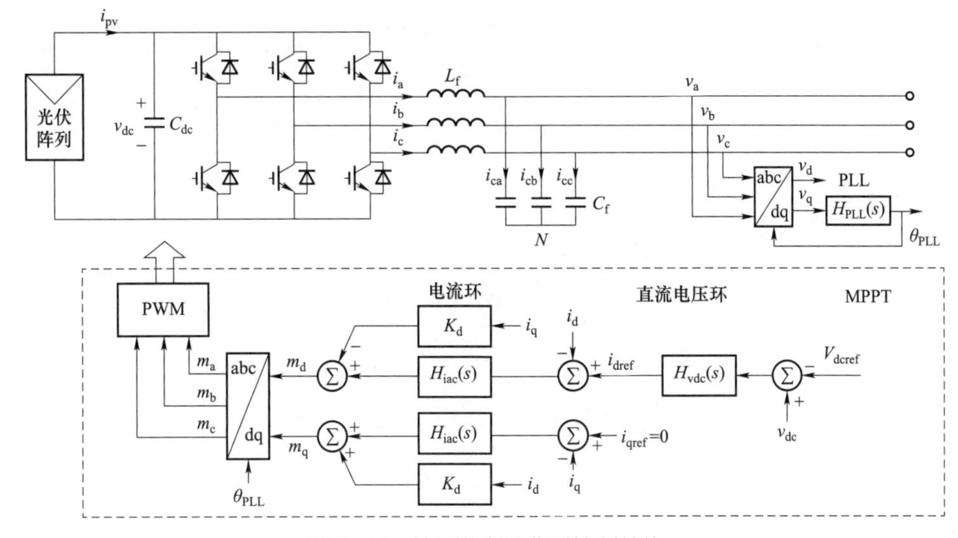

图 7-2　并网逆变器典型控制结构

光伏厂家通常为用户提供标准工况下（辐照度 1000W/m²，温度 25℃）的短路电流 I_{sc}、开路电压 V_{oc}、最大功率点输出功率 P_m、最大功率点电压 V_m 和最大功率点电流 I_m。标准工况下的光伏组件输出电流为

$$i_{pv} = I_{sc}[1 - C_1(e^{v_{dc}/C_2V_{oc}} - 1)] \tag{7-1}$$

再代入 I_m、V_m 和 V_{oc}，可得 C_1、C_2 表达式为

$$\begin{cases} C_1 = \left(1 - \dfrac{I_m}{I_{sc}}\right) e^{\frac{-V_m}{C_2V_{oc}}} \\ C_2 = \left(\dfrac{V_m}{V_{oc}} - 1\right)\left[\ln\left(1 - \dfrac{I_m}{I_{sc}}\right)\right]^{-1} \end{cases} \tag{7-2}$$

根据式（7−1）和式（7−2）即可得到光伏组件在标准测试工况下的 $i_{pv}-v_{dc}$ 特性曲线。然而，辐照度和温度不一定处于标准工况，还需对标准工况下的模型加以修改以适用于其他工况。可采用的方法是根据标准工况下的 I_{sc}、V_{oc}、P_m、V_m 和 I_m 推算非标准工况下的 I'_{sc}、V'_{oc}、P'_m、V'_m 和 I'_m，然后代入式（7−1）和式（7−2）进行非标准工况下的输出特性分析。

定义非标准工况与标准工况的温度差 ΔT 和相对辐照度 ΔS 为

$$\begin{cases}\Delta T = T - T_{ref} \\ \Delta S = \dfrac{S}{S_{ref}} - 1\end{cases} \tag{7-3}$$

式中：T、S 分别为非标准工况下的温度、辐照度；T_{ref}、S_{ref} 分别为标准工况下的温度、辐照度。

非标准工况下的 I'_{sc}、V'_{oc}、I'_m 和 V'_m 可折算为

$$\begin{cases}I'_{sc} = I_{sc}\dfrac{S}{S_{ref}}(1+\alpha\Delta T) \\ V'_{oc} = V_{oc}(1-\gamma\Delta T)\ln(e+\beta\Delta S) \\ I'_m = I_m\dfrac{S}{S_{ref}}(1+\alpha\Delta T) \\ V'_m = V_m(1-\gamma\Delta T)\ln(e+\beta\Delta S)\end{cases} \tag{7-4}$$

式中：α、β、γ 为折算系数，典型值为 $\alpha = 0.0025/℃$，$\beta = 0.5$，γ=0.00288/℃。

将式（7−4）代入式（7−1）和式（7−2），即可得到光伏组件在非标准工况下的特性曲线。

对于光伏组件串联数为 N_{ser}、并联数为 N_{par} 的光伏阵列，其输出电流可表示为

$$i_{pv} = N_{par}I'_{sc}\left[1 - C_1\left(e^{\frac{v_{dc}}{N_{ser}C_2V'_{oc}}} - 1\right)\right] \tag{7-5}$$

其中

$$C_1 = \left(1 - \frac{I'_m}{I'_{sc}}\right)e^{\frac{-V'_m}{C_2V'_{oc}}}, \quad C_2 = \left(\frac{V'_m}{V'_{oc}} - 1\right)\left[\ln\left(1 - \frac{I'_m}{I'_{sc}}\right)\right]^{-1}$$

7.1.2　时域模型

并网逆变器调制电压与交流端口电压之差作用于滤波电感 L_f 上产生交流电流，PV 发电单元主电路时域模型可表示为

$$K_{\rm m}v_{\rm dc}m_l = v_l + sL_{\rm f}i_l \tag{7-6}$$

式中：$K_{\rm m}$ 为 PWM 增益；$v_{\rm dc}$ 为直流电压；$m_l\,(l={\rm a,b,c})$为并网逆变器三相交流调制信号；v_l 为三相交流电压；i_l 为三相交流电流。

根据并网逆变器交、直流端口瞬时功率平衡，可得直流母线时域模型，即

$$C_{\rm dc}\frac{{\rm d}v_{\rm dc}}{{\rm d}t}v_{\rm dc} = v_{\rm dc}i_{\rm pv} - \sum_{l={\rm a,b,c}} v_l i_l \tag{7-7}$$

式中：$C_{\rm dc}$ 为直流母线电容。

7.2 稳态工作点频域建模

7.2.1 稳态工作点频域特性分析

PV 发电单元在稳态工作点时，光伏阵列输出电压和电流均为直流量，并网逆变器交流电压 v_l、交流电流 i_l 及调制信号 m_l 均是频率为 f_1 的交流量。PV 发电单元稳态波形及 FFT 结果如图 7-3 所示。

根据以上分析，可将 PV 发电单元稳态分量排成序列，即

$$[-f_1,\quad 0,\quad f_1]^{\rm T} \tag{7-8}$$

以 a 相为例，交流电压、交流电流及调制信号的稳态向量可分别表示为

$$\begin{cases} \boldsymbol{V}_{\rm a} = [\boldsymbol{V}_1^*,\quad 0,\quad \boldsymbol{V}_1]^{\rm T} \\ \boldsymbol{I}_{\rm a} = [\boldsymbol{I}_1^*,\quad 0,\quad \boldsymbol{I}_1]^{\rm T} \\ \boldsymbol{M}_{\rm a} = [\boldsymbol{M}_1^*,\quad 0,\quad \boldsymbol{M}_1]^{\rm T} \end{cases} \tag{7-9}$$

式中，稳态向量中每个元素都用复矢量形式表示，$\boldsymbol{V}_1 = V_1{\rm e}^{{\rm j}\varphi_{\rm v1}}/2$，$\boldsymbol{I}_1 = I_1{\rm e}^{{\rm j}\varphi_{\rm i1}}/2$，$\boldsymbol{M}_{\rm a} = M_1{\rm e}^{{\rm j}\varphi_{\rm m1}}/2$。负频率分量等于正频率分量的共轭，上标“*”均表示共轭运算。

频率为 f_1 的交流电压、交流电流为正序分量，a、b、c 相之间依次滞后 $2\pi/3$；频率为 $-f_1$ 的交流电压、交流电流为负序分量，a、b、c 相之间依次超前 $2\pi/3$。根据三相相序关系，可得 b、c 相交流电压、交流电流及调制信号的稳态向量分别为

$$\begin{cases} \boldsymbol{V}_{\rm b} = \boldsymbol{D}\boldsymbol{V}_{\rm a} \\ \boldsymbol{I}_{\rm b} = \boldsymbol{D}\boldsymbol{I}_{\rm a} \\ \boldsymbol{M}_{\rm b} = \boldsymbol{D}\boldsymbol{M}_{\rm a} \end{cases} \tag{7-10}$$

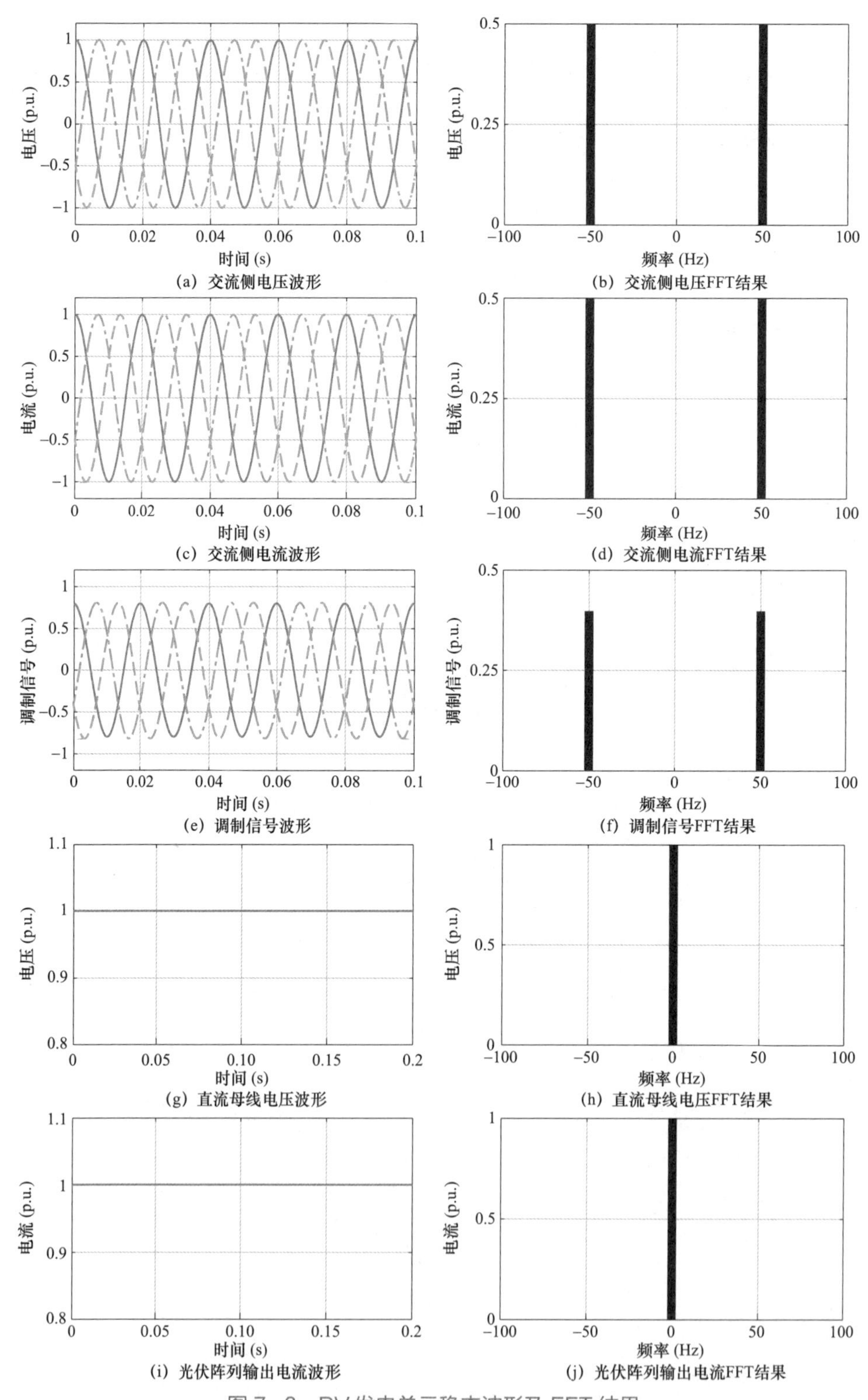

图 7-3　PV 发电单元稳态波形及 FFT 结果

$$\begin{cases} \boldsymbol{V}_{\mathrm{c}} = \boldsymbol{D}^{*}\boldsymbol{V}_{\mathrm{a}} \\ \boldsymbol{I}_{\mathrm{c}} = \boldsymbol{D}^{*}\boldsymbol{I}_{\mathrm{a}} \\ \boldsymbol{M}_{\mathrm{c}} = \boldsymbol{D}^{*}\boldsymbol{M}_{\mathrm{a}} \end{cases} \tag{7-11}$$

式中：$\boldsymbol{D}$ 为稳态向量相序系数矩阵。

$\boldsymbol{D}$ 的表达式为

$$\boldsymbol{D} = \mathrm{diag}\left[\{\mathrm{e}^{-\mathrm{j}2k\pi/3}\}\Big|_{k=-1,0,1} \right] \tag{7-12}$$

7.2.2　主电路频域模型

7.2.2.1　光伏阵列稳态模型

将式（7−5）转换至频域，可得光伏阵列频域稳态模型为

$$\boldsymbol{I}_{\mathrm{pv}} = N_{\mathrm{par}} I'_{\mathrm{sc}} \left[1 - C_1 \left(\mathrm{e}^{\frac{V_{\mathrm{dc}}}{N_{\mathrm{ser}} C_2 V'_{\mathrm{oc}}}} - 1 \right) \right] \tag{7-13}$$

式中：$\boldsymbol{I}_{\mathrm{pv}}$、$\boldsymbol{V}_{\mathrm{dc}}$ 分别为光伏阵列输出电流、电压的稳态向量。

7.2.2.2　并网逆变器稳态模型

根据并网逆变器交流电压、电流及调制信号的稳态向量，将式（7−6）的主电路时域模型转换至频域，可得并网逆变器交流侧回路频域稳态模型，即

$$K_{\mathrm{m}} V_{\mathrm{dc}} \boldsymbol{M}_l = \boldsymbol{V}_l + \boldsymbol{Z}_{\mathrm{Lf0}} \boldsymbol{I}_l \tag{7-14}$$

式中：V_{dc} 为直流电压稳态值；$\boldsymbol{Z}_{\mathrm{Lf0}}$ 为五阶矩阵，表示稳态频率序列下的滤波电感阻抗，表达式为 $\boldsymbol{Z}_{\mathrm{Lf0}} = \mathrm{j}2\pi L_{\mathrm{f}} \cdot \mathrm{diag}[-2f_1,\ -f_1,\ 0,\ f_1,\ 2f_1]$。

7.2.2.3　直流母线稳态模型

将式（7−7）转至频域，可得其稳态回路模型，即

$$0 = V_{\mathrm{dc}} I_{\mathrm{pv}} - \sum_{l=\mathrm{a,b,c}} \boldsymbol{V}_{\mathrm{i}l} \otimes \boldsymbol{I}_l \tag{7-15}$$

式中：$\boldsymbol{V}_{\mathrm{i}l}$、$\boldsymbol{I}_l$ 分别为三相交流调制电压、交流电流稳态向量。

7.3　小信号频域阻抗建模

本节将对 PV 发电单元小信号阻抗建模。首先，将交流电压、电流及调制信号转换至频域，得到频域稳态工作点。然后，在其交流端口电压上叠加特定频率的交流电压小信号扰动。最后，根据交流端口交流电流小信号响应，建立 PV 发电单元交流端口小信号阻抗模型。

7.3.1　小信号频域特性分析

在 PV 发电单元交流端口叠加电压小信号扰动后，PV 发电单元小信号传递通路与频率分布如图 7-4 所示。

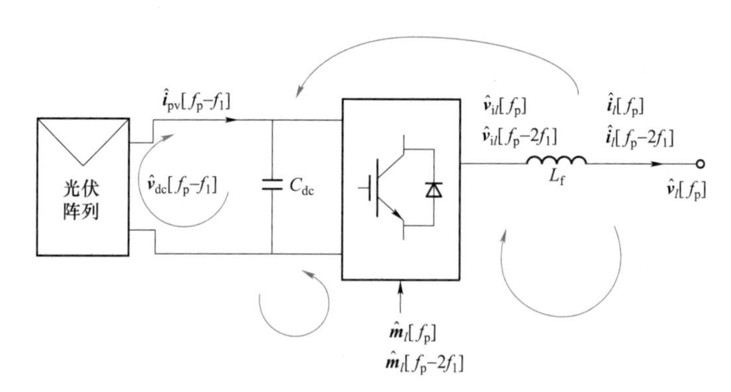

图 7-4　PV 发电单元小信号传递通路与频率分布

在交流端口电压叠加一个频率为 f_p 的正序电压小信号向量，并网逆变器交流有功功率将引入小信号分量。根据瞬时功率平衡，直流侧有功功率将引入小信号分量，作用于直流母线电容，直流电压也将引入小信号分量。根据频率转换关系，三相交流电压小信号向量 $\hat{\boldsymbol{v}}_l$ 中频率为 f_p 的分量与三相交流电流稳态向量 $\boldsymbol{I}_l$ 中频率为 $-f_1$ 的分量相乘，将使直流电压小信号向量 $\hat{\boldsymbol{v}}_{dc}$ 产生频率为 f_p-f_1 的分量。$\hat{\boldsymbol{v}}_{dc}$ 中频率为 f_p-f_1 的分量作用于光伏阵列，将导致光伏阵列输出电流小信号向量 $\hat{\boldsymbol{i}}_{pv}$ 产生频率为 f_p-f_1 的分量。

$\hat{\boldsymbol{v}}_{dc}$ 中频率为 f_p-f_1 的分量与三相交流调制信号稳态向量 $\boldsymbol{M}_l$ 中频率为 f_1 的分量相乘，将导致三相调制电压小信号向量 $\hat{\boldsymbol{v}}_{il}$ 产生频率为 f_p 的响应分量；$\hat{\boldsymbol{v}}_{dc}$ 中频率为 f_p-f_1 的分量与 $\boldsymbol{M}_l$ 中频率为 $-f_1$ 的分量相乘，将导致 $\hat{\boldsymbol{v}}_{il}$ 产生频率为 f_p-2f_1 的响应分量。

由于 $\hat{\boldsymbol{v}}_l$ 中仅含有频率为 f_p 的分量，而 $\hat{\boldsymbol{v}}_{il}$ 同时含有频率为 f_p 和 f_p-2f_1 的分量。$\hat{\boldsymbol{v}}_{il}$ 与 $\hat{\boldsymbol{v}}_l$ 的压差作用于滤波电感 L_f 上，导致三相交流电流小信号向量 $\hat{\boldsymbol{i}}_l$ 分别产生频率为 f_p 与 f_p-2f_1 的响应分量。

在 PV 发电单元交流端口叠加频率为 80Hz 的正序电压小信号，PV 发电单元小信号波形及 FFT 结果如图 7-5 所示。由图可知，交流电压小信号频率为 80Hz，交流电流和调制信号小信号频率为 80Hz 和 -20Hz；直流电压小信号频率为 30Hz。

PV 发电单元小信号向量频域分布特性如表 7-1 所示。

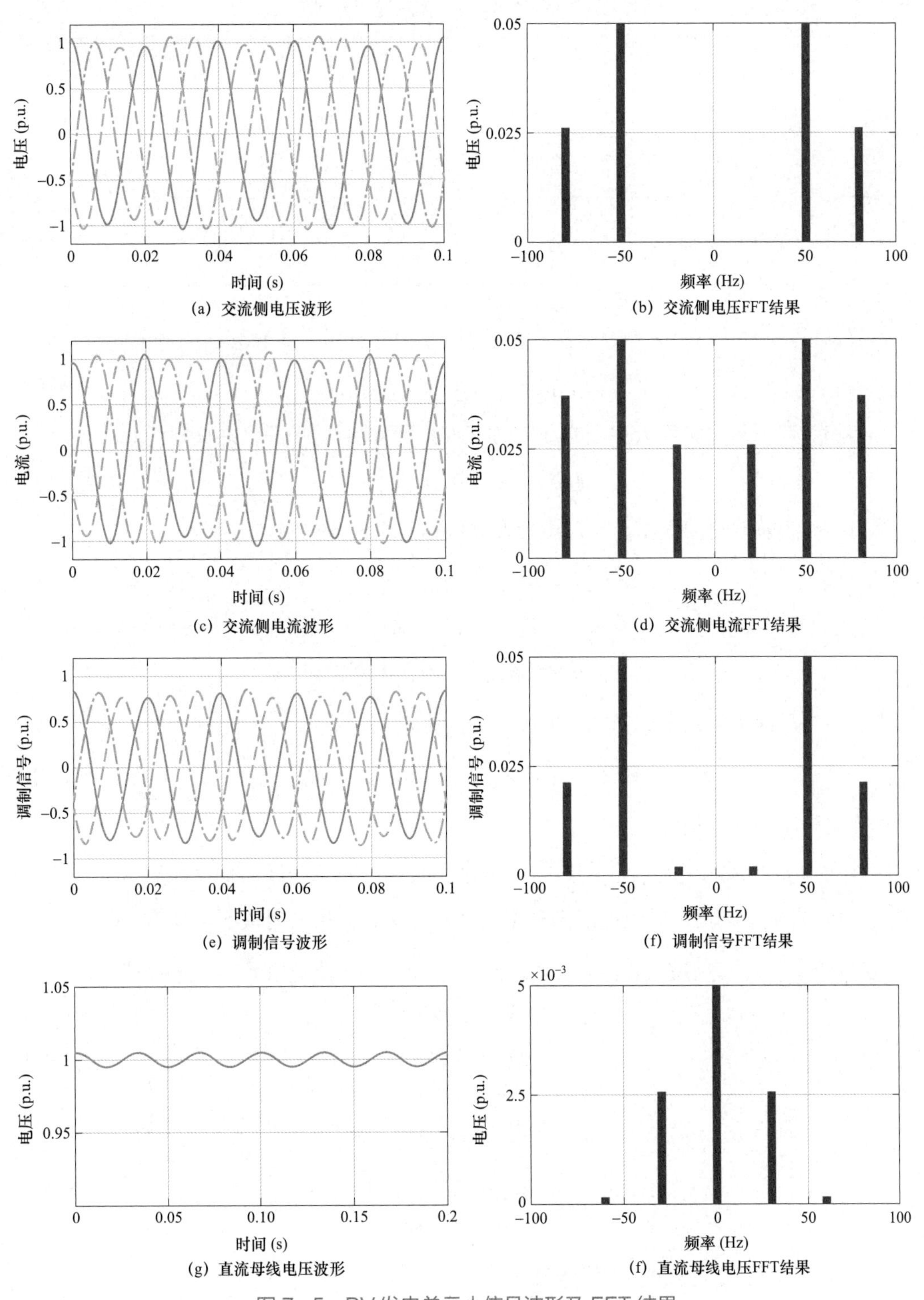

图 7-5　PV 发电单元小信号波形及 FFT 结果

表7－1　　　　　　　　PV发电单元小信号向量频域分布特性

PV发电单元	小信号向量	频率
并网逆变器	$\hat{\boldsymbol{v}}_l$	f_p
	$\hat{\boldsymbol{i}}_l$	f_p
		f_p-2f_1
光伏阵列及直流母线	$\hat{\boldsymbol{v}}_{dc}$	f_p-f_1
	$\hat{\boldsymbol{i}}_{pv}$	f_p-f_1

根据以上分析，可将交流电压、交流电流小信号分量按照频率序列排成向量，即

$$[f_p-2f_1,\ f_p-f_1,\ f_p,\ f_p+f_1,\ f_p+2f_1]^T \tag{7-16}$$

将相关稳态分量扩展为式（7－17）的形式，频率为$\pm 2f_1$的稳态分量为0。

$$[-2f_1,\ -f_1,\ 0,\ f_1,\ 2f_1]^T \tag{7-17}$$

以a相为例，交流电压、交流电流及调制信号小信号向量可表示为

$$\begin{cases}\hat{\boldsymbol{v}}_a=[\hat{\boldsymbol{v}}_{p-2},\ 0,\ \hat{\boldsymbol{v}}_p,\ 0,\ 0]^T\\ \hat{\boldsymbol{i}}_a=[\hat{\boldsymbol{i}}_{p-2},\ 0,\ \hat{\boldsymbol{i}}_p,\ 0,\ 0]^T\\ \hat{\boldsymbol{m}}_a=[\hat{\boldsymbol{m}}_{p-2},\ 0,\ \hat{\boldsymbol{m}}_p,\ 0,\ 0]^T\end{cases} \tag{7-18}$$

式中，小信号向量中每个元素都用复矢量形式表示，$\hat{\boldsymbol{v}}_p=V_p e^{j\varphi_{vp}}/2$，$\hat{\boldsymbol{v}}_{p-2}=V_{p-2}e^{j\varphi_{vp-2}}/2$，$\hat{\boldsymbol{i}}_p=I_p e^{j\varphi_{ip}}/2$，$\hat{\boldsymbol{i}}_{p-2}=I_{p-2}e^{j\varphi_{ip-2}}/2$，$\hat{\boldsymbol{m}}_p=M_p e^{j\varphi_{mp}}/2$，$\hat{\boldsymbol{m}}_{p-2}=M_{p-2}e^{j\varphi_{mp-2}}/2$，反映信号经FFT后对应的频率幅值与相位。

频率为f_p的交流电压、交流电流为正序分量，a、b、c相之间依次滞后$2\pi/3$；频率为f_p-2f_1的交流电压、交流电流为分量负序，a、b、c 相之间依次超前$2\pi/3$。根据三相电路对称关系，可得b、c相的交流电压、交流电流及调制信号小信号向量为

$$\begin{cases}\hat{\boldsymbol{v}}_b=\boldsymbol{D}_p\hat{\boldsymbol{v}}_a\\ \hat{\boldsymbol{i}}_b=\boldsymbol{D}_p\hat{\boldsymbol{i}}_a\\ \hat{\boldsymbol{m}}_b=\boldsymbol{D}_p\hat{\boldsymbol{m}}_a\end{cases} \tag{7-19}$$

$$\begin{cases}\hat{\boldsymbol{v}}_c=\boldsymbol{D}_p^*\hat{\boldsymbol{v}}_a\\ \hat{\boldsymbol{i}}_c=\boldsymbol{D}_p^*\hat{\boldsymbol{i}}_c\\ \hat{\boldsymbol{m}}_c=\boldsymbol{D}_p^*\hat{\boldsymbol{m}}_c\end{cases} \tag{7-20}$$

式中：$\boldsymbol{D}_p$为小信号向量相序系数矩阵。

$\boldsymbol{D}_p$的表达式为

$$\boldsymbol{D}_{\mathrm{p}}=\mathrm{diag}[\{\mathrm{e}^{-\mathrm{j}2(k+1)\pi/3}\}|_{k=-2,-1,0,1,2}] \tag{7-21}$$

7.3.2　小信号频域模型

7.3.2.1　光伏阵列小信号模型

根据式（7－5）所示的光伏阵列模型，可得其输出电流小信号向量 $\hat{\boldsymbol{i}}_{\mathrm{pv}}$ 和电压小信号向量 $\hat{\boldsymbol{v}}_{\mathrm{dc}}$ 之间的关系为

$$\hat{\boldsymbol{i}}_{\mathrm{pv}}=-\frac{N_{\mathrm{par}}I'_{\mathrm{sc}}C_1}{N_{\mathrm{ser}}C_2V'_{\mathrm{oc}}}\mathrm{e}^{\frac{V_{\mathrm{dc}}}{N_{\mathrm{ser}}C_2V'_{\mathrm{oc}}}}\hat{\boldsymbol{v}}_{\mathrm{dc}} \tag{7-22}$$

由式（7－22）可知，光伏阵列输出电流小信号向量 $\hat{\boldsymbol{i}}_{\mathrm{pv}}$ 和电压小信号向量 $\hat{\boldsymbol{v}}_{\mathrm{dc}}$ 呈比例关系，光伏阵列阻抗 $\boldsymbol{Z}_{\mathrm{array}}$ 可表示为

$$\boldsymbol{Z}_{\mathrm{array}}=-\frac{\hat{\boldsymbol{v}}_{\mathrm{dc}}}{\hat{\boldsymbol{i}}_{\mathrm{pv}}}=\frac{N_{\mathrm{ser}}C_2V'_{\mathrm{oc}}}{N_{\mathrm{par}}I'_{\mathrm{sc}}C_1\mathrm{e}^{\frac{V_{\mathrm{dc}}}{N_{\mathrm{ser}}C_2V'_{\mathrm{oc}}}}} \tag{7-23}$$

由式（7-23）可知，光伏阵列阻抗 $\boldsymbol{Z}_{\mathrm{array}}$ 与辐照度、温度相关。

7.3.2.2　并网逆变器小信号模型

并网逆变器通过直流电压外环控制 d 轴电流维持直流母线电压稳定，d、q 轴电流参考指令小信号向量表达式为

$$\begin{cases}\hat{\boldsymbol{i}}_{\mathrm{dref}}=H_{\mathrm{vdc}}(s_1)\hat{\boldsymbol{v}}_{\mathrm{dc}}\\ \hat{\boldsymbol{i}}_{\mathrm{qref}}=0\end{cases} \tag{7-24}$$

式中：$H_{\mathrm{vdc}}(s_1)$ 为直流电压控制器传递函数，$H_{\mathrm{vdc}}(s_1)=K_{\mathrm{vdcp}}+K_{\mathrm{vdci}}/s_1$，$K_{\mathrm{vdcp}}$、$K_{\mathrm{vdci}}$ 分别为直流电压控制器比例系数、积分系数。

其中

$$s_1=\mathrm{j}2\pi(f_{\mathrm{p}}-f_1)$$

根据并网逆变器的控制结构，可得其调制信号小信号向量表达式为

$$\hat{\boldsymbol{m}}_{\mathrm{a}}=\boldsymbol{E}_{\mathrm{dc}}\hat{\boldsymbol{v}}_{\mathrm{dc}}+\boldsymbol{E}_{\mathrm{i}}\hat{\boldsymbol{i}}_{\mathrm{a}}+\boldsymbol{E}_{\mathrm{v}}\hat{\boldsymbol{v}}_{\mathrm{a}} \tag{7-25}$$

式中：$\boldsymbol{E}_{\mathrm{dc}}$、$\boldsymbol{E}_{\mathrm{i}}$、$\boldsymbol{E}_{\mathrm{v}}$ 均为五阶矩阵，除下述元素外，其余元素均为 0。

$$\begin{cases}\boldsymbol{E}_{\mathrm{dc}}(1,2)=\dfrac{1}{2}H_{\mathrm{iac}}(s_1)H_{\mathrm{vdc}}(s_1)\\ \boldsymbol{E}_{\mathrm{dc}}(3,2)=\dfrac{1}{2}H_{\mathrm{iac}}(s_1)H_{\mathrm{vdc}}(s_1)\end{cases} \tag{7-26}$$

$$\begin{cases}\boldsymbol{E}_{\mathrm{i}}(1,1)=-H_{\mathrm{iac}}(s_1)-\mathrm{j}K_{\mathrm{d}}\\ \boldsymbol{E}_{\mathrm{i}}(3,3)=-H_{\mathrm{iac}}(s_1)+\mathrm{j}K_{\mathrm{d}}\end{cases}\tag{7-27}$$

$$\begin{cases}\boldsymbol{E}_{\mathrm{v}}(1,1)=T_{\mathrm{PLL}}(s_1)[(H_{\mathrm{iac}}(s_1)+\mathrm{j}K_{\mathrm{d}})\boldsymbol{I}_1^*+\boldsymbol{M}_1^*]\\ \boldsymbol{E}_{\mathrm{v}}(1,3)=-T_{\mathrm{PLL}}(s_1)[(H_{\mathrm{iac}}(s_1)+\mathrm{j}K_{\mathrm{d}})\boldsymbol{I}_1^*+\boldsymbol{M}_1^*]\\ \boldsymbol{E}_{\mathrm{v}}(3,1)=-T_{\mathrm{PLL}}(s_1)[(H_{\mathrm{iac}}(s_1)-\mathrm{j}K_{\mathrm{d}})\boldsymbol{I}_1+\boldsymbol{M}_1]\\ \boldsymbol{E}_{\mathrm{v}}(3,3)=T_{\mathrm{PLL}}(s_1)[(H_{\mathrm{iac}}(s_1)-\mathrm{j}K_{\mathrm{d}})\boldsymbol{I}_1+\boldsymbol{M}_1]\end{cases}\tag{7-28}$$

并网逆变器主电路频域模型为

$$K_{\mathrm{m}}(V_{\mathrm{dc}}\hat{\boldsymbol{m}}_{\mathrm{a}}+\boldsymbol{M}_{\mathrm{a}}\hat{\boldsymbol{v}}_{\mathrm{dc}})=\hat{\boldsymbol{v}}_{\mathrm{a}}+\boldsymbol{Z}_{\mathrm{Lf}}\hat{\boldsymbol{i}}_{\mathrm{a}}\tag{7-29}$$

可得并网逆变器交流回路频域方程为

$$\hat{\boldsymbol{v}}_{\mathrm{a}}=\boldsymbol{F}_{\mathrm{dc}}\hat{\boldsymbol{v}}_{\mathrm{dc}}+\boldsymbol{F}_{\mathrm{i}}\hat{\boldsymbol{i}}_{\mathrm{a}}\tag{7-30}$$

$\boldsymbol{F}_{\mathrm{dc}}$、$\boldsymbol{F}_{\mathrm{i}}$的表达式为

$$\begin{cases}\boldsymbol{F}_{\mathrm{dc}}=(\boldsymbol{U}-K_{\mathrm{m}}V_{\mathrm{dc}}\boldsymbol{E}_{\mathrm{v}})^{-1}(K_{\mathrm{m}}\boldsymbol{M}_{\mathrm{a}}+K_{\mathrm{m}}V_{\mathrm{dc}}\boldsymbol{E}_{\mathrm{dc}})\\ \boldsymbol{F}_{\mathrm{i}}=(\boldsymbol{U}-K_{\mathrm{m}}V_{\mathrm{dc}}\boldsymbol{E}_{\mathrm{v}})^{-1}(K_{\mathrm{m}}V_{\mathrm{dc}}\boldsymbol{E}_{\mathrm{i}}-\boldsymbol{Z}_{\mathrm{Lf}})\end{cases}\tag{7-31}$$

式中：$\boldsymbol{U}$为五阶单位矩阵；$\boldsymbol{M}_{\mathrm{a}}$为并网逆变器调制信号稳态向量。

$\boldsymbol{M}_{\mathrm{a}}$的表达式为

$$\boldsymbol{M}_{\mathrm{a}}=\begin{bmatrix}0&\boldsymbol{M}_1^*&0&0&0\\ \boldsymbol{M}_1&0&\boldsymbol{M}_1^*&0&0\\ 0&\boldsymbol{M}_1&0&\boldsymbol{M}_1^*&0\\ 0&0&\boldsymbol{M}_1&0&\boldsymbol{M}_1^*\\ 0&0&0&\boldsymbol{M}_1&0\end{bmatrix}$$

7.3.2.3　直流母线小信号模型

将式（7-7）转换至频域，可得直流母线频域模型，即

$$s_1C_{\mathrm{dc}}V_{\mathrm{dc}}\hat{\boldsymbol{v}}_{\mathrm{dc}}=(\boldsymbol{I}_{\mathrm{pv}}\otimes\hat{\boldsymbol{v}}_{\mathrm{dc}}+\boldsymbol{V}_{\mathrm{dc}}\otimes\hat{\boldsymbol{i}}_{\mathrm{pv}})-\sum_{l=\mathrm{a,b,c}}(\boldsymbol{I}_l\otimes\hat{\boldsymbol{v}}_{\mathrm{i}l}+\boldsymbol{V}_{\mathrm{i}l}\otimes\hat{\boldsymbol{i}}_l)\tag{7-32}$$

化简后可得直流母线频域模型为

$$\hat{\boldsymbol{v}}_{\mathrm{dc}}=\boldsymbol{J}_{\mathrm{i}}\hat{\boldsymbol{i}}_{\mathrm{a}}+\boldsymbol{J}_{\mathrm{v}}\hat{\boldsymbol{v}}_{\mathrm{a}}+\boldsymbol{J}_{\mathrm{pv}}\hat{\boldsymbol{i}}_{\mathrm{pv}}\tag{7-33}$$

式中：$\boldsymbol{J}_{\mathrm{i}}$、$\boldsymbol{J}_{\mathrm{v}}$、$\boldsymbol{J}_{\mathrm{pv}}$均为五阶矩阵，除下述元素外，其余元素均为0。

$$\begin{cases} \boldsymbol{J}_{\mathrm{i}}(2,1)=-\dfrac{3}{C_{\mathrm{dc}}V_{\mathrm{dc}}s_1-I_{\mathrm{pv}}}(\boldsymbol{V}_1+s_2L_{\mathrm{f}}\boldsymbol{I}_1) \\ \boldsymbol{J}_{\mathrm{i}}(2,3)=-\dfrac{3}{C_{\mathrm{dc}}V_{\mathrm{dc}}s_1-I_{\mathrm{pv}}}(\boldsymbol{V}_1^*+sL_{\mathrm{f}}\boldsymbol{I}_1^*) \end{cases} \tag{7-34}$$

$$\begin{cases} \boldsymbol{J}_{\mathrm{v}}(2,1)=-\dfrac{3}{C_{\mathrm{dc}}V_{\mathrm{dc}}s_1-I_{\mathrm{pv}}}\boldsymbol{I}_1 \\ \boldsymbol{J}_{\mathrm{v}}(2,3)=-\dfrac{3}{C_{\mathrm{dc}}V_{\mathrm{dc}}s_1-I_{\mathrm{pv}}}\boldsymbol{I}_1^* \end{cases} \tag{7-35}$$

$$\boldsymbol{J}_{\mathrm{pv}}(2,2)=\frac{V_{\mathrm{dc}}}{C_{\mathrm{dc}}V_{\mathrm{dc}}s_1-I_{\mathrm{pv}}} \tag{7-36}$$

7.3.3 交流端口阻抗模型

PV 发电单元交流端口导纳可由交流电流与交流电压小信号向量比值得到，即

$$\boldsymbol{Y}_{\mathrm{PV}}=-\frac{\hat{\boldsymbol{i}}_{\mathrm{a}}}{\hat{\boldsymbol{v}}_{\mathrm{a}}} \tag{7-37}$$

联立式（7-22）、式（7-30）、式（7-33）可得

$$\hat{\boldsymbol{i}}_{\mathrm{a}}=-[\boldsymbol{F}_{\mathrm{dc}}(\boldsymbol{U}+\boldsymbol{J}_{\mathrm{pv}}/\boldsymbol{Z}_{\mathrm{array}})^{-1}\boldsymbol{J}_{\mathrm{i}}+\boldsymbol{F}_{\mathrm{i}}]^{-1}[\boldsymbol{F}_{\mathrm{dc}}(\boldsymbol{U}+\boldsymbol{J}_{\mathrm{pv}}/\boldsymbol{Z}_{\mathrm{array}})^{-1}\boldsymbol{J}_{\mathrm{v}}-\boldsymbol{U}]\hat{\boldsymbol{v}}_{\mathrm{a}} \tag{7-38}$$

PV 发电单元交流端口导纳为

$$\boldsymbol{Y}_{\mathrm{PV}}=[\boldsymbol{F}_{\mathrm{dc}}(\boldsymbol{U}+\boldsymbol{J}_{\mathrm{pv}}/\boldsymbol{Z}_{\mathrm{array}})^{-1}\boldsymbol{J}_{\mathrm{i}}+\boldsymbol{F}_{\mathrm{i}}]^{-1}[\boldsymbol{F}_{\mathrm{dc}}(\boldsymbol{U}+\boldsymbol{J}_{\mathrm{pv}}/\boldsymbol{Z}_{\mathrm{array}})^{-1}\boldsymbol{J}_{\mathrm{v}}-\boldsymbol{U}] \tag{7-39}$$

由于 PV 发电单元交流电压、交流电流小信号向量仅存在扰动频率 f_{p} 和耦合频率 $f_{\mathrm{p}}-2f_1$ 分量，提取这两个频率下的相关元素，将式（7-39）所示交流端口导纳排列成二阶矩阵，即

$$\begin{bmatrix} \boldsymbol{Y}_{\mathrm{PV}}^{\mathrm{pp}} & \boldsymbol{Y}_{\mathrm{PV}}^{\mathrm{np}} \\ \boldsymbol{Y}_{\mathrm{PV}}^{\mathrm{pn}} & \boldsymbol{Y}_{\mathrm{PV}}^{\mathrm{nn}} \end{bmatrix}=\begin{bmatrix} \boldsymbol{Y}_{\mathrm{PV}}(3,3) & \boldsymbol{Y}_{\mathrm{PV}}(3,1) \\ \boldsymbol{Y}_{\mathrm{PV}}(1,3) & \boldsymbol{Y}_{\mathrm{PV}}(1,1) \end{bmatrix} \tag{7-40}$$

式中：$\boldsymbol{Y}_{\mathrm{PV}}(3,3)$ 为 $\boldsymbol{Y}_{\mathrm{PV}}$ 的第 3 行第 3 列元素；$\boldsymbol{Y}_{\mathrm{PV}}(3,1)$ 为 $\boldsymbol{Y}_{\mathrm{PV}}$ 的第 3 行第 1 列元素；$\boldsymbol{Y}_{\mathrm{PV}}(1,3)$ 为 $\boldsymbol{Y}_{\mathrm{PV}}$ 的第 1 行第 3 列元素；$\boldsymbol{Y}_{\mathrm{PV}}(1,1)$ 为 $\boldsymbol{Y}_{\mathrm{PV}}$ 的第 1 行第 1 列元素。

扰动频率、耦合频率交流电压、交流电流小信号分量与交流端口导纳满足关系

$$\begin{bmatrix} -\hat{\boldsymbol{i}}_{\mathrm{p}} \\ -\hat{\boldsymbol{i}}_{\mathrm{p-2}} \end{bmatrix}=\begin{bmatrix} \boldsymbol{Y}_{\mathrm{PV}}^{\mathrm{pp}} & \boldsymbol{Y}_{\mathrm{PV}}^{\mathrm{np}} \\ \boldsymbol{Y}_{\mathrm{PV}}^{\mathrm{pn}} & \boldsymbol{Y}_{\mathrm{PV}}^{\mathrm{nn}} \end{bmatrix}\begin{bmatrix} \hat{\boldsymbol{v}}_{\mathrm{p}} \\ \hat{\boldsymbol{v}}_{\mathrm{p-2}} \end{bmatrix} \tag{7-41}$$

式中：$\boldsymbol{Y}_{\mathrm{PV}}^{\mathrm{pp}}$ 为 PV 发电单元正序导纳，表示在频率为 f_{p} 的单位正序电压小信号扰动下，

频率为 f_p 的正序电流小信号响应；$\boldsymbol{Y}_{PV}^{pn}$ 为 PV 发电单元正序耦合导纳，表示在频率为 f_p 的单位正序电压小信号扰动下，频率为 f_p-2f_1 的负序电流小信号响应；$\boldsymbol{Y}_{PV}^{nn}$ 为 PV 发电单元负序导纳，表示在频率为 f_p-2f_1 的单位负序电压小信号扰动下，频率为 f_p-2f_1 的负序电流小信号响应；$\boldsymbol{Y}_{PV}^{np}$ 为 PV 发电单元负序耦合导纳，表示在频率为 f_p-2f_1 的单位负序电压小信号扰动下，频率为 f_p 的正序电流小信号响应。

由交流端口导纳，求取其逆矩阵，可得 PV 发电单元交流端口阻抗为

$$\begin{bmatrix} \boldsymbol{Z}_{PV}^{pp} & \boldsymbol{Z}_{PV}^{pn} \\ \boldsymbol{Z}_{PV}^{np} & \boldsymbol{Z}_{PV}^{nn} \end{bmatrix} = \begin{bmatrix} \boldsymbol{Y}_{PV}^{pp} & \boldsymbol{Y}_{PV}^{np} \\ \boldsymbol{Y}_{PV}^{pn} & \boldsymbol{Y}_{PV}^{nn} \end{bmatrix}^{-1} \tag{7-42}$$

式中：$\boldsymbol{Z}_{PV}^{pp}$ 为 PV 发电单元正序阻抗；$\boldsymbol{Z}_{PV}^{pn}$ 为 PV 发电单元正序耦合阻抗；$\boldsymbol{Z}_{PV}^{nn}$ 为 PV 发电单元负序阻抗；$\boldsymbol{Z}_{PV}^{np}$ 为 PV 发电单元负序耦合阻抗。

此外，负序阻抗与正序阻抗间的频域关系满足 $\boldsymbol{Z}_{PV}^{nn}=\boldsymbol{Z}_{PV}^{pp*}(\mathrm{j}2\omega_1-s)$，负序耦合阻抗与正序耦合阻抗间的频域关系满足 $\boldsymbol{Z}_{PV}^{np}=\boldsymbol{Z}_{PV}^{pn*}(\mathrm{j}2\omega_1-s)$。

PV 发电单元主电路和控制参数如表 7-2 所示。图 7-6 给出了该 PV 发电单元阻抗解析与扫描结果。图中实线为阻抗解析结果，离散点通过仿真建模扫描得到。结果表明解析与扫描结果吻合良好，验证了 PV 发电单元阻抗模型的准确性。

表 7-2　　PV 发电单元主电路和控制参数

参数	定义	数值
P_N	额定功率	500kW
V_N	交流额定电压	311V
f_1	额定频率	50Hz
L_f	交流滤波电感	0.105mH
C_f	交流滤波电容	0.6mF
V_{dc}	直流电压稳态值	780V
C_{dc}	直流母线电容	15.12mF
K_{pp}、K_{pi}	PLL 控制器比例、积分系数	0.5247、57
K_{iacp}、K_{iaci}	交流电流控制器比例、积分系数	4.3950×10^{-4}、0.4783
K_{vdcp}、K_{vdci}	直流电压控制器比例、积分系数	5.9680、546
K_d	交流电流控制解耦系数	8.4580×10^{-5}

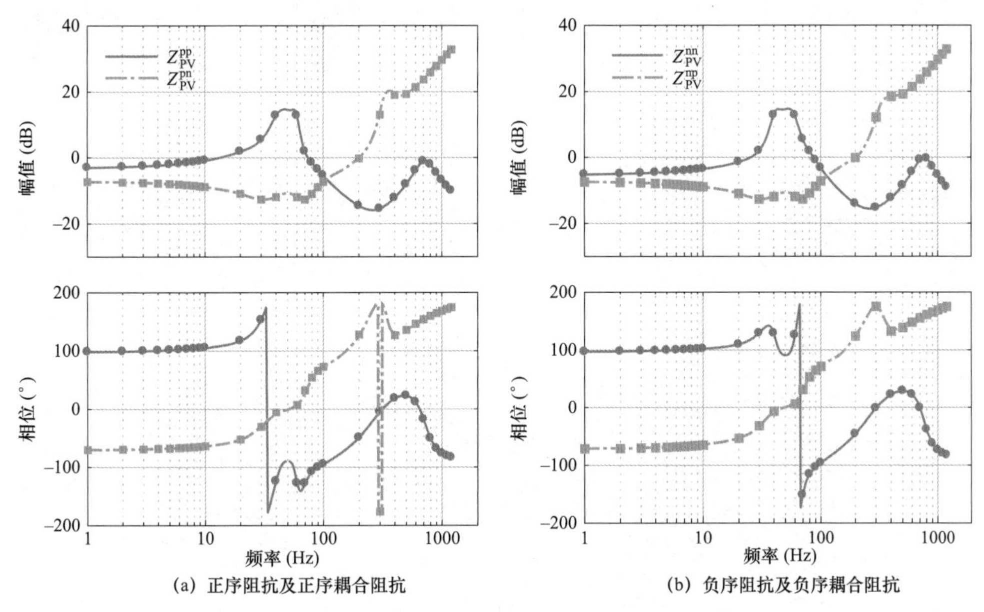

(a) 正序阻抗及正序耦合阻抗　　(b) 负序阻抗及负序耦合阻抗

图 7-6　PV 发电单元阻抗解析与扫描结果

7.4　宽频阻抗特性分析

基于 PV 发电单元阻抗解析模型，本节首先分析不同频段阻抗主导因素，提出 PV 发电单元阻抗频段划分方法；然后阐明多控制器/环节间的频带重叠效应和各频段负阻尼阻抗特性的产生机理；最后，基于不同型号 PV 发电单元的 CHIL 阻抗扫描结果，给出频段划分的典型值。

7.4.1　宽频阻抗频段划分

根据 PV 发电单元阻抗解析模型可知，PV 发电单元阻抗特性受 PLL、交流电流环、直流电压环、延时、主电路 LC 滤波器等环节影响。本节将建立各控制器控制带宽、相位裕度性能指标与阻抗模型的频域关系，阐明各控制器/环节的频带分布规律。

7.4.1.1　PLL 控制对阻抗特性影响分析

下面分析 PLL 控制带宽 f_{tc} 和控制相位裕度 θ_{tc} 对阻抗特性的影响。首先，固定 PLL 控制相位裕度 θ_{tc} 为 45°，将其控制带宽 f_{tc} 分别设置为 5、20、30Hz，分析 PLL 控制带宽对阻抗特性的影响。然后，固定 PLL 控制带宽 f_{tc} 为 5Hz，将其相位裕度 θ_{tc} 分别设置为 10°、45°、80°，分析 PLL 控制相位裕度对阻抗特性的影响。PLL 对阻抗特性影响如图 7-7 所示。

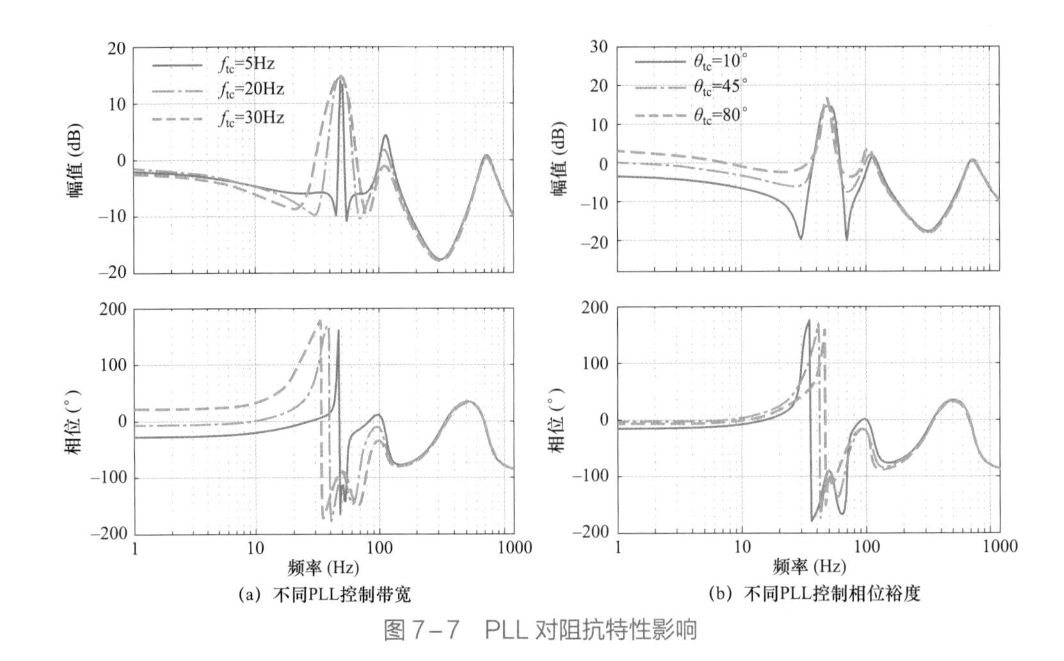

图 7-7　PLL 对阻抗特性影响

由图 7-7 可知，PLL 控制带宽 f_{tc} 主要影响阻抗幅值谐振峰 f_1-f_{tc} 和 f_1+f_{tc} 的位置。且随着控制带宽的增加，谐振峰离基波的距离增大。谐振峰处阻抗相位呈现容性负阻尼（阻抗相位小于 $-90°$）特性，并且受 PLL 控制相位裕度 θ_{tc} 影响，随着 PLL 控制相位裕度 θ_{tc} 减小，负阻尼程度加剧。

综上所述，PLL 主要对频段 $f_1-f_{tc}<f<f_1+f_{tc}$ 的 PV 发电单元阻抗产生影响，对其他频段影响可忽略不计。

7.4.1.2　交流电流环对阻抗特性影响分析

下面分析交流电流控制带宽 f_{iac} 和控制相位裕度 θ_{iac} 对阻抗特性影响。首先，固定交流电流控制相位裕度 θ_{iac} 为 45°，将其控制带宽 f_{iac} 分别设置为 100、200、300Hz，分析控制带宽对阻抗特性的影响；然后，固定交流电流控制带宽 f_{iac} 为 300Hz，将其相位裕度 θ_{iac} 分别设置为 10°、45°、80°，分析控制相位裕度对阻抗特性的影响。交流电流环对阻抗特性影响如图 7-8 所示。

由图 7-8 可知，交流电流控制带宽对频段 $f<f_1-f_{tc}$ 和 $f_1+f_{tc}<f<f_1+f_{iac}$ 的阻抗特性均产生影响，在交流电流控制带宽 f_1+f_{iac}（静止坐标系）处阻抗幅值存在谐振峰，阻抗相位由容性（阻抗相位小于 0°）变为感性（阻抗相位大于 0°）。随着控制带宽增大，谐振峰频率增大。交流电流控制相位裕度 θ_{iac} 主要影响频段 $f<f_1-f_{tc}$ 和 $f_1+f_{tc}<f<f_1+f_{iac}$ 阻抗的幅值和相位，相位裕度越小，频率 f_1+f_{iac} 处谐振幅值越大，相位变

化越剧烈，阻尼特性越弱。

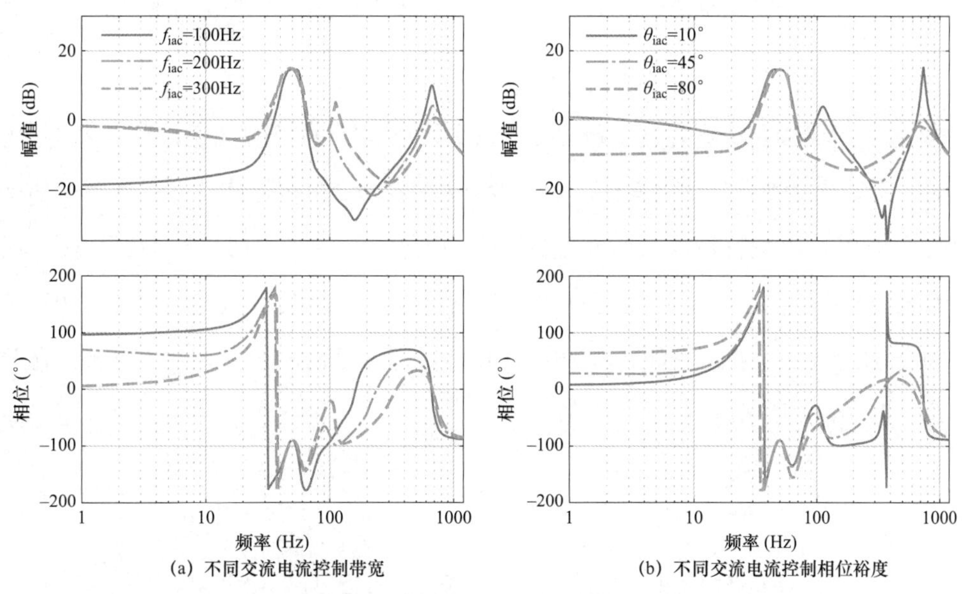

(a) 不同交流电流控制带宽　(b) 不同交流电流控制相位裕度

图 7-8　交流电流环对阻抗特性影响

综上所述，交流电流控制主要对频段 $f<f_1-f_{tc}$ 和 $f_1+f_{tc}<f<f_1+f_{iac}$ 的 PV 发电单元阻抗特性产生影响。

7.4.1.3　主电路 LC 滤波器对阻抗特性影响分析

由交流电流控制对 PV 发电单元阻抗特性的影响可知，当频率达到交流电流控制带宽后，阻抗特性逐渐由容性变成滤波电感的感性。随着频率的进一步升高，阻抗特性逐渐由感性变成容性，滤波电感与滤波电容产生的谐振频率与滤波器参数有关。下面分析主电路 LC 滤波器对阻抗特性的影响。

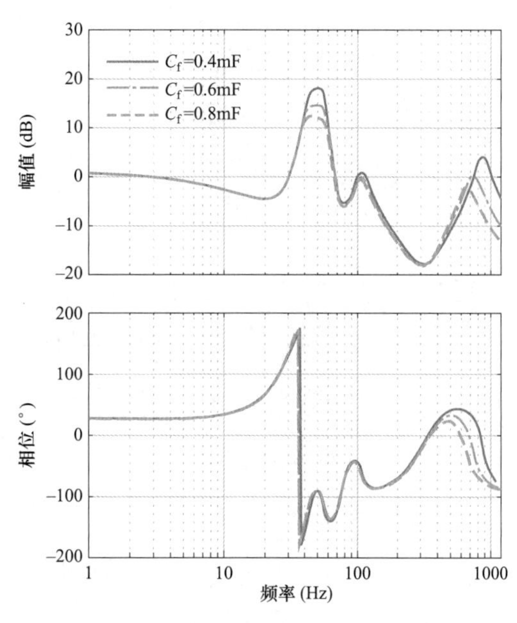

图 7-9　滤波器参数对阻抗特性影响

通过改变滤波电容 C_f 来改变 LC 滤波器谐振频率，滤波器参数对阻抗特性影响如图 7-9 所示。在频段 $f>f_1+f_{iac}$，阻抗幅值和相位变化显著，相位先呈现电感特性，在LC谐振峰处，相位由感性变为容性。LC滤波器参数主要影响频段$f>f_1+f_{iac}$的阻抗特性。

7.4.1.4　稳态工作点对阻抗特性影响分析

PV发电单元阻抗模型是基于稳态工作点进行小信号线性化得到的。当辐照度或温度变化时，有功功率稳态工作点变化，会影响PV发电单元阻抗特性。下面分析光伏阵列辐照度和温度对阻抗特性的影响。首先，固定光伏阵列温度为25℃，辐照度在0.2～1.2kW/m^{2}之间变化，分析辐照度对阻抗特性的影响；然后，固定光伏阵列辐照度为1kW/m^2，温度在0～50℃之间变化，分析温度对阻抗特性的影响。稳态工作点对阻抗特性影响如图7-10所示。

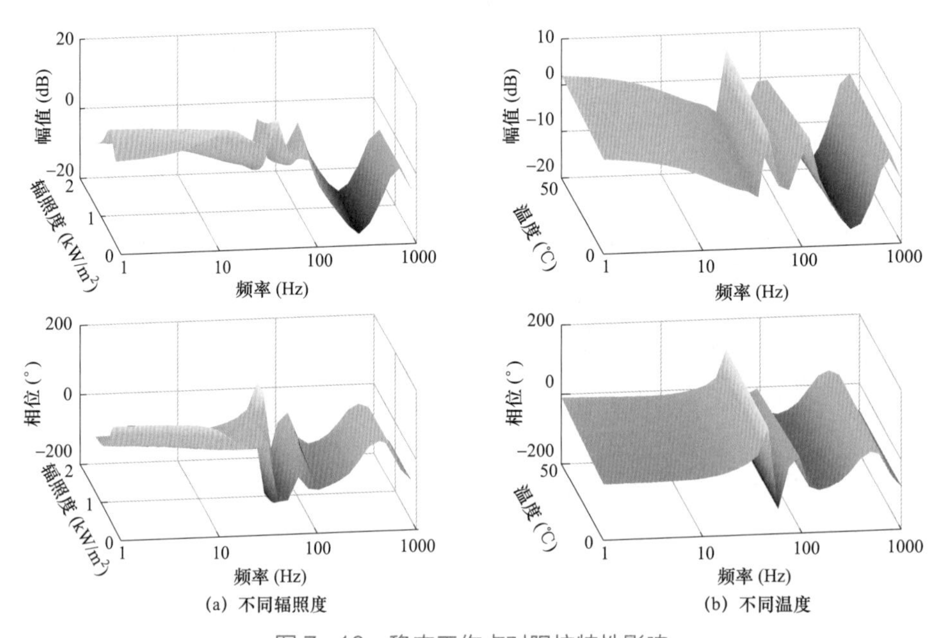

(a) 不同辐照度　　(b) 不同温度

图7-10　稳态工作点对阻抗特性影响

由图7-10可知，辐照度、温度等稳态工作点主要对频段$f<f_1+f_{iac}$阻抗特性产生影响，对于频段$f>f_1+f_{iac}$，PV发电单元阻抗特性主要由主电路LC滤波器参数决定，辐照度和温度对该频段阻抗特性的影响可忽略不计。

7.4.1.5　宽频阻抗频段划分小结

根据PV发电单元各频段内主导影响因素分析，可以将宽频阻抗频段划分总结如下：

（1）在频段I_{PV}（$f<f_1-f_{tc}$），PV发电单元阻抗特性无主导影响因素，PLL控制、交

流电流控制及稳态工作点共同影响该频段的阻抗特性。

（2）在频段Ⅱ$_{PV}$（$f_1-f_{tc}<f<f_1+f_{tc}$），PV 发电单元阻抗特性由 PLL 控制主导。随着 PLL 控制带宽的增加，谐振峰离基波频率距离越远；随着控制相位裕度的减小，容性负阻尼加剧。此外，稳态工作点对该频段阻抗特性产生影响。

（3）在频段Ⅲ$_{PV}$（$f_1+f_{tc}<f<f_1+f_{iac}$），PV 发电单元阻抗特性由交流电流控制主导。随着交流电流控制带宽的增加，阻抗呈现容性的频率范围增大；随着控制相位裕度的减小，容性阻尼特性越弱。此外，稳态工作点变化对该频段阻抗特性产生影响。

（4）在频段Ⅳ$_{PV}$（$f>f_1+f_{gic}$），PV 发电单元阻抗特性由主电路 LC 滤波器主导。随着频率的增加，阻抗由感性变为容性，谐振频率与 LC 滤波器参数取值有关。

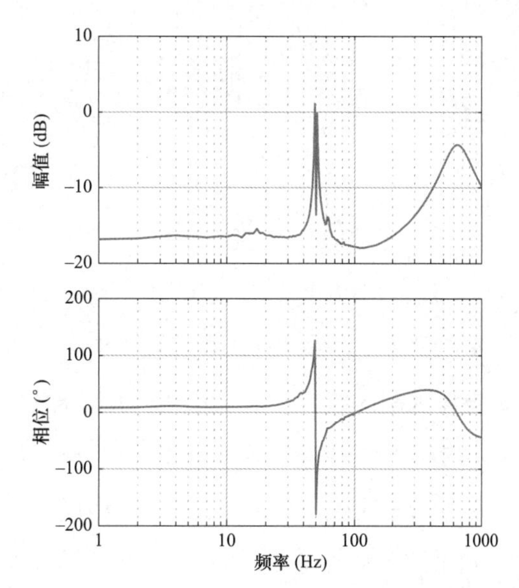

图 7－11　0.5MW PV 发电单元（型号 A）阻抗

基于 CHIL 平台，对不同型号 PV 发电单元开展阻抗扫描，0.5MW PV 发电单元（型号 A）阻抗如图 7－11 所示，1.0MW PV 发电单元（型号 B）阻抗如图 7－12 所示，3.15MW PV 发电单元（型号 C）阻抗如图 7－13 所示。由图可见，频段Ⅰ$_{PV}$范围大致为 $f<40$Hz，频段Ⅱ$_{PV}$范围为 40Hz$<f<$60Hz，频段Ⅲ$_{PV}$范围为 60Hz$<f<$200Hz，Ⅳ$_{PV}$范围为 $f>$200Hz。

7.4.2　各频段负阻尼特性分析

PLL 控制、交流电流控制、LC 滤波器对 PV 发电单元不同频段的阻抗特性起主导作用，得出了宽频阻抗频段划分原则。考虑到 PV 发电单元控制系统涉及多控制器/环节协调配合，同一频段内阻抗特性除了受到主导因素影响外，还受到其余控制器/环节叠加影响。本节将对直流电压环、延时等环节与其他控制环节的频带重叠效应进行分析，揭示各频段负阻尼阻抗特性的产生机理。

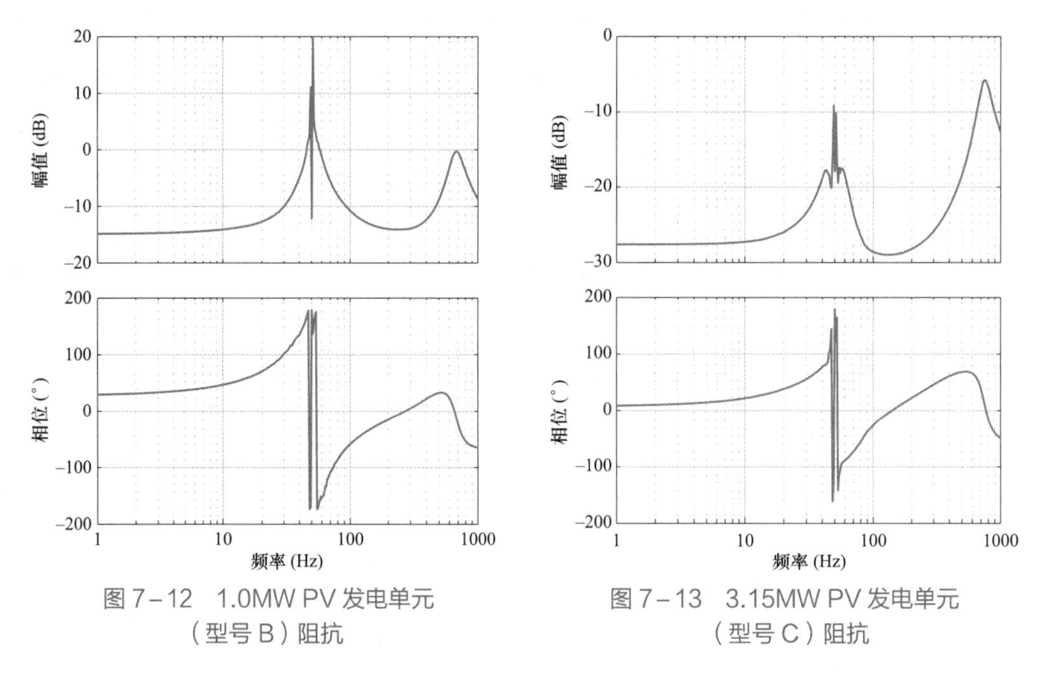

图 7-12　1.0MW PV 发电单元（型号 B）阻抗

图 7-13　3.15MW PV 发电单元（型号 C）阻抗

7.4.2.1　频段 $\mathrm{II}_{\mathrm{PV}}$ 内负阻尼特性分析

在频段 $\mathrm{II}_{\mathrm{PV}}$，PV 发电单元阻尼特性由 PLL 控制主导。此外，该频段阻抗特性还受直流电压控制的影响。本节研究了直流电压控制与 PLL 控制在此频段的频带重叠效应。

1. 直流电压环对负阻尼特性影响分析

下面分析直流电压控制带宽 f_{vdc} 和控制相位裕度 θ_{vdc} 对频段 $\mathrm{II}_{\mathrm{PV}}$ 负阻尼特性的影响。固定 PLL 控制带宽 f_{tc} 为 30Hz，其相位裕度 θ_{tc} 为 45°。在此前提下，首先，固定直流电压控制相位裕度 θ_{vdc} 为 45°，将其控制带宽 f_{vdc} 分别设置为 5、15、25Hz，分析控制带宽对阻尼特性的影响；然后，固定直流电压控制带宽 f_{vdc} 为 15Hz，将其相位裕度 θ_{vdc} 分别设置为 10°、45°、80°，分析控制相位裕度对阻尼特性的影响。直流电压环对频段 $\mathrm{II}_{\mathrm{PV}}$ 阻尼特性影响如图 7-14 所示。

由图 7-14 可知，直流电压环与 PLL 在频段 $\mathrm{II}_{\mathrm{PV}}$ 内存在频带重叠，导致该频段产生负阻尼特性，且直流电压环相位裕度会影响频段 $\mathrm{II}_{\mathrm{PV}}$ 负阻尼程度。

2. 稳态工作点对负阻尼特性影响分析

下面分析辐照度 S 和温度 T 对频段 $\mathrm{II}_{\mathrm{PV}}$ 阻尼特性的影响。首先，固定光伏阵列温度 T 为 25℃，将辐照度 S 分别设置为 0.3、0.6、1kW/m^2，分析辐照度对阻尼特性的影响；然后，固定辐照度 S 为 1kW/m^2，将温度 T 分别设置为 0、25、50℃，分析温度对阻尼特

性的影响。稳态工作点对频段Ⅱ$_{PV}$阻尼特性影响如图 7－15 所示。

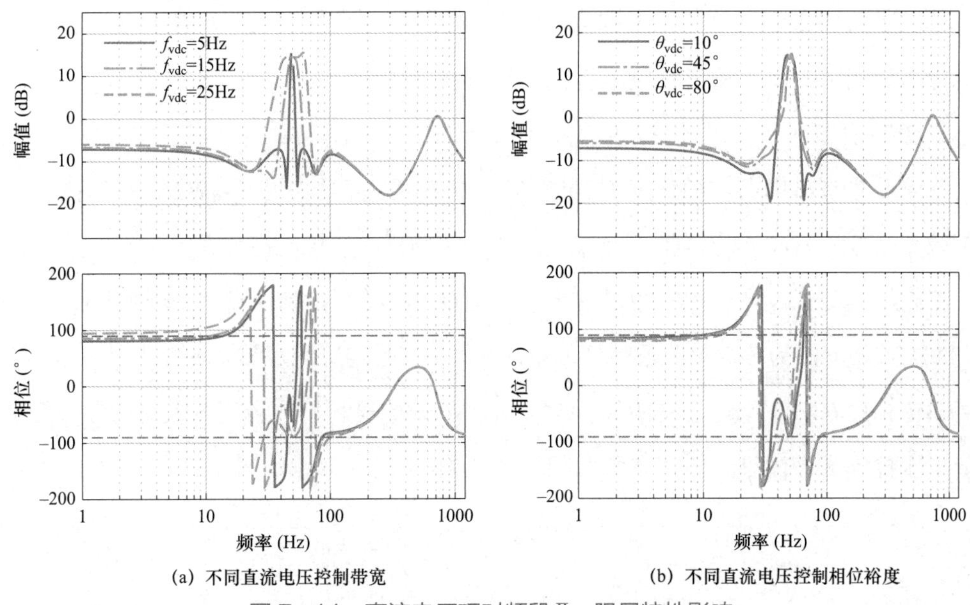

(a) 不同直流电压控制带宽　　(b) 不同直流电压控制相位裕度

图 7－14　直流电压环对频段Ⅱ$_{PV}$阻尼特性影响

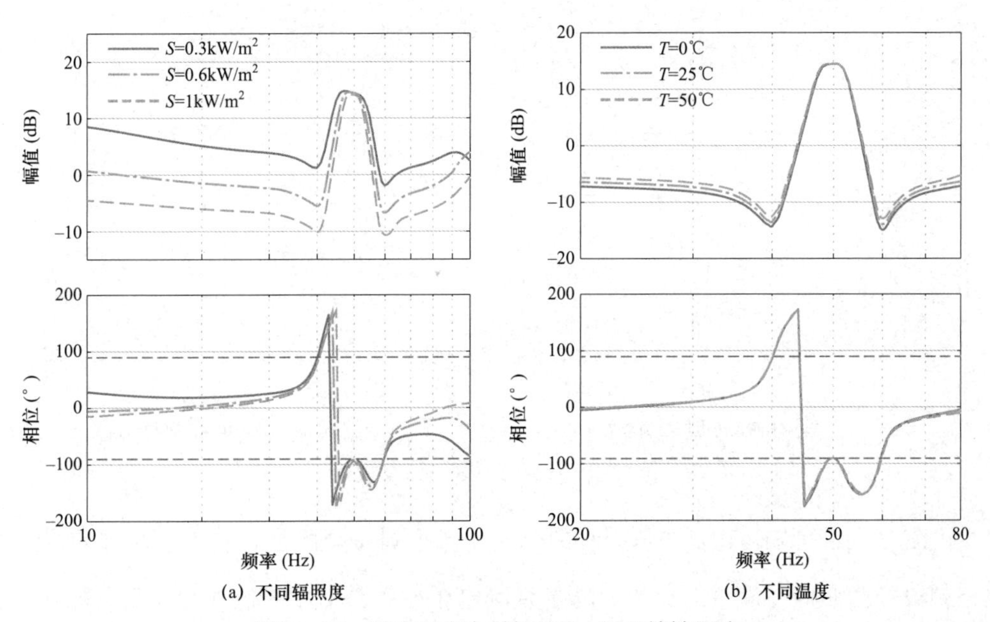

(a) 不同辐照度　　(b) 不同温度

图 7－15　稳态工作点对频段Ⅱ$_{PV}$阻尼特性影响

由图 7－15 可知，辐照度影响 PV 发电单元在频段Ⅱ$_{PV}$谐振峰处的阻抗幅值和相位，随着辐照度的增加，阻抗幅值减小，负阻尼程度加深。温度对阻抗特性无显著影响。

7.4.2.2　频段Ⅲ$_{PV}$内负阻尼特性分析

频段Ⅲ$_{PV}$内 PV 发电单元阻抗特性由交流电流环主导。其前半频段阻抗特性同时受直流电压控制影响，其后半频段阻抗受延时影响。

1. 直流电压环对负阻尼特性影响分析

下面分析直流电压控制带宽 f_{vdc} 和控制相位裕度 θ_{vdc} 对负阻尼特性的影响。固定 PLL 控制带宽 f_{tc} 为 5Hz，交流电流控制带宽 f_{iac} 为 300Hz，其相位裕度 θ_{iac} 为 45°。在此前提下，首先，固定直流电压控制相位裕度 θ_{vdc} 为 60°，将其控制带宽 f_{vdc} 分别设置为 40、60、80Hz，分析控制带宽对阻尼特性的影响；然后，固定直流电压控制带宽 f_{vdc} 为 70Hz，将其相位裕度 θ_{vdc} 分别设置为 10°、45°、80°，分析控制相位裕度对阻尼特性的影响。直流电压控制对频段Ⅲ$_{PV}$阻尼特性影响如图 7－16 所示。

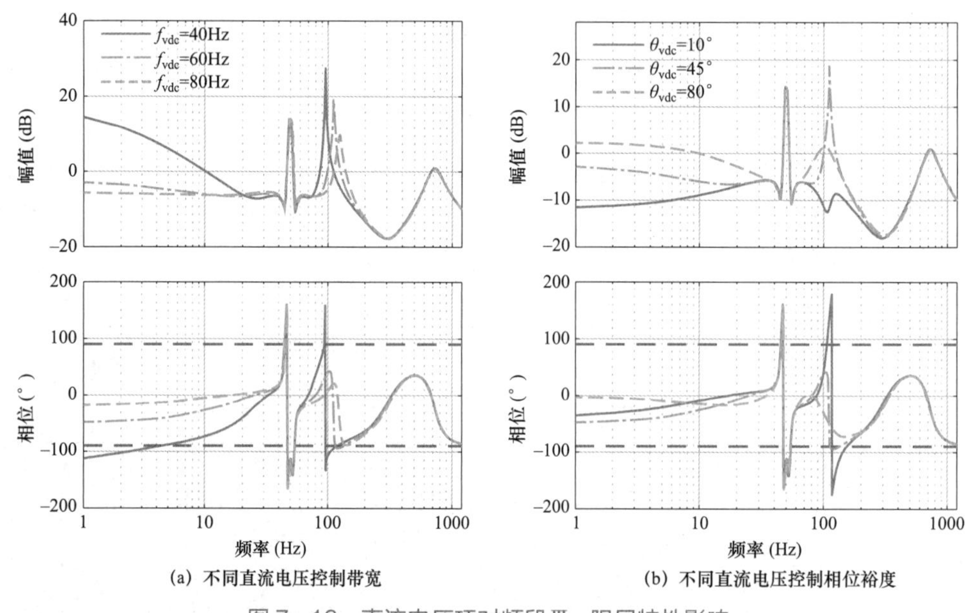

图 7－16　直流电压环对频段Ⅲ$_{PV}$阻尼特性影响

由图 7－16 可知，直流电压控制和交流电流控制在频段Ⅲ$_{PV}$内存在频带重叠，导致该频段产生负阻尼特性。此外，随着直流电压控制带宽和控制相位裕度的减小，负阻尼程度将会进一步加剧。

2. 延时对负阻尼特性影响分析

固定交流电流控制带宽 f_{iac} 为 300Hz，控制相位裕度 θ_{iac} 为 45°，将延时分别设置为 50、150、250μs，延时对频段Ⅲ$_{PV}$阻尼特性影响如图 7－17 所示。

由图 7－17 可知，延时与交流电流控制存在频带重叠，导致在交流电流控制带宽频率呈现负阻尼特性，并且随着延时的增大，负阻尼程度将会进一步加剧。

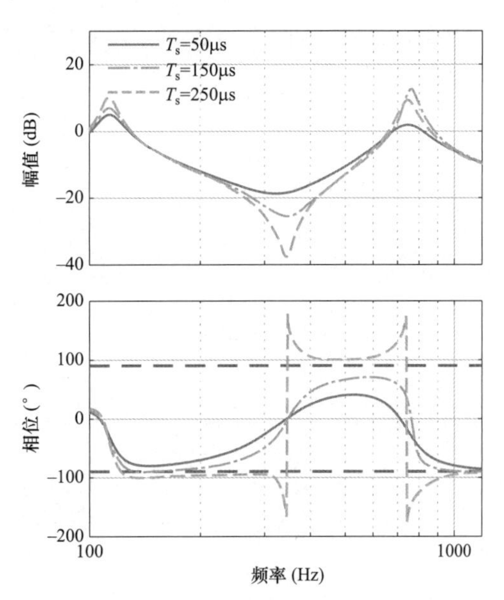

图 7－17　延时对频段 III_{PV} 阻尼特性影响

3. 稳态工作点对负阻尼特性影响分析

下面分析辐照度和温度对频段 III_{PV} 负阻尼特性的影响。首先，固定光伏阵列温度 T 为 25℃，将辐照度 S 分别设置为 0.3、0.6、1kW/m²，分析辐照度对频段 III_{PV} 内阻尼特性的影响；然后，固定辐照度 S 为 1kW/m²，将温度 T 分别设置为 0、25、50℃，分析温度对频段 III_{PV} 内阻尼特性的影响。稳态工作点对频段 III_{PV} 阻尼特性影响如图 7－18 所示。

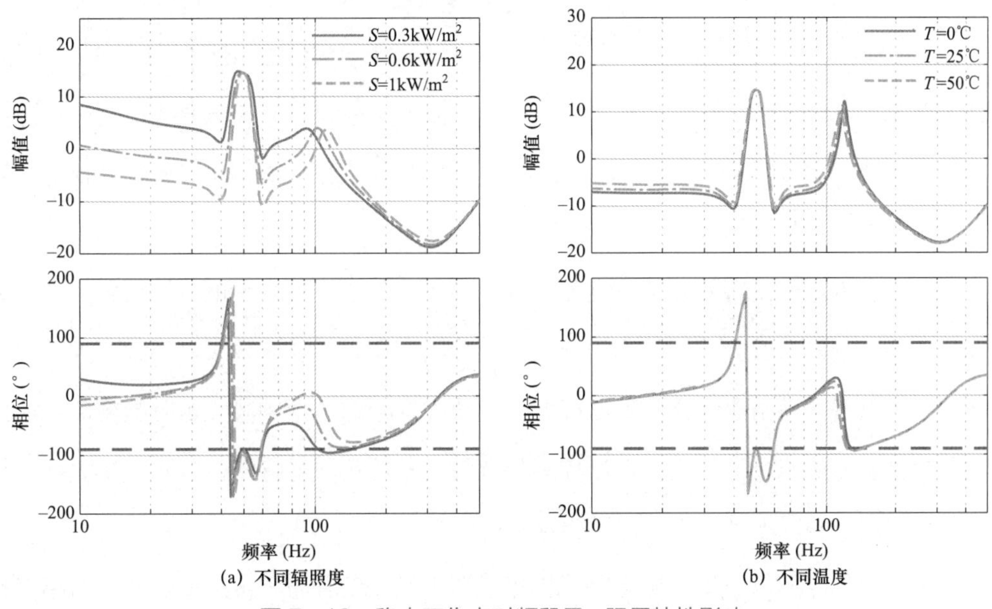

图 7－18　稳态工作点对频段 III_{PV} 阻尼特性影响

由图 7－18 可知，辐照度减小，即 PV 发电单元稳态功率减小会加深频段 III_{PV} 的负阻尼程度。温度对频段 III_{PV} 的负阻尼程度影响不明显。

7.4.2.3　频段Ⅳ_{PV}内负阻尼特性分析

下面分析延时对频段Ⅳ_{PV}负阻尼特性的影响，固定主电路LC滤波器参数，将等效延时分别设置为10、100、200μs，延时对频段Ⅳ_{PV}阻尼特性影响如图7－19所示。

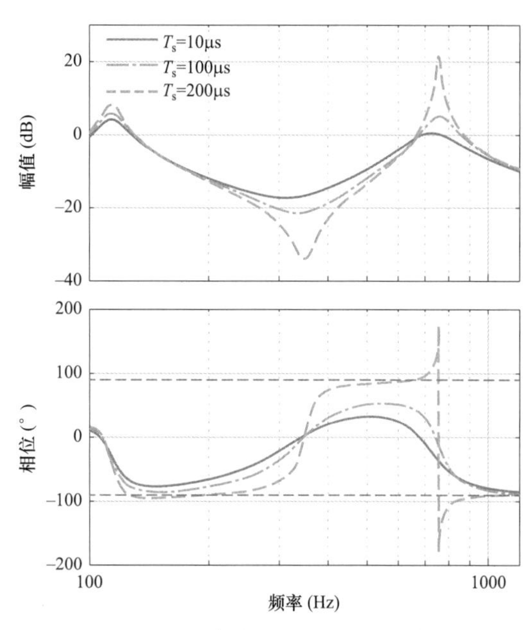

图7－19　延时对频段Ⅳ_{PV}阻尼特性影响

由图7－19可知，延时与主电路LC滤波器存在频带重叠，导致频段Ⅳ_{PV}内呈现负阻尼特性，且随着延时的增大，负阻尼特性程度会进一步加剧。

7.4.2.4　各频段负阻尼特性分析小结

通过对PV发电单元各频段负阻尼特性进行分析，可得到如下结论：

（1）频段Ⅱ_{PV}阻抗特性由PLL主导，同时受直流电压控制和稳态工作点的影响。当直流电压控制带宽低于PLL，直流电压控制与PLL在频段Ⅱ_{PV}内存在频带重叠效应，导致该频段内出现负阻尼特性。光伏阵列辐照度增加会加深负阻尼程度。

（2）频段Ⅲ_{PV}阻抗特性由交流电流控制主导。此外，还受直流电压控制影响。在频段Ⅲ_{PV}的前半频段，直流电压控制与交流电流控制存在频带重叠效应，导致呈现负阻尼特性，且相位裕度减小会加剧负阻尼程度。在频段Ⅲ_{PV}的后半频段，延时与交流电流控制存在频带重叠效应，导致交流电流控制带宽附近呈现负阻尼特性，且延时增大将会加剧负阻尼程度。辐照度减小会加深负阻尼程度。

（3）频段Ⅳ_{PV}阻抗特性由主电路LC滤波器主导，延时与主电路LC滤波器存在频带重叠效应，导致呈现负阻尼特性，且延时增大会加剧负阻尼程度。

基于CHIL平台，对不同型号PV发电单元开展阻抗扫描，1.0MW PV发电单元（型号D）阻尼特性如图7－20所示，3.15MW PV发电单元（型号E）阻尼特性如图7－21

所示。由图可见，PV 发电单元在频段 $Ⅲ_{PV}$ 呈现容性负阻尼。

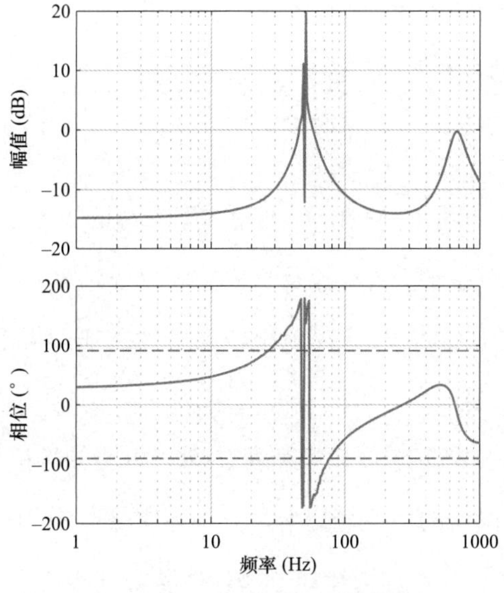

图 7-20　1.0MW PV 发电单元（型号 D）阻尼特性

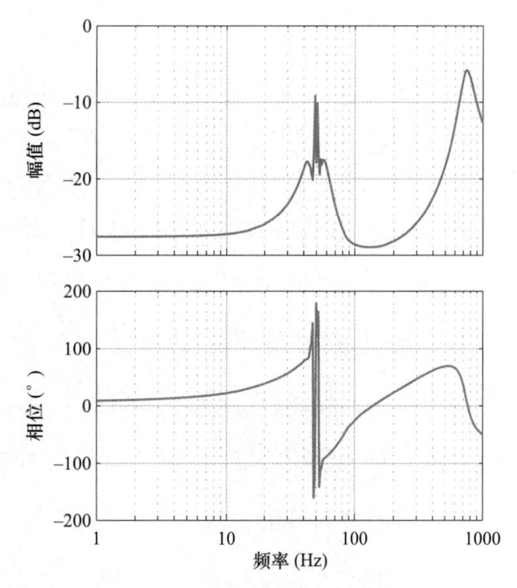

图 7-21　3.15MW PV 发电单元（型号 E）阻尼特性

第 8 章　静止无功发生器阻抗模型及特性分析

中高电压 SVG 普遍采用级联 H 桥拓扑结构（单星形 MMC），与第 3 章介绍的 MMC 拓扑结构（双星形 MMC）相比，单星形 MMC 不存在桥臂环流及相应的环流控制策略。SVG 运行过程中根据不同的控制要求，采用含定无功功率、定交流电压等多种控制模式，不同控制模式导致 SVG 与 MMC 控制策略存在区别。

本章首先介绍级联 H 桥 SVG 的工作原理和控制策略。基于级联 H 桥主电路频域模型开展谐波特性分析，推导 SVG 主电路与控制电路的小信号模型，分别建立级联 H 桥 SVG 不同控制模式下（定无功功率、定交流电压）的小信号阻抗模型，并验证其阻抗模型的准确性。然后，分别建立功率外环、交流电压环、PLL、电流内环、延时、主电路滤波器与阻抗的频域数学模型，分析定无功功率、定交流电压两种不同控制模式下、不同频段内阻抗特性的主导因素，提出宽频阻抗特性频段划分方法，并揭示各频段负阻尼阻抗特性产生机理。最后，基于 CHIL 仿真平台扫描多个型号 SVG 的宽频阻抗特性曲线，给出频段划分的典型值。

8.1　工作原理及控制策略

8.1.1　拓扑结构

SVG 主要采用星形级联 H 桥电路，也称为单星形 MMC 电路，其拓扑结构如图 8－1（a）所示。在子模块数量相同情况下，与角形级联 MMC 相比，单星形 MMC 具有更高的输出电压等级。图 8－1（a）中，v_a、v_b、v_c 分别为 SVG 的 a、b、c 相交流电压；i_a、i_b、i_c 分别为 SVG 的 a、b、c 相交流电流；v_{am}、v_{bm}、v_{cm} 分别为三相桥臂电压；L_{arm}、R_{arm} 分别为桥臂电感、电阻；N 为桥臂子模块数量。SVG 子模块拓扑结构采用全桥子模块，如图 8－1（b）所示，能够输出正、负和零电平。下文以 $l=a,b,c$ 分别表示 a、b、c 相。

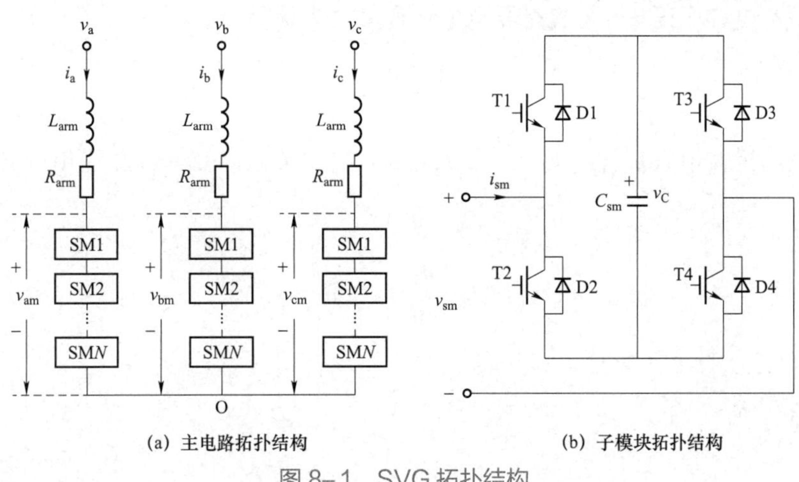

图 8–1　SVG 拓扑结构

8.1.2　工作原理

SVG 各桥臂工作原理与第 3 章 MMC 基本一致。SVG 通常采用电容电压平衡算法，可认为同一桥臂中各个子模块电容电压相等。基于桥臂整体输入输出一致性，可采用一个等效子模块替代桥臂 N 个子模块。根据第 3 章内容，忽略开关动态过程，建立的 SVG 平均值模型如图 8–2 所示。

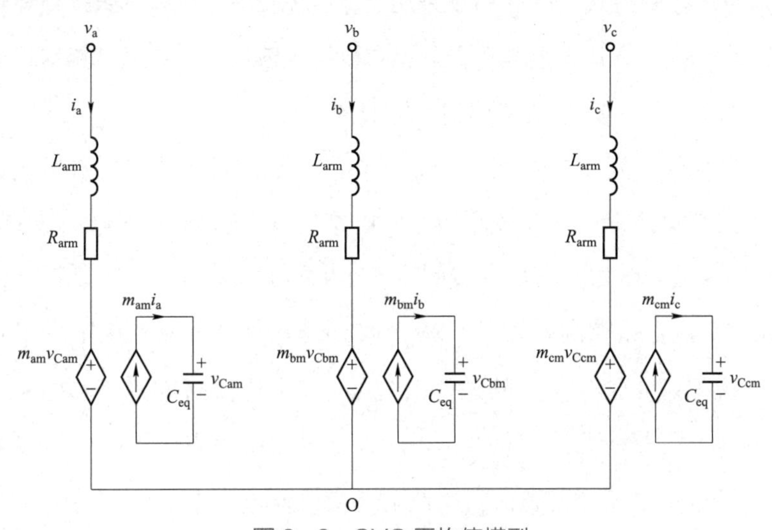

图 8–2　SVG 平均值模型

在 SVG 平均值模型中，每相桥臂由一个受控电压源、一个受控电流源以及一个桥臂等效电容构成。C_{eq} 为 SVG 桥臂等效电容，且 $C_{eq} = C_{sm} / N$。用受控电压源 $m_{lm}v_{Clm}$ 等效桥臂电压，用受控电流源 $m_{lm}i_l$ 等效桥臂电容电流。

三相桥臂电容电压 v_{Clm} 与其充放电电流 $m_{lm}i_l$ 之间满足

$$C_{\rm eq}\frac{{\rm d}v_{Clm}}{{\rm d}t}=m_{lm}i_l \tag{8-1}$$

根据三相桥臂电压 $m_{lm}v_{Clm}$ 与三相交流电流 i_l 之间关系，可得 SVG 三相桥臂回路时域模型为

$$m_{lm}v_{Clm}+L_{\rm arm}\frac{{\rm d}i_l}{{\rm d}t}+R_{\rm arm}i_l=v_l-v_{\rm O} \tag{8-2}$$

式中：$v_{\rm O}$ 为交流中性点电压。

$v_{\rm O}$ 可表示为

$$v_{\rm O}=-\frac{1}{3}\sum_{l={\rm a,b,c}}m_{lm}v_{Clm} \tag{8-3}$$

即交流中性点电压为三相桥臂电压的零序分量。

8.1.3　控制策略

SVG 的功能是补偿系统无功功率，稳定接入点电压。因此，SVG 需要并网运行，其通过 PLL 跟踪交流电压相位。根据控制需求不同，SVG 外环可以采用定无功功率控制模式或者定交流电压控制模式。SVG 内环采用交流电流控制模式，以跟踪外环生成的交流电流指令。此外，SVG 采用全局电压控制稳定桥臂电容电压，并通过相间均压控制确保三相桥臂电容电压平衡。SVG 典型控制结构如图 8-3 所示。

根据控制目标的不同，SVG 可采用定无功功率控制模式或定交流电压控制模式。在定无功功率控制模式下，SVG 按照指令向电网提供无功功率。SVG 无功功率 Q 与其参考指令 $Q_{\rm ref}$ 的差值，作为无功功率控制器 $H_{\rm q}(s)$ 的输入信号，产生交流电流 q 轴参考指令 $i_{\rm qref}$ 。在定交流电压控制模式下，SVG 按照指令调节并网点电压。交流电压参考指令 $V_{\rm acref}$ 与交流电压 d 轴分量 $v_{\rm d}$ 的差值，作为交流电压控制器 $H_{\rm vac}(s)$ 的输入信号，产生交流电流 q 轴参考指令 $i_{\rm qref}$ 。同时，SVG 需要采用电容电压平衡控制实现直流电压稳定控制。通过全局电压控制器 $H_{\rm vs}(s)$ 控制三相桥臂电容电压的平均值跟踪其参考指令 $V_{\rm dcref}$ ，产生交流电流 d 轴参考指令 $i_{\rm dref}$ 。其中， $V_{\rm dcref}$ 等于桥臂 N 个子模块额定电容电压之和。

SVG 交流电流控制在同步旋转坐标系下进行，通过 PLL 控制跟踪交流电压相位，使用锁相角 $\theta_{\rm PLL}$ 作为同步旋转参考角。根据上述得到的交流电流 d、q 轴参考指令 $i_{\rm dref}$ 、$i_{\rm qref}$ ，

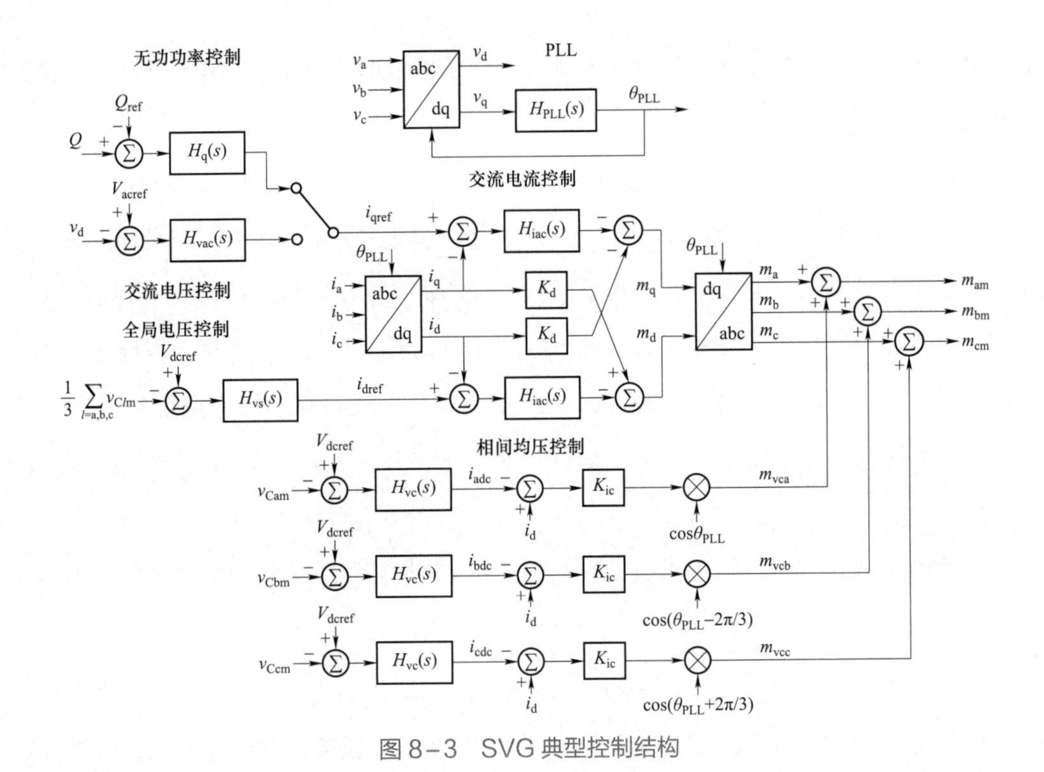

图 8–3　SVG 典型控制结构

与交流电流 d、q 轴分量 i_d 、 i_q 的差值，作为交流电流控制器 $H_{iac}(s)$ 输入信号，产生交流调制信号 d、q 轴分量 m_d 、 m_q 。经反 Park 变换，产生三相交流调制信号 m_l 。图中， K_d 为交流电流控制解耦系数。

在全局电压控制的基础上，SVG 采用相间均压控制维持三相桥臂电容电压平衡。首先，相间均压控制器 $H_{vc}(s)$ 控制三相桥臂电容电压 v_{Clm} 跟踪直流电压参考指令 V_{dcref} ，产生三相均压控制电流补偿量 i_{ldc} 。然后，交流电流 d 轴分量 i_d 与三相均压控制电流补偿量 i_{ldc} 的差值，经过相间均压电流比例系数 K_{ic} ，再分别乘以 $\cos\theta_{PLL}$ 、 $\cos(\theta_{PLL}-2\pi/3)$ 、 $\cos(\theta_{PLL}+2\pi/3)$ ，形成三相相间均压调制信号 m_{vcl} 。最后，由三相交流调制信号 m_l 和三相相间均压调制信号 m_{vcl} 相加，构成三相桥臂调制信号 m_{lm} ，可表示为

$$m_{lm}=m_l+m_{vcl} \tag{8-4}$$

8.2　稳态工作点频域建模

8.2.1　稳态工作点频域特性分析

SVG 每相仅有一个桥臂，且桥臂电流即为该相交流电流，相间不存在环流。此外，

桥臂电压 $m_{lm}v_{Clm}$ 直接作用于交流回路，因此三相桥臂调制信号 m_{lm} 含基频分量，不含直流和二倍频分量。

稳态运行时，三相桥臂调制信号 m_{lm} 的基频分量与三相交流电流 i_l 的基频分量相乘，产生二倍频桥臂电容充放电电流，导致三相桥臂电容电压 v_{Clm} 除了含直流分量外，还包含二倍频分量。三相桥臂电容电压 v_{Clm} 的二倍频稳态分量与三相桥臂调制信号 m_{lm} 的基频分量相乘，导致三相桥臂电压 $m_{lm}v_{Clm}$ 产生三倍频零序分量。在星形联结下，SVG 不存在零序电流通路，桥臂电压 $m_{lm}v_{Clm}$ 中三倍频零序分量将被中性点电压 v_O 抵消。交流电流、桥臂电容电压以及调制信号均不会产生三倍频分量。故 SVG 不含三次以上谐波分量。

为了描述SVG 多频次稳态谐波，将各稳态谐波分量按照下述稳态频率序列排成 7 行稳态向量，即

$$[-3f_1,\ -2f_1,\ -f_1,\ 0,\ f_1,\ 2f_1,\ 3f_1]^{\mathrm{T}} \tag{8-5}$$

以 a 相桥臂为例，SVG 交流电流、桥臂电容电压以及桥臂调制信号的稳态向量可表示为

$$\begin{cases}\boldsymbol{I}_{\mathrm{a}} = [\ 0,\ 0,\ \boldsymbol{I}_1^*,\ 0,\ \boldsymbol{I}_1,\ 0,\ 0\ ]^{\mathrm{T}} \\ \boldsymbol{V}_{\mathrm{Cam}} = [\ 0,\ \boldsymbol{V}_{\mathrm{Cam2}}^*,\ 0,\ \boldsymbol{V}_{\mathrm{Cam0}},\ 0,\ \boldsymbol{V}_{\mathrm{Cam2}},\ 0\ ]^{\mathrm{T}} \\ \boldsymbol{M}_{\mathrm{am}} = [\ 0,\ 0,\ \boldsymbol{M}_{\mathrm{am1}}^*,\ 0,\ \boldsymbol{M}_{\mathrm{am1}},\ 0,\ 0\ ]^{\mathrm{T}}\end{cases} \tag{8-6}$$

式中，稳态向量中各分量采用复矢量形式表示，$\boldsymbol{I}_k = I_k\mathrm{e}^{\mathrm{j}\varphi_{\mathrm{i}_k}}$、$\boldsymbol{V}_{\mathrm{Cam}k} = V_k\mathrm{e}^{\mathrm{j}\varphi_{\mathrm{v}_k}}$、$\boldsymbol{M}_{\mathrm{am}k} = M_k\mathrm{e}^{\mathrm{j}\varphi_{\mathrm{m}_k}}$，反映相应频率处稳态分量的幅值与相位；负频率分量由正频率分量取共轭得到，$\boldsymbol{I}_{(-k)} = \boldsymbol{I}_k^*$、$\boldsymbol{V}_{\mathrm{Cam}(-k)} = \boldsymbol{V}_{\mathrm{Cam}k}^*$、$\boldsymbol{M}_{\mathrm{am}(-k)} = \boldsymbol{M}_{\mathrm{am}k}^*$。

此外，三相稳态分量相序关系可以用取模函数表示为

$$\mathrm{mod}(k,3) = \begin{cases} +1,\ k = 3n+1 \\ -1,\ k = 3n+2 \quad (n = -1,0,1) \\ \ \ 0,\ k = 3n \end{cases} \tag{8-7}$$

对于频率为 kf_1 的稳态分量，+1 表示正序，即 $(3n+1)f_1$ 频率处稳态分量为正序分量；−1 表示负序，即 $(3n+2)f_1$ 频率处稳态分量为负序分量；0 表示零序，即 $3nf_1$ 频率处稳态分量为零序分量。根据三相相序转换关系，由式（8−6）可得 b、c 相交流电流、桥臂电容电压及调制信号的稳态向量表达式，即

$$\begin{cases} \boldsymbol{I}_{\mathrm{b}} = \boldsymbol{D}\boldsymbol{I}_{\mathrm{a}},\ \boldsymbol{V}_{\mathrm{Cbm}} = \boldsymbol{D}\boldsymbol{V}_{\mathrm{Cam}},\ \boldsymbol{M}_{\mathrm{bm}} = \boldsymbol{D}\boldsymbol{M}_{\mathrm{am}} \\ \boldsymbol{I}_{\mathrm{c}} = \boldsymbol{D}^{*}\boldsymbol{I}_{\mathrm{a}},\ \boldsymbol{V}_{\mathrm{Ccm}} = \boldsymbol{D}^{*}\boldsymbol{V}_{\mathrm{Cam}},\ \boldsymbol{M}_{\mathrm{cm}} = \boldsymbol{D}^{*}\boldsymbol{M}_{\mathrm{am}} \end{cases} \tag{8-8}$$

式中：$\boldsymbol{D}$ 为稳态向量相序系数矩阵。

$\boldsymbol{D}$ 的表达式为

$$\boldsymbol{D} = \mathrm{diag}[\{\mathrm{e}^{-\mathrm{j}2k\pi/3}\}|_{k=-3\sim3}] \tag{8-9}$$

8.2.2　主电路频域模型

根据 SVG 交流电流、桥臂电容电压及调制信号的稳态向量，将式（8－1）和式（8－2）所示桥臂回路时域模型转换至频域，可得桥臂回路频域稳态模型，即

$$\boldsymbol{Y}_{\mathrm{Ceq0}}\boldsymbol{V}_{\mathrm{C}l\mathrm{m}} = \boldsymbol{M}_{l\mathrm{m}} \otimes \boldsymbol{I}_{l} \tag{8-10}$$

$$\boldsymbol{Z}_{\mathrm{Larm0}}\boldsymbol{I}_{l} = \boldsymbol{V}_{l} - \boldsymbol{V}_{\mathrm{O}} - \boldsymbol{M}_{l\mathrm{m}} \otimes \boldsymbol{V}_{\mathrm{C}l\mathrm{m}} \tag{8-11}$$

式中：$\boldsymbol{V}_{\mathrm{O}}$ 为交流中性点电压稳态向量；$\boldsymbol{V}_{l}$ 为三相交流电压稳态向量；$\boldsymbol{Z}_{\mathrm{Larm0}}$、$\boldsymbol{Y}_{\mathrm{Ceq0}}$ 分别为稳态频率序列下桥臂电感阻抗和桥臂电容导纳。

a 相交流电压稳态向量 $\boldsymbol{V}_{\mathrm{a}}$ 可表示为

$$\boldsymbol{V}_{\mathrm{a}} = [0,\ 0,\ V_1/2,\ 0,\ V_1/2,\ 0,\ 0]^{\mathrm{T}} \tag{8-12}$$

根据三相相序转换关系，由式（8－12）可得 b、c 相交流电压稳态向量 $\boldsymbol{V}_{\mathrm{b}}$、$\boldsymbol{V}_{\mathrm{c}}$。

$\boldsymbol{Z}_{\mathrm{Larm0}}$、$\boldsymbol{Y}_{\mathrm{Ceq0}}$ 表达式分别为

$$\boldsymbol{Z}_{\mathrm{Larm0}} = R_{\mathrm{arm}}\boldsymbol{U} + \mathrm{j}2\pi L_{\mathrm{arm}} \cdot \mathrm{diag}[-3f_1,\ -2f_1,\ -f_1,\ 0,\ f_1,\ 2f_1,\ 3f_1] \tag{8-13}$$

$$\boldsymbol{Y}_{\mathrm{Ceq0}} = \mathrm{j}2\pi C_{\mathrm{eq}} \cdot \mathrm{diag}[-3f_1,\ -2f_1,\ -f_1,\ 0,\ f_1,\ 2f_1,\ 3f_1] \tag{8-14}$$

为使用数量积代替卷积，需要将桥臂调制信号的稳态向量扩展至矩阵形式。以 a 相为例，扩展后的调制信号稳态矩阵表达式为

$$\boldsymbol{M}_{\mathrm{am}} = \begin{bmatrix} 0 & \boldsymbol{M}_{\mathrm{am1}}^{*} & 0 & 0 & 0 & 0 & 0 \\ \boldsymbol{M}_{\mathrm{am1}} & 0 & \boldsymbol{M}_{\mathrm{am1}}^{*} & 0 & 0 & 0 & 0 \\ 0 & \boldsymbol{M}_{\mathrm{am1}} & 0 & \boldsymbol{M}_{\mathrm{am1}}^{*} & 0 & 0 & 0 \\ 0 & 0 & \boldsymbol{M}_{\mathrm{am1}} & 0 & \boldsymbol{M}_{\mathrm{am1}}^{*} & 0 & 0 \\ 0 & 0 & 0 & \boldsymbol{M}_{\mathrm{am1}} & 0 & \boldsymbol{M}_{\mathrm{am1}}^{*} & 0 \\ 0 & 0 & 0 & 0 & \boldsymbol{M}_{\mathrm{am1}} & 0 & \boldsymbol{M}_{\mathrm{am1}}^{*} \\ 0 & 0 & 0 & 0 & 0 & \boldsymbol{M}_{\mathrm{am1}} & 0 \end{bmatrix} \tag{8-15}$$

SVG 稳态向量频域分布特性如表 8－1 所示。

表8-1 SVG稳态向量频域分布特性

稳态向量	频率	稳态向量	频率
$\boldsymbol{I}_l$	$\pm f_1$	$\boldsymbol{V}_{\mathrm{C}l\mathrm{m}}$	$\pm 2f_1$
$\boldsymbol{V}_{\mathrm{C}l\mathrm{m}}$	DC	$\boldsymbol{M}_{l\mathrm{m}}$	$\pm f_1$

8.3 小信号频域阻抗建模

本节对SVG进行小信号频域阻抗建模。首先，在交流电压稳态工作点叠加一个特定频率的小信号扰动。然后，分析小信号在各电压、电流及调制信号之间的频域分布特性，建立主电路小信号频域模型。最后，通过推导交流电流对交流电压扰动的小信号响应，建立SVG交流端口阻抗模型。

8.3.1 小信号频域特性分析

在交流电压稳态工作点上叠加小信号扰动后，交流电流与调制信号相乘、桥臂电容电压与调制信号相乘，将导致各次稳态谐波分量边带处产生小信号响应。SVG小信号传递通路与频率分布如图8-4所示。

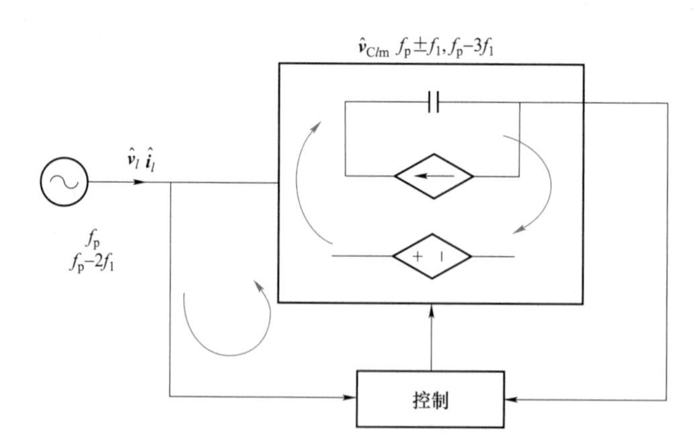

图8-4 SVG小信号传递通路与频率分布

在交流电压稳态工作点叠加一个频率为f_p的正序电压小信号扰动，其与SVG三相桥臂电压的压差作用到桥臂电感后，导致三相交流电流小信号向量$\hat{\boldsymbol{i}}_l$产生频率为f_p的分量。三相交流电流小信号向量$\hat{\boldsymbol{i}}_l$频率为f_p的分量与三相桥臂调制信号稳态向量$\boldsymbol{M}_{l\mathrm{m}}$中频率为

$\pm f_1$ 的分量相乘后，导致三相桥臂电容电压小信号向量 $\hat{\boldsymbol{v}}_{Clm}$ 产生频率为 $f_p \pm f_1$ 的分量。三相桥臂电容电压小信号向量 $\hat{\boldsymbol{v}}_{Clm}$ 频率为 $f_p \pm f_1$ 的分量与三相桥臂调制信号稳态向量 $\boldsymbol{M}_{lm}$ 中频率为 $\pm f_1$ 的分量相乘，导致三相桥臂电压小信号向量 $\hat{\boldsymbol{v}}_{lm}$ 产生频率为 f_p、$f_p - 2f_1$ 和 $f_p + 2f_1$ 的分量。

三相交流电压小信号向量 $\hat{\boldsymbol{v}}_l$ 与三相桥臂电压小信号向量 $\hat{\boldsymbol{v}}_{lm}$ 的压差作用于桥臂电感，导致三相交流电流小信号向量 $\hat{\boldsymbol{i}}_l$ 产生频率为 f_p 和 $f_p - 2f_1$ 的分量。由于 SVG 不存在零序电流通路，三相桥臂电压小信号向量 $\hat{\boldsymbol{v}}_{lm}$ 中频率为 $f_p + 2f_1$ 的零序分量，不会导致三相交流电流小信号向量 $\hat{\boldsymbol{i}}_l$ 产生频率为 $f_p + 2f_1$ 的零序分量。

三相交流电流小信号向量 $\hat{\boldsymbol{i}}_l$ 中频率为 $f_p - 2f_1$ 的分量与三相桥臂调制信号稳态向量 $\boldsymbol{M}_{lm}$ 中频率为 $\pm f_1$ 的分量，导致三相桥臂电容电压小信号向量 $\hat{\boldsymbol{v}}_{Clm}$ 产生频率 $f_p - f_1$ 和 $f_p - 3f_1$ 的分量。三相桥臂电容电压小信号向量 $\hat{\boldsymbol{v}}_{Clm}$ 中频率为 $f_p - 3f_1$ 的分量与三相桥臂调制信号稳态向量 $\boldsymbol{M}_{lm}$ 中频率为 $\pm f_1$ 的分量相乘，导致三相桥臂电压小信号向量 $\hat{\boldsymbol{v}}_{lm}$ 产生频率为 $f_p - 4f_1$ 的分量。$\hat{\boldsymbol{v}}_{lm}$ 中频率为 $f_p - 4f_1$ 的分量为零序分量，不会导致三相交流电流小信号向量 $\hat{\boldsymbol{i}}_l$ 产生频率为 $f_p - 4f_1$ 的分量，SVG 内部各环节不会产生更高频次的小信号分量。

SVG 内部各频率小信号分量产生过程如图 8-5 所示。图中，蓝色箭头表示三相交流电流小信号向量 $\hat{\boldsymbol{i}}_l$ 与三相桥臂调制信号稳态向量 $\boldsymbol{M}_{lm}$ 中频率为 $\pm f_1$ 的分量相乘；黄色箭头表示三相桥臂电容电压小信号向量 $\hat{\boldsymbol{v}}_{Clm}$ 与三相桥臂调制信号稳态向量 $\boldsymbol{M}_{lm}$ 中频率为 $\pm f_1$ 的分量相乘。交流电流中不存在零序电流小信号分量。

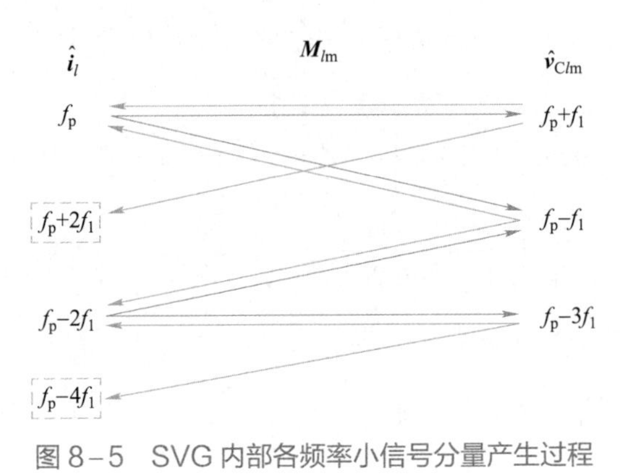

图 8-5　SVG 内部各频率小信号分量产生过程

此外，在控制作用下，三相桥臂调制信号的小信号向量 $\hat{\boldsymbol{m}}_{l\mathrm{m}}$ 将产生与三相交流电流小信号向量 $\hat{\boldsymbol{i}}_l$ 频率相同的分量（f_p、$f_\mathrm{p}-2f_1$）。三相桥臂调制信号的小信号向量 $\hat{\boldsymbol{m}}_{l\mathrm{m}}$ 分别与三相交流电流稳态向量 $\boldsymbol{I}_l$ 和三相桥臂电容电压稳态向量 $\boldsymbol{V}_{\mathrm{C}l\mathrm{m}}$ 相乘，分别导致桥臂电容充放电电流和桥臂电压产生小信号分量。上述过程反复迭代，最终达到动态平衡。

综上所述，SVG 小信号向量频域分布特性如表 8－2 所示。

表 8－2　　　　SVG 小信号向量频域分布特性

小信号向量	$\hat{\boldsymbol{i}}_l$		$\hat{\boldsymbol{v}}_{\mathrm{C}l\mathrm{m}}$			$\hat{\boldsymbol{m}}_{l\mathrm{m}}$	
频率	f_p	$f_\mathrm{p}-2f_1$	$f_\mathrm{p}+f_1$	$f_\mathrm{p}-f_1$	$f_\mathrm{p}-3f_1$	f_p	$f_\mathrm{p}-2f_1$

为了描述 SVG 各环节小信号频域特性，将交流电流、桥臂电容电压及桥臂调制信号的小信号分量按照下述小信号频率序列排成 7 行小信号向量，即

$$\left[f_\mathrm{p}-3f_1,\ f_\mathrm{p}-2f_1,\ f_\mathrm{p}-f_1,\ f_\mathrm{p},\ f_\mathrm{p}+f_1,\ f_\mathrm{p}+2f_1,\ f_\mathrm{p}+3f_1\right]^\mathrm{T} \tag{8-16}$$

以 a 相为例，SVG 交流电流、桥臂电容电压及桥臂调制信号的小信号向量表示为

$$\begin{cases}\hat{\boldsymbol{i}}_\mathrm{a}=[\ 0,\ \hat{\boldsymbol{i}}_{\mathrm{p}-2},\ 0,\ \hat{\boldsymbol{i}}_\mathrm{p},\ 0,\ 0,\ 0\ ]^\mathrm{T}\\ \hat{\boldsymbol{v}}_\mathrm{Cam}=[\ \hat{\boldsymbol{v}}_{\mathrm{Cam}-3},\ 0,\ \hat{\boldsymbol{v}}_{\mathrm{Cam}-1},\ 0,\ \hat{\boldsymbol{v}}_{\mathrm{Cam}+1},\ 0,\ 0\ ]^\mathrm{T}\\ \hat{\boldsymbol{m}}_\mathrm{am}=[\ 0,\ \hat{\boldsymbol{m}}_{\mathrm{am}-2},\ 0,\ \hat{\boldsymbol{m}}_{\mathrm{am}0},\ 0,\ 0,\ 0\ ]^\mathrm{T}\end{cases} \tag{8-17}$$

式中：$\hat{\boldsymbol{i}}_{\mathrm{p}k}$、$\hat{\boldsymbol{v}}_{\mathrm{Cam}k}$、$\hat{\boldsymbol{m}}_{\mathrm{am}k}$ 分别为频率 $f_\mathrm{p}+kf_1$ 处交流电流、桥臂电容电压及调制信号的小信号分量，k 取值为－3～3 之间的整数。

对于三相各小信号分量，描述其相序关系的取模函数为

$$\mathrm{mod}(k+1,3)=\begin{cases}+1\ ,k=3n\\ -1\ ,k=3n+1\quad (n=-1,0,1)\\ 0\ \ ,k=3n+2\end{cases} \tag{8-18}$$

+1 表示正序，即频率为 $f_\mathrm{p}+3nf_1$ 的小信号为正序分量；–1 表示负序，即频率为 $f_\mathrm{p}+(3n+1)f_1$ 的小信号为负序分量；0 表示正序，即频率为 $f_\mathrm{p}+(3n+2)f_1$ 的小信号为零序分量。根据小信号分量三相间相序转换关系，由式（8－17）可得 b、c 相各电气量小信号向量表达式，即

$$\begin{cases} \hat{\boldsymbol{i}}_{\text{b}} = \boldsymbol{D}_{\text{p}}\hat{\boldsymbol{i}}_{\text{a}}, & \hat{\boldsymbol{v}}_{\text{Cbm}} = \boldsymbol{D}_{\text{p}}\hat{\boldsymbol{v}}_{\text{Cam}}, & \hat{\boldsymbol{m}}_{\text{bm}} = \boldsymbol{D}_{\text{p}}\hat{\boldsymbol{m}}_{\text{am}} \\ \hat{\boldsymbol{i}}_{\text{c}} = \boldsymbol{D}_{\text{p}}^{*}\hat{\boldsymbol{i}}_{\text{a}}, & \hat{\boldsymbol{v}}_{\text{Ccm}} = \boldsymbol{D}_{\text{p}}^{*}\hat{\boldsymbol{v}}_{\text{Cam}}, & \hat{\boldsymbol{m}}_{\text{cm}} = \boldsymbol{D}_{\text{p}}^{*}\hat{\boldsymbol{m}}_{\text{am}} \end{cases} \tag{8-19}$$

式中：$\boldsymbol{D}_{\text{p}}$ 为小信号向量相序系数矩阵。

$\boldsymbol{D}_{\text{p}}$ 的表达式为

$$\boldsymbol{D}_{\text{p}} = \text{diag}\left[\{\text{e}^{-\text{j}2(k+1)\pi/3}\}\big|_{k=-3\sim3}\right] \tag{8-20}$$

8.3.2　小信号频域模型

8.3.2.1　主电路小信号模型

将式（8－1）和式（8－2）转换至频域，可得桥臂回路频域小信号模型。为使用数量积代替卷积，可将 SVG 各电气量稳态向量扩展至矩阵。下文中，$\boldsymbol{I}_l$、$\boldsymbol{V}_{\text{C}l\text{m}}$、$\boldsymbol{M}_{l\text{m}}$ 均表示稳态矩阵，并且卷积运算均用数量积代替。桥臂回路频域小信号模型可表示为

$$\hat{\boldsymbol{v}}_{\text{C}l\text{m}} = \boldsymbol{Z}_{\text{Ceq}}(\boldsymbol{I}_l\hat{\boldsymbol{m}}_{l\text{m}} + \boldsymbol{M}_{l\text{m}}\hat{\boldsymbol{i}}_l) \tag{8-21}$$

$$\hat{\boldsymbol{i}}_l = -\boldsymbol{Y}_{\text{Larm}}(\boldsymbol{V}_{\text{C}l\text{m}}\hat{\boldsymbol{m}}_{l\text{m}} + \boldsymbol{M}_{l\text{m}}\hat{\boldsymbol{v}}_{\text{C}l\text{m}} - \hat{\boldsymbol{v}}_l) \tag{8-22}$$

式中：$\hat{\boldsymbol{v}}_l$ 为三相交流电压小信号向量；$\boldsymbol{Z}_{\text{Ceq}}$ 为小信号频率序列下桥臂电容阻抗。

$\hat{\boldsymbol{v}}_l$、$\boldsymbol{Z}_{\text{Ceq}}$ 可分别表示为

$$\hat{\boldsymbol{v}}_l = [0,\ \hat{\boldsymbol{v}}_{\text{p}-2},\ 0,\ \hat{\boldsymbol{v}}_{\text{p}},\ 0,\ 0,\ 0]^{\text{T}} \tag{8-23}$$

$$\boldsymbol{Z}_{\text{Ceq}} = \frac{1}{\text{j}2\pi C_{\text{eq}}}\cdot\text{diag}\left[\frac{1}{f_{\text{p}}-3f_1},\ \frac{1}{f_{\text{p}}-2f_1},\ \frac{1}{f_{\text{p}}-f_1},\ \frac{1}{f_{\text{p}}},\ \frac{1}{f_{\text{p}}+f_1},\ \frac{1}{f_{\text{p}}+2f_1}\ \frac{1}{f_{\text{p}}+3f_1}\right] \tag{8-24}$$

$\boldsymbol{Y}_{\text{Larm}}$ 为修正后的小信号频率序列下桥臂电感导纳。在零序小信号分量对应频率 $f_{\text{p}}-f_1$、$f_{\text{p}}+2f_1$ 处，桥臂电感导纳元素为 0，使得交流端口不存在零序电流，从而替代交流中性点电压作用。$\boldsymbol{Y}_{\text{Larm}}$ 可表示为

$$\begin{aligned} \boldsymbol{Y}_{\text{Larm}} = \text{diag}\Bigg[&\frac{1}{R_{\text{arm}}+\text{j}2\pi(f_{\text{p}}-3f_1)L_{\text{arm}}},\ \frac{1}{R_{\text{arm}}+\text{j}2\pi(f_{\text{p}}-2f_1)L_{\text{arm}}},\ 0, \\ &\frac{1}{R_{\text{arm}}+\text{j}2\pi f_{\text{p}}L_{\text{arm}}},\ \frac{1}{R_{\text{arm}}+\text{j}2\pi(f_{\text{p}}+f_1)L_{\text{arm}}},\ 0,\ \frac{1}{R_{\text{arm}}+\text{j}2\pi(f_{\text{p}}+3f_1)L_{\text{arm}}}\Bigg] \end{aligned} \tag{8-25}$$

8.3.2.2　控制电路小信号频域模型

SVG 可工作在定无功功率控制模式和定交流电压控制模式。图 8－3 给出了 SVG 典

型控制结构。下面将分别针对这两种控制模式，建立控制电路频域的小信号模型。

1. 定无功功率控制模式

在定无功功率控制模式下，首先，在交流电压稳态工作点上叠加一个频率为 f_{p} 的正序电压小信号扰动，无功功率产生小信号向量 $\hat{\boldsymbol{q}}$。$\hat{\boldsymbol{q}}$ 与其参考指令的差值作为无功功率控制器 $H_{\mathrm{q}}(s)$ 输入信号，产生交流电流小信号 q 轴参考指令 $\hat{\boldsymbol{i}}_{\mathrm{qref}}$。由全局电压控制器 $H_{\mathrm{vs}}(s)$ 产生交流电流小信号 d 轴参考指令 $\hat{\boldsymbol{i}}_{\mathrm{dref}}$。其次，三相交流电流小信号向量 $\hat{\boldsymbol{i}}_{l}$ 和锁相角小信号向量 $\hat{\boldsymbol{\theta}}_{\mathrm{PLL}}$，导致交流电流产生 d、q 轴小信号分量 $\hat{\boldsymbol{i}}_{\mathrm{d}}$、$\hat{\boldsymbol{i}}_{\mathrm{q}}$。然后，交流电流小信号 d、q 轴参考指令 $\hat{\boldsymbol{i}}_{\mathrm{dref}}$、$\hat{\boldsymbol{i}}_{\mathrm{qref}}$ 与交流电流小信号 d、q 轴分量 $\hat{\boldsymbol{i}}_{\mathrm{d}}$、$\hat{\boldsymbol{i}}_{\mathrm{q}}$ 的差值，作为交流电流控制器 $H_{\mathrm{iac}}(s)$ 输入信号，产生交流调制信号小信号 d、q 轴分量 $\hat{\boldsymbol{m}}_{\mathrm{d}}$、$\hat{\boldsymbol{m}}_{\mathrm{q}}$。最后，经反 Park 变换，形成三相交流调制信号小信号向量 $\hat{\boldsymbol{m}}_{l}$。以 a 相为例，$\hat{\boldsymbol{m}}_{\mathrm{a}}$ 的表达式为

$$\hat{\boldsymbol{m}}_{\mathrm{a}}=\boldsymbol{G}_1\boldsymbol{D}_1\hat{\boldsymbol{i}}_{\mathrm{a}}+\boldsymbol{G}_2\boldsymbol{D}_2\hat{\boldsymbol{v}}_{\mathrm{a}}+\boldsymbol{G}_3\boldsymbol{D}_3\hat{\boldsymbol{v}}_{\mathrm{Cam}} \tag{8-26}$$

式中：$\boldsymbol{G}_1$、$\boldsymbol{G}_2$、$\boldsymbol{G}_3$ 为七阶矩阵，除下述元素外，其余元素均为 0。

$$\begin{cases}\boldsymbol{G}_1(2,2)=H_{\mathrm{iac}}[\mathrm{j}2\pi(f_{\mathrm{p}}-f_1)]\{3V_1H_{\mathrm{q}}[\mathrm{j}2\pi(f_{\mathrm{p}}-f_1)]/2+1\}+\mathrm{j}K_{\mathrm{d}}\\ \boldsymbol{G}_1(4,4)=H_{\mathrm{iac}}[\mathrm{j}2\pi(f_{\mathrm{p}}-f_1)]\{3V_1H_{\mathrm{q}}[\mathrm{j}2\pi(f_{\mathrm{p}}-f_1)]/2+1\}-\mathrm{j}K_{\mathrm{d}}\\ \boldsymbol{G}_1(2,4)=\boldsymbol{G}_1(4,2)=-3V_1H_{\mathrm{q}}(s)H_{\mathrm{iac}}(s)/2\end{cases} \tag{8-27}$$

$$\begin{cases}\boldsymbol{G}_2(2,2)=-T_{\mathrm{PLL}}[\mathrm{j}2\pi(f_{\mathrm{p}}-f_1)]\cdot\left[\{H_{\mathrm{iac}}[\mathrm{j}2\pi(f_{\mathrm{p}}-f_1)]+\mathrm{j}K_{\mathrm{d}}\}\boldsymbol{I}_1^*+\boldsymbol{M}_{\mathrm{am1}}^*\right]-\\ \qquad 3H_{\mathrm{q}}[\mathrm{j}2\pi(f_{\mathrm{p}}-f_1)]H_{\mathrm{iac}}[\mathrm{j}2\pi(f_{\mathrm{p}}-f_1)]\cdot\boldsymbol{I}_1/2\\ \boldsymbol{G}_2(2,4)=T_{\mathrm{PLL}}[\mathrm{j}2\pi(f_{\mathrm{p}}-f_1)]\cdot[\{H_{\mathrm{iac}}[\mathrm{j}2\pi(f_{\mathrm{p}}-f_1)]+\mathrm{j}K_{\mathrm{d}}\}\boldsymbol{I}_1^*+\boldsymbol{M}_{\mathrm{am1}}^*]+\\ \qquad 3H_{\mathrm{q}}[\mathrm{j}2\pi(f_{\mathrm{p}}-f_1)]H_{\mathrm{iac}}[\mathrm{j}2\pi(f_{\mathrm{p}}-f_1)]\cdot\boldsymbol{I}_1^*/2\\ \boldsymbol{G}_2(4,2)=T_{\mathrm{PLL}}[\mathrm{j}2\pi(f_{\mathrm{p}}-f_1)]\cdot[\{H_{\mathrm{iac}}[\mathrm{j}2\pi(f_{\mathrm{p}}-f_1)]-\mathrm{j}K_{\mathrm{d}}\}\boldsymbol{I}_1+\boldsymbol{M}_{\mathrm{am1}}]+\\ \qquad 3H_{\mathrm{q}}[\mathrm{j}2\pi(f_{\mathrm{p}}-f_1)]H_{\mathrm{iac}}[\mathrm{j}2\pi(f_{\mathrm{p}}-f_1)]\cdot\boldsymbol{I}_1/2\\ \boldsymbol{G}_2(4,4)=-T_{\mathrm{PLL}}[\mathrm{j}2\pi(f_{\mathrm{p}}-f_1)]\cdot[\{H_{\mathrm{iac}}[\mathrm{j}2\pi(f_{\mathrm{p}}-f_1)]-\mathrm{j}K_{\mathrm{d}}\}\boldsymbol{I}_1+\boldsymbol{M}_{\mathrm{am1}}]-\\ \qquad 3H_{\mathrm{q}}[\mathrm{j}2\pi(f_{\mathrm{p}}-f_1)]H_{\mathrm{iac}}[\mathrm{j}2\pi(f_{\mathrm{p}}-f_1)]\cdot\boldsymbol{I}_1^*/2\end{cases} \tag{8-28}$$

$$\boldsymbol{G}_3(2,3)=\boldsymbol{G}_3(4,3)=H_{\mathrm{vs}}[\mathrm{j}2\pi(f_{\mathrm{p}}-f_1)]H_{\mathrm{iac}}[\mathrm{j}2\pi(f_{\mathrm{p}}-f_1)]/2 \tag{8-29}$$

$\boldsymbol{D}_1$、$\boldsymbol{D}_2$、$\boldsymbol{D}_3$ 为七阶矩阵，分别为交流电流控制、PLL 控制、全局电压控制延时传递函数矩阵，即

$$\boldsymbol{D}_1=\mathrm{diag}\left[\left\{\mathrm{e}^{-\mathrm{j}2\pi(f_\mathrm{p}+kf_1)T_\mathrm{c}}\frac{1-\mathrm{e}^{-\mathrm{j}2\pi(f_\mathrm{p}+kf_1)T_\mathrm{c}}}{\mathrm{j}2\pi(f_\mathrm{p}+kf_1)T_\mathrm{c}}\frac{1}{1+\mathrm{j}2\pi(f_\mathrm{p}+kf_1)T_\mathrm{iac}}\right\}\Bigg|_{k=-3\sim3}\right] \tag{8-30}$$

$$\boldsymbol{D}_2=\mathrm{diag}\left[\left\{\mathrm{e}^{-\mathrm{j}2\pi(f_\mathrm{p}+kf_1)T_\mathrm{c}}\frac{1-\mathrm{e}^{-\mathrm{j}2\pi(f_\mathrm{p}+kf_1)T_\mathrm{c}}}{\mathrm{j}2\pi(f_\mathrm{p}+kf_1)T_\mathrm{c}}\frac{1}{1+\mathrm{j}2\pi(f_\mathrm{p}+kf_1)T_\mathrm{vac}}\right\}\Bigg|_{k=-3\sim3}\right] \tag{8-31}$$

$$\boldsymbol{D}_3=\mathrm{diag}\left[\left\{\mathrm{e}^{-\mathrm{j}2\pi(f_\mathrm{p}+kf_1)T_\mathrm{c}}\frac{1-\mathrm{e}^{-\mathrm{j}2\pi(f_\mathrm{p}+kf_1)T_\mathrm{c}}}{\mathrm{j}2\pi(f_\mathrm{p}+kf_1)T_\mathrm{c}}\frac{1}{1+\mathrm{j}2\pi(f_\mathrm{p}+kf_1)T_\mathrm{vc}}\right\}\Bigg|_{k=-3\sim3}\right] \tag{8-32}$$

式中：T_c 为控制周期；T_iac、T_vac、T_vc 分别为交流电流、交流电压和电容电压的滤波时间常数。

相间均压控制在静止坐标系下实现，三相桥臂电容电压小信号向量 $\hat{\boldsymbol{v}}_{Clm}$ 与其参考指令之差，作为相间均压控制器 $H_\mathrm{vc}(s)$ 的输入信号，产生三相均压控制电流补偿量小信号向量 $\hat{\boldsymbol{i}}_{l\mathrm{dc}}$。$\hat{\boldsymbol{i}}_{l\mathrm{dc}}$ 与交流电流 d 轴小信号向量 $\hat{\boldsymbol{i}}_\mathrm{d}$ 作差，经相间均压电流比例系数 K_ic，并且分别乘以 $\cos\theta_\mathrm{PLL}$、$\cos(\theta_\mathrm{PLL}-2\pi/3)$、$\cos(\theta_\mathrm{PLL}+2\pi/3)$，形成三相相间均压调制信号小信号向量 $\hat{\boldsymbol{m}}_{\mathrm{vc}l}$。以 a 相为例，$\hat{\boldsymbol{m}}_\mathrm{vca}$ 的具体表达式为

$$\hat{\boldsymbol{m}}_\mathrm{vca}=\boldsymbol{G}_4\boldsymbol{D}_1\hat{\boldsymbol{i}}_\mathrm{a}+\boldsymbol{G}_5\boldsymbol{D}_2\hat{\boldsymbol{v}}_\mathrm{a}+\boldsymbol{G}_6\boldsymbol{D}_3\hat{\boldsymbol{v}}_\mathrm{Cam} \tag{8-33}$$

式中：$\boldsymbol{G}_4$、$\boldsymbol{G}_5$、$\boldsymbol{G}_6$ 为七阶矩阵，除下述元素外，其余元素均为 0。

$$\boldsymbol{G}_4(2,2)=\boldsymbol{G}_4(2,4)=\boldsymbol{G}_4(4,2)=\boldsymbol{G}_4(4,4)=K_\mathrm{ic}/2 \tag{8-34}$$

$$\begin{cases}\boldsymbol{G}_5(2,2)=\boldsymbol{G}_5(4,2)=T_\mathrm{PLL}[\mathrm{j}2\pi(f_\mathrm{p}-f_1)]\cdot K_\mathrm{ic}(\boldsymbol{I}_1-\boldsymbol{I}_1^*)/2\\ \boldsymbol{G}_5(2,4)=\boldsymbol{G}_5(4,4)=-T_\mathrm{PLL}[\mathrm{j}2\pi(f_\mathrm{p}-f_1)]\cdot K_\mathrm{ic}(\boldsymbol{I}_1-\boldsymbol{I}_1^*)/2\end{cases} \tag{8-35}$$

$$\begin{cases}\boldsymbol{G}_6(2,1)=K_\mathrm{ic}H_\mathrm{vc}[\mathrm{j}2\pi(f_\mathrm{p}-3f_1)]/2\\ \boldsymbol{G}_6(2,3)=\boldsymbol{G}_6(4,3)=K_\mathrm{ic}H_\mathrm{vc}[\mathrm{j}2\pi(f_\mathrm{p}-f_1)]/2\\ \boldsymbol{G}_6(6,5)=K_\mathrm{ic}H_\mathrm{vc}[\mathrm{j}2\pi(f_\mathrm{p}+f_1)]/2\end{cases} \tag{8-36}$$

根据式（8-4）、式（8-26）以及式（8-33），以 a 相为例，可得定无功功率控制模式下，桥臂调制信号小信号向量 $\hat{\boldsymbol{m}}_\mathrm{am}$ 与交流电流小信号向量 $\hat{\boldsymbol{i}}_\mathrm{a}$、交流电压小信号向量 $\hat{\boldsymbol{v}}_\mathrm{a}$、桥臂电容电压小信号向量 $\hat{\boldsymbol{v}}_\mathrm{Cam}$ 之间的关系，即

$$\hat{\boldsymbol{m}}_\mathrm{am}=\boldsymbol{G}_\mathrm{i}\hat{\boldsymbol{i}}_\mathrm{a}+\boldsymbol{G}_\mathrm{v1}\hat{\boldsymbol{v}}_\mathrm{a}+\boldsymbol{G}_\mathrm{v2}\hat{\boldsymbol{v}}_\mathrm{Cam} \tag{8-37}$$

其中

$$\begin{cases}\boldsymbol{G}_{\mathrm{i}}=(\boldsymbol{G}_1+\boldsymbol{G}_4)\boldsymbol{D}_1\\ \boldsymbol{G}_{\mathrm{v1}}=(\boldsymbol{G}_2+\boldsymbol{G}_5)\boldsymbol{D}_2\\ \boldsymbol{G}_{\mathrm{v2}}=(\boldsymbol{G}_3+\boldsymbol{G}_6)\boldsymbol{D}_3\end{cases} \tag{8-38}$$

根据式（8-19）所示三相调制信号小信号向量之间的相序关系，由 $\hat{\boldsymbol{m}}_{\mathrm{am}}$ 可得 b、c 相桥臂调制信号小信号向量。

2. 定交流电压控制模式

在定交流电压控制模式下，在交流电压稳态工作点上叠加一个频率为 f_{p} 的正序电压小信号扰动，交流电压 d 轴分量产生小信号响应 $\hat{\boldsymbol{v}}_{\mathrm{d}}$。参考指令与 $\hat{\boldsymbol{v}}_{\mathrm{d}}$ 之差作为交流电压控制器 $H_{\mathrm{vac}}(s)$ 的输入信号，产生交流电流小信号 q 轴参考指令 $\hat{\boldsymbol{i}}_{\mathrm{qref}}$。全局电压控制与交流电流控制结构不变。可得三相交流调制信号小信号向量 $\hat{\boldsymbol{m}}_l$。以 a 相为例，$\hat{\boldsymbol{m}}_{\mathrm{a}}$ 的表达式为

$$\hat{\boldsymbol{m}}_{\mathrm{a}}=\Delta\boldsymbol{G}_1\boldsymbol{D}_1\hat{\boldsymbol{i}}_{\mathrm{a}}+\Delta\boldsymbol{G}_2\boldsymbol{D}_2\hat{\boldsymbol{v}}_{\mathrm{a}}+\boldsymbol{G}_3\boldsymbol{D}_3\hat{\boldsymbol{v}}_{\mathrm{Cam}} \tag{8-39}$$

式中：$\Delta\boldsymbol{G}_1$、$\Delta\boldsymbol{G}_2$ 为七阶矩阵，除下述元素外，其余元素均为 0。

$$\begin{cases}\Delta\boldsymbol{G}_1(2,2)=H_{\mathrm{iac}}[\mathrm{j}2\pi(f_{\mathrm{p}}-f_1)]+\mathrm{j}K_{\mathrm{d}}\\ \Delta\boldsymbol{G}_1(4,4)=H_{\mathrm{iac}}[\mathrm{j}2\pi(f_{\mathrm{p}}-f_1)]-\mathrm{j}K_{\mathrm{d}}\end{cases} \tag{8-40}$$

$$\begin{cases}\Delta\boldsymbol{G}_2(2,2)=-T_{\mathrm{PLL}}[\mathrm{j}2\pi(f_{\mathrm{p}}-f_1)]\cdot[\{H_{\mathrm{iac}}[\mathrm{j}2\pi(f_{\mathrm{p}}-f_1)]+\mathrm{j}K_{\mathrm{d}}\}\boldsymbol{I}_1^*+\boldsymbol{M}_{\mathrm{am1}}^*]-\\ \qquad \mathrm{j}H_{\mathrm{vac}}[\mathrm{j}2\pi(f_{\mathrm{p}}-f_1)]\cdot H_{\mathrm{iac}}[\mathrm{j}2\pi(f_{\mathrm{p}}-f_1)]/2\\ \Delta\boldsymbol{G}_2(2,4)=T_{\mathrm{PLL}}[\mathrm{j}2\pi(f_{\mathrm{p}}-f_1)]\cdot[\{H_{\mathrm{iac}}[\mathrm{j}2\pi(f_{\mathrm{p}}-f_1)]+\mathrm{j}K_{\mathrm{d}}\}\boldsymbol{I}_1^*+\boldsymbol{M}_{\mathrm{am1}}^*]-\\ \qquad \mathrm{j}H_{\mathrm{vac}}[\mathrm{j}2\pi(f_{\mathrm{p}}-f_1)]\cdot H_{\mathrm{iac}}[\mathrm{j}2\pi(f_{\mathrm{p}}-f_1)]/2\\ \Delta\boldsymbol{G}_2(4,2)=T_{\mathrm{PLL}}[\mathrm{j}2\pi(f_{\mathrm{p}}-f_1)]\cdot[\{H_{\mathrm{iac}}[\mathrm{j}2\pi(f_{\mathrm{p}}-f_1)]-\mathrm{j}K_{\mathrm{d}}\}\boldsymbol{I}_1+\boldsymbol{M}_{\mathrm{am1}}]+\\ \qquad \mathrm{j}H_{\mathrm{vac}}[\mathrm{j}2\pi(f_{\mathrm{p}}-f_1)]\cdot H_{\mathrm{iac}}[\mathrm{j}2\pi(f_{\mathrm{p}}-f_1)]/2\\ \Delta\boldsymbol{G}_2(4,4)=-T_{\mathrm{PLL}}[\mathrm{j}2\pi(f_{\mathrm{p}}-f_1)]\cdot[\{H_{\mathrm{iac}}[\mathrm{j}2\pi(f_{\mathrm{p}}-f_1)]-\mathrm{j}K_{\mathrm{d}}\}\boldsymbol{I}_1+\boldsymbol{M}_{\mathrm{am1}}]+\\ \qquad \mathrm{j}H_{\mathrm{vac}}[\mathrm{j}2\pi(f_{\mathrm{p}}-f_1)]\cdot H_{\mathrm{iac}}[\mathrm{j}2\pi(f_{\mathrm{p}}-f_1)]/2\end{cases} \tag{8-41}$$

此外，相间均压控制结构不变，故相间均压调制信号小信号向量 $\hat{\boldsymbol{m}}_{\mathrm{vca}}$ 保持式（8-33）不变。因此，仅需用 $\Delta\boldsymbol{G}_1$、$\Delta\boldsymbol{G}_2$ 分别取代式（8-38）中的 $\boldsymbol{G}_1$、$\boldsymbol{G}_2$，可得交流电压控制模式下，桥臂调制信号小信号向量 $\hat{\boldsymbol{m}}_{\mathrm{am}}$ 与交流电流小信号向量 $\hat{\boldsymbol{i}}_{\mathrm{a}}$、交流电压小信号向量 $\hat{\boldsymbol{v}}_{\mathrm{a}}$、桥臂电容电压小信号向量 $\hat{\boldsymbol{v}}_{\mathrm{Cam}}$ 之间的关系，即

$$\hat{\boldsymbol{m}}_{\mathrm{am}}=\boldsymbol{G}_{\mathrm{i}}\hat{\boldsymbol{i}}_{\mathrm{a}}+\boldsymbol{G}_{\mathrm{v1}}\hat{\boldsymbol{v}}_{\mathrm{a}}+\boldsymbol{G}_{\mathrm{v2}}\hat{\boldsymbol{v}}_{\mathrm{Cam}} \tag{8-42}$$

其中

$$\begin{cases} \boldsymbol{G}_{\mathrm{i}} = (\Delta \boldsymbol{G}_1 + \boldsymbol{G}_4)\boldsymbol{D}_1 \\ \boldsymbol{G}_{\mathrm{v1}} = (\Delta \boldsymbol{G}_2 + \boldsymbol{G}_5)\boldsymbol{D}_2 \end{cases} \tag{8-43}$$

8.3.3　交流端口阻抗模型

根据小信号阻抗建模，SVG 交流端口导纳由交流电流与交流电压小信号向量的比值得到，即

$$\boldsymbol{Y}_{\mathrm{SVG}} = \frac{\hat{\boldsymbol{i}}_l}{\hat{\boldsymbol{v}}_l} \tag{8-44}$$

根据主电路小信号模型和控制电路小信号模型，联立式（8－21）、式（8－22）、式（8－37）和式（8－38），可得无功功率控制模式下 SVG 交流端口导纳模型，即

$$\begin{aligned} \boldsymbol{Y}_{\mathrm{SVG}} = -[&\boldsymbol{Z}_{\mathrm{Larm}} + \boldsymbol{V}_{Clm}\boldsymbol{G}_{\mathrm{i}} + (\boldsymbol{V}_{Clm}\boldsymbol{G}_{\mathrm{v2}} + \boldsymbol{M}_{lm})(\boldsymbol{Y}_{\mathrm{Ceq}} - \boldsymbol{I}_l\boldsymbol{G}_{\mathrm{v2}})^{-1}(\boldsymbol{I}_l\boldsymbol{G}_{\mathrm{i}} + \boldsymbol{M}_{lm})]^{-1} \cdot \\ &[(\boldsymbol{V}_{Clm}\boldsymbol{G}_{\mathrm{v2}} + \boldsymbol{M}_{lm})(\boldsymbol{Y}_{\mathrm{Ceq}} - \boldsymbol{I}_l\boldsymbol{G}_{\mathrm{v2}})^{-1}\boldsymbol{I}_l\boldsymbol{G}_{\mathrm{v1}} + \boldsymbol{V}_{Clm}\boldsymbol{G}_{\mathrm{v1}} - \boldsymbol{U}] \end{aligned} \tag{8-45}$$

此外，将式（8－45）中 $\boldsymbol{G}_{\mathrm{i}}$、$\boldsymbol{G}_{\mathrm{v1}}$ 用式（8－43）替代，可得交流电压控制模式下 SVG 交流端口导纳模型。

SVG 交流电压、电流小信号向量中扰动频率和耦合频率处小信号分量占主要成分。仅提取扰动频率和耦合频率处分量，将 SVG 交流电压、交流电流小信号向量与交流端口导纳在扰动频率和耦合频率处的关系重新表述为

$$\begin{bmatrix} \hat{\boldsymbol{i}}_{\mathrm{p}} \\ \hat{\boldsymbol{i}}_{\mathrm{p\text{-}2}} \end{bmatrix} = \begin{bmatrix} \boldsymbol{Y}_{\mathrm{SVG}}^{\mathrm{pp}} & \boldsymbol{Y}_{\mathrm{SVG}}^{\mathrm{np}} \\ \boldsymbol{Y}_{\mathrm{SVG}}^{\mathrm{pn}} & \boldsymbol{Y}_{\mathrm{SVG}}^{\mathrm{nn}} \end{bmatrix} \begin{bmatrix} \hat{\boldsymbol{v}}_{\mathrm{p}} \\ \hat{\boldsymbol{v}}_{\mathrm{p\text{-}2}} \end{bmatrix} \tag{8-46}$$

式中的二阶交流端口导纳矩阵表达式为

$$\begin{bmatrix} \boldsymbol{Y}_{\mathrm{SVG}}^{\mathrm{pp}} & \boldsymbol{Y}_{\mathrm{SVG}}^{\mathrm{np}} \\ \boldsymbol{Y}_{\mathrm{SVG}}^{\mathrm{pn}} & \boldsymbol{Y}_{\mathrm{SVG}}^{\mathrm{nn}} \end{bmatrix} = \begin{bmatrix} \boldsymbol{Y}_{\mathrm{SVG}}(4,4) & \boldsymbol{Y}_{\mathrm{SVG}}(4,2) \\ \boldsymbol{Y}_{\mathrm{SVG}}(2,4) & \boldsymbol{Y}_{\mathrm{SVG}}(2,2) \end{bmatrix}$$

式中：$\boldsymbol{Y}_{\mathrm{SVG}}^{\mathrm{pp}}$ 为 SVG 正序导纳，表示在频率为 f_{p} 的单位正序电压小信号扰动下，频率为 f_{p} 的正序电流小信号响应；$\boldsymbol{Y}_{\mathrm{SVG}}^{\mathrm{pn}}$ 为 SVG 正序耦合导纳，表示在频率为 f_{p} 的单位正序电压小信号扰动下，频率为 $f_{\mathrm{p}}-2f_1$ 的负序电流小信号响应；$\boldsymbol{Y}_{\mathrm{SVG}}^{\mathrm{nn}}$ 为 SVG 负序导纳，表示在频率为 $f_{\mathrm{p}}-2f_1$ 的单位负序电压小信号扰动下，频率为 $f_{\mathrm{p}}-2f_1$ 的负序电流小信号响应；$\boldsymbol{Y}_{\mathrm{SVG}}^{\mathrm{np}}$ 为 SVG 负序耦合导纳，表示在频率为 $f_{\mathrm{p}}-2f_1$ 的单位负序电压小信号扰动下，频率为 f_{p} 的正序电流小信号响应；$\boldsymbol{Y}_{\mathrm{SVG}}(4,4)$ 表示矩阵 $\boldsymbol{Y}_{\mathrm{SVG}}$ 的第 4 行第 4 列的元素；$\boldsymbol{Y}_{\mathrm{SVG}}(4,2)$

表示矩阵$\boldsymbol{Y}_{\mathrm{SVG}}$的第 4 行第 2 列的元素；$\boldsymbol{Y}_{\mathrm{SVG}}(2,4)$表示矩阵$\boldsymbol{Y}_{\mathrm{SVG}}$的第 2 行第 4 列的元素；$\boldsymbol{Y}_{\mathrm{SVG}}(2,2)$表示矩阵$\boldsymbol{Y}_{\mathrm{SVG}}$的第 2 行第 2 列的元素。

SVG 的交流端口阻抗可由交流端口导纳求逆矩阵得到，即

$$\begin{bmatrix} \boldsymbol{Z}_{\mathrm{SVG}}^{\mathrm{pp}} & \boldsymbol{Z}_{\mathrm{SVG}}^{\mathrm{pn}} \\ \boldsymbol{Z}_{\mathrm{SVG}}^{\mathrm{np}} & \boldsymbol{Z}_{\mathrm{SVG}}^{\mathrm{nn}} \end{bmatrix} = \begin{bmatrix} \boldsymbol{Y}_{\mathrm{SVG}}^{\mathrm{pp}} & \boldsymbol{Y}_{\mathrm{SVG}}^{\mathrm{np}} \\ \boldsymbol{Y}_{\mathrm{SVG}}^{\mathrm{pn}} & \boldsymbol{Y}_{\mathrm{SVG}}^{\mathrm{nn}} \end{bmatrix}^{-1} \tag{8-47}$$

式中：$\boldsymbol{Z}_{\mathrm{SVG}}^{\mathrm{pp}}$为 SVG 正序阻抗；$\boldsymbol{Z}_{\mathrm{SVG}}^{\mathrm{pn}}$为 SVG 正序耦合阻抗；$\boldsymbol{Z}_{\mathrm{SVG}}^{\mathrm{nn}}$为 SVG 负序阻抗；$\boldsymbol{Z}_{\mathrm{SVG}}^{\mathrm{np}}$为 SVG 负序耦合阻抗。

此外，负序阻抗与正序阻抗间的频域关系满足$\boldsymbol{Z}_{\mathrm{SVG}}^{\mathrm{nn}} = \boldsymbol{Z}_{\mathrm{SVG}}^{\mathrm{pp*}}(\mathrm{j}2\omega_1 - s)$，负序耦合阻抗与正序耦合阻抗间的频域关系满足$\boldsymbol{Z}_{\mathrm{SVG}}^{\mathrm{np}} = \boldsymbol{Z}_{\mathrm{SVG}}^{\mathrm{pn*}}(\mathrm{j}2\omega_1 - s)$。

SVG 主电路和控制参数如表 8－3 所示。图 8－6 为 SVG 阻抗解析与扫描结果（定无功功率控制模式）。图中实线为解析结果，离散点通过仿真扫描得到。结果表明解析与仿真扫描结果吻合良好，验证了无功功率控制模式下 SVG 阻抗模型的准确性。

表 8－3　　SVG 主电路和控制参数

参数	定义	数值
Q_{ref}	无功功率参考指令	10Mvar
V_1	交流电压基频分量幅值	28.58kV
N	桥臂子模块数量	36
V_{C}	子模块电容电压额定值	1kV
C_{sm}	子模块电容	1.5mF
L_{arm}	桥臂电感	30mH
K_{pp}、K_{pi}	PLL 控制器比例、积分系数	7.7730×10^{-4}、0.0244
K_{qep}、K_{qei}	无功功率控制器比例、积分系数	1.6500×10^{-5}、0.0013
K_{vsp}、K_{vsi}	全局电压控制器比例、积分系数	0.0140、2.6375
K_{iacp}、K_{iaci}	交流电流控制器比例、积分系数	7.4050×10^{-4}、0.9305
K_{d}	交流电流控制解耦系数	2.6180×10^{-4}
K_{vcp}、K_{vci}	相间均压控制器比例、积分系数	7.7730×10^{-5}、2.4421×10^{-4}
K_{ic}	相间均压电流比例系数	1×10^{-6}

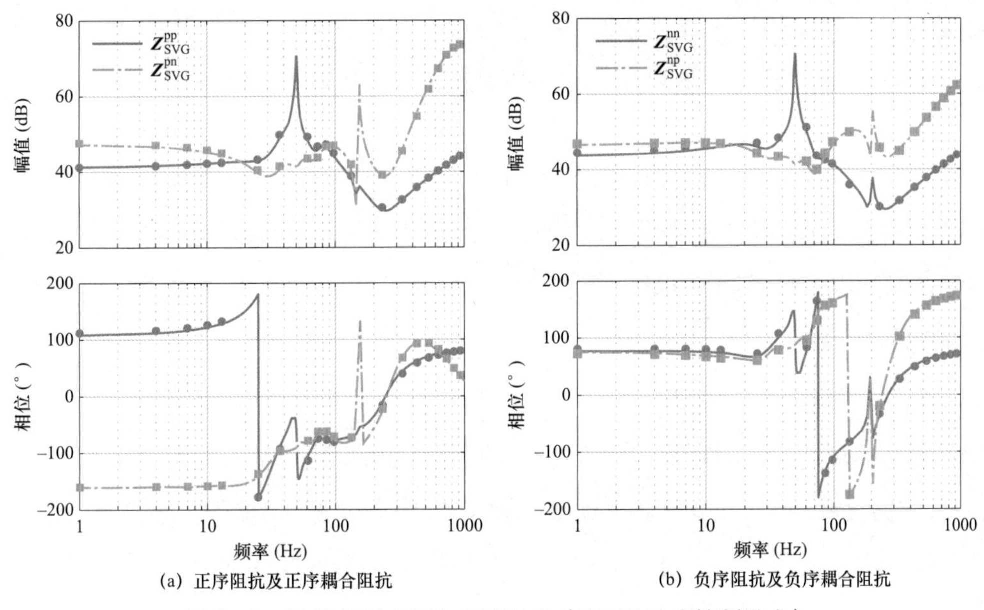

(a) 正序阻抗及正序耦合阻抗　(b) 负序阻抗及负序耦合阻抗

图 8-6　SVG 阻抗解析与扫描结果（定无功功率控制模式）

图 8-7 为 SVG 阻抗解析与扫描结果（定交流电压控制模式）。图中实线为解析结果，离散点通过仿真扫描得到。定交流电压控制模式下交流电压控制器比例系数 K_{vacp}、积分系数 K_{vaci} 分别为 0.0100、0.5000，其余控制参数以及主电路参数保持与表 8-3 一致。结果表明解析与仿真扫描结果吻合良好，验证了定交流电压控制模式下 SVG 阻抗模型的准确性。

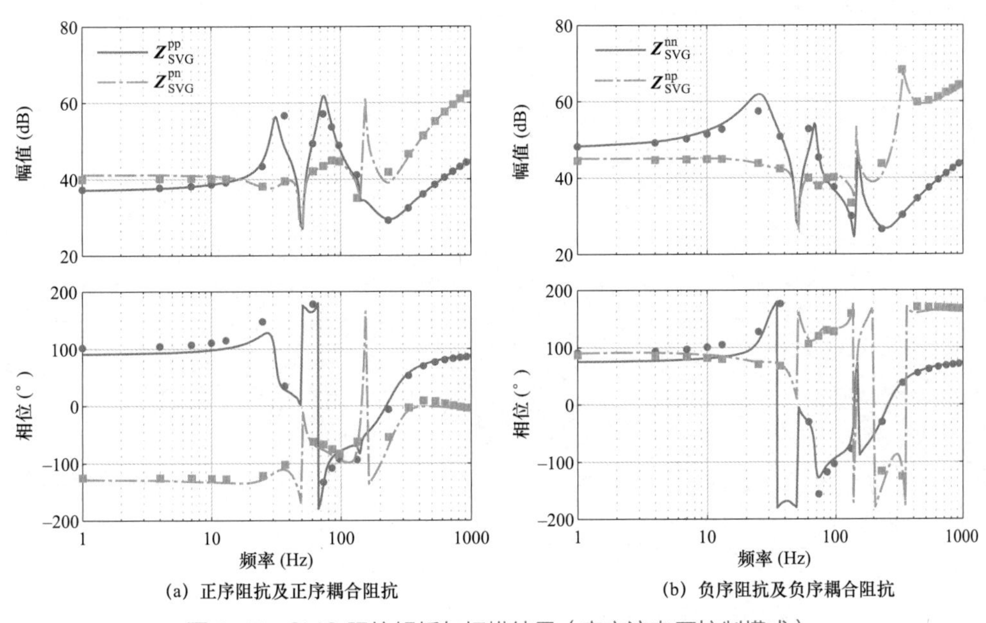

(a) 正序阻抗及正序耦合阻抗　(b) 负序阻抗及负序耦合阻抗

图 8-7　SVG 阻抗解析与扫描结果（定交流电压控制模式）

8.4　定无功功率控制模式下阻抗特性分析

基于定无功功率控制模式下 SVG 阻抗解析模型，本节首先分析不同频段阻抗特性影响因素，提出 SVG 阻抗特性频段划分方法。然后，阐明多控制器/环节间的频带重叠效应和各频段负阻尼特性产生机理。最后，基于 SVG 的 CHIL 阻抗扫描结果，给出频段划分的典型值。

8.4.1　宽频阻抗频段划分

根据 SVG 阻抗解析模型可知，定无功功率控制模式下，SVG 阻抗特性由多个控制器/环节共同决定。本节将建立各控制器控制带宽、相位裕度性能指标与阻抗模型的频域关系，阐明各控制器/环节的频带分布规律，明确各频段阻抗特性的主导影响因素。

8.4.1.1　PLL 对阻抗特性影响分析

下面分析 PLL 控制带宽 f_{tc} 和控制相位裕度 θ_{tc} 对阻抗特性影响。首先，固定 PLL 控制相位裕度 θ_{tc} 为 45°，将其控制带宽 f_{tc} 分别设置为 5、10、20Hz，分析控制带宽对阻抗特性影响；然后，固定 PLL 控制带宽 f_{tc} 为 5Hz，将其相位裕度 θ_{tc} 分别设置为 20°、45°、70°，分析控制相位裕度对阻抗特性影响。PLL 对阻抗特性影响（定无功功率控制模式）如图 8-8 所示。

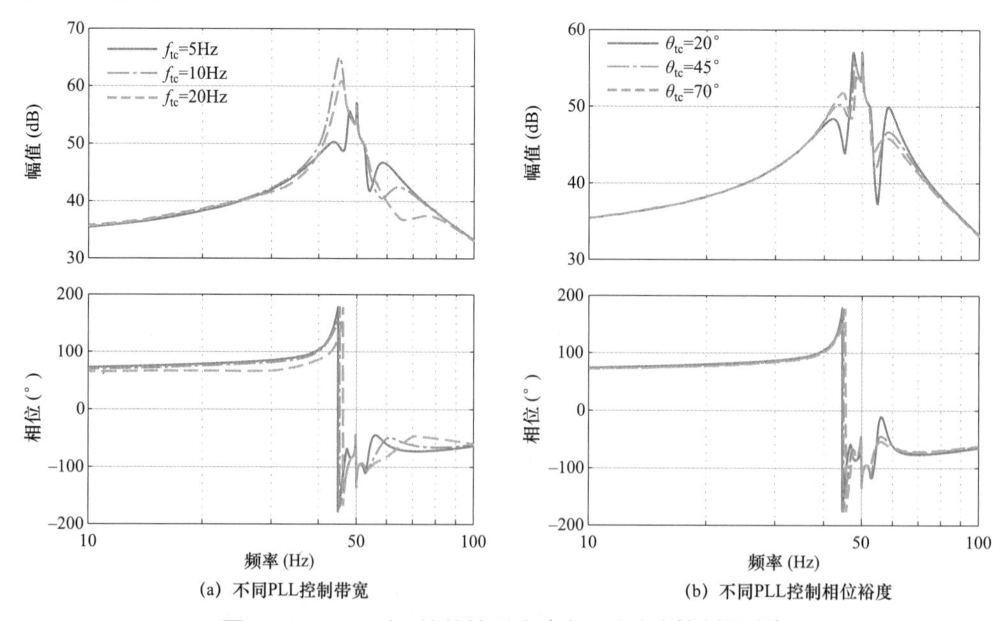

图 8-8　PLL 对阻抗特性影响（定无功功率控制模式）

由图 8－8 可知，在频率 f_1-f_{tc} 和 f_1+f_{tc} 处阻抗幅值存在两个谐振峰，随着 PLL 控制带宽 f_{tc} 的增大，谐振峰频率离基频距离增大。在频率 f_1-f_{tc} 附近，随着频率的增大，阻抗由感性负阻尼（阻抗相位大于 90°）变为容性负阻尼（阻抗相位小于－90°）；在频率 f_1+f_{tc} 附近，随着频率的增大，阻抗由容性负阻尼变为容性正阻尼。PLL 控制相位裕度 θ_{tc} 主要影响 f_1-f_{tc} 和 f_1+f_{tc} 频率处阻尼特性，随着相位裕度的增大，阻尼特性增强，谐振峰处阻抗幅值的凹陷程度减小。PLL 主要影响 $f_1-f_{tc}<f<f_1+f_{tc}$ 频段阻抗特性，对其余频段阻抗特性基本没有影响。

8.4.1.2　交流电流环对阻抗特性影响分析

在旋转坐标系下，交流电流环控制回路如图 8－9 所示。通过求解开环增益，可得交流电流控制器 $H_{iac}(s)$ 控制参数，即

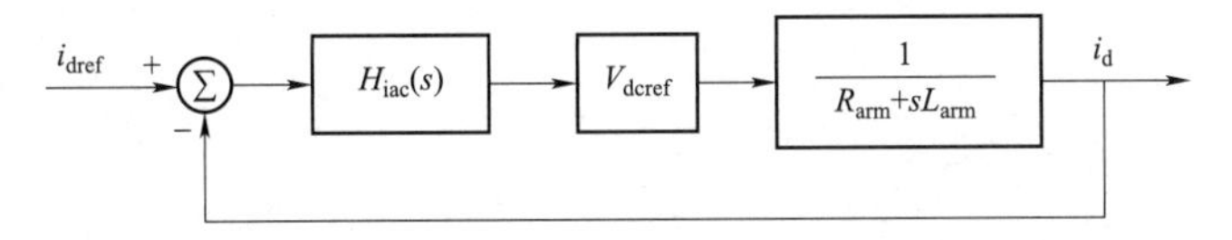

图 8－9　交流电流环控制回路

$$\begin{cases}\left|H_{iac}(s)\dfrac{V_{dcref}}{R_{arm}+sL_{arm}}\right|_{s=j2\pi f_{iac}}=1\\ \angle\left(H_{iac}(s)\dfrac{V_{dcref}}{R_{arm}+sL_{arm}}\right)_{s=j2\pi f_{iac}}=\theta_{iac}-\pi\end{cases}\qquad(8-48)$$

式中，在交流电流控制带宽 f_{iac} 处开环增益为 1，对应相位裕度为 θ_{iac}。

下面分析交流电流控制带宽 f_{iac} 和控制相位裕度 θ_{iac} 对阻抗特性的影响。首先，固定交流电流控制相位裕度 θ_{iac} 为 45°，将其控制带宽 f_{iac} 分别设置为 100、150、200Hz，分析控制带宽对阻抗特性影响；然后，固定交流电流控制带宽 f_{iac} 为 100Hz，将其相位裕度 θ_{iac} 分别设置为 20°、45°、70°，分析控制相位裕度对阻抗特性影响。交流电流环对阻抗特性影响如图 8－10 所示。

由图 8－10 可知，交流电流控制带宽 f_{iac} 影响 $f<f_1-f_{tc}$ 和 $f_1+f_{tc}<f<f_1+f_{iac}$ 频段阻抗特性。随着 f_{iac} 的增大，$f<f_1-f_{tc}$ 和 $f_1+f_{tc}<f<f_1+f_{iac}$ 频段阻抗幅值增加。并且，阻抗幅值在交流电流控制带宽 f_1+f_{iac}（静止坐标系）处存在谐振峰，在该频率阻抗相位由容性（阻抗相位小于 0°）变为感性（阻抗相位大于 0°）。随着 f_{iac} 的增加，谐

振峰频率 f_1+f_{iac} 离基频距离增加。交流电流控制相位裕度 θ_{iac} 对 $f<f_1-f_{tc}$ 和 $f_1+f_{tc}<f<f_1+f_{iac}$ 频段阻抗特性产生影响。随着 θ_{iac} 的增大，交流电流控制带宽 f_1+f_{iac}（静止坐标系）处谐振峰的阻尼特性增强，阻抗幅值凹陷的程度减小，相位变化更加缓和。

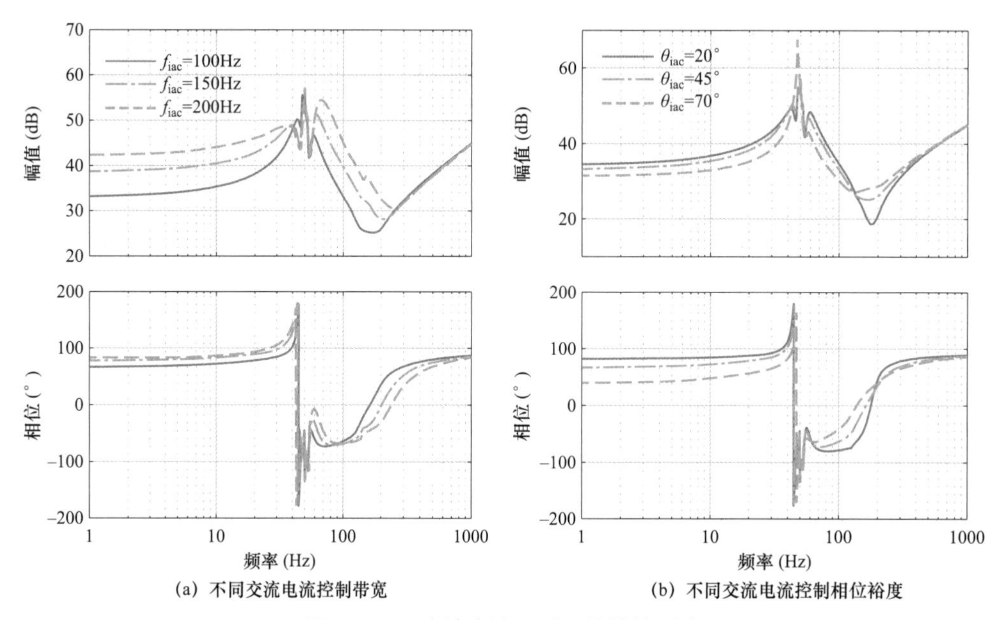

图 8-10　交流电流环对阻抗特性影响

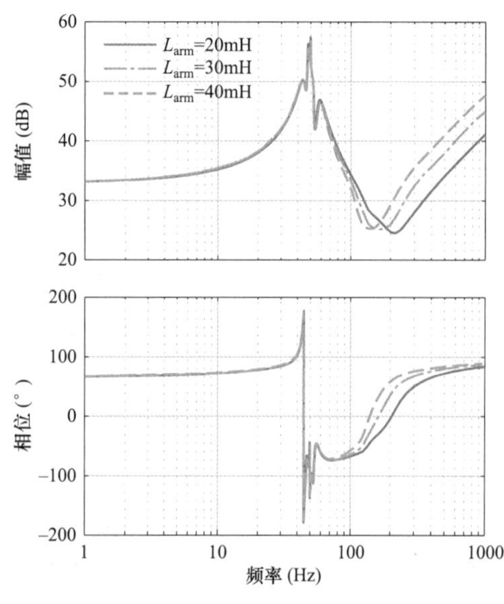

图 8-11　桥臂电感对阻抗特性影响

8.4.1.3　桥臂电感对阻抗特性影响分析

下面分析桥臂电感对阻抗特性影响。固定PLL控制带宽 f_{tc} 为5Hz，控制相位裕度 θ_{tc} 为45°；固定交流电流控制带宽 f_{iac} 为100Hz，控制相位裕度 θ_{iac} 为 45°。在此基础上，将SVG 桥臂电感 L_{arm} 分别设置为20、30、40mH，桥臂电感对阻抗特性影响如图 8-11 所示。

由图 8-11 可知，桥臂电感 L_{arm} 主要影响 $f>f_1+f_{iac}$ 频段阻抗特性。随着桥臂电感 L_{arm} 的增大，$f>f_1+f_{iac}$ 频段阻抗更趋于感性，表现为阻抗幅值和相位增大。

8.4.1.4　子模块电容对阻抗特性影响分析

固定桥臂子模块数量 N 为 36，将子模块电容 C_{sm} 分别设置为 2、4、6mF。子模块电容对阻抗特性影响（定无功功率控制模式）如图 8－12 所示。由图可见，子模块电容主要影响 $f < f_1 - f_{tc}$ 频段阻抗幅值特性。随着子模块电容 C_{sm} 的增大，$f < f_1 - f_{tc}$ 频段阻抗幅值减小。

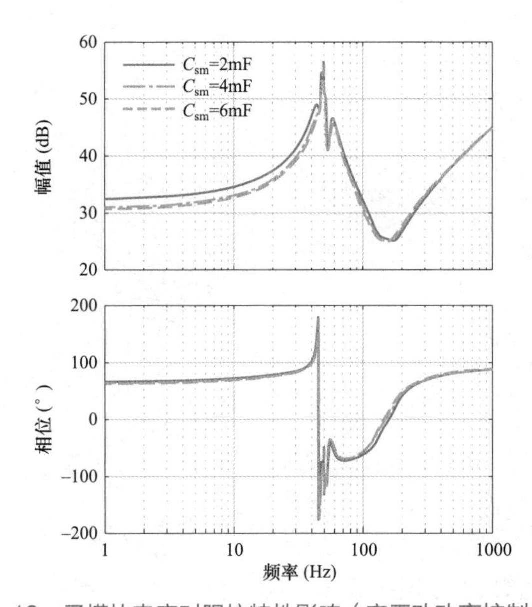

图 8－12　子模块电容对阻抗特性影响（定无功功率控制模式）

8.4.1.5　稳态工作点对阻抗特性影响分析

SVG 阻抗模型是基于稳态工作点进行小信号建模得到。在 SVG 运行过程中，无功功率变化导致稳态工作点改变，SVG 阻抗特性随之变化。根据 SVG 阻抗解析模型，分析无功功率在－1～1p.u.变化时 SVG 阻抗特性。无功功率稳态工作点对阻抗特性影响（定无功功率控制模式）如图 8－13 所示。由图可知，SVG 无功功率变化主要对基频附近频段阻抗特性产生影响，对其余频段阻抗特性影响较小。

8.4.1.6　宽频阻抗频段划分小结

根据定无功功率控制模式下，SVG 各频段阻抗主导影响因素分析，可以将宽频阻抗进行频段划分：

（1）在频段 I_{SVG}（$f < f_1 - f_{tc}$），阻抗特性由交流电流控制和子模块电容共同决定。

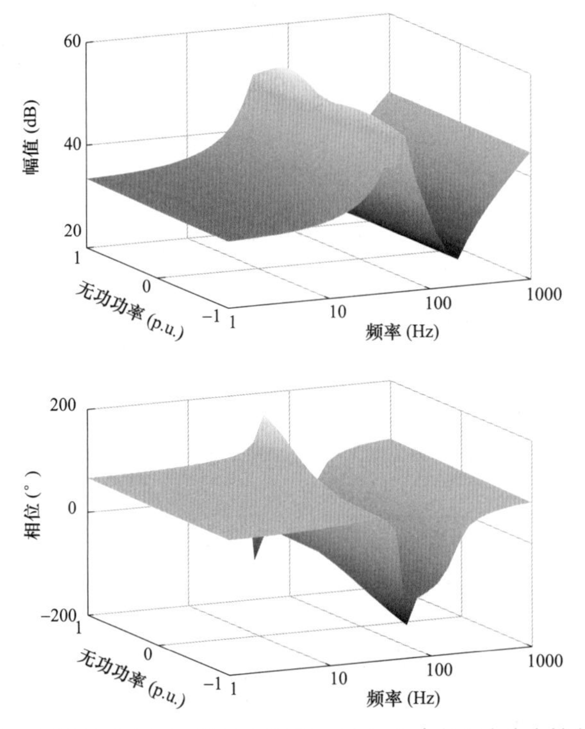

图 8－13　无功功率稳态工作点对阻抗特性影响（定无功功率控制模式）

（2）在频段Ⅱ$_{SVG}$（$f_1-f_{tc}<f<f_1+f_{tc}$），阻抗特性由 PLL 控制主导。PLL 控制带宽和控制相位裕度变化对 SVG 阻抗幅值和相位影响明显。此外，无功功率工作点对该频段阻抗特性产生影响。

（3）在频段Ⅲ$_{SVG}$（$f_1+f_{tc}<f<f_1+f_{iac}$），阻抗特性由交流电流控制主导。在交流控制带宽 f_1+f_{iac}（静止坐标系）处阻抗幅值存在谐振峰，且谐振峰频率处阻抗由容性变为感性。交流电流控制带宽 f_{iac} 越高，阻抗幅值越大；交流电流控制相位裕度 θ_{iac} 越大，阻抗幅值和相位变化越缓和。

（4）在频段Ⅳ$_{SVG}$（$f>f_1+f_{iac}$），阻抗特性由桥臂电感主导。桥臂电感越大，阻抗感性特征越明显。

基于 CHIL 仿真平台，对 30Mvar 和 34Mvar 两种型号 SVG 开展阻抗扫描，不同型号 SVG 阻抗（定无功功率控制模式）如图 8－14 所示。由图可知，阻抗特性与解析模型基本一致。各频段频率范围典型取值为：频段Ⅰ$_{SVG}$ 范围为 f<30Hz、频段Ⅱ$_{SVG}$ 范围为 30Hz<f<70Hz、频段Ⅲ$_{SVG}$ 范围为 70Hz<f<100Hz、频段Ⅳ$_{SVG}$ 范围为 f>100Hz。

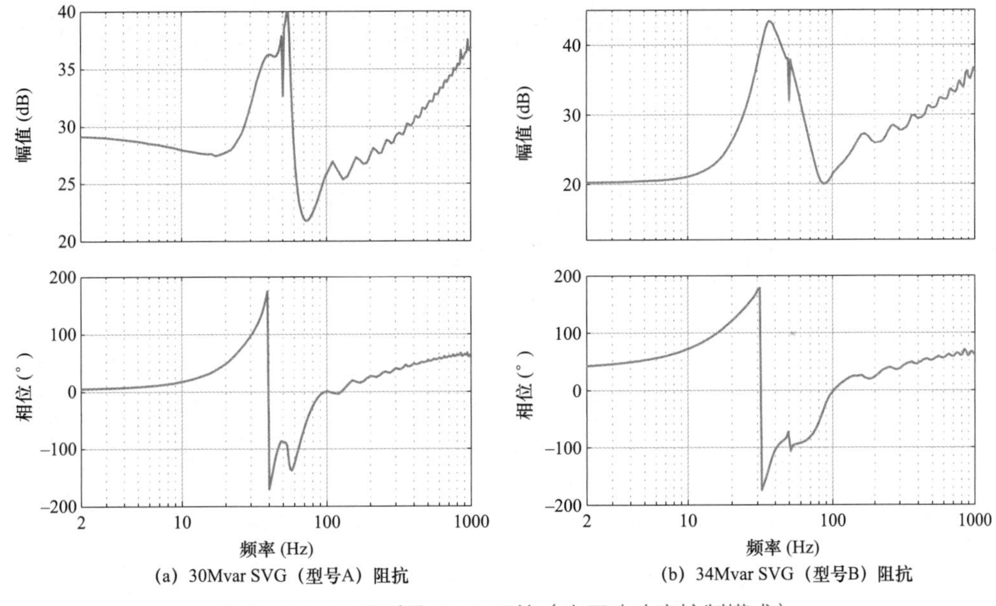

图 8－14　不同型号 SVG 阻抗（定无功功率控制模式）

8.4.2　各频段负阻尼特性分析

基于 8.4.1 分析可知，PLL、交流电流控制、桥臂电感对 SVG 不同频段内阻抗特性起主导作用，可得宽频阻抗频段划分原则。而同一频段内阻抗特性除受到主导因素影响外，还受到其余控制器/环节重叠影响。本节将针对无功功率控制模式下，各频段内多控制器/环节频带重叠效应及各频段负阻尼特性产生机理进行分析。

8.4.2.1　频段 $\mathrm{I}_{\mathrm{SVG}}$ 负阻尼特性分析

在旋转坐标系下，全局电压控制回路如图 8－15 所示。将交流电流控制内环视为单位增益。通过求解开环增益，可得全局电压控制器 $H_{\mathrm{vs}}(s)$ 的控制参数，即

$$\begin{cases}\left|H_{\mathrm{vs}}(s)\dfrac{3V_1}{2V_{\mathrm{dcref}}}\dfrac{1}{s\cdot 3C_{\mathrm{eq}}}\right|_{s=\mathrm{j}2\pi f_{\mathrm{vs}}}=1\\ \angle\left(H_{\mathrm{vs}}(s)\dfrac{3V_1}{2V_{\mathrm{dcref}}}\dfrac{1}{s\cdot 3C_{\mathrm{eq}}}\right)_{s=\mathrm{j}2\pi f_{\mathrm{vs}}}=\theta_{\mathrm{vs}}-\pi\end{cases} \tag{8-49}$$

式中，在全局电压控制带宽 f_{vs} 处开环增益为 1，对应的相位裕度为 θ_{vs}。

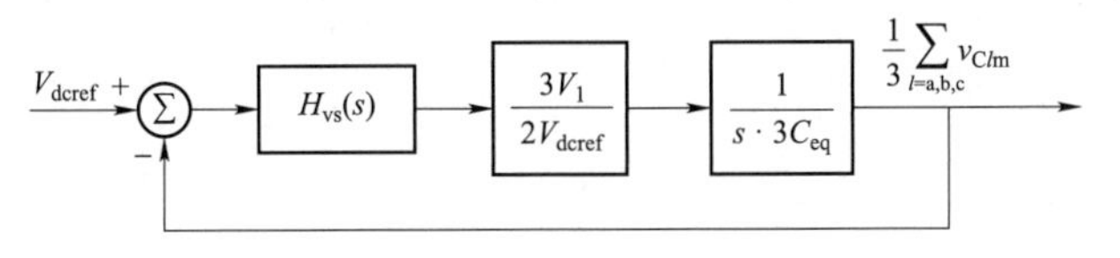

图 8－15　全局电压控制回路

下面分析全局电压控制带宽 f_{vs} 和控制相位裕度 θ_{vs} 对频段 I_{SVG} 负阻尼特性影响。首先，固定全局电压控制相位裕度 θ_{vs} 为 45°，将其控制带宽 f_{vs} 分别设置为 20、30、40Hz 时，分析控制带宽对频段 I_{SVG} 阻尼特性影响；然后，固定全局电压控制带宽 f_{vs} 为 40Hz，将其相位裕度 θ_{vs} 分别设置为 20°、45°、70°，分析控制相位裕度对频段 I_{SVG} 阻尼特性影响。全局电压环对频段 I_{SVG} 阻尼特性影响（定无功功率控制模式）如图 8－16 所示。

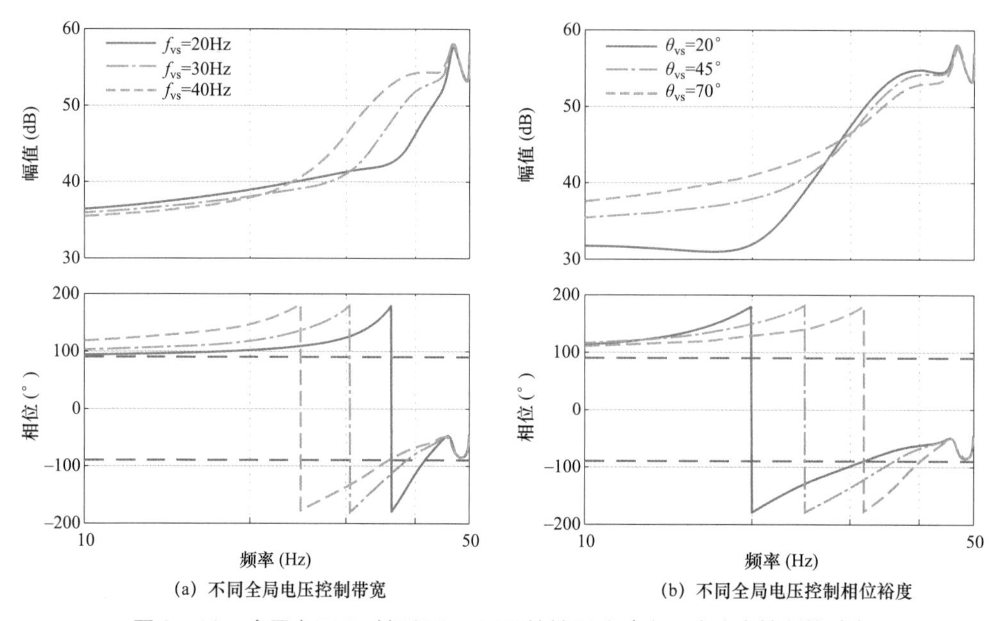

(a) 不同全局电压控制带宽　　(b) 不同全局电压控制相位裕度

图 8－16　全局电压环对频段 I_{SVG} 阻尼特性影响（定无功功率控制模式）

由图 8－16 可知，全局电压控制带宽 f_{vs} 和控制相位裕度 θ_{vs} 均影响频段 I_{SVG} 阻尼特性。随着 f_{vs} 的增大或 θ_{vs} 的降低，频段 I_{SVG} 负阻尼程度将进一步加剧，阻抗由感性负阻尼变为容性负阻尼的转折频率也随之降低。

8.4.2.2　频段 II_{SVG} 负阻尼特性分析

频段 II_{SVG} 阻抗特性由 PLL 控制主导，并且在频率 $f_1 - f_{tc}$、$f_1 + f_{tc}$ 处出现负阻尼。在此基础上，分析无功功率稳态工作点对频段 II_{SVG} 负阻尼特性影响。

分别将无功功率给定值设置为：感性无功满发（－1p.u.）、感性无功一半（－0.5p.u.）、容性无功一半（0.5p.u.）和容性无功满发（1p.u.）。无功功率稳态工作点对频段 II_{SVG} 阻尼特性影响如图 8－17 所示。

由图 8－17 可知，当无功功率在－1～1p.u.变化时，阻抗由感性负阻尼变为容性负阻尼的转折频率随之降低。当 SVG 发出感性无功时，转折频率位于基频以上；当 SVG 发

出容性无功时，转折频率处于基频以下。

8.4.2.3　频段 $\mathrm{III}_{\mathrm{SVG}}$ 负阻尼特性分析

频段 $\mathrm{III}_{\mathrm{SVG}}$ 阻抗特性由交流电流控制主导，本节将分析全局电压控制、无功功率控制、延时对该频段负阻尼特性的影响。

1. 全局电压环对负阻尼特性影响分析

下面分析首先全局电压控制带宽 f_{vs} 和控制相位裕度 θ_{vs} 对频段 $\mathrm{III}_{\mathrm{SVG}}$ 负阻尼特性影响。固定全局电压控制相位裕度 θ_{vs} 为 45°，将其控制带宽 f_{vs} 分别设置为 20、30、40Hz，分析控制带宽对频段 $\mathrm{III}_{\mathrm{SVG}}$ 阻尼特性影响；然后，固定全局电压控制带宽 f_{vs} 为 40Hz，将其相位裕度 θ_{vs} 分别设置为 20°、45°、70°，分析控制相位裕度对频段 $\mathrm{III}_{\mathrm{SVG}}$ 阻尼特性影响。全局电压环对频段 $\mathrm{III}_{\mathrm{SVG}}$ 阻尼特性影响（定无功功率控制模式）如图 8－18 所示。

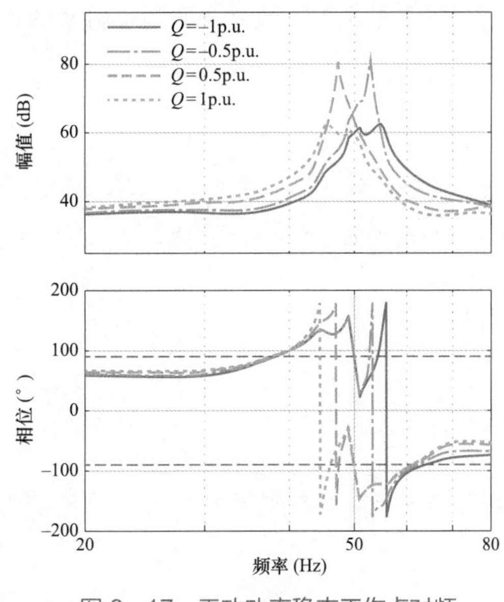

图 8－17　无功功率稳态工作点对频段 $\mathrm{II}_{\mathrm{SVG}}$ 阻尼特性影响

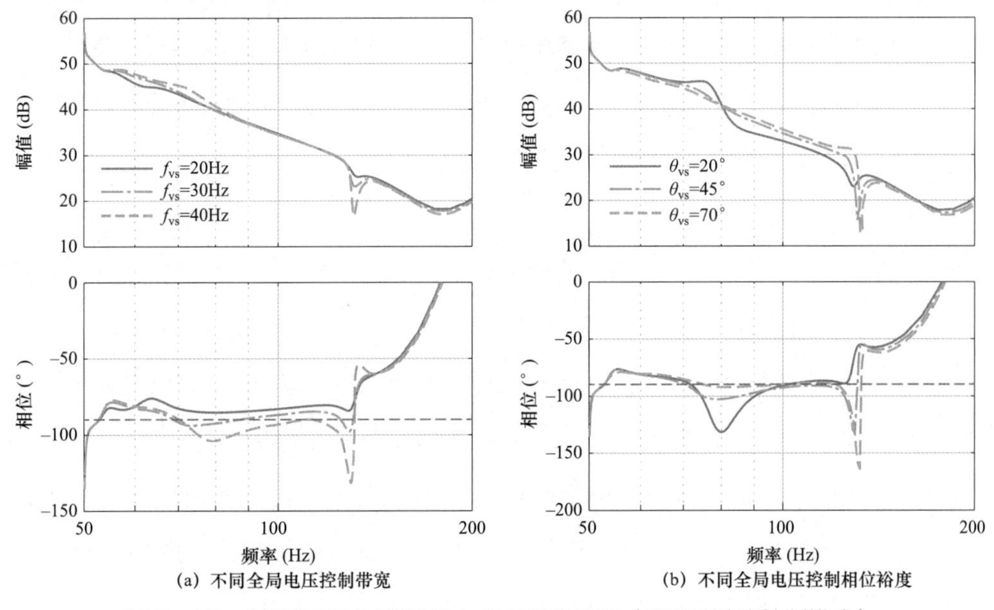

图 8－18　全局电压环对频段 $\mathrm{III}_{\mathrm{SVG}}$ 阻尼特性影响（定无功功率控制模式）

由图 8－18 可知，全局电压控制带宽 f_{vs} 和控制相位裕度 θ_{vs} 均对频段 $\mathrm{III}_{\mathrm{SVG}}$ 负阻尼特性产生影响。随着 f_{vs} 的增大，频段 $\mathrm{III}_{\mathrm{SVG}}$ 阻尼特性减弱，阻抗由容性正阻尼变为容性负

阻尼，并加剧该频段负阻尼程度。随着 θ_{vs} 的增大，频段 $Ⅲ_{SVG}$ 前半段阻尼特性增强，负阻尼程度减小，而后半段阻尼特性减弱，容性负阻尼程度随之加剧。

2. 无功功率环对负阻尼特性影响分析

在旋转坐标系下，无功功率控制回路如图 8－19 所示。通过求解开环增益，可得无功功率控制器 $H_q(s)$ 的控制参数，即

$$\begin{cases}\left|H_q(s)\dfrac{3V_1}{2}\right|_{s=\mathrm{j}2\pi f_{qc}}=1\\ \angle\left(H_q(s)\dfrac{3V_1}{2}\right)_{s=\mathrm{j}2\pi f_{qc}}=\theta_{qc}-\pi\end{cases} \tag{8-50}$$

式中，在无功功率控制带宽 f_{qc} 处开环增益为 1，对应的相位裕度为 θ_{qc} 。

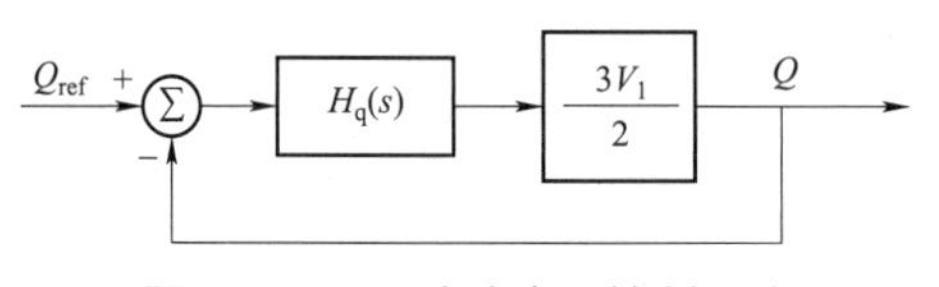

图 8－19　无功功率环控制回路

下面分析无功功率控制带宽 f_{qc} 和控制相位裕度 θ_{qc} 对频段 $Ⅲ_{SVG}$ 负阻尼特性影响。固定无功功率控制带宽 f_{qc} 为 30Hz，将其相位裕度 θ_{qc} 分别设置为 10°、45°、80°，无功功率环对频段 $Ⅲ_{SVG}$ 阻尼特性影响如图 8－20 所示。由图 8－20 可知，随着无功功率控制相位裕度 θ_{qc} 的降低，频段 $Ⅲ_{SVG}$ 负阻尼程度加深。

3. 延时对负阻尼特性影响分析

SVG 控制中，通信、调理采样、滤波和数字控制等环节将引入延时。本节将分析延时对频段 $Ⅲ_{SVG}$ 负阻尼特性影响。

固定交流电流控制带宽 f_{iac} 为 200Hz，控制相位裕度 θ_{iac} 为 15°。将延时 T_s 分别设置为 0、100、200μs，延时对频段 $Ⅲ_{SVG}$ 阻尼特性影响如图 8－21 所示。

由图 8－21 可知，延时主要影响交流电流控制带宽 f_1+f_{iac}（静止坐标系）附近阻尼特性。随着延时增加，交流电流控制带宽 f_1+f_{iac} 附近产生容性和感性负阻尼，且负阻尼程度加深。延时与交流电流控制在频段 $Ⅲ_{SVG}$ 存在频带重叠效应，导致该频段出现负阻尼。

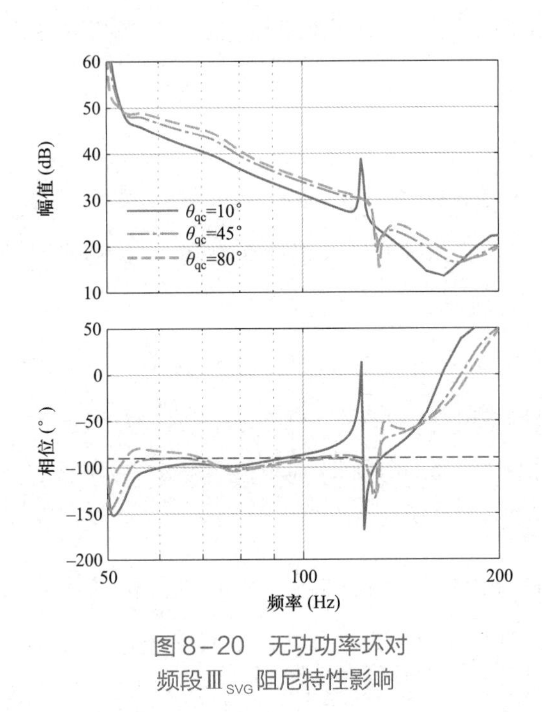

图 8-20　无功功率环对频段Ⅲ$_{SVG}$阻尼特性影响

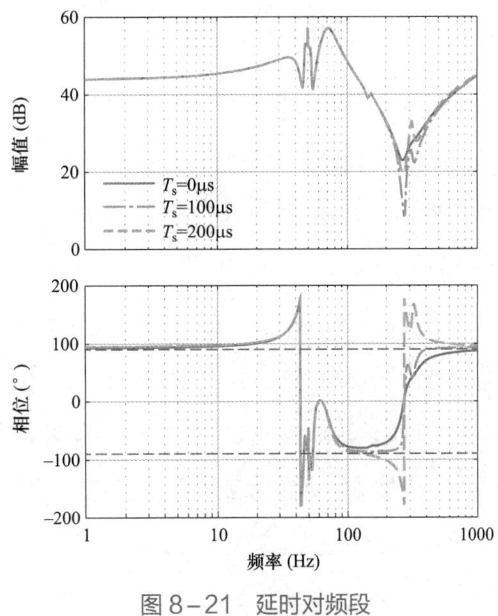

图 8-21　延时对频段Ⅲ$_{SVG}$阻尼特性影响

8.4.2.4　频段Ⅳ$_{SVG}$负阻尼特性分析

频段Ⅳ$_{SVG}$阻抗特性由桥臂电感 L_{arm} 主导，还受到通信、调理采样、滤波、数字控制等环节所引入延时的影响。本节分析延时对频段Ⅳ$_{SVG}$负阻尼特性影响。

固定桥臂电感 L_{arm} 不变，将延时 T_s 分别设置为 0、100、200μs，延时对频段Ⅳ$_{SVG}$阻尼特性影响如图 8-22 所示。

由图 8-22 可知，随着延时的增大，感性负阻尼程度将加剧。延时与桥臂电感在频段Ⅳ$_{SVG}$存在频带重叠效应，导致阻抗出现感性负阻尼。

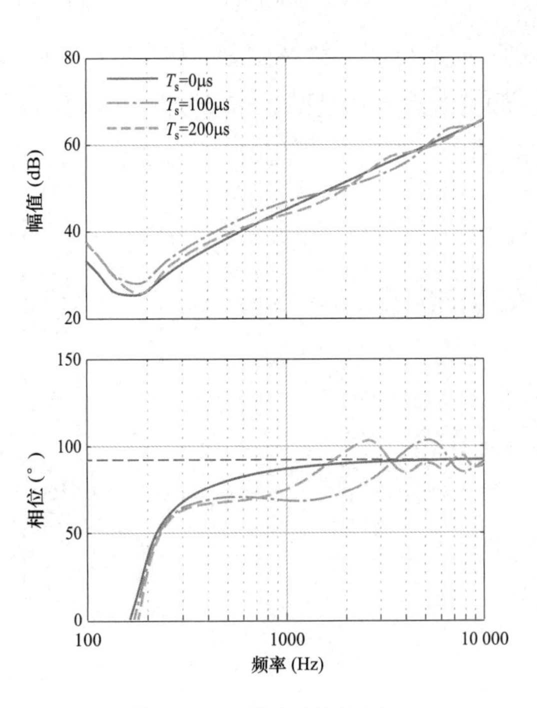

图 8-22　延时对频段Ⅳ$_{SVG}$阻尼特性影响

8.4.2.5　各频段负阻尼特性分析小结

在定无功功率控制模式下，根据 SVG 各频段内负阻尼特性分析，可得到如下结论：

（1）在频段 I_{SVG}（$f < f_1 - f_{tc}$），阻抗受交流电流控制和子模块电容共同影响。全局电压控制与交流电流控制存在频带重叠效应，导致该频段产生负阻尼。随着全局电压控制带宽的增大和控制相位裕度减小，负阻尼程度加剧。

（2）在频段 II_{SVG}（$f_1 - f_{tc} < f < f_1 + f_{tc}$），阻抗特性由 PLL 控制主导。同时，无功功率工作点对该频段负阻尼特性产生影响。当 SVG 发出感性无功时，转折频率在基频以上；当 SVG 发出容性无功时，转折频率在基频以下。

（3）在频段 III_{SVG}（$f_1 + f_{tc} < f < f_1 + f_{iac}$），阻抗特性由交流电流控制主导。全局电压控制、无功功率控制、延时均与交流电流控制在此频段存在频带重叠效应，导致该频段产生负阻尼特性。全局电压控制带宽 f_{vs} 的增大，无功功率控制相位裕度 θ_{qc} 的降低，延时 T_s 的增大，均会加深该频段负阻尼程度。

（4）在频段 IV_{SVG}（$f > f_1 + f_{iac}$），阻抗特性由桥臂电感主导。延时与桥臂电感的频带重叠效应导致该频段出现感性负阻尼，并且随着延时的增大，感性负阻尼程度将会加剧。

基于 CHIL 仿真平台，对 40Mvar 和 50Mvar 两种型号 SVG 开展阻抗扫描，不同型号 SVG 阻尼特性（定无功功率控制模式）如图 8－23 所示。由图可见，SVG 阻抗在频段 I_{SVG} 到频段 IV_{SVG} 宽频范围内出现负阻尼。

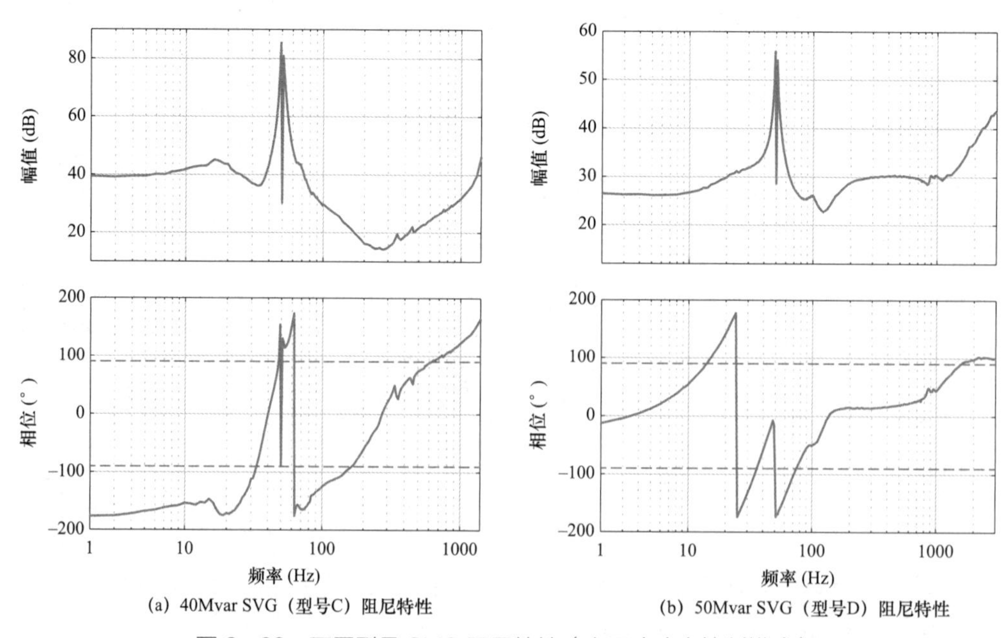

图 8－23　不同型号 SVG 阻尼特性（定无功功率控制模式）

8.5　定交流电压控制模式下阻抗特性分析

基于定交流电压控制模式下 SVG 阻抗解析模型，本节首先分析不同频段阻抗特性的主导因素，提出 SVG 阻抗频段划分方法；然后，阐明多控制器/环节间的频带重叠效应和各频段负阻尼特性产生机理；最后，基于 SVG 的 CHIL 阻抗扫描结果，给出频段划分的典型值。

8.5.1　宽频阻抗频段划分

下面首先分析定交流电压控制模式、定无功功率控制模式下 SVG 阻抗特性的差异。图 8-24 为定交流电压控制模式和定无功功率控制模式下阻抗特性。图中，$\boldsymbol{Z}_{\mathrm{SVG}}^{\mathrm{V}}$、$\boldsymbol{Z}_{\mathrm{SVG}}^{\mathrm{Q}}$ 分别为定交流电压控制模式、定无功功率控制模式下 SVG 交流端口阻抗。除交流电压控制器 $H_{\mathrm{vac}}(s)$ 和无功功率控制器 $H_{\mathrm{q}}(s)$ 以外，其余控制器参数保持一致。

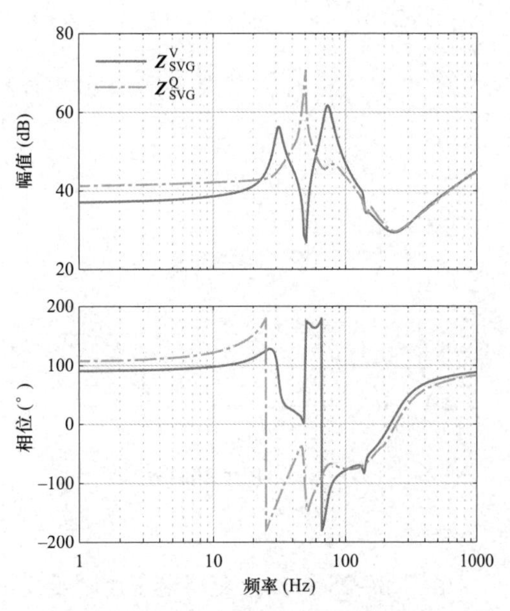

图 8-24　定交流电压控制模式和定无功功率控制模式下阻抗特性

由图 8-24 可知，两种模式下阻抗特性差异主要体现在次/超同步频段。由于两种模式下交流电流控制以及桥臂电感参数均相同，而中、高频段阻抗特性由交流电流控制及桥臂电感主导，故该频段两者阻抗特性基本一致。本节将分析交流电压控制模式下，频段 $\mathrm{I}_{\mathrm{SVG}}$ 和频段 $\mathrm{II}_{\mathrm{SVG}}$ 阻抗特性主导影响因素。

8.5.1.1　交流电压环对阻抗特性影响分析

下面分析交流电压控制带宽 f_{vac} 和控制相位裕度 θ_{vac} 对阻抗特性影响。首先，固定交流电压控制相位裕度 θ_{vac} 为 45°，将其控制带宽 f_{vac} 分别设置为 5、10、20Hz，分析控制带宽对阻抗特性影响；然后，固定交流电压控制带宽 f_{vac} 为 10Hz，将其相位裕度 θ_{vac} 分别设置为 20°、45°、70°，分析控制相位裕度对阻抗特性影响。交流电压环对阻抗特性影响如图 8-25 所示。

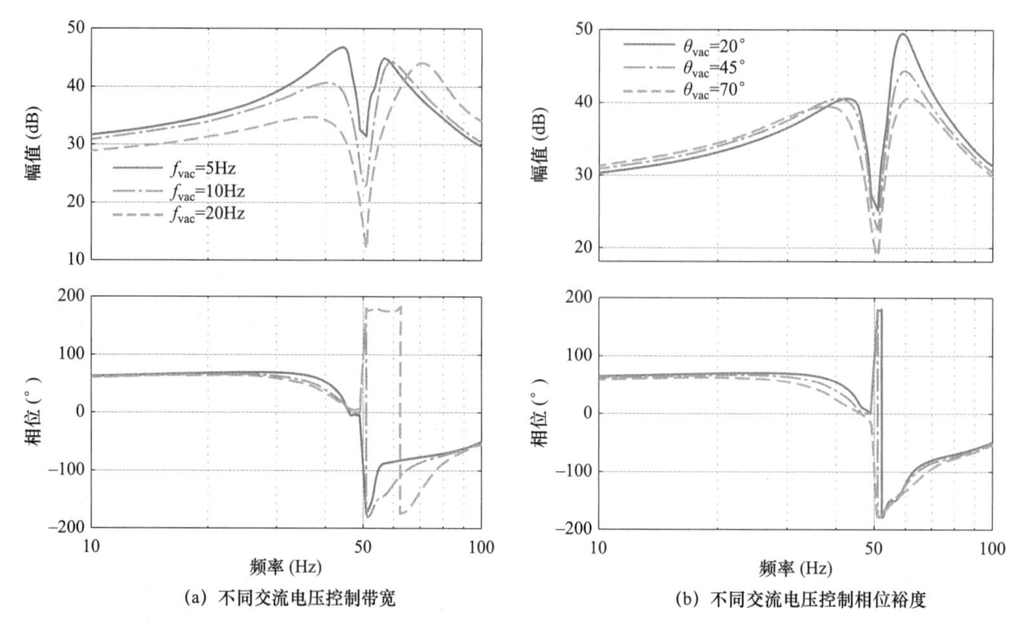

图 8-25　交流电压环对阻抗特性影响

由图 8-25 可知，交流电压控制模式下，阻抗幅值在频率 $f_1 - f_{vac}$ 和 $f_1 + f_{vac}$ 存在两个谐振峰。随着交流电压控制带宽 f_{vac} 的增大，谐振峰频率离基频距离增大。交流电压控制相位裕度 θ_{vac} 主要影响 $f_1 - f_{vac}$ 和 $f_1 + f_{vac}$ 频率处谐振峰阻尼特性；交流电压控制相位裕度 θ_{vac} 越大，阻尼特性越强，$f_1 - f_{vac} < f < f_1 + f_{vac}$ 频段内阻抗幅值和相位变化越缓和。交流电压控制主要影响 $f_1 - f_{vac} < f < f_1 + f_{vac}$ 频段范围阻抗特性。

8.5.1.2　PLL 对阻抗特性影响分析

下面分析 PLL 控制带宽 f_{tc} 和控制相位裕度 θ_{tc} 对阻抗特性影响。固定交流电压控制带宽 f_{vac} 为 10Hz、相位裕度 θ_{vac} 为 45°。在此基础上，首先，固定 PLL 控制相位裕度 θ_{tc} 为 45°，将其控制带宽 f_{tc} 分别设置为 5、10、20Hz，分析控制带宽对阻抗特性影响；然后，固定 PLL 控制带宽 f_{tc} 为 5Hz，将其相位裕度 θ_{tc} 分别设置为 20°、45°、70°，分析控制相位裕度对阻抗特性影响。PLL 对阻抗特性影响（定交流电压控制模式）如图 8-26 所示。

由图 8-26 可知，PLL 主要影响频率 $f_1 - f_{vac}$、$f_1 + f_{vac}$ 处谐振峰的阻尼特性。随着 PLL 控制带宽 f_{tc} 或控制相位裕度 θ_{tc} 的增大，谐振峰处的阻尼特性增强，阻抗幅值降低，相位变化更为缓和。

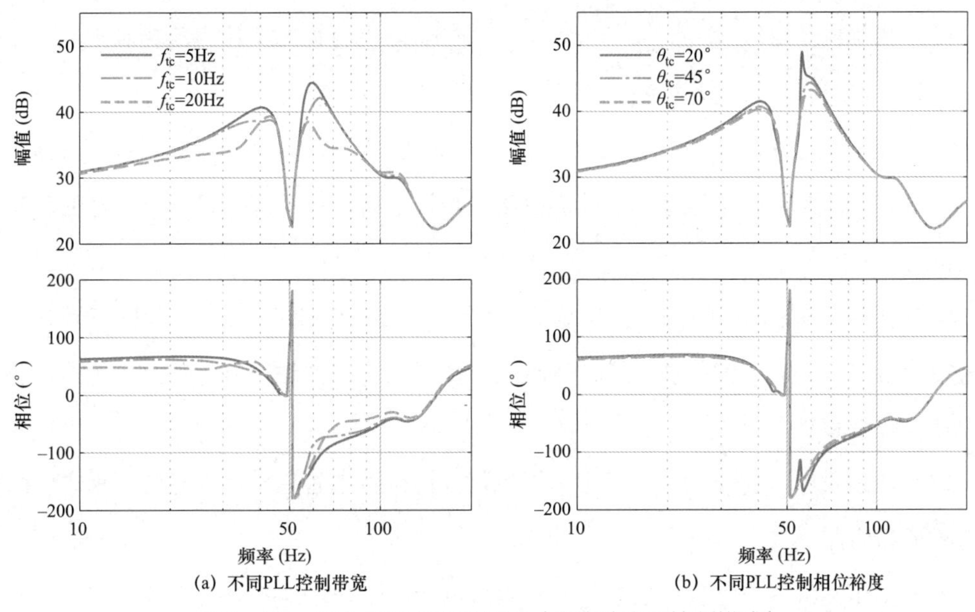

图 8－26　PLL 对阻抗特性影响（定交流电压控制模式）

8.5.1.3　子模块电容对阻抗特性影响分析

下面分析子模块电容 C_{sm} 对阻抗特性影响。固定桥臂子模块数量 N 为 36，将子模块电容 C_{sm} 分别设置为 2、4、6mF。子模块电容对阻抗特性影响（定交流电压控制模式）如图 8－27 所示。由图可见，子模块电容主要影响 $f < f_1 - f_{vac}$ 频段阻抗幅值特性，随着子模块电容的增大，$f < f_1 - f_{vac}$ 频段阻抗幅值降低。

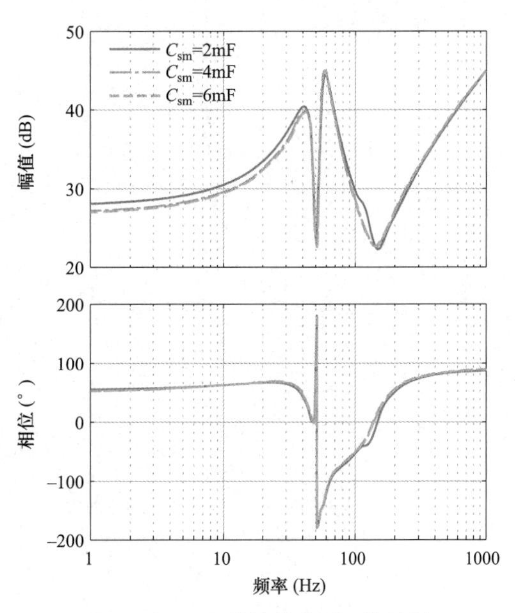

图 8－27　子模块电容对阻抗特性影响（定交流电压控制模式）

$f < f_1 - f_{vac}$ 频段阻抗特性同时受到交流电流控制、子模块电容的共同影响。由此可见，定交流电压控制模式与定无功功率控制模式下，$f < f_1 - f_{vac}$ 频段阻抗特性主导影响因素一致。

8.5.1.4　宽频阻抗频段划分小结

根据定交流电压控制模式下 SVG 阻抗特性分析，可以将宽频阻抗进行频段划分：

（1）在频段 $\mathrm{I_{SVG}}$（$f < f_1 - f_{vac}$），阻抗特性由交流电流控制和子模块电容共同决定。

（2）在频段Ⅱ$_{SVG}$（$f_1 - f_{vac} < f < f_1 + f_{vac}$），阻抗特性由交流电压控制主导。交流电压控制带宽增大，阻抗谐振峰频率离基频距离增大；交流电压控制相位裕度越大，该频段内阻抗幅值和相位变化越缓和。此外，PLL 控制影响该频段内阻抗阻尼特性。随着 PLL 带宽或相位裕度增大，谐振峰阻尼特性增强，谐振峰处阻抗幅值降低，相位变化更为缓和。

（3）在频段Ⅲ$_{SVG}$（$f_1 + f_{vac} < f < f_1 + f_{iac}$），阻抗特性由交流电流控制主导。交流电流控制带宽越高，该频段内阻抗幅值越大。交流电流控制相位裕度越大，阻抗幅值和相位变化越缓和。

（4）在频段Ⅳ$_{SVG}$（$f > f_1 + f_{iac}$），阻抗特性由桥臂电感主导。桥臂电感越大，阻抗感性特征越明显。

基于 CHIL 仿真平台，对 30Mvar 和 34Mvar 两种型号 SVG 开展阻抗扫描，不同型号 SVG 阻抗（定交流电压控制模式）如图 8－28 所示。由图可知，阻抗特性变化趋势与解析模型基本一致，频段Ⅰ$_{SVG}$范围为f<30Hz、频段Ⅱ$_{SVG}$范围为 30Hz<f<70Hz、频段Ⅲ$_{SVG}$范围为 70Hz<f<100Hz、频段Ⅳ$_{SVG}$范围为f>100Hz。

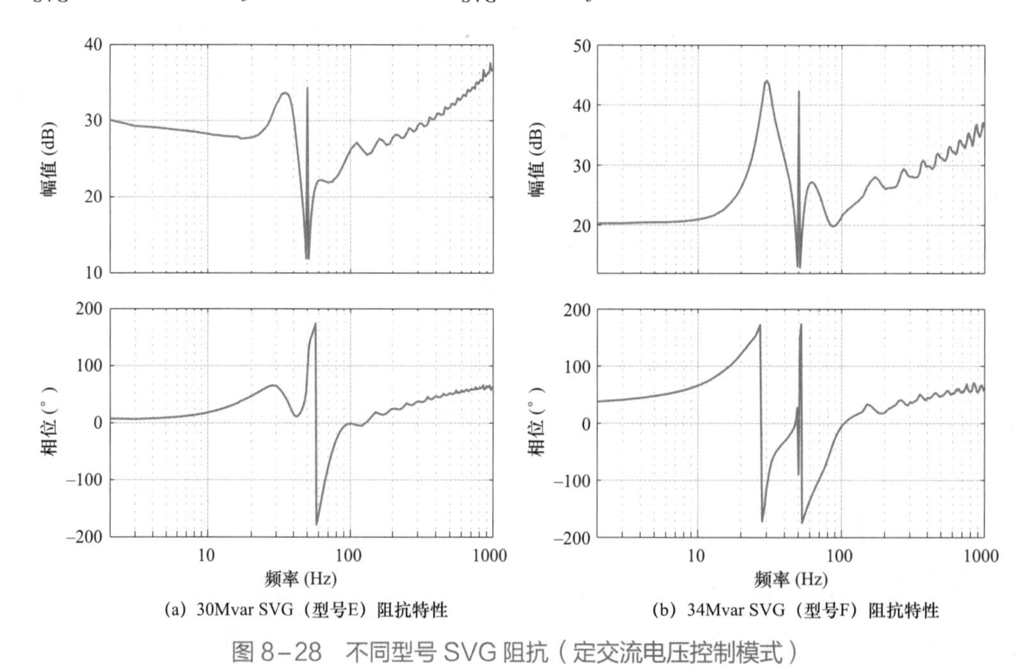

(a) 30Mvar SVG（型号E）阻抗特性　(b) 34Mvar SVG（型号F）阻抗特性

图 8－28　不同型号 SVG 阻抗（定交流电压控制模式）

8.5.2　各频段负阻尼特性分析

基于 8.5.1 分析可知，交流电压控制、交流电流控制、桥臂电感对 SVG 不同频段阻

抗特性分别起主导作用。而同一频段内，阻抗特性除受到主导因素影响外，还受到其余控制器/环节重叠影响。本节将针对交流电压控制模式下，各频段内多控制器/环节频带重叠效应及各频段负阻尼特性产生机理进行分析。

8.5.2.1　频段 I_{SVG} 负阻尼特性分析

频段 I_{SVG} 阻抗特性受交流电流控制和子模块电容共同影响。下面分析全局电压控制带宽和相位裕度对频段 I_{SVG} 负阻尼特性影响。固定交流电流控制带宽 f_{iac} 为 100Hz、控制相位裕度 θ_{iac} 为 30°。在此基础上，首先，固定全局电压控制相位裕度 θ_{vs} 为 45°，将其控制带宽 f_{vs} 分别设置为 20、30、40Hz，分析控制带宽对频段 I_{SVG} 阻尼特性影响；然后，固定全局电压控制带宽 f_{vs} 为 40Hz，将其相位裕度 θ_{vs} 分别设置为 20°、45°、70°，分析控制相位裕度对频段 I_{SVG} 阻尼特性影响。全局电压环对频段 I_{SVG} 阻尼特性影响（定交流电压控制模式）如图 8－29 所示。

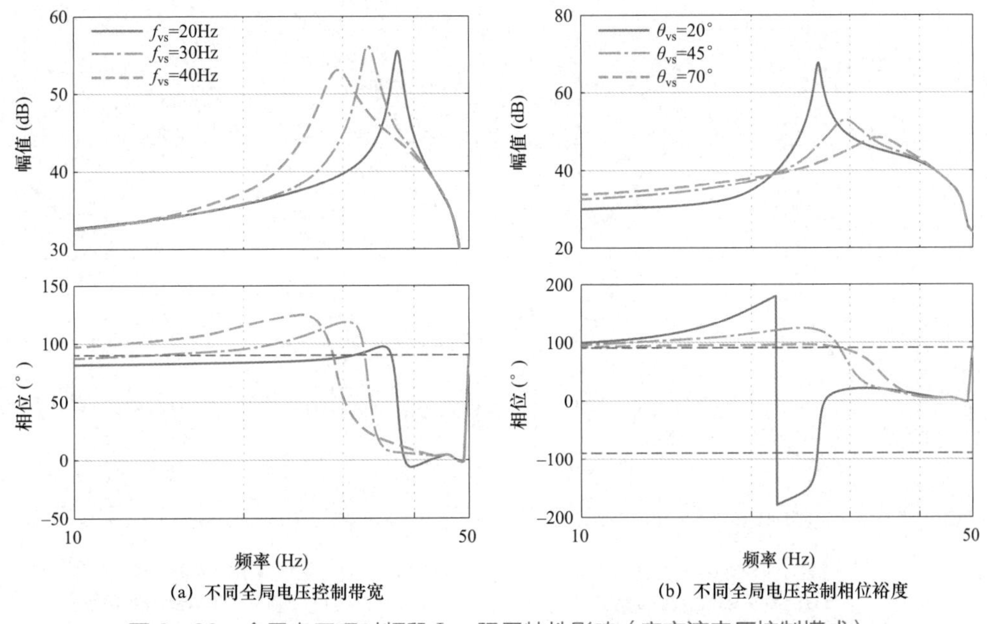

图 8－29　全局电压环对频段 I_{SVG} 阻尼特性影响（定交流电压控制模式）

由图 8－29 可知，随着全局电压控制带宽 f_{vs} 的增大，感性负阻尼出现的频率范围离基频距离增加，且感性负阻尼程度加深；随着全局电压控制相位裕度 θ_{vs} 的降低，负阻尼程度加剧，甚至出现容性负阻尼。全局电压控制、子模块电容、交流电流控制在该频段存在频带重叠效应，导致 SVG 出现感性和容性负阻尼。

8.5.2.2　频段Ⅲ$_{SVG}$负阻尼特性分析

频段Ⅲ$_{SVG}$阻抗特性由交流电流控制主导。下面将分析交流电压控制模式下全局电压环对频段Ⅲ$_{SVG}$负阻尼特性影响。固定交流电流控制带宽 f_{iac} 为 100Hz，控制相位裕度 θ_{iac} 为 30°。在此基础上，首先固定全局电压控制相位裕度 θ_{vs} 为 45°，将其控制带宽 f_{vs} 分别设置为 20、30、40Hz，分析控制带宽对频段Ⅲ$_{SVG}$阻尼特性影响；然后，固定全局电压控制带宽 f_{vs} 为 40Hz，将其相位裕度 θ_{vs} 分别设置为 20°、45°、70°，分析控制相位裕度对频段Ⅲ$_{SVG}$阻尼特性影响。全局电压环对频段Ⅲ$_{SVG}$阻尼特性影响（定交流电压控制模式）如图 8－30 所示。

由图 8－30 可知，阻抗存在谐振峰，且在谐振峰频率附近呈现容性负阻尼特性。随着全局电压控制带宽 f_{vs} 的增大，容性负阻尼程度加深；随着全局电压控制相位裕度 θ_{vs} 的增大，容性负阻尼程度加剧，甚至呈现感性负阻尼。

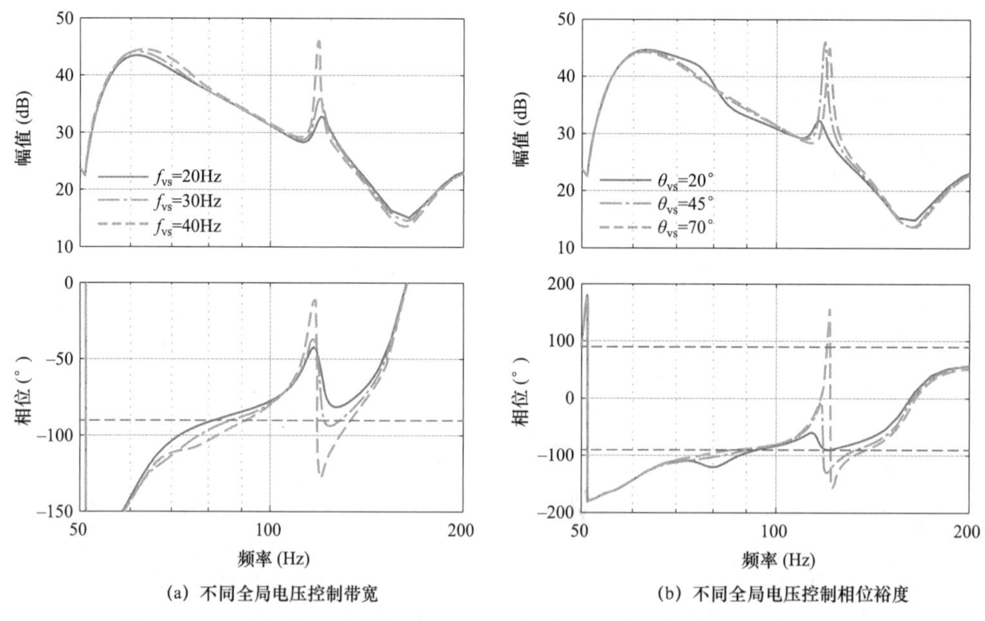

图 8－30　全局电压环对频段Ⅲ$_{SVG}$阻尼特性影响（定交流电压控制模式）

8.5.2.3　各频段负阻尼特性分析小结

在交流电压控制模式下，根据 SVG 各频段内负阻尼特性分析，可得到如下结论：

（1）在频段Ⅰ$_{SVG}$（$f < f_1 - f_{vac}$），阻抗受交流电流控制和子模块电容共同影响。全局电压控制、子模块电容与交流电流控制存在频带重叠效应，导致该频段产生感性负阻

尼。随着全局电压控制带宽的增大和相位裕度的减小，负阻尼程度将会进一步加剧。

（2）在频段Ⅱ$_{\text{SVG}}$（$f_1-f_{\text{vac}}<f<f_1+f_{\text{vac}}$），阻抗特性由交流电压控制主导。在基频以上呈现容性负阻尼。此外，PLL 控制对负阻尼特性也产生影响。随着 PLL 控制带宽或控制相位裕度增大，谐振峰频率处阻尼特性增强。

（3）在频段Ⅲ$_{\text{SVG}}$（$f_1+f_{\text{vac}}<f<f_1+f_{\text{iac}}$），阻抗特性由交流电流控制主导。全局电压控制与交流电流控制存在频带重叠效应，导致该频段产生容性负阻尼。随着全局电压控制带宽或控制相位裕度的增大，负阻尼程度将会进一步加剧。此外，延时与交流电流控制存在频带重叠效应，导致呈现负阻尼特性；随着延时的增大，负阻尼程度将会进一步加剧。

（4）在频段Ⅳ$_{\text{SVG}}$（$f>f_1+f_{\text{iac}}$），阻抗特性由桥臂电感主导。延时与桥臂电感存在频带重叠效应，导致呈现感性负阻尼。随着延时的增大，感性负阻尼程度将会进一步加剧。

基于 CHIL 仿真平台，对 19Mvar 和 26Mvar 两种型号 SVG 开展阻抗扫描，不同型号 SVG 阻尼特性（定交流电压控制模式）如图 8－31 所示。由图可见，SVG 在频段Ⅰ$_{\text{SVG}}$到频段Ⅳ$_{\text{SVG}}$宽频范围内出现负阻尼。

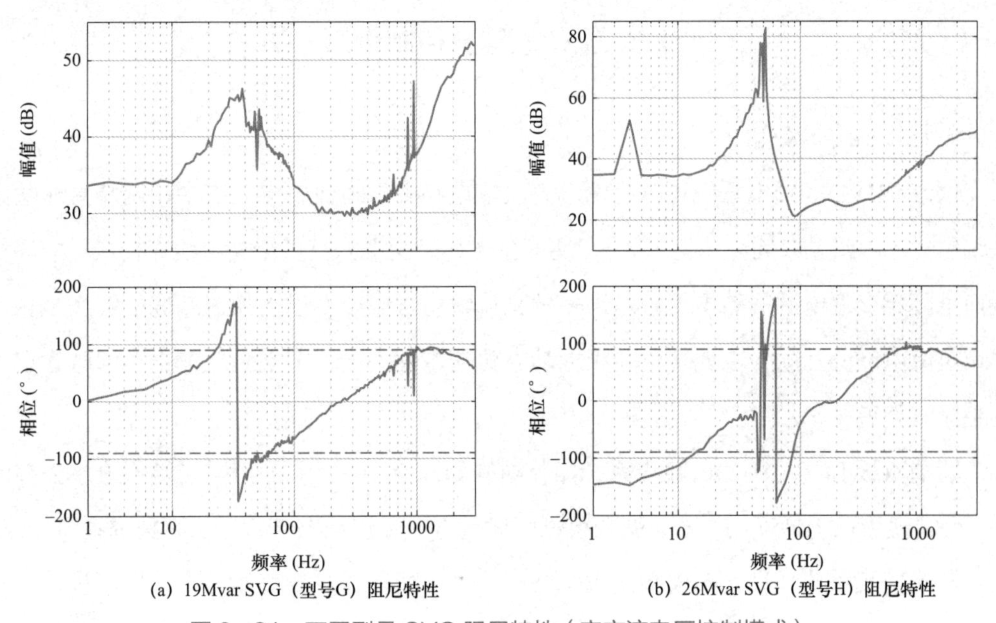

图 8－31　不同型号 SVG 阻尼特性（定交流电压控制模式）

第 9 章　常规直流输电系统阻抗模型及特性分析

LCC－HVDC 输电系统典型的控制方式为：送端换流站采用定直流电流控制，受端换流站采用定直流电压控制。LCC－HVDC 送、受端换流站间长远距离直流输电线路呈现非理想电压源，受端换流站控制特性、受端电网强度对 LCC－HVDC 送端系统阻抗特性产生影响。

本章首先建立考虑送、受端换流站控制特性、受端电网强度、直流输电线路动态特性影响的 LCC－HVDC 阻抗模型[1]，并验证其阻抗模型的准确性。然后，基于 LCC－HVDC 阻抗解析模型，建立送端和受端换流站控制、主电路及直流输电线路与端口阻抗间的频域传递关系，分析送、受端换流站阻抗耦合特性，阐明各频段阻抗特性的主导影响因素，并揭示 LCC－HVDC 负阻尼特性的产生机理。最后，基于 CHIL 仿真平台扫描 LCC－HVDC 宽频阻抗特性曲线，给出频段划分的典型值。

9.1　工作原理及控制策略

9.1.1　拓扑结构

LCC－HVDC 输电系统可分为两端直流输电和多端直流输电。其中，两端直流输电系统由一个整流站（功率送端）、一个逆变站（功率受端）及直流输电线路构成，能够实现两个区域交流电网间的电能输送。多端直流输电含三个及以上换流站，能够实现多个区域交流电网的互联与电能传输。根据功率传输方向不同，多端直流输电可同时含有多个整流站和逆变站。

两端双极 LCC－HVDC 输电系统拓扑结构如图 9－1 所示。其中，送端换流站为整流站，受端换流站为逆变站，送、受端换流站通过直流输电线路连接，从而构成直流回路，实现送端交流系统（Ⅰ）向受端交流系统（Ⅱ）电能输送。换流站通常采用双极接线方

[1] 本书主要研究新能源接入直流送端系统稳定性，本章建立的 LCC-HVDC 阻抗模型为送端换流站交流端口阻抗模型。

式，由正极换流单元和负极换流单元构成。两端换流站的直流中性母线均接地，当直流输电线路或一极换流单元故障时，两端 LCC－HVDC 输电系统可以通过大地回线转为单极运行。

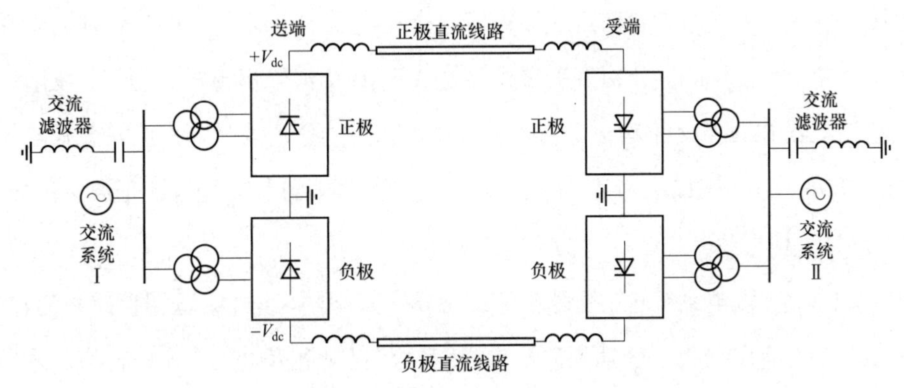

图 9－1　两端双极 LCC－HVDC 输电系统拓扑结构

考虑到双极换流站正、负极换流单元的电路结构和工作方式对称，本章以正极换流单元为例，其输电系统拓扑结构如图 9－2 所示。送、受端换流站均采用 12 脉动换流单元。每个换流单元又由两个 6 脉动晶闸管换流器通过交流端口并联、直流端口串联构成。两个 6 脉动晶闸管换流器交流端口通过三绕组变压器或者两组双绕组变压器接入交流电网，变压器阀侧分别为星形联结和角形联结（Yd1 或者 Yd11），实现两个 6 脉动晶闸管换流器交流输入电压相位相差 π/6 。将星形联结侧晶闸管换流器记为换流器 1，将角形联结侧晶闸管换流器记为换流器 2。此外，送、受端换流器交流端口通常配置并联交流滤波器，以改善输出谐波并补偿换流器无功消耗。

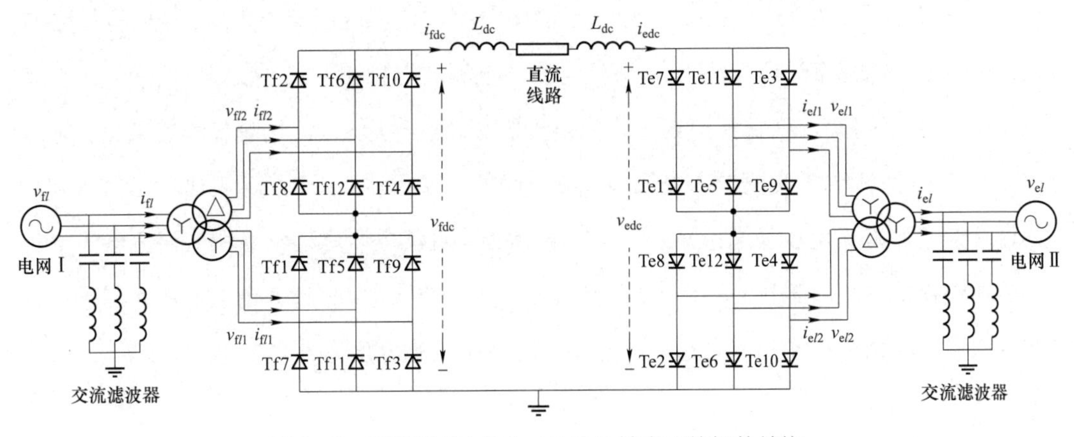

图 9－2　两端单极 LCC－HVDC 输电系统拓扑结构

图 9－2 中，下标 $l=\mathrm{a,b,c}$ 分别表示 a、b、c 相；下标中含“f”的变量表示送端变量，下标中含“e”的变量表示受端变量；v_{fl}、i_{fl} 分别为送端三相交流电压、电流；v_{fl1}、i_{fl1} 分别为送端换流器 1 三相交流输入电压、电流；v_{fl2}、i_{fl2} 分别为送端换流器 2 三相交流输入电压、电流；v_{fdc}、i_{fdc} 分别为送端换流站直流电压、电流；v_{el}、i_{el} 分别为受端三相交流电压、电流；v_{el1}、i_{el1} 分别为受端换流器 1 三相交流输出电压、电流；v_{el2}、i_{el2} 分别为受端换流器 2 三相交流输出电压、电流；v_{edc}、i_{edc} 分别为受端换流站直流电压、电流；Tfh、Teh（$h=1\sim12$）分别为送、受端第 h 个晶闸管；L_{dc} 为直流平波电抗器。

9.1.2　工作原理

LCC－HVDC 输电系统送、受端换流站工作方式不同。其中，送端换流站为整流站，实现交流电到直流电变换；受端换流站为逆变站，实现直流电到交流电变换。本节将分别介绍送、受端换流站工作原理。

9.1.2.1　送端换流站工作原理

基于第 4 章 6 脉动晶闸管换流器工作原理，在送端晶闸管换流器 6 个自然换相点分别延迟触发角 α_{f}（$\alpha_{\mathrm{f}}\leqslant\pi/2$），对各晶闸管依次施加触发脉冲，晶闸管将按 $\pi/3$ 间隔轮流导通，换流器将产生 6 脉动的直流电压。对于换流器 1，各晶闸管导通顺序为 Tf1—Tf3—Tf5—Tf7—Tf9—Tf11；对于换流器 2，各晶闸管导通顺序为 Tf2—Tf4—Tf6—Tf8—Tf10—Tf12。

由于变压器阀侧绕组分别为星形和角形联结，两个换流器交流输入电压相位相差 $\pi/6$。以 Yd1 接法为例，换流器 1 各晶闸管将会超前换流器 2 各对应晶闸管 $\pi/6$ 导通。12 个晶闸管导通顺序为 Tf1～Tf12。在此导通顺序下，直流电压在一个基波周期内将脉动 12 次，称为 12 脉动换流器。送端交、直流电压、电流波形如图 9－3 所示。

由图 9－3 可知，送端换流器 1 将比换流器 2 超前导通 $\pi/6$，送端换流器 1 交流输入电流 i_{fl1} 超前换流器 2 交流输入电流 i_{fl2} $\pi/6$。此外，换流器 1、2 直流电压稳态值相同，为送端换流站直流电压稳态值 V_{fdc} 的一半。换流器 1 直流电压脉动分量超前换流器 2 $\pi/6$，导致送端换流站直流电压 v_{fdc} 在一个基波周期内脉动 12 次。另外，由于变压器漏感的存在，送端换流站存在换相重叠过程，送端换流站换相重叠角为 μ_{f}，导致直流电压在换相期间产生换相压降。

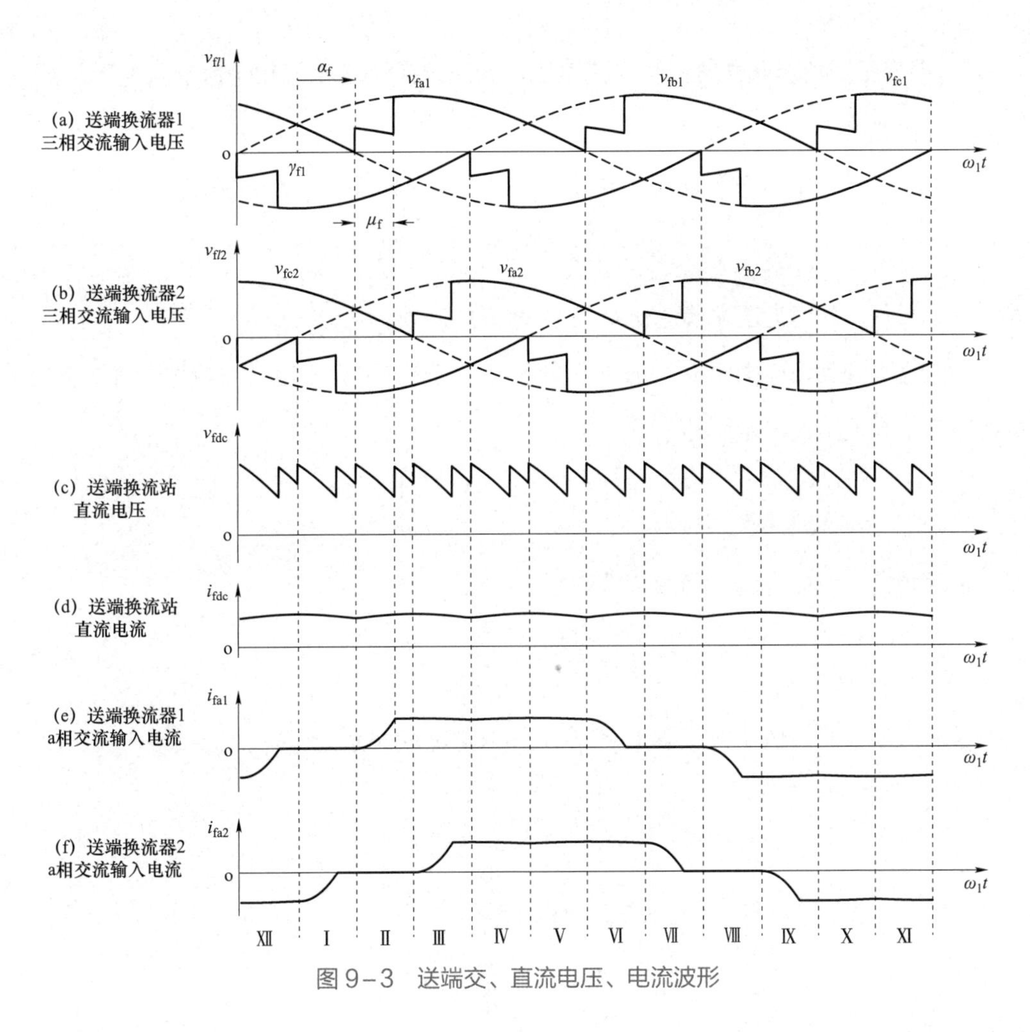

图 9-3 送端交、直流电压、电流波形

考虑变压器漏感影响，将变压器阀侧漏感折算至网侧，可得送端换流站交流回路时域模型，即

$$v_{fTl} = v_{fl} - L_{fT}\frac{di_{fl}}{dt} \tag{9-1}$$

式中：v_{fTl} 为送端变压器网侧三相交流电压；L_{fT} 为送端变压器等效网侧漏感。

根据送端变压器阀侧联结方式，并考虑变比及相位的超前滞后关系，可得送端换流器 1、2 三相交流输入电压，即

$$\begin{cases} v_{fl1}(t) = \dfrac{1}{k_{fT}} v_{fTl}(t) \\ v_{fl2}(t) = \dfrac{1}{k_{fT}} v_{fTl}\left(t - \dfrac{1}{12f_1}\right) \end{cases} \tag{9-2}$$

式中：v_{fl1} 为送端变压器星形联结侧三相交流电压，即送端换流器 1 三相交流输入电压；

v_{fl2} 为送端变压器角形联结侧三相交流电压，即送端换流器 2 三相交流输入电压；k_{fT} 为送端变压器变比。

根据第 4 章介绍的开关函数，可得送端交、直流电压之间的转换关系，即

$$v_{fdc}=\sum_{l=a,b,c}s_{fl1}v_{fl1}+\sum_{l=a,b,c}s_{fl2}v_{fl2} \tag{9-3}$$

式中：s_{fl1}、s_{fl2} 分别为送端换流器 1、2 三相开关函数。

换流器 1 开关函数的定义与第 4 章介绍的晶闸管换流器一致，换流器 2 开关函数可由换流器 1 开关函数表示，即

$$s_{fl2}(t)=s_{fl1}\left(t-\frac{1}{12f_1}\right) \tag{9-4}$$

则送端交、直流电流之间的关系满足

$$\begin{cases} i_{fl1}=s_{fl1}i_{fdc} \\ i_{fl2}=s_{fl2}i_{fdc} \end{cases} \tag{9-5}$$

送端交流电流与送端换流器 1、2 交流输入电流的关系为

$$\begin{cases} i_{fa}=\dfrac{1}{k_{fT}}i_{fa1}+\dfrac{1}{\sqrt{3}k_{fT}}(i_{fa2}-i_{fb2}) \\ i_{fb}=\dfrac{1}{k_{fT}}i_{fb1}+\dfrac{1}{\sqrt{3}k_{fT}}(i_{fb2}-i_{fc2}) \\ i_{fc}=\dfrac{1}{k_{fT}}i_{fc1}+\dfrac{1}{\sqrt{3}k_{fT}}(i_{fc2}-i_{fa2}) \end{cases} \tag{9-6}$$

9.1.2.2　受端换流站工作原理

受端换流站各晶闸管导通顺序与送端一致，为 Te1～Te12，且换流器 1 各晶闸管超前换流器 2 各对应晶闸管 π/6 导通。送、受端换流站延迟触发角取值范围不同，送端换流站触发角 $\alpha_f<\pi/2$，受端换流站触发角 $\alpha_e\geqslant\pi/2$。此外，受端换流器共阳极点电位高于共阴极点，其直流极接法与送端换流器相反。受端交、直流电压、电流波形如图 9-4 所示。以受端换流站自然换相点移相角 γ_{e1} 为参考点，延迟 α_e 之后，时段 I（$\gamma_{e1}+\alpha_e\sim\gamma_{e1}+\alpha_e+\pi/6$）中，换流器 1 的 Te1 被触发，实现 Te9 到 Te1 换流导通，同时 Te11 保持导通。换相过程中，Te1 所在相交流电流 i_{ea1} 由 0 逐渐减小至 $-i_{edc}$。换相结束后，受端换流器直流电压为 $v_{eb1}-v_{ea1}$；送端换流器 1 在时段 I 换相结束后，直流电压为 $v_{fa1}-v_{fb1}$。其他时段过程类似。受端换流器 1、2 的直流电压与送端换流器 1、2 相反。

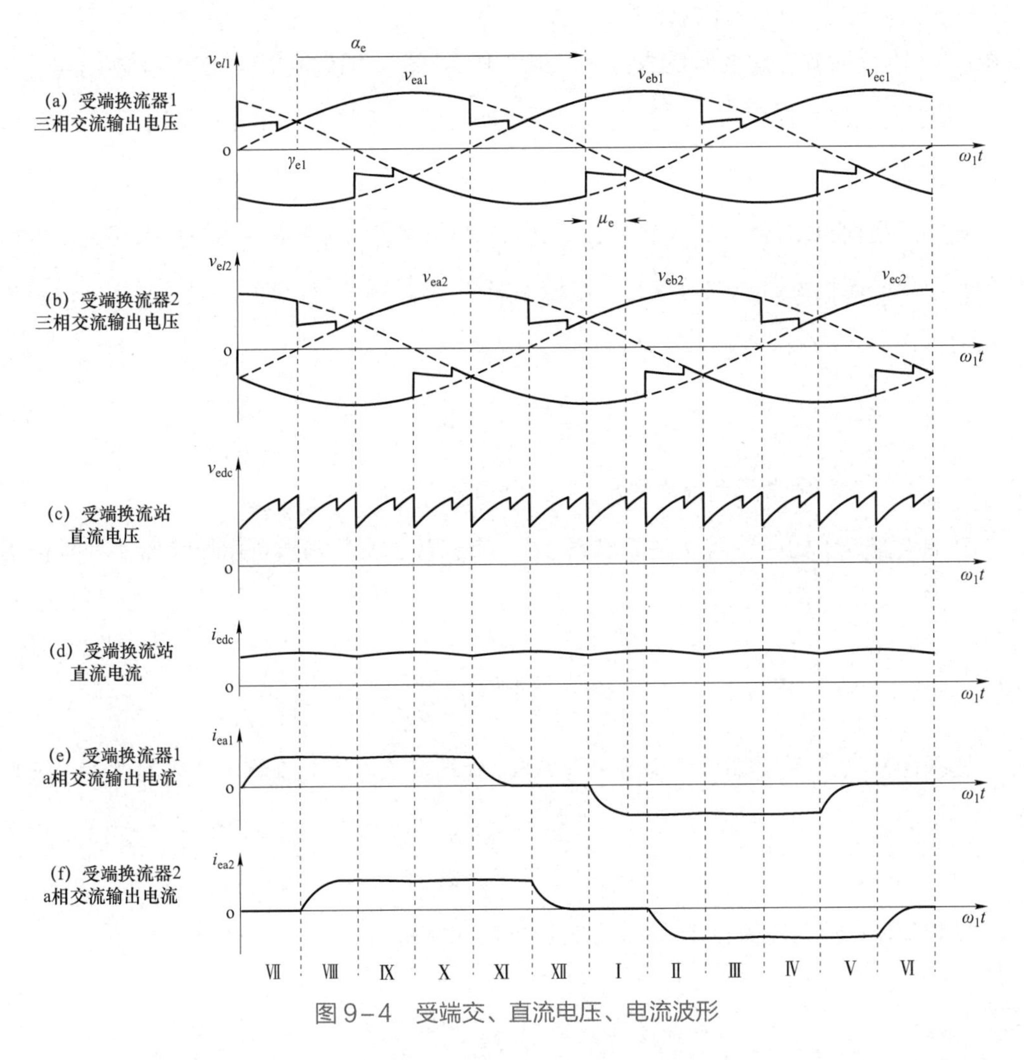

图 9-4　受端交、直流电压、电流波形

考虑变压器漏感影响，将变压器阀侧漏感折算至网侧，可得受端换流站交流回路时域模型，即

$$v_{eTl} = v_{el} + L_{eT}\frac{\mathrm{d}i_{el}}{\mathrm{d}t} \tag{9-7}$$

式中：v_{eTl} 为受端变压器网侧三相交流电压；L_{eT} 为受端变压器等效网侧漏感。

根据受端变压器阀侧联结方式，并考虑变压器变比及电压的超前滞后关系，可得受端换流器 1、2 三相交流输出电压，即

$$\begin{cases} v_{el1}(t) = \dfrac{1}{k_{eT}} v_{eTl}(t) \\ v_{el2}(t) = \dfrac{1}{k_{eT}} v_{eTl}\left(t - \dfrac{1}{12 f_1}\right) \end{cases} \tag{9-8}$$

式中：v_{el1}为受端变压器星形联结侧三相交流电压，即受端换流器 1 三相交流输出电压；v_{el2}为受端变压器角形联结侧三相交流电压，即受端换流器 2 三相交流输出电压；k_{eT}为受端变压器变比。

送、受端换流站直流极接法相反，且送、受端的交、直流电压变换关系相反。为简化分析，令受端换流器开关函数定义与送端保持一致，则受端交、直流电压之间的转换关系为

$$v_{edc} = -\left(\sum_{l=a,b,c} s_{el1} v_{el1} + \sum_{l=a,b,c} s_{el2} v_{el2}\right) \tag{9-9}$$

式中：s_{el1}、s_{el2}分别为受端换流器 1、2 三相开关函数。

受端换流器 1 比换流器 2 超前导通π/6，换流器 2 开关函数可由换流器 1 开关函数表示，即

$$s_{el2}(t) = s_{el1}\left(t - \frac{1}{12f_1}\right) \tag{9-10}$$

根据图 9-2 所示受端交流电流参考方向，受端交流电流与直流电流之间的关系满足

$$\begin{cases} i_{el1} = -s_{el1} i_{edc} \\ i_{el2} = -s_{el2} i_{edc} \end{cases} \tag{9-11}$$

受端交流电流与换流器 1、2 交流输出电流的关系为

$$\begin{cases} i_{ea} = \dfrac{1}{k_{eT}} i_{ea1} + \dfrac{1}{\sqrt{3}k_{eT}}(i_{ea2} - i_{eb2}) \\ i_{eb} = \dfrac{1}{k_{eT}} i_{eb1} + \dfrac{1}{\sqrt{3}k_{eT}}(i_{eb2} - i_{ec2}) \\ i_{ec} = \dfrac{1}{k_{eT}} i_{ec1} + \dfrac{1}{\sqrt{3}k_{eT}}(i_{ec2} - i_{ea2}) \end{cases} \tag{9-12}$$

9.1.3　控制策略

两端 LCC-HVDC 输电系统通过送、受端换流站协调控制，实现功率传输。一端换流站为直流系统建立直流电压，具体方式包括定直流电压控制、定触发角控制和定关断角控制（仅受端具备）；另一端换流站则跟随直流电压进行直流电流控制，从而实现功率输送。其中，送端换流站通常采用定直流电流控制，受端换流站采用定直流电压控制。

9.1.3.1　送端换流站控制策略

LCC－HVDC 送端换流站采用定直流电流控制，其典型控制结构如图 9－5 所示。各晶闸管触发时刻由送端换流站 PLL 锁相角 θ_{fPLL} 和送端换流站触发角 α_{f} 共同决定。θ_{fPLL} 由送端换流站 PLL 控制器 $H_{\text{fPLL}}(s)$ 生成，α_{f} 由定直流电流控制生成。送端换流站直流电流 i_{fdc} 经直流电流滤波器 $T_{\text{idc}}(s)$ 后，与直流电流参考指令 I_{dcref} 作差。其差值作为直流电流控制器 $H_{\text{idc}}(s)$ 的输入信号，产生 α_{f}。

然后，送端换流站 PLL 锁相角 θ_{fPLL} 与送端换流站触发角 α_{f} 进入相控环节。由送端换流站 PLL 锁相角 θ_{fPLL} 通过等间距移相产生各晶闸管参考角 $\theta_{\text{f}h}$，即

$$\theta_{\text{f}h} = \theta_{\text{fPLL}} - \gamma_{\text{f}h}, h = 1,2,\cdots,12 \tag{9-13}$$

式中：$\gamma_{\text{f}h} = (h-2)\pi/6$；$h$ 为各晶闸管编号；$\gamma_{\text{f}h}$ 为送端换流站自然换相点移相角；送端换流站各晶闸管参考角 $\theta_{\text{f}h}$ 的间距为 $\pi/6$。

最后，通过送端换流站各晶闸管参考角 $\theta_{\text{f}h}$ 与送端换流站触发角 α_{f} 比较，产生送端各晶闸管触发脉冲。

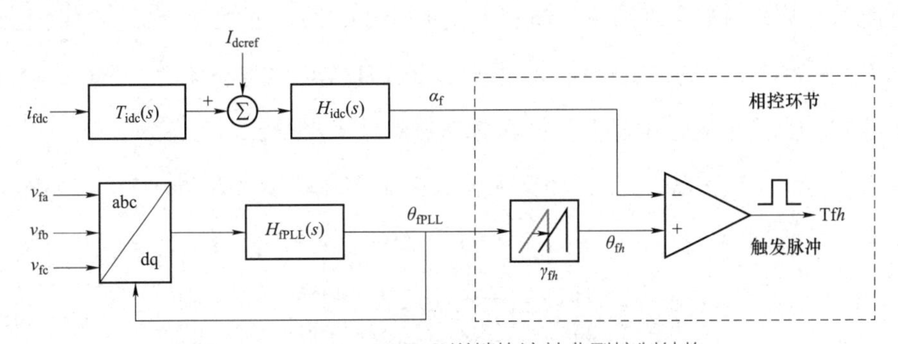

图 9－5　LCC－HVDC 送端换流站典型控制结构

9.1.3.2　受端换流站控制策略

LCC－HVDC 受端换流站采用定直流电压控制，其典型控制结构如图 9－6 所示。首先，由受端 PLL 控制器 $H_{\text{ePLL}}(s)$ 产生受端换流站 PLL 锁相角 θ_{ePLL}；然后，受端直流电压 v_{edc} 经过直流电压滤波器 $T_{\text{vdc}}(s)$ 后，与直流电压参考指令 V_{dcref} 作差，其差值经过直流电压控制器 $H_{\text{vdc}}(s)$ 产生受端换流站触发角 α_{e}；最后，θ_{ePLL} 和 α_{e} 经相控环节，产生各晶闸管触发脉冲。

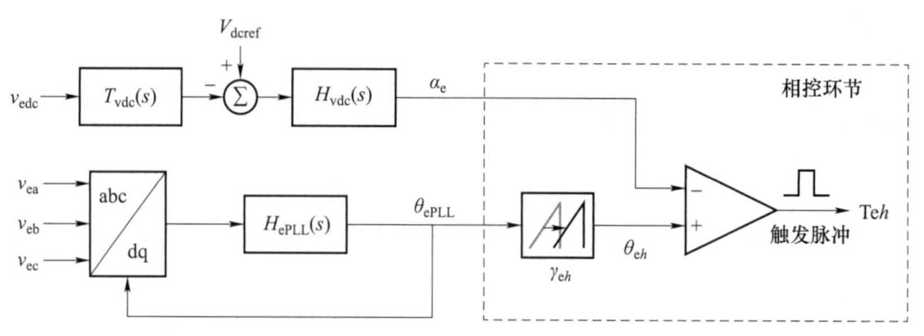

图 9-6　LCC-HVDC 受端换流站典型控制结构

9.2　稳态工作点频域建模

根据 LCC-HVDC 主电路时域模型，本节将分析送、受端交流电压、电流，直流电压、电流以及开关函数所含稳态谐波分量的频域特性。建立主电路频域稳态模型，为小信号阻抗建模提供频域稳态工作点。

9.2.1　稳态工作点频域特性分析

根据第 4 章介绍的稳态工作点频率特性分析可知，6 脉动晶闸管换流器交流电压、交流电流以及开关函数含有频率为$(6n\pm1)f_1(n=0,\pm1,\pm2,\cdots)$的特征谐波，直流电压、直流电流含有频率为$6nf_1$的特征谐波。在两端 LCC-HVDC 输电系统中，各 6 脉动晶闸管换流器的交、直流电压、电流及开关函数谐波特性保持一致。

以送端为例，换流器 1、2 三相交流输入电压均含有频率为$(6n\pm1)f_1$的特征谐波，对应稳态分量分别为$\boldsymbol{V}_{\text{f}l1,6n\pm1}$、$\boldsymbol{V}_{\text{f}l2,6n\pm1}$。根据式（9-2），可得二者关系为

$$\begin{cases}\boldsymbol{V}_{\text{f}l2,6n+1}=\boldsymbol{V}_{\text{f}l1,6n+1}\text{e}^{-\text{j}(6n+1)\pi/6}\\ \boldsymbol{V}_{\text{f}l2,6n-1}=\boldsymbol{V}_{\text{f}l1,6n-1}\text{e}^{-\text{j}(6n-1)\pi/6}\end{cases}\tag{9-14}$$

式中：$\boldsymbol{V}_{\text{f}l1,6n+1}$、$\boldsymbol{V}_{\text{f}l1,6n-1}$分别为送端换流器 1 三相交流输入电压频率为$(6n+1)f_1$、$(6n-1)f_1$的稳态谐波分量；$\boldsymbol{V}_{\text{f}l2,6n+1}$、$\boldsymbol{V}_{\text{f}l2,6n-1}$分别为送端换流器 2 三相交流输入电压频率为$(6n+1)f_1$、$(6n-1)f_1$的稳态谐波分量。

根据式（9-4），可得送端换流器 1、2 开关函数稳态分量，即

$$\begin{cases}\boldsymbol{S}_{\text{f}l2,6n+1}=\boldsymbol{S}_{\text{f}l1,6n+1}\text{e}^{-\text{j}(6n+1)\pi/6}\\ \boldsymbol{S}_{\text{f}l2,6n-1}=\boldsymbol{S}_{\text{f}l1,6n-1}\text{e}^{-\text{j}(6n-1)\pi/6}\end{cases}\tag{9-15}$$

式中：$\boldsymbol{S}_{\text{f}l1,6n+1}$、$\boldsymbol{S}_{\text{f}l1,6n-1}$分别为送端换流器 1 开关函数频率为$(6n+1)f_1$、$(6n-1)f_1$的稳态分量；$\boldsymbol{S}_{\text{f}l2,6n+1}$、$\boldsymbol{S}_{\text{f}l2,6n-1}$分别为送端换流器 2 开关函数频率为$(6n+1)f_1$、$(6n-1)f_1$的稳态

分量。

对于送端换流器 1，频率为$(6n_1+1)f_1$的开关函数稳态分量，与频率为$(6n_2-1)f_1$的交流输入电压稳态分量相乘；频率为$(6n_1-1)f_1$的开关函数稳态分量，与频率为$(6n_2+1)f_1$的交流输入电压稳态分量相乘；频率为$(6n_2+1)f_1$的开关函数稳态分量，与频率为$(6n_1-1)f_1$的交流输入电压稳态分量相乘；频率为$(6n_2-1)f_1$的开关函数稳态分量，与频率为$(6n_1+1)f_1$的交流输入电压稳态分量相乘。这些作用均导致直流电压产生频率为$6(n_1+n_2)f_1$的稳态分量。同理，可得换流器 2 直流电压稳态分量产生过程。当n_1、n_2取值不同时，将产生不同频率的直流电压特征谐波。

将式（9－3）所示送端交、直流电压之间的时域关系转换至频域，可得

$$\begin{aligned}\boldsymbol{V}_{\text{fdc},6(n_1+n_2)}=&\sum_{l=\text{a,b,c}}\boldsymbol{S}_{\text{f}l1,6n_1+1}\boldsymbol{V}_{\text{f}l1,6n_2-1}+\sum_{l=\text{a,b,c}}\boldsymbol{S}_{\text{f}l1,6n_1-1}\boldsymbol{V}_{\text{f}l1,6n_2+1}+\sum_{l=\text{a,b,c}}\boldsymbol{S}_{\text{f}l1,6n_2+1}\boldsymbol{V}_{\text{f}l1,6n_1-1}+\sum_{l=\text{a,b,c}}\boldsymbol{S}_{\text{f}l1,6n_2-1}\boldsymbol{V}_{\text{f}l1,6n_1+1}+\\&\sum_{l=\text{a,b,c}}\boldsymbol{S}_{\text{f}l2,6n_1+1}\boldsymbol{V}_{\text{f}l2,6n_2-1}+\sum_{l=\text{a,b,c}}\boldsymbol{S}_{\text{f}l2,6n_1-1}\boldsymbol{V}_{\text{f}l2,6n_2+1}+\sum_{l=\text{a,b,c}}\boldsymbol{S}_{\text{f}l2,6n_2+1}\boldsymbol{V}_{\text{f}l2,6n_1-1}+\sum_{l=\text{a,b,c}}\boldsymbol{S}_{\text{f}l2,6n_2-1}\boldsymbol{V}_{\text{f}l2,6n_1+1}\end{aligned} \tag{9-16}$$

式中：$\boldsymbol{V}_{\text{fdc},6(n_1+n_2)}$为送端换流站直流电压频率为$6(n_1+n_2)f_1$的稳态谐波分量。

基于式（9－14）和式（9－15）所示换流器 1、2 间的交流电压、开关函数变换关系，可得送端换流站直流电压稳态分量简化表达式，即

$$\begin{cases}\boldsymbol{V}_{\text{fdc1},6(n_1+n_2)}=\sum\limits_{l=\text{a,b,c}}\left(\boldsymbol{S}_{\text{f}l1,6n_1+1}\boldsymbol{V}_{\text{f}l1,6n_2-1}+\boldsymbol{S}_{\text{f}l1,6n_1-1}\boldsymbol{V}_{\text{f}l1,6n_2+1}+\boldsymbol{S}_{\text{f}l1,6n_2+1}\boldsymbol{V}_{\text{f}l1,6n_1-1}+\boldsymbol{S}_{\text{f}l1,6n_2-1}\boldsymbol{V}_{\text{f}l1,6n_1+1}\right)\\ \boldsymbol{V}_{\text{fdc2},6(n_1+n_2)}=\boldsymbol{V}_{\text{fdc1},6(n_1+n_2)}\text{e}^{-\text{j}(n_1+n_2)\pi}\\ \boldsymbol{V}_{\text{fdc},6(n_1+n_2)}=\boldsymbol{V}_{\text{fdc1},6(n_1+n_2)}+\boldsymbol{V}_{\text{fdc2},6(n_1+n_2)}\end{cases} \tag{9-17}$$

式中：$\boldsymbol{V}_{\text{fdc1},6(n_1+n_2)}$、$\boldsymbol{V}_{\text{fdc2},6(n_1+n_2)}$分别为送端换流器 1、2 直流电压频率为$6(n_1+n_2)f_1$的稳态谐波分量。

$\text{e}^{-\text{j}(n_1+n_2)\pi}$的表达式为

$$\text{e}^{-\text{j}(n_1+n_2)\pi}=\begin{cases}-1，n_1+n_2\text{为奇数}\\ 1，n_1+n_2\text{为偶数}\end{cases} \tag{9-18}$$

由式（9－18）可知，当n_1+n_2为奇数时，换流器 1、2 直流电压频率为$6(n_1+n_2)f_1$的稳态分量幅值相同、相位相反；当n_1+n_2为偶数时，两者幅值、相位均相同。换流器 1、2 直流电压频率为$6(2n+1)f_1$的稳态谐波分量抵消，换流器 1、2 直流电压频率为$12nf_1$的稳态谐波分量相互叠加，使得送端换流站直流电压特征谐波频率增至$12nf_1$。同理，可

得 LCC－HVDC 送、受端换流站直流电压、电流稳态谐波频率为$12nf_1$。

根据式(9－5)和式(9－6)所示送端换流站交、直流电流变换关系，并结合式(9－15)，可得送端交流电流稳态谐波分量表达式，即

$$\begin{cases}\boldsymbol{I}_{\mathrm{fl1},6n_1\pm1+12n_2}=\dfrac{1}{k_{\mathrm{fT}}}\boldsymbol{S}_{\mathrm{fl1},6n_1\pm1}\boldsymbol{I}_{\mathrm{fdc},12n_2}\\ \boldsymbol{I}_{\mathrm{fl2},6n_1\pm1+12n_2}=\boldsymbol{I}_{\mathrm{fl1},6n_1\pm1+12n_2}\mathrm{e}^{-\mathrm{j}n_1\pi}\\ \boldsymbol{I}_{\mathrm{fl},6n_1\pm1+12n_2}=\boldsymbol{I}_{\mathrm{fl1},6n_1\pm1+12n_2}+\boldsymbol{I}_{\mathrm{fl2},6n_1\pm1+12n_2}\end{cases}\tag{9－19}$$

式中：$\boldsymbol{I}_{\mathrm{fl1},6n_1\pm1+12n_2}$、$\boldsymbol{I}_{\mathrm{fl2},6n_1\pm1+12n_2}$分别为折算到变压器网侧后送端换流器 1、2 三相交流输入电流频率为$(6n_1\pm1+12n_2)f_1$的稳态谐波分量；$\boldsymbol{I}_{\mathrm{fdc},12n_2}$为送端换流站直流电流频率为$12n_2f_1$的稳态谐波分量；$\boldsymbol{I}_{\mathrm{fl},6n_1\pm1+12n_2}$为送端三相交流电流频率为$(6n_1\pm1+12n_2)f_1$的稳态谐波分量。

式（9－19）中，当n_1为奇数时，$\mathrm{e}^{-\mathrm{j}n_1\pi}=-1$；当$n_1$为偶数时，$\mathrm{e}^{-\mathrm{j}n_1\pi}=1$。这表明，折算到变压器网侧后换流器 1、2 交流输入电流频率为$[6(2n+1)\pm1]f_1$的稳态谐波分量相互抵消，使得送端三相交流电流仅含频率为$(12n\pm1)f_1$的稳态谐波分量，送端交流电压特征谐波频率亦为$(12n\pm1)f_1$。

综上所述，在变压器阀侧绕组分别采用星形和角形联结，换流器 1、2 交流输入电压相位相差 π/6 情况下，送端换流站交、直流电气量特征谐波频次提高，含量降低。其中，交流电压、交流电流特征谐波频率为$(12n\pm1)f_1$；直流电压、直流电流特征谐波频率为$12nf_1$。受端换流站稳态谐波频率分布与送端换流站相同。在频域特性分析中，可仅考虑频率为$(12n\pm1)f_1$的开关函数稳态分量。

为了描述 LCC－HVDC 输电系统电压、电流的多频次谐波特性，将电压、电流以及开关函数的稳态分量按照下述稳态频率序列排成$24g+3$行稳态向量，即

$$[(-12g-1)f_1,\ \cdots,\ -2f_1,\ -f_1,\ 0,\ f_1,\ 2f_1,\ \cdots,\ (12g+1)f_1]^{\mathrm{T}}\tag{9－20}$$

式中：$12g+1$是所考虑稳态分量的最大频次。

送端换流站交流电压、交流电流稳态向量含频率为$(12n\pm1)f_1$的稳态谐波。以 a 相为例，送端交流电压稳态向量$\boldsymbol{V}_{\mathrm{fa}}$、交流电流稳态向量$\boldsymbol{I}_{\mathrm{fa}}$可表示为

$$\begin{cases}\boldsymbol{V}_{\mathrm{fa}}=[\cdots\boldsymbol{V}_{\mathrm{f13}}^*,0,\boldsymbol{V}_{\mathrm{f11}}^*,0,0,0,0,0,0,0,0,0,\boldsymbol{V}_{\mathrm{f1}}^*,0,\boldsymbol{V}_{\mathrm{f1}},0,0,0,0,0,0,0,0,0,\boldsymbol{V}_{\mathrm{f11}},0,\boldsymbol{V}_{\mathrm{f13}},\cdots]^{\mathrm{T}}\\ \boldsymbol{I}_{\mathrm{fa}}=[\cdots\boldsymbol{I}_{\mathrm{f13}}^*,0,\boldsymbol{I}_{\mathrm{f11}}^*,0,0,0,0,0,0,0,0,0,\boldsymbol{I}_{\mathrm{f1}}^*,0,\boldsymbol{I}_{\mathrm{f1}},0,0,0,0,0,0,0,0,0,\boldsymbol{I}_{\mathrm{f11}},0,\boldsymbol{I}_{\mathrm{f13}},\cdots]^{\mathrm{T}}\end{cases}\tag{9－21}$$

式中：下标数字 $k=0,\pm1,\pm2,\cdots,\pm(12g+1)$ 表示分量频次，对应频率为 kf_1 的稳态分量；0 元素表示该频次稳态分量为零；交流电气量含频率为 $(12n\pm1)f_1$ 的稳态分量，均以复矢量表示，$\boldsymbol{V}_{\mathrm{f}k}=V_{\mathrm{f}k}\mathrm{e}^{\mathrm{j}\varphi_{\mathrm{fv}k}}$ 、$\boldsymbol{I}_{\mathrm{f}k}=I_{\mathrm{f}k}\mathrm{e}^{\mathrm{j}\varphi_{\mathrm{fi}k}}$ ；负频率分量则等于正频率分量的共轭，$\boldsymbol{V}_{-\mathrm{f}k}=\boldsymbol{V}_{\mathrm{f}k}^*$、$\boldsymbol{I}_{-\mathrm{f}k}=\boldsymbol{I}_{\mathrm{f}k}^*$；对于频率为 kf_1 和 $-kf_1$ 的稳态分量，其幅值等于时域波形在频率 kf_1 处 FFT 结果的一半。

考虑换相影响，电压、电流开关函数波形将不一致。以 a 相为例，送端换流站电压、电流开关函数稳态向量分别表示为

$$\begin{cases}\boldsymbol{S}_{\mathrm{fva}}=[\cdots,\boldsymbol{S}_{\mathrm{fv13}}^*,0,\boldsymbol{S}_{\mathrm{fv11}}^*,0,0,0,0,0,0,0,0,0,\boldsymbol{S}_{\mathrm{fv1}}^*,0,\boldsymbol{S}_{\mathrm{fv1}},0,0,0,0,0,0,0,0,0,\boldsymbol{S}_{\mathrm{fv11}},0,\boldsymbol{S}_{\mathrm{fv13}},\cdots]^{\mathrm{T}}\\ \boldsymbol{S}_{\mathrm{fia}}=[\cdots,\boldsymbol{S}_{\mathrm{fi13}}^*,0,\boldsymbol{S}_{\mathrm{fi11}}^*,0,0,0,0,0,0,0,0,0,\boldsymbol{S}_{\mathrm{fi1}}^*,0,\boldsymbol{S}_{\mathrm{fi1}},0,0,0,0,0,0,0,0,0,\boldsymbol{S}_{\mathrm{fi11}},0,\boldsymbol{S}_{\mathrm{fi13}},\cdots]^{\mathrm{T}}\end{cases}\tag{9-22}$$

根据第 4 章介绍的晶闸管换流器开关函数模型，可得电压开关函数稳态向量中频率为 $kf_1\,(k=12n\pm1)$ 的分量 $\boldsymbol{S}_{\mathrm{fv}k}$ ，即

$$\boldsymbol{S}_{\mathrm{fv}k}=\frac{\sin(k\pi/3)\,(1-\mathrm{e}^{-\mathrm{j}k\pi})\,(1+\mathrm{e}^{-\mathrm{j}k\mu_{\mathrm{f}}})}{2k\pi}\mathrm{e}^{-\mathrm{j}k\alpha_{\mathrm{f0}}}\,\mathrm{e}^{\mathrm{j}k\varphi_{\mathrm{fv1}}}\tag{9-23}$$

式中：α_{f0} 为送端换流站稳态触发角；φ_{fv1} 为送端交流电压基频分量相位；μ_{f} 为送端换流站换相重叠角。

电流开关函数稳态向量中频率为 kf_1 的分量 $\boldsymbol{S}_{\mathrm{fi}k}$ 为

$$\boldsymbol{S}_{\mathrm{fi}k}=\mathrm{j}\frac{\sin(k\pi/3)\,(1-\mathrm{e}^{-\mathrm{j}k\pi})\,(\mathrm{e}^{-\mathrm{j}k\mu_{\mathrm{fi}}}-1)}{k^2\pi\mu_{\mathrm{fi}}}\mathrm{e}^{-\mathrm{j}k\alpha_{\mathrm{f0}}}\,\mathrm{e}^{\mathrm{j}k\varphi_{\mathrm{fv1}}}\tag{9-24}$$

式中：μ_{fi} 为送端换流站电流等效换相重叠角。

根据稳态三相相序关系，由式（9−21）和式（9−22）可得 b、c 相交流电压、交流电流及开关函数稳态向量，即

$$\begin{cases}\boldsymbol{V}_{\mathrm{fb}}=\boldsymbol{D}\boldsymbol{V}_{\mathrm{fa}},\ \boldsymbol{I}_{\mathrm{fb}}=\boldsymbol{D}\boldsymbol{I}_{\mathrm{fa}},\ \boldsymbol{S}_{\mathrm{fvb}}=\boldsymbol{D}\boldsymbol{S}_{\mathrm{fva}},\ \boldsymbol{S}_{\mathrm{fib}}=\boldsymbol{D}\boldsymbol{S}_{\mathrm{fia}}\\ \boldsymbol{V}_{\mathrm{fc}}=\boldsymbol{D}^*\boldsymbol{V}_{\mathrm{fa}},\ \boldsymbol{I}_{\mathrm{fc}}=\boldsymbol{D}^*\boldsymbol{I}_{\mathrm{fa}},\ \boldsymbol{S}_{\mathrm{fvc}}=\boldsymbol{D}^*\boldsymbol{S}_{\mathrm{fva}},\ \boldsymbol{S}_{\mathrm{fic}}=\boldsymbol{D}^*\boldsymbol{S}_{\mathrm{fia}}\end{cases}\tag{9-25}$$

式中：$\boldsymbol{D}$ 为稳态向量相序系数矩阵。

$\boldsymbol{D}$ 的表达式为

$$\boldsymbol{D}=\mathrm{diag}\left[\{\mathrm{e}^{-\mathrm{j}2k\pi/3}\}\Big|_{k=-12g-1,\ldots,0,\ldots,12g+1}\right]\tag{9-26}$$

送端换流站直流电压、直流电流含频率为 $(12n\pm1)f_1$ 的稳态分量，其稳态向量可表示为

$$\begin{cases} \boldsymbol{V}_{\text{fdc}} = [\cdots,0,\boldsymbol{V}_{\text{fdc12}}^{*},0,0,0,0,0,0,0,0,0,0,0,\boldsymbol{V}_{\text{fdc0}},0,0,0,0,0,0,0,0,0,0,0,\boldsymbol{V}_{\text{fdc12}},0,\cdots]^{\text{T}} \\ \boldsymbol{I}_{\text{fdc}} = [\cdots,0,\boldsymbol{I}_{\text{fdc12}}^{*},0,0,0,0,0,0,0,0,0,0,0,\boldsymbol{I}_{\text{fdc0}},0,0,0,0,0,0,0,0,0,0,0,\boldsymbol{I}_{\text{fdc12}},0,\cdots]^{\text{T}} \end{cases} \tag{9-27}$$

同理可得，受端换流站交流电压、交流电流稳态向量表示为

$$\begin{cases} \boldsymbol{V}_{\text{ea}} = [\cdots,\boldsymbol{V}_{\text{e13}}^{*},0,\boldsymbol{V}_{\text{e11}}^{*},0,0,0,0,0,0,0,0,0,\boldsymbol{V}_{\text{e1}}^{*},0,\boldsymbol{V}_{\text{e1}},0,0,0,0,0,0,0,0,0,\boldsymbol{V}_{\text{e11}},0,\boldsymbol{V}_{\text{e13}},\cdots]^{\text{T}} \\ \boldsymbol{I}_{\text{ea}} = [\cdots,\boldsymbol{I}_{\text{e13}}^{*},0,\boldsymbol{I}_{\text{e11}}^{*},0,0,0,0,0,0,0,0,0,\boldsymbol{I}_{\text{e1}}^{*},0,\boldsymbol{I}_{\text{e1}},0,0,0,0,0,0,0,0,0,\boldsymbol{I}_{\text{e11}},0,\boldsymbol{I}_{\text{e13}},\cdots]^{\text{T}} \end{cases} \tag{9-28}$$

受端换流站电压、电流开关函数稳态向量分别为

$$\begin{cases} \boldsymbol{S}_{\text{eva}} = [\cdots,\boldsymbol{S}_{\text{ev13}}^{*},0,\boldsymbol{S}_{\text{ev11}}^{*},0,0,0,0,0,0,0,0,0,\boldsymbol{S}_{\text{ev1}}^{*},0,\boldsymbol{S}_{\text{ev1}},0,0,0,0,0,0,0,0,0,\boldsymbol{S}_{\text{ev11}},0,\boldsymbol{S}_{\text{ev13}},\cdots]^{\text{T}} \\ \boldsymbol{S}_{\text{eia}} = [\cdots,\boldsymbol{S}_{\text{ei13}}^{*},0,\boldsymbol{S}_{\text{ei11}}^{*},0,0,0,0,0,0,0,0,0,\boldsymbol{S}_{\text{ei1}}^{*},0,\boldsymbol{S}_{\text{ei1}},0,0,0,0,0,0,0,0,0,\boldsymbol{S}_{\text{ei11}},0,\boldsymbol{S}_{\text{ei13}},\cdots]^{\text{T}} \end{cases} \tag{9-29}$$

式中，各开关函数稳态分量表达式与式（9－23）和式（9－24）一致，只需将下标中“f”替换成“e”，由送端变量替换为受端变量。

根据稳态三相相序关系，由式（9－28）和式（9－29）可得 b、c 相交流电压、交流电流及开关函数稳态向量表达式，即

$$\begin{cases} \boldsymbol{V}_{\text{eb}} = \boldsymbol{D}\boldsymbol{V}_{\text{ea}},\ \boldsymbol{I}_{\text{eb}} = \boldsymbol{D}\boldsymbol{I}_{\text{ea}},\ \boldsymbol{S}_{\text{evb}} = \boldsymbol{D}\boldsymbol{S}_{\text{eva}},\ \boldsymbol{S}_{\text{eib}} = \boldsymbol{D}\boldsymbol{S}_{\text{eia}} \\ \boldsymbol{V}_{\text{ec}} = \boldsymbol{D}^{*}\boldsymbol{V}_{\text{ea}},\ \boldsymbol{I}_{\text{ec}} = \boldsymbol{D}^{*}\boldsymbol{I}_{\text{ea}},\ \boldsymbol{S}_{\text{evc}} = \boldsymbol{D}^{*}\boldsymbol{S}_{\text{eva}},\ \boldsymbol{S}_{\text{eic}} = \boldsymbol{D}^{*}\boldsymbol{S}_{\text{eia}} \end{cases} \tag{9-30}$$

受端换流站直流电压、直流电流稳态向量表示为

$$\begin{cases} \boldsymbol{V}_{\text{edc}} = [\cdots,0,\boldsymbol{V}_{\text{edc12}}^{*},0,0,0,0,0,0,0,0,0,0,0,\boldsymbol{V}_{\text{edc0}},0,0,0,0,0,0,0,0,0,0,0,\boldsymbol{V}_{\text{edc12}},0,\cdots]^{\text{T}} \\ \boldsymbol{I}_{\text{edc}} = [\cdots,0,\boldsymbol{I}_{\text{edc12}}^{*},0,0,0,0,0,0,0,0,0,0,0,\boldsymbol{I}_{\text{edc0}},0,0,0,0,0,0,0,0,0,0,0,\boldsymbol{I}_{\text{edc12}},0,\cdots]^{\text{T}} \end{cases} \tag{9-31}$$

9.2.2　主电路频域模型

根据交流电压、电流和直流电压、电流，以及开关函数的稳态向量，本节将建立 LCC－HVDC 主电路频域稳态模型。

将式（9－1）所示交流回路时域模型转换至频域，可得送端换流站交流回路频域稳态模型，即

$$\boldsymbol{V}_{\text{fT}l} = \boldsymbol{V}_{\text{f}l} - \boldsymbol{Z}_{\text{fT0}}\boldsymbol{I}_{\text{f}l} \tag{9-32}$$

式中：$\boldsymbol{V}_{\text{fT}l}$ 为送端变压器网侧三相交流电压稳态向量；$\boldsymbol{Z}_{\text{fT0}}$ 为稳态频率序列下送端变压器漏感阻抗。

其中

$$\boldsymbol{Z}_{\mathrm{fT0}} = \mathrm{j}2\pi L_{\mathrm{fT}} \cdot \mathrm{diag}[(-12g-1)f_1,\ \cdots,\ -2f_1,\ -f_1,\ 0,\ f_1,\ 2f_1,\ \cdots,\ (12g+1)f_1] \tag{9-33}$$

将式（9－2）和式（9－3）所示送端交、直流电压时域关系转换至频域，再将送端换流站三相电压开关函数稳态向量 $\boldsymbol{S}_{\mathrm{fv}l}$ 扩展至稳态矩阵，使用数量积代替卷积，则送端换流站直流电压稳态向量可表示为

$$\boldsymbol{V}_{\mathrm{fdc}} = \frac{2}{k_{\mathrm{fT}}} \sum_{l=\mathrm{a,b,c}} \boldsymbol{S}_{\mathrm{fv}l} \boldsymbol{V}_{\mathrm{fT}l} \tag{9-34}$$

式中：$\boldsymbol{S}_{\mathrm{fv}l}$ 为扩展后的送端换流站三相电压开关函数稳态矩阵。

将式（9－5）和式（9－6）所示送端交、直流电流时域关系转换至频域，可得送端三相交流电流稳态向量，即

$$\boldsymbol{I}_{\mathrm{f}l} = \frac{2}{k_{\mathrm{fT}}} \boldsymbol{S}_{\mathrm{fi}l} \boldsymbol{I}_{\mathrm{fdc}} \tag{9-35}$$

式中：$\boldsymbol{S}_{\mathrm{fi}l}$ 为扩展后的送端换流站三相电流开关函数稳态矩阵。

将式（9－7）所示受端交流回路时域模型转换至频域，可得受端换流站交流回路频域稳态模型，即

$$\boldsymbol{V}_{\mathrm{eT}l} = \boldsymbol{V}_{\mathrm{e}l} + \boldsymbol{Z}_{\mathrm{eT0}} \boldsymbol{I}_{\mathrm{e}l} \tag{9-36}$$

式中：$\boldsymbol{V}_{\mathrm{eT}l}$ 为受端变压器网侧三相交流电压稳态向量；$\boldsymbol{Z}_{\mathrm{eT0}}$ 为稳态频率序列下受端变压器漏感阻抗，其形式与式（9－33）一致，只需将下标“f”替换为“e”。

受端换流站直流极接法、交流电流参考方向均与送端换流站相反，根据式（9－34）、式（9－35），可得受端换流站交、直流电压、电流之间的频域转换关系，即

$$\begin{cases} \boldsymbol{V}_{\mathrm{edc}} = -\dfrac{2}{k_{\mathrm{eT}}} \displaystyle\sum_{l=\mathrm{a,b,c}} \boldsymbol{S}_{\mathrm{ev}l} \boldsymbol{V}_{\mathrm{eT}l} \\ \boldsymbol{I}_{\mathrm{e}l} = -\dfrac{2}{k_{\mathrm{eT}}} \boldsymbol{S}_{\mathrm{ei}l} \boldsymbol{I}_{\mathrm{edc}} \end{cases} \tag{9-37}$$

式中：$\boldsymbol{S}_{\mathrm{ev}l}$、$\boldsymbol{S}_{\mathrm{ei}l}$ 分别为扩展后的受端换流站三相电压、电流开关函数稳态矩阵。

LCC－HVDC 稳态向量频域分布特性如表 9－1 所示。送、受端换流站对应稳态向量的频域分布特性一致。

表 9－1　　LCC－HVDC 稳态向量频域分布特性

稳态向量	$\boldsymbol{V}_{\mathrm{f}l}$, $\boldsymbol{V}_{\mathrm{e}l}$, $\boldsymbol{I}_{\mathrm{f}l}$, $\boldsymbol{I}_{\mathrm{e}l}$		$\boldsymbol{S}_{\mathrm{fv}l}$, $\boldsymbol{S}_{\mathrm{ev}l}$, $\boldsymbol{S}_{\mathrm{fi}l}$, $\boldsymbol{S}_{\mathrm{ei}l}$		$\boldsymbol{V}_{\mathrm{fdc}}$, $\boldsymbol{V}_{\mathrm{edc}}$, $\boldsymbol{I}_{\mathrm{fdc}}$, $\boldsymbol{I}_{\mathrm{edc}}$
频率	$(12n+1)f_1$	$(12n-1)f_1$	$(12n+1)f_1$	$(12n-1)f_1$	$12nf_1$

9.3　小信号频域阻抗建模

在第 4 章晶闸管换流器阻抗建模基础上，本节将根据两端 LCC－HVDC 工作原理及控制策略，建立计及送、受端换流站以及直流输电线路的 LCC－HVDC 阻抗解析模型。

9.3.1　小信号频域特性分析

首先，在送端交流电压稳态工作点上叠加一个特定频率的小信号扰动。然后，分析小信号在各电压、电流及开关函数之间的频域分布特性，建立主电路小信号频域模型。最后，通过推导送端交流电流对交流电压扰动的小信号响应，建立 LCC－HVDC 送端交流端口阻抗模型。LCC－HVDC 小信号传递通路与频率分布如图 9－7 所示。

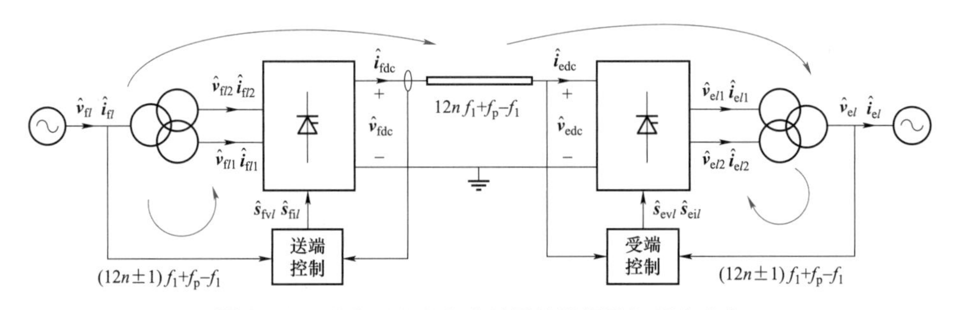

图 9－7　LCC－HVDC 小信号传递通路与频率分布

与第 4 章晶闸管换流器相比，LCC－HVDC 输电系统稳态谐波分量频次不同，且含送、受端两个换流站。在送端交流电压稳态工作点叠加一个频率为 f_p 的正序电压小信号扰动，送端交流电流小信号向量 $\hat{\boldsymbol{i}}_{fl}$ 和送端换流器 1 三相交流输入电压、电流小信号向量 $\hat{\boldsymbol{v}}_{fl1}$、$\hat{\boldsymbol{i}}_{fl1}$，以及送端换流器 2 三相交流输入电压、电流小信号向量 $\hat{\boldsymbol{v}}_{fl2}$、$\hat{\boldsymbol{i}}_{fl2}$，均产生频率为 f_p 的分量。$\hat{\boldsymbol{v}}_{fl1}$、$\hat{\boldsymbol{v}}_{fl2}$ 中频率为 f_p 的分量与送端换流站三相电压开关函数稳态向量 $\boldsymbol{S}_{fvl}$ 中频率为 $(12n-1)f_1$ 的分量相乘后，导致送端换流站直流电压小信号向量 $\hat{\boldsymbol{v}}_{fdc}$ 产生频率为 $12nf_1+f_p-f_1$ 的分量。

$\hat{\boldsymbol{v}}_{fdc}$ 中频率为 $12nf_1+f_p-f_1$ 的分量与受端换流站直流电压的压差作用于直流平波电抗器以及直流输电线路，导致受端换流站直流电流小信号向量 $\hat{\boldsymbol{i}}_{edc}$ 产生频率为 $12nf_1+f_p-f_1$ 的分量。$\hat{\boldsymbol{i}}_{edc}$ 中频率为 $12nf_1+f_p-f_1$ 的分量与受端换流站三相电流开关函数稳态向量 $\boldsymbol{S}_{eil}$ 中频率为 $(12n\pm1)f_1$ 的分量相乘后，导致受端换流器 1、2 三相交流输出电

流小信号向量 $\hat{\boldsymbol{i}}_{el1}$、$\hat{\boldsymbol{i}}_{el2}$ 以及受端三相交流电流小信号向量 $\hat{\boldsymbol{i}}_{el}$ 均产生频率为 $(12n\pm1)f_1+f_p-f_1$ 的分量。$\hat{\boldsymbol{i}}_{el}$ 中频率为 $(12n\pm1)f_1+f_p-f_1$ 的分量经过受端交流滤波器和受端电网阻抗，导致受端三相交流电压小信号向量 $\hat{\boldsymbol{v}}_{el}$，以及受端换流器 1、2 三相交流输出电压小信号向量 $\hat{\boldsymbol{v}}_{el1}$、$\hat{\boldsymbol{v}}_{el2}$ 均产生频率为 $(12n\pm1)f_1+f_p-f_1$ 的分量。

$\hat{\boldsymbol{v}}_{el1}$、$\hat{\boldsymbol{v}}_{el2}$ 中频率为 $(12n\pm1)f_1+f_p-f_1$ 的分量与受端换流站三相电压开关函数稳态向量 $\boldsymbol{S}_{evl}$ 中频率为 $(12n\pm1)f_1$ 的分量相乘后，将导致受端换流站直流电压小信号向量 $\hat{\boldsymbol{v}}_{edc}$ 中产生频率为 $12nf_1+f_p-f_1$ 的分量。$\hat{\boldsymbol{v}}_{edc}$ 中频率为 $12nf_1+f_p-f_1$ 的分量与送端换流站直流电压的压差作用于直流平波电抗器以及直流输电线路，导致送端换流站直流电流小信号向量 $\hat{\boldsymbol{i}}_{fdc}$ 中产生频率为 $12nf_1+f_p-f_1$ 的分量。$\hat{\boldsymbol{i}}_{fdc}$ 中频率为 $12nf_1+f_p-f_1$ 的分量与送端换流站三相电流开关函数稳态向量 $\boldsymbol{S}_{fil}$ 中频率为 $(12n\pm1)f_1$ 的分量相乘后，导致送端三相交流电流小信号向量 $\hat{\boldsymbol{i}}_{fl}$，以及送端换流器 1、2 三相交流输入电流小信号向量 $\hat{\boldsymbol{i}}_{fl1}$、$\hat{\boldsymbol{i}}_{fl2}$ 均产生频率为 $(12n\pm1)f_1+f_p-f_1$ 的分量。

此外，在送、受端换流站控制下，送端换流站三相电压、电流开关函数小信号向量 $\hat{\boldsymbol{s}}_{fvl}$、$\hat{\boldsymbol{s}}_{fil}$ 和受端换流站三相电压、电流开关函数小信号向量 $\hat{\boldsymbol{s}}_{evl}$、$\hat{\boldsymbol{s}}_{eil}$ 将产生频率为 $(12n\pm1)f_1+f_p-f_1$ 的分量。

$\hat{\boldsymbol{s}}_{fvl}$ 中频率为 $(12n\pm1)f_1+f_p-f_1$ 的分量与送端换流器 1、2 三相交流输入电压稳态向量 $\boldsymbol{V}_{fl1}$、$\boldsymbol{V}_{fl2}$ 中频率为 $(12n\pm1)f_1$ 的分量相乘后，导致送端换流站直流电压小信号向量 $\hat{\boldsymbol{v}}_{fdc}$ 中产生频率为 $12nf_1+f_p-f_1$ 的分量。$\hat{\boldsymbol{s}}_{evl}$ 中频率为 $(12n\pm1)f_1+f_p-f_1$ 的分量与受端换流器 1、2 三相交流输出电压稳态向量 $\boldsymbol{V}_{el1}$、$\boldsymbol{V}_{el2}$ 中频率为 $(12n\pm1)f_1$ 的分量相乘后，导致受端换流站直流电压小信号向量 $\hat{\boldsymbol{v}}_{edc}$ 中产生频率为 $12nf_1+f_p-f_1$ 的分量。

$\hat{\boldsymbol{s}}_{fil}$ 中频率为 $(12n\pm1)f_1+f_p-f_1$ 的分量与送端换流站直流电流稳态向量 $\boldsymbol{I}_{fdc}$ 中频率为 $12nf_1$ 的分量相乘后，导致送端三相交流电流小信号向量 $\hat{\boldsymbol{i}}_{fl}$ 产生频率为 $(12n\pm1)f_1+f_p-f_1$ 的分量。$\hat{\boldsymbol{s}}_{eil}$ 中频率为 $(12n\pm1)f_1+f_p-f_1$ 的分量与受端换流站直流电流稳态向量 $\boldsymbol{I}_{edc}$ 中频率为 $12nf_1$ 的分量相乘后，导致受端三相交流电流小信号向量 $\hat{\boldsymbol{i}}_{el}$ 产生频率为 $(12n\pm1)f_1+f_p-f_1$ 的分量。上述过程反复迭代，最终达到平衡。

综上所述，LCC-HVDC 小信号向量频域分布特性如表 9-2 所示。送、受端对应小信号向量的频域分布特性一致。

表 9－2　　　LCC－HVDC 小信号向量频域分布特性

小信号向量	$\hat{\boldsymbol{v}}_{fl}$, $\hat{\boldsymbol{v}}_{el}$, $\hat{\boldsymbol{i}}_{fl}$, $\hat{\boldsymbol{i}}_{el}$		$\hat{\boldsymbol{s}}_{fvl}$, $\hat{\boldsymbol{s}}_{evl}$, $\hat{\boldsymbol{s}}_{fil}$, $\hat{\boldsymbol{s}}_{eil}$		$\hat{\boldsymbol{v}}_{fdc}$, $\hat{\boldsymbol{v}}_{edc}$, $\hat{\boldsymbol{i}}_{fdc}$, $\hat{\boldsymbol{i}}_{edc}$
频率	$(12n+1)f_1+f_p-f_1$	$(12n-1)f_1+f_p-f_1$	$(12n+1)f_1+f_p-f_1$	$(12n-1)f_1+f_p-f_1$	$12nf_1+f_p-f_1$

为描述 LCC－HVDC 输电系统各环节小信号频域分布特性，将送、受端交流电压、交流电流、直流电压、直流电流以及开关函数的小信号分量按照下述频率序列排成 $24g+3$ 行小信号向量，即

$$\begin{aligned}[\quad & f_p-(12g+2)f_1, f_p-(12g+1)f_1, f_p-12gf_1, \cdots, \\ \cdots,\ & f_p-2f_1, f_p-f_1, f_p, \qquad\qquad\qquad \cdots, \\ \cdots,\ & f_p+(12g-2)f_1, f_p+(12g-1)f_1, f_p+12gf_1 \quad]^{\mathrm{T}}\end{aligned} \tag{9-38}$$

送端交流电压、交流电流均含有频率为 $(12n\pm1)f_1+f_p-f_1$ 的小信号分量。以 a 相为例，送端交流电压、交流电流小信号向量表示为

$$\begin{cases}\hat{\boldsymbol{v}}_{fa}=[\cdots,\hat{\boldsymbol{v}}_{f-14},0,\hat{\boldsymbol{v}}_{f-12},0,0,0,0,0,0,0,0,0,\hat{\boldsymbol{v}}_{f-2},0,\hat{\boldsymbol{v}}_{f},0,0,0,0,0,0,0,0,0,\hat{\boldsymbol{v}}_{f+10},0,\hat{\boldsymbol{v}}_{f+12},\cdots]^{\mathrm{T}} \\ \hat{\boldsymbol{i}}_{fa}=[\cdots,\hat{\boldsymbol{i}}_{f-14},0,\hat{\boldsymbol{i}}_{f-12},0,0,0,0,0,0,0,0,0,\hat{\boldsymbol{i}}_{f-2},0,\hat{\boldsymbol{i}}_{f},0,0,0,0,0,0,0,0,0,\hat{\boldsymbol{i}}_{f+10},0,\hat{\boldsymbol{i}}_{f+12},\cdots]^{\mathrm{T}}\end{cases} \tag{9-39}$$

式中：分量 $\hat{\boldsymbol{v}}_{f+k-1}$、$\hat{\boldsymbol{i}}_{f+k-1}$ 的下标表示小信号分量的频率为 $f_p+(k-1)f_1$。

开关函数小信号向量所含分量的频率与交流电压、交流电流一致，送端电压、电流开关函数小信号向量可分别表示为

$$\begin{cases}\hat{\boldsymbol{s}}_{fva}=[\cdots,\hat{\boldsymbol{s}}_{fv-14},0,\hat{\boldsymbol{s}}_{fv-12},0,0,0,0,0,0,0,0,0,\hat{\boldsymbol{s}}_{fv-2},0,\hat{\boldsymbol{s}}_{fv},0,0,0,0,0,0,0,0,0,\hat{\boldsymbol{s}}_{fv+10},0,\hat{\boldsymbol{s}}_{fv+12},\cdots]^{\mathrm{T}} \\ \hat{\boldsymbol{s}}_{fia}=[\cdots,\hat{\boldsymbol{s}}_{fi-14},0,\hat{\boldsymbol{s}}_{fi-12},0,0,0,0,0,0,0,0,0,\hat{\boldsymbol{s}}_{fi-2},0,\hat{\boldsymbol{s}}_{fi},0,0,0,0,0,0,0,0,0,\hat{\boldsymbol{s}}_{fi+10},0,\hat{\boldsymbol{s}}_{fi+12},\cdots]^{\mathrm{T}}\end{cases} \tag{9-40}$$

根据小信号三相相序关系，可得送端 b、c 两相交流电压、交流电流及开关函数小信号向量表达式，即

$$\begin{cases}\hat{\boldsymbol{v}}_{fb}=\boldsymbol{D}_p\hat{\boldsymbol{v}}_{fa},\ \hat{\boldsymbol{i}}_{fb}=\boldsymbol{D}_p\hat{\boldsymbol{i}}_{fa},\ \hat{\boldsymbol{s}}_{fvb}=\boldsymbol{D}_p\hat{\boldsymbol{s}}_{fva},\ \hat{\boldsymbol{s}}_{fib}=\boldsymbol{D}_p\hat{\boldsymbol{s}}_{fia} \\ \hat{\boldsymbol{v}}_{fc}=\boldsymbol{D}_p^*\hat{\boldsymbol{v}}_{fa},\ \hat{\boldsymbol{i}}_{fc}=\boldsymbol{D}_p^*\hat{\boldsymbol{i}}_{fa},\ \hat{\boldsymbol{s}}_{fvc}=\boldsymbol{D}_p^*\hat{\boldsymbol{s}}_{fva},\ \hat{\boldsymbol{s}}_{fic}=\boldsymbol{D}_p^*\hat{\boldsymbol{s}}_{fia}\end{cases} \tag{9-41}$$

式中：$\boldsymbol{D}_p$ 为小信号向量相序系数矩阵，$\boldsymbol{D}_p=\boldsymbol{D}$。

送端换流站直流电压、直流电流含有频率为 $12nf_1+f_p-f_1$ 的小信号分量，其小信号向量可表示为

$$\begin{cases}\hat{\boldsymbol{v}}_{fdc}=[\cdots,0,\hat{\boldsymbol{v}}_{fdc-13},0,0,0,0,0,0,0,0,0,0,0,\hat{\boldsymbol{v}}_{fdc-1},0,0,0,0,0,0,0,0,0,0,0,\hat{\boldsymbol{v}}_{fdc+11},0,\cdots]^{\mathrm{T}} \\ \hat{\boldsymbol{i}}_{fdc}=[\cdots,0,\hat{\boldsymbol{i}}_{fdc-13},0,0,0,0,0,0,0,0,0,0,0,\hat{\boldsymbol{i}}_{fdc-1},0,0,0,0,0,0,0,0,0,0,0,\hat{\boldsymbol{i}}_{fdc+11},0,\cdots]^{\mathrm{T}}\end{cases} \tag{9-42}$$

同理可得受端换流站交流电压、交流电流小信号向量为

$$\begin{cases}\hat{\boldsymbol{v}}_{\text{ea}}=[\cdots,\hat{\boldsymbol{v}}_{\text{e-14}},0,\hat{\boldsymbol{v}}_{\text{e-12}},0,0,0,0,0,0,0,0,0,\hat{\boldsymbol{v}}_{\text{e-2}},0,\hat{\boldsymbol{v}}_{\text{e}},0,0,0,0,0,0,0,0,0,\hat{\boldsymbol{v}}_{\text{e+10}},0,\hat{\boldsymbol{v}}_{\text{e+12}},\cdots]^{\text{T}}\\ \hat{\boldsymbol{i}}_{\text{ea}}=[\cdots,\hat{\boldsymbol{i}}_{\text{e-14}},0,\hat{\boldsymbol{i}}_{\text{e-12}},0,0,0,0,0,0,0,0,0,\hat{\boldsymbol{i}}_{\text{e-2}},0,\hat{\boldsymbol{i}}_{\text{e}},0,0,0,0,0,0,0,0,0,\hat{\boldsymbol{i}}_{\text{e+10}},0,\hat{\boldsymbol{i}}_{\text{e+12}},\cdots]^{\text{T}}\end{cases} \tag{9-43}$$

受端换流站电压、电流开关函数小信号向量分别为

$$\begin{cases}\hat{\boldsymbol{s}}_{\text{eva}}=[\cdots,\hat{\boldsymbol{s}}_{\text{ev-14}},0,\hat{\boldsymbol{s}}_{\text{ev-12}},0,0,0,0,0,0,0,0,0,\hat{\boldsymbol{s}}_{\text{ev-2}},0,\hat{\boldsymbol{s}}_{\text{ev}},0,0,0,0,0,0,0,0,0,\hat{\boldsymbol{s}}_{\text{ev+10}},0,\hat{\boldsymbol{s}}_{\text{ev+12}},\cdots]^{\text{T}}\\ \hat{\boldsymbol{s}}_{\text{eia}}=[\cdots,\hat{\boldsymbol{s}}_{\text{ei-14}},0,\hat{\boldsymbol{s}}_{\text{ei-12}},0,0,0,0,0,0,0,0,0,\hat{\boldsymbol{s}}_{\text{ei-2}},0,\hat{\boldsymbol{s}}_{\text{ei}},0,0,0,0,0,0,0,0,0,\hat{\boldsymbol{s}}_{\text{ei+10}},0,\hat{\boldsymbol{s}}_{\text{ei+12}},\cdots]^{\text{T}}\end{cases} \tag{9-44}$$

根据小信号三相相序关系，可得受端 b、c 相交流电压、交流电流及开关函数小信号向量表达式，即

$$\begin{cases}\hat{\boldsymbol{v}}_{\text{eb}}=\boldsymbol{D}_{\text{p}}\hat{\boldsymbol{v}}_{\text{ea}},\ \hat{\boldsymbol{i}}_{\text{eb}}=\boldsymbol{D}_{\text{p}}\hat{\boldsymbol{i}}_{\text{ea}},\ \hat{\boldsymbol{s}}_{\text{evb}}=\boldsymbol{D}_{\text{p}}\hat{\boldsymbol{s}}_{\text{eva}},\ \hat{\boldsymbol{s}}_{\text{eib}}=\boldsymbol{D}_{\text{p}}\hat{\boldsymbol{s}}_{\text{eia}}\\ \hat{\boldsymbol{v}}_{\text{ec}}=\boldsymbol{D}_{\text{p}}^{*}\hat{\boldsymbol{v}}_{\text{ea}},\ \hat{\boldsymbol{i}}_{\text{ec}}=\boldsymbol{D}_{\text{p}}^{*}\hat{\boldsymbol{i}}_{\text{ea}},\ \hat{\boldsymbol{s}}_{\text{evc}}=\boldsymbol{D}_{\text{p}}^{*}\hat{\boldsymbol{s}}_{\text{eva}},\ \hat{\boldsymbol{s}}_{\text{eic}}=\boldsymbol{D}_{\text{p}}^{*}\hat{\boldsymbol{s}}_{\text{eia}}\end{cases} \tag{9-45}$$

受端换流站直流电压、直流电流小信号向量表示为

$$\begin{cases}\hat{\boldsymbol{v}}_{\text{edc}}=[\cdots,0,\hat{\boldsymbol{v}}_{\text{edc-13}},0,0,0,0,0,0,0,0,0,0,0,\hat{\boldsymbol{v}}_{\text{edc-1}},0,0,0,0,0,0,0,0,0,0,0,\hat{\boldsymbol{v}}_{\text{edc+11}},0,\cdots]^{\text{T}}\\ \hat{\boldsymbol{i}}_{\text{edc}}=[\cdots,0,\hat{\boldsymbol{i}}_{\text{edc-13}},0,0,0,0,0,0,0,0,0,0,0,\hat{\boldsymbol{i}}_{\text{edc-1}},0,0,0,0,0,0,0,0,0,0,0,\hat{\boldsymbol{i}}_{\text{edc+11}},0,\cdots]^{\text{T}}\end{cases} \tag{9-46}$$

9.3.2　小信号频域模型

根据 9.3.1 分析得到的 LCC－HVDC 输电系统交流电压、交流电流、直流电压、直流电流及开关函数的小信号向量，在主电路频域稳态模型基础上，本节将建立主电路和控制回路小信号频域模型。

9.3.2.1　送端换流站小信号模型

将式（9－1）所示送端换流站交流回路时域模型转换至频域，可得送端变压器网侧三相交流电压小信号向量 $\hat{\boldsymbol{v}}_{\text{fT}l}$，即

$$\hat{\boldsymbol{v}}_{\text{fT}l}=\hat{\boldsymbol{v}}_{\text{f}l}-\boldsymbol{Z}_{\text{fT}}\hat{\boldsymbol{i}}_{\text{f}l} \tag{9-47}$$

式中：$\boldsymbol{Z}_{\text{fT}}$ 为小信号频率序列下送端变压器漏感阻抗。

$\boldsymbol{Z}_{\text{fT}}$ 可表示为

$$\boldsymbol{Z}_{\text{fT}}=\text{j}2\pi L_{\text{fT}}\cdot\text{diag}[f_{\text{p}}-(12g+2)f_1,\ \cdots,\ f_{\text{p}}-f_1,\ \cdots,\ f_{\text{p}}+12gf_1] \tag{9-48}$$

根据式（9-34）和式（9-35），可得送端交、直流电压、电流与开关函数小信号之间的关系，即

$$\begin{cases}\hat{\boldsymbol{v}}_{\text{fdc}}=\dfrac{2}{k_{\text{fT}}}\boldsymbol{D}_{\text{ad}}\left(\boldsymbol{V}_{\text{fTa}}\hat{\boldsymbol{s}}_{\text{fva}}+\boldsymbol{S}_{\text{fva}}\hat{\boldsymbol{v}}_{\text{fTa}}\right)\\ \hat{\boldsymbol{i}}_{\text{f}l}=\dfrac{2}{k_{\text{fT}}}\left(\boldsymbol{I}_{\text{fdc}}\hat{\boldsymbol{s}}_{\text{fi}l}+\boldsymbol{S}_{\text{fi}l}\hat{\boldsymbol{i}}_{\text{fdc}}\right)\end{cases} \tag{9-49}$$

式中：$\boldsymbol{V}_{\text{fTa}}$ 为扩展后的送端变压器网侧交流电压稳态矩阵；$\boldsymbol{I}_{\text{fdc}}$ 为扩展后的送端换流站直流电流稳态矩阵；$\boldsymbol{S}_{\text{fva}}$、$\boldsymbol{S}_{\text{fi}l}$ 分别为扩展后的送端换流站电压、电流开关函数稳态矩阵；$\boldsymbol{D}_{\text{ad}}$ 为交、直流电压变换矩阵。

$\boldsymbol{D}_{\text{ad}}$ 的表达式为

$$\boldsymbol{D}_{\text{ad}}=3\cdot\text{diag}\left[\left\{1-\left|\text{mod}(k,3)\right|\right\}\Big|_{k=-12g-1,\cdots,0,\cdots,12g+1}\right] \tag{9-50}$$

送端换流站采用定直流电流控制，其典型控制结构如图 9-5 所示。送端换流站直流电流含有频率为 $12nf_1+f_\text{p}-f_1$ 的小信号分量 $\hat{\boldsymbol{i}}_{\text{fdc}}$，经直流电流滤波器 $T_{\text{idc}}(s)$ 和直流电流控制器 $H_{\text{idc}}(s)$，导致送端触发角小信号向量 $\hat{\boldsymbol{\alpha}}_\text{f}$ 产生频率为 $12nf_1+f_\text{p}-f_1$ 的分量。此外，送端交流电压小信号向量 $\hat{\boldsymbol{v}}_{\text{f}l}$ 中频率为 $(12n\pm1)f_1+f_\text{p}-f_1$ 的分量，经 PLL 控制器，导致送端锁相角小信号向量 $\hat{\boldsymbol{\theta}}_{\text{fPLL}}$ 产生频率为 $12nf_1+f_\text{p}-f_1$ 的分量。

$\hat{\boldsymbol{\alpha}}_\text{f}$ 与 $\hat{\boldsymbol{\theta}}_{\text{fPLL}}$ 经相控环节，导致送端换流站组合角小信号向量 $\hat{\boldsymbol{\delta}}_\text{f}$ 产生频率为 $12nf_1+f_\text{p}-f_1$ 的分量。$\hat{\boldsymbol{\delta}}_\text{f}$ 频域表达式为

$$\hat{\boldsymbol{\delta}}_\text{f}=\boldsymbol{Q}_\text{f}\hat{\boldsymbol{i}}_{\text{fdc}}+\boldsymbol{E}_\text{f}\hat{\boldsymbol{v}}_{\text{fa}} \tag{9-51}$$

式中：$\hat{\boldsymbol{\delta}}_\text{f}$ 为送端换流站组合角小信号向量，其行数为 $24g+3$；$\boldsymbol{Q}_\text{f}$、$\boldsymbol{E}_\text{f}$ 均为 $(24g+3)\times(24g+3)$ 的矩阵，除以下元素外，其他元素均为 0。

$$\begin{cases}\boldsymbol{Q}_\text{f}(12g+2,12g+2)=T_{\text{idc}}[\text{j}2\pi(f_\text{p}-f_1)]H_{\text{idc}}[\text{j}2\pi(f_\text{p}-f_1)]\\ \boldsymbol{E}_\text{f}(12g+2,12g+1)=-\text{j}T_{\text{fPLL}}[\text{j}2\pi(f_\text{p}-f_1)]\\ \boldsymbol{E}_\text{f}(12g+2,12g+3)=\text{j}T_{\text{fPLL}}[\text{j}2\pi(f_\text{p}-f_1)]\end{cases} \tag{9-52}$$

根据第 4 章晶闸管换流器开关函数建模，可得送端换流站电压、电流开关函数小信号向量 $\hat{\boldsymbol{s}}_{\text{fv}l}$、$\hat{\boldsymbol{s}}_{\text{fi}l}$ 与组合角小信号向量 $\hat{\boldsymbol{\delta}}_\text{f}$ 之间频域关系满足

$$\begin{cases}\hat{\boldsymbol{s}}_{\text{fv}l}=\boldsymbol{CS}_{\text{fv}l}\hat{\boldsymbol{\delta}}_\text{f}\\ \hat{\boldsymbol{s}}_{\text{fi}l}=\boldsymbol{CS}_{\text{fi}l}\hat{\boldsymbol{\delta}}_\text{f}\end{cases} \tag{9-53}$$

式中：$\boldsymbol{C}$ 为开关函数特征频次系数矩阵。

$\boldsymbol{C}$ 的表达式为

$$\boldsymbol{C} = -\mathrm{j}\cdot\mathrm{diag}[-12g-1, \cdots, 0 \cdots, 12g+1] \tag{9-54}$$

9.3.2.2 受端换流站小信号模型

将式（9-7）所示受端换流站交流回路时域模型转化至频域，可得受端变压器网侧三相交流电压小信号向量 $\hat{\boldsymbol{v}}_{\mathrm{eT}l}$，即

$$\hat{\boldsymbol{v}}_{\mathrm{eT}l} = \hat{\boldsymbol{v}}_{\mathrm{e}l} + \boldsymbol{Z}_{\mathrm{eT}}\hat{\boldsymbol{i}}_{\mathrm{e}l} \tag{9-55}$$

式中：$\boldsymbol{Z}_{\mathrm{eT}}$ 为小信号频率序列下受端变压器漏感阻抗，其表达式与式（9-48）一致，只需将下标中“f”替换成“e”。

当受端交流电流小信号向量 $\hat{\boldsymbol{i}}_{\mathrm{e}l}$ 经过受端电网电感及其并联滤波器后，受端交流电压将产生小信号向量 $\hat{\boldsymbol{v}}_{\mathrm{e}l}$，二者之间的频域关系满足

$$\hat{\boldsymbol{v}}_{\mathrm{e}l} = \boldsymbol{Z}_{\mathrm{eac}}\hat{\boldsymbol{i}}_{\mathrm{e}l} \tag{9-56}$$

式中：$\boldsymbol{Z}_{\mathrm{eac}}$ 为受端交流侧阻抗，由受端电网阻抗和滤波器阻抗并联构成。

$\boldsymbol{Z}_{\mathrm{eac}}$ 的表达式为

$$\boldsymbol{Z}_{\mathrm{eac}} = \boldsymbol{Z}_{\mathrm{eg}} \parallel \boldsymbol{Z}_{\mathrm{eflt}} \tag{9-57}$$

式中：“||”表示并联运算；$\boldsymbol{Z}_{\mathrm{eg}}$、$\boldsymbol{Z}_{\mathrm{eflt}}$ 分别为小信号频率序列下的受端电网阻抗、受端滤波器阻抗。

根据式（9-37）所示频域稳态模型，可得受端交、直流电压、电流与开关函数小信号之间的关系，即

$$\begin{cases} \hat{\boldsymbol{v}}_{\mathrm{edc}} = -\dfrac{2}{k_{\mathrm{eT}}}\boldsymbol{D}_{\mathrm{ad}}(\boldsymbol{V}_{\mathrm{eTa}}\hat{\boldsymbol{s}}_{\mathrm{eva}} + \boldsymbol{S}_{\mathrm{eva}}\hat{\boldsymbol{v}}_{\mathrm{eTa}}) \\ \hat{\boldsymbol{i}}_{\mathrm{e}l} = -\dfrac{2}{k_{\mathrm{eT}}}(\boldsymbol{I}_{\mathrm{edc}}\hat{\boldsymbol{s}}_{\mathrm{ei}l} + \boldsymbol{S}_{\mathrm{ei}l}\hat{\boldsymbol{i}}_{\mathrm{edc}}) \end{cases} \tag{9-58}$$

式中：$\boldsymbol{V}_{\mathrm{eTa}}$ 为扩展后的受端变压器网侧交流电压稳态矩阵；$\boldsymbol{I}_{\mathrm{edc}}$ 为扩展后的受端换流站直流电流稳态矩阵；$\boldsymbol{S}_{\mathrm{eva}}$、$\boldsymbol{S}_{\mathrm{ei}l}$ 分别为扩展后受端换流站电压、电流开关函数稳态矩阵。

受端换流站采用定直流电压控制，其典型控制结构如图 9-6 所示。受端换流站直流电压小信号向量 $\hat{\boldsymbol{v}}_{\mathrm{edc}}$ 含有频率为 $12nf_1 + f_{\mathrm{p}} - f_1$ 的分量，经直流电压滤波器 $T_{\mathrm{vdc}}(s)$ 和直流电压控制器 $H_{\mathrm{vdc}}(s)$，导致受端换流站触发角小信号向量 $\hat{\boldsymbol{\alpha}}_{\mathrm{e}}$ 产生频率为 $12nf_1 + f_{\mathrm{p}} - f_1$ 的分量。

此外，受端交流电压小信号向量$\hat{\boldsymbol{v}}_{el}$经 PLL 控制器，导致受端锁相角小信号向量$\hat{\boldsymbol{\theta}}_{\mathrm{ePLL}}$产生频率为$12nf_1+f_{\mathrm{p}}-f_1$的分量。最终导致受端换流站组合角小信号向量$\hat{\boldsymbol{\delta}}_{\mathrm{e}}$产生频率为$12nf_1+f_{\mathrm{p}}-f_1$的分量，其频域表达式为

$$\hat{\boldsymbol{\delta}}_{\mathrm{e}}=\boldsymbol{Q}_{\mathrm{e}}\hat{\boldsymbol{v}}_{\mathrm{edc}}+\boldsymbol{E}_{\mathrm{e}}\hat{\boldsymbol{v}}_{\mathrm{ea}} \tag{9-59}$$

式中：$\hat{\boldsymbol{\delta}}_{\mathrm{e}}$为受端换流站组合角小信号向量，其行数为$24g+3$；$\boldsymbol{Q}_{\mathrm{e}}$、$\boldsymbol{E}_{\mathrm{e}}$均为$(24g+3)\times(24g+3)$矩阵，除以下元素外，其他元素均为 0。

$$\begin{cases}\boldsymbol{Q}_{\mathrm{e}}(12g+2,12g+2)=-T_{\mathrm{vdc}}[\mathrm{j}2\pi(f_{\mathrm{p}}-f_1)]H_{\mathrm{vdc}}[\mathrm{j}2\pi(f_{\mathrm{p}}-f_1)]\\\boldsymbol{E}_{\mathrm{e}}(12g+2,12g+1)=-\mathrm{j}T_{\mathrm{ePLL}}[\mathrm{j}2\pi(f_{\mathrm{p}}-f_1)]\\\boldsymbol{E}_{\mathrm{e}}(12g+2,12g+3)=\mathrm{j}T_{\mathrm{ePLL}}[\mathrm{j}2\pi(f_{\mathrm{p}}-f_1)]\end{cases} \tag{9-60}$$

受端换流站电压、电流开关函数小信号向量$\hat{\boldsymbol{s}}_{\mathrm{ev}l}$、$\hat{\boldsymbol{s}}_{\mathrm{ei}l}$与组合角小信号向量$\hat{\boldsymbol{\delta}}_{\mathrm{e}}$之间的频域关系需满足

$$\begin{cases}\hat{\boldsymbol{s}}_{\mathrm{ev}l}=\boldsymbol{CS}_{\mathrm{ev}l}\hat{\boldsymbol{\delta}}_{\mathrm{e}}\\\hat{\boldsymbol{s}}_{\mathrm{ei}l}=\boldsymbol{CS}_{\mathrm{ei}l}\hat{\boldsymbol{\delta}}_{\mathrm{e}}\end{cases} \tag{9-61}$$

9.3.2.3　直流输电线路小信号模型

在 LCC－HVDC 输电过程中，直流输电线路为送、受端换流站直流电压、电流动态特性耦合影响提供传递通路。为分析直流输电线路对两端换流站间小信号传递特性的影响，对直流输电线路进行等值建模，直流输电线路等值模型如图 9－8 所示。图中，直流输电线路长度为l_{line}，采用n节Π型等效电路表示，每节Π型电路包括等效电阻R_{dcL}、等效电感L_{dcL}、等效电容C_{dcL}；L_{dc}为直流平波电抗器。

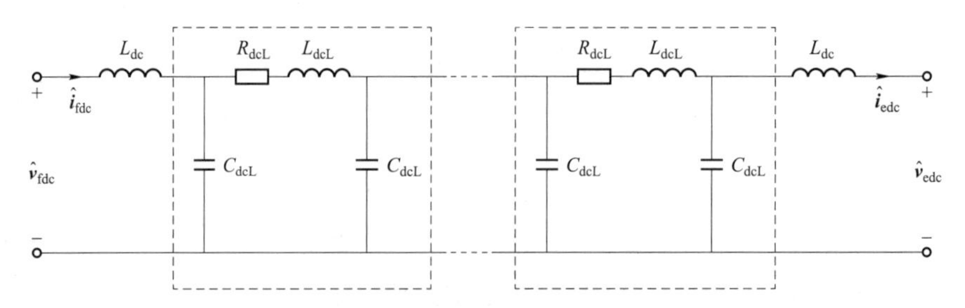

图 9－8　直流输电线路等值模型

根据图 9－8，可得送端换流站直流电压小信号向量$\hat{\boldsymbol{v}}_{\mathrm{fdc}}$、直流电流小信号向量$\hat{\boldsymbol{i}}_{\mathrm{fdc}}$，以及受端换流站直流电压小信号向量$\hat{\boldsymbol{v}}_{\mathrm{edc}}$、直流电流小信号向量$\hat{\boldsymbol{i}}_{\mathrm{edc}}$之间的频域关系，即

直流输电线路频域小信号模型为

$$\begin{cases}\hat{\boldsymbol{v}}_{\text{edc}}=\boldsymbol{Z}_{\text{edc}}\hat{\boldsymbol{i}}_{\text{edc}}\\\hat{\boldsymbol{v}}_{\text{fdc}}=\boldsymbol{Z}_{\text{fdc}}\hat{\boldsymbol{i}}_{\text{fdc}}\end{cases}\tag{9-62}$$

式中：$\boldsymbol{Z}_{\text{edc}}$ 为受端换流站直流端口阻抗；$\boldsymbol{Z}_{\text{fdc}}$ 为送端换流站直流侧阻抗。

$\boldsymbol{Z}_{\text{fdc}}$ 的表达式为

$$\boldsymbol{Z}_{\text{fdc}}=\boldsymbol{Z}_n+\boldsymbol{Z}_{\text{Ldc}}\tag{9-63}$$

式中：$\boldsymbol{Z}_n$ 为考虑受端换流站的 Π 型输电线路等值阻抗，下标“n”表示直流输电线路 Π 型等效电路数目；$\boldsymbol{Z}_{\text{Ldc}}$ 为小信号频率序列下直流平波电抗器阻抗。

$\boldsymbol{Z}_{\text{Ldc}}$、$\boldsymbol{Z}_n$ 的表达式分别为

$$\boldsymbol{Z}_{\text{Ldc}}=\text{j}2\pi L_{\text{dc}}\cdot\text{diag}[f_{\text{p}}-(12g+2)f_1,\ \cdots,\ f_{\text{p}}-f_1,\ \cdots,\ f_{\text{p}}+12gf_1]\tag{9-64}$$

$$\begin{cases}\boldsymbol{Z}_0=\boldsymbol{Z}_{\text{edc}}+\boldsymbol{Z}_{\text{Ldc}}\\\boldsymbol{Z}_n=\left[\left(\boldsymbol{Z}_{n\text{-}1}\parallel\boldsymbol{Z}_{\text{CdcL}}\right)+\boldsymbol{Z}_{\text{LdcL}}+\boldsymbol{Z}_{\text{RdcL}}\right]\parallel\boldsymbol{Z}_{\text{CdcL}}\end{cases}\tag{9-65}$$

式中：$\boldsymbol{Z}_0$ 为 $\boldsymbol{Z}_n$ 初项，$\boldsymbol{Z}_{\text{RdcL}}$、$\boldsymbol{Z}_{\text{LdcL}}$、$\boldsymbol{Z}_{\text{CdcL}}$ 分别为小信号频率序列下单节 Π 型电路的等效电阻、等效电感、等效电容的阻抗。

$\boldsymbol{Z}_{\text{RdcL}}$、$\boldsymbol{Z}_{\text{LdcL}}$、$\boldsymbol{Z}_{\text{CdcL}}$ 的表达式分别为

$$\begin{cases}\boldsymbol{Z}_{\text{RdcL}}=R_{\text{dcL}}\boldsymbol{U}\\\boldsymbol{Z}_{\text{LdcL}}=\text{j}2\pi L_{\text{dcL}}\cdot\text{diag}\left[f_{\text{p}}-(12g+2)f_1,\ \cdots,\ f_{\text{p}}-f_1,\ \cdots,\ f_{\text{p}}+12gf_1\right]\\\boldsymbol{Z}_{\text{CdcL}}=\dfrac{1}{\text{j}2\pi C_{\text{dcL}}}\cdot\text{diag}\left[\dfrac{1}{f_{\text{p}}-(12g+2)f_1},\ \cdots,\ \dfrac{1}{f_{\text{p}}-f_1},\ \cdots,\ \dfrac{1}{f_{\text{p}}+12gf_1}\right]\end{cases}\tag{9-66}$$

9.3.3　交流端口阻抗模型

根据小信号阻抗建模，LCC－HVDC 送端交流端口导纳 $\boldsymbol{Y}_{\text{LCC}}$ 由送端换流器导纳 $\boldsymbol{Y}_{\text{self}}$ 与送端交流滤波器导纳构成。$\boldsymbol{Y}_{\text{self}}$、$\boldsymbol{Y}_{\text{LCC}}$ 可分别表示为

$$\begin{cases}\boldsymbol{Y}_{\text{self}}=\dfrac{\hat{\boldsymbol{i}}_{\text{f}l}}{\hat{\boldsymbol{v}}_{\text{f}l}}\\\boldsymbol{Y}_{\text{LCC}}=\boldsymbol{Y}_{\text{self}}+\boldsymbol{Z}_{\text{fflt}}^{-1}\end{cases}\tag{9-67}$$

式中：$\boldsymbol{Z}_{\text{fflt}}$ 为送端交流滤波器阻抗。

LCC－HVDC 送端交流端口导纳不仅与送端换流站有关，经直流输电线路耦合，还

与受端换流站相关。根据受端换流站小信号模型，联立式（9－55）、式（9－56）、式（9－58）、式（9－59）及式（9－61），可得受端换流站直流端口阻抗，即

$$\boldsymbol{Z}_{\text{edc}}=\frac{\hat{\boldsymbol{v}}_{\text{edc}}}{\hat{\boldsymbol{i}}_{\text{edc}}}=[(\boldsymbol{\Gamma}_1+\boldsymbol{\Gamma}_7)(\boldsymbol{\Gamma}_2+\boldsymbol{\Gamma}_6\boldsymbol{\Gamma}_7)^{-1}\boldsymbol{\Gamma}_3-\boldsymbol{\Gamma}_4]^{-1}\boldsymbol{\Gamma}_5 \tag{9-68}$$

式中，$\boldsymbol{\Gamma}_1\sim\boldsymbol{\Gamma}_7$ 均为 $(24g+3)\times(24g+3)$ 矩阵。

$\boldsymbol{\Gamma}_1\sim\boldsymbol{\Gamma}_7$ 的表达式分别为

$$\begin{cases}\boldsymbol{\Gamma}_1=2/k_{\text{eT}}\cdot\boldsymbol{I}_{\text{edc}}\boldsymbol{C}\boldsymbol{S}_{\text{eia}}\boldsymbol{E}_{\text{e}}\\\boldsymbol{\Gamma}_2=2/k_{\text{eT}}\cdot\boldsymbol{D}_{\text{ad}}(\boldsymbol{V}_{\text{eTa}}\boldsymbol{C}\boldsymbol{S}_{\text{eva}}\boldsymbol{E}_{\text{e}}+\boldsymbol{S}_{\text{eva}})\\\boldsymbol{\Gamma}_3=2/k_{\text{eT}}\cdot\boldsymbol{D}_{\text{ad}}(\boldsymbol{V}_{\text{eTa}}\boldsymbol{C}\boldsymbol{S}_{\text{eva}}\boldsymbol{Q}_{\text{e}}+\boldsymbol{U})\\\boldsymbol{\Gamma}_4=2/k_{\text{eT}}\cdot\boldsymbol{I}_{\text{edc}}\boldsymbol{C}\boldsymbol{S}_{\text{eia}}\boldsymbol{Q}_{\text{e}}\\\boldsymbol{\Gamma}_5=2/k_{\text{eT}}\cdot\boldsymbol{S}_{\text{eia}}\\\boldsymbol{\Gamma}_6=2/k_{\text{eT}}\cdot\boldsymbol{D}_{\text{ad}}\boldsymbol{S}_{\text{eva}}\boldsymbol{Z}_{\text{eT}}\\\boldsymbol{\Gamma}_7=\boldsymbol{Z}_{\text{eac}}^{-1}\end{cases} \tag{9-69}$$

根据送端换流站小信号模型，联立式（9－47）、式（9－49）、式（9－51）及式（9－53），并结合式（9－63）所示送端换流站直流侧阻抗，可得 LCC－HVDC 输电系统送端交流端口导纳，即

$$\boldsymbol{Y}_{\text{LCC}}=[\boldsymbol{U}+\boldsymbol{\Lambda}_1(\boldsymbol{Z}_{\text{fdc}}-\boldsymbol{\Lambda}_2)^{-1}\boldsymbol{\Lambda}_5]^{-1}[\boldsymbol{\Lambda}_1(\boldsymbol{Z}_{\text{fdc}}-\boldsymbol{\Lambda}_2)^{-1}\boldsymbol{\Lambda}_3+\boldsymbol{\Lambda}_4]+\boldsymbol{\Lambda}_6 \tag{9-70}$$

式中：$\boldsymbol{\Lambda}_1\sim\boldsymbol{\Lambda}_6$ 均为 $(24g+3)\times(24g+3)$ 矩阵。

$\boldsymbol{\Lambda}_1\sim\boldsymbol{\Lambda}_6$ 的表达式分别为

$$\begin{cases}\boldsymbol{\Lambda}_1=2/k_{\text{fT}}\cdot(\boldsymbol{I}_{\text{fdc}}\boldsymbol{C}\boldsymbol{S}_{\text{fia}}\boldsymbol{Q}_{\text{f}}+\boldsymbol{S}_{\text{fia}})\\\boldsymbol{\Lambda}_2=2/k_{\text{fT}}\cdot\boldsymbol{D}_{\text{ad}}\boldsymbol{V}_{\text{fTa}}\boldsymbol{C}\boldsymbol{S}_{\text{fva}}\boldsymbol{Q}_{\text{f}}\\\boldsymbol{\Lambda}_3=2/k_{\text{fT}}\cdot\boldsymbol{D}_{\text{ad}}(\boldsymbol{V}_{\text{fTa}}\boldsymbol{C}\boldsymbol{S}_{\text{fva}}\boldsymbol{E}_{\text{f}}+\boldsymbol{S}_{\text{fva}})\\\boldsymbol{\Lambda}_4=2/k_{\text{fT}}\cdot\boldsymbol{I}_{\text{fdc}}\boldsymbol{C}\boldsymbol{S}_{\text{fia}}\boldsymbol{E}_{\text{f}}\\\boldsymbol{\Lambda}_5=2/k_{\text{fT}}\cdot\boldsymbol{D}_{\text{ad}}\boldsymbol{S}_{\text{fva}}\boldsymbol{Z}_{\text{fT}}\\\boldsymbol{\Lambda}_6=\boldsymbol{Z}_{\text{fflt}}^{-1}\end{cases} \tag{9-71}$$

LCC－HVDC 交流电压、电流小信号向量中扰动频率和耦合频率处的小信号分量为主导成分，其余频率小信号分量的幅值相对较小，扰动频率和耦合频率处阻抗/导纳更为显著。将 LCC－HVDC 交流电压、电流小信号向量与交流端口导纳在扰动频率和耦合频率处的关系重新表述，即

$$\begin{bmatrix}\hat{\boldsymbol{i}}_{\text{f}}\\\hat{\boldsymbol{i}}_{\text{f-2}}\end{bmatrix}=\begin{bmatrix}\boldsymbol{Y}_{\text{LCC}}^{\text{pp}}&\boldsymbol{Y}_{\text{LCC}}^{\text{np}}\\\boldsymbol{Y}_{\text{LCC}}^{\text{pn}}&\boldsymbol{Y}_{\text{LCC}}^{\text{nn}}\end{bmatrix}\begin{bmatrix}\hat{\boldsymbol{v}}_{\text{f}}\\\hat{\boldsymbol{v}}_{\text{f-2}}\end{bmatrix} \tag{9-72}$$

式中的二阶交流端口导纳矩阵表达式为

$$\begin{bmatrix} \boldsymbol{Y}_{\text{LCC}}^{\text{pp}} & \boldsymbol{Y}_{\text{LCC}}^{\text{np}} \\ \boldsymbol{Y}_{\text{LCC}}^{\text{pn}} & \boldsymbol{Y}_{\text{LCC}}^{\text{nn}} \end{bmatrix} = \begin{bmatrix} \boldsymbol{Y}_{\text{LCC}}(12g+3,12g+3) & \boldsymbol{Y}_{\text{LCC}}(12g+3,12g+1) \\ \boldsymbol{Y}_{\text{LCC}}(12g+1,12g+3) & \boldsymbol{Y}_{\text{LCC}}(12g+1,12g+1) \end{bmatrix}$$

式中：$\boldsymbol{Y}_{\text{LCC}}^{\text{pp}}$ 为 LCC－HVDC 送端交流端口正序导纳，表示在频率为 f_{p} 的单位正序电压小信号扰动下，频率为 f_{p} 的正序电流小信号响应；$\boldsymbol{Y}_{\text{LCC}}^{\text{pn}}$ 为 LCC－HVDC 送端交流端口正序耦合导纳，表示在频率为 f_{p} 的单位正序电压小信号扰动下，频率为 $f_{\text{p}}-2f_1$ 的负序电流小信号响应；$\boldsymbol{Y}_{\text{LCC}}^{\text{nn}}$ 为 LCC－HVDC 送端交流端口负序导纳，表示在频率为 $f_{\text{p}}-2f_1$ 的单位负序电压小信号扰动下，频率为 $f_{\text{p}}-2f_1$ 的负序电流小信号响应；$\boldsymbol{Y}_{\text{LCC}}^{\text{np}}$ 为 LCC－HVDC 送端交流端口负序耦合导纳，表示在频率为 $f_{\text{p}}-2f_1$ 的单位负序电压小信号扰动下，频率为 f_{p} 的正序电流小信号响应；$\boldsymbol{Y}_{\text{LCC}}(12g+3,12g+3)$ 为矩阵 $\boldsymbol{Y}_{\text{LCC}}$ 的第 $12g+3$ 行第 $12g+3$ 列的元素；$\boldsymbol{Y}_{\text{LCC}}(12g+3,12g+1)$ 为矩阵 $\boldsymbol{Y}_{\text{LCC}}$ 的第 $12g+3$ 行第 $12g+1$ 列的元素；$\boldsymbol{Y}_{\text{LCC}}(12g+1,12g+3)$ 为矩阵 $\boldsymbol{Y}_{\text{LCC}}$ 的第 $12g+1$ 行第 $12g+3$ 列的元素；$\boldsymbol{Y}_{\text{LCC}}(12g+1,12g+1)$ 为矩阵 $\boldsymbol{Y}_{\text{LCC}}$ 的第 $12g+1$ 行第 $12g+1$ 列的元素。

LCC－HVDC 送端交流端口阻抗可由送端交流端口导纳求逆矩阵得到

$$\begin{bmatrix} \boldsymbol{Z}_{\text{LCC}}^{\text{pp}} & \boldsymbol{Z}_{\text{LCC}}^{\text{pn}} \\ \boldsymbol{Z}_{\text{LCC}}^{\text{np}} & \boldsymbol{Z}_{\text{LCC}}^{\text{nn}} \end{bmatrix} = \begin{bmatrix} \boldsymbol{Y}_{\text{LCC}}^{\text{pp}} & \boldsymbol{Y}_{\text{LCC}}^{\text{np}} \\ \boldsymbol{Y}_{\text{LCC}}^{\text{pn}} & \boldsymbol{Y}_{\text{LCC}}^{\text{nn}} \end{bmatrix}^{-1} \tag{9-73}$$

式中：$\boldsymbol{Z}_{\text{LCC}}^{\text{pp}}$ 为 LCC－HVDC 送端交流端口正序阻抗；$\boldsymbol{Z}_{\text{LCC}}^{\text{pn}}$ 为 LCC－HVDC 送端交流端口正序耦合阻抗；$\boldsymbol{Z}_{\text{LCC}}^{\text{nn}}$ 为 LCC－HVDC 送端交流端口负序阻抗；$\boldsymbol{Z}_{\text{LCC}}^{\text{np}}$ 为 LCC－HVDC 送端交流端口负序耦合阻抗。

此外，负序阻抗与正序阻抗间的频域关系满足 $\boldsymbol{Z}_{\text{LCC}}^{\text{nn}}=\boldsymbol{Z}_{\text{LCC}}^{\text{pp*}}(\text{j}2\omega_1-s)$，负序耦合阻抗与正序耦合阻抗间的频域关系满足 $\boldsymbol{Z}_{\text{LCC}}^{\text{np}}=\boldsymbol{Z}_{\text{LCC}}^{\text{pn*}}(\text{j}2\omega_1-s)$。

LCC－HVDC 主电路和控制参数如表 9－3 所示，受端电网短路比（short circuit ratio，SCR）[1]取值为 3.0。图 9－9 给出了 LCC－HVDC 阻抗解析与扫描结果。图中实线为解析结果，离散点通过仿真扫描得到。结果表明解析与仿真扫描结果吻合良好，验证了 LCC－HVDC 阻抗模型的准确性。

[1] SCR 代表交流电网强度的物理量。

表 9-3　　　　　　　　LCC-HVDC 主电路和控制参数

参数	定义	数值
P_N	额定功率	2000MW
V_{dcref}	直流电压参考指令	400kV
I_{dcref}	直流电流参考指令	5000A
k_{fT}	送端变压器变比	530kV/172kV
L_{fT}	送端变压器等效网侧漏感	37.3mH
k_{eT}	受端变压器变比	530kV/165kV
L_{eT}	受端变压器等效网侧漏感	46.6mH
L_{dc}	直流平波电抗器	150mH
l_{line}	直流输电线路长度	1000km
R_{dcL}	每节 Π 型电路等效电阻	0.0033Ω/km
L_{dcL}	每节 Π 型电路等效电感	0.2mH/km
C_{dcL}	每节 Π 型电路等效电容	0.015μF/km
K_{fpp}、K_{fpi}	送端 PLL 控制器比例、积分系数	1.7110×10^{-5}、1.7900×10^{-4}
K_{idcp}、K_{idci}	直流电流控制器比例、积分系数	0.0350、0.2857
T_{idcf}	直流电流滤波时间常数	0.0003
K_{epp}、K_{epi}	受端 PLL 控制器比例、积分系数	1.0267×10^{-4}、0.0065
K_{vdcp}、K_{vdci}	直流电压控制器比例、积分系数	1.2500×10^{-6}、0.0015
T_{vdcf}	直流电压滤波时间常数	0.0160

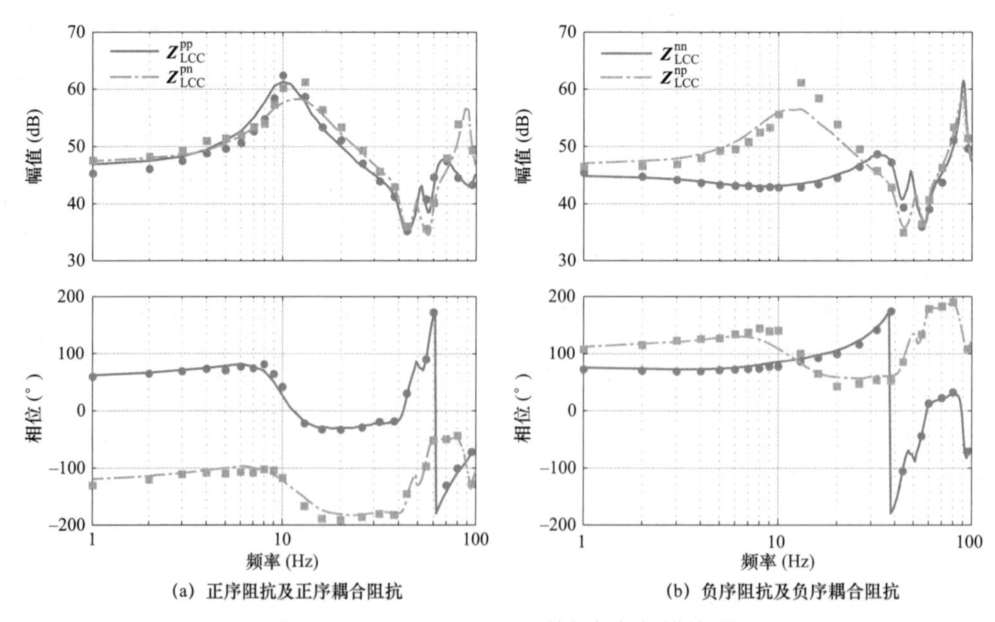

(a) 正序阻抗及正序耦合阻抗　　(b) 负序阻抗及负序耦合阻抗

图 9-9　LCC-HVDC 阻抗解析与扫描结果

9.4 阻 抗 特 性 分 析

基于 LCC－HVDC 阻抗解析模型，本节将首先分析送、受端阻抗耦合特性以及不同频段阻抗特性主导因素，提出 LCC－HVDC 阻抗频段划分方法；然后，阐明多控制器/环节间的频带重叠效应和各频段负阻尼特性产生机理；最后，基于 LCC－HVDC 的 CHIL 阻抗扫描结果，给出频段划分的典型值。

9.4.1 宽频阻抗频段划分

根据 LCC－HVDC 阻抗解析模型，系统阻抗特性受到并联滤波器、直流输电线路、送端控制、受端控制、受端电网强度等多控制器/环节共同影响。本节将基于各环节与阻抗模型间的频域关系，分析不同频段内阻抗特性的主导影响因素。

9.4.1.1 送端并联滤波器对阻抗特性影响分析

LCC－HVDC 送端交流端口阻抗 $\boldsymbol{Z}_{\mathrm{LCC}}$ 由送端换流器阻抗 $\boldsymbol{Z}_{\mathrm{self}}$ 和送端交流滤波器阻抗 $\boldsymbol{Z}_{\mathrm{fflt}}$ 并联构成。图 9－10 给出了送端换流器阻抗和送端交流滤波器阻抗对 LCC－HVDC 阻抗影响。由图可知，在次同步频段，$\boldsymbol{Z}_{\mathrm{fflt}}$ 幅值大于 $\boldsymbol{Z}_{\mathrm{self}}$ 幅值，该频段 $\boldsymbol{Z}_{\mathrm{LCC}}$ 由 $\boldsymbol{Z}_{\mathrm{self}}$ 主导。随着频率的增大，$\boldsymbol{Z}_{\mathrm{fflt}}$ 幅值减小，当 $\boldsymbol{Z}_{\mathrm{fflt}}$ 和 $\boldsymbol{Z}_{\mathrm{self}}$ 幅值相近时，$\boldsymbol{Z}_{\mathrm{LCC}}$ 由 $\boldsymbol{Z}_{\mathrm{fflt}}$ 和 $\boldsymbol{Z}_{\mathrm{self}}$ 共同决定。随着频率的进一步增大，$\boldsymbol{Z}_{\mathrm{fflt}}$ 幅值进一步降低，当 $\boldsymbol{Z}_{\mathrm{fflt}}$ 幅值小于 $\boldsymbol{Z}_{\mathrm{self}}$ 幅值时，$\boldsymbol{Z}_{\mathrm{LCC}}$ 由 $\boldsymbol{Z}_{\mathrm{fflt}}$ 主导，呈现容性特征。

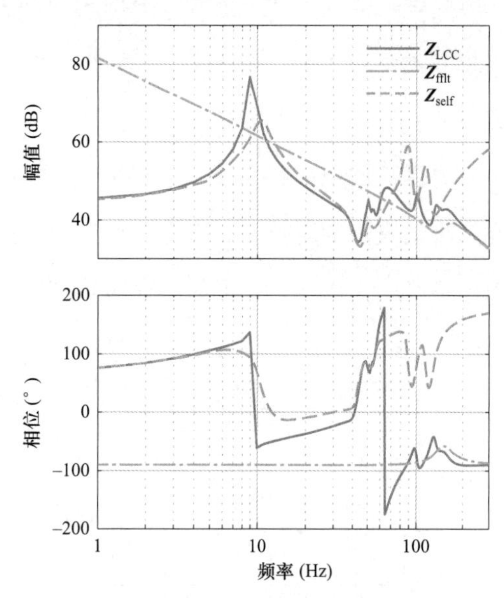

图 9－10 送端换流器阻抗和送端交流滤波器阻抗对 LCC－HVDC 阻抗影响

$\boldsymbol{Z}_{\mathrm{LCC}}$ 中高频段阻抗特性由 $\boldsymbol{Z}_{\mathrm{fflt}}$ 主导，LCC－HVDC 送端交流端口阻抗可由送端交流滤波器参数直接计算得到。

9.4.1.2 直流侧阻抗对阻抗特性影响分析

下面将基于 $\boldsymbol{Z}_{\mathrm{self}}$ 阻抗模型，围绕 LCC－HVDC 次/超同步频段阻抗特性及其主导因素进行分析。

根据式（9－70）所示 LCC－HVDC 导纳模型，忽略送端交流滤波器和变压器漏感影响，送端换流器导纳矩阵可简化为

$$\boldsymbol{Y}_{\text{self}} = \boldsymbol{\Lambda}_1(\boldsymbol{Z}_{\text{fdc}} - \boldsymbol{\Lambda}_2)^{-1}\boldsymbol{\Lambda}_3 + \boldsymbol{\Lambda}_4 \tag{9-74}$$

由式（9－74）可知，送端换流站直流侧阻抗 $\boldsymbol{Z}_{\text{fdc}}$ 作为主要环节构成 $\boldsymbol{Y}_{\text{self}}$。由此可知，$\boldsymbol{Z}_{\text{fdc}}$ 对 $\boldsymbol{Z}_{\text{self}}$ 存在耦合影响。

交流电压、交流电流含有频率为 $(12n \pm 1)f_1 + f_{\text{p}} - f_1$ 的小信号分量，直流电压、直流电流含有频率为 $12nf_1 + f_{\text{p}} - f_1$ 的小信号分量。其中 $n = 0$ 时小信号分量为主导成分，对应交流电压、电流主导小信号分量的频率为 f_{p}、$f_{\text{p}} - 2f_1$，对应直流电压、电流主导小信号分量的频率为 $f_{\text{p}} - f_1$。换流站交、直流侧小信号分量频率相差 f_1，表明 $\boldsymbol{Z}_{\text{fdc}}[\text{j}2\pi(f_{\text{p}} - f_1)]$ 会对 $\boldsymbol{Z}_{\text{self}}(\text{j}2\pi f_{\text{p}})$ 产生影响。

将直流输电线路长度 l_{line} 分别设置为 1000、1500、2000km，直流输电线路长度对送端换流站直流侧阻抗 $\boldsymbol{Z}_{\text{fdc}}$ 和送端换流器阻抗 $\boldsymbol{Z}_{\text{self}}$ 的影响如图 9－11 所示。为确保交、直流频率对应，图 9－11 中直流侧阻抗给出 $\boldsymbol{Z}_{\text{fdc}}[\text{j}2\pi(f_{\text{p}} - f_1)]$ 的阻抗曲线。

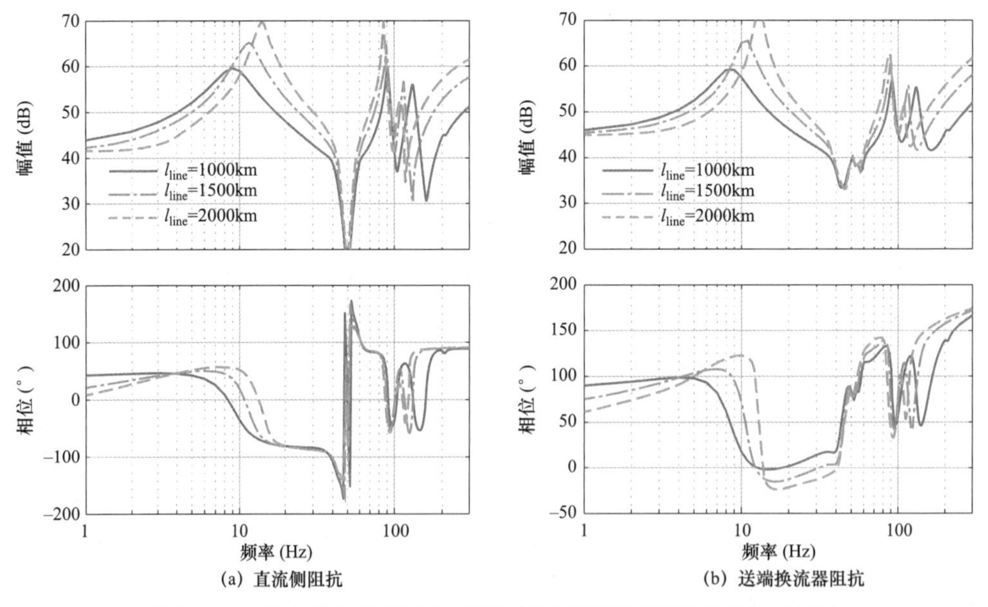

图 9－11　直流输电线路长度对直流侧阻抗和送端换流器阻抗的影响

由图 9－11 可知，送端换流站直流侧阻抗 $\boldsymbol{Z}_{\text{fdc}}$ 关于基频 f_1 对称，即幅值关于基频 f_1 相等，相位关于基频 f_1 相反。直流侧阻抗在次/超同步频段存在多个谐振峰，且谐振峰频率

处阻抗将由容性变为感性，或由感性变为容性。随着直流输电线路长度增加，谐振峰的幅值增加，并且更加靠近基频。此外，直流侧阻抗在谐振峰之后频段呈现感性。

对比分析 $\boldsymbol{Z}_{\text{self}}$ 和 $\boldsymbol{Z}_{\text{fdc}}$ 可知，除基频附近外，二者其他频段阻抗随频率变化趋势近似一致，谐振峰频率相同。随着直流输电线路长度的增加，$\boldsymbol{Z}_{\text{self}}$ 谐振峰的幅值也增加，且更加靠近基频。这表明，$\boldsymbol{Z}_{\text{self}}$ 由 $\boldsymbol{Z}_{\text{fdc}}$ 主导。二者区别主要在于，$\boldsymbol{Z}_{\text{self}}$ 相位相比 $\boldsymbol{Z}_{\text{fdc}}$ 相位整体增加，存在感性偏置，基频以上呈感性。

9.4.1.3　送端换流站直流电流控制对阻抗特性影响分析

送端换流器阻抗 $\boldsymbol{Z}_{\text{self}}$ 和送端换流站直流侧阻抗 $\boldsymbol{Z}_{\text{fdc}}$ 的差异，主要受送端换流站控制特性的影响。由式（9－74）可知，直流电流控制对 $\boldsymbol{Z}_{\text{self}}$ 产生影响，影响主要包括两个方面：① Λ_2 与 $\boldsymbol{Z}_{\text{fdc}}$ 串联，相当于直接改变送端换流站直流侧阻抗；② Λ_1 与 $(\boldsymbol{Z}_{\text{fdc}}-\Lambda_2)^{-1}$ 相乘，相当于调节送端换流站直流侧阻抗增益，改变送、受端耦合程度。

下面分析送端换流站直流电流控制带宽 f_{idc} 和控制相位裕度 θ_{idc} 对送端换流器阻抗特性影响。首先，固定直流电流控制相位裕度 θ_{idc} 为 45°，将其控制带宽 f_{idc} 分别设置为 5、10、20Hz，分析控制带宽对阻抗特性影响。然后，固定直流电流控制带宽 f_{idc} 为 10Hz，将其相位裕度 θ_{idc} 分别设置为 20°、45°、70°，分析控制相位裕度对阻抗特性影响。送端换流站直流电流环对送端换流器阻抗特性影响如图 9－12 所示。

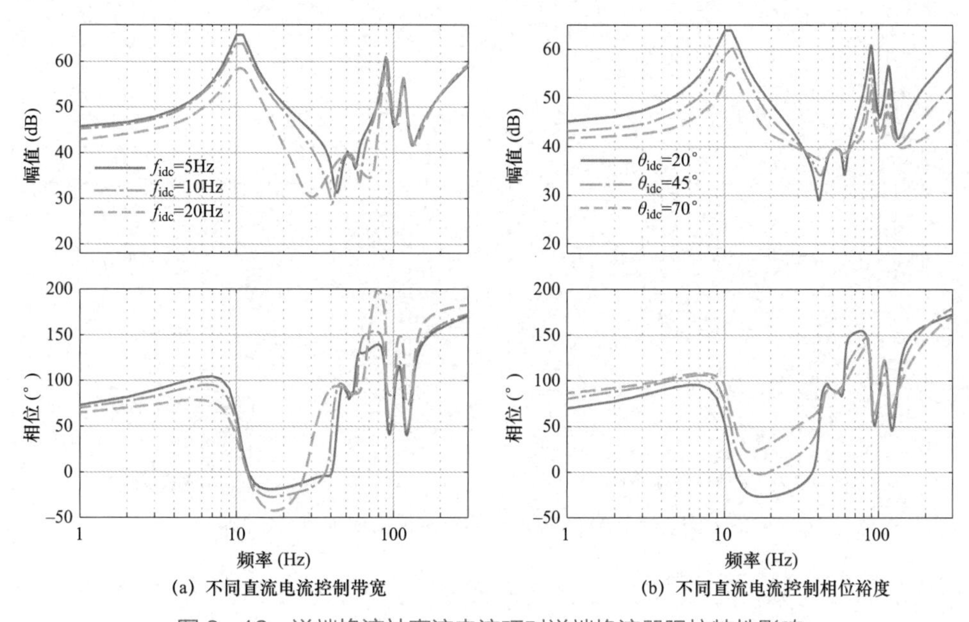

图 9－12　送端换流站直流电流环对送端换流器阻抗特性影响

由图 9-12 可知，送端换流器阻抗 $\boldsymbol{Z}_{self}$ 在 f_1-f_{idc} 和 f_1+f_{idc} 存在谐振峰，随着直流电流控制带宽 f_{idc} 的增大，谐振峰离基频距离增大。直流电流控制相位裕度 θ_{idc} 影响 $\boldsymbol{Z}_{self}$ 谐振峰附近幅值和相位，θ_{idc} 越大，谐振峰附近幅值和相位变化越缓和。此外，直流电流控制对送端换流站直流侧阻抗 $\boldsymbol{Z}_{fdc}$ 呈现衰减作用，f_{idc} 和 θ_{idc} 越大，次/超同步频段 $\boldsymbol{Z}_{self}$ 幅值越小。

9.4.1.4　送端换流站 PLL 控制对阻抗特性影响分析

由式（9-74）可知，送端换流站 PLL 控制对送端换流器阻抗 $\boldsymbol{Z}_{self}$ 的影响分为两个方面：① $\boldsymbol{\Lambda}_3$ 相当于调节直流侧阻抗增益，改变送、受端耦合程度；② $\boldsymbol{\Lambda}_4$ 直接参与构成 $\boldsymbol{Z}_{self}$，即 $\boldsymbol{Z}_{self}$ 可视作 $\boldsymbol{Z}_{fdc}$ 与 $\boldsymbol{\Lambda}_4$ 逆矩阵的并联。

下面分析送端换流站 PLL 控制带宽 f_{ftc} 和控制相位裕度 θ_{ftc} 对送端换流器阻抗特性影响。首先，固定送端换流站 PLL 控制相位裕度 θ_{ftc} 为 45°，将其控制带宽 f_{ftc} 分别设置为 5、10、20Hz，分析控制带宽对阻抗特性影响。然后，固定送端换流站 PLL 控制带宽 f_{ftc} 为 10Hz，将其相位裕度 θ_{ftc} 分别设置为 20°、45°、70°，分析控制相位裕度对阻抗特性影响。送端换流站 PLL 对送端换流器阻抗特性影响如图 9-13 所示。

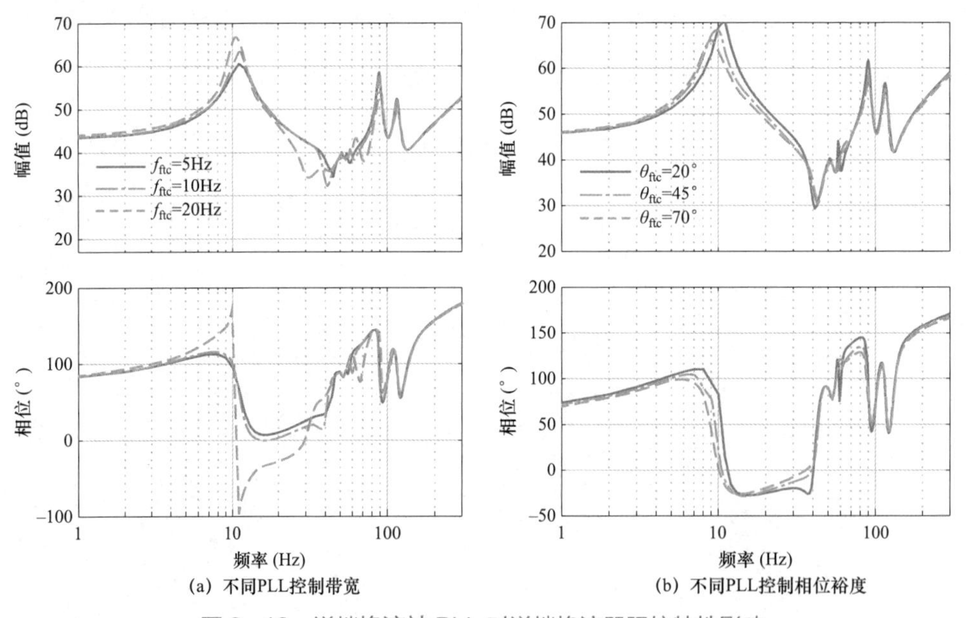

图 9-13　送端换流站 PLL 对送端换流器阻抗特性影响

由图 9-13 可知，送端换流器阻抗 $\boldsymbol{Z}_{self}$ 在 f_1-f_{ftc} 和 f_1+f_{ftc} 附近存在谐振峰。随着送端换流站 PLL 控制带宽 f_{ftc} 的增大，谐振峰离基频距离增大。送端换流站 PLL 控制相位

裕度 θ_{ftc} 对 $\boldsymbol{Z}_{\mathrm{self}}$ 影响相对较小。送端 PLL 控制主要对送端换流器次/超同步频段谐振峰处的阻抗产生影响。

9.4.1.5　宽频阻抗频段划分小结

根据 LCC－HVDC 送端交流端口各频段阻抗主导影响因素分析，可将宽频阻抗进行频段划分，具体如下：

（1）在频段Ⅰ$_{\mathrm{LCC}}$（$f < f_1 + f_{\mathrm{idc}}$），LCC－HVDC 送端交流端口阻抗 $\boldsymbol{Z}_{\mathrm{LCC}}$ 由送端换流站直流侧阻抗 $\boldsymbol{Z}_{\mathrm{fdc}}$ 主导。阻抗在次/超同步频段存在多个谐振峰。随着直流输电线路长度的增加，谐振峰的幅值增加，谐振峰频率更加靠近基频。

（2）在频段Ⅱ$_{\mathrm{LCC}}$（$f > f_1 + f_{\mathrm{idc}}$），$\boldsymbol{Z}_{\mathrm{LCC}}$ 由送端交流滤波器阻抗 $\boldsymbol{Z}_{\mathrm{fflt}}$ 主导。随着频率的增加，阻抗幅值降低，相位呈容性。

送端换流站直流电流控制和 PLL 控制主要对次/超同步频段（频段Ⅰ$_{\mathrm{LCC}}$和频段Ⅱ$_{\mathrm{LCC}}$的前半段）阻抗特性产生影响。直流电流或 PLL 控制带宽越大，谐振峰频率离基频越远；直流电流控制相位裕度越大，谐振峰处幅值和相位变化越缓和。

基于 LCC－HVDC 控制保护装置 CHIL 仿真平台开展阻抗扫描，LCC－HVDC 阻抗如图 9－14 所示。由图 9－14 可知，频段Ⅰ$_{\mathrm{LCC}}$范围大致为 f ＜70Hz，频段Ⅱ$_{\mathrm{LCC}}$范围大致为 f ＞70Hz。

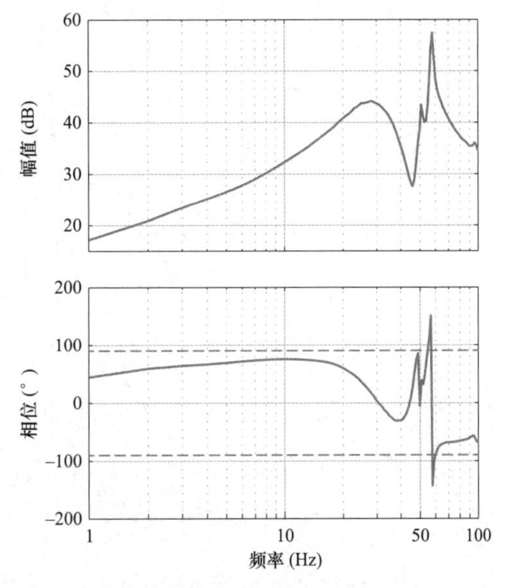

图 9－14　基于控制保护装置的 LCC－HVDC 阻抗

9.4.2　各频段负阻尼特性分析

基于 LCC－HVDC 送端交流端口阻抗频段划分可知，直流侧阻抗、送端交流滤波器对 LCC－HVDC 送端不同频段阻抗特性起主导作用。在主导影响因素基础上，本节将分析各频段内多控制器/环节的频带重叠效应，以及各频段负阻尼特性产生机理。

9.4.2.1　送端换流站控制对 LCC－HVDC 送端负阻尼特性影响分析

送端换流站直流侧阻抗 $\boldsymbol{Z}_{\mathrm{fdc}}$ 通过直流电流控制（Λ_1、Λ_2）、送端 PLL 控制（Λ_3、Λ_4）

对 LCC－HVDC 送端交流端口阻抗 $\boldsymbol{Z}_{LCC}$ 产生影响。在此基础上，本节分析送端换流站直流电流环、PLL 对 LCC－HVDC 送端负阻尼特性的影响。

1. 送端换流站直流电流环对负阻尼特性影响分析

下面分析送端换流站直流电流控制带宽 f_{idc} 和控制相位裕度 θ_{idc} 对 LCC－HVDC 送端负阻尼特性影响。首先，固定直流电流控制相位裕度 θ_{idc} 为 45°，将其控制带宽 f_{idc} 分别设置为 10、20、30Hz，分析控制带宽对阻尼特性影响；然后，固定直流电流控制带宽 f_{idc} 为 20Hz，将其相位裕度 θ_{idc} 分别设置为 20°、45°、70°，分析控制相位裕度对阻尼特性影响。送端换流站直流电流环对 LCC－HVDC 送端阻尼特性影响如图 9－15 所示。

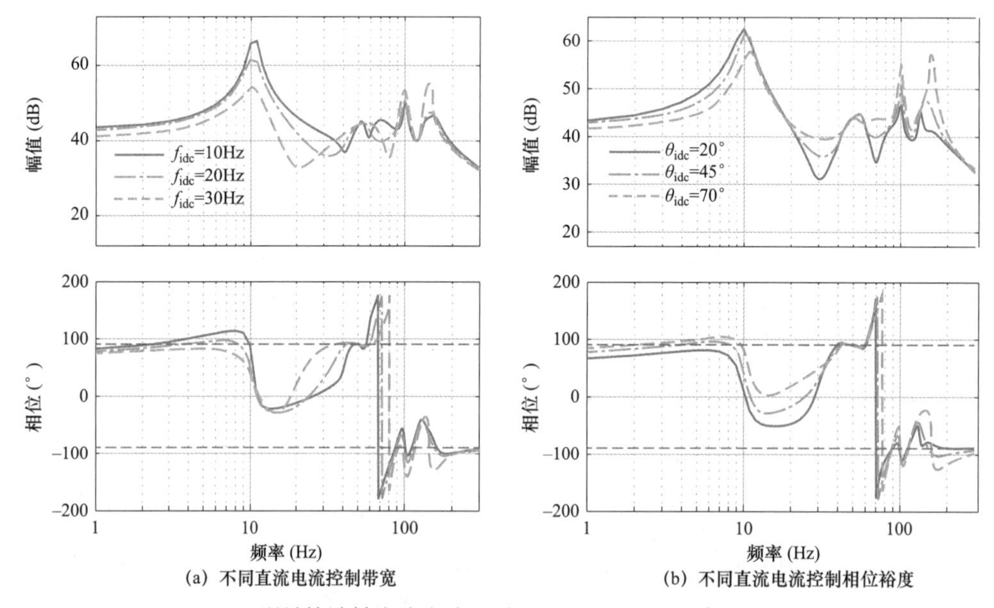

图 9－15 送端换流站直流电流环对 LCC－HVDC 送端阻尼特性影响

由图 9－15 可知，LCC－HVDC 送端交流端口阻抗 $\boldsymbol{Z}_{LCC}$ 在频段 I_{LCC} 存在感性负阻尼（阻抗相位大于 90°）。在频段 I_{LCC} 和频段 II_{LCC} 的交界，即直流电流控制带宽附近（f_1+f_{idc}），$\boldsymbol{Z}_{LCC}$ 由感性负阻尼变为容性负阻尼（阻抗相位小于－90°）。随着直流电流控制带宽 f_{idc} 的增大，频段 I_{LCC} 谐振峰处（10Hz 附近）感性负阻尼特性有所改善，但 f_1+f_{idc} 频率附近负阻尼程度加深。此外，随着直流电流控制相位裕度 θ_{idc} 的增大，负阻尼程度会加深。结果表明，直流电流环与送端换流站直流侧阻抗 $\boldsymbol{Z}_{fdc}$ 存在频带重叠效应，

导致 $\boldsymbol{Z}_{\mathrm{LCC}}$ 产生负阻尼。

2. 送端换流站 PLL 对负阻尼特性影响分析

下面分析送端换流站 PLL 控制带宽 f_{ftc} 和相位裕度 θ_{ftc} 对 $\boldsymbol{Z}_{\mathrm{LCC}}$ 负阻尼特性影响。固定直流电流控制带宽 f_{idc} 为 20Hz，控制相位裕度 θ_{idc} 为 45°。在此基础上，首先，固定送端换流站 PLL 控制相位裕度 θ_{ftc} 为 45°，将其控制带宽 f_{ftc} 分别设置为 5、20、40Hz，分析控制带宽对阻尼特性影响；然后，固定送端换流站 PLL 控制带宽 f_{ftc} 为 20Hz，将其相位裕度 θ_{ftc} 分别设置为 20°、45°、70°，分析控制相位裕度对阻尼特性影响。送端换流站 PLL 对 LCC-HVDC 送端阻尼特性影响如图 9-16 所示。

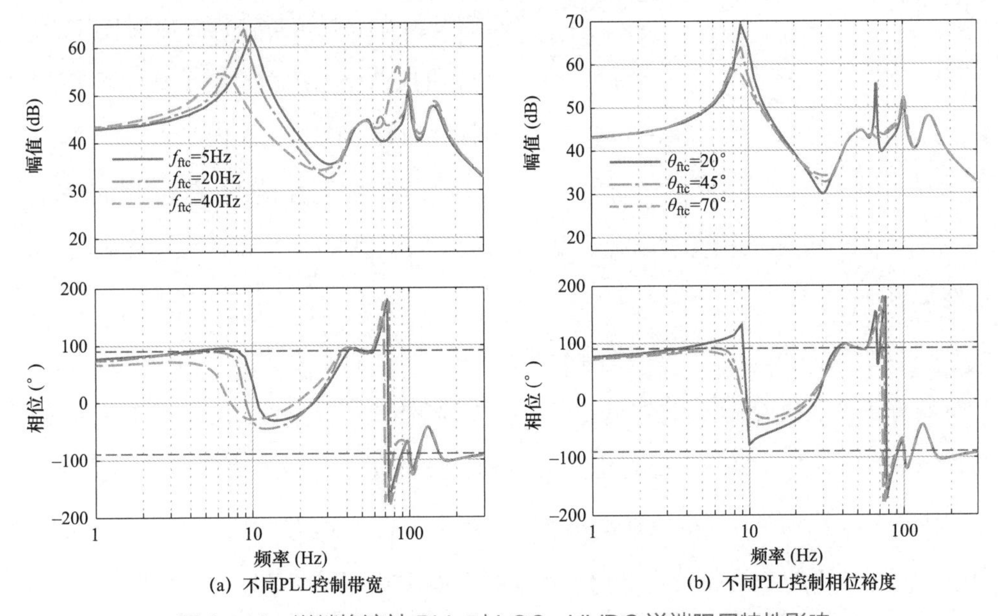

图 9-16　送端换流站 PLL 对 LCC-HVDC 送端阻尼特性影响

由图 9-16 可知，送端换流站 PLL 控制主要对频段 $\mathrm{I}_{\mathrm{LCC}}$ 谐振峰附近幅值和相位产生影响，随着送端换流站 PLL 控制带宽 f_{ftc} 或相位裕度 θ_{ftc} 的降低，负阻尼程度加深。送端换流站 PLL 控制对频段 $\mathrm{II}_{\mathrm{LCC}}$ 阻尼特性影响较小。

9.4.2.2　受端换流站对 LCC-HVDC 送端负阻尼特性影响分析

根据 LCC-HVDC 阻抗解析模型，送端换流站直流侧阻抗 $\boldsymbol{Z}_{\mathrm{fdc}}$ 由直流线路阻抗和受端换流站直流端口阻抗 $\boldsymbol{Z}_{\mathrm{edc}}$ 共同构成。受端换流站对 LCC-HVDC 送端交流端口阻抗 $\boldsymbol{Z}_{\mathrm{LCC}}$ 产生耦合影响。下面将分析受端电网 SCR、受端换流站 PLL、受端换流站直流电压控制对 LCC-HVDC 送端负阻尼特性的影响。

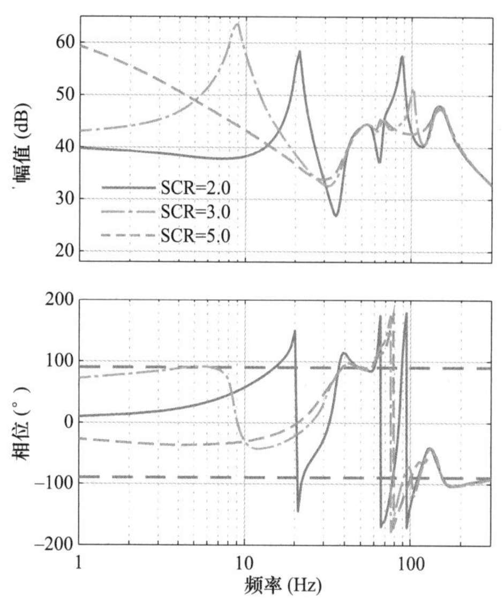

图 9－17　受端电网 SCR 对 LCC－HVDC 送端阻尼特性影响

1. 受端电网 SCR 对负阻尼特性影响分析

下面分析受端电网 SCR 对 LCC－HVDC 送端负阻尼特性影响。将受端电网 SCR 分别设置为 2.0、3.0 和 5.0，受端电网 SCR 对 LCC－HVDC 送端阻尼特性影响如图 9－17 所示。

由图 9－17 可见，随着受端电网 SCR 的降低，受端电网阻抗增大，受端电网强度对送端交流端口阻抗特性耦合作用更加明显。$\boldsymbol{Z}_{\mathrm{LCC}}$ 阻抗谐振峰频率趋近于基频，并且负阻尼程度加剧，频段 $\mathrm{I}_{\mathrm{LCC}}$ 内产生感性负阻尼和容性负阻尼。直流电流控制带宽附近（f_1+f_{idc}），$\boldsymbol{Z}_{\mathrm{LCC}}$ 负阻尼程度加剧。受端电网 SCR 对频段 $\mathrm{II}_{\mathrm{LCC}}$ 后半段（中高频段）阻尼特性影响较小。

2. 受端换流站 PLL 对负阻尼特性影响分析

下面分析受端换流站 PLL 控制带宽 f_{etc} 和控制相位裕度 θ_{etc} 对 LCC－HVDC 送端负阻尼特性影响。首先，固定受端换流站 PLL 控制相位裕度 θ_{etc} 为 45°，将其控制带宽 f_{etc} 分别设置为 5、10、20Hz，分析控制带宽对阻尼特性影响；然后，固定受端换流站 PLL 控制带宽 f_{etc} 为 10Hz，将其相位裕度 θ_{etc} 分别设置为 20°、45°、70°，分析控制相位裕度对阻尼特性影响。受端换流站 PLL 对 LCC－HVDC 送端阻尼特性影响如图 9－18 所示。

由图 9－18 可知，随着受端换流站 PLL 控制带宽 f_{etc} 或控制相位裕度 θ_{etc} 的增大，频段 $\mathrm{I}_{\mathrm{LCC}}$ 谐振峰附近负阻尼程度加剧。此外，受端换流站 PLL 对频段 $\mathrm{II}_{\mathrm{LCC}}$ 阻尼特性影响较小。

3. 受端换流站直流电压环对负阻尼特性影响分析

下面分析受端换流站直流电压控制带宽 f_{vdc} 和控制相位裕度 θ_{vdc} 对 LCC－HVDC 送端负阻尼特性影响。首先，固定受端换流站直流电压控制相位裕度 θ_{vdc} 为 45°，将其控制带宽 f_{vdc} 分别设置为 10、20、30Hz，分析控制带宽对阻尼特性影响；然后，固定受端换流站直流电压控制带宽 f_{vdc} 为 20Hz，将其相位裕度 θ_{vdc} 分别设置为 20°、45°、70°，

分析控制相位裕度对阻尼特性影响。受端换流站直流电压环对 LCC－HVDC 送端阻尼特性影响如图 9－19 所示。

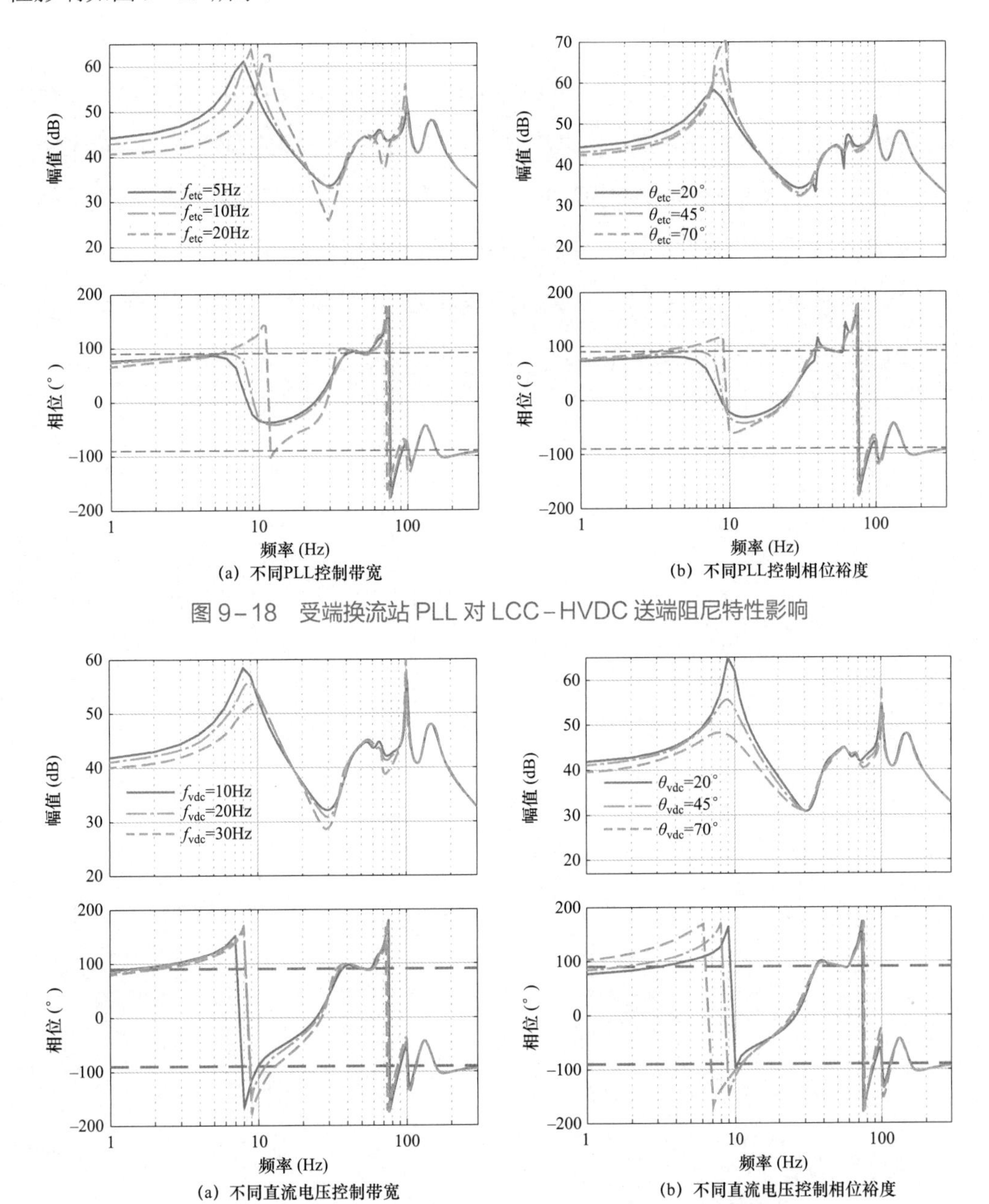

图 9－18　受端换流站 PLL 对 LCC－HVDC 送端阻尼特性影响

图 9－19　受端换流站直流电压环对 LCC－HVDC 送端阻尼特性影响

由图 9－19 可知，随着受端换流站直流电压控制带宽 f_{vdc} 或控制相位裕度 θ_{vdc} 的增大，频段 I_{LCC} 谐振峰处负阻尼程度进一步加剧，$\boldsymbol{Z}_{LCC}$ 由感性负阻尼变为容性负阻尼。

此外，直流电压控制对频段Ⅱ$_{\mathrm{LCC}}$阻尼特性影响较小。

9.4.2.3　各频段负阻尼特性小结

通过对 LCC－HVDC 送端交流端口各频段负阻尼特性分析，可以得出以下结论：

（1）在频段Ⅰ$_{\mathrm{LCC}}$（$f < f_1 + f_{\mathrm{idc}}$），LCC－HVDC 送端交流端口阻抗 $\boldsymbol{Z}_{\mathrm{LCC}}$ 由送端换流站直流侧阻抗 $\boldsymbol{Z}_{\mathrm{fdc}}$ 主导，送端换流站直流电流环与 $\boldsymbol{Z}_{\mathrm{fdc}}$ 频带重叠，将导致 $\boldsymbol{Z}_{\mathrm{LCC}}$ 产生感性负阻尼。受端电网 SCR 降低，受端换流站 PLL、直流电压控制带宽或控制相位裕度增大，均导致频段Ⅰ$_{\mathrm{LCC}}$负阻尼程度加深，并且在谐振峰附近由感性负阻尼变为容性负阻尼。

（2）在频段Ⅱ$_{\mathrm{LCC}}$（$f > f_1 + f_{\mathrm{idc}}$），$\boldsymbol{Z}_{\mathrm{LCC}}$ 由送端交流滤波器 $\boldsymbol{Z}_{\mathrm{fflt}}$ 主导，$\boldsymbol{Z}_{\mathrm{fflt}}$ 导致 $\boldsymbol{Z}_{\mathrm{LCC}}$ 在该频段由感性负阻尼变为容性负阻尼。

第 10 章　柔性直流输电系统阻抗模型及特性分析

根据 MMC－HVDC 送端系统是否存在同步支撑电源，送端换流站存在孤岛和联网两种控制模式。通过在 MMC 典型控制结构基础上增加不同的外环控制策略，实现 MMC－HVDC 不同控制模式要求。同时，MMC－HVDC 送、受端换流站间的直流输电线路为非理想电压源，受端电网强度、受端换流站特性会对送端系统振荡产生影响。

为了对比 MMC－HVDC 联网与孤岛不同控制模式的阻抗特性，分析受端换流站通过直流输电线路动态耦合对送端系统稳定性的影响。本章首先建立计及送、受端换流站和直流输电线路动态过程的 MMC－HVDC 孤岛/联网送出阻抗模型，验证其阻抗模型的准确性。然后，分别建立 PLL、电流内环、环流抑制、延时、主电路滤波器与阻抗的频域数学模型，分析不同频段内阻抗特性的主导因素，提出宽频阻抗特性频段划分方法，并揭示各频段负阻尼阻抗特性产生机理。最后，基于 CHIL 仿真平台扫描了 MMC－HVDC 宽频阻抗特性曲线，给出频段划分的典型值。

10.1　工作原理及控制策略

10.1.1　拓扑结构

MMC－HVDC 输电系统可分为两端直流输电和多端直流输电。两端直流输电系统由一个整流站（功率送端）、一个逆变站（功率受端）以及直流输电线路构成，能够实现两个区域交流电网间电能输送。多端直流输电含有三个及以上换流站，能够实现多个区域交流电网互联和电能传输。MMC－HVDC 既可以接入交流同步电网联网运行，又具备独立构建交流电压和频率的能力，实现无源孤岛系统与其他区域交流电网互联。

MMC－HVDC 输电系统主要有对称单极、不对称单极、双极三种结构，其拓扑结构如图 10－1 所示。对称单极 MMC－HVDC 正极电压为 $V_{dc}/2$，负极电压为 $-V_{dc}/2$。不对称单极 MMC－HVDC 负极接地，正极电压为 V_{dc}。双极 MMC－HVDC 由两个不对称单极 MMC－HVDC 构成，其负极换流器的正极接入正极换流器的负极并接地。双极

MMC－HVDC 正极电压为 V_{dc}，负极电压为 $-V_{dc}$。

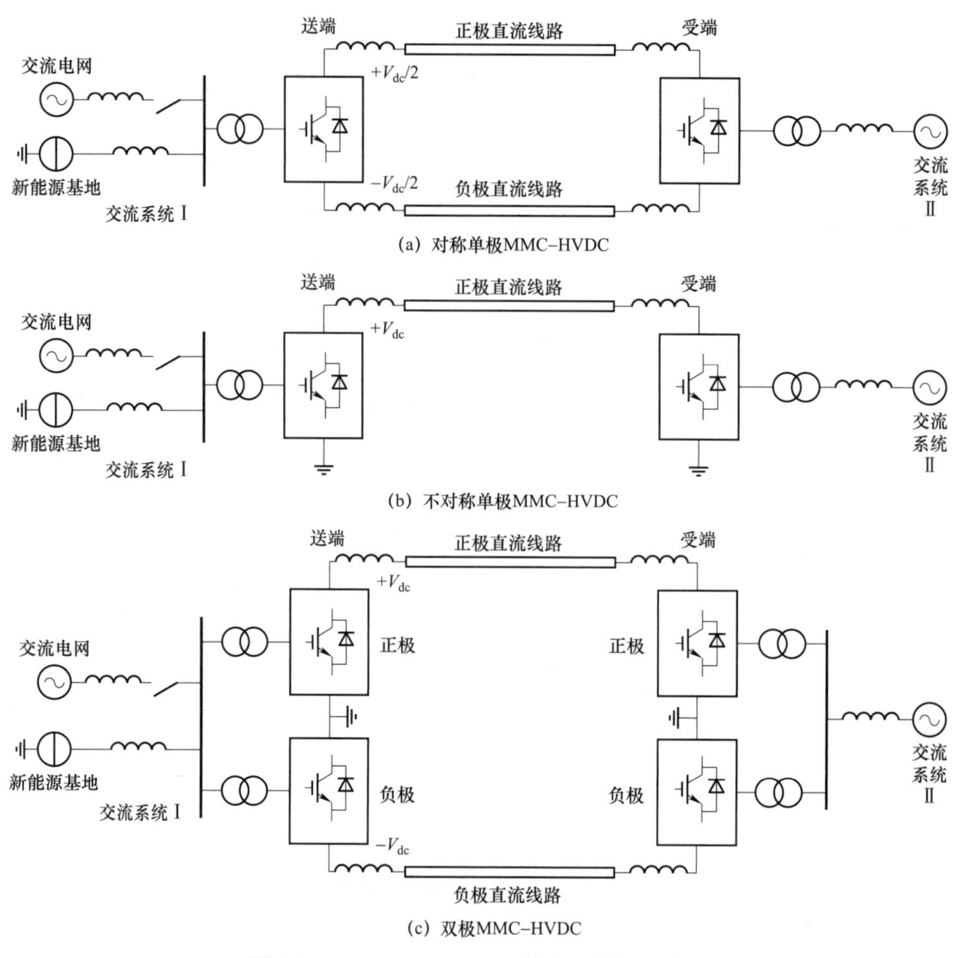

图 10－1　MMC－HVDC 输电系统拓扑结构

本章以对称单极 MMC－HVDC 输电系统为例展开分析，其拓扑结构如图 10－2 所示。图 10－2 中，送、受端 MMC 均采用双星形联结，为三相结构；MMC 子模块可以选择为半桥子模块，也可以为全桥子模块；N_f 为送端 MMC 桥臂子模块数量；L_{farm}、R_{farm} 分别为送端 MMC 桥臂电感、电阻；N_e 为受端 MMC 桥臂子模块数量；L_{earm}、R_{earm} 分别为受端 MMC 桥臂电感、电阻；v_{fa}、v_{fb}、v_{fc} 分别为送端 a、b、c 相交流电压，i_{fa}、i_{fb}、i_{fc} 分别为送端 a、b、c 相交流电流；v_{ea}、v_{eb}、v_{ec} 分别为受端 a、b、c 相交流电压，i_{ea}、i_{eb}、i_{ec} 分别为受端 a、b、c 相交流电流；v_{fdc}、i_{fdc} 分别为送端换流站直流电压、电流；v_{edc}、i_{edc} 分别为受端换流站直流电压、电流；i_{fau}、i_{fbu}、i_{fcu} 分别为送端 MMC a、b、c 相上桥臂电流；i_{fav}、i_{fbv}、i_{fcv} 分别为送端 MMC a、b、c 相下桥臂电流；i_{eau}、i_{ebu}、i_{ecu} 分

别为受端 MMC a、b、c 相上桥臂电流，i_{eav}、i_{ebv}、i_{ecv} 分别为受端 MMC a、b、c 相下桥臂电流；L_{dc} 为直流平波电抗器。下文以 l=a,b,c 分别表示 a、b、c 相。下标中含“f”的变量表示送端变量，下标中含“e”的变量表示受端变量。

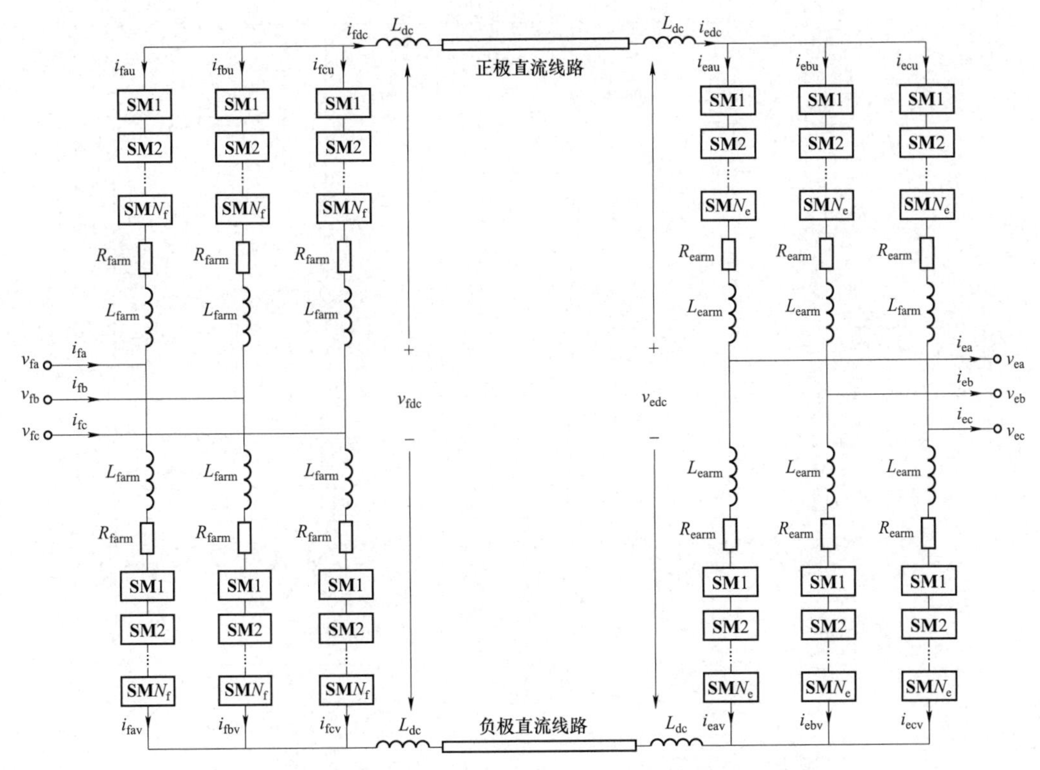

图 10-2　对称单极 MMC-HVDC 输电系统拓扑结构

10.1.2　工作原理

MMC-HVDC 送、受端换流站工作原理与第 3 章 MMC 工作原理近似，本节将分别进行介绍。

10.1.2.1　送端 MMC 工作原理

根据第 3 章介绍的 MMC 平均模型可知，可用一个等效子模块替代桥臂 N_f 个子模块，建立 MMC-HVDC 送端平均值模型，如图 10-3 所示。

MMC 平均值模型中，每个桥臂由一个受控电压源、一个受控电流源和一个等效电容构成，并且满足：① C_{feq} 为送端 MMC 桥臂等效电容，其容值等于送端 MMC 子模块电容 C_{fsm} 容值的 $1/N_f$，即 $C_{feq}=C_{fsm}/N_f$；② 送端 MMC 三相上、下桥臂电容电压 v_{fClu}、v_{fClv} 稳定工作在 v_{fdc} 附近，等于所在桥臂子模块电容电压的 N_f 倍；③ 受控电流源表示桥臂等效电容的充放电电流，等于桥臂调制信号乘以桥臂电流，即 $m_{\mathrm{fau}}i_{\mathrm{fau}}$、$m_{\mathrm{fbu}}i_{\mathrm{fbu}}$、$m_{\mathrm{fcu}}i_{\mathrm{fcu}}$、$m_{\mathrm{fav}}i_{\mathrm{fav}}$、$m_{\mathrm{fbv}}i_{\mathrm{fbv}}$、$m_{\mathrm{fcv}}i_{\mathrm{fcv}}$；④ 受控电压源表示桥臂电压，等于桥臂调制信号乘以桥臂电容电压，即 $m_{\mathrm{fau}}v_{\mathrm{fCau}}$、$m_{\mathrm{fbu}}v_{\mathrm{fCbu}}$、$m_{\mathrm{fcu}}v_{\mathrm{fCcu}}$、$m_{\mathrm{fav}}v_{\mathrm{fCav}}$、$m_{\mathrm{fbv}}v_{\mathrm{fCbv}}$、$m_{\mathrm{fcv}}v_{\mathrm{fCcv}}$。

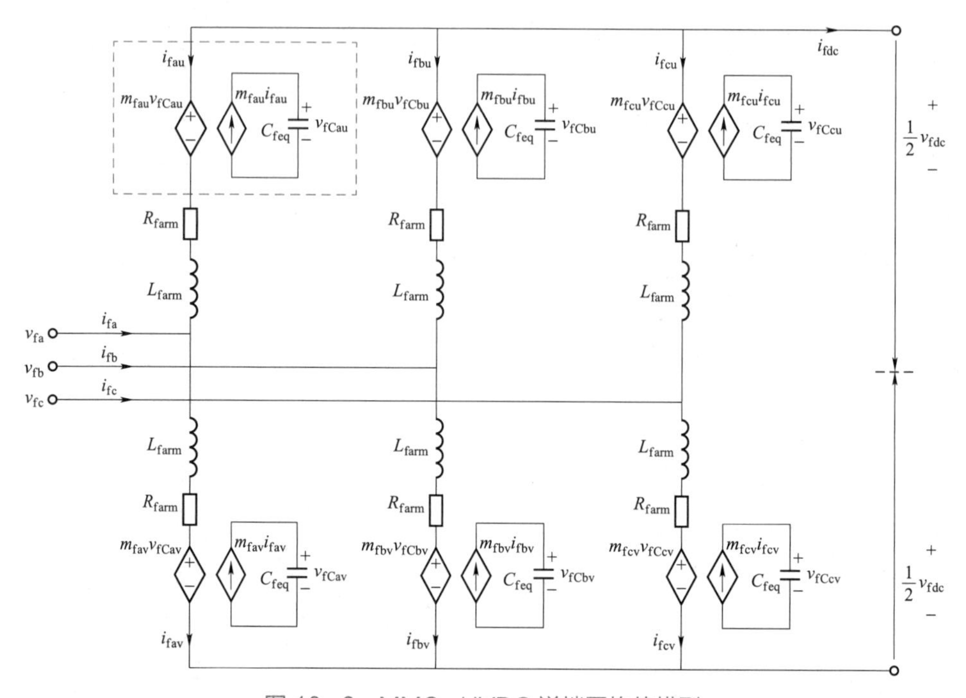

图 10-3　MMC-HVDC 送端平均值模型

送端 MMC 三相上、下桥臂电容电压 $v_{\mathrm{fC}l\mathrm{u}}$、$v_{\mathrm{fC}l\mathrm{v}}$ 与其充放电电流 $m_{\mathrm{f}l\mathrm{u}}i_{\mathrm{f}l\mathrm{u}}$、$m_{\mathrm{f}l\mathrm{v}}i_{\mathrm{f}l\mathrm{v}}$ 之间满足

$$\begin{cases} C_{\mathrm{feq}}\dfrac{\mathrm{d}v_{\mathrm{fC}l\mathrm{u}}}{\mathrm{d}t}=m_{\mathrm{f}l\mathrm{u}}i_{\mathrm{f}l\mathrm{u}} \\ C_{\mathrm{feq}}\dfrac{\mathrm{d}v_{\mathrm{fC}l\mathrm{v}}}{\mathrm{d}t}=m_{\mathrm{f}l\mathrm{v}}i_{\mathrm{f}l\mathrm{v}} \end{cases} \tag{10-1}$$

根据送端 MMC 三相上、下桥臂电压 $m_{\mathrm{f}l\mathrm{u}}v_{\mathrm{fC}l\mathrm{u}}$、$m_{\mathrm{f}l\mathrm{v}}v_{\mathrm{fC}l\mathrm{v}}$ 与其桥臂电流 $i_{\mathrm{f}l\mathrm{u}}$、$i_{\mathrm{f}l\mathrm{v}}$ 之间的关系，可得送端 MMC 三相上、下桥臂回路时域模型，即

$$\begin{cases} m_{\mathrm{f}l\mathrm{u}}v_{\mathrm{fC}l\mathrm{u}}+L_{\mathrm{farm}}\dfrac{\mathrm{d}i_{\mathrm{f}l\mathrm{u}}}{\mathrm{d}t}+R_{\mathrm{farm}}i_{\mathrm{f}l\mathrm{u}}=\dfrac{v_{\mathrm{fdc}}}{2}-v_{\mathrm{f}l}-v_{\mathrm{fO}} \\ m_{\mathrm{f}l\mathrm{v}}v_{\mathrm{fC}l\mathrm{v}}+L_{\mathrm{farm}}\dfrac{\mathrm{d}i_{\mathrm{f}l\mathrm{v}}}{\mathrm{d}t}+R_{\mathrm{farm}}i_{\mathrm{f}l\mathrm{v}}=\dfrac{v_{\mathrm{fdc}}}{2}+v_{\mathrm{f}l}+v_{\mathrm{fO}} \end{cases} \tag{10-2}$$

式中：v_{fO} 为送端交流中性点电压。

送端三相交流电流 i_{fl}、送端换流站直流电流 i_{fdc} 与 i_{flu}、i_{flv} 之间的关系分别满足

$$i_{fl} = -(i_{flu} - i_{flv}) \tag{10-3}$$

$$i_{fdc} = -\sum_{l=a,b,c} i_{flu} = -\sum_{l=a,b,c} i_{flv} \tag{10-4}$$

送端三相交流电流 i_{fl} 与送端 MMC 三相桥臂差模电流 i_{fdifl} 之间的关系，以及送端换流站直流电流 i_{fdc} 与送端 MMC 三相桥臂共模电流 i_{fcoml} 之间的关系为

$$i_{fl} = -2i_{fdifl} \tag{10-5}$$

$$i_{fdc} = -\sum_{l=a,b,c} i_{fcoml} \tag{10-6}$$

送端 MMC 三相桥臂差模电压 v_{fdifl}、共模电压 v_{fcoml}、差模电流 i_{fdifl}、共模电流 i_{fcoml} 的表达式为

$$\begin{cases} v_{fdifl} = \dfrac{v_{flu} - v_{flv}}{2} \\ v_{fcoml} = \dfrac{v_{flu} + v_{flv}}{2} \\ i_{fdifl} = \dfrac{i_{flu} - i_{flv}}{2} \\ i_{fcoml} = \dfrac{i_{flu} + i_{flv}}{2} \end{cases} \tag{10-7}$$

送端交流中性点电压 v_{fO} 可以表示为

$$v_{fO} = -\frac{1}{6}\sum_{l=a,b,c}\left(m_{flu}v_{fClu} - m_{flv}v_{fClv}\right) \tag{10-8}$$

10.1.2.2　受端 MMC 工作原理

与送端 MMC 类似，MMC－HVDC 受端平均值模型如图 10－4 所示。需要说明的是，受端 MMC 交流电流、直流电流的参考正方向与送端 MMC 相反。

在受端 MMC 平均值模型中，每个桥臂由一个受控电压源、一个受控电流源和一个等效电容构成，并且满足：① C_{eeq} 为受端 MMC 桥臂等效电容，其容值等于受端 MMC 子模块电容 C_{esm} 容值的 $1/N_e$，即 $C_{eeq} = C_{esm} / N_e$；② 受端 MMC 三相上、下桥臂电容电压 v_{eClu}、v_{eClv} 稳定工作在 v_{edc} 附近，等于所在桥臂子模块电容电压的 N_e 倍；③ 受控电流源表示桥臂等效电容的充放电电流，等于桥臂调制信号乘以桥臂电流，即 $m_{eau}i_{eau}$、$m_{ebu}i_{ebu}$、$m_{ecu}i_{ecu}$，$m_{eav}i_{eav}$、$m_{ebv}i_{ebv}$、$m_{ecv}i_{ecv}$；④ 受控电压源表示桥臂电压，等于桥臂调制信号乘以桥臂电容电压，即 $m_{\rm eau}v_{\rm eCau}$、$m_{\rm ebu}v_{\rm eCbu}$、$m_{\rm ecu}v_{\rm eCcu}$，$m_{\rm eav}v_{\rm eCav}$、$m_{\rm ebv}v_{\rm eCbv}$、$m_{\rm ecv}v_{\rm eCcv}$。

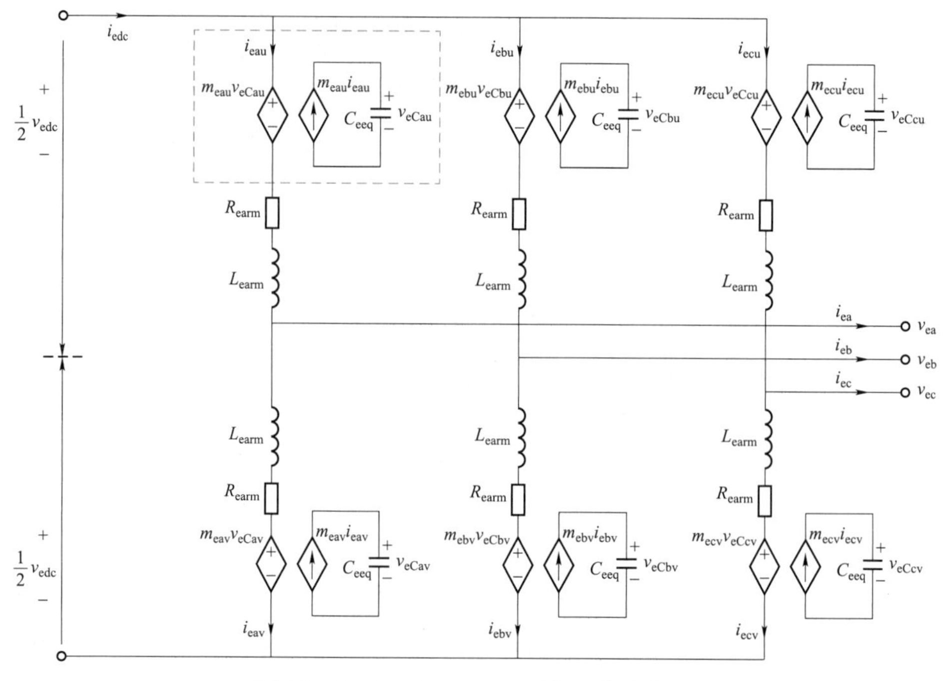

图 10－4　MMC－HVDC 受端平均值模型

受端 MMC 三相上、下桥臂电容电压 $v_{{\rm eC}l{\rm u}}$、$v_{{\rm eC}l{\rm v}}$ 与其充放电电流 $m_{{\rm e}l{\rm u}}i_{{\rm e}l{\rm u}}$、$m_{{\rm e}l{\rm v}}i_{{\rm e}l{\rm v}}$ 之间满足

$$\begin{cases} C_{\rm eeq}\dfrac{{\rm d}v_{{\rm eC}l{\rm u}}}{{\rm d}t}=m_{{\rm e}l{\rm u}}i_{{\rm e}l{\rm u}} \\ C_{\rm eeq}\dfrac{{\rm d}v_{{\rm eC}l{\rm v}}}{{\rm d}t}=m_{{\rm e}l{\rm v}}i_{{\rm e}l{\rm v}} \end{cases} \tag{10-9}$$

根据受端 MMC 三相上、下桥臂电压 $m_{{\rm e}l{\rm u}}v_{{\rm eC}l{\rm u}}$、$m_{{\rm e}l{\rm v}}v_{{\rm eC}l{\rm v}}$ 与其桥臂电流 $i_{{\rm e}l{\rm u}}$、$i_{{\rm e}l{\rm v}}$ 之间的关系，可得受端 MMC 三相上、下桥臂回路时域模型，即

$$\begin{cases} m_{{\rm e}l{\rm u}}v_{{\rm eC}l{\rm u}}+L_{\rm earm}\dfrac{{\rm d}i_{{\rm e}l{\rm u}}}{{\rm d}t}+R_{\rm earm}i_{{\rm e}l{\rm u}}=\dfrac{v_{\rm edc}}{2}-v_{{\rm e}l}-v_{\rm eO} \\ m_{{\rm e}l{\rm v}}v_{{\rm eC}l{\rm v}}+L_{\rm earm}\dfrac{{\rm d}i_{{\rm e}l{\rm v}}}{{\rm d}t}+R_{\rm earm}i_{{\rm e}l{\rm v}}=\dfrac{v_{\rm edc}}{2}+v_{{\rm e}l}+v_{\rm eO} \end{cases} \tag{10-10}$$

式中：$v_{\rm eO}$ 为受端交流中性点电压。

受端三相交流电流 $i_{{\rm e}l}$、受端换流站直流电流 $i_{\rm edc}$ 与 $i_{{\rm e}l{\rm u}}$、$i_{{\rm e}l{\rm v}}$ 之间的关系为

$$i_{{\rm e}l}=i_{{\rm e}l{\rm u}}-i_{{\rm e}l{\rm v}} \tag{10-11}$$

$$i_{\mathrm{edc}}=\sum_{l=\mathrm{a,b,c}} i_{\mathrm{e}l\mathrm{u}}=\sum_{l=\mathrm{a,b,c}} i_{\mathrm{e}l\mathrm{v}} \tag{10-12}$$

受端 MMC 三相桥臂差模电压 $v_{\mathrm{edif}l}$、共模电压 $v_{\mathrm{ecom}l}$、差模电流 $i_{\mathrm{edif}l}$、共模电流 $i_{\mathrm{ecom}l}$ 表达式为

$$\begin{cases} v_{\mathrm{edif}l}=\dfrac{v_{\mathrm{e}l\mathrm{u}}-v_{\mathrm{e}l\mathrm{v}}}{2} \\ v_{\mathrm{ecom}l}=\dfrac{v_{\mathrm{e}l\mathrm{u}}+v_{\mathrm{e}l\mathrm{v}}}{2} \\ i_{\mathrm{edif}l}=\dfrac{i_{\mathrm{e}l\mathrm{u}}-i_{\mathrm{e}l\mathrm{v}}}{2} \\ i_{\mathrm{ecom}l}=\dfrac{i_{\mathrm{e}l\mathrm{u}}+i_{\mathrm{e}l\mathrm{v}}}{2} \end{cases} \tag{10-13}$$

受端交流中性点电压 v_{eO} 可以表示为

$$v_{\mathrm{eO}}=-\frac{1}{6}\sum_{l=\mathrm{a,b,c}}(m_{\mathrm{e}l\mathrm{u}}v_{\mathrm{eC}l\mathrm{u}}-m_{\mathrm{e}l\mathrm{v}}v_{\mathrm{eC}l\mathrm{v}}) \tag{10-14}$$

送、受端 MMC 上、下桥臂电流，桥臂电压，桥臂电容电压中，都含有直流分量、基频分量、二倍频分量、三倍频分量直至无限次分量。上、下桥臂电流偶数次分量幅值相同、相位相同，为共模分量；奇数次分量幅值相同、相位相反，为差模分量。上、下桥臂差模电流构成交流电流的一半，共模电流构成桥臂环流。

10.1.3　控制策略

通过送端 MMC 和受端 MMC 协调配合控制，实现两端 MMC－HVDC 输电系统功率传输。与第 3 章介绍的 MMC 控制策略相比，MMC－HVDC 的送、受端 MMC 除了内环采用交流电流控制、环流控制，还包括不同的外环控制策略。在孤岛送出模式下，送端 MMC 外环采用定交流电压控制；在联网送出模式下，送端 MMC 通过 PLL 跟踪电网电压相位，外环采用定功率控制。受端 MMC 始终运行于联网模式，由受端 PLL 跟踪电网电压相位，同时采用定直流电压控制为直流输电系统建立稳定的直流电压，保证送端 MMC 的稳定运行。

10.1.3.1　送端 MMC 控制策略

送端 MMC 分为孤岛和联网两种送出模式，典型控制结构如图 10－5 所示。孤岛送出模式下，无 PLL 控制，通过给定基波频率 f_1，生成送端 MMC 参考角 $\theta_{\rm f}=2\pi f_1 t$。交流电压控制外环在同步旋转坐标系下实现，同步旋转参考角采用 $\theta_{\rm f}$。送端 a、b、c 相交流电压 $v_{\rm fa}$、$v_{\rm fb}$、$v_{\rm fc}$ 经 Park 变换得到交流电压 d、q 轴分量 $v_{\rm fd}$、$v_{\rm fq}$。然后与其参考指令作差，经交流电压控制器 $H_{\rm vac}(s)$，生成送端交流电流 d、q 轴参考指令 $i_{\rm fdref}$、$i_{\rm fqref}$，如图 10－5（a）所示。图中，$V_{\rm f1}$ 为送端交流电压基频分量幅值，即送端交流电压 d 轴参考指令。

联网送出模式下，由 PLL 控制跟踪送端交流电网电压相位，功率控制在同步旋转坐标系实现，采用送端换流站锁相角 $\theta_{\rm fPLL}$ 作为同步旋转参考角。然后采用有功、无功功率控制，生成送端交流电流 d、q 轴参考指令 $i_{\rm fdref}$、$i_{\rm fqref}$，如图 10－5（b）所示。图中，$P_{\rm ref}$、$Q_{\rm ref}$ 分别为有功功率、无功功率参考指令。

孤岛与联网两种送出模式下的交流电流控制一致。送端交流电流 d、q 轴参考指令 $i_{\rm fdref}$、$i_{\rm fqref}$ 与送端交流电流 d、q 轴分量 $i_{\rm fd}$、$i_{\rm fq}$ 的差值作为送端 MMC 交流电流控制器 $H_{\rm fiac}(s)$ 的输入信号，经反 Park 变换产生送端 MMC 三相桥臂差模调制信号 $m_{{\rm fdif}l}$。图 10－5 中，$K_{\rm fd}$ 为送端 MMC 交流电流控制解耦系数；$m_{\rm fd}$、$m_{\rm fq}$ 为送端 MMC 交流调制信号 d、q 轴分量。

同时，孤岛和联网送出模式环流控制也一致。环流控制在负序二倍频同步旋转 dq 坐标系下实现。桥臂环流 d、q 轴参考指令（均为 0）与送端 MMC 桥臂环流 d、q 轴分量 $i_{\rm fcd}$、$i_{\rm fcq}$ 作差，其差值作为送端 MMC 环流控制器 $H_{\rm fic}(s)$ 的输入信号。经负序二倍频反 Park 变换产生送端 MMC 三相桥臂共模调制信号 $m_{{\rm fcom}l}$。图 10－5 中，$K_{\rm fic}$ 为送端 MMC 环流控制解耦系数；$m_{\rm fcd}$、$m_{\rm fcq}$ 分别为送端 MMC 桥臂环流调制信号 d、q 轴分量。

由差模、共模调制信号，可得送端 MMC 三相上、下桥臂调制信号，即

$$\begin{cases} m_{{\rm f}l{\rm u}}=\dfrac{1}{2}-m_{{\rm fdif}l}+m_{{\rm fcom}l} \\ m_{{\rm f}l{\rm v}}=\dfrac{1}{2}+m_{{\rm fdif}l}+m_{{\rm fcom}l} \end{cases} \tag{10－15}$$

10.1.3.2 受端 MMC 控制策略

受端 MMC 采用定直流电压控制，为直流输电系统建立直流电压。MMC－HVDC 受端换流站典型控制结构如图 10－6 所示。

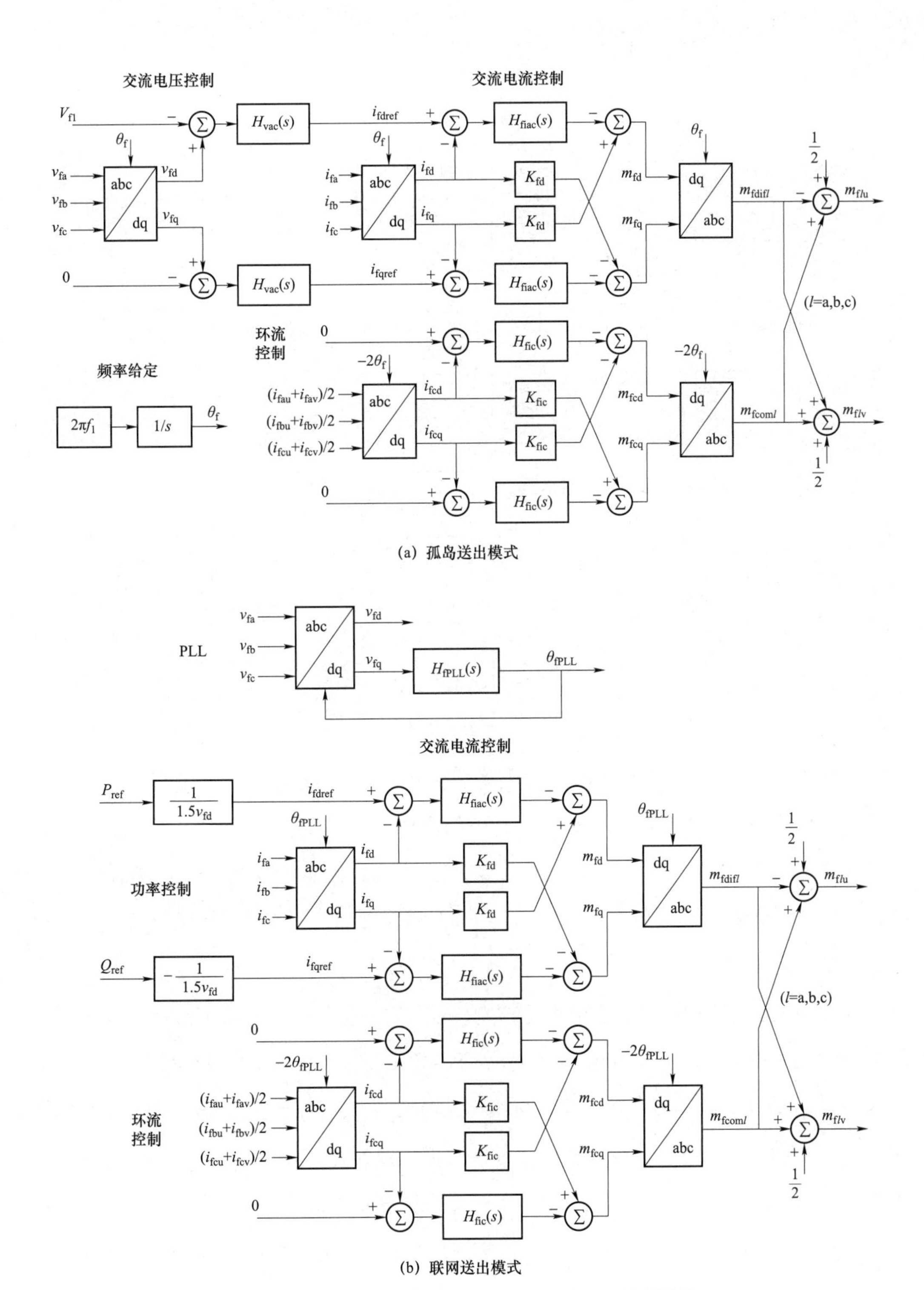

图 10-5　MMC-HVDC 送端换流站典型控制结构

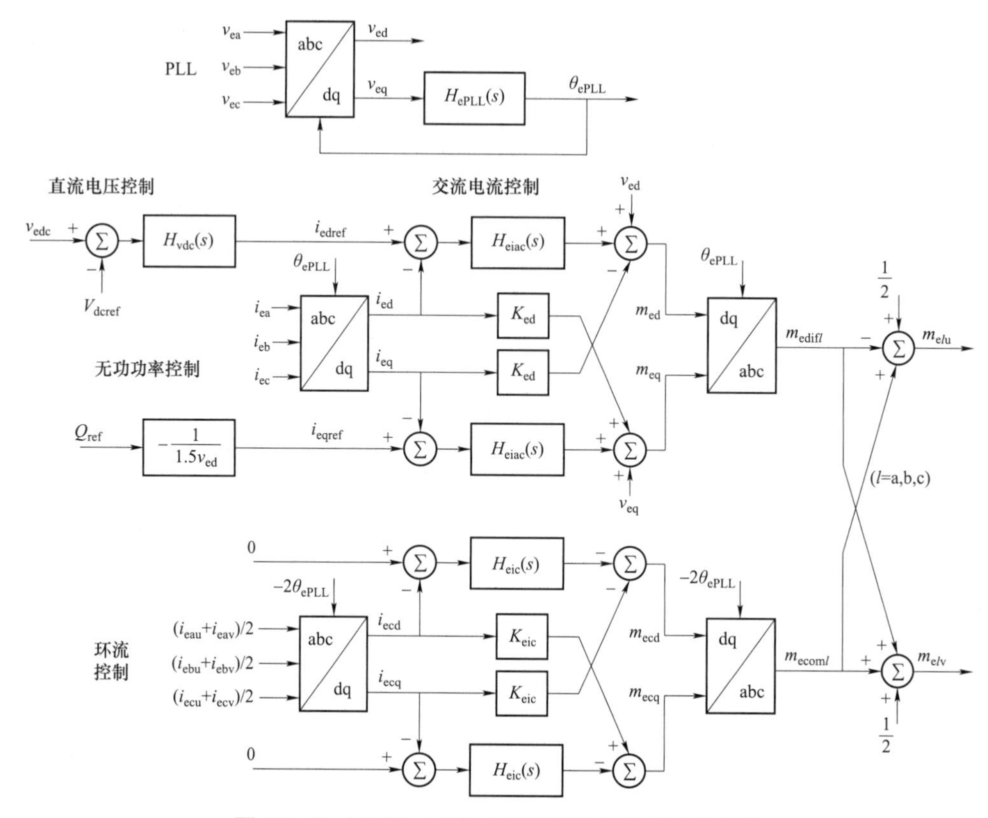

图 10－6　MMC－HVDC 受端换流站典型控制结构

与送端 MMC 不同，受端 MMC 接入受端交流电网联网运行。由 PLL 控制跟踪受端交流电网电压相位，产生受端换流站 PLL 锁相角 θ_{ePLL}，作为同步旋转参考角。直流电压参考指令 V_{dcref} 与受端换流站直流电压 v_{edc} 之差，作为直流电压控制器 $H_{vdc}(s)$ 的输入信号，产生受端交流电流 d 轴参考指令 i_{edref}。而受端交流电流 q 轴参考指令 i_{eqref} 则由无功功率控制产生。

受端 MMC 内环同样采用交流电流控制以及桥臂环流控制。交流电流控制以 θ_{ePLL} 作为同步旋转参考角。受端交流电流 d、q 轴参考指令 i_{edref}、i_{eqref} 与受端交流电流 d、q 轴分量 i_{ed}、i_{eq} 的差值，作为受端 MMC 交流电流控制器 $H_{eiac}(s)$ 输入信号，经反 Park 变换产生受端 MMC 三相桥臂差模调制信号 m_{edifl}。图 10－6 中，K_{ed} 为受端 MMC 交流电流控制解耦系数；m_{ed}、m_{eq} 分别为受端 MMC 交流调制信号 d、q 轴分量。

受端 MMC 桥臂环流控制在负序二倍频同步旋转坐标系下实现，以 $-2\theta_{ePLL}$ 作为同步旋转参考角。桥臂环流 d、q 轴参考指令（均为 0）与受端 MMC 桥臂环流 d、q 轴分量 i_{ecd}、

i_{ecq} 作差，作为受端 MMC 环流控制器 $H_{\mathrm{eic}}(s)$ 的输入信号，经过负序二倍频反 Park 变换，产生受端 MMC 三相桥臂共模调制信号 $m_{\mathrm{ecom}l}$。图 10-6 中，K_{eic} 为受端 MMC 环流控制解耦系数；m_{ecd}、m_{ecq} 分别为受端 MMC 桥臂环流调制信号 d、q 轴分量。

由差模、共模调制信号，可得受端 MMC 三相上、下桥臂调制信号，即

$$\begin{cases} m_{\mathrm{e}l\mathrm{u}} = \dfrac{1}{2} - m_{\mathrm{edif}l} + m_{\mathrm{ecom}l} \\ m_{\mathrm{e}l\mathrm{v}} = \dfrac{1}{2} + m_{\mathrm{edif}l} + m_{\mathrm{ecom}l} \end{cases} \tag{10-16}$$

10.2 稳态工作点频域建模

10.2.1 稳态工作点频域特性分析

根据第 3 章 MMC 稳态谐波分析结果，可知 MMC 桥臂电流、桥臂电容电压及调制信号中含有直流、基频和二倍频乃至无限次分量。其中，直流、基频和二倍频为主导分量，三倍频及以上分量幅值较小。不失一般性，考虑送、受端 MMC 桥臂电流、桥臂电容电压及调制信号中含有 kf_1 $(k=0,\pm1,\cdots,\pm g)$ 频率的稳态谐波分量。本节采用频域向量法，描述送、受端 MMC 的多频次稳态谐波分量。将各稳态谐波分量按照下述稳态频率序列排成 $2g+1$ 行的稳态向量，即

$$[-gf_1,\cdots,-f_1,0,f_1,\cdots,gf_1]^{\mathrm{T}} \tag{10-17}$$

首先考虑送端 MMC。以 a 相上桥臂为例，送端 MMC 桥臂电流、电容电压及调制信号的稳态向量可以表示为

$$\begin{cases} \boldsymbol{I}_{\mathrm{fau}} = [\cdots,\ \boldsymbol{I}_{\mathrm{fau}3}^*,\ \boldsymbol{I}_{\mathrm{fau}2}^*,\ \boldsymbol{I}_{\mathrm{fau}1}^*,\ \boldsymbol{I}_{\mathrm{fau}0},\ \boldsymbol{I}_{\mathrm{fau}1},\ \boldsymbol{I}_{\mathrm{fau}2},\ \boldsymbol{I}_{\mathrm{fau}3},\ \cdots]^{\mathrm{T}} \\ \boldsymbol{V}_{\mathrm{fCau}} = [\cdots,\ \boldsymbol{V}_{\mathrm{fCau}3}^*,\ \boldsymbol{V}_{\mathrm{fCau}2}^*,\ \boldsymbol{V}_{\mathrm{fCau}1}^*,\ \boldsymbol{V}_{\mathrm{fCau}0},\ \boldsymbol{V}_{\mathrm{fCau}1},\ \boldsymbol{V}_{\mathrm{fCau}2},\ \boldsymbol{V}_{\mathrm{fCau}3},\ \cdots]^{\mathrm{T}} \\ \boldsymbol{M}_{\mathrm{fau}} = [\cdots,\ \boldsymbol{M}_{\mathrm{fau}3}^*,\ \boldsymbol{M}_{\mathrm{fau}2}^*,\ \boldsymbol{M}_{\mathrm{fau}1}^*,\ \boldsymbol{M}_{\mathrm{fau}0},\ \boldsymbol{M}_{\mathrm{fau}1},\ \boldsymbol{M}_{\mathrm{fau}2},\ \boldsymbol{M}_{\mathrm{fau}3},\ \cdots]^{\mathrm{T}} \end{cases} \tag{10-18}$$

式中：$\boldsymbol{I}_{\mathrm{fau}k}$、$\boldsymbol{V}_{\mathrm{fCau}k}$、$\boldsymbol{M}_{\mathrm{fau}k}$ 分别为频率 kf_1 处稳态分量，负频率分量由正频率分量取共轭得到，$\boldsymbol{I}_{\mathrm{fau}(-k)} = \boldsymbol{I}_{\mathrm{fau}k}^*$，$\boldsymbol{V}_{\mathrm{fau}(-k)} = \boldsymbol{V}_{\mathrm{fau}k}^*$，$\boldsymbol{M}_{\mathrm{fau}(-k)} = \boldsymbol{M}_{\mathrm{fau}k}^*$。

各相上、下桥臂电气量的奇数次稳态分量为差模分量，偶数次稳态分量为共模分量。根据式（10-7），可得送端交流电流稳态向量 $\boldsymbol{I}_{\mathrm{fa}}$ 和桥臂环流稳态向量 $\boldsymbol{I}_{\mathrm{fcoma}}$ 的表达式，即

$$\begin{cases} \boldsymbol{I}_{\mathrm{fa}} = -2\boldsymbol{A}_{\mathrm{d}}\boldsymbol{I}_{\mathrm{fau}} \\ \boldsymbol{I}_{\mathrm{fcoma}} = \boldsymbol{A}_{\mathrm{c}}\boldsymbol{I}_{\mathrm{fau}} \end{cases} \tag{10-19}$$

式中：$\boldsymbol{A}_{\mathrm{d}}$ 为桥臂稳态向量差模矩阵；$\boldsymbol{A}_{\mathrm{c}}$ 为桥臂稳态向量共模矩阵。

$\boldsymbol{A}_{\mathrm{d}}$、$\boldsymbol{A}_{\mathrm{c}}$ 的表达式分别为

$$\begin{cases}\boldsymbol{A}_{\mathrm{d}}=\dfrac{1}{2}\mathrm{diag}\left[\{1-(-1)^k\}\big|_{k=-g,\cdots,0,\cdots,g}\right]\\ \boldsymbol{A}_{\mathrm{c}}=\dfrac{1}{2}\mathrm{diag}\left[\{1+(-1)^k\}\big|_{k=-g,\cdots,0,\cdots,g}\right]\end{cases}\tag{10-20}$$

根据式（10－19）所示上、下桥臂共模和差模关系，由式（10－18）所示 a 相上桥臂各电气量的稳态向量，可得送端 MMC 的 a 相下桥臂电流、电容电压以及调制信号的稳态向量，即

$$\begin{cases}\boldsymbol{I}_{\mathrm{fav}}=\boldsymbol{A}\boldsymbol{I}_{\mathrm{fau}}\\ \boldsymbol{V}_{\mathrm{fCav}}=\boldsymbol{A}\boldsymbol{V}_{\mathrm{fCau}}\\ \boldsymbol{M}_{\mathrm{fav}}=\boldsymbol{A}\boldsymbol{M}_{\mathrm{fau}}\end{cases}\tag{10-21}$$

式中：$\boldsymbol{A}$ 为桥臂稳态向量转换矩阵。

$\boldsymbol{A}$ 的表达式为

$$\boldsymbol{A}=\mathrm{diag}\left[\{(-1)^k\}\big|_{k=-g,\cdots,0,\cdots,g}\right]\tag{10-22}$$

此外，三相稳态分量相序关系可以用取模函数表示，即

$$\mathrm{mod}(k,3)=\begin{cases}+1\ ,k=3n+1\\ -1\ ,k=3n+2\quad(n=0,\pm1,\pm2,\cdots)\\ 0\ \ ,k=3n\end{cases}\tag{10-23}$$

对于频率为 kf_1 的稳态分量，+1 表示正序，即 $(3n+1)f_1$ 频率稳态分量为正序分量；−1 表示负序，即 $(3n+2)f_1$ 频率稳态分量为负序分量；0 表示零序，即 $3nf_1$ 频率稳态分量为零序分量。送端 MMC 的 b、c 两相各桥臂电流、桥臂电容电压及调制信号的稳态向量表达式为

$$\begin{cases}\boldsymbol{I}_{\mathrm{fbu}}=\boldsymbol{D}\boldsymbol{I}_{\mathrm{fau}},\quad \boldsymbol{V}_{\mathrm{fCbu}}=\boldsymbol{D}\boldsymbol{V}_{\mathrm{fCau}},\quad \boldsymbol{M}_{\mathrm{fbu}}=\boldsymbol{D}\boldsymbol{M}_{\mathrm{fau}}\\ \boldsymbol{I}_{\mathrm{fbv}}=\boldsymbol{D}\boldsymbol{A}\boldsymbol{I}_{\mathrm{fau}},\quad \boldsymbol{V}_{\mathrm{fCbv}}=\boldsymbol{D}\boldsymbol{A}\boldsymbol{V}_{\mathrm{fCau}},\quad \boldsymbol{M}_{\mathrm{fbv}}=\boldsymbol{D}\boldsymbol{A}\boldsymbol{M}_{\mathrm{fau}}\end{cases}\tag{10-24}$$

$$\begin{cases}\boldsymbol{I}_{\mathrm{fcu}}=\boldsymbol{D}^*\boldsymbol{I}_{\mathrm{fau}},\quad \boldsymbol{V}_{\mathrm{fCcu}}=\boldsymbol{D}^*\boldsymbol{V}_{\mathrm{fCau}},\quad \boldsymbol{M}_{\mathrm{fcu}}=\boldsymbol{D}^*\boldsymbol{M}_{\mathrm{fau}}\\ \boldsymbol{I}_{\mathrm{fcv}}=\boldsymbol{D}^*\boldsymbol{A}\boldsymbol{I}_{\mathrm{fau}},\quad \boldsymbol{V}_{\mathrm{fCcv}}=\boldsymbol{D}^*\boldsymbol{A}\boldsymbol{V}_{\mathrm{fCau}},\quad \boldsymbol{M}_{\mathrm{fcv}}=\boldsymbol{D}^*\boldsymbol{A}\boldsymbol{M}_{\mathrm{fau}}\end{cases}\tag{10-25}$$

式中：$\boldsymbol{D}$ 为稳态向量相序系数矩阵。

$\boldsymbol{D}$ 的表达式为

$$\boldsymbol{D}=\mathrm{diag}\left[\{\mathrm{e}^{-\mathrm{j}2k\pi/3}\}\big|_{k=-g,\cdots,0,\cdots,g}\right]\tag{10-26}$$

然后考虑受端 MMC。桥臂电流、电容电压及调制信号的稳态向量可表示为

$$\begin{cases}\boldsymbol{I}_{\mathrm{eau}}=[\cdots,\ \boldsymbol{I}_{\mathrm{eau3}}^{*},\ \boldsymbol{I}_{\mathrm{eau2}}^{*},\ \boldsymbol{I}_{\mathrm{eau1}}^{*},\ \boldsymbol{I}_{\mathrm{eau0}},\ \boldsymbol{I}_{\mathrm{eau1}},\ \boldsymbol{I}_{\mathrm{eau2}},\ \boldsymbol{I}_{\mathrm{eau3}},\ \cdots]^{\mathrm{T}}\\ \boldsymbol{V}_{\mathrm{eCau}}=[\cdots,\ \boldsymbol{V}_{\mathrm{eCau3}}^{*},\ \boldsymbol{V}_{\mathrm{eCau2}}^{*},\ \boldsymbol{V}_{\mathrm{eCau1}}^{*},\ \boldsymbol{V}_{\mathrm{eCau0}},\ \boldsymbol{V}_{\mathrm{eCau1}},\ \boldsymbol{V}_{\mathrm{eCau2}},\ \boldsymbol{V}_{\mathrm{eCau3}},\ \cdots]^{\mathrm{T}}\\ \boldsymbol{M}_{\mathrm{eau}}=[\cdots,\ \boldsymbol{M}_{\mathrm{eau3}}^{*},\ \boldsymbol{M}_{\mathrm{eau2}}^{*},\ \boldsymbol{M}_{\mathrm{eau1}}^{*},\ \boldsymbol{M}_{\mathrm{eau0}},\ \boldsymbol{M}_{\mathrm{eau1}},\ \boldsymbol{M}_{\mathrm{eau2}},\ \boldsymbol{M}_{\mathrm{eau3}},\ \cdots]^{\mathrm{T}}\end{cases}\tag{10-27}$$

根据上、下桥臂共模、差模关系，由式（10－27），可得 a 相下桥臂各电气量稳态向量。受端 a 相交流电流、桥臂环流稳态向量表达式为

$$\begin{cases}\boldsymbol{I}_{\mathrm{ea}}=2\boldsymbol{A}_{\mathrm{d}}\boldsymbol{I}_{\mathrm{eau}}\\ \boldsymbol{I}_{\mathrm{ecoma}}=\boldsymbol{A}_{\mathrm{c}}\boldsymbol{I}_{\mathrm{eau}}\end{cases}\tag{10-28}$$

受端 MMC a 相下桥臂电流、电容电压和调制信号稳态向量表达式为

$$\begin{cases}\boldsymbol{I}_{\mathrm{eav}}=\boldsymbol{A}\boldsymbol{I}_{\mathrm{eau}}\\ \boldsymbol{V}_{\mathrm{eCav}}=\boldsymbol{A}\boldsymbol{V}_{\mathrm{eCau}}\\ \boldsymbol{M}_{\mathrm{eav}}=\boldsymbol{A}\boldsymbol{M}_{\mathrm{eau}}\end{cases}\tag{10-29}$$

根据式（10－23）所示相序关系，由式（10－27）和式（10－29），可得受端 MMC 的 b、c 两相上、下桥臂电流、电容电压及调制信号的稳态向量表达式，即

$$\begin{cases}\boldsymbol{I}_{\mathrm{ebu}}=\boldsymbol{D}\boldsymbol{I}_{\mathrm{eau}},\quad \boldsymbol{V}_{\mathrm{eCbu}}=\boldsymbol{D}\boldsymbol{V}_{\mathrm{eCau}},\quad \boldsymbol{M}_{\mathrm{ebu}}=\boldsymbol{D}\boldsymbol{M}_{\mathrm{eau}}\\ \boldsymbol{I}_{\mathrm{ebv}}=\boldsymbol{D}\boldsymbol{A}\boldsymbol{I}_{\mathrm{eau}},\quad \boldsymbol{V}_{\mathrm{eCbv}}=\boldsymbol{D}\boldsymbol{A}\boldsymbol{V}_{\mathrm{eCau}},\quad \boldsymbol{M}_{\mathrm{ebv}}=\boldsymbol{D}\boldsymbol{A}\boldsymbol{M}_{\mathrm{eau}}\end{cases}\tag{10-30}$$

$$\begin{cases}\boldsymbol{I}_{\mathrm{ecu}}=\boldsymbol{D}^{*}\boldsymbol{I}_{\mathrm{eau}},\quad \boldsymbol{V}_{\mathrm{eCcu}}=\boldsymbol{D}^{*}\boldsymbol{V}_{\mathrm{eCau}},\quad \boldsymbol{M}_{\mathrm{ecu}}=\boldsymbol{D}^{*}\boldsymbol{M}_{\mathrm{eau}}\\ \boldsymbol{I}_{\mathrm{ecv}}=\boldsymbol{D}^{*}\boldsymbol{A}\boldsymbol{I}_{\mathrm{eau}},\quad \boldsymbol{V}_{\mathrm{eCcv}}=\boldsymbol{D}^{*}\boldsymbol{A}\boldsymbol{V}_{\mathrm{eCau}},\quad \boldsymbol{M}_{\mathrm{ecv}}=\boldsymbol{D}^{*}\boldsymbol{A}\boldsymbol{M}_{\mathrm{eau}}\end{cases}\tag{10-31}$$

10.2.2　主电路频域模型

10.2.2.1　送端 MMC 频域稳态模型

根据送端 MMC 桥臂电流、桥臂电容电压以及调制信号的稳态向量，将式（10－1）和式（10－2）所示桥臂回路时域模型转换至频域，可得桥臂回路频域稳态模型，即

$$\boldsymbol{Y}_{\mathrm{Cfeq0}}\boldsymbol{V}_{\mathrm{fCau}}=\boldsymbol{M}_{\mathrm{fau}}\otimes\boldsymbol{I}_{\mathrm{fau}}\tag{10-32}$$

$$\boldsymbol{Z}_{\mathrm{Lfarm0}}\boldsymbol{I}_{\mathrm{fau}}=\frac{1}{2}\boldsymbol{V}_{\mathrm{fdc}}-\boldsymbol{V}_{\mathrm{fa}}-\boldsymbol{V}_{\mathrm{fO}}-\boldsymbol{M}_{\mathrm{fau}}\otimes\boldsymbol{V}_{\mathrm{fCau}}\tag{10-33}$$

式中：$\boldsymbol{V}_{\mathrm{fdc}}$ 为送端换流站直流电压稳态向量；$\boldsymbol{V}_{\mathrm{fa}}$ 为送端 a 相交流电压稳态向量；$\boldsymbol{Z}_{\mathrm{Lfarm0}}$、$\boldsymbol{Y}_{\mathrm{Cfeq0}}$ 分别为稳态频率序列下送端 MMC 桥臂电感阻抗和桥臂电容导纳。

$\boldsymbol{V}_{\mathrm{fdc}}$、$\boldsymbol{V}_{\mathrm{fa}}$、$\boldsymbol{Z}_{\mathrm{Lfarm0}}$、$\boldsymbol{Y}_{\mathrm{Cfeq0}}$ 的表达式分别为

$$\begin{cases}\boldsymbol{V}_{\mathrm{fdc}}=[\cdots,\ 0,\ \cdots,0,\ V_{\mathrm{fdc}},\ 0,\ \cdots,0,\ \cdots]^{\mathrm{T}}\\ \boldsymbol{V}_{\mathrm{fa}}=[\cdots,\ 0,\ \cdots,V_{\mathrm{f1}}/2,\ 0,\ V_{\mathrm{f1}}/2,\ \cdots,0,\ \cdots]^{\mathrm{T}}\end{cases}\tag{10-34}$$

$$\boldsymbol{Z}_{\text{Lfarm0}} = R_{\text{farm}}\boldsymbol{U} + \text{j}2\pi L_{\text{farm}} \cdot \text{diag}\left[-gf_1,\cdots,-f_1,0,f_1,\cdots,gf_1\right] \tag{10-35}$$

$$\boldsymbol{Y}_{\text{Cfeq0}} = \text{j}2\pi C_{\text{feq}} \cdot \text{diag}\left[-gf_1,\cdots,-f_1,0,f_1,\cdots,gf_1\right] \tag{10-36}$$

式中：V_{fdc} 为送端换流站直流电压稳态值。

式（10－33）中，$\boldsymbol{V}_{\text{fO}}$ 为送端交流中性点电压稳态向量，可由式（10－8）转换至频域得到

$$\boldsymbol{V}_{\text{fO}} = -\frac{1}{6}\sum_{l=\text{a,b,c}}\left(\boldsymbol{M}_{\text{f}l\text{u}} \otimes \boldsymbol{V}_{\text{fC}l\text{u}} - \boldsymbol{M}_{\text{f}l\text{v}} \otimes \boldsymbol{V}_{\text{fC}l\text{v}}\right) \tag{10-37}$$

交流中性点电压为三相上、下桥臂电压的差模零序分量，用于抵消送端 MMC 桥臂电压稳态向量的零序差模分量，使送端 MMC 桥臂电流稳态向量的零序差模分量为 0，即交流端口不存在零序电流通路。

三相桥臂电流的共模零序分量构成直流电流，将式（10－4）所示送端 MMC 直流电流转换至频域，可得送端换流站直流电流稳态向量 $\boldsymbol{I}_{\text{fdc}}$ 表达式，即

$$\boldsymbol{I}_{\text{fdc}} = -3\boldsymbol{A}_{\text{c0}}\boldsymbol{I}_{\text{fau}} \tag{10-38}$$

式中：$\boldsymbol{A}_{\text{c0}}$ 为桥臂稳态向量共模零序转换矩阵。

$\boldsymbol{A}_{\text{c0}}$ 的表达式为

$$\boldsymbol{A}_{\text{c0}} = \text{diag}\left[\left\{\frac{1+(-1)^k}{2}\cdot\left(1-\left|\text{mod}(k,3)\right|\right)\right\}_{k=-g,\ldots,0,\ldots,g}\right] \tag{10-39}$$

10.2.2.2　受端 MMC 频域稳态模型

根据受端 MMC 桥臂电流、桥臂电容电压及调制信号的稳态向量，将式（10－9）和式（10－10）所示桥臂回路时域模型转换至频域，可得桥臂回路频域稳态模型，即

$$\boldsymbol{Y}_{\text{Ceeq0}}\boldsymbol{V}_{\text{eCau}} = \boldsymbol{M}_{\text{eau}} \otimes \boldsymbol{I}_{\text{eau}} \tag{10-40}$$

$$\boldsymbol{Z}_{\text{Learm0}}\boldsymbol{I}_{\text{eau}} = \boldsymbol{V}_{\text{edc}} - \boldsymbol{V}_{\text{ea}} - \boldsymbol{M}_{\text{eau}} \otimes \boldsymbol{V}_{\text{eCau}} - \boldsymbol{V}_{\text{eO}} \tag{10-41}$$

式中：$\boldsymbol{Z}_{\text{Learm0}}$、$\boldsymbol{Y}_{\text{Ceeq0}}$ 分别为稳态频率序列下受端 MMC 桥臂电感阻抗和桥臂电容导纳，可由式（10－35）和式（10－36）将下标“f”替换为“e”得到；$\boldsymbol{V}_{\text{edc}}$ 为受端换流站直流电压稳态向量；$\boldsymbol{V}_{\text{ea}}$ 为受端 a 相交流电压稳态向量。

$\boldsymbol{V}_{\text{edc}}$、$\boldsymbol{V}_{\text{ea}}$ 的表达式分别为

$$\begin{cases}\boldsymbol{V}_{\text{edc}} = [\cdots,0,\cdots,\ \ 0,\ \ V_{\text{edc}},\ \ 0,\ \ \cdots,0,\cdots]^{\text{T}} \\ \boldsymbol{V}_{\text{ea}} = [\cdots,0,\cdots,V_{\text{e1}}/2,\ \ 0,\ \ V_{\text{e1}}/2,\cdots,0,\cdots]^{\text{T}}\end{cases} \tag{10-42}$$

式中：V_{edc} 为受端换流站直流电压稳态值；V_{e1} 为受端交流电压基频分量幅值。

式（10－41）中，$\boldsymbol{V}_{\mathrm{eO}}$ 为受端交流中性点电压稳态向量，可由式（10－14）转换至频域得到

$$\boldsymbol{V}_{\mathrm{eO}}=-\frac{1}{6}\sum_{l=\mathrm{a,b,c}}(\boldsymbol{M}_{\mathrm{e}l\mathrm{u}}\otimes\boldsymbol{V}_{\mathrm{eC}l\mathrm{u}}-\boldsymbol{M}_{\mathrm{e}l\mathrm{v}}\otimes\boldsymbol{V}_{\mathrm{eC}l\mathrm{v}}) \tag{10－43}$$

受端交流中性点电压用于抵消受端 MMC 桥臂电压稳态向量的零序差模分量，使桥臂电流稳态向量零序差模分量为 0，即交流端口不存在零序电流通路。

三相桥臂电流共模零序分量构成直流电流。将式（10－12）所示受端 MMC 直流电流表达式转换至频域，可得受端换流站直流电流稳态向量 $\boldsymbol{I}_{\mathrm{edc}}$ 表达式，即

$$\boldsymbol{I}_{\mathrm{edc}}=3\boldsymbol{A}_{\mathrm{c0}}\boldsymbol{I}_{\mathrm{eau}} \tag{10－44}$$

为使用数量积代替卷积，可将送、受端 MMC 三相上、下桥臂各电气量稳态向量扩展至矩阵。在本章后续内容中，$\boldsymbol{I}_{\mathrm{f}l\mathrm{u}}$、$\boldsymbol{V}_{\mathrm{fC}l\mathrm{u}}$、$\boldsymbol{M}_{\mathrm{f}l\mathrm{u}}$、$\boldsymbol{I}_{\mathrm{e}l\mathrm{u}}$、$\boldsymbol{V}_{\mathrm{eC}l\mathrm{u}}$ 以及 $\boldsymbol{M}_{\mathrm{e}l\mathrm{u}}$ 均表示稳态矩阵，并且卷积运算均用数量积代替。

综上所述，MMC－HVDC 稳态向量频域分布特性如表 10－1 所示。送端 MMC 和受端 MMC 相对应稳态向量的频域分布特性一致。

表 10－1　　MMC－HVDC 稳态向量频域分布特性

稳态向量	$\boldsymbol{V}_{\mathrm{fC}l\mathrm{u}}$, $\boldsymbol{V}_{\mathrm{fC}l\mathrm{v}}$, $\boldsymbol{V}_{\mathrm{eC}l\mathrm{u}}$, $\boldsymbol{V}_{\mathrm{eC}l\mathrm{v}}$	$\boldsymbol{I}_{\mathrm{f}l\mathrm{u}}$, $\boldsymbol{I}_{\mathrm{f}l\mathrm{v}}$, $\boldsymbol{I}_{\mathrm{e}l\mathrm{u}}$, $\boldsymbol{I}_{\mathrm{e}l\mathrm{v}}$	$\boldsymbol{M}_{\mathrm{f}l\mathrm{u}}$, $\boldsymbol{M}_{\mathrm{f}l\mathrm{v}}$, $\boldsymbol{M}_{\mathrm{e}l\mathrm{u}}$, $\boldsymbol{M}_{\mathrm{e}l\mathrm{v}}$	$\boldsymbol{I}_{\mathrm{f}l}$, $\boldsymbol{I}_{\mathrm{e}l}$		$\boldsymbol{I}_{\mathrm{fcom}l}$, $\boldsymbol{I}_{\mathrm{ecom}l}$			$\boldsymbol{I}_{\mathrm{fdc}}$, $\boldsymbol{I}_{\mathrm{edc}}$
频率	kf_1	$kf_1\ (k\neq 6n+3)$	$kf_1\ (k\neq 6n+3)$	$(6n+1)f_1$	$(6n+5)f_1$	$6nf_1$	$(6n+2)f_1$	$(6n+4)f_1$	$6nf_1$

10.3　小信号频域阻抗建模

本节根据两端 MMC－HVDC 工作原理及控制策略，建立计及送、受端 MMC 以及直流输电线路的 MMC－HVDC 阻抗解析模型。

10.3.1　小信号频域特性分析

为建立 MMC－HVDC 阻抗模型，首先，在送端交流电压稳态工作点上叠加一个特定频率的电压小信号扰动。然后，分析小信号在各电压、电流及调制信号之间的频域分布特性，建立主电路小信号频域模型。最后，通过推导交流电流对交流电压扰动的小信号响应，建立 MMC－HVDC 交流端口阻抗模型。MMC－HVDC 小信号传递通路与频率

分布如图 10－7 所示。

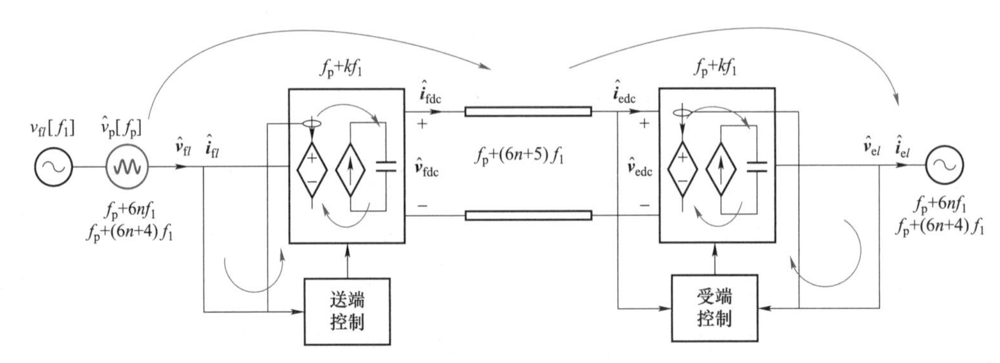

图 10－7　MMC－HVDC 小信号传递通路与频率分布

下面分析送端 MMC 小信号传递通路与频率分布。在送端交流电压稳态工作点叠加一个频率为 f_p 的正序电压小信号扰动。送端三相交流电压小信号向量 $\hat{\boldsymbol{v}}_{fl}$ 中频率为 f_p 的分量与桥臂差模电压的压差作用于桥臂电感，导致送端三相交流电流小信号向量 $\hat{\boldsymbol{i}}_{fl}$ 产生频率为 f_p 的分量，并导致送端 MMC 三相上、下桥臂电流小信号向量 $\hat{\boldsymbol{i}}_{flu}$、$\hat{\boldsymbol{i}}_{flv}$ 产生频率为 f_p 的分量。$\hat{\boldsymbol{i}}_{flu}$、$\hat{\boldsymbol{i}}_{flv}$ 中频率为 f_p 的分量与送端 MMC 三相上、下桥臂调制信号稳态向量 $\boldsymbol{M}_{flu}$、$\boldsymbol{M}_{flv}$ 中频率为 kf_1 的分量相乘后，导致送端 MMC 三相上、下桥臂电容电压稳态向量 $\hat{\boldsymbol{v}}_{fClu}$、$\hat{\boldsymbol{v}}_{fClv}$ 产生频率为 f_p+kf_1 的分量。$\hat{\boldsymbol{v}}_{fClu}$、$\hat{\boldsymbol{v}}_{fClv}$ 中频率为 f_p+kf_1 的分量与 $\boldsymbol{M}_{flu}$、$\boldsymbol{M}_{flv}$ 中频率为 kf_1 的分量相乘后，导致送端 MMC 三相桥臂差模电压小信号向量 $\hat{\boldsymbol{v}}_{fdifl}$ 产生频率为 f_p+kf_1 的分量。$\hat{\boldsymbol{v}}_{fl}$ 与 $\hat{\boldsymbol{v}}_{fdifl}$ 中频率为 f_p+kf_1 分量的压差作用于桥臂电感，进一步导致 $\hat{\boldsymbol{i}}_{flu}$、$\hat{\boldsymbol{i}}_{flv}$ 产生频率为 f_p+kf_1 的分量。

$\hat{\boldsymbol{i}}_{flu}$、$\hat{\boldsymbol{i}}_{flv}$ 中满足 $\mathrm{mod}(k+1,2)=1$ 并且 $\mathrm{mod}(k+1,3)\neq 0$ 的小信号分量，即频率为 f_p+6nf_1 和 $f_p+(6n+4)f_1$ 小信号分量为差模非零序分量。差模非零序分量流入交流端口构成送端三相交流电流小信号向量 $\hat{\boldsymbol{i}}_{fl}$。满足 $\mathrm{mod}(k+1,2)=0$ 的小信号分量，即频率为 $f_p+(6n+1)f_1$、$f_p+(6n+3)f_1$ 和 $f_p+(6n+5)f_1$ 的小信号分量为共模分量，构成送端 MMC 三相桥臂环流小信号向量 $\hat{\boldsymbol{i}}_{fcoml}$。$\hat{\boldsymbol{i}}_{fcoml}$ 中频率为 $f_p+(6n+5)f_1$ 的分量为共模零序分量，流入直流侧构成送端换流站直流电流小信号向量 $\hat{\boldsymbol{i}}_{fdc}$。

然后，考虑受端 MMC 小信号传递通路与频率分布。$\hat{\boldsymbol{i}}_{fdc}$ 中频率为 $f_p+(6n+5)f_1$ 的分量经直流输电线路传递到受端，导致受端换流站直流电压、电流小信号向量 $\hat{\boldsymbol{v}}_{edc}$、$\hat{\boldsymbol{i}}_{edc}$ 产生频率为 $f_p+(6n+5)f_1$ 的分量。

$\hat{\boldsymbol{i}}_{\text{edc}}$ 流入受端 MMC 后，导致受端 MMC 三相上、下桥臂电流小信号向量 $\hat{\boldsymbol{i}}_{\text{e}l\text{u}}$ 、$\hat{\boldsymbol{i}}_{\text{e}l\text{v}}$ 产生频率为 $f_{\text{p}}+(6n+5)f_1$ 的分量。$\hat{\boldsymbol{i}}_{\text{e}l\text{u}}$ 、$\hat{\boldsymbol{i}}_{\text{e}l\text{v}}$ 中频率为 $f_{\text{p}}+(6n+5)f_1$ 的分量与受端 MMC 三相上、下桥臂调制信号稳态向量 $\boldsymbol{M}_{\text{e}l\text{u}}$ 、$\boldsymbol{M}_{\text{e}l\text{v}}$ 中频率为 kf_1 的分量相乘后，导致受端 MMC 三相上、下桥臂电容电压向量 $\hat{\boldsymbol{v}}_{\text{eC}l\text{u}}$、$\hat{\boldsymbol{v}}_{\text{eC}l\text{v}}$ 产生频率为 $f_{\text{p}}+kf_1$ 的分量。

$\hat{\boldsymbol{v}}_{\text{eC}l\text{u}}$、$\hat{\boldsymbol{v}}_{\text{eC}l\text{v}}$ 中频率为 $f_{\text{p}}+kf_1$ 的分量与 $\boldsymbol{M}_{\text{e}l\text{u}}$ 、$\boldsymbol{M}_{\text{e}l\text{v}}$ 中频率为 kf_1 的分量相乘后，导致受端 MMC 三相上、下桥臂电压产生频率为 $f_{\text{p}}+kf_1$ 的小信号分量，进而导致受端 MMC 三相上、下桥臂电流小信号向量 $\hat{\boldsymbol{i}}_{\text{e}l\text{u}}$ 、$\hat{\boldsymbol{i}}_{\text{e}l\text{v}}$ 产生频率为 $f_{\text{p}}+kf_1$ 的小信号分量。

$\hat{\boldsymbol{i}}_{\text{e}l\text{u}}$ 、$\hat{\boldsymbol{i}}_{\text{e}l\text{v}}$ 中频率为 $f_{\text{p}}+6nf_1$ 和 $f_{\text{p}}+(6n+4)f_1$ 的小信号分量为差模非零序分量，流入受端交流侧构成受端三相交流电流小信号向量 $\hat{\boldsymbol{i}}_{\text{e}l}$ 。$\hat{\boldsymbol{i}}_{\text{e}l}$ 流过电网阻抗，导致受端三相交流电压小信号向量 $\hat{\boldsymbol{v}}_{\text{e}l}$ 产生频率为 $f_{\text{p}}+6nf_1$ 和 $f_{\text{p}}+(6n+4)f_1$ 的分量。$\hat{\boldsymbol{v}}_{\text{e}l}$ 又将影响受端 MMC 直流端口电气量小信号分量，并且耦合至送端 MMC。[1]上述过程反复迭代，最终达到平衡。

综上所述，MMC－HVDC 小信号向量频域分布特性如表 10－2 所示。送端 MMC 和受端 MMC 相对应小信号向量的频域分布特性一致。

表 10－2　　MMC－HVDC 小信号向量频域分布特性

小信号向量	$\hat{\boldsymbol{v}}_{\text{fC}l\text{u}}$, $\hat{\boldsymbol{v}}_{\text{fC}l\text{v}}$, $\hat{\boldsymbol{v}}_{\text{eC}l\text{u}}$, $\hat{\boldsymbol{v}}_{\text{eC}l\text{v}}$	$\hat{\boldsymbol{i}}_{\text{f}l\text{u}}$, $\hat{\boldsymbol{i}}_{\text{f}l\text{v}}$, $\hat{\boldsymbol{i}}_{\text{e}l\text{u}}$, $\hat{\boldsymbol{i}}_{\text{e}l\text{v}}$	$\hat{\boldsymbol{m}}_{\text{f}l\text{u}}$, $\hat{\boldsymbol{m}}_{\text{f}l\text{v}}$, $\hat{\boldsymbol{m}}_{\text{e}l\text{u}}$, $\hat{\boldsymbol{m}}_{\text{e}l\text{v}}$	$\hat{\boldsymbol{i}}_{\text{f}l}$, $\hat{\boldsymbol{i}}_{\text{e}l}$		$\hat{\boldsymbol{i}}_{\text{fcom}l}$, $\hat{\boldsymbol{i}}_{\text{ecom}l}$			$\hat{\boldsymbol{i}}_{\text{fdc}}$, $\hat{\boldsymbol{i}}_{\text{edc}}$
频率	$f_{\text{p}}+kf_1$	$f_{\text{p}}+kf_1$ $(k\neq 6n+2)$	$f_{\text{p}}+kf_1$ $(k\neq 6n+2)$	$f_{\text{p}}+6nf_1$	$f_{\text{p}}+(6n+4)f_1$	$f_{\text{p}}+(6n+1)f_1$	$f_{\text{p}}+(6n+3)f_1$	$f_{\text{p}}+(6n+5)f_1$	$f_{\text{p}}+(6n+5)f_1$

为了描述两端 MMC－HVDC 内部各环节小信号分量的多频率分布特性，将送、受端 MMC 桥臂电流、桥臂电容电压以及调制信号的小信号分量按照下述小信号频率序列排成 $2g+1$ 行小信号向量，即

$$[f_{\text{p}}-gf_1,\cdots,f_{\text{p}}-f_1,f_{\text{p}},f_{\text{p}}+f_1,\cdots,f_{\text{p}}+gf_1]^{\text{T}} \tag{10-45}$$

以 a 相上桥臂为例，送端 MMC 上桥臂电流、电容电压、调制信号的小信号向量可表示为

[1] 此外，在送端和受端控制作用下，调制信号的小信号向量 $\hat{\boldsymbol{m}}_{\text{f}l\text{u}}$ 、$\hat{\boldsymbol{m}}_{\text{f}l\text{v}}$ 、$\hat{\boldsymbol{m}}_{\text{e}l\text{u}}$ 、$\hat{\boldsymbol{m}}_{\text{e}l\text{v}}$ 将产生频率为 $f_{\text{p}}+kf_1$ 的分量。

$$\begin{cases}\hat{\boldsymbol{i}}_{\text{fau}}=[\cdots,\ \hat{i}_{\text{fau-3}},\ \hat{i}_{\text{fau-2}},\ \hat{i}_{\text{fau-1}},\ \hat{i}_{\text{fau0}},\ \hat{i}_{\text{fau+1}},\ \hat{i}_{\text{fau+2}},\ \hat{i}_{\text{fau+3}},\ \cdots]^{\text{T}}\\ \hat{\boldsymbol{v}}_{\text{fCau}}=[\cdots,\ \hat{v}_{\text{fCau-3}},\ \hat{v}_{\text{fCau-2}},\ \hat{v}_{\text{fCau-1}},\ \hat{v}_{\text{fCau0}},\ \hat{v}_{\text{fCau+1}},\ \hat{v}_{\text{fCau+2}},\ \hat{v}_{\text{fCau+3}},\ \cdots]^{\text{T}}\\ \hat{\boldsymbol{m}}_{\text{fau}}=[\cdots,\ \hat{m}_{\text{fau-3}},\ \hat{m}_{\text{fau-2}},\ \hat{m}_{\text{fau-1}},\ \hat{m}_{\text{fau0}},\ \hat{m}_{\text{fau+1}},\ \hat{m}_{\text{fau+2}},\ \hat{m}_{\text{fau+3}},\ \cdots]^{\text{T}}\end{cases}\tag{10-46}$$

式中：$\hat{i}_{\text{fau}k}$、$\hat{v}_{\text{fCau}k}$、$\hat{m}_{\text{fau}k}$（$k=0,\pm1,\pm2,\cdots$）表示频率为 $f_{\text{p}}+kf_1$ 的小信号分量。

由于频率 f_{p} 的小信号分量为正序分量，其与频率为 kf_1 的稳态分量相乘，将导致所生成的频率为 $f_{\text{p}}+kf_1$ 小信号分量相序发生变化。对于三相各桥臂小信号分量，描述其相序关系的取模函数为

$$\text{mod}(k+1,3)=\begin{cases}+1\ ,k=3n\\-1\ ,k=3n+1\\0\ \ ,k=3n+2\end{cases}\quad(n=0,\pm1,\pm2,\cdots)\tag{10-47}$$

频率为 $f_{\text{p}}+3nf_1$ 的小信号分量为正序分量，频率为 $f_{\text{p}}+(3n+1)f_1$ 的小信号分量为负序分量，频率为 $f_{\text{p}}+(3n+2)f_1$ 的小信号分量为零序分量。根据式（10－47）所示三相小信号分量的相序关系，可得 b、c 两相上桥臂各电气量的小信号向量表达式，即

$$\begin{cases}\hat{\boldsymbol{i}}_{\text{fbu}}=\boldsymbol{D}_{\text{p}}\hat{\boldsymbol{i}}_{\text{fau}},\ \ \hat{\boldsymbol{v}}_{\text{fCbu}}=\boldsymbol{D}_{\text{p}}\hat{\boldsymbol{v}}_{\text{fCau}},\ \ \hat{\boldsymbol{m}}_{\text{fbu}}=\boldsymbol{D}_{\text{p}}\hat{\boldsymbol{m}}_{\text{fau}}\\ \hat{\boldsymbol{i}}_{\text{fcu}}=\boldsymbol{D}_{\text{p}}^{*}\hat{\boldsymbol{i}}_{\text{fau}},\ \ \hat{\boldsymbol{v}}_{\text{fCcu}}=\boldsymbol{D}_{\text{p}}^{*}\hat{\boldsymbol{v}}_{\text{fCau}},\ \ \hat{\boldsymbol{m}}_{\text{fcu}}=\boldsymbol{D}_{\text{p}}^{*}\hat{\boldsymbol{m}}_{\text{fau}}\end{cases}\tag{10-48}$$

式中：$\boldsymbol{D}_{\text{p}}$ 为小信号向量相序系数矩阵。

$\boldsymbol{D}_{\text{p}}$ 的表达式为

$$\boldsymbol{D}_{\text{p}}=\text{diag}\left[\{\text{e}^{-\text{j}2(k+1)\pi/3}\}\big|_{k=-g,\cdots,0,\cdots,g}\right]\tag{10-49}$$

此外，频率为 f_{p} 的小信号分量与频率为 kf_1 的稳态向量相乘，产生频率为 $f_{\text{p}}+kf_1$ 的上、下桥臂小信号分量的差模、共模关系发生改变。对于频率为 $f_{\text{p}}+kf_1$ 的小信号分量，满足 $\text{mod}\,(k+1,2)=1$，即频率为 $f_{\text{p}}+2nf_1$ 的小信号为差模分量；满足 $\text{mod}\,(k+1,2)=0$，即频率为 $f_{\text{p}}+(2n+1)f_1$ 的小信号为共模分量。根据上、下桥臂小信号分量的共模、差模关系，由式（10－46）和式（10－48），可得送端 MMC 三相下桥臂电流、桥臂电容电压及调制信号的小信号表达式，即

$$\begin{cases}\hat{\boldsymbol{i}}_{\text{fav}}=\boldsymbol{A}_{\text{p}}\hat{\boldsymbol{i}}_{\text{fau}},\quad \hat{\boldsymbol{v}}_{\text{fCav}}=\boldsymbol{A}_{\text{p}}\hat{\boldsymbol{v}}_{\text{fCau}},\quad \hat{\boldsymbol{m}}_{\text{fav}}=\boldsymbol{A}_{\text{p}}\hat{\boldsymbol{m}}_{\text{fau}}\\ \hat{\boldsymbol{i}}_{\text{fbv}}=\boldsymbol{D}_{\text{p}}\boldsymbol{A}_{\text{p}}\hat{\boldsymbol{i}}_{\text{fau}},\ \ \hat{\boldsymbol{v}}_{\text{fCbv}}=\boldsymbol{D}_{\text{p}}\boldsymbol{A}_{\text{p}}\hat{\boldsymbol{v}}_{\text{fCau}},\ \ \hat{\boldsymbol{m}}_{\text{fbv}}=\boldsymbol{D}_{\text{p}}\boldsymbol{A}_{\text{p}}\hat{\boldsymbol{m}}_{\text{fau}}\\ \hat{\boldsymbol{i}}_{\text{fcv}}=\boldsymbol{D}_{\text{p}}^{*}\boldsymbol{A}_{\text{p}}\hat{\boldsymbol{i}}_{\text{fau}},\ \ \hat{\boldsymbol{v}}_{\text{fCcv}}=\boldsymbol{D}_{\text{p}}^{*}\boldsymbol{A}_{\text{p}}\hat{\boldsymbol{v}}_{\text{fCau}},\ \ \hat{\boldsymbol{m}}_{\text{fcv}}=\boldsymbol{D}_{\text{p}}^{*}\boldsymbol{A}_{\text{p}}\hat{\boldsymbol{m}}_{\text{fau}}\end{cases}\tag{10-50}$$

式中：$\boldsymbol{A}_{\text{p}}$ 为桥臂小信号向量转换矩阵。

$\boldsymbol{A}_{\mathrm{p}}$ 的表达式为

$$\boldsymbol{A}_{\mathrm{p}}=\mathrm{diag}\left[\{(-1)^{k+1}\}\Big|_{k=-g,\cdots,0,\cdots,g}\right] \tag{10-51}$$

将送端 MMC 各桥臂小信号分量下标“f”替换成“e”，可得受端 MMC 各桥臂小信号分量。按照式（10－45）所示小信号频率序列排列，可得受端 MMC 三相上、下桥臂电流小信号向量 $\hat{\boldsymbol{i}}_{\mathrm{e}l\mathrm{u}}$ 、$\hat{\boldsymbol{i}}_{\mathrm{e}l\mathrm{v}}$，三相上、下桥臂电容电压小信号向量 $\hat{\boldsymbol{v}}_{\mathrm{eC}l\mathrm{u}}$、$\hat{\boldsymbol{v}}_{\mathrm{eC}l\mathrm{v}}$，三相上、下桥臂调制信号小信号向量 $\hat{\boldsymbol{m}}_{\mathrm{e}l\mathrm{u}}$、 $\hat{\boldsymbol{m}}_{\mathrm{e}l\mathrm{v}}$ 的表达式。

10.3.2　小信号频域模型

10.3.2.1　送端 MMC 小信号模型

1. 主电路小信号模型

将式（10－1）和式（10－2）转换至频域，可得桥臂回路频域小信号模型，即

$$\hat{\boldsymbol{v}}_{\mathrm{fCau}}=\boldsymbol{Z}_{\mathrm{Cfeq}}(\boldsymbol{I}_{\mathrm{fau}}\hat{\boldsymbol{m}}_{\mathrm{fau}}+\boldsymbol{M}_{\mathrm{fau}}\hat{\boldsymbol{i}}_{\mathrm{fau}}) \tag{10-52}$$

$$\hat{\boldsymbol{i}}_{\mathrm{fau}}=-\boldsymbol{Y}_{\mathrm{Lfarm}}\left(\boldsymbol{V}_{\mathrm{fCau}}\hat{\boldsymbol{m}}_{\mathrm{fau}}+\boldsymbol{M}_{\mathrm{fau}}\hat{\boldsymbol{v}}_{\mathrm{fCau}}+\hat{\boldsymbol{v}}_{\mathrm{fa}}+\hat{\boldsymbol{v}}_{\mathrm{fO}}-\frac{1}{2}\hat{\boldsymbol{v}}_{\mathrm{fdc}}\right) \tag{10-53}$$

式中：$\hat{\boldsymbol{v}}_{\mathrm{fa}}$ 为送端 a 相交流电压小信号向量；$\boldsymbol{Z}_{\mathrm{Cfeq}}$ 为小信号频率序列下送端 MMC 桥臂电容阻抗。

$\hat{\boldsymbol{v}}_{\mathrm{fa}}$ 和 $\boldsymbol{Z}_{\mathrm{Cfeq}}$ 的表达式分别为

$$\hat{\boldsymbol{v}}_{\mathrm{fa}}=[\cdots,\ 0,\ \hat{\boldsymbol{v}}_{\mathrm{f-2}},\ 0,\ \hat{\boldsymbol{v}}_{\mathrm{f}},\ 0,\ 0,\ 0,\ \cdots]^{\mathrm{T}} \tag{10-54}$$

$$\boldsymbol{Z}_{\mathrm{Cfeq}}=\frac{1}{\mathrm{j}2\pi C_{\mathrm{feq}}}\cdot\mathrm{diag}\left[\frac{1}{f_{\mathrm{p}}-gf_1},\ \cdots,\ \frac{1}{f_{\mathrm{p}}-f_1},\ \frac{1}{f_{\mathrm{p}}},\ \frac{1}{f_{\mathrm{p}}+f_1},\ \cdots,\ \frac{1}{f_{\mathrm{p}}+gf_1}\right] \tag{10-55}$$

式（10－53）中，$\hat{\boldsymbol{v}}_{\mathrm{fO}}$ 为送端交流中性点电压小信号向量，用于抵消桥臂电压小信号向量的零序差模分量，使桥臂电流小信号向量中的零序差模分量为 0，即送端交流端口不存在零序电流通路。$\hat{\boldsymbol{v}}_{\mathrm{fO}}$ 的这一功能可以通过修正小信号频率序列下桥臂电感导纳 $\boldsymbol{Y}_{\mathrm{Lfarm}}$ 实现，即在零序差模分量对应的频率，令桥臂电感导纳元素为 0。修正后的 $\boldsymbol{Y}_{\mathrm{Lfarm}}$ 可表示为

$$\begin{aligned}\boldsymbol{Y}_{\mathrm{Lfarm}}=\boldsymbol{A}_{\mathrm{pd0}}\cdot\mathrm{diag}\Bigg[&\frac{1}{R_{\mathrm{farm}}+\mathrm{j}2\pi(f_{\mathrm{p}}-gf_1)L_{\mathrm{farm}}},\ \cdots,\ \frac{1}{R_{\mathrm{farm}}+\mathrm{j}2\pi(f_{\mathrm{p}}-f_1)L_{\mathrm{farm}}},\ \frac{1}{R_{\mathrm{farm}}+\mathrm{j}2\pi f_{\mathrm{p}}L_{\mathrm{farm}}},\\&\frac{1}{R_{\mathrm{farm}}+\mathrm{j}2\pi(f_{\mathrm{p}}+f_1)L_{\mathrm{farm}}},\ \cdots,\ \frac{1}{R_{\mathrm{farm}}+\mathrm{j}2\pi(f_{\mathrm{p}}+gf_1)L_{\mathrm{farm}}}\Bigg]\end{aligned} \tag{10-56}$$

式中：$\boldsymbol{A}_{\mathrm{pd0}}$ 为桥臂电感修正对角矩阵。

$\boldsymbol{A}_{\mathrm{pd0}}$ 的作用是使 $\mathrm{mod}(k+1,3)=0$ 且 $\mathrm{mod}(k+1,2)=1$，即 $k=6n+2$ 时，桥臂电感导纳元素为 0，其余情况桥臂电感导纳元素不变。采用 $\boldsymbol{Y}_{\mathrm{Lfarm}}$ 后，式（10－53）中的 $\hat{\boldsymbol{v}}_{\mathrm{fO}}$ 可以省去。

根据差模电流构成交流电流一半，共模电流构成桥臂环流的关系，将式（10－7）转换至频域，可得送端三相交流电流小信号向量 $\hat{\boldsymbol{i}}_{\mathrm{f}l}$、送端 MMC 三相桥臂环流小信号向量 $\hat{\boldsymbol{i}}_{\mathrm{fcom}l}$ 与 a 相上桥臂电流小信号向量 $\hat{\boldsymbol{i}}_{\mathrm{f}l\mathrm{u}}$ 之间的关系，即

$$\begin{cases}\hat{\boldsymbol{i}}_{\mathrm{f}l}=-2\boldsymbol{A}_{\mathrm{pd}}\hat{\boldsymbol{i}}_{\mathrm{f}l\mathrm{u}}\\ \hat{\boldsymbol{i}}_{\mathrm{fcom}l}=\boldsymbol{A}_{\mathrm{pc}}\hat{\boldsymbol{i}}_{\mathrm{f}l\mathrm{u}}\end{cases}\tag{10－57}$$

式中：$\boldsymbol{A}_{\mathrm{pd}}$ 为桥臂小信号向量差模矩阵；$\boldsymbol{A}_{\mathrm{pc}}$ 为桥臂小信号向量共模矩阵。

$\boldsymbol{A}_{\mathrm{pd}}$ 和 $\boldsymbol{A}_{\mathrm{pc}}$ 的表达式分别为

$$\begin{cases}\boldsymbol{A}_{\mathrm{pd}}=\dfrac{1}{2}\mathrm{diag}\left[\{1+(-1)^k\}\big|_{k=-g,\cdots,0,\cdots,g}\right]\\ \boldsymbol{A}_{\mathrm{pc}}=\dfrac{1}{2}\mathrm{diag}\left[\{1-(-1)^k\}\big|_{k=-g,\cdots,0,\cdots,g}\right]\end{cases}\tag{10－58}$$

将式（10－4）给出的送端 MMC 直流电流表达式转换至频域，结合三相桥臂电流相序关系和共模关系，可得送端换流站直流电流小信号向量，即

$$\hat{\boldsymbol{i}}_{\mathrm{fdc}}=-3\boldsymbol{A}_{\mathrm{pc0}}\hat{\boldsymbol{i}}_{\mathrm{fau}}\tag{10－59}$$

式中：$\boldsymbol{A}_{\mathrm{pc0}}$ 为桥臂电流小信号向量共模零序矩阵。

$\boldsymbol{A}_{\mathrm{pc0}}$ 的表达式为

$$\boldsymbol{A}_{\mathrm{pc0}}=\mathrm{diag}\left[\left\{\frac{1-(-1)^k}{2}\cdot\left(1-\left|\mathrm{mod}(k+1,3)\right|\right)\right\}_{k=-g,\cdots,0,\cdots,g}\right]\tag{10－60}$$

2. 控制电路小信号模型

根据主电路小信号频域模型可知，桥臂电流和桥臂电容电压均与调制信号有关。本节基于送端 MMC 典型控制结构，考虑孤岛送出和联网送出两种模式，得到调制信号的小信号表达式。送端 MMC 控制电路小信号建模思路参考第 3 章，在其基础上需考虑外环控制。

（1）孤岛送出模式。孤岛送出模式下，送端 MMC 典型控制结构如图 10－5（a）所示。外环采用交流电压控制，内环采用交流电流控制和环流控制。

交流电压控制和交流电流控制。首先，在交流电压稳态工作点叠加小信号扰动后，交流电压控制作用导致送端交流电流 d、q 轴参考指令产生小信号分量 $\hat{\boldsymbol{i}}_{\text{fdref}}$、$\hat{\boldsymbol{i}}_{\text{fqref}}$。然后，$\hat{\boldsymbol{i}}_{\text{fdref}}$、$\hat{\boldsymbol{i}}_{\text{fqref}}$ 与送端 MMC 交流电流小信号 d、q 轴分量 $\hat{\boldsymbol{i}}_{\text{fd}}$、$\hat{\boldsymbol{i}}_{\text{fq}}$ 之差，作为送端 MMC 交流电流控制器 $H_{\text{fiac}}(s)$ 输入信号，产生送端 MMC 交流调制信号小信号 d、q 轴分量 $\hat{\boldsymbol{m}}_{\text{fd}}$、$\hat{\boldsymbol{m}}_{\text{fq}}$。最后，经过反 Park 变换，形成送端 MMC 三相桥臂差模调制信号的小信号向量 $\hat{\boldsymbol{m}}_{\text{fdif}l}$。以 a 相为例，$\hat{\boldsymbol{m}}_{\text{fdifa}}$ 的具体表达式为

$$\hat{\boldsymbol{m}}_{\text{fdifa}} = \boldsymbol{G}_{\text{f1}}\boldsymbol{D}_{\text{f1}}\hat{\boldsymbol{i}}_{\text{fau}} + \boldsymbol{G}_{\text{f2}}\boldsymbol{D}_{\text{f2}}\hat{\boldsymbol{v}}_{\text{fa}} \tag{10-61}$$

式中：$\boldsymbol{G}_{\text{f1}}$、$\boldsymbol{G}_{\text{f2}}$ 均为 $(2g+1)\times(2g+1)$ 矩阵，除下述元素外，其余元素均为 0。

$$\boldsymbol{G}_{\text{f1}}(g+k+1, g+k+1) = |\text{mod}(k+1,3)|\cdot[1+(-1)^k]\cdot \{-H_{\text{fiac}}[\text{j}2\pi(f_{\text{p}}+kf_1-\text{mod}(k+1,3)f_1)] + \text{mod}(k+1,3)\text{j}K_{\text{fd}}\} \tag{10-62}$$

$$\boldsymbol{G}_{\text{f2}}(g-1,g-1) = \boldsymbol{G}_{\text{f2}}(g+1,g+1) = -H_{\text{vac}}[\text{j}2\pi(f_{\text{p}}-f_1)]H_{\text{fiac}}[\text{j}2\pi(f_{\text{p}}-f_1)] \tag{10-63}$$

式（10-61）中，$\boldsymbol{D}_{\text{f1}}$、$\boldsymbol{D}_{\text{f2}}$ 分别为交流电流、交流电压控制延时传递函数矩阵，在 MMC-HVDC 控制保护装置中，交流电流控制和交流电压控制属于极控，T_{fpol} 为送端 MMC 极控控制周期，则 $\boldsymbol{D}_{\text{f1}}$、$\boldsymbol{D}_{\text{f2}}$ 表达式分别为

$$\boldsymbol{D}_{\text{f1}} = \text{diag}\left[\left\{\text{e}^{-\text{j}2\pi(f_{\text{p}}+kf_1)T_{\text{fpol}}}\frac{1-\text{e}^{-\text{j}2\pi(f_{\text{p}}+kf_1)T_{\text{fpol}}}}{\text{j}2\pi(f_{\text{p}}+kf_1)T_{\text{fpol}}}\frac{1}{1+\text{j}2\pi(f_{\text{p}}+kf_1)T_{\text{fiac}}}\right\}\Bigg|_{k=-g,\cdots,0,\cdots,g}\right] \tag{10-64}$$

$$\boldsymbol{D}_{\text{f2}} = \text{diag}\left[\left\{\text{e}^{-\text{j}2\pi(f_{\text{p}}+kf_1)T_{\text{fpol}}}\frac{1-\text{e}^{-\text{j}2\pi(f_{\text{p}}+kf_1)T_{\text{fpol}}}}{\text{j}2\pi(f_{\text{p}}+kf_1)T_{\text{fpol}}}\frac{1}{1+\text{j}2\pi(f_{\text{p}}+kf_1)T_{\text{fvac}}}\right\}\Bigg|_{k=-g,\cdots,0,\cdots,g}\right] \tag{10-65}$$

式中：T_{fiac}、T_{fvac} 分别为送端 MMC 交流电流、电压滤波时间常数。

环流控制。首先，送端 MMC 三相桥臂环流小信号向量 $\hat{\boldsymbol{i}}_{\text{fcom}l}$ 经由负序二倍频 Park 变换，得到送端 MMC 桥臂环流小信号 d、q 轴分量 $\hat{\boldsymbol{i}}_{\text{fcd}}$、$\hat{\boldsymbol{i}}_{\text{fcq}}$。然后，$\hat{\boldsymbol{i}}_{\text{fcd}}$、$\hat{\boldsymbol{i}}_{\text{fcq}}$ 与参考指令（均为 0）的差值作为送端 MMC 环流控制器 $H_{\text{fic}}(s)$ 的输入信号，产生送端 MMC 桥臂环流调制信号小信号 d、q 轴分量 $\hat{\boldsymbol{m}}_{\text{fcd}}$、$\hat{\boldsymbol{m}}_{\text{fcq}}$。最后，经过二倍频负序反 Park 变换，生成送端 MMC 三相桥臂共模调制信号小信号向量 $\hat{\boldsymbol{m}}_{\text{fcom}l}$。以 a 相为例，$\hat{\boldsymbol{m}}_{\text{fcoma}}$ 的具体表达式为

$$\hat{\boldsymbol{m}}_{\text{fcoma}} = \boldsymbol{G}_{\text{f3}}\boldsymbol{D}_{\text{f3}}\hat{\boldsymbol{i}}_{\text{au}} \tag{10-66}$$

式中：$\boldsymbol{G}_{\text{f3}}$ 为 $(2g+1)\times(2g+1)$ 矩阵，除下述元素外，其余元素均为 0。

$$\boldsymbol{G}_{f3}(g+k+1,g+k+1)=\frac{1-(-1)^k}{2}\cdot\left|\mathrm{mod}(k+1,3)\right|\cdot \\ \{H_{fic}[\mathrm{j}2\pi(f_p+kf_1+\mathrm{mod}(k+1,3)\cdot 2f_1)]-\mathrm{mod}(k+1,3)\mathrm{j}K_{fic}\} \tag{10-67}$$

式（10-66）中，$\boldsymbol{D}_{f3}$ 为送端 MMC 桥臂环流控制延时传递函数矩阵，环流控制为阀控；T_{fval} 为送端 MMC 阀控控制周期。$\boldsymbol{D}_{f3}$ 的表达式为

$$\boldsymbol{D}_{f3}=\mathrm{diag}\left[\left\{\mathrm{e}^{-\mathrm{j}2\pi(f_p+kf_1)T_{fval}}\frac{1-\mathrm{e}^{-\mathrm{j}2\pi(f_p+kf_1)T_{fval}}}{\mathrm{j}2\pi(f_p+kf_1)T_{fval}}\frac{1}{1+\mathrm{j}2\pi(f_p+kf_1)T_{fic}}\right\}\Bigg|_{k=-g,\cdots,0,\cdots,g}\right] \tag{10-68}$$

式中：T_{fic} 为送端 MMC 桥臂环流滤波时间常数。

根据式（10-61）和式（10-66），可得孤岛送出模式下，送端 MMC 的 a 相上桥臂调制信号小信号向量 $\hat{\boldsymbol{m}}_{fau}$、上桥臂电流小信号向量 $\hat{\boldsymbol{i}}_{fau}$、交流电压小信号向量 $\hat{\boldsymbol{v}}_{fa}$ 之间的传递关系，即

$$\hat{\boldsymbol{m}}_{fau}=\boldsymbol{G}_{fi}\hat{\boldsymbol{i}}_{fau}+\boldsymbol{G}_{fv}\hat{\boldsymbol{v}}_{fa} \tag{10-69}$$

其中

$$\begin{cases}\boldsymbol{G}_{fi}=-\boldsymbol{G}_{f1}\boldsymbol{D}_{f1}+\boldsymbol{G}_{f3}\boldsymbol{D}_{f3}\\ \boldsymbol{G}_{fv}=-\boldsymbol{G}_{f2}\boldsymbol{D}_{f2}\end{cases} \tag{10-70}$$

根据式（10-48）和式（10-50）所示共模、差模及相序关系，由 $\hat{\boldsymbol{m}}_{fau}$ 可得送端 MMC 其余桥臂调制信号的小信号向量。

（2）联网送出模式。MMC-HVDC 送端换流站典型控制结构如图 10-5（b）所示。外环采用功率控制，内环采用交流电流和环流控制，采用 PLL 控制跟踪交流电压相位。

功率控制与交流电流控制。首先，在交流电压稳态工作点叠加小信号扰动后，送端换流站锁相角 $\hat{\theta}_{fPLL}$ 和交流电压 d 轴分量 $\hat{v}_{fd}$ 均产生小信号分量。受 $\hat{v}_{fd}$ 影响，在功率控制作用下，送端交流电流 d、q 轴参考指令产生小信号响应 $\hat{i}_{fdref}$、$\hat{i}_{fqref}$。其次，送端三相交流电流小信号向量 $\hat{\boldsymbol{i}}_{fl}$ 与 PLL 控制引入的 $\hat{\theta}_{fPLL}$，共同导致送端交流电流 d、q 轴分量产生小信号响应 $\hat{i}_{fd}$、$\hat{i}_{fq}$。然后，$\hat{i}_{fdref}$、$\hat{i}_{fqref}$ 与 $\hat{i}_{fd}$、$\hat{i}_{fq}$ 之差，分别作为送端 MMC 交流电流控制器 $H_{fiac}(s)$ 的输入信号，产生送端 MMC 交流调制信号小信号 d、q 轴分量 $\hat{m}_{fd}$、$\hat{m}_{fq}$。最后，经反 Park 变换，形成送端 MMC 三相桥臂差模调制信号的小信号向量 $\hat{\boldsymbol{m}}_{fdifl}$。以 a 相为例，$\hat{\boldsymbol{m}}_{fdifa}$ 表达式为

$$\hat{\boldsymbol{m}}_{fdifa}=\boldsymbol{G}_{f1}\boldsymbol{D}_{f1}\hat{\boldsymbol{i}}_{fau}+\Delta\boldsymbol{G}_{f2}\boldsymbol{D}_{f2}\hat{\boldsymbol{v}}_{fa} \tag{10-71}$$

式中：$\Delta\boldsymbol{G}_{f2}$ 为 $(2g+1)\times(2g+1)$ 矩阵，除下述元素外，其余元素均为 0。

$$\begin{cases}\Delta\boldsymbol{G}_{f2}(g-1,g-1)=T_{fPLL}[j2\pi(f_p-f_1)]\cdot[2\{H_{fiac}[j2\pi(f_p-f_1)]+jK_{fd}\}\boldsymbol{I}_{fau1}^{*}-\boldsymbol{M}_{fau1}^{*}-k_{fv}V_{f1}]-\\ \qquad H_{fiac}[j2\pi(f_p-f_1)]\cdot(P_{ref}-jQ_{ref})/(3V_{f1}^{2})+k_{fv}\\ \Delta\boldsymbol{G}_{f2}(g-1,g+1)=-T_{fPLL}[j2\pi(f_p-f_1)]\cdot[2\{H_{fiac}[j2\pi(f_p-f_1)]+jK_{fd}\}\boldsymbol{I}_{fau1}^{*}-\boldsymbol{M}_{fau1}^{*}-k_{fv}V_{f1}]-\\ \qquad H_{fiac}[j2\pi(f_p-f_1)]\cdot(P_{ref}-jQ_{ref})/(3V_{f1}^{2})\\ \Delta\boldsymbol{G}_{f2}(g+1,g-1)=-T_{fPLL}[j2\pi(f_p-f_1)]\cdot[2\{H_{fiac}[j2\pi(f_p-f_1)]-jK_{fd}\}\boldsymbol{I}_{fau1}-\boldsymbol{M}_{fau1}-k_{fv}V_{f1}]-\\ \qquad H_{fiac}[j2\pi(f_p-f_1)]\cdot(P_{ref}+jQ_{ref})/(3V_{f1}^{2})\\ \Delta\boldsymbol{G}_{f2}(g+1,g+1)=T_{fPLL}[j2\pi(f_p-f_1)]\cdot[2\{H_{fiac}[j2\pi(f_p-f_1)]-jK_{fd}\}\boldsymbol{I}_{fau1}-\boldsymbol{M}_{fau1}-k_{fv}V_{f1}]-\\ \qquad H_{fiac}[j2\pi(f_p-f_1)\cdot(P_{ref}+jQ_{ref})/(3V_{f1}^{2})+k_{fv}\end{cases}\tag{10-72}$$

式中，送端 MMC 交流电压前馈系数 $k_{fv}=1$。

环流控制。首先，在负序二倍频 Park 变换下，送端 MMC 三相桥臂环流小信号向量 $\hat{\boldsymbol{i}}_{fcoml}$ 及送端换流站锁相角小信号向量 $\hat{\boldsymbol{\theta}}_{fPLL}$，均导致送端 MMC 三相桥臂环流 d、q 轴分量产生小信号响应 $\hat{\boldsymbol{i}}_{fcd}$、$\hat{\boldsymbol{i}}_{fcq}$。然后，桥臂环流 d、q 轴参考指令（均为 0）与 $\hat{\boldsymbol{i}}_{fcd}$、$\hat{\boldsymbol{i}}_{fcq}$ 的差值，作为送端 MMC 环流控制器 $H_{fic}(s)$ 的输入信号，产生送端 MMC 桥臂环流调制信号小信号 d、q 轴分量 $\hat{\boldsymbol{m}}_{fcd}$、$\hat{\boldsymbol{m}}_{fcq}$。最后，经二倍频负序反 Park 变换，形成送端 MMC 三相桥臂共模调制信号的小信号向量 $\hat{\boldsymbol{m}}_{fcoml}$。以 a 相为例，$\hat{\boldsymbol{m}}_{fcoma}$ 的表达式为

$$\hat{\boldsymbol{m}}_{fcoma}=\boldsymbol{G}_{f3}\boldsymbol{D}_{f3}\hat{\boldsymbol{i}}_{au}+\Delta\boldsymbol{G}_{f4}\boldsymbol{D}_{f4}\hat{\boldsymbol{v}}_{fa}\tag{10-73}$$

式中：$\Delta\boldsymbol{G}_{f4}$ 为 $(2g+1)\times(2g+1)$ 矩阵，除下述元素外，其余元素均为 0。

$$\begin{cases}\Delta\boldsymbol{G}_{f4}(g-2,g-1)=-\Delta\boldsymbol{G}_{f4}(g-2,g+1)\\ \qquad =2T_{fPLL}[j2\pi(f_p-f_1)]\cdot[\{-H_{fic}[j2\pi(f_p-f_1)]+jK_{fic}\}\boldsymbol{I}_{fau2}^{*}+\boldsymbol{M}_{fau2}^{*}]\\ \Delta\boldsymbol{G}_{f4}(g+2,g-1)=-\Delta\boldsymbol{G}_{f4}(g+2,g+1)\\ \qquad =2T_{fPLL}[j2\pi(f_p-f_1)]\cdot[\{H_{fic}[j2\pi(f_p-f_1)]+jK_{fic}\}\boldsymbol{I}_{fau2}-\boldsymbol{M}_{fau2}]\end{cases}\tag{10-74}$$

式中：$\boldsymbol{D}_{f4}$ 为 PLL 控制和环流控制延时传递函数矩阵。

$\boldsymbol{D}_{f4}$ 的表达式为

$$\boldsymbol{D}_{f4}=\mathrm{diag}\left[\left\{e^{-j2\pi(f_p+kf_1)T_{fval}}\frac{1-e^{-j2\pi(f_p+kf_1)T_{fval}}}{j2\pi(f_p+kf_1)T_{fval}}\frac{1}{1+j2\pi(f_p+kf_1)T_{fvac}}\right\}\Bigg|_{k=-g,\cdots,0,\cdots,g}\right]\tag{10-75}$$

式中：T_{fvac} 为送端 MMC 交流电压滤波时间常数。

根据式（10－71）和式（10－73），可得联网送出模式下，送端 MMC 的 a 相上桥臂调制信号小信号向量 $\hat{\boldsymbol{m}}_{\text{fau}}$、上桥臂电流小信号向量 $\hat{\boldsymbol{i}}_{\text{fau}}$、交流电压小信号向量 $\hat{\boldsymbol{v}}_{\text{fa}}$ 之间的关系为

$$\hat{\boldsymbol{m}}_{\text{fau}} = \boldsymbol{G}_{\text{fi}}\hat{\boldsymbol{i}}_{\text{fau}} + \boldsymbol{G}_{\text{fv}}\hat{\boldsymbol{v}}_{\text{fa}} \tag{10-76}$$

在联网送出模式下，$\boldsymbol{G}_{\text{fi}}$、$\boldsymbol{G}_{\text{fv}}$ 表达式为

$$\begin{cases}\boldsymbol{G}_{\text{fi}} = -\boldsymbol{G}_{\text{f1}}\boldsymbol{D}_{\text{f1}} + \boldsymbol{G}_{\text{f3}}\boldsymbol{D}_{\text{f3}} \\ \boldsymbol{G}_{\text{fv}} = -\Delta\boldsymbol{G}_{\text{f2}}\boldsymbol{D}_{\text{f2}} + \Delta\boldsymbol{G}_{\text{f4}}\boldsymbol{D}_{\text{f4}}\end{cases} \tag{10-77}$$

根据式（10－48）和式（10－50）所示共模、差模及相序关系，由 $\hat{\boldsymbol{m}}_{\text{fau}}$ 可得送端 MMC 其余桥臂调制信号的小信号向量。

10.3.2.2　受端 MMC 小信号模型

1. 主电路小信号模型

将式（10－9）和式（10－10）转换至频域，可得受端 MMC 桥臂回路频域小信号模型，即

$$\hat{\boldsymbol{v}}_{\text{eCau}} = \boldsymbol{Z}_{\text{Ceeq}}(\boldsymbol{I}_{\text{eau}}\hat{\boldsymbol{m}}_{\text{eau}} + \boldsymbol{M}_{\text{eau}}\hat{\boldsymbol{i}}_{\text{eau}}) \tag{10-78}$$

$$\hat{\boldsymbol{i}}_{\text{eau}} = -\boldsymbol{Y}_{\text{Learm}}\left(\boldsymbol{V}_{\text{eCau}}\hat{\boldsymbol{m}}_{\text{eau}} + \boldsymbol{M}_{\text{eau}}\hat{\boldsymbol{v}}_{\text{eCau}} + \hat{\boldsymbol{v}}_{\text{ea}} - \frac{1}{2}\hat{\boldsymbol{v}}_{\text{edc}}\right) \tag{10-79}$$

式中：$\boldsymbol{Z}_{\text{Ceeq}}$、$\boldsymbol{Y}_{\text{Learm}}$ 分别为在小信号频率序列下受端 MMC 桥臂电容阻抗和桥臂电感导纳，二者表达式与式（10－55）和式（10－56）一致，只需将送端变量对应替换为受端变量。

将式（10－13）转换至频域，可得受端三相交流电流小信号向量 $\hat{\boldsymbol{i}}_{el}$、三相桥臂环流小信号向量 $\hat{\boldsymbol{i}}_{\text{ecom}l}$ 与上桥臂电流小信号向量 $\hat{\boldsymbol{i}}_{el\text{u}}$ 间的关系，即

$$\begin{cases}\hat{\boldsymbol{i}}_{el} = 2\boldsymbol{A}_{\text{pd}}\hat{\boldsymbol{i}}_{el\text{u}} \\ \hat{\boldsymbol{i}}_{\text{ecom}l} = \boldsymbol{A}_{\text{pc}}\hat{\boldsymbol{i}}_{el\text{u}}\end{cases} \tag{10-80}$$

将式（10－12）所示受端 MMC 直流电流表达式转换至频域，结合三相桥臂电流相序关系和共模关系，可得受端换流站直流电流小信号向量 $\hat{\boldsymbol{i}}_{\text{edc}}$，即

$$\hat{\boldsymbol{i}}_{\text{edc}} = 3\boldsymbol{A}_{\text{pc0}}\hat{\boldsymbol{i}}_{\text{eau}} \tag{10-81}$$

受端三相交流电流小信号向量 $\hat{\boldsymbol{i}}_{el}$ 流过受端电网阻抗，产生受端三相交流电压小信号向量 $\hat{\boldsymbol{v}}_{el}$，二者之间的关系满足

$$\hat{\boldsymbol{v}}_{el} = \boldsymbol{Z}_{\text{eg}}\hat{\boldsymbol{i}}_{el} \tag{10-82}$$

式中：$\boldsymbol{Z}_{\text{eg}}$ 为小信号频率序列下受端电网阻抗。

$\boldsymbol{Z}_{\mathrm{eg}}$ 的表达式为

$$\boldsymbol{Z}_{\mathrm{eg}} = \mathrm{j}2\pi L_{\mathrm{eg}} \cdot \mathrm{diag}\left[f_{\mathrm{p}} - gf_1, \cdots, f_{\mathrm{p}} - f_1, f_{\mathrm{p}}, f_{\mathrm{p}} + f_1, \cdots, f_{\mathrm{p}} + gf_1\right] \tag{10-83}$$

式中：L_{eg} 为受端电网电感。

2. 控制电路小信号模型

MMC－HVPC 受端换流站典型控制结构如图 10－6 所示。受端 MMC 联网运行，采用 PLL 控制跟踪受端交流电压相位，采用定直流电压控制产生交流电流 d 轴参考指令。受端 MMC 控制电路小信号建模思路与第 3 章 MMC 建模思路基本一致。

直流电压、无功功率和交流电流控制。首先，在直流电压控制器 $H_{\mathrm{vdc}}(s)$ 作用下，受端换流站直流电压小信号向量 $\hat{\boldsymbol{v}}_{\mathrm{edc}}$ 导致受端交流电流 d 轴参考指令产生小信号响应 $\hat{\boldsymbol{i}}_{\mathrm{edref}}$；同时，在受端交流电压小信号 d 轴分量 $\hat{\boldsymbol{v}}_{\mathrm{ed}}$ 影响下，无功功率控制导致受端交流电流 q 轴参考指令产生小信号分量 $\hat{\boldsymbol{i}}_{\mathrm{eqref}}$。其次，受端三相交流电流小信号向量 $\hat{\boldsymbol{i}}_{el}$、锁相角小信号向量 $\hat{\boldsymbol{\theta}}_{\mathrm{ePLL}}$ 导致受端 MMC 交流电流 d、q 轴分量产生小信号响应 $\hat{\boldsymbol{i}}_{\mathrm{ed}}$、$\hat{\boldsymbol{i}}_{\mathrm{eq}}$。然后，$\hat{\boldsymbol{i}}_{\mathrm{edref}}$、$\hat{\boldsymbol{i}}_{\mathrm{eqref}}$ 与 $\hat{\boldsymbol{i}}_{\mathrm{ed}}$、$\hat{\boldsymbol{i}}_{\mathrm{eq}}$ 之差，分别作为交流电流控制器 $H_{\mathrm{eiac}}(s)$ 的输入信号，产生受端 MMC 交流调制信号小信号 d、q 轴分量 $\hat{\boldsymbol{m}}_{\mathrm{ed}}$、$\hat{\boldsymbol{m}}_{\mathrm{eq}}$。最后，经反 Park 变换，形成受端 MMC 三相桥臂差模调制信号的小信号向量 $\hat{\boldsymbol{m}}_{\mathrm{edif}l}$。以 a 相为例，$\hat{\boldsymbol{m}}_{\mathrm{edifa}}$ 的表达式为

$$\hat{\boldsymbol{m}}_{\mathrm{edifa}} = \boldsymbol{G}_{\mathrm{e1}}\boldsymbol{D}_{\mathrm{e1}}\hat{\boldsymbol{i}}_{\mathrm{eau}} + \boldsymbol{G}_{\mathrm{e2}}\boldsymbol{D}_{\mathrm{e2}}\hat{\boldsymbol{v}}_{\mathrm{ea}} + \boldsymbol{G}_{\mathrm{e3}}\boldsymbol{D}_{\mathrm{e3}}\hat{\boldsymbol{v}}_{\mathrm{edc}} \tag{10-84}$$

式中：$\boldsymbol{G}_{\mathrm{e1}}$、$\boldsymbol{G}_{\mathrm{e2}}$、$\boldsymbol{G}_{\mathrm{e3}}$ 均为 $(2g+1)\times(2g+1)$ 矩阵，除下述元素外，其余元素均为 0。

$$\begin{aligned}\boldsymbol{G}_{\mathrm{e1}}(g+k+1, g+k+1) = &\left|\mathrm{mod}(k+1,3)\right| \cdot [1+(-1)^k] \cdot \\ &\{-H_{\mathrm{eiac}}[\mathrm{j}2\pi(f_{\mathrm{p}} + kf_1 - \mathrm{mod}(k+1,3)f_1)] + \mathrm{mod}(k+1,3)\mathrm{j}K_{\mathrm{ed}}\}\end{aligned} \tag{10-85}$$

$$\begin{cases}\boldsymbol{G}_{\mathrm{e2}}(g-1,g-1) = T_{\mathrm{ePLL}}[\mathrm{j}2\pi(f_{\mathrm{p}}-f_1)] \cdot [2\{H_{\mathrm{eiac}}[\mathrm{j}2\pi(f_{\mathrm{p}}-f_1)] + \mathrm{j}K_{\mathrm{ed}}\}\boldsymbol{I}^*_{\mathrm{eau1}} - \boldsymbol{M}^*_{\mathrm{eau1}} - k_{\mathrm{ev}}V_{\mathrm{e1}}] + \\ \qquad \mathrm{j}H_{\mathrm{eiac}}[\mathrm{j}2\pi(f_{\mathrm{p}}-f_1)] \cdot Q_{\mathrm{ref}}/(3V_{\mathrm{e1}}^2) + k_{\mathrm{ev}} \\ \boldsymbol{G}_{\mathrm{e2}}(g-1,g+1) = -T_{\mathrm{ePLL}}[\mathrm{j}2\pi(f_{\mathrm{p}}-f_1)] \cdot [2\{H_{\mathrm{eiac}}[\mathrm{j}2\pi(f_{\mathrm{p}}-f_1)] + \mathrm{j}K_{\mathrm{ed}}\}\boldsymbol{I}^*_{\mathrm{eau1}} - \boldsymbol{M}^*_{\mathrm{eau1}} - k_{\mathrm{ev}}V_{\mathrm{e1}}] + \\ \qquad \mathrm{j}H_{\mathrm{eiac}}[\mathrm{j}2\pi(f_{\mathrm{p}}-f_1)] \cdot Q_{\mathrm{ref}}/(3V_{\mathrm{e1}}^2) \\ \boldsymbol{G}_{\mathrm{e2}}(g+1,g-1) = -T_{\mathrm{ePLL}}[\mathrm{j}2\pi(f_{\mathrm{p}}-f_1)] \cdot [2\{H_{\mathrm{eiac}}[\mathrm{j}2\pi(f_{\mathrm{p}}-f_1)] - \mathrm{j}K_{\mathrm{ed}}\}\boldsymbol{I}_{\mathrm{eau1}} - \boldsymbol{M}_{\mathrm{eau1}} - k_{\mathrm{ev}}V_{\mathrm{e1}}] - \\ \qquad \mathrm{j}H_{\mathrm{eiac}}[\mathrm{j}2\pi(f_{\mathrm{p}}-f_1)] \cdot Q_{\mathrm{ref}}/(3V_{\mathrm{e1}}^2) \\ \boldsymbol{G}_{\mathrm{e2}}(g+1,g+1) = T_{\mathrm{ePLL}}[\mathrm{j}2\pi(f_{\mathrm{p}}-f_1)] \cdot [2\{H_{\mathrm{eiac}}[\mathrm{j}2\pi(f_{\mathrm{p}}-f_1)] - \mathrm{j}K_{\mathrm{ed}}\}\boldsymbol{I}_{\mathrm{eau1}} - \boldsymbol{M}_{\mathrm{eau1}} - k_{\mathrm{ev}}V_{\mathrm{e1}}] - \\ \qquad \mathrm{j}H_{\mathrm{eiac}}[\mathrm{j}2\pi(f_{\mathrm{p}}-f_1)] \cdot Q_{\mathrm{ref}}/(3V_{\mathrm{e1}}^2) + k_{\mathrm{ev}}\end{cases} \tag{10-86}$$

$$\begin{aligned}\boldsymbol{G}_{e3}(g+k+1,g+k)=\boldsymbol{G}_{e3}(g+k-1,g+k)\\ &=\left|\bmod(k+1,3)\right|\cdot\frac{1+(-1)^k}{4}\cdot H_{vdc}[\mathrm{j}2\pi(f_p+kf_1-\bmod(k+1,3)f_1)]\cdot\\ &\quad H_{eiac}[\mathrm{j}2\pi(f_p+kf_1-\bmod(k+1,3)f_1)]\end{aligned}\tag{10-87}$$

式中：k_{ev} 为受端 MMC 交流电压前馈系数，$k_{ev}=1$。

式（10-84）中，$\boldsymbol{D}_{e1}$、$\boldsymbol{D}_{e2}$、$\boldsymbol{D}_{e3}$ 分别为受端交流电流控制、PLL 控制和直流电压控制延时传递函数矩阵，交流电流控制、交流电压控制和直流电压控制均属于极控；T_{epol} 为受端 MMC 极控控制周期。

$\boldsymbol{D}_{e1}$、$\boldsymbol{D}_{e2}$、$\boldsymbol{D}_{e3}$ 的表达式分别为

$$\boldsymbol{D}_{e1}=\mathrm{diag}\left[\left\{\mathrm{e}^{-\mathrm{j}2\pi(f_p+kf_1)T_{epol}}\frac{1-\mathrm{e}^{-\mathrm{j}2\pi(f_p+kf_1)T_{epol}}}{\mathrm{j}2\pi(f_p+kf_1)T_{epol}}\frac{1}{1+\mathrm{j}2\pi(f_p+kf_1)T_{eiac}}\right\}\Bigg|_{k=-g,\cdots,0,\cdots,g}\right]\tag{10-88}$$

$$\boldsymbol{D}_{e2}=\mathrm{diag}\left[\left\{\mathrm{e}^{-\mathrm{j}2\pi(f_p+kf_1)T_{epol}}\frac{1-\mathrm{e}^{-\mathrm{j}2\pi(f_p+kf_1)T_{epol}}}{\mathrm{j}2\pi(f_p+kf_1)T_{epol}}\frac{1}{1+\mathrm{j}2\pi(f_p+kf_1)T_{evac}}\right\}\Bigg|_{k=-g,\cdots,0,\cdots,g}\right]\tag{10-89}$$

$$\boldsymbol{D}_{e3}=\mathrm{diag}\left[\left\{\mathrm{e}^{-\mathrm{j}2\pi(f_p+kf_1)T_{epol}}\frac{1-\mathrm{e}^{-\mathrm{j}2\pi(f_p+kf_1)T_{epol}}}{\mathrm{j}2\pi(f_p+kf_1)T_{epol}}\frac{1}{1+\mathrm{j}2\pi(f_p+kf_1)T_{evdc}}\right\}\Bigg|_{k=-g,\cdots,0,\cdots,g}\right]\tag{10-90}$$

式中：T_{eiac}、T_{evac}、T_{evdc} 分别为受端 MMC 交流电流、交流电压、直流电压的滤波时间常数。

环流控制。受端 MMC 桥臂环流小信号经由负序二倍频 Park 变换后，与参考指令的差值作为受端 MMC 环流控制器 $H_{eic}(s)$ 的输入信号，产生受端 MMC 桥臂环流调制信号小信号 d、q 轴分量 $\hat{\boldsymbol{m}}_{ecd}$、$\hat{\boldsymbol{m}}_{ecq}$，然后经二倍频负序反 Park 变换形成受端 MMC 三相桥臂共模调制信号的小信号向量 $\hat{\boldsymbol{m}}_{ecoml}$。同时，受端换流站锁相角小信号向量 $\hat{\boldsymbol{\theta}}_{ePLL}$ 在环流控制负序二倍频 Park 变换和反变换过程中也会导致环流小信号和调制信号小信号的产生。以 a 相为例，$\hat{\boldsymbol{m}}_{ecoma}$ 的具体表达式为

$$\hat{\boldsymbol{m}}_{ecoma}=\boldsymbol{G}_{e4}\boldsymbol{D}_{e4}\hat{\boldsymbol{i}}_{eau}+\boldsymbol{G}_{e5}\boldsymbol{D}_{e2}\hat{\boldsymbol{v}}_{ea}\tag{10-91}$$

式中：$\boldsymbol{G}_{e4}$、$\boldsymbol{G}_{e5}$ 均为 $(2g+1)\times(2g+1)$ 矩阵，除下述元素外，其余元素均为 0。

$$\begin{aligned}\boldsymbol{G}_{e4}(g+k+1,g+k+1)&=\frac{1-(-1)^k}{2}\cdot\left|\bmod(k+1,3)\right|\cdot\\ &\quad\{H_{eic}[\mathrm{j}2\pi(f_p+kf_1+\bmod(k+1,3)\cdot 2f_1)]-\bmod(k+1,3)\mathrm{j}K_{eic}\}\end{aligned}\tag{10-92}$$

$$\begin{cases}\boldsymbol{G}_{e5}(g-2,g-1)=-\boldsymbol{G}_{e5}(g-2,g+1)=2T_{ePLL}[j2\pi(f_p-f_1)]\cdot\left[\left\{-H_{eic}[j2\pi(f_p-f_1)]+jK_{eic}\right\}\boldsymbol{I}^*_{eau2}+\boldsymbol{M}^*_{eau2}\right]\\\boldsymbol{G}_{e5}(g+2,g-1)=-\boldsymbol{G}_{e5}(g+2,g+1)=2T_{ePLL}[j2\pi(f_p-f_1)]\cdot\left[\left\{H_{eic}[j2\pi(f_p-f_1)]+jK_{eic}\right\}\boldsymbol{I}_{eau2}-\boldsymbol{M}_{eau2}\right]\end{cases}$$

（10－93）

式中：$\boldsymbol{D}_{e4}$ 为受端环流控制延时传递函数矩阵。

$\boldsymbol{D}_{e4}$ 的表达式为

$$\boldsymbol{D}_{e4}=\mathrm{diag}\left[\left\{e^{-j2\pi(f_p+kf_1)T_{eval}}\frac{1-e^{-j2\pi(f_p+kf_1)T_{eval}}}{j2\pi(f_p+kf_1)T_{eval}}\frac{1}{1+j2\pi(f_p+kf_1)T_{eic}}\right\}\Bigg|_{k=-g,\cdots,0,\cdots,g}\right]$$

（10－94）

式中：T_{eval} 为受端 MMC 阀控控制周期；T_{eic} 为受端 MMC 桥臂环流滤波时间常数。

根据式（10－84）和式（10－91），可得受端 MMC 的 a 相上桥臂调制信号小信号向量 $\hat{\boldsymbol{m}}_{eau}$ 、上桥臂电流小信号向量 $\hat{\boldsymbol{i}}_{eau}$ 、交流电压小信号向量 $\hat{\boldsymbol{v}}_{ea}$ 之间的关系，即

$$\hat{\boldsymbol{m}}_{eau}=\boldsymbol{G}_{ei}\hat{\boldsymbol{i}}_{eau}+\boldsymbol{G}_{ev1}\hat{\boldsymbol{v}}_{ea}+\boldsymbol{G}_{ev2}\hat{\boldsymbol{v}}_{edc}\tag{10－95}$$

其中

$$\begin{cases}\boldsymbol{G}_{ei}=-\boldsymbol{G}_{e1}\boldsymbol{D}_{e1}+\boldsymbol{G}_{e4}\boldsymbol{D}_{e4}\\\boldsymbol{G}_{ev1}=-(\boldsymbol{G}_{e2}+\boldsymbol{G}_{e5})\boldsymbol{D}_{e2}\\\boldsymbol{G}_{ev2}=-\boldsymbol{G}_{e3}\boldsymbol{D}_{e3}\end{cases}\tag{10－96}$$

根据三相各桥臂调制信号频域小信号向量之间的共模、差模和相序关系，由 $\hat{\boldsymbol{m}}_{eau}$ 可得受端 MMC 其余桥臂调制信号的小信号向量。

10.3.2.3　直流输电线路小信号模型

直流输电线路为送、受端 MMC 提供耦合通路，受端 MMC 经由直流母线对送端特性产生影响。直流输电线路等值模型如图 10－8 所示。

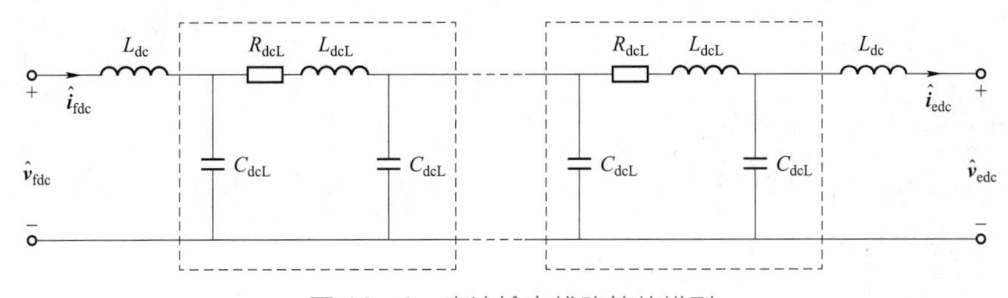

图 10－8　直流输电线路等值模型

图 10－8 中，直流输电线路长度为 l_{line} ，采用 n 节 Π 型等效电路表示，每节 Π 型电

路包括等效电阻 R_{dcL}、等效电感 L_{dcL}、等效电容 C_{dcL}。由图 10－8 可得送端换流站直流电压小信号向量 $\hat{\boldsymbol{v}}_{\mathrm{fdc}}$、直流电流小信号向量 $\hat{\boldsymbol{i}}_{\mathrm{fdc}}$，以及受端换流站直流电压小信号向量 $\hat{\boldsymbol{v}}_{\mathrm{edc}}$、直流电流小信号向量 $\hat{\boldsymbol{i}}_{\mathrm{edc}}$ 之间的关系，即直流输电线路频域小信号模型为

$$\begin{cases}\hat{\boldsymbol{v}}_{\mathrm{edc}}=\boldsymbol{Z}_{\mathrm{edc}}\hat{\boldsymbol{i}}_{\mathrm{edc}}\\ \hat{\boldsymbol{v}}_{\mathrm{fdc}}=\boldsymbol{Z}_{\mathrm{fdc}}\hat{\boldsymbol{i}}_{\mathrm{fdc}}\end{cases}\tag{10-97}$$

式中：$\boldsymbol{Z}_{\mathrm{edc}}$ 为受端换流站直流端口阻抗；$\boldsymbol{Z}_{\mathrm{fdc}}$ 为送端换流站直流侧阻抗。

$\boldsymbol{Z}_{\mathrm{fdc}}$ 的表达式为

$$\boldsymbol{Z}_{\mathrm{fdc}}=\boldsymbol{Z}_{n}+\boldsymbol{Z}_{\mathrm{Ldc}}\tag{10-98}$$

式中：$\boldsymbol{Z}_{n}$ 为考虑受端换流站的 Π 型输电线路等值阻抗，下标“n”为直流输电线路 Π 型等效电路数目；$\boldsymbol{Z}_{\mathrm{Ldc}}$ 为小信号频率序列下直流平波电抗器阻抗。

$\boldsymbol{Z}_{\mathrm{Ldc}}$、$\boldsymbol{Z}_{n}$ 的表达式分别为

$$\boldsymbol{Z}_{\mathrm{Ldc}}=\mathrm{j}2\pi L_{\mathrm{dc}}\cdot\mathrm{diag}\left[f_{\mathrm{p}}-gf_{1},\ \cdots,\ f_{\mathrm{p}}-f_{1},\ f_{\mathrm{p}},\ f_{\mathrm{p}}+f_{1},\ \cdots,\ f_{\mathrm{p}}+gf_{1}\right]\tag{10-99}$$

$$\begin{cases}\boldsymbol{Z}_{0}=\boldsymbol{Z}_{\mathrm{edc}}+\boldsymbol{Z}_{\mathrm{Ldc}}\\ \boldsymbol{Z}_{n}=\left[\left(\boldsymbol{Z}_{n\text{-}1}\parallel\boldsymbol{Z}_{\mathrm{CdcL}}\right)+\boldsymbol{Z}_{\mathrm{LdcL}}+\boldsymbol{Z}_{\mathrm{RdcL}}\right]\parallel\boldsymbol{Z}_{\mathrm{CdcL}}\end{cases}\tag{10-100}$$

式中：“$\parallel$”表示并联运算，$\boldsymbol{Z}_{0}$ 为 $\boldsymbol{Z}_{n}$ 初项。$\boldsymbol{Z}_{\mathrm{RdcL}}$、$\boldsymbol{Z}_{\mathrm{LdcL}}$、$\boldsymbol{Z}_{\mathrm{CdcL}}$ 分别为小信号频率序列下单节 Π 型电路等效电阻、等效电感、等效电容的阻抗。

$\boldsymbol{Z}_{\mathrm{RdcL}}$、$\boldsymbol{Z}_{\mathrm{LdcL}}$、$\boldsymbol{Z}_{\mathrm{CdcL}}$ 的表达式分别为

$$\begin{cases}\boldsymbol{Z}_{\mathrm{RdcL}}=R_{\mathrm{dcL}}\boldsymbol{U}\\ \boldsymbol{Z}_{\mathrm{LdcL}}=\mathrm{j}2\pi L_{\mathrm{dcL}}\cdot\mathrm{diag}\left[f_{\mathrm{p}}-gf_{1},\ \cdots,\ f_{\mathrm{p}}-f_{1},\ f_{\mathrm{p}},\ f_{\mathrm{p}}+f_{1},\ \cdots,\ f_{\mathrm{p}}+gf_{1}\right]\\ \boldsymbol{Z}_{\mathrm{CdcL}}=\dfrac{1}{\mathrm{j}2\pi C_{\mathrm{dcL}}}\cdot\mathrm{diag}\left[\dfrac{1}{f_{\mathrm{p}}-gf_{1}},\ \cdots,\ \dfrac{1}{f_{\mathrm{p}}-f_{1}},\ \dfrac{1}{f_{\mathrm{p}}},\ \dfrac{1}{f_{\mathrm{p}}+f_{1}},\ \cdots,\ \dfrac{1}{f_{\mathrm{p}}+gf_{1}}\right]\end{cases}\tag{10-101}$$

10.3.3　交流端口阻抗模型

根据小信号阻抗建模，MMC－HVDC 送端交流端口导纳由送端交流电流小信号与电压小信号的比值得到，即

$$\boldsymbol{Y}_{\mathrm{MMC}}=\frac{\hat{\boldsymbol{i}}_{\mathrm{f}l}}{\hat{\boldsymbol{v}}_{\mathrm{f}l}}\tag{10-102}$$

根据上述分析，MMC－HVDC 输电系统送端电流小信号响应不仅与送端换流站有关，而且经由直流输电线路动态耦合作用，与受端换流站相关。根据受端换流站主电路和控制电路小信号模型，联立式（10－78）～式（10－82）、式（10－95），可得受端换流站直流端口导纳，即

$$\boldsymbol{Y}_{\mathrm{edc}}=\boldsymbol{\Gamma}_6\left(\boldsymbol{\Gamma}_1+\boldsymbol{\Gamma}_2\boldsymbol{\Gamma}_5+\boldsymbol{\Gamma}_4\right)^{-1}\boldsymbol{\Gamma}_3 \tag{10-103}$$

式中：$\boldsymbol{Y}_{\mathrm{edc}}=\hat{\boldsymbol{i}}_{\mathrm{edc}}/\hat{\boldsymbol{v}}_{\mathrm{edc}}$；$\boldsymbol{\Gamma}_1\sim\boldsymbol{\Gamma}_6$ 均为 $(2g+1)\times(2g+1)$ 矩阵。

$\boldsymbol{\Gamma}_1\sim\boldsymbol{\Gamma}_6$ 的表达式分别为

$$\begin{cases}\boldsymbol{\Gamma}_1=(\boldsymbol{V}_{\mathrm{eCau}}+\boldsymbol{M}_{\mathrm{eau}}\boldsymbol{Z}_{\mathrm{Ceeq}}\boldsymbol{I}_{\mathrm{eau}})\boldsymbol{G}_{\mathrm{ei}}\\ \boldsymbol{\Gamma}_2=(\boldsymbol{V}_{\mathrm{eCau}}+\boldsymbol{M}_{\mathrm{eau}}\boldsymbol{Z}_{\mathrm{Ceeq}}\boldsymbol{I}_{\mathrm{eau}})\boldsymbol{G}_{\mathrm{ev1}}+\boldsymbol{U}\\ \boldsymbol{\Gamma}_3=(\boldsymbol{V}_{\mathrm{eCau}}+\boldsymbol{M}_{\mathrm{eau}}\boldsymbol{Z}_{\mathrm{Ceeq}}\boldsymbol{I}_{\mathrm{eau}})\boldsymbol{G}_{\mathrm{ev2}}-\dfrac{1}{2}\boldsymbol{U}\\ \boldsymbol{\Gamma}_4=\boldsymbol{M}_{\mathrm{eau}}\boldsymbol{Z}_{\mathrm{Ceeq}}\boldsymbol{M}_{\mathrm{eau}}+\boldsymbol{Z}_{\mathrm{Learm}}\\ \boldsymbol{\Gamma}_5=2\boldsymbol{Z}_{\mathrm{eg}}\boldsymbol{A}_{\mathrm{pd}}\\ \boldsymbol{\Gamma}_6=-3\boldsymbol{A}_{\mathrm{pc0}}\end{cases} \tag{10-104}$$

受端换流站直流端口阻抗 $\boldsymbol{Z}_{\mathrm{edc}}=\boldsymbol{Y}_{\mathrm{edc}}^{-1}$。根据式（10－97）所示直流输电线路频域小信号模型，将受端 MMC 直流端口阻抗 $\boldsymbol{Z}_{\mathrm{edc}}$ 代入式（10－98）中，可得送端换流站直流侧阻抗 $\boldsymbol{Z}_{\mathrm{fdc}}$。

根据送端换流站小信号模型，联立式（10－52）、式（10－53）、式（10－57）、式（10－59）、式（10－69），并结合式（10－98）所示送端换流站直流侧阻抗关系，可得 MMC－HVDC 送端交流端口导纳，即

$$\boldsymbol{Y}_{\mathrm{MMC}}=\boldsymbol{\Lambda}_5(\boldsymbol{\Lambda}_1+\boldsymbol{\Lambda}_3+\boldsymbol{\Lambda}_4)^{-1}\boldsymbol{\Lambda}_2 \tag{10-105}$$

式中：$\boldsymbol{\Lambda}_1\sim\boldsymbol{\Lambda}_5$ 均为 $(2g+1)\times(2g+1)$ 矩阵。

$\boldsymbol{\Lambda}_1\sim\boldsymbol{\Lambda}_5$ 的表达式分别为

$$\begin{cases}\boldsymbol{\Lambda}_1=(\boldsymbol{V}_{\mathrm{fCau}}+\boldsymbol{M}_{\mathrm{fau}}\boldsymbol{Z}_{\mathrm{Cfeq}}\boldsymbol{I}_{\mathrm{fau}})\boldsymbol{G}_{\mathrm{fi}}\\ \boldsymbol{\Lambda}_2=(\boldsymbol{V}_{\mathrm{fCau}}+\boldsymbol{M}_{\mathrm{fau}}\boldsymbol{Z}_{\mathrm{Cfeq}}\boldsymbol{I}_{\mathrm{fau}})\boldsymbol{G}_{\mathrm{fv}}+\boldsymbol{U}\\ \boldsymbol{\Lambda}_3=\boldsymbol{M}_{\mathrm{fau}}\boldsymbol{Z}_{\mathrm{Cfeq}}\boldsymbol{M}_{\mathrm{fau}}+\boldsymbol{Z}_{\mathrm{Lfarm}}\\ \boldsymbol{\Lambda}_4=\dfrac{3}{2}\boldsymbol{Z}_{\mathrm{fdc}}\boldsymbol{A}_{\mathrm{pc0}}\\ \boldsymbol{\Lambda}_5=2\boldsymbol{A}_{\mathrm{pd}}\end{cases} \tag{10-106}$$

根据式（10－70）和式（10－77）所示送端换流站控制电路小信号模型，将 $\boldsymbol{G}_{\text{fi}}$ 、$\boldsymbol{G}_{\text{fv}}$ 代入式（10－105）中，可以分别得到孤岛送出模式和联网送出模式下 MMC－HVDC 送端交流端口导纳模型。

MMC－HVDC 交流电压、电流小信号向量中扰动频率和耦合频率的小信号分量占主要成分，其余频率小信号分量的幅值随频率增大而迅速衰减，在扰动频率和耦合频率处 MMC－HVDC 交流端口阻抗/导纳特性更为明显。

首先，对孤岛送出模式下 MMC－HVDC 送端交流端口阻抗/导纳开展分析。MMC－HVDC 送端交流电压、电流小信号向量与交流端口阻抗在扰动频率和耦合频率处的关系重新表述为

$$\begin{bmatrix} \hat{\boldsymbol{v}}_{\text{f}} \\ \hat{\boldsymbol{v}}_{\text{f-2}} \end{bmatrix} = \begin{bmatrix} \boldsymbol{Z}_{\text{MMC}}^{\text{pp}} & \boldsymbol{Z}_{\text{MMC}}^{\text{np}} \\ \boldsymbol{Z}_{\text{MMC}}^{\text{pn}} & \boldsymbol{Z}_{\text{MMC}}^{\text{nn}} \end{bmatrix} \begin{bmatrix} \hat{\boldsymbol{i}}_{\text{f}} \\ \hat{\boldsymbol{i}}_{\text{f-2}} \end{bmatrix} \tag{10－107}$$

式中：$\hat{\boldsymbol{v}}_{\text{f}}$ 、$\hat{\boldsymbol{v}}_{\text{f-2}}$ 分别为 MMC－HVDC 送端交流电压在频率 f_{p}、$f_{\text{p}}-2f_1$ 的小信号分量；$\hat{\boldsymbol{i}}_{\text{f}}$ 、$\hat{\boldsymbol{i}}_{\text{f-2}}$ 分别为 MMC－HVDC 送端交流电流在频率 f_{p}、$f_{\text{p}}-2f_1$ 的小信号分量。

式（10－107）中，孤岛送出模式下 2×2 阶送端交流端口阻抗矩阵表达式为

$$\begin{bmatrix} \boldsymbol{Z}_{\text{MMC}}^{\text{pp}} & \boldsymbol{Z}_{\text{MMC}}^{\text{np}} \\ \boldsymbol{Z}_{\text{MMC}}^{\text{pn}} & \boldsymbol{Z}_{\text{MMC}}^{\text{nn}} \end{bmatrix} = \begin{bmatrix} \boldsymbol{Y}_{\text{MMC}}(g+1,g+1) & \boldsymbol{Y}_{\text{MMC}}(g+1,g-1) \\ \boldsymbol{Y}_{\text{MMC}}(g-1,g+1) & \boldsymbol{Y}_{\text{MMC}}(g-1,g-1) \end{bmatrix}^{-1}$$

式中：$\boldsymbol{Z}_{\text{MMC}}^{\text{pp}}$ 为 MMC－HVDC 正序阻抗，表示在频率为 f_{p} 的单位正序电流小信号扰动下，频率为 f_{p} 的正序电压小信号响应；$\boldsymbol{Z}_{\text{MMC}}^{\text{pn}}$ 为 MMC－HVDC 正序耦合阻抗，表示在频率为 f_{p} 的单位正序电流小信号扰动下，频率为 $f_{\text{p}}-2f_1$ 的负序电压小信号响应；$\boldsymbol{Z}_{\text{MMC}}^{\text{nn}}$ 为 MMC－HVDC 负序阻抗，表示在频率为 $f_{\text{p}}-2f_1$ 的单位负序电流小信号扰动下，频率为 $f_{\text{p}}-2f_1$ 的负序电压小信号响应；$\boldsymbol{Z}_{\text{MMC}}^{\text{np}}$ 为 MMC－HVDC 负序耦合阻抗，表示在频率为 $f_{\text{p}}-2f_1$ 的单位负序电流小信号扰动下，频率为 f_{p} 的正序电压小信号响应；$\boldsymbol{Y}_{\text{MMC}}(g+1,g+1)$ 为矩阵 $\boldsymbol{Y}_{\text{MMC}}$ 的第 $g+1$ 行第 $g+1$ 列的元素；$\boldsymbol{Y}_{\text{MMC}}(g+1,g-1)$ 为矩阵 $\boldsymbol{Y}_{\text{MMC}}$ 的第 $g+1$ 行第 $g-1$ 列的元素；$\boldsymbol{Y}_{\text{MMC}}(g-1,g+1)$ 为矩阵 $\boldsymbol{Y}_{\text{MMC}}$ 的第 $g-1$ 行第 $g+1$ 列的元素；$\boldsymbol{Y}_{\text{MMC}}(g-1,g-1)$ 为矩阵 $\boldsymbol{Y}_{\text{MMC}}$ 的第 $g-1$ 行第 $g-1$ 列的元素。

然后，分析联网送出模式下 MMC－HVDC 送端交流端口阻抗/导纳。将 MMC－HVDC 送端交流电压、电流小信号向量与交流端口导纳在扰动频率和耦合频率

的关系重新表述为

$$\begin{bmatrix} \hat{\boldsymbol{i}}_{\mathrm{f}} \\ \hat{\boldsymbol{i}}_{\mathrm{f}-2} \end{bmatrix} = \begin{bmatrix} \boldsymbol{Y}_{\mathrm{MMC}}^{\mathrm{pp}} & \boldsymbol{Y}_{\mathrm{MMC}}^{\mathrm{np}} \\ \boldsymbol{Y}_{\mathrm{MMC}}^{\mathrm{pn}} & \boldsymbol{Y}_{\mathrm{MMC}}^{\mathrm{nn}} \end{bmatrix} \begin{bmatrix} \hat{\boldsymbol{v}}_{\mathrm{f}} \\ \hat{\boldsymbol{v}}_{\mathrm{f}-2} \end{bmatrix} \tag{10-108}$$

式中的二阶送端交流端口导纳矩阵表达式为

$$\begin{bmatrix} \boldsymbol{Y}_{\mathrm{MMC}}^{\mathrm{pp}} & \boldsymbol{Y}_{\mathrm{MMC}}^{\mathrm{np}} \\ \boldsymbol{Y}_{\mathrm{MMC}}^{\mathrm{pn}} & \boldsymbol{Y}_{\mathrm{MMC}}^{\mathrm{nn}} \end{bmatrix} = \begin{bmatrix} \boldsymbol{Y}_{\mathrm{MMC}}(g+1,g+1) & \boldsymbol{Y}_{\mathrm{MMC}}(g+1,g-1) \\ \boldsymbol{Y}_{\mathrm{MMC}}(g-1,g+1) & \boldsymbol{Y}_{\mathrm{MMC}}(g-1,g-1) \end{bmatrix}$$

式中：$\boldsymbol{Y}_{\mathrm{MMC}}^{\mathrm{pp}}$ 为 MMC－HVDC 正序导纳，表示在频率为 f_{p} 的单位正序电压小信号扰动下，频率为 f_{p} 的正序电流小信号响应；$\boldsymbol{Y}_{\mathrm{MMC}}^{\mathrm{pn}}$ 为 MMC－HVDC 正序耦合导纳，表示在频率为 f_{p} 的单位正序电压小信号扰动下，频率为 $f_{\mathrm{p}}-2f_1$ 的负序电流小信号响应；$\boldsymbol{Y}_{\mathrm{MMC}}^{\mathrm{nn}}$ 为 MMC－HVDC 负序导纳，表示在频率为 $f_{\mathrm{p}}-2f_1$ 的单位负序电压小信号扰动下，频率为 $f_{\mathrm{p}}-2f_1$ 的负序电流小信号响应；$\boldsymbol{Y}_{\mathrm{MMC}}^{\mathrm{np}}$ 为 MMC－HVDC 负序耦合导纳，表示在频率为 $f_{\mathrm{p}}-2f_1$ 的单位负序电压小信号扰动下，频率为 f_{p} 的正序电流小信号响应。

联网送出模式下 MMC－HVDC 送端交流端口阻抗可由其交流端口导纳求逆矩阵得到

$$\begin{bmatrix} \boldsymbol{Z}_{\mathrm{MMC}}^{\mathrm{pp}} & \boldsymbol{Z}_{\mathrm{MMC}}^{\mathrm{pn}} \\ \boldsymbol{Z}_{\mathrm{MMC}}^{\mathrm{np}} & \boldsymbol{Z}_{\mathrm{MMC}}^{\mathrm{nn}} \end{bmatrix} = \begin{bmatrix} \boldsymbol{Y}_{\mathrm{MMC}}^{\mathrm{pp}} & \boldsymbol{Y}_{\mathrm{MMC}}^{\mathrm{np}} \\ \boldsymbol{Y}_{\mathrm{MMC}}^{\mathrm{pn}} & \boldsymbol{Y}_{\mathrm{MMC}}^{\mathrm{nn}} \end{bmatrix}^{-1}$$

式中：$\boldsymbol{Z}_{\mathrm{MMC}}^{\mathrm{pp}}$ 表示 MMC－HVDC 正序阻抗；$\boldsymbol{Z}_{\mathrm{MMC}}^{\mathrm{pn}}$ 表示 MMC－HVDC 正序耦合阻抗；$\boldsymbol{Z}_{\mathrm{MMC}}^{\mathrm{nn}}$ 表示 MMC－HVDC 负序阻抗；$\boldsymbol{Z}_{\mathrm{MMC}}^{\mathrm{np}}$ 表示 MMC－HVDC 负序耦合阻抗。

此外，孤岛送出模式和联网送出模式下，负序阻抗与正序阻抗间的频域关系均满足 $\boldsymbol{Z}_{\mathrm{MMC}}^{\mathrm{nn}}=\boldsymbol{Z}_{\mathrm{MMC}}^{\mathrm{pp}*}(\mathrm{j}2\omega_1-s)$，负序耦合阻抗与正序耦合阻抗间的频域关系均满足 $\boldsymbol{Z}_{\mathrm{MMC}}^{\mathrm{np}}=\boldsymbol{Z}_{\mathrm{MMC}}^{\mathrm{pn}*}(\mathrm{j}2\omega_1-s)$。

MMC－HVDC 主电路和控制参数如表 10－3 所示，受端电网 SCR 取值为 3.0。图 10－9 给出了孤岛送出模式下 MMC－HVDC 阻抗解析与扫描结果。图中实线为解析结果，离散点通过仿真扫描得到。结果表明解析与仿真扫描结果吻合良好，验证了 MMC－HVDC 阻抗模型的准确性。

表 10－3　　MMC－HVDC 主电路和控制参数

参数	定义	数值
P_N	额定功率	1000MW
V_{dcref}	直流电压参考指令	640kV
V_{f1}、V_{e1}	送、受端交流电压基频分量幅值	310kV
N_f、N_e	送、受端 MMC 桥臂子模块数量	256
C_{fsm}、C_{esm}	送、受端 MMC 子模块电容	8mF
L_{farm}、L_{earm}	送、受端 MMC 桥臂电感	46.6mH
L_{dc}	直流平波电抗器	25mH
l_{line}	直流输电线路长度	200km
R_{dcL}	每节 Π 型电路等效电阻	0.0033Ω/km
L_{dcL}	每节 Π 型电路等效电感	0.2mH/km
C_{dcL}	每节 Π 型电路等效电容	0.015μF/km
K_{vacp}、K_{vaci}	交流电压控制器比例、积分系数	0.1000、1
K_{fiacp}、K_{fiaci}	送端换流站交流电流控制器比例、积分系数	1.0600×10^{-5}、0.0019
K_{ficp}、K_{fici}	送端换流站环流控制器比例、积分系数	2.0800×10^{-5}、0.0079
K_{epp}、K_{epi}	受端换流站 PLL 控制器比例、积分系数	3.5100×10^{-4}、0.0441
K_{vdcp}、K_{vdci}	直流电压控制器比例、积分系数	0.0001、10
K_{eiacp}、K_{eiaci}	受端 MMC 交流电流控制器比例、积分系数	2.6030×10^{-5}、0.0245
K_{eicp}、K_{eici}	受端 MMC 环流控制器比例、积分系数	1.3880×10^{-5}、0.0035

图 10－10 给出了联网送出模式下 MMC－HVDC 阻抗解析与扫描结果。图中实线为解析结果，离散点通过仿真扫描得到。与孤岛送出运行模式相比，联网送出模式下送端换流站 PLL 控制器比例、积分系数分别为 3.5100×10^{-4}、0.0441，交流电流控制器比例、积分系数分别为 3.4700×10^{-5}、0.0436，其余控制参数以及主电路参数保持与表 10－3 一致。结果表明解析与仿真扫描结果吻合良好，验证了联网送出模式下 MMC－HVDC 阻抗模型的准确性。

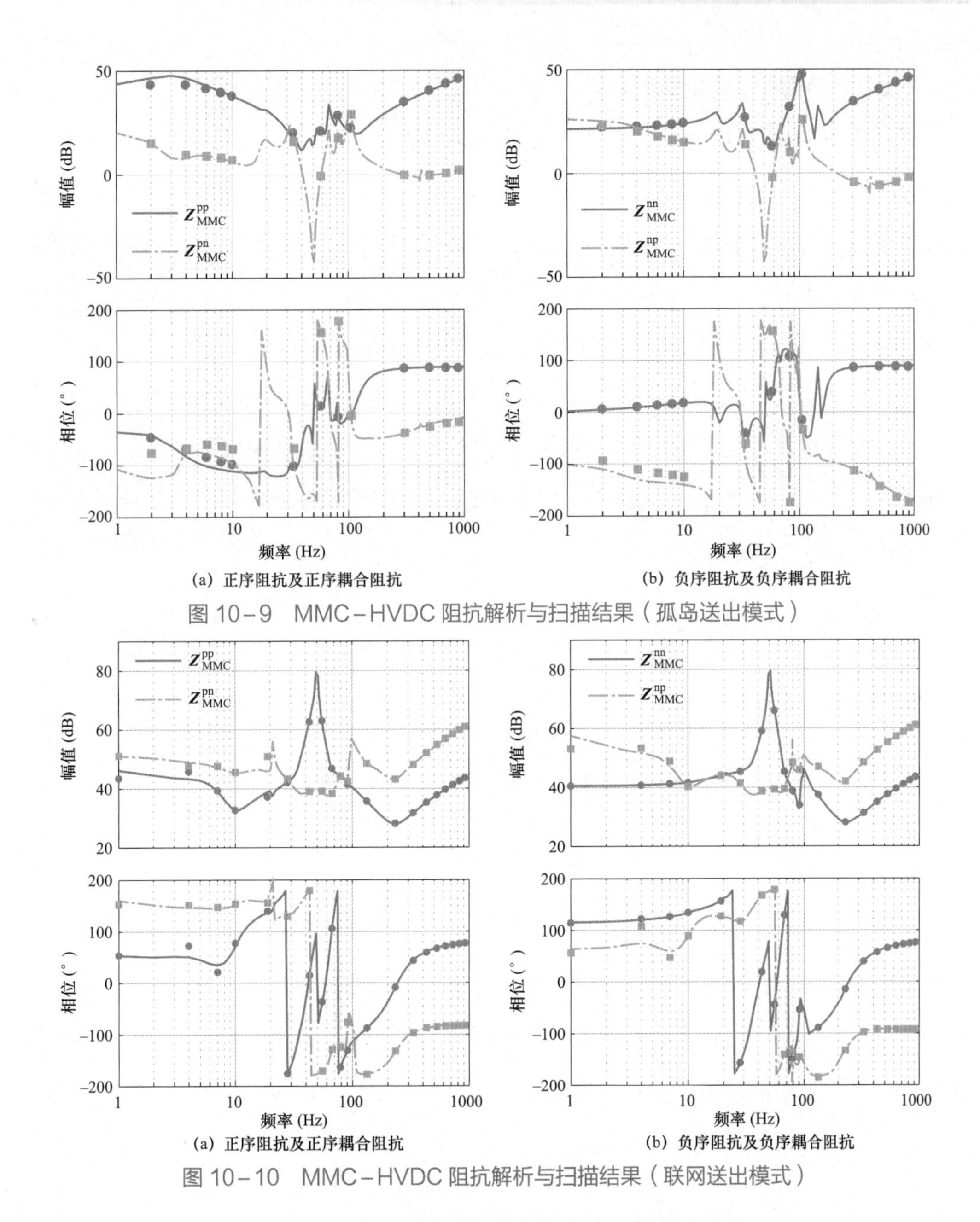

(a) 正序阻抗及正序耦合阻抗　　(b) 负序阻抗及负序耦合阻抗

图 10−9　MMC−HVDC 阻抗解析与扫描结果（孤岛送出模式）

(a) 正序阻抗及正序耦合阻抗　　(b) 负序阻抗及负序耦合阻抗

图 10−10　MMC−HVDC 阻抗解析与扫描结果（联网送出模式）

10.4　孤岛送出模式下阻抗特性分析

基于孤岛送出模式下 MMC−HVDC 阻抗解析模型，本节首先分析不同频段阻抗特性的主导因素，提出 MMC−HVDC 阻抗频段划分方法；然后，阐明多控制器/环节间的频带重叠效应和各频段负阻尼特性产生机理；最后，基于 MMC−HVDC 的 CHIL 阻抗扫描结果，给出频段划分的典型值。

10.4.1　宽频阻抗频段划分

孤岛送出模式下，MMC－HVDC 送端交流端口阻抗特性受交流电压环、交流电流环、环流控制、延时、桥臂电感及子模块电容等影响。本节将建立各控制器控制带宽、相位裕度性能指标与阻抗的频域关系，阐明各控制器/环节的频带分布规律，明确各频段阻抗特性的主导因素。

10.4.1.1　送端 MMC 交流电压控制对阻抗特性影响分析

下面分析送端 MMC 交流电压控制对阻抗特性影响。由 MMC－HVDC 阻抗解析模型可知，交流电压控制影响其阻抗特性。在旋转坐标系下，交流电压控制回路（孤岛送出模式）如图 10－11 所示。图中，$Z_{load}(s)$ 为送端 MMC 交流负载阻抗，其宽频动态特性影响交流电压控制性能。

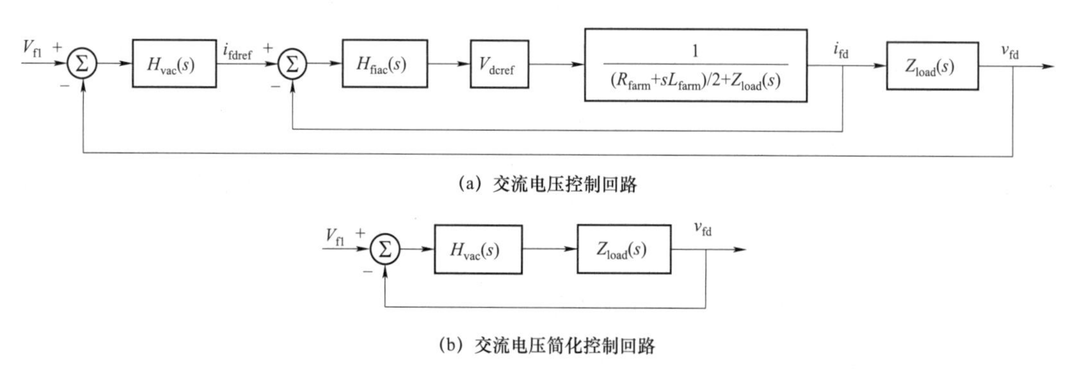

(a) 交流电压控制回路

(b) 交流电压简化控制回路

图 10－11　交流电压控制回路（孤岛送出模式）

在交流电压环控制器参数选取过程中，为了简化分析，将交流电流控制回路按照单位增益处理，其简化控制回路如图 10－11（b）所示。此外，根据 MMC－HVDC 交流电压和输送功率对应的基频阻抗来等效代替 $Z_{load}(s)$ 宽频（1～1000Hz）阻抗，表达式为

$$Z_{load}(s)=\frac{V_{f1}^{2}}{P_{load}-jQ_{load}} \tag{10-109}$$

式中：P_{load}、Q_{load} 分别为送端 MMC 交流有功功率、无功功率。

根据图 10－11（b），送端 MMC 交流电压控制回路开环传递函数为 $H_{vac}(s)Z_{load}(s)$。通过求解开环传递函数增益，可得交流电压控制器 $H_{vac}(s)$ 的控制参数，即

$$\begin{cases}\left|H_{vac}(s)Z_{load}(s)\right|_{s=j2\pi f_{vac}}=1\\ \angle\left(H_{vac}(s)Z_{load}(s)\right)_{s=j2\pi f_{vac}}=\theta_{vac}-\pi\end{cases} \tag{10-110}$$

式中，在交流电压控制带宽 f_{vac} 处开环增益为 1；对应的相位裕度为 θ_{vac}。

当 $Z_{load}(s)$ 为阻性负载（MMC 单位功率因数）时，交流电压控制回路开环传递函数分子、分母均为一阶。将交流电压控制相位裕度 θ_{vac} 分别设置为 20°、45°、70°，其对开环传递函数影响如图 10－12 所示。

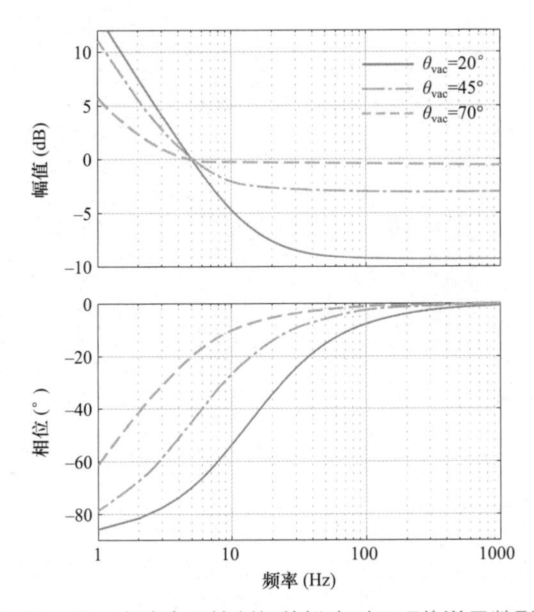

图 10－12　交流电压控制相位裕度对开环传递函数影响

由图 10－12 可知，交流电压控制相位裕度 θ_{vac} 影响交流电压控制回路开环传递函数特性，进而影响 MMC－HVDC 宽频阻抗特性。

当 $Z_{load}(s)$ 为阻容性负载（MMC 非单位功率因数）时，分析送端 MMC 交流电压环对 MMC－HVDC 阻抗特性影响。首先，固定交流电压控制相位裕度 θ_{vac} 为 45°，将其控制带宽 f_{vac} 分别设置为 5、10、15Hz，分析控制带宽对阻抗特性影响；然后，固定交流电压控制带宽 f_{vac} 为 5Hz，将其相位裕度 θ_{vac} 分别设置为 20°、45°、70°，分析控制相位裕度对阻抗特性影响。送端 MMC 交流电压环对阻抗特性影响（孤岛送出模式）如图 10－13 所示。

由图 10－13 可知，孤岛送出模式下 MMC－HVDC 阻抗幅值存在两个谐振峰。交流电压控制带宽 f_{vac} 主要影响谐振峰频率，分别为 f_1-f_{vac} 和 f_1+f_{vac}。随着交流电压控制带宽 f_{vac} 的增大，两谐振峰频率远离基频。交流电压控制相位裕度 θ_{vac} 主要影响 f_1-f_{vac} 和 f_1+f_{vac} 频率谐振峰的幅值和相位。交流电压控制相位裕度 θ_{vac} 越大，$f_1-f_{vac}<f<f_1+f_{vac}$ 频段阻抗幅值和相位变化越缓和。

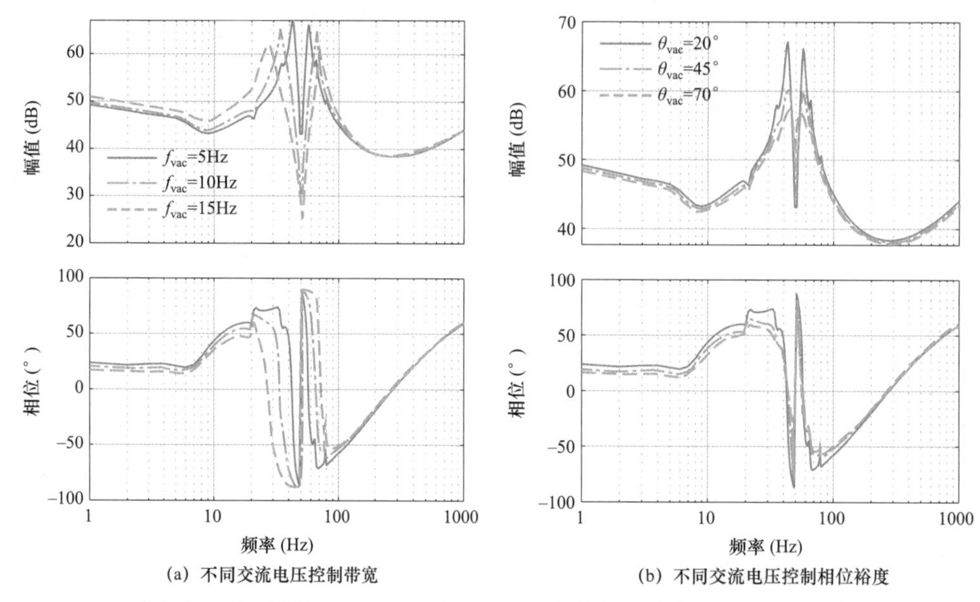

图 10-13 送端 MMC 交流电压环对阻抗特性影响(孤岛送出模式)

10.4.1.2 送端 MMC 交流电流控制对阻抗特性影响分析

下面分析送端 MMC 交流电流控制对阻抗特性影响。在旋转坐标系下,交流电流控制回路(孤岛送出模式)如图 10-14 所示。

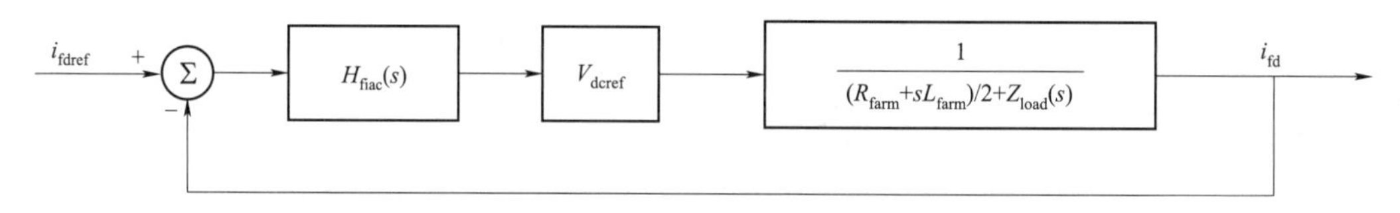

图 10-14 交流电流控制回路(孤岛送出模式)

通过求解开环增益,可得送端 MMC 交流电流控制器 $H_{fiac}(s)$ 的控制参数,即

$$\begin{cases} \left| H_{fiac}(s)\dfrac{V_{dcref}}{(R_{farm}+sL_{farm})/2+Z_{load}(s)} \right|_{s=j2\pi f_{fiac}} = 1 \\ \angle\left(H_{fiac}(s)\dfrac{V_{dcref}}{(R_{farm}+sL_{farm})/2+Z_{load}(s)} \right)_{s=j2\pi f_{fiac}} = \theta_{fiac} - \pi \end{cases} \tag{10-111}$$

式中,在送端 MMC 交流电流控制带宽 f_{fiac} 处开环增益为 1;对应的相位裕度为 θ_{fiac}。

下面分析送端 MMC 交流电流控制带宽 f_{fiac} 和控制相位裕度 θ_{fiac} 对阻抗特性影响。首先,固定送端 MMC 交流电流控制相位裕度 θ_{fiac} 为 45°,将其控制带宽 f_{fiac} 分别设置为 100、200、300Hz,分析控制带宽对阻抗特性影响;然后,固定送端 MMC 交流电流控制带宽

f_{fiac} 为 200Hz，将其相位裕度 θ_{fiac} 分别设置为 30°、45°、60°，分析控制相位裕度对阻抗特性影响。送端 MMC 交流电流环对阻抗特性影响（孤岛送出模式）如图 10－15 所示。

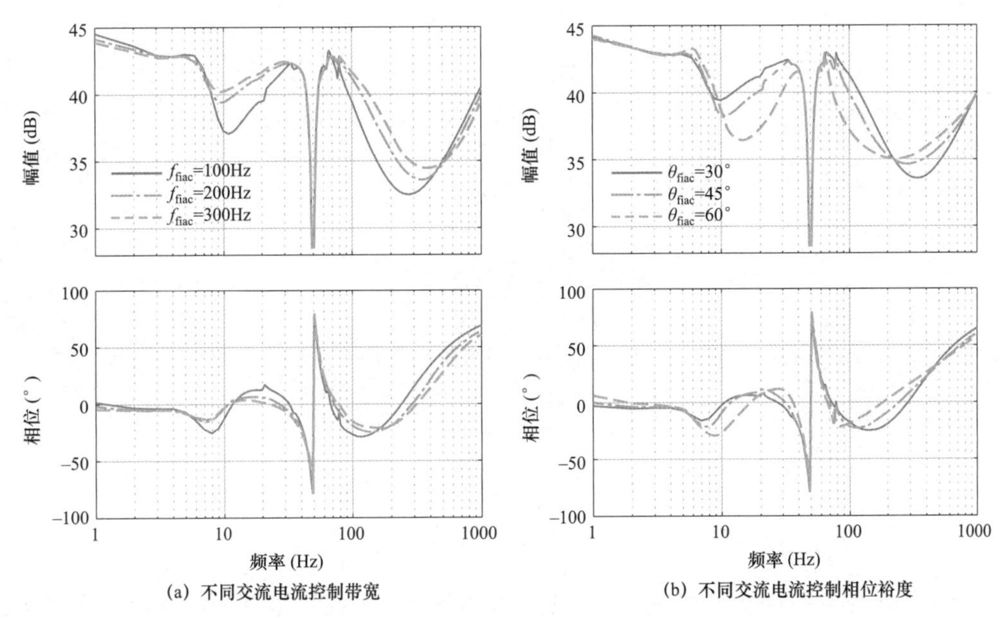

(a) 不同交流电流控制带宽　　(b) 不同交流电流控制相位裕度

图 10－15　送端 MMC 交流电流环对阻抗特性影响（孤岛送出模式）

由图 10－15 可知，送端 MMC 交流电流控制带宽 f_{fiac} 主要影响 $f < f_1 - f_{vac}$ 和 $f_1 + f_{vac} < f < f_1 + f_{fiac}$ 频段阻抗特性。随着 f_{fiac} 的增大，$f < f_1 - f_{vac}$ 和 $f_1 + f_{vac} < f < f_1 + f_{fiac}$ 频段阻抗幅值增加。送端 MMC 交流电流控制相位裕度 θ_{fiac} 对 $f < f_1 - f_{vac}$ 和 $f_1 + f_{vac} < f < f_1 + f_{fiac}$ 频段阻抗特性均产生影响，θ_{fiac} 越大，阻抗幅值和相位变化越缓和。

10.4.1.3　送端 MMC 桥臂电感对阻抗特性影响分析

下面分析送端 MMC 桥臂电感对阻抗特性影响。固定交流电压控制带宽 f_{vac} 为 5Hz，控制相位裕度 θ_{vac} 为 45°；固定送端 MMC 交流电流控制带宽 f_{fiac} 为 200Hz，控制相位裕度 θ_{fiac} 为 45°。在此基础上，将送端 MMC 桥臂电感 L_{farm} 分别设置为 40、50、60mH，送端 MMC 桥臂电感对阻抗特性影响（孤岛送出模式）如图 10－16 所示。

由图 10－16 可知，桥臂电感变化主要影响 $f < f_1 - f_{vac}$ 和 $f > f_1 + f_{fiac}$ 频段内阻抗特性。随着桥臂电感增大，$f > f_1 + f_{fiac}$ 频段内阻抗幅值和相位随之增大，即高频段内 MMC－HVDC 阻抗特性由送端换流站桥臂电感主导。

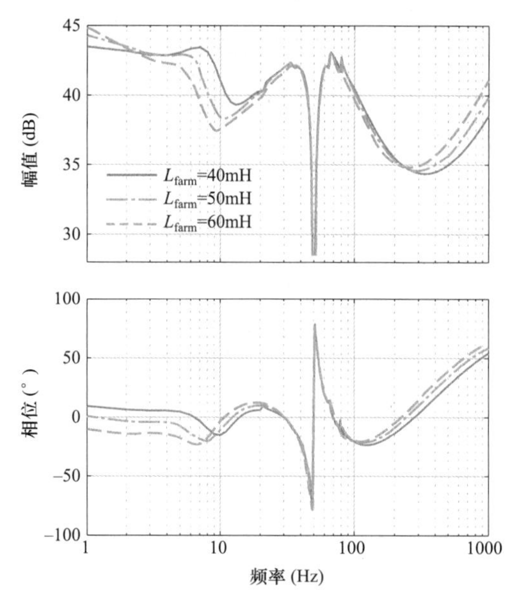

图 10－16　送端 MMC 桥臂电感对阻抗特性影响（孤岛送出模式）

10.4.1.4　送端 MMC 子模块电容对阻抗特性影响分析

下面分析送端 MMC 子模块电容对阻抗特性影响。固定送端 MMC 桥臂子模块数量 N_f 为 256，将其子模块电容 C_{fsm} 分别设置为 6、8、10mF。送端 MMC 子模块电容对阻抗特性影响（孤岛送出模式）如图 10－17 所示。由图 10－17 可见，子模块电容主要影响 $f < f_1 - f_{vac}$ 频段阻抗特性。子模块电容和桥臂电感构成无源谐振回路，导致该频段阻

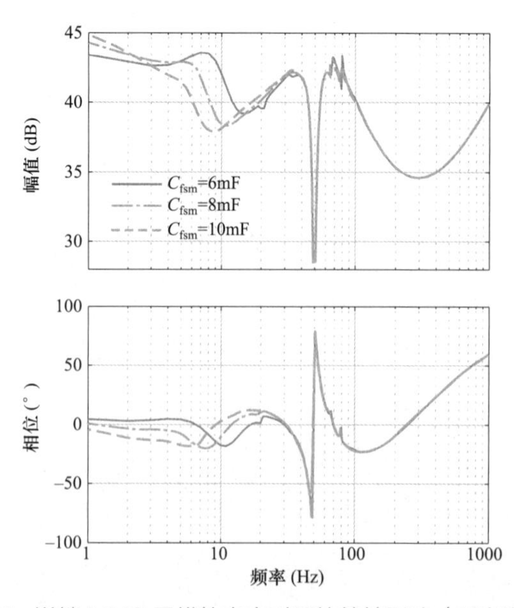

图 10－17　送端 MMC 子模块电容对阻抗特性影响（孤岛送出模式）

抗产生谐振峰。随着子模块容值的增大，谐振峰频率逐渐降低，阻抗幅值和相位变化显著。

根据上述分析，送端 MMC 交流电流控制、桥臂电感和子模块电容均对 $f < f_1 - f_{vac}$ 频段阻抗特性产生影响，即 $f < f_1 - f_{vac}$ 频段阻抗特性受多个控制/环节共同影响。

10.4.1.5 受端 MMC 对阻抗特性影响分析

下面分析受端 MMC 对 LCC－HVDC 送端阻抗特性影响。首先，不考虑直流输电线路和受端 MMC（$\boldsymbol{Z}_{fdc}=0$）；然后，考虑直流输电线路而不考虑受端 MMC（$\boldsymbol{Z}_{edc}=0$）；最后，同时考虑直流输电线路和受端 MMC（$\boldsymbol{Z}_{fdc}\neq 0$）。上述三种条件下阻抗特性如图 10－18 所示。

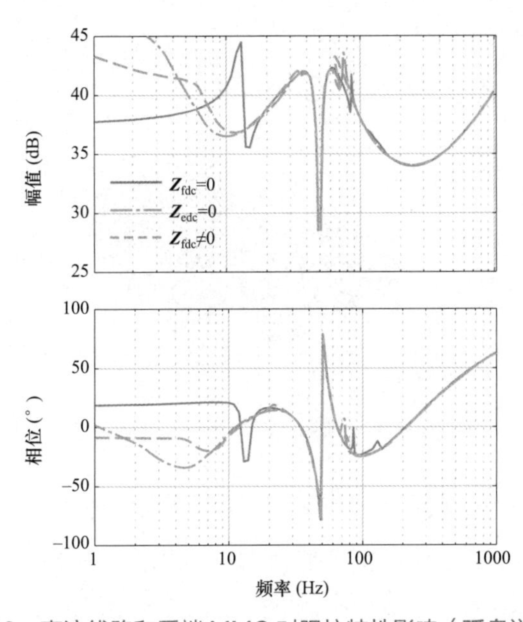

图 10－18 直流线路和受端 MMC 对阻抗特性影响（孤岛送出模式）

由图 10－18 可知，直流输电线路、受端 MMC 主要影响 $f < f_1 - f_{vac}$ 频段阻抗特性。当主要考虑基频以上阻抗特性及振荡风险时，可以忽略直流输电线路和受端 MMC。当主要考虑基频以下阻抗特性及振荡风险时，则需要考虑直流输电线路和受端 MMC 对阻抗耦合影响。

10.4.1.6 稳态工作点对阻抗特性影响分析

MMC－HVDC 阻抗模型是基于稳态工作点进行线性化得到的。在运行过程中，输送功率变化时，MMC－HVD 输送功率变化导致稳态工作点波动，阻抗特性也随之变化。下面根据孤岛送出模式下 MMC－HVDC 阻抗解析模型，分析有功功率工作点对阻抗特性影响。稳态工作点对阻抗特性影响（孤岛送出模式）如图 10－19 所示。其中，输送功率在 0～1p.u.变化。

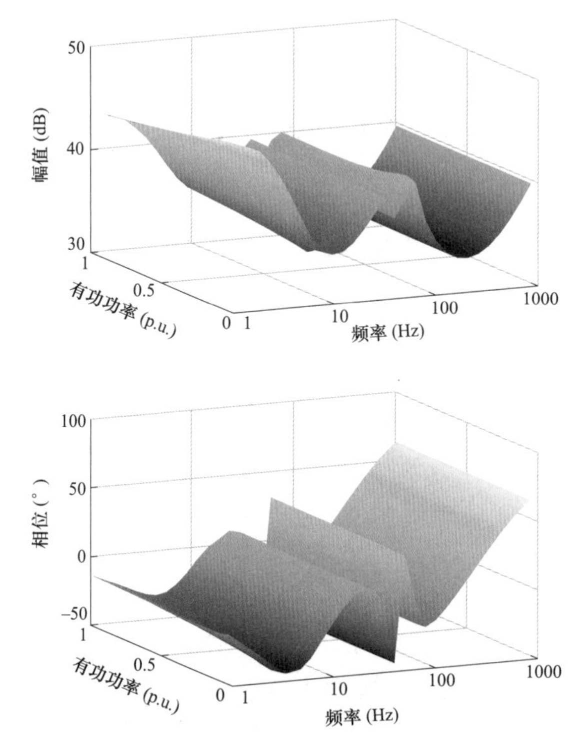

图 10－19　稳态工作点对阻抗特性影响（孤岛送出模式）

由图 10－19 可知，有功功率工作点对基频以下频段阻抗特性产生影响，对基频以上频段阻抗特性基本无影响。当输送功率在 0～1p.u.变化时，MMC－HVDC 宽频阻抗曲线随频率变化趋势基本一致。

10.4.1.7　宽频阻抗频段划分小结

根据孤岛送出模式下，MMC－HVDC 各频段内阻抗主导影响因素分析，可以将宽频阻抗进行频段划分，具体如下：

（1）在频段 $\mathrm{I}_{\mathrm{MMC}}$（$f < f_1 - f_{\mathrm{vac}}$），阻抗特性受到送端 MMC 交流电流控制、桥臂电感、子模块电容共同影响，同时还受直流输电线路和受端 MMC 影响。

（2）在频段 $\mathrm{II}_{\mathrm{MMC}}$（$f_1 - f_{\mathrm{vac}} < f < f_1 + f_{\mathrm{vac}}$），阻抗特性由送端 MMC 交流电压控制主导。$f_1 - f_{\mathrm{vac}}$、$f_1 + f_{\mathrm{vac}}$ 频率处阻抗存在谐振峰。交流电压控制带宽 f_{vac} 增加，谐振峰远离基频。交流电压控制相位裕度 θ_{vac} 越大，该频段阻抗幅值和相位变化越缓和。

（3）在频段 $\mathrm{III}_{\mathrm{MMC}}$（$f_1 + f_{\mathrm{vac}} < f < f_1 + f_{\mathrm{iac}}$），阻抗特性由送端 MMC 交流电流控制

主导。送端 MMC 交流电流控制带宽 f_{fiac} 越高，该频段内阻抗幅值越大。送端 MMC 交流电流控制相位裕度 θ_{fiac} 越大，该频段阻抗幅值和相位变化越缓和。

（4）在频段Ⅳ$_{MMC}$（$f > f_1 + f_{fiac}$），阻抗特性由送端 MMC 桥臂电感主导。桥臂电感越大，该频段内阻抗幅值和相位越大，更趋于感性。

基于 MMC－HVDC 控制保护装置 CHIL 仿真平台开展阻抗扫描，MMC－HVDC 阻抗（孤岛送出模式）如图 10－20 所示。由图可知，频段Ⅰ$_{MMC}$范围为f<30Hz、频段Ⅱ$_{MMC}$范围为 30Hz<f<70Hz、频段Ⅲ$_{MMC}$范围为 70Hz<f<300Hz、频段Ⅳ$_{MMC}$范围为 f>300Hz。

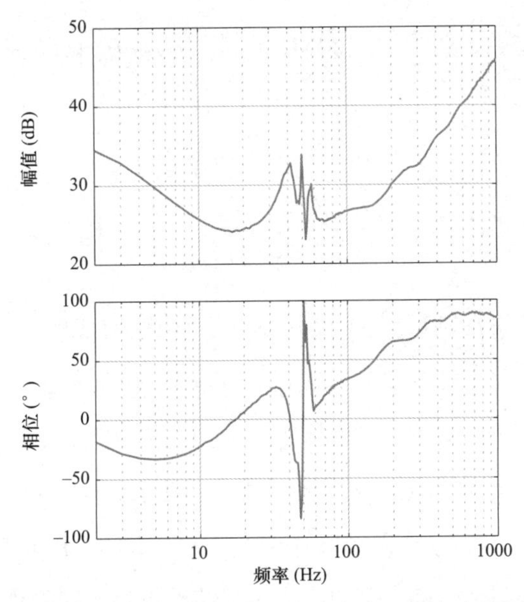

图 10－20　基于控制保护装置的 MMC－HVDC 阻抗（孤岛送出模式）

10.4.2　各频段负阻尼特性分析

基于 10.4.1 分析可知，送端 MMC 交流电压控制、交流电流控制、桥臂电感对 MMC－HVDC 不同频段内阻抗特性起主导作用，可得宽频阻抗频段划分原则。考虑到 MMC－HVDC 涉及送、受端 MMC 多控制器/环节协调配合，同一频段内阻抗特性除受到主导因素影响外，还受到其余控制器/环节重叠影响。本节将针对孤岛送出模式下，各频段内多控制器/环节频带重叠效应，以及各频段负阻尼特性产生机理进行分析。

10.4.2.1　频段Ⅰ$_{MMC}$负阻尼特性分析

频段Ⅰ$_{MMC}$阻抗特性无主导因素，受到送端 MMC 交流电流控制、桥臂电感、子模块电容、直流输电线路共同影响。在此基础上，本节分析送端 MMC 环流控制以及受端 MMC 各控制器对频段 $\mathrm{I_{MMC}}$ 负阻尼特性影响。

1. 送端 MMC 环流控制对负阻尼特性影响分析

下面分析送端 MMC 环流控制对频段 $\mathrm{I_{MMC}}$ 负阻尼特性影响。孤岛送出模式下，环流控制回路如图 10－21 所示。

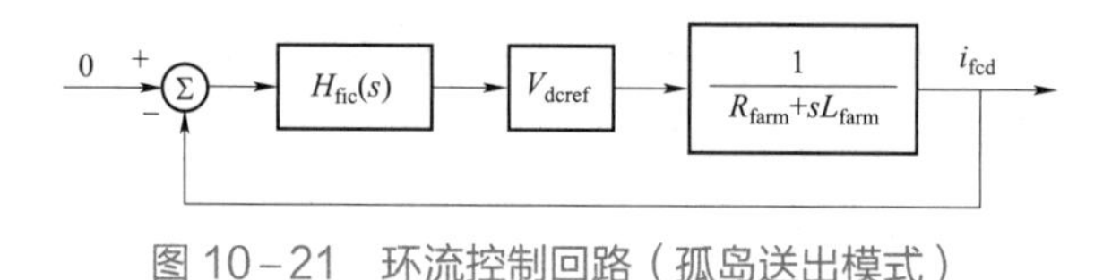

图 10－21　环流控制回路（孤岛送出模式）

通过求解其开环增益，可得送端 MMC 环流控制器 $H_{\mathrm{fic}}(s)$ 的控制参数，即

$$\begin{cases} \left| H_{\mathrm{fic}}(s)\dfrac{V_{\mathrm{dcref}}}{R_{\mathrm{farm}}+sL_{\mathrm{farm}}} \right|_{s=\mathrm{j}2\pi f_{\mathrm{fic}}} = 1 \\ \angle\left(H_{\mathrm{fic}}(s)\dfrac{V_{\mathrm{dcref}}}{R_{\mathrm{farm}}+sL_{\mathrm{farm}}} \right)_{s=\mathrm{j}2\pi f_{\mathrm{fic}}} = \theta_{\mathrm{fic}} - \pi \end{cases} \tag{10-112}$$

式中，在送端 MMC 环流控制带宽 f_{fic} 处开环增益为 1，对应的相位裕度为 θ_{fic}。

固定送端 MMC 交流电流控制带宽 f_{fiac} 为 300Hz，控制相位裕度 θ_{fiac} 为 10°。在此基础上，首先，固定送端 MMC 环流控制相位裕度 θ_{fic} 为 10°，将其控制带宽 f_{fic} 分别设置为 10、30、50Hz，分析控制带宽对阻尼特性影响；然后，固定送端 MMC 环流控制带宽 f_{fic} 为 30Hz，将其相位裕度 θ_{fic} 分别设置为 10°、45°、80°，分析控制相位裕度对阻尼特性影响。送端 MMC 环流控制对频段 $\mathrm{I_{MMC}}$ 阻尼特性影响（孤岛送出模式）如图 10－22 所示。

由图 10－22 可知，送端 MMC 环流控制带宽 f_{fic} 和控制相位裕度 θ_{fic} 均影响频段 $\mathrm{I_{MMC}}$ 阻尼特性。送端 MMC 环流控制、交流电流控制及主电路在频段 $\mathrm{I_{MMC}}$ 内存在频带重叠效应，导致该频段阻抗呈现容性负阻尼特性（阻抗相位小于－45°）。随着 f_{fic} 或 θ_{fic} 降低，容性负阻尼程度加深。

2. 受端 MMC 直流电压环对负阻尼特性影响分析

下面分析受端 MMC 直流电压控制对频段 $\mathrm{I_{MMC}}$ 负阻尼特性影响。首先，固定直流电压控制相位裕度 θ_{vdc} 为 45°，将其控制带宽 f_{vdc} 分别设置为 20、30、40Hz，分析控制带宽对频段 $\mathrm{I_{MMC}}$ 阻尼特性影响；然后，固定直流电压控制带宽 f_{vdc} 为 30Hz，将其相位

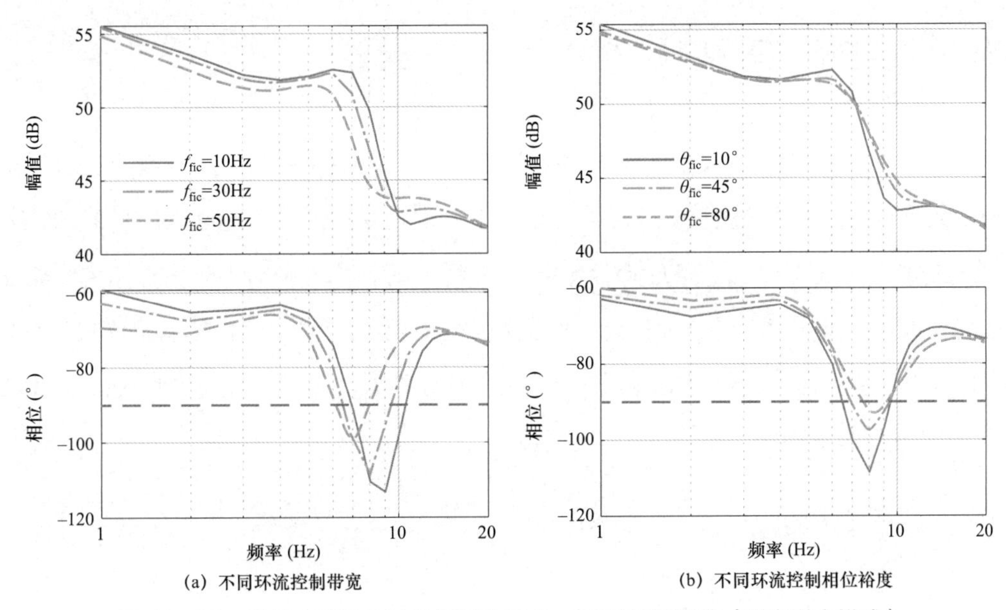

图 10－22　送端 MMC 环流控制对频段 I_{MMC} 阻尼特性影响（孤岛送出模式）

裕度 θ_{vdc} 分别设置为 20°、45°、70°，分析控制相位裕度对阻尼特性影响。受端 MMC 直流电压环对频段 I_{MMC} 阻尼特性影响（孤岛送出模式）如图 10－23 所示。

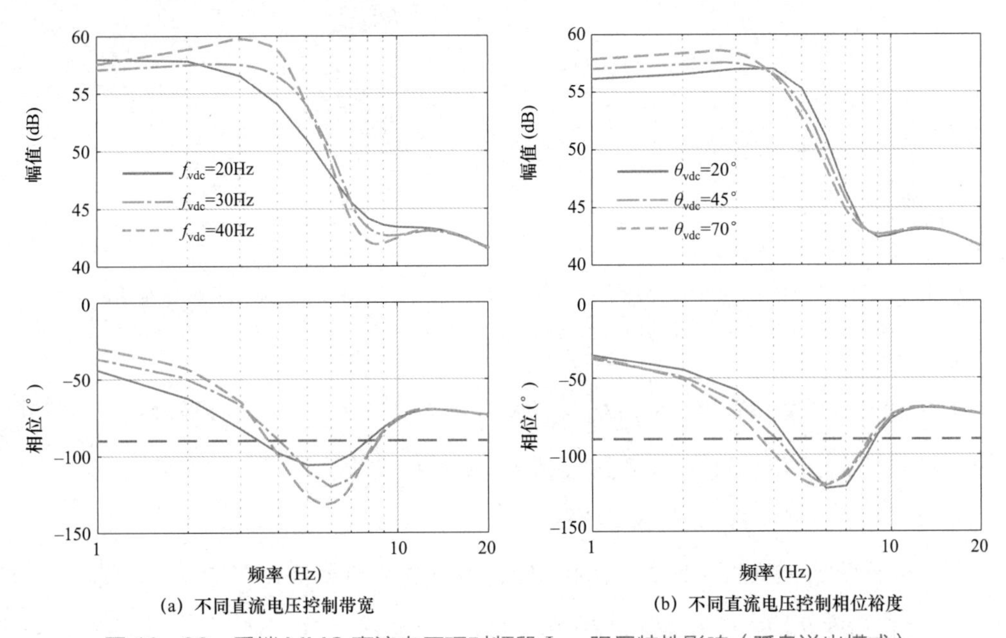

图 10－23　受端 MMC 直流电压环对频段 I_{MMC} 阻尼特性影响（孤岛送出模式）

由图 10－23 可知，随着直流电压控制带宽 f_{vdc} 的增大，频段 I_{MMC} 阻抗负阻尼程度将会进一步加剧；随着直流电压控制相位裕度 θ_{vdc} 的增大，频段 I_{MMC} 负阻尼特性频率范

围随之增加，负阻尼程度加深。

3. 受端MMC交流电流环对负阻尼特性影响分析

下面分析受端MMC交流电流控制对频段 I_{MMC} 负阻尼特性影响。首先，固定受端MMC交流电流控制相位裕度 θ_{eiac} 为45°，将其控制带宽 f_{eiac} 分别设置为100、150、200Hz，分析控制带宽对频段 I_{MMC} 阻尼特性影响；然后，固定受端MMC交流电流控制带宽 f_{eiac} 为200Hz，将其相位裕度 θ_{eiac} 分别设置为20°、45°、70°，分析控制相位裕度对频段 I_{MMC} 阻尼特性影响。受端MMC交流电流环对频段 I_{MMC} 阻尼特性影响（孤岛送出模式）如图10－24所示。

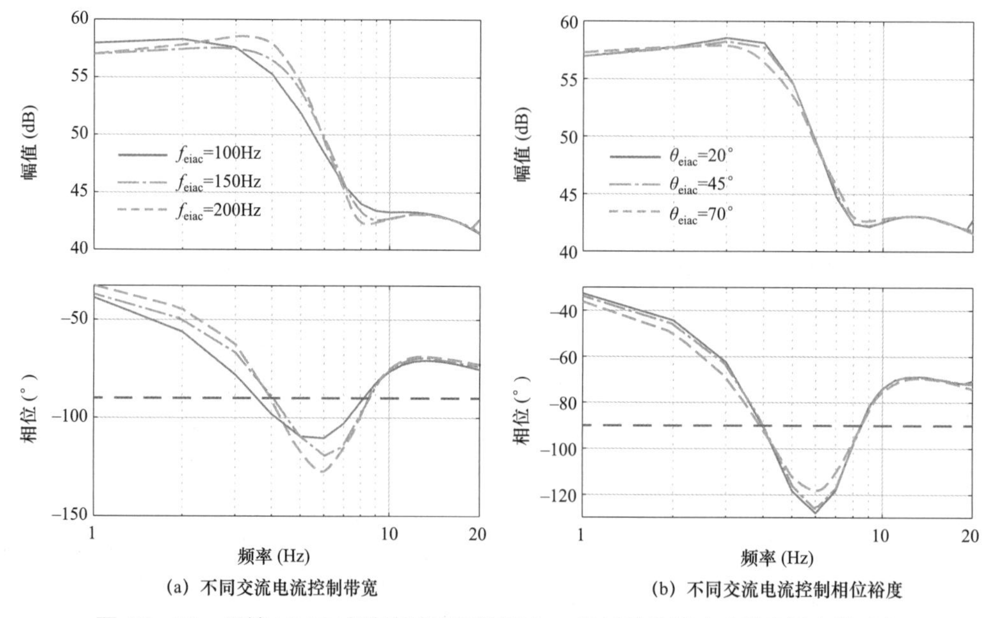

图10－24　受端MMC交流电流环对频段 I_{MMC} 阻尼特性影响（孤岛送出模式）

由图10－24可知，随着受端MMC交流电流控制带宽 f_{eiac} 的增大或控制相位裕度 θ_{eiac} 的减小，频段 I_{MMC} 阻抗负阻尼程度将会进一步加剧。

4. 受端MMC的PLL对负阻尼特性影响分析

下面分析受端MMC的PLL对频段 I_{MMC} 负阻尼特性影响。首先，固定受端MMC的PLL相位裕度 θ_{etc} 为45°，将其控制带宽 f_{etc} 分别设置为10、15、20Hz，分析控制带宽对频段 I_{MMC} 阻尼特性影响；然后，固定受端MMC的PLL控制带宽 f_{etc} 为20Hz，将其相位裕度 θ_{etc} 分别设置为20°、45°、70°，分析控制相位裕度对频段 I_{MMC} 阻尼特性影响。受端MMC的PLL对频段 I_{MMC} 阻尼特性影响（孤岛送出模式）如图10－25所示。

由图 10－25 可知，随着受端 MMC 的 PLL 控制带宽减小和相位裕度增大，频段 I_{MMC} 内阻抗负阻尼程度加深。

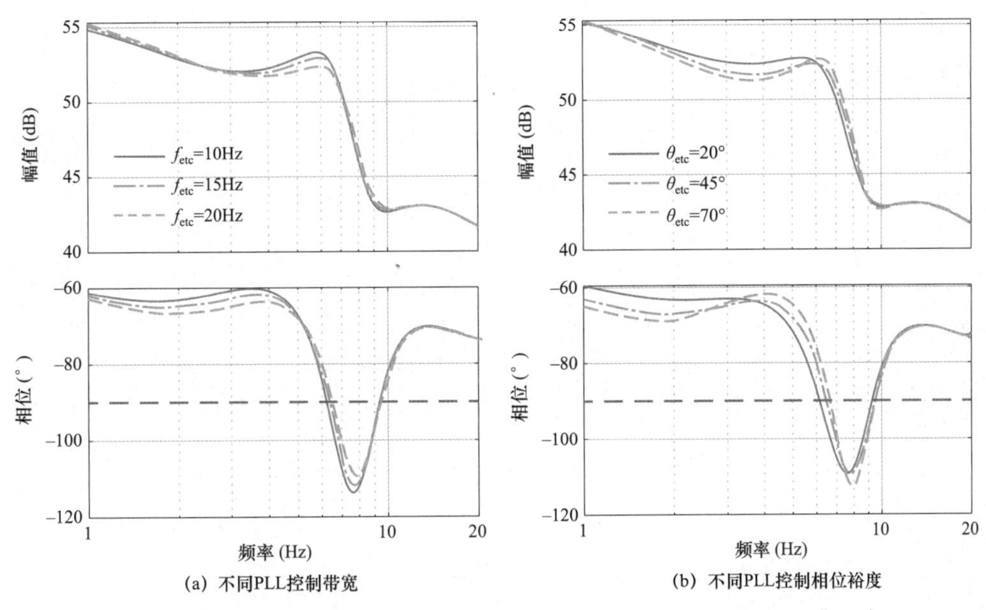

图 10－25　受端 MMC 的 PLL 对频段 I_{MMC} 阻尼特性影响（孤岛送出模式）

5. 受端电网 SCR 对负阻尼特性影响分析

下面分析受端电网 SCR 对频段 I_{MMC} 负阻尼特性影响。将受端电网 SCR 分别设置为 2.0、3.0、5.0 时，受端电网 SCR 对频段 I_{MMC} 阻尼特性影响（孤岛送出模式）如图 10－26 所示。

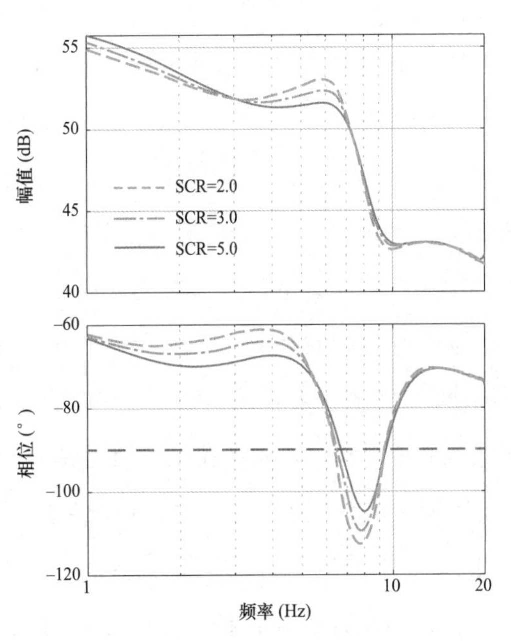

图 10－26　受端电网 SCR 对频段 I_{MMC} 阻尼特性影响（孤岛送出模式）

由图 10－26 可知，随着受端电网 SCR 的降低，受端电网阻抗增大，MMC－HVDC 在频段 I_{MMC} 阻抗负阻尼程度加深。分析表明，受端电网 SCR 对 MMC－HVDC 阻抗特性存在一定程度的耦合影响。

10.4.2.2　频段 III_{MMC} 负阻尼特性分析

频段 III_{MMC} 阻抗特性由送端 MMC 交流电流控制主导，同时受通信、调理采样、滤波、数字控制等环节所引入延时的影响。本节分析延时对频段Ⅲ$_{MMC}$负阻尼特性影响。

固定送端 MMC 交流电流控制带宽 f_{fiac} 为 300Hz，其相位裕度 θ_{fiac} 为 10°，将延时 T_s 分别设置为 0、100、200μs，延时对频段Ⅲ$_{MMC}$负阻尼特性影响（孤岛送出模式）如图 10－27 所示。

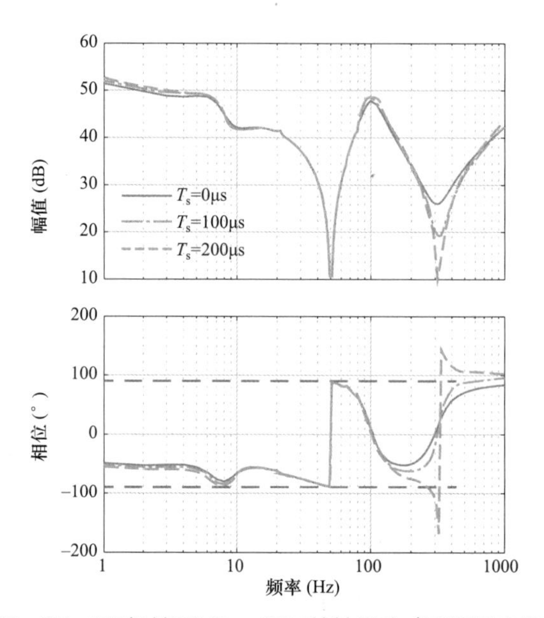

图 10－27　延时对频段Ⅲ$_{MMC}$阻尼特性影响（孤岛送出模式）

由图 10－27 可知，延时主要影响送端 MMC 交流电流控制带宽 f_1+f_{fiac}（静止坐标系）附近阻抗特性。延时与送端 MMC 交流电流控制在频段Ⅲ$_{MMC}$存在频带重叠效应，导致阻抗在该频段产生容性负阻尼和感性负阻尼（阻抗相位大于 90°）。此外，随着延时的增大，负阻尼程度将会进一步加剧。

10.4.2.3　频段Ⅳ$_{MMC}$负阻尼特性分析

频段Ⅳ$_{MMC}$阻抗特性由送端 MMC 桥臂电感主导，同时受延时影响。本节分析延时对频段Ⅳ$_{MMC}$负阻尼特性影响。固定送端 MMC 桥臂电感不变，将延时 T_s 分别设置为 0、100、200μs，延时对频段Ⅳ$_{MMC}$阻尼特性影响（孤岛送出模式）如图 10－28 所示。

由图 10－28 可知，延时与桥臂电感在频段Ⅳ$_{MMC}$存在频带重叠效应，导致阻抗在该频段呈现感性负阻尼。随着延时的增大，感性负阻尼程度将会进一步加剧。

基于 MMC－HVDC 控制保护装置 CHIL 仿真平台开展阻抗扫描，MMC－HVDC 阻尼特性（孤岛送出模式）如图 10－29 所示。由图 10－29 可知，在 400Hz 以上频段（频段Ⅳ$_{MMC}$）MMC－HVDC 阻抗出现感性负阻尼特性。

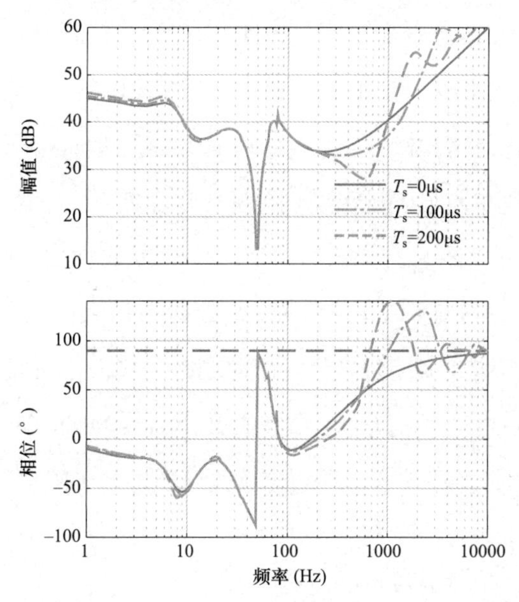

图 10－28　延时对频段Ⅳ$_{MMC}$阻尼特性影响（孤岛送出模式）

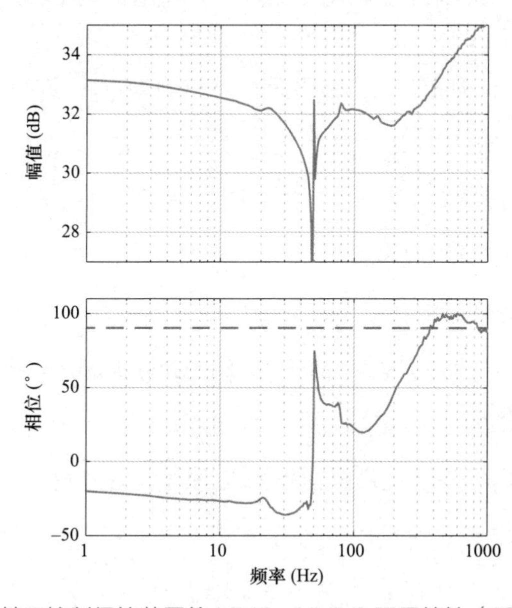

图 10－29　基于控制保护装置的 MMC－HVDC 阻尼特性（孤岛送出模式）

10.4.2.4　各频段负阻尼特性分析小结

通过对孤岛送出模式下 MMC－HVDC 在各频段负阻尼特性分析，可以得出以下结论：

（1）在频段Ⅰ$_{MMC}$（$f < f_1 - f_{vac}$），阻抗特性除受送端 MMC 交流电流控制、子模块

电容、桥臂电感、直流输电线路共同影响外，还受送端 MMC 环流控制影响。环流控制与主电路的频带重叠效应导致该频段产生容性负阻尼，且随着环流控制带宽增加或相位裕度的降低，负阻尼程度将进一步加剧。此外，该频段阻抗特性还受到受端 MMC 及受端电网 SCR 影响，随着受端 MMC 直流电压环或交流电流环控制带宽的增大，以及受端电网 SCR 减小，该频段负阻尼阻抗程度将会进一步加深。

（2）在频段Ⅲ$_{\text{MMC}}$（$f_1+f_{\text{vac}}<f<f_1+f_{\text{fiac}}$），阻抗特性由送端 MMC 交流电流控制主导。延时与交流电流控制的频带重叠效应，导致送端 MMC 交流电流控制带宽 f_1+f_{fiac}（静止坐标系）附近呈现容性负阻尼特性。随着延时的增大，负阻尼程度将进一步加剧。

（3）在频段Ⅳ$_{\text{MMC}}$（$f>f_1+f_{\text{fiac}}$），阻抗特性由送端 MMC 桥臂电感主导。延时与送端 MMC 桥臂电感的频带重叠效应，导致该频段呈现感性负阻尼。随着延时的增大，负阻尼程度将进一步加剧。

10.5　联网送出模式下阻抗特性分析

基于联网送出模式下 MMC－HVDC 阻抗解析模型，本节首先分析不同频段内阻抗特性的主导因素，提出 MMC－HVDC 阻抗频段划分方法；然后，阐明多控制器/环节间的频带重叠效应和各频段负阻尼特性的产生机理；最后，基于 MMC－HVDC 的 CHIL 阻抗扫描结果，给出频段划分的典型值。

10.5.1　宽频阻抗频段划分

联网送出模式下，MMC－HVDC 控制系统特性受到 PLL、有功/无功控制、交流电流控制、环流控制、延时、桥臂电感、子模块电容等环节影响。本节将建立各控制器控制带宽、相位裕度性能指标与阻抗模型的频域关系，阐明各控制器/环节的频带分布规律，明确各频段阻抗特性的主导因素。

10.5.1.1　送端 MMC 的 PLL 控制对阻抗特性影响分析

下面分析送端 MMC 的 PLL 控制带宽 f_{ftc} 和控制相位裕度 θ_{ftc} 对阻抗特性的影响。首先，固定送端 MMC 的 PLL 控制相位裕度 θ_{ftc} 为 45°，将其控制带宽 f_{ftc} 分别设置为 5、10、15Hz，分析控制带宽对阻抗特性影响；然后，固定送端 MMC 的 PLL 控制带宽 f_{ftc} 为 5Hz，将其相位裕度 θ_{ftc} 分别设置为 20°、45°、70°，分析控制相位裕度对阻抗特性影响。

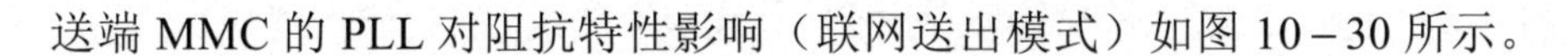
送端 MMC 的 PLL 对阻抗特性影响（联网送出模式）如图 10－30 所示。

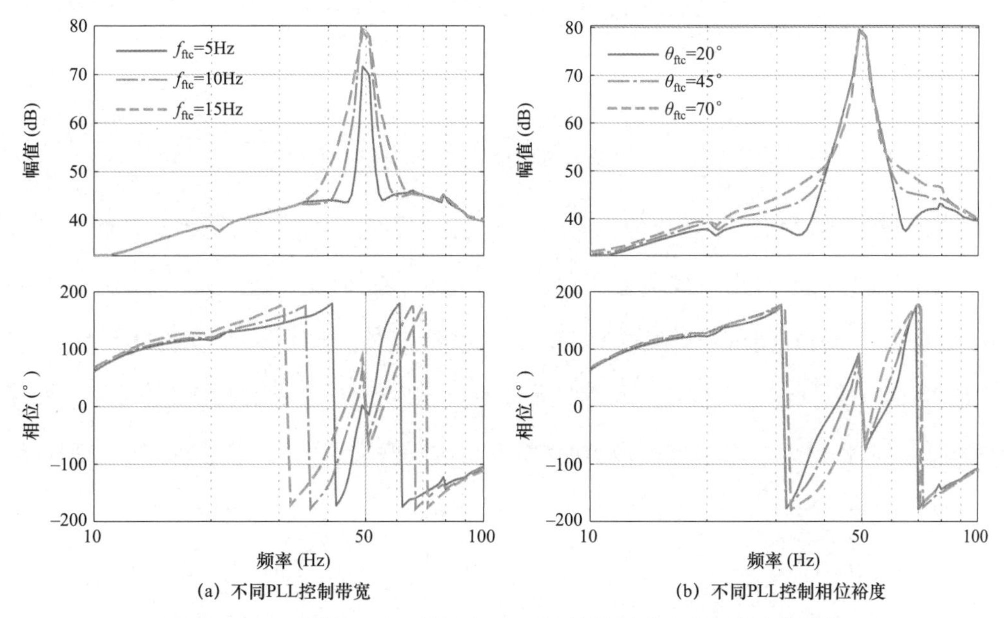

(a) 不同PLL控制带宽　　(b) 不同PLL控制相位裕度

图 10－30　送端 MMC 的 PLL 对阻抗特性影响（联网送出模式）

由图 10－30 可知，联网送出模式下，阻抗存在两个谐振峰，频率分别为 $f_1 - f_{ftc}$ 和 $f_1 + f_{ftc}$。送端 MMC 的 PLL 控制带宽 f_{ftc} 主要影响谐振峰的频率，随着 f_{ftc} 的增大，阻抗幅值增大，且谐振峰离基频的距离增大。此外，在谐振峰附近，阻抗出现负阻尼特性。在 $f_1 - f_{ftc}$ 和 $f_1 + f_{ftc}$ 频率附近，阻抗由感性负阻尼变为容性负阻尼。送端 MMC 的 PLL 控制相位裕度 θ_{ftc} 主要影响 $f_1 - f_{ftc} < f < f_1 + f_{ftc}$ 频段阻尼特性。随着 θ_{ftc} 的增大，谐振峰处阻尼特性提升，阻抗幅值变化更平缓。由此可得，送端 MMC 的 PLL 主要影响 $f_1 - f_{ftc} < f < f_1 + f_{ftc}$ 频段阻抗特性。

10.5.1.2　送端 MMC 交流电流控制对阻抗特性影响分析

与孤岛送出模式下负载不确定性不同，联网送出模式下送端交流电流控制的被控对象为桥臂电感。在旋转坐标系下，交流电流控制回路（联网送出模式）如图 10－31 所示。通过求解开环增益，可得交流电流控制器 $H_{fiac}(s)$ 的控制参数，即

$$\begin{cases} \left| H_{fiac}(s)\dfrac{2V_{dcref}}{R_{farm}+sL_{farm}} \right|_{s=j2\pi f_{fiac}} = 1 \\ \angle\left(H_{fiac}(s)\dfrac{2V_{dcref}}{R_{farm}+sL_{farm}} \right)_{s=j2\pi f_{fiac}} = \theta_{fiac} - \pi \end{cases} \tag{10-113}$$

式中，在送端MMC交流电流控制带宽 f_{fiac} 处开环增益为1，对应的相位裕度为 θ_{fiac} 。

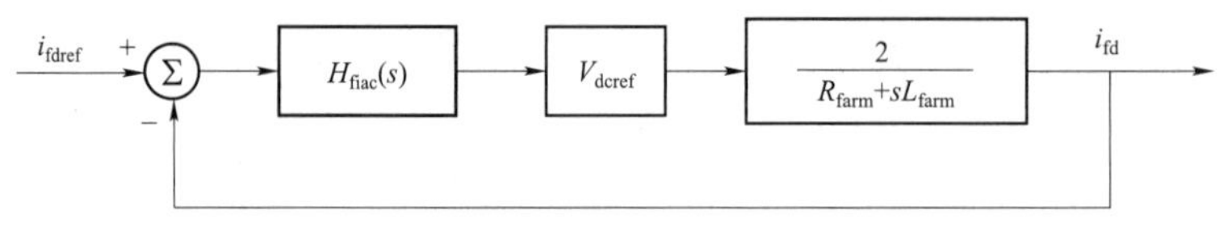

图10－31　交流电流控制回路（联网送出模式）

下面分析送端MMC交流电流控制带宽 f_{fiac} 和控制相位裕度 θ_{fiac} 对阻抗特性影响。首先，固定送端MMC交流电流控制相位裕度 θ_{fiac} 为45°，将其控制带宽 f_{fiac} 分别设置为150、200、250Hz，分析控制带宽对阻抗特性影响；然后，固定送端MMC交流电流控制带宽 f_{fiac} 为200Hz，将其相位裕度 θ_{fiac} 分别设置为30°、45°、60°，分析控制相位裕度对阻抗特性影响。送端MMC交流电流环对阻抗特性影响（联网送出模式）如图10－32所示。

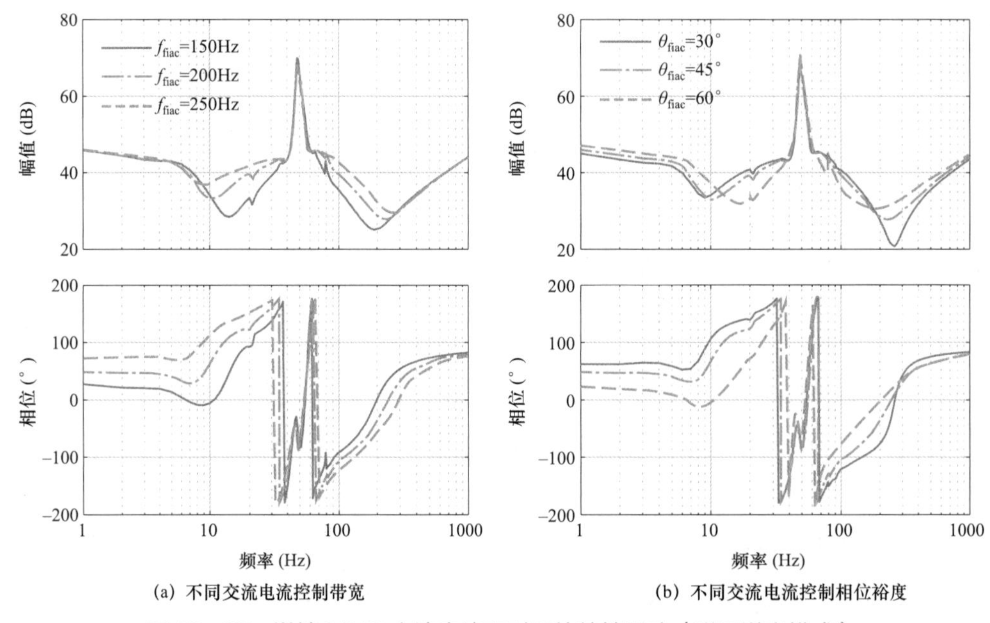

(a) 不同交流电流控制带宽　　(b) 不同交流电流控制相位裕度

图10－32　送端MMC交流电流环对阻抗特性影响（联网送出模式）

由图10－32可知，送端MMC交流电流控制带宽 f_{fiac} 主要影响 $f < f_1 - f_{ftc}$ 和 $f_1 + f_{ftc} < f < f_1 + f_{fiac}$ 频段阻抗特性。随着 f_{fiac} 的增大，$f < f_1 - f_{ftc}$ 和 $f_1 + f_{ftc} < f < f_1 + f_{fiac}$ 频段阻抗幅值增加。此外，阻抗幅值在交流电流控制带宽 $f_1 + f_{fiac}$（静止坐标系下）处存在谐振峰。随着控制带宽的增加，谐振峰频率 $f_1 + f_{fiac}$ 离基频的距离增大，且谐振峰频率阻抗由容性变为感性。送端MMC交流电流控制相位裕度 θ_{fiac} 对 $f < f_1 - f_{ftc}$ 和 $f_1 + f_{ftc} < f < f_1 + f_{fiac}$ 频段阻抗特性均产生影响。随着 θ_{fiac} 的增大，频率

$f_1 + f_{fiac}$处谐振峰阻尼特性增强。

10.5.1.3　送端MMC桥臂电感对阻抗特性影响分析

下面分析送端MMC桥臂电感对阻抗特性影响。固定送端MMC交流电流控制带宽f_{fiac}为150Hz，控制相位裕度θ_{fiac}为45°。在此基础上，将送端MMC桥臂电感L_{farm}分别设置为40、50、60mH，送端MMC桥臂电感对阻抗特性影响（联网送出模式）如图10－33所示。

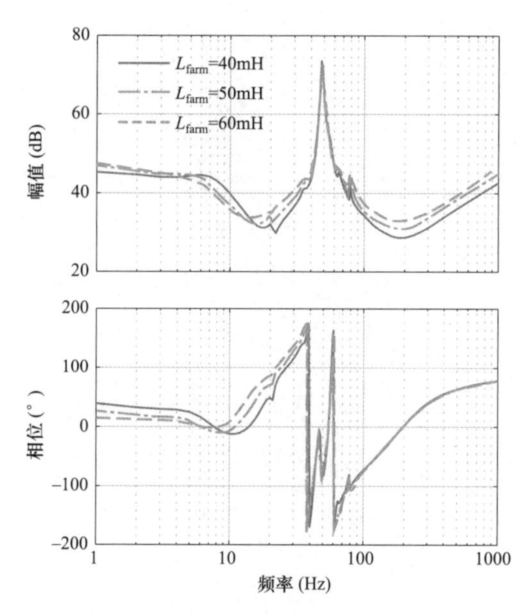

图10－33　送端MMC桥臂电感对阻抗特性影响（联网送出模式）

由图10－33可知，送端MMC桥臂电感主要影响$f < f_1 - f_{ftc}$和$f > f_1 + f_{fiac}$频段阻抗特性。$f > f_1 + f_{fiac}$频段阻抗特性由桥臂电感主导，随着桥臂电感的增大，阻抗幅值随之增大。

10.5.1.4　送端MMC子模块电容对阻抗特性影响分析

下面分析送端MMC子模块电容对阻抗特性影响。固定送端MMC桥臂子模块数量N_f为256，将其子模块电容C_{fsm}分别设置为6、8、10mF，子模块电容对阻抗特性影响（联网送出模式）如图10－34所示。

由图10－34可见，送端MMC子模块电容主要影响$f < f_1 - f_{ftc}$频段阻抗特性。子模块电容和桥臂电感构成无源谐振回路，导致该频段阻抗产生谐振峰。随着子模块容值的增大，谐振峰频率逐渐降低，阻抗幅值和相位变化显著。

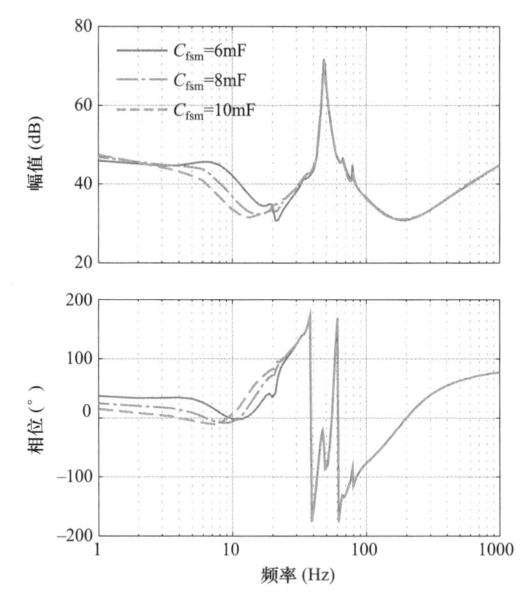

图 10－34　送端 MMC 子模块电容对阻抗特性影响（联网送出模式）

根据上述分析，送端 MMC 交流电流控制、桥臂电感和子模块电容均对 $f < f_1 - f_{ftc}$ 频段阻抗特性产生影响，即 $f < f_1 - f_{ftc}$ 频段阻抗特性受多个控制/环节共同影响。

10.5.1.5　受端 MMC 对阻抗特性影响分析

下面分析受端 MMC 对 LCC－HVDC 送端阻抗特性影响（联网送出模式）。首先，不考虑直流输电线路和受端 MMC（$\boldsymbol{Z}_{fdc}=0$）；然后，考虑直流输电线路而不考虑受端 MMC（$\boldsymbol{Z}_{edc}=0$）；最后，同时考虑直流输电线路和受端 MMC（即 $\boldsymbol{Z}_{fdc}\neq 0$）。上述三种条件下的阻抗特性如图 10－35 所示。

由图 10－35 可知，直流输电线路、受端 MMC 主要影响 $f < f_1 - f_{ftc}$ 频段阻抗特性，而对于 $f > f_1 - f_{ftc}$ 频段阻抗特性影响不显著。当主要考虑基频以上阻抗特性及振荡风险时，可以忽略直流输电线路和受端 MMC。当主要考虑基频以下阻抗特性及振荡风险时，则需要考虑直流输电线路和受端 MMC 对阻抗耦合影响。

10.5.1.6　稳态工作点对阻抗特性影响分析

MMC－HVDC 阻抗模型是基于稳态工作点进行线性化得到的。在运行过程中，输送功率变化导致有功功率稳态工作点变化，阻抗特性也随之改变。下面根据联网送出模式下 MMC－HVDC 阻抗解析模型，分析有功功率稳态工作点对阻抗特性影响。稳态工作点对阻抗特性影响如图 10－36 所示。

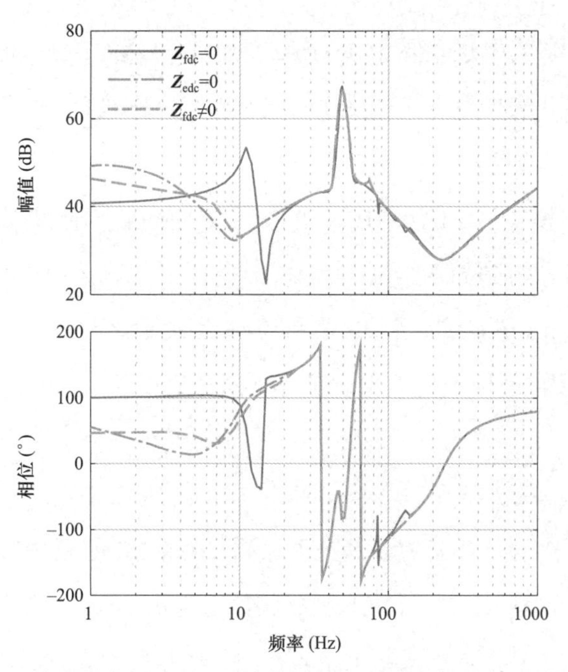

图 10－35　直流输电线路和受端换流站对阻抗特性影响（联网送出模式）

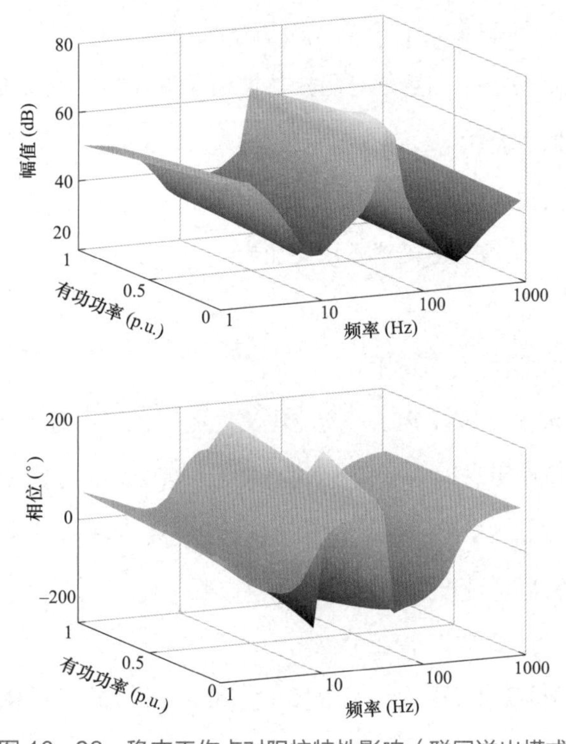

图 10－36　稳态工作点对阻抗特性影响（联网送出模式）

由图 10－36 可知，有功功率稳态工作点主要影响基频以下阻抗特性，对基频以上阻抗特性基本没有影响。当输送功率在0～1p.u.变化时，MMC－HVDC宽频阻抗曲线随频率变化趋势基本一致，表明稳态工作点不影响宽频阻抗频段划分。

10.5.1.7 宽频阻抗频段划分小结

通过对联网送出模式下MMC－HVDC各频段内阻抗主导影响因素分析，可以将宽频阻抗进行频段划分，得到如下结论：

（1）在频段$\mathrm{I}_{\mathrm{MMC}}$（$f < f_1 - f_{\mathrm{ftc}}$），阻抗特性无主导影响因素，受送端MMC交流电流控制、桥臂电感和子模块电容共同影响，同时还受到直流输电线路和受端MMC影响。

（2）在频段$\mathrm{II}_{\mathrm{MMC}}$（$f_1 - f_{\mathrm{ftc}} < f < f_1 + f_{\mathrm{ftc}}$），阻抗特性由送端MMC的PLL控制主导。在$f_1 - f_{\mathrm{ftc}}$、$f_1 + f_{\mathrm{ftc}}$频率附近存在两个谐振峰。送端MMC的PLL控制带宽f_{ftc}越高，谐振峰离基频越远；送端MMC的PLL控制相位裕度θ_{ftc}越大，谐振峰处阻尼特性提升。

（3）在频段$\mathrm{III}_{\mathrm{MMC}}$（$f_1 + f_{\mathrm{ftc}} < f < f_1 + f_{\mathrm{fiac}}$），阻抗特性由送端MMC交流电流控制主导。在交流电流控制带宽$f_1 + f_{\mathrm{fiac}}$（静止坐标系下）存在谐振峰，且谐振峰频率阻抗由容性变为感性。随着控制带宽的增加，阻抗幅值增大。

（4）在频段$\mathrm{IV}_{\mathrm{MMC}}$（$f > f_1 + f_{\mathrm{fiac}}$），阻抗特性由送端MMC桥臂电感主导。桥臂电感越大，阻抗感性特征越明显。

对比孤岛和联网两种送出模式的MMC－HVDC阻抗特性，可知二者阻抗特性的区别主要在于频段$\mathrm{II}_{\mathrm{MMC}}$，孤岛送出模式下由交流电压控制主导，而联网送出模式下由PLL控制主导。

10.5.2 各频段负阻尼特性分析

基于10.5.1分析可知，送端PLL、交流电流控制、桥臂电感对MMC－HVDC不同频段内阻抗特性起主导作用。同一频段内，阻抗特性除受到主导因素影响外，还受到其余控制器/环节重叠影响。本节将针对联网送出模式下，各频段内多控制器/环节频带重叠效应，以及各频段负阻尼特性产生机理进行分析。

10.5.2.1 频段$\mathrm{I}_{\mathrm{MMC}}$负阻尼特性分析

频段$\mathrm{I}_{\mathrm{MMC}}$阻抗特性无主导因素，受到送端MMC交流电流控制、桥臂电感、子模块电容、直流输电线路共同影响。本节分析送端MMC环流控制、受端MMC各控制器对频段$\mathrm{I}_{\mathrm{MMC}}$负阻尼特性影响。

1．送端 MMC 环流控制对负阻尼特性影响分析

下面分析送端 MMC 环流控制对负阻尼特性影响。首先，固定送端 MMC 环流控制相位裕度 θ_{fic} 为 10°，将其控制带宽 f_{fic} 分别设置为 20、40、60Hz，分析控制带宽对阻尼特性影响；然后，固定送端 MMC 环流控制带宽 f_{fic} 为 60Hz，将其相位裕度 θ_{fic} 分别设置为 10°、45°、80°，分析控制相位裕度对阻尼特性影响。送端 MMC 环流控制对频段 I_{MMC} 阻尼特性影响（联网送出模式）如图 10－37 所示。

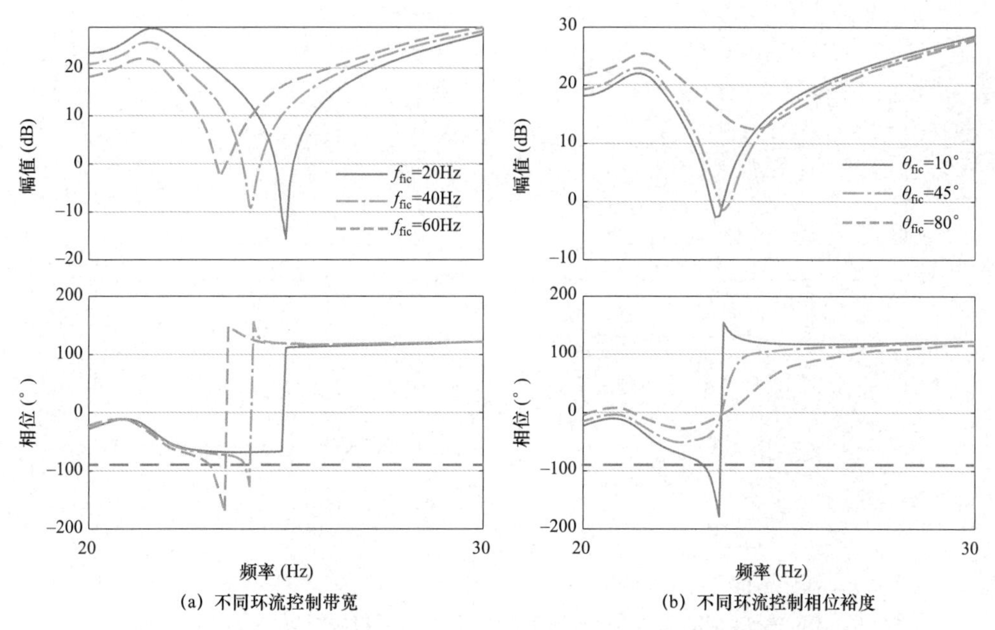

图 10－37　送端 MMC 环流控制对频段 I_{MMC} 阻尼特性影响（联网送出模式）

由图 10－37 可知，送端 MMC 环流控制带宽 f_{fic} 和控制相位裕度 θ_{fic} 均会影响频段 I_{MMC} 阻尼特性。环流控制、交流电流控制和主电路在频段 I_{MMC} 内存在频带重叠效应，导致该频段呈现容性负阻尼特性。随着 f_{fic} 的增大，频段 I_{MMC} 阻尼特性降低，容性负阻尼程度加深，并且负阻尼出现的频率离基频距离增大。随着 θ_{fic} 的降低，该频段容性负阻尼程度也随之加剧。

2．受端 MMC 直流电压环对负阻尼特性影响分析

下面分析受端 MMC 直流电压控制对负阻尼特性影响。首先，固定直流电压控制相位裕度 θ_{vdc} 为 45°，将其控制带宽 f_{vdc} 分别设置为 10、20、30Hz，分析控制带宽对频段 I_{MMC} 阻尼特性影响；然后，固定直流电压控制带宽 f_{vdc} 为 30Hz，将其相位裕度 θ_{vdc} 分别

设置为 20°、45°、70°，分析控制相位裕度对频段 $\mathrm{I_{MMC}}$ 阻尼特性影响。受端 MMC 直流电压环对频段 $\mathrm{I_{MMC}}$ 阻尼特性影响（联网送出模式）如图 10－38 所示。

由图 10－38 可知，随着直流电压控制带宽 f_{vdc} 的增大，负阻尼出现的频率范围离基频的距离增大。随着 f_{vdc} 的增大或 θ_{vdc} 的降低，负阻尼程度将会进一步加剧。分析结果表明，受端 MMC 直流电压控制响应速度越快，受端 MMC 对阻抗特性耦合越明显，会加剧频段 $\mathrm{I_{MMC}}$ 内负阻尼程度。

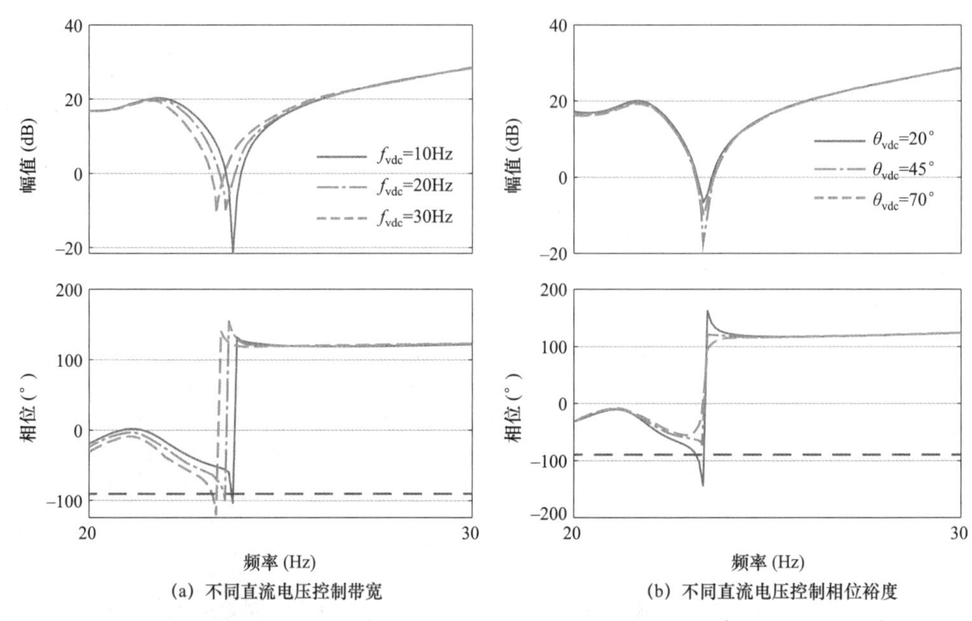

图 10－38 受端 MMC 直流电压环对频段 $\mathrm{I_{MMC}}$ 阻尼特性影响（联网送出模式）

3. 受端 MMC 交流电流环对负阻尼特性影响分析

下面分析受端 MMC 交流电流控制对负阻尼特性影响。首先，固定受端 MMC 交流电流控制相位裕度 θ_{eiac} 为 45°，将其控制带宽 f_{eiac} 分别设置为 100、150、200Hz，分析控制带宽对频段 $\mathrm{I_{MMC}}$ 阻尼特性影响；然后，固定受端 MMC 交流电流控制带宽 f_{eiac} 为 200Hz，将其相位裕度 θ_{eiac} 分别设置为 20°、45°、70°，分析控制相位裕度对频段 $\mathrm{I_{MMC}}$ 阻尼特性影响。受端 MMC 交流电流环对频段 $\mathrm{I_{MMC}}$ 阻尼特性影响（联网送出模式）如图 10－39 所示。

由图 10－39 可知，随着受端 MMC 交流电流控制带宽 f_{eiac} 的增大或控制相位裕度 θ_{eiac} 的减小，频段 $\mathrm{I_{MMC}}$ 负阻尼程度将进一步加剧。分析结果表明，受端 MMC 交流电流控制响应速度越快，受端 MMC 对阻抗特性耦合越明显，会加剧频段 $\mathrm{I_{MMC}}$ 负阻

尼程度。

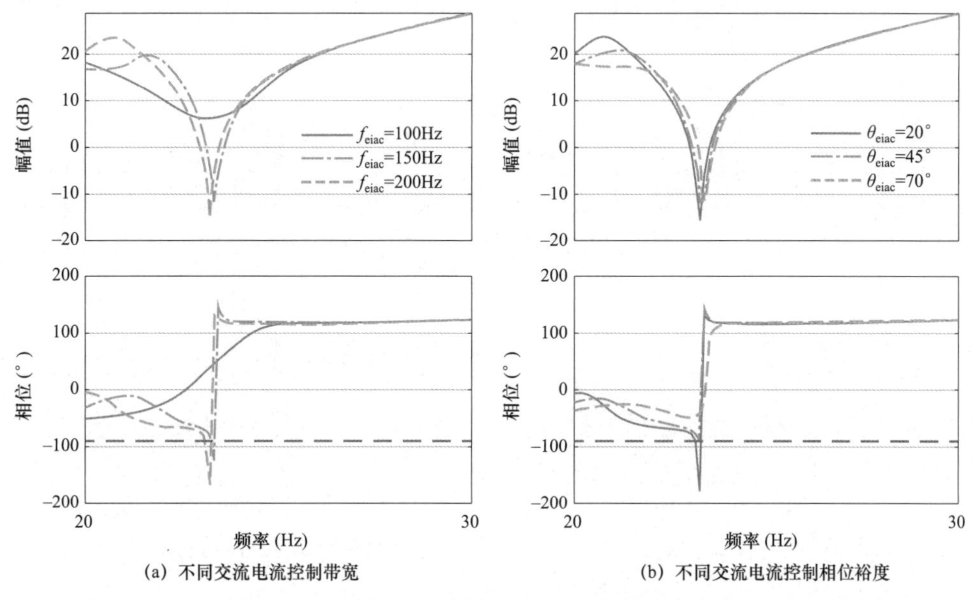

(a) 不同交流电流控制带宽　　(b) 不同交流电流控制相位裕度

图 10－39　受端 MMC 交流电流环对频段 I_{MMC} 阻尼特性影响（联网送出模式）

4．受端 MMC 的 PLL 对负阻尼特性影响分析

下面分析受端 MMC 的 PLL 对频段 I_{MMC} 负阻尼特性影响。首先，固定受端 MMC 的 PLL 控制相位裕度 θ_{etc} 为 45°，将其控制带宽 f_{etc} 分别设置为 10、15、20Hz，分析控制带宽对频段 I_{MMC} 阻尼特性影响；然后，固定受端 MMC 的 PLL 控制带宽 f_{etc} 为 20Hz，将其相位裕度 θ_{etc} 分别设置为 20°、45°、70° 时，分析控制相位裕度对频段 I_{MMC} 阻尼特性影响，受端 MMC 的 PLL 对频段 I_{MMC} 阻尼特性影响（联网送出模式）如图 10－40 所示。

由图 10－40 可知，随着受端 MMC 的 PLL 控制带宽 f_{etc} 降低，频段 I_{MMC} 负阻尼频率范围增加，且负阻尼程度加深。受端 MMC 的 PLL 控制相位裕度 θ_{etc} 对负阻尼特性影响显著，随着 θ_{etc} 的降低，频段 I_{MMC} 内负阻尼程度将进一步加剧。

5. 受端电网 SCR 对负阻尼特性影响分析

下面分析受端电网 SCR 对频段 I_{MMC} 负阻尼特性影响。将受端电网 SCR 分别设置为 2.0、3.0、5.0，受端电网 SCR 对频段 I_{MMC} 阻尼特性影响（联网送出模式）如图 10－41 所示。由图 10－41 可知，受端电网 SCR 的变化，对频段 I_{MMC} 阻抗幅值及负阻尼出现的频率范围产生影响。

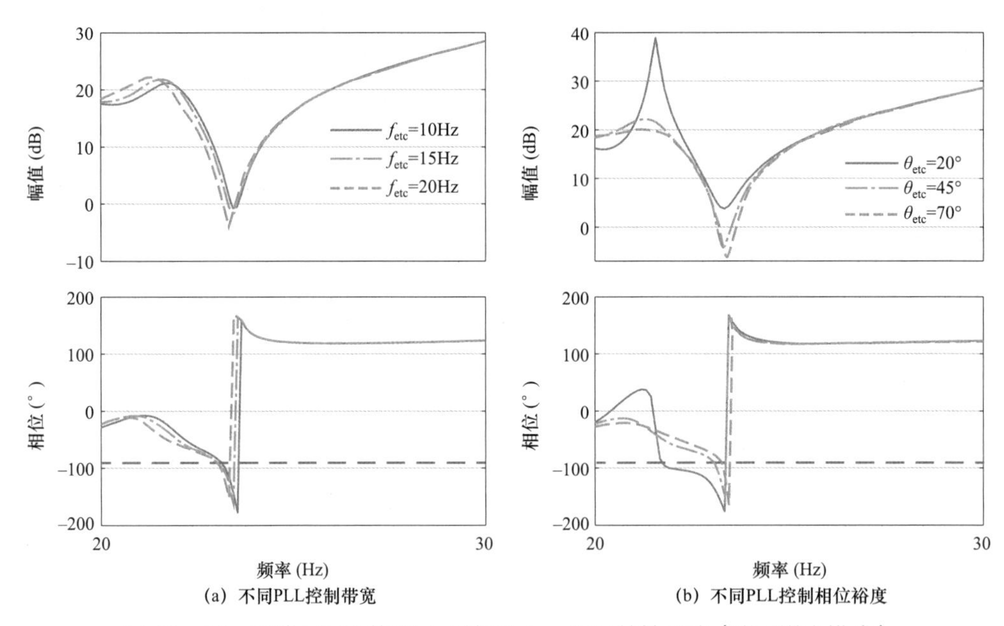

图 10－40　受端 MMC 的 PLL 对频段 I_{MMC} 阻尼特性影响（联网送出模式）

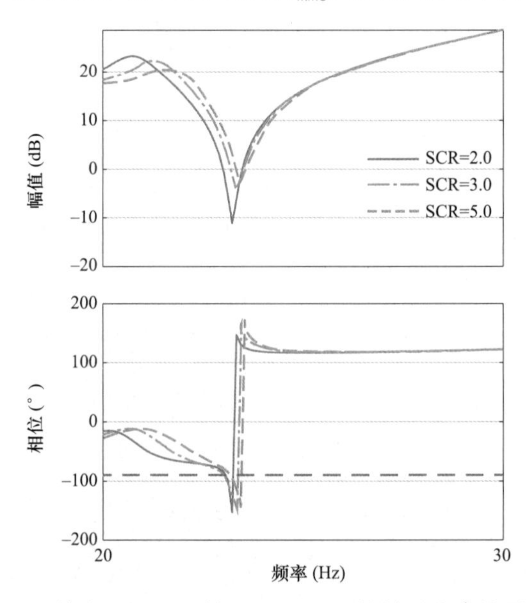

图 10－41　受端电网 SCR 对频段 I_{MMC} 阻尼特性影响（联网送出模式）

10.5.2.2　频段 III_{MMC} 负阻尼特性分析

与孤岛送出模式一样，联网送出模式下频段 III_{MMC} 阻抗特性由送端 MMC 交流电流控制主导，同时还受到通信、调理采样、滤波、数字控制等环节所引入延时的影响。本节分析延时对频段 III_{MMC} 负阻尼特性影响。

固定送端 MMC 交流电流控制带宽 f_{fiac} 为 200Hz，其相位裕度 θ_{fiac} 为 20°，将延时 T_s

分别设置为 0、100、200μs，延时对频段Ⅲ$_{MMC}$阻尼特性影响（联网送出模式）如图 10－42 所示。

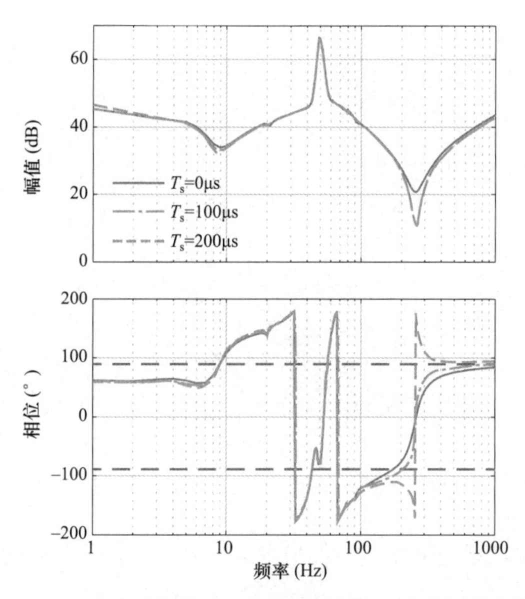

图 10－42　延时对频段Ⅲ$_{MMC}$阻尼特性影响（联网送出模式）

由图 10－42 可知，延时主要影响送端 MMC 交流电流控制带宽 f_1+f_{fiac}（静止坐标系下）附近阻抗特性。两者频带重叠效应导致该频率附近先后产生容性负阻尼和感性负阻尼特性，且随着延时的增大，负阻尼程度将进一步加剧。

10.5.2.3　频段Ⅳ$_{MMC}$负阻尼特性分析

频段Ⅳ$_{MMC}$内阻抗特性由送端 MMC 桥臂电感主导，还受到通信、调理采样、滤波、数字控制等环节所引入延时的影响。本节分析延时对频段Ⅳ$_{MMC}$负阻尼特性影响。

固定送端 MMC 桥臂电感不变，将延时 T_s 分别设置为 0、100、200μs，延时对频段Ⅳ$_{MMC}$阻尼特性影响（联网送出模式）如图 10－43 所示。由图 10－43 可知，延时与送端 MMC 桥臂电感在频段Ⅳ$_{MMC}$内存在频带重叠效应，导致该频段出现感性负阻尼特性，且随着延时的增大，感性负阻尼程度将进一步加剧。

10.5.2.4　各频段负阻尼特性分析小结

通过对联网送出模式下 MMC－HVDC 在各频段内负阻尼特性分析，可得到如下结论：

（1）在频段Ⅰ$_{MMC}$（$f < f_1 - f_{ftc}$），阻抗受到送端 MMC 交流电流控制、桥臂电感、

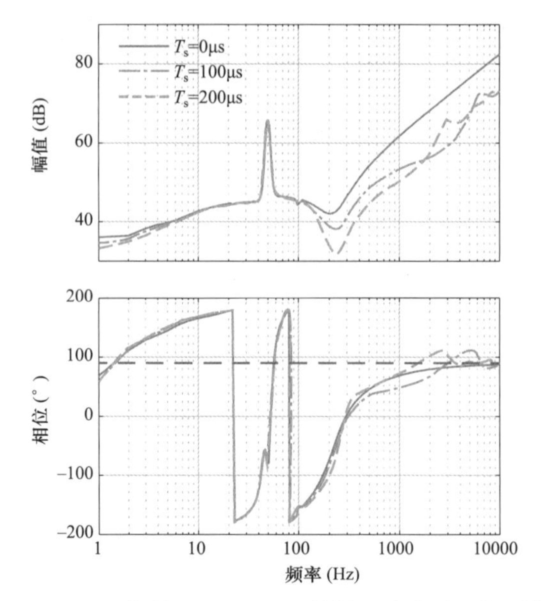

图 10-43　延时对频段Ⅳ$_{MMC}$阻尼特性影响（联网送出模式）

子模块电容、直流输电线路影响，还受到送端 MMC 环流控制影响。环流控制与桥臂电感的频带重叠效应导致该频段产生容性负阻尼。随着环流控制带宽的增大或控制相位裕度的减小，负阻尼程度将进一步加剧。此外，该频段阻抗还受到受端 MMC 及受端电网 SCR 的影响。受端 MMC 直流电压控制带宽或交流电流控制带宽的增大，负阻尼程度将进一步加剧。

（2）在频段Ⅲ$_{MMC}$（$f_1 + f_{ftc} < f < f_1 + f_{fiac}$），阻抗特性由送端 MMC 交流电流控制主导。延时与交流电流控制的频带重叠效应，导致在送端 MMC 交流电流控制带宽 $f_1 + f_{fiac}$（静止坐标系下）附近阻抗呈现容性负阻尼。随着延时的增大，容性负阻尼程度将进一步加剧。

（3）在频段Ⅳ$_{MMC}$（$f > f_1 + f_{fiac}$），阻抗特性由送端 MMC 桥臂电感主导。延时与送端 MMC 桥臂电感的频带重叠效应，导致该频段呈现感性负阻尼。随着延时的增大，感性负阻尼程度将进一步加剧。

第3篇　新能源并网系统宽频振荡分析

新能源发电接入电网的方式分为交流和直流两种，其中交流方式又可分为纯交流线路和加装串补的交流线路，直流方式又可分为基于电网换相换流器的高压直流（line commutated converter-based high voltage direct current，LCC－HVDC）和基于模块化多电平换流器的高压直流（modular multilevel converter-based high voltage direct current，MMC－HVDC）两类。本篇将围绕新能源发电多送出场景，针对系统振荡耦合频率多、振荡主导因素定位难、振荡机理不清等问题，提出新能源并网系统在不同频段内振荡主导因素的确定方法，揭示新能源并网系统宽频振荡机理。

第 11 章为新能源场站阻抗建模及特性分析。基于新能源场站的典型结构，建立考虑汇集线路、变压器等元件的新能源场站阻抗网络模型，并分析新能源场站阻抗特性的影响因素。

第 12 章为新能源发电经交流送出系统宽频振荡分析。基于新能源发电和交流弱电网/串补线路阻抗模型，提出新能源发电经交流弱电网、串补线路不同送出场景下系统阻抗频段划分方法。分析不同频段内参与振荡的主导因素，揭示系统宽频振荡机理。

第 13 章为新能源发电经直流送出系统宽频振荡分析。基于新能源发电和直流输电系统阻抗模型，提出新能源发电经 LCC－HVDC、MMC－HVDC 不同送出场景下系统阻抗频段划分方法。分析不同频段内参与振荡的主导因素，揭示系统宽频振荡机理。

第 11 章　新能源场站阻抗建模及特性分析

新能源场站通常包括数十台到上千台新能源发电单元，以及架空输电线路或电缆、箱式变压器和场站升压变压器等汇集网络元件。在新能源场站并网振荡分析的相关文献中，大多将同类型新能源发电单元等值为单台装置，汇集线路和变压器等值为聚合阻抗，忽略了场站内不同装置之间通过汇集网络阻抗产生的交互作用。

本章首先介绍新能源场站的典型结构与汇集系统模型，分别建立汇集线路、变压器等元件的阻抗模型；其次，提出基于受控电流源的新能源发电单元频率耦合特性表征方式，建立新能源场站的频率耦合阻抗网络模型；然后，提出新能源场站等值阻抗模型解析表达式[1]，以及实用计算方法；最后，基于典型配置的新能源场站模型，分析新能源场站阻抗特性的影响因素。

11.1　新能源场站的典型结构与汇集系统模型

11.1.1　新能源场站的典型结构

风电场和光伏（photovoltaic，PV）电站的典型结构与组成分别如图 11－1 和图 11－2 所示，一般包括风电机组/PV 发电单元、升压变压器、汇集线路、无功补偿装置等。风电机组/PV 发电单元经升压变压器接入 10kV/35kV 中压汇集线路，每条汇集线路一般串联接入多台机组/单元（图 11－1 和图 11－2 中为 n 台），多条汇集线路（图 11－1 和图 11－2 中为 k 条）接入场站中压母线后经主变压器升压至 110kV/220kV/330kV，再接入电网。

对于规模较大的新能源场站，可能采用多台主变压器带多条汇集母线并列送出的结构。部分承担汇集功能的新能源场站升压站会采用三绕组变压器，如图 11－3 所示。高

[1] 本章介绍的新能源场站阻抗建模方法适用于由 PMSG、DFIG、PV、储能所构成的单一类型和多类型混合的新能源场站。

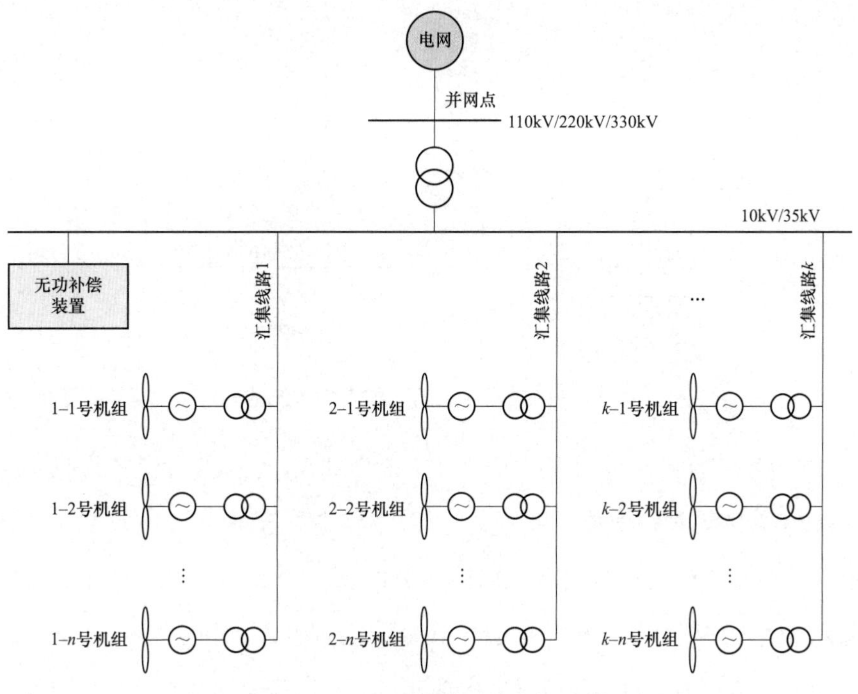

图 11－1　风电场典型结构与组成

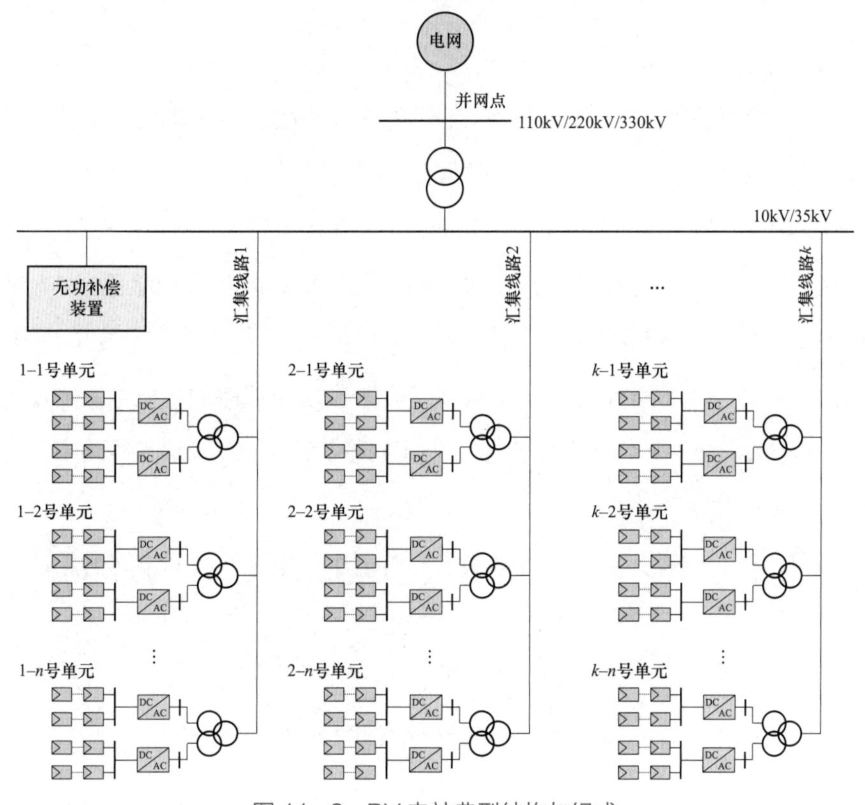

图 11－2　PV 电站典型结构与组成

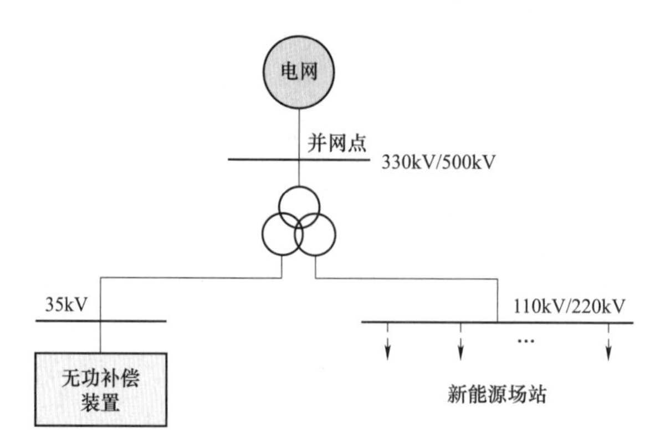

图 11－3　多个新能源场站汇集系统结构

压侧一般为 330kV/500kV；中压侧一般为 110kV/220kV，汇集多个新能源场站；低压侧一般为 35kV，接入无功补偿装置。

参照新能源发电单元及其他装置的阻抗特性定义，将新能源场站的阻抗特性定义为以场站并网点为端口的小信号电压扰动与小信号电流响应之间的关系。显然，新能源场站的阻抗特性不仅与场站内的新能源发电单元有关，还与无功补偿等其他装置及汇集网络有关。

11.1.2　汇集线路模型

新能源场站的汇集线路一般采用架空输电线路或电缆。架空输电线路和电缆的参数除与型号规格有关外，还与架设和敷设条件等外部因素有密切联系，工程中可通过理论计算或实测获取其参数。本节针对架空输电线路介绍应用于阻抗建模与分析的模型及参数。

设长度为 l 的架空输电线路，其参数沿线均匀分布，单位长度的阻抗和导纳分别为 $\boldsymbol{Z}_0 = r_0 + \mathrm{j}\omega L_0$，$\boldsymbol{Y}_0 = g_0 + \mathrm{j}\omega C_0$，式中：$r_0$、$L_0$、$g_0$、$C_0$ 分别为单位长度的电阻、电感、电导、电容。在距末端 x 处取长度为 $\mathrm{d}x$ 的微元，架空输电线路的等值电路如图 11－4 所示，图中，$\boldsymbol{V}_{\mathrm{L1}}$、$\boldsymbol{I}_{\mathrm{L1}}$ 分别为线路首端电压、电流向量；$\boldsymbol{V}_{\mathrm{L2}}$、$\boldsymbol{I}_{\mathrm{L2}}$ 分别为线路末端电压、电流向量。

建立线路的微分方程并求解，可得线路首端电压、电流与线路末端电压、电流的关系，即

$$\begin{cases} \boldsymbol{V}_{\mathrm{L1}} = \boldsymbol{V}_{\mathrm{L2}} \cosh(\boldsymbol{\gamma} l) + \boldsymbol{I}_{\mathrm{L2}} \boldsymbol{Z}_{\mathrm{C}} \sinh(\boldsymbol{\gamma} l) \\ \boldsymbol{I}_{\mathrm{L1}} = \dfrac{\boldsymbol{V}_{\mathrm{L2}}}{\boldsymbol{Z}_{\mathrm{C}}} \sinh(\boldsymbol{\gamma} l) + \boldsymbol{I}_{\mathrm{L2}} \cosh(\boldsymbol{\gamma} l) \end{cases} \tag{11－1}$$

式中：$\boldsymbol{\gamma}$ 为架空输电线路的传播系数；$\boldsymbol{Z}_{\mathrm{C}}$ 为架空输电线路的特性阻抗，两者均为与频率

有关的参数。

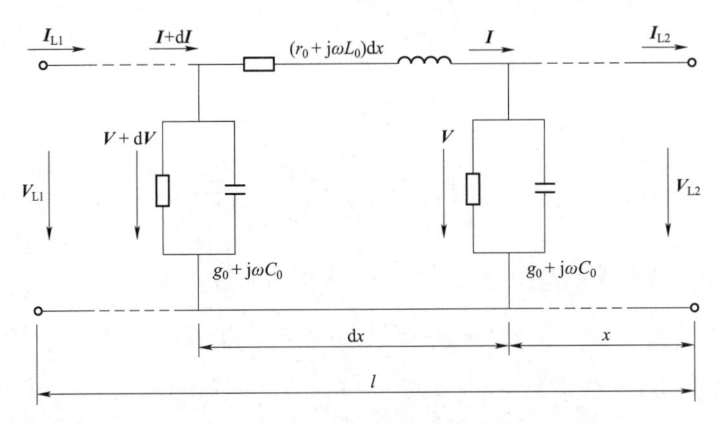

图 11－4　架空输电线路的等值电路

$$Z_C(f)=\sqrt{\frac{r_0+j2\pi fL_0}{g_0+j2\pi fC_0}} \tag{11-2}$$

$$\gamma(f)=\sqrt{(g_0+j2\pi fC_0)(r_0+j2\pi fL_0)} \tag{11-3}$$

由式（11－1），可建立线路的 Π 型集中参数等值电路，如图 11－5 所示。

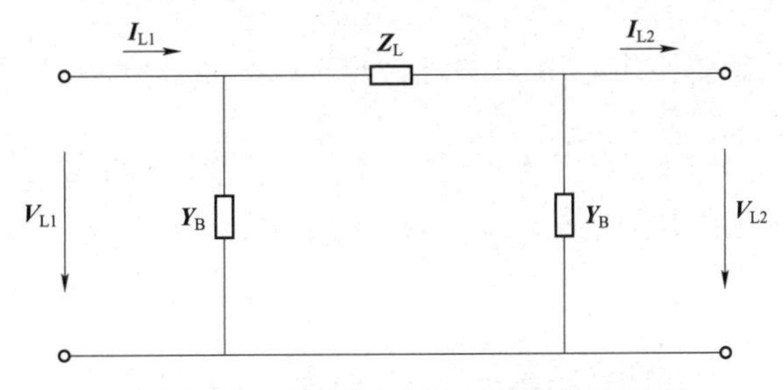

图 11－5　线路的 Π 型集中参数等值电路

图 11－5 中，Z_L 和 Y_B 分别为架空输电线路 Π 型等值电路的阻抗和导纳。

$$Z_L=Z_C\sinh\gamma l \tag{11-4}$$

$$Y_B=\frac{\cosh\gamma l-1}{Z_C\sinh\gamma l} \tag{11-5}$$

于是，式（11－1）可改写为

$$\begin{cases}V_{L1}=(1+Z_LY_B)V_{L2}+Z_LI_{L2}\\ I_{L1}=(2Y_B+Y_BZ_LY_B)V_{L2}+(1+Y_BZ_L)I_{L2}\end{cases} \tag{11-6}$$

输电线路一般为三相对称的无源元件，因此其三相正序和负序等值电路模型均可采用图 11－5 描述，且不存在控制引起的正、负序频率耦合特性。但为保证系统分析时模型结构的一致性，参照新能源发电单元及其他装置的阻抗模型形式，定义输电线路的阻抗矩阵$\boldsymbol{Z}_{\mathrm{Lpn}}$和导纳矩阵$\boldsymbol{Y}_{\mathrm{Bpn}}$，分别为

$$\boldsymbol{Z}_{\mathrm{Lpn}}=\begin{bmatrix}\boldsymbol{Z}_{\mathrm{L}}^{\mathrm{pp}} & \boldsymbol{Z}_{\mathrm{L}}^{\mathrm{np}}\\ \boldsymbol{Z}_{\mathrm{L}}^{\mathrm{pn}} & \boldsymbol{Z}_{\mathrm{L}}^{\mathrm{nn}}\end{bmatrix} \tag{11-7}$$

$$\boldsymbol{Y}_{\mathrm{Bpn}}=\begin{bmatrix}\boldsymbol{Y}_{\mathrm{B}}^{\mathrm{pp}} & \boldsymbol{Y}_{\mathrm{B}}^{\mathrm{np}}\\ \boldsymbol{Y}_{\mathrm{B}}^{\mathrm{pn}} & \boldsymbol{Y}_{\mathrm{B}}^{\mathrm{nn}}\end{bmatrix} \tag{11-8}$$

式中：$\boldsymbol{Z}_{\mathrm{L}}^{\mathrm{pp}}$和$\boldsymbol{Z}_{\mathrm{L}}^{\mathrm{nn}}$分别为线路在频率$f_{\mathrm{p}}$下的正序阻抗和在频率$f_{\mathrm{p}}-2f_{1}$下的负序阻抗，可根据式（11－4）计算；$\boldsymbol{Z}_{\mathrm{L}}^{\mathrm{pn}}$和$\boldsymbol{Z}_{\mathrm{L}}^{\mathrm{np}}$分别为线路在频率$f_{\mathrm{p}}$的正序和频率$f_{\mathrm{p}}-2f_{1}$的负序之间的耦合阻抗；$\boldsymbol{Y}_{\mathrm{B}}^{\mathrm{pp}}$和$\boldsymbol{Y}_{\mathrm{B}}^{\mathrm{nn}}$分别为线路在频率$f_{\mathrm{p}}$下的正序导纳和频率$f_{\mathrm{p}}-2f_{1}$下的负序导纳，可根据式（11－5）计算；$\boldsymbol{Y}_{\mathrm{B}}^{\mathrm{pn}}$和$\boldsymbol{Y}_{\mathrm{B}}^{\mathrm{np}}$分别为线路在频率$f_{\mathrm{p}}$的正序和频率$f_{\mathrm{p}}-2f_{1}$的负序之间的耦合导纳。

于是，线路首端和末端的小信号电压和电流关系可描述为

$$\begin{cases}\hat{\boldsymbol{v}}_{\mathrm{L1}}=(\boldsymbol{U}+\boldsymbol{Z}_{\mathrm{Lpn}}\boldsymbol{Y}_{\mathrm{Bpn}})\hat{\boldsymbol{v}}_{\mathrm{L2}}+\boldsymbol{Z}_{\mathrm{Lpn}}\hat{\boldsymbol{i}}_{\mathrm{L2}}\\ \hat{\boldsymbol{i}}_{\mathrm{L1}}=(2\boldsymbol{Y}_{\mathrm{Bpn}}+\boldsymbol{Y}_{\mathrm{Bpn}}\boldsymbol{Z}_{\mathrm{Lpn}}\boldsymbol{Y}_{\mathrm{Bpn}})\hat{\boldsymbol{v}}_{\mathrm{L2}}+(\boldsymbol{U}+\boldsymbol{Y}_{\mathrm{Bpn}}\boldsymbol{Z}_{\mathrm{Lpn}})\hat{\boldsymbol{i}}_{\mathrm{L2}}\end{cases} \tag{11-9}$$

式中：$\hat{\boldsymbol{v}}_{\mathrm{L1}}=\left[\hat{\boldsymbol{v}}_{\mathrm{1p}},\hat{\boldsymbol{v}}_{\mathrm{1n}}\right]^{\mathrm{T}}$和$\hat{\boldsymbol{v}}_{\mathrm{L2}}=\left[\hat{\boldsymbol{v}}_{\mathrm{2p}},\hat{\boldsymbol{v}}_{\mathrm{2n}}\right]^{\mathrm{T}}$分别为线路首、末端的小信号电压向量，其中$\hat{\boldsymbol{v}}_{\mathrm{1p}}$和$\hat{\boldsymbol{v}}_{\mathrm{2p}}$分别为频率$f_{\mathrm{p}}$下的一、二次侧正序小信号电压分量，$\hat{\boldsymbol{v}}_{\mathrm{1n}}$和$\hat{\boldsymbol{v}}_{\mathrm{2n}}$分别为频率$f_{\mathrm{p}}-2f_{1}$下的一、二次侧负序小信号电压分量；$\hat{\boldsymbol{i}}_{\mathrm{L1}}=\left[\hat{\boldsymbol{i}}_{\mathrm{1p}},\hat{\boldsymbol{i}}_{\mathrm{1n}}\right]^{\mathrm{T}}$和$\hat{\boldsymbol{i}}_{\mathrm{L2}}=\left[\hat{\boldsymbol{i}}_{\mathrm{2p}},\hat{\boldsymbol{i}}_{\mathrm{2n}}\right]^{\mathrm{T}}$分别为线路首、末端的小信号电流向量。

为验证上述模型的有效性，建立如图 11－6 所示的 35kV 输电线路阻抗仿真扫描模型，对新能源场站普遍采用的 35kV 电压等级架空输电线路的阻抗特性进行仿真扫描验证，LGJ－120/20 型号汇集线路仿真参数如表 11－1 所示。首端接入 35kV 理想电压源，并串联接入小信号电压扰动源，线路末端接入负载阻抗$\boldsymbol{Z}_{\mathrm{o}}$，$\boldsymbol{Z}_{\mathrm{o}}=10\Omega$。整理式（11－9）可得

$$\hat{\boldsymbol{v}}_{\mathrm{L1}}=\left[(\boldsymbol{U}+\boldsymbol{Z}_{\mathrm{Lpn}}\boldsymbol{Y}_{\mathrm{Bpn}})\boldsymbol{Z}_{\mathrm{o}}+\boldsymbol{Z}_{\mathrm{Lpn}}\right]\left[(2\boldsymbol{Y}_{\mathrm{Bpn}}+\boldsymbol{Y}_{\mathrm{Bpn}}\boldsymbol{Z}_{\mathrm{Lpn}}\boldsymbol{Y}_{\mathrm{Bpn}})\boldsymbol{Z}_{\mathrm{o}}+(\boldsymbol{U}+\boldsymbol{Y}_{\mathrm{Bpn}}\boldsymbol{Z}_{\mathrm{Lpn}})\right]^{-1}\hat{\boldsymbol{i}}_{\mathrm{L1}} \tag{11-10}$$

令$\boldsymbol{Z}_{\mathrm{1pn}}$为线路首端的端口阻抗

$$\boldsymbol{Z}_{\mathrm{1pn}}=\begin{bmatrix}\boldsymbol{Z}_{1}^{\mathrm{pp}} & \boldsymbol{Z}_{1}^{\mathrm{np}}\\ \boldsymbol{Z}_{1}^{\mathrm{pn}} & \boldsymbol{Z}_{1}^{\mathrm{nn}}\end{bmatrix} \tag{11-11}$$

$$\hat{\boldsymbol{v}}_{\mathrm{L1}}=\boldsymbol{Z}_{\mathrm{1pn}}\hat{\boldsymbol{i}}_{\mathrm{L1}} \tag{11-12}$$

即对阻抗矩阵$\boldsymbol{Z}_{\mathrm{1pn}}$的元素进行扫描验证。

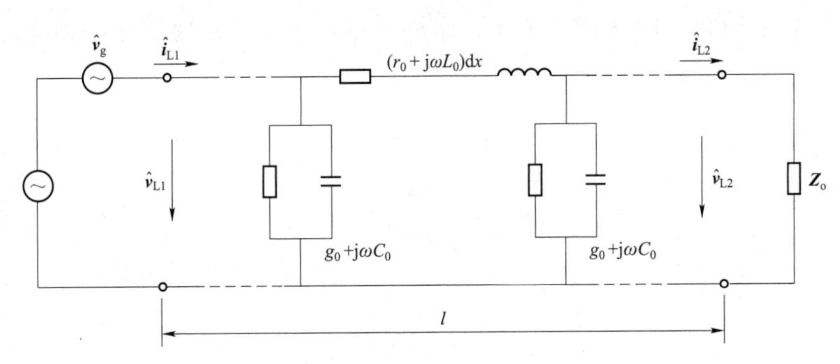

图 11－6　35kV 输电线路阻抗仿真扫描模型示意图

表 11－1　　新能源场站 LGJ－120/20 型号汇集线路仿真参数

仿真参数	标称截面积（mm²）	电阻率（Ω·mm²/km）	相间距离（m）	导线高度（m）	线路长度（km）
仿真值	134.49	31.2	2.0	15.0	20.0

新能源场站汇集线路阻抗的计算结果和仿真扫描结果如图 11－7 所示，图 11－7（a）给出了正序阻抗 $\boldsymbol{Z}_1^{pp}$ 和负序阻抗 $\boldsymbol{Z}_1^{nn}$ 的计算结果（用曲线表示）和仿真扫描结果（用离散点表示），可以看出，计算和仿真扫描结果基本一致。在 100Hz 以下的低频段，35kV 汇集线路阻抗主要呈现阻感性，随着频率的增大，电感特性逐渐增强，汇集线路的谐振点在 3700Hz 左右。图 11－7（b）给出了耦合阻抗 $\boldsymbol{Z}_1^{pn}$ 和 $\boldsymbol{Z}_1^{np}$ 的仿真扫描结果，

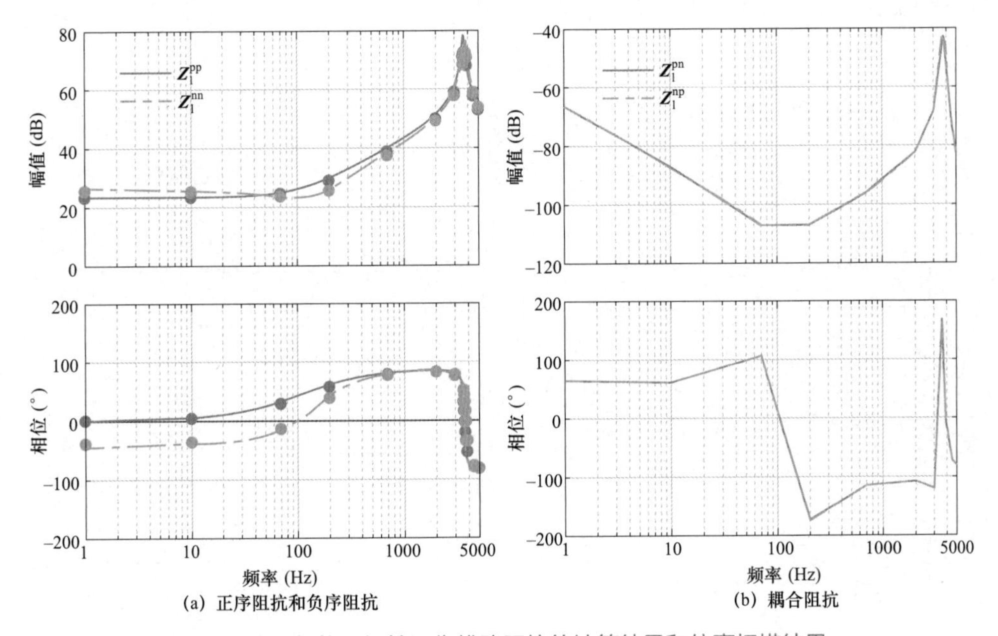

图 11－7　新能源场站汇集线路阻抗的计算结果和仿真扫描结果

可以看出，耦合阻抗的幅值远小于正、负序阻抗，因此，汇集线路的耦合阻抗特性可忽略。

由此，式（11－7）和式（11－8）所示的阻抗和导纳矩阵模型可简化为

$$\boldsymbol{Z}_{\text{Lpn}}=\begin{bmatrix}\boldsymbol{Z}_{\text{L}}^{\text{pp}} & 0\\ 0 & \boldsymbol{Z}_{\text{L}}^{\text{nn}}\end{bmatrix} \tag{11-13}$$

$$\boldsymbol{Y}_{\text{Bpn}}=\begin{bmatrix}\boldsymbol{Y}_{\text{B}}^{\text{pp}} & 0\\ 0 & \boldsymbol{Y}_{\text{B}}^{\text{nn}}\end{bmatrix} \tag{11-14}$$

为方便以节点导纳矩阵描述网络特性，这里以导纳形式描述线路阻抗，即

$$\boldsymbol{Y}_{\text{Lpn}}=\boldsymbol{Z}_{\text{Lpn}}^{-1}=\begin{bmatrix}\boldsymbol{Y}_{\text{L}}^{\text{pp}} & 0\\ 0 & \boldsymbol{Y}_{\text{L}}^{\text{nn}}\end{bmatrix} \tag{11-15}$$

对于短距离的中、低压架空输电线路，可将其阻抗与导纳采用简化传播特性的Π型电路等值模型，即

$$\boldsymbol{Z}_{\text{L}}=(r_0+\text{j}2\pi fL_0)\cdot l \tag{11-16}$$

$$\boldsymbol{Y}_{\text{B}}=\frac{(g_0+\text{j}2\pi fC_0)\cdot l}{2} \tag{11-17}$$

或者，进一步忽略导纳$\boldsymbol{Y}_{\text{B}}$，只保留线路阻抗$\boldsymbol{Z}_{\text{L}}$。

图11－8给出了线路详细模型与简化模型的对比结果，可以看出，在2000Hz以

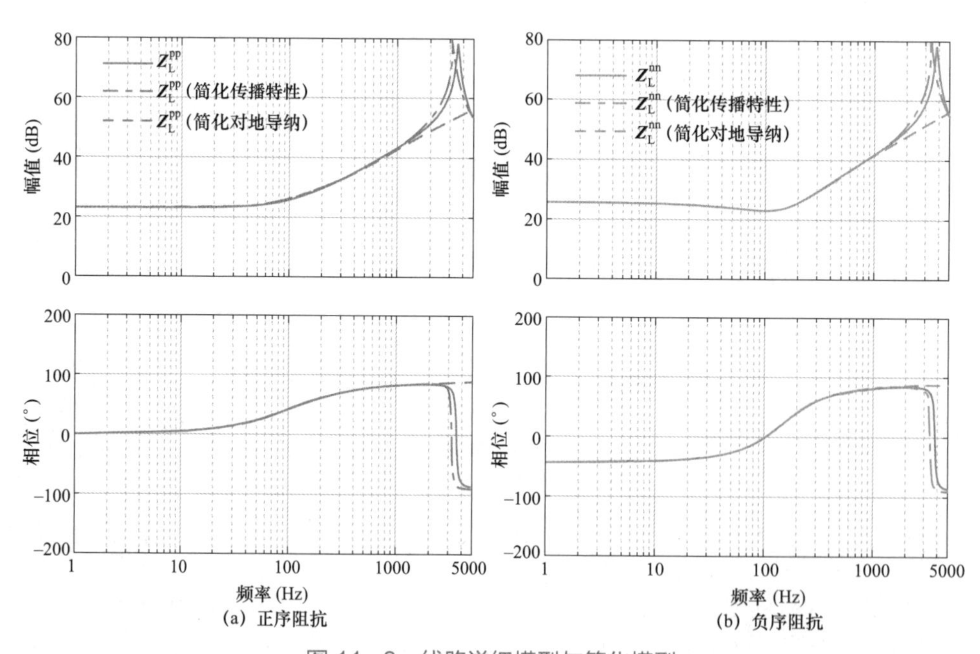

图11－8　线路详细模型与简化模型

下频段，简化模型能够准确描述新能源场站 35kV 汇集线路的阻抗特性。

11.1.3　变压器模型

新能源场站内的变压器主要包括发电单元的箱式变压器和场站的主变压器，风电机组箱式变压器通常采用双绕组变压器，PV 发电单元箱式变压器和场站主变压器根据容量和接线方式不同，双绕组和三绕组变压器均有采用。本节以双绕组变压器为例介绍应用于阻抗建模与分析的模型及参数。

双绕组变压器的等值电路一般将变压器二次绕组的电阻和漏抗折算到一次绕组侧并和一次绕组的电阻和漏抗合并，用等值阻抗 $R_T + jX_T$ 表示，将励磁支路折算到一次绕组侧，用等值导纳 $G_T - jB_T$ 表示，如图 11-9 所示。

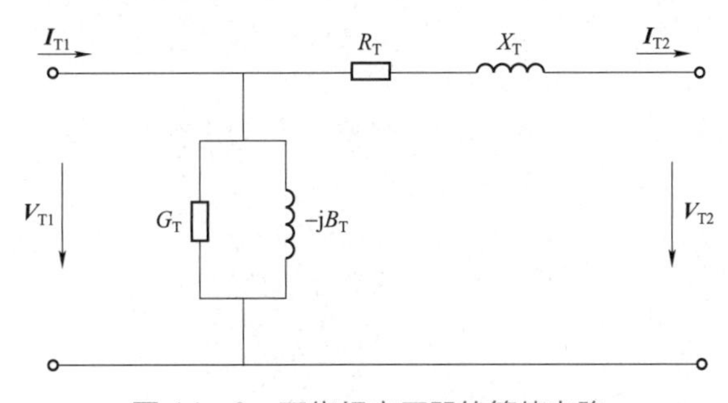

图 11-9　双绕组变压器的等值电路

变压器等值电路参数一般包括电阻 R_T、电抗 X_T、电导 G_T 和电纳 B_T，这些参数可以从出厂铭牌上的 4 个试验数据计算得到，包括短路损耗 ΔP_S、短路电压 $V_S\%$、空载损耗 ΔP_0、空载电流 $I_0\%$，其中，前两个数据由短路试验得到，用以确定 R_T 和 X_T，后两个数据由空载试验得到，用以确定 G_T 和 B_T。具体计算公式为

$$R_T = \frac{\Delta P_S V_N^2}{S_N^2} \times 10^3 \tag{11-18}$$

$$X_T = \frac{V_S\%}{100} \times \frac{V_N^2}{S_N} \times 10^3 \tag{11-19}$$

$$G_T = \frac{\Delta P_0}{V_N^2} \times 10^{-3} \tag{11-20}$$

$$B_T = \frac{I_0\%}{100} \times \frac{S_N}{V_N^2} \times 10^{-3} \tag{11-21}$$

式中：S_N 为变压器三相额定容量，kVA；V_N 为变压器额定线电压，kV；ΔP_S 和 ΔP_0 分别

为短路损耗和空载损耗，kW；R_T 和 X_T 分别为电阻和电抗，Ω；G_T 和 B_T 分别为电导和电纳，S。

若忽略铁芯的磁化饱和特性，变压器的等值电路可表示为图 11－10 所示的Γ型等值电路，图中，$\boldsymbol{Z}_T = R_T + j\omega L_T$，$\boldsymbol{Y}_T = G_T - j\omega C_T$，$L_T = X_T / \omega_1$，$C_T = B_T / \omega_1$。

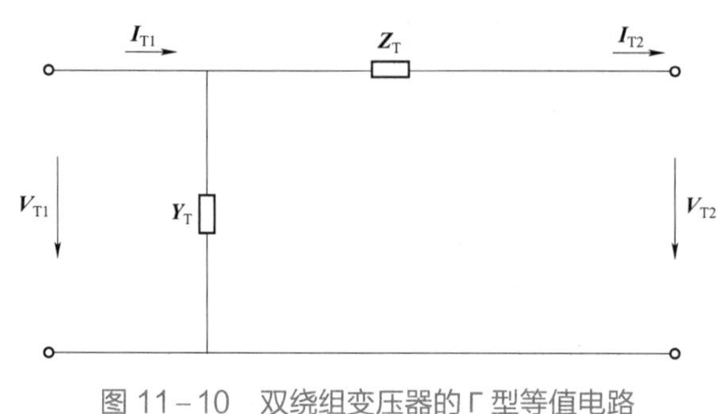

图 11－10　双绕组变压器的Γ型等值电路

参照输电线路的阻抗模型形式，双绕组变压器的阻抗矩阵 $\boldsymbol{Z}_{Tpn}$ 和导纳矩阵 $\boldsymbol{Y}_{Tpn}$ 分别表示为

$$\boldsymbol{Z}_{Tpn} = \begin{bmatrix} \boldsymbol{Z}_T^{pp} & \boldsymbol{Z}_T^{np} \\ \boldsymbol{Z}_T^{pn} & \boldsymbol{Z}_T^{nn} \end{bmatrix} \tag{11-22}$$

$$\boldsymbol{Y}_{Tpn} = \begin{bmatrix} \boldsymbol{Y}_T^{pp} & \boldsymbol{Y}_T^{np} \\ \boldsymbol{Y}_T^{pn} & \boldsymbol{Y}_T^{nn} \end{bmatrix} \tag{11-23}$$

式中：$\boldsymbol{Z}_T^{pp}$ 和 $\boldsymbol{Z}_T^{nn}$ 分别为变压器在频率 f_p 下的正序阻抗和频率 f_p-2f_1 下的负序阻抗；$\boldsymbol{Z}_T^{pn}$ 和 $\boldsymbol{Z}_T^{np}$ 分别为变压器在频率 f_p 下的正序和在频率 f_p-2f_1 下的负序之间的耦合阻抗；$\boldsymbol{Y}_T^{pp}$ 和 $\boldsymbol{Y}_T^{nn}$ 分别为变压器在频率 f_p 下的正序导纳和在频率 f_p-2f_1 下的负序导纳；$\boldsymbol{Y}_T^{pn}$ 和 $\boldsymbol{Y}_T^{np}$ 分别为变压器在频率 f_p 下的正序和在频率 f_p-2f_1 下的负序之间的耦合导纳。

变压器一次侧和二次侧的小信号电压和电流关系可描述为

$$\begin{cases} \hat{\boldsymbol{v}}_{T1} = \hat{\boldsymbol{v}}_{T2} + \boldsymbol{Z}_{Tpn}\hat{\boldsymbol{i}}_{T2} \\ \hat{\boldsymbol{i}}_{T1} = \boldsymbol{Y}_{Tpn}\hat{\boldsymbol{v}}_{T2} + (\boldsymbol{Y}_{Tpn}\boldsymbol{Z}_{Tpn} + \boldsymbol{U})\hat{\boldsymbol{i}}_{T2} \end{cases} \tag{11-24}$$

式中：$\hat{\boldsymbol{v}}_{T1} = [\hat{\boldsymbol{v}}_{1p}, \hat{\boldsymbol{v}}_{1n}]^T$ 和 $\hat{\boldsymbol{v}}_{T2} = [\hat{\boldsymbol{v}}_{2p}, \hat{\boldsymbol{v}}_{2n}]^T$ 分别为变压器一、二次侧的小信号电压向量，其中 $\hat{\boldsymbol{v}}_{1p}$ 和 $\hat{\boldsymbol{v}}_{2p}$ 为频率 f_p 下的一、二次侧正序小信号电压分量，$\hat{\boldsymbol{v}}_{1n}$ 和 $\hat{\boldsymbol{v}}_{2n}$ 为频率 f_p-2f_1 下的一、二次侧负序小信号电压分量；$\hat{\boldsymbol{i}}_{T1} = [\hat{\boldsymbol{i}}_{1p}, \hat{\boldsymbol{i}}_{1n}]^T$ 和 $\hat{\boldsymbol{i}}_{T2} = [\hat{\boldsymbol{i}}_{2p}, \hat{\boldsymbol{i}}_{2n}]^T$ 分别为一次侧和二次侧的小信号电流向量。

为验证上述模型的有效性，建立如图 11－11 所示的双绕组变压器阻抗仿真扫描模型，对新能源场站普遍采用的 220kV/35kV 双绕组变压器阻抗特性进行仿真扫描验证，变压器仿真参数如表 11－2 所示。一次侧接入 220kV 理想电压源，并串联接入小信号电压扰动源，二次侧接入负载阻抗 $\boldsymbol{Z}_{\mathrm{o}}$，$\boldsymbol{Z}_{\mathrm{o}}=10\Omega$。整理式（11－24）可得

$$\hat{\boldsymbol{v}}_{\mathrm{T1}}=(\boldsymbol{Z}_{\mathrm{o}}+\boldsymbol{Z}_{\mathrm{Tpn}})(\boldsymbol{Z}_{\mathrm{o}}\boldsymbol{Y}_{\mathrm{Tpn}}+\boldsymbol{Y}_{\mathrm{Tpn}}\boldsymbol{Z}_{\mathrm{Tpn}}+\boldsymbol{U})^{-1}\hat{\boldsymbol{i}}_{\mathrm{T1}} \tag{11-25}$$

令 $\boldsymbol{Z}_{\mathrm{1pn}}$ 为一次侧的端口阻抗

$$\boldsymbol{Z}_{\mathrm{1pn}}=\begin{bmatrix}\boldsymbol{Z}_1^{\mathrm{pp}} & \boldsymbol{Z}_1^{\mathrm{np}}\\ \boldsymbol{Z}_1^{\mathrm{pn}} & \boldsymbol{Z}_1^{\mathrm{nn}}\end{bmatrix} \tag{11-26}$$

$$\hat{\boldsymbol{v}}_{\mathrm{T1}}=\boldsymbol{Z}_{\mathrm{1pn}}\hat{\boldsymbol{i}}_{\mathrm{T1}} \tag{11-27}$$

即对阻抗矩阵 $\boldsymbol{Z}_{\mathrm{1pn}}$ 的元素进行扫描验证。

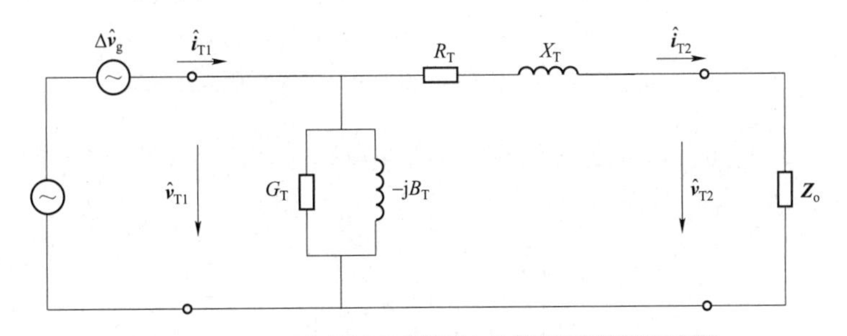

图 11－11　双绕组变压器阻抗仿真扫描模型示意图

表 11－2　新能源场站双绕组变压器仿真参数

仿真参数	额定容量（MVA）	额定频率（Hz）	一次侧额定电压（kV）	二次侧额定电压（kV）	短路损耗（kW）	短路电压（%）	空载损耗（kW）	空载电流（%）
仿真值	100	50	230	37.5	285	13	65	0.11

新能源场站双绕组变压器阻抗的计算结果和仿真扫描结果如图 11－12 所示，图 11－12（a）给出了正序阻抗 $\boldsymbol{Z}_1^{\mathrm{pp}}$ 和负序阻抗 $\boldsymbol{Z}_1^{\mathrm{nn}}$ 的计算结果（用曲线表示）和仿真扫描结果（用离散点表示），可以看出，计算和仿真扫描结果基本一致，在 100Hz 以下的低频段，变压器阻抗主要呈现阻感性，随着频率的增大，电感特性逐渐增强。图 11－12（b）给出了耦合阻抗 $\boldsymbol{Z}_1^{\mathrm{pn}}$ 和 $\boldsymbol{Z}_1^{\mathrm{np}}$ 的仿真扫描结果，可以看出，耦合阻抗的幅值远小于正、负序阻抗，变压器的耦合阻抗特性可忽略。

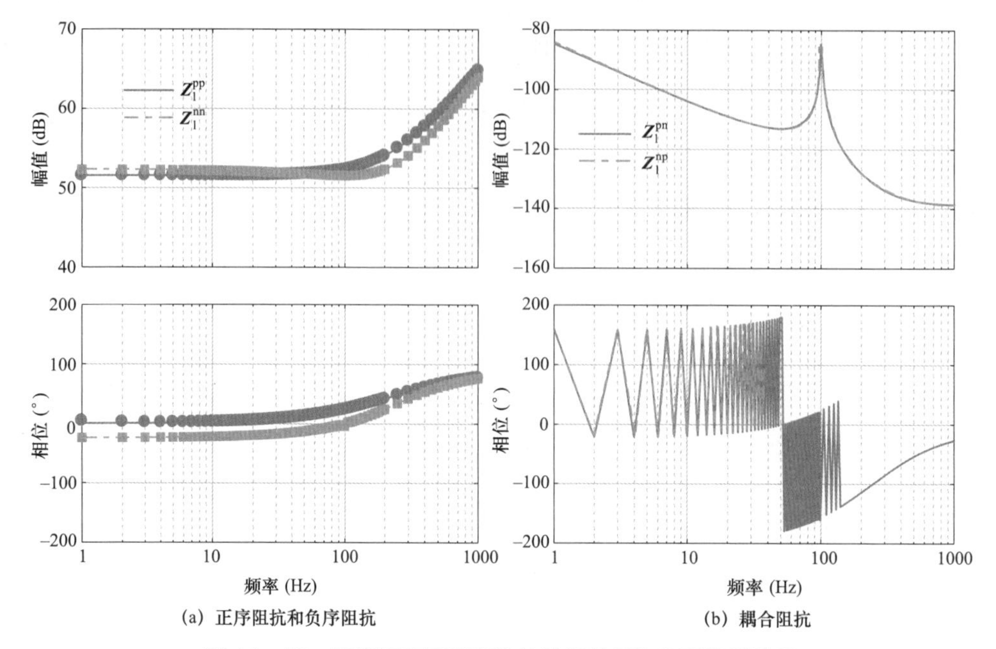

图 11-12 双绕组变压器阻抗的计算结果和仿真扫描结果

式（11-22）和式（11-23）所示的阻抗和导纳矩阵模型可简化为

$$\boldsymbol{Z}_{\text{Tpn}}=\begin{bmatrix}\boldsymbol{Z}_{\text{T}}^{\text{pp}} & 0\\ 0 & \boldsymbol{Z}_{\text{T}}^{\text{nn}}\end{bmatrix} \tag{11-28}$$

$$\boldsymbol{Y}_{\text{Tpn}}=\begin{bmatrix}\boldsymbol{Y}_{\text{T}}^{\text{pp}} & 0\\ 0 & \boldsymbol{Y}_{\text{T}}^{\text{nn}}\end{bmatrix} \tag{11-29}$$

11.2 新能源场站的阻抗建模

11.2.1 计及频率耦合特性的小信号电路模型

考虑频率耦合特性后，风电机组、光伏逆变器、静止无功发生器（static var generator，SVG）等装置的阻抗模型均可描述为式（11-30）～式（11-32）所示的传递函数矩阵模型，即

$$\hat{\boldsymbol{i}}=\boldsymbol{Y}_{\text{dev}}\hat{\boldsymbol{v}} \tag{11-30}$$

$$\hat{\boldsymbol{v}}=\boldsymbol{Z}_{\text{dev}}\hat{\boldsymbol{i}} \tag{11-31}$$

$$\boldsymbol{Z}_{\text{dev}}=\boldsymbol{Y}_{\text{dev}}^{-1} \tag{11-32}$$

式中：$\hat{\boldsymbol{v}}=[\hat{\boldsymbol{v}}^{\text{p}},\hat{\boldsymbol{v}}^{\text{n}}]^{\text{T}}$ 为装置端口的小信号电压向量，其中 $\hat{\boldsymbol{v}}^{\text{p}}$ 为频率 f_{p} 的正序分量，$\hat{\boldsymbol{v}}^{\text{n}}$ 为

频率 f_p-2f_1 的负序分量，$\hat{\boldsymbol{i}}=[\hat{\boldsymbol{i}}^p,\hat{\boldsymbol{i}}^n]^T$ 为对应的小信号电流向量；$\boldsymbol{Y}_{dev}$ 和 $\boldsymbol{Z}_{dev}$ 分别为装置的导纳和阻抗矩阵，维度为 2×2，两者互为逆矩阵。

设装置导纳矩阵 $\boldsymbol{Y}_{dev}$ 为

$$\boldsymbol{Y}_{dev}=\begin{bmatrix}\boldsymbol{Y}^{pp} & \boldsymbol{Y}^{np}\\ \boldsymbol{Y}^{pn} & \boldsymbol{Y}^{nn}\end{bmatrix} \tag{11-33}$$

则装置端口小信号电压 $\hat{\boldsymbol{v}}$ 与小信号电流 $\hat{\boldsymbol{i}}$ 之间的传递和耦合关系可表示为

$$\begin{cases}\hat{\boldsymbol{i}}^p=\boldsymbol{Y}^{pp}\hat{\boldsymbol{v}}^p+\boldsymbol{Y}^{np}\hat{\boldsymbol{v}}^n\\ \hat{\boldsymbol{i}}^n=\boldsymbol{Y}^{pn}\hat{\boldsymbol{v}}^p+\boldsymbol{Y}^{nn}\hat{\boldsymbol{v}}^n\end{cases} \tag{11-34}$$

即频率为 f_p 的正序小信号电流中不仅包括同频率的正序小信号电压 $\hat{\boldsymbol{v}}^p$ 产生的响应部分，还包括频率为 f_p-2f_1 的负序小信号电压 $\hat{\boldsymbol{v}}^n$ 产生的响应部分；频率为 f_p-2f_1 的负序小信号电流 $\hat{\boldsymbol{i}}^n$ 的组成部分同理。

基于上述分析，可将风电机组、光伏逆变器、SVG 等装置的小信号阻抗模型描述为图 11－13 所示的两个不同频率下相互耦合的端口阻抗电路模型。

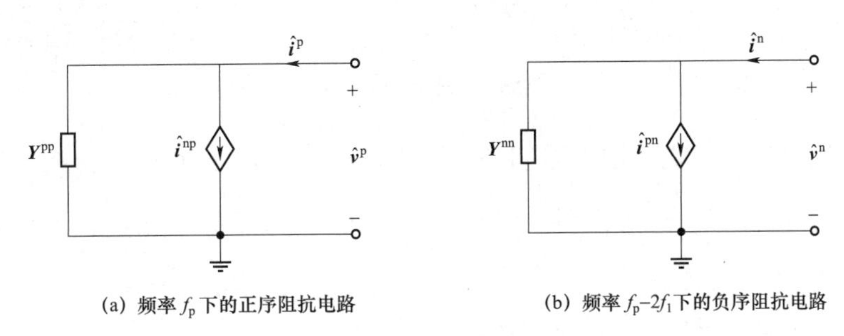

图 11－13　两个不同频率下相互耦合的端口阻抗电路模型

图 11－13 中，受控电流源 $\hat{\boldsymbol{i}}^{np}$ 和 $\hat{\boldsymbol{i}}^{pn}$ 用于描述两个阻抗电路之间的耦合作用，$\hat{\boldsymbol{i}}^{np}$ 表示端口负序小信号电压 $\hat{\boldsymbol{v}}^n$ 引起的正序小信号电流响应，$\hat{\boldsymbol{i}}^{pn}$ 表示端口正序小信号电压 $\hat{\boldsymbol{v}}^p$ 引起的负序小信号电流响应。

$\hat{\boldsymbol{i}}^{np}$ 、$\hat{\boldsymbol{i}}^{pn}$ 的表达式为

$$\begin{cases}\hat{\boldsymbol{i}}^{np}=\boldsymbol{Y}^{np}\hat{\boldsymbol{v}}^n\\ \hat{\boldsymbol{i}}^{pn}=\boldsymbol{Y}^{pn}\hat{\boldsymbol{v}}^p\end{cases} \tag{11-35}$$

在装置接入理想电网条件下，频率耦合特性仅发生在装置端口内部，即由端口正序小信号电压 $\hat{\boldsymbol{v}}^p$ 耦合产生的负序小信号电流 $\hat{\boldsymbol{i}}^{pn}$ 并不会在负序阻抗电路中引起负序小信号电压 $\hat{\boldsymbol{v}}^n$ 。但是，在装置接入非理想电网条件下，频率耦合特性将引起装置与电网之间的

交互作用。图 11－14 为单台风电机组并网系统示意图，图中 $\boldsymbol{Z}_g$ 为电网阻抗。图 11－15 为单台风电机组并网系统的小信号阻抗电路模型，图中 $\boldsymbol{Z}_g^{pp}$ 为频率 f_p 下的电网正序阻抗，$\boldsymbol{Z}_g^{nn}$ 为频率 f_p-2f_1 下的电网负序阻抗。

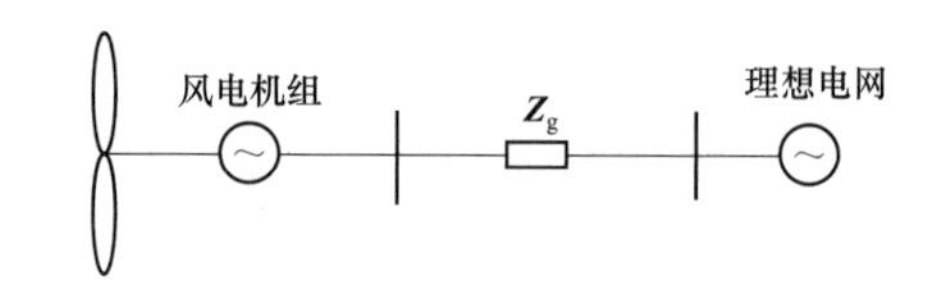

图 11－14　单台风电机组并网系统示意图

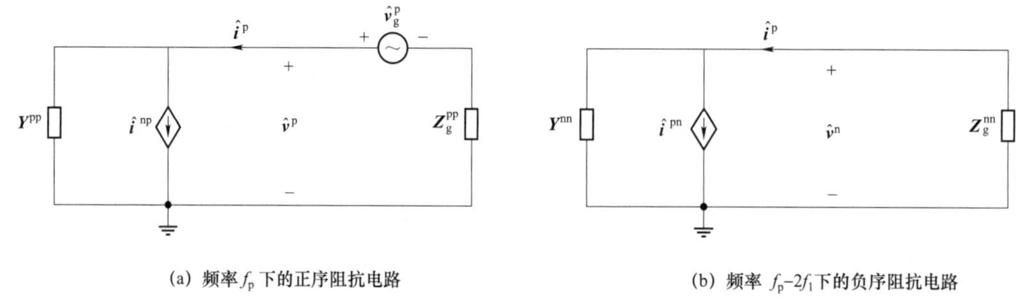

图 11－15　单台风电机组并网系统的小信号阻抗电路模型

假设在风电机组与电网阻抗之间串联注入频率为 f_p 的正序小信号电压扰动 $\hat{\boldsymbol{v}}_g^p$，如图 11－15（a）所示，该电压扰动在风电机组端口引起的正序小信号电压 $\hat{\boldsymbol{v}}^p$ 将在负序阻抗电路中耦合产生电流响应 $\hat{\boldsymbol{i}}^{pn}$，此时，由于电网负序阻抗 $\boldsymbol{Z}_g^{nn}$ 的存在，$\hat{\boldsymbol{i}}^{pn}$ 将在负序阻抗电路中引起小信号电压 $\hat{\boldsymbol{v}}^n$，$\hat{\boldsymbol{v}}^n$ 在正序阻抗电路中耦合产生电流响应 $\hat{\boldsymbol{i}}^{np}$，形成对正序小信号电流 $\hat{\boldsymbol{i}}^p$ 和电压 $\hat{\boldsymbol{v}}^p$ 的反馈。

以某 1.5MW 直驱风电机组接入 SCR 为 5.0 的电网系统为例，验证上述模型和分析的有效性。设小信号正序电压扰动 $\hat{\boldsymbol{v}}_g^p$ 的幅值为 0.1p.u.基波电压，频率为 70Hz，分别采用图 11－15 所示的小信号阻抗电路模型和电磁暂态模型仿真求得风电机组端口的小信号正、负序电压分量 $\hat{\boldsymbol{v}}^p$、$\hat{\boldsymbol{v}}^n$，以及电流分量 $\hat{\boldsymbol{i}}^p$、$\hat{\boldsymbol{i}}^n$，仿真验证结果如图 11－16 所示。图中，下标 cal 的变量表示阻抗电路模型计算结果，下标 sim 的变量表示时域仿真结果。可以看出，两种模型得出的电压、电流分量的幅值和相位基本一致，风电机组端口除了存在 70Hz 的正序电压、电流分量外，还存在－30Hz 的负序电压、电流分量，其在数学上等价于 30Hz 正序分量的共轭。

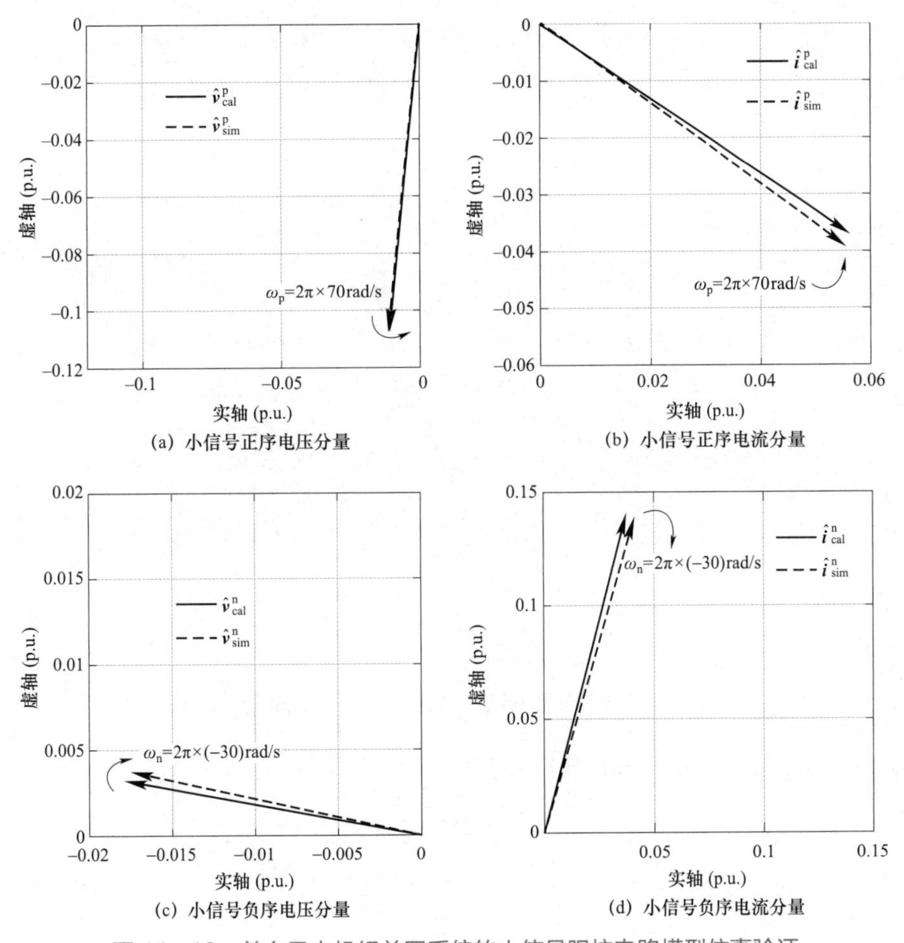

图 11－16　单台风电机组并网系统的小信号阻抗电路模型仿真验证

11.2.2　计及频率耦合的多机系统阻抗网络模型

对于图 11－1 和图 11－2 所示的风电场和 PV 电站，新能源发电单元、箱式变压器、中压汇集线路、无功补偿装置等经新能源场站主变压器接入电网，场站阻抗特性由发电装置、无功补偿装置，以及汇集网络的阻抗特性共同决定，同时，装置与汇集网络之间、装置与装置之间存在频率耦合作用。为建立新能源场站的阻抗模型，首先基于图 11－17 所示的并网系统讨论考虑频率耦合后阻抗模型的串联与并联。

图 11－17（a）所示的单台风电机组经变压器并网系统可描述为图 11－18 所示的阻抗电路模型。图中，$\boldsymbol{Y}_{W}$ 为风电机组的导纳矩阵；$\boldsymbol{Y}_{T}$ 为变压器的导纳矩阵；$\hat{\boldsymbol{v}}_{PCC}$ 和 $\hat{\boldsymbol{i}}_{PCC}$ 分别为并网点的小信号电压和电流向量；$\hat{\boldsymbol{v}}_{W}$ 和 $\hat{\boldsymbol{i}}_{W}$ 为风电机组端口的小信号电压和电流向量。

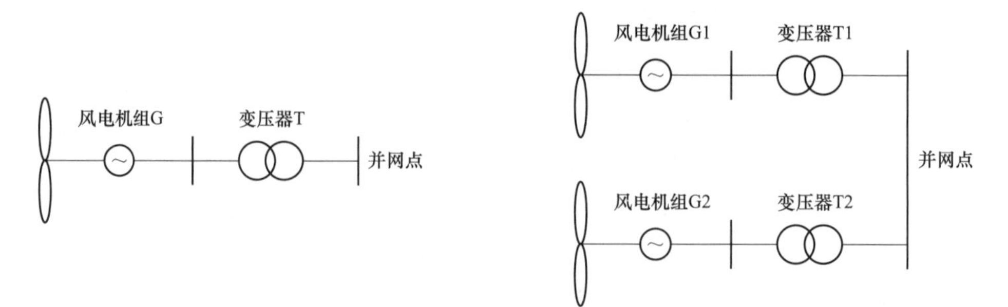

图 11－17　单台和两台风电机组并网系统示意图

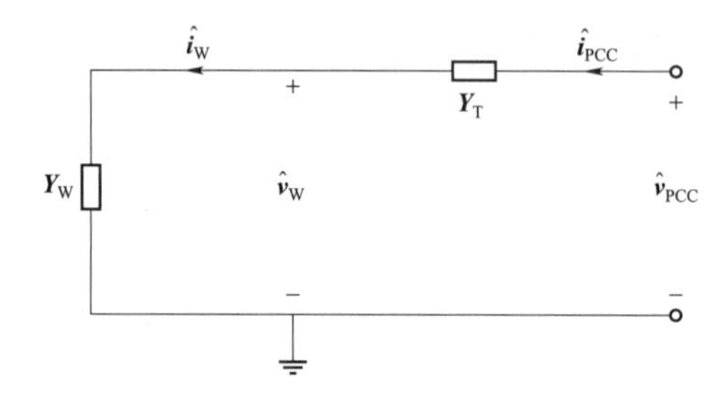

图 11－18　单台风电机组经变压器并网系统小信号阻抗电路模型

列出图 11－18 所示模型的电路方程，即

$$\hat{\boldsymbol{i}}_{W}=\boldsymbol{Y}_{W}\hat{\boldsymbol{v}}_{W} \tag{11-36}$$

$$\hat{\boldsymbol{i}}_{PCC}=\boldsymbol{Y}_{T}\left[\hat{\boldsymbol{v}}_{PCC}-\hat{\boldsymbol{v}}_{W}\right] \tag{11-37}$$

$$\hat{\boldsymbol{i}}_{W}=\hat{\boldsymbol{i}}_{PCC} \tag{11-38}$$

联立式（11－36）～式（11－38），可得

$$\hat{\boldsymbol{i}}_{PCC}=\boldsymbol{Y}_{W}\left[\boldsymbol{Y}_{W}+\boldsymbol{Y}_{T}\right]^{-1}\boldsymbol{Y}_{T}\hat{\boldsymbol{v}}_{PCC}=\left[\boldsymbol{Y}_{W}^{-1}+\boldsymbol{Y}_{T}^{-1}\right]^{-1}\hat{\boldsymbol{v}}_{PCC} \tag{11-39}$$

于是，风电机组导纳与变压器导纳串联之后的导纳为

$$\boldsymbol{Y}_{W-T}=\left[\boldsymbol{Y}_{W}^{-1}+\boldsymbol{Y}_{T}^{-1}\right]^{-1} \tag{11-40}$$

令 $\boldsymbol{Z}_{W-T}=\boldsymbol{Y}_{W-T}^{-1}$， $\boldsymbol{Z}_{W}=\boldsymbol{Y}_{W}^{-1}$， $\boldsymbol{Z}_{T}=\boldsymbol{Y}_{T}^{-1}$，可得

$$\boldsymbol{Z}_{W-T}=\boldsymbol{Z}_{W}+\boldsymbol{Z}_{T} \tag{11-41}$$

由式（11－40）和式（11－41）可以看出，装置的阻抗/导纳矩阵模型满足广义的串联电路规律，即两个装置串联后的阻抗矩阵等于两个装置的阻抗矩阵之和。

同理，图 11－17（b）所示的两台风电机组经变压器并联并网系统小信号阻抗电路模型如图 11－19 所示。图中，$\boldsymbol{Y}_{W-T1}$ 和 $\boldsymbol{Y}_{W-T2}$ 分别为 T1 和 T2 风电机组与变压器串联的导纳模型；$\hat{\boldsymbol{i}}_{W-T1}$ 和 $\hat{\boldsymbol{i}}_{W-T2}$ 分别为 T1 和 T2 风电机组变压器高压侧的电流响应向量。

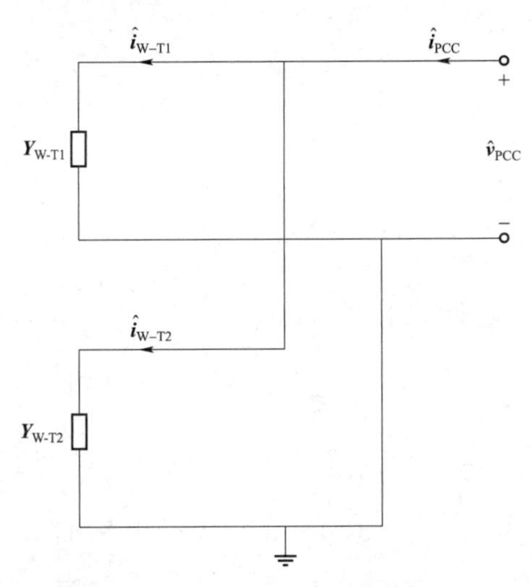

图 11－19 两台风电机组经变压器并联并网系统小信号阻抗电路模型

对图 11－19 所示模型的电路方程进行推导并整理，可得并联系统的导纳/阻抗模型，即

$$\boldsymbol{Y}_{W//W}=\boldsymbol{Y}_{W-T1}+\boldsymbol{Y}_{W-T2} \tag{11-42}$$

$$\boldsymbol{Z}_{W//W}=\left[\boldsymbol{Z}_{W-T1}^{-1}+\boldsymbol{Z}_{W-T2}^{-1}\right]^{-1} \tag{11-43}$$

可以看出，装置的阻抗/导纳矩阵模型满足广义的并联电路规律，即两个装置并联后的导纳矩阵等于两个装置的导纳矩阵之和。

图 11－17 所示的两种系统结构具有一般意义，新能源场站/集群是这两种结构的组合汇集。如图 11－20 所示，将风电机组、无功补偿装置（如 SVG）、变压器、汇集线路的阻抗模型连接，形成与图 11－1 所示风电场拓扑结构一致的阻抗网络模型。图 11－20 中，$\boldsymbol{Y}_{Wij}$ 为第 i 条馈线第 j 台机组的导纳矩阵；$\boldsymbol{Y}_{Tij}$ 为该机组箱式变压器的导纳矩阵；$\boldsymbol{Y}_{Lij}$ 为第 i 条馈线第 j 台机组的汇集线路导纳矩阵；$\boldsymbol{Y}_{SVG}$ 为 SVG 的导纳矩阵；$\boldsymbol{Y}_{MT}$ 为风电场主变压器的导纳矩阵。需要注意的是，为了简化表示，图中忽略汇集线路和变压器的对地导纳。由此，新能源场站阻抗矩阵可以基于式（11－40）～式（11－43）所示的串、并联规律，按照由馈线末端到首端，由低电压等级到高电压等级的顺序逐级聚合得到。

11.2.3 计及频率耦合的新能源场站等值阻抗模型

11.2.2 提出的阻抗网络模型应用于场站端口阻抗等值存在两方面的不足：① 针对不同拓扑结构的新能源场站，阻抗逐级聚合等值的路径和顺序不同，缺少统一的方法；② 不能清晰描述各装置之间通过汇集网络产生的复杂频率耦合特性。因此，下面建立

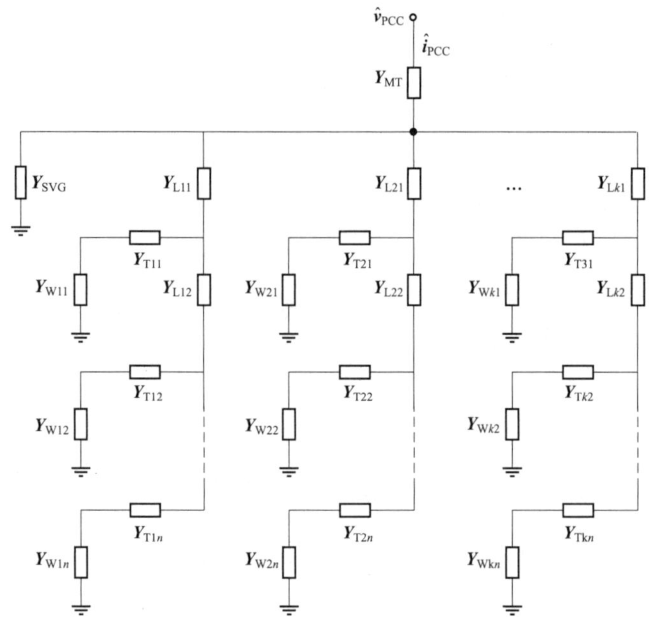

图 11－20　风电场阻抗网络模型

更具一般性的新能源场站频率耦合阻抗网络模型及端口阻抗等值方法。

仍以图 11－1 所示的风电场为例，建立频率耦合阻抗网络模型，如图 11－21 所示。图 11－21（a）为频率 f_p 下的正序阻抗网络（简称正序网络），图 11－21（b）为频率 f_p-2f_1 下的负序阻抗网络（简称负序网络）。将风电场并网点编号为 0 号，将风电场内部节点编号为 1～N 号，$N=2kn+1$，只画出第 1 条、第 k 条汇集线路，以及 SVG 支路，第 1 条汇集线路 n 台风电机组的箱式变压器高压侧和低压侧依次编号为 1～$2n$ 号，第 k 条汇集线路 n 台风电机组的箱式变压器高压侧和低压侧依次编号为 $m+1$～$m+2n$ 号，$m=2n$（$k-1$）。

每台风电机组在两个阻抗网络中分别描述为一对导纳和受控电流源的组合，例如，第 1－1 号风电机组在正序阻抗网络中描述为正序导纳 $\boldsymbol{Y}_{W11}^{np}$ 和受控电流源 $\hat{\boldsymbol{i}}_{W11}^{np}$ 的组合。由式（11－35）可知，受控电流源 $\hat{\boldsymbol{i}}_{W11}^{np}$ 与 1－1 号机组的耦合导纳 $\boldsymbol{Y}_{W11}^{np}$，以及与其接入的 $n+1$ 号节点在负序网络中的电压 $\hat{\boldsymbol{v}}_{n+1}^{n}$ 有关；反之，同理，即

$$\begin{cases}\hat{\boldsymbol{i}}_{W11}^{np}=\boldsymbol{Y}_{W11}^{np}\hat{\boldsymbol{v}}_{n+1}^{n}\\ \hat{\boldsymbol{i}}_{W11}^{pn}=\boldsymbol{Y}_{W11}^{pn}\hat{\boldsymbol{v}}_{n+1}^{p}\end{cases}\tag{11-44}$$

变压器和汇集线路在正、负序阻抗网络中描述为节点之间的连接导纳，例如，第 i－j

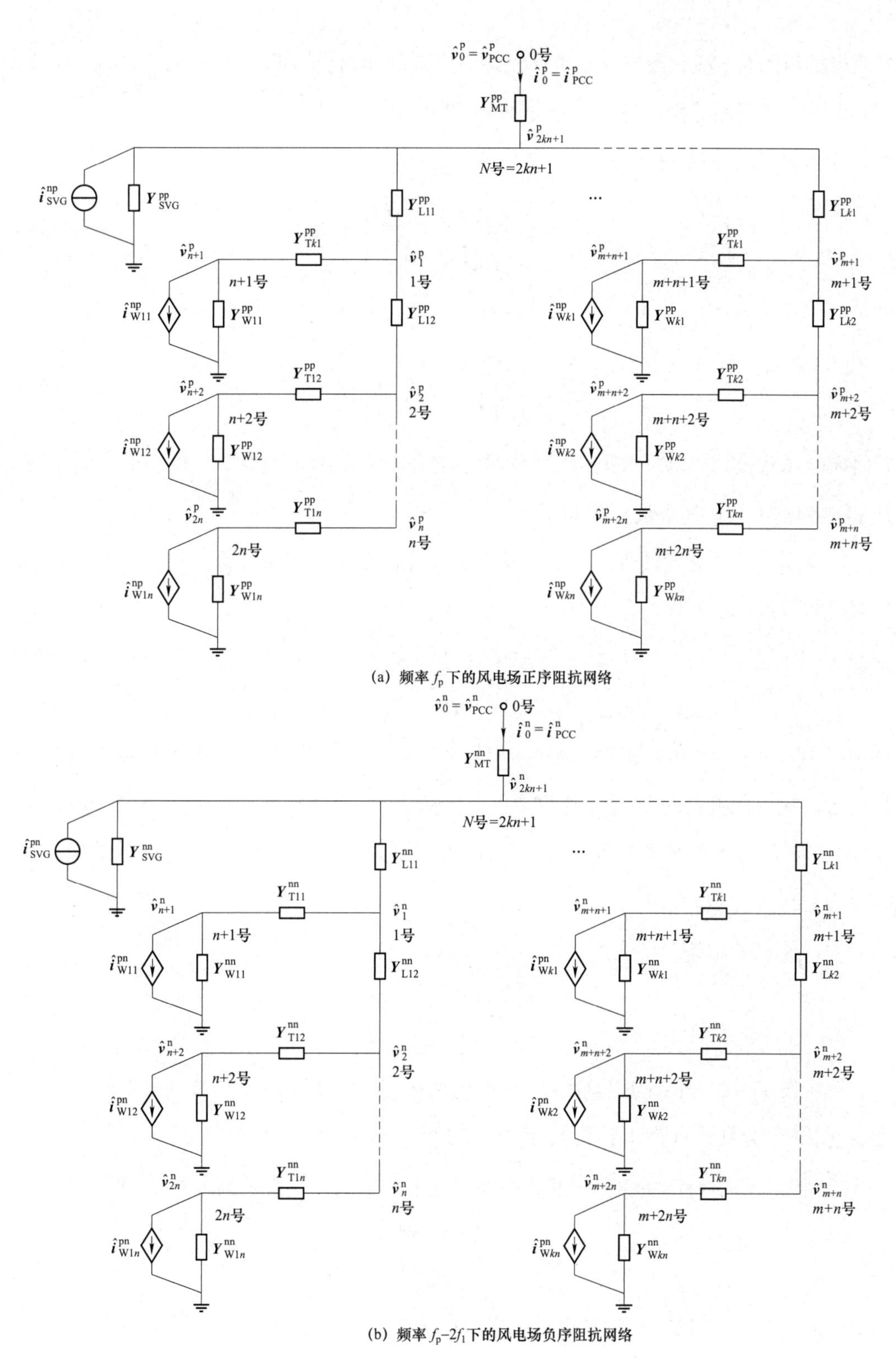

(a) 频率 f_p 下的风电场正序阻抗网络

(b) 频率 f_p−$2f_1$ 下的风电场负序阻抗网络

图 11−21　风电场频率耦合阻抗网络模型

号风电机组的箱式变压器在正、负序网络中分别描述为连接导纳 $\boldsymbol{Y}_{\mathrm{T}ij}^{\mathrm{pp}}$ 和 $\boldsymbol{Y}_{\mathrm{T}ij}^{\mathrm{nn}}$，第 $i-j$ 号风电机组的汇集线路分别描述为连接导纳 $\boldsymbol{Y}_{\mathrm{L}ij}^{\mathrm{pp}}$ 和 $\boldsymbol{Y}_{\mathrm{L}ij}^{\mathrm{nn}}$ 。

参照装置的导纳矩阵，将风电场导纳矩阵表示为

$$\boldsymbol{Y}_{\mathrm{WF}}=\begin{bmatrix}\boldsymbol{Y}_{\mathrm{WF}}^{\mathrm{pp}} & \boldsymbol{Y}_{\mathrm{WF}}^{\mathrm{np}}\\ \boldsymbol{Y}_{\mathrm{WF}}^{\mathrm{pn}} & \boldsymbol{Y}_{\mathrm{WF}}^{\mathrm{nn}}\end{bmatrix} \tag{11-45}$$

于是

$$\begin{bmatrix}\hat{\boldsymbol{i}}_0^{\mathrm{p}}\\ \hat{\boldsymbol{i}}_0^{\mathrm{n}}\end{bmatrix}=\begin{bmatrix}\boldsymbol{Y}_{\mathrm{WF}}^{\mathrm{pp}} & \boldsymbol{Y}_{\mathrm{WF}}^{\mathrm{np}}\\ \boldsymbol{Y}_{\mathrm{WF}}^{\mathrm{pn}} & \boldsymbol{Y}_{\mathrm{WF}}^{\mathrm{nn}}\end{bmatrix}\begin{bmatrix}\hat{\boldsymbol{v}}_0^{\mathrm{p}}\\ \hat{\boldsymbol{v}}_0^{\mathrm{n}}\end{bmatrix} \tag{11-46}$$

即将风电场建模为以场站并网点正、负序小信号电压 $\hat{\boldsymbol{v}}_0^{\mathrm{p}}$ 和 $\hat{\boldsymbol{v}}_0^{\mathrm{n}}$ 为输入，以小信号电流响应 $\hat{\boldsymbol{i}}_0^{\mathrm{p}}$ 和 $\hat{\boldsymbol{i}}_0^{\mathrm{n}}$ 为输出的传递函数矩阵模型。

对模型中 4 个元素的表达式进行推导。首先，基于电网络理论，列出正序和负序两个网络的节点电压方程，即

$$\boldsymbol{Y}_{\mathrm{N}}^{\mathrm{pp}}\hat{\boldsymbol{v}}^{\mathrm{p}}+\hat{\boldsymbol{i}}^{\mathrm{np}}=\hat{\boldsymbol{v}}_0^{\mathrm{p}}\boldsymbol{y}_0^{\mathrm{p}} \tag{11-47}$$

$$\boldsymbol{Y}_{\mathrm{N}}^{\mathrm{nn}}\hat{\boldsymbol{v}}^{\mathrm{n}}+\hat{\boldsymbol{i}}^{\mathrm{pn}}=\hat{\boldsymbol{v}}_0^{\mathrm{n}}\boldsymbol{y}_0^{\mathrm{n}} \tag{11-48}$$

式中：$\boldsymbol{Y}_{\mathrm{N}}^{\mathrm{pp}}$ 和 $\boldsymbol{Y}_{\mathrm{N}}^{\mathrm{nn}}$ 分别为正序和负序网络的节点导纳矩阵（不包括 0 号并网点），维数为 $N\times N$；$\hat{\boldsymbol{v}}^{\mathrm{p}}$ 和 $\hat{\boldsymbol{v}}^{\mathrm{n}}$ 分别为正序和负序网络的节点小信号电压向量，维数为 $N\times 1$；$\boldsymbol{y}_0^{\mathrm{p}}$ 和 $\boldsymbol{y}_0^{\mathrm{n}}$ 分别为正序和负序网络中风电场内部节点与 0 号并网点之间的导纳向量，维数为 $N\times 1$。

$\boldsymbol{y}_0^{\mathrm{p}}$、$\boldsymbol{y}_0^{\mathrm{n}}$ 的表达式分别为

$$\boldsymbol{y}_0^{\mathrm{p}}=[\boldsymbol{Y}_{0i}^{\mathrm{pp}}|_{i=1,2,\cdots,N}]^{\mathrm{T}} \tag{11-49}$$

$$\boldsymbol{y}_0^{\mathrm{n}}=[\boldsymbol{Y}_{0i}^{\mathrm{nn}}|_{i=1,2,\cdots,N}]^{\mathrm{T}} \tag{11-50}$$

对于图 11－21 所示的阻抗网络，只有场站主变压器低压侧 N 号节点与 0 号并网点相连，$\boldsymbol{y}_0^{\mathrm{p}}$ 和 $\boldsymbol{y}_0^{\mathrm{n}}$ 分别只有第 N 行元素为 $\boldsymbol{Y}_{\mathrm{MT}}^{\mathrm{pp}}$ 和 $\boldsymbol{Y}_{\mathrm{MT}}^{\mathrm{nn}}$，其他元素均为 0。

$\hat{\boldsymbol{i}}^{\mathrm{np}}$ 和 $\hat{\boldsymbol{i}}^{\mathrm{pn}}$ 分别为正序和负序网络中的受控电流源向量，维数为 $N\times 1$，即

$$\hat{\boldsymbol{i}}^{\mathrm{np}}=\boldsymbol{Y}_{\mathrm{N}}^{\mathrm{np}}\hat{\boldsymbol{v}}^{\mathrm{n}} \tag{11-51}$$

$$\hat{\boldsymbol{i}}^{\mathrm{pn}}=\boldsymbol{Y}_{\mathrm{N}}^{\mathrm{pn}}\hat{\boldsymbol{v}}^{\mathrm{p}} \tag{11-52}$$

式中：$\boldsymbol{Y}_{\mathrm{N}}^{\mathrm{np}}$ 和 $\boldsymbol{Y}_{\mathrm{N}}^{\mathrm{pn}}$ 分别为各台风电机组耦合导纳组成的对角矩阵，维数为 $N\times N$。

$\boldsymbol{Y}_{\mathrm{N}}^{\mathrm{np}}$ 和 $\boldsymbol{Y}_{\mathrm{N}}^{\mathrm{pn}}$ 的表达式为

$$\boldsymbol{Y}_{\mathrm{N}}^{\mathrm{np}}=\operatorname{diag}\left\{\underbrace{0,\cdots,0}_{1\sim n},\underbrace{\boldsymbol{Y}_{\mathrm{W}11}^{\mathrm{np}},\boldsymbol{Y}_{\mathrm{W}12}^{\mathrm{np}},\cdots,\boldsymbol{Y}_{\mathrm{W}1n}^{\mathrm{np}}}_{n+1\sim 2n},\cdots\right\} \tag{11-53}$$

$$\boldsymbol{Y}_{\mathrm{N}}^{\mathrm{pn}}=\operatorname{diag}\left\{\underbrace{0,\cdots,0}_{1\sim n},\underbrace{\boldsymbol{Y}_{\mathrm{W}11}^{\mathrm{pn}},\boldsymbol{Y}_{\mathrm{W}12}^{\mathrm{pn}},\cdots,\boldsymbol{Y}_{\mathrm{W}1n}^{\mathrm{pn}}}_{n+1\sim 2n},\cdots\right\} \tag{11-54}$$

对于正序、负序阻抗网络，0 号并网点电压、电流满足

$$\hat{\boldsymbol{v}}_0^{\mathrm{p}}\sum\nolimits_{i=1}^{N}\boldsymbol{Y}_{0i}^{\mathrm{pp}}-[\boldsymbol{y}_0^{\mathrm{p}}]^{\mathrm{T}}\hat{\boldsymbol{v}}^{\mathrm{p}}=\hat{\boldsymbol{i}}_0^{\mathrm{p}} \tag{11-55}$$

$$\hat{\boldsymbol{v}}_0^{\mathrm{n}}\sum\nolimits_{i=1}^{N}\boldsymbol{Y}_{0i}^{\mathrm{nn}}-[\boldsymbol{y}_0^{\mathrm{n}}]^{\mathrm{T}}\hat{\boldsymbol{v}}^{\mathrm{n}}=\hat{\boldsymbol{i}}_0^{\mathrm{n}} \tag{11-56}$$

联立式（11－47）～式（11－56），可得式（11－46）中的场站等值导纳矩阵表达式，即

$$\boldsymbol{Y}_{\mathrm{WF}}^{\mathrm{pp}}=\sum\nolimits_{i=1}^{N}\boldsymbol{Y}_{0i}^{\mathrm{pp}}-[\boldsymbol{y}_0^{\mathrm{p}}]^{\mathrm{T}}\left\{\boldsymbol{Y}_{\mathrm{N}}^{\mathrm{pp}}-\boldsymbol{Y}_{\mathrm{N}}^{\mathrm{np}}[\boldsymbol{Y}_{\mathrm{N}}^{\mathrm{nn}}]^{-1}\boldsymbol{Y}_{\mathrm{N}}^{\mathrm{pn}}\right\}^{-1}\boldsymbol{y}_0^{\mathrm{p}} \tag{11-57}$$

$$\boldsymbol{Y}_{\mathrm{WF}}^{\mathrm{nn}}=\sum\nolimits_{i=1}^{N}\boldsymbol{Y}_{0i}^{\mathrm{nn}}-[\boldsymbol{y}_0^{\mathrm{n}}]^{\mathrm{T}}\left\{\boldsymbol{Y}_{\mathrm{N}}^{\mathrm{nn}}-\boldsymbol{Y}_{\mathrm{N}}^{\mathrm{pn}}[\boldsymbol{Y}_{\mathrm{N}}^{\mathrm{pp}}]^{-1}\boldsymbol{Y}_{\mathrm{N}}^{\mathrm{np}}\right\}^{-1}\boldsymbol{y}_0^{\mathrm{n}} \tag{11-58}$$

$$\boldsymbol{Y}_{\mathrm{WF}}^{\mathrm{pn}}=[\boldsymbol{y}_0^{\mathrm{n}}]^{\mathrm{T}}\left\{\boldsymbol{Y}_{\mathrm{N}}^{\mathrm{nn}}-\boldsymbol{Y}_{\mathrm{N}}^{\mathrm{pn}}[\boldsymbol{Y}_{\mathrm{N}}^{\mathrm{pp}}]^{-1}\boldsymbol{Y}_{\mathrm{N}}^{\mathrm{np}}\right\}^{-1}\boldsymbol{Y}_{\mathrm{N}}^{\mathrm{pn}}[\boldsymbol{Y}_{\mathrm{N}}^{\mathrm{pp}}]^{-1}\boldsymbol{y}_0^{\mathrm{p}} \tag{11-59}$$

$$\boldsymbol{Y}_{\mathrm{WF}}^{\mathrm{np}}=[\boldsymbol{y}_0^{\mathrm{p}}]^{\mathrm{T}}\left\{\boldsymbol{Y}_{\mathrm{N}}^{\mathrm{pp}}-\boldsymbol{Y}_{\mathrm{N}}^{\mathrm{np}}[\boldsymbol{Y}_{\mathrm{N}}^{\mathrm{nn}}]^{-1}\boldsymbol{Y}_{\mathrm{N}}^{\mathrm{pn}}\right\}^{-1}\boldsymbol{Y}_{\mathrm{N}}^{\mathrm{np}}[\boldsymbol{Y}_{\mathrm{N}}^{\mathrm{nn}}]^{-1}\boldsymbol{y}_0^{\mathrm{n}} \tag{11-60}$$

以 33 台 1.5MW 直驱风电机组组成的风电场为例，验证上述等值模型的有效性。设风电场包含 3 条汇集线路，每条汇集线路接入 11 台机组，相邻两台机组间的距离均为 0.5km。基于风电场接入理想电网的电磁暂态仿真模型，在并网点对风电场阻抗特性进行仿真扫描，并与基于式（11－57）～式（11－60）的解析计算结果对比，如图 11－22 所示，计算结果与仿真结果一致。

11.2.4　新能源场站等值阻抗计算

11.2.3 提出了适用于任意拓扑结构的新能源场站等值阻抗模型，其基本构建思路和方法与电网络理论一致，具备实际大规模系统应用的条件。同时，新能源发电单元的阻抗特性与其运行工作点相关，而由于风速、光照、位置分布等因素的影响，新能源场站内每个单元的运行工作点不同，因此，新能源场站等值阻抗特性的计算需要考虑不同运行工况下场站内各单元及装置的运行工作点。

表 11－3 给出了用于计算新能源场站等值阻抗的元件参数，包括节点、汇集线路、双绕组和三绕组变压器、新能源发电单元、场站 SVG，以及无功补偿等，具体如下：

（1）场站的汇集拓扑信息由节点编号，汇集线路、变压器连接的节点编号，以及新

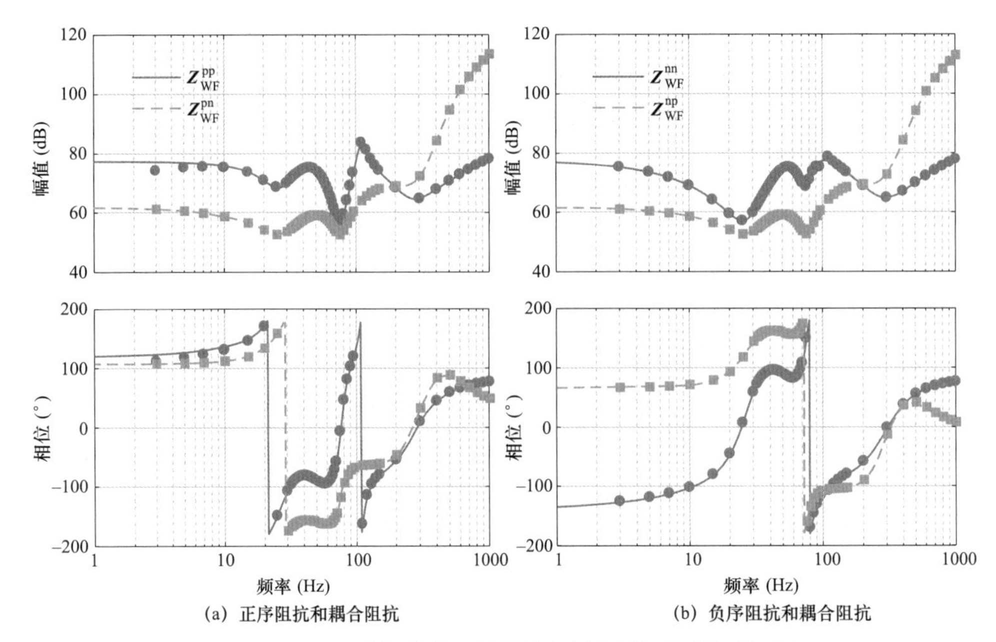

图 11－22　风电场整体阻抗特性解析模型与仿真扫描对比

能源发电单元等装置接入的节点编号描述。

（2）场站的运行工况由节点电压的幅值和相位，以及新能源发电单元与 SVG 的开停机状态、输出有功和无功功率、端口电压和电流的幅值和相位描述。

（3）汇集线路、变压器、无功补偿等元件的阻抗模型可由其参数计算，新能源发电单元与 SVG 阻抗模型的计算可将其类型作为指针变量，调用对应的函数或数据。

表 11－3　　　　　　用于计算新能源场站等值阻抗的元件参数

元件	用于计算的元件参数
节点	节点编号、额定电压、电压幅值和相位
汇集线路	始端、末端的节点编号，线路长度，线路单位长度参数（电阻、电感、电容）
双绕组变压器	一次侧、二次侧的节点编号，一次侧、二次侧的额定电压，额定容量，短路电压，短路损耗
三绕组变压器	一次侧、二次侧、三次侧的节点编号，一次侧、二次侧、三次侧的额定电压，一次侧、二次侧、三次侧的额定容量，短路电压，短路损耗
新能源发电单元	接入的节点编号，接入的台数，额定电压、额定容量，开停机状态，输出的有功功率、无功功率，端口电压幅值和相位，输出电流幅值和相位，新能源发电单元型号
场站 SVG	接入的节点编号，额定电压、额定容量，开停机状态，输出的无功功率，端口电压幅值和相位，输出电流幅值和相位，SVG 型号
其他无功补偿	接入的节点编号、容性无功容量、感性无功容量

基于场站拓扑信息及元件参数，场站的等值阻抗计算包括以下步骤：

（1）建立含运行工况的场站结构信息及元件参数库。参数库建立流程如图 11－23 所示。首先，读取或定义新能源场站结构信息与元件参数，主要包括与运行工作点无关的结构信息、元件参数和变量；其次，设定建模的基准容量和基准电压，并将元件数据中相关的容量、电压、阻抗等参数进行标幺化；然后，设定场站运行工况和并网点电压，进行场站并网系统的潮流计算，场站的运行工况包括新能源发电单元及 SVG 的开停机状态、输出的有功和无功功率等，场站并网点在潮流计算中设置为平衡节点；最后，将潮流计算结果输入到场站结构信息及元件参数库，形成阻抗计算的基础参数。

（2）计算设定运行工况下的场站等值阻抗。基于新能源场站不同运行工况下的元件参数库，可求得场站的等值阻抗，其计算流程如图 11－24 所示。针对频率 $f_p=1,2,\cdots,f_{max}$，依次计算正、负序网络中场站内部节点与并网点之间的导纳向量 $\boldsymbol{y}_0^p$ 和 $\boldsymbol{y}_0^n$，正、负序网络的节点导纳矩阵 $\boldsymbol{Y}_N^{pp}$ 和 $\boldsymbol{Y}_N^{nn}$，以及各发电单元及 SVG 的耦合导纳组成的对角矩阵 $\boldsymbol{Y}_N^{np}$ 和 $\boldsymbol{Y}_N^{pn}$，利用式（11－57）～式（11－60）计算场站在频率 f_p 下的等值导纳，最后计算得出场站的等值阻抗。

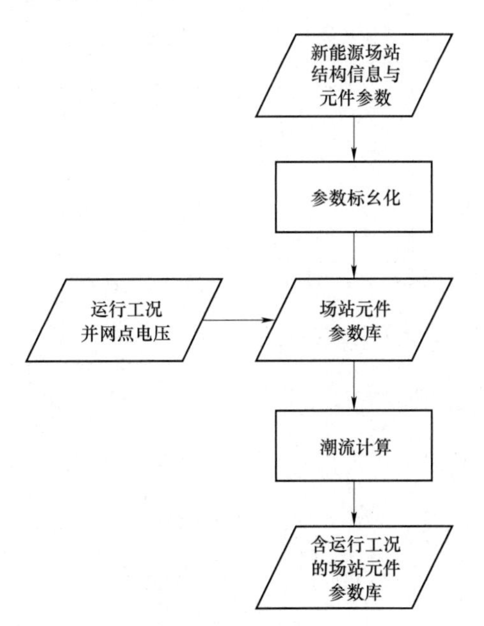

图 11－23　含运行工况的场站结构信息及元件参数库建立流程

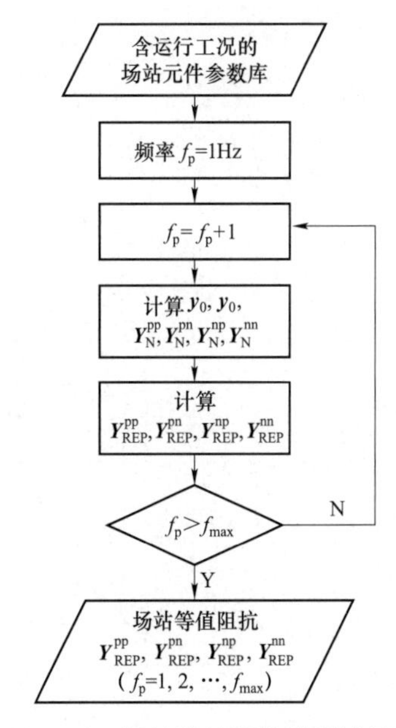

图 11－24　场站等值阻抗模型计算流程

所提出的建模方法与电网络理论一致，新能源发电单元、SVG 等装置的接入相当于在其接入节点增加了接地导纳，对于通用的节点导纳矩阵构建方法不再赘述。

11.3　新能源场站阻抗特性分析

11.3.1　场站汇集线路对阻抗特性的影响

新能源场站内汇集线路的长度主要取决于开发区域和环境，在我国西北等集中连片开发区域，场站内相邻风电机组或 PV 发电单元之间的汇集线路长度一般不超过 1km，而在中南部山区，相邻风电机组或 PV 发电单元之间的汇集线路长度可能超过 2km。图 11－25 给出了 11.2.3 所述直驱风电场在不同场站内汇集线路长度下的阻抗特性，风电场输出有功功率为 1.0p.u.。可以看出，汇集线路的长度主要影响风电场等值正序阻抗在次同步频段的特性，使其幅值降低且负阻尼特性向基波频率靠近，由于汇集线路本身不存在频率耦合特性，因此，其对风电场等值耦合阻抗的影响较小。图 11－26 给出了不同场站内汇集线路长度的直驱风电场并网 Nyquist 曲线，可以看出，随着风电机组间汇集线路长度的增加，Nyquist 曲线逐步环绕（－1，j0）点，系统振荡风险增大。

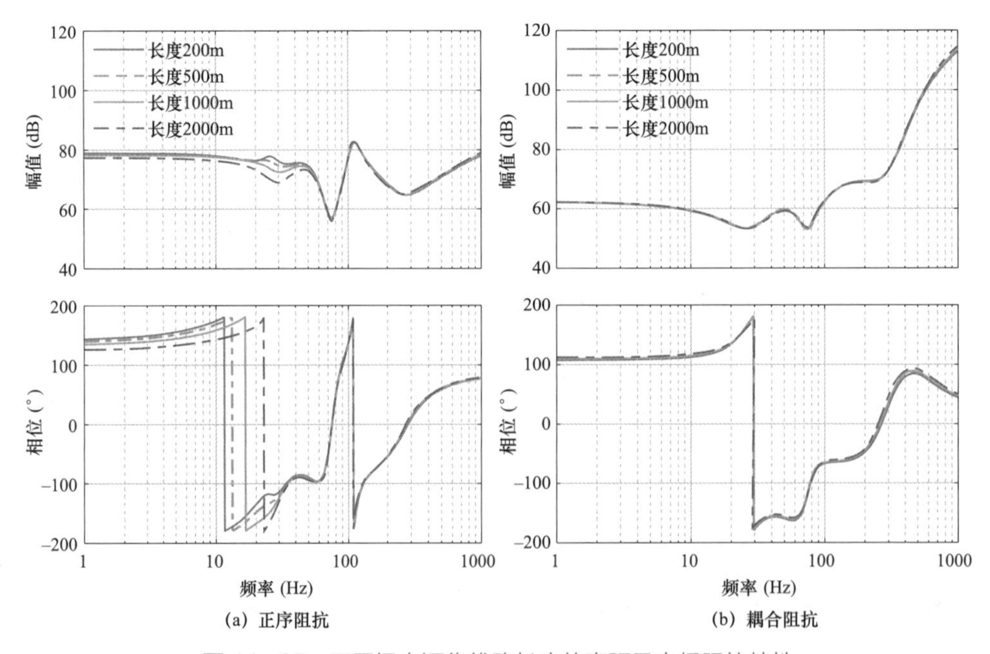

图 11－25　不同场内汇集线路长度的直驱风电场阻抗特性

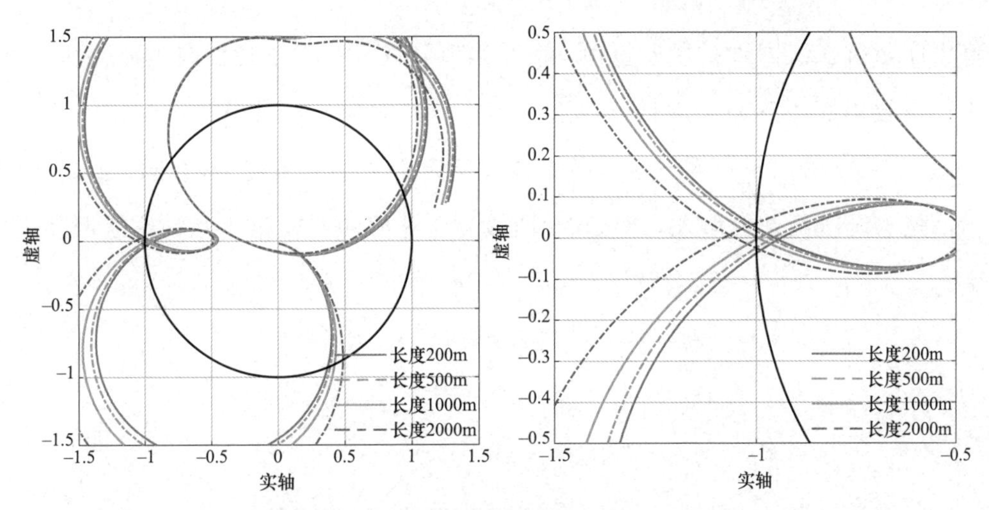

图 11－26　不同场站内汇集线路长度的直驱风电场并网系统 Nyquist 曲线

11.3.2　场站升压级数对阻抗特性的影响

随着新能源发电集群的开发，新能源场站送出系统的电压等级逐步升高，因此，不同时期开发的新能源场站升压级数可能不同。图 11－27 给出了直驱风电场在两级（0.69kV/35kV/220kV）和三级（0.69kV/35kV/110kV/220kV）升压配置下的阻抗特性曲线，风电场输出有功功率为 1.0p.u.。可以看出，与汇集线路类似，升压级数主要影响风电场

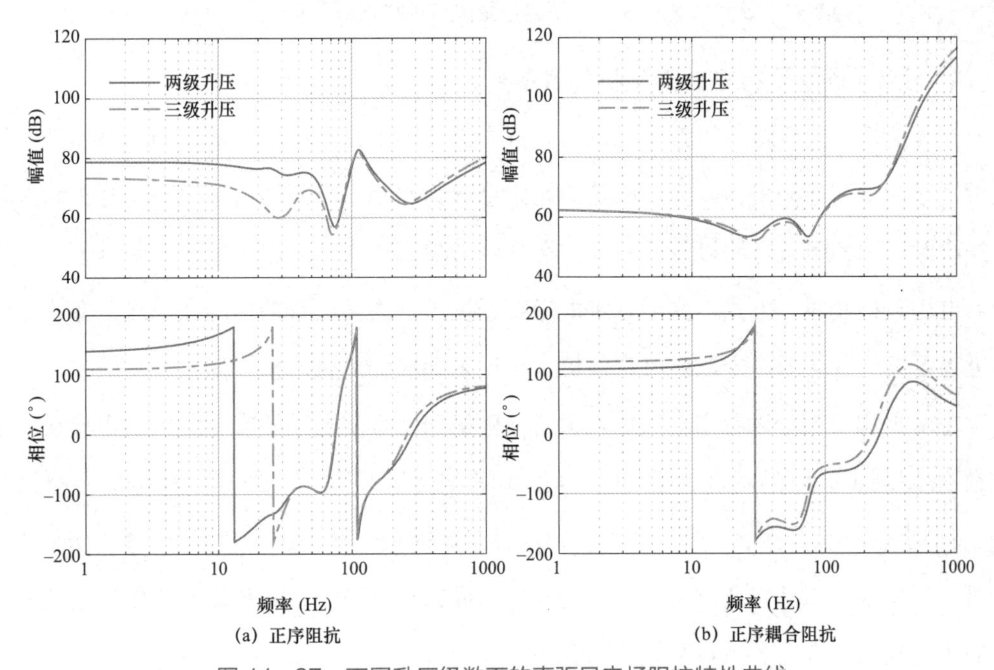

图 11－27　不同升压级数下的直驱风电场阻抗特性曲线

等值正序阻抗在次同步频段的特性，使其幅值降低且负阻尼特性向基波频率靠近，由于变压器本身不存在频率耦合特性，因此，其对风电场等值耦合阻抗的影响较小。图 11－28 给出了不同升压级数下的直驱风电场并网系统 Nyquist 曲线，可以看出，随着升压级数的增加，Nyquist 曲线逐步环绕（－1，j0）点，系统振荡风险增大。

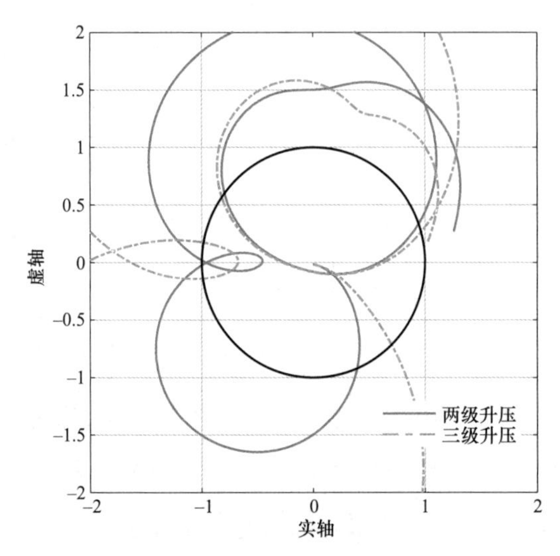

图 11－28　不同升压级数下的直驱风电场并网系统 Nyquist 曲线

11.3.3　场站运行方式对阻抗特性的影响

在高振荡风险区域，以及未来以新能源为主体的电力系统中，新能源场站通常需按照调度指令限制部分出力，而在相等的场站总出力水平下，不同的发电单元开机和运行方式将对场站的阻抗特性以及并网稳定性产生影响。图 11－29 给出了不同运行方式下直驱风电场阻抗曲线，方式 1 为所有风电机组开机，且均输出有功功率 0.5p.u.，方式 2 为靠近各条馈线首端的一半风电机组停机，靠近末端的一半风电机组满发有功功率，方式 3 与方式 2 相反。可以看出，风电机组的开停机和运行工况主要影响风电场等值正序阻抗在次/超同步频段的特性。图 11－30 给出了不同运行方式下的直驱风电场并网系统 Nyquist 曲线，可以看出，在方式 1 下，即各台风电机组平均出力情况下，Nyquist 曲线距离（－1，j0）点相对较远，系统更为稳定，而方式 2 与方式 3 相比，关停靠近馈线末端的风电机组，可提升并网系统的稳定性。

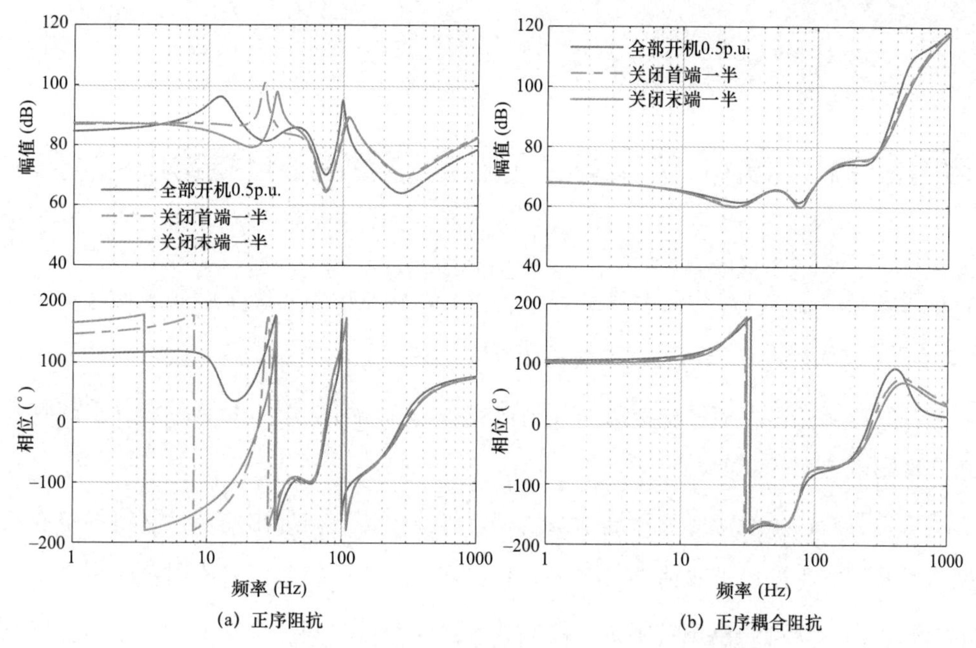

图 11－29　不同运行方式下的直驱风电场阻抗特性曲线

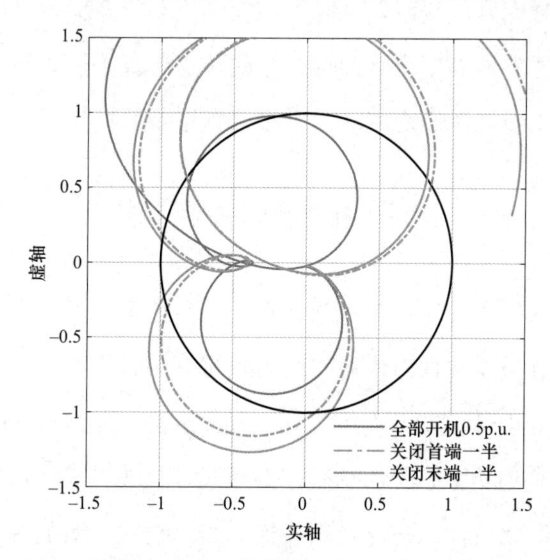

图 11－30　不同运行方式下的直驱风电场并网系统 Nyquist 曲线

第 12 章　新能源发电经交流送出系统宽频振荡分析

新能源基地包含成千上万台新能源发电单元，各发电单元经多级变压器升压汇集后经超/特高压交流线路送出。为提高交流线路输送能力，增加系统稳定性，串联补偿技术得到了部分应用。大规模新能源场站与交流电网之间相互作用引起宽频振荡事故时有发生，严重影响电网的安全稳定运行。

本章首先建立新能源经交流送出系统端口等值模型，推导出两端口网络稳定性分析判据，以及更实用的最大峰值 Nyquist 判据；然后，基于新能源发电阻抗解析模型，提出新能源场站经交流送出系统阻抗频段划分方法，分析不同类型新能源场站与交流电网不同频段内振荡的主导因素，揭示新能源经交流送出系统宽频振荡机理；最后，基于新能源并网系统全电磁暂态仿真平台（简称全电磁暂态仿真平台）及新能源并网试验与实证平台，验证不同类型新能源经交流送出系统宽频振荡的机理。

12.1　稳 定 性 判 据

本节将首先建立新能源发电经交流送出系统端口等值模型；然后，提出新能源经交流送出系统稳定的充分必要条件；最后，给出系统最大峰值 Nyquist 稳定判据。

新能源机组通常处于最大功率点跟踪（maximum power point tracking，MPPT）模式，或跟随调度指令处于有功功率、无功功率控制模式。上述模式均需快速精确地调节新能源机组并网电流幅值和相位，即电流控制模式。在该模式下新能源机组交流端口呈现电流源特性。由于新能源机组交流端口除了呈现电流源特性，还具有输出阻抗，交流端口等效为理想电流源与其端口阻抗并联。

新能源场站由数百甚至上千台电流控制模式的新能源机组构成，其交流端口输出特性与新能源机组相似，即呈现非理想电流源特性。将新能源场站交流端口等效为理想电流源 $\boldsymbol{I}_{\mathrm{RE}}$ 与端口阻抗 $\boldsymbol{Z}_{\mathrm{RE}}$ 并联，其中 $\boldsymbol{I}_{\mathrm{RE}}$ 与 $\boldsymbol{Z}_{\mathrm{RE}}$ 可根据第 11 章介绍的新能源场站阻抗建模获取。此外，本节将新能源场站并网点等效为理想电压源 $\boldsymbol{V}_{\mathrm{g}}$ 与交流电网阻抗 $\boldsymbol{Z}_{\mathrm{g}}$ 串联。

基于上述分析，可建立新能源经交流送出系统端口等值模型，如图 12-1 所示。图中，$\boldsymbol{I}_{\text{out}}$ 为新能源场站输出电流，其表达式为

$$\boldsymbol{I}_{\text{out}} = \left(\boldsymbol{I}_{\text{RE}} - \frac{\boldsymbol{V}_{\text{g}}}{\boldsymbol{Z}_{\text{RE}}} \right) \cdot \frac{1}{1 + \boldsymbol{Z}_{\text{g}} / \boldsymbol{Z}_{\text{RE}}} \tag{12-1}$$

式（12-1）中，等号右侧可视为两个闭环传递函数相乘，分别记为

$$\begin{cases} TF_1 = \boldsymbol{I}_{\text{RE}} - \dfrac{\boldsymbol{V}_{\text{g}}}{\boldsymbol{Z}_{\text{RE}}} \\ TF_2 = \dfrac{1}{1 + \boldsymbol{Z}_{\text{g}} / \boldsymbol{Z}_{\text{RE}}} \end{cases} \tag{12-2}$$

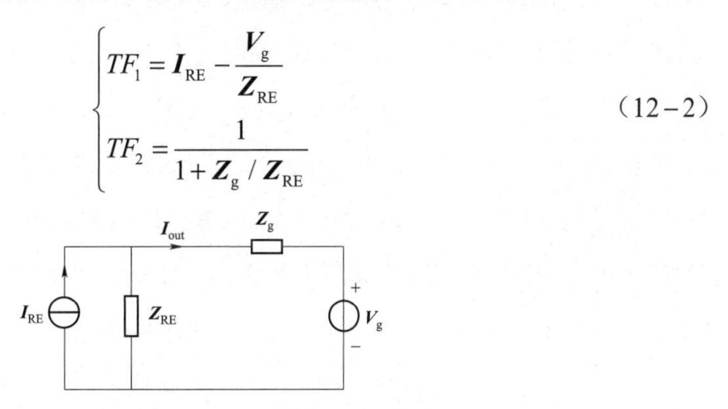

图 12-1　新能源经交流送出系统端口等值模型

新能源经交流送出系统稳定性由闭环传递函数 TF_1 和 TF_2 共同决定：当且仅当 TF_1 与 TF_2 极点均位于 s 左半平面时，系统稳定。

闭环传递函数 TF_1 对应电路如图 12-2（a）所示。图中，$\boldsymbol{I}_{\text{ideal}}$ 为新能源场站接入理想交流电网输出电流。TF_1 所有极点均位于 s 左半平面，即要求新能源场站接入理想交流电网输出电流稳定。

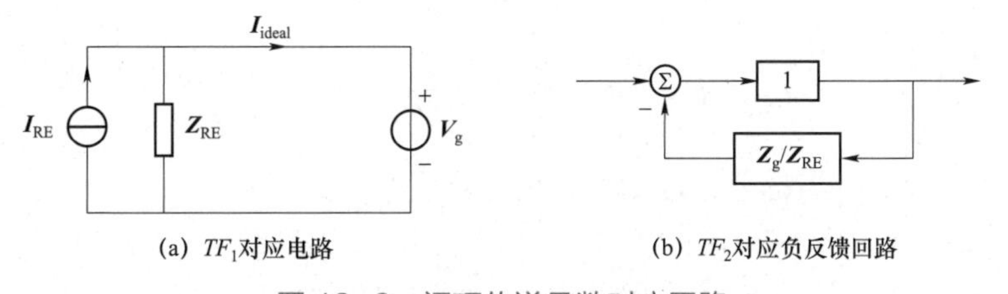

(a) TF_1对应电路　　(b) TF_2对应负反馈回路

图 12-2　闭环传递函数对应回路

闭环传递函数 TF_2 对应负反馈回路如图 12-2（b）所示。闭环传递函数 TF_2 所有极点均位于 s 左半平面，要求该负反馈回路稳定，即开环传递函数 $\boldsymbol{Z}_{\text{g}} / \boldsymbol{Z}_{\text{RE}}$ 满足 Nyquist 判据。

本书以理想电网下新能源场站稳定运行为既定条件。在此情况下，TF_1 所有极点均位于 s 左半平面。系统稳定性仅取决于 TF_2，即新能源经交流送出系统稳定的充分必要条件为：交流电网阻抗 $\boldsymbol{Z}_{\text{g}}$ 与新能源场站端口阻抗 $\boldsymbol{Z}_{\text{RE}}$ 的阻抗比 $\boldsymbol{Z}_{\text{g}} / \boldsymbol{Z}_{\text{RE}}$ 满足 Nyquist

判据。

阻抗比满足 Nyquist 判据，但稳定裕度不足时，受新能源场站功率、启停机组合、动态无功补偿方式、网架结构等因素变化影响，系统由稳定转为不稳定，从而发生振荡。因此，需要保证系统具有一定稳定裕度。Nyquist 判据通过幅值裕度（gain margin, GM）和相位裕度（phase margin, PM）两个指标给出稳定裕度。单独使用 GM 和 PM，均难以确定系统相对稳定性，Nyquist 判据需要同时给出 GM 和 PM。

针对这一问题，引入最大峰值 Nyquist 判据，将系统要求的 GM 和 PM 表示为复平面上以 (−1, j0) 点为中心，以 R_{min} 为半径的圆形禁止区域，如图 12－3 阴影区域所示。若阻抗比 $\boldsymbol{Z}_g / \boldsymbol{Z}_{RE}$ 的 Nyquist 曲线穿过禁止区域，表明系统 GM 或 PM 不足。禁止区域内曲线对应频率点均存在振荡风险。若 $\boldsymbol{Z}_g / \boldsymbol{Z}_{RE}$ 的 Nyquist 曲线完全位于禁止区域以外，则系统满足 GM 和 PM 要求，系统稳定，不存在振荡风险。

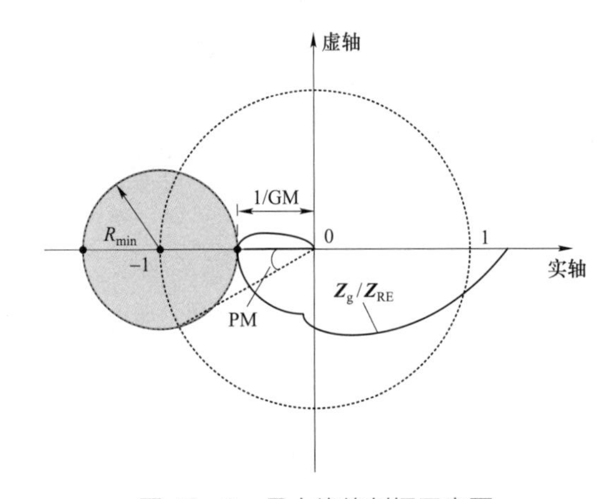

图 12－3　最大峰值判据示意图

禁止区域半径 R_{min} 与幅值裕度 GM、相位裕度 PM 的关系为

$$R_{min} = \max\left\{2\sin\left(\frac{PM}{2}\right),\ 1-\frac{1}{GM}\right\} \tag{12-3}$$

式中：GM 为阻抗比 Nyquist 曲线与负半平面实轴的交点与原点距离的倒数；PM 为阻抗比 Nyquist 曲线与单位圆的交点与负半平面实轴的夹角。

最大峰值 Nyquist 判据将系统的 GM 和 PM 要求统一成复平面上半径为 R_{min} 的圆形稳定边界，判据形式更加简洁直观。同时，针对不同并网场景，最大峰值 Nyquist 判据提供差异化的 GM、PM 取值，提升了判据的灵活性。此外，最大峰值 Nyquist 判据通过

定义圆形禁止区域，可判定系统容易产生振荡失稳的频率范围。

12.2　频段划分与振荡分析

基于永磁同步发电机（permanent magnet synchronous generator, PMSG）、双馈感应发电机（doubly-fed induction generator, DFIG）、PV 阻抗特性分析，本节将提出新能源经交流送出系统的频段划分方法，给出引发各频段振荡的主导装置及主导环节。

12.2.1　频段划分

新能源经交流送出系统涉及 PMSG、DFIG 及 PV 发电单元等多种电力电子装置。系统运行特性由上述装置的多回路控制特性决定。不同装置的控制带宽差异明显，使整个系统控制带宽覆盖数赫到数百赫频率范围。如何定位引发系统振荡的主导装置，对系统振荡分析及振荡抑制尤为重要。

基于第 2 篇风电、PV 各类型新能源发电阻抗特性分析，将新能源经交流送出系统的宽频阻抗特性划分为Ⅰ、Ⅱ、Ⅲ、Ⅳ共计 4 个频段，新能源经交流送出系统频段划分及阻抗特性如图 12－4 所示。由于 PV 发电单元与 PMSG 机组各频段阻抗特性基本一致，在系统频段划分时将其按同类装置处理。

由图 12－4 可知，由于不同类型装置的主电路以及控制电路存在差异，新能源发电经交流送出系统同一频段不同装置阻抗特性的主导控制器不同。在部分频段，装置阻抗呈现负阻尼。由于主电路及控制电路不同，不同装置呈现负阻尼的频段也有所不同。端口阻抗的负阻尼，容易导致稳定裕度不足，增加系统振荡风险。由于不同装置负阻尼频段不同，系统在数赫到数百赫宽频范围内均存在振荡风险。

12.2.2　PMSG/PV 场站接入交流弱电网振荡风险

根据图 12－4 所示各频段阻抗特性，本节分析 PMSG/PV 场站接入交流弱电网各频段振荡风险。

（1）在频段Ⅰ（约为 $f<37$Hz），PMSG/PV 场站阻抗不存在负阻尼。PMSG/PV 场站接入交流弱电网不存在振荡风险。

（2）在频段Ⅱ（约为 37Hz$<f<$63Hz），PMSG/PV 场站阻抗特性由锁相环（phase lock loop，PLL）主导，基频以上呈现容性，PMSG/PV 直流电压控制与 PLL 的频带重叠效应，

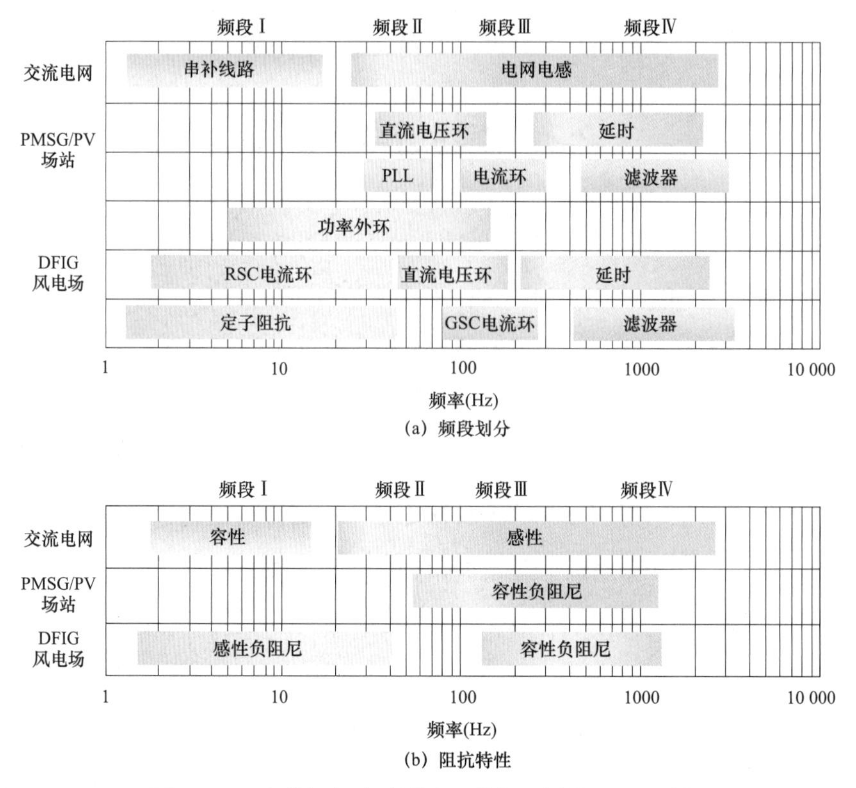

图 12－4　新能源经交流送出系统频段划分及阻抗特性

导致呈现容性负阻尼。由于交流电网阻抗呈感性，当 PMSG/PV 场站与交流电网阻抗幅值相交，且相位裕度不足时，二者构成串联谐振回路，系统存在振荡风险。

（3）在频段Ⅲ（约为 63Hz＜f＜420Hz），PMSG/PV 场站阻抗特性由交流电流控制主导，阻抗呈现容性。在频段Ⅲ的前半段，PMSG/PV 直流电压控制和交流电流控制的频带重叠效应，导致呈现容性负阻尼。在频段Ⅲ的后半段，延时与交流电流控制的频带重叠效应，导致呈现容性负阻尼。当 PMSG/PV 场站与交流弱电网阻抗幅值相交，且相位裕度不足时，二者构成串联谐振回路，系统存在振荡风险。

（4）在频段Ⅳ（约为 f＞420Hz），PMSG/PV 场站阻抗特性由交流滤波器主导，阻抗由感性变为容性，延时与交流滤波器的频带重叠效应，导致阻抗呈现容性负阻尼。当 PMSG/PV 场站与交流弱电网阻抗幅值相交，且相位裕度不足时，二者构成串联谐振回路，系统存在振荡风险。

12.2.3　DFIG 风电场接入交流电网振荡风险

根据图 12－4 所示各频段阻抗特性，本节分析 DFIG 风电场接入交流弱电网/串补线

路各频段振荡风险。

（1）在频段Ⅰ（约为 f＜37Hz），DFIG 风电场阻抗由定子阻抗主导，呈现感性，同时受到转子电气旋转频率变化、转子侧变换器（rotor-side converter，RSC）交流电流控制和稳态工作点影响，呈现感性负阻尼。当交流电网为串补线路时，电网阻抗呈现容性。当 DFIG 风电场与串补线路阻抗幅值相交，且相位裕度不足时，二者构成串联谐振回路，系统存在振荡风险。

（2）在频段Ⅱ（约为 37Hz＜f＜63Hz），DFIG 风电场频段Ⅰ、Ⅱ阻抗特性一致，呈感性负阻尼，交流电网呈现感性。DFIG 风电场接入交流电网不存在振荡风险。

（3）在频段Ⅲ（约为 63Hz＜f＜420Hz），DFIG 风电场阻抗由定子阻抗和网侧变换器（grid-side converter，GSC）阻抗共同决定，直流电压控制与 GSC 交流电流控制的频带重叠效应，以及延时与交流电流控制的频带重叠效应，均导致呈现容性负阻尼。又由于交流电网呈现感性，当 DFIG 风电场与交流电网阻抗幅值相交，且相位裕度不足时，二者构成串联谐振回路，系统存在振荡风险。

（4）在频段Ⅳ（约为 f＞420Hz），DFIG 风电场阻抗特性由交流滤波器主导，由感性变为容性，延时与交流滤波器的频带重叠效应，导致呈现容性负阻尼。又由于交流电网呈现感性。当 DFIG 风电场与交流电网阻抗幅值相交，且相位裕度不足时，二者构成串联谐振回路，系统存在振荡风险。

12.3　振荡频率耦合机理

基于新能源发电经交流送出系统各频段振荡风险，本节将分析单频率振荡风险诱发系统产生多频率振荡分量的耦合机理。

新能源经交流送出系统端口等值模型如图 12－1 所示。基于 12.1 节和 12.2 节分析，当新能源场站端口阻抗 $\boldsymbol{Z}_{\mathrm{RE}}$ 呈现负阻尼，阻抗比 $\boldsymbol{Z}_{\mathrm{g}}/\boldsymbol{Z}_{\mathrm{RE}}$ 在频率 f_{osc} 幅值/相位裕度不足时，系统将发生频率为 f_{osc} 的振荡。

不失一般性，针对 PMSG、DFIG、PV 场站经交流系统送出场景，下面将分析单个场站并网振荡导致多场站、多频率振荡的传播过程。多场站并网系统振荡传播过程与频率耦合示意图如图 12－5 所示。假定 PMSG 风电场接入交流电网存在频率为 f_{osc} 的正序

振荡风险，DFIG 风电场和 PV 电站接入交流电网均不存在振荡风险。

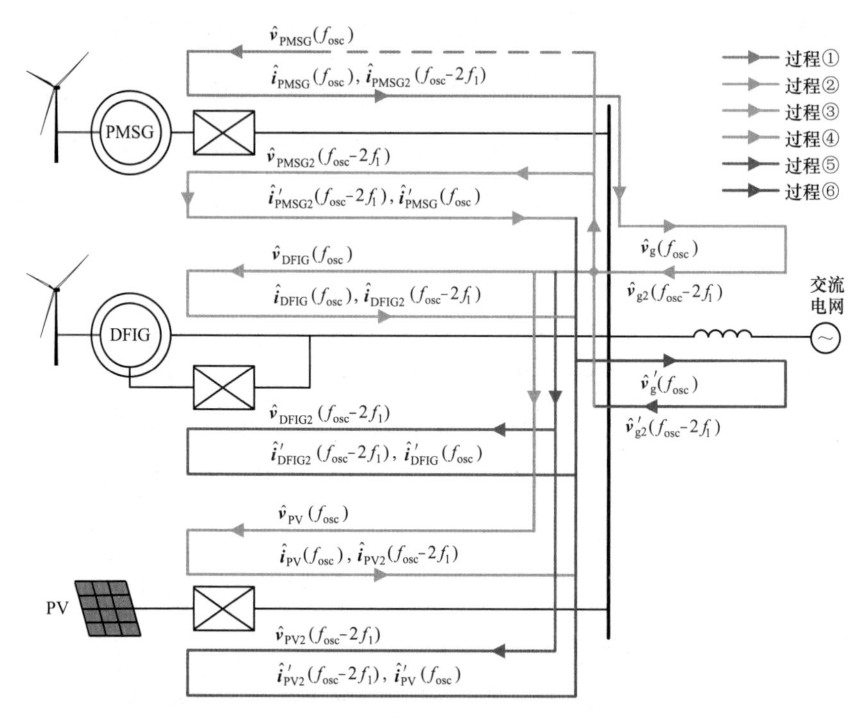

图 12-5 多场站并网系统振荡传播过程与频率耦合示意图

初始，PMSG 风电场接入交流电网发生振荡，PMSG 风电场交流电压将产生频率为 f_{osc} 的振荡分量 $\hat{\boldsymbol{v}}_{PMSG}$。根据第 2 篇可知，频率为 f_{osc} 的正序振荡交流电压，作用于 PMSG 风电场正序导纳 $\boldsymbol{Y}_{PMSG}^{pp}$，将导致频率为 f_{osc} 的正序电流振荡分量 $\hat{\boldsymbol{i}}_{PMSG}$；同时，作用于 PMSG 风电场正序耦合导纳 $\boldsymbol{Y}_{PMSG}^{pn}$，将导致频率为 $f_{osc}-2f_1$ 的负序耦合电流振荡分量 $\hat{\boldsymbol{i}}_{PMSG2}$，如图 12-5 过程①所示。

随后，频率 f_{osc} 和 $f_{osc}-2f_1$ 的 PMSG 风电场振荡电流流经交流电网阻抗，导致并网点电压产生频率为 f_{osc} 和 $f_{osc}-2f_1$ 的电压振荡分量 $\hat{\boldsymbol{v}}_{g}$、$\hat{\boldsymbol{v}}_{g2}$，如图 12-5 过程②所示。一方面，频率为 f_{osc} 的正序电压振荡分量作用于 PMSG 风电场，将导致频率为 f_{osc} 的正序电流振荡分量 $\hat{\boldsymbol{i}}_{PMSG}$，以及频率为 $f_{osc}-2f_1$ 的负序耦合电流振荡分量 $\hat{\boldsymbol{i}}_{PMSG2}$。另一方面，频率为 $f_{osc}-2f_1$ 的负序电压振荡分量作用于 PMSG 风电场负序导纳 $\boldsymbol{Y}_{PMSG}^{nn}$，将导致频率为 $f_{osc}-2f_1$ 的负序电流振荡分量 $\hat{\boldsymbol{i}}'_{PMSG2}$；同时，作用于在 PMSG 风电场负序耦合导纳 $\boldsymbol{Y}_{PMSG}^{np}$，将导致频率为 f_{osc} 的正序耦合电流振荡分量 $\hat{\boldsymbol{i}}'_{PMSG}$，如图 12-5 过程③所示。$\hat{\boldsymbol{i}}_{PMSG}$ 和 $\hat{\boldsymbol{i}}'_{PMSG}$ 共同构成了 PMSG 风电场频率为 f_{osc} 的正序电流振荡分量，$\hat{\boldsymbol{i}}_{PMSG2}$ 和 $\hat{\boldsymbol{i}}'_{PMSG2}$ 共同构成了

PMSG 风电场频率为 $f_{osc}-2f_1$ 的负序电流振荡分量。

同时，频率为 f_{osc} 和 $f_{osc}-2f_1$ 的电压振荡分量作用于 DFIG/PV 场站，将导致频率为 f_{osc} 和 $f_{osc}-2f_1$ 的电流振荡分量。在 DFIG/PV 场站阻抗影响下，频率为 f_{osc} 的正序电压振荡分量，将导致频率为 f_{osc} 的正序电流振荡分量 $\hat{\boldsymbol{i}}_{DFIG}$、$\hat{\boldsymbol{i}}_{PV}$，以及频率为 $f_{osc}-2f_1$ 的负序耦合电流振荡分量 $\hat{\boldsymbol{i}}_{DFIG2}$、$\hat{\boldsymbol{i}}_{PV2}$，如图 12－5 过程④所示；频率为 $f_{osc}-2f_1$ 的负序电压振荡分量，将导致频率为 $f_{osc}-2f_1$ 的负序电流振荡分量 $\hat{\boldsymbol{i}}'_{DFIG2}$、$\hat{\boldsymbol{i}}'_{PV2}$，以及频率为 f_{osc} 的正序耦合电流振荡分量 $\hat{\boldsymbol{i}}'_{DFIG}$、$\hat{\boldsymbol{i}}'_{PV}$，如图 12－5 过程⑤所示。

然后，频率为 f_{osc} 和 $f_{osc}-2f_1$ 的 DFIG/PV 场站振荡电流分量 $\hat{\boldsymbol{i}}_{DFIG}$、$\hat{\boldsymbol{i}}'_{DFIG}$、$\hat{\boldsymbol{i}}_{PV}$、$\hat{\boldsymbol{i}}'_{PV}$、$\hat{\boldsymbol{i}}_{DFIG2}$、$\hat{\boldsymbol{i}}'_{DFIG2}$、$\hat{\boldsymbol{i}}_{PV2}$、$\hat{\boldsymbol{i}}'_{PV2}$ 流入交流电网，将导致频率为 f_{osc} 和 $f_{osc}-2f_1$ 的电压振荡分量，如图 12－5 过程⑥所示。频率为 f_{osc} 和 $f_{osc}-2f_1$ 的 DFIG/PV 场站振荡电流分量流入 PMSG 风电场，将导致频率为 f_{osc} 和 $f_{osc}-2f_1$ 的耦合电压振荡分量。

最终，经由 PMSG 风电场、DFIG 风电场、PV 电站、交流电网相互之间多次迭代调节，系统振荡达到动态平衡。

综上所述，单个场站并网系统单一频率的振荡风险，会诱发系统多场站、多频率电压、电流振荡，这种现象称为振荡频率耦合现象。频率为 f_{osc} 的正序振荡，将诱发系统产生频率为 f_{osc} 的正序振荡和频率为 $f_{osc}-2f_1$ 的负序耦合振荡。类似地，频率为 f_{osc} 的负序振荡，将诱发系统产生频率为 f_{osc} 的负序振荡和频率为 $f_{osc}+2f_1$ 的正序耦合振荡。新能源场站电压电流振荡频率耦合规律如表 12－1 所示。其中，频率为 $f_{osc}-2f_1(f_{osc}<2f_1)$ 的负序耦合振荡分量对应为频率为 $2f_1-f_{osc}$ 的正序耦合振荡分量。

表 12－1　　新能源场站电压电流振荡频率耦合规律

输入振荡分量频率	输出振荡分量频率	输出耦合振荡分量频率
$f_{osc}(<2f_1)$（正序）	f_{osc}（正序）	$2f_1-f_{osc}$（正序）
$f_{osc}(>2f_1)$（正序）	f_{osc}（正序）	$f_{osc}-2f_1$（负序）
f_{osc}（负序）	f_{osc}（负序）	$f_{osc}+2f_1$（正序）

12.4　宽频振荡仿真验证

基于新能源发电经交流送出系统稳定性判据以及各频段振荡风险分析，本节将依托全电磁暂态仿真平台，分别验证PMSG风电场接入交流弱电网、DFIG风电场接入交流弱电网/串补线路各频段振荡风险分析的正确性。

12.4.1　PMSG风电场接入交流弱电网宽频振荡仿真验证

本节选取三个不同PMSG风电场，对其接入不同强度交流弱电网宽频振荡进行频域分析和时域仿真。风电场1全部由型号1的PMSG机组构成；风电场2全部由型号2的PMSG机组构成；风电场3全部由型号3的PMSG机组构成。

12.4.1.1　频段Ⅱ振荡风险仿真验证

基于全电磁暂态仿真平台，以PMSG风电场接入交流弱电网为例，开展振荡风险的频域分析和时域仿真，验证PMSG风电场接入交流弱电网频段Ⅱ振荡风险分析的正确性。PMSG风电场（型号1机组）仿真参数如表12－2所示，交流弱电网SCR为1.6。PMSG风电场（型号1机组）接入交流弱电网的振荡风险如图12－6所示。

表12－2　　PMSG风电场（型号1机组）仿真参数

参数	定义	数值
N_{PMSG}	风电机组数目	100 台
P_N	额定功率	1.5MW
V_{dc}	直流电压稳态值	1100V
V_1	交流电压基频分量幅值	690V
k_T	交流变压器变比	0.69kV/35kV
C_{dc}	直流母线电容	13.6mF
L_f	交流滤波电感	0.3mH
C_f	交流滤波电容	0.5mF

由图12－6（a）可知，频段Ⅱ内，PMSG风电场阻抗$\boldsymbol{Z}_{PMSG}$呈现容性负阻尼。PMSG风电场阻抗$\boldsymbol{Z}_{PMSG}$与交流电网阻抗$\boldsymbol{Z}_g$在A点（77Hz）幅值相交，相位裕度为0.5°，系统幅值/相位稳定裕度不足，存在振荡风险。图12－6（b）给出了基于最大峰值Nyquist判据画出半径R_{min}为0.1的禁止区域。由图可知，阻抗比$\boldsymbol{Z}_g/\boldsymbol{Z}_{PMSG}$的Nyquist曲线在禁止区域中穿过A点（77Hz），系统存在振荡风险，将发生77Hz正序振荡，并产生23Hz正序耦合振荡分量。

基于上述分析，对PMSG风电场接入交流弱电网振荡风险开展时域仿真，PMSG风电场（型号1机组）接入交流弱电网振荡波形及FFT结果如图12－7所示。

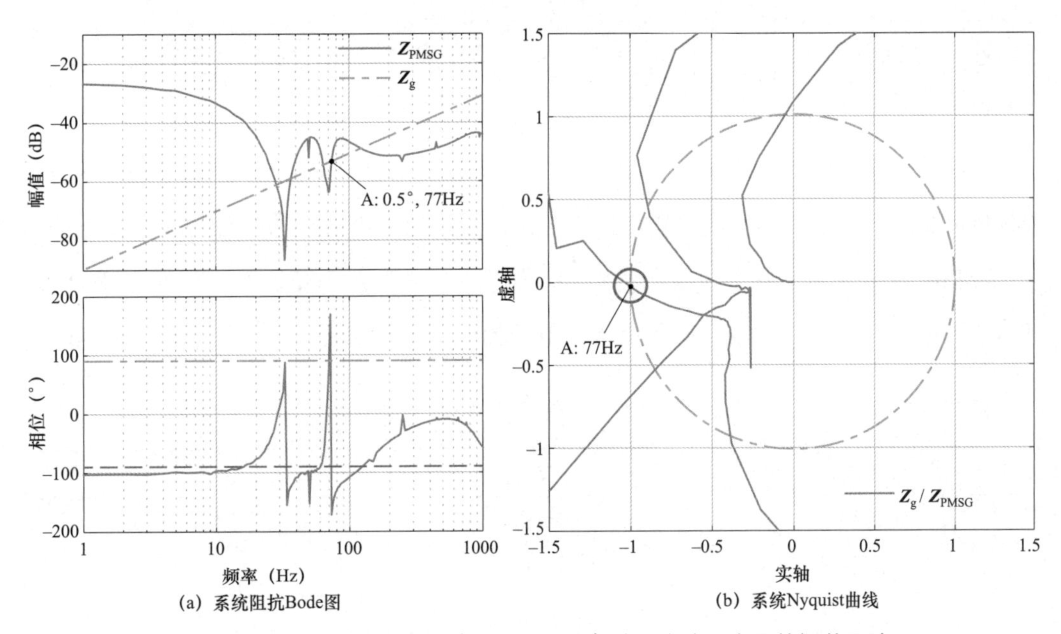

图 12－6　PMSG 风电场（型号 1 机组）接入交流弱电网的振荡风险

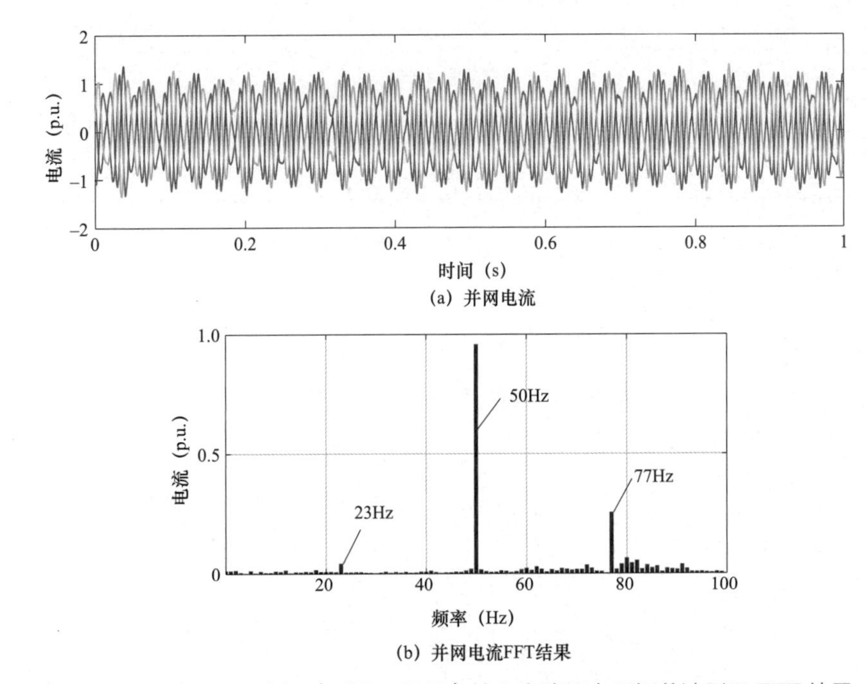

图 12－7　PMSG 风电场（型号 1 机组）接入交流弱电网振荡波形及 FFT 结果

由图 12－7 可知，PMSG 风电场并网电流波形振荡明显。FFT 分析结果显示，PMSG 风电场接入交流弱电网发生 77Hz 正序振荡，并产生 23Hz 正序耦合振荡分量。仿真结果与图 12－6 频域分析一致，验证了 PMSG 风电场接入交流弱电网频段Ⅱ振荡风险分析的正确性。

12.4.1.2 频段Ⅲ振荡风险仿真验证

基于全电磁暂态仿真平台，以 PMSG 风电场接入交流弱电网为例，开展振荡风险的频域分析和时域仿真，验证 PMSG 风电场接入交流弱电网频段Ⅲ振荡风险分析的正确性。PMSG 风电场（型号 2 机组）仿真参数如表 12-3 所示，交流弱电网 SCR 为 1.6。PMSG 风电场（型号 2 机组）接入交流弱电网的振荡风险如图 12-8 所示。

表 12-3　　PMSG 风电场（型号 2 机组）仿真参数

参数	定义	数值
N_{PMSG}	风电机组数目	100 台
P_N	额定功率	1.5MW
V_{dc}	直流电压稳态值	1500V
V_1	交流电压基频分量幅值	620V
k_T	交流变压器变比	0.62kV/35kV
C_{dc}	直流母线电容	13mF
L_f	交流滤波电感	0.075mH
C_f	交流滤波电容	0.67mF

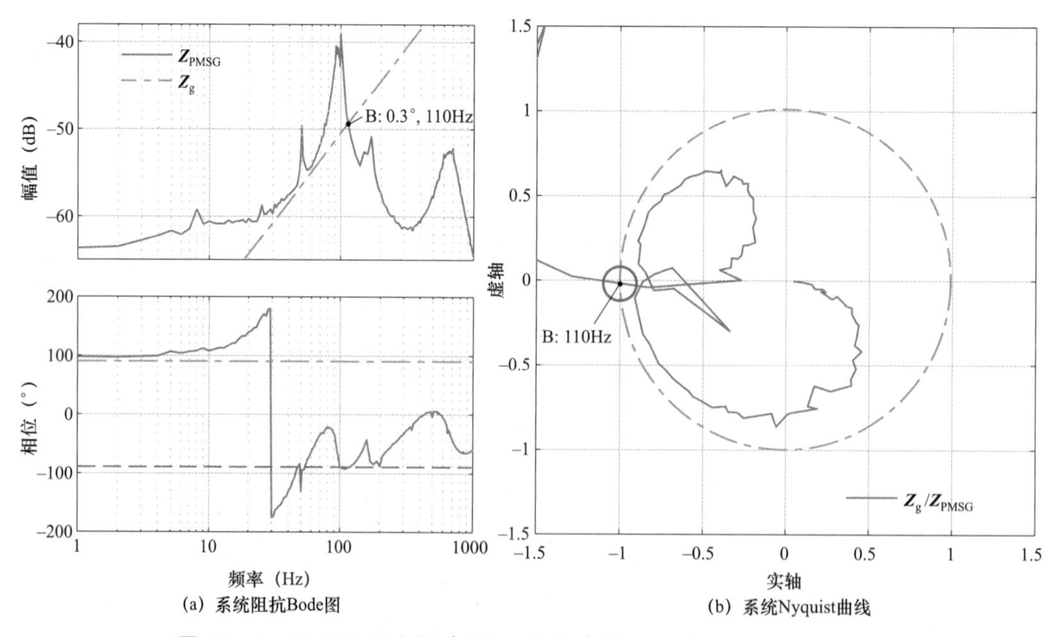

图 12-8　PMSG 风电场（型号 2 机组）接入交流弱电网的振荡风险

由图 12－8（a）可知，频段Ⅲ内，PMSG 风电场阻抗 $\boldsymbol{Z}_{PMSG}$ 呈现容性负阻尼。PMSG 风电场阻抗 $\boldsymbol{Z}_{PMSG}$ 与交流电网阻抗 $\boldsymbol{Z}_g$ 在 B 点（110Hz）幅值相交，相位裕度为 0.3°，系统幅值/相位稳定裕度不足，存在振荡风险。图 12－8（b）给出了基于最大峰值 Nyquist 判据画出半径 R_{min} 为 0.1 的禁止区域。由图可知，阻抗比 $\boldsymbol{Z}_g / \boldsymbol{Z}_{PMSG}$ 的 Nyquist 曲线在禁止区域中穿过 B 点（110Hz），系统存在振荡风险，将产生 110Hz 正序振荡，并产生 10Hz 负序耦合振荡分量。

基于上述分析，对 PMSG 风电场接入交流弱电网振荡风险开展时域仿真，PMSG 风电场（型号 2 机组）接入交流弱电网振荡波形及 FFT 结果如图 12－9 所示。

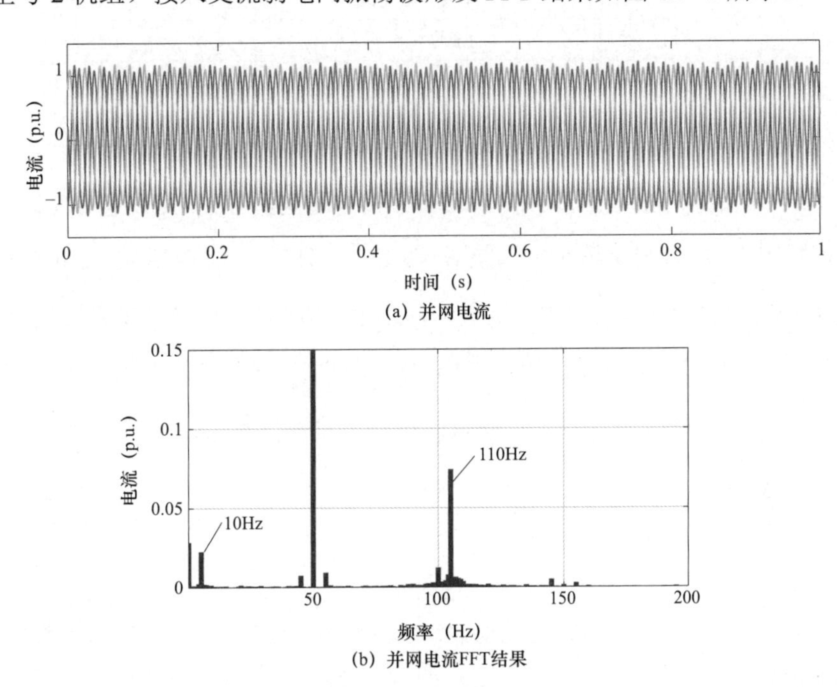

(a) 并网电流

(b) 并网电流FFT结果

图 12－9　PMSG 风电场（型号 2 机组）接入交流弱电网振荡波形及 FFT 结果

由图 12－9 可知，PMSG 风电场并网电流波形振荡明显。FFT 分析结果显示，PMSG 风电场接入交流弱电网发生 110Hz 正序振荡，并产生 10Hz 负序耦合振荡分量。仿真结果与图 12－8 频域分析一致，验证了 PMSG 风电场接入交流弱电网频段Ⅲ振荡风险分析的正确性。

12.4.1.3　频段Ⅳ振荡风险仿真验证

基于全电磁暂态仿真平台，以 PMSG 风电场接入交流弱电网为例，开展振荡风险的频域分析和时域仿真，验证 PMSG 风电场接入交流弱电网频段Ⅳ振荡风险分析的正确性。PMSG 风电场（型号 3 机组）仿真参数如表 12－4 所示，交流弱电网 SCR 为 1.7。PMSG 风电场（型号 3 机组）接入交流弱电网的振荡风险如图 12－10 所示。

表 12－4　　PMSG 风电场（型号 3 机组）仿真参数

参数	定义	数值
N_{PMSG}	风电机组数目	100 台
P_N	额定功率	2MW
V_{dc}	直流电压稳态值	1080V
V_1	交流电压基频分量幅值	650V
k_T	交流变压器变比	0.65kV/35kV
C_{dc}	直流母线电容	38mF
L_f	交流滤波电感	0.075mH
C_f	交流滤波电容	0.67mF

由图 12－10（a）可知，频段Ⅳ内，PMSG 风电场阻抗 $\boldsymbol{Z}_{PMSG}$ 呈现容性负阻尼特性。PMSG 风电场阻抗 $\boldsymbol{Z}_{PMSG}$ 与交流电网阻抗 $\boldsymbol{Z}_g$ 在 C 点（551Hz）幅值相交，相位裕度为 1°，系统幅值/相位稳定裕度不足，存在振荡风险。图 12－10（b）给出了基于最大峰值 Nyquist 判据画出半径 R_{min} 为 0.1 的禁止区域。由图可知，阻抗比 $\boldsymbol{Z}_g / \boldsymbol{Z}_{PMSG}$ 的 Nyquist 曲线在禁止区域中穿过 C 点（551Hz），系统存在振荡风险，将发生 551Hz 正序振荡。

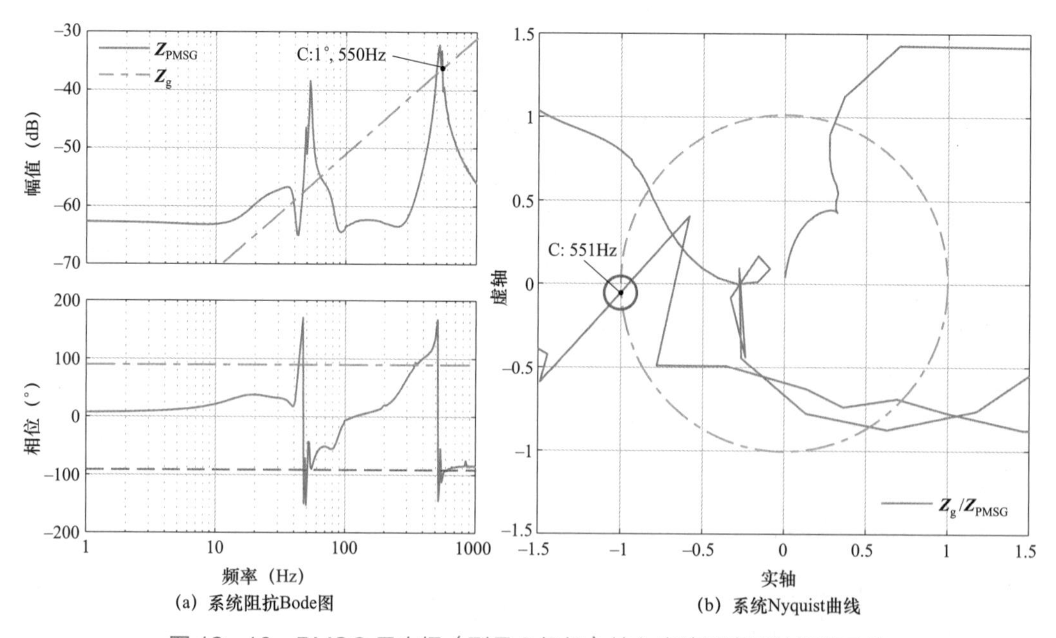

图 12－10　PMSG 风电场（型号 3 机组）接入交流弱电网的振荡风险

基于上述分析，对 PMSG 风电场接入交流弱电网振荡风险开展时域仿真，PMSG 风电场（型号 3 机组）接入交流弱电网振荡波形及 FFT 结果如图 12－11 所示。

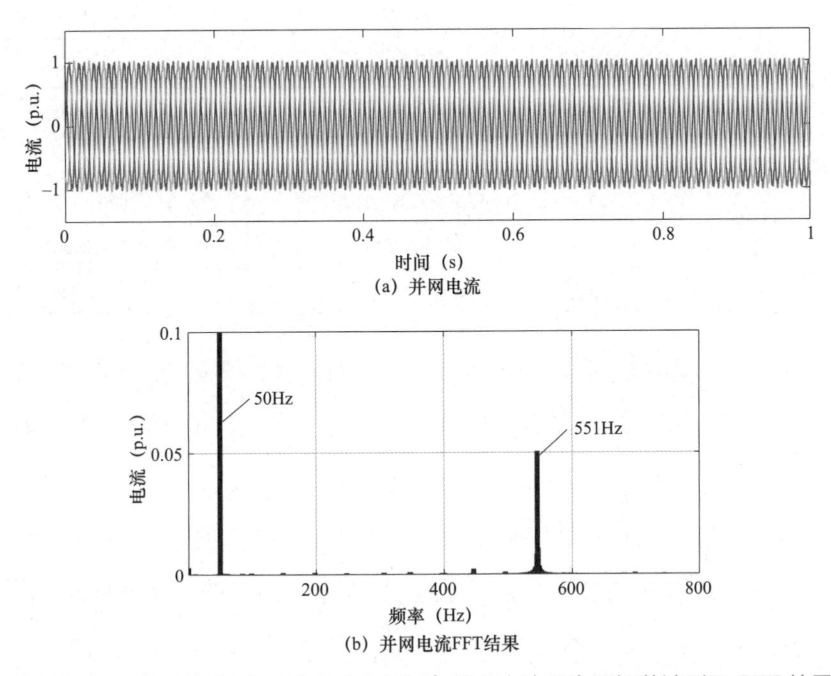

图 12－11　PMSG 风电场（型号 3 机组）接入交流弱电网振荡波形及 FFT 结果

由图 12－11 可知，PMSG 风电场并网电流波形振荡明显。FFT 分析结果显示，PMSG 风电场接入交流弱电网发生 551Hz 正序振荡。仿真结果与图 12－10 频域分析一致，验证了 PMSG 风电场接入交流弱电网频段Ⅳ振荡风险分析的正确性。

12.4.2　DFIG 风电场接入交流电网宽频振荡仿真验证

基于全电磁暂态仿真平台，本节选取两个不同 DFIG 风电场，分别对其接入串补线路和交流弱电网宽频振荡进行频域分析和时域仿真。风电场 1 全部由型号 1 的 DFIG 机组构成，风电场 2 全部由型号 2 的 DFIG 机组构成。

12.4.2.1　频段Ⅰ振荡风险仿真验证

基于全电磁暂态仿真平台，以 DFIG 风电场接入串补线路为例，开展振荡风险的频域分析和时域仿真，验证 DFIG 风电场接入串补线路频段Ⅰ振荡风险分析的正确性。DFIG 风电场（型号 1 机组）仿真参数如表 12－5 所示，串补线路 SCR 为 1.6，串补度为 0.4。DFIG 风电场（型号 1 机组）接入串补线路的振荡风险如图 12－12 所示。

表 12－5　　DFIG 风电场（型号 1 机组）仿真参数

参数	定义	数值
N_{DFIG}	风电机组数目	100 台
P_N	额定功率	2MW
V_{dc}	直流电压稳态值	1050V
V_1	交流额压基频分量幅值	690V
k_T	交流变压器变比	0.69kV/35kV
L_f	交流滤波电感	0.04mH
C_f	交流滤波电容	0.167mF

由图 12－12（a）可知，当转子电气旋转角频率 $\omega_r=1.2$ p.u.时，频段 I 内，DFIG 风电场阻抗 $\boldsymbol{Z}_{DFIG}$ 呈现感性负阻尼。DFIG 风电场阻抗 $\boldsymbol{Z}_{DFIG}$ 与交流电网阻抗 $\boldsymbol{Z}_g$ 在 D 点（7Hz）幅值相交，相角裕度为 1.5°，系统幅值/相位稳定裕度不足，存在振荡风险。图 12－12（b）给出了基于最大峰值 Nyquist 判据画出半径 R_{min} 为 0.1 的禁止区域。由图可知，阻抗比 $\boldsymbol{Z}_g/\boldsymbol{Z}_{DFIG}$ 的 Nyquist 曲线在禁止区域中穿过 D 点（7Hz），系统存在振荡风险，将发生 7Hz 正序振荡，并产生 93Hz 正序耦合振荡分量。

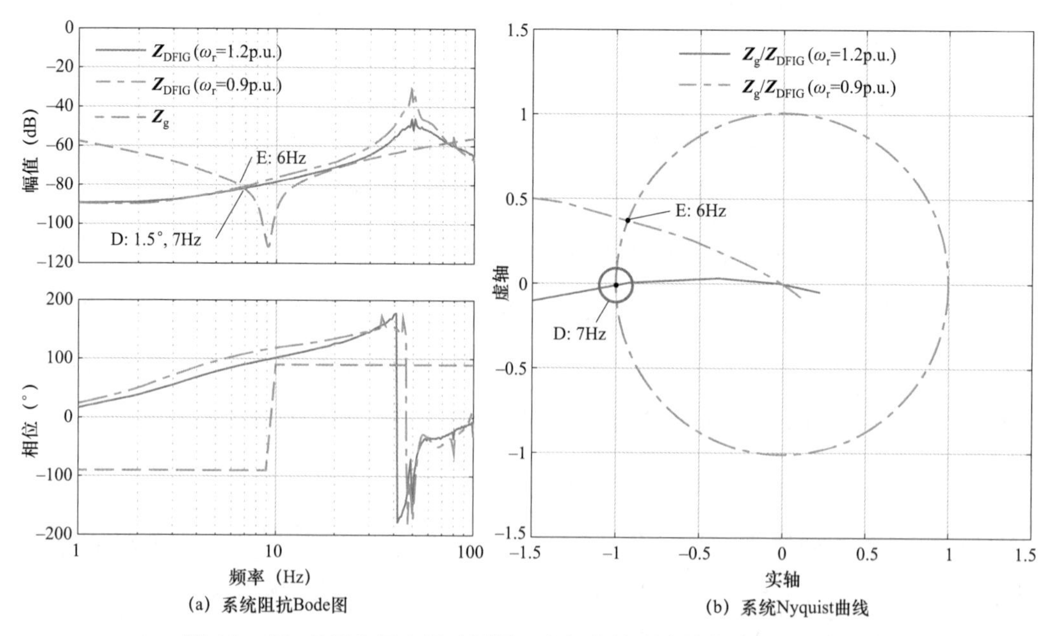

(a) 系统阻抗Bode图　　(b) 系统Nyquist曲线

图 12－12　DFIG 风电场（型号 1 机组）接入串补线路的振荡风险

由图 12－12（a）可知，当转子电气旋转角频率 $\omega_r=0.9$p.u.时，DFIG 风电场阻抗 $\boldsymbol{Z}_{DFIG}$

呈现感性负阻尼。DFIG 风电场阻抗 $\boldsymbol{Z}_{\mathrm{DFIG}}$ 与交流电网阻抗 $\boldsymbol{Z}_{\mathrm{g}}$ 在 E 点（6Hz）幅值相交。由图 12-12（b）可知，E 点（6Hz）不在禁止区域中，系统不存在振荡风险。

基于上述分析，对 DFIG 风电场接入串补线路振荡风险开展时域仿真，DFIG 风电场（型号 1 机组）接入串补线路振荡波形及 FFT 结果如图 12-13 所示。

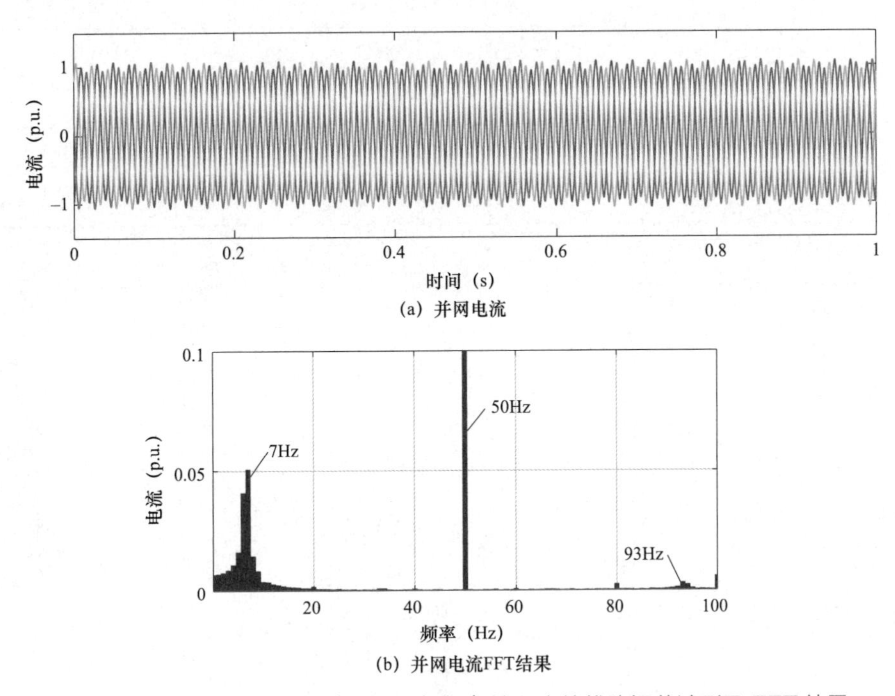

图 12-13　DFIG 风电场（型号 1 机组）接入串补线路振荡波形及 FFT 结果

由图 12-13 可知，当 $\omega_{\mathrm{r}}=1.2\mathrm{p.u.}$ 时，DFIG 风电场并网电流波形振荡明显。FFT 分析结果显示，DFIG 风电场接入串补线路发生 7Hz 正序振荡，并产生 93Hz 正序耦合振荡分量。仿真结果与图 12-12 频域分析一致，验证了 DFIG 风电场接入串补线路频段Ⅰ振荡风险分析的正确性。

12.4.2.2　频段Ⅲ振荡风险仿真验证

基于全电磁暂态仿真平台，以 DFIG 风电场接入交流弱电网为例，开展振荡风险的频域分析和时域仿真，验证 DFIG 风电场接入交流弱电网频段Ⅲ振荡风险分析的正确性。DFIG 风电场（型号 2 机组）仿真参数如表 12-6 所示，交流弱电网 SCR 为 1.6。DFIG 风电场（型号 2 机组）接入交流弱电网的振荡风险如图 12-14 所示。

表 12-6　　DFIG 风电场（型号 2 机组）仿真参数

参数	定义	数值
N_{DFIG}	风电机组数目	100 台
P_N	额定功率	2.1MW
V_{dc}	直流电压稳态值	1050V
V_1	交流电压基频分量幅值	690V
k_T	交流变压器变比	0.69kV/35kV
L_f	交流滤波电感	3mH
C_f	交流滤波电容	0.5mF

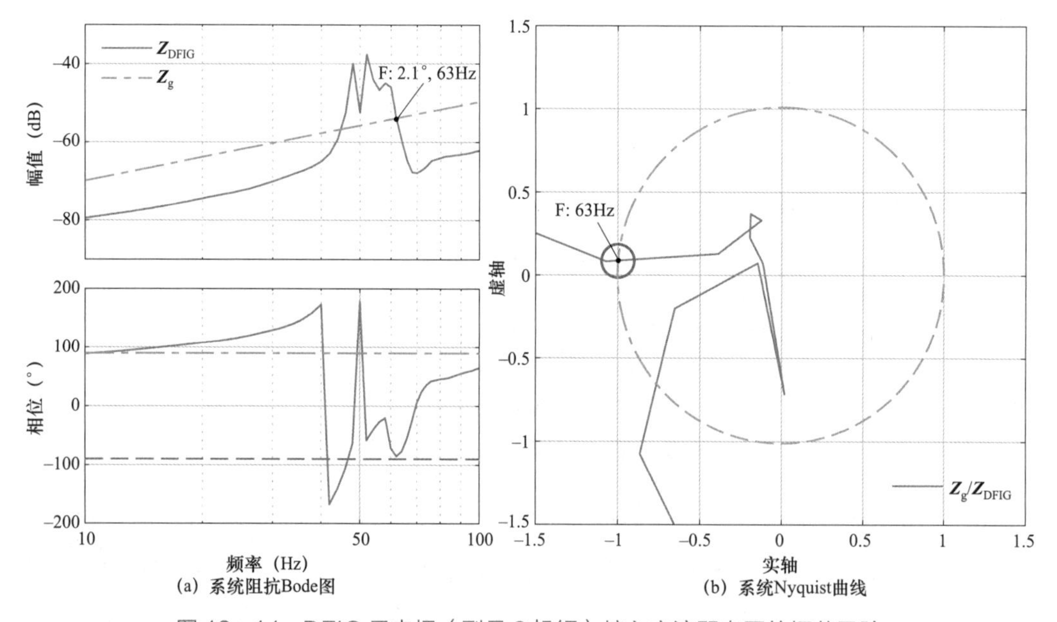

图 12-14　DFIG 风电场（型号 2 机组）接入交流弱电网的振荡风险

由图 12-14（a）可知，频段Ⅲ内，DFIG 风电场阻抗 $\boldsymbol{Z}_{DFIG}$ 呈现容性负阻尼。DFIG 风电场阻抗 $\boldsymbol{Z}_{DFIG}$ 与交流电网阻抗 $\boldsymbol{Z}_g$ 在 F 点（63Hz）幅值相交，相位裕度为 2.1°，系统幅值/相位稳定裕度不足，存在振荡风险。图 12-14（b）给出了基于最大峰值 Nyquist 判据画出半径 R_{min} 为 0.1 的禁止区域。由图可知，阻抗比 $\boldsymbol{Z}_g / \boldsymbol{Z}_{DFIG}$ 的 Nyquist 曲线在禁止区域中穿过 F 点（63Hz），系统存在振荡风险，将发生 63Hz 正序振荡，并产生 37Hz 正序耦合振荡分量。

基于上述分析，对 DFIG 风电场（型号 2 机组）接入交流弱电网振荡风险开展时域仿

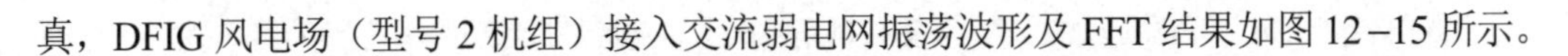

真，DFIG 风电场（型号 2 机组）接入交流弱电网振荡波形及 FFT 结果如图 12－15 所示。

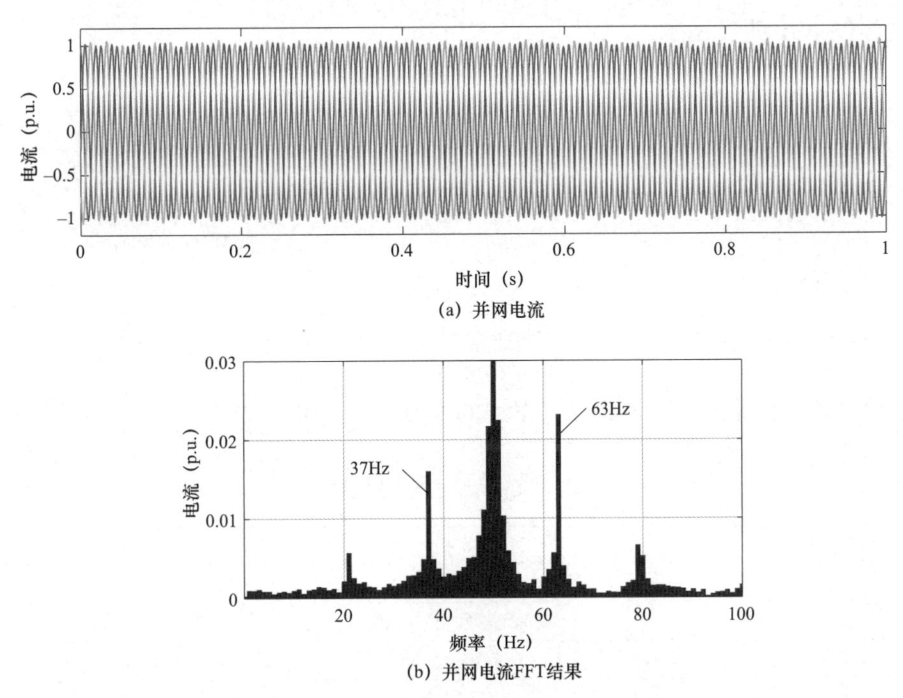

图 12－15　DFIG 风电场（型号 2 机组）接入交流弱电网振荡波形及 FFT 结果

由图 12－15 可知，DFIG 风电场并网电流波形振荡明显。FFT 分析结果显示，DFIG 风电场接入交流弱电网发生 63Hz 正序振荡，并产生 37Hz 正序耦合振荡分量。仿真结果与图 12－14 频域分析一致，验证了 DFIG 风电场接入交流弱电网频段Ⅲ振荡风险分析的正确性。

12.5　宽频振荡实证验证

基于新能源发电经交流送出系统稳定性判据以及各频段振荡风险分析，本节将依托新能源并网试验与实证平台，分别验证 PMSG 机组、DFIG 机组接入交流弱电网振荡风险分析的正确性。

12.5.1　PMSG 机组接入交流弱电网振荡实证

12.5.1.1　实证方案

PMSG 机组接入交流弱电网试验系统结构如图 12－16 所示。PMSG 机组经过变比为 0.69kV/35kV 的箱式变压器接入系统，电压、电流测量点置于变压器 690V 侧。

变压器再经 35kV 可调阻抗接入 35kV 测试母线。通过调整可调阻抗的阻抗值，可改变电网强度以及机端 SCR。

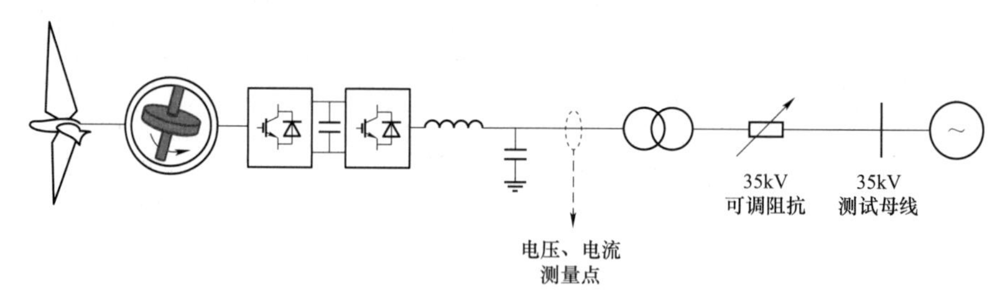

图 12－16　PMSG 机组接入交流弱电网试验系统结构图

现场试验采用张北试验基地 9 号 PMSG 机组，其主电路参数如表 12－7 所示。

表 12－7　PMSG 机组主电路参数

参数	定义	数值
P_N	额定功率	3.2MW
V_1	交流电压基频分量幅值	690V
k_T	交流变压器变比	0.69kV/35kV
L_f	交流滤波电感	0.05mH
C_f	交流滤波电容	0.668mF

12.5.1.2　振荡风险分析

下面基于最大峰值 Nyquist 判据分析 PMSG 机组接入交流弱电网振荡风险，PMSG 机组接入交流弱电网的振荡风险如图 12－17 所示。图中，交流电网 SCR 为 1.3。

由图 12－17（a）可知，PMSG 机组阻抗 $\boldsymbol{Z}_{PMSG}$ 与交流电网阻抗 $\boldsymbol{Z}_g$ 在 G 点（71Hz）幅值相交，$\boldsymbol{Z}_{PMSG}$ 呈现容性负阻尼，相位裕度为 1.7°，系统幅值/相位稳定裕度不足，存在振荡风险。图 12－17（b）给出了基于最大峰值 Nyquist 判据画出半径 R_{min} 为 0.1 的禁止区域。由图可知，阻抗比 $\boldsymbol{Z}_g / \boldsymbol{Z}_{PMSG}$ 的 Nyquist 曲线在禁止区域中穿过 G 点（71Hz），系统存在振荡风险，将发生 71Hz 正序振荡，并产生 29Hz 正序耦合振荡分量。

12.5.1.3　振荡实证验证

依托新能源并网试验与实证平台，开展 PMSG 机组接入弱电网振荡复现现场试验。首先，设置可调阻抗为 300Ω，实现机端 SCR 为 1.3；然后，通过上位机设置 PMSG 机组功率指令和控制参数，机组有功功率达到 0.4p.u.；最后，PMSG 机组接入交流弱电网振荡波形及 FFT 结果如图 12－18 所示。

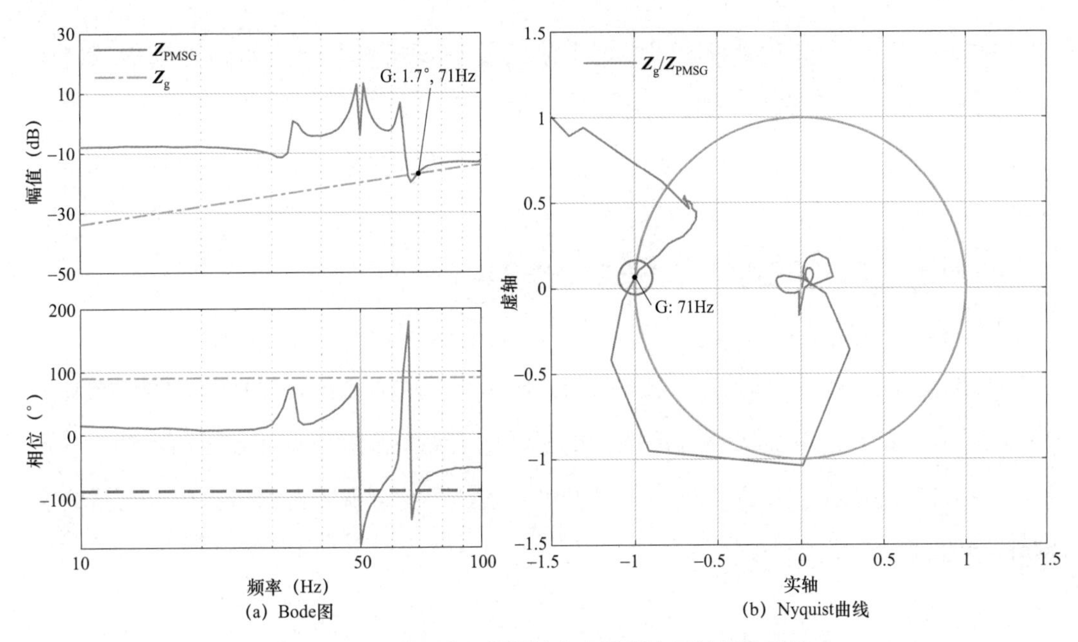

图 12－17　PMSG 机组接入交流弱电网的振荡风险

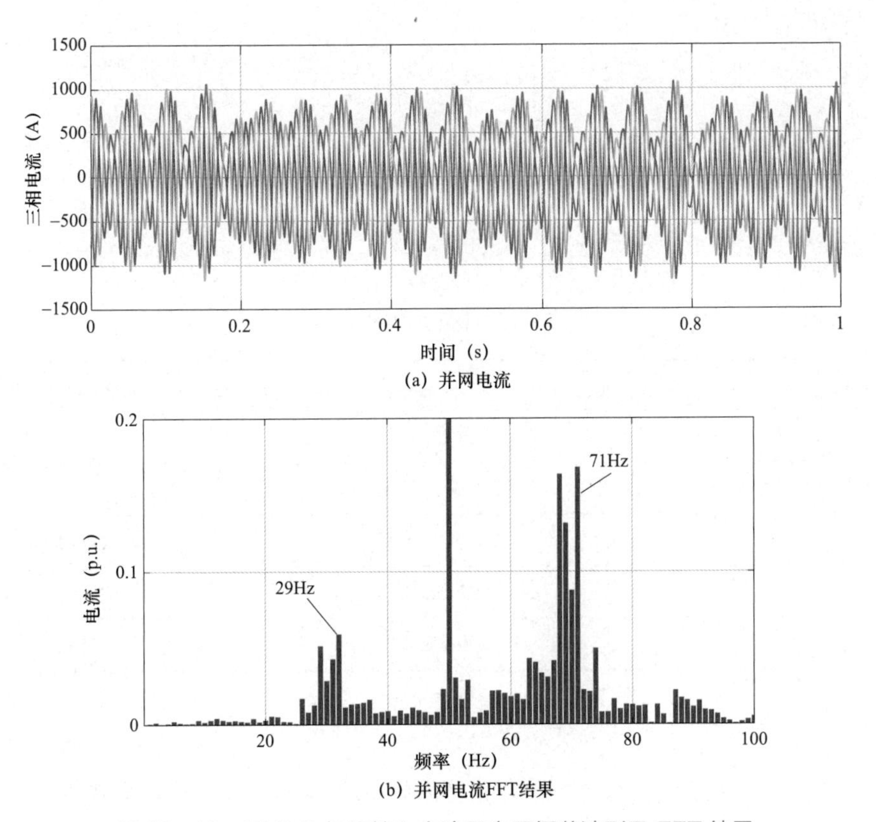

图 12－18　PMSG 机组接入交流弱电网振荡波形及 FFT 结果

由图 12－18 可知，PMSG 机组并网电流波形振荡明显。FFT 分析结果显示，PMSG 机组接入交流弱电网发生 71Hz 正序振荡，并产生 29Hz 正序耦合振荡分量。试验结果与图 12－17 频域分析一致，验证了 PMSG 机组接入交流弱电网振荡风险分析的正确性。

12.5.2　DFIG 机组接入交流弱电网振荡实证

12.5.2.1　实证方案

DFIG 机组接入交流弱电网试验系统结构如图 12－19 所示。DFIG 机组经变比为 0.69kV/35kV 的箱式变压器接入系统。电压、电流测量点置于变压器 690V 侧。变压器再经 35kV 可调阻抗接入 35kV 测试母线。通过调整可调阻抗的阻抗值，可改变电网强度以及机端 SCR。

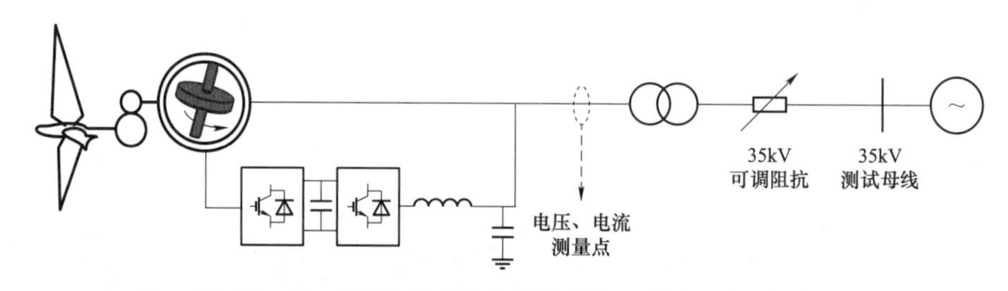

图 12－19　DFIG 机组接入交流弱电网试验系统结构图

现场试验采用张北试验基地 22 号 DFIG 机组，其主电路参数如表 12－8 所示。

表 12－8　DFIG 机组主电路参数

参数	定义	数值
P_N	额定功率	2MW
V_1	交流电压基频分量幅值	690V
k_T	交流变压器变比	0.69kV/35kV
L_f	交流滤波电感	0.3mH
C_f	交流滤波电容	0.2228mF

12.5.2.2　振荡风险分析

下面基于最大峰值 Nyquist 判据分析 DFIG 机组接入交流弱电网振荡风险，结果如图 12－20 所示。图中，交流电网 SCR 为 1.9。

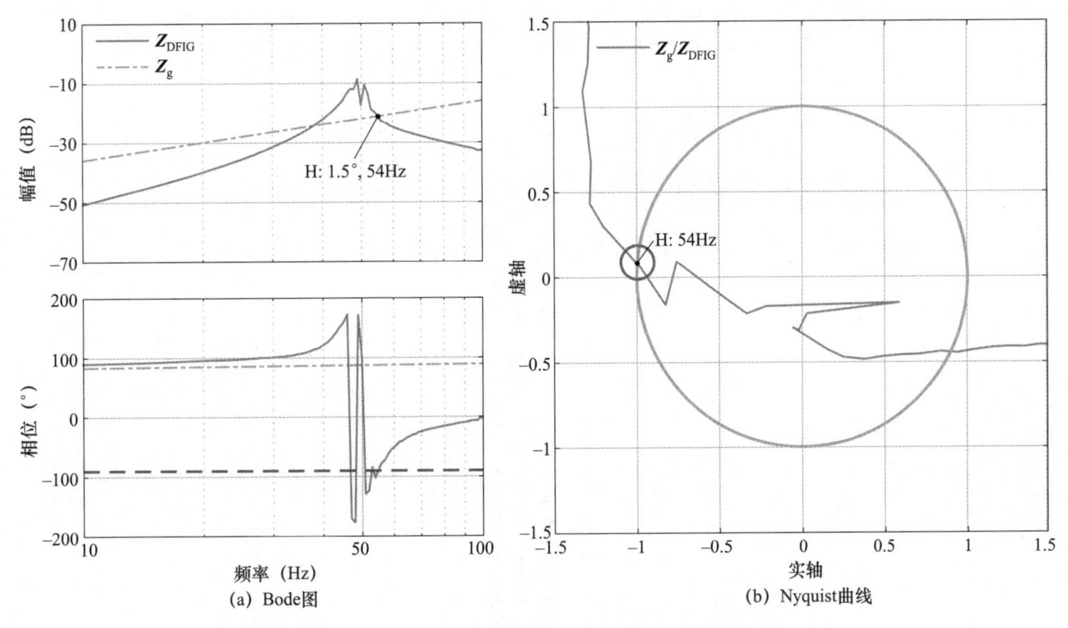

(a) Bode图　　(b) Nyquist曲线

图 12-20　DFIG 机组接入交流弱电网振荡风险

由图 12-20（a）可知，DFIG 机组阻抗 $\boldsymbol{Z}_{\mathrm{DFIG}}$ 与交流电网阻抗 $\boldsymbol{Z}_{\mathrm{g}}$ 在 H 点（54Hz）幅值相交，对应 $\boldsymbol{Z}_{\mathrm{DFIG}}$ 呈现容性负阻尼，相位裕度为 1.5°，系统幅值/相位稳定裕度不足，存在振荡风险。图 12-20（b）给出了基于最大峰值 Nyquist 判据画出半径 R_{min} 为 0.1 的禁止区域。由图可知，阻抗比 $\boldsymbol{Z}_{\mathrm{g}}/\boldsymbol{Z}_{\mathrm{DFIG}}$ 的 Nyquist 曲线在禁止区域中穿过 H 点（54Hz），系统存在振荡风险，将发生 54Hz 正序振荡，并产生 46Hz 正序耦合振荡分量。

12.5.2.3　振荡实证验证

依托新能源并网试验与实证平台，开展 DFIG 机组接入交流弱电网振荡复现现场试验。首先，设置可调阻抗为 325Ω，实现机端 SCR 为 1.9；然后，通过上位机设置 DFIG 机组功率指令和控制参数，机组有功功率达到 0.4p.u.；最后，DFIG 机组接入交流弱电网振荡波形及 FFT 结果如图 12-21 所示。

由图 12-21 可知，DFIG 机组并网电流波形振荡明显。FFT 分析结果显示，DFIG 机组接入交流弱电网系统发生 54Hz 正序振荡，并产生 46Hz 正序耦合振荡分量。试验结果与图 12-20 频域分析一致，验证了 DFIG 机组接入交流弱电网振荡风险分析的正确性。

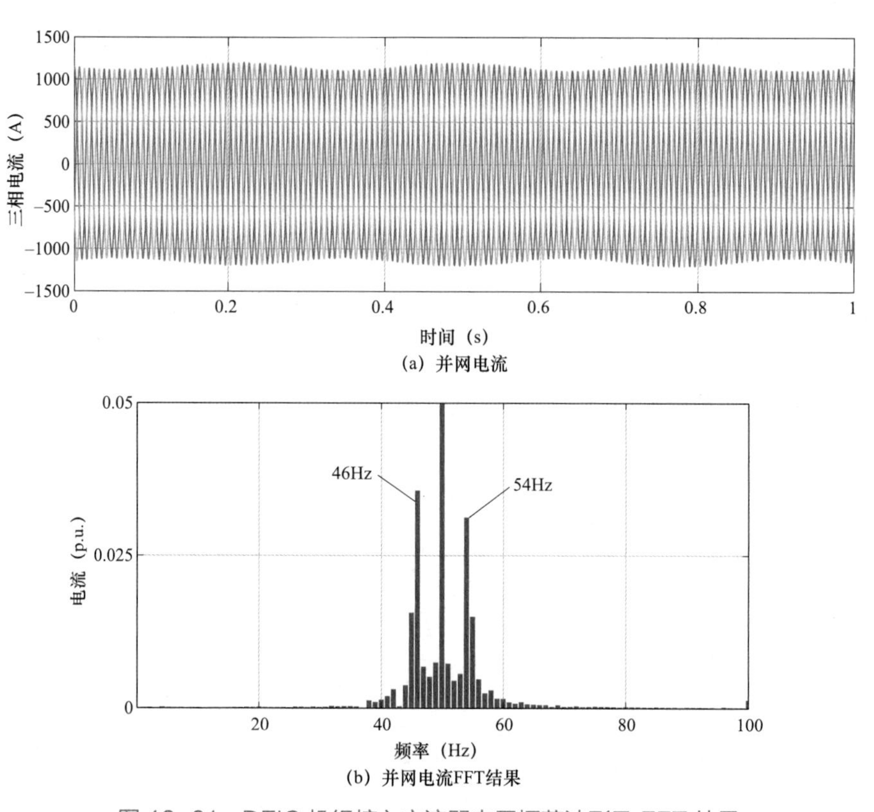

图 12–21　DFIG 机组接入交流弱电网振荡波形及 FFT 结果

第 13 章　新能源发电经直流送出系统宽频振荡分析

新能源发电直流送出主要包括 LCC－HVDC 和 MMC－HVDC 两种输电方式，MMC－HVDC 孤岛模式与第 12 章交流送出模型类似，送端可等效为两端口模型，而 MMC－HVDC 联网模式及 LCC－HVDC 送端均为三端口模型。基于新能源场站、LCC－HVDC、MMC－HVDC 端口阻抗特性，应用 Nyquist 稳定判据可以判断系统稳定性。该方法未建立端口阻抗特性与电力电子装置各控制环节间的关系，难以获得系统内部各控制器、状态量间的传递过程和耦合机理。

本章首先针对新能源经 LCC－HVDC 送出系统振荡问题，基于新能源场站、汇集网络和 LCC－HVDC 阻抗模型，建立三端口网络稳定分析判据，分析不同类型新能源场站与 LCC－HVDC 在不同频段内参与振荡的主导因素，揭示新能源经 LCC－HVDC 送出系统次/超同步振荡机理。然后，提出新能源场站经 MMC－HVDC 送出系统阻抗频段划分方法。分析不同类型新能源场站与 MMC－HVDC 在不同频段内参与振荡的主导因素，揭示新能源经 MMC－HVDC 送出系统宽频振荡机理。

13.1　新能源经 LCC－HVDC 送出系统振荡分析

本章将首先建立新能源经 LCC－HVDC 送出系统的三端口等值模型，并给出系统稳定性判据；然后，提出系统频段划分方法，归纳各频段振荡主导因素；最后，分析并验证 PMSG 风电场、DFIG 风电场、PV 电站经 LCC－HVDC 送出系统各频段振荡风险。

13.1.1　稳定性判据

LCC－HVDC 送端换流站跟随电网电压进行功率控制，其交流端口呈现电流源特性，送端交流端口可等效为理想电流源 $\boldsymbol{I}_{\mathrm{LCC}}$ 与其端口阻抗 $\boldsymbol{Z}_{\mathrm{LCC}}$ 并联。由第 12 章可知，新能源场站等效为理想电流源 $\boldsymbol{I}_{\mathrm{RE}}$ 与其端口阻抗 $\boldsymbol{Z}_{\mathrm{RE}}$ 并联。新能源场站经多级升压汇集接入 LCC－HVDC，新能源场站与 LCC－HVDC 之间存在汇集网络阻抗 $\boldsymbol{Z}_{\mathrm{CN}}$。新能源发电经 LCC－HVDC 送出系统可等效为新能源场站、LCC－HVDC、交流电网构成的三端口网络，系统稳定性由三者共同决定。新能源经 LCC－HVDC 送出系统端口等值模型如图 13－1 所示。

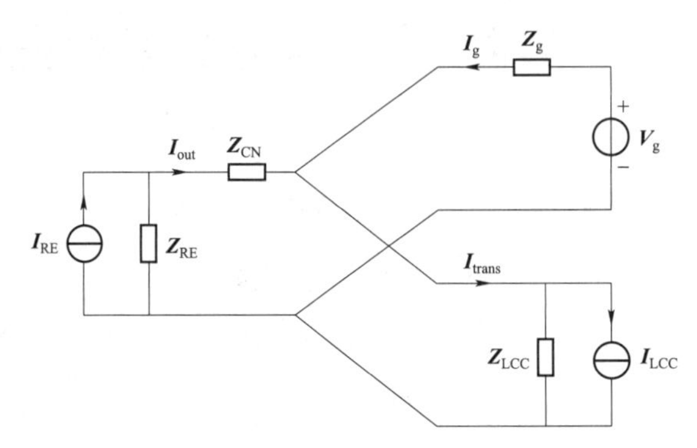

图 13－1　新能源经 LCC－HVDC 送出系统端口等值模型

图 13－1 中，交流电网等效为理想电压源$\boldsymbol{V}_g$串联电网阻抗$\boldsymbol{Z}_g$；$\boldsymbol{I}_{out}$为新能源场站输出电流；$\boldsymbol{I}_g$为交流电网输出电流；$\boldsymbol{I}_{trans}$为 LCC－HVDC 输送电流。

根据新能源经 LCC－HVDC 送出系统端口等值模型，可得$\boldsymbol{I}_{out}$表达式为

$$\boldsymbol{I}_{out}=\left(\boldsymbol{I}_{RE}-\frac{\boldsymbol{V}_{sys}}{\boldsymbol{Z}_{RE}}\right)\cdot\frac{1}{1+\boldsymbol{Z}_{sys}/\boldsymbol{Z}_{RE}} \tag{13-1}$$

$\boldsymbol{V}_{sys}$和$\boldsymbol{Z}_{sys}$表达式分别为

$$\boldsymbol{V}_{sys}=\frac{1}{1+\boldsymbol{Z}_g/\boldsymbol{Z}_{LCC}}(\boldsymbol{V}_g-\boldsymbol{I}_{LCC}\boldsymbol{Z}_g) \tag{13-2}$$

$$\boldsymbol{Z}_{sys}=\frac{\boldsymbol{Z}_{LCC}\boldsymbol{Z}_g}{\boldsymbol{Z}_{LCC}+\boldsymbol{Z}_g}+\boldsymbol{Z}_{CN} \tag{13-3}$$

式（13－1）中，等式右边可视为两个闭环传递函数相乘，将其分别记为

$$\begin{cases}TF_1=\boldsymbol{I}_{RE}-\dfrac{\boldsymbol{V}_{sys}}{\boldsymbol{Z}_{RE}}\\TF_2=\dfrac{1}{1+\boldsymbol{Z}_{sys}/\boldsymbol{Z}_{RE}}\end{cases} \tag{13-4}$$

新能源经 LCC－HVDC 送出系统稳定性由TF_1和TF_2共同决定：当且仅当TF_1和TF_2极点均位于 s 左半平面时，系统稳定，下面分别分析TF_1和TF_2极点分布情况。

首先，考虑TF_1极点分布情况。本书以理想电网下新能源场站稳定运行为既定前提。基于第 12 章分析，$\boldsymbol{I}_{RE}-1/\boldsymbol{Z}_{RE}$所有极点均位于 s 左半平面。TF_1极点分布取决于$\boldsymbol{V}_{sys}$，

当且仅当$\boldsymbol{V}_{sys}$不含 s 右半平面极点时，TF_1 极点均位于 s 左半平面。

由式（13-2）可知，$\boldsymbol{V}_{sys}$相当于新能源场站并网点开路电压，即 LCC-HVDC 单独接入交流电网时新能源场站并网点电压，LCC-HVDC 接入交流电网系统端口等值模型如图 13-2 所示。对应地，式（13-3）中$\boldsymbol{Z}_{sys}$为新能源场站并网点系统阻抗。

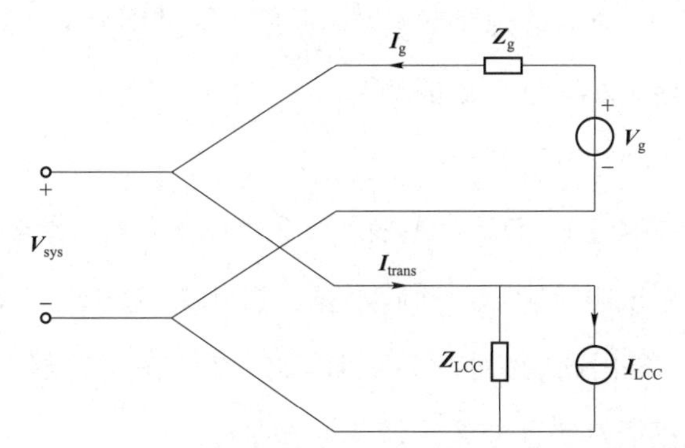

图 13-2 LCC-HVDC 接入交流电网系统端口等值模型

图 13-2 所示系统为典型的电流源接入电压源系统，当该系统稳定时，$\boldsymbol{V}_{sys}$将不含 s 右半平面极点。本书以理想电网下 LCC-HVDC 稳定运行为既定前提。LCC-HVDC 单独接入交流电网系统的稳定性取决于阻抗比$\boldsymbol{Z}_g / \boldsymbol{Z}_{LCC}$是否满足 Nyquist 判据。当$\boldsymbol{Z}_g / \boldsymbol{Z}_{LCC}$满足 Nyquist 判据时，$\boldsymbol{V}_{sys}$不含 s 右半平面极点，即 TF_1 所有极点均位于 s 左半平面。

然后，考虑 TF_2 极点分布情况。闭环传递函数 TF_2 所有极点均位于 s 左半平面等价于图 13-3 所示负反馈回路稳定，即开环传递函数$\boldsymbol{Z}_{sys} / \boldsymbol{Z}_{RE}$满足 Nyquist 判据。

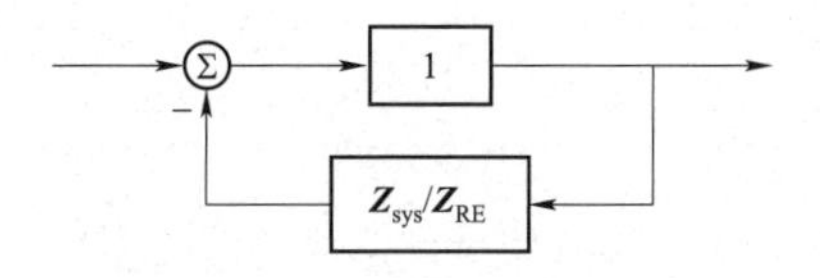

图 13-3 TF_2 等效负反馈回路

综上所述，当且仅当同时满足以下两个条件时，新能源发电经 LCC-HVDC 送出系统稳定。

条件①：LCC-HVDC 单独接入交流电网稳定，即交流电网阻抗$\boldsymbol{Z}_g$和 LCC-HVDC 送端交流端口阻抗$\boldsymbol{Z}_{LCC}$的阻抗比$\boldsymbol{Z}_g / \boldsymbol{Z}_{LCC}$满足 Nyquist 判据。

条件②：新能源场站并网点系统阻抗$\boldsymbol{Z}_{sys}$与新能源场站端口阻抗$\boldsymbol{Z}_{RE}$的阻抗比$\boldsymbol{Z}_{sys} / \boldsymbol{Z}_{RE}$满足 Nyquist 判据。

当不考虑 LCC－HVDC 和汇集网络时，$\boldsymbol{I}_{\mathrm{LCC}}=0$，$\boldsymbol{Z}_{\mathrm{LCC}}=\infty$，$\boldsymbol{Z}_{\mathrm{CN}}=0$，式（13－1）所示新能源场站并网电流简化为

$$\boldsymbol{I}_{\mathrm{out}}=\left(\boldsymbol{I}_{\mathrm{RE}}-\frac{\boldsymbol{V}_{\mathrm{g}}}{\boldsymbol{Z}_{\mathrm{RE}}}\right)\cdot\frac{1}{1+\boldsymbol{Z}_{\mathrm{g}}/\boldsymbol{Z}_{\mathrm{RE}}} \tag{13-5}$$

式（13－5）与第 12 章新能源经交流送出系统场站并网电流一致，表明两端口网络稳定性判据是三端口网络稳定性判据的特例。

13.1.2 频段划分及振荡分析

本节将首先介绍 LCC－HVDC 单独接入交流电网稳定性，分析 LCC－HVDC 接入对新能源场站并网点系统阻抗影响；然后，基于 PMSG、DFIG、PV 场站阻抗特性以及并网点系统阻抗特性，提出新能源经 LCC－HVDC 送出系统频段划分方法，分析振荡风险，并给出引发各频段振荡的主导装置以及主导环节。

LCC－HVDC 单独接入交流电网的振荡风险如图 13－4 所示。其中，LCC－HVDC 有功稳态工作点在 0.6p.u.～1p.u.之间变化，送端交流电网 SCR 为 1.5。

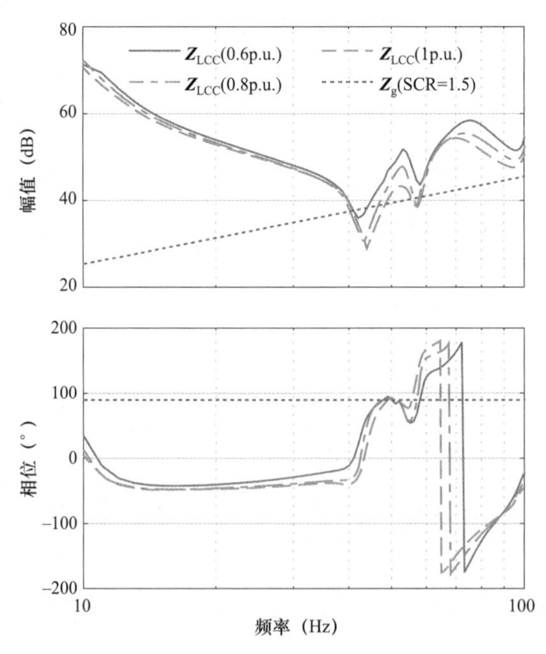

图 13－4 LCC－HVDC 单独接入交流电网的振荡风险

由图 13－4 可知，LCC－HVDC 有功稳态工作点变化时，$\boldsymbol{Z}_{\mathrm{LCC}}$ 幅值和相位均变化，但阻抗曲线形状相近。在各个有功稳态工作点下，阻抗比 $\boldsymbol{Z}_{\mathrm{g}}/\boldsymbol{Z}_{\mathrm{LCC}}$ 始终满

足 Nyquist 判据。LCC－HVDC 单独接入交流电网不存在振荡风险，即满足稳定条件①。

按照新能源发电经 LCC－HVDC 送出系统稳定条件，下面分析交流电网阻抗 $\boldsymbol{Z}_g$ 和 LCC－HVDC 送端交流端口阻抗 $\boldsymbol{Z}_{LCC}$ 对系统稳定性影响，为新能源经 LCC－HVDC 送出系统频段划分和振荡分析提供基础。LCC－HVDC 接入后新能源场站并网点系统阻抗特性如图 13－5 所示。

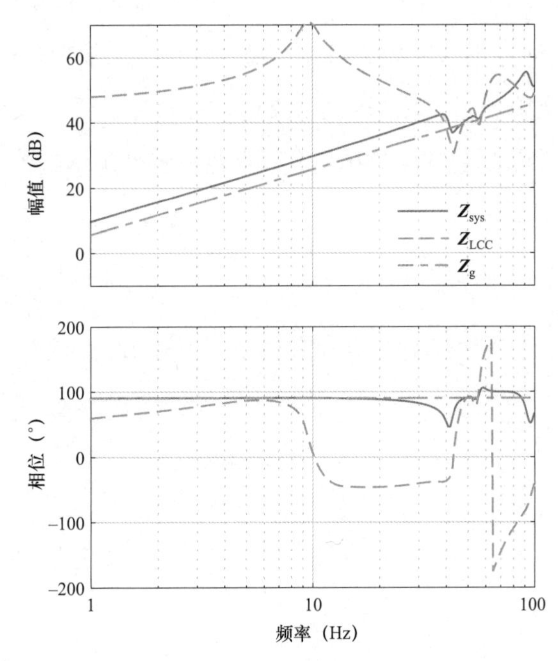

图 13－5　LCC－HVDC 接入后新能源场站并网点系统阻抗特性

由图 13－5 可知，LCC－HVDC 未接入时，新能源场站并网点系统阻抗 $\boldsymbol{Z}_{sys}=\boldsymbol{Z}_g+\boldsymbol{Z}_{CN}$，呈现感性。随着 LCC－HVDC 的接入，$\boldsymbol{Z}_{sys}$ 阻抗特性发生改变。在次同步 30Hz 以下频段，$\boldsymbol{Z}_{LCC}$ 幅值远大于 $\boldsymbol{Z}_g$ 幅值，$\boldsymbol{Z}_{sys}$ 阻抗特性由 $\boldsymbol{Z}_g+\boldsymbol{Z}_{CN}$ 主导，呈现感性；在次同步 30Hz 以上频段，$\boldsymbol{Z}_{LCC}$ 幅值与 $\boldsymbol{Z}_g$ 幅值接近，$\boldsymbol{Z}_{sys}$ 阻抗特性由 $\boldsymbol{Z}_{LCC}$、$\boldsymbol{Z}_g$ 以及 $\boldsymbol{Z}_{CN}$ 共同决定。

根据第 9 章 LCC－HVDC 交流端口阻抗特性分析可知，在次同步 30Hz 以上频段，$\boldsymbol{Z}_{LCC}$ 幅值存在谐振峰，呈现容性。$\boldsymbol{Z}_{LCC}$ 与 $\boldsymbol{Z}_g$ 并联导致 $\boldsymbol{Z}_{sys}$ 幅值凹陷，呈现感性正阻尼。在超同步频段，LCC－HVDC 送端换流站直流电流控制器与直流侧阻抗的频带重叠效应，导致 $\boldsymbol{Z}_{LCC}$ 呈现负阻尼。在 $\boldsymbol{Z}_{LCC}$、$\boldsymbol{Z}_g$ 及 $\boldsymbol{Z}_{CN}$ 共同作用下，$\boldsymbol{Z}_{sys}$ 呈现感性负阻尼，且 $\boldsymbol{Z}_{sys}$

与 $\boldsymbol{Z}_{\mathrm{LCC}}$ 负阻尼频率范围一致。

LCC－HVDC 单独接入交流电网不存在振荡风险，即 LCC－HVDC 接入交流电网满足稳定条件①。在此基础上，针对稳定条件②，分析 LCC－HVDC 接入后新能源并网系统振荡风险。

由第 2 篇新能源发电和 LCC－HVDC 阻抗特性分析可知，由于不同类型装置主电路以及控制电路存在差异，同一频段不同装置阻抗特性的主导控制器不同。在部分频段，装置阻抗呈现负阻尼。由于主电路及控制电路不同，不同装置呈现负阻尼的频段也不同。本节以新能源场站并网点系统阻抗为基准，将 1～100Hz 频率范围分为频段Ⅰ、Ⅱ、Ⅲ3 个频段进行振荡风险分析。新能源经 LCC－HVDC 送出系统频段划分及阻抗特性如图 13－6 所示。PV 电站与 PMSG 风电场各频段阻抗特性基本一致，在系统频段划分时将两者按同类装置处理。

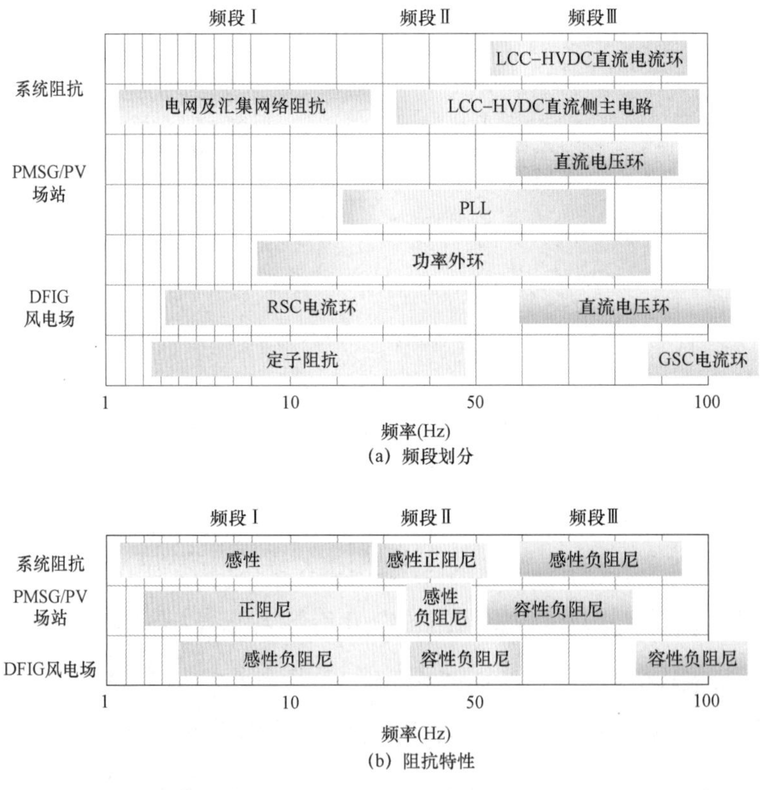

(a) 频段划分

(b) 阻抗特性

图 13－6 新能源经 LCC－HVDC 送出系统频段划分及阻抗特性

基于图 13－6 所示各频段阻抗特性，分析新能源发电经 LCC－HVDC 送出系统振荡风险及引发振荡的主导因素。

（1）频段Ⅰ（约为 f<30Hz）：新能源场站并网点系统阻抗 $\boldsymbol{Z}_{\text{sys}}$ 由交流电网阻抗 $\boldsymbol{Z}_{\text{g}}$ 以及汇集网络阻抗 $\boldsymbol{Z}_{\text{CN}}$ 主导，呈现感性。PMSG 风电场阻抗受 GSC 交流电流控制和稳态工作点共同影响，呈现正阻尼。PMSG 风电场经 LCC－HVDC 送出系统不存在振荡风险。DFIG 风电场阻抗由定子阻抗主导，其与 RSC 交流电流控制的频带重叠效应，导致呈现感性负阻尼。DFIG 风电场阻抗与 $\boldsymbol{Z}_{\text{sys}}$ 均为感性，DFIG 风电场经 LCC－HVDC 送出系统不存在振荡风险。

（2）频段Ⅱ（约为 30Hz<f<50Hz）：$\boldsymbol{Z}_{\text{sys}}$ 同时受到 LCC－HVDC、交流电网和汇集网络阻抗影响，呈现感性正阻尼。PMSG 风电场阻抗由 PLL 主导，呈现感性负阻尼，PMSG 风电场经 LCC－HVDC 送出系统不存在振荡风险。DFIG 风电场阻抗由定子阻抗主导，在 RSC 交流电流控制、有功功率控制、GSC 交流电流控制的频带重叠效应下，存在容性负阻尼。当 DFIG 风电场阻抗与 $\boldsymbol{Z}_{\text{sys}}$ 幅值相交，且相位裕度不足时，两者构成串联谐振回路，系统存在振荡风险。

（3）频段Ⅲ（约为 50Hz<f<100Hz）：$\boldsymbol{Z}_{\text{sys}}$ 同时受 LCC－HVDC、交流电网和汇集网络阻抗影响。LCC－HVDC 直流侧主电路与直流电流控制的频带重叠效应，导致 $\boldsymbol{Z}_{\text{sys}}$ 呈感性负阻尼。PMSG 风电场阻抗由于 PLL 和直流电压控制的频带重叠效应，呈现容性负阻尼。当 PMSG 风电场阻抗与 $\boldsymbol{Z}_{\text{sys}}$ 幅值相交，且相位裕度不足时，两者构成串联谐振回路，系统存在振荡风险。DFIG 风电场阻抗由定子阻抗和 GSC 阻抗共同决定，主要呈感性，在 GSC 交流电流控制截止频率处呈现容性负阻尼。当 DFIG 风电场阻抗与 $\boldsymbol{Z}_{\text{sys}}$ 幅值相交，且相位裕度不足时，两者构成串联谐振回路，系统存在振荡风险。

13.1.3　宽频振荡仿真验证

基于新能源发电经 LCC－HVDC 送出系统稳定性判据以及各频段振荡风险分析，本节将依托新能源并网系统全电磁暂态仿真平台，分别验证 PMSG 风电场、DFIG 风电场、PV 电站经 LCC－HVDC 送出系统各频段振荡风险分析的正确性。

13.1.3.1　PMSG 风电场经 LCC－HVDC 送出系统振荡验证

基于全电磁暂态仿真平台，以 PMSG 风电场经 LCC－HVDC 送出系统为例，开展振荡风险频域分析和时域仿真，验证 PMSG 风电场经 LCC－HVDC 送出系统振荡风险分析的正确性。PMSG 风电场仿真参数如表 13－1 所示，LCC－HVDC 仿真参数如

表 13－2 所示。送端电网 SCR 为 1.9。PMSG 风电场经 LCC－HVDC 送出系统的振荡风险如图 13－7 所示。

表 13－1　　　　　　　　PMSG 风电场仿真参数

参数	定义	数值
N_{PMSG}	风电机组数目	2960 台
P_N	额定功率	4.5MW
P_{ref}	有功功率参考指令	0.6p.u.
V_{dc}	直流电压稳态值	1200V
V_1	交流电压基频分量幅值	690V
f_1	基波频率	50Hz
k_T	交流变压器变比	0.69kV/35kV
R_s	发电机定子绕组电阻	0.0091Ω
L_{sd}、L_{sq}	PMSG 定子绕组 d、q 轴电感	2.794、2.715mH
L_f	GSC 交流滤波电感	0.037mH
C_f	交流滤波电容	1mF
C_{dc}	直流母线电容	28.86mF

表 13－2　　　　　　　　LCC－HVDC 仿真参数

参数	定义	数值
P_N	额定功率	8000MW
V_{dc}	直流电压稳态值	±800kV
V_{f1}	送端交流电压基频分量幅值	750kV
V_{e1}	受端交流电压基频分量幅值	530kV
L_{dc}	直流平波电抗器	300mH
l_{line}	直流线路长度	1578.5km

由图 13－7（a）可知，在频段Ⅲ，PMSG 风电场阻抗 $\boldsymbol{Z}_{PMSG}$ 呈现容性负阻尼，并网点系统阻抗 $\boldsymbol{Z}_{sys}$ 呈现感性。$\boldsymbol{Z}_{PMSG}$ 与 $\boldsymbol{Z}_{sys}$ 在 A 点（64Hz）幅值相交，相位裕度为 7°，系统幅值/相位稳定裕度不足，存在振荡风险。图 13－7（b）给出了基于最大峰值 Nyquist 判据画出的半径 R_{min} 为 0.2 的禁止区域。由图可知，阻抗比 $\boldsymbol{Z}_{sys}/\boldsymbol{Z}_{PMSG}$ 的 Nyquist 曲线在禁止区域中穿过 A 点（64Hz），系统存在振荡风险，将发生 64Hz 正序振荡，并产生 36Hz

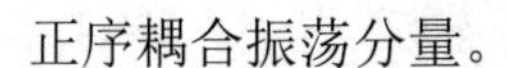

正序耦合振荡分量。

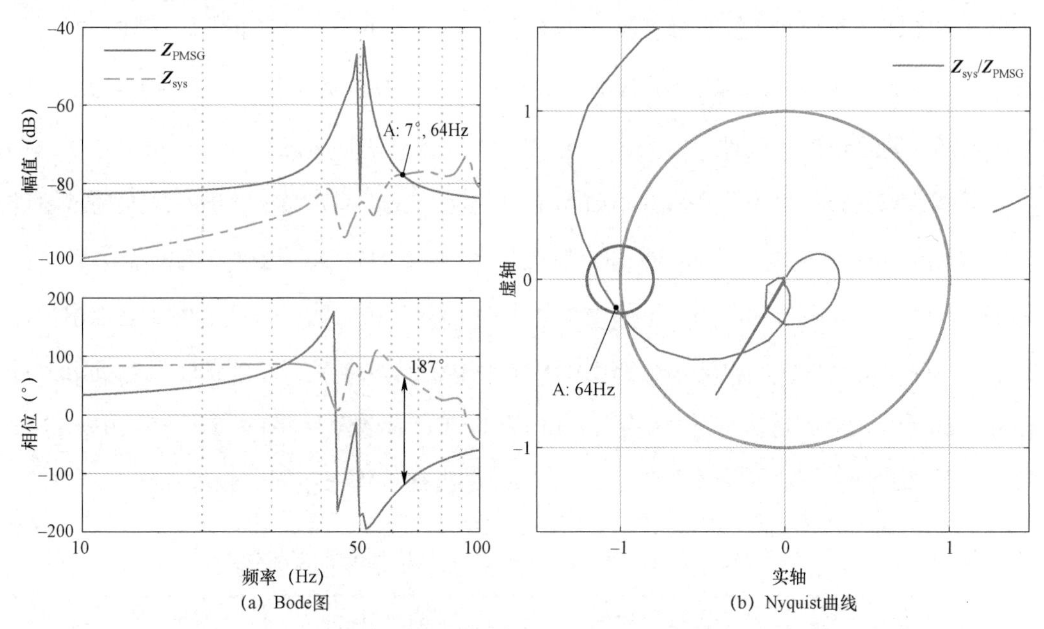

图 13－7　PMSG 风电场经 LCC－HVDC 送出系统的振荡风险

基于上述分析，对 PMSG 风电场经 LCC－HVDC 送出系统振荡风险开展时域仿真。PMSG 风电场经 LCC－HVDC 送出系统振荡波形及 FFT 结果如图 13－8 所示。

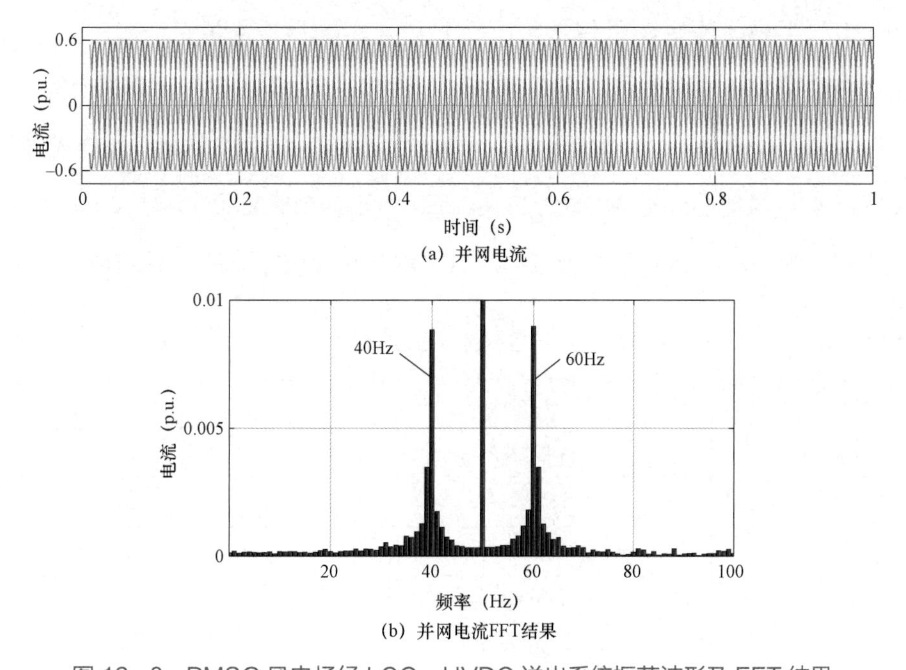

图 13－8　PMSG 风电场经 LCC－HVDC 送出系统振荡波形及 FFT 结果

由图13-8可知，PMSG风电场并网电流波形发生振荡。FFT分析结果显示，PMSG风电场经LCC-HVDC送出系统发生60Hz正序振荡，并产生40Hz的正序耦合振荡分量。仿真结果与图13-7频域分析基本一致，验证了PMSG风电场经LCC-HVDC送出系统振荡风险分析的正确性。

下面选取另外三个不同PMSG风电场，对其经LCC-HVDC送出系统振荡风险进行频域分析和时域仿真，不同PMSG风电场经LCC-HVDC送出系统的振荡风险如表13-3所示。其中，风电场1全部由型号1的PMSG机组构成；风电场2全部由型号2的PMSG机组构成；风电场3全部由型号3的PMSG机组构成；PMSG风电机组数目保持2960台不变，有功功率设为0.6p.u.，LCC-HVDC参数保持表13-2不变。由表13-3可知，不同机型PMSG风电场经LCC-HVDC送出系统均在超同步频段存在振荡风险。

表13-3　不同PMSG风电场经LCC-HVDC送出系统的振荡风险

序号	单机容量（MW）	送端电网SCR	振荡频率（Hz）
1	3	1.9	71
2	3.4	1.6	54
3	4	1.7	57

13.1.3.2　DFIG风电场经LCC-HVDC送出系统振荡验证

基于全电磁暂态仿真平台，以DFIG风电场经LCC-HVDC送出系统为例，开展振荡风险频域分析和时域仿真，验证DFIG风电场经LCC-HVDC送出系统振荡风险分析的正确性。DFIG风电场仿真参数如表13-4所示，LCC-HVDC仿真参数如表13-2所示。送端电网SCR为1.9。DFIG风电场经LCC-HVDC送出系统的振荡风险如图13-9所示。

表13-4　DFIG风电场仿真参数

符号	参数	取值
N_{DFIG}	风电机组数目	5320台
P_N	额定功率	2.5MW
P_{ref}	有功功率参考指令	0.6p.u.
V_{dc}	直流电压稳态值	1200V
V_1	交流电压基频分量幅值	690V

续表

符号	参数	取值
f_1	基波频率	50Hz
k_T	交流变压器变比	0.69kV/35kV
R_s、R_r	发电机定、转子绕组电阻	0.0032、0.0023Ω
L_{1s}、L_{1r}	DFIG 定、转子绕组漏感	0.0425、0.0903mH
L_{ms}、L_{mr}	DFIG 定、转子互感	1.844mH
K_e	定转子匝数比	3
L_f	GSC 交流滤波电感	0.35mH
C_f	交流滤波电容	1mF
C_{dc}	直流母线电容	9.6mF

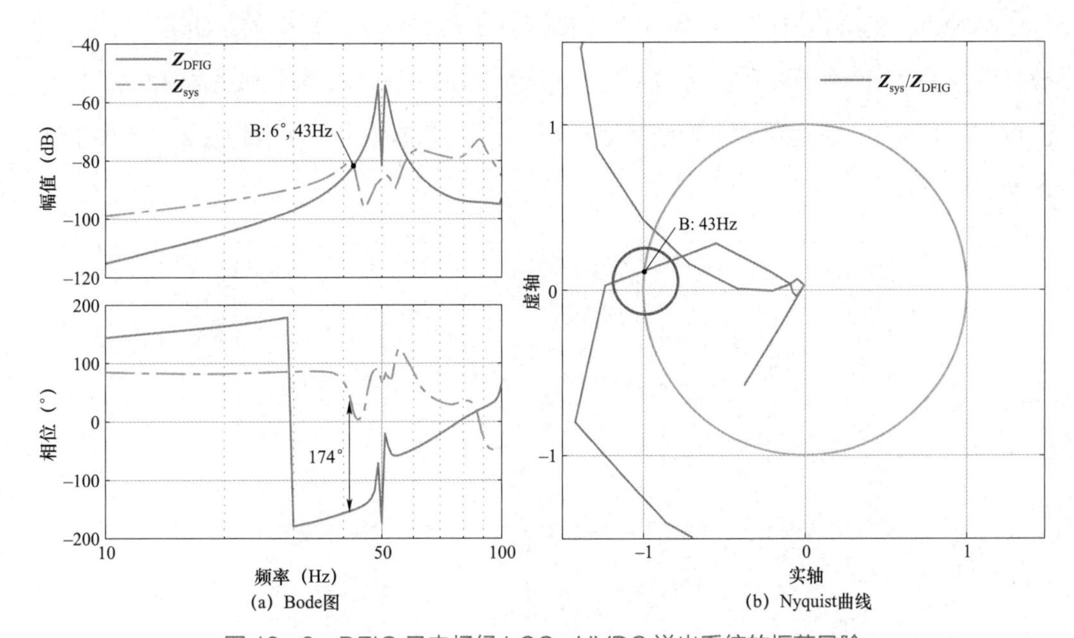

图 13－9　DFIG 风电场经 LCC－HVDC 送出系统的振荡风险

由图 13－9（a）可知，在频段Ⅱ，DFIG 风电场阻抗 $\boldsymbol{Z}_{DFIG}$ 呈现容性负阻尼，并网点系统阻抗 $\boldsymbol{Z}_{sys}$ 呈现感性。$\boldsymbol{Z}_{DFIG}$ 与 $\boldsymbol{Z}_{sys}$ 在 B 点（43Hz）幅值相交，相位裕度为 6°，系统幅值/相位稳定裕度不足，存在振荡风险。图 13－9（b）给出了基于最大峰值 Nyquist 判据画出半径 R_{min} 为 0.2 的禁止区域。由图可知，阻抗比 $\boldsymbol{Z}_{sys}$ / $\boldsymbol{Z}_{DFIG}$ 的 Nyquist 曲线在禁止

区域中穿过 B 点（43Hz），系统存在振荡风险，将发生 43Hz 正序振荡，并产生 57Hz 正序耦合振荡分量。

基于上述分析，对 DFIG 风电场经 LCC－HVDC 送出系统振荡风险开展时域仿真。DFIG 风电场经 LCC－HVDC 送出系统振荡波形及 FFT 结果如图 13－10 所示。

由图 13－10 可知，DFIG 风电场并网电流波形发生振荡。FFT 分析结果显示，DFIG 风电场经 LCC－HVDC 送出系统发生 43Hz 正序振荡，并产生 57Hz 正序耦合振荡分量。仿真结果与图 13－9 频域分析一致，验证了 DFIG 风电场经 LCC－HVDC 送出系统振荡风险分析的正确性。

下面选取另外三个不同 DFIG 风电场，对其经 LCC－HVDC 送出系统振荡风险进行频域分析和时域仿真，不同 DFIG 风电场经 LCC－HVDC 送出系统的振荡风险如表 13－5 所示。其中，风电场 1 全部由型号 1 的 DFIG 机组构成；风电场 2 全部由型号 2 的 DFIG 机组构成；风电场 3 全部由型号 3 的 DFIG 机组构成。DFIG 风电机组数目保持 5320 台不变，有功功率设为 0.6p.u.，LCC－HVDC 参数保持表 13－2 不变。由表 13－5 可知，不同机型 DFIG 风电场经 LCC－HVDC 送出系统均在次同步频段存在振荡风险。

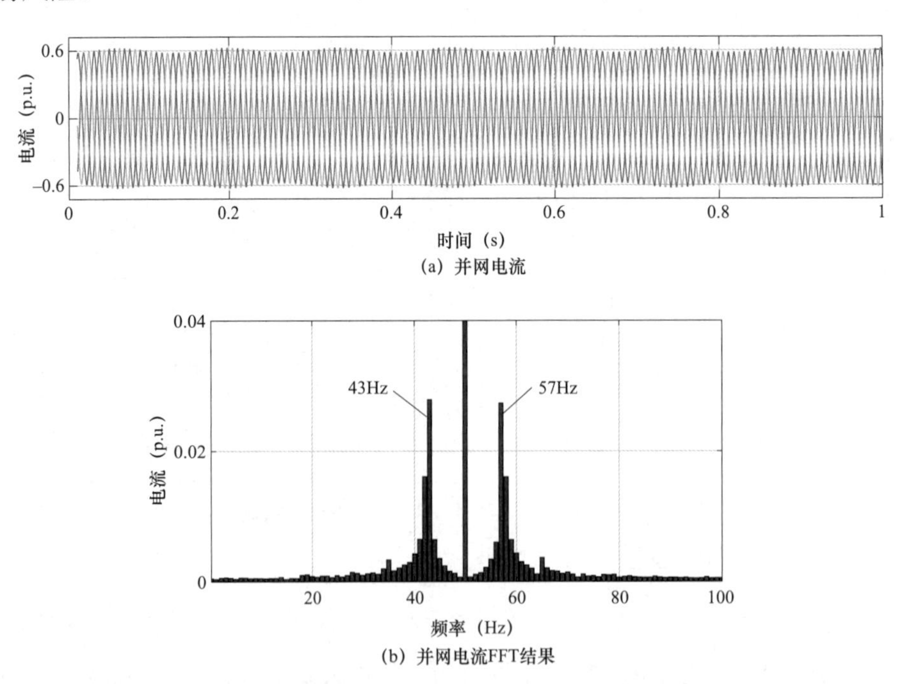

图 13－10　DFIG 风电场经 LCC－HVDC 送出系统振荡波形及 FFT 结果

表 13-5　　不同 DFIG 风电场经 LCC-HVDC 送出系统的振荡风险

序号	单机容量（MW）	送端电网 SCR	振荡频率（Hz）
1	2	1.9	43
2	3	1.9	41
3	3.3	1.8	44

13.1.3.3　PV 电站经 LCC-HVDC 送出系统振荡验证

基于全电磁暂态仿真平台，以 PV 电站经 LCC-HVDC 送出系统为例，开展振荡风险频域分析和时域仿真，验证 PV 电站经 LCC-HVDC 送出系统振荡风险分析的正确性。PV 电站仿真参数如表 13-6 所示，LCC-HVDC 仿真参数如表 13-2 所示。送端电网 SCR 为 2.2。PV 电站经 LCC-HVDC 送出系统的振荡风险如图 13-11 所示。

表 13-6　　PV 电站仿真参数

符号	参数	取值
N_{PV}	PV 发电单元数目	4260 台
P_n	额定功率	3.125MW
P_{ref}	有功功率参考指令	0.6p.u.
V_{dc}	直流电压稳态值	1500V
V_1	交流电压基频分量幅值	600V
f_1	基波频率	50Hz
L_f	交流滤波电感	0.035mH
C_f	交流滤波电容	0.446mF
C_{dc}	直流母线电容	12mF

由图 13-11（a）可知，与 PMSG 风电场相似，在频段Ⅲ，PV 电站阻抗 $\boldsymbol{Z}_{PV}$ 呈现容性负阻尼，并网点系统阻抗 $\boldsymbol{Z}_{sys}$ 呈现感性。$\boldsymbol{Z}_{PV}$ 与 $\boldsymbol{Z}_{sys}$ 在 C 点（75Hz）幅值相交，相位裕度为 4.9°，系统幅值/相位稳定裕度不足，存在振荡风险。图 13-11（b）给出了基于最大峰值 Nyquist 判据画出的半径 R_{min} 为 0.15 的禁止区域。由图可知，阻抗比 $\boldsymbol{Z}_{sys}/\boldsymbol{Z}_{PV}$ 的 Nyquist 曲线在禁止区域中穿过 C 点（75Hz），系统存在振荡风险，将发生 75Hz 正序振荡，并产生 25Hz 正序耦合振荡分量。

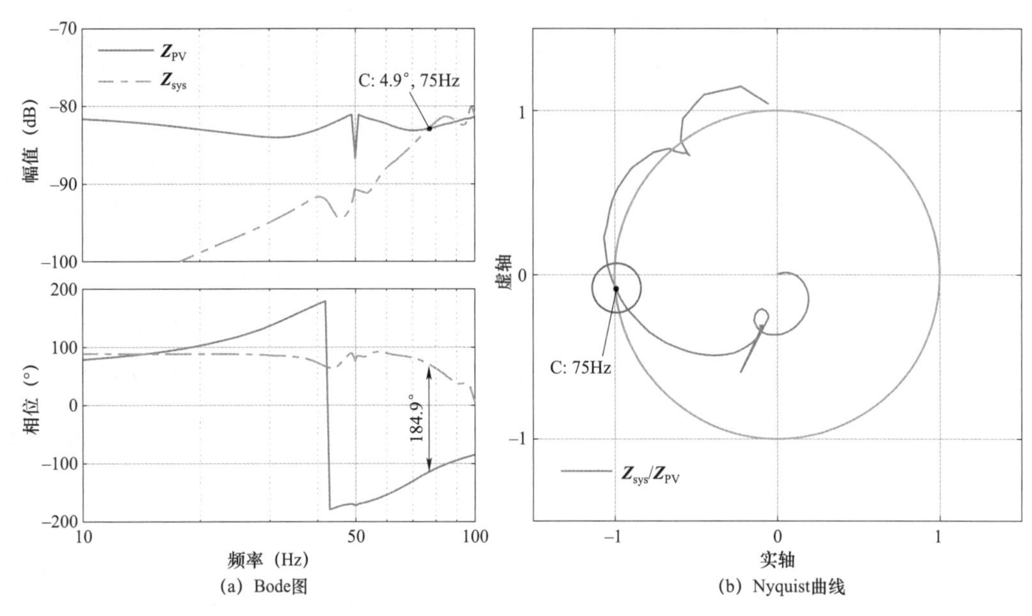

图 13-11　PV 电站经 LCC-HVDC 送出系统的振荡风险

基于上述分析，对 PV 电站经 LCC-HVDC 送出系统振荡风险开展时域仿真。PV 电站经 LCC-HVDC 送出系统振荡波形及 FFT 结果如图 13-12 所示。

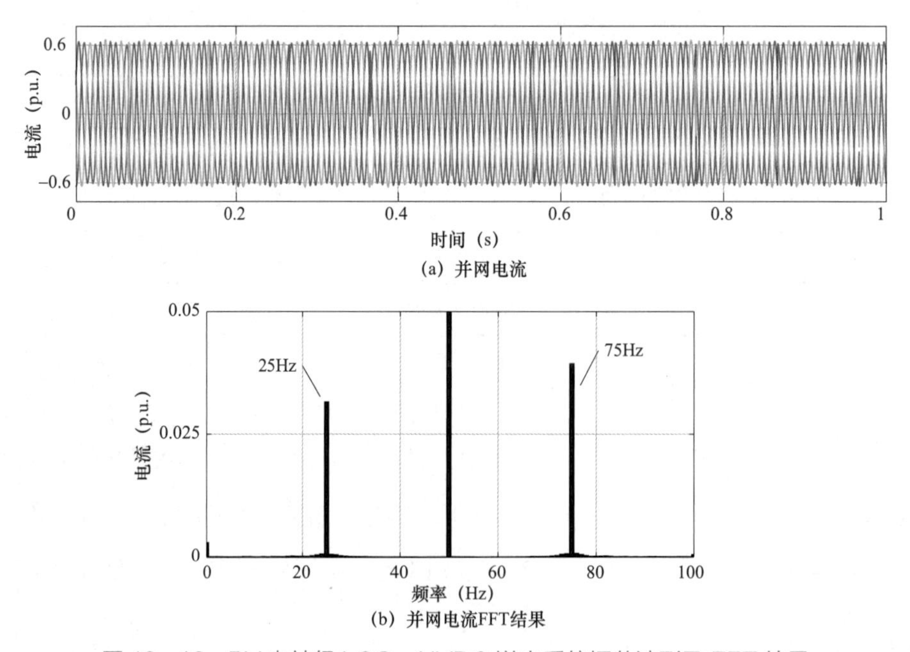

图 13-12　PV 电站经 LCC-HVDC 送出系统振荡波形及 FFT 结果

由图 13－12 可知，PV 电站并网电流波形发生振荡。FFT 分析结果显示，PV 电站经 LCC－HVDC 送出系统发生 75Hz 正序振荡，并产生 25Hz 正序耦合振荡分量。仿真结果与图 13－11 频域分析一致，验证了 PV 电站经 LCC－HVDC 送出系统振荡风险分析的正确性。

下面选取另外三个不同 PV 电站，对其经 LCC－HVDC 送出系统振荡风险进行频域分析和时域仿真，不同 PV 电站经 LCC－HVDC 送出系统的振荡风险如表 13－7 所示。其中，PV 电站 1 全部由型号 1 的 PV 发电单元构成；PV 电站 2 全部由型号 2 的 PV 发电单元构成；PV 电站 3 全部由型号 3 的 PV 发电单元构成。PV 发电单元数目保持 4260 台不变，有功功率设为 0.6p.u.。LCC－HVDC 仿真参数保持表 13－2 不变。由表 13－7 可知，不同 PV 电站经 LCC－HVDC 送出系统均在超同步频段存在振荡风险。

表 13－7　不同 PV 电站经 LCC－HVDC 送出系统的振荡风险

序号	单机容量（MW）	送端电网 SCR	振荡频率（Hz）
1	0.125	1.9	76
2	0.175	1.8	76
3	1.25	1.9	54

13.2　新能源经 MMC－HVDC 送出系统振荡分析

针对 MMC－HVDC 送端孤岛/联网两种控制模式，本节将首先建立新能源经 MMC－HVDC 送出系统的端口等值模型和稳定性判据；然后，提出系统频段划分方法，归纳各频段振荡主导因素；最后，分析并验证 PMSG 风电场、DFIG 风电场经 MMC－HVDC 送出系统各频段振荡风险。

13.2.1　稳定性判据

针对 MMC－HVDC 送端孤岛与联网两种送出模式，本节将分别建立新能源经 MMC－HVDC 孤岛/联网送出系统端口等值模型，并给出对应的系统稳定性判据。

13.2.1.1　孤岛送出模式下稳定性判据

孤岛送出模式下，MMC－HVDC 送端换流站为交流孤岛系统构建电压和频率，即电压控制模式，在该模式下 MMC－HVDC 送端交流端口呈现电压源特性。送端交流端口可等效为理想电压源$\boldsymbol{V}_{\mathrm{MMC}}$与其端口阻抗$\boldsymbol{Z}_{\mathrm{MMC}}$串联。新能源场站等效为理想电流源$\boldsymbol{I}_{\mathrm{RE}}$与其端口阻抗$\boldsymbol{Z}_{\mathrm{RE}}$并联。新能源场站经多级升压汇集接入 MMC－HVDC，新能源场站与 MMC－HVDC 之间存在汇集网络阻抗$\boldsymbol{Z}_{\mathrm{CN}}$。新能源经 MMC－HVDC 孤岛送出系统可等效为新能源场站、MMC－HVDC 构成的两端口网络，系统稳定性由二者共同决定。新能源经 MMC－HVDC 孤岛送出系统端口等值模型如图 13－13 所示。

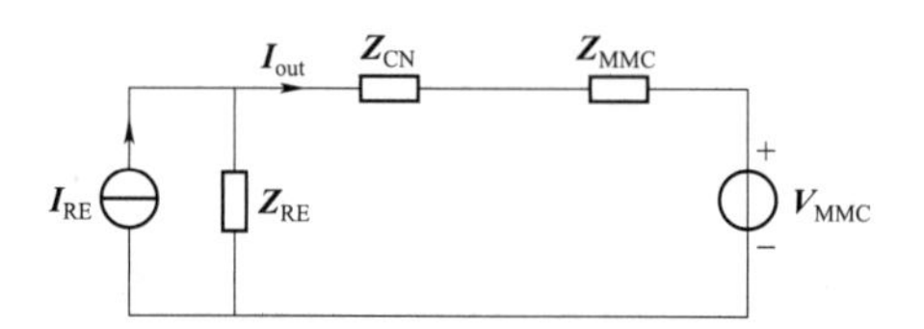

图 13－13　新能源经 MMC－HVDC 孤岛送出系统端口等值模型

图 13－13 中，$\boldsymbol{I}_{\mathrm{out}}$为新能源场站输出电流，其表达式为

$$\boldsymbol{I}_{\mathrm{out}}=\left(\boldsymbol{I}_{\mathrm{RE}}-\frac{\boldsymbol{V}_{\mathrm{MMC}}}{\boldsymbol{Z}_{\mathrm{RE}}}\right)\cdot\frac{1}{1+\boldsymbol{Z}_{\mathrm{sys}}/\boldsymbol{Z}_{\mathrm{RE}}}\tag{13-6}$$

式中：$\boldsymbol{Z}_{\mathrm{sys}}$为新能源场站并网点系统阻抗。

$\boldsymbol{Z}_{\mathrm{sys}}$表达式为

$$\boldsymbol{Z}_{\mathrm{sys}}=\boldsymbol{Z}_{\mathrm{MMC}}+\boldsymbol{Z}_{\mathrm{CN}}\tag{13-7}$$

式（13－6）等式右边可视为两个闭环传递函数相乘，分别记为

$$\begin{cases}TF_1=\boldsymbol{I}_{\mathrm{RE}}-\dfrac{\boldsymbol{V}_{\mathrm{MMC}}}{\boldsymbol{Z}_{\mathrm{RE}}}\\TF_2=\dfrac{1}{1+\boldsymbol{Z}_{\mathrm{sys}}/\boldsymbol{Z}_{\mathrm{RE}}}\end{cases}\tag{13-8}$$

新能源经 MMC－HVDC 孤岛送出系统稳定性由TF_1和TF_2共同决定：当且仅当TF_1和TF_2极点均位于 s 左半平面时，系统稳定，下面分别分析TF_1和TF_2极点分布情况。

首先考虑TF_1极点分布情况。本书以理想电网下新能源场站稳定运行为既定条件，可得$\boldsymbol{I}_{\mathrm{RE}}-1/\boldsymbol{Z}_{\mathrm{RE}}$的所有极点均位于 s 左半平面。此外，本书以 MMC－HVDC 空载稳定运行为既定条件，可得$\boldsymbol{V}_{\mathrm{MMC}}$不含 s 右半平面极点。根据上述两个既定条件，可得TF_1的所有极点均位于 s 左半平面。

然后考虑 TF_2 极点分布情况。TF_2 所有极点均位于 s 左半平面，可得新能源经 MMC－HVDC 孤岛送出系统稳定的充分必要条件：新能源场站并网点系统阻抗 $\boldsymbol{Z}_{\mathrm{sys}}$ 与新能源场站交流端口阻抗 $\boldsymbol{Z}_{\mathrm{RE}}$ 的阻抗比 $\boldsymbol{Z}_{\mathrm{sys}}/\boldsymbol{Z}_{\mathrm{RE}}$ 满足 Nyquist 判据。

13.2.1.2　联网送出模式下稳定性判据

联网送出模式下，MMC－HVDC 送端换流站工作于功率控制模式，其交流端口呈现电流源特性，送端交流端口可等效为理想电流源 $\boldsymbol{I}_{\mathrm{MMC}}$ 与其端口阻抗 $\boldsymbol{Z}_{\mathrm{MMC}}$ 并联。新能源场站等效为理想电流源 $\boldsymbol{I}_{\mathrm{RE}}$ 与其端口阻抗 $\boldsymbol{Z}_{\mathrm{RE}}$ 并联。新能源场站经多级升压汇集接入 MMC－HVDC，新能源场站与 MMC－HVDC 之间存在汇集网络阻抗 $\boldsymbol{Z}_{\mathrm{CN}}$。交流电网等效为理想电压源 $\boldsymbol{V}_{\mathrm{g}}$ 与交流电网阻抗 $\boldsymbol{Z}_{\mathrm{g}}$ 串联。新能源经 MMC－HVDC 联网送出系统可等效为 MMC－HVDC、新能源场站、交流电网构成的三端口网络。新能源发电经 MMC－HVDC 联网送出系统端口等值模型如图 13－14 所示。图中，$\boldsymbol{I}_{\mathrm{out}}$ 为新能源场站输出电流；$\boldsymbol{I}_{\mathrm{g}}$ 为交流电网输出电流；$\boldsymbol{I}_{\mathrm{trans}}$ 为 MMC－HVDC 输送电流。

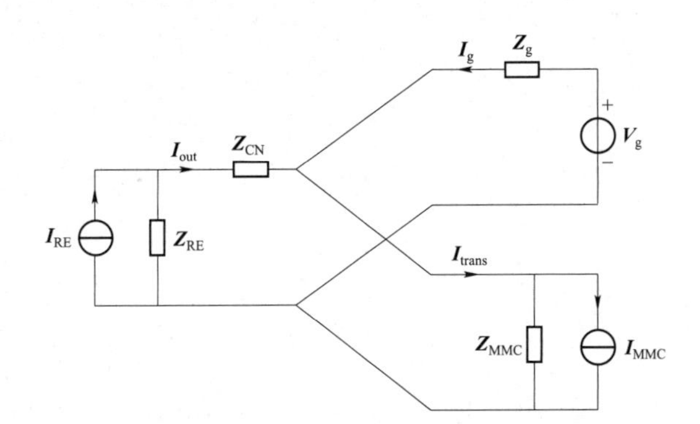

图 13－14　新能源经 MMC－HVDC 联网送出系统端口等值模型

根据新能源经 MMC－HVDC 联网送出系统端口等值模型，可得 $\boldsymbol{I}_{\mathrm{out}}$ 表达式为

$$\boldsymbol{I}_{\mathrm{out}}=\left(\boldsymbol{I}_{\mathrm{RE}}-\frac{\boldsymbol{V}_{\mathrm{sys}}}{\boldsymbol{Z}_{\mathrm{RE}}}\right)\cdot\frac{1}{1+\boldsymbol{Z}_{\mathrm{sys}}/\boldsymbol{Z}_{\mathrm{RE}}} \tag{13-9}$$

$\boldsymbol{V}_{\mathrm{sys}}$ 和 $\boldsymbol{Z}_{\mathrm{sys}}$ 表达式分别为

$$\boldsymbol{V}_{\mathrm{sys}}=\frac{1}{1+\boldsymbol{Z}_{\mathrm{g}}/\boldsymbol{Z}_{\mathrm{MMC}}}(\boldsymbol{V}_{\mathrm{g}}-\boldsymbol{I}_{\mathrm{MMC}}\boldsymbol{Z}_{\mathrm{g}}) \tag{13-10}$$

$$\boldsymbol{Z}_{\mathrm{sys}}=\frac{\boldsymbol{Z}_{\mathrm{MMC}}\boldsymbol{Z}_{\mathrm{g}}}{\boldsymbol{Z}_{\mathrm{MMC}}+\boldsymbol{Z}_{\mathrm{g}}}+\boldsymbol{Z}_{\mathrm{CN}} \tag{13-11}$$

式（13－9）中，等式右边可视为两个闭环传递函数相乘，将其分别记为

$$\begin{cases} TF_1 = \boldsymbol{I}_{RE} - \dfrac{\boldsymbol{V}_{sys}}{\boldsymbol{Z}_{RE}} \\ TF_2 = \dfrac{1}{1+\boldsymbol{Z}_{sys}/\boldsymbol{Z}_{RE}} \end{cases} \tag{13-12}$$

新能源经 MMC－HVDC 联网送出系统稳定性由 TF_1 和 TF_2 共同决定：当且仅当 TF_1 和 TF_2 极点均位于 s 左半平面时，系统稳定，下面分别分析 TF_1 和 TF_2 极点分布情况。

首先考虑 TF_1 极点分布情况。本书以理想电网下新能源场站稳定运行为既定前提。在此情况下，$\boldsymbol{I}_{RE} - 1/\boldsymbol{Z}_{RE}$ 所有极点均位于 s 左半平面。TF_1 极点分布取决于 $\boldsymbol{V}_{sys}$，当且仅当 $\boldsymbol{V}_{sys}$ 不含 s 右半平面极点时，TF_1 极点均位于 s 左半平面。

由式（13－10）可知，$\boldsymbol{V}_{sys}$ 相当于新能源场站并网点开路电压，即 MMC－HVDC 单独接入交流电网时新能源场站并网点电压，其端口等值如图 13－15 所示。对应地，式（13－11）中 $\boldsymbol{Z}_{sys}$ 为新能源场站并网点系统阻抗。

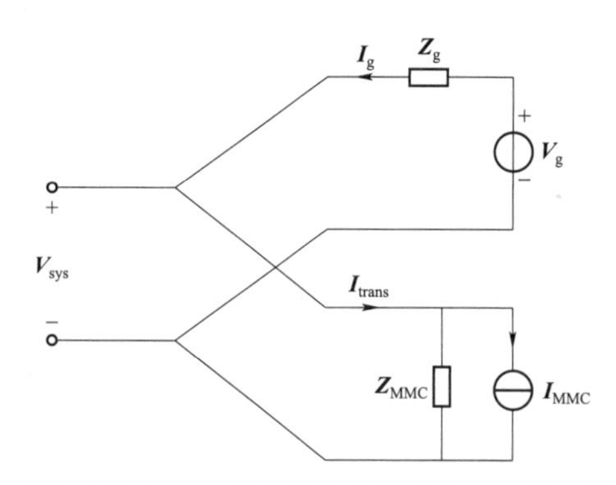

图 13－15　MMC－HVDC 接入交流电网系统端口等值模型

图 13－15 所示系统为典型的电流源接入电压源系统，当该系统稳定时，$\boldsymbol{V}_{sys}$ 将不含 s 右半平面极点。本书以理想电网下 MMC－HVDC 稳定运行为既定前提。MMC－HVDC 单独接入交流电网稳定性取决于阻抗比 $\boldsymbol{Z}_g/\boldsymbol{Z}_{MMC}$ 是否满足 Nyquist 判据。当 $\boldsymbol{Z}_g/\boldsymbol{Z}_{MMC}$ 满足 Nyquist 判据时，$\boldsymbol{V}_{sys}$ 不含 s 右半平面极点，即 TF_1 所有极点均位于 s 左半平面。

然后，考虑 TF_2 极点分布情况。闭环传递函数 TF_2 所有极点均位于 s 左半平面等价于图 13－16 所示负反馈回路稳定，即开环传递函数 $\boldsymbol{Z}_{sys}/\boldsymbol{Z}_{RE}$ 满足 Nyquist 判据。

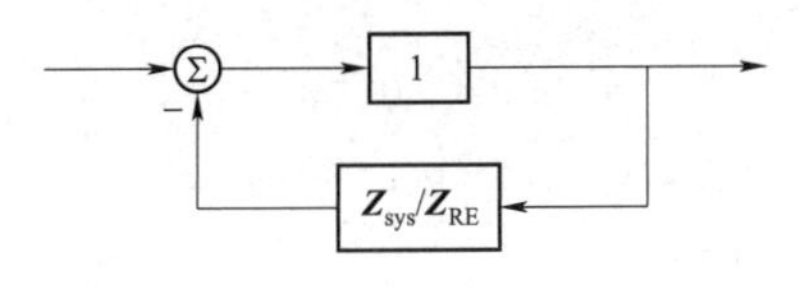

图 13－16 TF_2负反馈回路

综上所述，当且仅当同时满足以下两个条件时，新能源发电经 MMC－HVDC 联网送出系统稳定。

条件①：MMC－HVDC 单独接入交流电网稳定，即交流电网阻抗 $\boldsymbol{Z}_g$ 和 MMC－HVDC 送端交流端口阻抗 $\boldsymbol{Z}_{MMC}$ 的阻抗比 $\boldsymbol{Z}_g / \boldsymbol{Z}_{MMC}$ 满足 Nyquist 判据。

条件②：新能源场站并网点系统阻抗 $\boldsymbol{Z}_{sys}$ 与新能源场站端口阻抗 $\boldsymbol{Z}_{RE}$ 的阻抗比 $\boldsymbol{Z}_{sys} / \boldsymbol{Z}_{RE}$ 满足 Nyquist 判据。

当不考虑 MMC－HVDC 和汇集网络时，$\boldsymbol{I}_{MMC}=0$，$\boldsymbol{Z}_{MMC}=\infty$，$\boldsymbol{Z}_{CN}=0$，式（13－9）新能源场站并网电流简化为

$$\boldsymbol{I}_{out}=\left(\boldsymbol{I}_{RE}-\frac{\boldsymbol{V}_g}{\boldsymbol{Z}_{RE}}\right)\cdot\frac{1}{1+\boldsymbol{Z}_g/\boldsymbol{Z}_{RE}} \tag{13-13}$$

式（13－13）与第 12 章新能源经交流送出系统场站输出电流一致，表明两端口网络稳定性判据是三端口网络稳定性判据的特例。

13.2.2 频段划分与振荡分析

针对新能源经 MMC－HVDC 送出系统，本节将基于 PMSG、DFIG、PV、MMC－HVDC 阻抗特性分析，提出新能源经 MMC－HVDC 送出系统频段划分方法，分析各频段振荡风险，并给出引发各频段振荡的主导装置以及主导环节。

基于第 2 篇各类型新能源发电装置阻抗及 MMC－HVDC 阻抗特性分析，以 MMC－HVDC 孤岛送出模式为例，将新能源经 MMC－HVDC 送出系统宽频阻抗特性划分为Ⅰ、Ⅱ、Ⅲ、Ⅳ 4 个频段，新能源发电经 MMC－HVDC 送出系统频段划分及阻抗特性如图 13－17 所示。PV 电站与 PMSG 风电场按同类装置处理。

根据图 13－17 所示各频段阻抗特性及稳定性判据，下面分析 PMSG/PV 场站、DFIG 风电场经 MMC－HVDC 送出系统各频段振荡风险及主导因素。

PMSG/PV 场站经 MMC－HVDC 送出系统各频段振荡风险如下：

（1）在频段Ⅱ（约为 $30\text{Hz}<f<70\text{Hz}$），MMC－HVDC 阻抗 $\boldsymbol{Z}_{MMC}$ 由交流电压控制主

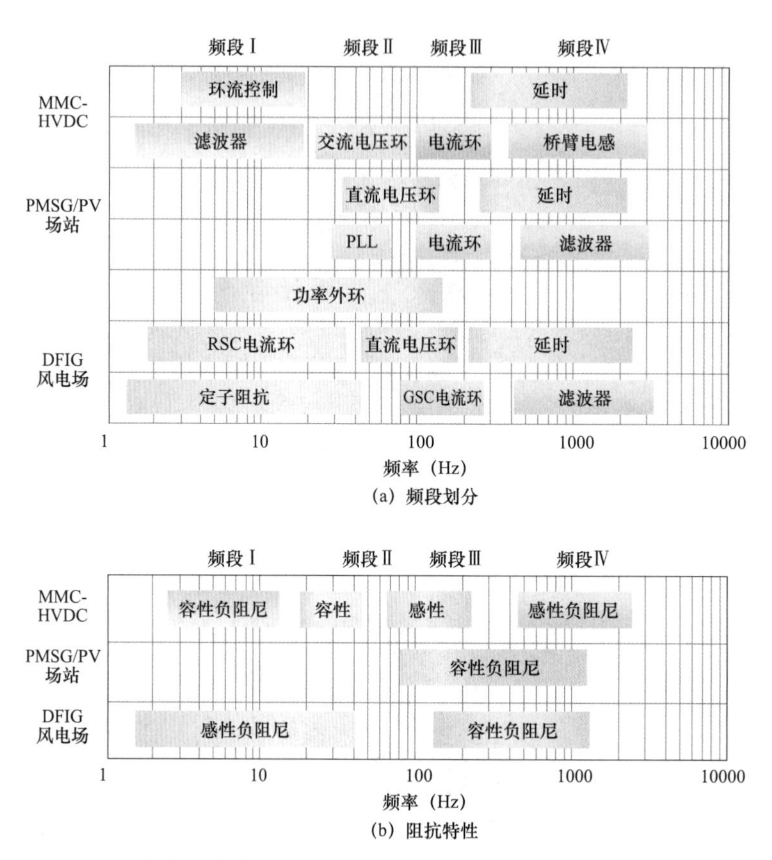

图 13－17　新能源发电经 MMC－HVDC 送出系统频段划分及阻抗特性

导，基频以上呈现感性。PMSG/PV 场站阻抗 $\boldsymbol{Z}_{PMSG}/\boldsymbol{Z}_{PV}$ 由 PLL 主导，基频以上呈现容性，且直流电压控制与 PLL 的频带重叠效应，导致 $\boldsymbol{Z}_{PMSG}/\boldsymbol{Z}_{PV}$ 呈现容性负阻尼。当 $\boldsymbol{Z}_{MMC}$ 与 $\boldsymbol{Z}_{PMSG}/\boldsymbol{Z}_{PV}$ 幅值相交，且系统相位裕度不足时，两者构成串联谐振回路，系统存在振荡风险。

（2）在频段Ⅲ（约为 70Hz＜f＜300Hz），$\boldsymbol{Z}_{MMC}$ 特性由交流电流控制主导，阻抗呈感性。$\boldsymbol{Z}_{PMSG}/\boldsymbol{Z}_{PV}$ 特性由交流电流控制主导，呈现容性。在前半段，直流电压控制与交流电流控制的频带重叠效应，导致 $\boldsymbol{Z}_{PMSG}/\boldsymbol{Z}_{PV}$ 呈现容性负阻尼。在后半段，延时与交流电流控制的频带重叠效应，导致 $\boldsymbol{Z}_{PMSG}/\boldsymbol{Z}_{PV}$ 呈现容性负阻尼。当 $\boldsymbol{Z}_{MMC}$ 与 $\boldsymbol{Z}_{PMSG}/\boldsymbol{Z}_{PV}$ 幅值相交，且系统相位裕度不足时，两者构成串联谐振回路，系统存在振荡风险。

（3）在频段Ⅳ（约为 f＞300Hz），$\boldsymbol{Z}_{MMC}$ 特性由桥臂电感主导，呈现感性。$\boldsymbol{Z}_{PMSG}/\boldsymbol{Z}_{PV}$

特性由主电路交流滤波器主导，随频率增大，由感性变为容性。延时与桥臂电感的频带重叠效应，导致 $\boldsymbol{Z}_{\mathrm{MMC}}$ 呈现感性负阻尼。延时与主电路滤波器的频带重叠效应，导致 $\boldsymbol{Z}_{\mathrm{PMSG}}$ / $\boldsymbol{Z}_{\mathrm{PV}}$ 呈现容性负阻尼。当 $\boldsymbol{Z}_{\mathrm{MMC}}$ 与 $\boldsymbol{Z}_{\mathrm{PMSG}}$ / $\boldsymbol{Z}_{\mathrm{PV}}$ 幅值相交，且系统相位裕度不足时，两者构成串联谐振回路，系统存在振荡风险。

DFIG 风电场经 MMC－HVDC 送出系统各频段振荡风险如下：

（1）在频段Ⅰ（约为 f<30Hz），MMC－HVDC 阻抗 $\boldsymbol{Z}_{\mathrm{MMC}}$ 受子模块电容、桥臂电感和交流电流控制共同影响，并且由于环流控制的频带重叠效应，导致 $\boldsymbol{Z}_{\mathrm{MMC}}$ 呈现容性负阻尼。DFIG 风电场阻抗 $\boldsymbol{Z}_{\mathrm{DFIG}}$ 由定子阻抗主导，呈现感性，其与 RSC 交流电流控制的频带重叠效应，导致 $\boldsymbol{Z}_{\mathrm{DFIG}}$ 感性负阻尼。当 $\boldsymbol{Z}_{\mathrm{MMC}}$ 与 $\boldsymbol{Z}_{\mathrm{DFIG}}$ 幅值相交，且系统相位裕度不足时，两者将构成串联谐振回路，系统存在振荡风险。

（2）在频段Ⅱ（约为 30Hz<f<70Hz），$\boldsymbol{Z}_{\mathrm{MMC}}$ 由交流电压控制主导，在基频以下呈现容性。$\boldsymbol{Z}_{\mathrm{DFIG}}$ 与频段Ⅰ特性一致，呈现感性负阻尼。当 $\boldsymbol{Z}_{\mathrm{MMC}}$ 与 $\boldsymbol{Z}_{\mathrm{DFIG}}$ 幅值相交，且系统相位裕度不足时，两者构成串联谐振回路，系统存在振荡风险。

（3）在频段Ⅲ（约为 70Hz<f<300Hz），$\boldsymbol{Z}_{\mathrm{MMC}}$ 由交流电流控制主导，呈现感性。$\boldsymbol{Z}_{\mathrm{DFIG}}$ 由定子阻抗和 GSC 阻抗共同决定。直流电压控制与 GSC 交流电流控制的频带重叠效应，或者延时与交流电流控制的频带重叠效应，均导致 $\boldsymbol{Z}_{\mathrm{DFIG}}$ 呈现容性负阻尼。当 $\boldsymbol{Z}_{\mathrm{MMC}}$ 与 $\boldsymbol{Z}_{\mathrm{DFIG}}$ 幅值相交，且系统相位裕度不足时，两者构成串联谐振回路，系统存在振荡风险。

（4）在频段Ⅳ（约为 f>300Hz），$\boldsymbol{Z}_{\mathrm{MMC}}$ 阻抗特性由桥臂电感主导，呈现感性。$\boldsymbol{Z}_{\mathrm{DFIG}}$ 阻抗特性由主电路滤波器主导，随频率增大，由感性变为容性。延时与桥臂电感的频带重叠效应，导致 $\boldsymbol{Z}_{\mathrm{MMC}}$ 呈现感性负阻尼。延时与主电路滤波器的频带重叠效应，导致 $\boldsymbol{Z}_{\mathrm{DFIG}}$ 呈现容性负阻尼。当 $\boldsymbol{Z}_{\mathrm{MMC}}$ 与 $\boldsymbol{Z}_{\mathrm{DFIG}}$ 幅值相交，且系统相位裕度不足时，两者构成串联谐振回路，系统存在振荡风险。

13.2.3　宽频振荡仿真验证

基于新能源发电经 MMC－HVDC 送出系统稳定性判据以及各频段振荡风险分析，本节将依托新能源并网系统全电磁暂态仿真平台，分别验证 PMSG 风电场、DFIG 风电场经 MMC－HVDC 孤岛送出系统各频段振荡风险分析的正确性。

13.2.3.1　PMSG 风电场经 MMC－HVDC 送出系统振荡仿真验证

基于全电磁暂态仿真平台，以 PMSG 风电场经 MMC－HVDC 孤岛送出系统为例，开展振荡风险的频域分析和时域仿真，验证 PMSG 风电场接入 MMC－HVDC 振荡风险分析的正确性。PMSG 风电场经 35kV/110kV 变压器升压接入 MMC－HVDC。PMSG 风电场仿真参数如表 13－8 所示。MMC－HVDC 仿真参数如表 13－9 所示。PMSG 风电场经 MMC－HVDC 送出系统的振荡风险如图 13－18 所示。

表 13－8　　PMSG 风电场仿真参数

参数	定义	数值
N_{PMSG}	风电机组数目	50 台
P_N	额定功率	2MW
P_{ref}	有功功率参考指令	0.9p.u.
V_1	交流电压基频分量幅值	690V
f_1	基波频率	50Hz
k_T	交流变压器变比	0.69kV/35kV

表 13－9　　MMC－HVDC 仿真参数

参数	定义	数值
P_N	额定功率	100MW
V_{dc}	直流电压稳态值	±200kV
V_1	交流电压基频分量幅值	110kV
N	桥臂子模块数量	250
L_{arm}	桥臂电感	350mH
C_{sm}	子模块电容	3mF

由图 13－18（a）可知，PMSG 风电场阻抗 $\boldsymbol{Z}_{PMSG}$ 与 MMC－HVDC 阻抗 $\boldsymbol{Z}_{MMC}$ 在宽频范围存在多个交点。在频段Ⅱ，$\boldsymbol{Z}_{PMSG}$ 先后呈现感性负阻尼和容性负阻尼，$\boldsymbol{Z}_{MMC}$ 先后呈现容性和感性。$\boldsymbol{Z}_{PMSG}$ 与 $\boldsymbol{Z}_{MMC}$ 在 D 点（33Hz）和 E 点（67Hz）幅值相交，相位裕度分别为 6° 和 9°，系统幅值/相位稳定裕度不足，存在振荡风险。在频段Ⅳ，$\boldsymbol{Z}_{PMSG}$ 呈现容性，$\boldsymbol{Z}_{MMC}$ 呈现感性负阻尼，$\boldsymbol{Z}_{PMSG}$ 与 $\boldsymbol{Z}_{MMC}$ 在 F 点（483Hz）幅值相交，相位裕度为 8°，系统幅值/相位稳定裕度不足，存在振荡风险。

图 13－19（b）给出了基于最大峰值 Nyquist 判据画出的半径 R_{min} 为 0.65 的禁止区域。由图可知，阻抗比 $\boldsymbol{Z}_{MMC}/\boldsymbol{Z}_{PMSG}$ 的 Nyquist 曲线在禁止区域中穿过 D、E、F 点，且三点稳定裕度不足，均存在振荡风险。

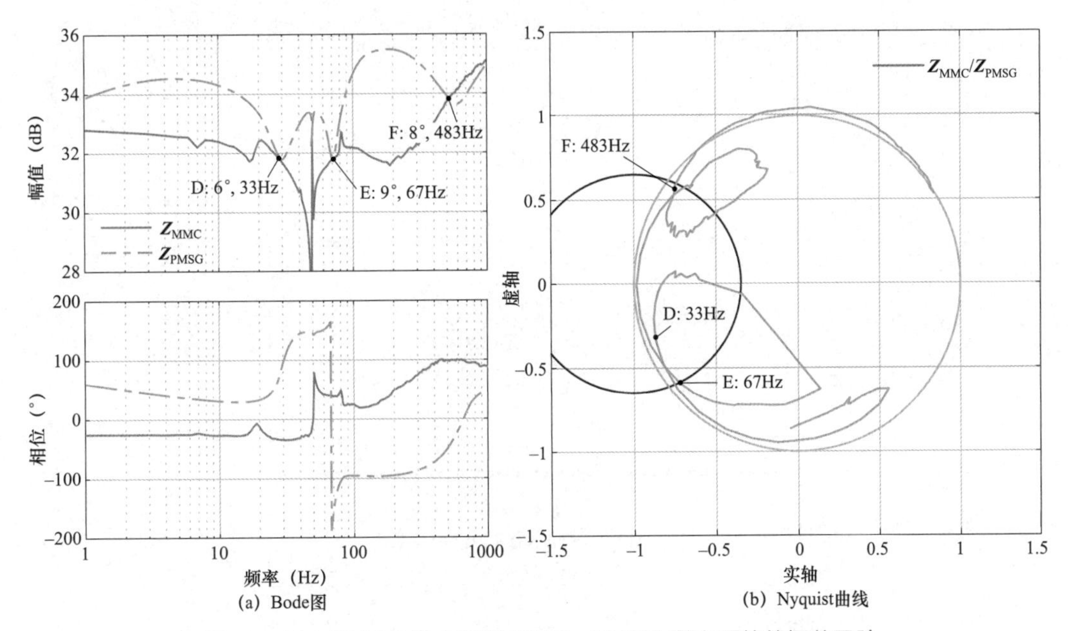

图 13－18　PMSG 风电场经 MMC－HVDC 送出系统的振荡风险

基于上述分析，对 PMSG 风电场经 MMC－HVDC 送出系统振荡风险开展时域仿真，PMSG 风电场经 MMC－HVDC 送出系统振荡波形及 FFT 结果如图 13－19 所示。

由图 13－19 可知，PMSG 风电场并网电流波形发生振荡。FFT 分析结果显示，PMSG 风电场经 MMC－HVDC 送出系统在 33、67、483Hz 均发生振荡。仿真结果与图 13－18 频域分析一致，验证了 PMSG 风电场经 MMC－HVDC 送出系统振荡风险分析的正确性。

13.2.3.2　DFIG 风电场经 MMC－HVDC 送出系统振荡仿真验证

基于全电磁暂态仿真平台，以 DFIG 风电场经 MMC－HVDC 孤岛送出系统为例，开展振荡风险的频域分析和时域仿真，验证 DFIG 风电场经 MMC－HVDC 送出系统振荡风险分析的正确性。DFIG 风电场经 35kV/110kV 变压器升压接入 MMC－HVDC。DFIG 风电场仿真参数如表 13－10 所示。MMC－HVDC 仿真参数如表 13－9 所示。DFIG 风电场经 MMC－HVDC 送出系统的振荡风险如图 13－20 所示。

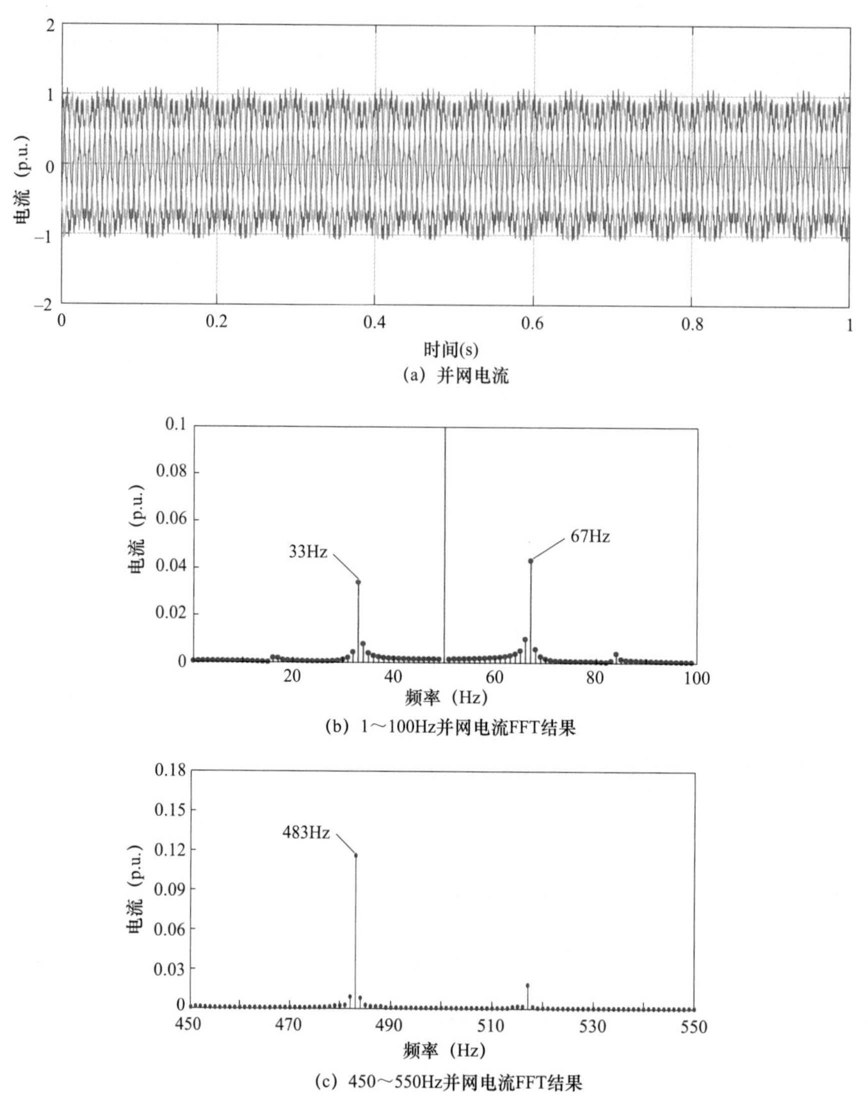

图 13－19　PMSG 风电场经 MMC－HVDC 送出系统振荡波形及 FFT 结果

表 13－10　　DFIG 风电场仿真参数

符号	参数	取值
N_{DFIG}	风电机组数目	50 台
P_N	额定功率	2MW
P_{ref}	有功功率参考指令	0.9p.u.
V_1	交流电压基频分量幅值	690V
f_1	基波频率	50Hz
k_T	交流变压器变比	0.69kV/35kV

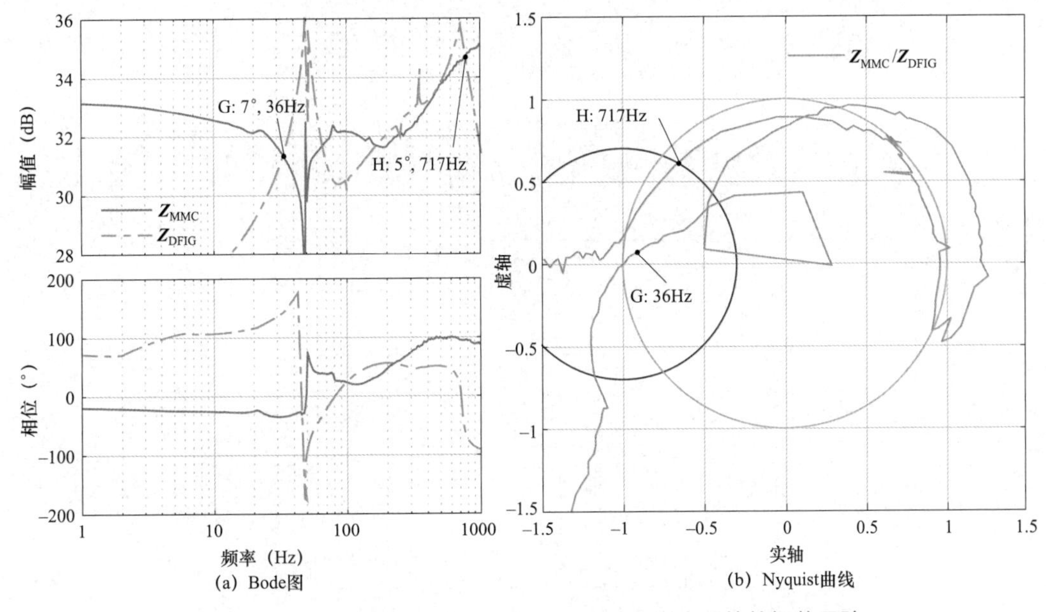

(a) Bode图　　(b) Nyquist曲线

图 13－20　DFIG 风电场经 MMC－HVDC 送出系统的振荡风险

由图 13－20（a）可知，DFIG 风电场阻抗 $\boldsymbol{Z}_{DFIG}$ 与 MMC－HVDC 阻抗 $\boldsymbol{Z}_{MMC}$ 在宽频范围存在多个交点。在频段Ⅱ，$\boldsymbol{Z}_{DFIG}$ 呈现感性负阻尼，$\boldsymbol{Z}_{MMC}$ 呈现容性。$\boldsymbol{Z}_{DFIG}$ 与 $\boldsymbol{Z}_{MMC}$ 在 G 点（36Hz）幅值相交，相位裕度为 7°，系统幅值/相位稳定裕度不足，存在振荡风险。在频段Ⅳ，$\boldsymbol{Z}_{DFIG}$ 呈现容性，$\boldsymbol{Z}_{MMC}$ 呈现感性负阻尼，$\boldsymbol{Z}_{DFIG}$ 与 $\boldsymbol{Z}_{MMC}$ 在 H 点（717Hz）幅值相交，相位裕度为 5°，系统幅值/相位稳定裕度不足，存在振荡风险。

图 13－20(b)给出了基于最大峰值 Nyquist 判据画出的半径 R_{min} 为 0.65 的禁止区域。由图可知，阻抗比 $\boldsymbol{Z}_{MMC}/\boldsymbol{Z}_{DFIG}$ 的 Nyquist 曲线在禁止区域中穿过 G、H 点，且两点稳定裕度不足，存在振荡风险。

基于上述分析，对 DFIG 风电场经 MMC－HVDC 送出系统振荡风险开展仿真实验。DFIG 风电场经 MMC－HVDC 送出系统振荡波形及 FFT 结果如图 13－21 所示。

由图 13－21 可知，DFIG 风电场并网电流波形发生振荡。FFT 分析结果显示，DFIG 风电场经 MMC－HVDC 送出系统在 36、717Hz 均发生振荡。仿真结果与图 13－20 频域分析一致，验证了 DFIG 风电场经 MMC－HVDC 送出系统振荡风险分析的正确性。

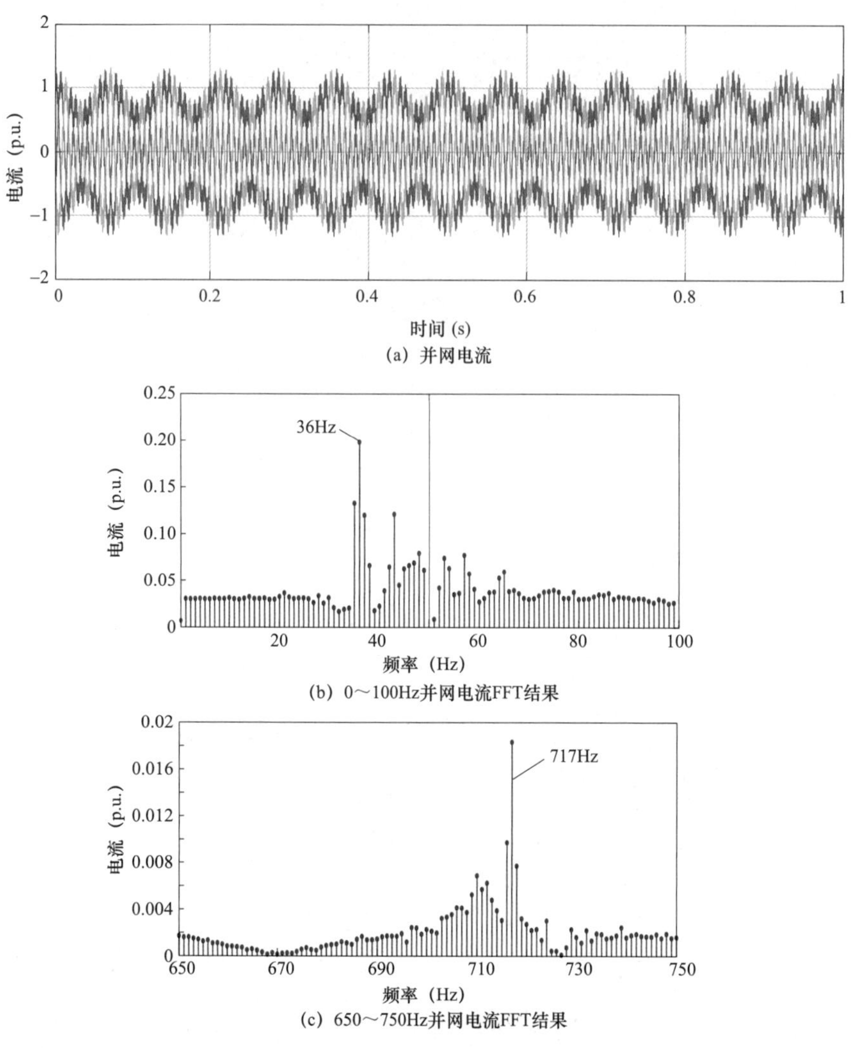

图 13-21　DFIG 风电场经 MMC-HVDC 送出系统振荡波形及 FFT 结果

第 4 篇　新能源并网系统宽频振荡抑制

第 3 篇分析了当风电、光伏新能源场站侧与弱电网、串联补偿线路、基于电网换相换流器的高压直流（line commutated converter-based high voltage direct current，LCC－HVDC）、基于模块化多电平换流器的高压直流（modular multilevel converter-based high voltage direct current，MMC－HVDC）电网侧中的任一侧呈现负阻尼特性且两者构成串联振荡回路时，系统所发生的宽频振荡情况。由于风电、光伏（photovoltaic，PV）、静止无功发生器（static var generator，SVG）、LCC－HVDC、MMC－HVDC 等电力电子设备控制结构及控制参数存在较大差异，导致设备阻抗在不同频段呈现负阻尼特性，成为系统宽频振荡潜在隐患因素。

本篇将针对新能源并网系统宽频振荡抑制技术及工程振荡问题，充分挖掘电力电子设备阻抗可塑性，从风电、PV、SVG 的新能源场站侧和 LCC－HVDC、MMC－HVDC 系统侧，分别开展基于阻抗重塑的宽频振荡抑制技术与工程应用[1]。

第 14 章为基于新能源机组阻抗重塑的振荡抑制。从新能源机组阻抗重塑的角度出发，实现新能源场站阻抗重塑与振荡抑制。在兼顾系统振荡抑制与故障穿越性能的前提下，提出控制策略改进与控制参数优化相结合的永磁同步发电机（permanent magnet synchronous generator，PMSG）、双馈感应发电机（doubly-fed induction generator，DFIG）机组宽频阻抗重塑方法。同时，考虑不同频段间阻抗交互影响，提出不同频段迭代优化设计方法。

第 15 章为基于静止无功发生器阻抗重塑的振荡抑制。从 SVG 阻抗重塑的角度出发，实现新能源场站阻抗重塑与振荡抑制。提出 SVG 宽频阻抗重塑策略，建立考虑阻抗重塑控制策略的解析模型，通过对 SVG 不同频段阻抗阻尼特性优化和相位补偿，消除新

[1] 本篇介绍的风电、PV、SVG、LCC－HVDC、MMC－HVDC 阻抗重塑的宽频振荡抑制方法在实际应用时可以单独采用，也可以多种方法综合采用。

能源场站各频段负阻尼特性，实现新能源场站宽频阻抗重塑。

第 16 章为基于常规直流输电阻抗重塑的振荡抑制。从 LCC－HVDC 阻抗重塑的角度出发，实现新能源发电经 LCC－HVDC 送出系统振荡抑制。提出 LCC－HVDC 控制策略改进与控制参数优化相结合的阻抗重塑控制方法，通过控制器参数优化设计，有效实现 LCC－HVDC 次/超同步频段阻抗重塑以及系统的振荡抑制。

第 17 章为基于柔性直流输电阻抗重塑的振荡抑制。从 MMC－HVDC 阻抗重塑的角度出发，实现新能源发电经 MMC－HVDC 送出系统振荡抑制。提出 MMC－HVDC 环流有源阻尼、电容电流有源阻尼阻抗重塑控制策略，基于控制参数优化实现不同频段阻抗重塑，有效实现新能源经 MMC－HVDC 送出系统的宽频振荡抑制。

第 18 章为新能源并网系统振荡工程案例。针对我国新疆哈密、河北张家口、内蒙古锡盟大规模新能源并网出现的宽频振荡问题，依托新能源并网系统全电磁暂态仿真平台（简称全电磁暂态仿真平台），分析系统振荡机理，确定振荡主导设备，提出振荡抑制策略，并开展振荡抑制现场试验。

第 14 章　基于新能源机组阻抗重塑的振荡抑制

基于 PMSG、DFIG 机组控制参数优化或控制策略改进的阻抗重塑方法，是实现系统振荡抑制的有效措施。与控制策略改进的阻抗重塑方法相比，基于控制参数优化的阻抗重塑方法实现相对简单，该方法已在实际工程中得到广泛应用。当仅通过控制参数优化难以实现特定频段的阻抗重塑目标时，则需要通过引进其他控制环节的控制策略改进方法，以实现该频段的阻抗重塑。

由第 2 篇介绍的宽频阻抗特性分析可知，新能源机组不同频段间的阻抗特性相互影响，针对特定频段阻抗重塑的同时会影响其他频段的阻抗特性，可能会导致其他频段的阻抗特性由满足稳定边界条件变为不满足稳定边界条件，进而引发其他频段发生新的振荡问题。另外，现有阻抗重塑技术主要根据现场事发后的振荡频率，针对特定频段进行阻抗重塑，以实现该频段的振荡抑制。电网在运行过程中状态复杂多变，而在新能源发电机组研发阶段，缺乏覆盖宽频、复杂电网特性的阻抗重塑统一设计方法。根据新能源机组阻抗特性分析，PV 发电单元与 PMSG 机组的阻抗特性基本一致，PMSG 与 DFIG 阻抗特性则存在固有差别，本章以 PMSG 与 DFIG 机组为例进行分析。

本章围绕风电机组阻抗重塑的振荡抑制策略，在兼顾系统振荡抑制与故障穿越性能的前提下，提出了控制策略改进与控制参数优化相结合的 PMSG、DFIG 宽频阻抗重塑方法。针对 PMSG 机组，提出了有源阻尼、虚拟导纳相结合的宽频阻抗重塑控制策略；针对 DFIG 机组，提出了基于网侧变换器（grid-side converter，GSC）有源阻尼、转子侧变换器（rotor-side converter，RSC）虚拟阻尼相结合的宽频阻抗重塑控制策略。考虑不同频段间阻抗交互影响，提出不同频段迭代优化取值方法。依托全电磁暂态仿真平台和新能源并网试验与实证平台，开展了系统振荡抑制试验，验证基于新能源机组阻抗重塑的振荡抑制相关研究结果的正确性。

14.1　PMSG 机组阻抗重塑

本节以 PMSG 机组为例，基于控制策略改进与控制参数优化，对 PMSG 机组阻抗进行重塑。首先，提出 PMSG 机组阻抗重塑控制策略；其次，建立计及阻抗重塑的 PMSG 机组阻抗模型；然后，给出控制参数取值方法；最后，对基于 PMSG 机组阻抗重塑的振荡抑制策略进行仿真和实证验证。

14.1.1　阻抗重塑控制策略

基于 PMSG 机组典型控制结构，在 GSC 控制中加入有源阻尼和虚拟导纳控制策略，实现频段Ⅱ$_{PMSG}$、Ⅲ$_{PMSG}$、Ⅳ$_{PMSG}$阻抗重塑。计及阻抗重塑的 PMSG 控制结构如图 14－1 所示。

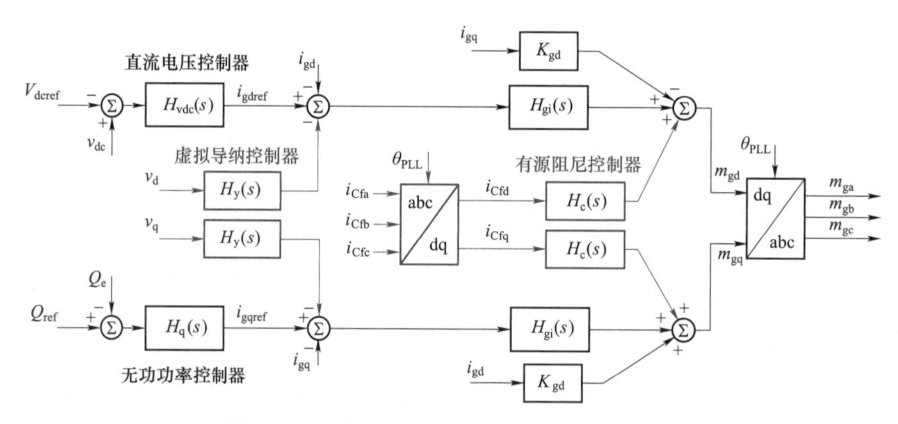

图 14－1　计及阻抗重塑的 PMSG 控制结构

图 14－1 中，阻抗重塑控制包含虚拟导纳与有源阻尼两方面控制。虚拟导纳控制：PMSG 机组交流电压 d、q 轴分量v_d、v_q作为输入信号，经虚拟导纳控制器$H_y(s)$后，叠加至 GSC 交流电流 d、q 轴参考指令i_{gdref}和i_{gqref}；有源阻尼控制：交流滤波电容C_f电流 d、q 轴分量i_{Cfd}、i_{Cfq}作为输入信号，经有源阻尼控制器$H_c(s)$后，叠加至 GSC 交流调制信号 d、q 轴分量m_{gd}和m_{gq}。

14.1.1.1　频段Ⅱ$_{PMSG}$阻抗重塑策略

PMSG 机组频段Ⅱ$_{PMSG}$容性负阻尼特性主要由锁相环（phase lock loop，PLL）决定，通过合理选取 PLL 控制参数，可实现频段Ⅱ$_{PMSG}$阻抗重塑。考虑到 PLL 控制带

宽对机组故障穿越性能影响较大，频段Ⅱ$_{PMSG}$阻抗重塑原则为：在兼顾机组故障穿越控制性能前提下，先确定PLL控制带宽，再调整PLL相位裕度，消除频段Ⅱ$_{PMSG}$负阻尼特性。

14.1.1.2　频段Ⅲ$_{PMSG}$阻抗重塑策略

在频段Ⅲ$_{PMSG}$的前半频段，直流电压与交流电流控制的频带重叠效应，导致阻抗呈现容性负阻尼特性。通过合理选取直流电压控制参数，可以消除频段Ⅲ$_{PMSG}$前半频段容性负阻尼。在频段Ⅲ$_{PMSG}$后半频段，延时与交流电流控制的频带重叠效应，导致交流电流控制带宽附近呈现容性负阻尼特性。由于延时为PMSG机组固有特性，频段Ⅲ$_{PMSG}$后半频段容性负阻尼特性难以通过调整控制参数消除。为此，提出虚拟导纳控制策略，如图14－1所示。通过该附加控制器实现频段Ⅲ$_{PMSG}$阻抗相位补偿，从而改善阻尼特性。

在虚拟导纳控制中，v_d、v_q作为输入信号，经虚拟导纳控制器$H_y(s)$，分别叠加至GSC交流电流d、q轴参考指令i_{gdref}和i_{gqref}，从而实现频段Ⅲ$_{PMSG}$后半频段阻抗重塑。为降低虚拟导纳控制对其他频段阻抗特性影响，将$H_y(s)$选为带通滤波器，其表达式为

$$H_y(s)=\frac{k_y}{\omega_{y1}}\cdot\frac{s}{(s/\omega_{y1}+1)(s/\omega_{y2}+1)} \tag{14-1}$$

式中：k_y为虚拟导纳系数；ω_{y1}为虚拟导纳带通滤波器角频率下限；ω_{y2}为虚拟导纳带通滤波器角频率上限。

通过设置虚拟导纳系数k_y，调节频段Ⅲ$_{PMSG}$阻尼特性；通过设置ω_{y1}和ω_{y2}，调节虚拟导纳控制带宽，使$H_y(s)$控制作用覆盖频段Ⅲ$_{PMSG}$负阻尼。

14.1.1.3　频段Ⅳ$_{PMSG}$阻抗重塑策略

延时与滤波电容的频带重叠效应，导致频段Ⅳ$_{PMSG}$呈现容性负阻尼特性。由于滤波电容和延时均为机组固有特性，频段Ⅳ$_{PMSG}$容性负阻尼难以通过控制参数调整予以消除。为此，提出基于滤波电容电流前馈的有源阻尼控制策略，如图14－1所示。通过该附加控制器，实现频段Ⅳ$_{PMSG}$阻抗相位补偿，以改善该频段负阻尼特性。

为避免频段Ⅳ$_{PMSG}$阻抗重塑对其他频段阻抗特性产生影响，利用超前滞后环节校正

阻抗相位，选取有源阻尼控制器为

$$H_{\mathrm{c}}(s)=k_{\mathrm{c}}\cdot\frac{s/\omega_{\mathrm{c1}}+1}{s/\omega_{\mathrm{c2}}+1} \tag{14-2}$$

式中：k_{c} 为有源阻尼系数；ω_{c1} 为有源阻尼控制器角频率下限；ω_{c2} 为有源阻尼控制器角频率上限。

通过设置 k_{c}，可调节频段Ⅳ$_{\mathrm{PMSG}}$阻尼特性；通过设置 ω_{c1}、ω_{c2}，实现 $H_{\mathrm{c}}(s)$ 控制作用覆盖频段Ⅳ$_{\mathrm{PMSG}}$负阻尼。

综上所述，PMSG 阻抗重塑原则概括如下：

（1）针对频段Ⅱ$_{\mathrm{PMSG}}$，采用基于 PLL 控制参数优化的阻抗重塑方法。在兼顾机组故障穿越控制性能前提下，消除该频段容性负阻尼特性。

（2）针对频段Ⅲ$_{\mathrm{PMSG}}$，采用直流电压控制参数优化与虚拟导纳结合的阻抗重塑方法。通过虚拟导纳控制补偿阻抗相位，从而改善阻尼特性。

（3）针对频段Ⅳ$_{\mathrm{PMSG}}$，采用基于电容电流前馈的有源阻尼控制策略，消除此频段容性负阻尼特性。

14.1.2　计及阻抗重塑的 PMSG 机组阻抗模型

基于有源阻尼与虚拟导纳控制策略，建立计及阻抗重塑控制策略的 PMSG 机组阻抗解析模型。根据图 14－1 可知，GSC 交流调制信号小信号 d、q 轴向量 $\hat{\boldsymbol{m}}_{\mathrm{gd}}$、$\hat{\boldsymbol{m}}_{\mathrm{gq}}$ 表达式分别为

$$\begin{cases}\hat{\boldsymbol{m}}_{\mathrm{gd}}=\left[H_{\mathrm{vdc}}(s_1)\hat{\boldsymbol{v}}_{\mathrm{dc}}-\hat{\boldsymbol{i}}_{\mathrm{gd}}\right]H_{\mathrm{gi}}(s_1)-K_{\mathrm{gd}}\hat{\boldsymbol{i}}_{\mathrm{gq}}+\left[-H_{\mathrm{y}}(s_1)H_{\mathrm{gi}}(s_1)\hat{\boldsymbol{v}}_{\mathrm{d}}+H_{\mathrm{c}}(s_1)\hat{\boldsymbol{i}}_{\mathrm{Cfd}}\right]\\ \hat{\boldsymbol{m}}_{\mathrm{gq}}=\left[H_{\mathrm{q}}(s_1)(\boldsymbol{Q}_{\mathrm{i}}\hat{\boldsymbol{i}}_{\mathrm{ga}}+\boldsymbol{Q}_{\mathrm{v}}\hat{\boldsymbol{v}}_{\mathrm{a}})-\hat{\boldsymbol{i}}_{\mathrm{gq}}\right]H_{\mathrm{gi}}(s_1)+K_{\mathrm{gd}}\hat{\boldsymbol{i}}_{\mathrm{gd}}+\left[-H_{\mathrm{y}}(s_1)H_{\mathrm{gi}}(s_1)\hat{\boldsymbol{v}}_{\mathrm{q}}+H_{\mathrm{c}}(s_1)\hat{\boldsymbol{i}}_{\mathrm{Cfq}}\right]\end{cases} \tag{14-3}$$

$\hat{\boldsymbol{m}}_{\mathrm{gd}}$、$\hat{\boldsymbol{m}}_{\mathrm{gq}}$ 经反 Park 变换至 abc 三相静止坐标系，可得 GSC 交流调制信号小信号向量 $\hat{\boldsymbol{m}}_{\mathrm{ga}}$ 的表达式，即

$$\hat{\boldsymbol{m}}_{\mathrm{ga}}=\boldsymbol{E}_{\mathrm{dc}}\cdot\hat{\boldsymbol{v}}_{\mathrm{dc}}+\boldsymbol{E}_{\mathrm{gi}}\cdot\hat{\boldsymbol{i}}_{\mathrm{ga}}+(\boldsymbol{E}_{\mathrm{gv}}+\Delta\boldsymbol{E}_{\mathrm{gv}})\cdot\hat{\boldsymbol{v}}_{\mathrm{a}} \tag{14-4}$$

式中：$\Delta\boldsymbol{E}_{\mathrm{gv}}$ 为阻抗重塑引入的系数矩阵，其余系数矩阵表达式可参见 PMSG 机组阻抗建模。

$\Delta \boldsymbol{E}_{\mathrm{gv}}$ 的表达式为

$$\Delta \boldsymbol{E}_{\mathrm{gv}}=\begin{bmatrix} \begin{matrix}-H_{\mathrm{gi}}(s_1)H_{\mathrm{y}}(s_1)[1-T_{\mathrm{PLL}}(s_1)\boldsymbol{V}_1^*]\\ +H_{\mathrm{c}}(s_1)[C_{\mathrm{f}}s_2-T_{\mathrm{PLL}}(s_1)\boldsymbol{I}_{\mathrm{Cf1}}^*]\end{matrix} & 0 & \begin{matrix}-H_{\mathrm{gi}}(s_1)H_{\mathrm{y}}(s_1)T_{\mathrm{PLL}}(s_1)\boldsymbol{V}_1^*\\ +H_{\mathrm{c}}(s_1)T_{\mathrm{PLL}}(s_1)\boldsymbol{I}_{\mathrm{Cf1}}^*\end{matrix} & 0 & 0\\ 0 & 0 & 0 & 0 & 0\\ \begin{matrix}-H_{\mathrm{gi}}(s_1)H_{\mathrm{y}}(s_1)T_{\mathrm{PLL}}(s_1)\boldsymbol{V}_1\\ +H_{\mathrm{c}}(s_1)T_{\mathrm{PLL}}(s_1)\boldsymbol{I}_{\mathrm{Cf1}}\end{matrix} & 0 & \begin{matrix}-H_{\mathrm{gi}}(s_1)H_{\mathrm{y}}(s_1)[1-T_{\mathrm{PLL}}(s_1)\boldsymbol{V}_1]\\ +H_{\mathrm{c}}(s_1)[C_{\mathrm{f}}s-T_{\mathrm{PLL}}(s_1)\boldsymbol{I}_{\mathrm{Cf1}}]\end{matrix} & 0 & 0\\ 0 & 0 & 0 & 0 & 0\\ 0 & 0 & 0 & 0 & 0 \end{bmatrix}$$

可得 GSC 交流回路频域小信号模型，即

$$\hat{\boldsymbol{v}}_{\mathrm{a}}=\boldsymbol{F}'_{\mathrm{dc}}\hat{\boldsymbol{v}}_{\mathrm{dc}}+\boldsymbol{F}'_{\mathrm{gi}}\hat{\boldsymbol{i}}_{\mathrm{ga}} \tag{14-5}$$

其中

$$\begin{cases}\boldsymbol{F}'_{\mathrm{dc}}=[\boldsymbol{U}-K_{\mathrm{m}}V_{\mathrm{dc}}(\boldsymbol{E}_{\mathrm{gv}}+\Delta\boldsymbol{E}_{\mathrm{gv}})]^{-1}(K_{\mathrm{m}}\boldsymbol{M}_{\mathrm{ga}}+K_{\mathrm{m}}V_{\mathrm{dc}}\boldsymbol{E}_{\mathrm{dc}})\\ \boldsymbol{F}'_{\mathrm{gi}}=[\boldsymbol{U}-K_{\mathrm{m}}V_{\mathrm{dc}}(\boldsymbol{E}_{\mathrm{gv}}+\Delta\boldsymbol{E}_{\mathrm{gv}})]^{-1}(K_{\mathrm{m}}V_{\mathrm{dc}}\boldsymbol{E}_{\mathrm{gi}}-\boldsymbol{Z}_{\mathrm{Lf}})\end{cases}$$

式中：$\boldsymbol{F}'_{\mathrm{dc}}$、$\boldsymbol{F}'_{\mathrm{gi}}$ 均为阻抗重塑后 GSC 交流电压系数矩阵。

式（14-5）即阻抗重塑后 GSC 小信号模型，结合机侧变换器（machine-side converter，MSC）小信号模型，可得计及阻抗重塑控制的 PMSG 机组阻抗模型。

14.1.3　PMSG 机组阻抗重塑方法

由于多控制器/环节存在频带重叠效应，频段Ⅱ$_{\mathrm{PMSG}}$、Ⅳ$_{\mathrm{PMSG}}$阻抗重塑均影响频段Ⅲ$_{\mathrm{PMSG}}$阻抗特性。通过合理选取虚拟导纳截止频率，可降低频段Ⅲ$_{\mathrm{PMSG}}$阻抗重塑对频段Ⅱ$_{\mathrm{PMSG}}$、Ⅳ$_{\mathrm{PMSG}}$阻抗特性的影响。阻抗重塑按照频段Ⅱ$_{\mathrm{PMSG}}$、Ⅳ$_{\mathrm{PMSG}}$、Ⅲ$_{\mathrm{PMSG}}$的顺序进行。

首先，基于 PLL 控制参数改进，实现频段Ⅱ$_{\mathrm{PMSG}}$阻抗重塑，消除该频段负阻尼。考虑到 PLL 控制同时影响 PMSG 故障穿越特性，参数选取还需通过故障穿越性能验证。

然后，基于有源阻尼控制，实现频段Ⅳ$_{\mathrm{PMSG}}$阻抗重塑，消除该频段负阻尼特性，并满足稳定性要求。

最后，对频段Ⅲ$_{\mathrm{PMSG}}$进行阻抗重塑。通过合理选取直流电压控制相位裕度消除频段Ⅲ$_{PMSG}$前半段负阻尼特性；通过交流电流控制参数改进与虚拟导纳控制相结合的方法，消除频段Ⅲ$_{PMSG}$后半段负阻尼特性。

以某型号PMSG机组为例，重塑前PMSG机组阻抗如图14－2所示。由图可知，频段Ⅱ$_{PMSG}$、Ⅲ$_{PMSG}$、Ⅳ$_{PMSG}$均存在负阻尼特性。

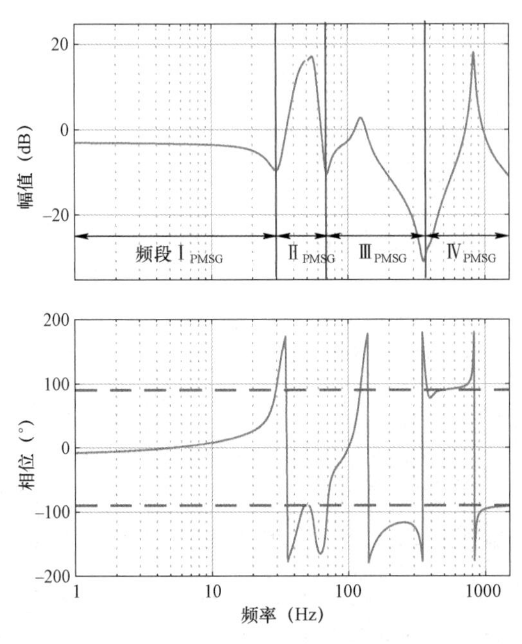

图14－2　重塑前PMSG机组阻抗特性

14.1.3.1　频段Ⅱ$_{PMSG}$阻抗重塑方法

PMSG机组频段Ⅱ$_{PMSG}$阻抗特性由PLL主导，其控制参数影响容性负阻尼程度。通过PLL控制参数合理取值，在满足机组故障穿越性能前提下，可实现频段Ⅱ$_{PMSG}$阻抗重塑。

首先，固定PLL相位裕度θ_{tc}为10°，将其控制带宽f_{tc}分别设置为5、10、20Hz，分析控制带宽对阻抗特性影响；然后，固定控制带宽f_{tc}为20Hz，将其相位裕度θ_{tc}分别设置为10°、45°、80°，分析相位裕度对阻抗特性影响。PLL对频段Ⅱ$_{PMSG}$阻抗特性影响如图14－3所示。

由图14－3可知，随着PLL控制带宽f_{tc}降低，基频左右对称分布的反谐振峰更靠近基频，负阻尼频率范围减小。随着相位裕度θ_{tc}增大，反谐振峰与基频的距离保

持不变，负阻尼特性则得以改善。在满足故障穿越性能要求的前提下，PLL 应当选择较低的控制带宽 f_{tc} 和相位裕度 θ_{tc}。

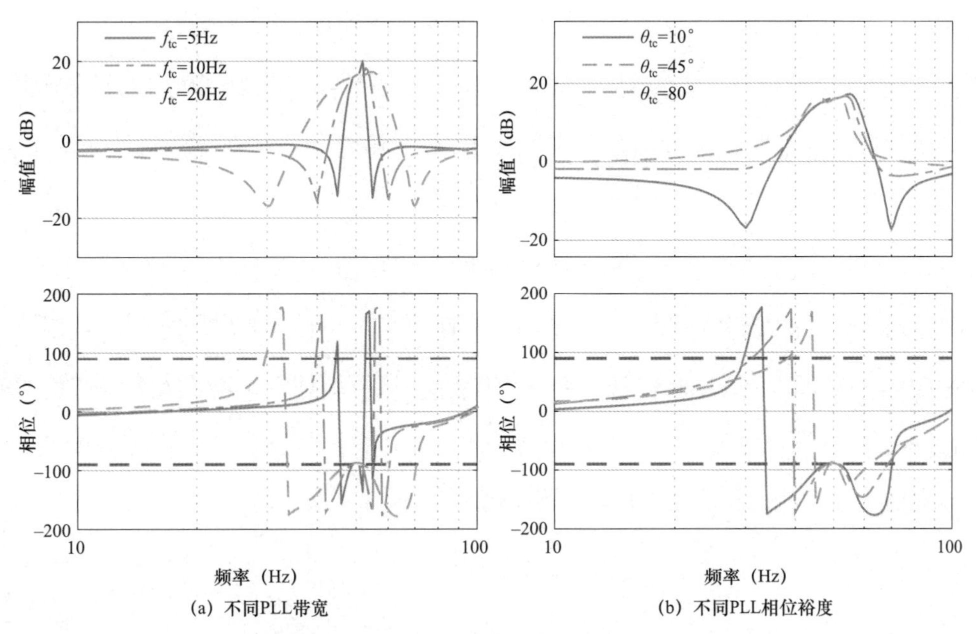

图 14－3　PLL 对频段Ⅱ$_{PMSG}$阻抗特性影响

通过时域仿真验证 PLL 控制带宽对 PMSG 机组故障穿越性能的影响，如图 14－4 所示。图中，$t=1$s 时电网电压相位阶跃 60°，直流母线电压产生响应。随着 PLL 控制带宽降低，直流电压响应速度降低，超调持续时间增加。当 PLL 控制带宽降低至 5Hz 时，直流电压出现明显的超调，容易导致机组过电压保护。

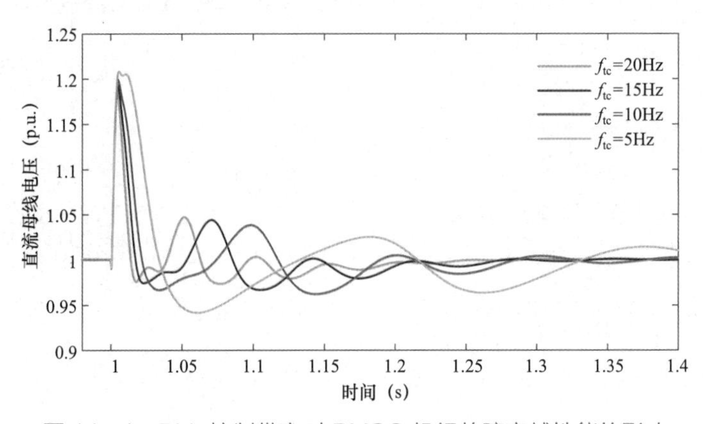

图 14－4　PLL 控制带宽对 PMSG 机组故障穿越性能的影响

14.1.3.2　频段Ⅳ$_{PMSG}$阻抗重塑方法

频段Ⅳ$_{PMSG}$阻抗特性由主电路 LC 滤波器主导，其阻抗由感性转为容性。延时与 LC 滤波器的频带重叠效应，导致该频段呈现容性负阻尼。通过合理选取有源阻尼系数 k_c 和有源阻尼控制器角频率下限 ω_{c1} 与上限 ω_{c2}，补偿频段Ⅳ$_{PMSG}$相位，从而改善负阻尼特性，实现频段Ⅳ$_{PMSG}$阻抗特性满足稳定裕度指标。有源阻尼控制器幅频特性如图 14－5 所示。

分析有源阻尼系数对Ⅳ$_{PMSG}$阻抗特性影响。有源阻尼系数 k_c 从－0.0001 增加至 0，频段Ⅳ$_{PMSG}$阻抗特性变化如图 14－6 所示。由图可知，与 $k_c=0$［即不加入有源阻尼控制器 $H_c(s)$］相比，$H_c(s)$可有效改善频段Ⅳ$_{PMSG}$负阻尼特性。随着 k_c 的增大，频段Ⅳ$_{PMSG}$负阻尼特性最终得以消除。k_c 取值不宜过大，否则将影响频段Ⅲ$_{PMSG}$阻抗特性。$H_c(s)$取值应兼顾频段Ⅳ$_{PMSG}$、Ⅲ$_{PMSG}$阻抗特性需求。

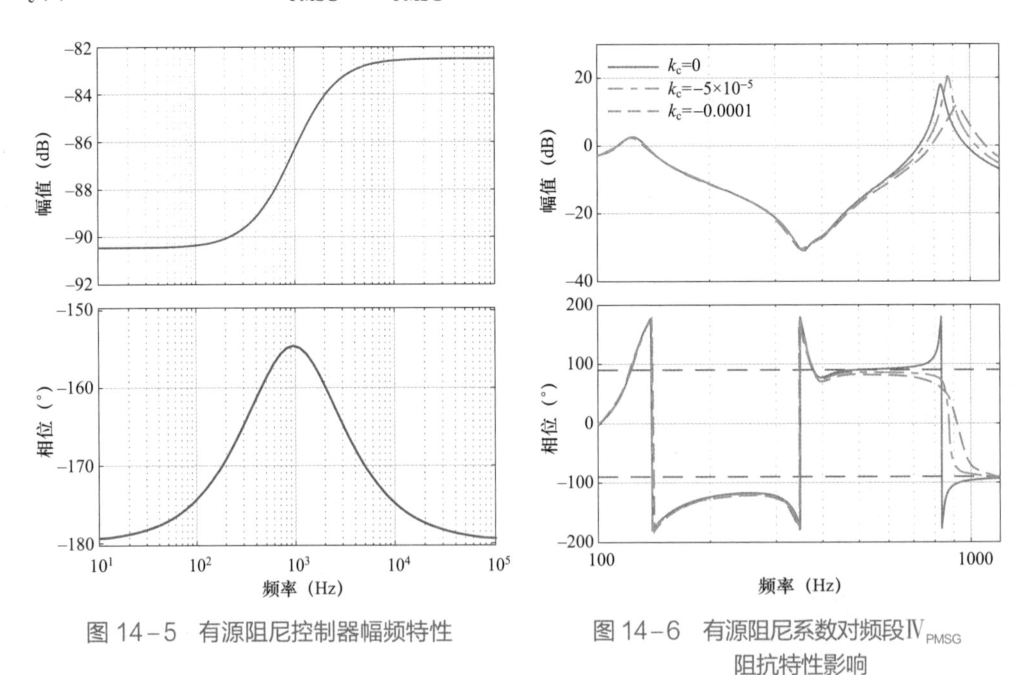

图 14－5　有源阻尼控制器幅频特性

图 14－6　有源阻尼系数对频段Ⅳ$_{PMSG}$阻抗特性影响

14.1.3.3　频段Ⅲ$_{PMSG}$阻抗重塑方法

频段Ⅲ$_{PMSG}$阻抗特性由电流内环主导，且呈现容性。在频段Ⅲ$_{PMSG}$前半段，直流电压与交流电流控制的频带重叠效应，导致该频段呈现负阻尼特性。可以通过合理选取直

流电压环控制参数，对其进行阻抗重塑。

分析直流电压环对频段Ⅲ$_{PMSG}$阻抗特性影响。固定直流电压控制带宽 f_{vdc} 不变，将其相位裕度 θ_{vdc} 由 10° 增加至 80°，其阻抗特性变化如图 14－7（a）所示。由图可知，随着直流电压控制相位裕度 θ_{vdc} 的增大，频段Ⅲ$_{PMSG}$ 前半频段负阻尼特性得以消除。

在频段Ⅲ$_{PMSG}$后半段，延时与交流电流控制的频段重叠效应，导致交流电流控制带宽附近呈现负阻尼特性。采用交流电流控制参数改进与虚拟导纳控制相结合的方法，消除频段Ⅲ$_{PMSG}$负阻尼特性。

分析交流电流环对频段Ⅲ$_{PMSG}$阻抗特性影响。固定交流电流控制带宽 f_{gic} 不变，将其相位裕度 θ_{gic} 从 30° 增加至 60°，其阻抗特性变化如图 14－7（b）所示。由图可知，随着交流电流控制相位裕度 θ_{gic} 的增大，频段Ⅲ$_{PMSG}$ 后半频段负阻尼特性得以消除。

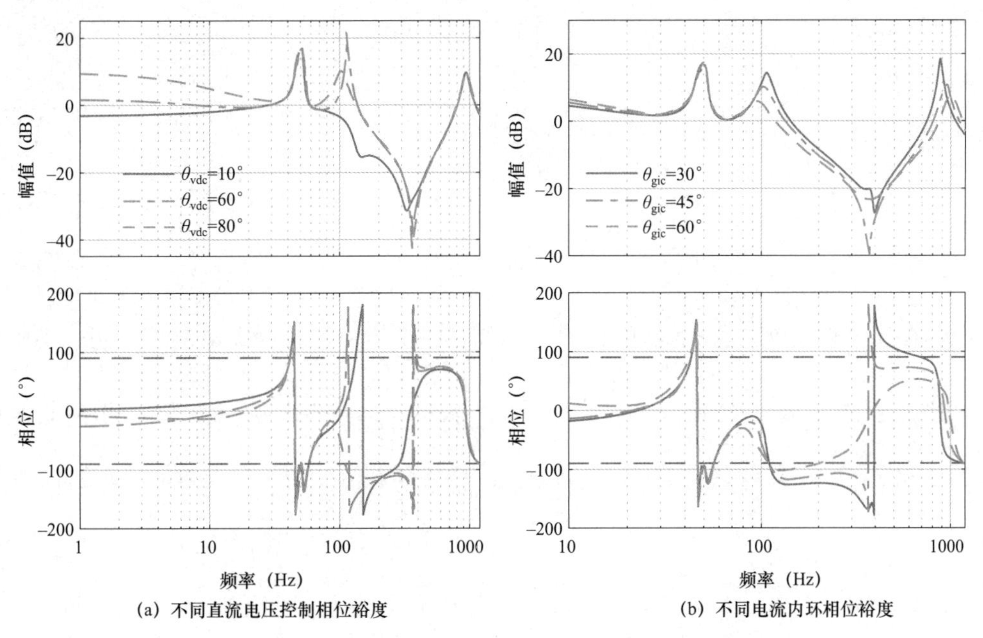

图 14－7　控制参数改进对频段Ⅲ$_{PMSG}$阻抗特性影响

根据式（14－1）可知，虚拟导纳控制器为带通滤波器，幅频特性如图 14－8 所示。为了降低虚拟导纳控制器 $H_y(s)$ 对频段Ⅱ$_{PMSG}$、Ⅳ$_{PMSG}$ 阻抗特性的影响，将其控制作用限制在频段Ⅲ$_{PMSG}$内，即令$\omega_{y1}=2\pi f_{tc}$，$\omega_{y2}=2\pi f_{gic}$。通过合理选取虚拟导纳系数k_y，调节频段Ⅲ$_{PMSG}$阻尼特性。

分析虚拟导纳系数对频段Ⅲ$_{PMSG}$阻抗特性影响。虚拟导纳系数k_y由0增加至2，虚拟导纳系数对频段Ⅲ$_{PMSG}$阻抗特性影响如图14－9所示。由图可知，与$k_y=0$（即无虚拟导纳）相比，$H_y(s)$能够消除频段Ⅲ$_{PMSG}$负阻尼特性。另外，随着k_y的增大，$H_y(s)$会对频段Ⅱ$_{PMSG}$、Ⅳ$_{PMSG}$阻抗特性产生影响。虚拟导纳系数k_y取值需要兼顾频段Ⅲ$_{PMSG}$、Ⅱ$_{PMSG}$、Ⅳ$_{PMSG}$阻尼特性需求。

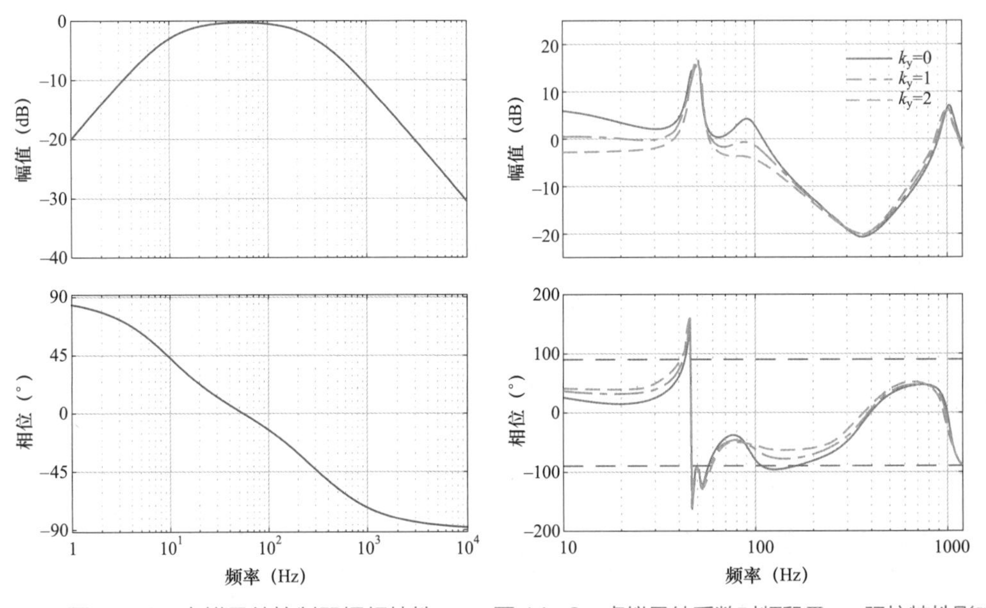

图14－8　虚拟导纳控制器幅频特性　　图14－9　虚拟导纳系数对频段Ⅲ$_{PMSG}$阻抗特性影响

综上所述，依次对频段Ⅱ$_{PMSG}$、Ⅳ$_{PMSG}$、Ⅲ$_{PMSG}$进行阻抗重塑，可有效改善PMSG机组负阻尼特性，阻抗重塑前后PMSG机组阻抗特性对比如图14－10所示。

PMSG机组阻抗与稳态工作点相关，需要对不同工况下阻抗进行校验，以确保重塑后阻抗特性满足多运行工况要求。重塑后PMSG机组阻抗特性三维Bode图如图14－11所示。其中，PMSG机组有功功率在0.2p.u.到1p.u.范围内变化。由图可见，1～1000Hz频率范围内负阻尼特性均得到改善。

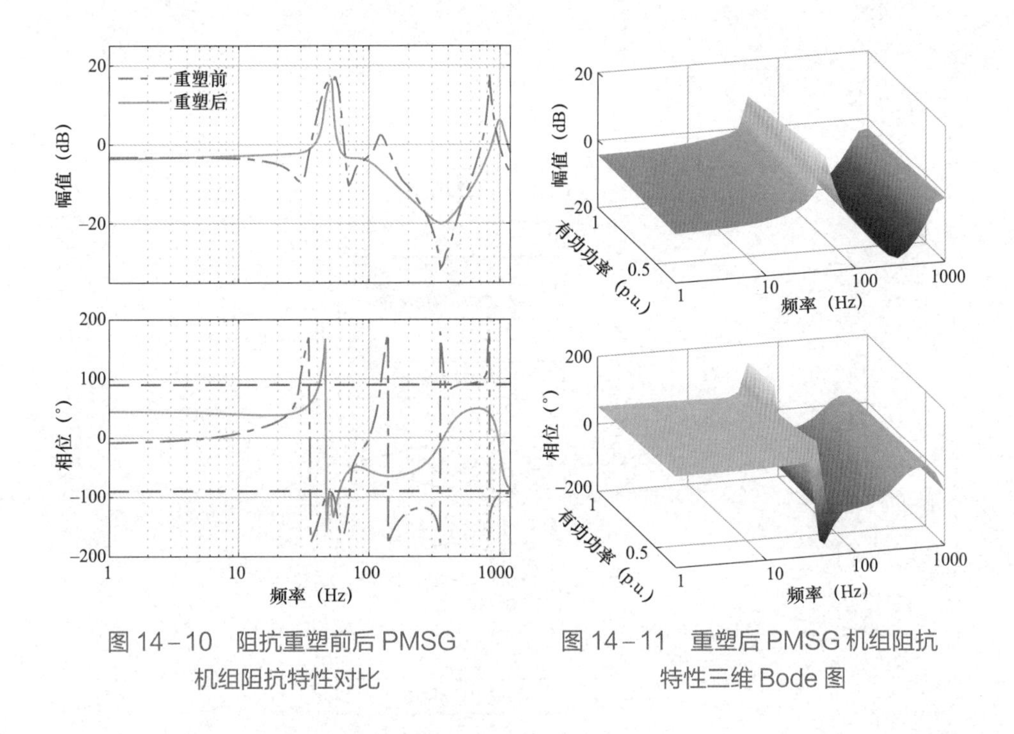

图 14－10　阻抗重塑前后 PMSG 机组阻抗特性对比

图 14－11　重塑后 PMSG 机组阻抗特性三维 Bode 图

PMSG 机组阻抗重塑流程如图 14－12 所示。

14.1.4　基于 PMSG 机组阻抗重塑的振荡抑制仿真验证

基于全电磁暂态仿真平台，以 PMSG 风电场接入交流弱电网为例，开展基于 PMSG 机组阻抗重塑振荡抑制的频域分析和时域仿真，验证基于 PMSG 机组阻抗重塑策略的有效性。PMSG 风电场的 CHIL 仿真参数如表 14－1 所示。阻抗重塑前后 PMSG 风电场接入交流弱电网的振荡风险如图 14－13 所示。

由图 14－13（a）可知，PMSG 机组阻抗重塑前，PMSG 风电场阻抗 $\boldsymbol{Z}_{\mathrm{PMSG}}$ 与交流电网阻抗 $\boldsymbol{Z}_{\mathrm{g}}$ 在 A 点（102Hz）幅值相交，相位裕度为 1.4°，系统幅值/相位稳定裕度不足，存在振荡风险。PMSG 机组阻抗重塑后，PMSG 风电场阻抗 $\boldsymbol{Z}_{\mathrm{PMSG}}$ 与交流电网阻抗 $\boldsymbol{Z}_{\mathrm{g}}$ 的交点由 A 点移至 B 点（132Hz），相位裕度提升至 39.1°。由此表明 PMSG 机组阻抗重塑后，PMSG 风电场接入交流弱电网系统稳定裕度提升，振荡风险消除。

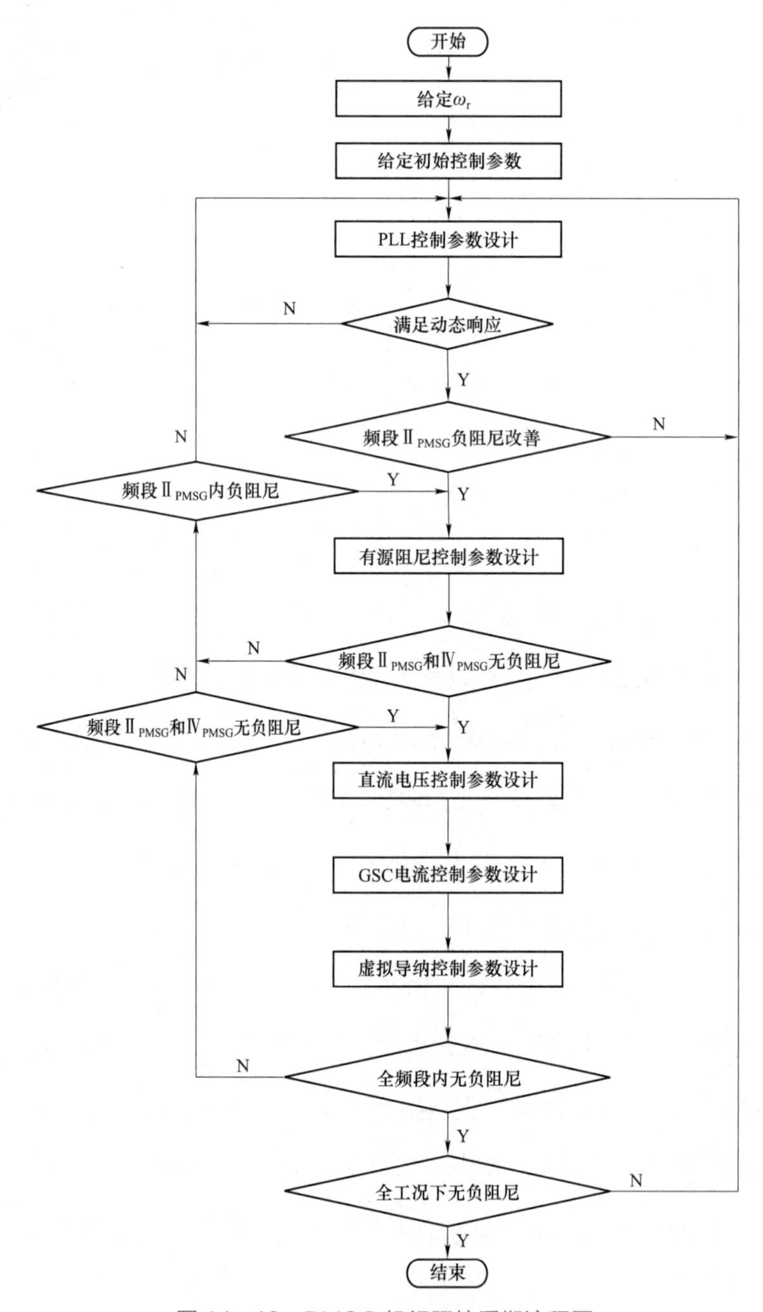

图14-12　PMSG机组阻抗重塑流程图

表 14－1　　　PMSG 风电场的 CHIL 仿真参数

参数	定义	数值
N_{PMSG}	风电机组数目	100 台
P_N	额定功率	1.5MW
V_N	交流额定电压	690V
f_1	基波频率	50Hz
k_T	交流变压器变比	0.69kV/35kV
R_s	发电机定子绕组电阻	0.001Ω
L_{sd}、L_{sq}	PMSG 定子绕组 d、q 轴电感	0.2699、0.283mH
L_f	GSC 交流滤波电感	0.1mH
V_{dc}	直流电压稳态值	1500V
K_{pp}、K_{ip}	PLL 比例、积分系数	0.1099、1.2176
K_{gip}、K_{gii}	GSC 交流电流控制器比例、积分系数	1.5350×10^{-4}、0.0899
K_{sip}、K_{sii}	MSC 交流电流控制器比例、积分系数	1.3685×10^{-5}、9.1000×10^{-8}
K_{pep}、K_{pei}	MSC 有功功率控制器比例、积分系数	0.0084、0.0152
K_{qep}、K_{qei}	GSC 无功功率控制器比例、积分系数	5.9207×10^{-4}、0.0322
K_{vdcp}、K_{vdci}	直流电压控制器比例、积分系数	12.8195、1.2782×10^{3}
k_c	有源阻尼系数	-8×10^{-5}
ω_{c1}、ω_{c2}	有源阻尼控制器角频率下限、上限	3.7699×10^{3}、8.7965×10^{3}
k_y	虚拟导纳系数	2
ω_{y1}、ω_{y2}	虚拟导纳带通滤波器角频率下限、上限	62.8319、1.8850×10^{3}
K_{sd}	MSC 交流电流控制解耦系数	2.3160×10^{-5}
K_{gd}	GSC 交流电流控制解耦系数	4.2341×10^{-4}

图 14－13（b）给出了基于最大峰值 Nyquist 判据画出半径 R_{min} 为 0.2 的禁止区域。由图可知，PMSG 机组阻抗重塑前，阻抗比 $\boldsymbol{Z}_g/\boldsymbol{Z}_{PMSG}$ 的 Nyquist 曲线在禁止区域内穿过 A 点（102Hz），系统存在振荡风险。PMSG 机组阻抗重塑后，阻抗比 $\boldsymbol{Z}_g/\boldsymbol{Z}_{PMSG}$ 的 Nyquist 曲线始终位于禁止区域之外，表明 PMSG 机组阻抗重塑可有效消除 PMSG 风电

场接入交流弱电网振荡风险。

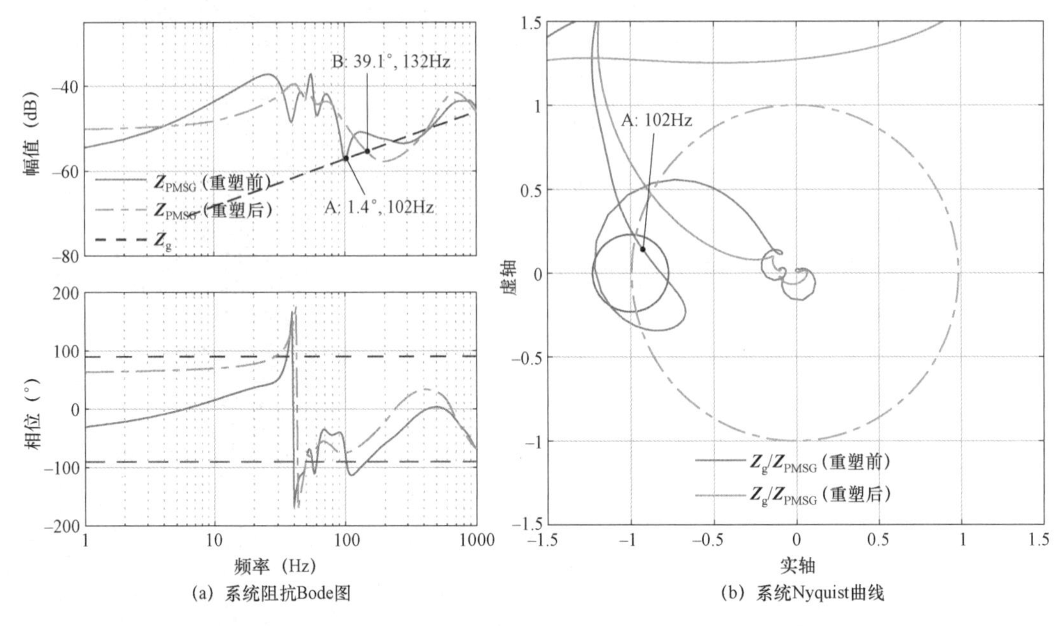

(a) 系统阻抗Bode图　　(b) 系统Nyquist曲线

图 14－13　PMSG 风电场接入交流弱电网的振荡风险

基于上述分析，对 PMSG 风电场接入交流弱电网振荡及抑制开展仿真实验，PMSG 风电场接入交流弱电网振荡抑制仿真结果如图 14－14 所示。由图可知，PMSG 机组阻抗重塑前，PMSG 风电场并网电流波形振荡明显。快速傅里叶变换（fast Fourier transform，FFT）分析结果显示，PMSG 风电场与交流弱电网间发生 102Hz 振荡，并产生 2Hz 的耦合振荡分量。$t=1$s 启用 PMSG 阻抗重塑控制，振荡幅度逐渐减小，200ms 后系统振荡消除。FFT 分析结果表明，阻抗重塑后系统振荡得到抑制。实验结果验证了基于 PMSG 阻抗重塑振荡抑制方法的有效性。

14.1.5　基于 PMSG 阻抗重塑的振荡抑制现场实证

基于新能源并网试验与实证平台，以 PMSG 机组接入交流弱电网为例，开展振荡抑制现场验证，验证基于 PMSG 阻抗重塑振荡抑制策略的有效性。系统结构、参数均与 12.4 节相同，PMSG 机组接入交流弱电网的振荡分析如图 14－15 所示。

由图 14－15（a）可知，PMSG 机组阻抗重塑前，PMSG 机组阻抗 $\boldsymbol{Z}_{PMSG}$ 与交流电网阻抗 $\boldsymbol{Z}_g$ 在 C 点（71Hz）幅值相交，相位裕度为 1.7°，系统幅值/相位稳定裕度不足，

存在振荡风险。PMSG 机组阻抗重塑后，PMSG 机组阻抗 $\boldsymbol{Z}_{\mathrm{PMSG}}$ 与交流电网阻抗 $\boldsymbol{Z}_{\mathrm{g}}$ 的交点由 C 点移至 D 点（95Hz），相位裕度提升至 20°。由此表明 PMSG 机组阻抗重塑后，PMSG 机组接入交流弱电网系统稳定裕度提升，振荡风险消除。

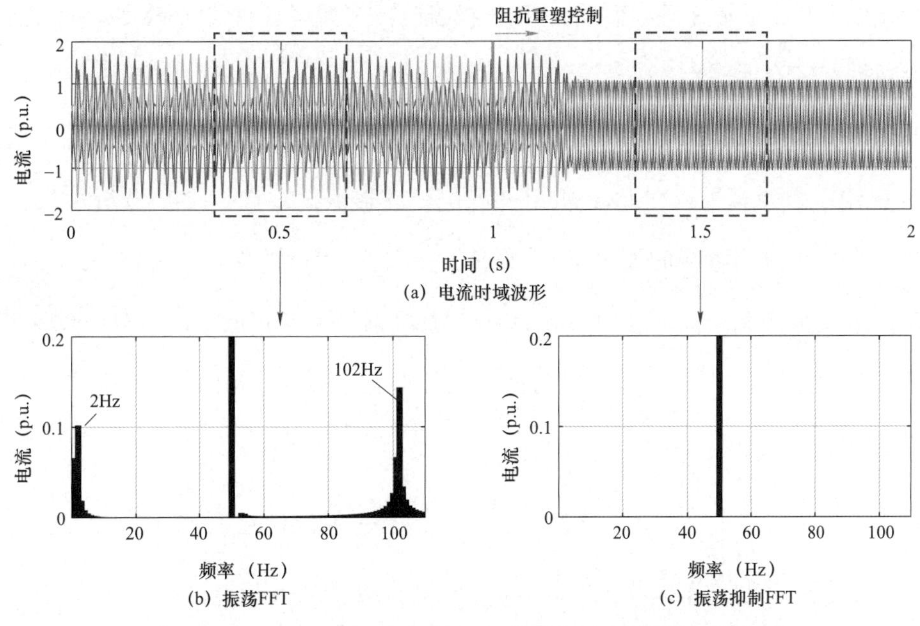

图 14－14　PMSG 风电场接入交流弱电网振荡抑制仿真结果

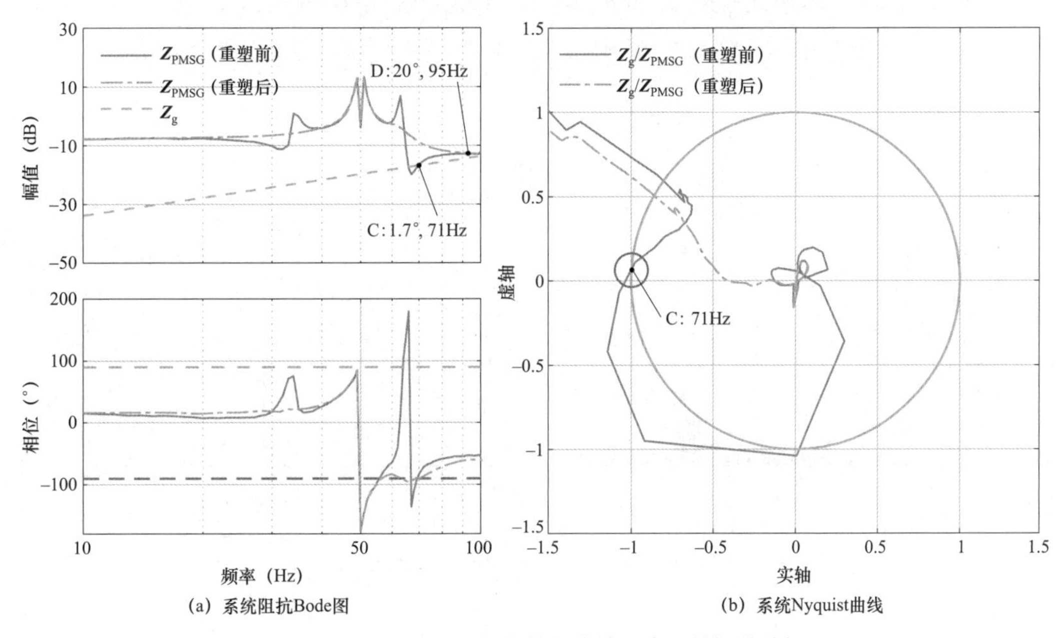

图 14－15　PMSG 机组接入交流弱电网的振荡分析

图 14-15（b）给出了基于最大峰值 Nyquist 判据画出半径 $R_{\min}$ 为 0.1 的禁止区域。由图可知，PMSG 机组阻抗重塑前，阻抗比 $\boldsymbol{Z}_{\mathrm{g}}/\boldsymbol{Z}_{\mathrm{PMSG}}$ 的 Nyquist 曲线在禁止区域内穿过 C 点（71Hz），系统存在振荡风险。PMSG 机组阻抗重塑后，阻抗比 $\boldsymbol{Z}_{\mathrm{g}}/\boldsymbol{Z}_{\mathrm{PMSG}}$ 的 Nyquist 曲线始终位于禁止区域之外，表明 PMSG 机组阻抗重塑可有效消除 PMSG 机组接入交流弱电网振荡风险。

PMSG 机组接入交流弱电网振荡抑制现场试验结果如图 14-16 所示。由图可知，PMSG 机组阻抗重塑前，PMSG 机组并网电流波形振荡明显。FFT 分析结果显示，PMSG 机组与交流弱电网间发生 71Hz 振荡，并产生 29Hz 的耦合振荡分量。$t=1\mathrm{s}$ 启用 PMSG 阻抗重塑控制，振荡幅度逐渐减小，随后系统振荡消除。FFT 分析结果表明，阻抗重塑后系统振荡得到抑制。现场试验结果验证了基于 PMSG 阻抗重塑振荡抑制方法的有效性。

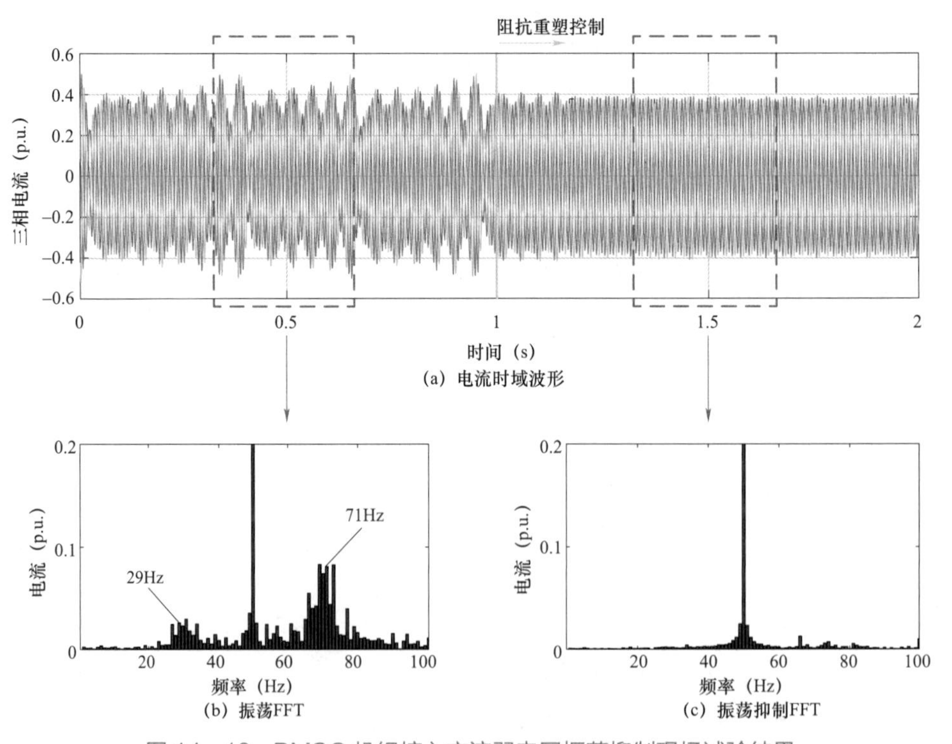

图 14-16　PMSG 机组接入交流弱电网振荡抑制现场试验结果

14.2　DFIG 机组阻抗重塑

本节以 DFIG 机组为例，采用基于控制策略改进与控制参数优化相结合的 DFIG 机组阻抗重塑方法。首先，提出 DFIG 机组阻抗重塑控制策略；其次，建立计及阻抗重塑控制的 DFIG 机组阻抗模型；然后，给出控制参数取值方法；最后，对基于 DFIG 阻抗重塑的振荡抑制策略进行仿真和实证验证。

14.2.1　阻抗重塑控制策略

在 DFIG 机组典型控制基础上，引入 GSC 有源阻尼控制，实现频段 $\mathrm{II}_{\mathrm{DFIG}}$、$\mathrm{III}_{\mathrm{DFIG}}$ 阻抗重塑；引入 RSC 虚拟阻抗控制，实现频段 $\mathrm{I}_{\mathrm{DFIG}}$ 阻抗重塑。计及阻抗重塑的 DFIG 控制结构如图 14－17 所示。

14.2.1.1　频段 $\mathrm{I}_{\mathrm{DFIG}}$ 阻抗重塑策略

频段 $\mathrm{I}_{\mathrm{DFIG}}$ 阻抗特性由定子主导，呈现感性，转差导致频段 $\mathrm{I}_{\mathrm{DFIG}}$ 呈现感性负阻尼特性。频段 $\mathrm{I}_{\mathrm{DFIG}}$ 感性负阻尼程度及其频率范围与转子电气旋转频率、有功功率控制、RSC 交流电流控制、PLL 控制参数有关。通过对上述控制参数合理取值，加入虚拟阻尼控制，实现频段 $\mathrm{I}_{\mathrm{DFIG}}$ 阻抗重塑。

虚拟阻抗控制器 $H_{\mathrm{d}}(s)$ 采用带通滤波器，其表达式为

$$H_{\mathrm{d}}(s)=k_{\mathrm{d}}\frac{Q_{\mathrm{d}}^{-1}\omega_{\mathrm{d0}}s}{s^2+Q_{\mathrm{d}}^{-1}\omega_{\mathrm{d0}}s+\omega_{\mathrm{d0}}^2} \tag{14-6}$$

式中：ω_{d0} 为虚拟阻抗带通滤波器中心角频率，$\omega_{\mathrm{d0}}=\sqrt{\omega_{\mathrm{dh}}\omega_{\mathrm{dl}}}$，且 ω_{dh}、ω_{dl} 分别为带通滤波器角频率上限、下限；Q_{d} 为带通滤波器品质因数，$Q_{\mathrm{d}}=\omega_{\mathrm{d0}}/B_{\mathrm{d}}$；$B_{\mathrm{d}}$ 为带通滤波器频带宽度，$B_{\mathrm{d}}=\omega_{\mathrm{h}}-\omega_{\mathrm{l}}$；$k_{\mathrm{d}}$ 为虚拟阻抗系数。

k_{d} 计算公式为

$$k_{\mathrm{d}}=K_{\mathrm{r}}\left(\frac{R_{\mathrm{r}}}{V_{\mathrm{dc}}}+K_{\mathrm{rip}}\right) \tag{14-7}$$

式中：K_{r} 为虚拟阻抗增益。

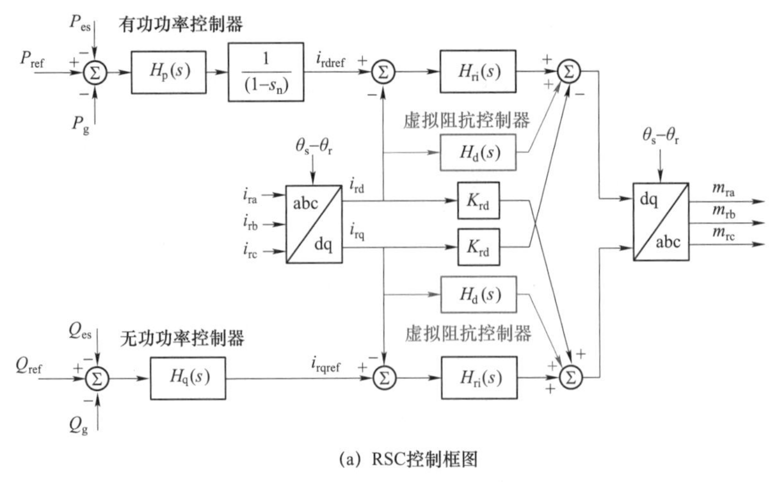

(a) RSC控制框图

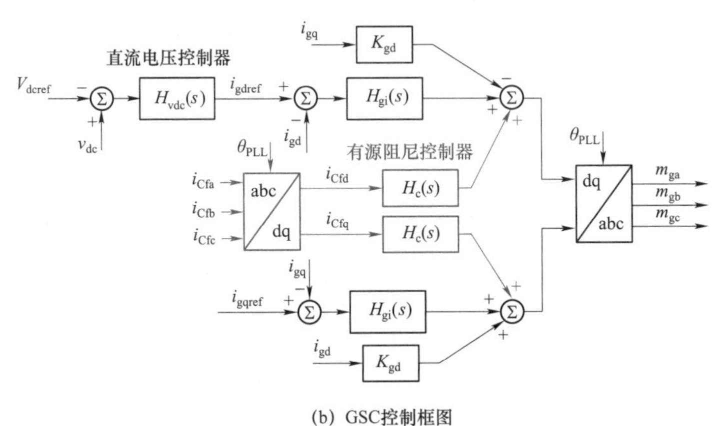

(b) GSC控制框图

图14-17 计及阻抗重塑的DFIG控制结构

14.2.1.2 频段Ⅱ$_{\mathrm{DFIG}}$阻抗重塑策略

频段Ⅱ$_{\mathrm{DFIG}}$阻抗特性由定子和GSC共同主导，直流电压与GSC交流电流控制的频带重叠效应，导致该频段呈现容性负阻尼特性。同时，功率外环为RSC-GSC提供耦合通路，进一步加深容性负阻尼特性。本节将通过直流电压和GSC交流电流控制改进控制参数，消除该频段容性负阻尼特性。

14.2.1.3 频段Ⅲ$_{\mathrm{DFIG}}$阻抗重塑策略

频段Ⅲ$_{\mathrm{DFIG}}$阻抗特性由交流LC滤波器主导，延时与交流LC滤波器的频带重叠效应，导致该频段呈现负阻尼特性。DFIG机组在该频段阻抗重塑方法与PMSG机组一致，即采用式（14-2）所示的有源阻尼控制器$H_{\mathrm{c}}(s)$实现相位补偿。

综上所述，DFIG机组阻抗重塑原则总结如下：

（1）针对频段 I_{DFIG}，采用基于 RSC 有功功率控制、RSC 交流电流控制、PLL 控制参数改进和虚拟阻尼控制相结合的阻抗重塑方法，通过加入虚拟阻抗控制器 $H_{\text{d}}(s)$ 改善该频段感性负阻尼。

（2）针对频段 II_{DFIG}，采用基于 GSC 交流电流控制和直流电压控制参数优化的阻抗重塑控制策略，从而改善负阻尼特性。

（3）针对频段 III_{DFIG}，采用基于滤波电容电流前馈的有源阻尼控制策略，实现阻抗重塑，通过合理设置阻尼系数改善该频段负阻尼特性。通过合理选取有源阻尼截止频率调节有源阻尼工作频带，避免影响其他频段阻抗特性。

14.2.2　计及阻抗重塑的 DFIG 机组阻抗模型

在 DFIG 机组控制电路小信号频域建模的基础上，考虑 GSC 有源阻尼控制与 RSC 虚拟阻抗控制，建立计及阻抗重塑的 DFIG 机组阻抗模型。

由图 14－17 可知，计及阻抗重塑的 GSC 小信号 d、q 轴向量 $\hat{\boldsymbol{m}}_{\text{gd}}$、$\hat{\boldsymbol{m}}_{\text{gq}}$ 表达式分别为

$$\begin{cases}\hat{\boldsymbol{m}}_{\text{gd}}=\left[H_{\text{vdc}}(s_1)\hat{\boldsymbol{v}}_{\text{dc}}-\hat{\boldsymbol{i}}_{\text{gd}}\right]H_{\text{gi}}(s_1)-K_{\text{gd}}\hat{\boldsymbol{i}}_{\text{gq}}+H_{\text{c}}(s_1)\hat{\boldsymbol{i}}_{\text{Cfd}}\\ \hat{\boldsymbol{m}}_{\text{gq}}=-H_{\text{gi}}(s_1)\hat{\boldsymbol{i}}_{\text{gq}}+K_{\text{gd}}\hat{\boldsymbol{i}}_{\text{gd}}+H_{\text{c}}(s_1)\hat{\boldsymbol{i}}_{\text{Cfq}}\end{cases}\tag{14－8}$$

$\hat{\boldsymbol{m}}_{\text{gd}}$、$\hat{\boldsymbol{m}}_{\text{gq}}$ 经 Park 变换至 abc 三相静止坐标系，可得 GSC 的 a 相调制信号小信号向量 $\hat{\boldsymbol{m}}_{\text{ga}}$ 的表达式，即

$$\hat{\boldsymbol{m}}_{\text{ga}}=\boldsymbol{E}_{\text{dc}}\cdot\hat{\boldsymbol{v}}_{\text{dc}}+\boldsymbol{E}_{\text{gi}}\cdot\hat{\boldsymbol{i}}_{\text{ga}}+(\boldsymbol{E}_{\text{gv}}+\Delta\boldsymbol{E}_{\text{gv}})\cdot\hat{\boldsymbol{v}}_{\text{a}}\tag{14－9}$$

式中：$\Delta\boldsymbol{E}_{\text{gv}}$ 为阻抗重塑引入的系数矩阵，其余系数矩阵表达式可以参见 DFIG 阻抗建模。

$\Delta\boldsymbol{E}_{\text{gv}}$ 的表达式为

$$\Delta\boldsymbol{E}_{\text{gv}}=\begin{bmatrix}H_{\text{c}}(s_1)[C_{\text{f}}s_2-T_{\text{PLL}}(s_1)\boldsymbol{I}_{\text{Cf1}}^{*}] & 0 & H_{\text{c}}(s_1)T_{\text{PLL}}(s_1)\boldsymbol{I}_{\text{Cf1}}^{*} & 0 & 0\\ 0 & 0 & 0 & 0 & 0\\ H_{\text{c}}(s_1)T_{\text{PLL}}(s_1)\boldsymbol{I}_{\text{Cf1}} & 0 & H_{\text{c}}(s_1)[C_{\text{f}}s-T_{\text{PLL}}(s_1)\boldsymbol{I}_{\text{Cf1}}] & 0 & 0\\ 0 & 0 & 0 & 0 & 0\\ 0 & 0 & 0 & 0 & 0\end{bmatrix}$$

可得 GSC 交流回路频域小信号模型，即

$$\hat{\boldsymbol{v}}_{\text{a}}=\boldsymbol{F}'_{\text{dc}}\hat{\boldsymbol{v}}_{\text{dc}}+\boldsymbol{F}'_{\text{gi}}\hat{\boldsymbol{i}}_{\text{ga}}\tag{14－10}$$

其中

$$\begin{cases} \boldsymbol{F}'_{\rm dc} = \left[\boldsymbol{U} - K_{\rm m}V_{\rm dc}(\boldsymbol{E}_{\rm gv} + \Delta\boldsymbol{E}_{\rm gv})\right]^{-1}(K_{\rm m}\boldsymbol{M}_{\rm ga} + K_{\rm m}V_{\rm dc}\boldsymbol{E}_{\rm dc}) \\ \boldsymbol{F}'_{\rm gi} = \left[\boldsymbol{U} - K_{\rm m}V_{\rm dc}(\boldsymbol{E}_{\rm gv} + \Delta\boldsymbol{E}_{\rm gv})\right]^{-1}(K_{\rm m}V_{\rm dc}\boldsymbol{E}_{\rm gi} - \boldsymbol{Z}_{\rm f}) \end{cases}$$

式中：$\boldsymbol{F}'_{\rm dc}$、$\boldsymbol{F}'_{\rm gi}$ 均为阻抗重塑后 GSC 交流电压系数矩阵。

计及阻抗重塑的 RSC 调制信号小信号 d、q 轴向量 $\hat{\boldsymbol{m}}_{\rm rd}$、$\hat{\boldsymbol{m}}_{\rm rq}$ 表达式分别为

$$\begin{cases} \hat{\boldsymbol{m}}_{\rm rd} = H_{\rm ri}(s_1)\left[-\dfrac{1}{1-s_{\rm n}}H_{\rm p}(s_1)\hat{\boldsymbol{p}}_{\rm e} - K_{\rm e}\hat{\boldsymbol{i}}_{\rm rd}\right] - K_{\rm rd}K_{\rm e}\hat{\boldsymbol{i}}_{\rm rq} + H_{\rm d}(s_1)\hat{\boldsymbol{i}}_{\rm rd} \\ \hat{\boldsymbol{m}}_{\rm rq} = H_{\rm ri}(s_1)\left[-H_{\rm q}(s_1)\hat{\boldsymbol{q}}_{\rm e} - K_{\rm e}\hat{\boldsymbol{i}}_{\rm rq}\right] + K_{\rm rd}K_{\rm e}\hat{\boldsymbol{i}}_{\rm rd} + H_{\rm d}(s_1)\hat{\boldsymbol{i}}_{\rm rq} \end{cases} \tag{14-11}$$

$\hat{\boldsymbol{m}}_{\rm rd}$、$\hat{\boldsymbol{m}}_{\rm rq}$ 经反 Park 变换至 abc 三相静止坐标系，可得 RSC 的 a 相调制信号小信号向量 $\hat{\boldsymbol{m}}_{\rm ra}$ 表达式，即

$$\hat{\boldsymbol{m}}_{\rm ra} = \boldsymbol{E}_{\rm rgi}\hat{\boldsymbol{i}}_{\rm ga} + \boldsymbol{E}_{\rm rsi}\hat{\boldsymbol{i}}_{\rm sa} + (\boldsymbol{E}_{\rm rri} + \Delta\boldsymbol{E}_{\rm rri})\hat{\boldsymbol{i}}_{\rm ra} + (\boldsymbol{E}_{\rm rv} + \Delta\boldsymbol{E}_{\rm rv})\hat{\boldsymbol{v}}_{\rm a} \tag{14-12}$$

式中：$\Delta\boldsymbol{E}_{\rm rri}$、$\Delta\boldsymbol{E}_{\rm rv}$ 均为阻抗重塑控制策略引入的系数矩阵，其余系数矩阵表达式可以参见 DFIG 阻抗建模。

$\Delta\boldsymbol{E}_{\rm rri}$、$\Delta\boldsymbol{E}_{\rm rv}$ 中，除下述元素外，其余元素均为 0。

$$\begin{cases} \Delta\boldsymbol{E}_{\rm rri}(1,1) = K_{\rm e}H_{\rm d}(s_1) \\ \Delta\boldsymbol{E}_{\rm rri}(3,3) = K_{\rm e}H_{\rm d}(s_1) \end{cases} \tag{14-13}$$

$$\begin{cases} \Delta\boldsymbol{E}_{\rm rv}(1,1) = -K_{\rm e}H_{\rm d}(s_1)T_{\rm PLL}(s_1)\boldsymbol{I}^*_{\rm r1} \\ \Delta\boldsymbol{E}_{\rm rv}(1,3) = K_{\rm e}H_{\rm d}(s_1)T_{\rm PLL}(s_1)\boldsymbol{I}^*_{\rm r1} \\ \Delta\boldsymbol{E}_{\rm rv}(3,1) = K_{\rm e}H_{\rm d}(s_1)T_{\rm PLL}(s_1)\boldsymbol{I}_{\rm r1} \\ \Delta\boldsymbol{E}_{\rm rv}(3,3) = -K_{\rm e}H_{\rm d}(s_1)T_{\rm PLL}(s_1)\boldsymbol{I}_{\rm r1} \end{cases} \tag{14-14}$$

可得 RSC 交流回路频域小信号模型，即

$$\hat{\boldsymbol{v}}_{\rm ra} = \boldsymbol{B}_{\rm dc}\hat{\boldsymbol{v}}_{\rm dc} + \boldsymbol{B}_{\rm rgi}\hat{\boldsymbol{i}}_{\rm ga} + \boldsymbol{B}_{\rm rsi}\hat{\boldsymbol{i}}_{\rm sa} + \boldsymbol{B}'_{\rm rri}\hat{\boldsymbol{i}}_{\rm ra} + \boldsymbol{B}'_{\rm rv}\hat{\boldsymbol{v}}_{\rm a} \tag{14-15}$$

其中

$$\begin{cases} \boldsymbol{B}'_{\rm rri} = K_{\rm e}K_{\rm m}V_{\rm dc}(\boldsymbol{E}_{\rm rri} + \Delta\boldsymbol{E}_{\rm rri}) \\ \boldsymbol{B}'_{\rm rv} = K_{\rm e}K_{\rm m}V_{\rm dc}(\boldsymbol{E}_{\rm rv} + \Delta\boldsymbol{E}_{\rm rv}) \end{cases} \tag{14-16}$$

式中：$\boldsymbol{B}'_{\rm rri}$、$\boldsymbol{B}'_{\rm rv}$ 均为阻抗重塑后 RSC 交流电压系数矩阵。

联立式（14－10）和式（14－15），可得计及阻抗重塑控制的 DFIG 机组阻抗模型。

14.2.3　DFIG 机组阻抗重塑方法

由于多控制器/环节存在频带重叠效应，频段 I_{DFIG}、III_{DFIG} 阻抗重塑将会影响频段 II_{DFIG} 阻抗特性。本节将按照频段 I_{DFIG}、III_{DFIG}、II_{DFIG} 顺序进行 DFIG 机组阻抗重塑。

首先，针对频段 I_{DFIG} 负阻尼特性，在 RSC 控制中加入虚拟阻抗控制器，根据该频段负阻尼频率范围选取虚拟阻抗控制带通滤波器中心角频率 ω_{d0} 和频带宽度 B_{d}。通过选取虚拟阻抗系数 k_{d}，消除频段 I_{DFIG} 前半段负阻尼。通过有功功率控制、RSC 交流电流控制以及 PLL 控制参数合理取值，消除频段 I_{DFIG} 后半段负阻尼。

然后，针对频段 III_{DFIG} 负阻尼特性，在 GSC 控制中加入有源阻尼控制，通过选取有源阻尼系数，实现该频段阻抗重塑。

最后，在频段 I_{DFIG}、III_{DFIG} 阻抗重塑基础上，通过直流电压与 GSC 交流电流控制参数改进，实现频段 II_{DFIG} 阻抗重塑。

以某型号 DFIG 机组为例，重塑前 DFIG 机组阻抗特性如图 14－18 所示。由图可知，DFIG 阻抗在频段 I_{DFIG}、II_{DFIG} 存在负阻尼特性。

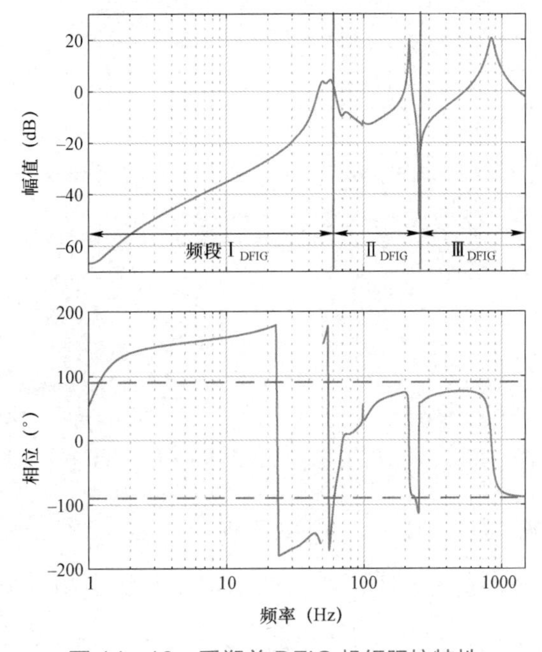

图 14－18　重塑前 DFIG 机组阻抗特性

14.2.3.1　频段 $\mathrm{I}_{\mathrm{DFIG}}$ 阻抗重塑方法

频段 $\mathrm{I}_{\mathrm{DFIG}}$ 阻抗特性由定子主导，同时受到功率外环、RSC 交流电流控制以及 PLL 控制影响，频段 $\mathrm{I}_{\mathrm{DFIG}}$ 前半段呈现感性负阻尼。通过选取 RSC 交流电流控制参数，并引入虚拟阻抗控制器 $H_{\mathrm{d}}(s)$，消除该频段感性负阻尼。同时，受 PLL 参数影响，频段 $\mathrm{I}_{\mathrm{DFIG}}$ 后半段将由感性负阻尼变为容性负阻尼，通过选取有功功率控制和 PLL 控制参数，消除其容性负阻尼。

分析 RSC 交流电流控制对频段 $\mathrm{I}_{\mathrm{DFIG}}$ 感性负阻尼影响。首先，固定 RSC 交流电流控制相位裕度 θ_{ric} 为 45°，将其控制带宽 f_{ric} 分别设置为 5、15、30Hz，分析控制带宽对阻抗特性影响；然后，固定控制带宽 f_{ric} 为 15Hz，将其相位裕度 θ_{ric} 分别设置为 10°、45°、80°，分析相位裕度对阻抗特性影响。RSC 交流电流控制对频段 $\mathrm{I}_{\mathrm{DFIG}}$ 阻抗特性影响如图 14－19 所示。

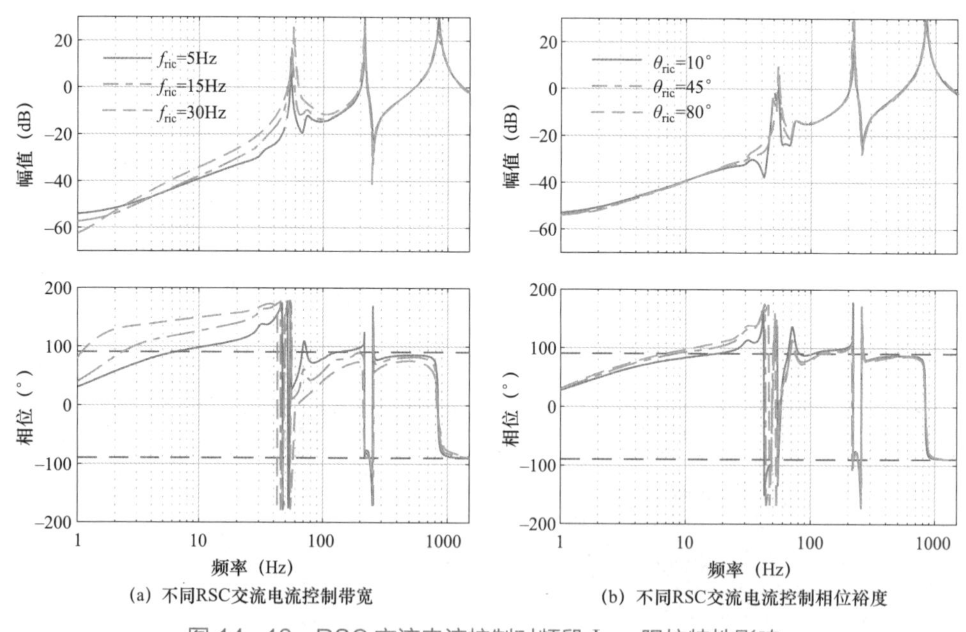

图 14－19　RSC 交流电流控制对频段 $\mathrm{I}_{\mathrm{DFIG}}$ 阻抗特性影响

由图 14－19 可知，随着 RSC 交流电流控制带宽 f_{ric} 和相位裕度 θ_{ric} 的增大，频段 $\mathrm{I}_{\mathrm{DFIG}}$ 感性负阻尼频率范围增大。在保证 DFIG 机组故障穿越性能的基础上，采用较低的 RSC 交流电流控制带宽 f_{ric} 和相位裕度 θ_{ric}，能够减小频段 $\mathrm{I}_{\mathrm{DFIG}}$ 感性负阻尼频率范围。

通过合理选取虚拟阻抗系数 k_{d} 以及带通滤波器中心角频率 ω_{d0} 和带宽 B_{d}，可进一步改善频段 $\mathrm{I}_{\mathrm{DFIG}}$ 前半段感性负阻尼，k_{d} 计算公式为

$$k_{\mathrm{d}} = K_{\mathrm{r}}\left(\frac{R_{\mathrm{r}}}{K_{\mathrm{m}}V_{\mathrm{dc}}} + K_{\mathrm{rip}}\right) \tag{14-17}$$

式中：K_{r} 为虚拟阻抗增益。

虚拟阻抗控制器 $H_{\mathrm{d}}(s)$ 的幅频特性如图 14－20 所示。

分析虚拟阻抗系数对频段 $\mathrm{I}_{\mathrm{DFIG}}$ 阻尼特性影响。固定 RSC 交流电流控制带宽 f_{ric} 为 10Hz，相位裕度 θ_{ric} 为 20°。在此基础上，虚拟阻抗增益 K_{r} 从 0 增加至 6，虚拟阻抗系数对频段 $\mathrm{I}_{\mathrm{DFIG}}$ 前半段阻尼特性影响如图 14－21 所示。

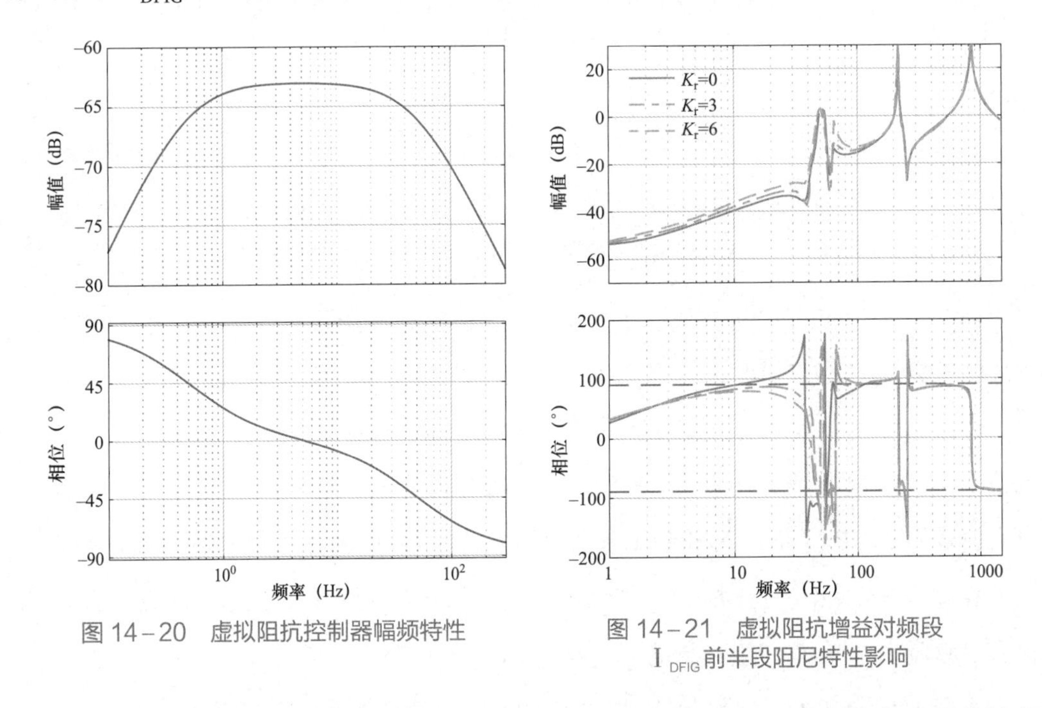

图 14－20　虚拟阻抗控制器幅频特性

图 14－21　虚拟阻抗增益对频段 $\mathrm{I}_{\mathrm{DFIG}}$ 前半段阻尼特性影响

由图 14－21 可知，加入虚拟阻抗控制器 $H_{\mathrm{d}}(s)$ 后，频段 $\mathrm{I}_{\mathrm{DFIG}}$ 前半段负阻尼特性得以消除。另外，随着 K_{r} 的增大，虚拟阻抗控制将对频段 $\mathrm{II}_{\mathrm{DFIG}}$ 阻抗特性产生影响。虚拟阻抗控制器参数选取需要兼顾频段 $\mathrm{I}_{\mathrm{DFIG}}$、$\mathrm{II}_{\mathrm{DFIG}}$ 阻尼特性要求。

对于频段 $\mathrm{I}_{\mathrm{DFIG}}$ 后半段容性负阻尼，可通过合理选取有功功率控制和 PLL 控制参数予以改善。首先，固定有功功率相位裕度 θ_{pc} 为 135°，将其控制带宽 f_{pc} 分别设置为 0.1、1、10Hz，分析控制带宽对阻抗特性影响；然后，固定控制带宽 f_{pc} 为 1Hz，将其相位裕

度 θ_{pc} 分别设置为 100°、135°、170°，分析相位裕度对阻抗特性影响。有功功率控制对频段 I_{DFIG} 后半段阻抗特性影响如图 14－22 所示。

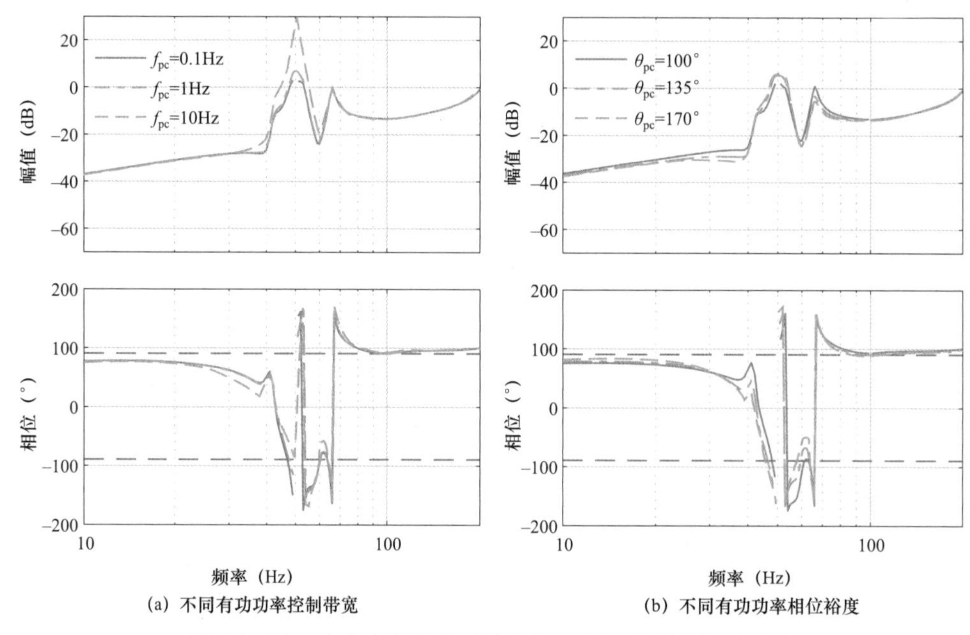

(a) 不同有功功率控制带宽　　(b) 不同有功功率相位裕度

图 14－22　有功功率控制对频段 I_{DFIG} 后半段阻抗特性影响

由图 14－22 可知，可在保证 DFIG 机组故障穿越性能的基础上，采用较高有功功率控制带宽 f_{pc} 和相位裕度 θ_{pc}，能够有效改善频段 I_{DFIG} 后半段负阻尼特性。

分析 PLL 对频段 I_{DFIG} 后半段阻抗特性影响。固定有功功率控制带宽 f_{pc} 为 1Hz，相位裕度 θ_{pc} 为 170°。在此基础上，首先，固定 PLL 相位裕度 θ_{tc} 为 45°，将其控制带宽 f_{tc} 分别设置为 5、10、20Hz，分析控制带宽对阻抗特性影响；然后，固定 PLL 控制带宽 f_{pc} 为 5Hz，将其相位裕度 θ_{tc} 分别设置为 10°、45°、80°，分析相位裕度对阻抗特性影响。PLL 对频段 I_{DFIG} 后半段阻抗特性影响如图 14－23 所示。

由图 14－23 可知，可在保证 DFIG 机组故障穿越性能基础上，采用较低的 PLL 带宽 f_{tc} 和相位裕度 θ_{tc}，频段 I_{DFIG} 后半段负阻尼特性将得到改善。

14.2.3.2　频段 III_{DFIG} 阻抗重塑方法

频段 III_{DFIG} 阻抗特性由主电路 LC 滤波器主导，延时与 LC 滤波器的频带重叠效应，导致该频段呈现容性负阻尼特性。采用有源阻尼控制器 $H_c(s)$ 对频段 III_{DFIG} 阻抗特性进行重塑。

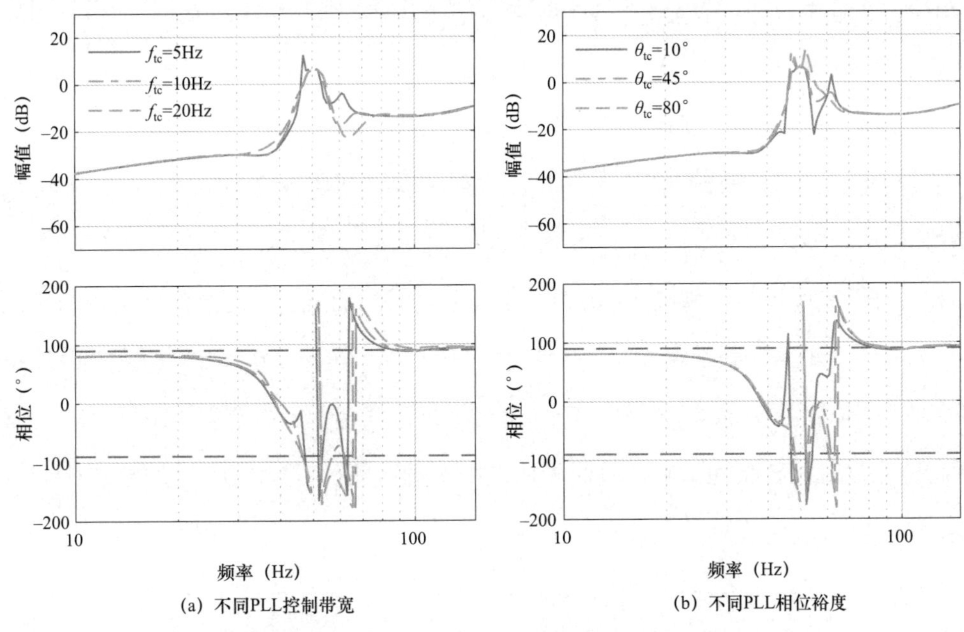

(a) 不同PLL控制带宽　(b) 不同PLL相位裕度

图 14－23　PLL 对频段 Ⅰ $_{DFIG}$ 后半段阻抗特性影响

选取不同有源阻尼系数 k_c 实现频段Ⅲ$_{DFIG}$ 阻抗重塑，k_c 从 0 降低至－0.0006，k_c 对频段Ⅲ$_{DFIG}$ 阻抗特性影响如图 14－24 所示。

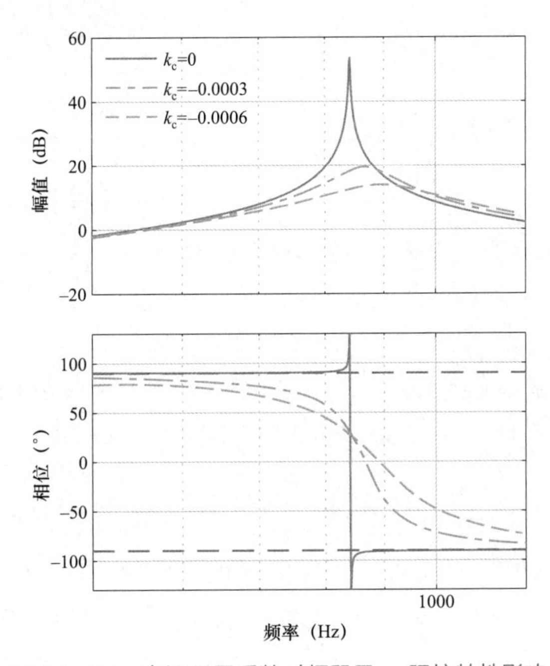

图 14－24　有源阻尼系数对频段Ⅲ$_{DFIG}$ 阻抗特性影响

由图 14－24 可知，与 $k_c=0$（即不加入有源阻尼控制）相比，$H_c(s)$ 可有效消除频段Ⅲ$_{DFIG}$负阻尼特性。

14.2.3.3　频段 Ⅱ$_{DFIG}$ 阻抗重塑方法

频段 Ⅱ$_{DFIG}$ 阻抗特性由定子主导，同时受到 GSC 交流电流控制和直流电压控制影响。

分析直流电压控制对频段 Ⅱ$_{DFIG}$ 阻尼特性的影响。首先，固定直流电压控制相位裕度 θ_{vdc} 为 45°，将其控制带宽 f_{vdc} 分别设置为 30、50、70Hz，分析控制带宽对阻抗特性影响；然后，固定控制带宽 f_{vdc} 为 60Hz，将其相位裕度 θ_{vdc} 分别设置为 10°、45°、80°，分析相位裕度对阻抗特性影响。直流电压控制对频段 Ⅱ$_{DFIG}$ 阻抗特性影响如图 14－25 所示。

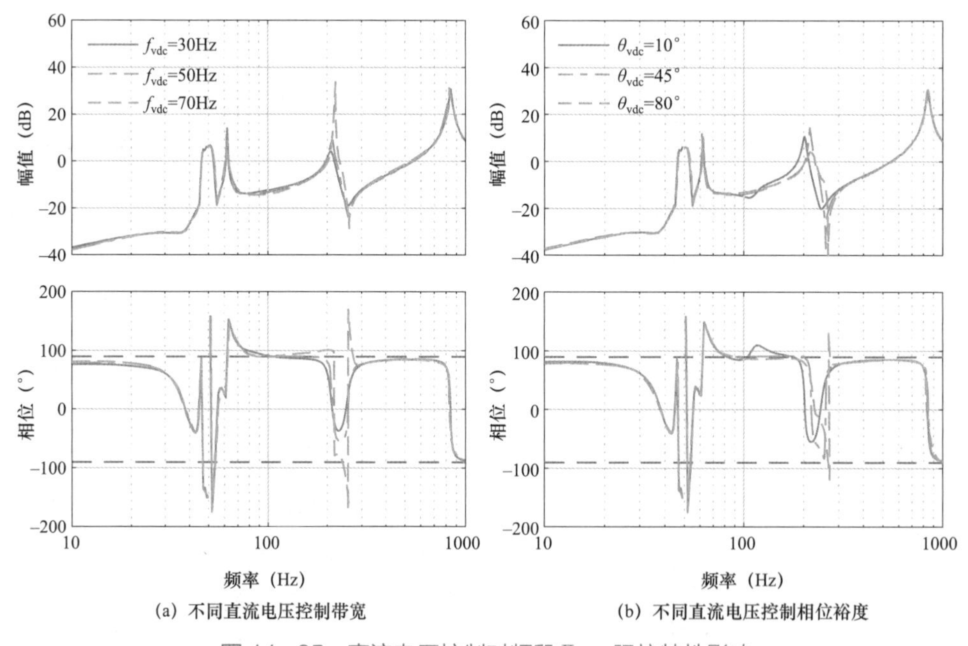

(a) 不同直流电压控制带宽　　(b) 不同直流电压控制相位裕度

图 14－25　直流电压控制对频段 Ⅱ$_{DFIG}$ 阻抗特性影响

由图 14－25 可知，在保证 DFIG 机组故障穿越性能的基础上，采用较低的直流电压控制带宽 f_{vdc} 和相位裕度 θ_{vdc}，可改善频段 Ⅱ$_{DFIG}$ 负阻尼特性。

分析 GSC 交流电流控制对频段 Ⅱ$_{DFIG}$ 阻抗特性影响。固定直流电压控制带宽 f_{vdc} 为 30Hz，相位裕度 θ_{vdc} 为 30°。在此基础上，首先，固定 GSC 交流电流控制相位裕度 θ_{gic}

为 20°，将其控制带宽 f_{gic} 分别设置为 100、200、300Hz，分析控制带宽对阻抗特性影响；然后，固定控制带宽 f_{gic} 为 200Hz，将其相位裕度 θ_{gic} 分别设置为 10°、45°、80°，分析相位裕度对阻抗特性的影响。GSC 交流电流控制对频段 Ⅱ$_{DFIG}$ 阻抗特性影响如图 14－26 所示。

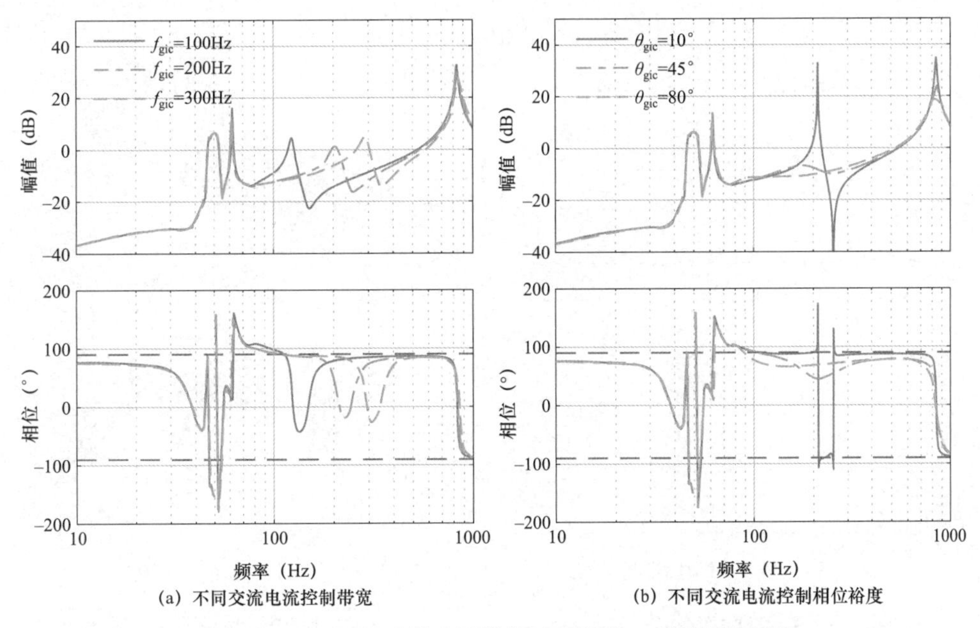

(a) 不同交流电流控制带宽　　(b) 不同交流电流控制相位裕度

图 14－26　GSC 交流电流控制对频段 Ⅱ$_{DFIG}$ 阻抗特性影响

由图 14－26 可知，GSC 交流电流控制带宽 f_{gic} 主要影响谐振峰附近相位凹陷出现的频率，f_{gic} 越小，凹陷出现频率越低，容性凹陷越深。相位裕度 θ_{gic} 主要影响谐振峰附近相位凹陷程度，θ_{gic} 越小，容性凹陷越深。可通过增大交流电流控制带宽 f_{gic} 以及相位裕度 θ_{gic}，改善频段 Ⅱ$_{DFIG}$ 的负阻尼特性。

综上所述，通过依次对频段 Ⅰ$_{DFIG}$、Ⅲ$_{DFIG}$、Ⅱ$_{DFIG}$ 进行阻抗重塑，可有效改善机组的宽频负阻尼特性。重塑前后 DFIG 机组阻抗特性对比结果如图 14－27 所示。

DFIG 机组阻抗特性与稳态工作点密切相关，需对不同工况下 DFIG 阻抗特性进行校验，以确保重塑后的阻抗特性满足多运行工况的要求。重塑后 DFIG 机组阻抗特性三维 Bode 图如图 14－28 所示。由图可见，DFIG 有功功率在 0.2p.u.到 1p.u.间变化，在 1～

1000Hz 频率范围内负阻尼特性均得到改善。

由图 14－28 可知，阻抗重塑可以改善 DFIG 机组的阻抗特性，消除负阻尼，进而抑制 DFIG 机组接入电网的宽频振荡。DFIG 机组阻抗重塑流程如图 14－29 所示。

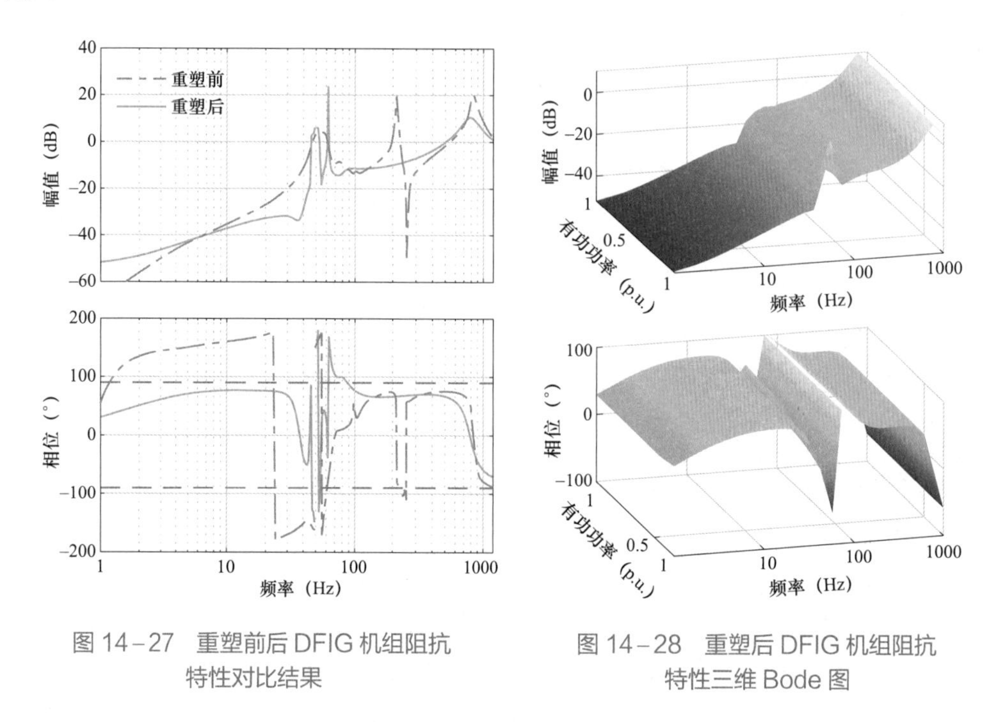

图 14－27　重塑前后 DFIG 机组阻抗特性对比结果

图 14－28　重塑后 DFIG 机组阻抗特性三维 Bode 图

14.2.4　基于 DFIG 机组阻抗重塑的振荡抑制仿真验证

基于全电磁暂态仿真平台，以 DFIG 风电场接入串联补偿线路为例，开展基于 DFIG 机组阻抗重塑振荡抑制的频域分析和时域仿真，验证基于 DFIG 机组阻抗重塑振荡抑制方法的有效性。DFIG 风电场的 CHIL 仿真参数如表 14－2 所示。阻抗重塑前后 DFIG 风电场接入串联补偿线路的振荡风险如图 14－30 所示。

由图 14－30（a）可知，DFIG 机组阻抗重塑前，DFIG 风电场阻抗 $\boldsymbol{Z}_{\mathrm{DFIG}}$ 与串联补偿线路阻抗 $\boldsymbol{Z}_{\mathrm{g}}$ 在 A 点（5Hz）幅值相交，相位裕度为 0.3°，系统幅值/相位稳定裕度不足，存在振荡风险。DFIG 机组阻抗重塑后，DFIG 风电场阻抗 $\boldsymbol{Z}_{\mathrm{DFIG}}$ 与串联补偿线路阻抗 $\boldsymbol{Z}_{\mathrm{g}}$ 的交点频率基本不变，相位裕度提升至 19.4°。由此表明 DFIG 机组阻抗重塑后，DFIG 风电场接入串联补偿线路稳定裕度提升，振荡风险消除。

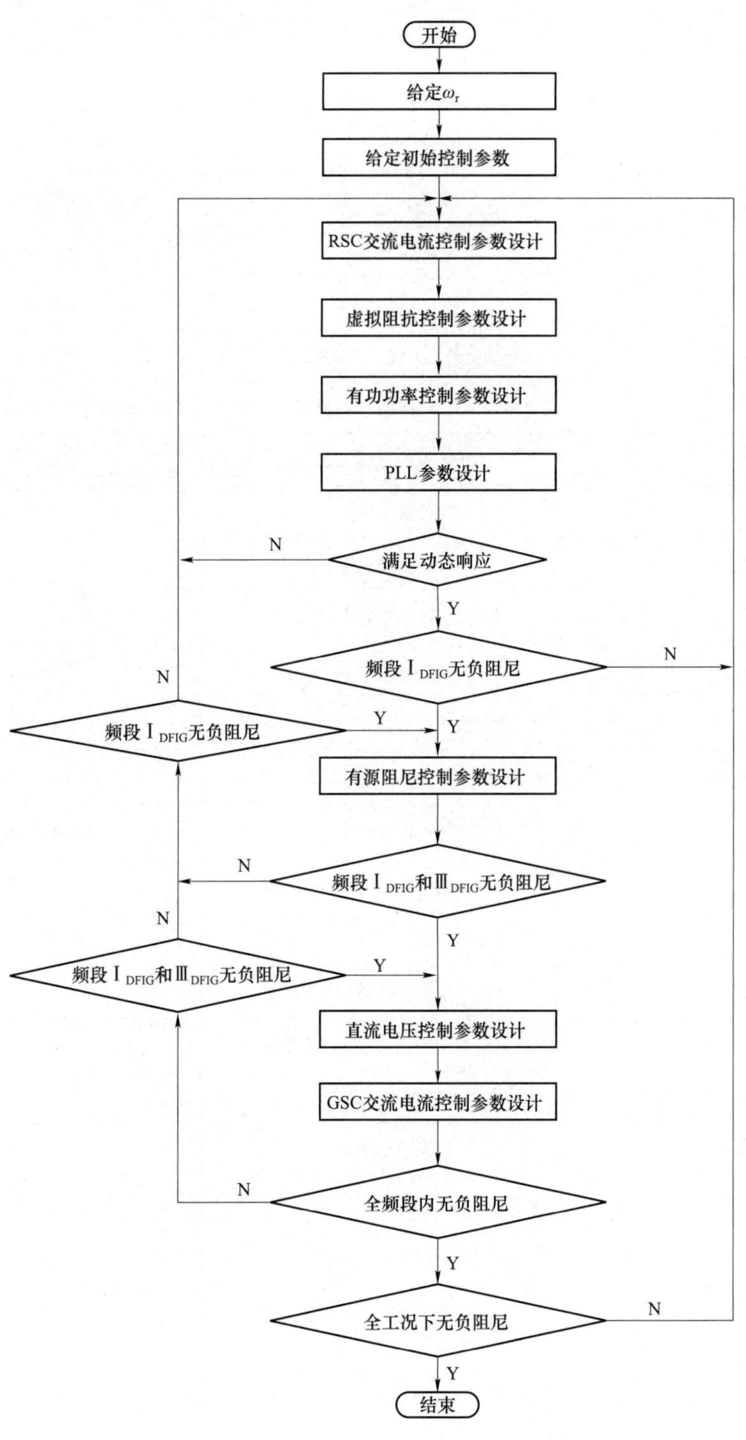

图 14－29　DFIG 机组阻抗重塑流程图

表 14－2　　　　DFIG 风电场的 CHIL 仿真参数

参数	定义	数值
N_{DFIG}	风电机组数目	100 台
P_N	额定功率	1.5MW
V_N	交流额定电压	690V
f_1	额定频率	50Hz
k_T	交流变压器变比	35kV/690V
R_s、R_r	发电机定、转子绕组电阻	0.0022、0.0027Ω
L_{1s}、L_{1r}	DFIG 定、转子绕组漏感	1.4437×10^{-4}、1.0913×10^{-4}H
L_m	DFIG 定、转子互感	0.0041H
L_f	交流滤波电感	0.7mH
V_{dc}	直流电压稳态值	1200V
K_e	定转子匝数比	3
K_{pp}、K_{pi}	PLL 比例、积分系数	0.0144、1.6922
K_{gip}、K_{gii}	GSC 交流电流控制器比例、积分系数	0.0012、0.2559
K_{rip}、K_{rii}	RSC 交流电流控制器比例、积分系数	5.1286×10^{-5}、7.1000×10^{-8}
K_{pep}、K_{pei}	有功功率控制器比例、积分系数	0.0012、0.0013
K_{qep}、K_{qei}	无功功率控制器比例、积分系数	0.0012、0.0013
K_{vdcp}、K_{vdci}	直流电压控制器比例、积分系数	2.0075、655.4064
K_r	虚拟阻抗增益	5
ω_{d0}	虚拟阻抗带通滤波器中心角频率	18.8496
B_d	虚拟阻抗带通滤波器频带宽度	251.3274
k_c	有源阻尼系数	－0.0006
ω_{c1}、ω_{c2}	有源阻尼控制器角频率下限、上限	3.1416×10^{3}、9.4248×10^{3}
K_{gd}	GSC 交流电流控制解耦系数	3.3000×10^{-5}
K_{rd}	RSC 交流电流控制解耦系数	1.8744×10^{-4}

图 14－30（b）给出了基于最大峰值 Nyquist 判据画出半径 R_{min} 为 0.2 的禁止区域。由图可知，DFIG 机组阻抗重塑前，阻抗比 $\boldsymbol{Z}_g / \boldsymbol{Z}_{DFIG}$ 的 Nyquist 曲线在禁止区域内穿过

A 点（5Hz），系统存在振荡风险。DFIG 阻抗重塑后，阻抗比 $\boldsymbol{Z}_{\mathrm{g}}/\boldsymbol{Z}_{\mathrm{DFIG}}$ 的 Nyquist 曲线始终处于禁止区域之外，表明基于 DFIG 机组阻抗重塑可有效消除 DFIG 风电场接入串联补偿线路的振荡风险。

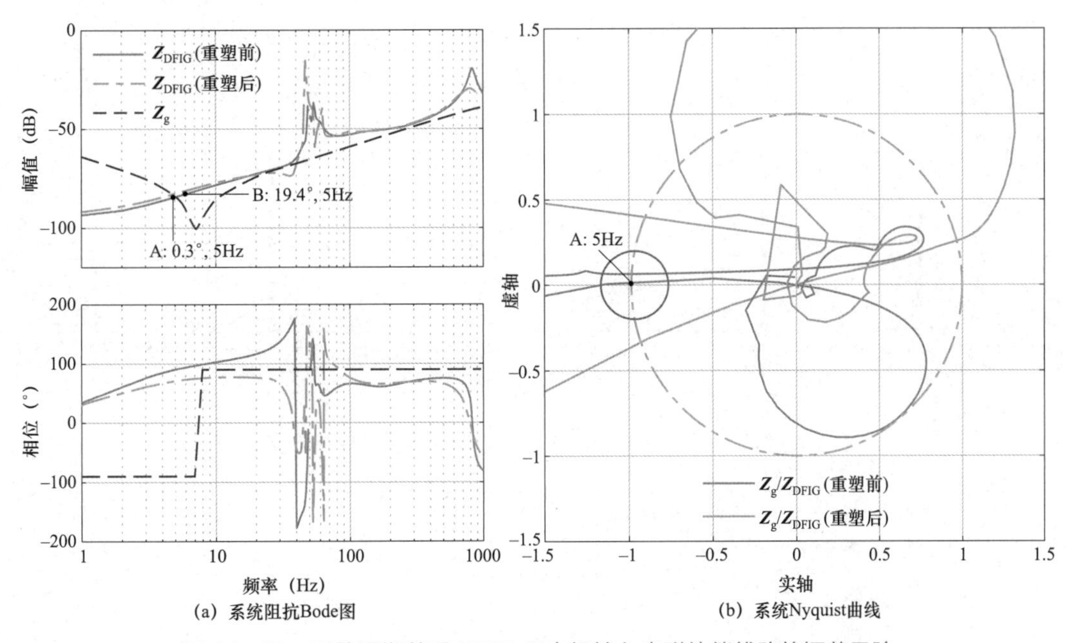

图 14－30　阻抗重塑前后 DFIG 风电场接入串联补偿线路的振荡风险

基于上述分析，对 DFIG 风电场接入串联补偿线路振荡及抑制开展仿真实验，DFIG 风电场接入串联补偿线路振荡抑制仿真结果如图 14－31 所示。

由图 14－31 可知，DFIG 机组阻抗重塑前，DFIG 风电场交流电流时域波形出现振荡，FFT 分析结果显示，DFIG 风电场与串联补偿线路发生了 5Hz 次同步振荡，并产生 95Hz 的耦合振荡分量。$t=1\mathrm{s}$ 启用基于 DFIG 阻抗重塑的振荡抑制策略，DFIG 风电场并网电流振荡幅度逐渐减小，约 400ms 后振荡消除。FFT 分析结果表明，阻抗重塑后系统振荡得到抑制。仿真结果验证了基于 DFIG 阻抗重塑振荡抑制方法的有效性。

14.2.5　基于 DFIG 机组阻抗重塑的振荡抑制现场实证

基于新能源并网试验与实证平台，以 DFIG 机组接入交流弱电网为例，开展振荡抑制现场实证，验证基于 DFIG 阻抗重塑振荡抑制策略的有效性。系统结构、参数均与 12.4 节相同，DFIG 机组接入交流弱电网的振荡风险如图 14－32 所示。

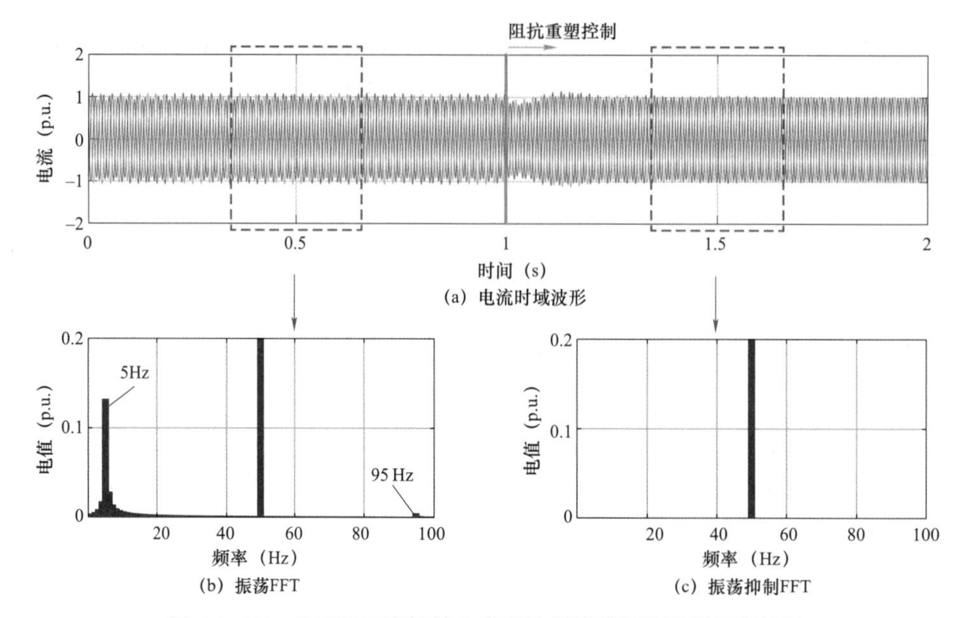

图 14－31　DFIG 风电场接入串联补偿线路振荡抑制仿真结果

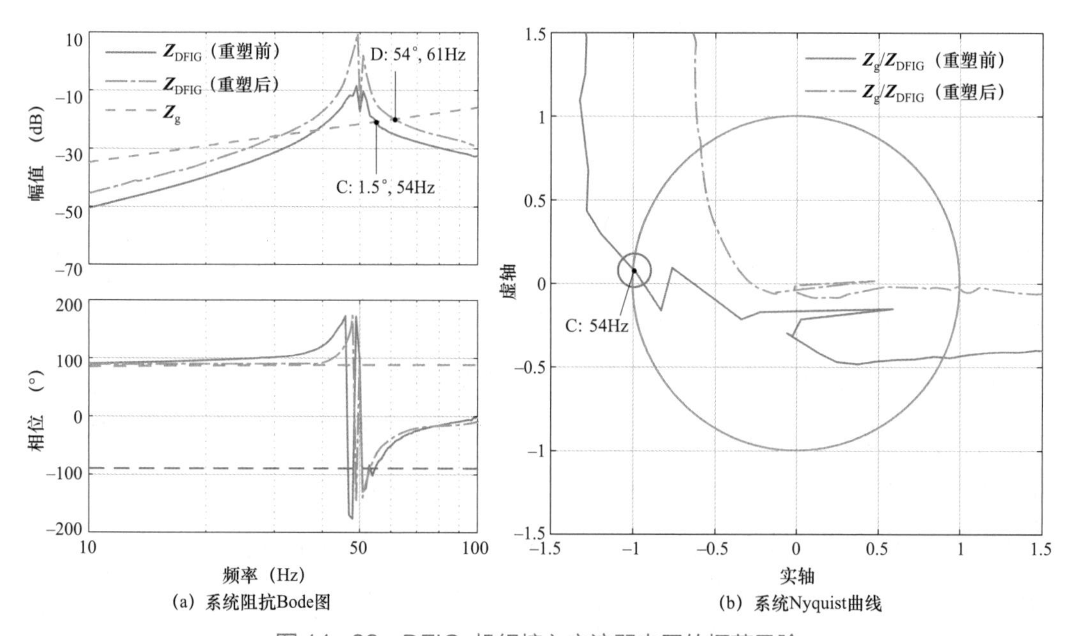

图 14－32　DFIG 机组接入交流弱电网的振荡风险

由图 14－32（a）可知，DFIG 机组阻抗重塑前，DFIG 机组阻抗 $\boldsymbol{Z}_{DFIG}$ 与交流电网阻抗 $\boldsymbol{Z}_g$ 在 C 点（54Hz）幅值相交，相位裕度为 1.5°，系统幅值/相位稳定裕度不足，存在振荡风险。DFIG 机组阻抗重塑后，DFIG 机组阻抗 $\boldsymbol{Z}_{DFIG}$ 与交流电网阻抗 $\boldsymbol{Z}_g$ 交点由 C 点移至 D 点（61Hz），相位裕度提升至 54°。由此表明 DFIG 机组阻抗重塑后，DFIG 机

组接入交流弱电网系统稳定裕度提升，振荡风险消除。

图 14－32（b）给出了基于最大峰值 Nyquist 判据画出半径 R_{min} 为 0.1 的禁止区域。由图可知，DFIG 机组阻抗重塑前，阻抗比 $\boldsymbol{Z}_g / \boldsymbol{Z}_{DFIG}$ 的 Nyquist 曲线在禁止区域内穿过 C 点（54Hz），系统存在振荡风险。DFIG 机组阻抗重塑后，阻抗比 $\boldsymbol{Z}_g / \boldsymbol{Z}_{DFIG}$ 的 Nyquist 曲线始终位于禁止区域之外，表明 DFIG 机组阻抗重塑可有效消除 DFIG 机组接入交流弱电网振荡风险。

DFIG 机组接入交流弱电网振荡抑制现场试验结果如图 14－33 所示。

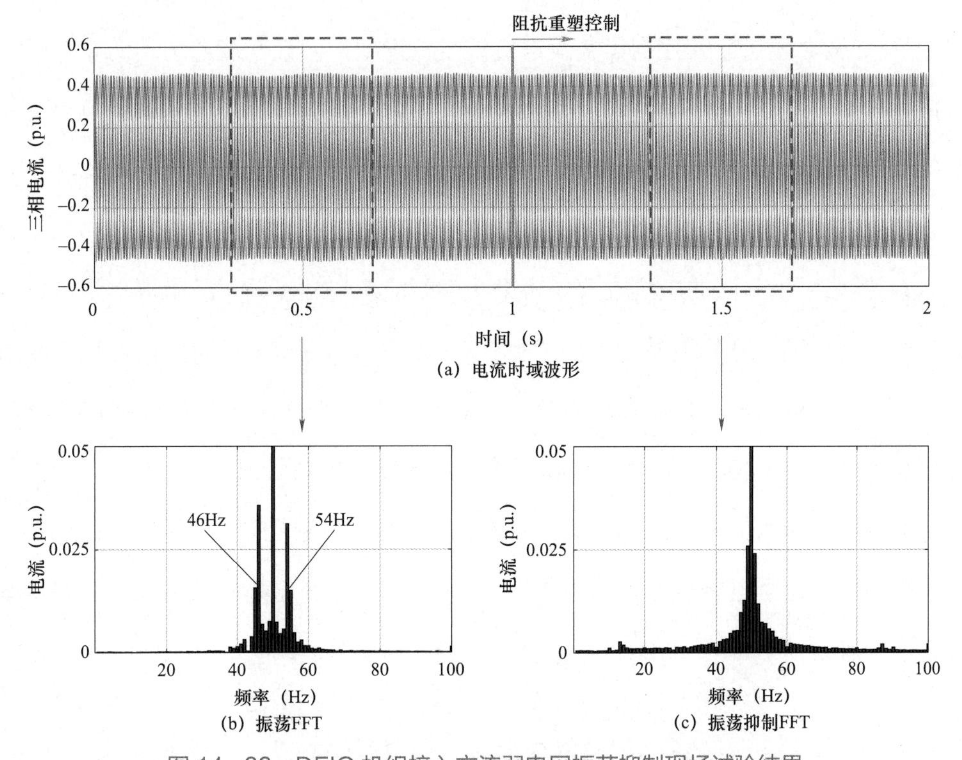

图 14－33　DFIG 机组接入交流弱电网振荡抑制现场试验结果

由图 14－33 可知，DFIG 机组阻抗重塑前，DFIG 机组并网电流波形振荡明显。FFT 分析结果显示，DFIG 机组与交流弱电网间发生 54Hz 振荡，并产生 46Hz 的耦合振荡分量。启用 DFIG 机组阻抗重塑控制，振荡幅度逐渐减小，随后系统振荡消除。FFT 分析结果表明，阻抗重塑后系统振荡得到抑制。现场试验结果验证了基于 DFIG 机组阻抗重塑振荡抑制方法的有效性。

第 15 章　基于静止无功发生器阻抗重塑的振荡抑制

第 14 章介绍了基于新能源机组控制参数优化或控制结构改进来实现阻抗重塑，实现新能源场站并网系统宽频振荡抑制。对于已投运的新能源场站，实现新能源机组控制改进的阻抗重塑面临数量多、型号多、厂家多等现实问题。考虑利用已有 SVG，通过 SVG 控制参数合理选取或控制策略改进实现阻抗重塑，实现新能源场站的宽频阻抗重塑与振荡抑制。根据新能源场站阻尼特性分析，PV 电站与 PMSG 风电场的负阻尼特性基本一致，而 PMSG 风电场与 DFIG 风电场阻抗特性则存在固有差别。本章以 PMSG 风电场与 DFIG 风电场为例进行分析。

SVG 需要采用不同的阻抗重塑策略来实现新能源场站不同频段阻抗重塑。本章首先针对 PMSG 风电场/PV 电站，提出了基于 SVG 电压前馈控制和有源阻尼控制相结合的宽频阻抗重塑控制策略；其次，针对 DFIG 风电场，提出了基于 SVG 两级电压前馈控制和有源阻尼控制相结合的宽频阻抗重塑控制策略；然后，通过对 SVG 不同频段阻抗阻尼特性优化和相位补偿，消除新能源场站各频段负阻尼，实现新能源场站宽频阻抗重塑；最后，依托全电磁暂态仿真平台，验证 SVG 阻抗重塑控制策略以及控制器参数优化设计的有效性。

15.1　PMSG 风电场阻抗重塑

本节以 PMSG 风电场为例，通过 SVG 控制结构改进，实现 PMSG 风电场阻抗重塑与振荡抑制。首先，提出 SVG 阻抗重塑控制策略；其次，建立计及阻抗重塑的 SVG 阻抗模型；然后，通过 SVG 控制参数取值，来重塑 PMSG 风电场阻抗特性；最后，对所提基于 SVG 阻抗重塑的 PMSG 风电场振荡抑制策略进行仿真验证。

15.1.1　SVG 阻抗重塑控制策略

根据新能源场站阻抗建模，PMSG 风电场宽频阻抗特性如图 15－1 所示。图中，$\boldsymbol{Z}_{\mathrm{WF}}$ 为风电场阻抗。

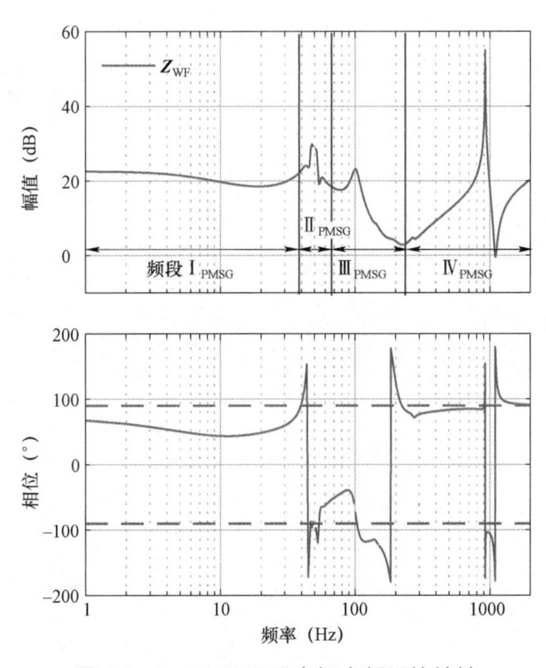

图 15－1　PMSG 风电场宽频阻抗特性

由图 15－1 可知，PMSG 风电场阻抗在频段 $\mathrm{II}_{\mathrm{PMSG}}$、$\mathrm{III}_{\mathrm{PMSG}}$、$\mathrm{IV}_{\mathrm{PMSG}}$ 均存在负阻尼。PMSG 机组和 SVG 均采用 PLL 控制，风电场频段 $\mathrm{II}_{\mathrm{PMSG}}$ 负阻尼改善可通过 PLL 控制参数改进实现，本节不再赘述。针对频段 $\mathrm{III}_{\mathrm{PMSG}}$、$\mathrm{IV}_{\mathrm{PMSG}}$ 负阻尼特性，本节将通过 SVG 控制策略改进，来对这两个频段风电场阻抗进行重塑，提升 PMSG 风电场稳定裕度。

根据 SVG 阻抗建模及特性分析可知，定无功功率控制模式和定交流电压控制模式下频段 $\mathrm{III}_{\mathrm{PMSG}}$ 和频段 $\mathrm{IV}_{\mathrm{PMSG}}$ 的 SVG 阻抗特性基本一致，本节以定无功功率控制模式为例。在 SVG 原有控制基础上，分别引入电压前馈控制和有源阻尼控制，实现频段 $\mathrm{III}_{\mathrm{PMSG}}$、$\mathrm{IV}_{\mathrm{PMSG}}$ 阻抗重塑，计及 PMSG 风电场阻抗重塑的 SVG 主电路及控制结构如图 15－2 所示。图中，电压前馈控制通过控制器 $H_{\mathrm{f}}(s)$ 实现；有源阻尼控制通过控制器 $H_{\mathrm{c}}(s)$ 实现；i_{Cfa}、i_{Cfb}、i_{Cfc} 为滤波电容 C_{f} 三相交流电流；i_{Cfd}、i_{Cfq} 分别为滤波电容交流电流 d、q 轴分量；相间均压控制可以参见 SVG 阻抗模型及特性分析。

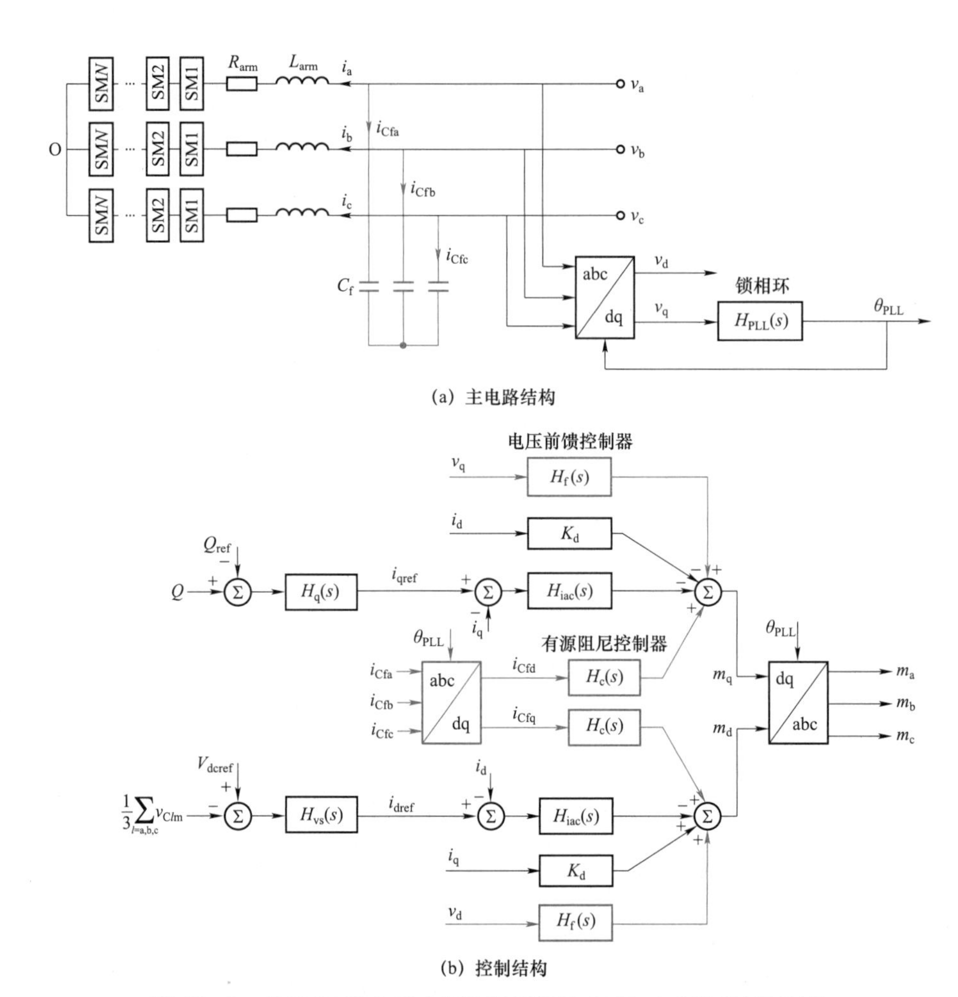

图15-2　计及PMSG风电场阻抗重塑的SVG主电路及控制结构

15.1.1.1　频段Ⅲ$_{PMSG}$阻抗重塑策略

为消除PMSG风电场频段Ⅲ$_{PMSG}$负阻尼，SVG可采用图15-2所示电压前馈控制策略。电压前馈控制器$H_f(s)$将交流电压d、q轴分量v_d、v_q分别叠加至交流调制信号d、q轴分量m_d、m_q，进而重塑频段Ⅲ$_{PMSG}$阻抗，改善负阻尼，提升风电场频段Ⅲ$_{PMSG}$稳定裕度。

为了降低电压前馈控制器$H_f(s)$对其他频段阻抗特性的影响，将$H_f(s)$选取为带通滤波器，其表达式为

$$H_f(s)=\left(k_f\frac{Q_f^{-1}\omega_{f0}s}{s^2+Q_f^{-1}\omega_{f0}s+\omega_{f0}^2}\right)^* \tag{15-1}$$

式中：k_f为前馈系数；ω_{f0}为电压前馈带通滤波器中心角频率；Q_f为电压前馈带通滤波

器品质因数。

通过设置 k_{f} ，调节频段Ⅲ$_{\mathrm{PMSG}}$ 阻抗特性；通过合理选取 ω_{f0} ，实现 $H_{\mathrm{f}}(s)$ 作用于负阻尼频段中心；通过合理选取 Q_{f} ，实现 $H_{\mathrm{f}}(s)$ 控制作用覆盖频段Ⅲ$_{\mathrm{PMSG}}$ 负阻尼。

15.1.1.2　频段Ⅳ$_{\mathrm{PMSG}}$阻抗重塑策略

根据第 5 章，延时与主电路的频带重叠效应，导致 PMSG 机组频段Ⅳ$_{\mathrm{PMSG}}$ 呈现负阻尼。为了实现 SVG 阻抗重塑，改善 PMSG 风电场阻抗特性，采用基于电容电流前馈的有源阻尼控制策略，如图 15－2 所示。在 SVG 交流端口并联滤波电容，并引入电容电流前馈通路，对频段Ⅳ$_{\mathrm{PMSG}}$ 阻抗相位进行补偿。为避免频段Ⅳ$_{\mathrm{PMSG}}$ 阻抗重塑对其他频段阻抗特性影响，有源阻尼控制器采用带通滤波器，其表达式为

$$H_{\mathrm{c}}(s)=\left(k_{\mathrm{c}}\frac{Q_{\mathrm{c}}^{-1}\omega_{\mathrm{c0}}s}{s^{2}+Q_{\mathrm{c}}^{-1}\omega_{\mathrm{c0}}s+\omega_{\mathrm{c0}}^{2}}\right)^{*} \tag{15-2}$$

式中：k_{c} 为有源阻尼系数；ω_{c0} 为有源阻尼带通滤波器中心角频率；Q_{c} 为有源阻尼带通滤波器品质因数。

通过设置 k_{c} ，调节频段Ⅳ$_{\mathrm{PMSG}}$ 阻抗特性；通过合理选取 ω_{c0} ，实现 $H_{\mathrm{c}}(s)$ 作用于负阻尼频段中心；通过合理选取 Q_{c} ，实现 $H_{\mathrm{c}}(s)$ 控制作用覆盖频段Ⅳ$_{\mathrm{PMSG}}$ 负阻尼。

15.1.2　计及阻抗重塑的 SVG 阻抗模型

在 SVG 控制电路频域小信号模型的基础上，根据图 15－2，加入电压前馈和有源阻尼控制后，a 相交流调制信号小信号向量 $\hat{\boldsymbol{m}}_{\mathrm{a}}$ 可表示为

$$\hat{\boldsymbol{m}}_{\mathrm{a}}=\boldsymbol{G}_{1}\boldsymbol{D}_{1}\hat{\boldsymbol{i}}_{\mathrm{a}}+(\boldsymbol{G}_{2}+\Delta\boldsymbol{G}_{2})\boldsymbol{D}_{2}\hat{\boldsymbol{v}}_{\mathrm{a}}+\boldsymbol{G}_{3}\boldsymbol{D}_{3}\hat{\boldsymbol{v}}_{\mathrm{Cam}} \tag{15-3}$$

式中：$\Delta\boldsymbol{G}_{2}$ 为电压前馈和有源阻尼控制引入的系数矩阵，其余系数矩阵表达式参见 SVG 阻抗建模。

$\Delta\boldsymbol{G}_{2}$ 中，除下述元素外，其余元素均为 0。

$$\begin{cases}\Delta\boldsymbol{G}_{2}(2,2)=-T_{\mathrm{PLL}}[\mathrm{j}2\pi(f_{\mathrm{p}}-f_{1})]\cdot[H_{\mathrm{f}}[\mathrm{j}2\pi(f_{\mathrm{p}}-f_{1})]\cdot V_{1}+H_{\mathrm{c}}[\mathrm{j}2\pi(f_{\mathrm{p}}-f_{1})]\cdot\boldsymbol{I}_{\mathrm{Cf1}}^{*}]\\ \qquad\qquad +H_{\mathrm{f}}[\mathrm{j}2\pi(f_{\mathrm{p}}-f_{1})]+\mathrm{j}2\pi(f_{\mathrm{p}}-2f_{1})C_{\mathrm{f}}\cdot H_{\mathrm{c}}[\mathrm{j}2\pi(f_{\mathrm{p}}-f_{1})]\\ \Delta\boldsymbol{G}_{2}(2,4)=T_{\mathrm{PLL}}[\mathrm{j}2\pi(f_{\mathrm{p}}-f_{1})]\cdot[H_{\mathrm{f}}[\mathrm{j}2\pi(f_{\mathrm{p}}-f_{1})]\cdot V_{1}+H_{\mathrm{c}}[\mathrm{j}2\pi(f_{\mathrm{p}}-f_{1})]\cdot\boldsymbol{I}_{\mathrm{Cf1}}^{*}]\\ \Delta\boldsymbol{G}_{2}(4,2)=T_{\mathrm{PLL}}[\mathrm{j}2\pi(f_{\mathrm{p}}-f_{1})]\cdot[H_{\mathrm{f}}[\mathrm{j}2\pi(f_{\mathrm{p}}-f_{1})]\cdot V_{1}+H_{\mathrm{c}}[\mathrm{j}2\pi(f_{\mathrm{p}}-f_{1})]\cdot\boldsymbol{I}_{\mathrm{Cf1}}]\\ \Delta\boldsymbol{G}_{2}(4,4)=-T_{\mathrm{PLL}}[\mathrm{j}2\pi(f_{\mathrm{p}}-f_{1})]\cdot[H_{\mathrm{f}}[\mathrm{j}2\pi(f_{\mathrm{p}}-f_{1})]\cdot V_{1}+H_{\mathrm{c}}[\mathrm{j}2\pi(f_{\mathrm{p}}-f_{1})]\cdot\boldsymbol{I}_{\mathrm{Cf1}}]\\ \qquad\qquad +H_{\mathrm{f}}[\mathrm{j}2\pi(f_{\mathrm{p}}-f_{1})]+\mathrm{j}2\pi f_{\mathrm{p}}C_{\mathrm{f}}\cdot H_{\mathrm{c}}[\mathrm{j}2\pi(f_{\mathrm{p}}-f_{1})]\end{cases} \tag{15-4}$$

式中：$\boldsymbol{I}_{\mathrm{Cf1}}$ 为滤波电容交流电流稳态基频分量。

将式（15－3）所示 SVG 控制电路小信号模型代入主电路频域小信号模型，可得计及阻抗重塑的 SVG 阻抗解析模型。将 SVG 阻抗解析模型代入 PMSG 风电场建模，可得计及 SVG 阻抗重塑的 PMSG 风电场阻抗模型。

15.1.3　基于 SVG 的场站阻抗重塑方法

根据 SVG 阻抗重塑策略，依次对 PMSG 风电场频段Ⅲ$_{PMSG}$、Ⅳ$_{PMSG}$阻抗进行重塑，消除其负阻尼。由于相邻频段间阻抗特性存在一定程度的相互影响，需要合理选取电压前馈控制参数和有源阻尼控制参数，以同时满足两个频段负阻尼改善需求。

15.1.3.1　频段Ⅲ$_{PMSG}$阻抗重塑方法

根据图 15－1 可知，频段Ⅲ$_{PMSG}$负阻尼中心频率在 200Hz 左右，带宽近似为 100Hz。在 dq 坐标系中设计电压前馈控制器 $H_{f}(s)$，将 ω_{f0} 取值为 $2\pi\times150$ rad/s，并合理选取 Q_{f}，使得 $H_{f}(s)$ 控制作用覆盖负阻尼频率范围。为便于分析其幅频特性，前馈系数 k_{f} 取为 1 时，电压前馈控制器幅频与相频特性如图 15－3 所示。

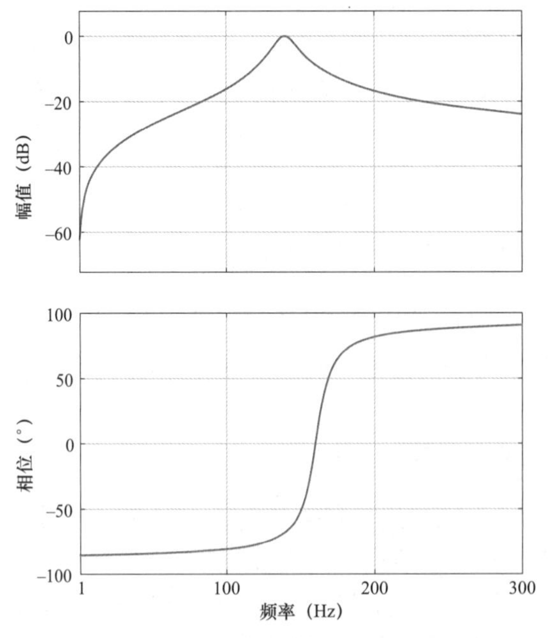

图 15－3　电压前馈控制器幅频与相频特性

根据计及阻抗重塑的 SVG 阻抗模型可知，电压前馈控制器 $H_{f}(s)$ 位于阻抗解析模型分母。加入带通滤波器，能够降低频段Ⅲ$_{PMSG}$一定范围内 SVG 阻抗幅值，使 PMSG 风电场阻抗由 SVG 阻抗主导。电压前馈控制器具有相位补偿作用，能够增大中心频率

以下阻抗相位，并减小中心频率以上阻抗相位，进而改善频段Ⅲ$_{PMSG}$负阻尼。

基于上述分析，选取不同前馈系数 k_f 进行频段Ⅲ$_{PMSG}$ 阻抗重塑。将前馈系数 k_f 分别设置为 0、5×10^{-5}、1×10^{-4}，电压前馈系数对 SVG 和 PMSG 风电场阻抗特性影响如图 15－4 所示。

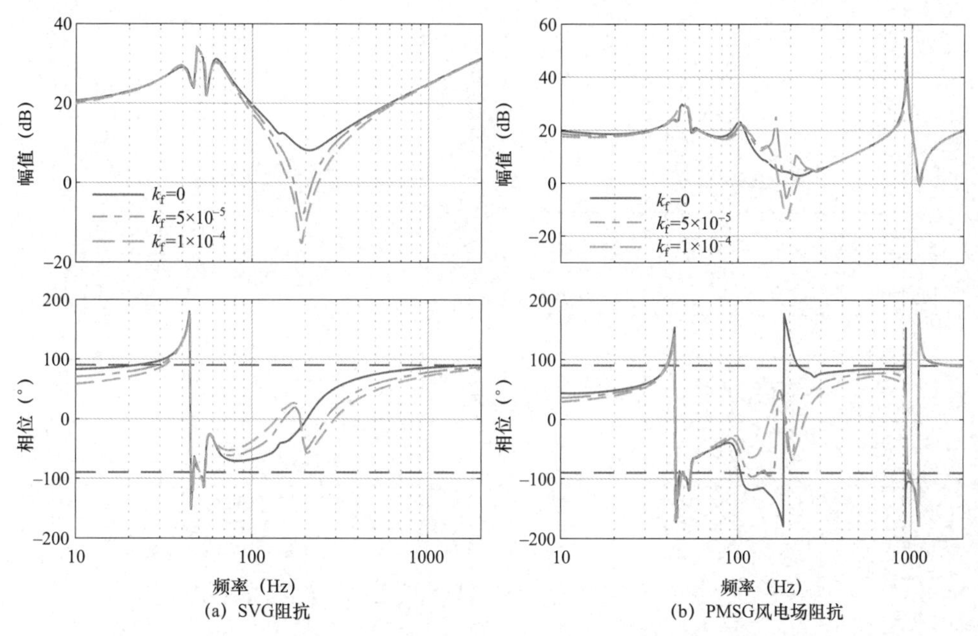

图 15－4　电压前馈系数对 SVG 和 PMSG 风电场阻抗特性影响

由图 15－4 可知，随着前馈系数 k_f 增大，200Hz 以下 SVG 阻抗相位增大，200Hz 以上 SVG 阻抗相位减小，且 200Hz 附近 SVG 阻抗幅值降低。由于 SVG 阻抗幅值降低，200Hz 附近 PMSG 风电场阻抗特性由 SVG 主导。随着前馈系数 k_f 增大，该频段风电场阻抗幅值降低。200Hz 以下容性负阻尼、200Hz 以上感性负阻尼均得以消除。此外，$H_f(s)$ 对其他频段阻抗特性影响较小。

15.1.3.2　频段Ⅳ$_{PMSG}$ 阻抗重塑方法

借鉴 PMSG 风电机组频段Ⅳ$_{PMSG}$ 阻抗重塑策略，在 SVG 交流端口并联滤波电容，采用基于电容电流前馈的有源阻尼控制策略，对风电场频段Ⅳ$_{PMSG}$ 进行阻抗重塑。

并联滤波电容对 SVG 和 PMSG 风电场阻抗特性影响如图 15－5 所示。由图可见，PMSG 风电场阻抗在频段Ⅳ$_{PMSG}$ 同时呈现容性和感性负阻尼。在 SVG 交流端口并联滤波电容后，SVG 频段Ⅳ$_{PMSG}$阻抗由感性变为容性，而 PMSG 风电场高频段阻抗由感性负阻尼变为容性负阻尼。此外，并联滤波电容不影响 PMSG 风电场频段Ⅳ$_{PMSG}$负阻尼频率范围。

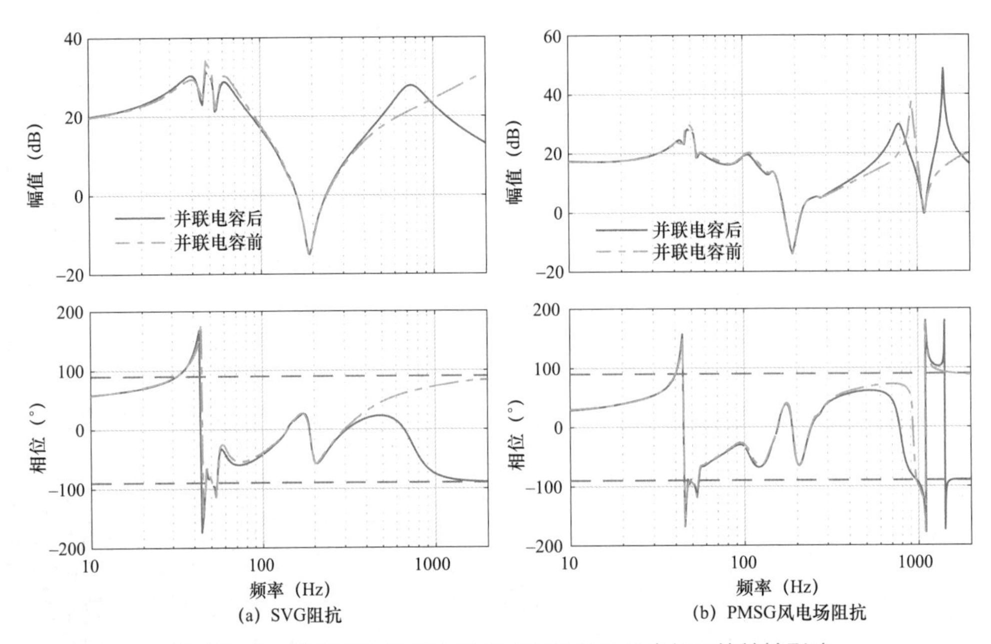

图 15-5　并联滤波电容对 SVG 和 PMSG 风电场阻抗特性影响

SVG 并联滤波电容后，采用基于电容电流前馈的有源阻尼控制，改善 PMSG 风电场频段Ⅳ$_{PMSG}$负阻尼。有源阻尼控制器 $H_c(s)$ 采用带通滤波器。首先，设置 ω_{c0} 位于频段Ⅳ$_{PMSG}$负阻尼中心；然后，通过合理选择 Q_c，实现 $H_c(s)$ 控制作用覆盖负阻尼频率范围；最后，选取有源阻尼系数 k_c，实现频段Ⅳ$_{PMSG}$阻抗重塑。将有源阻尼系数 k_c 分别设为 0、−0.005、−0.02，有源阻尼系数对 SVG 和 PMSG 风电场阻抗特性影响如图 15-6 所示。

由图 15-6 可知，随着有源阻尼系数 k_c 增大，SVG 频段Ⅳ$_{PMSG}$阻抗幅值减小，频段Ⅳ$_{PMSG}$风电场阻抗由 SVG 主导。此外，中心频率以下风电场阻抗相位增大，中心频率以上风电场阻抗相位减小，频段Ⅳ$_{PMSG}$负阻尼得以改善。有源阻尼控制器 $H_c(s)$ 对其他频段阻抗特性影响较小。通过有源阻尼控制，可以消除 PMSG 风电场频段Ⅳ$_{PMSG}$负阻尼。

综上所述，通过 SVG 电压前馈控制和有源阻尼控制进行阻抗重塑，能够消除 PMSG

风电场频段Ⅲ$_{PMSG}$、Ⅳ$_{PMSG}$ 负阻尼，进而提升风电场的稳定裕度。SVG 阻抗重塑前后 PMSG 风电场阻抗特性如图 15－7 所示。

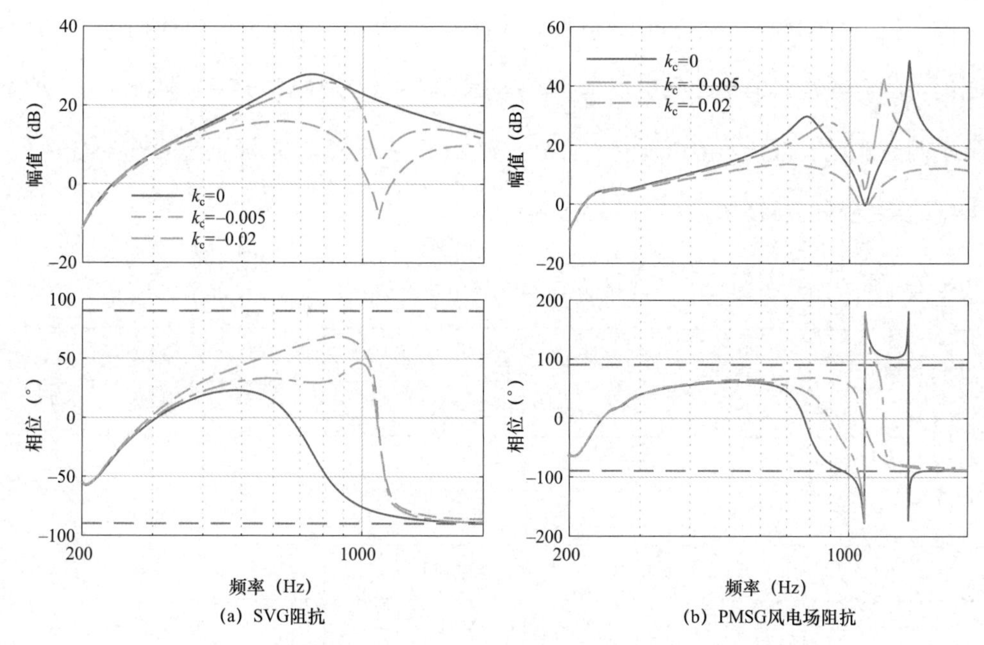

图 15－6　有源阻尼系数对 SVG 和 PMSG 风电场阻抗特性影响

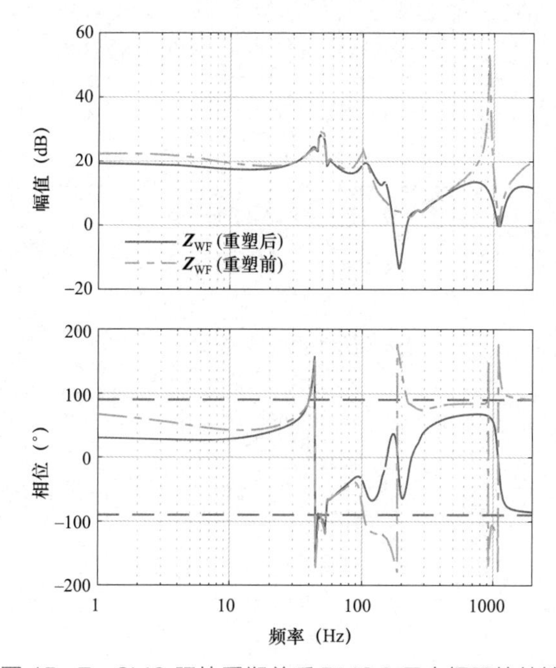

图 15－7　SVG 阻抗重塑前后 PMSG 风电场阻抗特性

15.1.4　基于 SVG 阻抗重塑的 PMSG 风电场振荡抑制仿真验证

基于全电磁暂态仿真平台，以 PMSG 风电场接入交流弱电网系统为例，开展系统振荡复现、振荡抑制频域分析和时域仿真，验证基于 SVG 阻抗重塑的 PMSG 风电场振荡抑制策略的有效性。PMSG 风电场和 SVG 的仿真参数分别如表 15－1 和表 15－2 所示，交流电网短路比（short circuit ratio，SCR）为 2.0。基于 SVG 阻抗重塑的 PMSG 风电场接入交流弱电网的振荡风险如图 15－8 所示。

表 15－1　　　　　　　　PMSG 风电场仿真参数

参数	定义	数值
N_{PMSG}	PMSG 风电机组数目	200 台
P_N	额定功率	1.5MW
V_1	交流电压基频分量幅值	690V
f_1	基波频率	50Hz
k_T	交流变压器变比	0.69kV/35kV
R_s	发电机定子绕组电阻	0.001Ω
L_{sd}、L_{sq}	PMSG 定子绕组 d、q 轴电感	0.2699、0.283mH
L_f	GSC 交流滤波电感	0.1mH
V_{dc}	直流电压稳态值	1500V
K_{pp}、K_{pi}	PLL 控制器比例、积分系数	0.2198、4.8706
K_{gip}、K_{gii}	GSC 交流电流控制器比例、积分系数	8.3993×10^{-5}、0.4205
K_{sip}、K_{sii}	MSC 交流电流控制器比例、积分系数	1.1404×10^{-5}、6.3172×10^{-5}
K_{pep}、K_{pei}	MSC 有功功率控制器比例、积分系数	5×10^{-6}、0.0200
K_{qep}、K_{qei}	GSC 无功功率控制器比例、积分系数	5.9207×10^{-4}、0.0322
K_{vdcp}、K_{vdci}	直流电压控制器比例、积分系数	4.0774、279.7374
K_{sd}	MSC 交流电流控制器解耦系数	2.3160×10^{-5}
K_{gd}	GSC 交流电流控制器解耦系数	4.2341×10^{-4}

表 15-2　　SVG 仿 真 参 数

参数	定义	数值
S_{SVG}	SVG 额定容量	100Mvar
V_1	交流电压基频分量幅值	35kV
V_{dc}	直流电压稳态值	36kV
N	桥臂子模块数量	36 个
V_C	子模块电容电压额定值	1kV
C_{sm}	子模块电容	1.5mF
L_{arm}	桥臂电感	30mH
K_{pp}、K_{pi}	PLL 控制器比例、积分系数	7.7734×10^{-4}、0.0244
K_{qep}、K_{qei}	无功功率控制器比例、积分系数	2.1922×10^{-5}、3.9894×10^{-5}
K_{vsp}、K_{vsi}	全局电压控制器比例、积分系数	0.0023、0.0733
K_{iacp}、K_{iaci}	交流电流控制器比例、积分系数	5.5536×10^{-4}、0.5234
K_d	交流电流控制解耦系数	2.6180×10^{-4}
K_{vcp}、K_{vci}	相间均压控制器比例、积分系数	7.7734×10^{-5}、2.4421×10^{-4}
K_{ic}	相间均压电流比例系数	1×10^{-6}

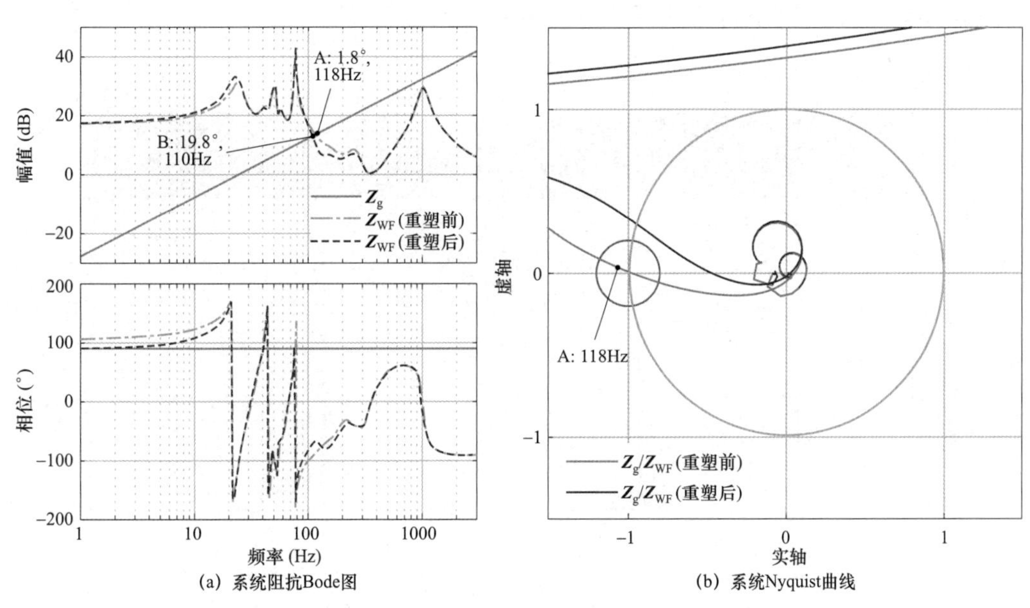

(a) 系统阻抗Bode图　　(b) 系统Nyquist曲线

图 15-8　基于 SVG 阻抗重塑的 PMSG 风电场接入交流弱电网的振荡风险

由图 15－8（a）可知，SVG 阻抗重塑前，PMSG 风电场阻抗 $\boldsymbol{Z}_{WF}$ 和交流电网阻抗 $\boldsymbol{Z}_g$ 在 A 点（118Hz）幅值相交，相位裕度为 1.8°，系统幅值/相位稳定裕度不足，存在振荡风险。SVG 阻抗重塑后，PMSG 风电场阻抗 $\boldsymbol{Z}_{WF}$ 和交流电网阻抗 $\boldsymbol{Z}_g$ 的幅值交点由 A 点移至 B 点（110Hz），相位裕度提升至 19.8°。由此表明 SVG 阻抗重塑后，PMSG 风电场接入交流弱电网系统稳定裕度提升，振荡风险消除。

图 15－8（b）给出了基于最大峰值 Nyquist 判据画出半径 R_{min} 为 0.2 的禁止区域。由图可知，SVG 阻抗重塑前，阻抗比 $\boldsymbol{Z}_g / \boldsymbol{Z}_{WF}$ 的 Nyquist 曲线在禁止区域内穿过 A 点（118Hz），系统存在振荡风险，将发生 118Hz 正序振荡，并产生 18Hz 负序耦合振荡分量。SVG 阻抗重塑后，阻抗比曲线始终位于禁止区域之外，表明 SVG 阻抗重塑能有效消除 PMSG 风电场与交流电网频段 Ⅲ_{PMSG} 的振荡风险。

基于上述分析，对 PMSG 风电场接入交流弱电网振荡抑制开展时域仿真，仿真结果如图 15－9 所示。SVG 阻抗重塑前，PMSG 风电场并网电流波形振荡明显。FFT 分析结果显示，PMSG 风电场接入交流弱电网系统发生了 118Hz 正序振荡，并且诱发产生 18Hz 的负序耦合振荡分量。$t = 2$s 启用 SVG 阻抗重塑控制，PMSG 风电场并网电流振荡消除，FFT 分析结果表明，阻抗重塑后系统振荡得到抑制。实验结果验证了基于 SVG 阻抗重塑的 PMSG 风电场振荡抑制策略的有效性。

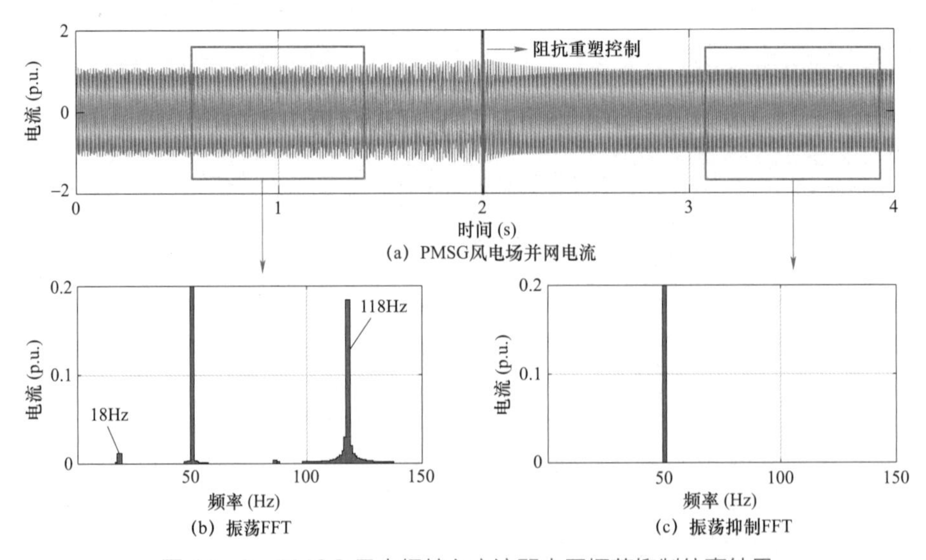

图 15－9 PMSG 风电场接入交流弱电网振荡抑制仿真结果

15.2　DFIG 风电场阻抗重塑

针对 DFIG 风电场，本节通过 SVG 控制结构改进，实现 DFIG 风电场阻抗重塑与振荡抑制。首先，提出 SVG 阻抗重塑控制策略；其次，建立计及阻抗重塑的 SVG 阻抗模型；然后，通过 SVG 控制参数取值，来重塑 DFIG 风电场阻抗特性；最后，对所提基于 SVG 阻抗重塑的 DFIG 风电场振荡抑制策略进行仿真验证。

15.2.1　SVG 阻抗重塑控制策略

图 15－10 给出了 DFIG 风电场宽频阻抗特性，$\boldsymbol{Z}_{WF}$ 为风电场阻抗。由图可知，DFIG 风电场阻抗在频段 I_{DFIG}、II_{DFIG}、III_{DFIG} 均存在负阻尼。针对 DFIG 风电场宽频负阻尼特性，通过 SVG 控制策略改进，实现 DFIG 风电场宽频阻抗重塑，提升 DFIG 风电场稳定裕度。

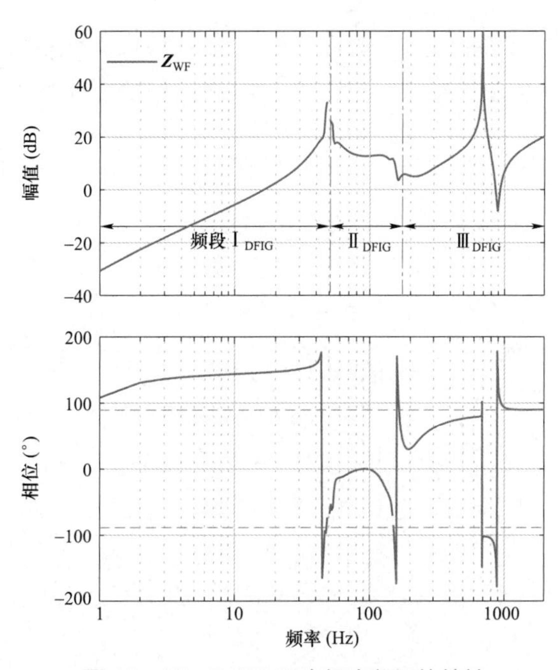

图 15－10　DFIG 风电场宽频阻抗特性

以无功功率控制模式下 SVG 阻抗重塑为例，在 SVG 原有控制基础上，引入电压前馈控制和有源阻尼控制，实现频段 I_{DFIG}、II_{DFIG}、III_{DFIG} 阻抗重塑。计及 DFIG 风电场阻抗重塑的SVG主电路及控制结构如图15－11所示。图中，i_{Cfa}、i_{Cfb}、i_{Cfc}为滤波电容C_f三相交流电流；i_{Cfd}、i_{Cfq}分别为滤波电容交流电流d、q轴分量；相间均压控制可以参见SVG阻抗模型及特性分析。

为降低附加控制器对不同频段阻抗特性的影响，SVG采用两种不同电压前馈控制。第一种（电压前馈控制器1），SVG三相交流电压v_a、v_b、v_c经静止坐标系下电压前馈控制器$H_s(s)$叠加至三相交流调制信号m_a、m_b、m_c；第二种（电压前馈控制器2），SVG交流电压d、q轴分量v_d、v_q经电压前馈控制器$H_f(s)$分别叠加至交流调制信号d、q轴分量m_d、m_q。

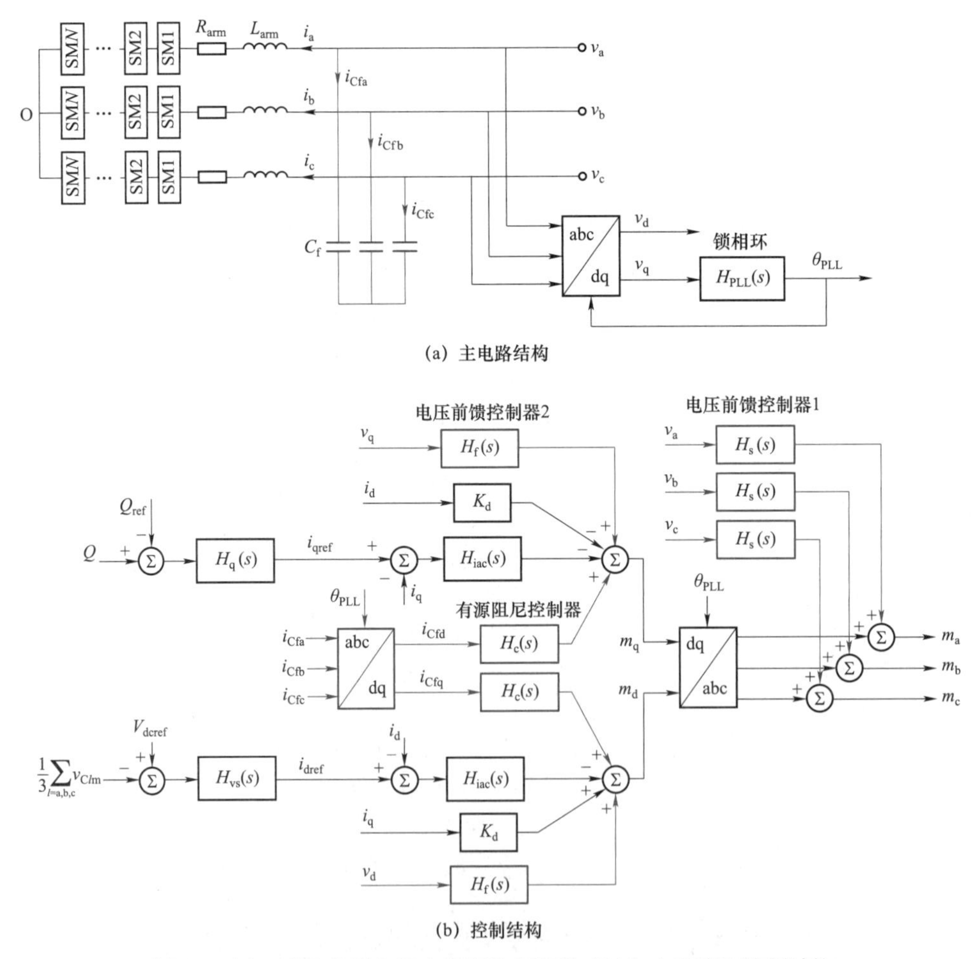

(b) 控制结构

图15－11 计及DFIG风电场阻抗重塑的SVG主电路及控制结构

15.2.1.1　频段 I_{DFIG} 阻抗重塑策略

为消除 DFIG 风电场频段 I_{DFIG} 负阻尼，改善阻尼特性，采用电压前馈控制实现频段 I_{DFIG} 阻抗重塑。由于 dq 同步旋转坐标系下控制会同时影响基频两侧阻抗特性，所以采用图 15－11 所示静止坐标系下电压前馈控制器 $H_s(s)$。为进一步降低电压前馈控制器 $H_s(s)$ 对其他频段阻抗特性的影响，将 $H_s(s)$ 选取为低通滤波器，其表达式为

$$H_s(s)=\left(k_s\frac{Q_s^{-1}\omega_{s0}s}{s^2+Q_s^{-1}\omega_{s0}s+\omega_{s0}^2}\right)^*\left(\frac{1}{1+s/\omega_{s1}}\right)^2 \tag{15-5}$$

式中：k_s 为静止坐标系下电压前馈系数；ω_{s0} 为电压前馈低通滤波器中心角频率；Q_s 为电压前馈低通滤波器品质因数；ω_{s1} 为电压前馈低通滤波器截止角频率。

通过设置 k_s，调节频段 I_{DFIG} 阻抗特性；ω_{s0} 取值趋近于 0，实现低通滤波；为了降低 $H_s(s)$ 对其他频段阻抗特性影响，在频段 I_{DFIG} 上限值附近增加截止角频率为 ω_{s1} 的二阶低通滤波器，增大 $H_s(s)$ 在频段 I_{DFIG} 范围外的衰减倍数。

15.2.1.2　频段 II_{DFIG} 阻抗重塑策略

为消除 DFIG 风电场频段 II_{DFIG} 负阻尼，采用图 15－11 所示电压前馈控制器 $H_f(s)$。通过该附加控制器实现频段 II_{DFIG} 阻抗重塑，以改善 DFIG 风电场阻尼特性。DFIG 频段 II_{DFIG} 负阻尼特性与 PMSG 风电场对应频段负阻尼特性产生机理一致，SVG 频段 II_{DFIG} 阻抗重塑策略也一致，即电压前馈控制器 $H_f(s)$ 与式（15－1）形式保持一致，仅参数取值不同。

15.2.1.3　频段 III_{DFIG} 阻抗重塑策略

根据第 6 章，延时环节与主电路的频带重叠效应，导致 DFIG 机组频段 III_{DFIG} 呈现负阻尼。为实现 SVG 阻抗重塑，进而改善 DFIG 风电场负阻尼特性，可以采用如图 15－11 所示的有源阻尼控制。通过在 SVG 交流端口并联交流滤波电容 C_f，并引入电容电流前馈通路，对频段 III_{DFIG} 阻抗相位进行补偿，消除负阻尼。

DFIG 风电场频段 III_{DFIG} 与 PMSG 风电场频段 IV_{PMSG} 负阻尼特性产生机理一致，二者阻抗重塑对应的 SVG 控制策略一致。频段 III_{DFIG} 阻抗重塑同样采用有源阻尼控制器 $H_c(s)$，其表达式与式（15－2）保持一致，仅参数取值不同。

15.2.2 计及阻抗重塑的SVG阻抗模型

在SVG控制电路频域小信号模型的基础上，根据图15－11，加入电压前馈控制和有源阻尼控制后，a相交流调制信号小信号向量$\hat{\boldsymbol{m}}_{\mathrm{a}}$的表达式为

$$\hat{\boldsymbol{m}}_{\mathrm{a}}=\boldsymbol{G}_1\boldsymbol{D}_1\hat{\boldsymbol{i}}_{\mathrm{a}}+(\boldsymbol{G}_2+\Delta\boldsymbol{G}_2)\boldsymbol{D}_2\hat{\boldsymbol{v}}_{\mathrm{a}}+\boldsymbol{G}_3\boldsymbol{D}_3\hat{\boldsymbol{v}}_{\mathrm{Cam}} \tag{15-6}$$

式中：$\Delta\boldsymbol{G}_2$为两种电压前馈控制和有源阻尼控制引入的系数矩阵，其余系数矩阵表达式可以参见SVG阻抗建模。

$\Delta\boldsymbol{G}_2$中，除下述元素外，其余元素均为0。

$$\begin{cases}\Delta\boldsymbol{G}_2(2,2)=-T_{\mathrm{PLL}}[\mathrm{j}2\pi(f_{\mathrm{p}}-f_1)]\cdot[H_{\mathrm{f}}[\mathrm{j}2\pi(f_{\mathrm{p}}-f_1)]\cdot V_1+H_{\mathrm{c}}[\mathrm{j}2\pi(f_{\mathrm{p}}-f_1)]\cdot\boldsymbol{I}_{\mathrm{Cf1}}^{*}]+\\ \qquad H_{\mathrm{f}}[\mathrm{j}2\pi(f_{\mathrm{p}}-f_1)]+\mathrm{j}2\pi(f_{\mathrm{p}}-2f_1)C_{\mathrm{f}}\cdot H_{\mathrm{c}}[\mathrm{j}2\pi(f_{\mathrm{p}}-f_1)]\\ \Delta\boldsymbol{G}_2(2,4)=T_{\mathrm{PLL}}[\mathrm{j}2\pi(f_{\mathrm{p}}-f_1)]\cdot[H_{\mathrm{f}}[\mathrm{j}2\pi(f_{\mathrm{p}}-f_1)]\cdot V_1+H_{\mathrm{c}}[\mathrm{j}2\pi(f_{\mathrm{p}}-f_1)]\cdot\boldsymbol{I}_{\mathrm{Cf1}}^{*}]\\ \Delta\boldsymbol{G}_2(4,2)=T_{\mathrm{PLL}}[\mathrm{j}2\pi(f_{\mathrm{p}}-f_1)]\cdot[H_{\mathrm{f}}[\mathrm{j}2\pi(f_{\mathrm{p}}-f_1)]\cdot V_1+H_{\mathrm{c}}[\mathrm{j}2\pi(f_{\mathrm{p}}-f_1)]\cdot\boldsymbol{I}_{\mathrm{Cf1}}]\\ \Delta\boldsymbol{G}_2(4,4)=-T_{\mathrm{PLL}}[\mathrm{j}2\pi(f_{\mathrm{p}}-f_1)]\cdot[H_{\mathrm{f}}[\mathrm{j}2\pi(f_{\mathrm{p}}-f_1)]\cdot V_1+H_{\mathrm{c}}[\mathrm{j}2\pi(f_{\mathrm{p}}-f_1)]\cdot\boldsymbol{I}_{\mathrm{Cf1}}]+\\ \qquad H_{\mathrm{s}}[\mathrm{j}2\pi f_{\mathrm{p}}]+H_{\mathrm{f}}[\mathrm{j}2\pi(f_{\mathrm{p}}-f_1)]+\mathrm{j}2\pi f_{\mathrm{p}}C_{\mathrm{f}}\cdot H_{\mathrm{c}}[\mathrm{j}2\pi(f_{\mathrm{p}}-f_1)]\end{cases} \tag{15-7}$$

式中：$\boldsymbol{I}_{\mathrm{Cf1}}$为电容电流稳态基波分量。

将式（15－7）所示SVG控制电路小信号模型代入到主电路频域小信号模型，可得计及阻抗重塑的SVG阻抗解析模型。将SVG阻抗解析模型代入到DFIG风电场建模中，可得计及SVG阻抗重塑的DFIG风电场阻抗模型。

15.2.3 基于SVG的场站阻抗重塑方法

根据SVG阻抗重塑策略，依次对DFIG风电场频段$\mathrm{I}_{\mathrm{DFIG}}$、$\mathrm{II}_{\mathrm{DFIG}}$、$\mathrm{III}_{\mathrm{DFIG}}$阻抗进行重塑，以改善负阻尼，提升系统稳定裕度。由于相邻频段间阻抗特性存在一定程度上的相互影响，需合理选取电压前馈控制参数和有源阻尼控制参数，以同时满足3个频段负阻尼改善需求。

15.2.3.1 频段$\mathrm{I}_{\mathrm{DFIG}}$阻抗重塑方法

为了消除频段$\mathrm{I}_{\mathrm{DFIG}}$负阻尼，式（15－5）中，$\omega_{\mathrm{s0}}$取值趋近于0，如2π×0.1rad/s；$Q_{\mathrm{s}}$取为0.2；$\omega_{\mathrm{s1}}$为2π×50rad/s。此时静止坐标系下电压前馈控制器$H_{\mathrm{s}}(s)$的幅频与相频特性如图15－12所示。为便于分析其幅频特性，图中静止坐标系下电压前馈系数k_{s}为1。

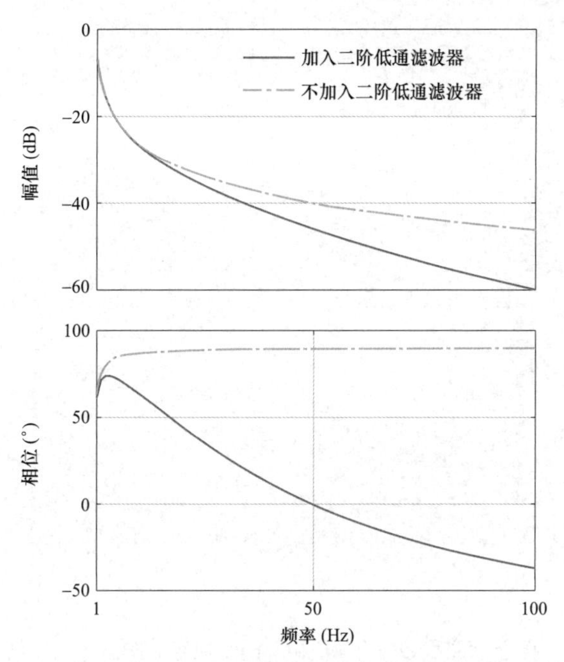

图 15-12　频段 $\mathrm{I}_{\mathrm{DFIG}}$ 电压前馈控制器幅频与相频特性

由图 15-12 可知，在原有滤波器基础上增加二阶低通滤波器后，电压前馈控制器 $H_{\mathrm{s}}(s)$ 在频段 $\mathrm{I}_{\mathrm{DFIG}}$ 范围外衰减倍数增大，能够降低 $H_{\mathrm{s}}(s)$ 引入对其他频段阻抗特性的影响。

基于上述分析，选取不同 k_{s} 实现频段 $\mathrm{I}_{\mathrm{DFIG}}$ 阻抗重塑。将 k_{s} 分别设置为 0、0.005、0.01，电压前馈系数对 SVG 和 DFIG 风电场频段 $\mathrm{I}_{\mathrm{DFIG}}$ 阻抗特性影响如图 15-13 所示。

由图 15-13 可知，随着 k_{s} 增大，频段 $\mathrm{I}_{\mathrm{DFIG}}$ 的 SVG 阻抗幅值逐渐降低，该频段内 DFIG 风电场阻抗特性逐渐由 SVG 主导。引入静止坐标系下电压前馈控制器 $H_{\mathrm{s}}(s)$ 后，频段 $\mathrm{I}_{\mathrm{DFIG}}$ 阻抗幅值降低，感性负阻尼程度随着 k_{s} 增大逐渐改善，且负阻尼频率范围随之减小。$H_{\mathrm{s}}(s)$ 可以有效改善 DFIG 风电场频段 $\mathrm{I}_{\mathrm{DFIG}}$ 负阻尼。

15.2.3.2　频段 $\mathrm{II}_{\mathrm{DFIG}}$ 阻抗重塑方法

与 PMSG 风电场频段 $\mathrm{III}_{\mathrm{PMSG}}$ 阻抗重塑类似，将 ω_{f0} 设置于 DFIG 风电场频段 $\mathrm{II}_{\mathrm{DFIG}}$ 负阻尼中心。选取 Q_{f}，实现 $H_{\mathrm{f}}(s)$ 控制作用覆盖频段 $\mathrm{II}_{\mathrm{DFIG}}$ 负阻尼。选取前馈系数 k_{f}，实现频段 $\mathrm{II}_{\mathrm{DFIG}}$ 阻抗重塑。将 k_{f} 分别设为 0、1×10^{-5}、5×10^{-5}，频段 $\mathrm{II}_{\mathrm{DFIG}}$ 内电压前馈系数对 SVG 和 DFIG 风电场阻抗特性影响如图 15-14 所示。

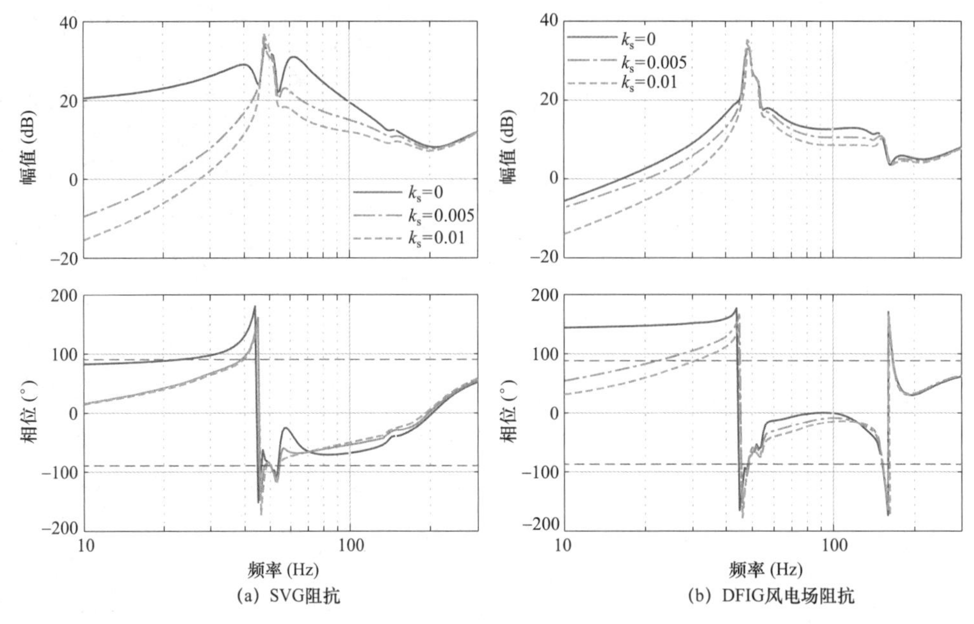

图 15－13　电压前馈系数对 SVG 和 DFIG 风电场频段 $\mathrm{I}_{\mathrm{DFIG}}$ 阻抗特性影响

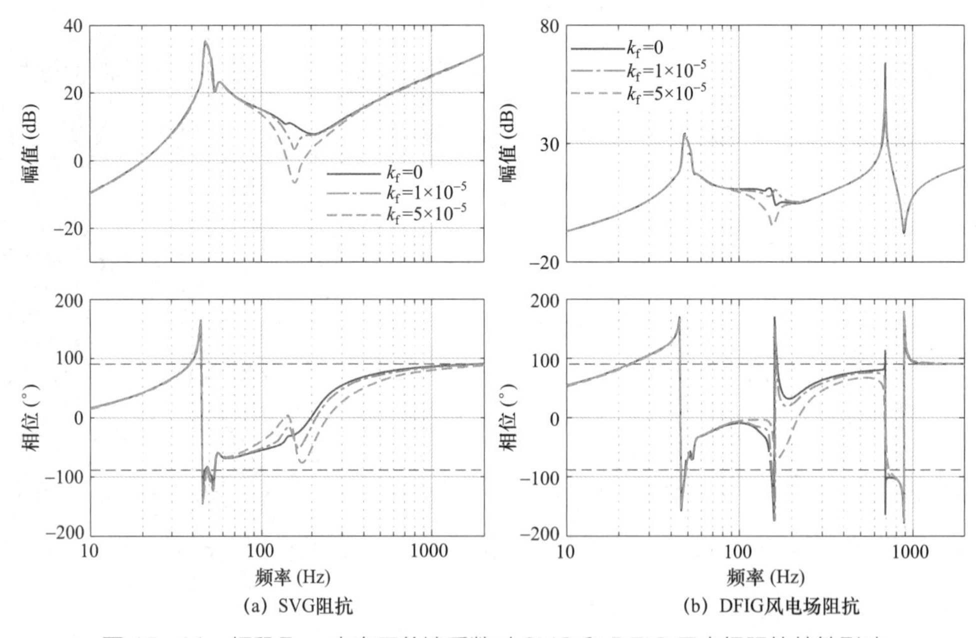

图 15－14　频段 $\mathrm{II}_{\mathrm{DFIG}}$ 内电压前馈系数对 SVG 和 DFIG 风电场阻抗特性影响

由图 15－14 可知，随着前馈系数 k_f 的增大，频段 $\mathrm{II}_{\mathrm{DFIG}}$ 内 SVG 阻抗幅值降低，使得该频段 DFIG 风电场阻抗特性由 SVG 主导。频段 $\mathrm{II}_{\mathrm{DFIG}}$ 风电场阻抗幅值随 k_f 增大而降低，并且负阻尼得以消除。此外，电压前馈控制器 $H_f(s)$ 对其他频段阻抗特性影响较小。

15.2.3.3　频段Ⅲ$_{DFIG}$阻抗重塑方法

借鉴 PMSG 机组频段Ⅳ$_{PMSG}$阻抗重塑策略，在 SVG 交流端口并联滤波电容，采用基于电容电流前馈的有源阻尼控制策略，对频段Ⅲ$_{DFIG}$进行阻抗重塑。

并联电容对 SVG 和 DFIG 风电场阻抗特性影响如图 15－15 所示，DFIG 风电场频段Ⅲ$_{DFIG}$同时呈现容性负阻尼和感性负阻尼，在 SVG 交流端口并联滤波电容后，SVG 频段Ⅲ$_{DFIG}$阻抗由感性变为容性，并联滤波电容不影响频段Ⅲ$_{DFIG}$负阻尼出现的频率范围。

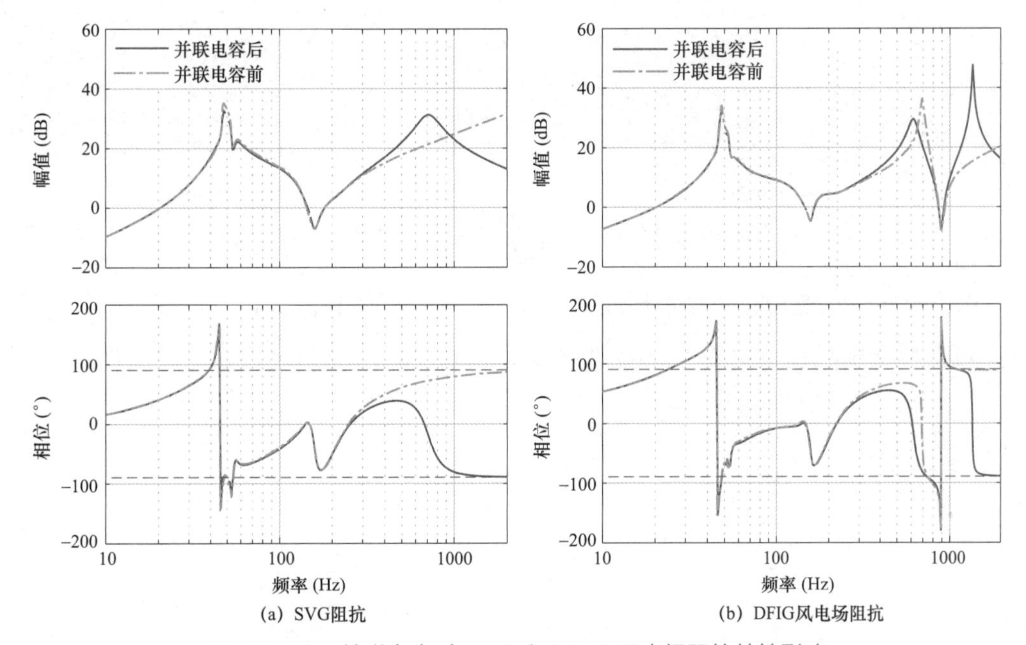

图 15－15　并联电容对 SVG 和 DFIG 风电场阻抗特性影响

SVG 并联滤波电容后，采用基于电容电流前馈的有源阻尼控制，进而改善 DFIG 风电场频段Ⅲ$_{DFIG}$负阻尼。有源阻尼控制器 $H_c(s)$ 采用带通滤波器。首先，设置 ω_{c0} 位于频段Ⅲ$_{DFIG}$负阻尼中心；然后，选择 Q_c，实现 $H_c(s)$ 控制作用覆盖负阻尼频率范围；最后，设置有源阻尼系数 k_c，实现频段Ⅲ$_{DFIG}$阻抗重塑。将有源阻尼系数 k_c 分别设为 0、－0.02、－0.05，有源阻尼系数对 SVG 和 DFIG 风电场阻抗特性影响如图 15－16 所示。

由图 15－16 可知，随着有源阻尼系数 k_c 的增大，高频段 SVG 阻抗幅值减小，使得 DFIG 风电场阻抗由 SVG 主导。频段Ⅲ$_{DFIG}$风电场阻抗幅值降低，且该频段负阻尼得到消除。此外，有源阻尼控制器 $H_c(s)$ 引入对其他频段阻抗特性影响较小。

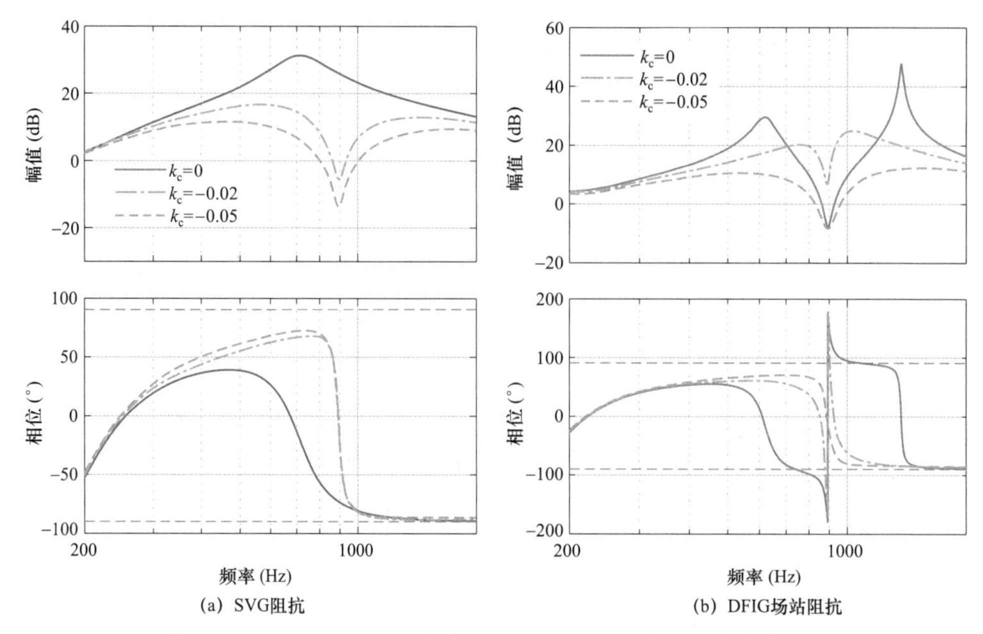

图 15－16　有源阻尼系数对 SVG 和 DFIG 风电场阻抗特性影响

综上所述，SVG 阻抗重塑能够改善 DFIG 风电场频段 I_{DFIG}、II_{DFIG}、III_{DFIG} 负阻尼，进而提升风电场的稳定裕度。SVG 阻抗重塑前后 DFIG 风电场阻抗特性如图 15－17 所示。

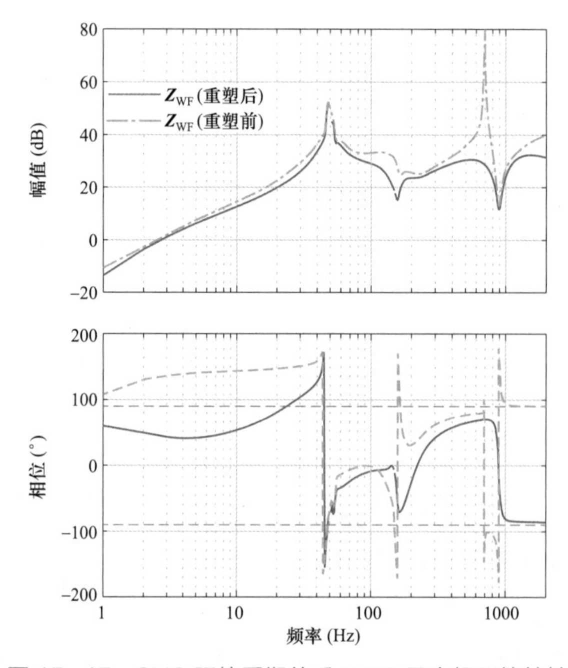

图 15－17　SVG 阻抗重塑前后 DFIG 风电场阻抗特性

15.2.4　基于 SVG 阻抗重塑的 DFIG 风电场振荡抑制仿真验证

基于全电磁暂态仿真平台，以 DFIG 风电场接入串联补偿线路为例，开展系统振荡复现、振荡抑制频域分析和时域仿真，验证基于 SVG 阻抗重塑的 DFIG 风电场振荡抑制策略的有效性。SVG 仿真参数见表 15－2，DFIG 风电场仿真参数见表 15－3，交流电网 SCR 为 2.0，串联补偿度为 1%。基于 SVG 阻抗重塑的 DFIG 风电场接入交流串联补偿线路的振荡风险如图 15－18 所示。

表 15－3　　DFIG 风电场仿真参数

参数	定义	数值
N_{DFIG}	DFIG 风电机组数目	200 台
P_N	额定功率	1.5MW
V_1	交流电压基频分量幅值	690V
f_1	基波频率	50Hz
k_T	交流变压器变比	0.69kV/35kV
R_s、R_r	发电机定、转子绕组电阻	0.0022、0.0027Ω
L_{ls}、L_{lr}	DFIG 定、转子绕组漏感	1.4437×10^{-4}、1.0913×10^{-4}mH
L_{ms}、L_{mr}	DFIG 定、转子绕组互感	0.0041mH
L_f	GSC 交流滤波电感	0.7mH
V_{dc}	直流电压稳态值	1500V
K_e	定转子匝数比	3
K_{pp}、K_{pi}	PLL 控制器比例、积分系数	0.1048、2.3967
K_{gip}、K_{gii}	GSC 交流电流控制器比例、积分系数	0.0016、3.7600
K_{rip}、K_{rii}	RSC 交流电流控制器比例、积分系数	1.4359×10^{-5}、7.5702×10^{-5}
K_{pep}、K_{pei}	有功功率控制器比例、积分系数	6×10^{-4}、0.0020
K_{qep}、K_{qei}	无功功率控制器比例、积分系数	6×10^{-4}、0.0020
K_{vdcp}、K_{vdci}	直流电压控制器比例、积分系数	3.9301、155
K_{gd}	GSC 交流电流控制解耦系数	3.3000×10^{-5}
K_{rd}	RSC 交流电流控制解耦系数	1.8744×10^{-4}

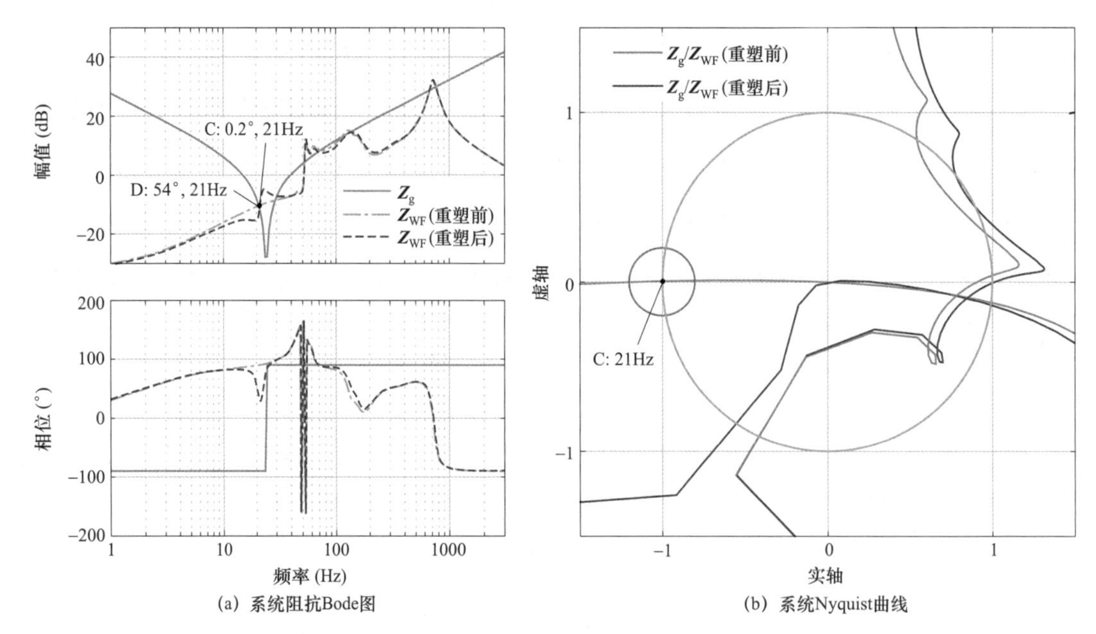

图 15－18　基于 SVG 阻抗重塑的 DFIG 风电场接入串联补偿线路的振荡风险

由 15－18（a）可知，SVG 阻抗重塑前，DFIG 风电场阻抗 $\boldsymbol{Z}_{\mathrm{WF}}$ 和交流串联补偿线路阻抗 $\boldsymbol{Z}_{\mathrm{g}}$ 在 C 点（21Hz）幅值相交，相位裕度为 0.2°，系统幅值/相位稳定裕度不足，存在振荡风险。SVG 阻抗重塑后，DFIG 风电场阻抗 $\boldsymbol{Z}_{\mathrm{WF}}$ 和交流串联补偿线路阻抗 $\boldsymbol{Z}_{\mathrm{g}}$ 幅值交点在 21Hz，相位裕度提升至 54°。由此可知，SVG 阻抗重塑后，DFIG 风电场接入交流串联补偿线路稳定裕度提升。

图 15－18（b）给出了基于最大峰值 Nyquist 判据画出半径 $R_{\min}$ 为 0.2 的禁止区域。由图可知，SVG 阻抗重塑前，阻抗比 $\boldsymbol{Z}_{\mathrm{g}}/\boldsymbol{Z}_{\mathrm{WF}}$ 的 Nyquist 曲线在禁止区域内穿过 C 点（21Hz），系统存在振荡风险，将发生 21Hz 正序振荡，并产生 79Hz 正序耦合振荡分量。SVG 阻抗重塑后，阻抗比曲线始终位于禁止区域之外，表明基于 SVG 的阻抗重塑可有效消除系统在频段 $\mathrm{I}_{\mathrm{DFIG}}$ 内的振荡风险。

对 DFIG 风电场接入串联补偿线路振荡抑制开展时域仿真，仿真结果如图 15－19 所示。由图可知，在 SVG 阻抗重塑前，DFIG 风电场并网电流波形振荡明显，FFT 分析结果显示，DFIG 风电场接入串联补偿线路发生了 21Hz 正序次同步振荡，并且诱发产生 79Hz 正序耦合振荡分量。$t = 2$s 启用 SVG 阻抗重塑控制，DFIG 风电场并网电流振荡逐渐消除。FFT 分析结果同样表明，阻抗重塑后系统振荡得到抑制。实验结果验证了基于

SVG 阻抗重塑的 DFIG 风电场振荡抑制策略的有效性。

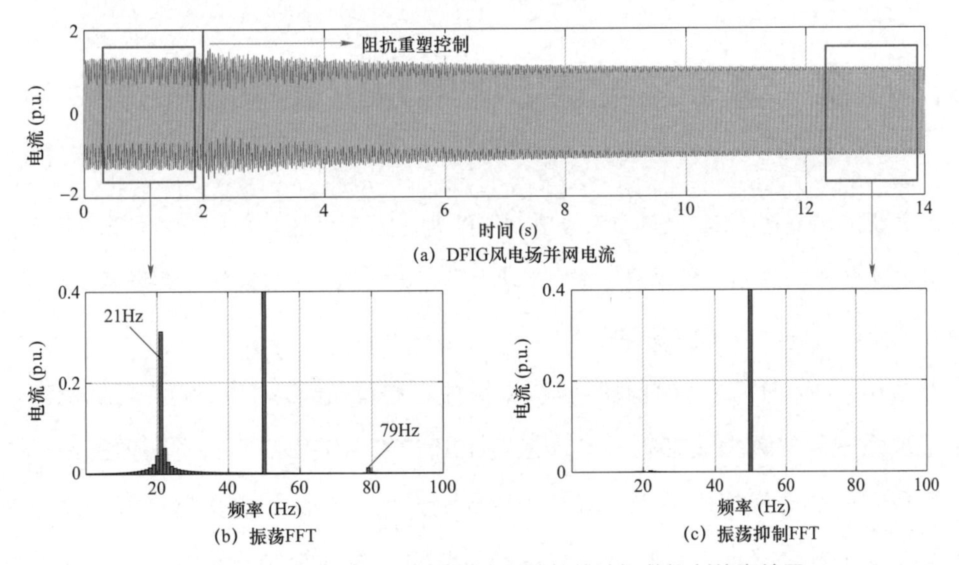

图 15－19　DFIG 风电场接入串联补偿线路振荡抑制仿真结果

第 16 章　基于常规直流输电阻抗重塑的振荡抑制

针对新能源基地 LCC－HVDC 送出系统的宽频振荡问题，第 14 章介绍了基于新能源机组实现新能源场站阻抗重塑，第 15 章介绍了基于 SVG 实现新能源场站阻抗重塑，进而实现新能源并网系统振荡抑制。

考虑到 LCC－HVDC 同样具有阻抗可塑性，通过 LCC－HVDC 的阻抗重塑，也可以实现系统的宽频振荡抑制。本章首先提出 LCC－HVDC 阻抗重塑的振荡抑制策略，将现有的受端换流站采用定直流电压控制，送端换流站采用定直流电流控制，改为受端换流站定直流电流控制，送端换流站定触发角控制策略；然后，通过优化控制器参数，实现 LCC－HVDC 次/超同步频段阻抗重塑；最后，依托全电磁暂态仿真平台，验证 LCC－HVDC 阻抗重塑控制策略以及控制器参数优化抑制宽频振荡的有效性。

16.1　LCC－HVDC 阻抗重塑控制策略

LCC－HVDC 输电系统中，受端换流站通常采用定直流电压控制，送端换流站采用定直流电流控制。LCC－HVDC 直流电压、电流控制特性如图 16－1 所示，相应的工作点为 M1。送端换流站直流电流控制与其直流侧阻抗的频带重叠效应，导致 LCC－HVDC 送端交流端口阻抗 $\boldsymbol{Z}_{\mathrm{LCC}}$ 呈现负阻尼特性。

为了消除 $\boldsymbol{Z}_{\mathrm{LCC}}$ 的负阻尼，本节对 LCC－HVDC 送、受端换流站控制策略进行改进：送端换流站由定直流电流控制改为定触发角控制；受端换流站则由定直流电压控制改为定直流电流控制。在该控制策略下，

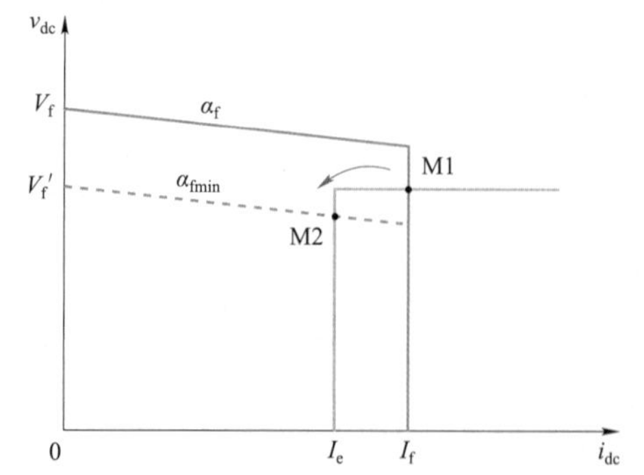

图 16－1　LCC－HVDC 直流电压、电流控制特性

LCC－HVDC 工作点由 M1 点移至 M2 点。

LCC－HVDC 送端换流站采用最小触发角 α_{fmin} 控制，α_{fmin} 与送端换流站各晶闸管参考角 θ_{fh} 比较，产生送端换流站各晶闸管触发脉冲，送端换流站控制结构如图 16－2（a）所示。图中，v_{fa}、v_{fb}、v_{fc} 分别为送端 a、b、c 三相交流电压，Tfh 为送端换流站第 h 个晶闸管，γ_{fh} 为送端换流站自然换相点移相角。

LCC－HVDC 受端换流站采用定直流电流控制。受端换流站直流电流经直流电流滤波器 $T_{\mathrm{idc}}(s)$ 后，与直流电流参考指令作差，经由直流电流控制器 $H_{\mathrm{idc}}(s)$，产生受端换流站触发角 α_{e}。α_{e} 与受端换流站各晶闸管参考角 θ_{eh} 比较，产生受端换流站各晶闸管触发脉冲，受端换流站控制结构如图 16－2（b）所示。图中，v_{ea}、v_{eb}、v_{ec} 为受端三相交流电压，Teh 为受端换流站第 h 个晶闸管，γ_{eh} 为受端换流站自然换相点移相角。

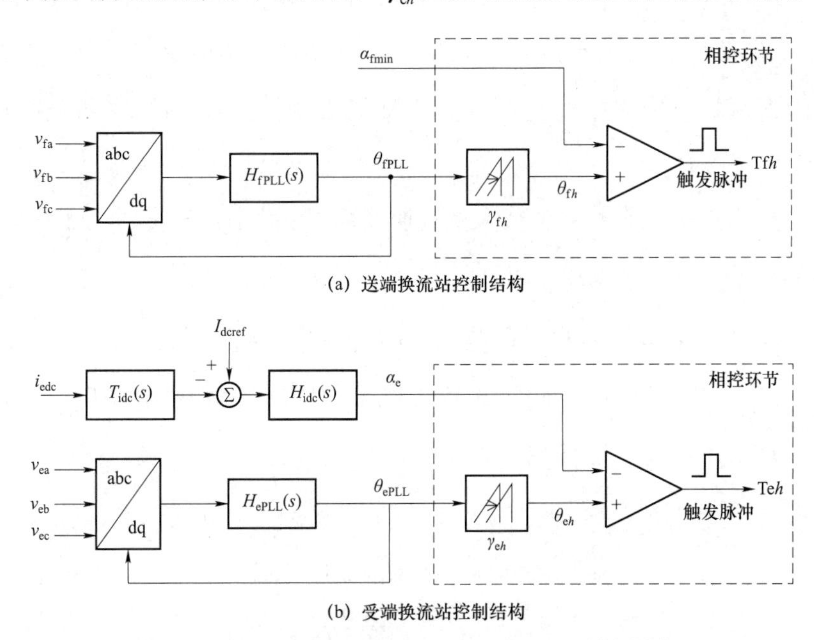

图 16－2　计及阻抗重塑的 LCC－HVDC 控制结构

16.2　计及阻抗重塑的 LCC－HVDC 阻抗模型

根据 LCC－HVDC 阻抗重塑控制策略，受端换流站由定直流电压控制变为定直流电流控制。在直流电流控制和受端换流站 PLL 控制共同作用下，受端换流站组合角产生小信号响应。受端换流站组合角小信号向量 $\hat{\boldsymbol{\delta}}_{\mathrm{e}}$ 与受端换流站直流电流小信号向量 $\hat{\boldsymbol{i}}_{\mathrm{edc}}$、受端三相交流电压小信号向量 $\hat{\boldsymbol{v}}_{\mathrm{ea}}$ 之间的关系为

$$\hat{\boldsymbol{\delta}}_{\mathrm{e}} = \boldsymbol{Q}_{\mathrm{e}}\hat{\boldsymbol{i}}_{\mathrm{edc}} + \boldsymbol{E}_{\mathrm{e}}\hat{\boldsymbol{v}}_{\mathrm{ea}} \tag{16-1}$$

式中：$\boldsymbol{Q}_{\mathrm{e}}$、$\boldsymbol{E}_{\mathrm{e}}$分别为受端换流站直流电流控制和 PLL 引入的$(24g+3)\times(24g+3)$系数矩阵，除下述元素外，其他元素均为 0。

$$\begin{cases} \boldsymbol{Q}_{\mathrm{e}}(12g+2,12g+2) = T_{\mathrm{idc}}[\mathrm{j}2\pi(f_{\mathrm{p}}-f_1)]H_{\mathrm{idc}}[\mathrm{j}2\pi(f_{\mathrm{p}}-f_1)] \\ \boldsymbol{E}_{\mathrm{e}}(12g+2,12g+1) = -\mathrm{j}T_{\mathrm{ePLL}}[\mathrm{j}2\pi(f_{\mathrm{p}}-f_1)] \\ \boldsymbol{E}_{\mathrm{e}}(12g+2,12g+3) = \mathrm{j}T_{\mathrm{ePLL}}[\mathrm{j}2\pi(f_{\mathrm{p}}-f_1)] \end{cases} \tag{16-2}$$

式中：$T_{\mathrm{ePLL}}(s)$为受端换流站 PLL 控制器闭环传递函数。

受端换流站电压、电流开关函数小信号向量表达式如下

$$\begin{cases} \hat{\boldsymbol{s}}_{\mathrm{ev}l} = \boldsymbol{C}\boldsymbol{S}_{\mathrm{ev}l}\hat{\boldsymbol{\delta}}_{\mathrm{e}} \\ \hat{\boldsymbol{s}}_{\mathrm{ei}l} = \boldsymbol{C}\boldsymbol{S}_{\mathrm{ei}l}\hat{\boldsymbol{\delta}}_{\mathrm{e}} \end{cases} \tag{16-3}$$

式中：$\hat{\boldsymbol{s}}_{\mathrm{ev}l}$、$\hat{\boldsymbol{s}}_{\mathrm{ei}l}$分别为受端换流站三相电压、电流开关函数小信号向量；$\boldsymbol{S}_{\mathrm{ev}l}$、$\boldsymbol{S}_{\mathrm{ei}l}$分别为受端换流站三相电压、电流开关函数稳态矩阵；$\boldsymbol{C}$ 为开关函数特征频次系数矩阵。

将式（16－1）及式（16－3）代入受端换流站主电路小信号模型，可得受端换流站直流端口阻抗为

$$\boldsymbol{Z}'_{\mathrm{edc}} = (\boldsymbol{\Gamma}_2+\boldsymbol{\Gamma}_6\boldsymbol{\Gamma}_7)(\boldsymbol{\Gamma}_1+\boldsymbol{\Gamma}_7)^{-1}(\boldsymbol{\Gamma}'_4+\boldsymbol{\Gamma}_5)-\boldsymbol{\Gamma}'_3 \tag{16-4}$$

式中：$\boldsymbol{\Gamma}_1$、$\boldsymbol{\Gamma}_2$、$\boldsymbol{\Gamma}_5$、$\boldsymbol{\Gamma}_6$、$\boldsymbol{\Gamma}_7$表达式参见 LCC－HVDC 阻抗建模；$\boldsymbol{\Gamma}'_3$、$\boldsymbol{\Gamma}'_4$为阻抗重塑引入的$(24g+3)\times(24g+3)$系数矩阵。

$\boldsymbol{\Gamma}'_3$、$\boldsymbol{\Gamma}'_4$表达式分别为

$$\begin{cases} \boldsymbol{\Gamma}'_3 = (2/k_{\mathrm{eT}})\cdot\boldsymbol{D}_{\mathrm{ad}}\boldsymbol{V}_{\mathrm{eTa}}\boldsymbol{C}\boldsymbol{S}_{\mathrm{eva}}\boldsymbol{Q}_{\mathrm{e}} \\ \boldsymbol{\Gamma}'_4 = (2/k_{\mathrm{eT}})\cdot\boldsymbol{I}_{\mathrm{edc}}\boldsymbol{C}\boldsymbol{S}_{\mathrm{eia}}\boldsymbol{Q}_{\mathrm{e}} \end{cases} \tag{16-5}$$

式中：$\boldsymbol{D}_{\mathrm{ad}}$为交、直流电压变换矩阵；$\boldsymbol{V}_{\mathrm{eTa}}$为扩充后的受端变压器网侧 a 相交流电压稳态矩阵；$\boldsymbol{I}_{\mathrm{edc}}$为扩充后的受端换流站直流电流稳态矩阵。

送端换流站由定直流电流控制变为定最小触发角控制。此时，送端换流站触发角直接给定为最小值α_{fmin}。将式（16－4）所示受端换流站直流端口阻抗模型代入第 9 章 LCC－HVDC 送端交流端口导纳解析模型中，并将原有送端换流站直流电流控制相关的系数矩阵$\boldsymbol{Q}_{\mathrm{f}}$置零，可得阻抗重塑后 LCC－HVDC 送端交流端口导纳为

$$\boldsymbol{Y}'_{\mathrm{LCC}}=\left[\boldsymbol{U}+\boldsymbol{\Lambda}'_1\cdot(\boldsymbol{Z}'_{\mathrm{fdc}})^{-1}\cdot\boldsymbol{\Lambda}_5\right]^{-1}\left[\boldsymbol{\Lambda}'_1\cdot(\boldsymbol{Z}'_{\mathrm{fdc}})^{-1}\cdot\boldsymbol{\Lambda}_3+\boldsymbol{\Lambda}_4\right]+\boldsymbol{\Lambda}_6 \tag{16-6}$$

式中：$\boldsymbol{\Lambda}_3\sim\boldsymbol{\Lambda}_6$ 均为 $(24g+3)\times(24g+3)$ 矩阵；$\boldsymbol{\Lambda}'_1$ 为送端换流站阻抗重塑引入的系数矩阵；$\boldsymbol{Z}'_{\mathrm{fdc}}$ 为阻抗重塑后受端换流站直流端口阻抗。

$\boldsymbol{\Lambda}'_1$ 、$\boldsymbol{Z}'_{\mathrm{fdc}}$ 表达式为

$$\begin{cases}\boldsymbol{\Lambda}'_1=(2/k_{\mathrm{fT}})\cdot\boldsymbol{S}_{\mathrm{fia}}\\ \boldsymbol{Z}'_{\mathrm{fdc}}=\boldsymbol{Z}'_n+\boldsymbol{Z}_{\mathrm{Ldc}}\end{cases} \tag{16-7}$$

式中：$\boldsymbol{Z}'_n$ 为阻抗重塑后计及受端换流站的 Π 型输电线路等值阻抗，与 $\boldsymbol{Z}'_{\mathrm{edc}}$ 有关。

LCC－HVDC 交流电压、电流小信号向量中扰动频率和耦合频率小信号分量为主导成分，其余频率小信号分量的幅值相对较小。将 LCC－HVDC 交流电压、电流小信号向量与交流端口导纳在扰动频率和耦合频率的关系重新表述为

$$\begin{bmatrix}\hat{\boldsymbol{i}}_{\mathrm{f}}\\ \hat{\boldsymbol{i}}_{\mathrm{f-2}}\end{bmatrix}=\begin{bmatrix}\boldsymbol{Y}^{\mathrm{pp}}_{\mathrm{LCC}} & \boldsymbol{Y}^{\mathrm{np}}_{\mathrm{LCC}}\\ \boldsymbol{Y}^{\mathrm{pn}}_{\mathrm{LCC}} & \boldsymbol{Y}^{\mathrm{nn}}_{\mathrm{LCC}}\end{bmatrix}\begin{bmatrix}\hat{\boldsymbol{v}}_{\mathrm{f}}\\ \hat{\boldsymbol{v}}_{\mathrm{f-2}}\end{bmatrix} \tag{16-8}$$

重塑后二阶交流端口导纳矩阵表达式为

$$\begin{bmatrix}\boldsymbol{Y}^{\mathrm{pp}}_{\mathrm{LCC}} & \boldsymbol{Y}^{\mathrm{np}}_{\mathrm{LCC}}\\ \boldsymbol{Y}^{\mathrm{pn}}_{\mathrm{LCC}} & \boldsymbol{Y}^{\mathrm{nn}}_{\mathrm{LCC}}\end{bmatrix}=\begin{bmatrix}\boldsymbol{Y}'_{\mathrm{LCC}}(12g+3,12g+3) & \boldsymbol{Y}'_{\mathrm{LCC}}(12g+3,12g+1)\\ \boldsymbol{Y}'_{\mathrm{LCC}}(12g+1,12g+3) & \boldsymbol{Y}'_{\mathrm{LCC}}(12g+1,12g+1)\end{bmatrix}$$

式中：$\boldsymbol{Y}^{\mathrm{pp}}_{\mathrm{LCC}}$ 为 LCC－HVDC 送端交流端口正序导纳，表示在频率为 f_{p} 的单位正序电压小信号扰动下，频率为 f_{p} 的正序电流小信号响应；$\boldsymbol{Y}^{\mathrm{pn}}_{\mathrm{LCC}}$ 为 LCC－HVDC 送端交流端口正序耦合导纳，表示在频率为 f_{p} 的单位正序电压小信号扰动下，频率为 $f_{\mathrm{p}}-2f_1$ 的负序电流小信号响应；$\boldsymbol{Y}^{\mathrm{nn}}_{\mathrm{LCC}}$ 为 LCC－HVDC 送端交流端口负序导纳，表示在频率为 $f_{\mathrm{p}}-2f_1$ 的单位负序电压小信号扰动下，频率为 $f_{\mathrm{p}}-2f_1$ 的负序电流小信号响应；$\boldsymbol{Y}^{\mathrm{np}}_{\mathrm{LCC}}$ 为 LCC－HVDC 送端交流端口负序耦合导纳，表示在频率为 $f_{\mathrm{p}}-2f_1$ 的单位负序电压小信号扰动下，频率为 f_{p} 的正序电流小信号响应。

LCC－HVDC 送端交流端口阻抗 $\boldsymbol{Z}_{\mathrm{LCC}}$ 可由交流端口导纳求逆矩阵得到，即

$$\begin{bmatrix}\boldsymbol{Z}^{\mathrm{pp}}_{\mathrm{LCC}} & \boldsymbol{Z}^{\mathrm{pn}}_{\mathrm{LCC}}\\ \boldsymbol{Z}^{\mathrm{np}}_{\mathrm{LCC}} & \boldsymbol{Z}^{\mathrm{nn}}_{\mathrm{LCC}}\end{bmatrix}=\begin{bmatrix}\boldsymbol{Y}^{\mathrm{pp}}_{\mathrm{LCC}} & \boldsymbol{Y}^{\mathrm{np}}_{\mathrm{LCC}}\\ \boldsymbol{Y}^{\mathrm{pn}}_{\mathrm{LCC}} & \boldsymbol{Y}^{\mathrm{nn}}_{\mathrm{LCC}}\end{bmatrix}^{-1} \tag{16-9}$$

式中：$\boldsymbol{Z}^{\mathrm{pp}}_{\mathrm{LCC}}$ 为 LCC－HVDC 送端交流端口正序阻抗；$\boldsymbol{Z}^{\mathrm{pn}}_{\mathrm{LCC}}$ 为 LCC－HVDC 送端交流端口正序耦合阻抗；$\boldsymbol{Z}^{\mathrm{nn}}_{\mathrm{LCC}}$ 为 LCC－HVDC 送端交流端口负序阻抗；$\boldsymbol{Z}^{\mathrm{np}}_{\mathrm{LCC}}$ 为 LCC－HVDC

送端交流端口负序耦合阻抗。

此外，负序阻抗与正序阻抗间的频域关系满足 $\boldsymbol{Z}_{\mathrm{LCC}}^{\mathrm{nn}}=\boldsymbol{Z}_{\mathrm{LCC}}^{\mathrm{pp}*}(\mathrm{j}2\omega_1-s)$，负序耦合阻抗与正序耦合阻抗间的频域关系满足 $\boldsymbol{Z}_{\mathrm{LCC}}^{\mathrm{np}}=\boldsymbol{Z}_{\mathrm{LCC}}^{\mathrm{pn}*}(\mathrm{j}2\omega_1-s)$。

图 16－3 给出了重塑后 LCC－HVDC 送端交流端口阻抗 $\boldsymbol{Z}_{\mathrm{LCC}}$ 解析与扫描结果，图中实线为 $\boldsymbol{Z}_{\mathrm{LCC}}$ 解析结果，离散点通过仿真扫描得到。最小触发角 α_{fmin} 为 5°，LCC－HVDC 主电路参数与表 9－3 一致。由图 16－3 可见，重塑后正序阻抗 $\boldsymbol{Z}_{\mathrm{LCC}}^{\mathrm{pp}}$、正序耦合阻抗 $\boldsymbol{Z}_{\mathrm{LCC}}^{\mathrm{pn}}$、负序阻抗 $\boldsymbol{Z}_{\mathrm{LCC}}^{\mathrm{nn}}$ 以及负序耦合阻抗 $\boldsymbol{Z}_{\mathrm{LCC}}^{\mathrm{np}}$ 解析与仿真扫描结果吻合良好，验证了重塑后 LCC－HVDC 送端交流端口阻抗模型的正确性。

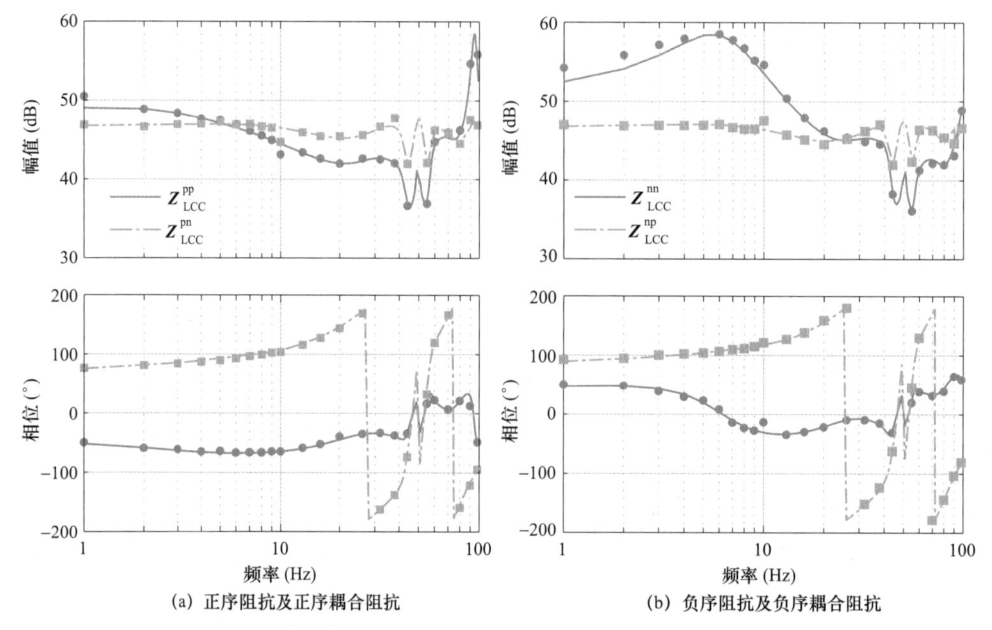

(a) 正序阻抗及正序耦合阻抗　　(b) 负序阻抗及负序耦合阻抗

图 16－3　重塑后 LCC－HVDC 送端交流端口阻抗解析与扫描结果

16.3　LCC－HVDC 阻抗重塑方法

根据第 9 章 LCC－HVDC 阻抗特性分析，LCC－HVDC 送端交流端口阻抗 $\boldsymbol{Z}_{\mathrm{LCC}}$ 由送端换流器阻抗 $\boldsymbol{Z}_{\mathrm{self}}$ 和送端交流滤波器阻抗 $\boldsymbol{Z}_{\mathrm{fflt}}$ 并联构成。$\boldsymbol{Z}_{\mathrm{LCC}}$ 次/超同步频段阻抗特性由 $\boldsymbol{Z}_{\mathrm{self}}$ 主导，100Hz 以上中、高频段阻抗特性由 $\boldsymbol{Z}_{\mathrm{fflt}}$ 主导。送端直流电流控制与送端换流站直流侧阻抗 $\boldsymbol{Z}_{\mathrm{fdc}}$ 存在频带重叠效应，导致 $\boldsymbol{Z}_{\mathrm{LCC}}$ 次/超同步频段产生负阻尼。根据第 13 章新能源发电经直流送出系统振荡分析，新能源发电经 LCC－HVDC 送出系统存在次/

超同步振荡风险。送端换流站改为采用定最小触发角控制，可有效消除送端换流站直流电流控制器与直流侧阻抗 $\boldsymbol{Z}_{\mathrm{fdc}}$ 频带重叠效应，进而消除 $\boldsymbol{Z}_{\mathrm{LCC}}$ 负阻尼。本节将基于送端换流站定最小触发角控制，受端换流站定直流电流控制的振荡抑制策略，实现 LCC－HVDC 次/超同步振荡抑制。

阻抗重塑前后 LCC－HVDC 送端交流端口阻抗 $\boldsymbol{Z}_{\mathrm{LCC}}$ 特性如图 16－4 所示。由图可知，阻抗重塑后，LCC－HVDC 次/超同步频段负阻尼得以消除，验证了阻抗重塑控制策略的有效性。

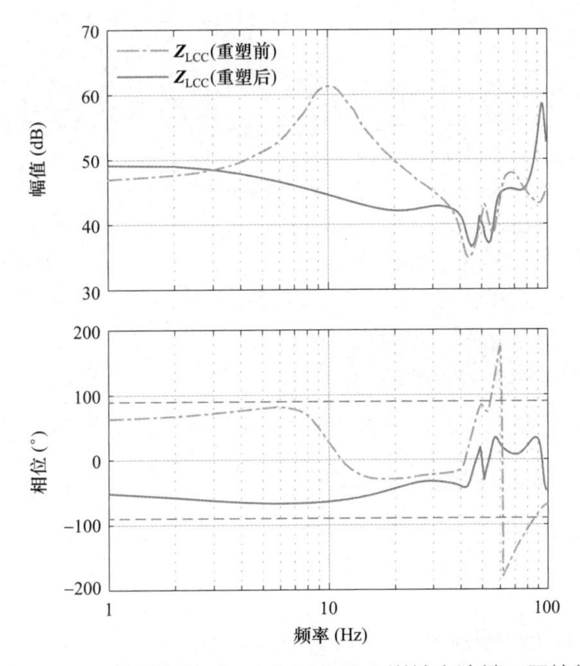

图 16－4　阻抗重塑前后 LCC－HVDC 送端交流端口阻抗特性

基于重塑后 $\boldsymbol{Z}_{\mathrm{LCC}}$ 解析模型，分析阻抗重塑后，送端换流站 PLL 控制以及受端换流站阻抗对 $\boldsymbol{Z}_{\mathrm{LCC}}$ 特性的影响。

16.3.1　送端换流站 PLL 对阻抗特性影响分析

送端换流站 PLL 控制通过 $\boldsymbol{A}_3$、$\boldsymbol{A}_4$ 系数矩阵影响 $\boldsymbol{Z}_{\mathrm{LCC}}$ 特性。分析送端换流站 PLL 控制带宽和相位裕度对 $\boldsymbol{Z}_{\mathrm{LCC}}$ 特性影响。首先，固定送端换流站 PLL 控制相位裕度 θ_{ftc} 为 60°，将其控制带宽 f_{ftc} 分别设置为 10、20、30Hz，分析控制带宽对 $\boldsymbol{Z}_{\mathrm{LCC}}$ 特性影响；然后，固定送端换流站 PLL 控制带宽 f_{ftc} 为 30Hz，将其控制相位裕度 θ_{ftc} 分别设置为 30°、45°、60°，分析相位裕度变化对 $\boldsymbol{Z}_{\mathrm{LCC}}$ 特性影响。送端换流站 PLL 对 LCC－HVDC 送端

交流端口阻抗 $\boldsymbol{Z}_{\mathrm{LCC}}$ 特性影响如图 16－5 所示。

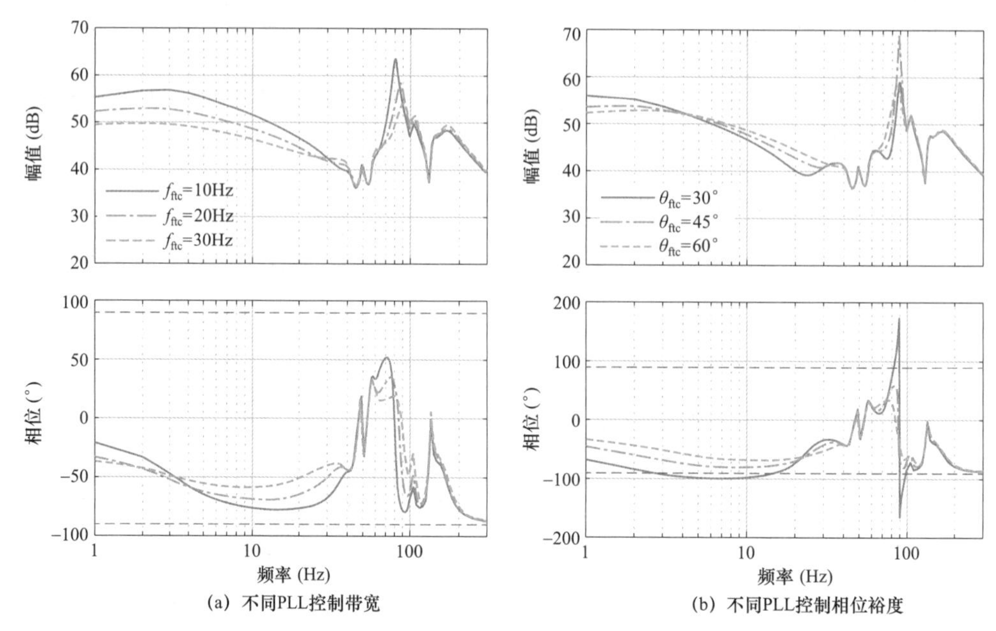

图 16－5　送端换流站 PLL 对 LCC－HVDC 送端交流端口阻抗特性影响

由图 16－5 可知，随着送端换流站 PLL 控制带宽 f_{ftc} 增加，$\boldsymbol{Z}_{\mathrm{LCC}}$ 幅值降低，且次/超同步频段相位远离±90°，$\boldsymbol{Z}_{\mathrm{LCC}}$ 次/超同步频段负阻尼特性得到改善。随着送端换流站 PLL 控制相位裕度 θ_{ftc} 增加，谐振峰附近 $\boldsymbol{Z}_{\mathrm{LCC}}$ 由负阻尼变为正阻尼，负阻尼特性得以消除。LCC－HVDC 阻抗重塑后，送端换流站 PLL 控制带宽 f_{ftc} 和相位裕度 θ_{ftc} 的增大，可有效消除 $\boldsymbol{Z}_{\mathrm{LCC}}$ 负阻尼特性。

16.3.2　受端换流站控制对阻抗特性影响分析

受端换流站直流电流控制经由 $\boldsymbol{\Gamma}_3'$、$\boldsymbol{\Gamma}_4'$ 系数矩阵对阻抗重塑后受端换流站直流端口阻抗 $\boldsymbol{Z}_{\mathrm{edc}}'$ 产生影响，进而影响 LCC－HVDC 送端交流端口阻抗 $\boldsymbol{Z}_{\mathrm{LCC}}$ 特性。受端换流站 PLL 控制经由 $\boldsymbol{\Gamma}_1$、$\boldsymbol{\Gamma}_2$ 环节对 $\boldsymbol{Z}_{\mathrm{LCC}}$ 特性产生影响。

分析受端换流站直流电流控制带宽和相位裕度对 $\boldsymbol{Z}_{\mathrm{LCC}}$ 特性影响。送端换流站 PLL 控制带宽 f_{ftc} 设为 30Hz、相位裕度 θ_{ftc} 设为 60°。在此基础上，首先，固定受端换流站直流电流控制相位裕度 θ_{idc} 为 45°，将其控制带宽 f_{idc} 分别设置为 10、20、30Hz，分析控制带宽对 $\boldsymbol{Z}_{\mathrm{LCC}}$ 特性影响；然后，固定直流电流控制带宽 f_{idc} 为 40Hz，将其相位裕度 θ_{idc} 分别设置为 30°、45°、60°，分析相位裕度对 $\boldsymbol{Z}_{\mathrm{LCC}}$ 特性影响。受端换流站直流电流控制对 LCC－HVDC 送端交流端口阻抗 $\boldsymbol{Z}_{\mathrm{LCC}}$ 特性影响如图 16－6 所示。

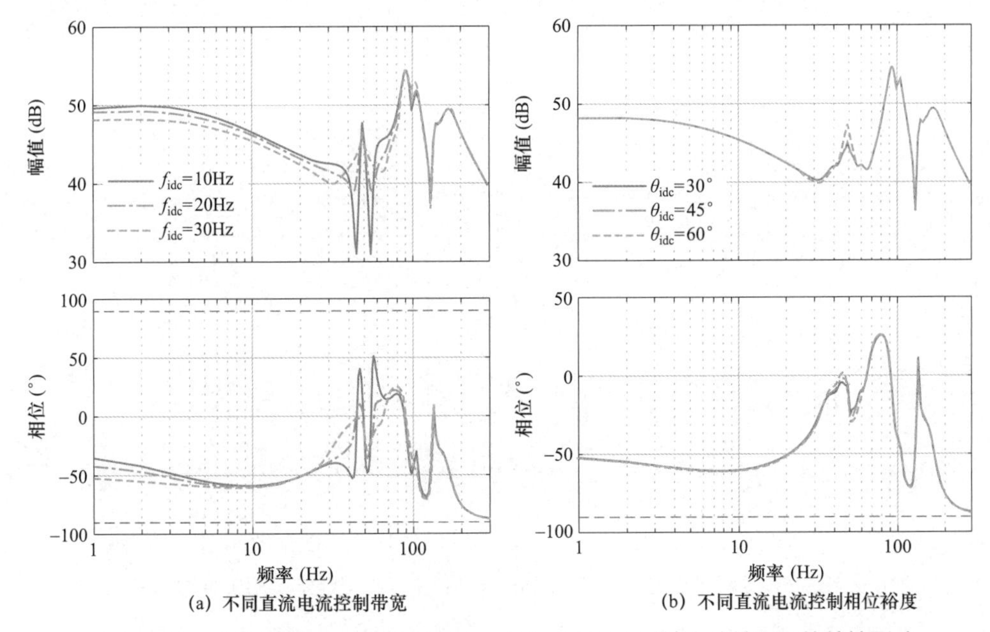

(a) 不同直流电流控制带宽　　(b) 不同直流电流控制相位裕度

图 16－6　受端换流站直流电流控制对 LCC－HVDC 送端交流端口阻抗特性影响

由图 16－6 可知，随着受端换流站直流电流控制带宽 f_{idc} 的增大，$\boldsymbol{Z}_{LCC}$ 次/超同步频段阻尼特性增强，幅值和相位变化更加缓和。受端换流站直流电流控制相位裕度 θ_{idc} 变化对 $\boldsymbol{Z}_{LCC}$ 特性影响相对较小。适当增加 f_{idc} 有利于改善次/超同步频段 $\boldsymbol{Z}_{LCC}$ 阻尼特性。

分析受端换流站 PLL 控制带宽和相位裕度对 $\boldsymbol{Z}_{LCC}$ 特性影响。首先，固定受端换流站 PLL 相位裕度 θ_{etc} 为 45°，将其控制带宽 f_{etc} 分别设置为 10、20、30Hz，分析控制带宽对 $\boldsymbol{Z}_{LCC}$ 特性影响；然后，固定受端换流站 PLL 控制带宽 f_{etc} 为 10Hz，将其相位裕度 θ_{etc} 分别设置为 30°、45°、60°，分析相位裕度对 $\boldsymbol{Z}_{LCC}$ 特性影响。受端换流站 PLL 对 LCC－HVDC 送端交流端口阻抗 $\boldsymbol{Z}_{LCC}$ 特性影响如图 16－7 所示。

由图 16－7 可知，受端换流站 PLL 控制带宽和相位裕度对重塑后 $\boldsymbol{Z}_{LCC}$ 特性影响相对较小。

16.3.3　主电路参数对阻抗特性影响分析

在送、受端换流站控制特性对 $\boldsymbol{Z}_{LCC}$ 影响分析的基础上，分析直流输电线路长度 l_{line} 以及受端电网 SCR 对 $\boldsymbol{Z}_{LCC}$ 特性影响。首先，将受端电网 SCR 设为固定值 3.0，将直流输

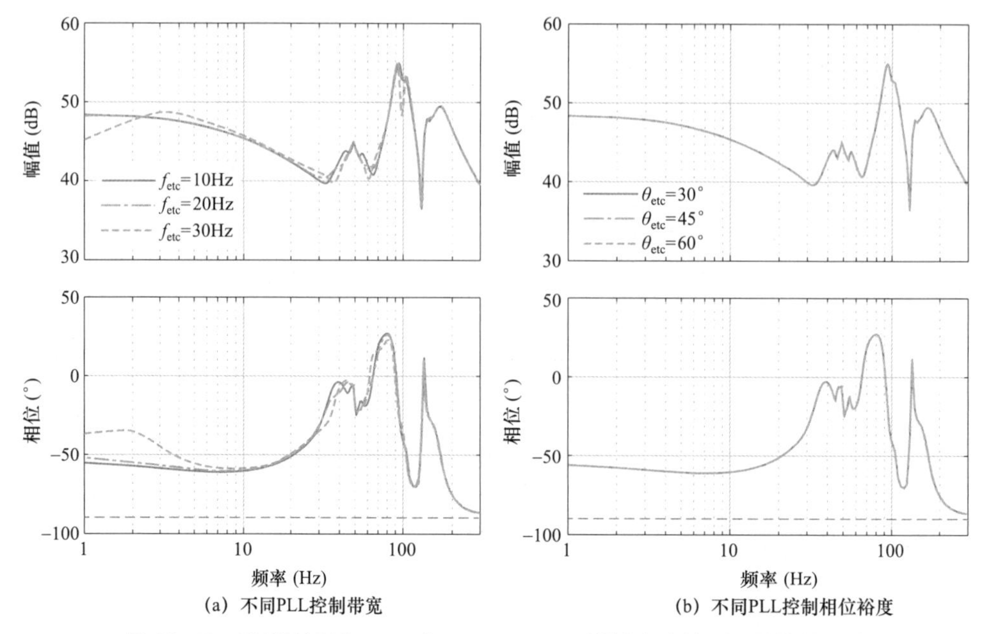

图 16-7 受端换流站 PLL 对 LCC-HVDC 送端交流端口阻抗特性影响

电线路长度 l_{line} 分别设置为 1000、1500、2000km，分析直流输电线路长度对 $\boldsymbol{Z}_{LCC}$ 特性影响；然后，固定直流输电线路长度 l_{line} 为 1000km，将受端电网 SCR 分别设置为 2.0、3.0 和 5.0，分析受端电网 SCR 对 $\boldsymbol{Z}_{LCC}$ 特性影响。主电路参数对 LCC-HVDC 送端交流端口阻抗 $\boldsymbol{Z}_{LCC}$ 特性影响如图 16-8 所示。

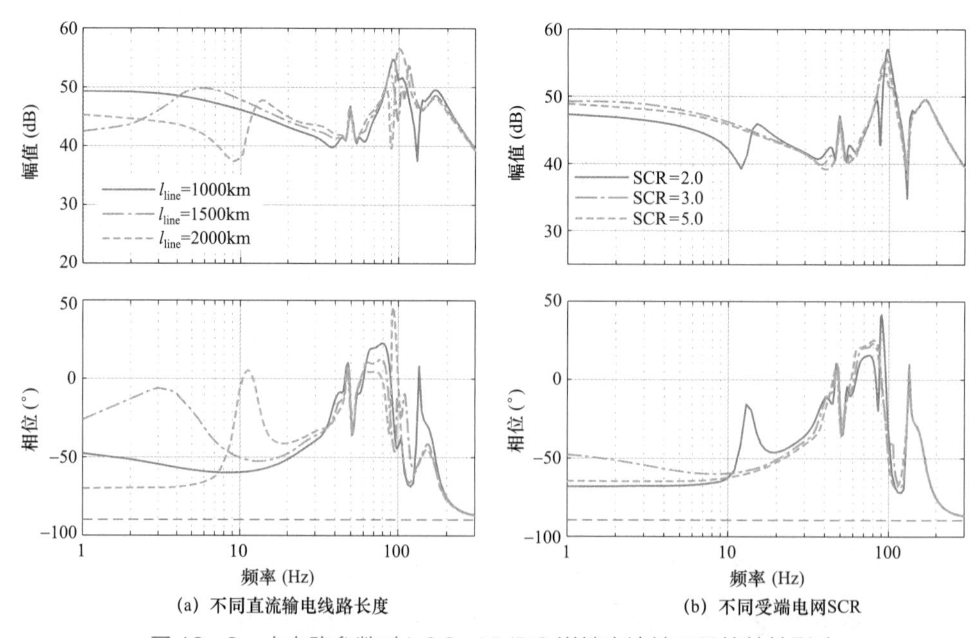

图 16-8 主电路参数对 LCC-HVDC 送端交流端口阻抗特性影响

由图16－8可知，随着受端电网SCR的降低和直流输电线路长度l_{line}的增长，$\boldsymbol{Z}_{LCC}$谐振峰趋近于基频。采用阻抗重塑控制后，$\boldsymbol{Z}_{LCC}$容性负阻尼得以消除。SCR、l_{line}变化均不会导致$\boldsymbol{Z}_{LCC}$出现负阻尼，验证了LCC－HVDC阻抗重塑控制策略的鲁棒性。

16.4 基于LCC－HVDC阻抗重塑的振荡抑制仿真验证

针对新能源发电经LCC－HVDC送出系统振荡问题，基于全电磁暂态仿真平台，验证基于LCC－HVDC阻抗重塑振荡抑制策略的有效性。

16.4.1 PMSG风电场经LCC－HVDC送出系统振荡抑制

以PMSG风电场经LCC－HVDC送出系统为例，开展基于LCC－HVDC阻抗重塑振荡抑制的频域分析。PMSG风电场和LCC－HVDC的仿真参数分别见表13－1和表13－2。LCC－HVDC阻抗重塑前后，PMSG风电场经LCC－HVDC送出系统的振荡风险如图16－9所示。

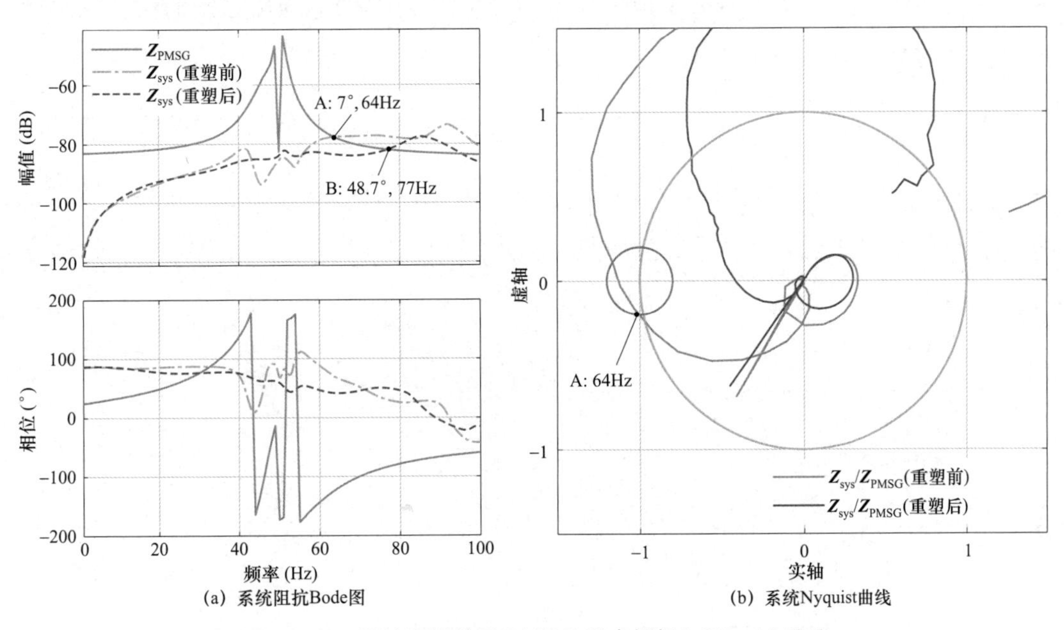

图16－9 阻抗重塑前后PMSG风电场经LCC－HVDC送出系统的振荡风险

由图16-9（a）可知，LCC-HVDC阻抗重塑前，PMSG风电场阻抗$\boldsymbol{Z}_{PMSG}$与风电场并网点系统阻抗$\boldsymbol{Z}_{sys}$在A点（64Hz）幅值相交，相位裕度为7°，系统幅值/相位稳定裕度不足，存在振荡风险。LCC-HVDC阻抗重塑后，PMSG风电场阻抗$\boldsymbol{Z}_{PMSG}$与风电场并网点系统阻抗$\boldsymbol{Z}_{sys}$的交点由A点移至B点（77Hz），相位裕度提升至48.7°，表明LCC-HVDC阻抗重塑后，PMSG风电场经LCC-HVDC送出系统稳定裕度提升，振荡风险消除。

图16-9（b）给出了基于最大峰值Nyquist判据画出半径R_{min}为0.2的禁止区域。由图可知，LCC-HVDC阻抗重塑前，阻抗比$\boldsymbol{Z}_{sys}/\boldsymbol{Z}_{PMSG}$的Nyquist曲线在禁止区域内穿越A点（64Hz），系统存在振荡风险。LCC-HVDC阻抗重塑后，阻抗比$\boldsymbol{Z}_{sys}/\boldsymbol{Z}_{PMSG}$的Nyquist曲线始终处于禁止区域之外，表明LCC-HVDC阻抗重塑可有效消除系统振荡风险。

16.4.2 DFIG风电场经LCC-HVDC送出系统振荡抑制

以DFIG风电场经LCC-HVDC送出系统为例，开展基于LCC-HVDC阻抗重塑振荡抑制的频域分析。DFIG风电场仿真参数见表13-4，LCC-HVDC仿真参数见表13-2。阻抗重塑前后DFIG风电场经LCC-HVDC送出系统的振荡风险如图16-10所示。

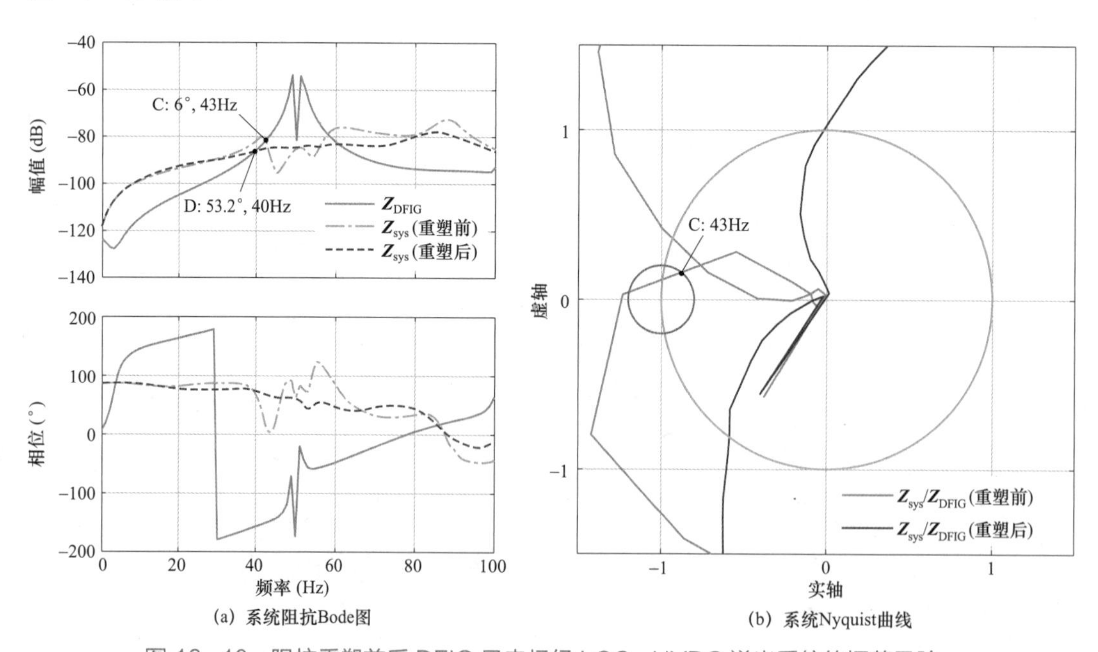

图16-10 阻抗重塑前后DFIG风电场经LCC-HVDC送出系统的振荡风险

由图 16－10（a）可知，LCC－HVDC 阻抗重塑前，DFIG 风电场阻抗 $\boldsymbol{Z}_{\mathrm{DFIG}}$ 与风电场并网点系统阻抗 $\boldsymbol{Z}_{\mathrm{sys}}$ 在 C 点（43Hz）幅值相交，相位裕度为 6°，系统幅值/相位稳定裕度不足，存在振荡风险。LCC－HVDC 阻抗重塑后，DFIG 风电场阻抗 $\boldsymbol{Z}_{\mathrm{DFIG}}$ 与风电场并网点系统阻抗 $\boldsymbol{Z}_{\mathrm{sys}}$ 的交点由 C 点移至 D 点（40Hz），相位裕度提升至 53.2°，表明 LCC－HVDC 阻抗重塑后，DFIG 风电场经 LCC－HVDC 送出系统稳定裕度提升，振荡风险消除。

图 16－10（b）给出了基于最大峰值 Nyquist 判据画出半径 $R_{\min}$ 为 0.2 的禁止区域。由图可知，LCC－HVDC 阻抗重塑前，阻抗比 $\boldsymbol{Z}_{\mathrm{sys}}$ / $\boldsymbol{Z}_{\mathrm{DFIG}}$ 的 Nyquist 曲线在禁止区域中穿过 C 点（43Hz），系统存在振荡风险。LCC－HVDC 阻抗重塑后，阻抗比 $\boldsymbol{Z}_{\mathrm{sys}}$ / $\boldsymbol{Z}_{\mathrm{DFIG}}$ 的 Nyquist 曲线始终位于禁止区域之外，表明 LCC－HVDC 阻抗重塑能有效消除系统振荡风险。

16.4.3　PV 电站经 LCC－HVDC 送出系统振荡抑制

以 PV 电站经 LCC－HVDC 送出系统为例，开展基于 LCC－HVDC 阻抗重塑振荡抑制的频域分析和时域仿真。PV 电站仿真参数见表 13－6，LCC－HVDC 仿真参数见表 13－2。阻抗重塑前后 PV 电站经 LCC－HVDC 送出系统的振荡风险如图 16－11 所示。

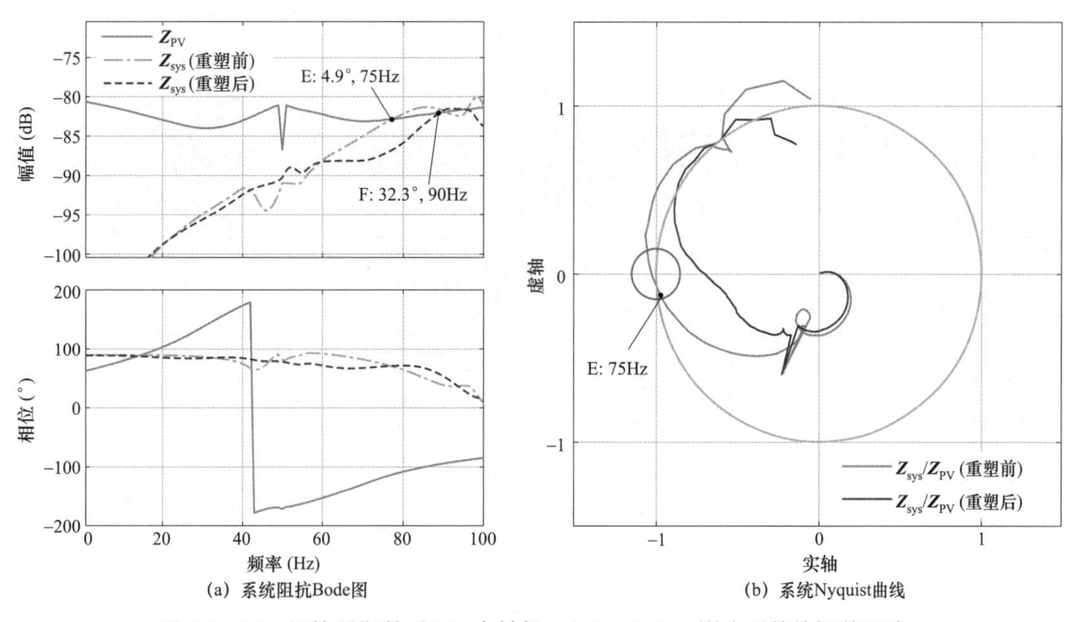

图 16－11　阻抗重塑前后 PV 电站经 LCC－HVDC 送出系统的振荡风险

由图 16－11（a）可知，LCC－HVDC 阻抗重塑前，PV 电站阻抗 $\boldsymbol{Z}_{\mathrm{PV}}$ 与电站并网点系统阻抗 $\boldsymbol{Z}_{\mathrm{sys}}$ 在 E 点（75Hz）幅值相交，相位裕度为 4.9°，系统幅值/相位稳定裕度不足，存在振荡风险。LCC－HVDC 阻抗重塑后，PV 电站阻抗 $\boldsymbol{Z}_{\mathrm{PV}}$ 与电站并网点系统阻抗 $\boldsymbol{Z}_{\mathrm{sys}}$ 的交点由 E 点移至 F 点（90Hz），相位裕度提升至 32.3°，表明 LCC－HVDC 阻抗重塑后，PV 电站经 LCC－HVDC 送出系统稳定裕度提升，振荡风险消除。

图 16－11（b）给出了基于最大峰值 Nyquist 判据画出半径 $R_{\min}$ 为 0.15 的禁止区域。由图可知，LCC－HVDC 阻抗重塑前，阻抗比 $\boldsymbol{Z}_{\mathrm{sys}}/\boldsymbol{Z}_{\mathrm{PV}}$ 的 Nyquist 曲线在禁止区域内穿越 E 点（75Hz），系统存在振荡风险。LCC－HVDC 阻抗重塑后，阻抗比 $\boldsymbol{Z}_{\mathrm{sys}}/\boldsymbol{Z}_{\mathrm{PV}}$ 的 Nyquist 曲线始终处于禁止区域之外，表明 LCC－HVDC 阻抗重塑能有效消除系统振荡风险。

基于上述分析，对 PV 电站经 LCC－HVDC 送出系统振荡抑制开展时域仿真，PV 电站经 LCC－HVDC 送出系统振荡抑制仿真结果如图 16－12 所示。由图可知，

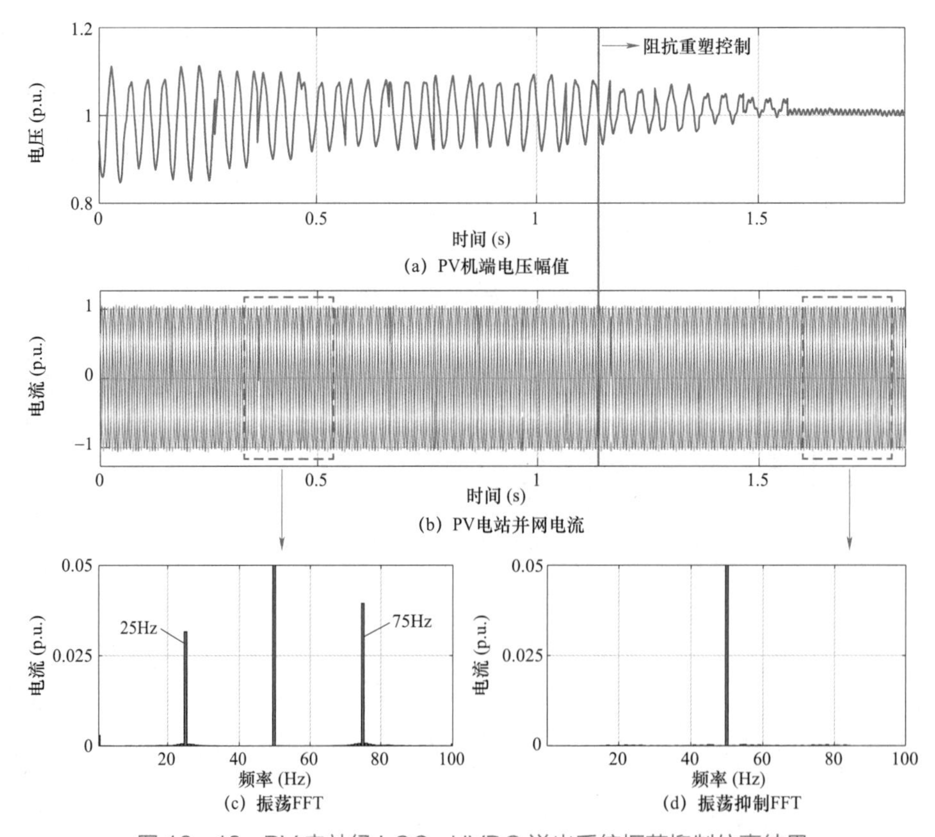

图 16－12　PV 电站经 LCC－HVDC 送出系统振荡抑制仿真结果

LCC－HVDC 阻抗重塑前，PV 电站并网电流波形振荡明显。FFT 分析结果显示，PV 电站经 LCC－HVDC 送出系统发生 75Hz 正序振荡，并产生 25Hz 正序耦合振荡分量。$t=1.2$s 启用 LCC－HVDC 阻抗重塑控制，PV 电站并网电压、电流振荡幅度逐渐减小，400ms 后振荡消除。FFT 分析结果表明，阻抗重塑后系统振荡得到有效抑制。仿真结果验证了基于 LCC－HVDC 阻抗重塑振荡抑制策略的有效性。

第 17 章　基于柔性直流输电阻抗重塑的振荡抑制

针对新能源发电经 MMC－HVDC 送出系统宽频振荡抑制问题，通过 MMC－HVDC 阻抗重塑可实现振荡抑制。但是，基于绝缘门极双极型晶体管（insulated-gate bipolar transistor，IGBT）全控型器件的 MMC－HVDC 与基于半控型晶闸管器件的 LCC－HVDC 由于工作原理不同，导致两者的控制策略存在较大差别。与 LCC－HVDC 控制策略相比，MMC－HVDC 控制环路相对灵活，控制器带宽覆盖频带范围更宽，控制策略改进空间更大。

本章首先提出了基于 MMC－HVDC 阻抗重塑的振荡抑制策略，针对次同步频段提出了环流有源阻尼阻抗重塑策略，针对高频段提出了电容电流有源阻尼阻抗重塑策略；然后，考虑到不同频段间的阻抗相互影响，提出了控制策略改进与控制参数优化相结合的阻抗重塑控制方法，完成不同频段阻抗阻尼特性优化与相位补偿消除各频段负阻尼，实现 MMC－HVDC 宽频带阻抗重塑；最后，依托全电磁暂态仿真平台，验证 MMC－HVDC 阻抗重塑控制策略以及控制器参数优化取值抑制宽频振荡的有效性。

17.1　MMC－HVDC 阻抗重塑控制策略

基于控制策略改进与控制参数优化，本节将对孤岛模式下 MMC－HVDC 送端阻抗进行重塑。首先，提出 MMC－HVDC 阻抗重塑控制策略；其次，建立计及阻抗重塑的 MMC－HVDC 阻抗模型；然后，给出控制参数取值方法；最后，对基于 MMC－HVDC 阻抗重塑的振荡抑制策略进行仿真验证。

17.1.1　频段 I_{MMC} 阻抗重塑策略

MMC－HVDC 环流控制与主电路的频带重叠效应，导致频段 I_{MMC} 呈现负阻尼。采用基于环流前馈的虚拟电阻控制策略，增强环流控制阻尼特性，消除频段 I_{MMC} 负阻尼。基于环流前馈的虚拟电阻控制结构如图 17－1 所示。图中，R_d 为虚拟电阻。

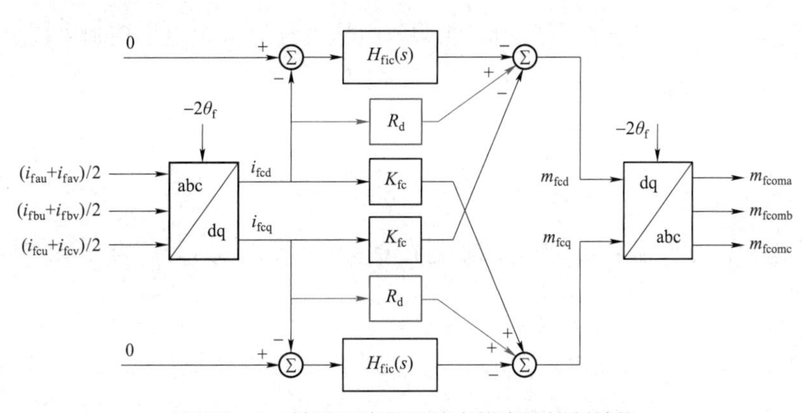

图 17－1　基于环流前馈的虚拟电阻控制结构

17.1.2　频段Ⅲ$_{MMC}$阻抗重塑策略

根据 MMC－HVDC 阻抗特性分析，当送端 MMC 交流电流控制相位裕度 θ_{fiac} 较小时，延时与送端 MMC 交流电流控制的频带重叠效应，导致频段Ⅲ$_{MMC}$呈现容性负阻尼。可通过合理选取 θ_{fiac}，消除频段Ⅲ$_{MMC}$容性负阻尼。

17.1.3　频段Ⅳ$_{MMC}$阻抗重塑策略

延时与主电路的频带重叠效应，导致频段Ⅳ$_{MMC}$呈现容性负阻尼。MMC－HVDC 该频段负阻尼特性产生原理与新能源机组相似。本节将借鉴新能源机组的阻抗重塑方法，采用基于电容电流前馈的有源阻尼控制策略。在 MMC－HVDC 送端交流端口并联滤波电容，并引入电容电流前馈通路，对频段Ⅳ$_{MMC}$阻抗相位进行补偿。基于电容电流前馈的有源阻尼控制结构如图 17－2 所示。图中，i_{Cfa}、i_{Cfb}、i_{Cfc} 为滤波电容三相交流电流，i_{Cfd}、i_{Cfq} 为滤波电容交流电流 d、q 轴分量。

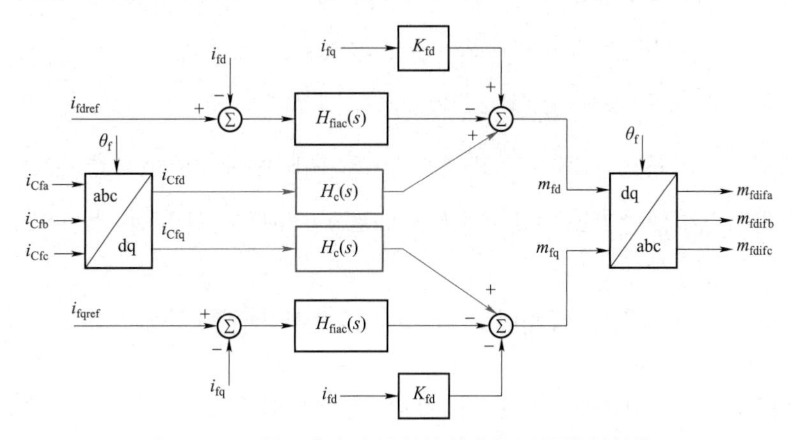

图 17－2　基于电容电流前馈的有源阻尼控制结构

为避免频段IV_{MMC}阻抗重塑影响其他频段阻抗特性，有源阻尼控制采用超前滞后校正环节，其传递函数为

$$H_c(s)=k_c\cdot\frac{s/\omega_{c1}+1}{s/\omega_{c2}+1} \tag{17-1}$$

式中：k_c 为有源阻尼系数；ω_{c1} 为有源阻尼控制器角频率下限；ω_{c2} 为有源阻尼控制器角频率上限。

通过设置k_c，可调节频段IV_{MMC}阻尼特性；通过合理设置ω_{c1}、ω_{c2}，实现$H_c(s)$控制作用覆盖频段IV_{MMC}负阻尼频率范围。

17.2　计及阻抗重塑的 MMC-HVDC 阻抗模型

在 MMC-HVDC 控制电路小信号频域建模的基础上，加入虚拟电阻控制以及有源阻尼控制后，送端 MMC 的 a 相桥臂共模调制信号小信号向量 $\hat{\boldsymbol{m}}_{fcoma}$ 的表达式为

$$\hat{\boldsymbol{m}}_{fcoma}=(\boldsymbol{G}_{f3}+\Delta\boldsymbol{G}_{f3})\boldsymbol{D}_{f3}\hat{\boldsymbol{i}}_{au} \tag{17-2}$$

式中：$\Delta\boldsymbol{G}_{f3}$ 为阻抗重塑引入的系数矩阵，除下述元素外，其余元素均为 0。

$$\Delta\boldsymbol{G}_{f3}(g+k+1,g+k+1)=\frac{1-(-1)^k}{2}\cdot\left|\mathrm{mod}(k+1,3)\right|\cdot R_d \tag{17-3}$$

送端 MMC 的 a 相桥臂差模调制信号小信号向量 $\hat{\boldsymbol{m}}_{fdifa}$ 的表达式为

$$\hat{\boldsymbol{m}}_{fdifa}=\boldsymbol{G}_{f1}\boldsymbol{D}_{f1}\hat{\boldsymbol{i}}_{fau}+(\boldsymbol{G}_{f2}+\Delta\boldsymbol{G}'_{f2})\boldsymbol{D}_{f2}\hat{\boldsymbol{v}}_{fa} \tag{17-4}$$

式中：$\Delta\boldsymbol{G}'_{f2}$ 为阻抗重塑引入的系数矩阵，除下述元素外，其余元素均为 0。

$$\begin{cases}\Delta\boldsymbol{G}'_{f2}(g-1,g-1)=\mathrm{j}2\pi(f_p-2f_1)C_f\cdot H_c[\mathrm{j}2\pi(f_p-f_1)]\\ \Delta\boldsymbol{G}'_{f2}(g+1,g+1)=\mathrm{j}2\pi f_pC_f\cdot H_c[\mathrm{j}2\pi(f_p-f_1)]\end{cases} \tag{17-5}$$

根据式（17-2）和式（17-4），将送端 MMC 调制信号频域小信号模型代入 MMC-HVDC 主电路频域小信号模型，可得计及阻抗重塑的 MMC-HVDC 阻抗模型。

17.3　MMC-HVDC 阻抗重塑方法

本节将根据 MMC-HVDC 阻抗重塑策略，依次对频段I_{MMC}、III_{MMC}、IV_{MMC}进行阻抗重塑。首先，采用基于环流前馈的虚拟电阻控制策略，消除频段I_{MMC}负阻尼；然后，

合理选取送端 MMC 交流电流控制相位裕度，消除频段Ⅲ$_{\text{MMC}}$负阻尼；最后，采用基于电容电流前馈的有源阻尼控制策略，消除Ⅳ$_{\text{MMC}}$负阻尼。

以某型号 MMC－HVDC 为例进行阻抗重塑，重塑前 MMC－HVDC 阻抗特性如图 17－3 所示。由图可知，频段 Ⅰ$_{\text{MMC}}$、Ⅲ$_{\text{MMC}}$、Ⅳ$_{\text{MMC}}$均存在负阻尼。

17.3.1　频段 Ⅰ$_{\text{MMC}}$阻抗重塑方法

采用基于环流前馈的虚拟电阻控制策略，消除频段 Ⅰ$_{\text{MMC}}$ 负阻尼。将虚拟电阻 R_{d} 分别设置为 0、3.125×10^{-5}、3.125×10^{-4}，虚拟电阻对频段 Ⅰ$_{\text{MMC}}$ 阻抗特性影响如图 17－4 所示。

由图 17－4 可知，与 $R_{\text{d}}=0$（即无虚拟电阻控制）相比，虚拟电阻控制能够有效改善频段 Ⅰ$_{\text{MMC}}$ 负阻尼。随着虚拟电阻 R_{d} 的增大，负阻尼最终得以消除。并且，环流控制主要影响频段 Ⅰ$_{\text{MMC}}$ 阻抗特性，虚拟电阻控制也主要影响频段 Ⅰ$_{\text{MMC}}$ 阻抗特性，对其他频段阻抗特性基本无影响。上述分析验证了虚拟电阻控制对频段 Ⅰ$_{\text{MMC}}$ 阻抗重塑的有效性。

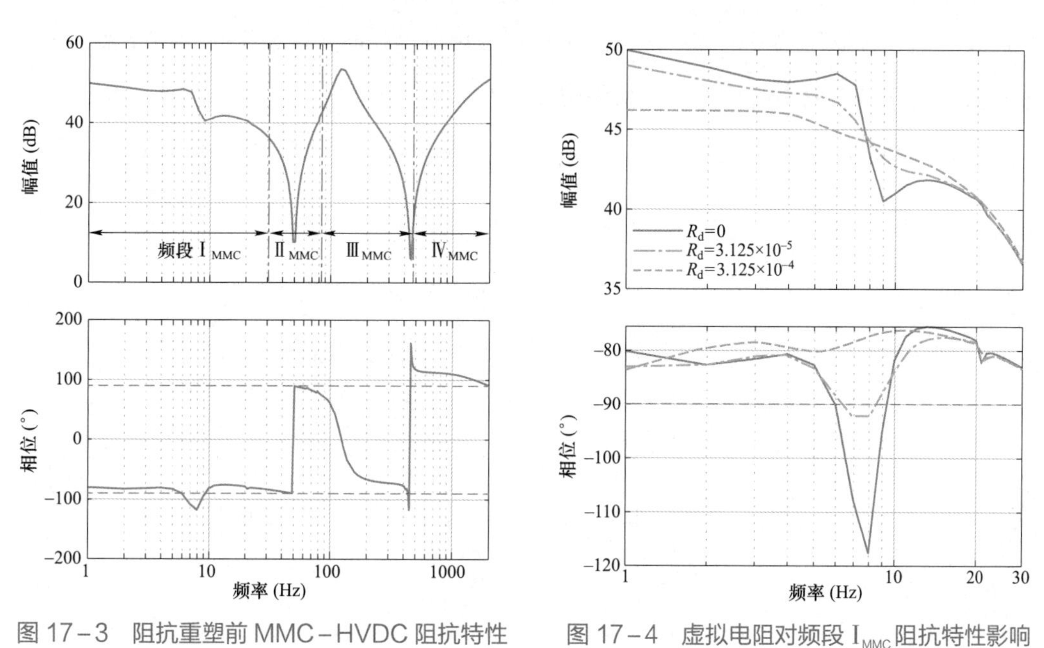

图 17－3　阻抗重塑前 MMC－HVDC 阻抗特性　　图 17－4　虚拟电阻对频段 Ⅰ$_{\text{MMC}}$阻抗特性影响

17.3.2　频段Ⅲ$_{\text{MMC}}$阻抗重塑方法

频段Ⅲ$_{\text{MMC}}$阻抗特性由送端 MMC 交流电流控制主导。当送端 MMC 交流电流控制相位裕度 θ_{fiac} 较小时，其与延时的频带重叠效应，导致 MMC－HVDC 阻抗呈现负阻尼。

本节将分析θ_{fiac}对频段Ⅲ$_{MMC}$阻尼特性影响，并通过θ_{fiac}合理取值，消除频段Ⅲ$_{MMC}$负阻尼。固定送端 MMC 交流电流控制带宽f_{fiac}为 300Hz，将其相位裕度θ_{fiac}分别设为10°、20°、45°，送端 MMC 交流电流控制相位裕度对频段Ⅲ$_{MMC}$阻抗特性影响如图 17－5 所示。

由图 17－5 可知，随着送端 MMC 交流电流控制相位裕度θ_{fiac}的增大，频段Ⅲ$_{MMC}$容性负阻尼得以消除。此外，θ_{fiac}对频段Ⅰ$_{MMC}$阻抗特性产生影响。随着θ_{fiac}的增大，频段Ⅰ$_{MMC}$阻尼特性增强。通过增加送端 MMC 交流电流控制相位裕度θ_{fiac}，可有效消除频段Ⅲ$_{MMC}$负阻尼，并改善频段Ⅰ$_{MMC}$阻尼特性。

17.3.3　频段Ⅳ$_{MMC}$阻抗重塑方法

延时与送端 MMC 桥臂电感的频带重叠效应，导致频段Ⅳ$_{MMC}$呈现负阻尼。借鉴新能源机组阻抗重塑方法，在 MMC－HVDC 交流端口并联滤波电容，并引入电容电流前馈通路，采用基于电容电流前馈的有源阻尼控制，消除频段Ⅳ$_{MMC}$负阻尼。

首先，仅考虑并联滤波电容对频段Ⅳ$_{MMC}$阻抗特性影响，如图 17－6 所示。由图可知，交流端口并联电容后，频段Ⅳ$_{MMC}$阻抗幅值出现谐振峰。阻抗在谐振频率之前为感性负阻尼，在谐振频率之后为容性负阻尼。

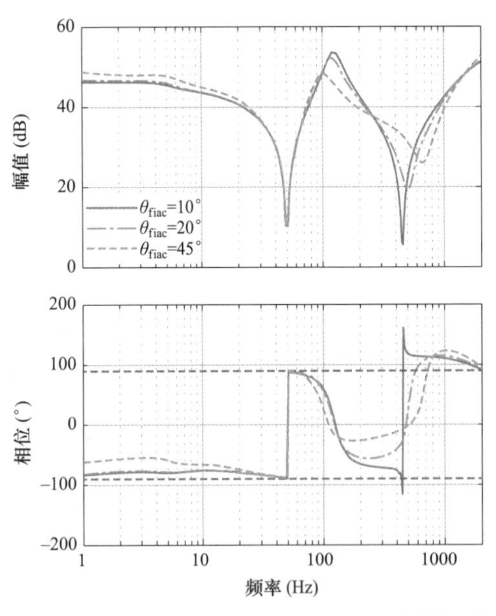

图 17－5　送端 MMC 交流电流控制相位裕度对频段Ⅲ$_{MMC}$阻抗特性影响

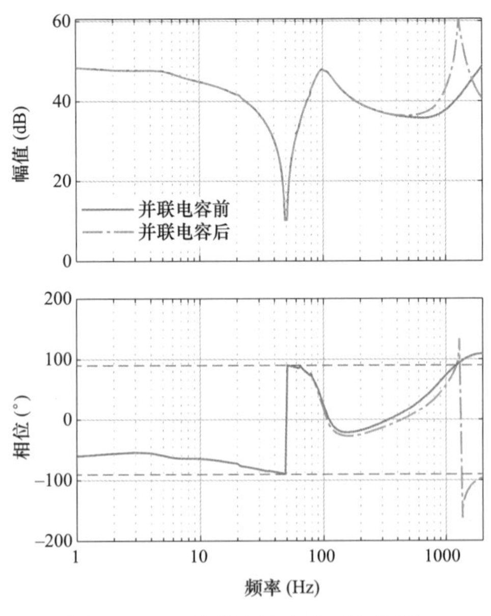

图 17－6　并联滤波电容对频段Ⅳ$_{MMC}$阻抗特性影响

然后，选取有源阻尼控制参数，分析有源阻尼控制对频段Ⅳ$_{MMC}$ 阻抗特性影响。设置有源阻尼控制器 $H_c(s)$ 的角频率下限 ω_{c1} 及角频率上限 ω_{c2}，实现 $H_c(s)$ 控制作用的中心频率位于频段Ⅳ$_{MMC}$ 谐振频率。通过调整有源阻尼系数 k_c，实现频段Ⅳ$_{MMC}$ 阻抗重塑。将 k_c 分别设置为 0、-2.3×10^{-5} 和 -4.6×10^{-5}，有源阻尼系数对频段Ⅳ$_{MMC}$ 阻抗特性影响如图 17－7 所示。

由图 17－7 可知，与 $k_c=0$（即无有源阻尼控制）相比，引入有源阻尼控制后，频段Ⅳ$_{MMC}$ 负阻尼特性得到改善。随着有源阻尼系数 k_c 增大，频段Ⅳ$_{MMC}$ 负阻尼得以消除。通过引入有源阻尼控制，并合理设置有源阻尼系数 k_c，能消除频段Ⅳ$_{MMC}$ 负阻尼，验证了有源阻尼控制的有效性。

综上所述，依次对频段Ⅰ$_{MMC}$、Ⅲ$_{MMC}$、Ⅳ$_{MMC}$进行阻抗重塑，可有效改善 MMC－HVDC 负阻尼，阻抗重塑前后 MMC－HVDC 阻抗特性如图 17－8 所示。

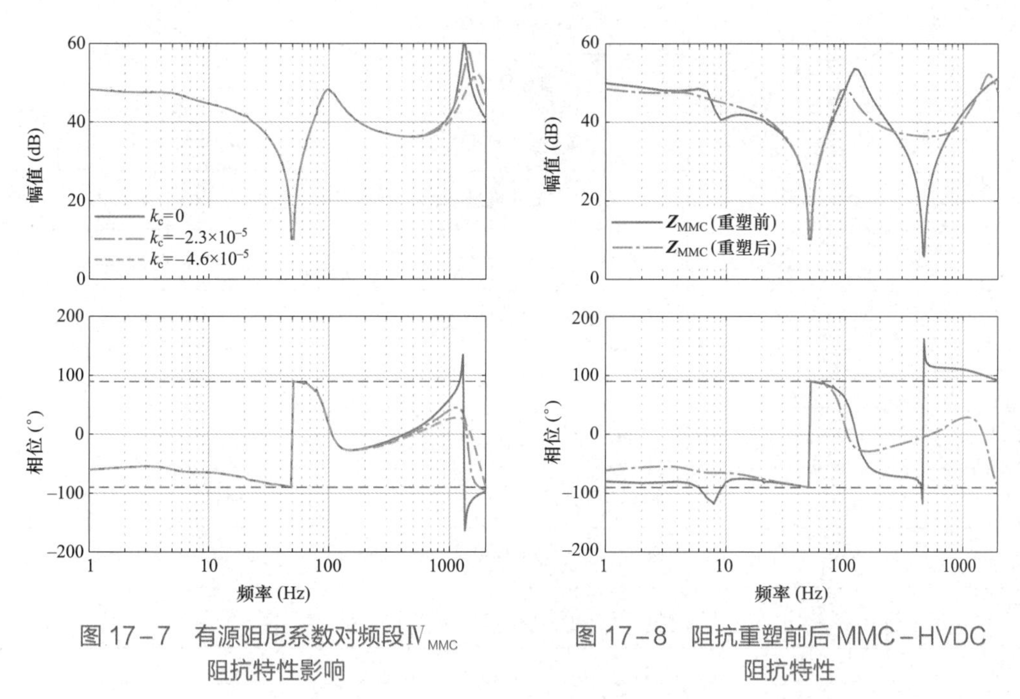

图 17－7　有源阻尼系数对频段Ⅳ$_{MMC}$ 阻抗特性影响

图 17－8　阻抗重塑前后 MMC－HVDC 阻抗特性

17.4　基于 MMC－HVDC 阻抗重塑的振荡抑制仿真验证

针对新能源发电经 MMC－HVDC 送出系统振荡问题，基于全电磁暂态仿真平台，验证基于 MMC－HVDC 阻抗重塑振荡抑制策略的有效性。

17.4.1　PMSG 风电场经 MMC－HVDC 送出系统振荡抑制

以 PMSG 风电场经 MMC－HVDC 送出系统为例，开展基于 MMC－HVDC 阻抗重塑振荡抑制的频域分析和时域仿真。PMSG 风电场仿真参数如表 17－1 所示，MMC－HVDC 仿真参数如表 17－2 所示。MMC－HVDC 阻抗重塑前后，PMSG 风电场经 MMC－HVDC 送出系统的振荡风险如图 17－9 所示。

表 17－1　　　　PMSG 风电场仿真参数

参数	定义	数值
N_{PMSG}	PMSG 风电机组数目	1250 台
P_N	额定功率	1.5MW
P_{ref}	有功功率参考指令	0.5p.u.
V_1	交流电压基频分量幅值	690V
f_1	基波频率	50Hz
k_T	交流变压器变比	0.69kV/35kV
R_s	发电机定子绕组电阻	0.001Ω
L_{sd}、L_{sq}	PMSG 定子绕组 d、q 轴电感	0.2699、0.283mH
L_f	GSC 交流滤波电感	0.1mH
V_{dc}	直流电压稳态值	1500V
K_{pp}、K_{pi}	PLL 控制器比例、积分系数	0.2198、4.8706
K_{gip}、K_{gii}	GSC 交流电流控制器比例、积分系数	8.5442×10^{-5}、0.4351
K_{sip}、K_{sii}	MSC 交流电流控制器比例、积分系数	1.1404×10^{-5}、6.3172×10^{-5}
K_{pep}、K_{pei}	MSC 有功功率控制器比例、积分系数	5×10^{-6}、0.0200
K_{qep}、K_{qei}	GSC 无功功率控制器比例、积分系数	5.9207×10^{-4}、0.0322
K_{vdcp}、K_{vdci}	直流电压控制器比例、积分系数	1.3591、31
K_{sd}	MSC 交流电流控制器解耦系数	2.3160×10^{-5}
K_{gd}	GSC 交流电流控制器解耦系数	4.2341×10^{-4}

表 17－2　MMC－HVDC 仿真参数

参数	定义	数值
P_N	额定功率	1000MW
V_{dcref}	直流电压参考指令	640kV
V_{f1}、V_{e1}	送、受端交流电压基频分量幅值	230kV
k_T	交流变压器变比	230kV/310kV
N_f、N_e	送、受端 MMC 桥臂子模块数量	256
C_{fsm}、C_{esm}	送、受端 MMC 子模块电容	8mF
L_{farm}、L_{earm}	送、受端 MMC 桥臂电感	46.6mH
SCR	受端电网短路比	3.0
l_{line}	直流线路长度	200km
R_{dcL}	每节 Π 型电路等效电阻	0.005 Ω/km
L_{dcL}	每节 Π 型电路等效电感	0.45mH/km
C_{dcL}	每节 Π 型电路等效电容	0.015μF/km
K_{vacp}、K_{vaci}	交流电压控制器比例、积分系数	0.0500、4
K_{fiacp}、K_{fiaci}	送端 MMC 交流电流控制器比例、积分系数	1.2085×10^{-5}、6.6947×10^{-4}
K_{ficp}、K_{fici}	送端 MMC 环流控制器比例、积分系数	2.0800×10^{-5}、0.0079
K_{epp}、K_{epi}	受端换流站 PLL 控制器比例、积分系数	3.2247×10^{-4}、0.0175
K_{vdcp}、K_{vdci}	直流电压控制器比例、积分系数	0.0100、0.0300
K_{eiacp}、K_{eiaci}	受端 MMC 交流电流控制器比例、积分系数	3.4595×10^{-5}、0.0119
K_{eicp}、K_{eici}	受端 MMC 环流控制器比例、积分系数	1.5625×10^{-4}、0.0079

由图 17－9（a）可知，MMC－HVDC 阻抗重塑前，MMC－HVDC 阻抗 $\boldsymbol{Z}_{MMC}$ 与 PMSG 风电场阻抗 $\boldsymbol{Z}_{PMSG}$ 在 A 点（17Hz）幅值相交，相位裕度为 9°，系统稳定裕度不足，存在振荡风险。MMC－HVDC 阻抗重塑后，MMC－HVDC 阻抗 $\boldsymbol{Z}_{MMC}$ 与 PMSG 风电场阻抗

$\boldsymbol{Z}_{\mathrm{PMSG}}$的幅值交点由 A 点移至 B 点（2Hz），相位裕度提升至 50.5°。由此表明 MMC－HVDC 阻抗重塑后，PMSG 风电场经 MMC－HVDC 送出系统稳定裕度提升，振荡风险消除。

图 17－9（b）给出了基于最大峰值 Nyquist 判据画出半径 $R_{\min}$ 为 0.2 的禁止区域。由图可知，MMC－HVDC 阻抗重塑前，阻抗比 $\boldsymbol{Z}_{\mathrm{MMC}}/\boldsymbol{Z}_{\mathrm{PMSG}}$ 的 Nyquist 曲线在禁止区域内穿过 A 点（17Hz），系统存在振荡风险，将发生 17Hz 正序振荡，并产生 83Hz 正序耦合振荡分量。MMC－HVDC 阻抗重塑后，阻抗比 $\boldsymbol{Z}_{\mathrm{MMC}}/\boldsymbol{Z}_{\mathrm{PMSG}}$ 的 Nyquist 曲线始终位于禁止区域之外，表明 MMC－HVDC 阻抗重塑能有效消除系统振荡风险。

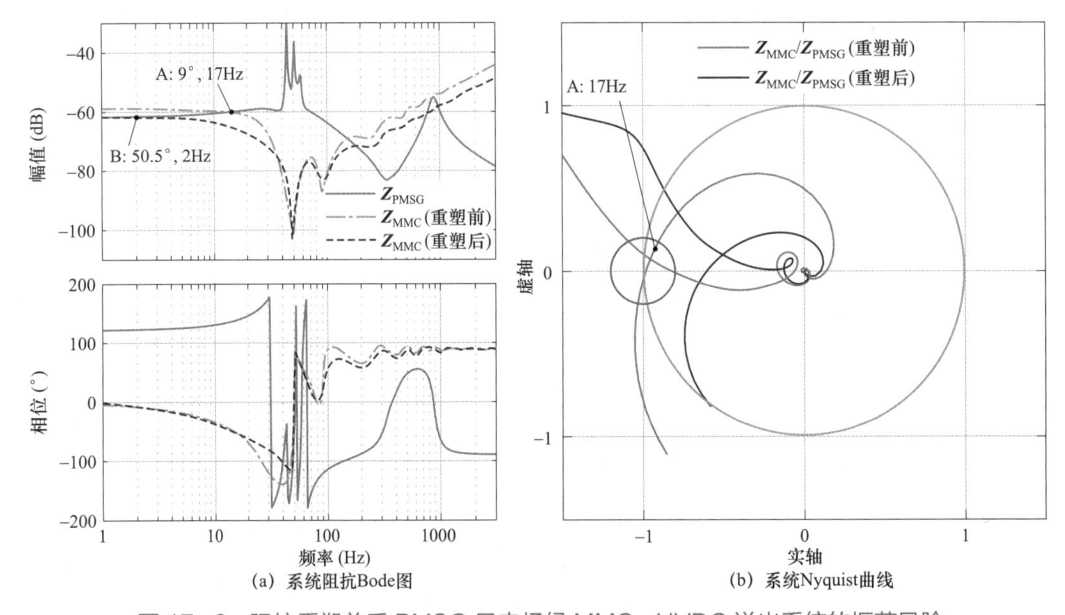

图 17－9　阻抗重塑前后 PMSG 风电场经 MMC－HVDC 送出系统的振荡风险

基于上述分析，对 PMSG 风电场经 MMC－HVDC 送出系统振荡抑制开展仿真验证，PMSG 风电场经 MMC－HVDC 送出系统振荡抑制仿真结果如图 17－10 所示。

由图 17－10 可知，MMC－HVDC 阻抗重塑前，PMSG 风电场并网电流波形振荡明显。FFT 分析结果显示，PMSG 风电场经 MMC－HVDC 送出系统发生 17Hz 正序振荡，并产生 83Hz 正序耦合振荡分量。t=2s 启用 MMC－HVDC 阻抗重塑控制，PMSG 风电场并网电流振荡消除。FFT 分析结果表明，阻抗重塑后系统振荡得到有效抑制。仿真结果验证了基于 MMC－HVDC 阻抗重塑振荡抑制策略的有效性。

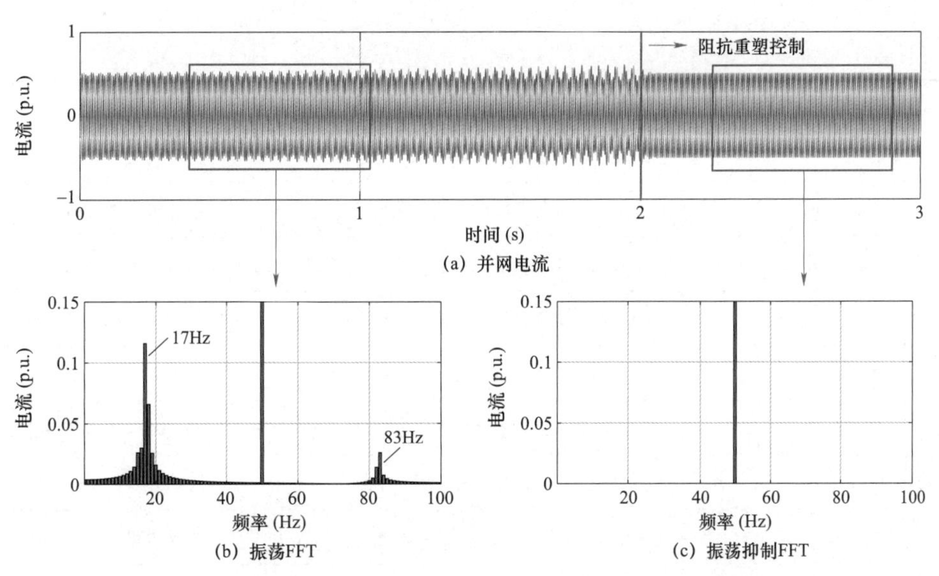

(a) 并网电流
(b) 振荡FFT
(c) 振荡抑制FFT

图 17-10　PMSG 风电场经 MMC-HVDC 送出系统振荡抑制仿真结果

17.4.2　DFIG 风电场经 MMC-HVDC 送出系统振荡抑制

以 DFIG 风电场经 MMC-HVDC 送出系统为例，开展基于 MMC-HVDC 阻抗重塑振荡抑制的频域分析和时域仿真。DFIG 风电场仿真参数如表 17-3 所示，MMC-HVDC 仿真参数如表 17-2 所示。MMC-HVDC 阻抗重塑前后，DFIG 风电场经 MMC-HVDC 送出系统的振荡风险如图 17-11 所示。

表 17-3　　DFIG 风电场仿真参数

参数	定义	数值
N_{DFIG}	DFIG 风电机组数目	420 台
P_N	额定功率	1.5MW
V_1	交流电压基频分量幅值	690V
f_1	基波频率	50Hz
k_T	交流变压器变比	0.69kV/35kV
R_s、R_r	发电机定、转子绕组电阻	0.0022、0.0027Ω
L_{1s}、L_{1r}	DFIG 定、转子绕组漏感	1.4437×10^{-4}、1.0913×10^{-4}mH
L_{ms}、L_{mr}	DFIG 定、转子绕组互感	0.0041mH
L_f	GSC 交流滤波电感	0.7mH
V_{dc}	直流电压稳态值	1500V

续表

参数	定义	数值
K_e	定转子匝数比	3
K_{pp}、K_{pi}	PLL 控制器比例、积分系数	0.1048、2.3967
K_{gip}、K_{gii}	GSC 交流电流控制器比例、积分系数	0.0016、3.7600
K_{rip}、K_{rii}	RSC 交流电流控制器比例、积分系数	1.4359×10^{-5}、7.5702×10^{-5}
K_{pep}、K_{pei}	有功功率控制器比例、积分系数	6×10^{-4}、0.0020
K_{qep}、K_{qei}	无功功率控制器比例、积分系数	6×10^{-4}、0.0020
K_{vdcp}、K_{vdci}	直流电压控制器比例、积分系数	3.9301、155
K_{gd}	GSC 交流电流控制解耦系数	3.3000×10^{-5}
K_{rd}	RSC 交流电流控制解耦系数	1.8744×10^{-4}

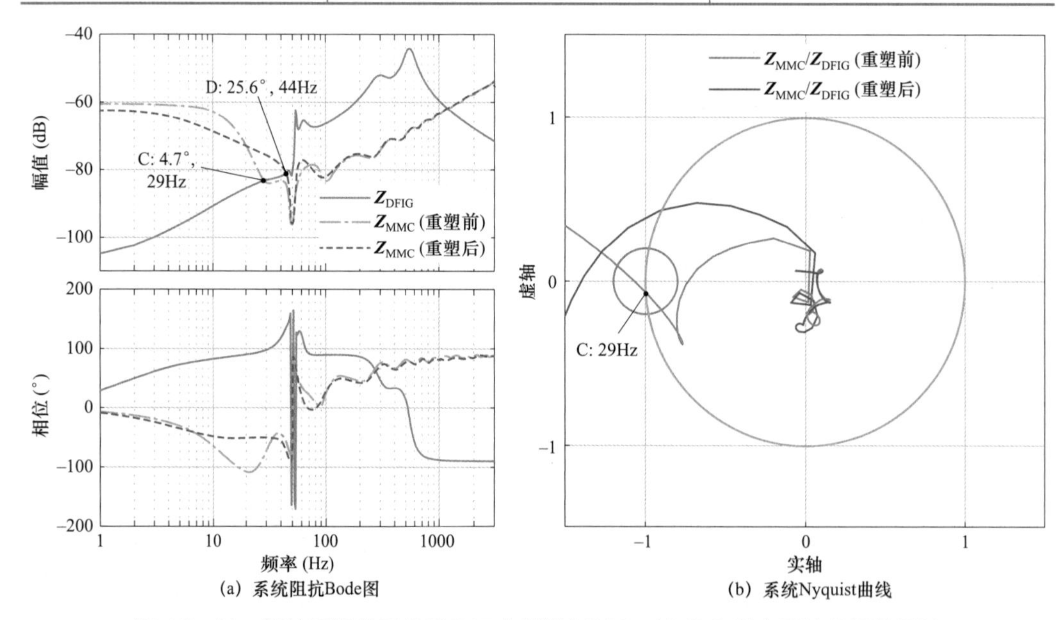

图 17-11　阻抗重塑前后 DFIG 风电场经 MMC-HVDC 送出系统的振荡风险

由图 17-11（a）可知，MMC-HVDC 阻抗重塑前，MMC-HVDC 阻抗 $\boldsymbol{Z}_{MMC}$ 与 DFIG 风电场阻抗 $\boldsymbol{Z}_{DFIG}$ 在 C 点（29Hz）幅值相交，相位裕度为 4.7°，系统稳定裕度不足，存在振荡风险。MMC-HVDC 阻抗重塑后，MMC-HVDC 阻抗 $\boldsymbol{Z}_{MMC}$ 与 DFIG 风电场阻抗 $\boldsymbol{Z}_{DFIG}$ 的幅值交点由 C 点移至 D 点（44Hz），相位裕度提升至 25.6°。由此表明 MMC-HVDC 阻抗重塑后，DFIG 风电场经 MMC-HVDC 送出系统稳定裕度提升，振

荡风险消除。

图 17-11（b）给出了基于最大峰值 Nyquist 判据画出半径 R_{min} 为 0.2 的禁止区域。由图可知，MMC-HVDC 阻抗重塑前，阻抗比 $\boldsymbol{Z}_{MMC}/\boldsymbol{Z}_{DFIG}$ 的 Nyquist 曲线在禁止区域穿过 A 点（29Hz），系统存在振荡风险，将发生 29Hz 正序振荡，并产生 71Hz 正序耦合振荡分量。MMC-HVDC 阻抗重塑后，阻抗比 $\boldsymbol{Z}_{MMC}/\boldsymbol{Z}_{DFIG}$ 的 Nyquist 曲线始终位于禁止区域之外，表明 MMC-HVDC 阻抗重塑能有效消除系统振荡风险。

基于上述分析，对 DFIG 风电场经 MMC-HVDC 送出系统振荡抑制开展仿真验证，DFIG 风电场经 MMC-HVDC 送出系统振荡抑制仿真结果如图 17-12 所示。

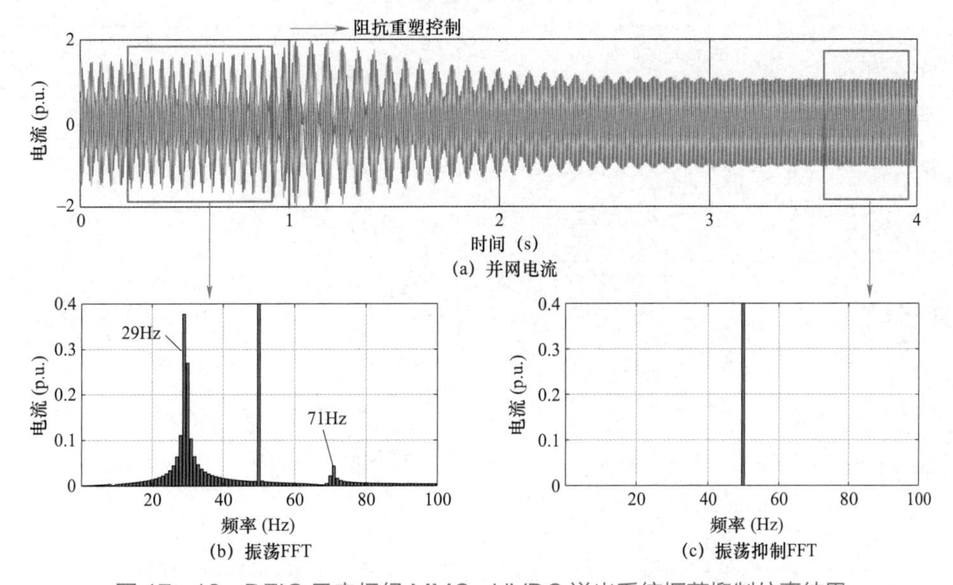

图 17-12 DFIG 风电场经 MMC-HVDC 送出系统振荡抑制仿真结果

由图 17-12 可知，MMC-HVDC 阻抗重塑前，DFIG 风电场并网电流波形振荡明显。FFT 分析结果显示，DFIG 风电场经 MMC-HVDC 送出系统发生了 29Hz 正序振荡，并产生 71Hz 正序耦合振荡分量。$t=1$s 启用 MMC-HVDC 阻抗重塑控制，DFIG 风电场并网电流振荡消除。FFT 分析结果表明，阻抗重塑后系统振荡得到抑制。仿真结果验证了基于 MMC-HVDC 阻抗重塑振荡抑制策略的有效性。

17.4.3 MMC-HVDC 与架空线路高频振荡抑制

以交流架空线路接入 MMC-HVDC 为例，开展基于 MMC-HVDC 阻抗重塑振荡抑制的频域分析和时域仿真。MMC-HVDC 仿真参数如表 17-2 所示，交流架空线路的

仿真参数如表 17–4 所示。重塑前后 MMC–HVDC 与交流架空线路的振荡风险如图 17–13 所示。

表 17–4　　交流架空线路仿真参数

参数	定义	数值
R_{acL}	交流输电线路电阻	1mΩ/km
L_{acL}	交流输电线路电感	0.1mH/km
C_{acL}	交流输电线路电容	0.18μF/km
l_{line}	交流输电线路长度	5km

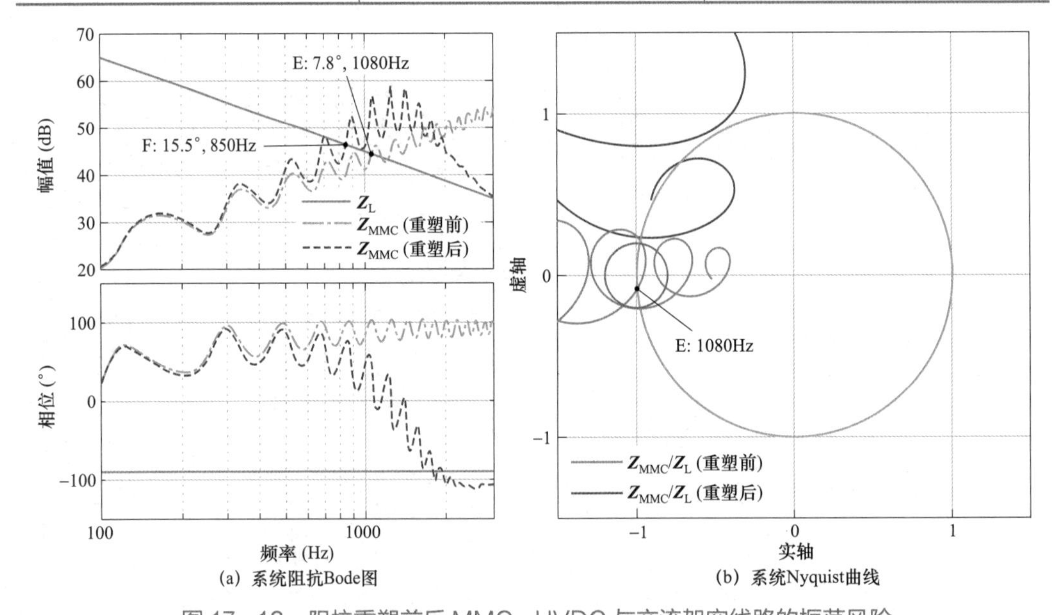

(a) 系统阻抗Bode图　　(b) 系统Nyquist曲线

图 17–13　阻抗重塑前后 MMC–HVDC 与交流架空线路的振荡风险

由图 17–13（a）可知，MMC–HVDC 阻抗重塑前，MMC–HVDC 阻抗 $\boldsymbol{Z}_{MMC}$ 与交流架空线路阻抗 $\boldsymbol{Z}_L$ 在 E 点（1080Hz）幅值相交，相位裕度为 7.8°，系统稳定裕度不足，存在高频振荡风险。MMC–HVDC 阻抗重塑后，MMC–HVDC 阻抗 $\boldsymbol{Z}_{MMC}$ 与交流架空线路阻抗 $\boldsymbol{Z}_L$ 的幅值交点由 E 点移至 F 点（850Hz），相位裕度提升至 15.5°。由此表明阻抗重塑后，MMC–HVDC 与交流架空线路系统稳定裕度提升，振荡风险消除。

图 17–13（b）给出了基于最大峰值 Nyquist 判据画出半径 R_{min} 为 0.2 的禁止区域。由图可知，MMC–HVDC 阻抗重塑前，阻抗比 $\boldsymbol{Z}_{MMC} / \boldsymbol{Z}_L$ 的 Nyquist 曲线在禁止区域内穿过 E 点（1080Hz），系统存在振荡风险，将发生 1080Hz 正序振荡，并产生 980Hz 负

序耦合振荡分量。MMC－HVDC 阻抗重塑后，阻抗比 $\boldsymbol{Z}_{\mathrm{MMC}}/\boldsymbol{Z}_{\mathrm{L}}$ 的 Nyquist 曲线始终位于禁止区域之外，表明阻抗重塑能有效消除 MMC－HVDC 与交流架空线路系统振荡风险。

基于上述分析，对 MMC－HVDC 与交流架空线路系统振荡抑制开展仿真验证，MMC－HVDC 与交流架空线路系统振荡抑制仿真结果如图 17－14 所示。

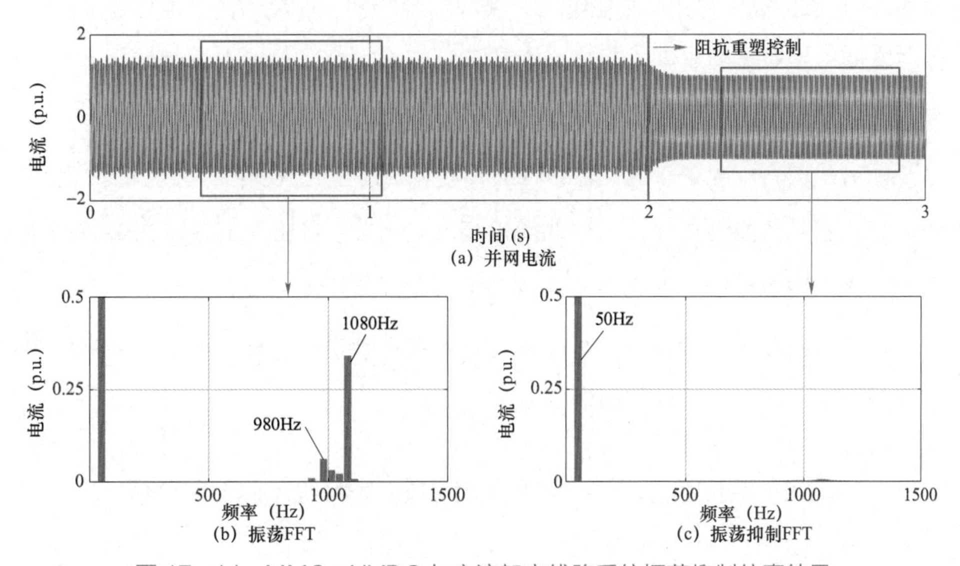

图 17－14　MMC－HVDC 与交流架空线路系统振荡抑制仿真结果

由图 17－14 可知，MMC－HVDC 在阻抗重塑前，MMC－HVDC 与交流架空线路系统发生 1080Hz 正序振荡，并产生 980Hz 负序耦合振荡分量。t=2s 启用 MMC－HVDC 阻抗重塑控制，系统电流振荡消除。FFT 分析结果表明，阻抗重塑后系统振荡得到抑制。仿真结果验证了基于 MMC－HVDC 阻抗重塑振荡抑制策略的有效性。

第 18 章　新能源并网系统振荡工程案例

自 2009 年起，美国得州、德国北海，我国新疆哈密、河北沽源、吉林通榆等陆续发生新能源并网系统宽振荡事故，振荡频率从数赫到数百赫，导致大范围新能源及火电机组脱网、送出能力受限、弃风弃光增加，甚至输变电设备损坏。

本章针对我国新疆哈密 PMSG、DFIG 风电场分别与交流弱电网发生的次/超同步振荡问题，河北张北新能源孤岛接入张北柔性直流电网发生的振荡问题，内蒙古锡盟大规模风电集中接入锡泰直流送端电网的宽频振荡问题，依托全电磁暂态仿真平台，分析了系统振荡机理，确定了振荡主导装置，提出了振荡抑制策略，并开展了振荡抑制现场试验，有效解决了上述重大工程的振荡问题。

18.1　PMSG 风电场接入交流弱电网次/超同步振荡

本节首先介绍 2016 年哈密北部片区大规模 PMSG 风电场次/超同步振荡情况；然后，依托全电磁暂态仿真平台，开展系统振荡风险分析，确定振荡主导装置；最后，提出基于 PMSG 机组阻抗重塑的振荡抑制策略，有效解决工程现场次/超同步振荡问题。

18.1.1　工程概况

哈密南—郑州特高压直流工程是国家实施疆电外送战略，实施西北地区大型火、风、光电力打捆送出的首个特高压直流工程。工程起于新疆哈密，止于河南郑州，直流输电线路全长 2210km，额定电压±800kV，输电容量 800 万 kW。送端天山换流站配套 3 座装机容量为 2×66 万 kW 的火力发电厂。该工程已于 2014 年 1 月投入运行。

哈密风电装机主要分布在北部、东部、中西部和东北部四个片区，风电经多级升压、汇集后集中外送。电网采用辐射型结构。截至 2016 年 4 月底，哈密北部片区各汇集站共接入 20 座风电场，总容量约 1989MW。其中，PMSG 风电场装机容量 1567MW，DFIG 风电场装机容量 422MW。各风电场经 110kV 线路接入 220kV 汇集站，各 220kV 汇集站经 220kV 线路接入 750kV 三塘湖汇集站，750kV 汇集站经长距离（约 300km）线路、哈

密汇集站，最终接入天山换流站。风电场接入哈密电网拓扑结构如图 18－1 所示。

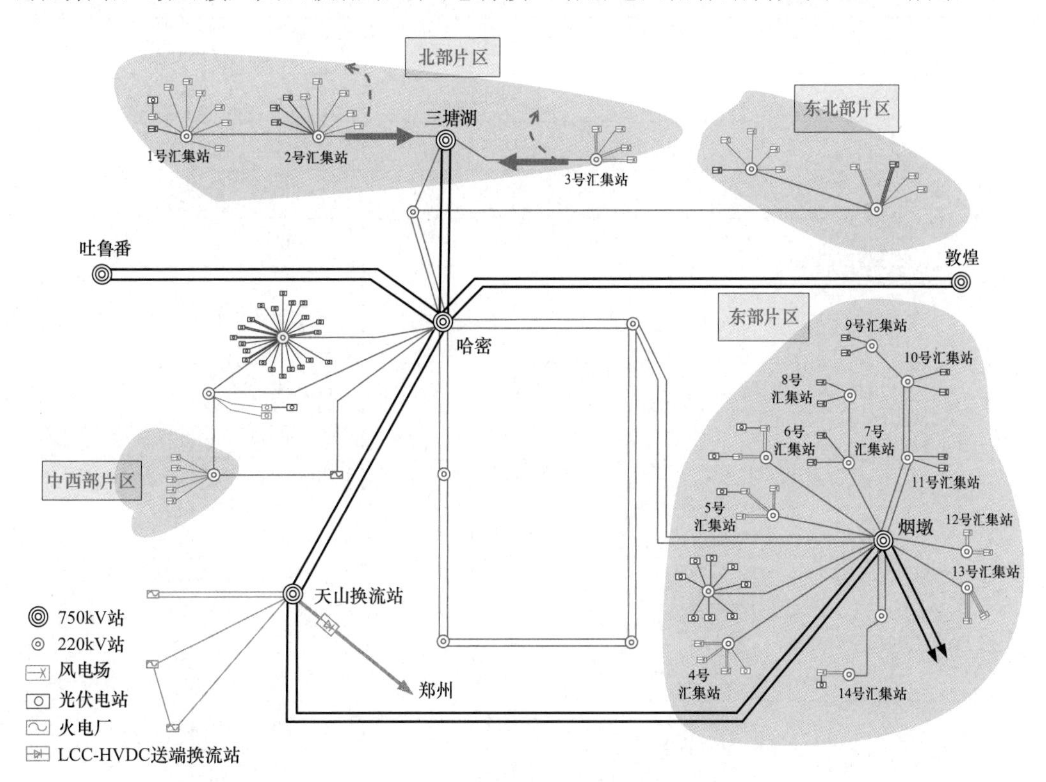

图 18－1　风电场接入哈密电网拓扑结构

自 2015 年 7 月至 2016 年 4 月，哈密北部片区陆续发生了 100 余次振荡事件，引发风电机组大规模脱网，甚至导致 3 台 66 万 kW 配套火电机组跳机，直流功率紧急下调 150 万 kW，电网电压大幅波动，严重影响电网安全运行。

以 2016 年 4 月 25 日发生的振荡事件为例，哈密北部片区各风电场信息如表 18－1 所示。

表 18－1　　　　2016 年 4 月 25 日哈密北部片区各风电场信息

汇集站序号	风电场序号	机组类型	装机容量（MW）	有功功率（MW）
1	1	PMSG	75	309
		DFIG	24	
	2	PMSG	49.5	
	3	DFIG	50	
	4	PMSG	49.5	

续表

<table>
<tr><th>汇集站序号</th><th>风电场序号</th><th>机组类型</th><th>装机容量（MW）</th><th>有功功率（MW）</th></tr>
<tr><td rowspan="4">1</td><td>5</td><td>PMSG</td><td>49.5</td><td rowspan="4">309</td></tr>
<tr><td>6</td><td>DFIG</td><td>100</td></tr>
<tr><td>7</td><td>PMSG</td><td>49.5</td></tr>
<tr><td>8</td><td>PMSG</td><td>49.5</td></tr>
<tr><td rowspan="9">2</td><td>9</td><td>PMSG</td><td>198</td><td rowspan="9">660</td></tr>
<tr><td>10</td><td>PMSG</td><td>99</td></tr>
<tr><td>11</td><td>PMSG</td><td>198</td></tr>
<tr><td>12</td><td>DFIG</td><td>49.5</td></tr>
<tr><td>13</td><td>DFIG</td><td>49.5</td></tr>
<tr><td>14</td><td>PMSG</td><td>49.5</td></tr>
<tr><td>15</td><td>DFIG</td><td>49.5</td></tr>
<tr><td rowspan="2">16</td><td>DFIG</td><td>49.5</td></tr>
<tr><td>DFIG</td><td>49.5</td></tr>
<tr><td rowspan="4">3</td><td>17</td><td>PMSG</td><td>201</td><td rowspan="4">589</td></tr>
<tr><td>18</td><td>PMSG</td><td>99</td></tr>
<tr><td>19</td><td>PMSG</td><td>201</td></tr>
<tr><td>20</td><td>PMSG</td><td>199.5</td></tr>
</table>

18.1.2　振荡分析

从时域、频域两方面开展振荡分析。首先，基于现场录波数据对振荡电流的频率特征进行分析；然后，基于哈密电网参数计算各风电场并网点等效 SCR，并基于 CHIL 仿真平台扫描风电机组阻抗；最后，以风电场并网点为分析端口，开展系统振荡风险的频域分析，确定引发系统振荡的主导装置。

18.1.2.1　时域分析

对 2016 年 4 月 25 日现场振荡录波数据进行 FFT 分析，哈密北部片区各汇集站振荡电流频率特征如表 18－2 所示。由表可知，系统发生 23Hz/77Hz 正序振荡。其中，北部片区 3 号汇集站振荡电流分量最高。

表 18-2　　哈密北部片区各汇集站振荡电流频率特征

汇集站/换流站	正序振荡频率特征	
	振荡频率（Hz）	振荡分量（%）
1 号汇集站	23/77	0.4/0.6
2 号汇集站	23/77	0.7/1
3 号汇集站	23/77	4.3/4.9
三塘湖汇集站	23/77	1.8/2
哈密汇集站	23/77	0.4/0.7
吐鲁番汇集站	23/77	0.9/0.8
敦煌汇集站	23/77	1.5/1.6
天山换流站	23/77	0.5/0.7

根据各汇集站振荡电流频率特征可知，系统振荡主要由哈密北部片区 3 号汇集站引发。哈密北部片区 3 号汇集站振荡波形及 FFT 结果如图 18-2 所示。由图可知，该汇集站发生 23Hz/77Hz 次/超同步振荡，且均为正序分量。

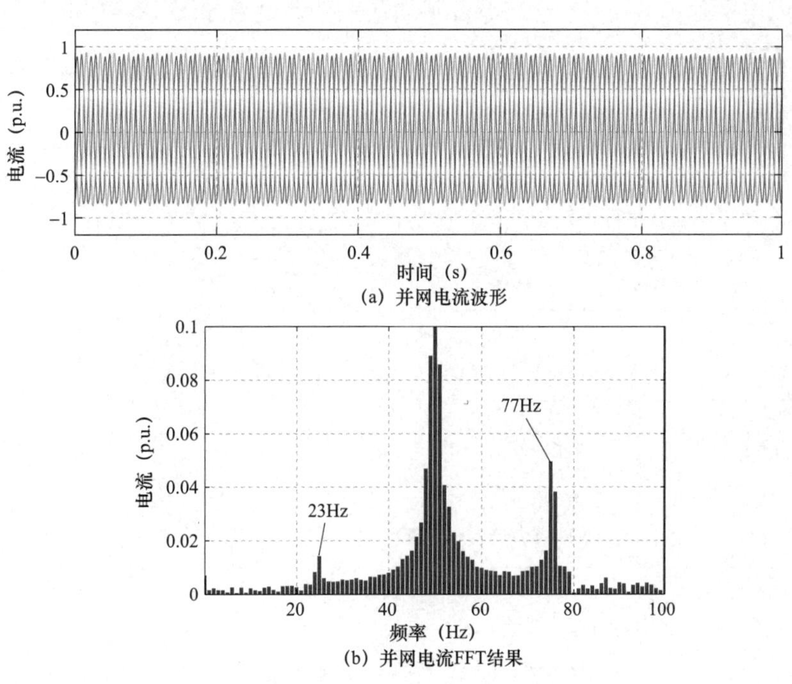

图 18-2　哈密北部片区 3 号汇集站振荡波形及 FFT 结果

18.1.2.2 频域分析

以哈密北部片区 3 号汇集站为对象，对其风电场并网振荡风险进行频域阻抗分析。根据哈密电网各场站并网功率、输电线路电抗、变压器电抗等参数，计算 3 号汇集站各风电场并网点等效 SCR。哈密北部片区 3 号汇集站各风电场等效 SCR 如表 18－3 所示。

表 18－3 哈密北部片区 3 号汇集站各风电场等效 SCR

风电场序号	机组类型	等效 SCR
17	PMSG	1.62
18	PMSG	1.93
19	PMSG	1.81
20	PMSG	1.77

3 号汇集站各风电场均由同一型号 PMSG 机组构成。选取 17 号风电场进行振荡风险分析。基于现场 PMSG 机组控制器构建 CHIL 仿真平台，开展 PMSG 机组宽频阻抗扫描。基于单机阻抗和风电场参数，建立 17 号 PMSG 风电场阻抗 $\boldsymbol{Z}_{\text{PMSG}}$ 。根据风电场并网点等效 SCR 获取电网阻抗 $\boldsymbol{Z}_{\text{g}}$ 。17 号 PMSG 风电场的振荡风险如图 18－3 所示。

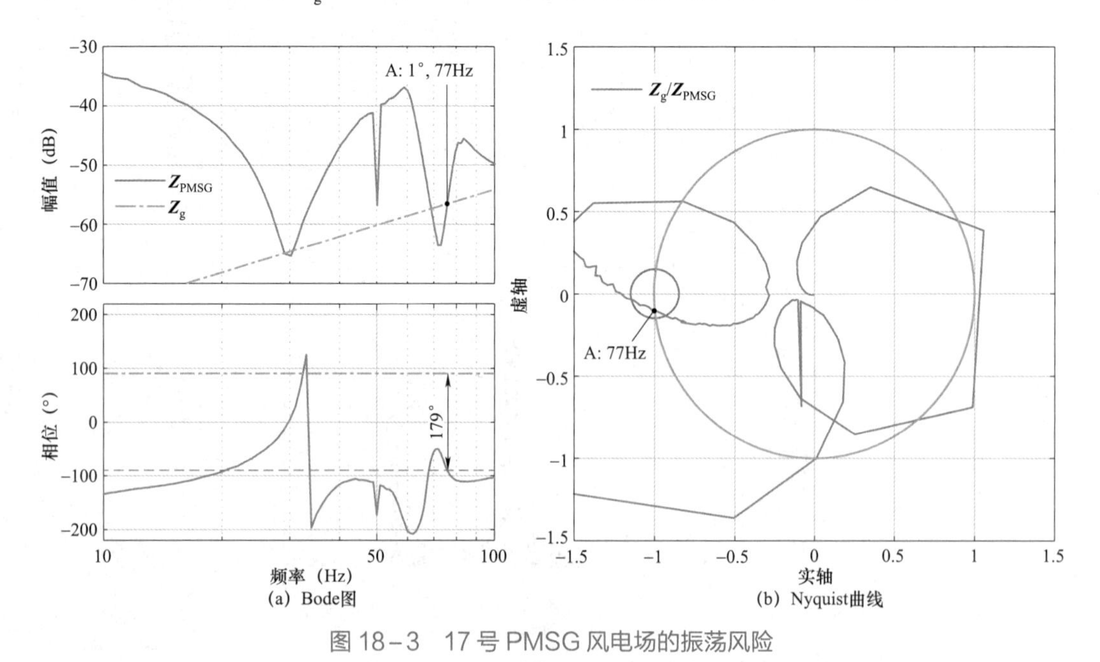

图 18－3 17 号 PMSG 风电场的振荡风险

由图 18－3（a）可知，17 号 PMSG 风电场阻抗 $\boldsymbol{Z}_{\text{PMSG}}$ 在超同步频段呈现容性负阻尼，

交流电网阻抗 $\boldsymbol{Z}_g$ 呈现弱电网感性。$\boldsymbol{Z}_{PMSG}$ 与 $\boldsymbol{Z}_g$ 在 A 点（77Hz）幅值相交，相位裕度为 1°，系统幅值/相位稳定裕度不足，存在振荡风险。图 18－3（b）给出了基于最大峰值 Nyquist 判据画出的半径 R_{min} 为 0.15 的禁止区域。由图可知，阻抗比 $\boldsymbol{Z}_g / \boldsymbol{Z}_{PMSG}$ 的 Nyquist 曲线在禁止区域中穿过 A 点（77Hz），系统存在振荡风险，将发生 77Hz 振荡，并产生 23Hz 的耦合振荡分量，且均为正序。频域分析结果与图 18－2 所示现场录波 FFT 结果一致。

18.1.3　振荡抑制

根据 PMSG 机组阻抗特性分析，在超同步频段 PMSG 机组阻抗同时受 PLL 和 GSC 交流电流控制影响，呈现容性负阻尼特性。通过 PLL 与 GSC 交流电流控制参数改进，可实现 PMSG 机组阻抗重塑，进而抑制 PMSG 风电场次/超同步振荡。PMSG 机组阻抗重塑后，17 号 PMSG 风电场的振荡风险如图 18－4 所示。

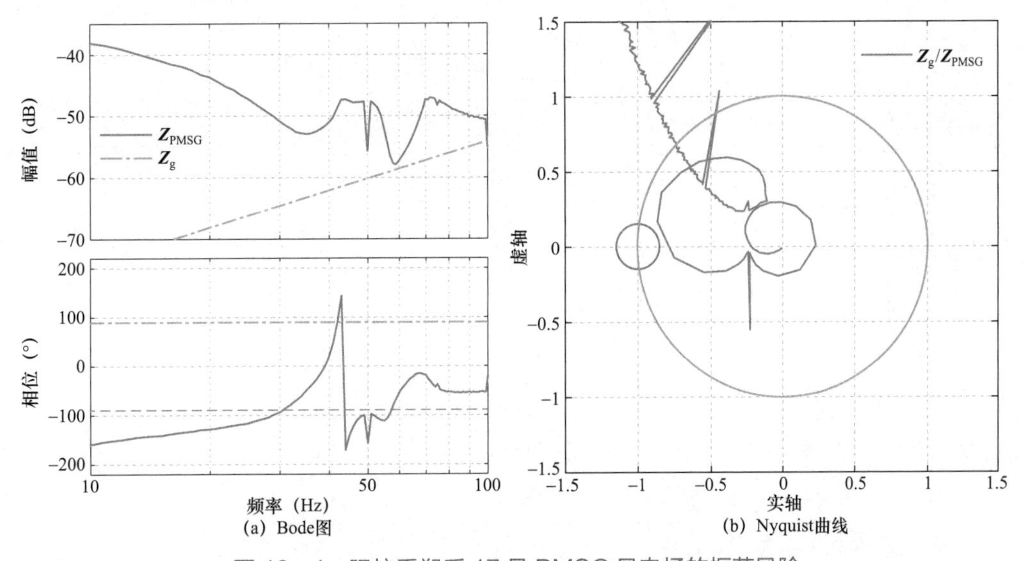

图 18－4　阻抗重塑后 17 号 PMSG 风电场的振荡风险

由图 18－4（a）可知，PMSG 机组阻抗重塑后，PMSG 风电场阻抗 $\boldsymbol{Z}_{PMSG}$ 与交流电网阻抗 $\boldsymbol{Z}_g$ 的幅值交点消失。图 18－4（b）给出了基于最大峰值 Nyquist 判据画出的半径 R_{min} 为 0.15 的禁止区域。由图可见，阻抗重塑后 $\boldsymbol{Z}_g / \boldsymbol{Z}_{PMSG}$ 的 Nyquist 曲线始终处于禁止区域之外。上述分析表明，通过 PLL 与交流电流控制参数改进，可实现 PMSG 机组阻抗重塑，有效抑制 77Hz 正序振荡，进而消除 23Hz 正序耦合振荡分量。

18.2　DFIG 风电场接入交流弱电网次/超同步振荡

本节首先介绍 2017 年哈密东部片区大规模 DFIG 风电场次/超同步振荡情况；然后，依托全电磁暂态仿真平台，开展系统振荡风险分析，确定振荡主导装置；最后，提出基于 DFIG 机组阻抗重塑的振荡抑制策略，有效解决工程现场振荡问题。

18.2.1　工程概况

截至 2017 年 8 月底，哈密东部片区共接入 23 座风电场，总容量约 5200MW。其中 PMSG 风电场 3598MW，DFIG 风电场 1602MW。2017 年 4～8 月，现场陆续发生多起次/超同步振荡事件，且主要集中在 13 号汇集站。风电场接入哈密电网拓扑结构如图 18－1 所示。以 2017 年 8 月 26 日发生的振荡事件为例，哈密东部片区各风电场信息如表 18－4 所示。

表 18－4　　2017 年 8 月 26 日哈密东部片区各风电场信息

汇集站序号	风电场序号	机组类型	装机容量（MW）	有功功率（MW）
4	21	PMSG	195	310
		PMSG	1.5	
		PMSG	1.5	
	22	PMSG	113.9	
		PMSG	85	
	23	PMSG	193.5	
		PMSG	4.5	
5	24	PMSG	200	350
	25	PMSG	100	
		DFIG	100	
	26	PMSG	100	
6	27	PMSG	201	305
	28	PMSG	201	
7	29	PMSG	200	240
	30	PMSG	200	
8	31	DFIG	201	220
	32	PMSG	200	

续表

汇集站序号	风电场序号	机组类型	装机容量（MW）	有功功率（MW）
9	33	DFIG	201	200
	34	DFIG	201	
10	35	PMSG	200	240
	36	PMSG	171	
		PMSG	30	
11	37	PMSG	200	220
	38	DFIG	200	
12	39	PMSG	199.5	205
	40	PMSG	201	
13	41	DFIG	300	390
	42	DFIG	300	
14	43	PMSG	300	160

18.2.2　振荡分析

从时域、频域两方面开展振荡分析。本节将基于现场录波数据，首先分析振荡电流的频率特征；然后，基于哈密电网参数计算各场站并网点等效 SCR，并基于 CHIL 仿真平台扫描风电机组阻抗；最后，以风电场并网点为分析端口，开展系统振荡的频域分析，确定引发系统振荡的主导装置。

18.2.2.1　时域分析

对 2017 年 8 月 26 日现场录波数据进行 FFT 分析。哈密东部片区各汇集站振荡电流频率特征如表 18－5 所示。由表可知，系统发生 37Hz/63Hz 正序振荡，其中，东部片区 13 号汇集站振荡电流含量最高。

表 18－5　　哈密东部片区各汇集站振荡电流频率特征

汇集站/换流站	正序振荡频率特征	
	振荡频率（Hz）	振荡分量（%）
13 号汇集站	37/63	1.8/3.5
烟墩汇集站	37/63	0.9/1.5
哈密汇集站	37/63	0.1/0.3

续表

汇集站/换流站	正序振荡频率特征	
	振荡频率（Hz）	振荡分量（%）
吐鲁番汇集站	37/63	0.05/0.1
敦煌汇集站	37/63	0.04/0.08
天山换流站	37/63	0.02/0.05

根据各汇集站振荡电流频率特征可以判断，系统振荡主要由哈密东部片区 13 号汇集站引发。哈密东部片区 13 号汇集站振荡波形及 FFT 结果如图 18－5 所示。由图可知，该汇集站发生 37Hz/63Hz 次/超同步振荡，且均为正序。

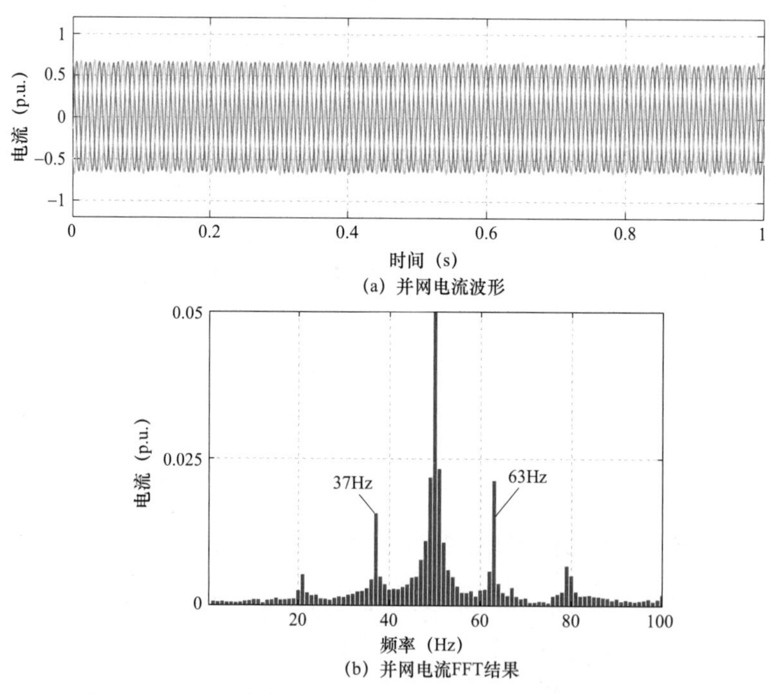

(a) 并网电流波形

(b) 并网电流FFT结果

图 18－5　哈密东部片区 13 号汇集站振荡波形及 FFT 结果

18.2.2.2　频域分析

以哈密东部片区 13 号汇集站为对象，对其风电场振荡风险进行频域阻抗分析。基于哈密电网各场站并网功率、输电线路电抗、变压器电抗等参数，计算 13 号汇集站各风电场并网点等效 SCR。哈密东部片区 13 号汇集站各风电场等效 SCR 如表 18－6 所示。

表 18－6　　哈密东部片区 13 号汇集站各风电场等效 SCR

风电场序号	机组类型	等效 SCR
41	DFIG	1.52
42	DFIG	1.52

13 号汇集站各风电场均由同一型号 DFIG 机组构成，选取 41 号风电场进行振荡风险分析。基于现场 DFIG 机组控制器构建 CHIL 仿真平台，开展 DFIG 机组宽频阻抗扫描。基于单机阻抗和风电场参数，建立 41 号 DFIG 风电场阻抗 $\boldsymbol{Z}_{DFIG}$。再根据风电场并网点等效 SCR 获取电网阻抗 $\boldsymbol{Z}_g$。41 号 DFIG 风电场的振荡风险如图 18－6 所示。

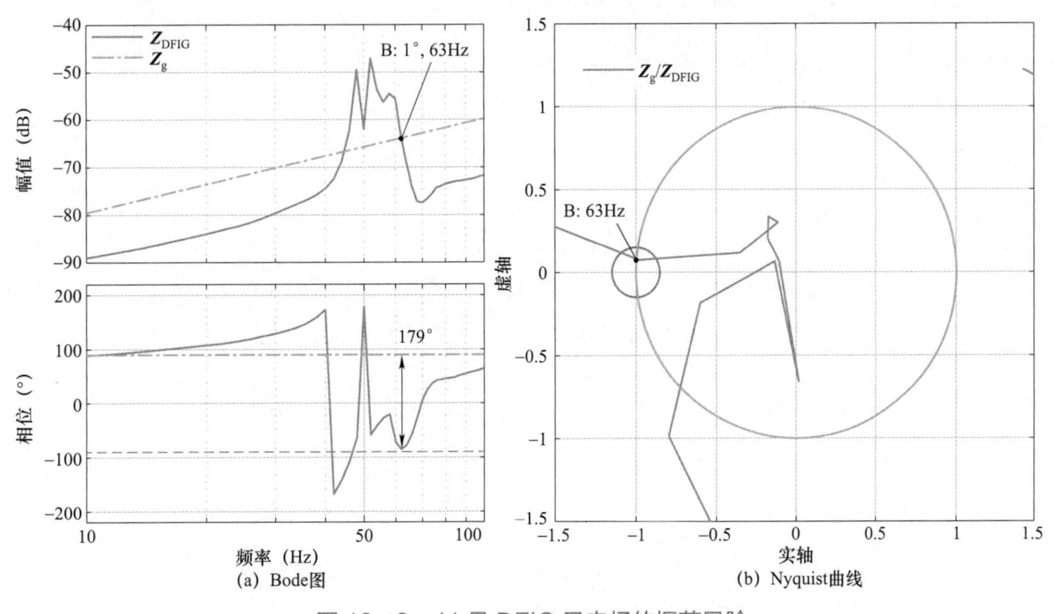

图 18－6　41 号 DFIG 风电场的振荡风险

由图 18－6（a）可知，41 号 DFIG 风电场阻抗 $\boldsymbol{Z}_{DFIG}$ 在超同步频段呈现容性负阻尼，交流电网阻抗 $\boldsymbol{Z}_g$ 呈现弱电网感性。$\boldsymbol{Z}_{DFIG}$ 与 $\boldsymbol{Z}_g$ 在 B 点（63Hz）幅值相交，相位裕度为 1°，系统幅值/相位稳定裕度不足，存在振荡风险。图 18－6（b）给出基于最大峰值 Nyquist 判据画出的半径 R_{min} 为 0.15 的禁止区域。由图可知，阻抗比 $\boldsymbol{Z}_g / \boldsymbol{Z}_{DFIG}$ 的 Nyquist 曲线在禁止区域中穿过 B 点（63Hz），系统存在振荡风险，将发生 63Hz 振荡，并产生 37Hz 的耦合振荡分量，且均为正序。频域分析结果与图 18－5 现场录波 FFT 结果一致。

18.2.3　振荡抑制

根据 DFIG 机组阻抗特性分析，功率外环、RSC 交流电流控制、GSC 交流电流控制

的频带重叠效应，导致 DFIG 机组阻抗超同步频段呈现容性负阻尼特性。通过功率外环控制参数优化，实现 DFIG 机组阻抗重塑，进而抑制 DFIG 风电场次/超同步振荡。DFIG 机组阻抗重塑后，41 号 DFIG 风电场的振荡风险如图 18－7 所示。

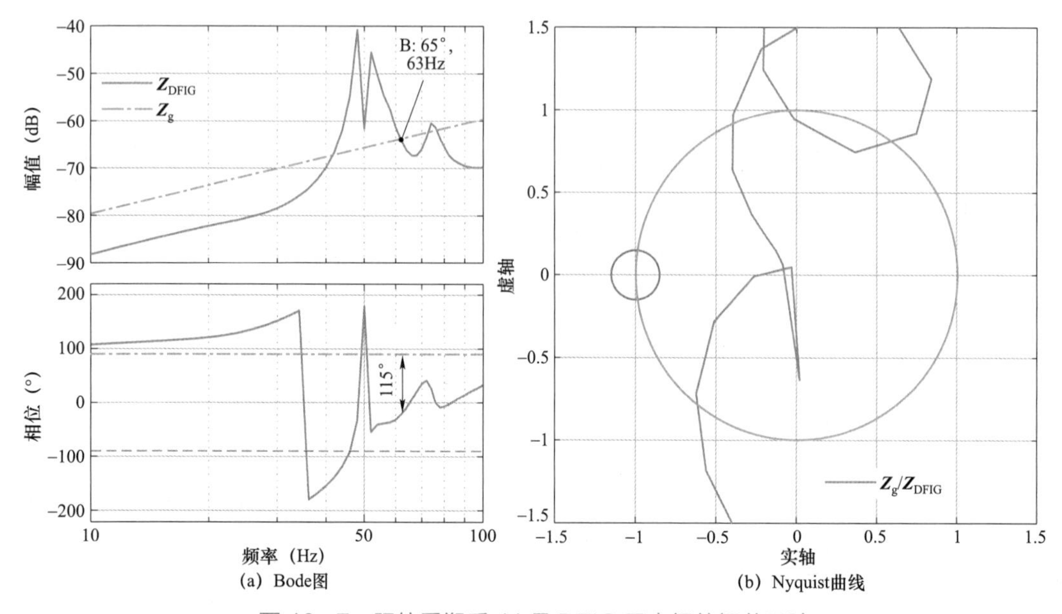

图 18－7　阻抗重塑后 41 号 DFIG 风电场的振荡风险

由图 18－7（a）可知，DFIG 机组阻抗重塑后，DFIG 风电场阻抗 $\boldsymbol{Z}_{DFIG}$ 与交流电网阻抗 $\boldsymbol{Z}_g$ 幅值交点仍为 B 点（63Hz），相位裕度由 1°提升至 65°。图 18－7（b）给出了基于最大峰值 Nyquist 判据画出的半径 R_{min} 为 0.15 的禁止区域。由图可见，阻抗重塑后 $\boldsymbol{Z}_g / \boldsymbol{Z}_{DFIG}$ 的 Nyquist 曲线始终处于禁止区域之外。上述分析表明，通过功率外环控制参数优化，实现 DFIG 机组阻抗重塑，有效抑制 63Hz 正序振荡，进而消除 37Hz 正序耦合振荡分量。

18.3　新能源经柔性直流电网送出系统超同步振荡

本节将首先介绍 2021 年新能源接入张北柔性直流电网中都换流站振荡情况；然后，依托全电磁暂态仿真平台，开展系统振荡风险分析，确定振荡主导装置；最后，提出基于 MMC－HVDC 阻抗重塑的振荡抑制策略，有效解决工程现场振荡问题。

18.3.1　工程概况

张北柔性直流工程是世界首个柔性直流电网工程，也是世界上电压等级最高、输送

容量最大的柔性直流工程。张北柔性直流工程是服务能源清洁低碳发展的重大工程，工程额定电压为±500kV，直流输电线路建设长度为 666km。新建中都（3000MW）、康巴诺尔（1500MW）、丰宁（1500MW）和北京（3000MW）4 座换流站。其中，中都换流站、康巴诺尔换流站运行于孤岛模式，丰宁换流站、北京换流站运行于联网模式，工程已于 2020 年 6 月 29 日投入运行。张北柔性直流电网拓扑结构如图 18-8 所示。

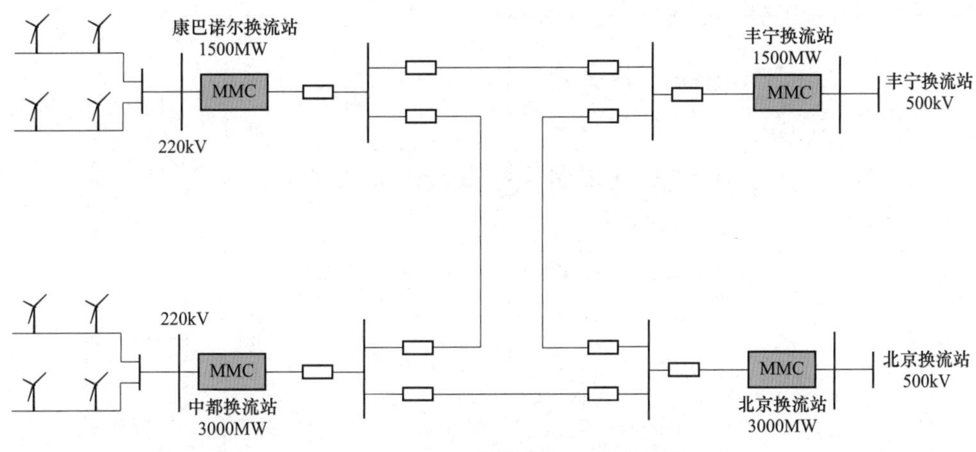

图 18-8　张北柔性直流电网拓扑结构

张北柔性直流电网工程投运后，新能源场站陆续接入。自 2021 年 2 月起，中都换流站接连发生 24 次频率为 58Hz 左右的超同步振荡，导致新能源场站多次被迫停运。

截至 2021 年 3 月底，中都换流站共接入 9 个新能源场站，包括 4 座光伏电站以及 5 个风电场，装机容量约 1408MW。各新能源场站通过 220kV 交流母线接入中都换流站，新能源接入中都换流站系统拓扑结构如图 18-9 所示。

以 2021 年 3 月 17 日发生的振荡事件为例，振荡发生时中都换流站单极运行，各新能源场站信息如表 18-7 所示。

表 18-7　　2021 年 3 月 17 日中都换流站各新能源场站信息

场站序号	机组类型	装机容量（MW）	有功功率（MW）
1	PV	240	89.53
2	PV	140	71.86
3	PV	70	38.18
4	PV	460	252.09
5	PMSG	50	0.37

续表

场站序号	机组类型	装机容量（MW）	有功功率（MW）
6	DFIG	99	0
7	PMSG	49.5	1.94
8	DFIG	150	4.6
9	DFIG	150	0.2

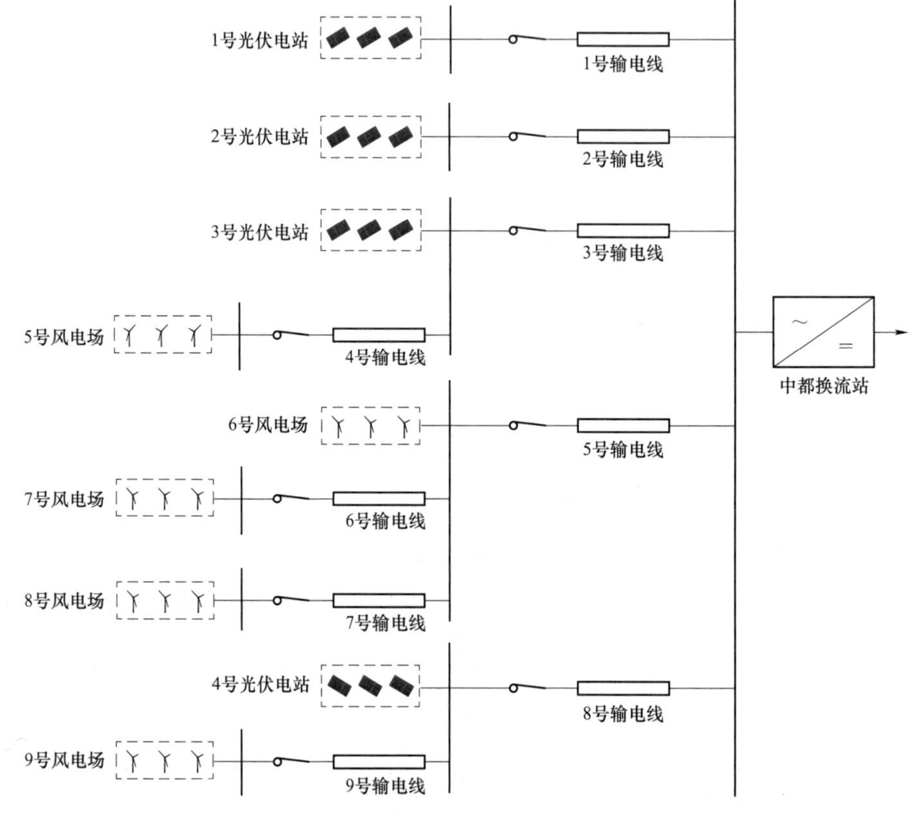

图 18－9　新能源接入中都换流站系统拓扑结构

18.3.2　振荡分析

从时域、频域两方面开展振荡分析。首先，基于现场录波数据对振荡电流的频率特征进行分析；然后，基于全电磁暂态仿真平台，分别扫描新能源场站和中都换流站交流端口阻抗；最后，以中都换流站为分析端口，开展系统振荡的频域分析，确定引发系统振荡的主导装置。

18.3.2.1　时域分析

对 2021 年 3 月 17 日现场录波数据进行 FFT 分析。中都换流站各新能源场站振荡电流频率特征如表 18－8 所示。

表 18－8　　中都换流站各新能源场站振荡电流频率特征

场站序号	机组类型	振荡电流频率特征	
		振荡频率（Hz）	振荡分量（%）
1	PV	58（负序）/158（正序）	13/1
2	PV	58（负序）/158（正序）	5/0.5
3	PV	58（负序）/158（正序）	5/0.6
4	PV	58（负序）/158（正序）	10/0.8
5	PMSG	58（负序）/158（正序）	3/0.3
6	DFIG	58（负序）/158（正序）	7/0.6
7	PMSG	58（负序）/158（正序）	18/1.3
8	DFIG	58（负序）/158（正序）	8/0.6
9	DFIG	58（负序）/158（正序）	15/1.0

根据振荡电流频率特征可以判断，系统振荡主要发生在新能源接入中都换流站端口。中都换流站交流端口振荡波形及 FFT 结果如图 18－10 所示。由图可知，系统主要发生 58Hz 负序振荡和 158Hz 正序振荡。

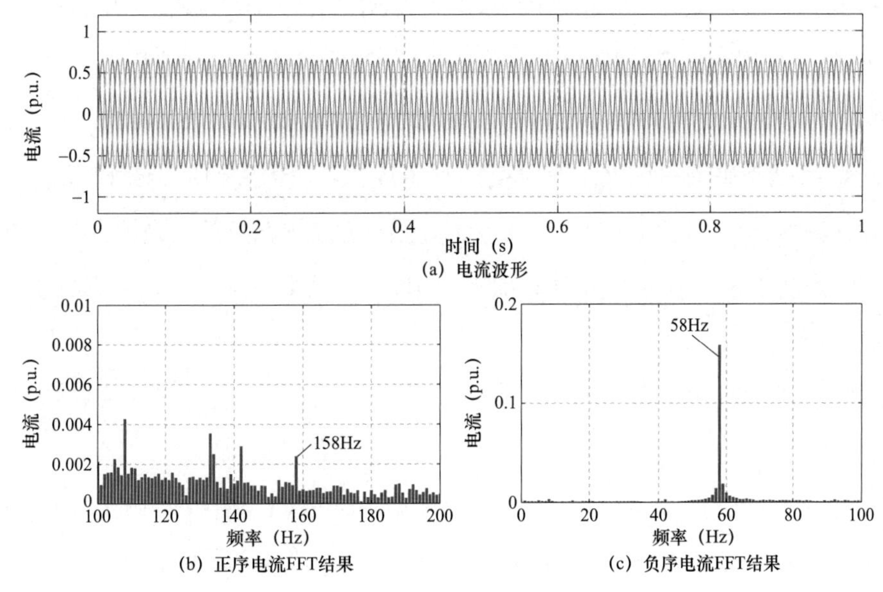

图 18－10　中都换流站交流端口振荡波形及 FFT 结果

18.3.2.2　频域分析

基于全电磁暂态仿真平台，对各新能源场站、中都换流站交流端口进行宽频阻抗扫描，获取新能源场站端口阻抗 $\boldsymbol{Z}_{RE}$ 及中都换流站交流端口阻抗 $\boldsymbol{Z}_{MMC}$。新能源发电经中都换流站送出系统的振荡风险如图 18－11 所示。

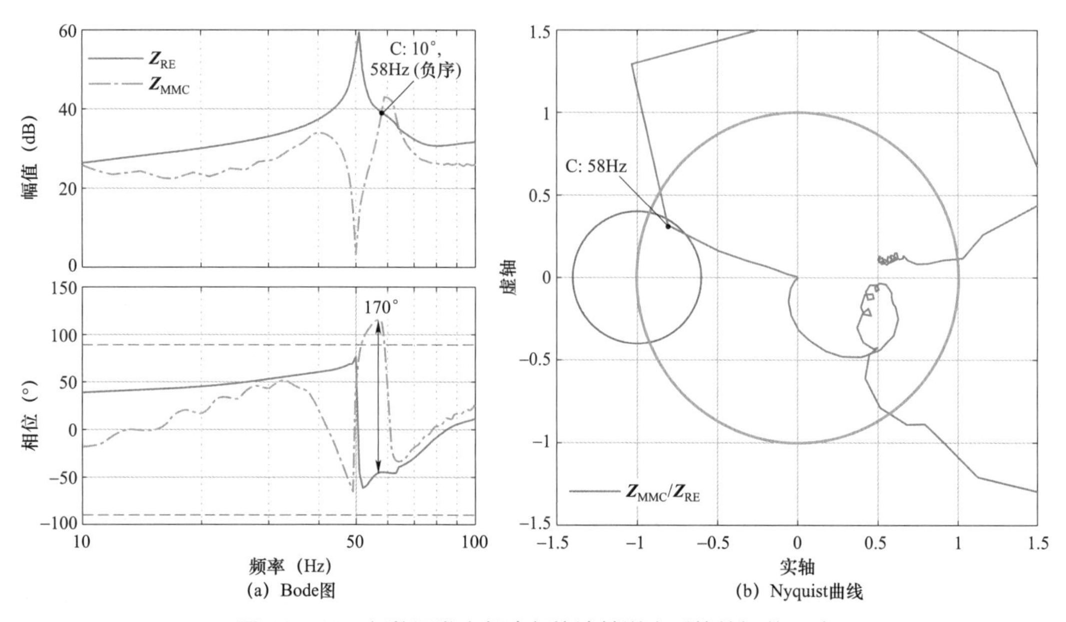

图 18－11　新能源发电经中都换流站送出系统的振荡风险

由图 18–11（a）可知，在超同步频段，新能源场站端口阻抗 $\boldsymbol{Z}_{RE}$ 呈现容性，中都换流站阻抗 $\boldsymbol{Z}_{MMC}$ 呈现感性负阻尼。$\boldsymbol{Z}_{RE}$ 与 $\boldsymbol{Z}_{MMC}$ 在 C 点（58Hz）幅值相交，相位裕度为 10°，系统幅值/相位稳定裕度不足，存在振荡风险。图 18–11（b）给出了基于最大峰值 Nyquist 判据画出的半径 R_{min} 为 0.4 的禁止区域。由图可知，阻抗比 $\boldsymbol{Z}_{MMC}/\boldsymbol{Z}_{RE}$ 的 Nyquist 曲线在禁止区域中穿过 C 点（58Hz），系统存在振荡风险。系统将发生 58Hz 负序振荡，并产生 158Hz 正序耦合振荡分量。频域分析结果与图 18－10 现场录波 FFT 结果一致。

18.3.3　振荡抑制

18.3.3.1　阻抗重塑策略

根据 MMC－HVDC 阻抗特性分析，在超同步频段 MMC－HVDC 阻抗特性由交流电流控制主导。通过交流电流控制参数改进，实现 MMC－HVDC 阻抗重塑，降低阻抗幅值并消除其负阻尼特性，进而抑制新能源发电经 MMC－HVDC 送出系统振荡。

MMC－HVDC 阻抗重塑后，新能源发电经中都换流站送出系统的振荡风险如图 18－12 所示。

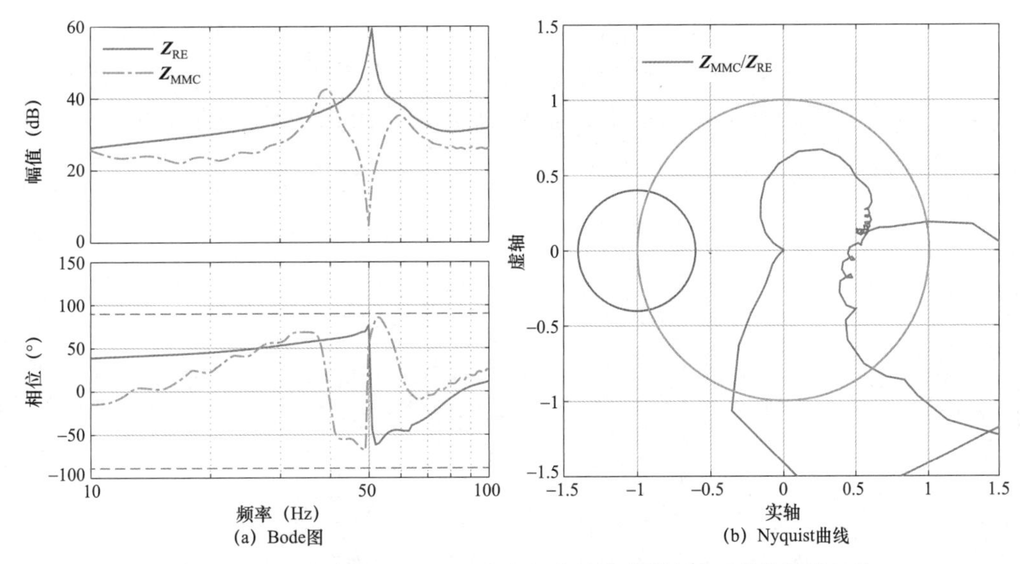

图 18－12　阻抗重塑后新能源发电经中都换流站送出系统的振荡风险

由图 18－12（a）可知，MMC－HVDC 阻抗重塑后，中都换流站交流端口阻抗 $\boldsymbol{Z}_{MMC}$ 的感性负阻尼被消除，新能源场站端口阻抗 $\boldsymbol{Z}_{RE}$ 与 $\boldsymbol{Z}_{MMC}$ 的幅值交点消除。图 18－12（b）给出基于最大峰值 Nyquist 判据画出的半径 R_{min} 为 0.4 的禁止区域。由图可见，阻抗重塑后 $\boldsymbol{Z}_{MMC} / \boldsymbol{Z}_{RE}$ 的 Nyquist 曲线始终处于禁止区域之外。上述分析表明，交流电流控制参数改进，实现 MMC－HVDC 阻抗重塑，能够有效抑制 58Hz 负序振荡，并消除 158Hz 正序耦合振荡分量。

18.3.3.2　现场试验验证

为了验证新能源经中都换流站送出系统振荡分析的正确性及抑制策略的有效性，2021 年 7 月 19 日在中都换流站开展了系统振荡在线复现与在线抑制试验。试验现场新能源总有功功率为 465MW，当系统出现振荡后，投入 MMC－HVDC 振荡抑制策略，试验结果如图 18－13 所示。

由图 18－13 可知，新能源发电经中都换流站送出系统发生 58Hz 负序振荡，并产生 158Hz 正序耦合振荡分量。该振荡频率特征与 2021 年 2 月起现场持续出现的振荡相同，并且与频域分析结果一致。投入振荡抑制策略约 180ms 后，正、负序振荡均消除。上述试验验证了振荡分析的正确性及抑制策略的有效性。

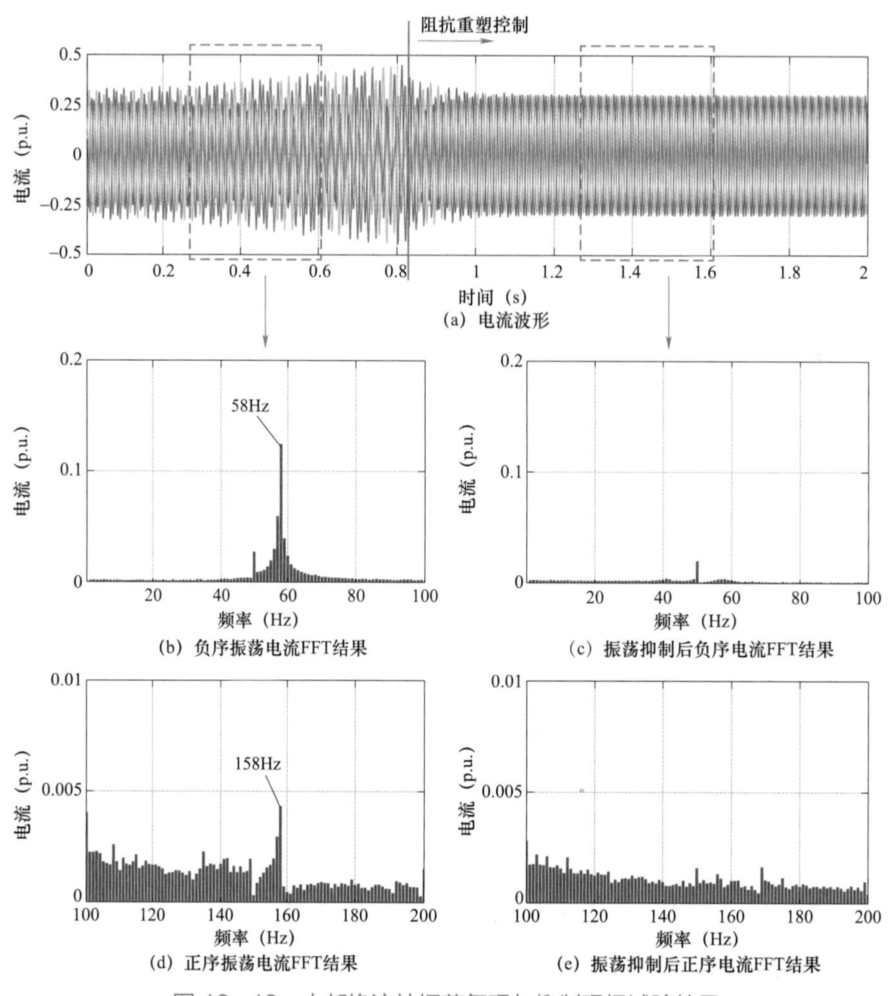

图 18－13　中都换流站振荡复现与抑制现场试验结果

18.4　新能源经柔性直流电网送出系统高频振荡

本节将首先介绍新能源接入张北柔性直流电网康巴诺尔换流站振荡情况；然后，依托全电磁暂态仿真平台，开展系统振荡风险分析，确定振荡主导装置；最后，提出基于 MMC－HVDC 阻抗重塑的振荡抑制策略，有效解决工程现场振荡问题。

18.4.1　工程概况

自 2020 年 12 月至 2021 年 2 月，张北柔性直流电网康巴诺尔换流站发生多次 650～1550Hz 高频振荡。以 2021 年 2 月 3 日发生的振荡为例，新能源发电经康巴诺尔换流站

送出系统拓扑结构如图 18－14 所示。康巴诺尔换流站仅接入 1 号输电线的 1 号新能源场站，其他线路与场站均未接入。2021 年 2 月 3 日康巴诺尔换流站各新能源场站信息如表 18－9 所示。

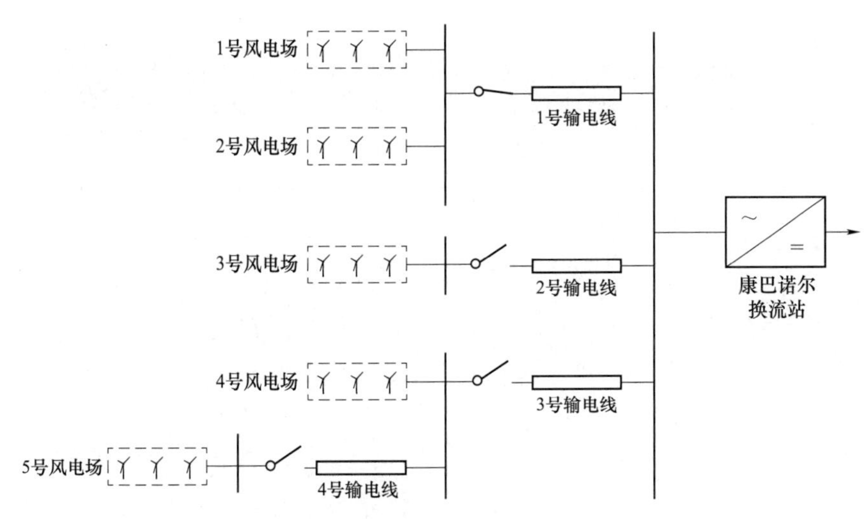

图 18－14　新能源发电经康巴诺尔换流站送出系统拓扑结构

表 18－9　　　2021 年 2 月 3 日康巴诺尔换流站各新能源场站信息

场站序号	机组类型	装机容量（MW）	有功功率（MW）
1	DFIG	100	23
2	PMSG	200	0
3	PMSG	150	0
4	DFIG	50	0
5	PMSG	50	0

18.4.2　振荡分析

从时域、频域两方面开展振荡分析。首先，基于现场录波数据对振荡电流的频率特征进行分析；然后，基于全电磁暂态仿真平台，分别扫描新能源场站和康巴诺尔换流站交流端口阻抗；最后，以康巴诺尔换流站为分析端口，开展系统振荡频域分析，确定引发系统振荡的主导装置。

18.4.2.1　时域分析

2021 年 2 月 3 日，康巴诺尔换流站仅接入 1 号输电线的 1 号新能源场站，对此情况下的现场录波数据进行 FFT 分析。康巴诺尔换流站交流端口振荡波形及 FFT 结果如图 18－15 所示。由图可知，系统发生 750Hz 正序高频振荡。

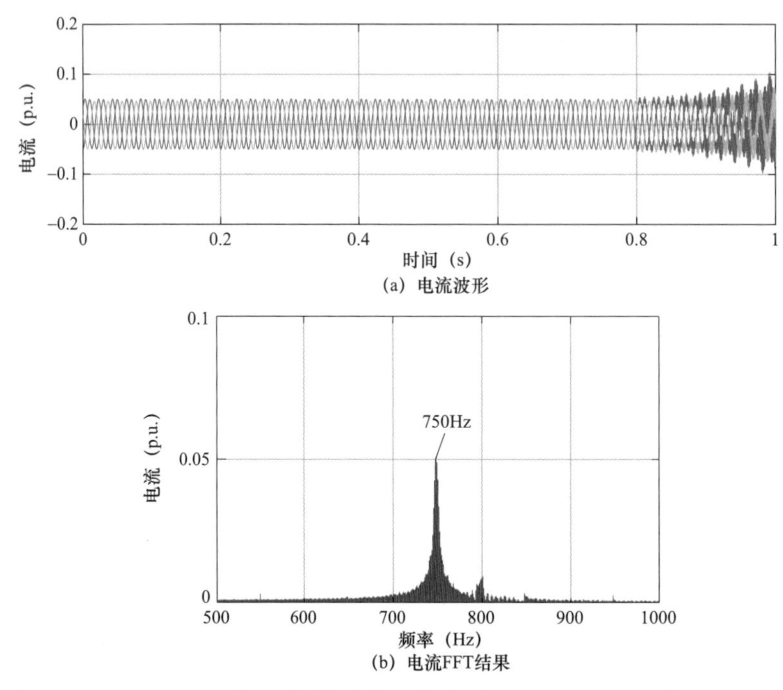

(a) 电流波形

(b) 电流FFT结果

图 18－15　康巴诺尔换流站交流端口振荡波形及 FFT 结果

18.4.2.2　频域分析

基于全电磁暂态仿真平台，对康巴诺尔换流站交流端口、1 号风电场交流端口进行宽频阻抗扫描。新能源场站端口阻抗为 $\boldsymbol{Z}_{RE}$（包括 1 号新能源场站以及 1 号输电线阻抗），康巴诺尔换流站交流端口阻抗为 $\boldsymbol{Z}_{MMC}$。新能源经康巴诺尔换流站送出系统的振荡风险如图 18－16 所示。

由图 18–16（a）可知，新能源场站端口阻抗 $\boldsymbol{Z}_{RE}$ 高频段呈现容性，康巴诺尔换流站交流端口阻抗 $\boldsymbol{Z}_{MMC}$ 呈现感性负阻尼。$\boldsymbol{Z}_{RE}$ 与 $\boldsymbol{Z}_{MMC}$ 在 D 点（805Hz）幅值相交，相位裕度为 8°，系统幅值/相位稳定裕度不足，存在振荡风险。图 18–16（b）给出基于最大峰值 Nyquist 判据画出的半径 R_{min} 为 0.1 的禁止区域。由图可知，阻抗比 $\boldsymbol{Z}_{MMC}/\boldsymbol{Z}_{RE}$ 的 Nyquist 曲线在禁止区域中穿过 D 点（805Hz），系统存在振荡风险，将发生 805Hz 高频振荡。频域分析结果与图 18－15 现场录波 FFT 结果基本一致。

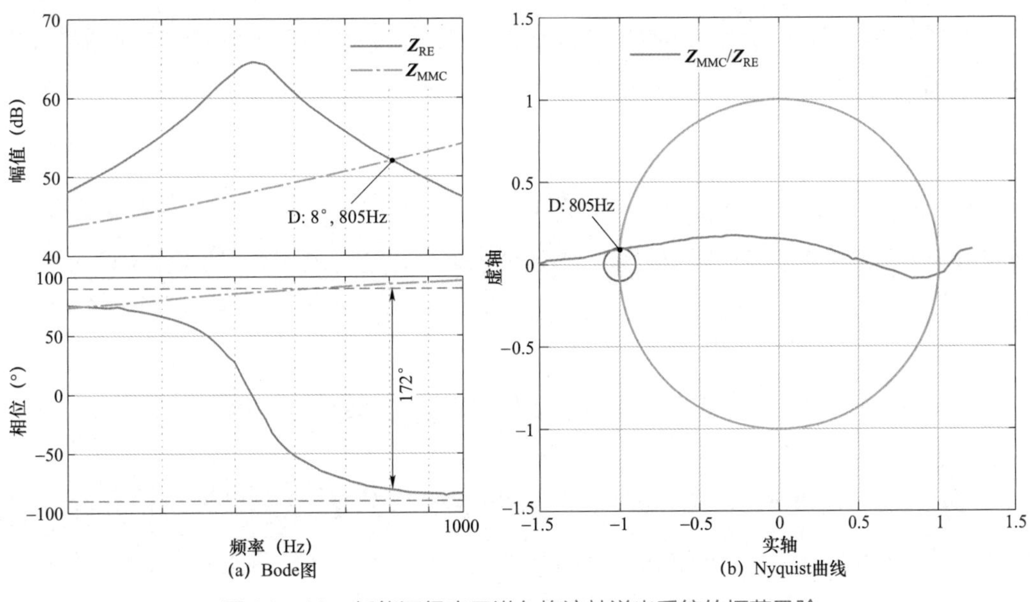

图 18－16　新能源经康巴诺尔换流站送出系统的振荡风险

18.4.3　振荡抑制

根据 MMC－HVDC 阻抗特性分析，在高频段 $\boldsymbol{Z}_{MMC}$ 特性由 MMC 桥臂电感主导，同时受到延时影响。通过有源阻尼控制，实现 MMC－HVDC 阻抗重塑，进而抑制系统高频振荡。MMC－HVDC 阻抗重塑后，新能源经康巴诺尔换流站送出系统的振荡风险如图 18－17 所示。

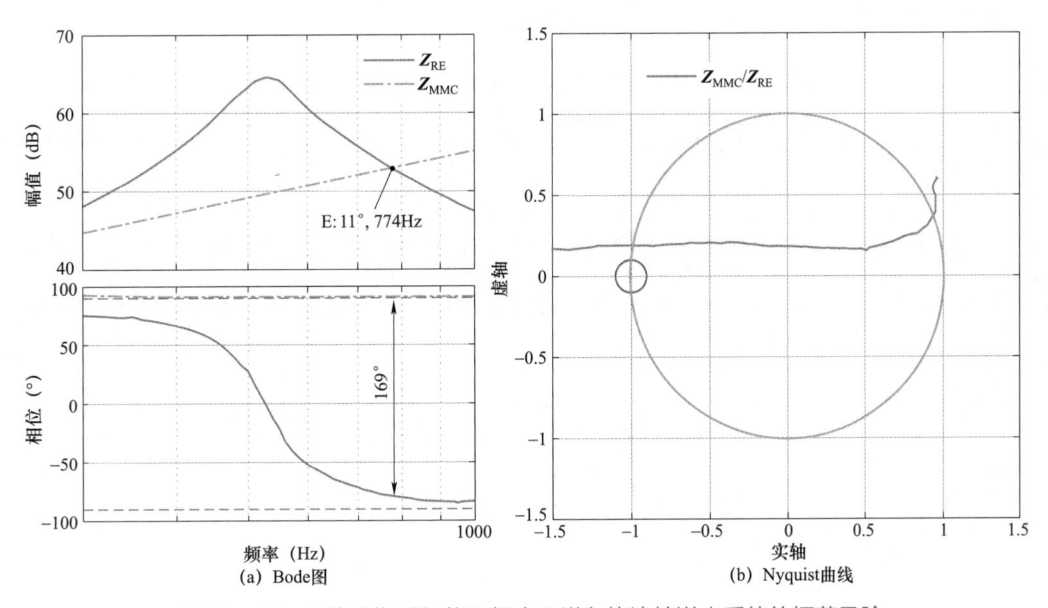

图 18－17　阻抗重塑后新能源经康巴诺尔换流站送出系统的振荡风险

由图 18－17（a）可知，MMC－HVDC 阻抗重塑后，康巴诺尔换流站交流端口阻抗 $\boldsymbol{Z}_{\mathrm{MMC}}$ 高频段阻尼特性增强。新能源场站端口阻抗 $\boldsymbol{Z}_{\mathrm{RE}}$ 与 $\boldsymbol{Z}_{\mathrm{MMC}}$ 的交点由 D 点（805Hz）移至 E 点（774Hz），相位裕度由 8°提升至 11°。图 18－17（b）给出了基于最大峰值 Nyquist 判据画出的半径 $R_{\min}$ 为 0.1 的禁止区域。由图可知，阻抗重塑后 $\boldsymbol{Z}_{\mathrm{MMC}}/\boldsymbol{Z}_{\mathrm{RE}}$ 的 Nyquist 曲线始终处于禁止区域之外。上述分析表明，通过加入有源阻尼控制，可实现 MMC－HVDC 阻抗重塑，抑制系统高频振荡。

18.5　新能源经常规直流送出系统宽频振荡

针对内蒙古锡盟大规模风电集中接入锡泰直流送端的宽频振荡风险，本节将首先依托全电磁暂态仿真平台，开展系统振荡风险分析，确定存在振荡风险的风电场；然后，提出基于风电机组阻抗重塑的振荡抑制策略；最后，将改进控制参数提前固化至现场风电机组，有效避免了工程现场大规模振荡风险。

18.5.1　工程概况

锡盟—泰州特高压直流工程是国家大气污染防治行动计划 12 条重点通道之一，也是国家西电东送重点工程。工程起于内蒙古锡林浩特，止于江苏泰州，直流输电线路全长 1618km，额定电压±800kV，输电容量 1000 万 kW，是世界上首个千万千瓦级特高压直流输电工程，工程已于 2017 年 11 月投入运行。

在锡泰直流送端电网中，锡林浩特换流站通过 3 回 500kV 线路接入 1000kV 胜利汇集站 500kV 侧，胜利汇集站再连接锡盟汇集站。该区域共接入总容量为 730 万 kW 的 12 台火电机组，以及总容量为 700 万 kW 的 36 个风电场。风电场首先接入 5 个 500kV 汇集站，然后分别接入锡盟汇集站、胜利汇集站，并最终汇集至锡林浩特换流站。锡泰直流送端电网拓扑结构如图 18－18 所示，锡泰直流送端电网各汇集站接入风电场信息如表 18－10 所示。

表 18－10　　　　锡泰直流送端电网各汇集站接入风电场信息

汇集站序号	接入风电场数量	装机容量（MW）
1	9	1300
2	5	1300

续表

汇集站序号	接入风电场数量	装机容量（MW）
3	6	1370
4	9	1800
5	7	1220

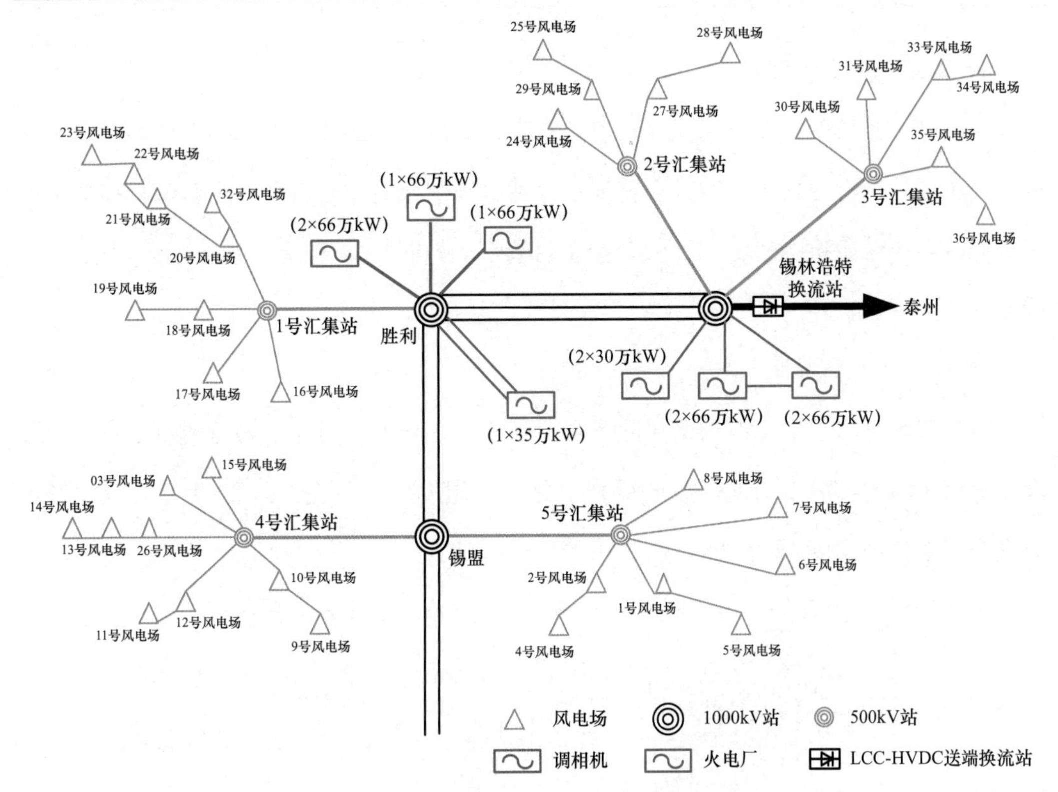

图 18－18　锡泰直流送端电网拓扑结构

大规模风电经锡盟—泰州特高压直流工程送出系统存在宽频振荡风险，可能导致风电机组电气和机械损坏、邻近火电机组跳机等问题，将严重影响电网安全稳定运行。为保证锡泰直流送端风电场安全并网与高效消纳，开展风电场并网振荡风险的频域分析和时域仿真，全面排查各风电场振荡风险，存在振荡风险的各风电场信息如表 18－11 所示。

表 18－11　　　　存在振荡风险的各风电场信息

场站序号	机组类型	装机容量（MW）	有功功率（MW）
1	DFIG	50	10

续表

场站序号	机组类型	装机容量（MW）	有功功率（MW）
3	PMSG	225	45
26	PMSG	150	90
29	DFIG	200	40

18.5.2　振荡分析

从时域、频域两方面开展振荡分析。首先，针对存在振荡风险的各风电场，基于时域仿真波形，分析振荡电流的频率特征；然后，基于全电磁暂态仿真平台，扫描各风电场及并网点系统阻抗；最后，以各风电场并网点为分析端口，开展系统振荡的频域分析，确定振荡主导装置。

18.5.2.1　时域分析

对于锡泰直流送端存在振荡风险的各个风电场，对其仿真录波数据进行FFT分析。存在振荡风险的各风电场振荡波形及FFT结果如图18－19～图18－22所示，风电场振荡电流频率特征如表18－12所示。

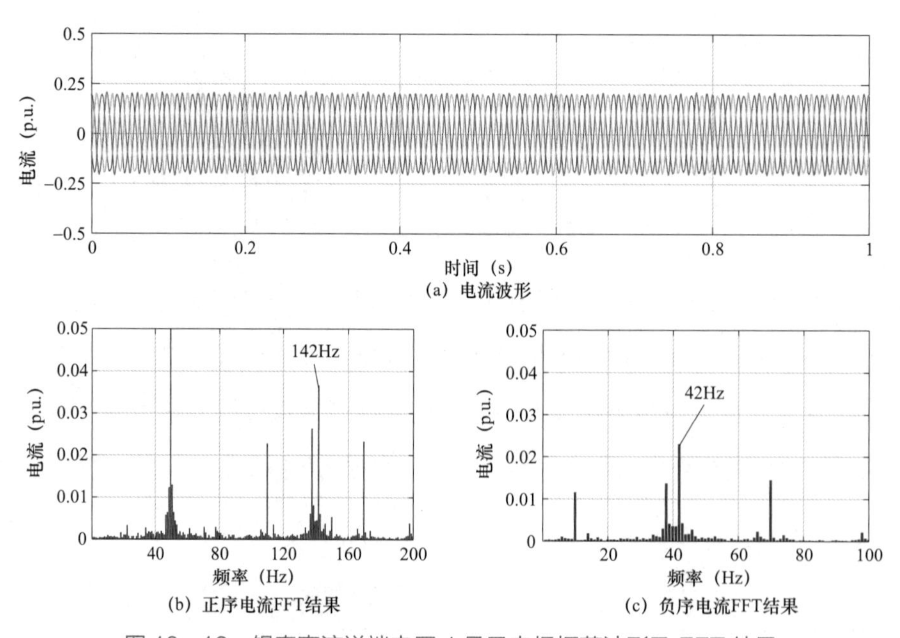

图18－19　锡泰直流送端电网1号风电场振荡波形及FFT结果

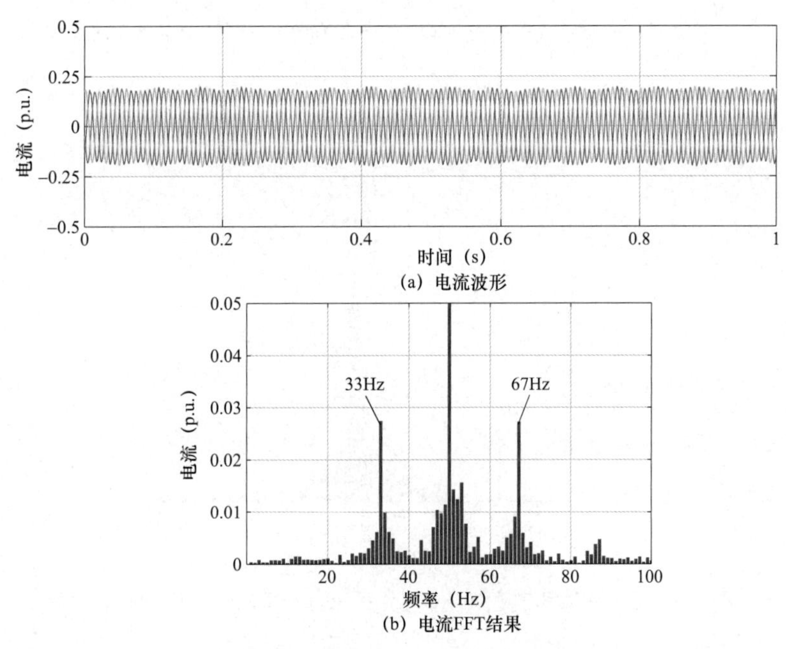

图 18－20　锡泰直流送端电网 3 号风电场振荡波形及 FFT 结果

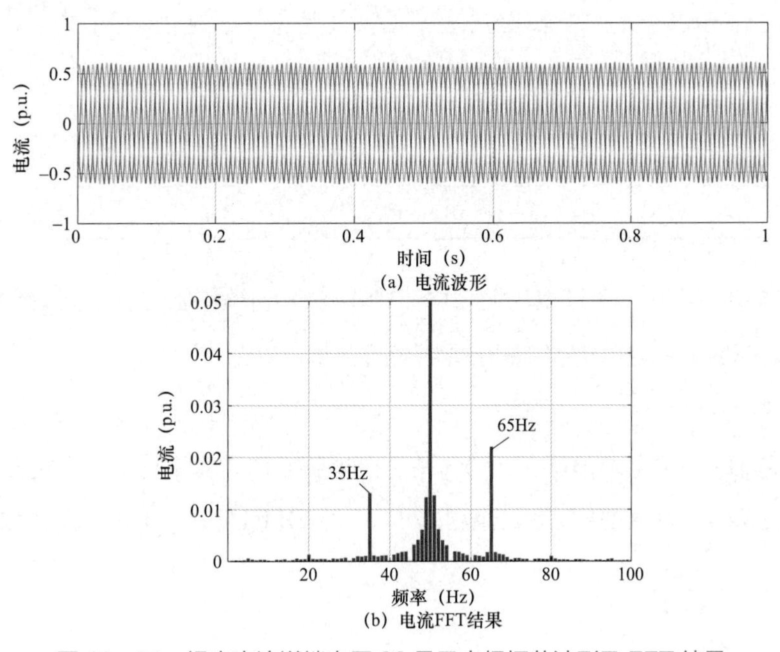

图 18－21　锡泰直流送端电网 26 号风电场振荡波形及 FFT 结果

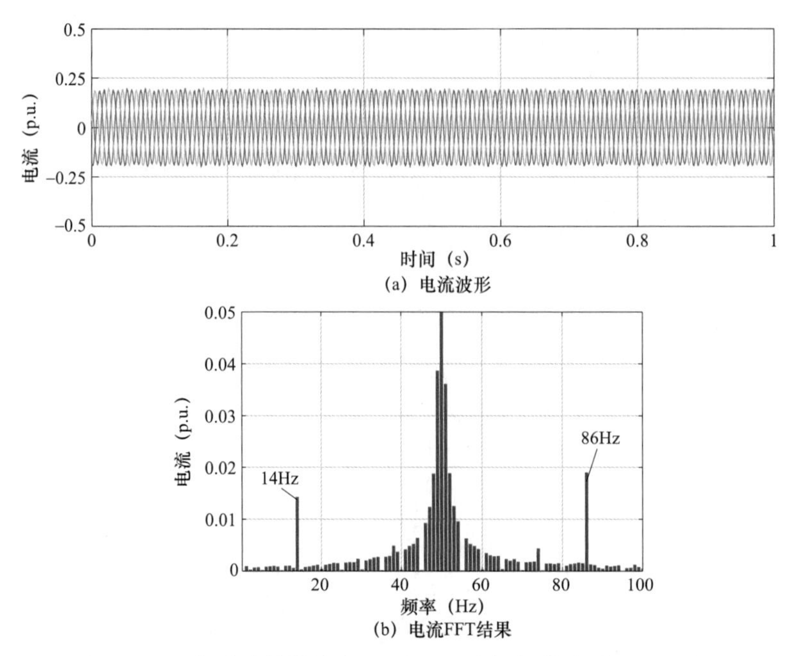

图 18－22　锡泰直流送端电网 29 号风电场振荡波形及 FFT 结果

表 18－12　　　　存在振荡风险的各风电场振荡电流频率特征

场站序号	机组类型	振荡电流频率特征	
		振荡频率（Hz）	振荡分量（%）
1	DFIG	42（负序）/142（正序）	2.4/3.7
3	PMSG	33（正序）/67（正序）	2.7/2.7
26	PMSG	35（正序）/65（正序）	1.3/2.2
29	DFIG	14（正序）/86（正序）	1.5/1.9

由表 18－12 可知，各风电场振荡电流频率特征互不相同，可判断振荡由各风电场并网导致，需要对各风电场分别进行频域阻抗分析。

18.5.2.2　频域分析

（1）1 号 DFIG 风电场的振荡风险。基于全电磁暂态仿真平台进行阻抗扫描，获取 1 号风电场阻抗 $\boldsymbol{Z}_{\mathrm{DFIG}}$ 及其并网点系统阻抗 $\boldsymbol{Z}_{\mathrm{g}}$。1 号 DFIG 风电场的振荡风险如图 18－23 所示。

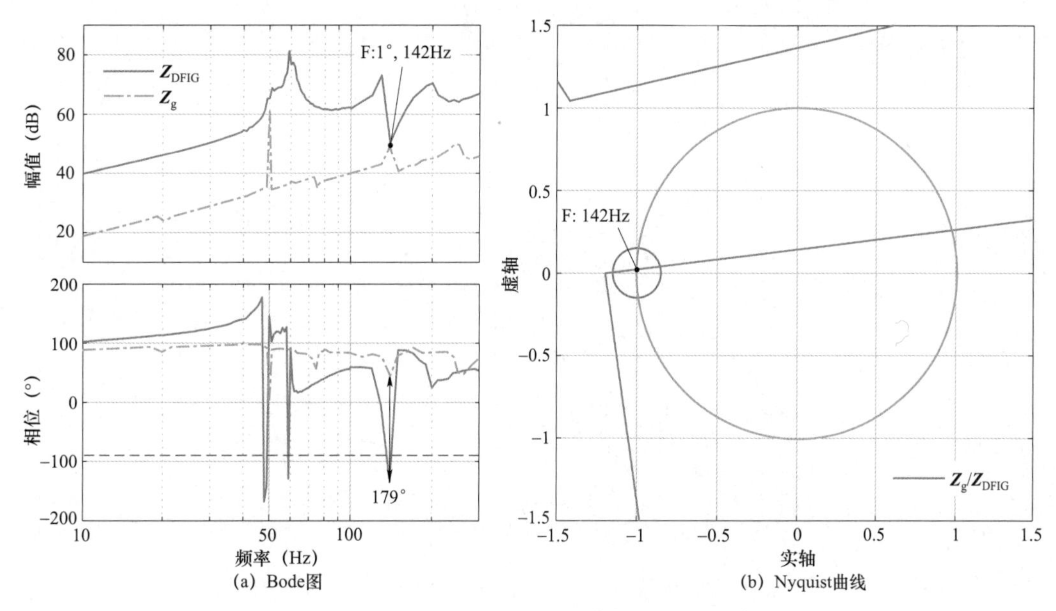

图 18－23　1 号 DFIG 风电场的振荡风险

由图 18－23（a）可知，1 号 DFIG 风电场阻抗 $\boldsymbol{Z}_{DFIG}$ 在 142Hz 附近呈现容性负阻尼，系统阻抗 $\boldsymbol{Z}_g$ 呈现感性。$\boldsymbol{Z}_{DFIG}$ 与 $\boldsymbol{Z}_g$ 在 F 点（142Hz）幅值相交，相位裕度为 1°，系统幅值/相位稳定裕度不足，存在振荡风险。图 18－23（b）给出了基于最大峰值 Nyquist 判据画出半径 R_{min} 为 0.15 的禁止区域。由图可知，阻抗比 $\boldsymbol{Z}_g / \boldsymbol{Z}_{DFIG}$ 的 Nyquist 曲线在禁止区域中穿过 F 点（142Hz），系统存在振荡风险，将发生 142Hz 正序振荡，并产生 42Hz 负序耦合振荡分量。频域分析结果与图 18－19 录波 FFT 结果一致。

（2）3 号 PMSG 风电场的振荡风险。基于全电磁暂态仿真平台进行阻抗扫描，获取 3 号风电场阻抗 $\boldsymbol{Z}_{PMSG}$ 及其送出系统阻抗 $\boldsymbol{Z}_g$。3 号 PMSG 风电场的振荡风险如图 18－24 所示。

由图 18－24（a）可知，3 号 PMSG 风电场阻抗 $\boldsymbol{Z}_{PMSG}$ 在超同步频段呈现容性负阻尼，送出系统阻抗 $\boldsymbol{Z}_g$ 呈现感性。$\boldsymbol{Z}_{PMSG}$ 与 $\boldsymbol{Z}_g$ 在 G 点（67Hz）幅值相交，相位裕度为 1°，系统幅值/相位稳定裕度不足，存在振荡风险。图 18－24（b）给出了基于最大峰值 Nyquist 判据画出半径 R_{min} 为 0.15 的禁止区域。由图可知，阻抗比 $\boldsymbol{Z}_g / \boldsymbol{Z}_{PMSG}$ 的 Nyquist 曲线在禁止区域中穿过 G 点（67Hz），系统存在振荡风险，并网将发生 67Hz 正序振荡，并产生 33Hz 正序耦合振荡分量。频域分析结果与图 18－20 录波 FFT 结果一致。

（3）26 号 PMSG 风电场的振荡风险。基于全电磁暂态仿真平台进行阻抗扫描，获取 26 号风电场阻抗 $\boldsymbol{Z}_{PMSG}$ 及其送出系统阻抗 $\boldsymbol{Z}_g$。26 号 PMSG 风电场的振荡风险如

图 18－25 所示。

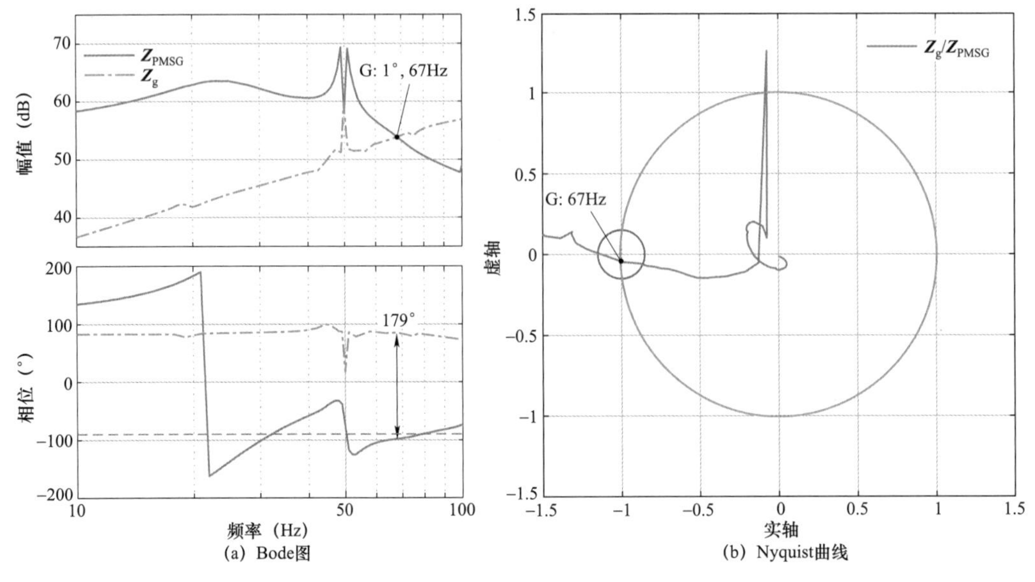

图 18－24　3 号 PMSG 风电场的振荡风险

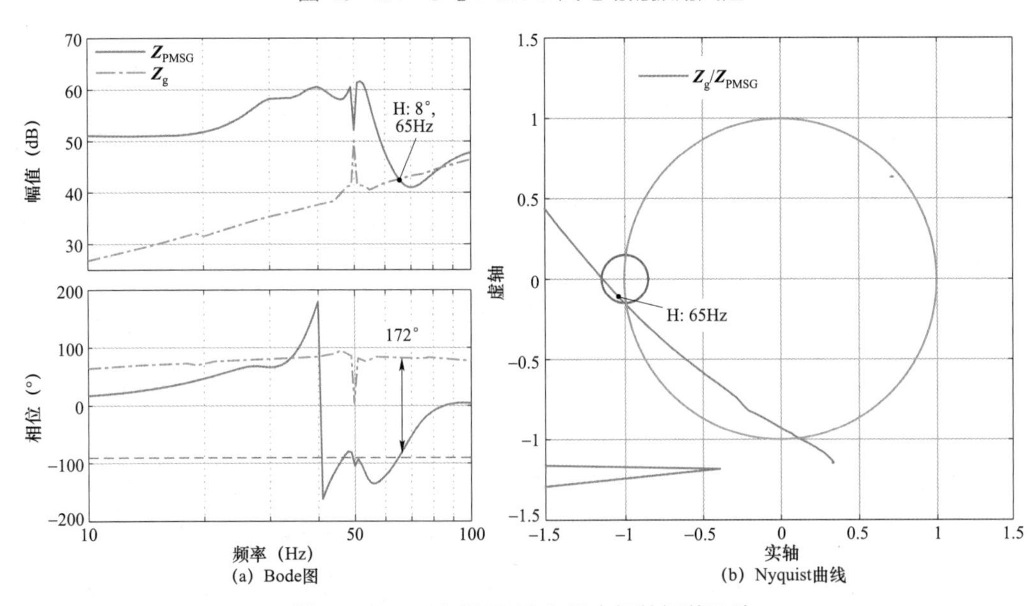

图 18－25　26 号 PMSG 风电场的振荡风险

由图 18－25（a）可知，26 号 PMSG 风电场阻抗 $\boldsymbol{Z}_{PMSG}$ 在超同步频段呈容性负阻尼，送出系统阻抗 $\boldsymbol{Z}_g$ 呈现感性。$\boldsymbol{Z}_{PMSG}$ 与 $\boldsymbol{Z}_g$ 在超同步频段 H 点（65Hz）幅值相交，相位裕度为 8°，系统幅值/相位稳定裕度不足，存在振荡风险。图 18－25（b）给出了基于最大峰值 Nyquist 判据画出半径 R_{min} 为 0.15 的禁止区域。由图可知，阻抗比 $\boldsymbol{Z}_g / \boldsymbol{Z}_{PMSG}$ 的

Nyquist 曲线在禁止区域中穿过 H 点（65Hz），系统存在振荡风险，并网将发生 65Hz 正序振荡，并产生 35Hz 正序耦合振荡分量。频域分析结果与图 18－21 录波 FFT 结果一致。

（4）29 号 DFIG 风电场的振荡风险。基于全电磁暂态仿真平台进行阻抗扫描，获取 29 号风电场阻抗 $\boldsymbol{Z}_{\mathrm{DFIG}}$ 及其送出系统阻抗 $\boldsymbol{Z}_{\mathrm{g}}$。29 号 DFIG 风电场的振荡风险如图 18－26 所示。

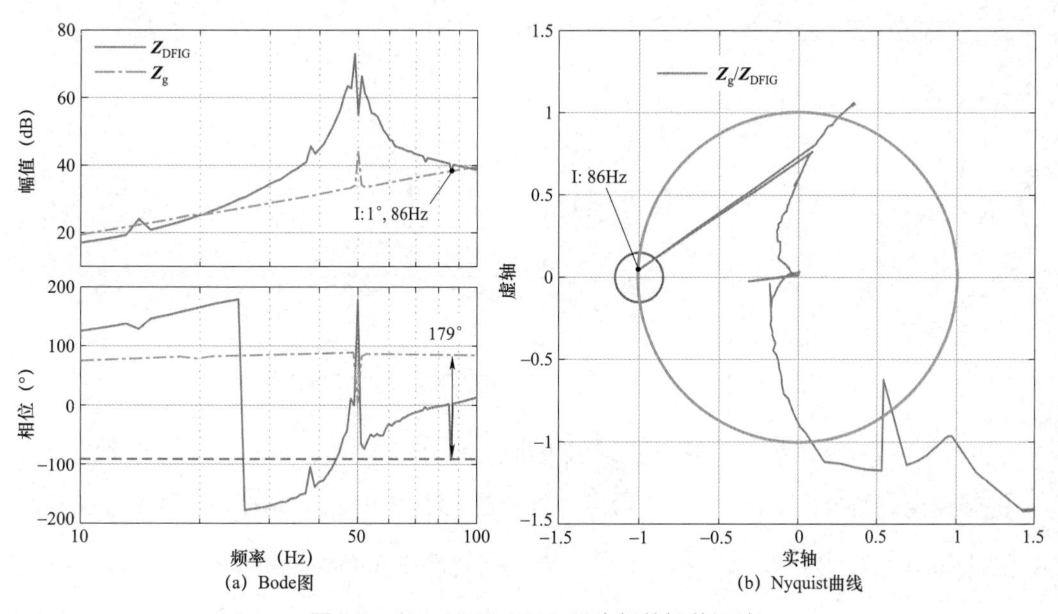

图 18－26 29 号 DFIG 风电场的振荡风险

由图 18－26（a）可知，29 号 DFIG 风电场阻抗 $\boldsymbol{Z}_{\mathrm{DFIG}}$ 在 86Hz 附近呈现容性负阻尼，送出系统阻抗 $\boldsymbol{Z}_{\mathrm{g}}$ 呈现感性。$\boldsymbol{Z}_{\mathrm{DFIG}}$ 与 $\boldsymbol{Z}_{\mathrm{g}}$ 在 I 点（86Hz）幅值相交，相位裕度为 1°，系统幅值/相位稳定裕度不足，存在振荡风险。图 18－26（b）给出了基于最大峰值 Nyquist 判据画出半径 $R_{\min}$ 为 0.15 的禁止区域。由图可知，阻抗比 $\boldsymbol{Z}_{\mathrm{g}} / \boldsymbol{Z}_{\mathrm{DFIG}}$ 的 Nyquist 曲线在禁止区域穿过 I 点（86Hz），系统存在振荡风险，将发生 86Hz 正序振荡，并产生 14Hz 正序耦合振荡分量。频域分析结果与图 18－22 录波 FFT 结果一致。

18.5.3 振荡抑制

（1）1 号 DFIG 风电场机组阻抗重塑和风电场振荡抑制。根据 DFIG 机组阻抗特性分析，在 100～200Hz 范围内，DFIG 机组阻抗由定子阻抗主导，同时受 GSC 交流电流控制频带重叠效应的影响，呈现容性负阻尼特性。通过 GSC 与 RSC 交流电流控制参数改进，可实现 DFIG 机组阻抗重塑，抑制 1 号 DFIG 风电场振荡。DFIG 机组阻抗重塑后，1 号 DFIG 风电场的振荡风险如图 18－27 所示。

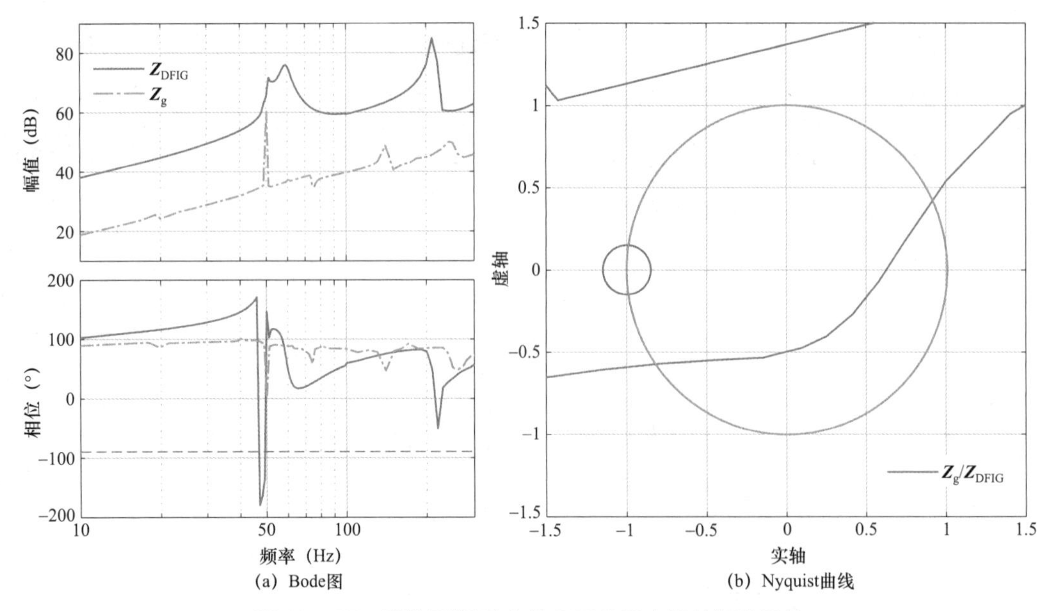

图 18－27　阻抗重塑后 1 号 DFIG 风电场的振荡风险

由图 18－27（a）可知，DFIG 机组阻抗重塑后，DFIG 风电场阻抗 $\boldsymbol{Z}_{DFIG}$ 与系统阻抗 $\boldsymbol{Z}_g$ 的幅值交点消失。图 18－27（b）给出了基于最大峰值 Nyquist 判据画出的半径 R_{min} 为 0.15 的禁止区域。由图可见，阻抗重塑后 $\boldsymbol{Z}_g / \boldsymbol{Z}_{DFIG}$ 的 Nyquist 曲线始终处于禁止区域之外。上述分析表明，通过 GSC 与 RSC 交流电流控制参数改进，可实现 DFIG 机组阻抗重塑，有效抑制 142Hz 正序振荡，进而消除 42Hz 负序耦合振荡分量。

（2）3 号 PMSG 风电场机组阻抗重塑和风电场振荡抑制。根据 PMSG 机组阻抗特性分析，在超同步频段，PMSG 机组阻抗同时受 PLL 和 GSC 交流电流控制影响，呈现容性负阻尼特性。通过 PLL 与 GSC 交流电流控制参数改进，可实现 PMSG 机组阻抗重塑，进而抑制 3 号 PMSG 风电场振荡。PMSG 机组阻抗重塑后，3 号 PMSG 风电场的振荡风险如图 18－28 所示。

由图 18－28（a）可知，PMSG 机组阻抗重塑后，PMSG 风电场阻抗 $\boldsymbol{Z}_{PMSG}$ 与系统阻抗 $\boldsymbol{Z}_g$ 的幅值交点不变，相位裕度由 1° 提升至 73°。图 18－28（b）给出了基于最大峰值 Nyquist 判据画出的半径 R_{min} 为 0.15 的禁止区域。由图可见，阻抗重塑后 $\boldsymbol{Z}_g / \boldsymbol{Z}_{PMSG}$ 的 Nyquist 曲线始终处于禁止区域之外。上述分析表明，通过 PLL 与 GSC 交流电流控制参数改进，可实现 PMSG 机组阻抗重塑，有效抑制 67Hz 正序振荡，进而消除 33Hz 正序耦合振荡分量。

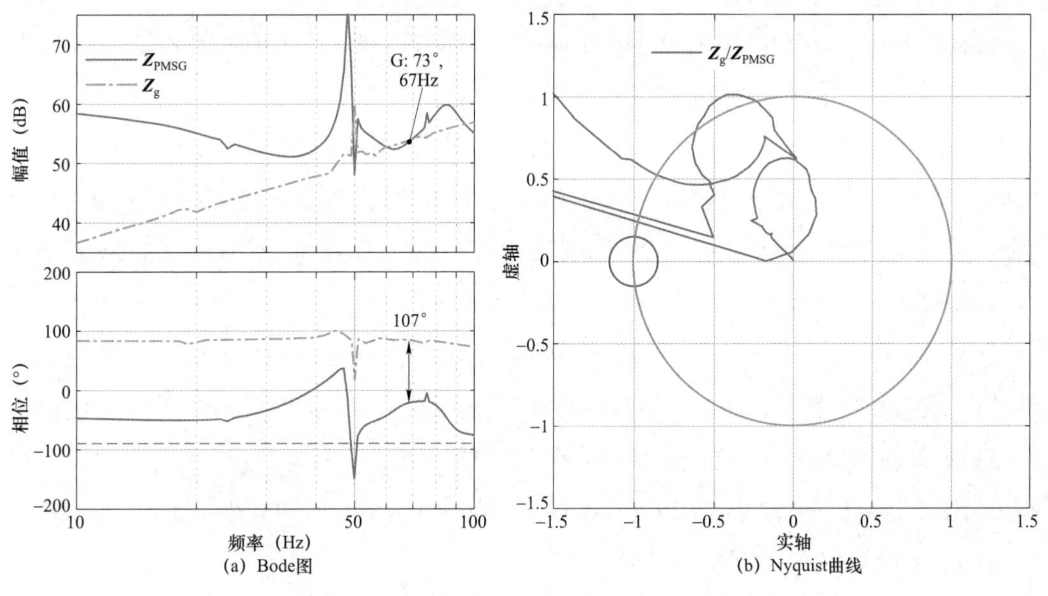

图 18－28　阻抗重塑后 3 号 PMSG 风电场的振荡风险

（3）26 号 PMSG 风电场机组阻抗重塑和风电场振荡抑制。根据 PMSG 机组阻抗特性分析，在超同步频段，PMSG 机组阻抗同时受 PLL 和 GSC 交流电流控制影响，呈现容性负阻尼特性。通过 PLL 与 GSC 交流电流控制参数改进，可实现 PMSG 机组阻抗重塑，进而抑制 26 号 PMSG 风电场并网振荡。PMSG 机组阻抗重塑后，26 号 PMSG 风电场的振荡风险如图 18－29 所示。

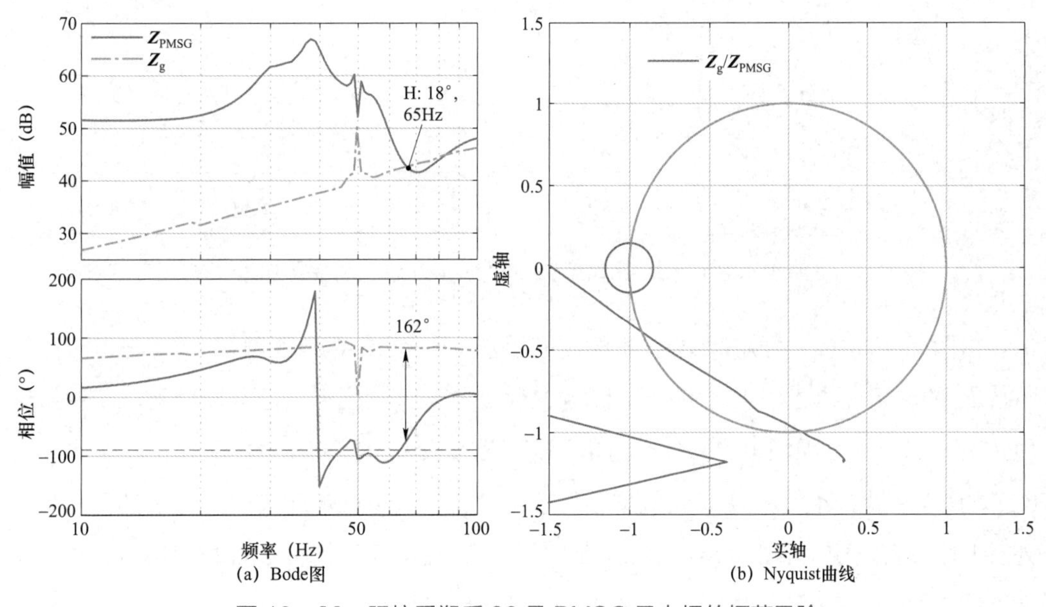

图 18－29　阻抗重塑后 26 号 PMSG 风电场的振荡风险

由图 18－29（a）可知，PMSG 机组阻抗重塑后，PMSG 风电场阻抗 $\boldsymbol{Z}_{\mathrm{PMSG}}$ 与系统阻抗 $\boldsymbol{Z}_{\mathrm{g}}$ 的幅值交点不变，相位裕度由 8°提升至 18°。图 18－29（b）给出了基于最大峰值 Nyquist 判据画出的半径 $R_{\min}$ 为 0.15 的禁止区域。由图可见，阻抗重塑后 $\boldsymbol{Z}_{\mathrm{g}}$ / $\boldsymbol{Z}_{\mathrm{PMSG}}$ 的 Nyquist 曲线始终处于禁止区域之外。上述分析表明，通过 PLL 与 GSC 交流电流控制参数改进，可实现 PMSG 机组阻抗重塑，有效抑制 65Hz 正序振荡，进而消除 35Hz 正序耦合振荡分量。

（4）29 号 DFIG 风电场机组阻抗重塑和风电场振荡抑制。根据 DFIG 风电场阻抗特性分析，在超同步频段，DFIG 风电场阻抗由定子阻抗主导，同时受 GSC 交流电流控制频带重叠效应的影响，呈现容性负阻尼特性。通过 GSC 交流电流控制参数改进，可实现 DFIG 机组阻抗重塑，抑制 29 号 DFIG 风电场并网振荡。DFIG 机组阻抗重塑后，29 号 DFIG 风电场的振荡风险如图 18－30 所示。

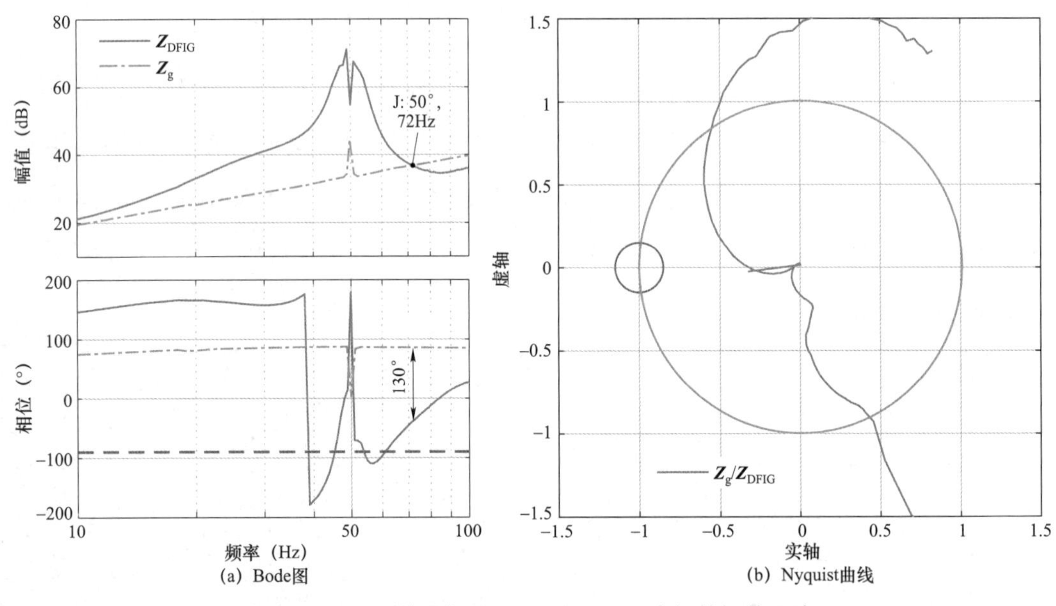

图 18－30　阻抗重塑后 29 号 DFIG 风电场的振荡风险

由图 18－30（a）可知，DFIG 机组阻抗重塑后，DFIG 风电场阻抗 $\boldsymbol{Z}_{\mathrm{DFIG}}$ 与送出系统阻抗 $\boldsymbol{Z}_{\mathrm{g}}$ 的幅值交点由 I 点（86Hz）移至 J 点（72Hz），$\boldsymbol{Z}_{\mathrm{DFIG}}$ 阻尼特性增强，相位裕度由 1°提升至 50°。图 18－30（b）给出了基于最大峰值 Nyquist 判据画出的半径 $R_{\min}$ 为 0.15 的禁止区域。由图可见，阻抗重塑后 $\boldsymbol{Z}_{\mathrm{g}}$ / $\boldsymbol{Z}_{\mathrm{DFIG}}$ 的 Nyquist 曲线始终处于禁止区域之外。上述分析表明，通过 GSC 交流电流控制参数改进，可实现 DFIG 机组阻抗重塑，有效抑制 86Hz 正序振荡，进而消除 14Hz 正序耦合振荡分量。

附录 A　新能源并网试验与实证平台

张北试验基地是大型新能源并网运行控制技术研究与试验检测基地，建于 2010 年，主要由风电机组试验机位、光伏发电单元户外测试场、新能源发电汇集与送出实证平台等试验设施组成，是世界上规模最大、唯一同时具备高/低电压穿越测试能力、电网适应性测试能力和风光储联合试验运行研究手段的试验基地，可为新能源并网运行基础理论以及共性关键技术提供验证环境和平台。

A.1　张北试验基地概况

张北试验基地占地面积约 24km^2，张北试验基地平面图如图 A.1 所示，张北试验基地鸟瞰图如图 A.2 所示。主要配套设施包括 30 个风电机组试验机位、1 座 110kV 变电站、35km 的 35kV 集电线路、4 个就地配电室、80 套 35kV 开关柜。张北试验基地核心试验设施包括电压跌落装置、电网扰动装置、综合试验数据网络等，可同时供 30 台 6MW 及以下风电机组开展并网性能研究与试验工作。

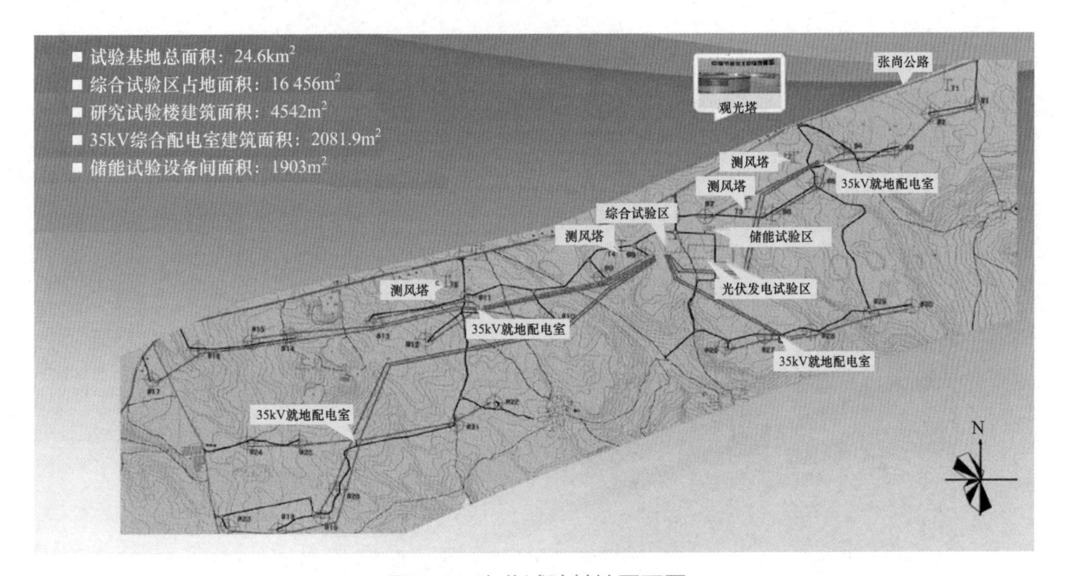

图 A.1　张北试验基地平面图

图 A.2　张北试验基地鸟瞰图

A.2　新能源并网研发试验平台

张北试验基地拥有 4 台不同类型的风电机组用于科研和试验，包括 1 台 2.5MW 永磁同步发电机（permanent magnet synchronous generation，PMSG）机组，1 台 2.1MW 异步风电机组，以及 1.5MW 和 2.5MW 双馈感应发电机（doubly-fed induction generator，DFIG）机组各 1 台，如图 A.3 所示。每台风电机组的主要零部件均布置试验测点，便于实时开展大功率风电机组动力学特性模拟与实证。

(a) 1.5MW DFIG 风电机组

(b) 2.5MW DFIG 风电机组

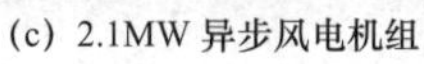

(c) 2.1MW 异步风电机组

(d) 2.5MW PMSG 风电机组

图 A.3　试验风电机组

张北试验基地拥有 35kV/6MVA 固定式电压跌落发生装置，如图 A.4 所示。该装置采用阀控技术，可以远程控制电抗器的切换，设置电压跌落幅度及时间，能够用于额定容量不大于 6MW 的风电机组、光伏逆变器和储能系统的低电压穿越能力和零电压穿越能力试验。该装置也可为新能源发电自同步原理与组网方法的验证提供试验基础。

图 A.4　35kV/6MVA 固定式电压跌落发生装置

实验室拥有 35kV/6MVA 电网扰动发生装置，如图 A.5 所示。通过模拟不同的电网扰动，进行 6MW 及以下风电机组、光伏逆变器和储能系统对电网电压偏差、三相不平衡、谐波等扰动的适应能力试验。

图 A.5　35kV/6MVA 电网扰动发生装置

光伏（photovoltaic，PV）发电单元主要包括 500kW 固定支架 PV 发电单元、40kW 双轴跟踪 PV 发电单元、80kW 屋顶 PV 发电单元和 20kW 聚光 PV 发电单元，同时建成了 30kW PV 组件户外测试平台、1.5MW PV 发电单元户外测试平台，可开展 PV 关键部件以及 PV 发电系统运行控制和实证研究，如图 A.6 所示。该平台也可为分布式新能源与储能自治协同控制理论的验证提供条件。

图 A.6　PV 发电单元

A.3　新能源发电汇集与送出系统实证平台

新能源发电汇集与送出系统实证平台主要开展新能源发电新型汇集技术与送出系统的稳定性分析与实证验证，包括 3 台兆瓦级风电机组、1.5MW PV 发电单元、2 台同步

发电机、35kV 交流串联可调阻抗、±35kV/5MW LCC－HVDC 及 MMC－HVDC、3 台±35kV/800V DC/DC 变流器、1MVA 可调负载，后期将扩建新能源分频发电及送出，以及自同步电压源型、同步电机接口型新能源发电装置等，新能源发电汇集与送出系统实证平台如图 A.7 所示。该平台可为新能源直流变换及直流级联稳定控制、新能源发电宽频控制特性及振荡抑制、新能源发电暂态控制失效机理与稳定控制等技术验证提供试验平台。

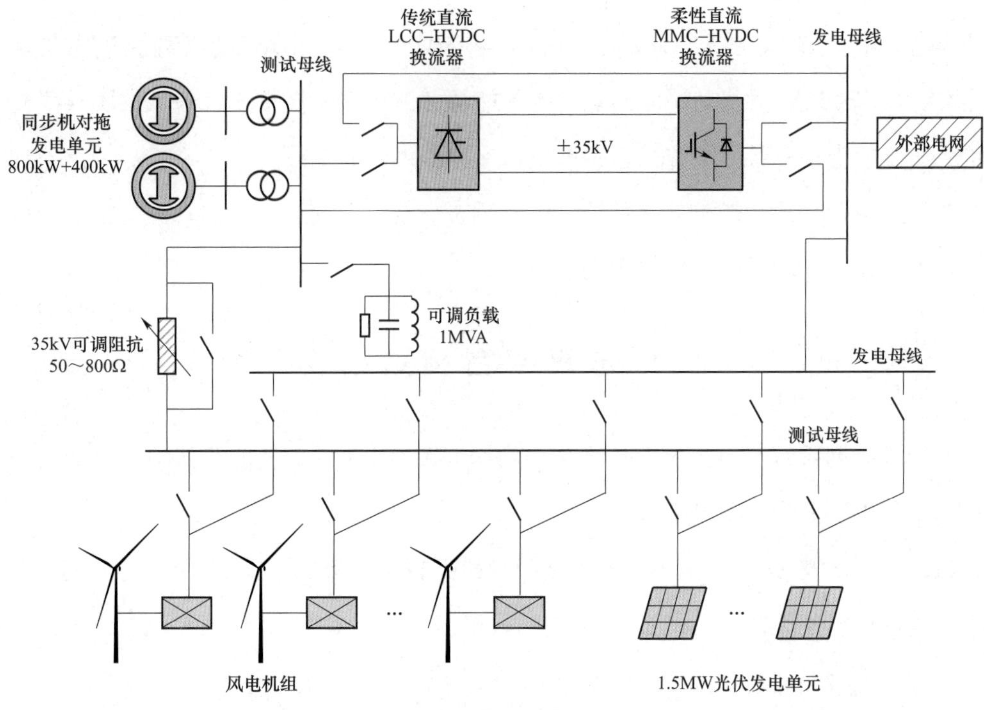

图 A.7　新能源发电汇集与送出系统实证平台

附录 B　新能源并网系统全电磁暂态仿真平台

依托新能源与储能运行控制国家重点实验室，建立了新能源并网系统全电磁暂态仿真平台，攻克了新能源发电单元精细化建模及场站等值建模难题，搭建了新能源基地经交流电网、串补线路、LCC-HVDC、MMC-HVDC 等多送出场景的全电磁暂态仿真平台，准确复现了现场大扰动试验结果，为新能源并网系统阻抗模型校验、宽频振荡机理分析、振荡抑制策略验证及各工程案例技术支撑提供研究手段。

本附录主要介绍新能源并网系统全电磁暂态仿真平台的基本结构、模型精度及仿真规模，为后续工程现场试验提供研究手段。

B.1　仿真平台组成结构

新能源并网系统全电磁暂态仿真平台结构如图 B.1 所示，新能源并网系统全电磁暂态仿真平台主要分为以下三部分：

（1）新能源及 SVG 单机电磁暂态建模及模型校核：新能源及 SVG 单机电磁暂态建模主要通过控制硬件在环（control hardware-in-the-loop，CHIL）仿真实现，该方案采用与现场实测型号相同的控制器。

（2）新能源场站电磁暂态等值建模：主要包括新能源机组、SVG 以及交流汇集系统，该方案主要包括等值网格划分及新能源机组等值倍乘技术。

（3）新能源基地经多场景送出系统全电磁暂态仿真建模：目前新能源基地经特高压外送主要包括 LCC-HVDC 和 MMC-HVDC 两种方式，直流电磁暂态建模采用与工程一致的控制保护装置构建 CHIL 仿真平台。

B.2　仿真平台性能指标

（1）新能源及 SVG 单机电磁暂态建模与模型校核：新能源及 SVG 特性主要由其控制特性主导，不同制造厂家的控制策略及控制参数存在一定程度的差异，这些差异导致

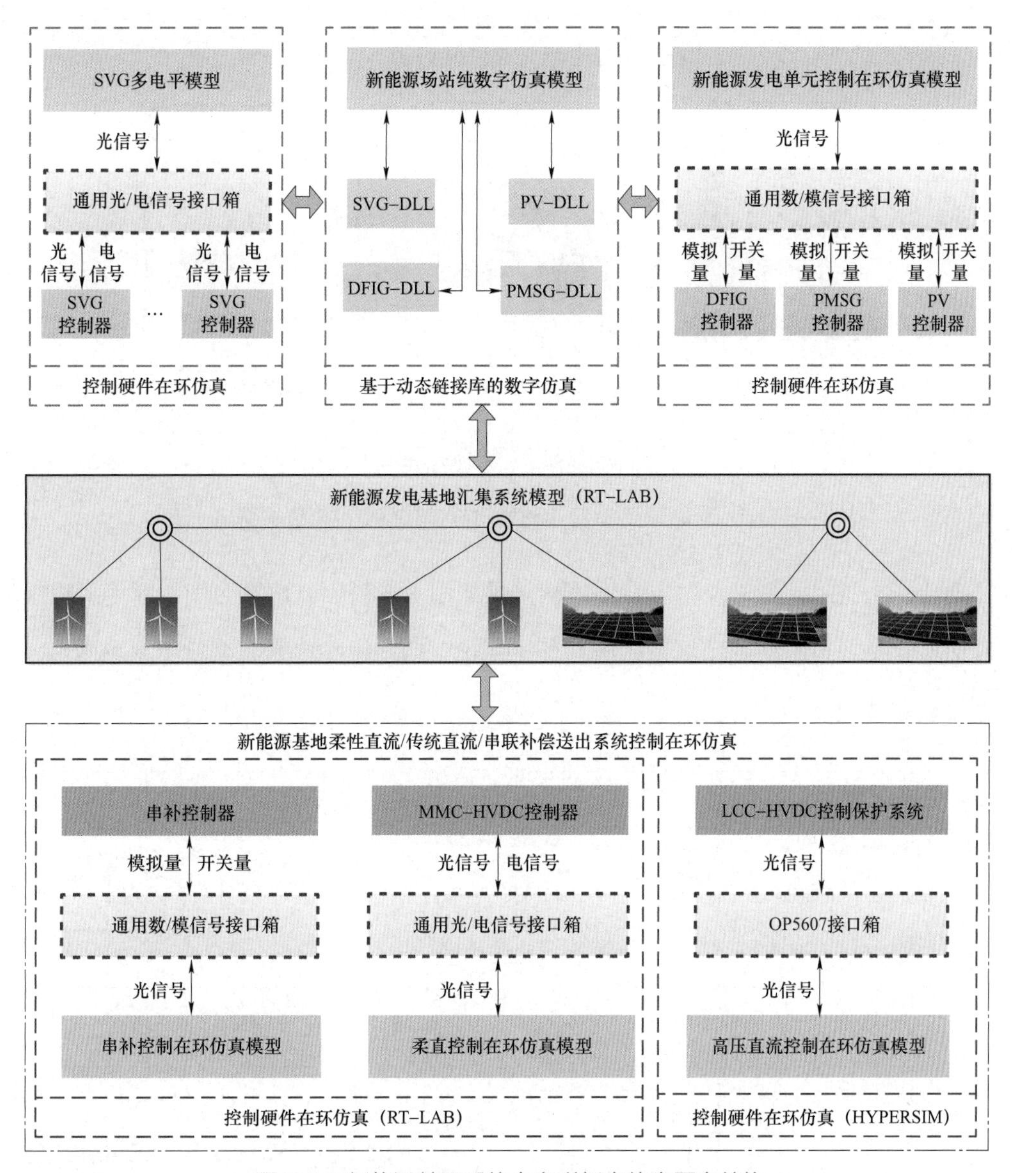

图 B.1　新能源并网系统全电磁暂态仿真平台结构

新能源及 SVG 的阻抗特性及故障穿越特性差异较大。同时，新能源及 SVG 控制部分是制造企业的核心知识产权，难以为电磁暂态建模提供公开、透明的控制策略及控制参数。

为解决不同厂家、不同型号新能源及 SVG 控制器的灰箱化问题，制订了的“三线校核”的电磁暂态建模与模型校核方法，即校核“现场型式试验—控制硬件在环—动态链接库”结果的一致性，新能源及 SVG 电磁暂态建模与模型校核技术路线如图 B.2 所示。

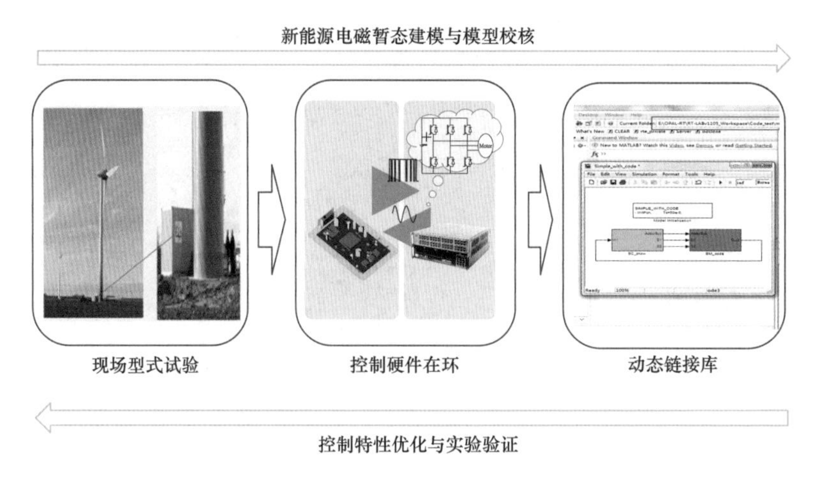

图 B.2　新能源及 SVG 电磁暂态建模与模型校核技术路线

新能源机组阻抗特性及暂态特性校核结果如图 B.3 所示。由图可知，新能源机组动态链接库阻抗及暂态精度满足系统仿真分析要求，动态链接库为后续新能源场站电磁暂态建模奠定基础。

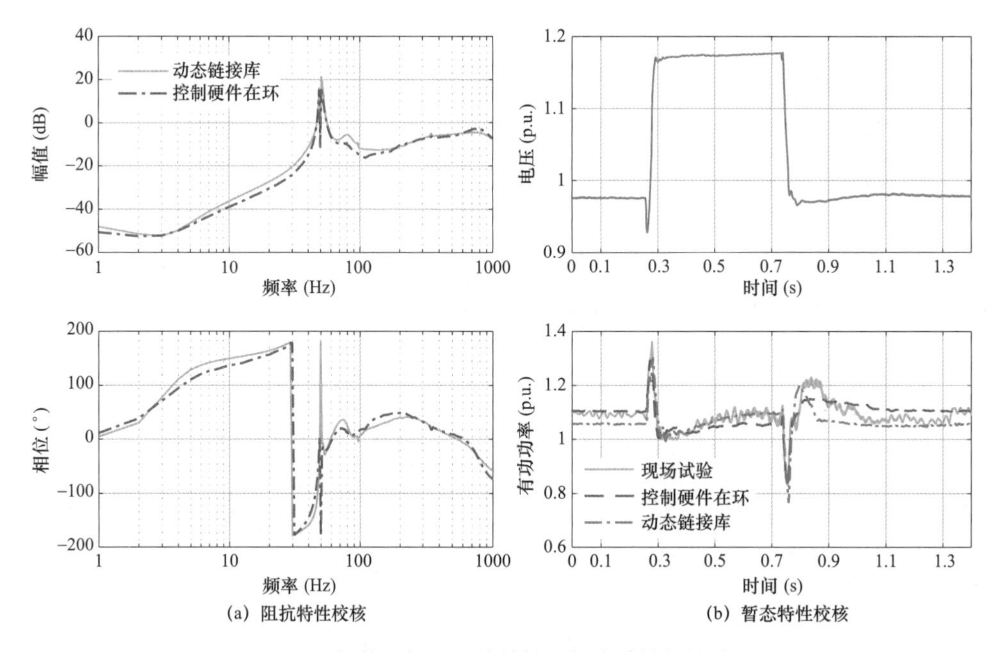

图 B.3　新能源机组阻抗特性及暂态特性校核结果

目前，仿真平台已经建成包括 255 个新能源发电、36 个 SVG 机型的控制器模型库，覆盖国内 80%以上装机规模，新能源及 SVG 的 CHIL 仿真平台如图 B.4 所示。

(a) 新能源机组控制器

(b) SVG 控制器

图 B.4　新能源及 SVG 的 CHIL 仿真平台

（2）新能源场站电磁暂态等值建模：针对新能源基地上千台电力电子设备的建模问题，以汇集系统等值阻抗为约束条件，建立电磁暂态等值网格划分模型，实现新能源场站的电磁暂态等值建模。针对传统等值倍乘模块固有延时导致的仿真发散问题，提出综合考虑主电路参数、控制系统增益、电机旋转惯量等约束的电磁暂态倍乘模型，实现新能源场站的电磁暂态等值建模。图 B.5 为新能源场站电磁暂态等值对比，给出了 PV 电站等值前后的宽频阻抗和暂态特性对比，PV 电站装机容量为 30MW，由 48 台 0.64MW PV 发电单元组成，PV 电站等效为 4 台倍乘等值机组。

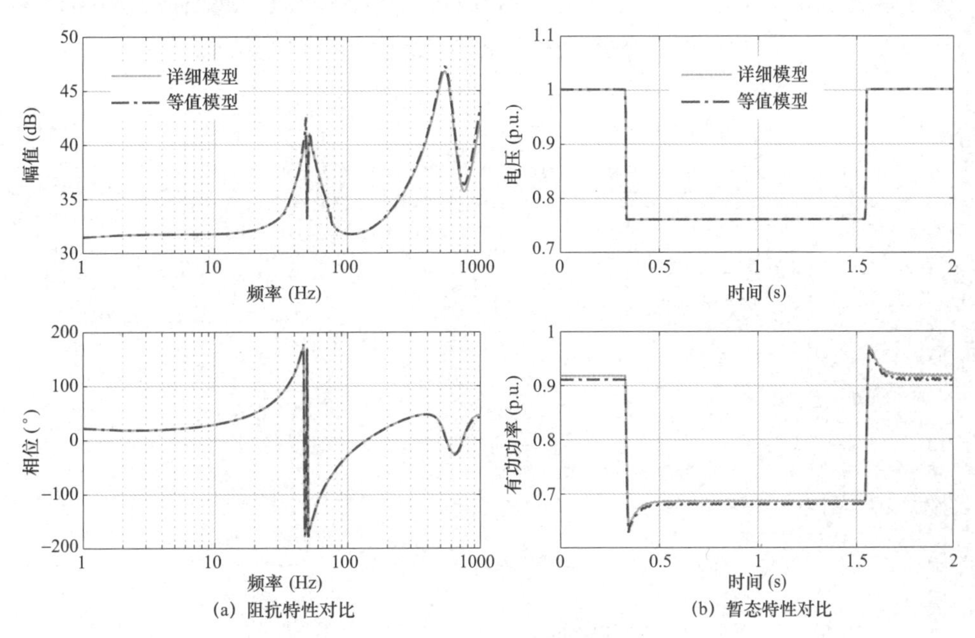

(a) 阻抗特性对比　　(b) 暂态特性对比

图 B.5　新能源场站电磁暂态等值对比

（3）新能源基地经多场景送出系统全电磁暂态仿真建模：构建了新能源基地经哈密南—郑州、酒泉—湖南、锡盟—泰州、青海—河南、陕北—湖北、张北柔性直流电网工程的全电磁暂态仿真平台，该平台采用现场各新能源场站实际机组型号的电磁暂态模型。采用上述新能源场站电磁暂态等值建模方法，建立直流送端新能源基地全电磁暂态仿真模型。采用与工程现场一致的直流输电控制保护装置构建 LCC-HVDC、MMC-HVDC 的 CHIL 仿真平台。新能源基地经多场景送出系统全电磁暂态仿真平台如图 B.6 所示，新能源基地经直流送出现场大扰动试验对比如图 B.7 所示。电磁暂态仿真结果准确复现了现场大扰动试验。

图 B.6　新能源基地经多场景送出系统全电磁暂态仿真平台

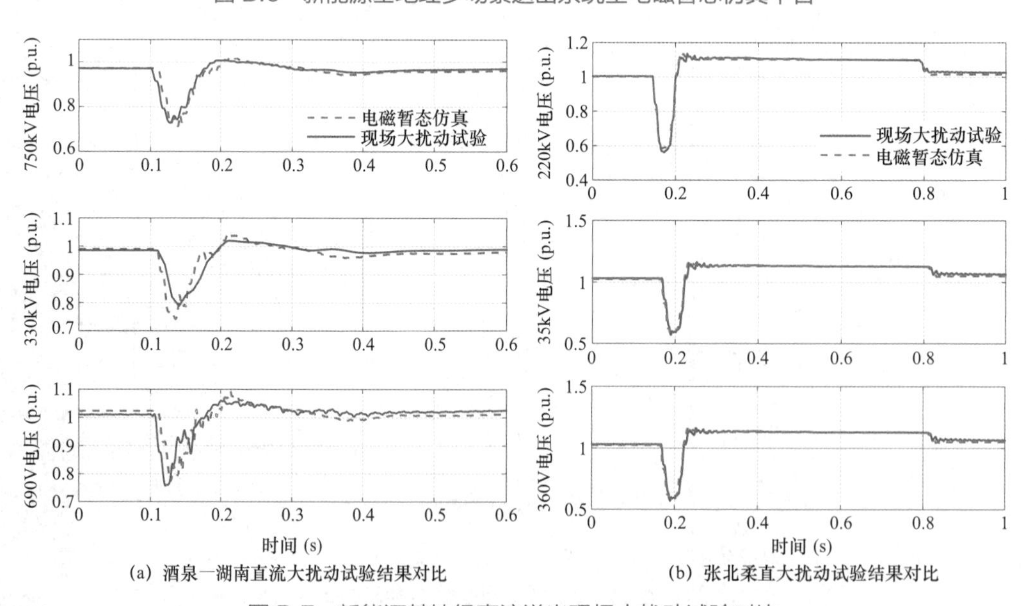

(a) 酒泉—湖南直流大扰动试验结果对比　　(b) 张北柔直大扰动试验结果对比

图 B.7　新能源基地经直流送出现场大扰动试验对比

参　考　文　献

[1] 电力规划设计总院. 中国电力发展报告 2022 [M]. 北京：人民日报出版社，2022.

[2] 辛保安，郭铭群，王绍武，等. 适应大规模新能源友好送出的直流输电技术与工程实践 [J]. 电力系统自动化，2021，45（22）：1-8.

[3] 陈玲娜. 海上风电的发展现状和前景分析 [J]. 中国高新科技，2020，(13)：75-76.

[4] WANG W S，LI G H，GUO J B. Large-scale renewable energy transmission by HVDC：challenges and proposals [J]. Engineering，2022，19（12）：252-267.

[5] IEEE Power & Energy Society. Wind energy systems sub-synchronous oscillations：events and modeling（TR80）[R]. Piscataway，NJ：IEEE PES，2020.

[6] NARENDRA K，FEDIRCHUK D，MIDENCE R. New microprocessor based relay to monitor and protect power systems against sub-harmonics：2011 IEEE Electrical Power and Energy Conference，Winnipeg，MB，Canada，October 3-5，2011 [C]. Piscataway，NJ：IEEE，2011.

[7] BUCHHAGEN C，RAUSCHER C，MENZE A，et al. BorWin1-first experiences with harmonic interactions in converter dominated grids：International ETG Congress 2015；Die Energiewende-Blueprints for the new energy age，Bonn，Germany，November 17-18，2015 [C]. Berlin：VDE，2015.

[8] 尹聪琦，谢小荣，刘辉，等. 柔性直流输电系统振荡现象分析与控制方法综述 [J]. 电网技术，2018，42（4）：1117-1123.

[9] XIE X R，ZHANG X，LIU H K，et al. Characteristic analysis of subsynchronous resonance in practical wind farms connected to series-compensated transmissions [J]. IEEE Transactions on Energy Conversion，2017，32（3）：1117-1126.

[10] 魏伟，许树楷，李岩，等. 南澳多端柔性直流输电示范工程系统调试 [J]. 南方电网技术，2015，9（1）：73-77.

[11] LIU H K，XIE X R，HE J B，et al. Subsynchronous interaction between direct-drive PMSG based wind farms and weak AC networks [J]. IEEE Transactions on Power Systems，2017，32（6）：4708-4720.

[12] 杜镇宇，阳岳希，季柯，等. 张北柔直工程高频谐波振荡机理与抑制方法研究 [J]. 电网技术，2022，46（8）：3066-3075.

[13] 张冲，王伟胜，何国庆，等. 基于序阻抗的直驱风电场次同步振荡分析与锁相环参数优化设计

[J]. 中国电机工程学报，2017，37（23）：6757－6767.

[14] 王红星，郭敬梅，谢志文，等. 海上风电次/超同步振荡的网侧附加阻尼抑制方法 [J]. 南方电网技术，2021，15（11）：49－55.

[15] ZHANG Z H, WU W M, SHUAI Z K, et al. Principle and robust impedance-based design of grid-tied inverter with LLCL-filter under wide variation of grid-reactance [J]. IEEE Transactions on Power Electronics，2019，34（5）：4362－4374.

[16] VIETO I，LI G H，SUN J. Behavior，modeling and damping of a new type of resonance involving type-Ⅲ wind turbines：2018 IEEE 19th Workshop on Control and Modeling for Power Electronics（COMPEL），Padua，Italy，June 25－28，2018 [C]. Piscataway，NJ：IEEE，2018.

[17] SONG Y P，WANG X F，BLAABJERG F. Doubly fed induction generator system resonance active damping through stator virtual impedance [J]. IEEE Transactions on Industrial Electronics，2017，64（1）：125－137.

[18] HU B，NIAN H，YANG J，et al. High-frequency resonance analysis and reshaping control strategy of DFIG system based on DPC [J]. IEEE Transactions on Power Electronics，2021，36（7）：7810－7819.

[19] 年珩，童豪，胡彬，等. 无锁相环直接功率控制下双馈风电与 VSC－HVDC 互联系统高频振荡抑制技术 [J]. 电网技术，2022，46（7）：2492－2500.

[20] SONG Y P，BLAABJERG F，WANG X F. Analysis and active damping of multiple high frequency resonances in DFIG system[J]. IEEE Transactions on Energy Conversion，2017，32（1）：369－381.

[21] VARMA R K，AUDDY S，SEMSEDINI Y. Mitigation of subsynchronous resonance in a series-compensated wind farm using FACTS controllers [J]. IEEE Transactions on Power Delivery，2008，23（3）：1645－1654.

[22] 边晓燕，施磊，周歧斌，等. 基于概率法的并网双馈风电场次同步相互作用及其抑制措施[J]. 高电压技术，2016，42（9）：2740－2747.

[23] 朱鑫要，金梦，李建生，等. 统一潮流控制器附加阻尼抑制次同步谐振的理论与仿真 [J]. 电力系统自动化，2016，40（16）：44－48+97.

[24] WANG L，XIE X R，JIANG Q R，et al. Mitigation of multimodal subsynchronous resonance via controlled injection of supersynchronous and subsynchronous currents [J]. IEEE Transactions on Power Systems，2014，29（3）：1335－1344.

[25] 罗超，肖湘宁，张剑，等. 并联型有源次同步振荡抑制器阻尼控制策略优化设计 [J]. 电工技术学报，2016，31（21）：150－158.

[26] XIE X R，WANG L，GUO X J，et al. Development and field experiments of a generator terminal subsynchronous damper [J]. IEEE Transactions on Power Electronics，2014，29（4）：1693－1701.

［27］ BOOPATHI V P，MUZAMIL A R，KUMUDINI DEVI R P，et al. Analysis and mitigation of subsynchronous oscillations in a radially-connected wind farm：2014 Power and Energy Systems：Towards Sustainable Energy，Bangalore，India，March 13－15，2014［C］. Piscataway，NJ：IEEE，2014.

［28］ 王伟胜，刘纯，秦世耀，等. 新能源并网与调度运行技术丛书［M］. 北京：中国电力出版社，2020.

［29］ TAYLOR C W. 电力系统电压稳定［M］. 王伟胜，译. 北京：中国电力出版社，2002.

［30］ 程时杰，曹一家，江全元. 电力系统次同步振荡的理论与方法［M］. 北京：科学出版社，2009.

［31］ 徐政，等. 柔性直流输电系统［M］. 北京：机械工业出版社，2013.

［32］ 汤广福. 基于电压源换流器的高压直流输电技术［M］. 北京：中国电力出版社，2010.

［33］ 宋强，饶宏. 柔性直流输电换流器的分析与设计［M］. 北京：清华大学出版社，2015.

［34］ 杨耕，罗应立. 电机与运动控制系统［M］. 北京：清华大学出版社，2006.

［35］ 王兆安，刘进军. 电力电子技术［M］. 5 版. 北京：机械工业出版社，2009.

［36］ 阮新波，等. LCL 型并网逆变器的控制技术［M］. 北京：科学出版社，2015.

［37］ 贺益康，胡家兵，徐烈. 并网双馈异步风力发电机运行控制［M］. 北京：中国电力出版社，2012.

［38］ 张兴，张崇巍. PWM 整流器及其控制［M］. 北京：机械工业出版社，2012.

［39］ 陶瑜. 直流输电控制保护系统分析及应用［M］. 北京：中国电力出版社，2015.

［40］ 张兴，曹仁贤. 太阳能光伏并网发电及其逆变控制［M］. 北京：机械工业出版社，2011.

［41］ WU B，LANG Y Q，ZARGARI N，et al. Power conversion and control of wind energy systems［M］. Piscataway，NJ：Wiley－IEEE Press，2011.

［42］ 张冲. 基于阻抗模型的直驱风电机组次同步振荡分析与控制［D］. 北京：中国电力科学研究院，2017.

［43］ 何国庆. 大规模风电集群并网宽频带振荡分析与抑制［D］. 北京：中国电力科学研究院，2021.

［44］ 李光辉. 风电场经 MMC－HVDC 送出系统宽频带振荡机理与抑制策略研究［D］. 合肥：合肥工业大学，2022.

［45］ 王伟胜，张冲，何国庆，等. 大规模风电场并网系统次同步振荡研究综述［J］. 电网技术，2017，41（4）：1050－1060.

［46］ 王伟胜，林伟芳，何国庆，等. 美国得州 2021 年大停电事故对我国新能源发展的启示［J］. 中国电机工程学报，2021，41（12）：4033－4043.

［47］ 李光辉，王伟胜，张兴，等. 考虑机侧模型的直驱风电机组序阻抗建模及分析［J］. 中国电机工程学报，2019，39（21）：6200－6212.

［48］ 李光辉，王伟胜，刘纯，等. 直驱风电场接入弱电网宽频带振荡机理与抑制方法（一）：宽频带阻抗特性与振荡机理分析［J］. 中国电机工程学报，2019，39（22）：6547－6562.

［49］ 李光辉，王伟胜，刘纯，等．直驱风电场接入弱电网宽频带振荡机理与抑制方法（二）：基于阻抗重塑的宽频带振荡抑制方法［J］．中国电机工程学报，2019，39（23）：6908－6920+7104．

［50］ 李光辉，王伟胜，张兴，等．双馈风电场并网次/超同步振荡建模与机理分析（一）：考虑功率外环的阻抗建模［J］．中国电机工程学报，2022，47（7）：2438－2449．

［51］ 李光辉，王伟胜，张兴，等．双馈风电场并网次/超同步振荡建模与机理分析（二）：阻抗特性与振荡机理分析［J］．中国电机工程学报，2022，42（10）：3614－3627．

［52］ 李光辉，王伟胜，郭剑波，等．风电场经 MMC－HVDC 送出系统宽频带振荡机理与分析方法［J］．中国电机工程学报，2019，39（18）：5281－5297+5575．

［53］ 李光辉，王伟胜，刘纯，等．基于控制硬件在环的风电机组阻抗测量及影响因素分析［J］．电网技术，2019，43（5）：1624－1631．

［54］ HE G Q，WANG W S，WANG H J．Coordination control method for multi-wind farm systems to prevent sub/super-synchronous oscillations［J/OL］．CSEE Journal of Power and Energy Systems，［2022－11－20］．https://ieeexplore.ieee.org/document/9606953/．

［55］ 汪海蛟，何国庆，刘纯，等．计及频率耦合和汇集网络的风电场序阻抗模型等值方法［J］．电力系统自动化，2019，43（15）：87－92．

［56］ WANG H J，LIU C．Active control strategy for wind farm systems to prevent sub/super-synchronous oscillations：2021 3rd Asia Energy and Electrical Engineering Symposium（AEEES），Chengdu，China，March 26－29，2021［C］．Piscataway，NJ：IEEE，2021．

［57］ WANG H J，VIETO I，SUN J．A method to aggregate turbine and network impedances for wind farm system resonance analysis：2018 IEEE 19th Workshop on Control and Modeling for Power Electronics（COMPEL），Padua，Italy，June 25－28，2018［C］．Piscataway，NJ：IEEE，2018．

［58］ WANG H J，SUN J．Impedance-based stability modeling and analysis of networked converter systems：2019 IEEE 20th Workshop on Control and Modeling for Power Electronics（COMPEL），Toronto，ON，Canada，June 17－20，2019［C］．Piscataway，NJ：IEEE，2019．

［59］ WANG H J，BUCHHAGEN C，SUN J．Methods to aggregate turbine and network impedance for wind farm resonance analysis［J］．IET Renewable Power Generation，2020，14（8）：1304－1311．

［60］ 刘斌，李光辉，王甲军，等．永磁同步风电机组机侧直流阻抗建模［J］．电气传动，2020，50（6）：109－114．

［61］ 刘芳，李研，何国庆，等．极弱电网下直驱风电并网变流器小信号建模及稳定性运行策略分析［J］．电力自动化设备，2022，42（8）：167－173．

［62］ 张东辉，陈新，张旸，等．基于有源节点序阻抗模型的风电场稳定性分析及其振荡参与风险评估方法［J/OL］．中国电机工程学报，［2022－09－26］．https://kns.cnki.net/kcms/detail/11.2107.TM.20220525.1823.008.html．

［63］侯川川，朱淼，刘纯，等．并网逆变器的谐波放大机制与应用［J］．中国电机工程学报，2022，42（17）：6398－6410．

［64］张旸，孙龙庭，陈新，等．集成静止无功发生装置的直驱风场序阻抗网络模型与稳定性分析［J］．中国电机工程学报，2020，40（9）：2877－2891．

［65］武相强，王赟程，陈新，等．考虑频率耦合效应的三相并网逆变器序阻抗模型及其交互稳定性研究［J］．中国电机工程学报，2020，40（5）：1605－1617．

［66］陈新，王赟程，龚春英，等．采用阻抗分析方法的并网逆变器稳定性研究综述［J］．中国电机工程学报，2018，38（7）：2082－2094+2223．

［67］刘华坤，谢小荣，何国庆，等．新能源发电并网系统的同步参考坐标系阻抗模型及其稳定性判别方法［J］．中国电机工程学报，2017，37（14）：4002－4007+4278．

［68］朱凌志，曲立楠，刘纯，等．新能源发电集群的改进等效短路比计算方法［J］．电力系统自动化，2021，45（22）：74－82．

［69］李明节，于钊，许涛，等．新能源并网系统引发的复杂振荡问题及其对策研究［J］．电网技术，2017，41（4）：1035－1042．

［70］江克证，朱建行，胡家兵，等．计及开关过程的 LCC－HVDC 小信号建模及其对电力系统电磁尺度稳定性分析［J］．清华大学学报（自然科学版），2021，61（5）：395－402．

［71］李云丰，汤广福，贺之渊，等．MMC 型直流输电系统阻尼控制策略研究［J］．中国电机工程学报，2016，36（20）：5492－5503．

［72］JI K，TANG G F，PANG H，et al．Impedance modeling and analysis of MMC－HVDC for offshore wind farm integration［J］．IEEE Transactions on Power Delivery，2020，35（3）：1488－1501．

［73］舒印彪，陈国平，贺静波，等．构建以新能源为主体的新型电力系统框架研究［J］．中国工程科学，2021，23（06）：61－69．

［74］饶宏，冷祥彪，潘雅娴，等．全球直流输电发展分析及国际化拓展建议［J］．南方电网技术，2019，13（10）：1－7．

［75］刘吉臻，马利飞，王庆华，等．海上风电支撑我国能源转型发展的思考［J］．中国工程科学，2021，23（1）：149－159．

［76］周乐明，罗安，陈燕东，等．LCL 型并网逆变器的鲁棒并网电流反馈有源阻尼控制方法［J］．中国电机工程学报，2016，36（10）：2742－2752．

［77］伍文华，陈燕东，罗安，等．海岛 VSC－HVDC 输电系统直流阻抗建模（振荡分析与抑制方法［J］．中国电机工程学报，2018，38（15）：4359－4368+4636．

［78］SUN J．Impedance-based stability criterion for grid-connected inverters［J］．IEEE Transactions on Power Electronics，2011，26（11）：3075－3078．

［79］SUN J，LIU H C．Sequence impedance modeling of modular multilevel converters［J］．IEEE Journal of Emerging and Selected Topics in Power Electronics，2017，5（4）：1427－1443.

［80］ WANG X F，HARNEFORS L，BLAABJERG F. Unified impedance model of grid-connected voltage-source converters［J］. IEEE Transactions on Power Electronics，2018，33（2）：1775－1787.

［81］ CHOU S，WANG X F，BLAABJERG F. Two-port network modeling and stability analysis of grid-connected current-controlled VSCs［J］. IEEE Transactions on Power Electronics，2020，35（4）：3519－3529.

［82］ YUAN X M. Overview of problems in large-scale wind integrations［J］. Journal of Modern Power Systems and Clean Energy，2013，1（1）：22－25.

［83］ 袁小明，张美清，迟永宁，等. 电力电子化电力系统动态问题的基本挑战和技术路线［J］. 中国电机工程学报，2022，42（5）：1904－1917.

［84］ 谢小荣，刘华坤，贺静波，等. 电力系统新型振荡问题浅析［J］. 中国电机工程学报，2018，38（10）：2821－2828+3133.

［85］ 毕天姝，李景一. 基于聚合短路比的大型风场次同步振荡风险初筛［J］. 电力系统保护与控制，2019，47（5）：52－59.

［86］ 王国宁，杜雄，邹小明，等. 用于三相并网逆变器稳定性分析的自导纳和伴随导纳建模［J］. 中国电机工程学报，2017，37（14）：3973－3981+4275.

［87］ 赵成勇，刘文静，郭春义，等. 一种适用于风电场送出的混合型高压直流输电系统拓扑［J］. 电力系统自动化，2013，37（15）：146－151.

［88］ 彭意，郭春义，杜东冶. 柔性直流输电的阻抗重塑及中高频振荡抑制方法［J］. 中国电机工程学报，2022，42（22）：8053－8062.

［89］ SUN J，WANG G N，DU X，et al. A theory for harmonics created by resonance in converter-grid systems［J］. IEEE Transactions on Power Electronics，2019，34（4）：3025－3029.

［90］ SUN J. Frequency-domain stability criteria for converter-based power systems［J］. IEEE Open Journal of Power Electronics，2022，3：222－254.

［91］ CESPEDES M，SUN J. Impedance modeling and analysis of grid-connected voltage-source converters［J］. IEEE Transactions on Power Electronics，2014，29（3）：1254－1261.

［92］ SUN J. Two-port characterization and transfer immittances of AC－DC converters-part Ⅰ：modeling［J］. IEEE Open Journal of Power Electronics，2021，2：440－462.

［93］ SUN J. Two-port characterization and transfer immittances of AC－DC converters-part Ⅱ：applications［J］. IEEE Open Journal of Power Electronics，2021，2：483－510.

［94］ WANG X F，BLAABJERG F，WU W M. Modeling and analysis of harmonic stability in an AC power-electronics-based power system［J］. IEEE Transactions on Power Electronics，2014，29（12）：6421－6432.

[95] WANG X F，BLAABJERG F. Harmonic stability in power electronic-based power systems：concept，modeling and analysis [J]. IEEE Transactions on Smart Grid，2019，10（3）：2858－2870.

[96] WANG X F，LI Y W，BLAABJERG F，et al. Virtual-impedance-based control for voltage-source and current-source converters[J]. IEEE Transactions on Power Electronics，2015，30(12)：7019－7037.

[97] BERES R N，WANG X F，LISERRE M，et al. A review of passive power filters for three-phase grid-connected voltage-source converters [J]. IEEE Journal of Emerging and Selected Topics in Power Electronics，2016，4（1）：54－69.

[98] WANG X F，BLAABJERG F，LOH P C. Grid-current-feedback active damping for LCL resonance in grid-connected voltage-source converters [J]. IEEE Transactions on Power Electronics，2016，31（1）：213－223.

[99] WANG X F，BLAABJERG F，LISERRE M，et al. An active damper for stabilizing power-electronics-based AC systems [J]. IEEE Transactions on Power Electronics，2014，29（7）：3318－3329.

[100] XIN Z，WANG X F，QIN Z，et al. An improved second-order generalized integrator based quadrature signal generator [J]. IEEE Transactions on Power Electronics，2016，31（12）：8068－8073.

[101] WANG Y B，WANG X F，BLAABJERG F，et al. Harmonic instability assessment using state-space modeling and participation analysis in inverter-fed power systems [J]. IEEE Transactions on Industrial Electronics，2017，64（1）：806－816.

[102] WANG X F，BLAABJERG F，LOH P C. Passivity-based stability analysis and damping injection for multiparalleled VSCs with LCL filters[J]. IEEE Transactions on Power Electronics，2017，32(11)：8922－8935.

[103] ZENG Q R，CHANG L C. An advanced SVPWM-based predictive current controller for three-phase Inverters in distributed generation systems [J]. IEEE Transactions on Industrial Electronics，2008，55（3）：1235－1246.

[104] WANG Z T，CHANG L C. A DC voltage monitoring and control method for three-phase grid-connected wind turbine inverters [J]. IEEE Transactions on Power Electronics，2008，23（3）：1118－1125.

[105] YANG S Y，ZHOU T B，CHANG L C，et al. Analytical method for DFIG transients during voltage dips [J]. IEEE Transactions on Power Electronics，2017，32（9）：6863－6881.

索　引

J

K

L

P

Q

S

T

W

X

Y

Z